JN225541

水文学

Hydrology
An Introduction
2nd Edition

〔原著第2版〕

Wilfried Brutsaert —— 著

杉田倫明 —— 訳

筑波大学水文科学研究室 —— 監訳

共立出版

Hydrology: An Introduction, 2nd Edition
by Wilfried Brutsaert

First edition © W. Brutsaert 2005

Second edition © Wilfried Brutsaert 2023

This translation of *Hydrology: An Introduction*, 2nd Edition is published by arrangement with Cambridge University Press.

Japanese language edition is published by KYORITSU SHUPPAN CO., LTD.

第2版への序文

　本書の初版は水文学コミュニティーで好評を博した．また，日本語，アルバニア語，マケドニア語，そして最近中国語にも翻訳された．この新版は本質的には初版をさらに明確化し，修正を加え，そしていくつかの新たな説を追加した改訂版である．これらの新規あるいは大きく修正した説は水文学で過去20年の間に継続して，あるいはさらに強く興味の対象となってきた物理現象を扱っている．追加された内容を簡潔にまとめると，気候変化に対する地球規模水循環の応答（1.3節），地表面熱収支のクロージャー問題（2.6節および4.2.1項），乱された大気境界層を伴う地表面の統計的な変動性（2.7節），大気の川と降水（3.2.6項），融雪のエネルギー論（3.5節），実蒸発量と大気の蒸発要求量の間の補完関係（4.3.3項），ブディコの枠組み (Budyko framework) としても知られているシュライバー・オルデコプ (Schreiber-Oldekop) の仮説（4.4.2項），土壌の乾燥（9.6.2項），基底流の減水速度（10.6.3項），地下水貯留量の変化（10.6.4項），古い水と新しい水を識別するための地中洪水流出のシミュレーション（11.2.2項），そして長期間の流出と降水の関係（12.5節）である．

　初版同様，内容は2つの異なる書式で印刷されている．初めて学ぶ学生や正規科目に適する基礎的な内容は通常の書式で示されている．より発展的な内容，さらに進んだ学習や研究のための詳細な内容は，行下げした部分に小さめのフォントを用いて，ページ左端に灰色の罫線を付してある．

　本書を用いた講義を予定している教員は，その準備の手助けとなる42の講義からなるセメスター向けの水文学入門コースにおいて扱うべき節をまとめたシラバス例を，出版社から取り寄せることができる．同様に，各章末問題の解答マニュアルも講義予定の教員に対して提供されている．

2023 年

Wilfried Brutsaert

初版への序文

さまざまな形をとる水はどこにおいても常に人々にとって驚異の的であり，好奇心の対象であり，また現実的な関心事であり続けてきた．本書は自然環境下にある水の分布と輸送を記述するのに必要な多くの概念や関係の一貫した導入の紹介を目的とする．つまり地球上で休止することがない水循環に関係する主要なパラダイムを結びつけ理解できるように試みている．

陸域での水輸送は，大気中，地表面，そして地表面下で生じている．そこで，第I部では下部大気を通過する水を扱う．ここでは，第2章での大気の輸送現象の一般的記述に続き，その考え方を第3章と第4章で降水と蒸発に適用する．第II部は地表面での水の輸送を対象とする．ここでは，第5章で自由水面流れの水理学の一般的記述を扱い，第6章と第7章ではそれぞれ表面流出と河川流追跡に第5章の内容を適用する．地中の水は第III部の話題である．ここでもまず第8章で多孔体中の流れを一般的に扱い，第9章でこれを浸透と毛管上昇にかかわる現象に，第10章ではこれを地下水流出と基底流にそれぞれ適用する．第IV部では流域スケールでの降水に対する応答として生じる，主には河川流出である流れの現象を扱う．この流れは，すでに第II部とIII部で個々に扱った小スケールでの地表面上と表面下の流れの組合せの結果として生じている．第11章ではこれらの流れ現象のさまざまな相互作用とより小スケールのメカニズムに関する主要なパラダイムを扱う．これに続いて，第12章では利用できるさまざまなパラメタリゼーションを示す．第IV部の最後にあたる第13章では，水文データを扱う上で役に立つ統計的な考え方を扱う．最後に，第14章では何世紀にもわたって現在われわれがもっている知識へと変遷しながら到達した，水循環に関する考え方の簡潔な歴史を扱って締めくくりとする．アメリカの哲学者サンタヤーナ (Santayana) の批判的主張は現在ではやや色あせたかもしれないが，もし過去がもう少し記憶されていたならば，近年の水文学における再発見は避けられたのかもしれないのである．

陸域の水循環で生じているこれらの輸送現象を，日々の生活で遭遇し，現在利用できるデータで追跡できるような時空間スケールにおいて取り扱う．水文学は自然科学であり，用いられる言語は数学である．したがって，納得できる仮定を設け，数式を導き出し，パラメタリゼーションを行う．これにより，陸域の水循環のさまざまな段階で関係する重要なメカニズムを記述するのである．結果として得られた式を考察し，可能なら，ある種の典型事例と境界条件に対してこれを解いてみる．これを行う動機としては，第1に，その構造と基になっている仮定，そしてこれが表現しようとしている物理をよりよく理解できるようにすることがあげられる．第2に，実際の適用のために，より複雑なモデル化，シミュレーション，そして予測を行うための基礎と予備知識を得ることをあげることができる．

本書で扱う内容は，私がコーネル大学土木・環境工学部で行ってきた水文学および関連する内容の授業のための講義資料から生まれたものである．水文学のあらゆる角度，あらゆる見解を網羅しようとはしていない．むしろ，読者により重要な現象を広く理解してもらい対象課題をさらに探求する動機づけを与えられるような，私が年月を経てその有効性を見いだしてきた論理の流れに従っ

ている．同様に，参考文献を完全にまとめようとすることも行っていない．しかし，取り上げた文献は他の論文を引用しているので，より重要な発展を追いかけることができるはずである．

原著の副題が示すように，この本は入門書として意図されている．そのため，微積分学と基礎流体力学の知識をもつ自然科学や工学分野の学部4年から大学院生を対象とした，水文学の入門用授業のための教科書として本書は適切だろう．しかし，本書はこのような最初の授業で無理なく扱えるよりはるかに多くの内容を含んでいる．このため，どの内容を選択して扱うかは，授業の目的，学生の志向やレベルによるだろう．当然ながら，教員がこの選択を行う最終的な判断を下すべきである．しかし，この選択の一助となるよう，本文は2つの異なる書式で印刷されている．著者の経験から最初の授業で入れたらよいと考えられる主要な内容は通常の書式となっている．本文のこの部分では，学生が上級向けの部分にほとんど，あるいは全く頼ることなく内容を理解できるように努めた．ある話題については，経験豊富な教員による講義中の説明が疑いなく有用である．上級向け，専門的な性格をもつ内容は，行下げした部分に小さめなフォントを用いてページ左端に灰色の罫線を付してある．この部分は，入門向けの授業では選択的に用いるかあるいは補助的な説明のための内容として，より上級向け授業では普通に扱う内容として意図されている．この2つ目の内容は，これまでにコーネル大学のより専門的な授業である地下水水文学（第8～10章）や境界層気象学（第2～4章）でも使われてきた．

本書は主に水文学の学生を意図して書かれた．しかし，水文学，環境科学，気象学，農学，地質学，気候学，海洋学，雪氷学や他の地球科学分野で働く研究者や技術者にとって，またそれぞれの専門分野に対して重要な水文学の基になっている概念を勉強したい者にとっても，本書はより広い興味の的となるだろう．加えて，自然界の興味深く魅惑的な現象への適用について知りたいと考えている流体力学分野で働く者たちにとっても，本書が役に立つことを願っている．

2005 年
Wilfried Brutsaert

Ter nagedachtenis van mijn ouders Godelieve S.G. Bostijn (-B.) en Daniel P.C.B.
妻トヨに捧げる
And to the life of Siska, Hendrik, Erika and Karl.

日本語版への序文

　本書の日本語版をつくろうという考えは，単に日本の学生たちに新たな水文学の包括的な教科書が必要であるという認識だけから生じたわけではなく，著者と訳者の間の長年にわたる連携関係からごく自然に生まれたものである．このはじまりは 1980 年代中頃に杉田教授がコーネル大学でポスドクとして働き出した時にまでさかのぼれ，その最初の種がまかれたのが第 1 回 ISLSCP (International Satellite Land Surface Climatology Project) 野外観測計画に際して行われた，カンザス州のプレーリー地域での長時間の集中観測中だったのは疑いない．翻訳作業そのものは，私が 2005〜2007 年の間に筑波大学に滞在した際に行われたので，訳者との間で日々のやり取りを行うことができた．本書のさまざまな部分についての多くの議論から，私が本文中で表現しようとした本質的な部分のみだけでなく，正確なニュアンスも彼がとらえていたことは疑いない．

Wilfried Brutsaert

Tsukuba, Fall 2007

訳者まえがき

ひと昔前に比べて，特に理科系の専門書や教科書の翻訳の意義は多少薄れてきたように思います．分野による違いはあるにせよ，先人の努力により現在の日本の学問レベルは，先端かあるいはそこに近いところにあります．このため，日本国内の知をまとめれば，専門書として十分であろうというのが1つの理由です．それにもかかわらず，本書の翻訳を行ったのにはいくつかの理由があります．まず1つは，原著の完成度と網羅する範囲の広さです．水文学は裾野の広い分野ですから1人の研究者がすべてを網羅するのはなかなか難しい．この理由もあり，水文学の多くの専門書が共著となっています．共著にはメリットもありますが，特に編集がきちんとしていない場合には統一性に欠けるというデメリットが生じます．その点，本書の内容は1名の著者が統一した基準，方法に従って著しており，専門書として高い完成度を有しています．それぞれの章も，論文や文献をまとめただけではなく，一部を除くと Brutsaert 教授が自身で行った研究内容を反映しており，高い説得力をもっています．また，教授の授業を受けた者なら誰でも同意してくれると思いますが，教授の講義の明確な論理の流れ，対象を俯瞰的に見られる題材の提示方法が本書にも活かされています．さらに600ページを超える原著のページ数からもわかるように，扱う内容の広さだけでなく，内容が深くかつ細部にわたっているという点もあげることができます．出版業界や執筆者側の事情などから，国内出版の教科書や専門書は200ページ程度が多いように見えます．さらにもう1つの理由として，内輪の事情にはなりますが，国内の大学院の変化をあげることができます．過去において多くの大学院での授業は比較的緩やかな内容が多く，講義の形でみっちり院生に勉強してもらうというスタンスは少なかったのが実情かと思います．これが現在では，大学院に来る学生の質や数の変化，バックグラウンドや修了後の進路の多様化に伴い，学部同様の，シラバスに沿った講義を行う場合が多くなっています．この結果，大学院生向けの教科書や専門書の必要性が生じたことがあげられます．加えて，一般化した大学院における留学生の存在があります．教科書を指定するときに，日本語の教科書を選択すると，留学生にはあまり役に立ちません．このような場合に，同一内容の教科書の英語版と日本語版が存在することは大変助かります．さらに本書初版の場合，中国語版などが出版されており，これで初版でカバーされた部分については，中国などからの留学生も含めて言語の障壁を低くして授業を受けてもらうことができます．もちろん本書は大学院生だけを対象としているわけではありません．関連する分野の研究者や技術者にとってもすぐに役立つレベルの解説がなされており，いろいろな場面で役に立つはずです．

翻訳の方針，約束ごとを以下にまとめました．日本語版の利用にあたって参考になれば幸いです．

● 専門用語について

対応する日本語の専門用語がすでに存在する場合には，おおむねそれを使用した．その確認には辞書と用語集に加え，関連分野の専門書や教科書を利用したが，後者については時間との関係から網羅的とはいかなかった．1つの英語の専門用語に対して，異なる複数の日本語の用語が用いられ

ている時には，翻訳者の判断により1つの用語を選択して採用した．しかし，章の内容により異なる用語をあてることが適切な場合はこの限りではない．英語に対応する日本語の用語が見つからない場合には，関連研究者への聞き取り，ネットワーク上での検索により用語を選択した．ネットワーク上の検索は，発表論文の題目や抄録，大学教員の講義資料，シラバス，研究所の成果報告書などを主な対象とした．また日本語の用語が見つからない場合は，中国の大学関係の利用例を検索した．全体として，英語をそのままカタカナにして用いることは極力避けた．

● 人名表記について

論文を引用する場合はアルファベットのままとし，人名をあげる場合は，初出時にはカタカナ（アルファベット）の形式で併記し，それ以降はカタカナを用いた．カタカナは，すでに定着した表記がある場合はそれを採用し，複数の表記が国内で用いられている場合，あるいは定まった表記が存在しない場合には，アメリカ合衆国での比較的一般的と考えられる発音を表すカタカナ表記とした．例外として，中国系の人の場合は，漢字で人名を表記した．

● 地名表記

国，州レベルまではカタカナまたは漢字（中国系の地名の場合）表記を採用し，それより下のレベルの地名はアルファベット表記をそのまま残した．例外は第14章で，一般的に知られている歴史的な地名を中心に，カタカナ表記を採用した．

● 英語から日本語への翻訳

日本語版の初版については，原著初版を用い，2007年8月版の正誤表の内容を反映させた．第2版については，2023年発行の原著 Second edition を用いた．初版，第2版ともに，不明点については Brutsaert 教授に確認を行い，日本語版にその結果を反映させた．全体として，文単位での正確な逐次訳というよりは，段落単位で原文が伝えようとしている内容が日本語として伝わるように努めた．

● 翻訳作業

日本語版への翻訳は杉田が行い，筑波大学水文科学研究室の同僚（浅沼順，辻村真貴，山中勤，岩田拓記の各氏）に監訳をお願いした．また初版については千葉商科大学の杉田文氏には全章に目を通してもらいコメントをいただいた．ここに記し感謝する．なお，翻訳に関しての最終的な責任は当然ながら訳者にある．

● 補助教材ファイル

翻訳の際に作成した主な専門用語の対訳表を web サイト (http://www.geoenv.tsukuba.ac.jp/~hydro/Hydrology) で提供している．また，本書を講義の教科書や参考書として利用する場合には担当教員向けに各章末の問題の解答例（英語版）が原著出版社の Cambridge University Press から提供されている．あわせて利用されたい．

最後に，本書の翻訳出版に関しまして，初版の販売価格を原著と同程度にしたいという無理なお願いに専門家の立場から取り組んでくださり，これを可能としてくださった共立出版の信沢さんに感謝いたします．第2版についても，昨今の難しい出版状況の中，快く出版を決めていただいた大越さんをはじめとする同社の皆さんには，強く感謝いたします．また，初版の翻訳にあたっては英語の微妙なニュアンス，文の裏側にある歴史的な経緯，私の専門外の内容などについて Brutsaert 教授の日本学術振興会の外国人著名研究者招へい制度による2005〜07年の筑波大学滞在中に毎日のように教えを請いました．同様に，第2版の翻訳時にも，メールや Skype でのやりとりにより，

細部にわたり説明をいただきました．これは私が 20 歳代後半に教授の下でポスドクとしてご一緒させていただいて以来続いている習慣といったところで，1 の質問に対して 5〜10 の内容を丁寧に教えていただきました．このおかげで，本書の翻訳にあたり私自身も十分以上に勉強となり，また楽しむことができました．これは翻訳者の特権と考えておくことにしています．

2024 年 3 月

新入生を待つ筑波大学キャンパスにて　**杉 田 倫 明**

目　　　　次

第 IV 部 降水への応答としての流域スケールの水の流れ

はじめに　　　1

1.1　定義と対象

水文学 (hydrology) は文字どおり水の科学である．この言葉の語源は古代ギリシャ語にあり，$\H{v}\delta\omega\rho$（水）と $\lambda\acute{o}\gamma o\varsigma$（言葉）の複合語である．明らかに，このように広い定義では科学の全分野にまで関係してしまい，あまり役に立たない．

実際，水文学という用語は常に明確に定義されてきたわけではなく，1960 年代になってもまだ水文学が厳密に何をどこまで扱うのかは，はっきりしていなかった．Price and Heindl (1968) は過去100 年間に文献中に記載された定義を調べたが，「水文学とは何か」という問いの答えは文献のレビューからは得られないと結論づけなければならなかったのである．それでも，水文学が陸地と沿岸部の水循環に主たる関心をおく自然科学であるという共通認識が一般にあり，さらに，これまでにこの言葉の範囲を限定するというよりは，むしろ拡大し社会経済的な側面さえ含めようとする傾向にあったと彼らは感じている．

しかし，過去数十年の間に，この専門分野での活動の増加とその発達に伴って，より正確な定義がなされるようになってきた．現在，水文学は，特に次にあげるような項目と関連する自然環境中の水循環を扱う科学であると広く受け入れられている（たとえば Eagleson, 1991 参照）．

— **陸域の水循環プロセス**　陸域で（固体，液体，気体の）水のさまざまな経路においてあらゆるスケールで生じる物理・化学プロセス．これには，この水循環に直接影響を与える生物学的なプロセスも含む．
— **地球規模水収支**　地球システムのあらゆる要素（すなわち，大気，海洋，大陸）に蓄えられる水の量と滞留時間および要素間で生じる（固体，液体，気体の）水輸送の時空間的な特性．

水文学が陸域の水にかかわるプロセスを対象とすることが明白に定義されているため，気象学，気候学，海洋学，雪氷学など各々が扱う領域，すなわち地球の大気，海洋，氷河などの中だけでの水循環を扱う分野とは性質が異なっている．しかし同時に，水文学は地球規模水収支を介して個々の要素間の水交換を扱うという点で，他の地球科学分野をまとめ，結びつけているのである．

この定義により，工学や他の応用分野における水文解析の実際的な対象についても述べることができる．これは，対象とする場所と時間において，人間による直接的な制御や干渉のない，自然条件下で見られる水の流れの速度および（あるいは）水の量を決定することからなる．人間による制御が関与しないという点は，水文学をこれと密接な関係にある水理学と区別するために必要である．水理学は，しばしば人間によりつくられた明確に定められる環境下での制御された流体の運動を扱う学問である．たとえば，管路の流れ，灌漑用水の分配，あるいは地下水の揚水にかかわる問題は，本質的に水文学ではなく，水理学の領域に属するのがより適切である．

1.2 水循環

　水循環は水文学的循環 (hydrologic cycle) ともよばれ，水が自然界において異なる相をとりながら大気中を移動し，陸地面に落下し，陸地を通って海洋へと移動し，再び大気へと戻る経路を表している．大気中の水蒸気が凝結し降水として陸面に降ると，まず表面を湿らせ，その一部は遮断 (interception) により貯留され，後に蒸発する．降水 (precipitation)（そして同様に融雪 (snowmelt)）が続くと，その一部は地表面上を地表流 (overland flow) すなわち表面流出 (surface runoff) として流れ，一部は土壌中へと浸透 (infiltration) していくだろう．この表面流出はすぐに局所的な水たまりや小さな池にくぼみ貯留 (depression storage) として集まったり，ガリー (gully) やより大きな水路に集まり河川流 (streamflow) として流れ続け，最終的には湖沼や海洋といった大きな水体に達する．河川流は通常ハイドログラフ (hydrograph) で表現される．これは水位観測所における流量を時間の関数として表したものである．浸透した水は地表面近くの土壌層を通って素早く泉や近くの水流へと流出するかもしれない．あるいは土壌中をゆっくりと浸透し地下水 (groundwater) の一部となる場合もある．この地下水も遅かれ早かれ，河川，湖沼などの開水面を有する水体へと流出する．浸透した水の一部は土壌中に毛管力などの要因で保持され，植物の根による吸水に利用される．

　帯水層 (aquifer) とよばれる土壌層や地層中の間隙や割れ目は水を通すことができる．帯水層が地表面と直接接触している時にはこれは不圧 (unconfined) 帯水層とよばれる．帯水層中で水圧と大気圧が等しい点のつながりを地下水面 (water table; WT) とよぶ．地下水面は飽和帯と乾燥した層を分ける真の自由水面ではないが，時として，解析を平易にする目的で，不圧帯水層中の地下水の上部境界であると仮定される．帯水層中の地下水面と地表面の間にある不飽和帯はしばしば通気帯 (vadose zone) とよばれる．不圧帯水層中では地下水という言葉は普通は地下水面下にある水を意味する．土壌水 (soil water) あるいは土壌水分 (soil moisture) が地下水面上の水を表している．水を帯びた地層と地表面の間に不透水層 (impermeable layer; IL) がある時，この帯水層を被圧帯水層 (confined aquifer) とよぶ．河川流は表面流出と（堤防沿いに位置する）河畔域 (riparian) 帯水層からの地中流出 (subsurface runoff) により維持されている．地下水流出で維持されている河川流はしばしば基底流 (base flow) とよばれる．降水により引き起こされる洪水流 (storm flow) あるいは洪水流出 (storm runoff) が存在しないので，基底流は干ばつ流 (drought flow) あるいは晴天時の流れ (fair weather flow) ともよばれる．

　最後に水循環を完結させるのは蒸発 (evaporation) で，さまざまな流路を通りながら，あるいはさまざまな貯留段階において，蒸発により水が大気へと戻されるのである．蒸発が植物の気孔を介して生じる時，これを蒸散 (transpiration) とよぶ．開水面や土壌面から直接起きる蒸発と植物の生物学的な蒸散を分離するのは容易ではない．そこで両者を合わせたプロセスを蒸発散 (evapotranspiration) とよぶことがある．この用語は生育期間中の農地や森林では，時として蒸発の説明に役立つ場合があるが，一般的な用語としては誤解を招く恐れがある．というのは，蒸発散は，降雨に伴う遮断された水，景観中に点在する小さな開水面や，冬期に多くの地域で雪面や氷面からの蒸発に伴い生じる重要な水蒸気フラックスを含んでいないからである．氷の蒸発は時として昇華 (sublimation) とよばれる．このような区分は時として役に立つ場合もあるが，すべての気化のプロセスを表すのに蒸発という用語を用いるのが通常は適切であり，また望ましい (Miralles et al., 2020)．以上の主たる水文プロセスを図 1.1 に示してある．

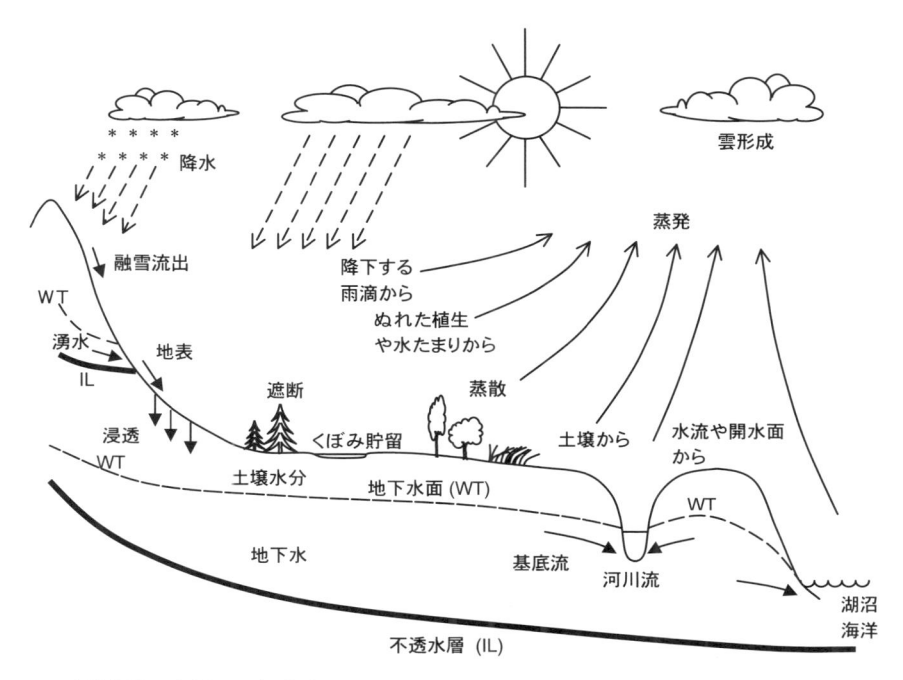

図 1.1 陸域部分の水循環の主要プロセス

1.3 地球規模水収支の推定値

水収支式の主要項の地球規模での大きさの推定が，多く試みられてきた．この目的に必要なデータはまだ十分というにはほど遠く，推定で用いられたいくつかの方法は批判の的となるかもしれない．それでも，いくつかの計算結果の間にまずまずの一致がみられ，この結果から，限界はあるものの，世界のさまざまな気候帯における長期間の平均的水収支の有用な情報を得ることができる．

表 1.1 に示されるように，全球平均では，年降水量 P は年蒸発量 E と等しく，P および E は水高で 1 m 程度である．しかし，地球上の海洋と陸域それぞれの年平均の P および E は大きく異なる．海洋では P より E がわずかに多いため，この分は海洋から大気に向かう輸送となる．そして，これは陸域での P の E に対するより大きな余剰の一部と釣り合っている．陸域の余剰分の残りは，定常状態，すなわち長期間の平均としてみると，河川の海洋への流出 R と考えることができる（R の単位も単位時間あたりの水柱高で表してある）．すなわち，地球の陸面での平均年水収支は，

$$R = P - E \tag{1.1}$$

と表すことができる．

陸域上での平均降水強度 P が約 0.80 m yr^{-1} なのに対し，これに対応する平均蒸発量 E は約 0.50 m yr^{-1} で，これは降水量の約 60%から 65%である．したがって，長期間，全陸域に対して平均すると，年流出量 R は 降水量の約 35〜40%となる．南アメリカと南極大陸を除き（表 1.2 参照），個々の大陸に対する値は全球の値と大きくは異ならない．降水と河川流出の測定は地球上の多くの地点でこれまで定期的に行われてきた．これと対照的に，あまり蒸発には関心がはらわれてこなかった．系統的な測定が試みられるようになってきたのはごく最近のことである (Pactorello *et al.*, 2017)。

表 1.1 世界の水収支の推定値 (m yr^{-1})

| 文献 | 陸地 (1.49 × 10^8 km^2) | | | 海洋 (3.61 × 10^8 km^2) | | 全球 |
	P	R	E	P	E	$P = E$
Budyko (1970, 1974)	0.73	0.31	0.42	1.14	1.26	1.02
Lvovitch (1970)	0.73	0.26	0.47	1.14	1.24	1.02
Lvovitch (1973)	0.83	0.29	0.54	—	—	—
Baumgartner and Reichel (1975)	0.75	0.27	0.48	1.07	1.18	0.97
Korzun *et al.* (1978)	0.80	0.315	0.485	1.27	1.40	1.13
Rodell *et al.* (2015)	0.80	0.31	0.48	1.11	1.23	1.02

表 1.2 得られるデータからの大陸の平均降水量（と河川流出量）の推定値 (m yr^{-1})*

	ヨーロッパ	アジア	アフリカ	北アメリカ	南アメリカ	オセアニア	南極
陸地の割合 (%)	6.7	29.6	20.0	16.2	12.0	6.0	9.5
文献							
Lvovitch (1973)	0.734	0.726	0.686	0.670	1.648	0.736	—
	(0.319)	(0.293)	(0.139)	(0.287)	(0.583)	(0.226)	—
Baumgartner and Reichel (1975)	0.657	0.696	0.696	0.645	1.564	0.803	0.169
	(0.282)	(0.276)	(0.114)	(0.242)	(0.618)	(0.269)	(0.141)
Korzoun *et al.* (1977)	0.790	0.740	0.740	0.756	1.600	0.791	0.165
	(0.283)	(0.324)	(0.153)	(0.339)	(0.685)	(0.280)	(0.165)

* 対応する蒸発量の値は式 (1.1) で計算できる.

表 1.3 全球での水体ごとの水貯留量の推定値（地球表面積に対する水深 (m) として表現）

データの出典	Lvovitch (1970)	Baumgartner and Reichel (1975)	Korzun *et al.* (1978)
海洋	2,686	2,643	2,624
氷冠と氷河	47.1	54.7	47.2
全地下水	117.6	15.73 （南極を除く）	45.9
（活動的地下水）	(7.84)	(6.98)	—
土壌水	0.161	0.120	0.0323
湖沼	0.451	0.248	0.346
河川	0.00235	0.00212	0.00416
大気	0.0274	0.0255	0.0253

　水体ごとの水の存在量を，地球が完全な球体と仮定してその表面上の水深として表した推定値を表 1.3 に示してある．これから地球上の永久氷河や深部地下水として貯留された水以外の活動的な淡水の量と比べると，1 m の年平均降水量が比較的多いということがわかる．これは活動的な部分の水循環の回転が割と早いこと，水循環の主要部分のいくつかの滞留時間が比較的短いということを意味している．平均滞留時間は貯留量と貯留への（あるいは貯留からの）フラックスの比として与えられる．たとえば大陸の流出量 0.30 m yr^{-1}（表 1.1）と地球表面の 29% を占める陸地部分での河川貯留量 (0.003/0.29) m から，世界の河川の平均滞留時間が 13 日程度であることがわかる．同様に地球全体の蒸発量 1 m yr^{-1} と大気の貯留量 0.025 m から，大気の平均滞留時間が 9 日程度であることがわかる．これはともにかなり短い．さらに海洋が地球表面の約 71% を占めていることから，水循環中の活動的な淡水は海洋からの蒸発により蒸留され再生され続けているのである．

　世界のさまざまな地域における水収支要素の概略を示す分布図が，たとえば Lvovitch (1973)，Budyko (1974)，Baumgartner and Reichel (1975)，Korzoun *et al.* (1977) などにより公表されて

表 1.4 地球表面の全球熱収支の推定値 (W m^{-2})

文献	陸地			海洋			全球		
	R_n	$L_e E$	H	R_n	$L_e E$	H	R_n	$L_e E$	H
Budyko (1974)	65	33	32	109	98	11	96	80	16
Baumgartner and Reichel (1975)	66	37	29	108	92	16	96	76	20
Korzun *et al.* (1978)	65	36	29	121	109	12	105	89	16
Ohmura and Raschke (2005)	62	36	26	125	110	15	104	85	19
Trenberth *et al.* (2009)	65.5	38.5	27	110	97	12	98	80	17
Wild *et al.* (2015)	70	38	32	117	100	16	103	82	21

きた．水循環の主要要素である P, R, E の相対的・絶対的な大きさは地点間で大きく変わりうる．砂漠に位置する地点では全 3 項目の長期平均値は明らかに無視できる量である．逆に，モンスーンの影響下にある山岳地域であるインド東部メガーラヤ州 Cherrapunji では 26.5 m に達する最大年降水量の値が記録されている．西大西洋のメキシコ湾流では，Bunker and Worthington (1976) が 3.73 m yr^{-1} に達する最大平均蒸発量を推定し，アカバ湾では Assaf and Kessler (1976) が 4 m yr^{-1} あるいは 5 m yr^{-1} にさえ達する値を推定している．

　近年，大気中で増え続ける温室効果ガスによる現在の気候変化を扱った研究が多くなされてきた．これまでのところ，いくつかの地域では水循環が加速していることを示す数多くの兆候がある (Brutsaert and Parlange, 1998; Karl and Knight, 1998; Lins and Slack, 1999)．地球全体で見ても，表 1.1 に示されたフラックスが緩やかで平均的な大気温度の上昇と同期して変化していることが現在わかっている．たとえば，Wentz *et al.* (2007) は主に海洋上の衛星による測定値に一部陸域のデータを合わせて，1987〜2006 年の間に大気中の総水蒸気量の相対的な上昇速度 W'/W，全球降水量の上昇速度 P'/P，そして全球蒸発量の上昇速度 E'/E が概略等しく 0.0013 yr^{-1} であることを示した．（ここでアポストロフィ ()$'$ は平均時間微分 $d()/dt$ を表す）．この世紀の変わり目の 20 年の間には，下部対流圏における全球の温暖化速度は約 $T' = 0.02$°C yr^{-1} である．すると，年あたり 0.13% の平均トレンドは 1 K の温暖化あたりにすると 6〜7%，およそ 0.065 K^{-1} にあたることを意味している．この値はクラウジウス・クラペイロンの式（Clausius-Clapeyron equation, C-C 式，式 (2.13) 参照）から，下部対流圏の全球平均として一般に受け入れられている 14°C における一定の相対湿度を用いて導出される値と概略等しい．この C-C 式との相似性を用いた Brutsaert (2017) は 20 世紀後半の水循環の全球上昇速度が $P' = E' = 1.0$ mm yr^{-2} であることを示した．全球の陸面蒸発量のトレンドは，この値の約半分の 0.4〜0.5 mm yr^{-2} 程度である．これと非常に似た値が他の方法を用いた研究でも得られている (Brutsaert, 2006; Miralles et al., 2014; Anabalón and Sharma, 2017)．全球の降水量トレンドに対応して，全球の流出量も増加していることが観測されてきた．地球上の大河川の月流量から Labat et al. (2004) はこの増加が 1 K あたり約 4% と推定した．興味深いことに，この値も上で述べた C-C 式から求めた降水や蒸発量に対する 0.065 K^{-1} とおおむね同程度である．しかし，流出量の変化は，異なる大陸で大きな幅があり，ある地域では負のトレンドを示すところも含まれている (Zhang et al., 2015)．

　水循環と気候の強い結びつきは表 1.4 の全球平均の地表面熱収支の推定値からも見て取ることができる．広域に対して十分長い期間をとると非定常，融解，光合成や水平移流などの効果は無視でき，地表面熱収支は

$$R_n = L_e E + H \tag{1.2}$$

と表すことができる．R_n は正味の下向き放射のフラックス，L_e は気化の潜熱，E は蒸発速度，H は大気への顕熱のフラックスである．下向き放射の大部分は地球表面近くで吸収され，内部エネルギーへと変換される．この内部エネルギーの上向き長波放射，顕熱の上向きの伝導と対流 H，潜熱 $L_e E$ への分配が大気を駆動する主たるプロセスの1つである．表1.4（図2.28 も参照）から正味の放射エネルギーが主に蒸発に使われていることがわかる．海洋上では潜熱フラックス $L_e E$ は平均すると正味放射量の 90% 以上となる．しかし，陸面上でも $L_e E$ は平均して R_n の半分より大きい．

地球上の加熱分布が大気循環を引き起こしているので，この大きな潜熱フラックスが意味することは明らかである．気化の潜熱 L_e が比較的大きいため，水の蒸発は，ほぼ等温な条件下においての多量のエネルギーの移動と再分配を伴っている．飽和時でも空気は比較的少量の水蒸気しか含めず，また水蒸気は上空では凝結しやすいため，空気は容易に乾燥してしまう．この凝結に伴って生じる熱の放出とそれに続く降水は大気中の最も大きな熱源である．つまり水循環のプロセスが天気と気候を支配する中心的な役割を果たしているのである．

1.4　方法と手順

本書は主に地球の陸面上の連続した循環プロセスにおける水の存在と輸送を記述することを目的としている．これを始めるにあたり，この目的に利用できるさまざまな方法を手短にレビューすることが大事であろう．

1.4.1　統計解析とデータ変換

1.2 節でみたように，水文解析の主たる目的の1つは，人間の直接的な制御がない状態の水の貯留あるいは移動中の量を，任意の時間と場所に対して決定することにある．信頼できる水文データの観測値が得られる場合，この記録の単純な統計解析から多くのことを知ることができる．このような方法は，定常なシステムに対して，一般的な計画目的で長期間の振る舞いを予測する際には適切であるが，たとえば洪水期間に対する短期または緊急時の予測，あるいは日々の資源管理の決定などには適さない．さらに信頼できるデータというものは，ある限られた期間に対していくつかの地点においてしか存在せず，実際問題としては必要な場所にはないことが多い．水文学ではしばしばこういった問題があるので，直接には興味の対象ではないが利用できるある種のデータを，必要とされる水文学の情報に変換する方法を考案することが必要となる．たとえば，ある地点の河川流量を，その上流あるい下流側に存在する他地点における既知の流量，あるいは上流側流域内の既知の降雨分布から決定する問題が1つの例である．他にも，土壌と植生からの流域蒸発量を利用可能な気象データから推測する問題もこのような例である．

1.4.2　「物理的」アプローチと「システム論的」アプローチ

水文学的な入力を出力に変換するのに用いられてきた方法や枠組みを分類した多くの試みを，水文学の文献に見ることができる．これまで，2つの対照的な方法である「物理的」アプローチと「システム論的」アプローチを考えるのが一般的であった．水循環における水の流れと輸送を表すために，物理的アプローチでは，流体力学と熱力学の既知の保存式を適切な境界条件の下で解くことで入力–出力の関係を求める．この方法には明らかな限界がある．ほとんどの水文システムの地文学的・地形学的な特性は非常に複雑かつ多様で，また境界条件の不確かさが非常に大きいので，ある

非常に単純化した状況下でしか解が得られない．自然流域の特性は決して十分な精度で測定することができず，実際の条件をごく大ざっぱに近似した極めて理想化された条件に対してのみ，流体力学の第1原理から始まる内部記述に基づいた解が得られるのである．

水文「システム論的な」（または「オペレーショナル」あるいは「経験的な」）アプローチは全く反対の原理に基づいている．この方法では水循環のさまざまな要素の物理構造や内部メカニズムは考慮されない．その代わり，どのように定義するにせよ，各要素はブラックボックスとしてとらえられ，解析は外部からの入力（たとえば降雨，気温など）と出力（河川流，土壌水分，蒸発など）の間の数学的な関係を見いだすことに焦点をおく．この数学的関係の構造は，ほとんどの場合，自然界の実際の現象の物理的な構造とは大きく異なっている．このような内部の物理構造と求めた数式に対応性がみられないため，同定や予測においてよく知られたアルゴリズムや客観的な基準を用いることができ，そこからこの方法の汎用性が生まれているのである．しかし，このことがこの方法の限界の要因ともなっている．まず，原因と結果を決める際の入力変数と出力変数の定義が，ほとんどの場合，過去の経験をふまえた直感に頼っており，重要な現象を見過ごしてしまう危険性がある．第2に，ブラックボックス的な方法で期待できるのは，既存の入力–出力記録の満足のいく再現までである．このようなデータが利用できる時でもシステム内の非定常な効果に完全に適応することは難しく，都市化，森林伐採，開墾や干拓，あるいは気候変化から生じる水文学的な変化を予測することは不可能である．

多くの水文学的な方法はこの物理と経験に分ける分類にうまくあてはまらず，第3の方法としての両者の中間的な立場がありうる．この方法では，水文単位（たとえば集水域）の応答はある理想化された要素，すなわちグレーボックスで表現される．これは自然界に実際に存在する，一見してそれとわかるような要素と対応しており，その入出力応答関数は，重要と認められた物理プロセスを扱いやすいように，適切に単純化した条件に対して得られる解に従って構造化されている．この第3の方法はしばしば「概念モデル」アプローチともよばれた．

一見したところ，物理的，経験的，概念的な3つの異なる方法に基づく分類はもっともらしく見える．しかし，この分類が実際の個々の事例に適用できるかは明白ではない．実際，物理的と経験的の違いは何なのか聞きたくなる者もいるだろう．何といっても，自然科学の本質は実験と概念化なのである．さらにある分野の物理的な方法は，大抵別な分野では経験的あるいは概念的なモデルなのである．たとえばニュートンの粘性せん断の「法則」は流体力学の広い領域で物理的な基礎をなしているが，分子物理学ではこれは単なるブラックボックス的な単純化にすぎない．ダルシー則は地下水水文学の多くの物理的な基礎をなしているが，流体力学では，これは不規則であいまいな間隙のネットワークの複雑性を避けるためのオペレーショナルアプローチととらえることもできる．同じジレンマが水文学で使われるほとんどの独特な概念にも内在している．この物理的・経験的・概念的アプローチの違いのあいまいさから，方法の分類は他の基準でなされるべきであることがわかる．

1.4.3 水平スケールとパラメタリゼーション
● 一般的なアプローチ

すべての自然の流れは，質量，運動量とエネルギーの保存の原理に支配されている．生じている現象を数学的に記述するために，これをいくつかの方程式を用いて表現する．しかし通常は利用可能な保存則の式よりも従属変数の方が多いため，システムを閉じるには他の関係を導入する必要が

ある．このクロージャー関係はパラメタリゼーション (parameterization) ともよばれ，ある特定の物理メカニズムを記述するためにいくつかの変数を関係づける．これらの関係の数式の形や対象とする現象にかかわる物質などを特徴づける定数，すなわちパラメータ (parameter) は，通常実験により決められている．

　第2の大事な点は，どのような物理現象も与えられたスケールで考えなければならないことである．このスケールは（データに依存する）利用可能な解像度，または（研究の目的により）選択した解像度である．基本的な保存則の式は，現象を考察するスケールによって影響を受けることはないものの，その中のほとんどのクロージャー関係はスケールに非常に敏感であることが，本書の後の方で明らかになる．実際パラメタリゼーションとは現象の解像度以下（すなわちマイクロスケール）のプロセスを，解像度のスケール（すなわちマクロスケール）の変数を用いて数学的に表現することであると考えることもできる．これらマクロスケールの変数は解析で明示的に扱うことができるか，測定記録が得られるものである．つまりマイクロスケールのメカニズムは明示的には考察されず，その統計的な効果を数学的にマクロスケール変数を用いたパラメタリゼーションによって定式化しているのである．

　以上から，少なくとも原理的には，内部メカニズムをパラメタライズする水平スケールが，1つの方法を他と区別する基準としてよいかもしれないことが示唆される．たとえば，ニュートンの粘性せん断応力の式（式 (1.12) 参照）は典型的には mm〜cm のスケールの変数でのパラメタリゼーションである．しかし，この式はずっと小さなスケールである分子レベルでの運動量交換を反映している．透水係数は土壌間隙中の水と空気に対するニュートン粘性（ナビエ・ストークス）スケールと，浸透と排水問題での圃場スケールの間に位置するいわゆるダルシースケール（第8章参照）のパラメータである．水文学の研究で扱われてきたいくつかの一般的な水輸送プロセスに対する水平スケールを，対応する代表時間スケールとともに図1.2 に示してある．

　地球の陸面上では，集水域または流域の大きさが中心的な重要性をもつスケールとして登場する．流域 (basin, watershed, drainage area) と集水域 (catchment) はほぼ同義でしばしば互いに交換できるものとして使われている．流域は河川のある点での開水路の流れに寄与する全上流域と定義できる．流域の大きさは対象とする河川系のどの点を選択するかにより決まる．この地点として，河川が湖や海洋などの大きな水体に流れ込む所，または河川がより大きな河川に支流として流れ込み名前が変わる所が通常選ばれる．しかし流域あるいは集水域は，河川流量が測定されている地点においても定義できる．流域は，普通，尾根を境界として陸面の地形によってその形状が自然に決まっており，陸面上の物質とエネルギーの自然運搬システムと考えることができる．気象学では大気の動きと気象システムにより関心がもたれ，その結果，やや異なるスケールの分類がなされている．一般に使われる分類の例を表1.5 に示す．

表 1.5　大気現象の一般的なスケール分類 (Orlanski, 1975)

スケール	スケールの範囲
マイクロ γ	$<20\,\mathrm{m}$
マイクロ β	$20\sim200\,\mathrm{m}$
マイクロ α	$200\,\mathrm{m}\sim2\,\mathrm{km}$
メソ γ	$2\sim20\,\mathrm{km}$
メソ β	$20\sim200\,\mathrm{km}$
メソ α	$200\sim2{,}000\,\mathrm{km}$
マクロ γ	$>2{,}000\,\mathrm{km}$

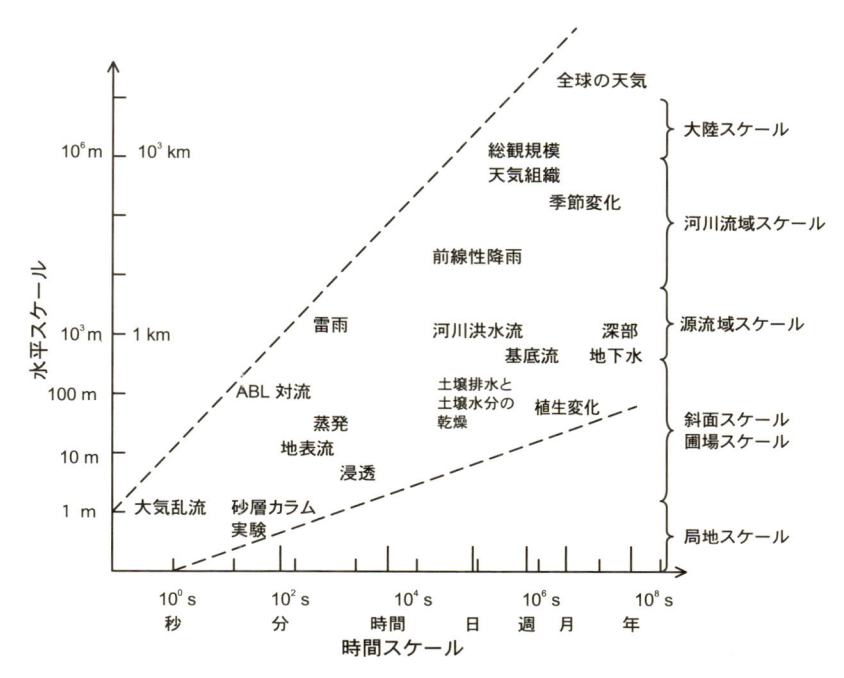

図 **1.2** 水文学で重要ないくつかの一般的物理プロセスの時空間スケールのおよその範囲

　以上をまとめると，水文現象を記述する方法を決めるにあたり，物理的・ブラックボックス的あるいは概念的方法のどれを用いるかはおそらくそれほど大事でないことがわかった．むしろ利用できるデータや測定されたデータ，そして対処すべき問題に適切なのはどのスケールなのかを決めることの方が重要である．つまり，適切なパラメタリゼーションのレベルがどこにあるかということである．

● 空間変動性と有効パラメータ

　上述のとおり，パラメタリゼーションとは，問題となっている現象を記述する変数間の関数関係と定義することができる．この関係には物質や流体の特性，植生，地形，地質などの地文学的性質を反映した1つ以上の定数を常に含んでいる．これはパラメータとよばれ，通常実験によって決定される．ほとんどの水文学的パラメータは空間変動性が非常に大きい．そこで，流れを記述するためにこのような空間に依存するパラメータを実験的に決定する場合には，そのパラメータを用いるスケールにおいて決めなければならないのは当然である．

　第2の重要な点はどのようなパラメタリゼーションも，通常はある有限な水平スケールの範囲でのみ有効であり，計算のスケール，すなわち積分範囲あるいは方程式の離散化がこの範囲の中になければならないことである．実際には，必要なデータがある粗い解像度でしか存在しないかもしれず，元々は意図していなかった許されるより大きなスケールに対してパラメタリゼーションを適用しなければならないかもしれない．このような場合，自然環境中に普通に存在する細かいスケールでのパラメータの空間変動性は，利用できるデータでは考慮できない．この問題は，より大きなスケールでのパラメタリゼーションにもあてはまるが，平均あるいは有効 (effective) パラメータ値を用いた適用が可能であると仮定することでしばしば解決される．この方法は常にうまくいくわけではなく，今でも大事な研究対象である．大気–陸面相互作用に関するこの問題のいくつかの側面は，

2.7 節や Brutsaert (1998) で扱われている.

● 必要条件

　パラメタリゼーションが役に立つためにはいくつかの条件が満たされなければならない. まず, パラメタリゼーションが有効 (valid) すなわち, 対象とする現象を正確に記述できなければならない. この言葉はラテン語の validus からきており, 「健康な」とか「丈夫な」, そこから「信頼できる」といった意味である. 検証 (validation) という用語はパラメタリゼーションのテストを行うことを指し, 通常このパラメタリゼーションを用いた計算結果の観測値に対する適合度の検定を行う. 役に立つパラメタリゼーションは, 有効であることの他にも節約性 (parsimony)[1]と頑健性 (robustness) の 2 つの要求を満たさねばならない. 現象を記述するのに, あるパラメタリゼーションが他より少ない変数やパラメータしか必要としない時, このパラメタリゼーションは他より節約性に優れている (parsimonious) という.

　パラメタリゼーションの構造, 入力変数やパラメータの誤差や不確実性に対して出力が比較的敏感ではない時, このパラメタリゼーションは頑健 (robust) であるということができる. 水文学では, 通常, モデル (model) とはより複雑な現象とその相互作用をシミュレートするために, いくつかのパラメタリゼーションを組み合わせたものを指す.

1.5　保存則：運動方程式

1.5.1　流体特性の変化速度

　流速場 $\mathbf{v} = u\mathbf{i} + v\mathbf{j} + w\mathbf{k}$ で移動している流体を考えよう. ここで (u, v, w) は速度成分, $(\mathbf{i}, \mathbf{j}, \mathbf{k})$ は (x, y, z) 方向の単位ベクトルである. $C(x, y, z, t)$ を流れのある特性としよう. 時刻 t に (x, y, z) に存在する流体粒子の特性が変化する速度は, この粒子を $t + \delta t$ の時刻における微小距離離れた新しい位置 $(x + u\delta t, y + v\delta t, z + w\delta t)$ まで追跡することで求めることができる. すると, 流体の特性は

$$C(x + u\delta t, y + v\delta t, z + w\delta t) = C + \frac{\partial C}{\partial x}u\delta t + \frac{\partial C}{\partial y}v\delta t + \frac{\partial C}{\partial z}w\delta t + \frac{\partial C}{\partial t}\delta t$$

と表せる. つまり微小変位の後, 流体の特性は新しい値 $C + (DC/Dt)\delta t$ をとる. これから, 移動している流体粒子の特性 C の変化速度が

$$\frac{DC}{Dt} = \frac{\partial C}{\partial t} + u\frac{\partial C}{\partial x} + v\frac{\partial C}{\partial y} + w\frac{\partial C}{\partial z} \tag{1.3}$$

で与えられることがわかる. DC/Dt は一般に実質 (substantial) 時間微分とよばれるが, 他にも流体力学的 (fluid mechanical) 時間微分, 流体塊とともに移動 (following the motion) する時の時間微分, あるいは物質 (material) 微分または粒子 (particle) 微分などともよばれることがある. 物理的には, 式 (1.3) は流体とともに移動している観測者が見るであろう特性の全変化速度である. 右辺第 1 項は (x, y, z) で局所的に生じている変化を表す. 残る 3 項は異なる C の値をもつ地点間を移動する際に観測される変化を表している. 変化速度は移動速度 (u, v, w) に依存している.

---

[1] 「オッカムのかみそり (Ockham's razor)」としても知られている節約の法則 (law of parsimony) がここで思い起こされる. 実はこの原理はアリストテレスがすでに発表しており, かみそりは基本的には Ockham (1989; pp.17, 20, 128) の言い換えである. 2,300 年以上前に Aristotle (1929) は, たとえば『自然学 (*Physics*)(I, 6, 189a, 15)』に「限られた数の原理をもってしても認識は可能であり, しかも無限に多くの原理をもってするよりは, …, 限られた数の原理をもってする方がよりよいからである.」(訳注：和訳部分は『アリストテレス全集 3 自然学』岩波書店より引用. 以下同様), 『自然学 (VIII, 6, 259a, 10)』には「…, 同じ結果になる〔同じように事実を説明しうる〕ならば, われわれは常に有限なものどもをとるべきであるから. というのは自然的なものどものあいだでは, …, 有限なもの, より善いものがむしろ存在するべきであるから.」と述べている.

1.5.2 質量の保存：連続の式

　水文学はさまざまな時間と位置で観測される水の量に関心があるため，質量の保存が主たる支配原理である．この原理を具体的に表現するにはいくつかの方法がある．

● 点での保存

　1 つの方法は，オイラー (Euler) の 1755 年の導出 (Lamb, 1932) に従うもので，時刻 t に微小体積 $\delta\forall = (\delta x \delta y \delta z)$ を占める流体質量要素を考える．この微小体積は図 1.3 に 2 次元で ABCD として示され，その中心は，速度 $\mathbf{v} = u\mathbf{i} + v\mathbf{j} + w\mathbf{k}$ で移動している．単位体積あたりの流体質量，すなわち密度が ρ であれば，要素の質量は $(\rho\delta\forall)$ で与えられる．化学反応あるいは湧き出し (source) や吸い込み (sink) がなければ，この要素の質量は変わらず同じままでなければならない．それゆえ，流体の特性としてこの流体の質量をとり，$C = (\rho\delta\forall)$ とすれば，式 (1.3) を用いて

$$\frac{D(\rho\delta\forall)}{Dt} = 0$$

あるいは

$$\rho\frac{D(\delta\forall)}{Dt} + \delta\forall\frac{D\rho}{Dt} = 0$$

$$(1.4)$$

と書ける．図 1.3 に示すように，流体要素の体積変化速度 $D(\delta\forall)/Dt$ は，流体要素が微小時間 δt の間に ABCD から A′B′C′D′ へ移動するのを追跡することで求められる．点 H は

$$x = x_0 - \frac{\delta x}{2} + \left(u - \frac{\partial u}{\partial x}\frac{\delta x}{2} + \frac{\partial^2 u}{\partial x^2}\left(\frac{\delta x}{2}\right)^2\frac{1}{2} - \cdots\right)\delta t$$

および

$$z = z_0 + \left(w - \frac{\partial w}{\partial x}\frac{\delta x}{2} + \frac{\partial^2 w}{\partial x^2}\left(\frac{\delta x}{2}\right)^2\frac{1}{2} - \cdots\right)\delta t$$

に位置し，点 F の位置は

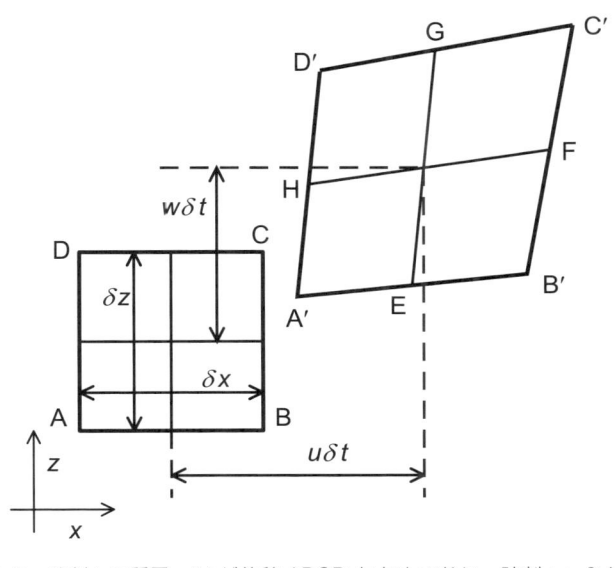

図 **1.3** 時刻 t に質量 $\rho\delta\forall$ が体積 ABCD を占めており，時刻 $t + \delta t$ にはこの同じ流体塊が A′B′C′D′ に移動した．体積の中心が (x_0, y_0, z_0) から $(x_0 + u\delta t, y_0 + v\delta t, z_0 + w\delta t)$ へと移動．図は見やすいように 2 次元で表してある．第 3 の座標軸 y は図の面に直角に入る方向であると考えること．

$$x = x_0 + \frac{\delta x}{2} + \left(u + \frac{\partial u}{\partial x}\frac{\delta x}{2} + \frac{\partial^2 u}{\partial x^2}\left(\frac{\delta x}{2}\right)^2\frac{1}{2} + \cdots \right)\delta t$$

および

$$z = z_0 + \left(w + \frac{\partial w}{\partial x}\frac{\delta x}{2} + \frac{\partial^2 w}{\partial x^2}\left(\frac{\delta x}{2}\right)^2\frac{1}{2} + \cdots \right)\delta t$$

である．そこで x 軸に射影した HF 部分の長さは $[\delta x + (\partial u/\partial x)\delta x\delta t]$ で与えられる．同様にして z 軸に射影した EG 部分の長さ $[\delta z + (\partial w/\partial z)\delta z\delta t]$，$y$ 方向に射影した長さ $[\delta y + (\partial v/\partial y)\delta y\delta t]$（図 1.3 には示されていない）が求まる．$\delta x, \delta y, \delta z, \delta t$ が十分に小さければ，高次項は無視でき，時刻 $t + \delta t$ にこの質量で占められる体積は，これら 3 つの部分の積ととることができる．つまり，δt の間の体積変化は

$$\frac{D(\delta x\delta y\delta z)}{Dt}\delta t = \left(1 + \frac{\partial u}{\partial x}\delta t\right)\delta x\left(1 + \frac{\partial v}{\partial y}\delta t\right)\delta y\left(1 + \frac{\partial w}{\partial z}\delta t\right)\delta z - \delta x\delta y\delta z$$

となり，結局

$$\frac{D(\delta\forall)}{Dt} = \left(\frac{\partial u}{\partial x} + \frac{\partial v}{\partial y} + \frac{\partial w}{\partial z}\right)\delta\forall \tag{1.5}$$

である．より簡潔なベクトル表記法を用いれば，次式としても表せる．

$$\frac{D(\delta\forall)}{Dt} = \nabla \cdot \mathbf{v}\delta\forall \tag{1.6}$$

ここで ∇ は演算子であり，$\nabla = (\partial/\partial x)\mathbf{i} + (\partial/\partial y)\mathbf{j} + (\partial/\partial z)\mathbf{k}$ である．式 (1.5),(1.6) から，発散 $\nabla \cdot \mathbf{v}$ がその名前が示すとおりの流体要素体積の変化速度を表していることがわかる．この結果を用いると，式 (1.4) は

$$\frac{D\rho}{Dt} + \rho\left(\frac{\partial u}{\partial x} + \frac{\partial v}{\partial y} + \frac{\partial w}{\partial z}\right) = 0 \tag{1.7}$$

と書け，ベクトル表記では

$$\frac{\partial\rho}{\partial t} + \nabla \cdot (\rho\mathbf{v}) = 0 \tag{1.8}$$

である．式 (1.7),(1.8) が古典的な形の連続の式である．式 (1.8) の形は，$(\rho\mathbf{v})$ が任意の物質の単位時間あたり，単位断面積あたりの質量輸送である質量フラックス密度 $\mathbf{F}$ を表すようにすれば，与えられた点 (x, y, z) におけるその物質の質量保存を記述するのに用いることができる．対象物質の密度が一定と考えられる時，連続の式はよく知られた

$$\nabla \cdot \mathbf{v} = 0 \tag{1.9}$$

となる．なお，連続の式は常にこのように導出されるわけではない．ここでの導出法は 1.5.3 項で扱う運動量の保存の扱いとの統一性，一貫性を維持するために用いられている．これはさらに第 8 章で扱う多孔体の変形の問題でも重要である．より一般的には，連続の式の導出は空間の中に固定された支配体積 (control volume) とよばれる体積についての質量収支を考えることで行われる．質量収支は，支配体積へのある時間の間の全流入量の和から全流出量の和を差し引いたものが，支配体積中に貯留された質量の時間変化速度に等しいことを表している．無限小の支配体積に対してこれを適用することでも式 (1.8) が求まる．しかし，導出法に関係なく，式 (1.8), (1.9) がある点における流れを記述していることを記憶しておかねばならない．それゆえ，原理的には，式 (1.8) あるいは式 (1.9) を積分すると水の量の分布と輸送量の時空間分布が求まるはずである．

● 有限支配体積での保存

同様に有効な第2の方法では，フラックス項の空間依存性を積分してしまうことで，支配体積が全流れ領域を占めていると仮定する．つまり，全フラックス項は，流れ領域の境界上に位置づけられ，それらをグループとしてまとめ，流入速度 Q_i と流出速度 Q_e とするのである．結果として，連続の式は，集中型 (lumped form) の貯留式 (storage equation) で

$$Q_i - Q_e = \frac{dS}{dt} \tag{1.10}$$

となる．ここで S は支配体積中に貯留された水の量であり，常微分は時間 t が残された唯一の独立変数であることを表している．式 (1.10) で一定密度を仮定した液相の水の流れを記述する場合，変数の次元は $[Q] = [\mathrm{L}^3\ \mathrm{T}^{-1}]$ および $[S] = [\mathrm{L}^3]$ となる．L と T はそれぞれ長さと時間の基本次元を表す．Q の項が降水と蒸発を含んでいる場合，これらの次元を $[Q] = [\mathrm{L}\ \mathrm{T}^{-1}]$ および $[S] = [\mathrm{L}]$ ととると便利な場合がある．集中型の式 (1.10) では，すべての内部変数とパラメータは全支配体積の空間平均を表す．式 (1.1) は式 (1.10) を十分長い期間に対して地球上の全陸域の地層からなる支配体積に適用したもので，期間のはじめと終わりの貯留量は等しい．

1.5.3 運動量の保存：オイラーとナビエ・ストークスの方程式

流体の流れはまた運動量の保存の原理に従う．ここでもこの原理の数学表現を求めるのには，いくつかの方法が存在する．

● 点での保存

最も単純な方法は，おそらく前と同様，図 1.4 に示すような理想流体の質量 ($\rho\delta\forall$) の微小要素を考え，ニュートンの第2法則を適用するものである．この法則は運動量の変化速度が与えられた力の和に等しいことを述べている．この要素の中心 (x, y, z) における圧力と速度はそれぞれ $p(x, y, z, t)$ と $\mathbf{v}(x, y, z, t)$ である．この場合の流体要素の特性はその運動量すなわち $C = (\rho\delta\forall\mathbf{v})$ であり，変化速度は式 (1.3) で与えられたとおり，$D(\rho\delta\forall\mathbf{v})/Dt$ である．理想流体を仮定しているので，考慮すべき力は圧力と重力加速度によるものだけである．後者はベクトル表記で $\mathbf{g} = \mathbf{i}g_x + \mathbf{j}g_y + \mathbf{k}g_z$ と表せ，この方向でその地点の鉛直方向が定義され，その絶対値は一般に g と表記される．図 1.4 に示した座標系は $g_x = -g\sin\theta$, $g_y = 0$, $g_z = -g\cos\theta$ となるような向きにとってある．図 1.4 に示すように，流体要素に働く正味の力の x 成分は，AD と BC に働く力と地球の重力による力の

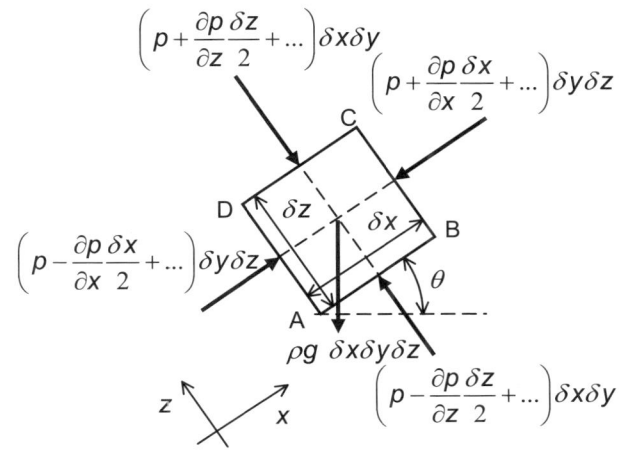

図 1.4 体積 $\delta\forall = (\delta x \delta y \delta z)$ を占める流体要素の運動量保存を表す図．要素の中心は (x, y, z) に位置し，圧力と重力加速度の影響を受ける．y 座標は示されていないが，図の面に直角に入る方向である．

和である．この和は $-[(\partial p/\partial x) + \rho g \sin\theta]\delta x\delta y\delta z$ と等しい．同様に，z 方向に加えられる力の和は $-[(\partial p/\partial z) + \rho g \cos\theta]\delta x\delta y\delta z$ である．これらに同等な y 成分を加えることで，

$$\frac{D}{Dt}(\rho\delta\forall\mathbf{v}) = -(\nabla p - \rho\mathbf{g})\delta\forall$$

のベクトル表現ができる．式 (1.4) を用いると，

$$\frac{D\mathbf{v}}{Dt} = -\frac{1}{\rho}\nabla p + \mathbf{g} \tag{1.11}$$

が得られ，これはオイラーの方程式の形である．オイラーの方程式に粘性の効果を加えるとナビエ・ストークスの方程式が得られる．実質微分をその定義（式 (1.3)）に従って展開すると，

$$\frac{\partial\mathbf{v}}{\partial t} + \mathbf{v}\cdot\nabla\mathbf{v} = -\frac{1}{\rho}\nabla p + \mathbf{g} + \mathbf{f} \tag{1.12}$$

と書け，ここで $\mathbf{f}$ は（単位質量あたりの）摩擦力を表す．非圧縮性ニュートン流体に対しては，これが $\mathbf{f} = \nu\nabla^2\mathbf{v}$ で与えられることが示される．ν は動粘性係数 (kinematic viscosity) である．簡潔に繰り返すと，左辺第 1 項は，対象とした点 (x, y, z) での速度変化である局所加速度による流体の（単位質量あたりの）運動量変化を表す．第 2 項は流体が異なる速度をもつ地点間を移動することで受ける加速（あるいは減速）から生じる運動量変化を表す．右辺第 1 項は圧力勾配から生じる力を表し，第 2 項は地球の重力場による力を表す．z 軸を鉛直上向き（すなわち図 1.4 で $\theta = 0$）にとると，式 (1.12) は

$$\frac{\partial\mathbf{v}}{\partial t} + \mathbf{v}\cdot\nabla\mathbf{v} = -\frac{1}{\rho}\nabla p - g\mathbf{k} + \mathbf{f} \tag{1.13}$$

と書ける．$\mathbf{k}$ は z 方向の単位ベクトルである．

標準圧力での液体の粘性は温度に依存する．ほとんどの実用目的に対して $0 \sim 40\,℃$ の範囲での水の動粘性係数は，温度 T $(℃)$ の関数として $\mathrm{m}^2\mathrm{s}^{-1}$ の単位で $\nu = 10^{-6}\,(1.785 - 0.05789T + 0.001128T^2 - 0.9671 \times 10^{-5}T^3)$ により十分な精度で評価できる．$T = 20\,℃$ において，この式からは概略 1.00×10^{-6} の値が得られる．この式はアメリカ合衆国国立標準局で測定され J. F. Swindells が公表したデータを用いて決められたものである．同様に，水文学のほとんどの適用例で，1 気圧での水の密度は上と同じ温度範囲に対して $\rho_w = 999.8505 + 0.06001T - 0.007917T^2 + 4.1256 \times 10^{-5}T^3$ により $\mathrm{kg\ m}^{-3}$ の単位で計算することができる．

● 有限支配体積での保存

式 (1.8)，(1.9) と同様に，式 (1.11)〜(1.13) は点における流れ現象を記述している．ここで再び各項の空間依存性を積分することにより，これらの式を広い支配体積まで拡張することができる．このためには，式 (1.13) の各項に体積要素 $ds \cdot d\mathbf{A}$ を乗じ，支配体積内のすべての流れの経路と支配体積への入口と出口の全面積で積分を行えばよい．ここで ds と $d\mathbf{A}$ は流れに沿った微小距離ベクトルと微小断面積ベクトルで，後者の方向は流れの方向と一致する．たとえば，一定密度 ρ の流体体積 S で占められ，空間に固定された導管の場合，x 方向に対してはこの方法で近似的に

$$\rho\frac{d(S\overline{V}_x)}{dt} + \rho(Q_eV_{xe} - Q_iV_{xi}) = \mathbb{F}_x \tag{1.14}$$

が求まる．ここで $\mathbb{F}$ は支配体積中の流体に働くすべての力の和であり，Q_i と Q_e は支配体積の流入，流出速度，$\overline{V}$ は支配体積中の平均流体速度，V_i および V_e はそれぞれ支配体積の入口と出口断面での平均流体速度，添字の x は運動量と力の成分の方向を表している．

1.5.4 キネマティック法

流体の流れ現象の記述には，原則として，質量の保存，運動量の保存，エネルギーの保存が含まれていなければならない．しかし対象の現象が等温状態にあれば，エネルギーのほとんどは力学的でありエ

ネルギー保存式が余分なものとなるので，しばしば定式化には含まない．本書の中では，エネルギー保存の式は大気現象との関連でのみ使用され，そこで詳しく扱う．水文学的な応用では，質量と運動量の保存原理が利用される場合，流れ現象の数学的記述を（動）力学的な定式化 (dynamic formulation) とよぶ．しかし，時空間的な運動量変化が非常に小さい場合には，これを無視することができる．そのような場合，式 (1.12) の左辺の項を省くことができ，これにより数式が非常に単純化できる．すると実際上は，システム中の流れの速度と，圧力，水深，水面高など何らかの他変数との間の陽関数により式 (1.12) の右辺をパラメタライズすることができるのである．連続の式のみが必要とされる場合には，運動量の式はこのタイプの関係式に置き換えられ，その数学表現をキネマティック（運動学的）な数式 (kinematic formulation) とよぶ．同じ考え方をより広い支配体積に対して適用することもできる．この場合，S と Q_e および（あるいは）Q_i の間の単純な関数関係を用いた貯留方程式 (1.10) は，集中型 (lumped) のキネマティックな数式とよばれる．

■ 問　題

1.1　土壌中の平均水貯留量が（もし全地球表面上に広げたら：表 1.3 参照）0.05 m であり，地球の陸面上の平均降水量が 0.8 m yr^{-1}（表 1.1）であると仮定し，土壌水の平均滞留時間の推定値を（日単位で）求めよ．定常条件で，降水が流出と蒸発で釣り合っており，降水が土壌にすべて浸透すると仮定せよ．もし降水の半分のみが土壌に直接浸透し，残りの半分が遮断によりすぐに蒸発するか地表面で流出すると仮定したら，滞留時間はどのようになるだろうか．

1.2　最近の全球スケールの平均地表面エネルギーフラックスの推定値（表 1.4）は以下のとおりである．正味放射量 $R_n = 103$ W m^{-2}，潜熱フラックス $L_e E = 82$ W m^{-2}，乱流顕熱フラックス $H = 21$ W m^{-2}．これらのフラックスが液体の水を蒸発させるのに使われたとした場合に生じる蒸発量を mm yr^{-1} 単位で表せ．水の気化の潜熱を概略 $L_e = 2.5 \times 10^6$ J kg^{-1}，密度を $\rho_w = 10^3$ kg m^{-3} と仮定すること．

1.3　表 1.1 のデータを用いて，地球の海洋上の正味の平均蒸発量余剰 $(E - P)$ が世界の全河川からの流量の合計の推定値と（おおむね）等しいことを示せ．どの推定値が式 (1.1) をもっともよく満足させるだろうか．

■ 参考文献

Anabalón, A. and Sharma, A. (2017). On the divergence of potential and actual evapotranspiration trends: An assessment across alternate global datasets. *Earth's Future*, **5**, 905–917. doi:10.1002/2016EF000499

Aristotle (1929). *The Physics*, with an English translation by P. H. Wicksteed and F. M. Cornford, 2 volumes. London: W. Heinemann, Ltd.; and Cambridge, MA: Harvard University Press.（訳本：出隆・岩崎允胤 訳 (1958) アリストテレス全集 3 自然学，岩波書店）

Assaf, G. and Kessler, J. (1976). Climate and energy exchange in the Gulf of Aqaba (Eilat). *Mon. Wea. Rev.*, **104**, 381–385.

Baumgartner, A. and Reichel, E. (1975). *The World Water Balance*. Amsterdam and NY: Elsevier Scientific Publishing Company.

Brutsaert, W. (1998). Land-surface water vapor and sensible heat flux: spatial variability, homogeneity, and measurement scales. *Water Resour. Res.*, **34**, 2433–2442.

Brutsaert, W. (2006). Indications of increasing land surface evaporation during the second half of the 20th century. *Geophys. Res. Lett.*, **33**, L20403, doi:10.1029/2006GL027532, 200

Brutsaert, W. (2017). Global land surface evaporation trend during the past half century: corroboration by Clausius-Clapeyron scaling. *Adv. Water Resour.*, **106**, 3–5. doi:10.1016/j.advwatres.2016.08.014

Brutsaert, W. and Parlange, M. B. (1998). Hydrologic cycle explains the evaporation paradox. *Nature*, **396** (No. 6706, Nov. 5), 30.

Budyko, M. I. (1970). The water balance of the oceans. *Symposium on world water balance, Proc. Reading Sympos.*, Vol. I, Int. Assoc. Sci. Hydrol., Publ. No. 92, pp. 24–33.

     (1947). *Climate and Life.* New York: Academic Press. （訳本：内嶋善兵衛・岩切敏 訳 (1973) 気候と生命（上・下），東京大学出版会）

Bunker, A. F. and Worthington, L. V. (1976). Energy exchange charts of the North Atlantic Ocean. *Bull. Am. Meteor. Soc.*, **57**, 670–678.

Eagleson, P. S. (Chair) (1991). *Opportunities in the Hydrologic Sciences*, Committee on Opportunities in the Hydrologic Sciences, National Research Council. Washington, DC: National Academy Press.

Karl, T. R. and Knight, R. W. (1998). Secular trends of precipitation amount, frequency, and intensity in the USA. *Bull. Am. Meteor. Soc.*, **79**, 231–241.

Korzoun, V. I. *et al.* (eds.) (1977). *Atlas of World Water Balance*, USSR National Committee for the International Hydrological Decade. Paris: UNESCO Press.

Korzun, V. I. *et al.* (eds.) (1978). *World Water Balance and Water Resources of the Earth*, USSR National Committee for the International Hydrological Decade. Paris: UNESCO Press.

Labat, D., Goddéris, Y., Probst, J. L. and Guyot, J. L. (2004). Evidence for global runoff increase related to climate warming. *Adv. Water Resour.*, **27**, 631–642. doi:10.1016/j.advwatres.2004.02.020

Lamb, H. (1932). *Hydrodynamics*, sixth edition. Cambridge: Cambridge University Press (also 1945, NY: Dover Publication).（訳本：今井功・橋本英典 訳 (1988) 流体力学 1-3，東京書籍）

Lins, H. F. and Slack, J. R. (1999). Streamflow trends in the United States. *Geophys. Res. Lett.*, **26**, 227–230.

Lvovitch, M. I. (1970). World water balance. *Symposium on world water balance, Proc. Reading Sympos.*, Vol. II, Int. Assoc. Sci. Hydrol., Publ. No. 93, pp. 401–415.

     (1973). The global water balance. *Eos Trans. Am. Geophys. Un.*, **54**. (US-IHD Bull. No. 23), 28–42.

Miralles, D. G., Brutsaert, W., Dolman, A. J. and Gash, J. H. (2020). On the use of the term "evapotranspiration". *Water Resour. Res.*, **56**, e2020WR028055. doi:10.1029/2020WR028055

Miralles, D. G., M. J. van den Berg, J. H. Gash, R. M. Parinussa, R. A. M. de Jeu, and Coauthors (2014). El Niño–La Niña cycle and recent trends in continental evaporation. *Nature Climate Change*, **4**, 122–126. doi: 10.1038/nclimate2068

Ockham, William of (1989). *Brevis Summa Libri Physicorum* (*Ockham on Aristotle's Physics*: a translation by J. Davies). Franciscan Institute, St. Bonaventure University.

Ohmura, A. and Raschke, E. (2005). Energy budget at the Earth's surface. In *Observed Global Climate*, ed. M. Hantel, Vol. 6, Group V, chapter 10, Landolt-Börnstein Numerical and Functional Relationships in Science and Technology, New Series, Berlin: Springer Verlag.

Orlanski, I. (1975). A rational subdivision of scales for atmospheric processes. *Bull. Am. Meteor. Soc.*, **56**, 527–530.

Pastorello, G. Z., Papale, D., Chu, H., Trotta, C., Agarwal, D. A., Canfora, E., Baldocchi, D. D. and Torn, M. S. (2017). A new data set to keep a sharper eye on land-air exchanges, *Eos*, **98**, doi: 10.1029/2017EO071597

Price, W. E. and Heindl, L. A. (1968). What is hydrology? *Eos Trans. Am. Geophys. Un.*, **49**, 529–533.

Rodell, M., Beaudoing, H. K., L'Ecuyer, T. S., Olson, W. S., Famiglietti, J. S. and Coauthors (2015).

The observed state of the water cycle in the early twenty-first century, *J. Clim.*, **28**, 8289–8318. doi:10.1175/JCLI-D-14–00555.1

Trenberth, K. E., Fasullc, J. T. and Kiehl, J. (2009). Earth's global energy budget. *Bull. Am. Meteor. Soc.*, **90**, 311–323, doi:10.1175/2008BAMS2634.1

Wentz, F. J., Ricciardulli, L., Hilburn, K. and Mears, C. (2007). How much more rain will global warming bring? *Science*, **317**, 233–235, doi:10.1126/science.1140746

Wild, M., Folini, D., Hakuba, M. Z., Schär, C., Seneviratne, S. I. and Coauthors (2015). The energy balance over land and oceans: an assessment based on direct observations and CMIP5 climate models. *Climate Dyn.*, **44**, 3394–3429, doi:10.1007/s00382–014–2430-z

Zhang, X., Tang, Q., Zhang, X. and Lettenmaier, D. P. (2015). Runoff sensitivity to global mean temperature change in the CMIP5 Models. *Geophys. Res. Lett.*, **41**, 5492–5498. doi: 10.1002/2014GL060382

大気中の水

大気中の水
下部大気の流体力学

　大気中での水蒸気の滞留時間が短く可動性が大きいために，下部大気は地球の水循環における重要な経路の1つとなっている．これを通して地球上の水とエネルギーが陸域の境界と関係なく輸送され，陸域，上部大気と海洋が結びつけられているのである．水蒸気は下部大気中に最も多く存在し，その輸送と分布は降水と地表面からの蒸発を支配する主要因の1つである．逆にこれらのプロセスが土壌と地下水の水貯留量やさまざまな流出現象を決めているのである．

2.1　空気中の水蒸気

2.1.1　全球的な特性

　空気中に含まれる全球の水蒸気量は，平均して約 25 mm の厚さで地球表面を覆う液体の水量と等しい(たとえば表 1.3)．この厚さは任意の地点上の鉛直気柱内の水蒸気を液体にした時の水相当量であり，可降水量 (precipitable water) W_p とよばれている．この水蒸気の量は一様に分布しているわけではなく，時空間的に広いスケールの範囲で変化する．たとえば，大気の水蒸気量は気温と同様に緯度とともに減少する傾向にある．入手できるデータ (Randel *et al.*, 1996) からは，可降水量が両極付近では 5 mm よりはるかに少なく，赤道付近では 50 mm に近いことがわかっている．しかしこれも常にこの状態にあるわけではない．同じような緯度の場所でも地域間の大きな差がありえる．最も極端な例は世界の温暖乾燥砂漠である．大気中の水蒸気のほとんどは地表面近くに存在し，どこでも高さとともに急激に減少する．典型的には鉛直気柱の全水蒸気の約半分が 1〜2 km 以下の高さに存在する．

　全球平均年蒸発量は $E = 1$ m 程度なので，水蒸気の平均滞留時間 W_p/E は約 9 日である．この時間スケールが大気と地球システムの他の2つの要素である海洋と陸域の間の相互作用と水輸送を支配している．大気中の水蒸気の主たる発生源である海洋蒸発から，降水を引き起こす天気組織への輸送において，この時間スケールが特に重要である．実際陸域上で蒸発しない余剰分の降水は，最終的には世界の海や大洋へと流出していく．海洋ではこの状況が逆転し，蒸発が一般的に降水より多いため，余剰分の海洋性水蒸気が陸域に戻り，地球システム全体では収支が維持されているのである．この海洋から陸域への水輸送は移流ともよばれ，主に雲ではなく水蒸気の形で起きている．実際，大気中の液相と固相の水の量は水蒸気の量の 0.5 % 以下にすぎない．

　水蒸気は，水循環における中心的な役割の他にも，地球の気象や気候にも大きな影響を与えており，さまざまな面で大気全体の熱収支の主要な因子の1つとなっている．表 1.4 で見たように，全球的には，液相，固相から水蒸気への相変化が，地球表面から大気への主たるエネルギー輸送のメカニズムである．空気中でその後に生じるこの水蒸気の凝結が，大気循環に必要なエネルギーの多くを供給している．つまり，潜熱としての水蒸気の大スケール輸送が，太陽からの一様でない放射入力を再分配する主要メカニズムの1つなのである．加えて，大気中の水蒸気濃度とその分布は雲

量とその種類を支配する主要な因子である．これが次には地球表面へと達する日射量を規定している．最後に，最も量の多い温室効果ガスとして，水蒸気は地球起源の赤外放射エネルギーを吸収しこれを下部大気で再放出しているのである．

2.1.2 物理特性

多くの実用目的では，下部大気の空気は，理想気体の混合物と考えることができる．本書で扱う範囲では，この混合物が一定組成の乾燥空気と水蒸気から構成されていると考えると便利である．空気の水蒸気量は混合比 (mixing ratio) により表現できる．これは乾燥空気の単位質量あたりの水蒸気質量として定義され，

$$m = \rho_v/\rho_d \tag{2.1}$$

と表せる．ρ_v は水蒸気密度，ρ_d は水蒸気を含まない乾燥空気の密度である．比湿 (specific humidity) は湿潤空気の単位質量あたりの水蒸気質量として定義され，

$$q = \rho_v/\rho \tag{2.2}$$

と表せる．ここで，$\rho = \rho_v + \rho_d$ である．相対湿度 (relative humidity) は，実際の混合比と，同温，同気圧で水蒸気が飽和した状態の空気の混合比との比で

$$r = m/m^* \tag{2.3}$$

と表せる．これはほぼ実際の水蒸気圧と飽和水蒸気圧の比 (e/e^*) と等しい．飽和水蒸気圧は，水蒸気が同温・同圧の水面または氷面と平衡状態にある時の水蒸気の圧力である．

ダルトンの法則 (Dalton's law) によれば，理想気体の混合物の全圧は分圧の和に等しく，成分の気体は，それぞれの状態方程式 (equation of state) に従う．そこで，乾燥空気成分の密度は

$$\rho_d = \frac{p - e}{R_d T} \tag{2.4}$$

で与えられる．p は空気の全圧，e は水蒸気の分圧，T は絶対温度，R_d は表 2.1 に与えられている乾燥空気の比気体定数 (specific gas constant) である．同様に，水蒸気の密度は

$$\rho_v = \frac{0.622e}{R_d T} \tag{2.5}$$

で与えられ，$0.622 = (18.016/28.966)$ は水と乾燥空気の分子量の比である．

湿潤空気の密度は，式 (2.4) と (2.5) から

表 2.1 物理定数

乾燥空気
　　分子量：$28.966 \mathrm{\ g\ mol}^{-1}$
　　気体定数：$R_d = 287.04 \mathrm{\ J\ kg}^{-1}\mathrm{K}^{-1}$
　　比熱：$c_{pd} = 1{,}005 \mathrm{\ J\ kg}^{-1}\mathrm{K}^{-1}$
　　　　　$c_{vd} = 716 \mathrm{\ J\ kg}^{-1}\mathrm{K}^{-1}$
　　密度：$\rho = 1.2923 \mathrm{\ kg\ m}^{-3}$ $(p = 1{,}013.25 \mathrm{\ mb}, T = 273.16 \mathrm{\ K})$
水蒸気
　　分子量：$18.016 \mathrm{\ g\ mol}^{-1}$
　　気体定数：$R_w = 461.5 \mathrm{\ J\ kg}^{-1}\mathrm{K}^{-1}$
　　比熱：$c_{pw} = 1{,}846 \mathrm{\ J\ kg}^{-1}\mathrm{\ K}^{-1}$
　　　　　$c_{vw} = 1{,}386 \mathrm{\ J\ kg}^{-1}\mathrm{\ K}^{-1}$

注：表 2.1，表 2.4，表 2.5 の値は Smithsonian Meteorological Tables (List, 1971) からの引用で，元論文はそこに示されている

$$\rho = \frac{p}{R_d T}\left(1 - \frac{0.378e}{p}\right) \tag{2.6}$$

となり，気圧 p の乾燥空気の密度よりこの値は小さい．このことから，水蒸気の成層が大気の安定度を決める際に影響を与えることがわかる．湿潤空気の状態方程式は，式 (2.4) と (2.5) から e を消去することで次のように求められる．

$$p = \rho T R_d (1 + 0.61\,q) \tag{2.7}$$

この式は混合気体である空気が比気体定数

$$R_m = R_d(1 + 0.61\,q) \tag{2.8}$$

をもっていれば，理想気体として振る舞うことを表している．そこで式 (2.7) はしばしば

$$p = R_d \rho T_V \tag{2.9}$$

と表される．T_V は仮温度 (virtual temperature) で

$$T_V = (1 + 0.61\,q)\,T \tag{2.10}$$

と定義される．仮温度は，乾燥空気が与えられた q, T, p において湿潤空気と同じ密度をもつためにとるべき温度である．

可降水量は鉛直大気柱に含まれる水蒸気の全質量である．大気上端での気圧が無視しうると仮定すると，これは

$$W_p = \int\limits_0^{p_0} q\,dp/g \tag{2.11}$$

と表せる．p_0 は地表面気圧である．これらの変数の基本次元が $[q] = [M_w M_a^{-1}]$，$[p] = [M_a L^{-1} T^{-2}]$，$[g] = [L\,T^{-2}]$ であることを思い起こすこと．ここでは空気質量 M_a と水の質量 M_w を区別すると便利である．そこで可降水量の基本次元は $[W_p] = [M_w L^{-2}]$，すなわち，単位面積あたりの水の質量となる．SI 単位系ではこれは kg m^{-2} となるが，液体の水の密度が約 1,000 kg m^{-3} なのでこれはほぼ mm 単位の水柱高と等しい．参照に便利なように，一般的な単位と変換係数を表 2.2 と表 2.3 に示してある．

表 2.2　関係する単位

	SI (mks) 単位系	cgs 単位系
長さ	メートル	センチメートル
	m	cm
質量	キログラム	グラム
	kg	g
時間	秒	秒
	s	s
力	ニュートン	ダイン
	N = kg m s^{-2}	dyn = g cm s^{-2}
圧力	パスカル	マイクロバール
	Pa = N m^{-2}	μbar = dyn cm^{-2}
エネルギー, 仕事, 熱量	ジュール	エルグ
	J = N m	erg = dyn cm
仕事率	ワット	
	W = J s^{-1}	erg s^{-1}

表 2.3 変換係数

圧力	ミリバール	$1\text{mb} = 10^2\text{Pa} = 1\text{hPa} = 10^3\mu\text{bar} = 10^3\text{dyn cm}^{-2}$
	ミリメートル Hg	$1\text{mmHg} = 1.333224\text{hPa}$
	気圧	$1\text{atm} = 1.01325 \times 10^5\text{Pa}$
エネルギー	国際蒸気表カロリー *	$1\text{cal}_{\text{IT}} = 4.1868\text{J} = 4.1868 \times 10^7\text{erg}$
単位面積あたりのエネルギー ラングレー		$1\text{ly} = 1\text{cal cm}^{-2}$

* 訳注：水文学では通常 IT をつけないで使用する．すなわち $1\text{cal}_{\text{IT}} = 1\text{cal}$

2.1.3　飽和水蒸気圧

　飽和水蒸気圧 $e^* = e^*(T)$ は温度のみに依存し，その値を表 2.4 と 2.5 に示してある．この値は，長らく国際標準として使われてきたゴフ・グラッチ (Goff-Gratch) の式（たとえば List, 1971）で計算されたものである．この式を基にしたよい近似として，Bolton (1980) は，下部大気でのほとんどの利用に適するより単純な関数を提案した．この式は $-35^\circ\text{C} \leq T \leq 35^\circ\text{C}$ の範囲で 0.1% の精度をもち，e^* を hPa，T を摂氏（$^\circ$C）とすると

$$e^* = 6.112 \exp\left(\frac{17.67T}{T + 243.5}\right) \tag{2.12}$$

と書ける．この式の微分は，以下のようにクラウジウス・クラペイロンの式（Iribarne and Godson, 1973 参照）の形で最もうまく表現できる．

$$\frac{de^*}{dT} = \frac{e^* L_e}{R_w T^2} \tag{2.13}$$

ここで，$R_w = 461.5\,\text{J kg}^{-1}\text{K}^{-1}$ は水蒸気の気体定数（表 2.1 参照），T は絶対温度 (K)，そして，気

表　2.4　水の特性

温度 ($^\circ$C)	c_w ($\text{J kg}^{-1}\text{K}^{-1}$)	L_e (10^6J kg^{-1})	e^* (hPa)	de^*/dT (hPa K^{-1})
-20	4,354	2.549	1.2540	0.1081
-10	4,271	2.525	2.8627	0.2262
0	4,218	2.501	6.1078	0.4438
5	4,202	2.489	8.7192	0.6082
10	4,192	2.477	12.272	0.8222
15	4,186	2.466	17.044	1.098
20	4,182	2.453	23.373	1.448
25	4,180	2.442	31.671	1.888
30	4,178	2.430	42.430	2.435
35	4,178	2.418	56.236	3.110
40	4,178	2.406	73.777	3.933

c_w: 比熱，L_e: 気化の潜熱，e^*: 飽和水蒸気圧

表　2.5　氷の特性

温度 ($^\circ$C)	c_i ($\text{J kg}^{-1}\text{K}^{-1}$)	L_{fu} (10^6J kg^{-1})	L_s (10^6J kg^{-1})	e_i^* (hPa)	de_i^*/dT (hPa K^{-1})
-20	1,959	0.2889	2.838	1.032	0.09905
-15	—	—	—	1.652	0.1524
-10	2,031	0.3119	2.837	2.597	0.2306
-5	—	—	—	4.015	0.3432
0	2,106	0.3337	2.834	6.107	0.5029

c_i: 比熱，L_{fu}: 融解の潜熱，L_s: 昇華の潜熱，e_i^*: 氷面上の飽和水蒸気圧

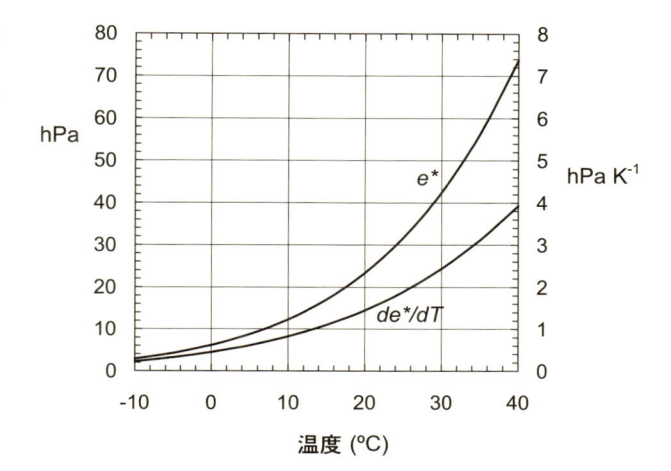

図 2.1 温度の関数として表した水の飽和水蒸気圧 e^*（hPa, 図の左側の軸）とその微分値 de^*/dT（hPa K^{-1}, 図の右側の軸）

化の潜熱（$J\,kg^{-1}$）はよい近似として, $L_e = [2.5011 - 0.002374(T - 273.15)] \times 10^6$ で与えられる. e^* と de^*/dT を図 2.1 に示してある. 式 (2.13) は, L_e を融解の潜熱と液体の水の気化の潜熱の和, すなわち, $L_s = L_{fu} + L_e$ に置き換えることで氷面上の飽和水蒸気圧に対しても適用できる. Lowe (1977) はまた, 現在使われているその他の飽和水蒸気圧の式を比較し, e^*, de^*/dT, e_i^*, de_i^*/dT を多項式で表すことを提案した. これらは正確な早い計算に適している. 計算速度を考えると, これらの多項式は入れ子構造で使用するべきである. たとえば e^* の式では,

$$e^* = a_0 + T(a_1 + T(a_2 + T(a_3 + T(a_4 + T(a_5 + Ta_6))))) \tag{2.14}$$

となり, 多項式の係数は T を K 単位にとった時, 以下の値となる.

$a_0 = 6984.505294$　$a_1 = -188.9039310$　$a_2 = 2.133357675$　$a_3 = -1.288580973 \times 10^{-2}$

$a_4 = 4.393587233 \times 10^{-5}$　$a_5 = -8.023923082 \times 10^{-8}$　$a_6 = 6.136820929 \times 10^{-11}$

2.2　流体静力学と大気安定度

熱力学の第 1 法則によれば, あるシステムに加えられた熱量は, このシステムの内部エネルギーの増加量と, システムが周囲になした仕事量の和に等しい. この量を単位質量あたりについて微分の形で表すと, 不飽和空気に対して,

$$dh = du + p\,d\alpha \tag{2.15}$$

となり, $\alpha = \rho^{-1}$ は比容, ρ は空気密度, u は（2.2 節内でのみ）内部エネルギーを表す. 状態方程式 (2.7) は, 式 (2.8) により

$$p = R_m T/\alpha \tag{2.16}$$

とも書け, α, 温度 T, そして圧力 p の 3 変数を関係づけている. つまり 3 変数のうちの 2 つが状態を定義するのに必要である. α と T をこの独立変数として選択すると, 式 (2.15) は

$$dh = \left(\frac{\partial u}{\partial T}\right)_\alpha dT + \left[\left(\frac{\partial u}{\partial \alpha}\right)_T + p\right]d\alpha \tag{2.17}$$

となる. 定義から定積比熱は $c_v = (\partial u/\partial T)_\alpha$ であり, また $(\partial u/\partial \alpha)_T = 0$ であることが示せるので, 微分形の式 (2.16) と式 (2.17) を組み合わせると

$$dh = (c_v + R_m)\,dT - \alpha\,dp \tag{2.18}$$

あるいは，

$$dh = c_p\,dT + \alpha\,dp \tag{2.19}$$

が得られる．定義より $c_p = (\partial h/\partial T)_p$ は定圧比熱である．静止した流体中の高さと圧力の関係を与える静力学の式

$$dp = -\rho g\,dz \tag{2.20}$$

を用いると，最終的に式 (2.19) から

$$dh = c_p\,dT + g\,dz \tag{2.21}$$

が得られる．式 (2.21) はここではエネルギーの保存原理と状態方程式，静力学の式を組み合わせることで導出された．この結果は水蒸気を含む空気に対して得られたが，定圧比熱の水蒸気量に対する依存性 $c_p = qc_{pw} + (1 - q)c_{pd}$ は非常に弱いので，通常式 (2.21) では c_p に乾燥空気の比熱 c_{pd} を用いる．

　静止した大気の安定度の基準を，以下の思考実験から求めることができる．T_1 の温度を有する微小気塊が周囲の空気と混ざり合うことなしに鉛直方向の微小な変位を受けたとしよう．この変位は十分に小さくかつ素早く行われるので，気塊の圧力は，周囲と熱のやり取りなしに生じる可逆過程として，断熱変化的に新しい環境に適応する．空気の飽和の程度により次の 2 つの場合がある．

2.2.1　不飽和大気の安定度

● 乾燥断熱減率

　この微小変位の間，大気が不飽和のままであると仮定できるなら，気化も凝結も生じず気塊の熱変化は $dh = 0$ である．これから式 (2.21) を用いて，気塊が上下した時の温度変化が

$$dT_1/dz = -g/c_p \tag{2.22}$$

と定まり，その値は $-9.8\,\mathrm{K\ km^{-1}}$ である．大気中の気温の鉛直減少率 $-dT/dz$ を気温減率 (lapse rate of the air) とよび，ここでは Γ の記号で表す．g/c_p の大気減率を乾燥断熱減率 (dry adiabatic lapse rate) Γ_d とよぶ．

　大気の実際の減率 Γ が Γ_d より大きい時，上向きに δz 微小変位し，気温が式 (2.22) に従って変化する気塊は，周囲の大気より暖かく，したがって軽くなる．これはこの気塊が上昇し続ける傾向にあることを意味する（図 2.2）．同様に，同じ断熱条件で下向きに δz 微小変位した気塊は，周囲より冷たく，したがって重くなる．そこで，気塊は下降し続ける傾向をもつ．どちらの場合も，一度わずかでも変位が生じると気塊はその運動を続け，上向き下向きどちらの変位も拡大する傾向にある．このような気温減率の状態においては，大気は不安定である．逆に $\Gamma < \Gamma_d$ の大気では，気温が式 (2.22) に従って変化する上向きに動く気塊は，より暖かい空気に囲まれるようになる（図 2.3）．つまり気塊は周りより重いため，周りと平衡状態にある元の位置に戻ろうとする傾向をもつ．この場合，気塊を元の位置から動かそうとすると抵抗を受け，鉛直方向の変位は抑制される．すなわち大気は安定である．実際の大気の減率が乾燥断熱減率と等しい場合，大気安定度は中立である．まとめると，不飽和の空気に対して以下の基準が得られた．

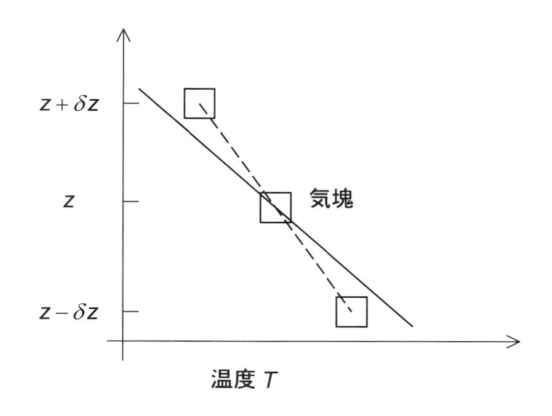

図 2.2 不安定大気. 高さ方向の温度減少（実線）は乾燥断熱減率（破線）より大きく $\Gamma > \Gamma_d$.

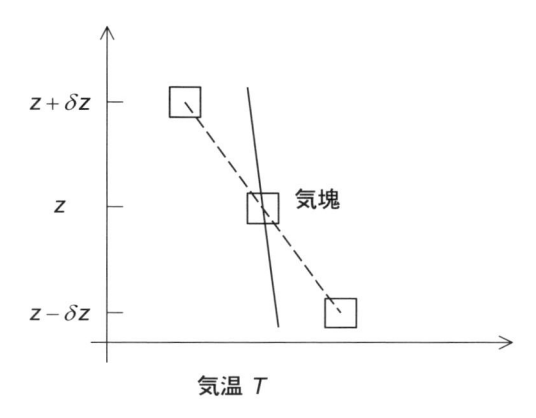

図 2.3 安定大気. 高さ方向の温度減少（実線）は乾燥断熱減率（破線）より小さく $\Gamma < \Gamma_d$.

$\Gamma > \Gamma_d$　不安定

$\Gamma = \Gamma_d$　中立

$\Gamma < \Gamma_d$　安定

　不安定状態は，典型的には大気がその下にある地表面から熱せられると生じる．たとえば，晴天日の日射による場合，あるいは秋から初冬にかけて比較的冷たい空気が相対的に暖かい湖や海洋のような地表面上に移動してきた場合である．不安定大気中では，中立大気中より激しい混合と乱流が生じており，この結果，より大きな乱流輸送も生じる．ある条件下では，不安定大気は単なる局地的な上昇気流や塵旋風 (dust devil) から，より大きな熱帯性の嵐にまで及ぶスケールのさまざまなタイプの組織的な運動を引き起こす．大気は空気が下から冷却される時に，往々にして安定となる．これは典型的には，地表面が上向きの長波放射で冷却される晴天時の夜間や，比較的暖かい空気が春季の比較的冷たい湖や海洋上に流れ込んでくる時に生じる．加えて，逆転 (inversion) ともよばれる大気の安定状態は，比較的暖かい気団がより寒冷な層上に移動してきた場合のように，より大きなスケールの天気の状態からも発生することがある．当然ながら安定状態は不安定状態と反対の効果を有する．つまり混合と乱流は抑制され，大気輸送は普通小さい．極端な条件下では，乱流は完全になくなり空気の流れが層流となる場合もある．平穏な晴天日の日没頃の夕方に地表面付近の空気が冷え，煙突からの煙が森林の林冠部をゆっくりと移動するのが見られるような時には，このような安定状態を目で実際に確認することができる．乱流と拡散が抑制される結果，もう少し大きなスケールでは，逆転条件が大気汚染地域の汚染問題を悪化させてしまう．

● 温　位

　簡潔に繰り返すと，微小変位の間に，気塊は式 (2.22) に従って断熱的に温度変化を起こす．完全に中立な大気では，大気の減率も $-g/c_p$ である．したがってこのような条件下では，変位を受けた気塊は，少なくとも平均的には常に同じ温度の空気に囲まれ，結果として正味の熱交換が生じないことになる．このことは，中立条件では鉛直方向の温度差があるにもかかわらず，熱フラックスがゼロであることを意味する．したがって熱輸送式に使う温度はこの点を考慮するために補正しなければならないのである．このためには，実際の温度 T の代わりに，温位 (potential temperature) θ を用いればよい．温位は，空気を断熱的に標準気圧 $p_0 = 1,000\,\mathrm{hPa}$ まで動かしたらもつであろう温度である．この過程では $dh = 0$ であり，α に式 (2.16) を代入すると式 (2.19) が積分でき，ポアソンの方程式 (Poisson's equation)

$$\theta = T(p_0/p)^{R_d/c_p} \tag{2.23}$$

が得られる．この式は温位 θ の定義を与えると同時に，与えられた圧力 p と温度 T に対して θ を計算するのに利用できる．式 (2.23) では R_m を便宜上 R_d に置き換えている点に注意．断熱過程では温位は保存されるので，乾燥大気あるいは比湿が高さ方向に一定で大気が完全に中立な状態にあるなら，温位は一定となるはずである．乾燥大気は θ が高さ方向に減少するなら不安定であり，増加するなら安定である．観測が行われる地表面近くのほとんどの下部気層中では，T と θ の違いは小さい．そこで多くの場合，温度の複数測定高度の差が高々数メートルである場合，実際の温度 T の使用も許される．そうでない場合には，熱輸送の式では θ を使わなければならない．

● 水蒸気による密度成層

　ここまでの大気安定度の考察では，鉛直水蒸気圧勾配 $\partial q/\partial z$ による密度成層は考慮されていなかった．ある場合にはこれが重要な要素となるが，これを $\theta_v = (1 + 0.61q)\theta$ と定義される仮温位 (virtual potential temperature) を用いることで解析に取り込むことができる（たとえば Brutsaert, 1982）．仮温位と温位の関係は，式 (2.10) で示される仮温度と実際の温度の関係と同じである．つまり厳密に言えば，密度成層がある場合，θ が一定な時に大気が静的に中立なのではなく，θ_v が一定な時に初めて中立と考えることができるのである．θ_v が高さとともに減少する場合には，大気は不安定であり，上昇する場合には，大気は安定である．この場合，大気の安定度の基準は温度の減率ではなく，仮温度の減率である．しかし実際問題としては，この差はしばしば無視されている．

2.2.2　飽和大気の安定度

　空気が飽和している時，断熱過程にある空気塊の熱量変化 dh は凝結による空気中の水蒸気量減少の場合だけである．これは $dh = -L_e dq$ と表せ，L_e は気化の潜熱，q は式 (2.2) で定義される比湿である．これと式 (2.21) を用いて

$$-\frac{dT_1}{dz} = \Gamma_d + \frac{L_e}{c_p}\frac{dq}{dz} \tag{2.24}$$

が得られる．式 (2.24) の右辺全体の値を飽和断熱減率 (saturated adiabatic lapse rate) Γ_s とよぶ．通常 $dq/dz < 0$ なので，飽和断熱減率は乾燥断熱減率より小さいはずである．さらに，$(L_e/c_p)(dq/dz)$ は温度に依存する．そこで高温な赤道付近では $\Gamma_s \approx 0.35\Gamma_d$ 程度であるのに対し，たとえば $-30\,℃$ 程度の低温時には，ほぼ Γ_d と同じ値である $9.8\,℃\ \mathrm{km}^{-1}$ となる．大気の下層では平均して $5.5\,℃\ \mathrm{km}^{-1}$ 程度である．上昇中の気団中で凝結した水分が（たとえば降水により）除去

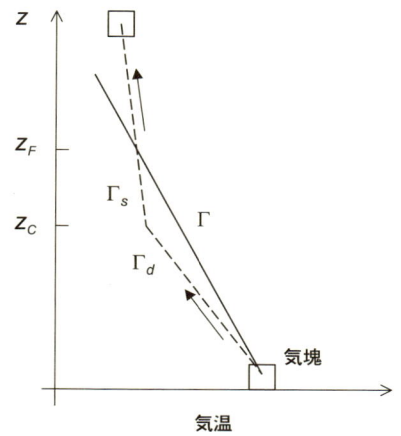

図 2.4　大気の条件つき不安定．不飽和な気塊がもち上げられると，はじめはその温度に周辺の減率 Γ（実線）より大きな Γ_d の割合（破線）で減少する．z_C で飽和に達すると温度減率はより小さな飽和断熱減率 Γ_s（破線）となる．自由対流高度 z_F より上では大気は不安定である．

されるとした場合の気温の減率を，偽断熱減率 (pseudo-adiabatic lapse rate) とよぶ．しかしほとんどの条件下で，この凝結した水分の除去に伴う熱損失はほぼ無視できるので，飽和断熱減率で偽断熱減率を近似できる．そこで飽和空気に対しては，

$\Gamma > \Gamma_s$　不安定

$\Gamma = \Gamma_s$　中立

$\Gamma < \Gamma_s$　安定

を安定度の基準として用いることができる．

2.2.3　条件つき不安定

　大気中の実際の気温減率が乾燥断熱減率と飽和断熱減率の中間にあり，$\Gamma_s < \Gamma < \Gamma_d$ となる場合がしばしば生じる．この場合を条件つき不安定 (conditional instability) とよぶ．不飽和の気塊がこのような大気中をもち上げられた時，最初は式 (2.22) に従った乾燥断熱減率で温度変化が生じ，結果として周囲より低温な状態を維持することになる（図 2.4）．この状況はまだ安定状態である．しかし気塊がさらにもち上げられ冷却され続けると，凝結高度 (condensation level) z_C に達し凝結が生じる．z_C より上では飽和断熱減率に従って温度変化が生じる．上昇が続くと，最終的に z_F の高度で気塊の温度が周囲の温度より高くなる．この結果，上昇する気塊は周囲より軽くなり，不安定条件が成立する．はじめは強制的にもち上げられた空気が，ここから外部の助けなしに自由対流で上昇し続けるのである．z_F の高度を自由対流高度 (free convection level) とよぶ．つまり鉛直変位の結果不安定となるかどうかは，大気中の水蒸気量に大きく依存するのである．湿潤大気中では凝結高度は低く，比較的小さな鉛直変位でも不安定状態を引き起こす．乾燥大気では z_C は高くなり，比較的大きな鉛直変位が起きても大気が安定なままである可能性が高い．

2.3　水蒸気の乱流輸送

　大気の流れはほとんど常に乱流状態にある．乱流の流れでは分子拡散は通常無視され，水蒸気は空気の動きと連携した移流による輸送で1つの場所から他の場所へと運ばれる．分子拡散がいくらか重要となる1つの例外が壁面付近である．ここでは壁面上での滑りなしの条件 (no slip condition) により，動いている空気の速度がゼロまで低下するので，乱流がおおむね抑制されてしまうのである．乱流状態の空気の流れの中では，水蒸気質量のフラックスは

$$\mathbf{F}_v = \rho_v \mathbf{v} = \rho q \mathbf{v} \tag{2.25}$$

で与えられ，$\mathbf{v}$ は空気の速度，ρ_v は水蒸気密度，q は比湿である．変数 $\mathbf{F}_v = \mathbf{i}F_{vx} + \mathbf{j}F_{vy} + \mathbf{k}F_{vz}$ と $\mathbf{v} = \mathbf{i}u + \mathbf{j}v + \mathbf{k}w$ はともにベクトルで，x は地表面付近の平均風速の方向，z は鉛直方向である．

　式 (2.25) で表される輸送を，流体力学では convection という用語をあてて移流とよぶ点に注意．しかしこの使用法は混乱の元である．特に大気科学において convection は対流と訳され，一般に不安定な密度成層から生じる重力の効果を含む輸送を表すのに使われているからである．この点に関する混乱を避けるため，本書では流体の動きにかかわる輸送を移流 (advection) とよぶ．

● 水蒸気の乱流フラックス

　乱流中では，流速場と温度，水蒸気量，あるいは空気の他の成分の時空間の任意の点における詳細な記述は事実上不可能であり，統計的な意味合いでしかこれを行うことはできない．最も単純で，おそらく最も重要な統計量は平均である．そこで，レイノルズ (Reynolds) がその考えを導入して以来，乱流の現象の解析では対象とする変数を平均と乱流変動に $F_{vx} = \overline{F_{vx}} + F'_{vx}, \ldots, u = \overline{u} + u', \ldots, q = \overline{q} + q'$ などのように分解するのが一般的である．適切な時間に対して通常の時間平均を行うと，式 (2.25) から水蒸気の平均フラックス成分に対して，

$$\begin{aligned}
\overline{F_{vx}} &= \rho(\overline{u}\,\overline{q} + \overline{u'q'}) \\
\overline{F_{vy}} &= \rho(\overline{v}\,\overline{q} + \overline{v'q'}) \\
\overline{F_{vz}} &= \rho(\overline{w}\,\overline{q} + \overline{w'q'})
\end{aligned} \tag{2.26}$$

が求まる．この3式の右辺第1項は，空気の平均的な動きによる移流の輸送を表している．第2項は乱流による移流水蒸気輸送の成分を表す．これはしばしばレイノルズフラックス (Reynolds flux) ともよばれ，統計学的には共分散である．これらのフラックス成分の推定とパラメタリゼーションは水文学の中心課題の1つである．

● 水蒸気の保存式

　水蒸気輸送のより完全な解析を行う標準的な方法では，式 (2.26) のフラックスの式と水蒸気の質量保存の原理 (1.8) を組み合わせる．このために，式 (1.8) で ρ を ρ_v に，$(\rho\mathbf{v})$ を $\mathbf{F}_v$ に置き換える必要がある．この導出では空気全体にはあまり関心がないので，これが一定密度をもつと仮定でき，これから平均流速 $\overline{\mathbf{v}}$ に対して式 (1.9) が使えることになる．つまり比湿の平均値 $\overline{q}$ に対する保存式が

$$\frac{\partial \overline{q}}{\partial t} + \overline{u}\frac{\partial \overline{q}}{\partial x} + \overline{v}\frac{\partial \overline{q}}{\partial y} + \overline{w}\frac{\partial \overline{q}}{\partial z} = -\left[\frac{\partial}{\partial x}\left(\overline{u'q'} \right) + \frac{\partial}{\partial y}\left(\overline{v'q'} \right) + \frac{\partial}{\partial z}\left(\overline{w'q'} \right) \right] \tag{2.27}$$

として求まる（たとえば Brutsaert, 1982）．ここで再度分子拡散の項が無視されている点に注意すること．原理的には，式 (2.27) に適切な境界条件を与えて解き，大気中の水蒸気輸送を表すことができるはずである．しかしこの方法にはいくつかの問題があり，そのためにこの解を得ることは非常に困難である．まず，式 (2.26) のフラックスが空気の速度と乱流に本質的に依存しているため，解を求める際には流れの力学を考慮し運動量と温度の保存式も入れこむことが必要である．第2のより根本的な難しさは，この比湿の平均値に対する保存式には従属変数として1次モーメントである $\overline{q}$ のみならず，2次モーメントである q' と速度変動成分 u', v', w' との共分散も含まれていることにある．このことは，式 (2.27) が1つ多い未知数を含んでいることを意味する．これは乱流の悪名高いクロージャー問題 (closure problem) の一例であり，他の関係式を用いない限りはこの方程式を数学的に解くことができないことを表している．

　幸い，上のフラックスを用いた式で代表されるこの一般的な問題を大きく単純化し，なお意味の

ある結果を得ることが可能である．このためにまず地表面最近傍の大気が準一様 (quasi-uniform) な地表面上にある定常な境界層と考えられると仮定する (2.4 節)．次に相似則を適用し，適切なパラメタリゼーションにより乱流のクロージャー問題を緩和するのである (2.5 節)．

2.4 大気境界層

2.4.1 準一様な状態

大気中では地表面近傍の明瞭な範囲内で，風速，温度，湿度が鉛直方向に大きく変化する．対照的に，水平方向の変化は多くは比較的緩やかで，数百 m から数十 km 程度の距離で変化が生じやすい．このため，地表面近傍の空気を Prandtl (1904) が固体壁面近傍の運動量輸送に対して導入した概念である境界層としてとらえることができるだろう．大気境界層 (atmospheric boundary layer; ABL) は地表面の性質や特性が乱流に直接的な影響を与えている大気下部と定義できる．水文学の興味の対象である大気のほとんどの流れ現象の水平スケールは，鉛直方向のスケールよりずっと大きいので，水平勾配は鉛直勾配と比較してはるかに小さく，また鉛直速度は水平速度と比較するとずっと小さい．つまり多くの問題は単に

$$\left(\frac{\partial}{\partial x}, \frac{\partial}{\partial y}\right) = 0 \quad \text{および} \quad \overline{w} = 0 \tag{2.28}$$

を仮定することで解くことができるのである．加えて，x は地表面近くの平均風速の方向なので，y 方向の平均速度も $\overline{v} = 0$ とおくことができる．厳密には，式 (2.28) は完全に均質，すなわち一様表面上でのみ成り立つ．そのような状態はまれであり，ほとんどの自然陸面の特性は空間的に大きく変化する．幸い，興味の対象となる多くの場合には，それを少なくとも統計的に均質と考えることができ，流れを記述するのに式 (2.28) の仮定を用いることができるのである．この点については章末の 2.7 節でさらに議論する．

より一般的には，式 (2.28) は，一様な表面と平行に空気が動く際に，空気の移流により輸送される特性あるいは成分の濃度が，（乱流的な意味合いで）平均的には鉛直方向にのみ変化し，水平方向には一定であるという仮定と同じことである．平均濃度が鉛直方向にのみ変化するということは，地表面にその成分の湧き出しか吸い込みが存在するということであり，したがって，重要な乱流フラックスは鉛直成分のみである．そこで，（空気全体の単位質量あたりの）平均濃度 $\overline{q}$ の湿度の場合，式 (2.26) を

$$F_{vz} = \rho \overline{w'q'} \tag{2.29}$$

と簡略化できる．ここで，F_{vz} の上のバーは表記の便宜上，ここより後では省いてある．

数学的には式 (2.26) と (2.29) にはあいまいさはないが，図 2.5 に示したメカニズムを考えることで，物理的な意味合いの直感的な意義を理解できるだろう．鉛直速度変動 w' を受けている気塊が δt の間に距離 $w'\delta t$ を移動する．この気塊が（平均比湿 $\overline{q}$ の）ある高さから微小距離 $w'\delta t$ だけ上昇した後には，この気塊の比湿はその新しい環境の平均比湿より q' だけ大きい．つまりこの気塊が絶対湿度を上方に輸送する速度（単位時間あたりの距離）は $(\rho q'w')$ にその体積を乗じた値となる．乱流中にはあらゆる方向に動くこのような気塊あるいは渦が無数にあり，それらすべてによる輸送速度，すなわち単位時間あたり，単位水平断面積あたりの水蒸気質量の鉛直輸送量は，平均すると式 (2.29) で示されるのである．

図 2.5 微小流体粒子が微小距離 $w'\delta t$ もち上げられた場合．もち上げられた高さでは，平均比湿 $\overline{q}$ は元の位置の値より q' だけ小さい．

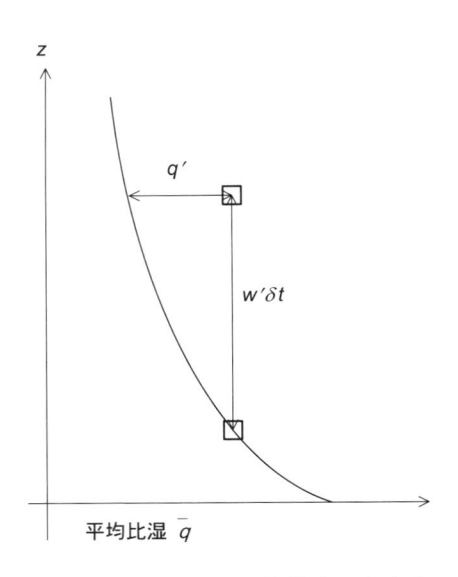

同様の式を流れの他の特性や成分のフラックスについても書くことができる．平均濃度 $\overline{u}$ を有する水平方向の運動量の鉛直フラックス成分は

$$F_{mz} = \rho\,\overline{w'u'} \tag{2.30}$$

であり，平均濃度 $c_p\overline{\theta}$ を有する顕熱フラックスは

$$F_{hz} = \rho c_p\overline{w'\theta'} \tag{2.31}$$

と表すことができる．

定常状態では，連続の式から流入速度と流出速度は等しく，つまり，鉛直フラックスは高さ方向に一定でなければならない．そこで，式 (2.29) の水蒸気フラックスは，地表面の蒸発速度 E に等しく $F_{vz} = \rho\,\overline{w'q'}_0 \equiv E$ である．ここで添字の 0 は地表面近くの値であることを示している．運動量の場合には，地表面にせん断応力 (shear stress) の形の吸い込みが存在しており，$F_{mz} \equiv -\tau = -\tau_0$ とおくことができる．ここで τ_0 が地表面のせん断応力である．同様に式 (2.31) のフラックスは地表面の顕熱フラックスに等しいので，$F_{hz} = \rho\,c_p\overline{w'\theta'}_0 \equiv H$ と書ける．表記上便利なため，ここで導入した地表面せん断応力は，しばしば

$$u_* \equiv (\tau_0/\rho)^{1/2} \tag{2.32}$$

と定義される摩擦速度 (friction velocity) としても表される．この式と式 (2.30) から，定常あるいは準定常な条件下では，地表面近くでのよい近似として $u_*^2 = -\overline{w'u'}$ となることがわかる．

2.4.2 ABL の一般的な構造

解析の際には，大気境界層がいくつかの層からなっており，それぞれの層では乱流輸送を支配する異なる変数群が異なる程度に重要であると仮定すると便利である．まず，内層 (inner region) と外層 (outer region) に大きく分けられ，外層あるいは速度欠損層 (defect layer) では，流れは境界層外側の自由流の速度に強く依存するのに対し，大気接地層 (atmospheric surface layer; ASL) とかプラントル層 (Prandtl layer)，壁層 (wall layer) などともよばれる内層では，流れはより強く地表面の性質に影響を受けている（図 2.6）．

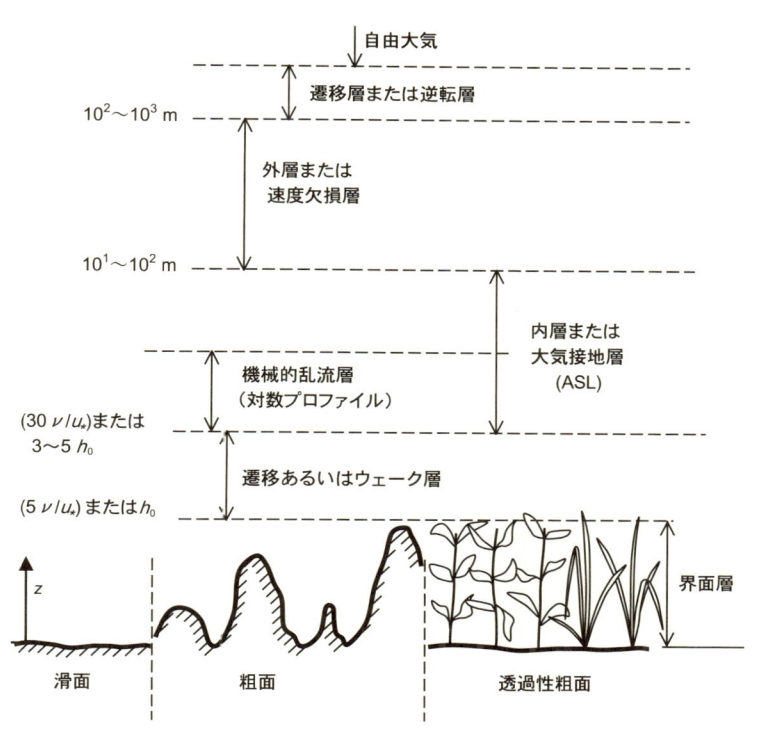

図 2.6 3つの異なるタイプの一様地表面上に発達する大気境界層 (ABL) の典型的な構造. 大気接地層 (ASL) ではモニン・オブコフ相似則 (Monin-Obukhov similarity; MOS) が通常成り立つ. h_0 は粗度要素の代表高さである. 不安定条件下では外層は混合層とよばれ, その上には逆転層が存在する. (鉛直スケールは高さにより誇張, 縮小してある.)

　大気中の中立に近い条件下では, 外層は広域の天気状況を反映する気圧傾度と, 地球の回転効果を表すコリオリ力の両方から影響を受けている. 不安定条件下では, 気圧とコリオリ力の効果は比較的小さくなり, 外層は熱対流性乱流で特徴づけられる. この場合には, 外層は混合層 (mixed layer) とか対流層 (convection layer) とよばれる. 不安定境界層の上限は, 典型的には明瞭な逆転層として現れる. 逆転層は安定大気の層である. 陸面上では境界層の厚さが日変化するのが普通である. たとえば中緯度において, 前線通過や降水活動を伴う天気が急変するような条件下にない時の, 典型的な日変化を考えてみよう. 夜間に安定状態が発達し, 夕方の数十 m の境界層の厚さが早朝までには 500 m 程度にまで達する. その後, 日の出後に新しい不安定境界層が発達し, 最終的に昼すぎ頃に最も発達した時には 1〜2 km の厚さに達する. この変化を図 2.7 に示してある. 図 2.8 は晴天日の温度プロファイルの日変化の例を示している. 典型的な境界層の厚さは, 概略 1 km 程度と仮定できる. 通常中立時より不安定時の方がこの厚さは大きくなる.

　大気接地層 (ASL) の厚さは, 普通境界層全体の下部 10 ％程度とされる. この厚さを定義するいくつかの方法があるが(下記参照), これはおおむね風向が高さ方向に一定な層と一致する. 風向変化がないことは, 地球の回転の効果が実際にほとんど関係ない層であることを証明している. また時として, 接地層は鉛直乱流フラックスが地表面の値からたとえば 10 ％以内しか変化しない層であるともされる. ASL は乱流境界層の下部を占めているが, 地表面まで伸びているわけではない. 図 2.6 に示すように, ASL の下限の高さは, 滑面上の流れでは $30\nu/u_*$ 程度, 粗面上の流れでは, h_0 を粗度要素の代表高さとして, 3〜5h_0 程度である. ν は空気の動粘性係数である.

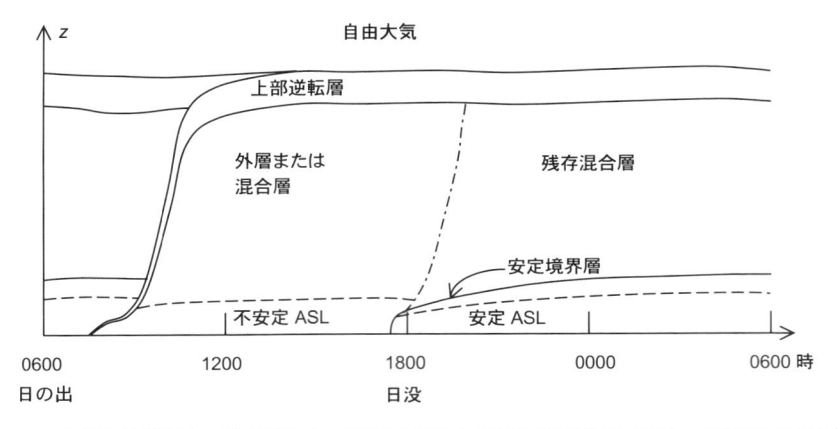

図 **2.7** 分点頃の陸面上，晴天時の大気境界層 (ABL) 発達の典型的な日変化．内層あるいは大気接地層 (ASL) は日射による地表面加熱のため日中は不安定である．夜間は放射冷却の結果 ASL は安定となる．日中，外層は接地層を介した加熱による対流性乱流で特徴づけられる．日没後，安定な夜間境界層の発達に伴い，この外層は地表面からは実質的に切り離される．破線は ASL の上部境界，1 点破線は日中の外層と夜間の残存混合層の境界を表す．

図 **2.8** 大気境界層内とその上での温位プロファイルの例．境界層上部の逆転層のおおよその高さを矢印で示してある．オクラホマ州 Washita 川流域内で 1992 年 6 月 13 日に行われた測定では，穏やかな丘陵地形 ($z_0 = 0.45\,\mathrm{m}$, $d_0 = 8.9\,\mathrm{m}$; Asanuma *et al.*, 2000 参照）上でラジオゾンデを用いた．測定時刻をアメリカ合衆国中部夏時間で示してある．

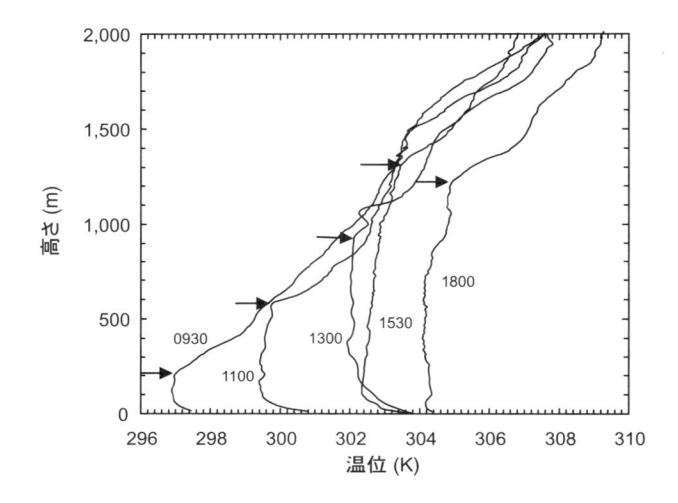

　一般的には，非中立条件下では，空気の流れと運動量輸送は顕熱と，そして程度は小さいものの水蒸気の輸送に大きく影響を受ける．またこの逆も成り立つ．しかし，大気接地層の下部では，顕熱と水蒸気を単なる受動的成分と考えることができ，温度と湿度勾配から生じる密度成層の効果を無視できることがわかっている．この大気接地層の下部領域を機械的乱流層 (dynamic sublayer) とよぶ．中立条件下では接地層全体が機械的乱流層として振る舞う．

　最後に地表面のごく近傍では，乱流は粗度要素の構造に強く影響を受け，あるいは粘性効果により乱流が弱められている．そして，ほとんどの場合，乱流は両方の影響下にある．地表面近傍でこれらの効果が重要な層は，しばしば界面層 (interfacial (transfer) sublayer) とよばれる．雪面，水面あるいは塩類平原上に生じる滑面上の流れの場合，これを粘性底層 (viscous sublayer) とよぶ．実験によりこの厚さが $5\nu/u_*$ の程度であることが示されてきた．ν は空気の動粘性係数である．流れはおおよそ $(u_* h_0/\nu) < 1$ の場合に，滑らかであると考えられる．h_0 は表面粗度要素の平均の高さである．実験からはまた，ほぼ $(u_* h_0/\nu) > 15$ の場合が粗な表面にあたると考えられている．この場合，界面層は粗度層 (roughness sublayer) とよばれ，その厚さは粗度要素の平均高さのオー

ダーにある．粗度要素が植生からなっている場合，粗度要素は多少なりとも多孔質性で，空気の流れはこれを通過でき，界面層はキャノピー層 (canopy sublayer) とよばれる．

2.5　乱流の相似則

　過去 100 年程度の間に，基本的には次元解析に基づく相似則を利用しさまざまな乱流クロージャー法が提案されてきた．この種の方法では，支配方程式から，あるいは単に対象を考察することで重要と考えられる物理量を決めた後，それらを無次元量に整えて数を減らす．次元解析は，これら無次元量の間の関数関係の存在の可能性を確立するのみであり，実際の関数関係の形を与えることはできない．この関数形は通常実験によるか，何らかの概念輸送モデル，あるいは他の理論的考察に基づいて決めなければならない．この節では完全なレビューではなく，第 4 章で蒸発量を決めるのに役立ついくつかの考え方を示す．

2.5.1　乱流輸送のパラメタリゼーション

　相似則に基づくほとんどの乱流フラックスの式は，共通の性質を有している．式 (2.29)〜(2.31) などの式中に現れる時間変動の積の平均である 2 次モーメントを，それに対応する平均量である 1 次モーメントの空間変化の積で単純に置き換えている点である．比湿の場合，これは一般的に

$$\overline{w'q'} = -\mathrm{Ce}(\overline{u}_2 - \overline{u}_1)(\overline{q}_4 - \overline{q}_3) \tag{2.33}$$

と書け，添字の 1〜4 は地表面上の参照高度を，Ce は水蒸気輸送係数あるいはダルトン数 (Dalton number) ともよばれる無次元パラメータである．Ce は，以下に示すような他の多くの（無次元）因子以外にも，参照高度 1〜4 の高さにも依存する．負号はフラックスが $\overline{q}$ の減少方向へと向かっていることを表している．式 (2.33) の 4 高度がすべて異なっている必要はない点に注意．つまり 4 と 3 の高度はそれぞれ 2 と 1 の高度と同じでもよいのである．運動量フラックスの場合，同様にして

$$\overline{w'u'} = -\mathrm{Cd}(\overline{u}_2 - \overline{u}_1)^2 \tag{2.34}$$

が得られる．Cd は抵抗係数 (drag coefficient) ともよばれる運動量輸送係数である．顕熱フラックスの場合も同様に，

$$\overline{w'\theta'} = -\mathrm{Ch}(\overline{u}_2 - \overline{u}_1)(\overline{\theta}_4 - \overline{\theta}_3) \tag{2.35}$$

が求まり，Ch はスタントン数 (Stanton number) ともよばれる顕熱輸送係数である．

　多くの適用例で，風速の参照高度の下限は $\overline{u} = 0$ の地表面とされる．加えて水蒸気フラックスが地表面フラックス E を表す場合，式 (2.33) は

$$E = -\mathrm{Ce}\,\rho\overline{u}\Delta\overline{q} \tag{2.36}$$

の一般的な形となる．ここで $\overline{u}$ は，地表面上のある参照高度における風速，$\Delta\overline{q}$ は 2 参照高度（そのうちの 1 高度は水面あるいは地表面でもよい）間の平均比湿差である．参照高度の値は上と同様，Ce の大きさに影響する．同様にして式 (2.34) は，地表面せん断応力に対して

$$\tau_0 = \mathrm{Cd}\,\rho\overline{u}^2 \tag{2.37}$$

となり，式 (2.35) は，地表面顕熱フラックスに対して

$$H = -\mathrm{Ch}\, \rho c_p \overline{u} \Delta \overline{\theta} \tag{2.38}$$

と書ける．T と θ の違いは，ほとんどの測定が行われる接地層下部で，多くの場合小さいことを思い起こすこと．そこで温度測定の高度差が数メートル程度の場合には，式 (2.35) や (2.38) のような式では $\overline{\theta}$ の代わりに $\overline{T}$ を用いることができる．

2.5.2 いくつかの具体的な例：フラックス・プロファイル関数

無次元輸送係数 Ce, Cd, Ch と，この無次元輸送係数の他の無次元変数への依存性が多くの研究対象となってきた．1930 年代には乱流拡散法の枠組みでのプラントル (Prandtl)，フォン・カルマン (von Karman) そしてテイラー (Taylor) の貢献の結果，混合距離理論 (mixing length theory) による大きな進展があった．この結果，平均風速，温位，比湿などの流れの成分の対数プロファイル式の定式化がまず行われ(たとえば Monin and Yaglom, 1971; Brutsaert, 1982;1993)，これが続いてモニン (Monin)，オブコフ (Obukhov) らの研究者によるさらなる発展へと結びついたのである．本項では地表面フラックスを推定するのに役に立ってきた相似則の方法のいくつかをレビューする．

● 中立な大気接地層

現在，機械的乱流層において，そして中立条件下の大気接地層の全層において，流れのどの成分の濃度も地表面上の高さの対数の関数であることが一般に認められており，また，ほとんど当然として受け入れられている．この関係の多くの異なる導出法が文献中に見られるが，最も単純なものは，間違いなく，Landau and Lifshitz (1959) の 1944 年版の文献（Monin and Yaglom, 1971 も参照のこと）中に示された方法である．この導出は，厳密に次元解析と，平行平面流れにおける z 方向の速度増加 $(d\overline{u}/dz)$ が下向きの運動量フラックスと表面での吸い込みの証拠であるという認識に基づいている．そこで，密度 ρ の流体中の平均速度勾配は壁面でのせん断応力 τ_0 と壁面からの距離 $(z - d_0)$ により決まる．ここで，地面修正量 (zero-plane displacement height) d_0 は不規則で凹凸のある表面の壁面位置が不確かな点を考慮するために導入されている．これらの変数を組み合わせ，ただ 1 つの無次元量を

$$\frac{u_*}{(z - d_0)(d\overline{u}/dz)} = k \tag{2.39}$$

とすることができる．u_* は式 (2.32) で定義されている．この無次元量 k は，実験によりほぼ一定で多くの異なる条件下でも 0.4 に近い値となることがわかっている．この値を一般にカルマン定数 (von Karman's constant) とよぶ．式 (2.39) を積分すると対数プロファイルが得られる．

この対数プロファイルは一般に，

$$\overline{u}_2 - \overline{u}_1 = \frac{u_*}{k} \ln\left(\frac{z_2 - d_0}{z_1 - d_0}\right) \tag{2.40}$$

と書け，添字は中立接地層中の 2 高度を表している．この結果から，式 (2.34) に現れる抵抗係数が $\mathrm{Cd} = \{k/\ln[(z_2 - d_0)/(z_1 - d_0)]\}^2$ と求まる．式 (2.39) も積分でき，

$$\overline{u} = \frac{u_*}{k} \ln\left(\frac{z - d_0}{z_0}\right) \tag{2.41}$$

が得られる．z_0 は積分定数でその次元は長さである．これを一般に運動量粗度パラメータあるいは粗度長 (roughness length) とよぶ．この値は，式 (2.39) が有効な高さ範囲の下側境界の状況に依

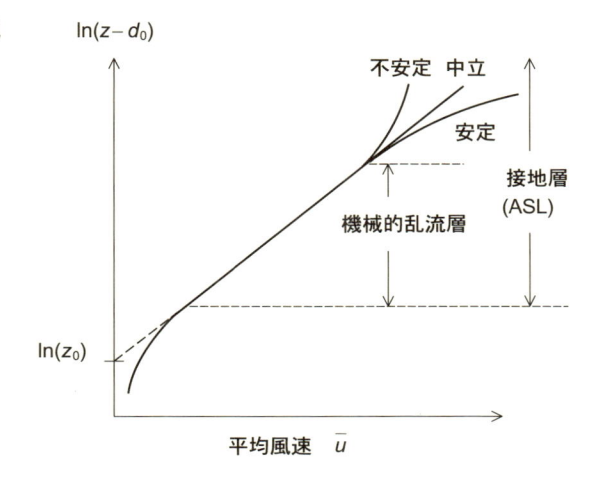

図 2.9　機械的乱流層と大気接地層 (ASL) 中の平均風速プロファイル $\bar{u} = \bar{u}(z)$

存し（図 2.9），中立接地層中の平均速度データを高さに対して片対数グラフにプロットした時に得られる直線の風速がゼロとなる切片の値としてとらえることができる．式 (2.41) からは式 (2.37) 中の抵抗係数の値が $Cd = \{k / \ln[(z - d_0)/z_0]\}^2$ と求まる.

平均風速プロファイルを導くのに使われたと同様な次元の解析から，平均比湿勾配に対しても

$$\frac{E/\rho}{u_*(z - d_0)(d\bar{q}/dz)} = -k \tag{2.42}$$

が得られる．ここで再び積分により対数プロファイル

$$\bar{q}_1 - \bar{q}_2 = \frac{E}{ku_*\rho}\ln\left(\frac{z_2 - d_0}{z_1 - d_0}\right) \tag{2.43}$$

が求まる．この結果と式 (2.33), (2.37) を組み合わせると，水蒸気に対する質量輸送係数が得られる．これは，風速と比湿が同じ 2 高度 z_1, z_2 で測定されている場合，$Ce = \{k / \ln[(z_2 - d_0)/(z_1 - d_0)]\}^2$ となる．この輸送係数が前に導いた運動量の輸送係数と同じ形をしていること，すなわち $Ce = Cd$ である点に注目すべきである．ある条件下において乱流中の異なる成分の輸送係数が同じことを，レイノルズの相似 (Reynolds analogy) とよぶ．比湿の値の 1 つを地表面 $z = 0$ の値とした場合，式 (2.43) は

$$q_s - \bar{q} = \frac{E}{ku_*\rho}\ln\left(\frac{z - d_0}{z_{0v}}\right) \tag{2.44}$$

となり，q_s は地表面での $\bar{q}$ の値，z_{0v} は水蒸気に対する（スカラー）粗度 ((scalar) roughness for water vapor) である（図 2.10）．この場合，輸送係数は $Ce = k^2 / \{\ln[(z_2 - d_0)/z_0]\ln[(z_1 - d_0)/z_{0v}]\}$ と書け，添字の 2 は風速の測定高度，1 は比湿の測定高度を表す．この式から，陸面上ではほとんどありえない，2 つの粗度パラメータ z_0, z_{0v} が同じ値をとる場合にのみ，Ce と Cd が等しくなることがわかる.

温度と地表面顕熱フラックス H の間についても同様な対数関係を定義することができるが，中立条件下では温度差と顕熱フラックスが比較的小さいので，これはあまり意味がない．以下では，非中立条件下での温度プロファイル式中に現れる顕熱に対するスカラー粗度を z_{0h} と表す.

実用的な適用では，粗度パラメータ z_0, z_{0h}, z_{0v}, d_0 を対象とする個々の表面に対して実験的に決めるのがよい．しかし測定値が存在しない場合には，地表面の幾何学的な特性からこれらを推定する必要があるだろう．多くのそのような関係式を文献中で見つけることができる（たとえば

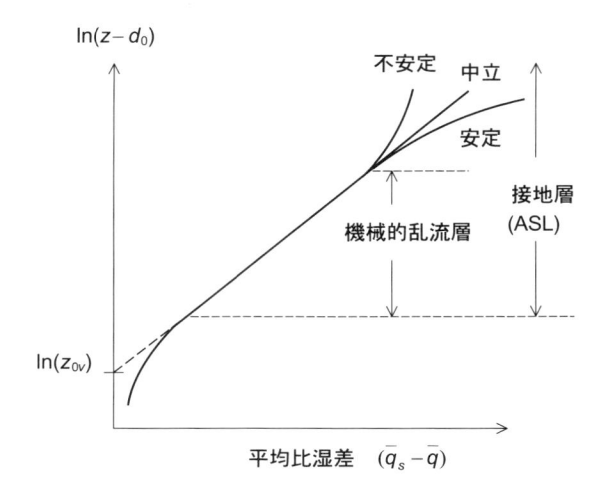

図 2.10 機械的乱流層と大気接地層 (ASL) 中の平均比湿プロファイル $\bar{q} = \bar{q}(z)$. $\bar{q}_s$ は地表面における比湿である.

表 2.6 さまざまな地表面に対する典型的な粗度の値

地表面	$z_0(\mathrm{m})$
大きな水面（平均値）	
新しい雪面，干潟	$0.0001\sim0.0005$
滑らかな滑走路	
積雪後時間の経過した雪面，氷河	$0.0005\sim0.005$
背の低い草地	$0.008\sim0.02$
背の高い草地，プレーリー	$0.02\sim0.06$
背の低い農作物	$0.05\sim0.10$
背の高い農作物	$0.10\sim0.20$
点在した灌木や木立のあるプレーリーまたは背の低い農作物	
	$0.20\sim0.40$
連続した灌木地帯	
（50〜100 m 程度の）起伏がある丘陵性地形上の灌木地帯	$1.0\sim2.0$
十分に成長したマツの森林	$0.80\sim1.5$
熱帯林	$1.5\sim2.5$
木が点在する低山性（200〜300 m）山地地形	$3.0\sim4.0$

Brutsaert, 1975a; 1982). Wieringa (1993) は，均質な地勢上の z_0 の実験的な決定法についてのレビューを行っている．さまざまな表面に対する文献中の典型的な z_0 の値を表 2.6 に示してある．自然植生のような密に地表面を覆った平均高さ h_0 の粗度要素に対して役に立つ 1 次近似として，運動量粗度 z_0 は $h_0/10$ 程度，d_0 は $h_0/2\sim2h_0/3$ 程度，z_{0h} と z_{0v} は $h_0/100$ かそれ以下である．スカラー粗度パラメータ z_{0h}, z_{0v} については継続して研究が行われている（たとえば Brutsaert and Sugita, 1996; Qualls and Brutsaert, 1996; Sugita and Brutsaert, 1996; Cahill *et al.*, 1997; Voogt and Grimmond, 2000; Kotani and Sugita, 2005; Demuzere *et al.*, 2008; Li *et al.*, 2017; Young *et al.*, 2021).

● 接地層中のモニン・オブコフ相似則 (MOS)

中立条件は大気境界層中ではまれにしか発生しない．そこで実際上，大気の密度成層である安定度の効果をプロファイル式や輸送係数に含むことが常に必要である．これを行う一般的な方法の 1 つが，モニン・オブコフの方法 (Monin and Obukhov, 1954) であり，流れの密度成層の効果を，浮力の仕事から生じる乱流運動エネルギーの生成速度によって代表させることができると仮定している．地表面近くではこの速度が $(g/T_a)[(H/c_p\rho) + 0.61T_aE/\rho]$ で与えられる（Monin and Yaglom, 1971;

Brutsaert, 1982 参照）．式 (2.39) と (2.42) の無次元変数中には変数として $(z - d_0)$ と u_* が共通に含まれている．そこで，成層乱流中の乱流のどのような無次元特性でも，次の値のみに依存していると仮定できる．すなわち，仮想地表面上の高さ $(z - d_0)$，地表面せん断応力 τ_0，密度 ρ，浮力による乱流エネルギー生成速度である．これらの 4 つの量は，時間，長さ，空気質量の 3 つの基本次元で表すことができ，組み合わせることで 1 つの無次元変数にすることができる．この変数は Monin and Obukhov (1954) により（元々は $d_0 = 0$ に対して）提案されたもので，

$$\zeta = \frac{z - d_0}{L} \tag{2.45}$$

により与えられる．L はオブコフ長 (Obukhov stability length) とよばれ，

$$L = \frac{-u_*^3}{k(g/T_a)(\overline{w'\theta'}_0 + 0.61 T_a \overline{w'q'}_0)} \tag{2.46}$$

で定義される．T_a は地表面近くの平均参照気温 (K) で，添字の 0 はフラックスが地表面近くの値であることを表しており，定義上，それぞれ $(H/c_p\rho)$, (E/ρ) である．L の元々の式では，乱流水蒸気フラックスの項は含まれていなかった．密度成層に対する水蒸気の効果はしばしば無視できるが，可能な限りは含めておくのが賢明である．

このモニン・オブコフ相似則 (MOS) により，平均風速，温度，湿度の無次元勾配は

$$\frac{k(z - d_0)}{u_*} \frac{d\overline{u}}{dz} = \phi_m(\zeta) \tag{2.47}$$

$$-\frac{ku_*(z - d_0)}{\overline{w'\theta'}_0} \frac{d\overline{\theta}}{dz} = \phi_h(\zeta) \tag{2.48}$$

$$-\frac{ku_*(z - d_0)}{\overline{w'q'}_0} \frac{d\overline{q}}{dz} = \phi_v(\zeta) \tag{2.49}$$

と表すことができ，添字の m, h, v は運動量，顕熱，水蒸気をそれぞれ表している．式 (2.39) および (2.42) と矛盾しないように，機械的乱流層中あるいは中立条件下でく $\ll 1$（しかし $z - d_0 \gg z_0$）の時，これらの ϕ 関数は 1 に等しくなる．通常，$\phi_v = \phi_h$，つまり流れのスカラー成分についてはレイノルズの相似が成り立つと仮定される．

式 (2.47)〜(2.49) は勾配を用いた式である．しばしば誤差を含む野外測定から勾配を決定するのは容易ではない．この問題を避けるためには，MOS の式 (2.47)〜(2.49) を積分形として

$$\overline{u}_2 - \overline{u}_1 = \frac{u_*}{k}[\ln(\zeta_2/\zeta_1) - \Psi_m(\zeta_2) + \Psi_m(\zeta_1)] \tag{2.50}$$

$$\overline{\theta}_1 - \overline{\theta}_2 = \frac{\overline{w'\theta'}_0}{ku_*}[\ln(\zeta_2/\zeta_1) - \Psi_h(\zeta_2) + \Psi_h(\zeta_1)] \tag{2.51}$$

$$\overline{q}_1 - \overline{q}_2 = \frac{\overline{v'q'}_0}{ku_*}[\ln(\zeta_2/\zeta_1) - \Psi_v(\zeta_2) + \Psi_v(\zeta_1)] \tag{2.52}$$

と表す．それぞれの添字をつけた Ψ 関数は

$$\Psi(\zeta) = \int_0^\zeta [1 - \phi(x)]\, dx/x \tag{2.53}$$

により定義される．x は積分のダミー変数である．中立条件下では $|L| \to \infty$, $\zeta \to 0$ となり，Ψ 関数はゼロに近づき，式 (2.50) と (2.52) は対数プロファイルの式 (2.40) および (2.43) となる．また，$\overline{u}_1$, $\overline{\theta}_1$, $\overline{q}_1$ が地表面の値 0, θ_s, q_s を表す場合には，無次元高さ ζ_1 をそれぞれ z_0/L, z_{0h}/L, z_{0v}/L としなければならないことも（中立な場合の同等な式 (2.41) と (2.44) から見て取れるように）明らかである．この場合，式 (2.50)〜(2.52) は

$$\overline{u} = \frac{u_*}{k}\left[\ln\left(\frac{z - d_0}{z_0}\right) - \Psi_m\left(\frac{z - d_0}{L}\right) + \Psi_m\left(\frac{z_0}{L}\right)\right] \tag{2.54}$$

$$\theta_s - \overline{\theta} = \frac{H}{ku_*\rho c_p}\left[\ln\left(\frac{z-d_0}{z_{0h}}\right) - \Psi_h\left(\frac{z-d_0}{L}\right) + \Psi_h\left(\frac{z_{0h}}{L}\right)\right] \qquad (2.55)$$

$$q_s - \overline{q} = \frac{E}{ku_*\rho}\left[\ln\left(\frac{z-d_0}{z_{0v}}\right) - \Psi_v\left(\frac{z-d_0}{L}\right) + \Psi_v\left(\frac{z_{0v}}{L}\right)\right] \qquad (2.56)$$

となる．式 (2.54) および (2.56) で表されるプロファイルを図 2.9，図 2.10 にそれぞれ非中立時の安定と不安定な場合について示してある．

「普遍」MOS 関数 ϕ の性質は，ϕ_v に関してはそれほどでもないが，特に ϕ_m, ϕ_h については多くの理論的・実験的な研究対象とされてきた．最も初期の ϕ 関数の 1 つで，小さな $|\zeta|$ 値に対する中立に近い条件を対象とした関数が，単純な級数展開の第 1 項のみを残す形の $\phi = (1+\beta_s\zeta)$ として Monin and Obukhov (1954) により提案された．β_s は定数である．しかし，その後の実験的研究の結果，この形の ϕ は不安定条件下には適用できず，安定時のみ成り立つことがわかった．後になりまた（たとえば Webb, 1970; Kondo *et al.*, 1978），β_s の値を 5 程度としたこの形は $0 \le \zeta \le 1$ の範囲の観測データのみを表すことができ，$\zeta > 1$ では ϕ がほぼ一定であることがわかった．そこで，その当時利用できたデータに基づいて，安定条件下に対して

$$\phi_m(\zeta) = \phi_h(\zeta) = \phi_v(\zeta)\begin{cases} = 1 + 5\zeta & (0 \le \zeta \le 1) \\ = 6 & (\zeta > 1) \end{cases} \qquad (2.57)$$

の式が仮定された（たとえば Brutsaert, 1982）．式 (2.57) を式 (2.53) に従って積分すると，式 (2.50)〜(2.52) で必要な安定度修正関数 (stability correction function) Ψ が求まる．これら積分関数は

$$\Psi_m(\zeta) = \Psi_h(\zeta) = \Psi_v(\zeta)\begin{cases} = -5\zeta & (0 \le \zeta \le 1) \\ = -5 - 5\ln\zeta & (\zeta > 1) \end{cases} \qquad (2.58)$$

である．図 2.11 と図 2.12 で，式 (2.57) と (2.58) をより最近の実験データと比較することができる．この同じデータを用いて，Cheng and Brutsaert (2005) は全安定領域 $\zeta \ge 0$ をカバーする単一の式

$$\Psi_m(\zeta) = -a\ln\left[\zeta + \left(1+\zeta^b\right)^{1/b}\right] \qquad (2.59)$$

を提案した．ここで a, b は定数でその値は $a = 6.1$, $b = 2.5$ と決められた．式 (2.59) も図 2.12 に示されている．式 (2.59) は ζ が小さい時には式 (2.58) の第 1 式とほぼ同じ振る舞いをし，ζ が大きくなると第 2 式とほぼ同じになることがわかる．これと対応する風速に対する ϕ 関数は，式 (2.53) に従った微分により

$$\phi_m(\zeta) = 1 + a\frac{\zeta + \zeta^b(1+\zeta^b)^{-1+1/b}}{\zeta + (1+\zeta^b)^{1/b}} \qquad (2.60)$$

図 **2.11** カンザス州の平坦な草地面 ($z_0 = 0.0219\,\mathrm{m}$, $d_0 = 0.110\,\mathrm{m}$) 上で 1999 年 10 月に得られた風速プロファイル (○) と温度プロファイル (△) から Cheng and Brutsaert (2005) が求めた安定時の ($\phi_m - 1$) と ($\phi_h - 1$) の ζ への依存性．実線は式 (2.60) を，破線は式 (2.57) を表している．

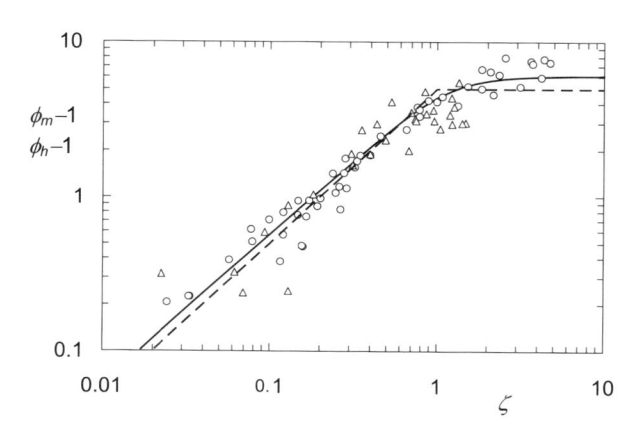

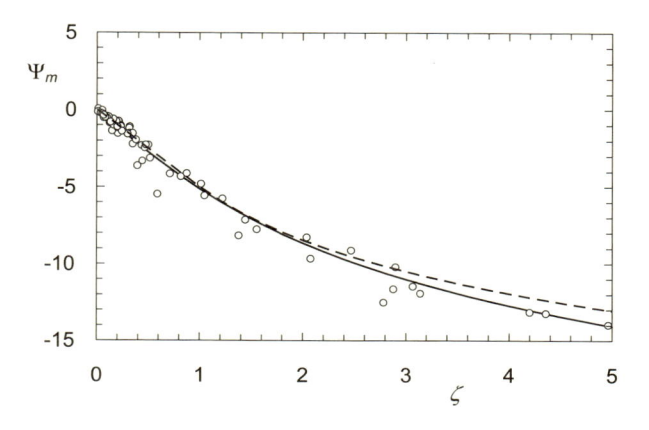

図 **2.12** カンザス州の平坦な草地面 ($z_0 = 0.0219\,\mathrm{m}$, $d_0 = 0.110\,\mathrm{m}$) 上で 1999 年 10 月に得られた風速プロファイルデータから Cheng and Brutsaert (2005) が求めた安定条件下での Ψ_m の ζ への依存性. 実線は式 (2.59) を, 破線は式 (2.58) を示す.

となる. 図 2.11 に示すように, この式は式 (2.57) と同様に, 小さな ζ に対しては $(1 + a\zeta)$ のように振る舞い, 大きな ζ に対しては一定値 $(1 + a)$ に近づく. 図 2.11 はまた, 式 (2.60) がばらつきはあるものの, 温度に対する $\phi_h(\zeta)$ のデータポイントを, 風速に対する $\phi_m(\zeta)$ のデータポイントと実際上同じ程度にうまく表すことができることを示している. このことは, 安定条件下では顕熱と運動量に対する ASL 相似関数が等しいと仮定してもよいことを示唆している. さらに Dias and Brutsaert (1996) の実験的・理論的な証拠は, 安定条件下での乱流の相似性を示している. つまりこの場合にはレイノルズの相似が成り立つと考えられ, 安定に成層した ASL に対しては, $\phi_m(\zeta) = \phi_h(\zeta) = \phi_v(\zeta)$ および $\Psi_m(\zeta) = \Psi_h(\zeta) = \Psi_v(\zeta)$ とおくことができるのである.

不安定条件に対しては, Kader and Yaglom (1990) はより基本的な方法を用いた. 彼らは接地層がさらに機械的乱流層, 機械的・対流接地層, 対流接地層の 3 つに細分できると論じ, これを実験に基づく証拠で裏打ちすることができた. そして, それぞれの層に対して, 乱流を表す単純なべき乗則を導いた. しかし結果として得られた ϕ 関数は, これら 3 層に対応したある有限な範囲しかカバーしていないので, ζ の全領域をカバーする内挿した式を求めるべきである. Brutsaert (1992;1999) は各層における ϕ_m と ϕ_h の関数的な振る舞いを組み合わせ,

$$\phi_m(\zeta) = (a + by^{4/3})/(a + y) \quad (y \leq b^{-3})$$
$$\phi_m(\zeta) = 1.0 \qquad\qquad (y > b^{-3}) \tag{2.61}$$

および

$$\phi_h(\zeta) = (c + dy^n)/(c + y^n) \tag{2.62}$$

の式を導出した. ここで, $y = -\zeta = -(z - d_0)/L$, a, b, c, d, n は定数である. 既存のデータセットを考慮した後, 定数は $a = 0.33$, $b = 0.41$, $c = 0.33$, $d = 0.057$, $n = 0.78$ と決められた. 図 2.13 にこの ϕ 関数を示してある. これと対応した安定度修正関数は, 式 (2.53) に従って積分することで

$$\Psi_m(-y) = \ln(a + y) - 3by^{1/3} + \frac{ba^{1/3}}{2} \ln\left[\frac{(1 + x)^2}{(1 - x + x^2)}\right]$$
$$\qquad + 3^{1/2}ba^{1/3} \tan^{-1}[(2x - 1)/3^{1/2}] + \Psi_0 \qquad (y \leq b^{-3}) \tag{2.63}$$
$$\Psi_m(-y) = \bar{\Psi}_m(b^{-3}) \qquad\qquad\qquad (y > b^{-3})$$

および

$$\Psi_h(-y) = [(1 - d)/n] \ln[(c + y^n)/c] \tag{2.64}$$

と求められる. ここで $x = (y/a)^{1/3}$, また前と同様 $y = -\zeta = -(z - d_0)/L$ であり, a, b, c, d, n は定数である. Ψ_0 は積分定数で $\Psi_0 = (-\ln a + 3^{1/2}ba^{1/3}\pi/6)$ で与えられる. 実際の適用に際しては, Ψ_0

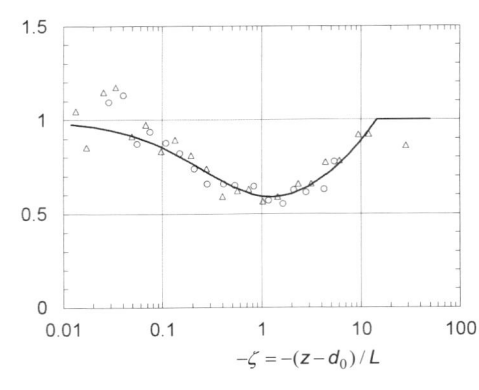
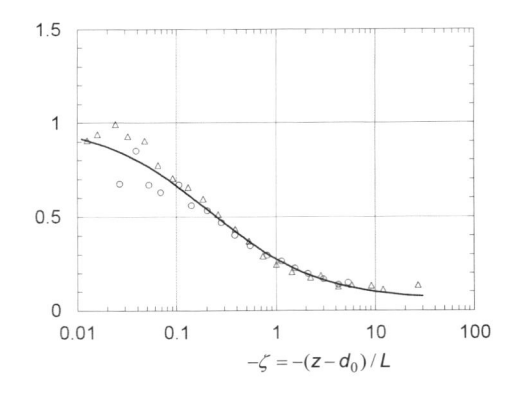

図 2.13 (a) 式 (2.61) で与えられた運動量に対するフラックス・プロファイル関数 $\phi_m(\zeta)$. 白抜きシンボルは Kader and Yaglom (1990) で用いられたデータで，Tsimlyansk（△）およびカンサス州，ミネソタ州，オーストラリア（○）での測定値を示している．(b) 式 (2.62) で与えられた顕熱に対するフラックス・プロファイル関数 $\phi_h(\zeta)$. 図のシンボルは (a) と同じである．

図 2.14 式 (2.63) および (2.64) で与えられた運動量 ($\Psi_m(\zeta)$) と顕熱 ($\Psi_h(\zeta)$) の積分形フラックス・プロファイル関数

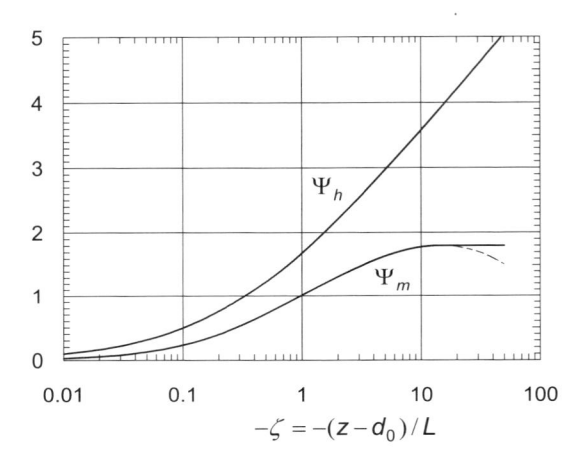

は式 (2.50) と (2.54) 中で打ち消し合ってしまうので，通常重要ではない．図 2.14 は式 (2.62) の下にあげた定数を用いた式 (2.63) と (2.64) を示している．不安定条件下に対しては，通常 $\phi_h(\zeta) = \phi_v(\zeta)$ および $\Psi_h(\zeta) = \Psi_v(\zeta)$ が仮定される．

接地層の鉛直方向の範囲に関しては，依然として一般的な合意は得られていない．しかし，ほとんどが中立と不安定条件下で行われた多くの実験結果（たとえば Brutsaert, 1998, 1999 参照）からは，その下限 z_{sb} が $(z_{sb} - d_0) = \alpha_b z_0$ により推定できることが示唆される．α_b は概略 40〜60 の範囲にあり，50 程度である．その上限 z_{st} は，大まかには $(z_{st} - d_0) = \alpha_t h_i$ か $(z_{st} - d_0) = \beta_t z_0$ の大きい方として推定できる．$\alpha_t = 0.12$ および $\beta_t = 120$ であり，変数 h_i は大気境界層上端の逆転層下部高度である．なお，前者の z_{st} の値は緩い起伏の地表面に対するもので，後者は大きな起伏のある地表面に対するものである．典型的な値として $h_i = 1,000\,\mathrm{m}$ を用いると，起伏の大きな地形と小さな地形の境界は $z_0 = (\alpha_t/\beta_t)h_i = 1\,\mathrm{m}$ となる．

● ABL 全体に対するバルク相似則の式

前述のとおり，大気接地層は典型的には境界層の下部 10 ％程度を占めている．境界層全体に対するバルク相似則を定式化することが多く試みられてきた．この方法では，地表面フラックスは一般に「バルク」変数，すなわち ABL の最上端と最下端の変数，あるいは ABL 全体またはその一部の平均値と関係づけられる．方程式の基礎形は，基本的には式 (2.50)〜(2.52)，あるいは式 (2.54)〜(2.56) の形

と似ているが，接地層の上部まで拡張されている．相似則を外層を含む ABL 全体に適用しようという考えは，初期には Rossby and Montgomery (1935) や Lettau (1959) により試みられ，その後の発展は Kazanski and Monin (1961), Clarke and Hess (1974), Zilitinkevich and Deardorff (1974), Yamada (1976), Garrattl *et al.*(1982), Brutsaert (1982), Sugita and Brutsaert (1992), Jacobs *et al.*(2000) などの研究としてたどることができる．さまざまなこの方法を，一般形として

$$u_b = \frac{u_*}{k}[\ln((h_b - d_0)/z_0) - B]$$

$$v_b = -\frac{u_*}{k}A \tag{2.65}$$

$$\theta_s - \theta_b = \frac{\overline{w'\theta'}_0}{ku_*}[\ln((h_b - d_0)/z_{0h}) - C] \tag{2.66}$$

と表すことができる．A, B, C は外層中の輸送に影響をもつ多くの無次元変数の関数であり，添字の b はバルクあるいは ABL の代表スケール変数を意味している．つまり，h_b は ABL の代表厚さ，すなわち代表高さスケールである．変数 u_b, v_b はそれぞれ x, y 方向の代表水平風速成分で，$u_b^2 + v_b^2 = V_b^2$ である．（x は地表面近くの風向である．y は地球の回転が関係するので通常北半球では x の左側，南半球では右側を向く．）V_b は上空の代表風速である．これらバルク変数に対して，これまでに具体的な適用方法により異なる定義が与えられてきた．初期の適用例では一般に，u_b, v_b, θ_b を不安定条件下での ABL 上端近くの値，あるいは逆転層直下の値とした．

より最近の適用例（たとえば Brutsaert, 1999）は，ほとんどが不安定条件に対するもので，混合層中の変数の平均値を用い，風速をスカラー量として扱っている．このバルク変数の選択の根拠は，図 2.15 に示されるように，鉛直混合を伴う対流によって風速の y 成分が事実上無視でき，x 成分が風速と等しくなることにある．さらに，上空の風速測定には誤差がつきものであり，高さ方向で平均した方が信頼性は高くなる．図 2.16 は対応する温度プロファイルを示している．そこでこの変数選択を用いると，運動量と顕熱に対する式は

$$V_m = \frac{u_*}{k}[\ln((h_i - d_0)/z_0) - B_w] \tag{2.67}$$

$$\theta_s - \theta_m = \frac{\overline{w'\theta'}_0}{ku_*}[\ln((h_i - d_0)/z_{0h}) - C] \tag{2.68}$$

と書くことができる．V_m と θ_m はそれぞれ不安定 ABL の混合層内の平均風速と温位である．h_i は混合層の上端高度，すなわち逆転層最下部の地表面からの高さ，B_w には風速成分 u, v の代わりに風速 V を用いることを示すために添字がつけられている．

現在までこれらの B_w と C の関数の決定的な形は求められていない．不安定条件下でよい結果を示した式の例 (Brutsaert, 1999) を以下にまとめる．これは，ABL が式 (2.63) と (2.64) でプロファイルが与えられる接地層と，その上の一様プロファイルをもつ厚い板状の混合層からなるという仮定に基

図 2.15 カンザス州プレーリーの中程度に起伏がある丘陵地形（$z_0 = 1.05\,\mathrm{m}$, $d_0 = 26.9\,\mathrm{m}$）上で 1987 年 8 月 14 日 15 時（中部夏時間）にラジオゾンデを用いて観測された風速プロファイルの例．○は（スカラー）風速を，△と□は（ベクトル）風速の x, y 成分をそれぞれ表している．矢印は逆転層高度を表している．(Brutsaert and Sugita, 1991)

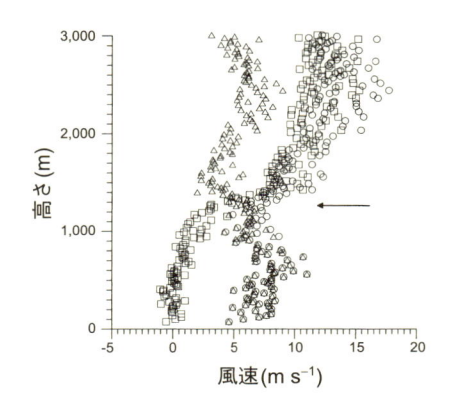

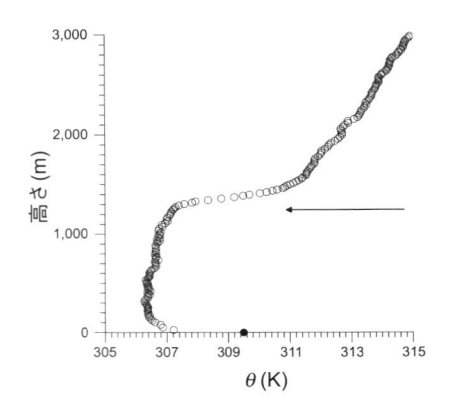

図 2.16 図 2.15 に示した風速の測定に用いられた同じラジオゾンデで測定された温位プロファイルの例. ●は地表面温位のメディアンを, 矢印は逆転層高度を表している. (Brutsaert and Sugita, 1991)

づいている. さらに式 (2.64) の下で説明した, 混合層と接地層が接する接地層上端の位置に関する仮定にも基づいている. やや起伏のある $z_0 \leq (\alpha_t/\beta_t)h_i$ の地形に対して, 得られる関数は

$$B_w = -\ln(\alpha_t) + \Psi_m(\alpha_t(h_i - d_0)/L) - \Psi_m(z_0/L)$$
$$C = -\ln(\alpha_t) + \Psi_h(\alpha_t(h_i - d_0)/L) - \Psi_h(z_{0h}/L) \tag{2.69}$$

となり, 起伏の激しい $z_0 > (\alpha_t/\beta_t)h_i$ の地形では, 関数は

$$B_w = \ln((h_i - d_0)/(\beta_t z_0)) + \Psi_m(\beta_t z_0/L) - \Psi_m(z_0/L)$$
$$C = \ln((h_i - d_0)/(\beta_t z_0)) + \Psi_h(\beta_t z_0/L) - \Psi_h(z_{0h}/L) \tag{2.70}$$

となる.

　式 (2.69) と (2.70) で与えられる相似関数 B_w, C を図 2.17 と図 2.18 に示してある. 式 (2.69) と (2.70) の導出にあたっては, 外層が完全に混合した厚い板状の層であることが仮定されている. この仮定には限界があり, 実際, 不安定条件下で温位は混合層中程から上方に向けてわずかに減少する傾向にある (たとえば図 2.8 と図 2.16). これはおおむね, ABL 上部から ABL へのより暖かい空気のエントレインメント (entrainment) の結果である. 同様に風速 $\overline{u}$ もしばしばこのエントレインメントに影響を受ける. そこでこれらの式の実際の適用にあたっては, 起こりうるエントレインメントの影響を最小化するために, 平均風速と温度差を混合層の下半分, つまり $(h_i/2)$ 以下の高さでの測定から求めることが望ましいのかもしれない.

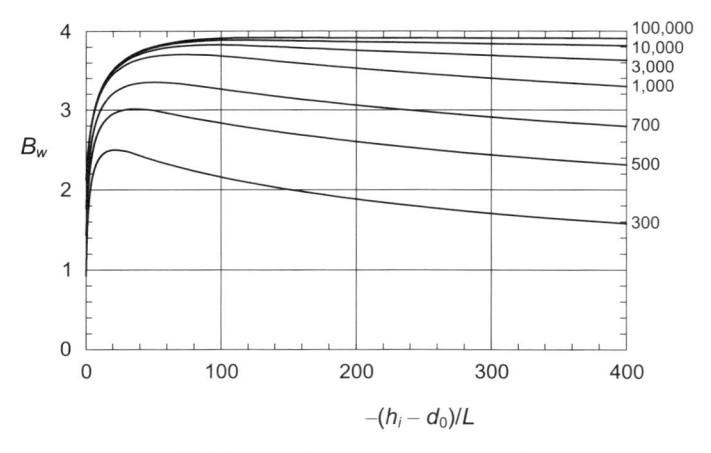

図 2.17 バルク相似則関数 B_w の $[-(h_i - d_0)/L]$ および $[(h_i - d_0)/z_0]$ への依存性. 後者は各曲線に数字を付して示してある. $[(h_i - d_0)/z_0] \geq 10^3$ に対する曲線は式 (2.69) を用い, $[(h_i - d_0)/z_0] \leq 10^3$ に対する曲線は式 (2.70) を用いて求めている. $\alpha_t = 0.12$ および $\beta_t = 120$ を仮定している.

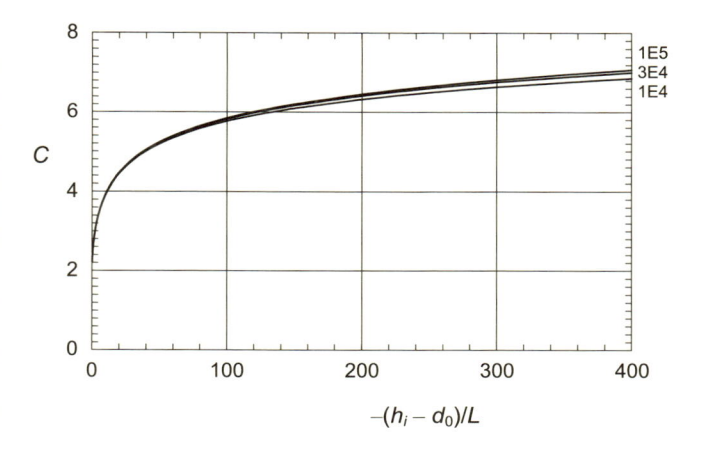

図 2.18　中程度の起伏のある地表面に対して 3 つの $[(h_i - d_0)/z_{0h}]$ の値を用いて式 (2.69) により評価したバルク相似則関数 C の $[-(h_i - d_0)/L]$ への依存性. 3 つの $[(h_i - d_0)/z_{0h}]$ の値 $(10^4, 3 \times 10^4, 10^5)$ を曲線に付して表示してある. 明らかに C はこの値にあまり敏感ではなく, また式 (2.70) で起伏のある地表面に対して得られる値は, ここに示した外側の曲線間にほぼ収まる. $\alpha_t = 0.12$ および $\beta_t = 120$ としてある.

式 (2.68) の温度差の部分で, 下側は地表面としてある. 式 (2.51) と同様に, 下側を接地層中のある高度 ζ にとることもできる. この場合の式は, 式 (2.66) または式 (2.68) から式 (2.55) を減じ, θ_s を消去することで得られる. 1 つの選択肢として, 下側の値を地表面ではなく, 百葉箱の高さとした ABL 全体の相似則の適用例が Qualls *et al.* (1993) により示されている.

ここで不安定条件下に対して定式化した ABL 全体に対するバルク相似則の式 (bulk ABL similarity approach; BAS) は, 境界層上部サウンディングから地表面フラックス u_* および H を求めるのに都合のよいいくつかの性質をもっている. まず, 混合層全体の平均値である混合層の変数 V_m および θ_m は, しばしば不規則で誤差を含むプロファイル $\overline{u}(z), \overline{\theta}(z)$ に比べて信頼性が高い. 第 2 に, 混合層変数は地上 100 m〜1 km 程度まで広がる層の平均値なので, これらは風上側 1〜10 km の地表面の平均的状態を反映している. これがメソ γ スケール (表 1.5 参照) での地表フラックスを記述する上でこの方法を用いる主たる根拠と利点である. このスケールは水文学の集水域でしばしば重要となる水平スケールである

ABL 全体に対するバルク相似則の式は水蒸気にも適用できる. しかし, 水蒸気は温位や風速と比較して外層内でよく混合されていないので, 平均比湿 $\overline{q}_m$ を用いる意味はそれほど大きくない. この方法は $z = h_i$ での $\overline{q}$ の値である $\overline{q}_i$ を用いて

$$q_s - \overline{q}_i = \frac{\overline{w'q'}_0}{ku_*}[\ln((h_i - d_0)/z_{0v}) - D] \tag{2.71}$$

として使われたことがあるのみである. ここで前出の B_w, C と同様に, D は多くの変数の関数である. これまでに研究の対象となったことがあるただ 1 つの変数は $(h_i - d_0)/L$ であるが, これを除くと, 式 (2.71) の研究はほとんど行われていない (たとえば Brutsaert, 1982).

2.6　地表面での境界条件：熱収支の制約

陸面–大気境界面近くの水蒸気と顕熱の乱流フラックスは, 乱流の相似関係のみならず, 熱収支によっても関係づけられている. 実際, 潜熱フラックスとしての蒸発 E と関連する顕熱フラックス H は, 他からのエネルギー供給を必要とする. つまり, その大きさはこの熱収支の制約を受けているのである. この問題は地表面物質層の熱収支を考察することで定量的に扱うことができる. 地表面の性質により, この層は水あるいは土壌, 植生のキャノピー, または雪などからなっている. この層の厚さを無限小にすることもできるが, 時として, 湖や植生キャノピーの全層からなる場合も

ある．多くの実用目的では，植生に覆われた水平面の熱収支式は

$$R_n - L_e E - H + L_p F_p - G + A_w = \frac{\partial W}{\partial t} \tag{2.72}$$

と書ける．言葉にすると，式 (2.72) は入力エネルギーと出力エネルギーフラックスの差が，対象とする層の中に貯留されたエネルギーの増加速度に等しいことを記述している．符号は層に向かうエネルギーを正に，そこから出て行く方向を負にとってある．式 (2.72) で，R_n は層の上の面での正味放射フラックス密度，L_e は気化の潜熱，L_p は二酸化炭素固定の熱量への変換係数，F_p は CO_2 のフラックス密度，G は層の下部境界から出て行くエネルギーフラックス密度，A_w はフラックス密度として表した暖かい水の流入に伴う層への移流エネルギー量，$\partial W/\partial t$ は層の単位面積あたりのエネルギー貯留速度である．水文学における多くの適用例では，式 (2.72) の最後の 3 項は無視しうると考え，式 (2.72) を

$$R_n - G = L_e E + H \tag{2.73}$$

と書き直すことができる．

　水文学において，雪に覆われた地表面は融解の時期が興味の対象である．融解中の積雪の熱収支は，積雪が鉛直方向に均質と仮定すると

$$R_n - L_e E - H - L_{fu} F_m - G + A_w = \frac{\partial W}{\partial t} \tag{2.74}$$

と表すことができる．ここで，L_e は液体の水の気化の潜熱，L_{fu} は融解の潜熱，F_m は $[M_w L^{-2} T^{-1}]$ の次元をもつフラックス密度として表した融解した水の生成速度，すなわち，単位時間，単位面積あたりの融雪水量である．G は 1，2 回の積雪による比較的薄い層に対しては，通常地中への熱フラックスを意味する．しかし，融解層の定義次第では，厚い季節積雪でのより深い積雪層へのフラックスを意味することもある．熱移流項 A_w は，ほとんどが通常相対的に暖かい降雨から生じる熱フラックス，そして地中への浸透や流出による融解水の流れ出しに伴う熱の除去速度からなる．融解が継続する限り，温度は 0°C かその前後に保たれるので，$(\partial W/\partial t) = 0$ を仮定することができる．式 (2.74) については 3.5.1 項でより詳細に検討する．現在，式 (2.72) や式 (2.74) 中のすべての地表面エネルギーフラックスは通常 SI 単位系で $W\ m^{-2}$ の単位で表される．

　式 (2.72) から式 (2.74) には明確な理論的根拠があるが，野外観測においてそれぞれの項を独立に測定しても，熱の収支が閉じることがほぼないことは指摘すべきことである．この熱収支のクロージャー問題は，主に地表面で測定された潜熱と顕熱の乱流フラックスの合計が正味の有効エネルギーフラックスの測定値より通常小さいことを指す (Foken, 2008; Foken *et al.*, 2011; Leuning *et al.*, 2012)．現在，この熱収支の不均衡 (imbalance) は大気中の 2 つの重要なメカニズム，すなわち (i) 利用される測定器で測定できないような乱流の低周波成分による輸送と (ii) 平均移流フラックスの水平方向の発散とそれに伴って 1 次元輸送の仮定が満たされなくなること (Stoy *et al.*, 2013; Kustas *et al.*, 2015) が関係していると考えられている．この不均衡に寄与する他の因子には，放射と地中熱流量の測定誤差，鉛直乱流フラックスを求めるための w' の測定において水平面と風速ベクトルの間にずれがあることからくる誤差 (alignment error) (Kochendorfer *et al.*, 2012)，そして植生キャノピー内の熱貯留 (Meyers and Hollinger, 2004) がある．この不均衡問題の原因を求める方法や現実的な解決策や補正については，継続して研究がなされている（4.2.1 項も参照のこと）．

■ 例 2.1　地表面熱収支の性質

　さまざまな地表面における熱収支の主要項の大きさと日変化を図 2.19〜図 2.22 に示してある．

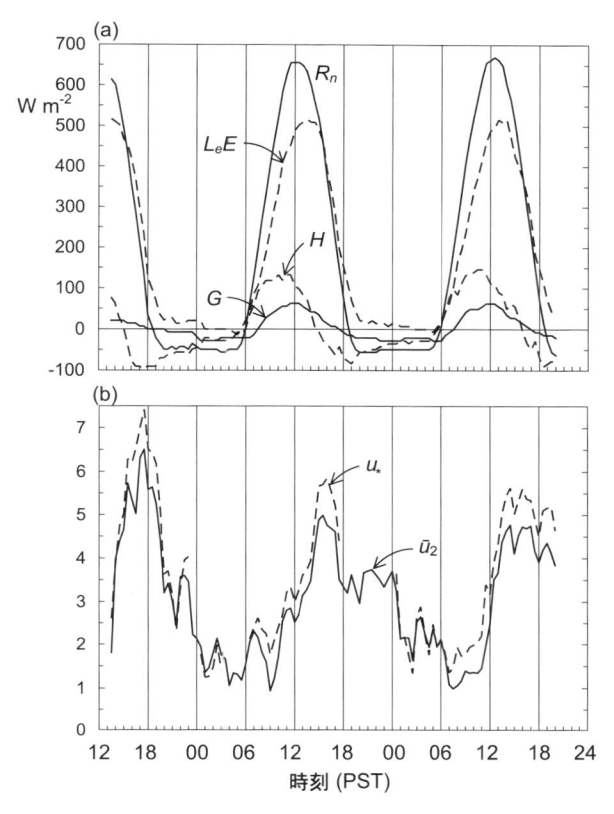

図 2.19 カリフォルニア州 Davis の灌漑が施された草地面において 1965 年 6 月 2～4 日に観測された日変化の例. (a) 熱収支 (W m^{-2}), (b) 高度 2 m での平均風速 $\bar{u}_2$(m s^{-1})（実線），摩擦速度 u_*(dm s^{-1})（破線）. 収支式は $R_n = L_e E + H + G$ とした. 蒸発量は秤量式ライシメータ (Pruitt and Angus, 1960) により，地表面せん断応力は浮動式ドラッグ板ライシメータ (Goddard, 1970) により測定された. データは Brooks and Pruitt (1966) からの引用である. 草地表面の粗度は $z_0 = 0.97 \pm 0.14$ cm と推定されている. (Morgan *et al.*, 1971)

図 2.19 は夏の晴天日に灌漑を行った場合の各項の変化を示している. 図 2.20(a) は春の 1 日の雲量が変化するのに対応した乱流熱フラックスの変化を示している. 一方，図 2.20(b) は典型的な晴天の場合を表しており，基本的には図 2.19 と似ていることがわかる. 図 2.21 は陸面上で生じている状況と対照的に，深い水体の水面上では乱流熱フラックス $L_e E$ および H が太陽の放射エネルギー供給の日周変化に追随しないことを示している. 水体の大きな熱容量のため表面温度が時間変化せず，陸面と比べて放射エネルギー入力の影響を受けにくい. 図 2.22 はプレーリーで行われた ISLSCP 第 1 回野外観測 (First ISLSCP Field Experiment) 中の秋の連続した乾燥期間中における熱収支の主要 3 項目の変化を示している. 土壌水分量が減少するにつれ，蒸発速度も一貫して減少している. 一方，有効エネルギー量が一定だとしたら，顕熱フラックスは増加することが期待されるが，実際はそのような一貫した増加はみられない. 冬の訪れに伴い放射は着実に減少しているが，顕熱フラックスは天気の変化に反応してより不規則である.

2.6.1 正味放射

正味放射 (net radiation) は以下のようにいくつかの成分に分解することができる.

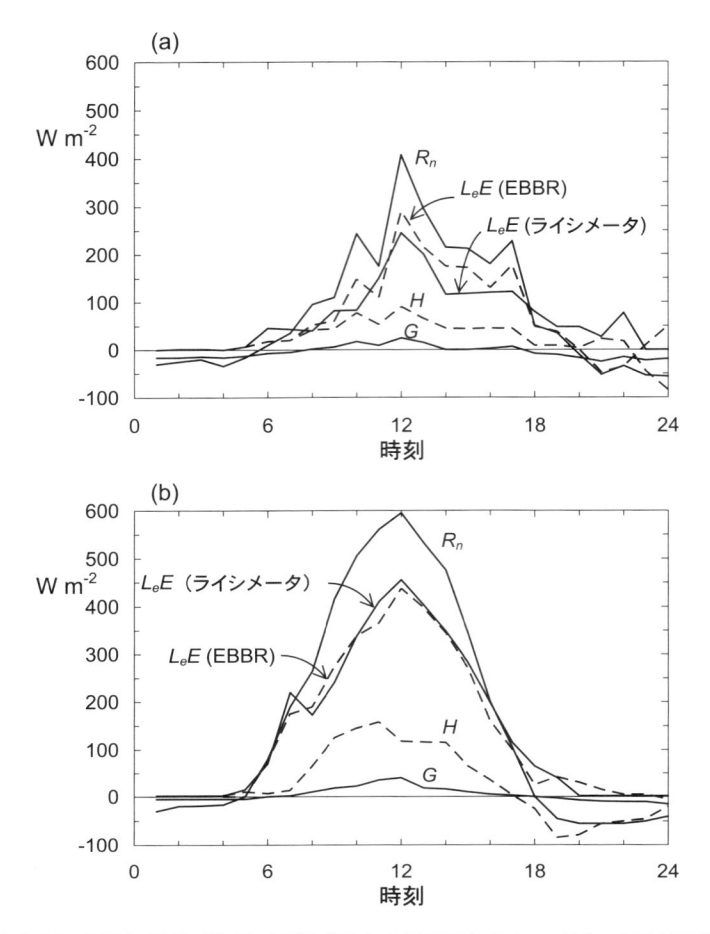

図 2.20 フランスのベルサイユ近くのトウモロコシのキャノピー上での熱収支項の日変化. (a) 若いトウモロコシ, (b) 成熟期のトウモロコシ. EBBR は潜熱フラックスがボーエン比法で求められたことを表している. （原図は Perrier *et al.*, 1976)

$$R_n = R_s(1 - \alpha_s) + \varepsilon_s R_{ld} - R_{lu} \tag{2.75}$$

ここで R_s は（全天）短波放射 ((global) short-wave radiation), α_s は地表面のアルベド, R_{ld} は下向き長波放射または大気放射 (long-wave/atmospheric radiation), ε_s は地表面の射出率 (emissivity), R_{lu} は上向きの長波放射である. 下向き長波放射には射出率 ε_s が乗じられている. これは下向き長波放射の内で地表面が吸収する割合を表す吸収率が射出率と等しいからである. 正味放射量は直接測定することができ, 現在この目的のためのおおむね信頼に足る測定器が存在する. 直接測定値が存在しない場合, あるいは非常に高い精度が求められる場合, R_n は式 (2.75) 右辺の各項目の測定から得ることができる. これらの測定値がない場合には, 各項目を理論的な方法, あるいは単純な実験式から求めることもできる.

● 短波放射

R_s は太陽放射から直接生じる放射フラックスである. この下向き太陽放射はエネルギーのほとんどが $0.1 \sim 4\mu m$ の波長帯に含まれている. 大気上端でのこのフラックスは太陽定数であり, 衛星上での測定（たとえば Liou, 2002）から $R_{so} = 1,366\,\mathrm{W\,m^{-2}}$（すなわち $1.958\,\mathrm{cal\,min^{-1}cm^{-2}}$）程度と決められてきた. 太陽放射が大気を通過すると, さまざまなタイプの分子やコロイド粒子によ

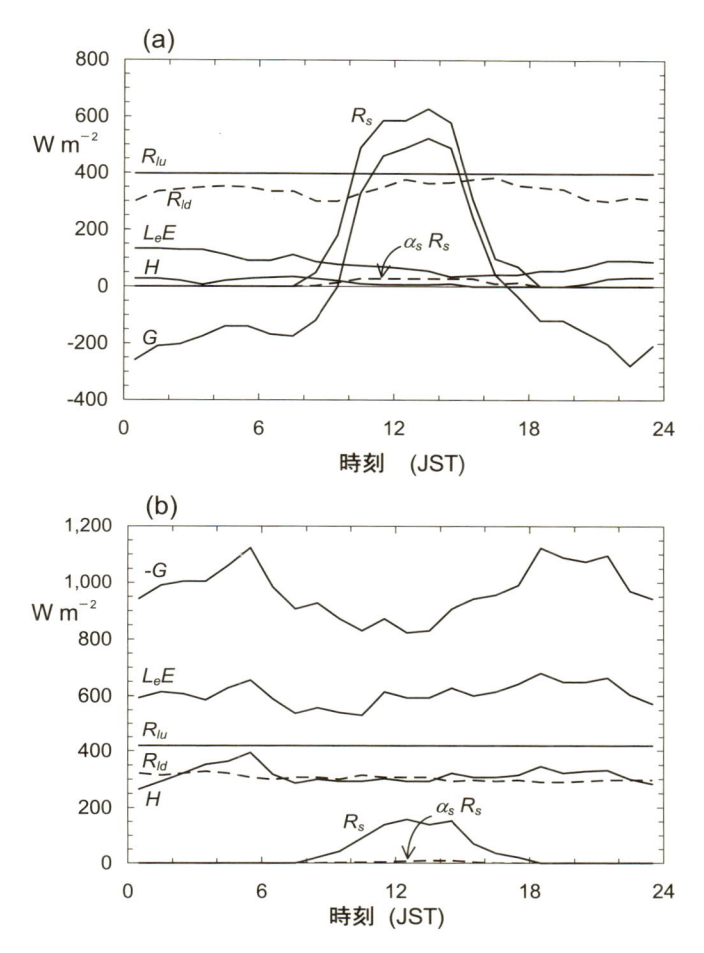

図 2.21 深い水体に対する熱収支項 (W m^{-2}) の日変化の例. データは気団変質実験 (Air Mass Transformation Experiment; AMTEX) 期間中に東シナ海上で, (a) 1974 年 2 月 15 日および (b) 同 25 日に測定されたものである. 時刻は日本標準時である. (原図は Yasuda, 1975)

る散乱, 吸収, 反射により変化が生じる. その結果, 地球表面における全天短波放射は, 直達太陽放射と散乱天空放射からなる. 日射量は測定することができ, また測定値は気象官署などから入手できる. 適切なデータが存在しない場合, 理論モデルあるいは短波放射量と大気外放射量, 大気路程, 濁度, 空気の水蒸気量, 雲の種類と量などの物理因子を関係づけた単純な実験式の 1 つにより推定しなければならないだろう. しかし, 使用にあたっては注意が必要である.

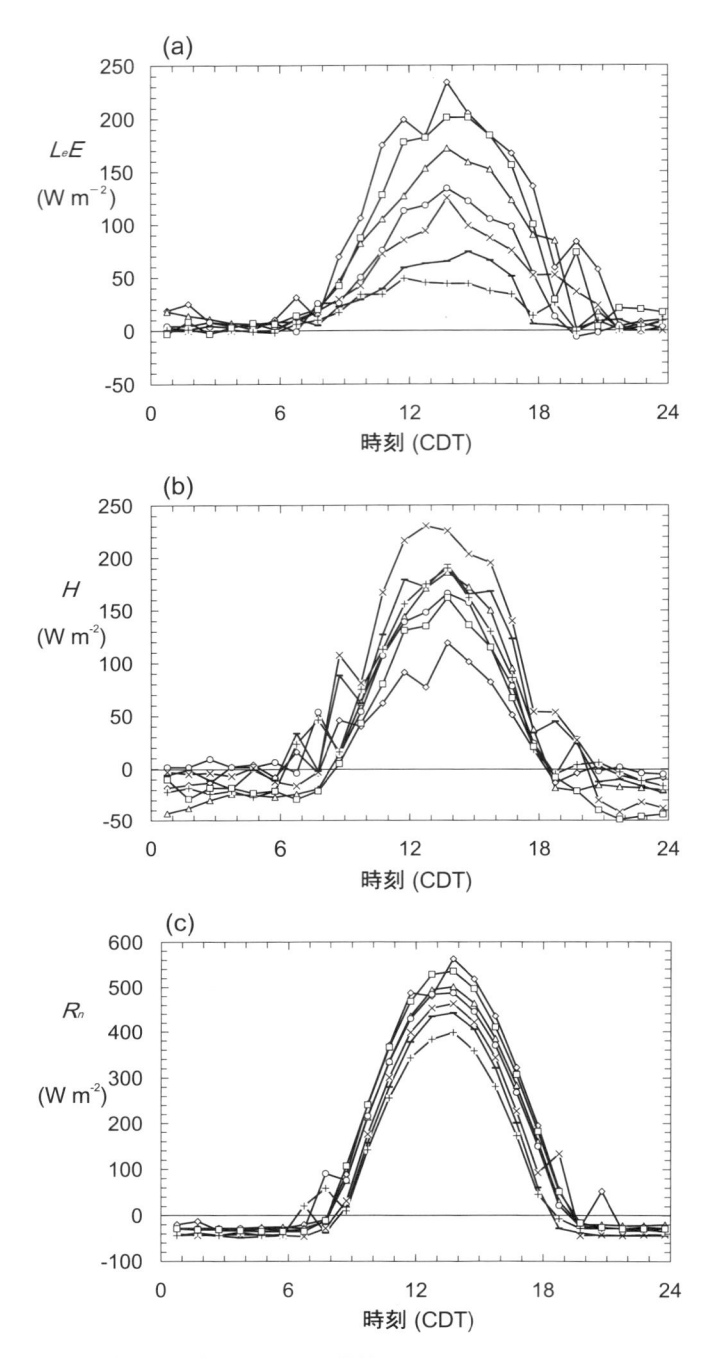

図 2.22 地表面熱収支項である (a) 潜熱フラックス L_eE, (b) 顕熱フラックス H, (c) 正味放射量 R_n の日変化の例. データはカンザス州北東部の丘陵性プレーリーでの 1987 年 9 月 19 日 (DOY262)～10 月 12 日 (DOY 285) までの長期乾燥期のもので Brutsaert and Chen (1996) の研究に用いられたものである. DOY (day of year) は 1 月 1 日を起点とした年間の通算日. 乱流フラックスは FIFE 研究計画の第 26 ステーションにおいて渦相関法で求められた. 個々の曲線は, 異なる DOY におけるフラックスを示しており, それぞれ 262 (◇), 266 (□), 270 (△), 273 (○), 276 (×), 280 (−), 285 (+) の記号で示している. 時刻は中部夏時間である.

大気外放射の日積算値 Q_{se} を用いた日射量の日平均値の一次近似として用いられる単純な式

$$Q_s = Q_{se}[a + b(n/N)] \tag{2.76}$$

が Prescott (1940) により提案された．ここで a と b は場所，季節，大気の状態に依存する定数である．この値は多くの地点で決められ，その平均は $a = 0.25$, $b = 0.50$ 程度のようである．式 (2.76) で，n は日照時間，N は可照時間である．定常な天気条件では，1 次近似として n/N を（0 から 1 の値で表す）平均雲量 m_c と

$$a(n/N) + bm_c = 1 \tag{2.77}$$

のように関係づけられる．a と b は，上とは異なる定数で，平均するとそれぞれ 1.1 および 0.85 程度の値がオランダと日本で求められてきた（たとえば De Vries, 1955; Kondo, 1967）．日照時間や雲量についての情報やデータはいつでも入手可能というわけではない．そのような場合に，日最低気温と日最高温度から，時に降水量で補正して推定することを提案している研究もある (Bristow and Campbell, 1984; Hargreaves *et al.*, 1985)．

Q_s やその瞬間値 R_s に対しても，式 (2.76) のような多くの回帰式が提案されてきたが，そのような単純な式は，直接測定の質のよくない代用品でしかありえない．それでも，よりよい実験式や半理論式を用いることで，まずまず正確な放射量の推定値を得ることはできるが，それらは適用がより難しい．役に立つ結果を与えるこのような方法の例として，Kondo (1967;1976), Paltridge and Platt (1976, p.137), Meyers and Dale (1983), Zhang *et al.* (2017) などの研究やレビューをあげることができる．このような方法はしばしば大気外放射量を用いるので，ここで簡単に触れておくことにする．

● 大気外放射量

大気外放射 R_{se} は，与えられた緯度，時刻，日付に対して太陽定数から簡単に計算できる．水平面に対する瞬間値は

$$R_{se} = R_{so}(d_{so}/d_s)^2 \cos\beta \tag{2.78}$$

から計算される．β は太陽の方向と鉛直方向の間の角度である天頂角，d_s と d_{so} はそれぞれ太陽と地球の間のある瞬間における距離と年平均距離である．しかし d_s と d_{so} は高々 3.5％しか異ならないので，この効果は水文学の応用例ではしばしば無視される．天頂角は

$$\cos\beta = \cos\phi \cos h \cos\delta + \sin\phi \sin\delta \tag{2.79}$$

から計算できることが容易に示される（たとえば，Sproul (2007) など）．ϕ は緯度，h は時角で，$h = 0$ は地方太陽時の正午 12 時を表し，24 時は 2π である．δ の角度は天の赤道からの角距離である太陽の赤緯で，北半球では正，南半球では負とする．式 (2.78) の日積算値は，$dt = dh/\omega$ として，式 (2.79) を日の出 $h = -h_s$ から日没 $h = +h_s$ まで積分することで求めることができる．ここで $\omega = 2\pi \text{ rad d}^{-1} = (\pi/12) \text{ rad h}^{-1}$ である．これから水平面に対して

$$Q_{se} = (2R_{so}/\omega)(\cos\phi \sin h_s \cos\delta + h_s \sin\phi \sin\delta) \tag{2.80}$$

が得られる．ここでは，太陽までの距離の変化は無視されている．日の出と日没時の時角 h_s は，$\beta = \pi/2$，すなわち $\cos\beta = 0$ とおくことで計算でき，$\cos h_s = -\tan\phi \tan\delta$ となる．

赤緯 δ は $\pm 23.439°$ の間を 6/21 と 12/21 頃の至点の間で動き，$\sin\delta = \sin\varepsilon \sin\lambda$ から計算できる．ε は黄道傾斜角 ($= 23.439°$)，λ は真黄経で，春分時の 0 から秋分時の π まで変化する．エネルギーに関する計算では，赤緯 δ はしばしば以下の近似式が用いられる．

$$\delta = \varepsilon \sin(2\pi N/365.25) \tag{2.81}$$

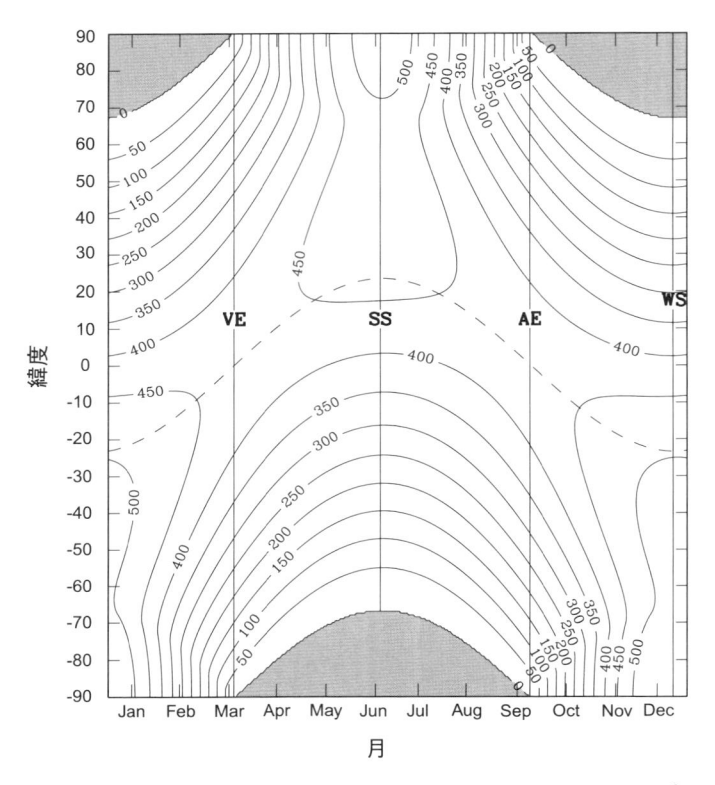

図 2.23 大気がないとした場合の水平面上での日平均日射量 Q_{se}(W m^{-2}). 太陽定数は $R_{so} = 1,366$ W m^{-2} としてある. 春分 (VE), 夏至 (SS), 秋分 (AE), 冬至 (WS) を縦の実線で示してある. 破線は太陽の赤緯である. (Liou, 2002)

ここで, N は北半球では春分からの経過日数で, 3 月 20 日なら 0, 3 月 21 日なら 1 などである. 地球自体が太陽の周りの楕円軌道を回るためにやや複雑になるが, 上述のとおり, この楕円軌道の離心率は小さい. 赤緯は通常 1 年の通算日数の関数として決められる (Paltridge and Platt, 1976; Liou, 2002 参照). 図 2.23 から太陽放射の日積算値 Q_{se} がどの程度変化するかわかる. 地球は太陽に 1 月に最も近づくので, 曲線は北と南でやや非対称であり, 最大放射は南側で生じている.

● 地表面アルベド

アルベド (albedo) は全天短波放射の反射された放射フラックスと入射放射のフラックスの比である. 反射率 (reflectivity) とは異なり, アルベドは放射の散乱成分も含んでいる. 放射収支の研究では, アルベドは普通全波長の積分値を指す. しかし, 波長別アルベドと区別するために, 時としてこれを全波長アルベド (integral albedo) とよぶ. 理想粗面の場合, アルベドは 1 次ビームの方向に依存しないはずである. ほとんどの自然地表面に対しては, 直達放射, 散乱放射が反射される割合は入射ビームの方向に依存する. そこで, 日照がある日にはほとんどの地表面のアルベドが太陽高度に依存するが, この依存性は雲量が増加するにつれ減少する. たとえば, 水面のアルベドは太陽高度のべき関数でうまく表すことができる(たとえば Anderson, 1954; Payne, 1972). 他の地表面のアルベドも同様な関係をもつ. しかし日積算値に対しては, アルベドの平均値を使うのが一般的である. 表 2.7 に利用できるデータをまとめた文献 (たとえば Van Wijk and Scholte Ubing, 1963; Kondratyev, 1969; List, 1971; Budyko, 1974) にあげられたさまざまな地表面に対する平均アルベド

表 2.7　さまざまな自然地表面の平均的アルベドの概略値

地表面	アルベド
深い水体	0.04〜0.08
湿潤な黒色土壌，耕作地	0.05〜0.15
灰色土壌，裸地	0.15〜0.25
乾燥土壌，砂漠	0.20〜0.35
白色砂，石灰	0.30〜0.40
青々とした草，短い植生（アルファルファ，ジャガイモ，ビーツなど）	0.15〜0.25
乾燥した草，刈り株	0.15〜0.20
乾燥したプレーリー，サバナ	0.20〜0.30
針葉樹林	0.10〜0.15
広葉樹林	0.15〜0.25
融雪中の森林	0.20〜0.30
時間が経って汚れた雪面	0.35〜0.65
きれいで安定した雪面	0.60〜0.75
新しい乾燥した雪	0.80〜0.90

表 2.8　自然地表面の射出率 ε_s

地表面	射出率
鉱物質の多い裸地	0.95〜0.97
有機物の多い裸地	0.97〜0.98
草地	0.97〜0.98
森林植生	0.96〜0.97
古い雪	0.97
新雪	0.99

を示してある.

● **長波放射または地球放射**

　夜間放射 (nocturnal radiation) とよばれることもある長波放射あるいは地球放射 (terrestrial radiation) は，大気ガスと地球の陸地および水面からの射出による放射フラックスである. 地球とその周辺にあるすべての物質は，太陽よりはるかに温度が低く，これらから射出される放射は全天日射よりずっと長い波長をもっている. 地球から射出される放射のほとんどが $4\sim100\mu\mathrm{m}$ の波長帯に含まれているため，両者には事実上重なりがない. 長波放射量は測定することができるが，対象とする地域に必要な測定値が存在することはほとんどないため，しばしば他の測定値から計算により求めなくてはならない. 地球表面の地球放射を地表面からの上向き放射成分 R_{lu} と大気からの下向き放射成分 R_{ld} の 2 成分に分けて考えると便利である.

　上向き成分は通常，対象とする地面，キャノピーあるいは水面を一様な温度と $\varepsilon_s=1$ に近い射出率をもつ無限厚さの灰色体 (grey body) と仮定することで，地表面（絶対）温度 T_s により

$$R_{lu} = \varepsilon_s \sigma T_s^4 \tag{2.82}$$

を利用して求めることができる. ここで σ $(= 5.670400 \times 10^{-8}\ \mathrm{Wm}^{-2}\ \mathrm{K}^{-4})$ はステファン・ボルツマンの定数 (Stefan-Boltzmann constant) である. 表 2.8 に文献（たとえば Van Wijk and Scholte-Ubing, 1963; Kondratyev, 1969）をまとめたさまざまな地表面に対する射出率 ε_s の値を示してある. 多くの実用目的の適用例では，$\varepsilon_s=1$ を仮定する. この仮定は，上向き長波放射が地表面

で反射された下向き長波放射を含んでいることでしばしば正当化されるが，誤差が完全になくなるわけではない (Jin and Liang, 2006)．さらに（融解中の積雪や氷を除けば）T_s はまず既知ではないので，陸面に対する日平均，あるいは長期平均に対しては，式 (2.82) の地表面温度 T_s の代わりに気温 T_a がしばしば用いられる．

下向き長波放射 R_{ld} は，（三相すべての）水分量，二酸化炭素，オゾンと温度の鉛直プロファイルから正確に計算することができる．このようなデータは，長波放射が必要とされるところで常にあるとは限らない．そこで，地表面付近の気温や湿度といった，容易に入手できる測定値を用いる単純な方法の開発が行われてきた．このような式は，ほぼ

$$R_{ld} = \varepsilon_a \sigma T_a^4 \tag{2.83}$$

の形をもつ．T_a は地表面近くの気温で，しばしば百葉箱の高さが採用される．ε_a は大気射出率である．

この射出率を表すいくつかの式が提案されてきた．このほとんどは完全な経験式であるが，快晴日の射出率 ε_{ac} を物理的な見地から求めることも可能である．1 つのこのような導出 (Brutsaert, 1975; 1982) では，まず，スラブ射出率 (slab emissirity) を水蒸気質量の単純なべき関数と仮定し，第 2 に温度と湿度のプロファイルとして標準大気に近いものを仮定することで，成層平行平面大気の放射伝達方程式を解く．典型的なパラメータの平均値を用いて得られる大気射出率は

$$\varepsilon_{ac} = a(e_a/T_a)^b \tag{2.84}$$

と表せ，a と b は定数である．これらの値として，百葉箱の高さでの大気の水蒸気圧 e_a を hPa (=mb) で，T_a を K 単位で表すと，$a = 1.24$ および $b = 1/7$ が求められた．式 (2.84) は，平均的には標準大気で代表できるような条件下で，満足のいく結果を与えることが示されてきた (Mermier and Seguin, 1976; Aase and Idso, 1978; Daughtry *et al.*, 1990; Duarte *et al.*, 2006)．米国グレートプレーンズでの瞬間の測定値に対しても，上の元々の定数を用いた式 (2.84) がよい結果（図 2.24）を与えることがわかったが，定数を $a = 0.980$ および $b = 0.0687$ とすると，さらによい結果が得られた (Sugita and Brutsaert, 1993)．同様の結果が Duarte *et al.* (2006) によりブラジルにおいても得られている．ここでは，この地域でキャリブレートした $a = 1.14$ および $b = 1/7.6$ を用いることでよりよく測定値に適合した．Culf and Gash (1993) は Brutsaert (1975) と同じ式 (2.84) の導出で，（標準大気の代わりに）実際に観測されたプロファイルを用いてニジェールの乾期を対象にして $a = 1.31$ および $b = 1/7$ を得た．Gubler *et al.* (2012) はスイスの海抜高度 367〜3,580 m の範囲に設置された 6 カ所の Alpine Surface Radiation Budget (ASRB) 観測所で得られた高精度の測定値を利用して，式 (2.84) の係数を $a = 1.12$ および $b = 1/8.6$ と定めた．Crawford and Duchon (1999) は，$b = 1/7$ とした式 (2.84) で a を 1 年の月の正弦関数とすることで，米国のグレートプレーンズにおいてよりよい結果を得ることができた．Konzelmann *et al.* (1994) はグリーンランドのデータを用いて，非常に乾燥した条件下における水蒸気以外の温室効果ガスの効果を取り込むために，式 (2.84) に $\varepsilon_{ac} = 0.23 + 0.443(e_a/T_a)^{1/8}$ のような経験的な定数を追加する形の修正を加えた．

下向き長波放射は雲量の影響を受ける．この効果を考慮するためのいくつかの実験式（たとえば Bolz, 1949; Budyko, 1974）は

$$\varepsilon_a = \varepsilon_{ac}(1 + am_c^b) \tag{2.85}$$

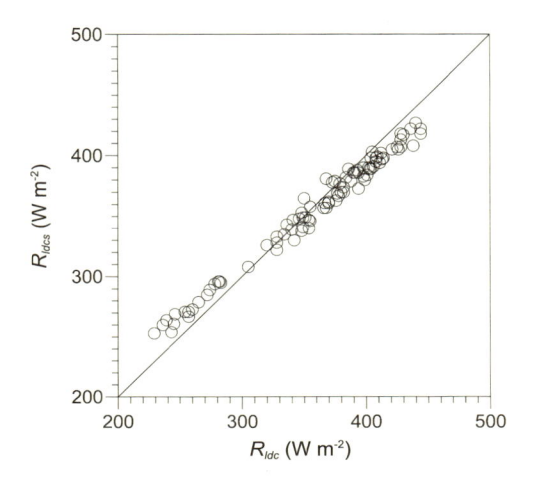

図 2.24 快晴時に測定された長波放射 R_{ldcs}（添字の s はステーションで測定された実測値であることを表す）と，式 (2.83) および (2.84) に元々の定数 $a = 1.24$, $b = 1/7$ を適用して推定した放射量 R_{ldc} の比較. (Sugita and Brutsaert, 1993)

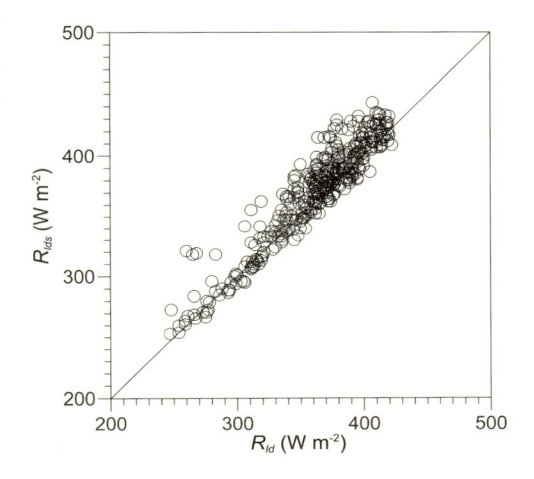

図 2.25 さまざまな天気条件下で測定された長波放射 R_{lds}（添字の s はステーションで測定された実測値であることを表す）と，式 (2.83) および (2.85) に $a = 0.0496$, $b = 2.45$，目視による雲量を適用して推定した放射量 R_{ld} の比較. (Sugita and Brutsaert, 1993)

の形で表現でき，m_c は（0〜1 で表す）雲量，a と b は（異なる）定数である．ドイツでの測定から，Bolz (1949) は $b = 2$，a については雲の種類に依存し，平均としては $a = 0.22$ であるとした．Duarte *et al.* (2006) は，ブラジル南部で全球放射測定から導出された雲量を用いることで，$a = 0.242$ および $b = 0.583$ を求めている．米国グレートプレーンズでの目視による雲量の測定値を用いて，Sugita and Brutsaert (1993) は雲のタイプを考えない場合に $a = 0.0496$ および $b = 2.45$ を，雲のタイプを考慮した場合にはそれぞれで異なる a と b の値を得た．この解析からは，式 (2.83) の予測値の標準誤差が快晴日に 10〜15 W m^{-2} 程度，（曇天日を含む）さまざまな天気状態で雲量補正をしない場合に 20〜25 W m^{-2} 程度であることもわかった．式 (2.85) と上の定数で雲量補正を行うと，R_{ld} の推定値の標準誤差が平均して約 5 W m^{-2} 減少することもわかった（図 2.25）．Deardorff (1978) は，雲のある場合の大気射出率を $\varepsilon_a = [m_c + (1 - m_c)\varepsilon_{ac}]$ の単純な加重平均として与えるパラメタリゼーションを提案した．これは式 (2.85) で $a = [(1/\varepsilon_{ac}) - 1]$ および $b = 1$ とおくことと同じである．

2.6.2 層の下部境界でのエネルギーフラックス

G の性質とその最適な決定方法は，熱収支式を適用する層のタイプに依存する．植生キャノピー，

湖全体や全河川，あるいは薄い土壌層に対しては，式 (2.72) の G の項は地中への熱フラックスを表す．水面において G はその下の水体への熱フラックスである．植生に覆われた陸面上では G の日平均値はしばしば熱収支の主要項 R_n，H，$L_e E$ より 1〜数オーダー小さい．この主たる理由は日中の（地温を上昇させる）正の G が夜間の（地温を低下させる）負の値で打ち消される傾向にあるからである．そこで日単位の熱収支の計算では，G はしばしば無視される．

● 地中熱フラックスの測定

陸面で G を決定するいくつかの方法がある（たとえば Brutsaert, 1982）が，詳細なレビューは本書で扱う範囲外である．G を測定する比較的信頼できる方法の 1 つでは，土壌上部層の熱貯留変化

$$Q_{H1} - Q_{H2} = \int_{z_1}^{z_2} C_s(z) \frac{\partial T}{\partial t} \, dz \tag{2.86}$$

を考える．ここで Q_{H1} と Q_{H2} は，それぞれ z_1 と z_2 の深さでの熱フラックス，C_s は土壌の体積熱容量，T は地温である．De Vries (1963) がまとめた土壌成分の熱特性を用いると，この熱容量（J m^{-3} K^{-1}）は

$$C_s = (1.94\theta_m + 2.50\theta_c + 4.19\theta) \times 10^6 \tag{2.87}$$

から計算できる．ここで θ_m，θ_c，θ はそれぞれ鉱物土壌，有機物，水の体積含有率である．そこで z_1 を地表面として z_2 を Q_{H2} が既知の深さにとると，ある時間中の地表面フラックス $G = Q_{H1}$ は，この時間のはじめと終わりに測定された地温と土壌水分量プロファイルに対して式 (2.86) の数値積分を計算することで求められるだろう．もし z_2 を大きくとれば Q_{H2} は無視できる．この仮定を満たすほどには z_2 を大きくとれなければ，熱フラックス Q_{H2} を決定しなければならない．ウィスコンシンの C.B.Tanner のいわゆる組合せ法では，Q_{H2} を地表面下 5〜10 cm の深度に埋設した熱流板により測定する．すると，式 (2.86) の積分値は熱流板の埋設深度上の連続した温度プロファイルの測定から決定することができる（Hanks and Tanner (1972) も参照のこと）．

● 地中熱流量を推定する経験式に基づく方法

必要な測定値が得られなければ，時間やさらに短い時間スケールの地表面における地中熱流量は，経験的な関係に基づいて推定しなければならない．最も単純な方法では，これが熱収支式の他の項に比例すると仮定する．明らかな選択肢として，大気への顕熱フラックスがある．そこで c_H を定数として

$$G = c_H H \tag{2.88}$$

とおく．裸地では Kasahara and Washington (1971) が $c_H = 1/3$ とした．地中熱流量はまた正味放射量に比例すると仮定することもでき，

$$G = c_R R_n \tag{2.89}$$

と書ける．c_R はここでも経験的な定数で，地表面の状態に依存する．また，図 2.26 に示すようにある種のヒステリシスを示すことが想定できる (Camuffo and Bernardi, 1982; Grimmond et al., 1991)．これまでの観測結果から，裸地において平均的には c_R が約 0.3 の値をとるようである（たとえば Fuchs and Hadas, 1972; Nickerson and Smiley, 1975; Idso et al., 1975, 図 2.26 も参照のこと）．しかしどのような土壌でも，これは土壌水分量によって変化すると考えられる．植生に覆われた地表面に対しては c_R は普通小さく，土壌の水分状態のみならず植生タイプにも依存するだろう．たとえば，0.2 の値 (Perrier, 1975) がトウモロコシに対して得られている．多くの草地での測定からは，日中の値が $c_R = 0.1$ 程度であること，夜間には $c_R = 0.5$ 程度まで大きくなることが示される．c_R の植生タイプへの依存性を少なくするため，Choudhury et al. (1987) は植物キャノピーによる放射の減衰を考慮し，

図 **2.26** 地中熱流量 G と正味放射量 R_n の時間値 (W m^{-2}) の関係. 測定は 1970 年 6 月 7〜8 日の湿潤条件下（△）と 1970 年 7 月 21〜22 日の乾燥条件下（○）にレス土壌 (Gilat Northern Negev Loess) の裸地面で行われた. 矢印はそれぞれの測定日の測定順序を表している. 2 つのループは 0600 時に始まり 1800 時に終わっている. 負のフラックスの集団は, それぞれの日の残り 11 時間分のデータである. $G = 0.334R_n - 34.9$ の回帰式が湿潤土壌に対して, $G = 0.346R_n - 39.8$ が乾燥土壌に対して得られた.（原図は Fuchs and Hadas, 1972）

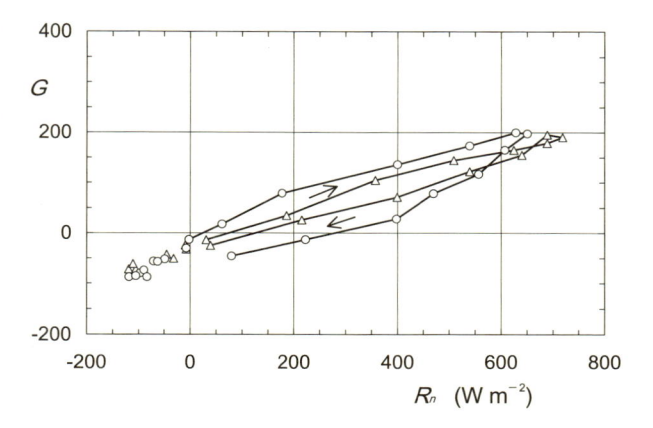

$$c_R = c_{R0} \exp(-aLa) \tag{2.90}$$

の経験的な補正を行うことで結果が向上することを示した. パラメータである c_{R0} は, 式 (2.89) 中の c_R の土壌に対する値であり, La は単位地表面積上の葉の（片面の）面積である葉面積指数 (leaf area index), a はパラメータである. コムギに対して正午頃のデータを用いて, $c_{R0} = 0.4$, $a = 0.5$ の値が求まり, 異なる種類の植生に対しては a が 0.45〜0.65 の間で変化することが推測された. 裸地面, ダイズ, アルファルファ, ワタの植生面での正午頃の測定から, Kustas et al.(1993) は $La < 4$ に対して $c_{R0} = 0.34$, $a = 0.46$ を, またこれ以上の La に対しては平均として $c_R = 0.07$ を得た. 多くの植物群落で得られたデータをまとめた葉面積指数 La の典型的な値を表 2.9 に示してある (Scurlock et al., 2001). 葉面積指数の推定は簡単ではないので, 正規化植生指数 (normalized difference vegetation index; NDVI) N_{DVI} など La の代わりとなるリモートセンシングにより求めた地表面の植生量を表す指標の研究が行われてきた. たとえば, 同じ種類の植生での測定から Kustas et al.(1993) は $c_R = 0.40 - 0.33N_{DVI}$ を提案した.

　陸面上の主なエネルギーフラックスの日中変化は, しばしば非常によく似ており, 1 日を通して相互の比例関係を保つ, 一種の自己保存性 (self-preservation) を示している (4.3.4 項参照). それでも, G は式 (2.72) の 1 つではなく, すべての項に関係しているので, 式 (2.88) も式 (2.89) も過度の単純化ではある. それゆえ, このような単純な関係は, 個々の問題ごとにキャリブレーションを行い, 定数は個々の条件に対してのみ正確であると考えるべきである. これらの 1 つの有利な点は, 熱収支の主要フラックス R_n, H, L_eE より地中熱流量 G の空間変動性がはるかに大きいので（たとえば Kustas et al., 2000）, 意味のある空間平均値を求めるには, 密な測定ネットワークが必要となることである. そこで, 式 (2.88) や (2.89) は, 広域の平均を, 特にリモートセンシングによる観測と組み合わせて使う場合には有用である. これらの単純な表現の他にも, G をより複雑なパラメタリゼーションにより求める試み (Liebethal and Foken, 2007) や, 線形化した熱伝導方程式の解析解に土壌プロファイルの熱伝導率と比熱の有効パラメータを用いて G を決定する試みもなされた（たとえば Brutsaert, 1982, p.151）. しかしこの方法も概略の推定値を与えるにすぎない.

2.6.3　熱収支の小さな項

　ある条件下では非常に重要となるかもしれないが, ほとんどの水文学的な用途では, 光合成によるエネルギー吸収, エネルギー移流, および貯留熱の変化速度は通常比較的小さい.

表 2.9 バイオームごとの葉面積指数 (Scurlock *et al.*, 2001)

バイオーム	観測数	平均	標準偏差	最小値	最大値
全体	878	4.51	2.52	0.002	12.1
森林 　北方広葉落葉樹	53	2.58	0.73	0.6	4.0
森林 　北方常緑針葉樹	86	2.65	1.31	0.48	6.21
作物 　温帯作物，熱帯作物	83	3.62	2.06	0.2	8.7
砂漠	6	1.31	0.85	0.59	2.84
草原 　温帯草原，熱帯草原	25	1.71	1.19	0.29	5.0
造林地（管理された森林） 　温帯広葉落葉樹，温帯常緑針葉樹，熱帯広葉樹	77	8.72	4.32	1.55	18.0
低木林 　ヒースあるいは地中海型の植生	5	2.08	1.58	0.4	4.5
森林 　北方温帯落葉針葉樹	17	4.63	2.37	0.5	8.5
森林 　温帯落葉広葉樹	184	5.06	1.60	1.1	8.8
森林 　温帯常緑広葉樹	57	5.70	2.43	0.8	11.6
森林 　温帯常緑針葉樹	199	5.47	3.37	0.002	15.0
森林 　熱帯落葉広葉樹	18	3.92	2.53	0.6	8.9
森林 　熱帯常緑広葉樹	60	4.78	1.70	1.48	8.0
ツンドラ 　周極植物，高山植物	11	1.88	1.47	0.18	5.3
湿原 　温帯および熱帯	6	6.34	2.29	2.5	8.4

　たとえば夏の快晴日のような日には，CO_2 フラックスが全天日射量の5％程度，潜熱フラックスの8〜10％程度にまでなるものの，これは通常無視される．光合成活動が活発な日に熱収支・ボーエン比法で推定した二酸化炭素と水蒸気のフラックスの例が図 2.27 に示してある．

　移流エネルギー項 A_w は，式 (2.72) や式 (2.74) を適用するシステムへの水の流入と流出から生じる全エネルギー変化からなる．降水は移流源である．式 (2.74) の下で述べたように，雪面の熱収支の場合，降雨や融雪水が重要かもしれない．暖かい湖の場合，降雪が熱収支に影響を与えるかもしれない．河川流に伴う移流も，湖の熱収支を考える際，特に湖が浅い場合には，時として考慮しなければならない．

　$(\partial W / \partial t)$ の項は，水，土壌あるいはキャノピーの薄い層に式 (2.72) を適用する場合には，省くことができる．しかし高い植生の場合には，これを考慮しなければならないだろう．たとえば，この項が正味放射 R_n と同じ程度になることのある日の出直後と日没頃には，特に重要であることが観測されてきた (Stewart and Thom, 1973)．それでも日単位では無視しても支障はない．湖などの水体を対象とした場合，温度プロファイルを継続的に測定することで $(\partial W / \partial t)$ を決定することができる．

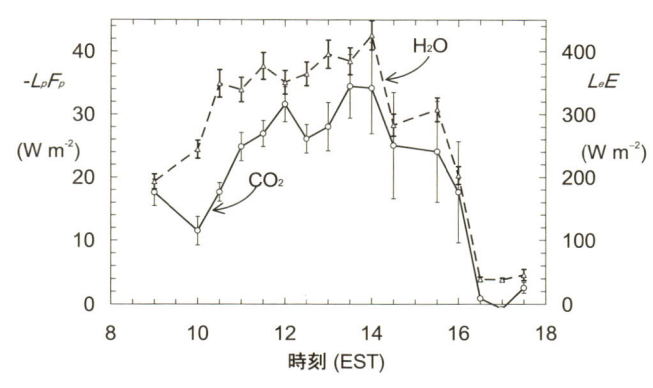

2.6.4　地表面熱収支の全球での気候値

　図 2.28 は熱収支の主要項の大きさを示すため, 入手できるデータを用いて Ohmura and Raschke (2005) が計算した地球全体での長期平均値を表している. 同時に, 大気上端での放射フラックスの値と地表面に達するまでの減衰量を示してある. 地球全体では, 地球表面での正味放射は $R_n = 105\,\mathrm{W\,m^{-2}}$ で, これはおおむね顕熱と潜熱の和 $H + L_eE$ に等しい. 蒸発フラックスは $L_eE = 85\,\mathrm{W\,m^{-2}}$ である. 1 W m^{-2} のエネルギーは概略で 1 カ月あたり 1.07 mm の蒸発量を生じさせるので, これは 1.09 m の年蒸発量に相当し, 表 1.1 に示した値と一致する. 地球全体で温暖化

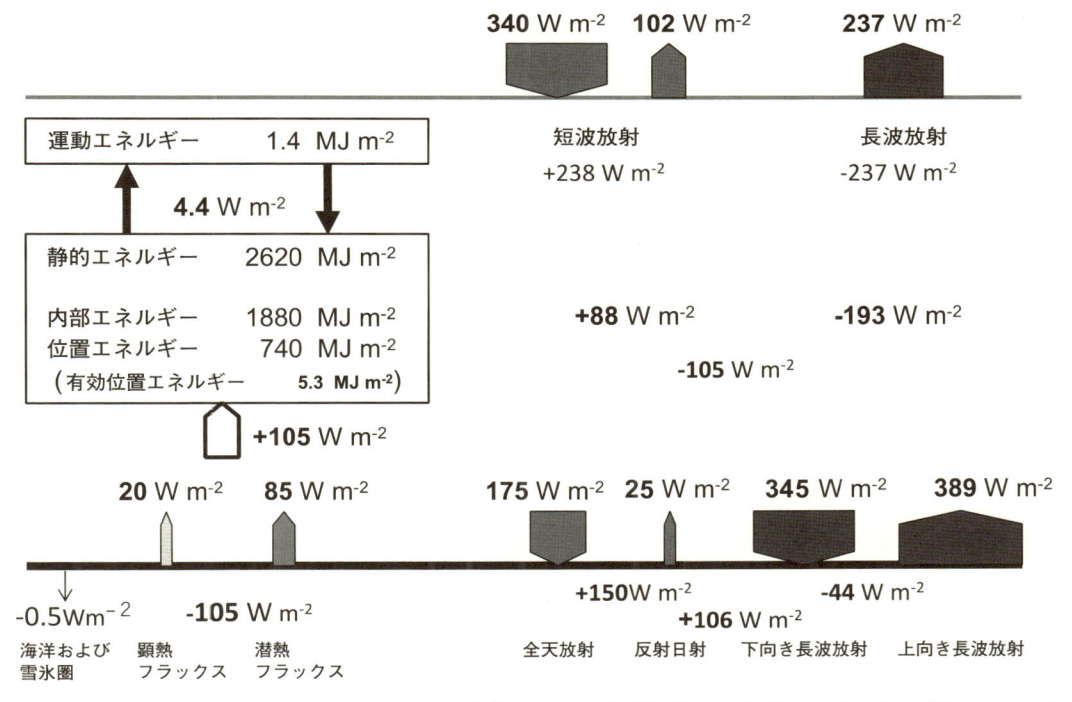

図 2.28　広範囲にわたる測定値のデータベースから推定された全球平均エネルギーフラックス (Ohmura and Raschke, 2005; Ohmura, 2024). 単位は W m^{-2}. 大気上端での下向き短波放射は 342 W m^{-2} で太陽定数の 1/4 である.（訳注：図 2.28 として, 原著者と相談の上で, 原著 Second edition 発行後に公表された Ohmura (2024) の図を採用した.）

（あるいは寒冷化）がないと仮定したら，大気上端での放射の入力と出力フラックスの和はゼロでなければならない．短波放射の入力と出力の比から大気外放射に対する地球–大気系の平均アルベドが 0.3 程度であることがわかる．地球全体では大気は短波放射により $340 - 175 - 102 + 25 = 88\,\mathrm{W\ m^{-2}}$ の速度で暖められている．しかし大気への正味の長波放射入力の速度は $389 - 345 - 237 = -193\,\mathrm{W\ m^{-2}}$ であり，これは大気を冷やす方向にある．そこで，放射による地球大気の正味の冷却速度は $-88 + 193 = 105\,\mathrm{W\ m^{-2}}$ となり，これは地表面から大気へのエネルギーの入力である乱流熱フラックス $H + L_e E$ と釣り合っている．

図 2.28 に示された地表面と大気上端でのエネルギーフラックスは，完全に収支が閉じた定常状態にあるという制約条件の下で求められたものである．実際のところ，個々に測定されたフラックスでは完全な釣り合いは見ることができないが，不一致は数 $\mathrm{W\ m^{-2}}$ 程度にすぎない．この点は重要な研究対象であり続ける．

2.7 地表面の変動性と乱された境界層を伴った統計的均質性

本章ではこれまでのところ，大気境界層とその下の地表面は水平方向に空間的に準一様であるとして扱われてきた．実際には，地球表面は異なる空間スケールにおいて大きく変化し，一様性の仮定はいつでも満たされるとは限らない．

2.7.1 準一様性の仮定の限界

ある点における乱流フラックスの鉛直成分は最も基本的な形として，式 (2.29)〜(2.31)，あるいは式 (2.36)〜(2.38) で表すことができる．しかし，これらの式は，多くの実用目的に対して特に利用しやすい形というわけではない．実際，これらの式は点における局所的なフラックスを表すのに対し，実際には，さまざまな広さの地域平均が通常求められるのである．

地球表面近傍の乱流の記述では，相似則がただ 1 つの手段というわけではないにしろ，おそらく依然として主要で現実的な手段である．しかし，2.5 節で示したように，ほとんどの相似則の適用は，一様な，すなわち空間的に変化しない地表面上の定常流に限られる．図 2.6 はそのような完全に一様な地表面上の ABL の典型的な構造を示している．

現在のところ，ごく近くの隣り合う場所で特性がさまざまに不規則な変化をするような地表面上に境界層があるという，より一般的な状況に対してどのように取り組めばよいのかはほとんどわかっていない．このタイプの境界層に対しては，どのような相似則にしても，それをいかに適用すればよいかもほとんどわかっていない．その主な理由は，次元解析を現実に適用しようとしても，変数の数が多すぎることにある．空間的に変化する特性をもつ地表面からのフラックスの推定においては，以下の疑問点が依然として未解決である．(i) 元々は一様な地表面に対して求められた相似則の式（やそこから得られたバルク式）がどの程度，そしてどのように非一様な地表面上においても重要でまた意味をもち，そして適用できるのか．(ii) 式 (2.36)〜(2.38) のような式を適用するために行った測定が，測定点近くや測定点の風上側でどの程度地表面フラックスを代表しているのか．これらの疑問点に答えるためには，地表面近くの乱流や地表面の変動性の一般的特性を考察する必要がある．

2.7.2 ABL の乱流の一般的特性

ABL は，これらの疑問点の全体像を的確に捉え，さまざまな条件下で効果的に扱うための 2 つの特性をもつ．その 1 つは，代表鉛直スケールと水平スケールの比が通常極めて小さいこと，そして乱流そのものが非常に拡散しやすいということ，すなわち，混合による強い統合作用をもつことである．

● 鉛直スケールと水平スケールの相対的な大きさ

2.4.1 項ですでに述べたように，境界層の概念そのものが，壁面近くの流れ方向の代表スケールがそれと直交する方向の代表スケールより通常少なくとも 1 オーダー大きいという事実に基づいている．この点について，以下のようにして，より正確に考えることができる．まず，Monin (1959) による煙のプルームの伝播についての単純な議論から始めよう．たとえば，地表面で生成された乱流やスカラー成分の鉛直方向の伝播速度 dz/dt は鉛直速度の二乗平均平方根 $\sigma_w = [\overline{(w')^2}]^{1/2}$ に比例すると仮定できる．一方，水平方向の伝播速度 dx/dt はおそらく平均風速 $\overline{u}$ に近いだろう．したがって，比例定数がいずれも 1 のオーダーと仮定すれば，

$$dz/dx = \sigma_w/\overline{u} \tag{2.91}$$

が得られる．大気接地層 (ASL) においては，σ_w と $\overline{u}$ は共に摩擦速度 $u_* [\equiv (\tau_0/\rho)^{1/2}]$ で通常無次元化される．ここで，τ_0 は式 (2.32) で導入した地表面せん断応力である．さらに，安定度と地表面粗度の効果を考察するために，式 (2.91) を積分する．中立条件下では，σ_w/u_* は 1.3 程度である（たとえば，Monin and Yaglom, 1971）．無次元風速 ($\overline{u}/u_*$) は対数プロファイルの式 (2.41) で表すことができるが，今扱っている単純なスケール比率を推定する目的では，中立条件下で $a = 6$ と $b = (1/7)$ 程度となるべき乗プロファイルの式 $(\overline{u}/u_*) = a(z/z_0)^b$ を用いる方が都合がよい．z_0 は地表面粗度である（式 (4.26) も参照のこと）．$z = 0$ において $x = 0$ とすると，式 (2.91) から

$$(z/x) = (b+1)\sigma_w/\overline{u} \tag{2.92}$$

が求まる．

2 つの伝播距離 z と x を利用して鉛直方向と水平方向の代表スケールを $z = \ell_v$ および $x = \ell_h$ と定義でき，そしてその比率は

$$\alpha = \ell_v/\ell_h \tag{2.93}$$

である．

したがって，式 (2.91) から中立に近い条件下でのスケール比率が

$$\alpha = 0.25(z/z_0)^{-b} \tag{2.94}$$

と求まる．(z/z_0) が 100～1,000 の範囲において，この比率 α は 0.13 と 0.093 の間で変化する．すなわち，概略 1/10 程度の値である．z_0 が大きくなると，dx/dt と α が共に増加することは明らかである．

大気接地層 (ASL) が非常に不安定な条件下においては，σ_w/u_* は一定とはならない．一様な地表面上，そして 1 次近似としては非一様な地表面上においても，モニン・オブコフ相似則 (MOS) により

$$(\sigma_w/u_*) = C_w(-z/L)^{1/3} \tag{2.95}$$

となる．ここで，C_w は 1.8 程度の定数（たとえば，Wyngaard *et al.*, 1971; Kader and Yaglom, 1990），L は式 (2.46) で対象地点の地表面フラックスにより定義されたオブコフ長である．風速も MOS に従う．しかし，非常に不安定な条件下では空気はより効率的に混合するので，$\overline{u}(z)$ は中立や安定条件下と比較して，鉛直方向により一様となる．そのため，風速が高さ方向に一定と仮定すると，式 (2.91) は

$$dz/dx = C_w[zk(g/T_a)(H_v/\rho c_p)]^{1/3}/\overline{u} \tag{2.96}$$

と書き直すことができ，これから不安定条件下のスケール比率はよい近似として，以下の式で表すことができる．

$$\alpha = 1.2[zk(g/T_a)(H_v/\rho c_p)]^{1/3}/\overline{u} \tag{2.97}$$

式 (2.96) と式 (2.97) において，H_v ($\equiv H + 0.61T_a c_p E$) は地表面における仮顕熱フラックスである．典型的な値として，$H_v = 200\,\mathrm{W\,m^{-2}}$，$z$ を $10\sim100\,\mathrm{m}$，$\overline{u}$ を $5\,\mathrm{m\,s^{-1}}$ とすると，式 (2.97) からスケール比率が $\alpha = 0.07\sim0.15$ の間にあることが示される．この値も概略 1/10 のオーダーにあるが，z が変化したときの α の変化は，式 (2.94) の場合より大きい．$\overline{u}$ が小さくなると，そして H_v が大きくなると α の値が大きくなる．

式 (2.91)〜(2.97) において，$z = z(x)$ は，$x = 0$ における定常な点源から地表面で生じた 1 つの乱れや混合物などが流れの中に放出され鉛直方向に伝播する様子を示していた．しかし，より一般的には，地表面状態のステップ状の変化や不連続から生じる内部境界層 (IBL) の上側（明瞭ではない）境界の推定値を表している（たとえば，Brutsaert, 1982, 第 7 章; Garratt, 1990）．いくつかの数値研究（たとえば，Peterson, 1969; Shir, 1972; Rao *et al.*, 1974）では，このタイプの IBL は非常に乱れた状態にあり，通常，その厚さのわずか 5〜10％ の下層部分のみが変化後の地表面と真の意味での平衡に達していることが示されている．そこで，添字に平衡を意味する e を付したもう 1 つの鉛直方向の代表長さスケール ℓ_{ve} を導入すると便利である．このような内部平衡層 (IEL) に対して，$\ell_{ve} = 0.10\ell_v$ を仮定しよう．したがって，平衡スケール比率

$$\alpha_e = \ell_{ve}/\ell_h \tag{2.98}$$

は式 (2.94) や式 (2.97) で与えられた α の高々 1/10 程度と考えることができるので，典型的な条件下において，α_e はおよそ 0.01 より大きくない値となる．

不規則な地表面特性の境界層中への伝播のより具体的な特徴は，拡散（K 理論），クロージャー (higher-order closure)，ラージエディシミュレーション (large eddy simulation) やその他の近似を含んだ輸送方程式（たとえば，Garratt, 1990; Albertson and Parlange, 1999）を解くことで得ることができる．このような解析から，高さ z_r におけるフラックス F_z に貢献している上流側地表面の寄与域であるソースエリア（すなわち「フットプリント」("footprint")）スケール ℓ_s を決めることができる．この部分の詳細は Gash (1986), Schuepp *et al.* (1990), Horst and Weil (1994), Schmid (1994) や，より包括的には Leclerc and Foken (2014) で確かめられる．ここでの目的は単純なスケール関係を得ることなので，地表面寄与域の分布についての詳細なレビューは意図している範囲外である．

● **乱流の統合作用**

不規則であることに加えて，乱流はまた非常に拡散しやすい性質をもつ．この拡散は強い混合を引き起こし，流れの均質化をもたらす．結果として，特性の大きな差異は曖昧になり，やがてなくなってしまう．ここで，この混合の空間的広がり，つまり代表スケールがどのくらいなのかという疑問が生じる．概念的には，乱流輸送は多くの異なるスケールの動きである「渦」によって生じていると考えられる．たとえば式 (2.29)〜(2.31)，すなわち乱流変動のモーメントで与えられる全フラックスの特徴を示すには，最も小さな渦から最も大きな渦まで含むすべてのスケールの寄与を捉える必要がある．与えられた流れの状況下における最大の乱流の動きは，流れの「積分」スケール ("integral" scale) あるいは「外部」スケール ("outer" scale)（あるいはまた「混合長」("mixing length", たとえば，Tennekes and Lumley, 1972)）と呼ばれている．大気接地層では，この積分スケールはよく定義できており，通常 $\ell_i = kz/\phi_m$ に等しいとされる．ϕ_m は式 (2.47) で定義された平均風速プロファイルに対する MOS 関数である．したがって，ℓ_i は地表面上の高さ z かそれより小さなオーダーとなる．このことは，高さ $z = z_r$ における乱流測定では同じ鉛直スケールかそれ以下のサイズの乱流の動きは捉えることができるものの，より大きな動きは捉えられないことを示唆している．それゆえ，高さ $z = z_r$ で測定された鉛直乱流フラックス F_z は最大で z_r までのオーダーの鉛直スケールの動き，そして式 (2.98) で示されるように，高々 (z_r/α_e) のオーダーの水平スケールの動きを含んでいる．つまり，z_r の高さでの測定

値は，(z_r/α_e) のオーダーをもつ上流側フェッチ上の全体としての地表面境界条件を反映している．しかし，同じ理由で，流れの細かい構造は乱流による統合作用で平均化されるため，(z_r/α_e) はまた，式 (2.29)〜(2.31) のような乱流モーメントや，式 (2.36)〜(2.38) のような相似則による表現のとりうる最も微細な水平分解能スケールでもある．言い換えれば，地表面の非一様性のサイズが (z_r/α_e) よりも小さくなればなるほど，それを見分けることができにくくなり，したがって，乱流地表面フラックスを記述する上での重要性は小さくなっていく．

● 小スケールと大スケールの変動性と混合高さ

　本項のここまでにおいて，なぜ ABL の水平スケールが鉛直スケールよりおよそ 2 オーダー大きいのか，なぜ乱流が沉れの性質の差異を統合し曖昧にする傾向にあるのが示されてきた．結果として，高さ z_r での ABL 特性の測定値は，この高さのおよそ 100 倍の長さの風上距離（すなわち「フェッチ」）上の地表面状態を何らかの平均として反映している．同時に上流側フェッチより小さいスケールの地表面の非一様性は，z_r の高さでは識別できず，乱流として流れの他の変化から生じる変動成分と区別できなくなる．そこで，乱流輸送の観点からは，ある条件下では特性に大きな変動性をもつ地表面を均質な地表面として扱うことができるはずである．このような条件とは，(1) 関連する大気変数が地表面上十分な高さ z_r で測定されているので，風上地表面の小さな変動性の効果は十分に「小スケール」で，相互に，そして一般乱流の一部と区別できず，(2) この変動性が空間的に一定なことである．今扱っている問題に対しては，このような地表面を統計的均質 (statistically homogeneous) あるいは，定常 (stationary) とよぶことができ，その性質を以下で定義し議論していく．

　しかしまず，どのくらい高ければ十分高いと言えるのか．乱流の流れが地表面の単一の変化（あるいは熱，水蒸気などの単一の点源）を越えて動くとき，この影響は式 (2.91)，式 (2.94)，あるいは式 (2.97) で与えられる IBL として拡がっていく．もし連続した地表面の乱れが十分近接していれば，個々の IBL は，周囲の IBL と混じり合い，併合し，あるいは一体となる．そして，図 2.29 に描かれるように，ある高さ以上では，それらは相互に識別できなくなり，流れは一様と見えてくる．この高さを混合高さ (blending height) z_b とよぶ．この考えは Pasquill (1972) により導入され，Wieringa (1976) により名づけられたものである．一様な地表面（例えば図 2.6）上では，この混合高さは ASL の下端と考えることができる．理想的には，このような混合高さより高い ASL 内では MOS が適用できるはずである．混合高さは多少変化する値で，地表面の変動性の主たる原因である粗度要素の性質や配列に主に依存するようである．多くの研究では，混合高さ z_b が粗度長 z_0 と線形的に関係していると仮定している．すなわち，

$$(z_b - d_0) = \beta z_0 \tag{2.99}$$

とおいて，d_0 はこれまでと同様に地面修正量である．実験的には $\overline{u}, \overline{\theta}$，そして $\overline{q}$ の平均プロファイルの

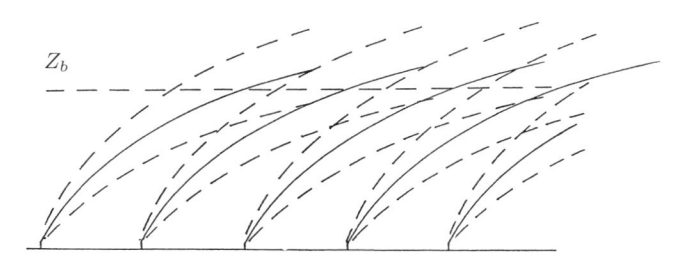

図 **2.29**　地表面粗度（あるいは地表面の乱れ，または，熱，水蒸気，もしくは何らかの混合物などの地表面上の点源）が複数回ステップ状の変化をしたときに生じる連続した内部境界層 (IBL) の発達の様子．地表面上で流れは左から右に向かっており，破線が流跡線の広がっていく様子を示している．（鉛直軸のスケールは，対数目盛りのように目盛り間隔が均等ではない点に注意．）Brutsaert (1998) より引用．

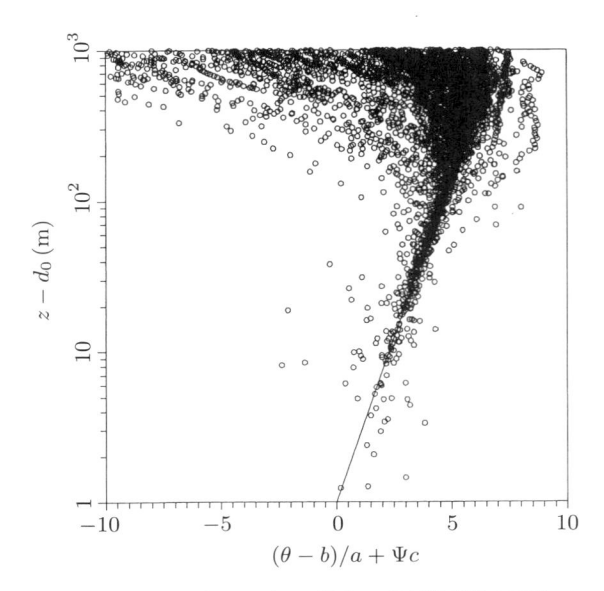

図 2.30 東部カンサス州プレーリーの $z_0 = 1.05$ m, $d_0 = 26.9$ m の丘陵地形上で Brutsaert and Sugita (1990) が不安定条件下での 91 回のラジオゾンデ観測から得た平均温位 $\overline{\theta}$ の鉛直プロファイル. Ψ_c はスカラー量（この場合は式 (2.51) で定義された温度）に対する積分形 MOS 関数. ここでは，混合高さ $(z_b - d_0)$ は平均的には 47 m 程度である. Brutsaert (1998) より引用.

測定値から，β が自然状態の地表面上で高々 40〜60 程度であることが観測されてきた. しかし，20 より小さな値や 100 の大きな値も報告されている（たとえば，Brutsaert, 1998）. 温位に対する例として，図 2.30 には，変化のある不規則な地表面上でも $\overline{u}, \overline{\theta}$, そして $\overline{q}$ のプロファイルが，z_b 上である種の相似性を示すことが描かれている.

　z_b 上で観測された相似性が厳密に MOS なのかは，地表面の変動性が十分に小スケールなのかに，言い換えれば，地表面特性の連続的な急変や不連続の間隔に依存する. 明らかに，代表的な間隔が大きいほど，より多くの連続的な IBL がそれぞれの固有性を保つようになり，相互の一体化は進まなくなる. しかし，野外の実験的な研究からは，$\overline{u}, \overline{\theta}$, そして $\overline{q}$ のプロファイルが地表面変動特性の代表的な間隔にはそれほど影響を受けないこと，さまざまな地表面の変動条件に対して $z = z_b$ より上で MOS が適用できることが示唆されている. 対照的に，乱流の分散 $\overline{w'w'}, \overline{\theta'\theta'}$ や $\overline{q'q'}$ は地表面の変動性の性質やスケールにより敏感に影響を受けるようである (Katul *et al.*, 1995).

2.7.3　地表面の変動性の空間構造

● 均質（または定常）ランダム関数

　今扱っている問題では，地表面の温度，土壌水分，葉面積指数，粗度などの地表面特性を，ランダム関数 $Y(x)$ の単一の実現 (realization) あるいは単一標本 $y(x)$ として捉えると便利である. 記号 x は地表面上の位置ベクトルを表す. ランダム関数の関連する多次元分布関数が既知であるときに，ランダム関数が特定されたと考えることができる (Yaglom, 1962; 1986; Journel and Huijbregts, 1978). 単一の実現のみから分布関数を決めることは不可能なので，多少の単純化の仮定を導入する必要がある. 1 つ目の仮定は，多くの状況下において，分布関数が最初の 2 つのモーメントで適切に特徴づけられるというものである. この制約に関するランダム関数の理論は 2 次理論 (second order theory) または相関理論 (correlation theory) とよばれている. 2 つ目の仮定は，定常性 (stationarity) の仮定である. どのような有限な k に対しても，任意の k 個の点 $x_1, x_2, \ldots, x_k$ における k 次元の同時分布 (joint distribution) が，変換 h で同時にそれぞれ $x_1 + h, x_2 + h, \ldots, x_k + h$ へと移動した時に変化

しなければ，ランダム関数は，厳密な意味において定常である．この2つの規定により，ランダム関数はまず，x と無関係な定数値，すなわち，平均

$$E\{Y(x)\} = m \tag{2.100}$$

により，そして，さらに x と $x+h$ の2点の間の共分散によって特徴づけられる．この共分散も x には無関係であり，h のみに依存する．すなわち，

$$C(h) = E\{[Y(x+h)-m][Y(x)-m]\} \tag{2.101}$$

である．ここで，h はラグ (lag) とよばれる．$h=0$ の時，式 (2.101) は分散 $C(0) = \text{var}[Y(x)] = E\{[Y(x)-m]^2\}$ となる．式 (2.100) と式 (2.101) を満足させる定常性は2次定常性 (stationarity of order two)，または広義の定常性と呼ばれる．通常の意味合いでは，定常は動きがないことを意味し，さらに時間と関係するであろうことを示唆する．今扱っている問題のように，場所と関係する場合には，均質 (homogeneous) という用語がおそらくより適切である（Yaglom, 1962, p. 12 参照）．しかし，しばしば2つの用語は相互に置き換えて使われている．以下では，統計的に均質な地表面とは式 (2.100) と式 (2.101) で定義されていると見なす．

共分散は標準的な2次モーメントである．多くの適用例で見ることができる関連する2次モーメントは増分 $Y(x_1) - Y(x_2)$ に対する共分散 (variance of the increments) で，これはまた構造関数 (structure function) あるいはバリオグラム (variogram) と呼ばれている．一般に，構造関数は x_1 および x_2 に依存する．しかし，定常ランダム関数に対しては，h をラグとして $x_1 = x+h$ および $x_2 = x$ を用いて，構造関数を

$$D(h) \equiv \text{var}\{Y(x+h)-Y(x)\} = E\{[Y(x+h)-Y(x)]^2\} \tag{2.102}$$

と定義できる．$D(h)$ が2次モーメントと

$$D(h) = 2[C(0)-C(h)] \tag{2.103}$$

のように関連づけられることは，容易に示すことができる．式 (2.103) を見ると，$D(h)$ は $C(h)$ に含まれていない新しい情報をもたらさないので，あまり関心を引くことはなさそうである．しかし，Yaglom (1986, p. 396; Monin and Yaglom, 1975, p.85) が定常過程に対して指摘したように，$D(h)$ はしばしば $C(h)$ よりも小さな誤差で実験データから求めることができる．現在扱っている問題でより大事な点は，式 (2.100) と式 (2.101) の示す意味合いでの均質性には，分散 $C(0)$ が存在することが必要な点である．実のところ，たとえばドリフト (drift) を含む多くの不均質な状況下においては，$C(0)$ は存在しないが，構造関数 $D(h)$ は存在する．このような事例は，弱い均質性を表し，定常（均質）な増分を伴うランダム過程 (random processes with stationary (homogeneous) increments)，あるいは，固有ランダム関数 (intrinsic random function) ともよばれる．それらは，元々は1941年にコルモゴロフ (Kolmogorov) が乱流に対して局所的均質性 (locally homogeneous) とよんだ (Monin and Yaglom, 1975) ものである．以下で議論するように，$D(h)$ の形がランダム関数が均質かどうかを直ちに示す．

ランダム関数は多く研究の対象になってきており，その基になる理論は大気陸面相互作用を説明する上で関係する少なくとも3分野で多くの適用がなされてきた．先駆者の一人が，乱流をランダム関数として扱い，局所的均質性，すなわち増分を伴う定常性，そして局所的等方性 (local isortopy)（式 (2.102) および Monin and Yaglom, 1975; Stull, 1988 参照）を記述するために構造関数を導入したコルモゴロフである．ランダム関数の理論はまた気象学分野での客観解析 (objective analysis) の基礎にもなっている．鉱山工学ではこの適用において重要な進展があり (Journel and Huijbregts, 1978)，それが土壌物理，リモートセンシングや水文学でのさらなる発展を刺激したのである（たとえば，Kitanidis, 1993; Curran, 1988; Warrick and Myers, 1987）．

● 地表面の変動性への適用

単一スケールの構造関数. 2点の距離, あるいはラグ h が増加すると, 地表面特性の値 $y(x)$ と $y(x + h)$ の共通点がなくなっていき, $D(h)$ は増加する可能性が高い. 式 (2.102) で見たように, バリオグラムが存在することは y の増分の均質性を保証しているだけである. そのため, たとえば, $m = m(x)$ でドリフトがあれば, この h に伴う増加は無限に続きうる. しかし, 増分のみならず $y(x)$ も均質であれば, $D(h)$ は最終的に定数へと横ばいに変化する. この定数はシル (sill) と呼ばれ, 式 (2.103) によれば $2C(0)$ に近づいていくはずである. それ以上で $D(h)$ が一定になると思われる h の値はレンジ (range) ℓ_r と呼ばれる. このような $D(h)$ の振る舞いを, 地表面の均質性を調べるのに利用することができる.

そのような標準的な均質事例が図 2.31 に示されている. この図は FIFE 実験地域における天然トールグラスプレーリーの正規化植生指数 (normalized difference vegetation index (NDVI)) の南北方向の無次元バリオグラムを示している. 用いたデータは, 1987 年早春の 4 日間に SPOT と Landsat 衛星による 30 m 分解能での（20×20 km 地域を代表する）667×667 ピクセルの測定から得られたものである. このレンジ ℓ_r は 900 m 程度である.

一般的に, h が増加しても $h \leq \ell_r$ の範囲であれば, 距離 h だけ離れている y の値には相関がある. しかし, ℓ_r より長い距離では共分散 $C(h)$ は無視でき, 増分の分散 $D(h)$ は $2C(0)$ で一定となる. 別の言い方をすれば, ℓ_r を越えて h を増加させても, さらなる地表面の変動性に出くわしたり, 捉えることはできない. このことは, Curran (1988) により指摘されたように, 構造関数が得られるような線分 ℓ_r （あるいは, 等方性の地表面であれば面積 ℓ_r^2）は（少なくとも最初の 2 つのモーメントについては）より広い地域を代表することを意味している. レンジ ℓ_r より小さな解像度の解析では, 空間構造の詳細が重要となる. レンジより粗い解像度では, 変数の統計値を基にして現象をパラメタライズすることができる.

相互共分散と相互構造関数. 下部大気の鉛直乱流フラックスは, 式 (2.29)〜(2.31) で示されるように, 空気の鉛直速度と混合物などの濃度の時間共分散, すなわち, それぞれ x 方向の運動量, 顕熱と潜熱である. 実のところ, 式 (2.36)〜(2.38) は, 鉛直フラックス F_z が何らかの相似関係またはバルク輸

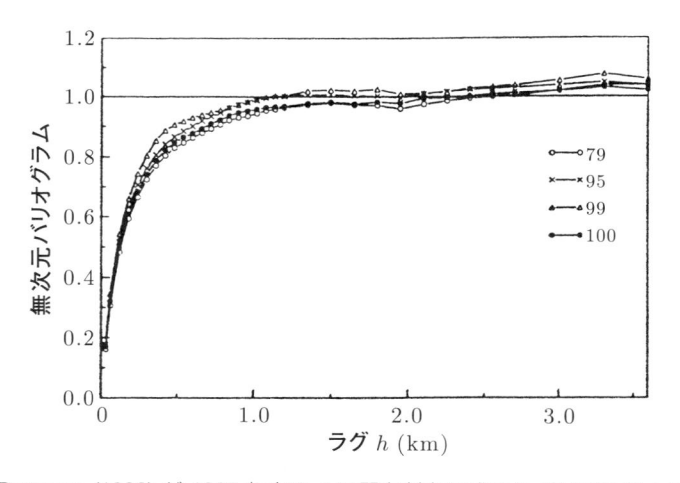

図 2.31 Chen and Brutsaert (1998) が 1987 年春の 4 日間を対象に求めた ISLSCP 第 1 回野外観測 (First ISLSCP (International Satellite Land Surface Climatology Project) Field Experiment, FIFE) 実験地域上の正規化植生指数 (NDVI) の南北方向の無次元構造関数 $D(h)/[2C(0)]$. ラグは km 単位である. シルは分散の 2 倍の値である 1 に近づいており, レンジは 900 m ほどである. Brutsaert (1998) より引用.

送式として表されていたとしても，風速と濃度差の積を含むことを示している．したがって，地表面 F_z の変動性を決めるためには，風速と濃度の両者に影響する地表面特性の同時変動性 (joint variability) を考慮する必要がある．たとえば，もし $y_1(x)$ が局所的な風速変動性を主に左右する地表面特性を表すとしたら，$y_1(x)$ はもしかすると地表面の粗度，地表面の粗度要素の高さ，植生密度，あるいは葉面積指数なのかもしれない．そして，もし $y_2(x)$ が混合物などの濃度 c を主に決める特性を表すとしたら，$y_2(x)$ は顕熱フラックス H の場合は地表面温度，蒸発 E の場合は，土壌水分量，葉面積指数，あるいは降雨分布かもしれない．今扱っている問題においては，$Y_j(x)$ および $Y_k(x)$ の 2 つの特性の場合，その平均 m_j および m_k が定数で，それぞれの（自己）共分散，$C_{jj}(h)$ および $C_{kk}(h)$（式 (2.101) 参照）のみならず相互共分散 (cross-covariance)

$$C_{jk}(h) = E\{[Y_j(x+h) - m_j][Y_k(x) - m_k]\} \tag{2.104}$$

も h のみに依存し，x には依存しない時に，地表面は 2 次均質である．

式 (2.104) は $Y_j(x)$ と $Y_k(x)$ の結合 2 次モーメント (joint second moment) を定義している．ここで再び，式 (2.102) の単一の地表面特性で 1 次元の場合，増分に対する同時 2 次モーメントは，相互構造関数 (cross-structure function) または相互バリオグラム (cross variogram) とよばれる共分散となる．結合 2 次均質性 (joint second-order homogeneity) の場合には，

$$D_{jk}(h) = E\{[Y_j(x+h) - Y_j(x)][Y_k(x+h) - Y_k(x)]\} \tag{2.105}$$

となる．ここで再び，D_{jk} が x に依存していなければ，2 次均質性は保証されず，増分の均質性または定常性のみが保証される．しかし，$Y_j(x)$ と $Y_k(x)$ が結合 2 次均質であるのなら，$D_{jk}(h)$ は十分に大きな h に対しては最終的に横ばいとなり，定数 $2C_{jk}(0)$ に近づく．より一般的には（式 (2.103) 参照），

$$D_{jk}(h) = 2[C_{jk}(0) - C_{jk}(h)] \tag{2.106}$$

である．以上をまとめると，混合物などの（それぞれ式 (2.29)〜(2.31) で与えられる水平方向の運動量，顕熱，または潜熱のような）どのような地表面乱流フラックスでも，関係する 2 つの地表面特性の相互構造関数 $D_{jk}(h)$ がある有限のレンジ $h = \ell_r$ を超したときに定数に近づく場合にのみ 2 次均質となる．しかし，幸いなことに多くの地表面特性は似たような地表面構造を持っており，対象事例を調べるのに際して，しばしば 1 次元のバリオグラムで十分である．たとえば，上で述べたように，地表面粗度が植生密度に依存する場合がある．そして，植生密度は葉面積指数（あるいは NDVI (Chen and Brutsaert, 1998 参照)）で特徴づけられる．さらに葉面積指数は地表面温度や土壌中の水分量とも高い相関があるかもしれない．

複合スケール構造関数と入れ子． 地表面の分解能のスケールがある限界値より小さい，あるいは細かい時にはどのような地表面も均質と捉えることができることがこれまでに述べられてきた．この限界値が相互共分散あるいは対応する構造関数のレンジ ℓ_r であることが，ここで明らかである．さらに，自然地表面は個々の土壌粒子による変動性から個々の植物や幹・葉による変動性，そして牧草や森林などの植物群落による変動性までの異なるスケールの変動性を示す．これらの構造関数それぞれがシルとレンジをもっており，地表面が異なるスケールにおいて均質あるいは不均質であると考えられることを示している．

想定される値に対する演算子 $E\{\}$ は線形なので，結果として構造関数も単純に

$$D(h) = \sum_{i=1}^{n} D_i(h) \tag{2.107}$$

となるはずである．ここで $D_i(h)$ はスケール i のレベルでの構造関数を表している．たとえば，FIFE

実験地域の丘陵地形上のプレーリーでは，D_1 は一般的な短い草丈の植生スケールでの変動性を，D_2 は植生の密度変動や斜面の太陽光への露出状態のスケールでの変動性を，そして，D_3 は背の高い樹木植生に覆われる小川の河床間距離などのスケールでの変動性を表していてもおかしくない．式 (2.107) は，より小さなスケールの構造関数が，より大きなスケールの構造関数の中に入れ子になっていることを示している（Journel and Huijbregts, 1978, 第 3 章も参照のこと）．

2.7.4　乱流のスケールと地表面の変動性構造のスケールの関係

● 均質性に対するスケールの基準

乱流フラックスを推定するのに現在利用できるほとんどの方法は，地表面が統計的に均質であることが必要である．これは必要条件であるが，実際に適用するにはこれでは曖昧すぎ，付加的な基準が必要であろう．下部大気の乱流と地表面の変動性はともにいくつかの異なるスケールを含んでいる．式 (2.29)〜(2.31) あるいはそこから得られる相似則の式によるフラックス推定に対しては，関係する変数の測定高度 z_r と他のスケールの関係により地表面，そして付随する乱流フラックスが水平方向に均質かどうかが決まる．

与えられた地表面の変動スケール i（ここで i は式 (2.107) の添字，1, 2, ... と同じ意味合い）において，乱流と地表面近くの鉛直乱流フラックスが風上距離（すなわちフェッチ）ℓ_{si} 上で平衡に達し，水平方向に均質であると考えられるのは，地表面が統計的に均質な場合だけである．加えて，以下の条件が満たされる必要がある．

1. 参照（すなわち測定）高度は混合高さより高くなければならない．式 (2.99) によると，これは $z_r > z_{bi} (= \beta z_{0i} + d_{0i})$ である．z_{0i} は変動スケール i の地表面粗度長である．この条件により，個々の粗度要素の影響は流れの中で十分に混じり合う．
2. 参照高度はレンジのフェッチ効果より十分大きくなければならない．すなわち，$z_r > \alpha_e \ell_{ri}$．ℓ_{ri} が変動スケール i でのレンジ，α_e が 0.01 程度であることを思い起こすこと．これにより，まず変動スケール i の地表面変動性が完全に標本として取り込まれること，そして，乱流にとって地表面が一様と見なせるように地表面の変動性構造が十分に小スケールであることが保証される．
3. 参照高度は内部平衡層 (IEL) の高さより低くなければならない．すなわち，$z_r < \alpha_e \ell_{si}$．ここで ℓ_{si} は測定地点風上側の（レンジ ℓ_{ri} の）均質な地表面のフェッチである．言い換えると，測定は（統計的に）均質な地表面と平衡状態にある IFL 内で行わなければならない．
4. 均質な地表面のフェッチはレンジより大きくなければならない．すなわち，$\ell_{si} > \ell_{ri}$．条件 1, 2 に暗に含まれるこの条件は，大気の流れがそれと接する地表面を十分に標本として取り込むことを保証している．

以上の基準は，まとめると，

$$\max(z_{bi}, \alpha_e \ell_{ri}) < z_r < \alpha_e \ell_{si} \tag{2.108}$$

となる．多くの研究（たとえば，Brutsaert, 1998）は，均質な地表面上で ASL の上部境界 z_s が平均的には（z_0 を最大スケールの粗度長または地域粗度長 (regional roughness) とし）$(z_s - d_0) = 100$ 〜$150z_0$ または（h_{in} を逆転層下端の高さとすれば）0.10〜$0.15h_{in}$ 程度のどちらか大きい方（図 2.6 〜2.8）であることを示してきた．したがって，（添字の i が最大スケールの地表面変動性を示すとした）式 (2.108) を $z_r = z_s$ で満たされるべき条件として適用すれば，$\max(z_{bi}, \alpha_e \ell_{ri})$ と z_s の間の全層を均質な ASL と考えることができ，そこでは MOS が有効である．さらに，混合層は実際によく混ざり合っているので，不安定条件下での z_s より上層での測定値は，風上側のフェッチ ℓ_{si} 全体の平均的地表面状態を代表するはずである．たとえば，よく発達した ABL 内での地表面上 100 m での測定値

は，風上距離 5〜10 km 程度の平均的地表面状態を反映しているだろう．式 (2.65)〜(2.71) のような，2.5.2 項で示されたバルク相似則の式を式 (2.108) の条件下で用いてメソ γ スケールの地表面フラックスを求めることがなぜ興味の対象になるのかや，その根拠がこの考察から与えられている．この点はまた実験的な観測結果とも矛盾していない．しかし，ここで述べたような単純な境界層は均質な地表面上で風下方向に無限に続くわけではない．フェッチが数十 km を超すと，状況はさらに複雑となり，より大きなメソスケールの効果（と天気）が関係するようになる．

● 単純な複合スケール例に対する実際的な適用

2 つのスケールの変動性を有する統計的に均質な地表面の様子を図 2.32 に示してある．この図は，地表面特性がレンジ ℓ_{r1} と ℓ_{r2} で，相互に入れ子構造になった 2 つの構造関数をもつ定常ランダム関数と考えられるような地表面を描いている．木々や建物からなる大きな粗度要素の間が背丈の短い草や作物で一様に覆われていると仮定しよう．ここで，測定器類が設置されたマストのある M 地点において，地表面から上方に向けて測定高度 z_r を少しずつ増加させたときに得られるいくつかの高さ範囲について考察しよう．$z_r = 0$ から短い植生の上端までの間には，主にその場の植生に依存する乱流の「キャノピー」流れが見られる．この上端よりすぐ上では，第 1 の局所混合高さ z_{b1} までの高さにウェーク層あるいは遷移層が存在する．z_{01} を短い植生の粗度長とすれば，z_{b1} は概略 $\sim 50 z_{01}$ である（式 (2.99) 参照）．この粗度長をマイクロスケールの粗度長とよぶことができるかもしれない．ここでまた，上記の条件 1 が条件 2 より強い基準であると仮定しよう．この z_{b1} とおおよそ $\alpha_e \ell_{s1}$ の間は内部平衡層 (IFL) である．ℓ_{s1} は M 地点風上側の短い一様植生のフェッチである．条件 4 がこの IFL 内で満たされているとすると，式 (2.29)〜(2.31)（または，式 (2.36)〜(2.38)）は ℓ_{s1} 上の地表面フラックスを表し，接地層相似則 (MOS) が適用可能である．この層を局地 ASL とよぶ．$\alpha_e \ell_{s1}$ と概略で $50 z_{02}$ により与えられる第 2 の混合高さ z_{b2} の間は，次の遷移層である．この層内の z_r においては，式 (2.29)〜(2.31) が地表面のどの部分を代表しているのかは定かではない．ASL の相似則 (MOS) は厳密には成り立たない．この遷移層の上部には第 2 の平衡層，すなわち地域 ASL が存在する．ここでは MOS は地域（またはマクロスケール）粗度長 z_{02} により有効と思われる．この層内での測定から得られるフラックスは，$D = D_1 + D_2$ のシルが一定となるラグ h の最大値のスケールを有する「地域」フラックスである．

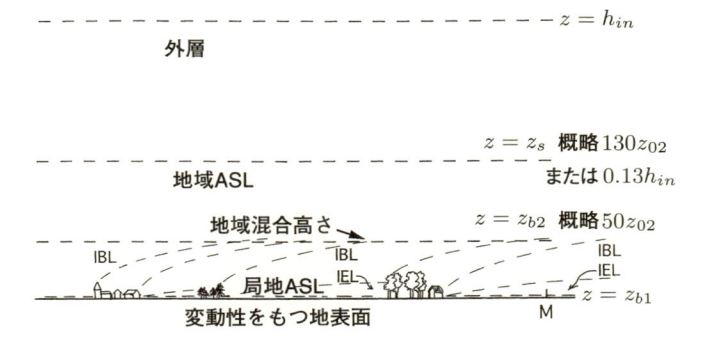

図 2.32　それぞれレンジ ℓ_{r1} と ℓ_{r2}，粗度長 z_{01} および z_{02} で特徴づけられる 2 つの変動性を有する多様であるが統計的には均質な地表面上の ABL の概念図．地表面状態の遷移点では，内部平衡層 (IEL) を伴った内部境界層 (IBL) が発達する．IBL の上限はマイクロスケールの特性に対しては z_{b1} より上で，マクロスケールの特性に対しては z_{b2} より上で周囲と混じり一体となっていく．説明を容易にするために，平坦面の 2 つの特性のいくつかの IBL や IEL を破線で示してある．したがって，この事例では，どの位置においても，地表面の局所的なマイクロスケールの特性に依存した性質をもつ局所的（"local"）ASL が地表面近くに，より上層には $10^3 \sim 10^4$ m オーダーのメソ γ スケールのフェッチ上の地域全体の影響を受けた地域 (regional) ASL が存在する．（鉛直軸のスケールは，目盛り間隔が均等ではない点に注意．）Brutsaert (1998) より引用．

2.1 複数選択. 以下の記述の内で正しいのはどれか示せ.

    (a) 不安定大気は乱流活動を抑制する.

    (b) 不安定大気中での水平風速は, 安定大気中の風速より普通鉛直方向に一様である.

    (c) 不安定大気では（地域全体の）水平風速が中立大気中より大きくなる傾向にある.

    (d) 接地層中の不安定大気は大気汚染物質を拡散させるのに都合がよい.

    (e) 不安定大気は深い湖の水面上に暖かい空気が吹く春季に見られる可能性が高い.

2.2 複数選択. 以下の記述の内で正しいのはどれか示せ. 地球表面の大気中の安定条件は

    (a) （不安定条件と比較して）乱流混合を増加させる.

    (b) 地表面の滑らかさの必然的な結果である.

    (c) 地表面が長波放射により冷却されるほぼ無風状態でしばしば観察される.

    (d) 広大で深い水体上に暖かい空気が流れ込む初春の曇天下で起こりそうである.

    (e) （陸面上で）不安定な条件下より, 露（負の蒸発）を伴う可能性が高い.

    (f) 雷雨の可能性が高いことを表している.

2.3 海洋や大きな湖沼での（地表面上 10 m での風速と比湿測定値を用いる）抵抗係数と水蒸気輸送係数はそれぞれ $Cd_{10} = 1.4 \times 10^{-3}$ と $Ce_{10} = 1.2 \times 10^{-3}$ 程度である. この中立条件での輸送係数から粗度パラメータ z_0 と z_{0v} を求めよ.

2.4 海洋ステーションでの観測から, （表面上 10 m での m s^{-1} 単位での風速測定値を用いた）抵抗係数 Cd_{10} が風速の関数 $Cd_{10} = (0.80 + 0.05\bar{u}_{10}) \times 10^{-3}$ であると仮定することでその推定精度が向上することがわかった. 対照的に（表面上 10 m での m s^{-1} 単位での風速と温度測定値を用いた）熱輸送係数 Ch_{10} は, $Ch_{10} = 1.2 \times 10^{-3}$ と一定であった. 風速範囲 $4 \le \bar{u} \le 21$ m s^{-1} での粗度パラメータ z_0, z_{0h} の変化範囲を求めよ. 中立大気を仮定すること.

2.5 前問において抵抗係数が $Cd_{10} = 0.50\,(\bar{u}_{10})^{0.45} \times 10^{-3}$ で与えられると仮定して解いてみること. 風速は m s^{-1} の単位である.

2.6 高度 z_1, z_2 での風速測定値と z_3, z_4 での比湿測定値から, 中立条件下に対する水蒸気輸送係数 Ce を z_1, z_2, z_3, z_4 を用いて表す式を導出せよ. 式 (2.40) および (2.43) を利用すること.

2.7 オンタリオ湖での蒸発の測定から, 式 (2.36) の質量輸送係数が中立条件で 10 m での測定値を用いると平均で $Ce = 1.1 \times 10^{-3}$ となることがわかった. 水面の運動量粗度長が $z_0 = 0.02$ cm と仮定できるとして, 水蒸気のスカラー粗度長 z_{0v} を求めよ.

2.8 実用目的では, 下部大気の風速プロファイルは時として $\bar{u} = C_p\,u_*(z/z_0)^m$ のべき乗の式を用いて近似される. この式で C_p と m は定数で, 中立条件下ではそれぞれ 6 および 1/7 程度と仮定できる. (a) この式を用いて抵抗係数 Cd の式を導出せよ. (b) 地表面粗度長を $z_0 = 0.02$ cm とし, 風速 $\bar{u}$ が地表面上 10 m で測定されたとした場合の抵抗係数の値を求めること. (c) 次に式 (2.36) で与えられる質量輸送係数 Ce を考える. この式で, q_s を地表面での比湿, $\bar{q}$ を高さ z での比湿として $-\Delta q = \bar{q}_s - \bar{q}$ である. 水面上の弱風条件下では $Ce = Cd$ を仮定できる. この仮定を用いて, 上で示した風速プロファイルのべき乗式と同等な比湿プロファイルに対するべき乗の式を求めよ.

2.9 下部大気の安定度は一般に式 (2.45) で定義される無次元変数 $\zeta = (z - d_0)/L$ で表される. この代わりに使われるのが $Ri = (g/T_a)[(d\bar{\theta}/dz)/(d\bar{u}/dz)^2]$ で定義されるリチャードソン数 (Richardson number) である. ζ と Ri の関係を式 (2.47) と (2.48) に定義した ϕ_m および ϕ_h を用いて表すこと. L の水蒸気フラックス項は無視できると仮定せよ.

2.10 安定条件に適用できる式 (2.43) のような比湿プロファイルの式を導出せよ. 式 (2.43) は中立条件下でのみ有効である. 安定条件でのフラックスとプロファイルの関係が式 (2.57) を用いた式 (2.49) で与えられると仮定せよ. 式 (2.52) および (2.58) と比較することで得られた結果を確認せよ.

2.11 草地面上での野外観測から以下の 1 時間平均値が得られた。地表面上 1.5 m での気温 $T_{1.5} = 31.29$℃，地上 3.0 m での気温 $T_3 = 30.87$℃，2.0 m での風速 $u_2 = 3$ m s^{-1}。地表面粗度は $z_0 = 0.01$ m と推定され，地面修正量 d_0 は無視できることがわかった。(a) 繰り返し収束計算により，摩擦速度 u_*(m s^{-1}) と顕熱フラックス H(W m^{-2}) を求めよ。L の蒸発の項 $\overline{w'q'}$ は無視できると仮定する。(b) 正味放射量が $R_n = 392$ W m^{-2} の時，$L_e E = R_n - H$ を用いて蒸発速度をまず W m^{-2} の単位で求め，さらに mm month^{-1} の単位に換算せよ。

2.12 プレーリー上の中立大気中において，北風（南方向に吹く風）の地上 2 m での風速が $\bar{u} = 8$ m s^{-1} ある。地表パラメータに $z_0 = 0.09$ m および $d_0 = 0.50$ m とせよ。(a) 式 (2.65) で $A = 4.5$，$B = 1.5$ として，「自由流」の風の x 成分，y 成分（すなわち $z = h_b$ での u_b および v_b）と風向を求めよ。ABL の厚さを $h_b = 800$ m と仮定すること。(b) 蒸発速度 0.6 mm h^{-1}，地上 2 m での気温 15℃，相対湿度 70 ％の時，$z = h_b = h_i = 800$ m での比湿を求めよ。式 (2.71) で $D = 0$ を仮定すること。ヒント：式 (2.71) を式 (2.44) と組み合わせること。

2.13 式 (2.68) で θ_s を $\bar{\theta}_1$ に置き換えた $(\bar{\theta}_1 - \bar{\theta}_m)$ の式を粗面上に対して求めよ。$\bar{\theta}_1$ は大気接地層中の高度 z_1 での温位である。ヒント：式 (2.68) から式 (2.55) を差し引き，C に式 (2.70) を代入すること。

2.14 太陽赤緯の大きさは，年間の日付けによって決まり，（夏至，冬至の）至点時のほぼ $\pm 23.439°$ から（春分，秋分の）分点時の $0°$ の間で変化する。(a) $h = 0$ の正午における太陽の天頂角 β を求めよ。(b) 地球上のどの地点でいつ昼間の時間が 12 時間，すなわち日の出と日没時の時角が $h = \pi/2$ となるだろうか。式 (2.79) を用いてこれが可能な条件が 2 つあることを示せ。

2.15 式 (2.79) を 1 日に対して積分することで式 (2.80) を証明せよ。

2.16 緯度 45° 地点における大気がないと仮定した水平面上の日積算日射量 (W m^{-2}) を 6 月 21 日について計算せよ。結果を図 2.23 の値と比較すること。

2.17 以下のデータは温帯地域における典型的な夏の 1 日の平均値である。気温 $T_a = 17.94$°C，相対湿度 66 ％，下向き短波放射量 $R_s = 468$ cal cm^{-2} d^{-1}。成長期の短い草地面に対して，正味放射量 R_n を W m^{-2} の単位で求めよ。（1 次近似として，地表面温度の日平均値 T_s が気温と等しいとおき，長波放射量を T_a から求める際には雲量の影響がないと仮定せよ）。

2.18 前問の内容を以下のデータで行うこと。気温 $T_a = 20.45$℃，相対湿度 64 ％，下向き短波放射量 $R_s = 477$ cal cm^{-2} d^{-1}。

2.19 （北緯 42.5°）の温帯にある深い湖で，（凍っていない）12 月と 7 月の典型的な日に以下のデータがそれぞれ得られた。平均気温 $T_a = -2.78, 20.56$℃，平均水面温度 $T_s = 6.12$℃，19.20℃，地域の相対湿度 76 ％，64 ％，地域の日照率 $n/N = 0.33, 0.63$。下向き短波放射量 Q_s(W m^{-2}) を式 (2.76) の気候学的な方法により図 2.23 を用いて求めよ。この値を R_s の推定値として，日平均正味放射量 R_n(W m^{-2}) を求めること。表面の射出率を 1，温度が 1 日を通してほぼ一定であると仮定すること。

2.20 温度 4℃ の雲の層が温度 -3℃ の雪で覆われた地域の上空に夜の間に移動してきた。雲からの放射によって起こる雪面蒸発の最大速度を計算せよ。雲の吸収率 0.93，雪の吸収率 0.99 とすること。大気が透明で，気温が -3℃ で定常な状況にあると仮定すること。昇華の潜熱は 2.8×10^6 J kg^{-1} である。結果は W m^{-2} と mm d^{-1} の単位で示すこと。

2.21 (a) 耕作地，(b) 草地における式 (2.89) の $c_R = G/R_n$ の典型的な値を，式 (2.90) を利用して推定せよ。

2.22 全天短波放射量が図 2.28 に示すように太陽定数の 1/4 である理由を示せ。

2.23 どのような場合に日の出が 0600 時 (6:00 am)，日の入りが 1800 時 (6:00 pm) となるか示せ。

2.24 式 (2.101) から式 (2.103) を導出せよ。

■ 参考文献

Aase, J. K. and Idso, S. B. (1978). A comparison of two formula types for calculating long wave radiation from the atmosphere, *Water Resour. Res.*, **14**, 623–625.

Albertson, J. D. and Parlange, M. B. (1999). Surface length scales and shear stress: implications for land-atmosphere interaction over complex terrain. *Water Resour. Res.*, **35**, 2121–2132.

Anderson, E. R. (1954). *Energy-budget studies.* Water loss investigations: Lake Hefner studies, Tech. Report, Prof. Paper 269, pp. 71–119. Geol. Survey, US Dept. Interior.

Asanuma, J., Dias, N. L., Kustas, W. P. and Brutsaert, W. (2000). Observations of neutral profiles of wind speed and specific humidity above a gently rolling landsurface. *J. Met. Soc. Jpn.*, **78**, 719–730.

Bolton, D. (1980). The computation of equivalent potential temperature. *Mon. Wea. Rev.*, **108**, 1046–1053.

Bolz, H. M. (1949). Die Abhängigkeit der infraroten Gegenstrahlung von der Bewölkung, *Z. Met.*, **3**, 201–203.

Bristow, K. L. and Campbell, G. S. (1984). On the relationship between incoming solar radiation and daily maximum and minimum temperature. *Agric. Forest Meteor.*, **31**, 159–166. doi:10.1016/0168-1923(84)90017-0.

Brooks F. A. and Pruitt, W. O. (1966). *Investigation of energy, momentum and mass transfers near the ground*, Final Rept. 1965, (DA Task IVO-14501-B53A-08, Defense Doc. Ctr., Cameron Station, Alexandria, VA 22314). Davis, CA: Dept. Water Sci. & Eng., University of California, Davis.

Brutsaert, W. (1975a). Comments on surface roughness parameters and the height of dense vegetation. *J. Met. Soc. Jpn*, **53**, 96–98. doi:10.2151/jmsj1965.53.1_96.

(1975b). On a derivable formula for long wave radiation from clear skies. *Water Resour. Res.*, **11**, 742–744.

(1982). *Evaporation into the Atmosphere: Theory, History and Applications.* Boston, MA: D. Reidel Publ. Co.

(1992). Stability correction functions for the mean wind speed and temperature in the unstable surface layer. *Geophys. Res. Lett.*, **19**(5), 469–472.

(1993). Horton, pipe hydraulics and the atmospheric boundary layer. *Bull. Amer. Met. Soc.*, **74**, 1131–1139. doi:10.1175/1520-0477(1993)74[1131:HPHATA]2.0.CO;2.

(1998). Land-surface water vapor and sensible heat flux: spatial variability, homogeneity, and measurement scales. *Water Resour. Res.*, **34**, 2433–2442.

(1999). Aspects of bulk atmospheric boundary layer similarity under free-convective conditions, *Rev. Geophys.*, **37**, 439–451.

Brutsaert, W. and Chen, D. (1996). Diurnal variation of surface fluxes during thorough drying (or severe drought) of natural prairie. *Water Resour. Res.*, **32**, 2013–2019.

Brutsaert, W. and Sugita, M. (1990). The extent of the unstable Monin-Obukhov layer for temperature and humidity above complex hilly grassland. *Bound.-Layer Meteor.*, **51**, 383–400.

(1991). A bulk similarity approach in the atmospheric boundary layer using radiometric skin temperature to determine regional surface fluxes. *Bound.-Layer Meteor.*, **55**, 1–23.

(1996). Sensible heat transfer parameterization for surfaces with anisothermal dense vegetation. *J. Atmos. Sci.*, **53**, 209–216.

Budyko, M. I. (1974). *Climate and Life.* NY: Academic Press. （訳本：内嶋善兵衛・岩切敏 訳 (1973) 気候と生命（上・下），東京大学出版会）

Cahill, A. T., Parlange, M. B. and Albertson J. D. (1997). On the Brutsaert temperature roughness length model for sensible heat flux estimation. *Water Resour. Res.*, **33**, 2315–2324.

Camuffo, D. and Bernardi, A. (1982). An observational study of heat fluxes and their relationships with net radiation. *Bound.-Layer Meteor.*, **23**, 359–368.

Chen, D. and Brutsaert, W. (1998). Satellite-sensed distribution and spatial patterns of vegetation parameters over tallgrass prairie. *J. Atmos. Sci.*, **55**, 1225–1238.

(2005). Flux-profile relationships for wind speed and temperature in the stable atmospheric boundary layer. *Bound.-Layer Meteor.*, **114**, 519–538.

Choudhury, B. J., Idso, S. B. and Reginato, R. J. (1987). Analysis of an empirical model for soil heat flux under a growing wheat crop for estimating evaporation by an infrared-temperature based energy balance equation. *Agric. Forest Meteor.*, **39**, 283–297.

Clarke, R. H. and Hess, G. D. (1974). Geostrophic departure and the functions A and B of the Rossby-number similarity theory. *Bound.-Layer Meteor.*, **7**, 267–287.

Crawford, T. M. and Duchon, C. E. (1999). An improved parameterization for estimating effective atmospheric emissivity for use in calculating daytime downwelling longwave radiation. *J. Appl. Meteor.*, **38**, 474–480.

Culf, A. D. and Gash, J. H. C. (1993). Longwave radiation from clear skies in Niger: a comparison of observations with simple formulas. *J. Appl. Meteor.*, **32**, 539–547.

Curran, P. J. (1988). The semivariogram in remote sensing: an introduction. *Remote Sens. Environ.*, **24**, 493–507.

Daughtry, C. S. T., Kustas, W. P., Moran, M. S., Pinter, P. J., Jackson, R. D., Brown, P. W., Nichols, W. D. and Gay, L. W. (1990). Spectral estimates of net radiation and soil heat flux. *Remote Sens. Environ.*, **32**, 111–124.

Deardorff, J. W. (1978). Efficient prediction of ground surface temperature and moisture, with inclusion of a layer of vegetation. *J. Geophys. Res.*, **83**, 1889–1903.

Demuzere, M., De Ridder, K. and Van Lipzig N. P. M. (2008). Modeling the energy balance in Marseille: sensitivity to roughness length parameterizations and thermal admittance. *J. Geophys. Res.*, **113**, D16120, doi:10.1029/2007JD009113.

De Vries, D. A. (1955). Solar radiation at Wageningen, *Meded. Landbouwhogeschool, Wageningen*, **55**, 277–304.

(1963). Thermal properties of soils. In *Physics of Plant Environment*, 210–235, ed. W. R. Van Wijk. Amsterdam: North-Holland Publ. Co.

Dias, N. L. and Brutsaert W. (1996). Similarity of scalars under stable conditions. *Bound.-Layer Meteor.*, **80**, 355–373.

Duarte, H. F., Dias, N. L. and Maggiotto, S. R. (2006). Assessing daytime downward longwave radiation estimates for clear and cloudy skies in Southern Brazil. *Agric. Forest Meteor.*, **139**, 171–181. doi:10.1016/j.agrformet.2006.06.008.

Foken, T. (2008). The energy balance closure problem: an overview. *Ecol. Appl.*, **18**, 1351–1367. http://www.jstor.org/stable/40062260

Foken, T., Aubinet, M., Finnigan, J. J., Leclerc, M. Y., Mauder, M. and Paw U, K. T. (2011). Results of a panel discussion about the energy balance closure correction for trace gases. *Bull. Am. Meteor. Soc.*, **92**, ES13–ES18, doi:10.1175/2011BAMS3130.1.

Fuchs, M. and Hadas, A. (1972). The heat flux density in a non-homogeneous bare loessial soil. *Bound.-*

Layer Meteor., **3**, 191–200.

Garratt, J. R. (1990). The internal boundary layer: a review. *Bound.-Layer Meteor.*, **50**, 171–203.

Garratt, J. R., Wyngaard, J. C. and Francey, R. J. (1982). Winds in the atmospheric boundary layer – prediction and observation. *J. Atmos. Sci.*, **39**, 1307–1316.

Gash, J. H. C. (1986). A note on estimating the effect of a limited fetch on micrometeorological evaporation measurements. *Bound.-Layer Meteor.*, **35**, 409–413.

Goddard, W. B. (1970). A floating drag-plate lysimeter for atmospheric boundary layer research. *J. Appl. Meteor.*, **9**, 373–378.

Grimmond, C. S. B., Cleugh, H. A. and Oke, T. R. (1991). An objective urban heat storage model and its comparison with other schemes. *Atmos. Environ.*, **25B**, 311–326.

Gubler, S., Gruber, S. and Purves, R. S. (2012). Uncertainties of parameterized surface downward clear-sky shortwave and all-sky longwave radiation. *Atmos. Chem. Phys.*, **12**, 5077–5098. doi:10.5194/acp-12-5077-2012.

Hanks, R. J. and Tanner, C. B. (1972). Calorimetric and flux meter measurements of soil heat flow. *Soil Sci. Soc. Amer. Proc.*, **36**, 537–538.

Hargreaves, G. L., Hargreaves, G. H. and Riley, P. (1985). Irrigation water requirements for Senegal River basin. *J. Irrig. Drain. Eng. ASCE*, **111**, 265–275. doi:10.1061/(ASCE)0733-9437(1985)111:3(265).

Horst, T. W. and Weil, J. C. (1994). How far is far enough?: the fetch requirements for micrometeorological measurement of surface fluxes. *J. Atmos. Oceanic Technol.*, **11**, 1018–1025. doi:10.1175/1520-0426(1994)011<1018:HFIFET>2.0.CO;2.

Idso, S. B., Aase, J. K. and Jackson, R. D. (1975). Net radiation – soil heat flux relations as influenced by soil water content variations. *Bound.-Layer Meteor.*, **9**, 113–122.

Iribarne, J. V. and Godson, W. L. (1973). *Atmospheric Thermodynamics.* Dordrecht, Holland and Boston, USA: D. Reidel Publishing Company.

Jacobs, J. M., Coulter, R. L. and Brutsaert, W.(2000). Surface heat flux estimation with wind-profiler/RASS and radiosonde observations. *Adv. Water Resour.*, **23**, 339–348.

Jin, M. and Liang, S. (2006). An improved land surface emissivity parameter for land surface models using global remote sensing observations. *J. Clim.*, **19,** 2867–2881. doi:10.1175/JCLI3720.1.

Journel, A. G. and Huijbregts, C. J. (1978). *Mining Geostatistics.* San Diego, CA: Academic Press.

Kader, B. A. and Yaglom A. M.(1990). Mean fields and fluctuation moments in unstably stratified turbulent boundary layers. *J. Fluid Mech.*, **212**, 637–662.

Kasahara, A. and Washington, W. M.(1971). General circulation experiments with a six-layer NCAR model, including orography, cloudiness and surface temperature calculation. *J. Atmos. Sci.*, **28**, 657–701.

Katul, G., Goltz, S. M., Hsieh, C.-I., Cheng, Y., Mowry, F. and Sigmon, J. (1995). Estimation of surface heat and momentum fluxes using the flux-variance method above uniform and nonuniform terrain. *Bound.-Layer Meteor.*, **74**, 237–260. doi:10.1007/BF00712120.

Kazanski, A. B. and Monin, A. S.(1961). On the dynamic interaction between the atmosphere and the earth's surface. *Bull Acad. Sci. USSR, Geophys. Ser., Engl. Transl.*, **5**, 514–515.

Kitanidis, P. K. (1993). Geostatistics, in *Handbook of Hydrology*, 20.1–20.39, ed. D. R. Maidment, New York: McGraw-Hill.

Kochendorfer, J. P., Meyers, T. P., Frank, J. M., Massman, W. J. and Heuer, M. W. (2012). How well can we measure the vertical wind speed? Implications for fluxes of energy and mass. *Bound.-Layer*

Meteor., **145**, 383–398. doi:10.1007/s10546-012-9738-1

Kondo, J. (1967). Analysis of solar radiation and downward long-wave radiation data in Japan. *Sci. Rep. Tohoku Univ.*, Sendai, Japan. *Ser. 5, Geophys.*, **18**, 91–124.

(1976). Heat balance of the East China Sea during the Air Mass Transformation Experiment. *J. Met. Soc. Jpn.*, **54**, 382–398.

Kondo, J., Kanechika, O. and Yasuda, N. (1978). Heat and momentum transfers under strong stability in the atmospheric surface layer. *J. Atmos. Sci.*, **35**, 1012–1021.

Kondratyev, K. Ya. (1969). *Radiation in the Atmosphere.* New York: Academic Press.

Konzelmann, T., van de Wal, R. S. W., Greuell, W., Bintanja, R., Henneken, E. A. C. and Abe-Ouchi, A. (1994). Parameterization of global and longwave incoming radiation for the Greenland Ice Sheet. *Global Planet. Change*, **9**, 143–164.

Kotani, A. and Sugita, M. (2005). Seasonal variation of surface fluxes and scalar roughness of suburban land covers. *Agric. Forest Meteor.*, **135**, 1–21. doi:10.1016/j.agrformet.2005.09.012

Kustas, W. P., Alfieri, J. G., Evett, S. and Agam, N. (2015). Quantifying variability in field-scale evapotranspiration measurements in an irrigated agricultural region under advection. *Irrig. Sci.*, **33**, 325–338. doi:10.1007/s00271-015-0469-1, 2015.

Kustas, W. P., Daughtry, C. S. T. and Van Oevelen, P. J. (1993). Analytical treatment of the relationships between soil heat flux/net radiation ratio and vegetation indices. *Remote Sens. Environ.*, **46**, 319–330.

Kustas, W. P., Prueger J. H., Hatfield, J. L., Ramalingam, K. and Hipps, L. E. (2000). Variability in soil heat flux from a mesquite dune site. *Agric. Forest Meteor.*, **103**, 249–264.

Landau, L. D. and Lifshitz, E. M. (1959). *Fluid Mechanics.* London: Pergamon Press. （訳本：竹内 均 訳 (1974) 流体力学 (1), (2), 東京書籍）

Leclerc, M. Y. and Foken, T. (2014). *Footprints in Micrometeorology and Ecology.* Berlin, Heidelberg: Springer-Verlag. doi:10.1007/978-3-642-54545-0.

Lettau, H. (1959). Wind profile, surface stress and geostrophic drag coefficients in the atmospheric surface layer. *Adv. Geophys.*, **6**, 241–257.

Leuning, R., Van Gorsel, E., Massman, W. J. and Isaac, P. R. (2012). Reflections on the surface energy imbalance problem. *Agric. Forest Meteor.*, **156**, 65–74. doi:10.1016/j.agrformet.2011.12.002

Li, D., Rigden, A., Salvucci, G. and Liu H. (2017). Reconciling the Reynolds number dependence of scalar roughness length and laminar resistance. *Geophys. Res. Lett.*, **44**, 3193–3200. doi: 10.1002/2017GL072864.

Liebethal, C. and Foken, T. (2007). Evaluation of six parameterization approaches for the ground heat flux. *Theor. Appl. Climatol.*, **88**, 43–56. doi:10.1007/s00704-005-0234-0

Liou, K. N. (2002). *An Introduction to Atmospheric Radiation*, Second edition. New York: Academic Press. （訳本：藤枝鋼・深堀正志 訳 (2014) 大気放射学：衛星リモートセンシグと気候問題へのアプローチ, 共立出版）

List, R. J. (1971). *Smithsonian Meteorological Tables*, sixth edition, Fifth Reprint. City of Washington: Smithsonian Institution Press.

Lowe, P. R. (1977). An approximating polynomial for the computation of saturation vapor pressure. *J. Appl. Meteor.*, **16**, 100–103.

Mermier, M. and Seguin, B. (1976). Comment on 'On a derivable formula for long-wave radiation from clear skies' by W. Brutsaert. *Water Resour. Res.*, **12**, 1327–1328.

Meyers, T. P. and Dale, R. F. (1983). Predicting daily insolation with hourly cloud height and coverage. *J. Clim. Appl. Meteor.*, **22**, 537–545. doi:10.1175/1520-0450(1983)022 <0537:PDIWHC>2.0.CO;2.

Meyers, T. P. and Hollinger, S. E. (2004). An assessment of storage terms in the surface energy balance of maize and soybean. *Agric. Forest Meteor.*, **125**, 105–115. doi:10.1016/j.agrformet.2004.03.001

Monin, A. S. (1959). Smoke propagation in the surface layer of the atmosphere. *Adv. Geophys.*, **6**, 331–343.

Monin, A. S. and Obukhov, A. M. (1954). Basic laws of turbulent mixing in the ground layer of the atmosphere. *Tr. Geofiz. Instit. Akad. Nauk, S.S.S.R.*, No. 24 (151), 163–187. (German translation: 1958, *Sammelband zur Statistischen Theorie der Turbulenz*, H. Goering, (ed.). Berlin: Akademie Verlag.)

Monin, A. S. and Yaglom, A. M. (1971). *Statistical Fluid Mechanics*: *Mechanics of Turbulence*, Vol. 1. Cambridge, MA: The MIT Press. （訳本：山田豊一 訳 (1975) 統計流体力学 1，文一総合出版）

(1975). *Statistical Fluid Mechanics*: *Mechanics of Turbulence*, Vol. 2. Cambridge, MA: The MIT Press. （訳本：山田豊一 訳 (1976) 統計流体力学 2，文一総合出版）

Morgan, D. L., Pruitt, W. O. and Lourence, F. J. (1971). *Analyses of energy, momentum and mass transfer above vegetative surfaces*. Research and Development Tech. Rept. E COM 68-G10-F. Davis, CA: Dept. Water Sci. & Eng., University of California.

Nickerson, E. C. and Smiley, V. E. (1975). Surface layer energy parameterizations for mesoscale models. *J. Appl. Meteor.*, **14**, 297–300.

Ohmura, A. (2024). Development and application of energy balance climatology. *Geograph. Rev. Jpn.*, **97** (Ser.A), 1–14. （大村纂 (2024) 熱収支気候学の発展と応用, 地理学評論，**97** (Ser.A), 1–14.）

Ohmura, A. and Raschke, E. (2005). Energy budget at the Earth's surface. In *Observed Global Climate*, ed. M. Hantel, Vol. 6, Group V, chapter 10, Landolt-Börnstein Numerical and Functional Relationships in Science and Technology, New Series, Berlin: Springer Verlag.

Paltridge, G. W. and Platt, C. M. R. (1976). *Radiative Processes in Meteorology and Climatology*. Amsterdam: Elsevier.

Pasquill, F. (1972). Some aspects of boundary layer description. *Quart. J. Roy. Meteor. Soc.*, **98**, 469–494.

Payne, R. E. (1972). Albedo of the sea surface. *J. Atmos. Sci.*, **29**, 959–970.

Perrier, A. (1975). Assimilation nette, utilisation de l'eau et microclimat d'un champ de maïs. *Ann. Agron.*, **26**, 139–157.

Perrier, A., Itier, B., Bertolini, J. M. and Katerji, N. (1976). A new device for continuous recording of the energy balance of natural surfaces. *Agric. Meteor.*, **16**, 71–84.

Peterson, E. W. (1969). Modification of mean flow and turbulent energy by a change in surface roughness under conditions of neutral stability. *Quart. J. Roy. Meteor. Soc.*, **95**, 561–575.

Prandtl, L.(1905). *Ueber Flüssigkeitsbewegung bei sehr kleiner Reibung, Verhandl. III. Internat. Math. Kong., Heidelberg, 1904*. Leipzig: Teubner, 484–491. (以下も参照。 (1961). *Gesammelte Abhandlungen*, Vol. 2. Berlin: Springer-Verlag, pp. 575–584; in English in *NACA Tech. Mem. No.* 452.)

Prescott, J. A. (1940). Evaporation from a water surface in relation to solar radiation. *Trans. R. Soc. South. Aust.*, **64**, 114–125.

Pruitt, W. O. and Angus, D. E. (1960). Large weighing lysimeter for measuring evapotranspiration. *Trans. Amer. Soc. Agric. Eng.*, **3**, 13–15.

Qualls, R. J. and Brutsaert, W. (1996). Effect of vegetation density on the parameterization of scalar roughness to estimate spatially distributed sensible heat fluxes. *Water Resour. Res.*, **32**, 645–652.

Qualls, R. J., Brutsaert, W. and Kustas, W. P. (1993). Near-surface air temperature as substitute for skin temperature in regional surface flux estimation. *J. Hydrol.*, **143**, 381–393.

Randel, D. L., Vonder Haar, T. H., Ringerud, M. A., Stephens, G. L., Greenwald, T. J. and Combs, C. L. (1996). A new global water vapor dataset. *Bull. Am. Meteor. Soc.*, **77**, 1233–1246.

Rao, K. S., Wyngaard, J. C. and Coté, O. R. (1974). The structure of the two-dimensional internal boundary layer over a sudden change of surface roughness. *J. Atmos. Sci.*, **31**, 738–746.

Rossby, C. G. and Montgomery, R. B. (1935). The layers of frictional influence in wind and ocean currents, *Pap. Phys. Oceanogr. Meteor.*, **3**(3), 101 pp. Cambridge, MA: Massachusetts Institute of Technology.

Schmid, H. P. (1994). Source areas for scalars and scalar fluxes. *Bound.-Layer Meteor.*, **67**, 293–318. doi:10.1007/BF00713146.

Schuepp, P. H., Leclerc, M. Y., Macpherson, J. I. and Desjardins, R. L. (1990). Footprint prediction of scalar fluxes from analytical solutions of the diffusion equation. *Bound.-Layer Meteor.*, **50**, 355–373. doi:10.1007/BF00120530

Scurlock, J. M. O., Asner, G. P. and Gower, S. T. (2001). *Worldwide Historical Estimates and Bibliography of Leaf Area Index, 1932–2000*, ORNL Technical Memorandum TM-2001/268, Oak Ridge National Laboratory, Oak Ridge: TN.

Shir, C. C. (1972). A numerical computation of air flow over a sudden change of surface roughness. *J. Atmos. Sci.*, **29**, 304–310.

Sinclair, T. R. (1971). An evaluation of leaf angle effect on maize photosynthesis and productivity. PhD Thesis, Cornell University, Ithaca NY. (以下も参照 Sinclair, T. R., Allen, L. H. and Lemon, E. R. (1975). An analysis of errors in the calculation of energy flux densities above vegetation by a Bowen-ratio method. *Bound.-Layer Meteor.*, **8**, 129–139.)

Sproul, A. B. (2007). Derivation of the solar geometric relationships using vector analysis, *Renew. Energy*, **32**, 1187–1205.

Stewart, J. B. and Thom, A. S. (1973). Energy budgets in pine forest. *Quart. J. Roy. Meteor. Soc.*, **99**, 154–170.

Stoy, P. C., Matthias, M., Foken, T., Marcolla, B., Boegh, E. et al. (2013). A data-driven analysis of energy balance closure across FLUXNET research sites: the role of landscape scale heterogeneity. *Agric. Forest Meteor.*, **171–172**, 137–152. doi:10.1016/j.agrformet.2012.11.004

Stull, R. B. (1988). *An Introduction to Boundary Layer Meteorology*. Norwell, MA: Kluwer Academic.

Sugita, M. and Brutsaert, W. (1992). The stability functions in the bulk similarity formulation for the unstable boundary layer. *Bound.-Layer Meteor.*, **61**, 65–80.

(1993). Cloud effect in the estimation of instantaneous downward longwave radiation. *Water Resour. Res.*, **29**, 599–605.

(1996). Optimal measurement strategy for surface temperature to determine sensible heat flux from anisothermal vegetation. *Water Resour. Res.*, **32**, 2129–2134.

Tennekes, H. and Lumley, J. L. (1972). *A First Course in Turbulence*. Cambridge, MA: The MIT Press. (訳本：藤原仁志・荒川忠一 訳 (1998) 乱流入門, 東海大学出版会)

Van Wijk, W. R. and Scholte-Ubing, D. W. (1963). Radiation. In *Physics of Plant Environment*, ed. W. R. Van Wijk. Amsterdam: North Holland Publ. Co., pp. 62–101.

Voogt, J. A. and Grimmond, C. S. B. (2000). Modeling surface sensible heat flux using surface radiative

参考文献 ● 77

temperatures in a simple urban area. *J. Appl. Meteor.*, **39**, 1679–1699.

Warrick, A. W. and Myers, D. E. (1987). Optimization of sampling locations for variogram calculations. *Water Resour. Res.*, **23**, 496–500.

Webb, E. K. (1970). Profile relationships: the log-linear range, and extension to strong stability. *Quart. J. Roy. Meteor. Soc.*, **96**, 67–90.

Wieringa, J. (1976). An objective exposure correction method for average wind speeds measured at a sheltered location. *Quart. J. Roy. Meteor. Soc.*, **102**, 241–253.

(1993). Representative roughness parameters for homogeneous terrain. *Bound.-Layer Meteor.*, **63**, 323–363.

Wyngaard, J. C., Coté, O. and Izumi, Y. (1971). Local free convection, similarity and the budgets of shear stress and heat flux. *J. Atmos. Sci.*, **28**, 1171–1182.

Yaglom, A. M. (1962). *An Introduction to the Theory of Stationary Random Functions*, Englewood Cliffs, NJ: Prentice-Hall.

(1986). *Correlation Theory of Stationary and Related Random Functions.* Vol. I, Vol. II, New York: Springer-Verlag.

Yamada, T. (1976). On the similarity functions A, B and C of the planetary boundary layer. *J. Atmos. Sci.*, **33**, 781–793.

Yasuda, N. (1975). The heat balance of the sea surface observed in the East China Sea. *Sci. Rept. Tohoku Univ.*, Sendai, Japan. *Ser. 5, Geophys.*, **22**, 87–105.

Young, A. M., Friedl, M. A., Seyednasrollah, B., Beamesderfer, E., Carrillo, C. M., Richardson, A. D. et al. (2021). Seasonality in aerodynamic resistance across a range of North American ecosystems. *Agric. Forest Meteor.*, **310**, 108613. doi:10.1016/j.agrformet.2021.108613.

Zhang, J., Zhao, L., Deng, S., Xu, W. and Zhang, Y. (2017). A critical review of the models used to estimate solar radiation. *Renew. Sustain. Energy Rev.*, **70**, 314–329. doi:10.1016/j.rser.2016.11.124.

Zilitinkevich, S. S. and Deardorff, J. W. (1974). Similarity theory for the planetary boundary layer of time-dependent height. *J. Atmos. Sci.*, **31**, 1449–1452.

降　　水　3

水循環はすべて基本的に降水によって駆動されているので，これを主要な要素と考えねばならない．実際，降水がない所には大規模な水循環が生じないのは自明である．降水とそのすべての側面は気象学の研究領域である．水文学では降水が地表面に達してからが主な興味の対象となっており，本章の組み立てもそれを反映している．しかし降水の発生と分布，その時空間スケールを理解するためには，その発生メカニズムや主要タイプの少なくとも基本的な知識をもつことが大事である．

3.1　降水の形成

3.1.1　メカニズム

降水の形成にはいくつかのプロセスが同時にかかわっている．簡潔に述べると，降水は，空気の過飽和，水蒸気の氷晶や氷粒への凝結とそれに続く成長，そしてこの３つのプロセスが最初に生じた場所への湿潤空気の供給の組合せの結果である．これらのプロセスには多くの異なるメカニズムがかかわっており，それをこの後に見ていくことにする．

● 空気の冷却

前章で述べたように，大気空間中に含まれうる水の量は温度が低下すると減少する．つまり空気が冷えると過飽和に達する可能性がある．このような冷却は，たとえば，相対的に低温な地表面上に相対的に暖かい空気が移動してきた場合のような移流，放射冷却，あるいは２つの異なる気団の混合の結果生じる．しかしこれらは一般にはそれほど効果的なメカニズムではなく，高々，霧や弱い霧雨の形成程度にしか関与できない．より効果的な空気冷却メカニズムは，空気を高い高度へ上昇させることからなる．降水形成では，これが主要なメカニズムである．空気が下部から暖められる場合，山地地形上を移動する場合，あるいは，前線活動で相対的に低温で重い空気の上に移動していかねばならない場合には，強制的な上昇が生じる．温暖前線中の安定大気中の場合のように，鉛直方向の空気の動きが比較的弱く穏やかな場合には，上昇の結果として層状性の降水が生じやすい．一方，大気がすでに不安定な場合には，鉛直方向の動きが強くなり，結果として生じる降水はいわゆる対流性となりやすい．ある条件下では，山地地形上での空気の動きから層状性と対流性の組合せの降水が生じることもある．

● 凝結と凝結生成物の成長

空気が飽和あるいは過飽和になると，大気中に常に存在する塵，煙やさまざまな種類の塩粒子などを核として，水蒸気から液体粒子や氷晶への凝結が始まる．この凝結生成物は十分小さいので大気中を雲として浮かび続けることができる．凝結により潜熱が発生する．そこで，この粒子や氷晶がさらに成長するかどうかは，周辺空気からその表面への水蒸気拡散の速度と，表面から空気への潜熱の伝導速度に依存する．液体粒子の場合には，ある種の核や表面張力，そして比較的大きな粒子では，付着成長による吸湿効果もある．粒子半径が $15\,\mu\mathrm{m}$ 程度までは，粒子の成長は基本的には

凝結に支配されている (たとえば Fleagle and Businger, 1963). 半径が $20\,\mu\mathrm{m}$ より大きな完全に成長した雨滴への発達には，さまざまな粒径と落下速度をもつ周辺の粒子との衝突や併合による付着成長が必要である．このプロセスは空気中の乱流，雲中の温度分布，そして電気的効果の影響を受ける．対照的に，氷晶の成長は水蒸気拡散と熱の除去のみに依存し，付着成長には依存しない．しかし，氷面の低い水蒸気圧特性のため，水蒸気拡散プロセスは液相の水面の場合よりずっと効果的である．粒径の増加が続くと，最終的に粒子が重くなりすぎて降水が生じる．地表面での降水の始まりは多くの条件に依存する．その中で最もわかりやすい条件は，凝結生成物が上昇気流に反して落下できるほど大きくなければならないという点と，地表面に達するまでに蒸発してしまわないという点である．経験的には，降水粒子径と雲粒子径の境界は約 $0.1\,\mathrm{mm}$ にある．強い降雨強度は，雲の厚さが普通 $1{,}200\,\mathrm{m}$ 以上の時のみに発生する．

Blanchard (1972) が，雨滴と氷晶形成の主たるメカニズムの発見についての歴史を記している．

● 水蒸気の供給

式 (2.11) で定義された可降水量を計算すると，静止した大気の鉛直気柱は，よい条件の時でも，非常に限られた水蒸気量しか含めないことがわかる．たとえば，地面付近での温度 $20\,^{\circ}\mathrm{C}$，気圧 $p_0 = 1{,}000\,\mathrm{hPa}$ の場合，偽断熱減率を有する飽和大気は，高々 $5\,\mathrm{cm}$ の水柱高に相当する量しか保持しえない (List, 1971). $10\,^{\circ}\mathrm{C}$ ではこの可降水量は約半分となる．大きな降雨の量は，このような値をしばしば超過する．一方，空気中の湿度は，降水イベント中に比較的一定なことが知られている．これから，局地的な可降水量ではなく，その地域への湿潤空気の水平流入が降水の局地的な強度と総量を支配していることがわかる．この湿潤流入の個々の性質は，天気組織に依存する．

● 水の再循環

季節より長い期間を対象とする地域水収支の研究では，降水を形成する水蒸気の起源がしばしば興味の対象となる．この水蒸気の一部は，対象地域外で蒸発した水からなり，残りは対象地域内での蒸発から生じている．地域内の蒸発から生じた降水を再循環水 (recycled water) とよぶ．水の再循環は，多くの研究対象となってきた（たとえば Eltahir and Bras, 1996; Eltahir, 1998; Arnault *et al.*, 2016; Hua *et al.*, 2017; Zhang *et al.*, 2021）．表 3.1 に世界のいくつかの地域での推定値を示す．土壌水分条件から生じる降水の再循環，あるいはそれがないことは，持続的な天気や気候型をもたらす強いフィードバックメカニズムとなりうる．

表 **3.1** さまざまな地域での年降水再循環 (recycling ratio)

地域	面積の平方根 (km)	再循環率	文献
アマゾン	2,300	0.25	Brubaker *et al.* (1993)
アマゾン	2,500	0.25〜0.35	Eltahir and Bras (1994)
ミシシッピー	1,800	0.10	Benton *et al.* (1950)
ミシシッピー	1,400	0.24	Brubaker *et al.*(1993)
ユーラシア	2,200	0.11	Budyko (1974)
ユーラシア	1,300	0.13	Brubaker *et al.* (1993)
サヘル	1,500	0.35	Brubaker *et al.* (1993)

3.1.2 降水の種類

降水は地表面にさまざまな形で到達する．

● 霧雨 (drizzle) は粒径が $0.1\,\mathrm{mm}$ より大きく $0.5\,\mathrm{mm}$ 未満の多数の微小粒子からなる非常に弱い，通常は一様な降水である．

- 雨 (rain) は粒径が 0.5 mm 以上の水滴の降水である．これはさらに，降雨強度が 2.5 mm h^{-1} 未満の場合の弱雨，2.5〜7.5 mm h^{-1} の時の並雨，7.5 mm h^{-1} 以上の時の強雨に分けることができる[*1]．
- 雪 (snow) は大気水蒸気の直接的な昇華凝結から生じる，枝分かれした六角形や星状の氷晶から主に構成される降水である．雪粒子は，単体の氷晶としても地表に到達するが，より一般的には，雪片として集まった後に落下する．雪片は氷点近くの温度で大きくなる傾向をもつ．雪の比重は広い範囲で変わるが (たとえば Judson and Doesken, 2000)，新雪では概略 0.1 程度とされる．
- 凍雨 (sleet, 北米での使用法) は，雨滴が地表面近くで寒冷な層を通過した結果生じる，ほぼ透明な小球状の氷粒からなる降水である．英国では *sleet* (みぞれ) は溶けかかった雪，あるいは雪と雨からなる降水を表す．
- 雨氷 (glaze) すなわち着氷性の雨 (fleezing rain) は，霧雨や雨が冷えた表面に落下して氷になる現象である．
- あられ (snow pellets, granular snow, graupel) は白く不透明で，直径がおおむね 0.5〜5 mm の間の小さな粒からなる降水．
- 氷あられ (small hail) は白く半透明で，おおむね 2〜5 mm の間の小さな粒からなる降水．この粒は，ほとんどの場合球形で，ときに円錐形をとり光沢がある．気温が氷点以上である場合には，あられには普通雨が伴う．
- 雪あられ (soft hail) は，氷あられと同じ範囲の大きさで丸みを帯びた不透明粒子からなるが，氷あられより柔らかく，よりたやすく分解する傾向にある．
- ひょう (hail) は直径 5〜50 mm かそれ以上の球状または不定型の氷の固まりからなる．この氷の固まりは透明な場合もあり，また同心円状の透明な氷と不透明な氷の層からなる場合もある．このような層状の構造は，ひょうの形成時に交互に生じた上昇と下降運動の結果である．ひょうは通常，地表面付近が氷点以上で長期間の激しい対流性嵐が生じる際に降り，大きな被害をもたらすことがある．
- 露 (dew) は地面上，植生上など地表面要素上に大気水蒸気が直接凝結した結果生じた，液体のしずくの形をした水分である．典型的には，地表面が夜間に上向き長波放射で冷却されて生じる．
- 霜 (hoar frost) は露と同じようにして形成されるが，水蒸気が氷面上に昇華して凝結する点が異なる．この氷晶にさまざまな形をとりうる．

3.2 大きな降水をもたらす天気組織

3.2.1 温帯低気圧と前線

このタイプの組織は，2 つの対照的な気団の相互作用から通常発生する．気団は，ほぼ一様な温度 (温位) や湿度などの物理的特性を有する空気の広がりと定義できよう．2 つの異なる気団の境界面は，相対的に寒冷な空気が温暖な空気の下に入り込み置き換わる場合を寒冷前線面とよび，逆の場合を温暖前線面とよぶ．寒冷前線面は，平均すると 0.015 程度の比較的急な勾配を有している．北半球ではしばしば南西から北東方向に向かって伸び，東から南東方向に移動する．寒冷前線が近づくと，風速が増加し高積雲が見られるようになる (図 3.1)．同時に気圧は減少し，主に積乱雲型

[*1] 訳注：気象庁の予報用語ではこの境目として 3 mm h^{-1} および 20 mm h^{-1} を採用している．

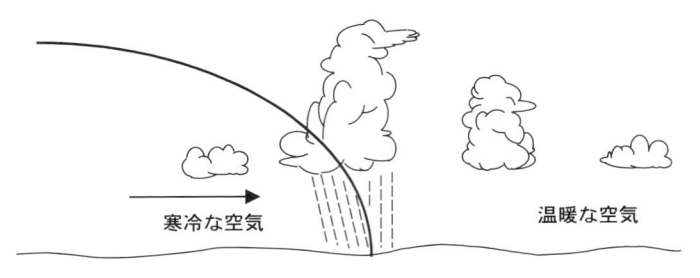

図 3.1 典型的な寒冷前線面の断面図（鉛直方向のスケールは誇張してある）

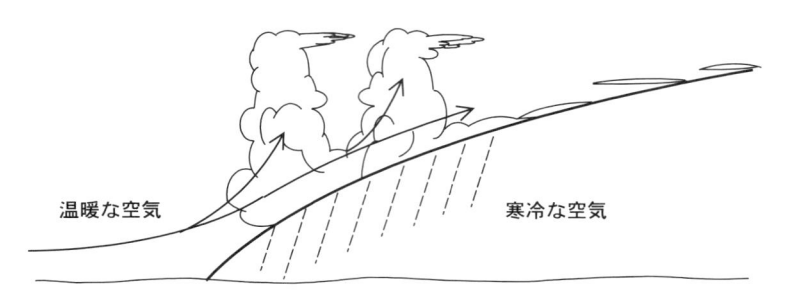

図 3.2 典型的な温暖前線面の断面図

の下層雲が降水の開始とともにやってくる．前線がさらに近づくと，降水強度が増加する．前線通過後，気圧は急に上昇し温度も急激に低下する．風向は，典型的には南あるいは南西風から西あるいは北風へと変化する．寒冷前線の通過後には，しばしば乾燥して寒冷な天気となる．暖かい気団の安定性が寒冷前線で生じる降水の種類を決定する．暖かい空気が安定だと層状雲となる．暖かい空気が条件つき不安定であると，雲は積雲タイプとなり，降水も対流性（3.2.2 項参照）となる（図3.1）．この場合には雷雨やにわか雨が散発的に生じ，極端な場合には前線がスコールラインとよばれる線上の連続的な雷雨に発達する場合がある．

温暖前線は，普通は平均すると 0.01 程度の勾配をもち，寒冷前線ほどには傾斜は急ではない．また，動きもより緩やかで，寒冷前線ほどには明瞭ではない．寒冷な空気の上側に暖かい空気が入り込んでくると，地表面での前線位置の前方数百 km にまで達する広い帯状の雲が発達する（図3.2）．温暖前線の場合もまた，温暖な空気の安定度が前線により生じる降水の型を決定する．侵入してくる前線気団の温暖な空気が湿潤で安定であれば，順に生じるのは巻雲，巻層雲，高層雲，乱層雲であり，降水も徐々に増加する．空気が湿潤で条件つき不安定であれば，同じ順で雲が発生するが，高積雲と積乱雲もしばしば雷雨を伴って観測されるだろう．

この対照的な気団の間の境界面は不安定で，地球の自転を介してしばしば低気圧とよぶ渦巻き状の流れへと発展する．低気圧は大きな低圧部であり，雲系と降水を通常伴っている．高気圧は反対に高圧部であり通常よい天気をもたらす．また，高圧部から離れる空気の水平発散から生じる遅い下向きの動きである沈降の存在も特徴の 1 つである．

低気圧の発生には無限の多様性があるが，共通な性質もある．典型的な低気圧のライフサイクルを図3.3〜図3.5 に示す．初期段階では，停滞前線の両側で風が平行で反対向きに吹いている．風速シアーと小さなじょう乱，表面粗度，あるいは加熱の不規則性の結果，前線が徐々に波のような形をとり，これが持続しまた振幅が増加し，最終的に（北半球で）反時計回りの流れをもつ前線波動とよばれる形へと進化する場合がある．この時点では，明瞭な寒冷前線と温暖前線，そして低気圧

図 3.3　地表面天気図で表した典型的な温帯
低気圧の（北半球での）発達．等圧線
と平行に地衡風の風速ベクトルが示
されている．(a) は風速シアーを伴っ
た停滞前線のある初期状況を表す．
この境界面は不安定で，徐々に前線
波動へと発達し，(b), (c) に示される
ようにその振幅が増加する．(d) では
温暖前線に寒冷前線が追いつき，低
気圧は閉塞状態になる．この後は低
気圧の勢力は弱まり，前線は徐々に
消滅する．

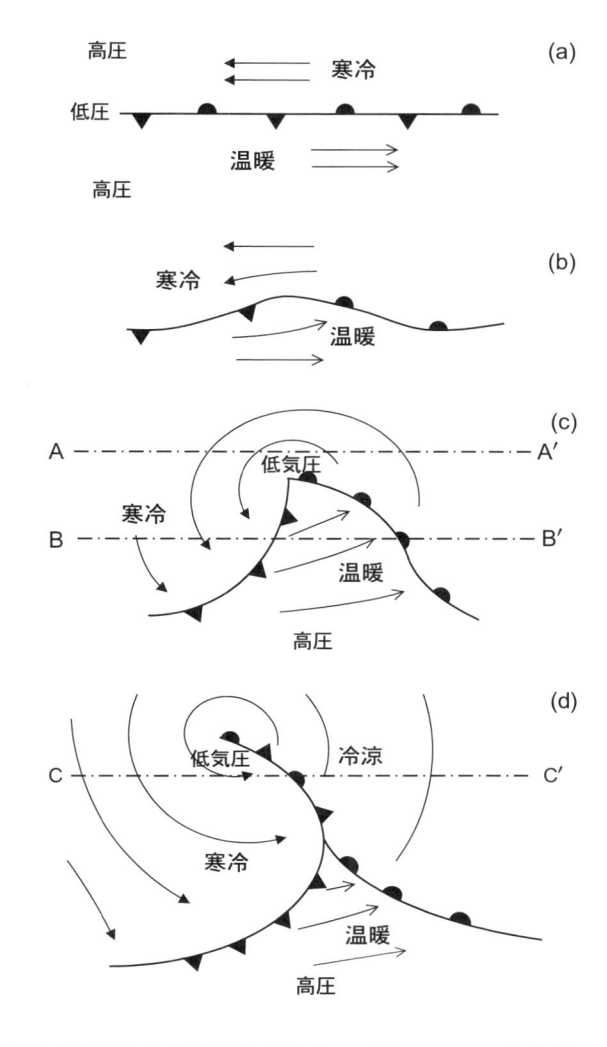

性循環は強まり続ける．寒冷前線部は，普通温暖前線より早く動き最終的には追いついてしまう．
この時点で低気圧は最大強度をもち，合わさった前線は閉塞あるいは閉塞前線とよばれる．閉塞の
後期段階では，低気圧強度と前線の移動速度は徐々に減少する．最終的に閉塞前線は消滅し，一方
で新しい停滞前線が発生するかもしれない．図 3.1, 図 3.2 に示した寒冷前線面，温暖前線面と対照
的に，図 3.3 に示したものは安定な暖かい気団を伴っており，したがって雲は層状となる点に注意.
多くの異なる因子が閉塞前線の進化を支配している．前線の前後での温度差以上に，安定度の差が
閉塞前線の力学を支配していることが示されている (Stoelinga $et\ al.$, 2002).

　前線性低気圧は，主に赤道地域と極地域の違いが明瞭となる寒冷期の中緯度から高緯度の天気を
支配している．温暖期にはこの低気圧システムは徐々に弱まる．典型的な長さスケールは $10^3\,\mathrm{km}$
で，これはメソ α スケール，マクロスケール（表 1.5）あるいは総観規模とよばれており，これが
最も多く発生するのは緯度 55° 近辺である．

3.2.2　温帯対流性の天気

　不安定な大気条件では，さまざまなスケールにおいて対流性の半渦状に空気が動く組織的システ
ムが生じる可能性がある．理想的な渦中では流線は同心円となるが，大気中では，対流性システム

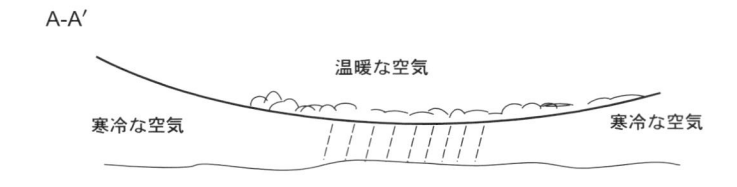

図 **3.4** 図 3.3(c) の A-A′, B-B′ 線での断面図（鉛直スケールは誇張してある）

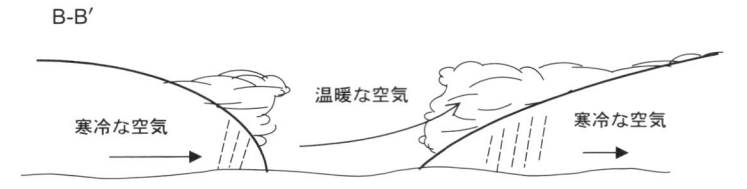

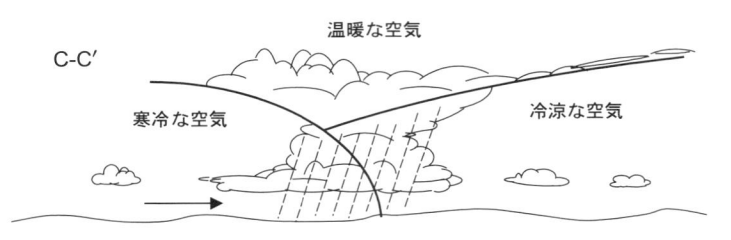

図 **3.5** 寒冷前線面の閉塞を示す図 3.3(d) の C-C′ 線での断面図

は風呂桶中の逆さ渦よりはるかに複雑である．大気中で湿度が適度にある場合には，このシステムが雷雨に発達するかもしれない．またこのシステムは，単一の暴風セルからなる場合も，メソスケールの対流性システムの一部として複数のセルから構成されている場合もある．典型的なこのシステムの面的な広がりは約 50〜500 km の範囲にあり，これは主にメソ β からメソ α のスケールである．しかし個々のセルは高々数 km ということもありうる．個々のセルは，強い局所的な上昇気流と下降気流で特徴づけられる．平たく言えば，上昇気流は空気の不安定条件（図 2.2，図 2.4 参照）の現れであり，冷却した空気中の凝結，そして降水へと結びつく．一方，下降気流は落下してくる降水による取り込み，蒸発による冷却の他にも，連続性の要求を満たし上向きの動きを補償するための復帰流としても発生する（たとえば Vonnegut, 1997）．このいくつかは，上昇流が最高点に達した後，下向きの流れとして落下することでも生じる．このタイプのほとんどのシステムは Fujita (1955) が気圧計データを時空間変換することで初めて示した，地表面での明確な気圧パターンを伴っている．簡潔に述べると，このパターンは，メソ高気圧とその後のメソ低気圧，あるいはウェーク低気圧ともよばれる低圧帯からなる．ここに含まれるいくつかのメカニズムは，後にさらに調べられ（たとえば Johnson, 2001）ており，これを図 3.6，図 3.7 に示す．一般に，この高気圧は雲底下で落下する降水の蒸発による冷却の結果と信じられている．この他の効果としては，圧力記録に表れる雷雨の鼻 (pressure nose) を引き起こす下降気流の地表面への衝突や，雨や霰などの大気水象の荷重によるものがあるだろう．Williams (1963) は，観測された低圧部が対流性空気の後部へと向かう乾燥沈降流によることを示したが，その原因は不明なままである．この鼻は，冷気流出流の先端部，あるいは突風前線 (gust front) としても知られ，しばしばサージ (serge) の形をと

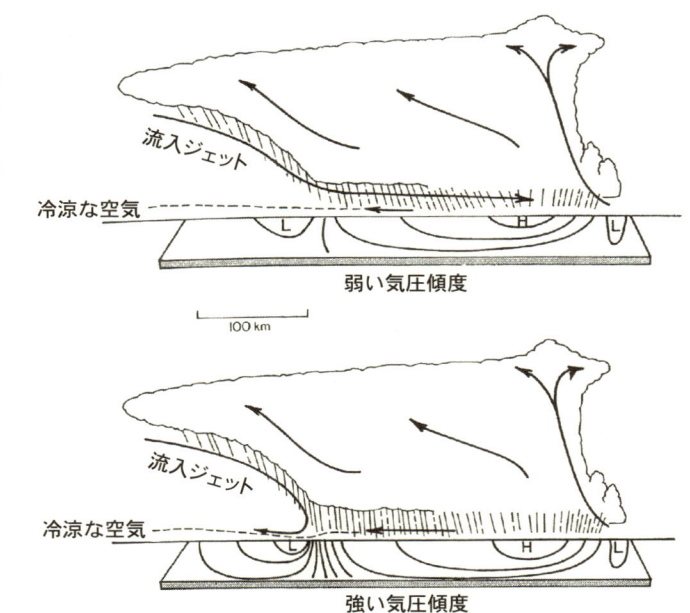

図 **3.6** 対流性システムの典型的な地表気圧分布と鉛直構造．上の図は，後部からの流入ジェットが線状対流域の前縁に向けて進む，気圧傾度が弱い場合，下の図は流入ジェットが妨げられる気圧傾度が強い場合を示す．H：高気圧，L：低気圧．(Johnson, 2001)

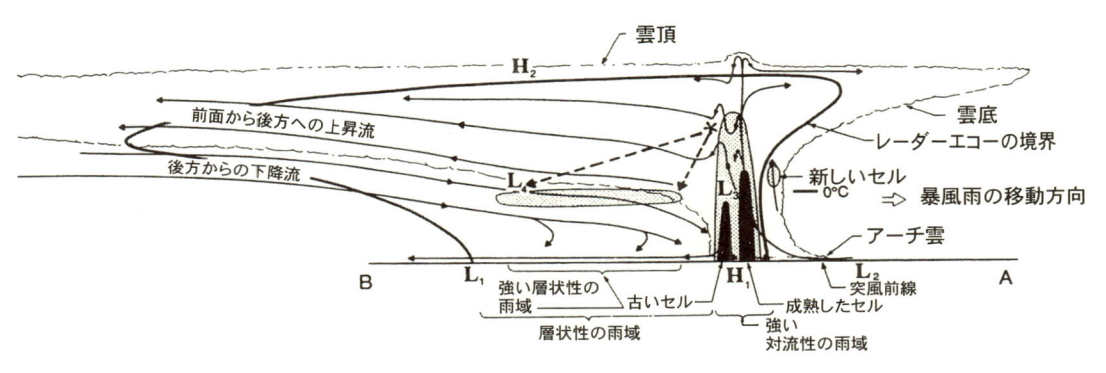

図 **3.7** メソスケール対流システム（スコールライン）の運動方向と平行な断面をとった時の図．$H_1 \sim H_2$，$L_1 \sim L_4$ はメソ高気圧部とメソ低気圧部を表す．(Houze et al., 1989)

る．Goff (1976) は 461 m のタワーを利用した 20 ほどの事例を研究し（図 3.8，図 3.9），第 7 章で示す開水路サージと共通の性質があることを示した（Simpson, 1997 も参照のこと）．現在のところ，嵐の発達の詳細や，観測される圧力パターンにおける重力流や重力波の果たす役割の可能性はまだ完全には理解されていない．

　雷雨のメソスケール対流システムは，スコールラインとして，あるいはメソスケール対流複合体 (mesoscale convective complex) として組織される．不安定線であるスコールラインは，図 3.7 に示すような対流セルが集まった比較的狭い帯である．これはしばしば短期間の急激な突風である「スコール」を伴って明瞭な寒冷前線沿いに生じる傾向がある．メソスケール対流複合体は，温暖な季節に中緯度帯で激しい降雨を引き起こす主要なメカニズムである (Maddox, 1980; Fritsch et al., 1986; Houze et al., 1989).

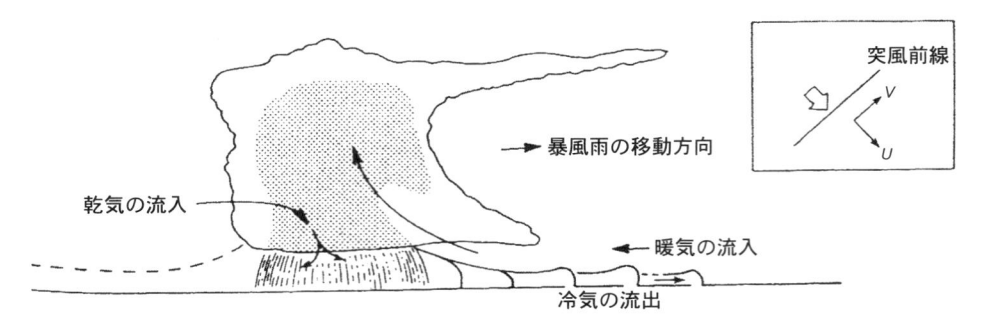

図 3.8　前縁部における冷気流出と関係した雷雨の循環場．いくつかのサージが見られる．影をつけた部分は落下中または浮遊状態の降水からなる．破線は雷雨後ろ側での流出流の上端を表す．前線に対する水平風速ベクトル (u, v) の座標系を挿入図として示してある．(Goff, 1976)

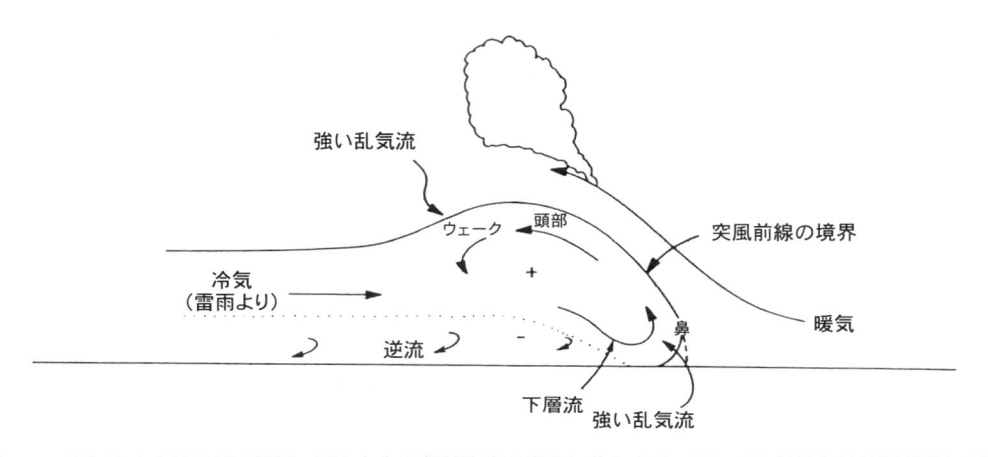

図 3.9　冷気流出の前縁部の様子．雲の存在は凝結高度の高さに依存する．示してある流れは突風前線に対する相対的なものである．プラスとマイナスの記号は直接循環と間接循環を，点線は局所的シアーによる分離を表す．(Goff, 1976)

3.2.3　季節性熱帯システム

　このシステムは，北東貿易風と南東貿易風の収束帯，そして亜熱帯高圧帯と赤道の間の領域で波のような構造をもって発生する．これにより，この地域でよく知られた熱帯性降雨や変化に富んだ自然植生の大部分が生じている．典型的には，厚い雲クラスタと，間欠的な好天を挟みながらも強い対流性の降水がこれから発生する．このシステムが2つの回帰線間を太陽を追うように動くために，季節性がみられる．

　インド東部のメガラヤ州のように，これが季節風や地形的な効果と組み合わさるところでは，記録に残る最大長期降雨量のいくつかをもたらしてきた．季節風は風向の季節的な逆転により特徴づけられ，季節風が生じる地域の地理的・地形的な特性からしばしば発生する大規模で定常的な風系である．地表面での異なる加熱に対する応答として，冬季には陸地から海洋へ，夏季には海洋から陸地へと吹き，湿潤–乾燥という季節サイクルを生み出している．

3.2.4　大規模熱帯性対流システム

　これはよく発達した低気圧システムで，熱帯海洋で発生するが，強い風と激しい降雨を伴って長距離を移動する．発生域から離れると，これは沿岸域で荒天を引き起こし，風速が $40\,\mathrm{km\,h^{-1}} (= 11\,\mathrm{m\,s^{-1}})$

未満であれば，熱帯低気圧 (tropical depression) とよばれる．風速が $40 \sim 120\,\mathrm{km\,h^{-1}}(=33\,\mathrm{m\,s^{-1}})$ の時には tropical storm，これ以上の風速でハリケーン (hurricane) とよぶ．西部太平洋ではこれは台風 (typhoon) として知られている*2．このようなシステムにより記録に残る最大の降雨量のいくつかが生じてきた．24 時間あたり $15 \sim 25\,\mathrm{cm}$ の雨量は，平坦な陸面上でも珍しくない．

3.2.5　地形効果

　ここで述べる一般的な天気のタイプごとに生じる降水は，地表面の高度，勾配，傾斜方向などの地形的性質に大きく影響を受ける．この結果，風上側斜面で降水量が増加し，雨陰 (rain shadow) ともよばれる風下側斜面では減少する傾向にある．北アメリカ西部の沿岸山地や，東インドのメガラヤ州の山麓のような卓越風向がみられる地域では，風上側斜面を容易に見つけ出すことができる．一方，Gilman (1964) が述べたように，アパラチア山脈では，風向により風上側と風下側が大きく変わりうる．Smith (1979) は，地形性降水の 3 つの独立なメカニズムを示した．(i) 層状雲の鉛直方向の強制運動，あるいは山地地形上に空気が流れ込んで引き起こされた対流で生じる大規模な上向き斜面での降水．(ii) 丘陵による既存の雲からの降水の小規模な再分配．丘頂上ではその高さのために落下する雨水が蒸発する前にとらえられること，また既存の雲からの雨滴が丘頂上付近に新たに生じる雲中で雲粒を捕捉して成長するため降水量が増加する．(iii) 太陽による斜面の加熱により生じる条件つき不安定な気団中での上向き斜面風の形成．これが上昇するサーマルへと発展し，さらにもち上げ凝結高度 (lifting condensation level) 上で積乱雲に成長することがある．

　一般には，地形による降水量の増加効果は，高度の他にもいくつかの因子が働くので必ずしも明白ではない．物理的には対流活動を引き起こす引き金としての地形の効果が主たるものである．そのため Suzuki *et al.* (2002) が観測したように，降水と高度の関係は層状性より対流性の降雨でより明白である．この関係はまた，累積降雨量の量が多いほど，積算時間が長いほど，降雨強度が大きなほど強く表れ，より明白である．たとえば，時間雨量の解析では，他の因子の雨量測定値へのさまざまな影響の方がはるかに大きく，地形の効果を見いだせないかもしれない．日降雨データを用いると，日ごとの違いは大きいものの，地形効果が徐々に現れてくる．月データでは，他の因子の影響が平均化でならされるため，高さの効果がより明瞭となる．Daly *et al.* (1994) がレビューした多くの研究では，降水量と高度の線形関係が報告されているが，対数線形関数などの他の関係も得られている．中緯度地域では，気候学的な降水量の最大値が山地の頂上またはその近くで生じる傾向にある．しかし（たとえばハワイのような）より温暖な地域や，（たとえばカリフォルニア州の Sierras 山脈の場合の）大規模な降水イベントに対しては，最大降水量は地形障壁の手前のやや低い所で生じるだろう．これは風上側での雨滴降下によるのだろう．一方，急峻な尾根のような場合，降水量の最大が遅れて生じ，障壁である頂部の風下側になるかもしれない．

■ 例 3.1　山地障壁上の通過

　第 2 章で断熱減率の概念と，結果として生じる大気の安定度の考え方を導入した．図 2.4 は，初期には安定であった空気が，強制的に上昇させられた結果，不安定になる様子を示している．これ

---

*2 訳注：気象庁の予報用語では北西太平洋または南シナ海に存在する熱帯低気圧のうち，その最大風速が約 $17\,\mathrm{m\,s^{-1}}$ ($=$ 約 $61\,\mathrm{km\,h^{-1}}$) 以上のものを台風とよんでいる．また世界気象機関 (WMO) の北西太平洋に対する分類では最大風速が $63\,\mathrm{km\,h^{-1}}(18\,\mathrm{m\,s^{-1}})$ 未満を tropical depression，$63\,\mathrm{km\,h^{-1}} \sim 88\,\mathrm{km\,h^{-1}}(18\,\mathrm{m\,s^{-1}} \sim 24\,\mathrm{m\,s^{-1}})$ を tropical storm，$89\,\mathrm{km\,h^{-1}} \sim 117\,\mathrm{km\,h^{-1}}(25\,\mathrm{m\,s^{-1}} \sim 33\,\mathrm{m\,s^{-1}})$ を severe tropical storm，$118\,\mathrm{km\,h^{-1}}$ 以上を typhoon としている．上で示した風速は，米国気象局では 1 分間平均値を用いるのに対し，WMO，国内とも 10 分間平均値を用いている点に注意．

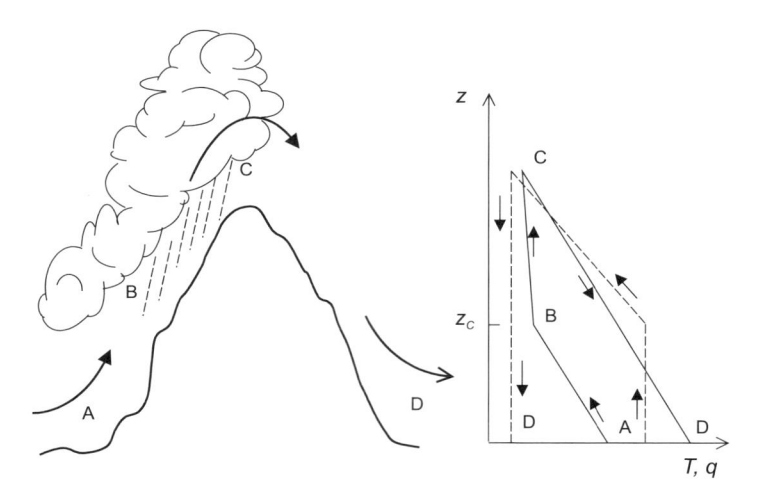

図 3.10 山地を通過する湿潤空気は，より温暖で乾燥した斜面下降風となることがある．右の図は空気塊の高さ z に対する温度 T（実線）と比湿 q（破線）の変化である．実線で表した線分 AB と CD の気温減率は，乾燥断熱減率に非常に近く，線分 BC では飽和断熱減率に近い．高さ z_c は凝結高度で，ここで降水が始まり，温度減率が乾燥断熱から飽和断熱減率へと変化する．

は条件つき不安定とよばれる．もう 1 つの例として，ここでは，図 3.10 に示すように，気団が強制的に山地斜面を上昇させられる場合を考察しよう．ここでも空気塊の温度は，最初は乾燥断熱減率とおおむね等しい割合で減少する．凝結高度以上ではこの減率は小さくなり，おおむね飽和断熱減率と等しくなる．飽和空気が上昇し続けるとさらに冷却され，その水蒸気は徐々に降水により減少していく．気塊が頂上を通過し下降し始めると，空気の温度は乾燥断熱減率で上昇し，徐々に飽和状態から離れていく．最終的に山地風下側へと通過した後には，空気は上流側での初期状態より暖かくかつ乾燥している．この種類の現象は，ヨーロッパのアルプス地方でフェーン (Föhn)，南カリフォルニアでサンタアナ (Santa Ana)，北米ロッキー山脈の東側でシヌーク (Chinook) などとよばれている[*3]．前線システムと同様に，流れ込む気団全体がはじめは安定で斜面上を一様に移動する場合，結果として生じる降水は層状性のものであることが期待される．しかし，流れ込む気団がすでに不安定である時には，より強い対流性降水が生じる．これは，不規則な地形上や非一様な地表面加熱がある場合に，気団のある部分が同じ高度で周囲より高温となり，図 2.4 に示す局所的対流メカニズムが関与してくる場合に特に重要である．

3.2.6　強められた水蒸気の供給：大気の川

3.2 節で扱った主要な降水システムは，一般に大気の川 (atmospheric rives, ARs) として知られる大規模な動的特性としばしば関連づけられる．大気の川と降水システムとの相互作用の結果，降水量が増大する．大気の川は，通常強風の低層ジェット内の長さが幅より最大で 1 桁大きいような，細長い一時的な高水蒸気量の通り道として定義できる．低層ジェットの流れは，典型的には温帯低気圧の寒冷前線沿いやその前方の温暖領域内（図 3.3 参照）に存在する．このタイプのジェット内の高水蒸気量は，子午線方向の低緯度からの輸送だけでなく，寒冷前線に沿った局地的な収束によっても生じる．そのため，大気の川は熱帯や温帯における主に海水面での蒸発起源の温暖で湿潤な大量の空気を高緯度地域に運んでいる．中緯度地域では，大気の川は極域への全水蒸気輸送

[*3] 訳注：国内ではこの現象を表す一般用語としてフェーンを用いることがある．

量の 90% 以上を運んでいるが，どの緯度においても経線の全長の 10% ほどしか占めていない (Zhu and Newell, 1998; Ralph *et al.*, 2017). 大気の川が上陸し，内陸へと進み，地形面とぶつかり地形効果が生じると，例外なく強い降水が生じる. 大気の川は，沿岸からの距離が増加するにつれその効果は減少するが，水蒸気起源で遠方であっても陸域の降水気候に決定的な役割を果たす可能性がある (Lavers and Villarini, 2013; Nayak and Villarini, 2018). 大気の川は中緯度地域で広く認められているが，北極域でも生じることが知られている.

大気の川は，世界の多くの中緯度地域のいくつかの最も激しい洪水や洪水被害の原因となっている (Paltan *et al.*, 2017). そこで，大気の川を検出する方法が論文で提案されてきた. それらのほとんどは鉛直方向に積分した水蒸気輸送量 (IVT) を用いている. この値は，

$$\text{IVT} = -\int_{p_b}^{p_t} q\mathbf{V}_h \, dp/g \tag{3.1}$$

により求めることができる. q は比湿，$\mathbf{V}_h \left[= (\overline{u}^2 + \overline{v}^2)^{1/2} \right]$ は水平方向の風ベクトル，g は重力加速度，p_b は 1,000 hPa，p_t は 200 hPa で，ここで定義されたように，$[\text{M L}^{-1} \text{T}^{-1}]$ の次元をもつ. Ralph *et al.* (2019) は，IVT の他に大気の川の持続時間を強度の主要指標として用いることで，任意の地点における大気の川の強度とその影響力を示す等級を提案している. 大気の川の発生や強度，そしてその予測は，全球の大気力学や気候変化の枠組みの中で，現在進行形の研究テーマである (Payne *et al.*, 2020; Cao *et al.*, 2020).

3.3　地表面での降水分布

3.3.1　空間分布

● 雨量計からの空間平均

流域や集水域スケールでの水文解析で，入力は必然的に全流域の平均降水量とされる. これまでに，利用できる雨量計ネットワークからこの平均値を推定するためのさまざまな加重平均法が用いられてきた. 他に利用できる情報がない場合には，利用できる唯一の方法は通常の平均，つまり全雨量計に同じ重みを与えた算術平均 (arithmetic mean) である. 雨量計の位置が地図上でわかっている場合には，ティーセン法 (Thiessen polygon method) (Thiessen, 1911) が一般に使われてきた. この方法では，個々の雨量計は面積 A_i を代表する. この面積は，雨量計を囲む雨量計間の垂直二等分線と流域界で決められ（図 3.11），空間平均は

$$\langle P \rangle = \frac{1}{A} \sum_{i=1}^{n} A_i P_i \tag{3.2}$$

として，個々の雨量計をその代表面積で重みをつけることによって求める. n は対象とした地域内の雨量計の数，A は集水域の面積で全代表面積の和 $A = \sum_{i=1}^{n} A_i$ である.

逆距離加重法 (inverse distance method) は，原理的には同様に単純であるが計算はより容易い. この方法は，任意の地点の降水量が対象地域内の全雨量計の影響を受けて決まるという仮定に基づく. その際，各雨量計の重みをこの点からの距離のべき乗の逆数とする. なお，この原理は欠測値を補完するのにも利用できる. 空間平均値を求めるためには，対象地域を m 個の区画に分け，各区画の中での降水量は一様でその中心に対して計算した値と等しいと仮定することで，この方法を適用する. すると結果として求まる平均降水量は

図 3.11 集水域の地図上で各雨量計の代表面積 A_i を決めるためのティーセン法の適用. 代表面積は, 集水域界と, 雨量計間の垂直 2 等分線で囲まれる区域の面積である. 雨量計の位置を数字を付した丸印で示してある.

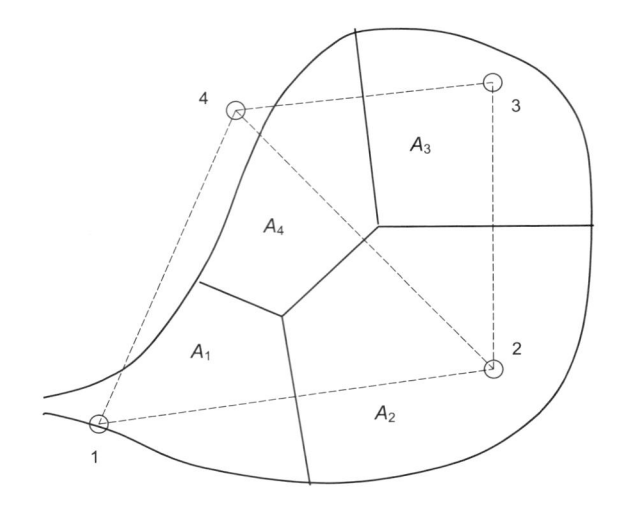

図 3.12 逆距離加重法. 例として, 17 番の区画の降水量は $\sum_{i=1}^{4} d_{i,17}^{-2} P_i / \sum_{i=1}^{4} d_{i,17}^{-2}$ で与えられる. 全集水域の平均降水量は式 (3.3) に示すように全区画の加重平均値として与えられる. 雨量計の位置を数字を付した丸印で示してある.

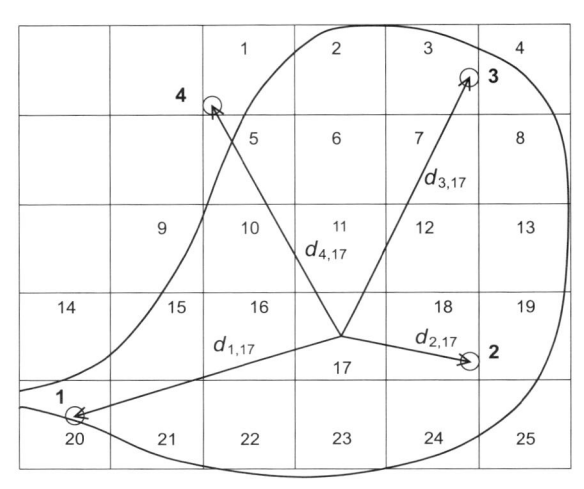

$$\langle P \rangle = \frac{1}{A} \sum_{j=1}^{m} A_j \left(\sum_{i=1}^{n} d_{ij}^{-b} \right)^{-1} \sum_{i=1}^{n} d_{ij}^{-b} P_i \tag{3.3}$$

で与えられ, A_j は j 番目の区画の面積, A は集水域の全面積, n は雨量計の数である. d_{ij} は j 番目の区画の中心から, 対象域内の i 番目の雨量計までの距離, b は定数で, ほとんどの適用例では 2 としている. $b=0$ とすると, 式 (3.3) は算術平均と等しくなる. Dean and Snyder (1977) は, 米国南東部のピードモント地域で $b=2$ の時に最もよい結果が得られることを示した. 一方, Simanton and Osborn (1980) はアリゾナ州での測定から b を 1〜3 の間で変化させても, 結果に大きな違いはないことを示した. 図 3.12 にこの方法の適用法を示す.

さらにもう 1 つの図的な方法として, 等雨量線図法 (isohyetal method) (Reed and Kincer, 1917 など) をあげることができる. この方法では, 雨量計で測定された値を内挿することで, 等雨量線, すなわち降水量の等値線を描く (図 3.13). この方法では式 (3.2) を適用でき, この場合の A_i の値は等雨量線と集水域境界で区切られた面積, P_i は A_i を決めている 2 つの等雨量線の平均値とする. Peck and Brown (1962) は, 山岳地域で空間平均を求める難しさについていくつかの例を示している.

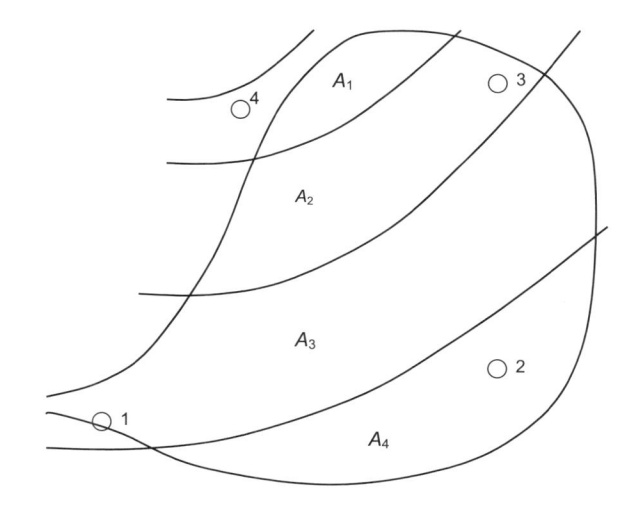

図 3.13　集水域の平均降水量を推定するための等雨量線図法の適用. 面積 A_i は等雨量線と集水域界で囲まれる区域の面積である. 雨量計の位置を数字を付した丸印で示してある.

文献中にはさらに多くの方法が提案されてきた. それらは原理的には大きく異なるが, 13 の方法を比較したところ (Singh and Chowdhury, 1986), 月や年のような長期間に対しては, どれも同等な結果を与えた. 期間を短くすると, 結果が異なってくることが予測される.

● 客観解析

上で述べた単純な平均法は, 実際のところ根拠はなく, 明確に定義した基準に基づくわけでもない. しかし客観解析 (objective analysis) (たとえば Gandin, 1963; Kagan, 1997) とか, 地球統計学 (geostatistics) (たとえば Journel and Huijbregts, 1978; Delhomme, 1978; Kitanidis, 1997) などとよばれる分野での進歩の結果, クリギング (kriging) としても知られる最良線形不偏推定量 (best linear unbiased estimator) に基づく, より客観的な内挿法が導入された. これは加重法の 1 つで, 重みは降雨変動の空間構造に基づくと同時に, 推定値と未知の真値の間の差が全地点において平均としてはゼロであること, 対応する平均二乗誤差が最小となることという 2 つの基準に基づいて決定される. この適用の詳細はこの方法の専門書を参照すること.

複雑な地勢や山地地域では, 降水分布の推定やその図化にあたり, さらにいくつかの努力が必要とされる. 空間平均の導出にあたって, 客観解析に地形効果を付加することが試みられてきた (Chua and Bras, 1982; Phillips *et al.*, 1992). これと異なる方法としては, Daly *et al.* (1994) が高さと方向を含むデジタル標高データを用いて各地点での回帰式を求め, 月や年降水量の地点での測定値を, 一定間隔のグリッドのセルに分配するのに利用した.

● 分布関数

さまざまな時間スケールでの降水量の空間分布は多くの研究対象となり, 点での降水量の推定値でより広い地域を代表させる場合に必要なさまざまな関係式が提案されてきた(たとえば Court, 1961; Burns, 1964; Huff, 1966; Fogel and Duckstein, 1969 参照). その中では, 中心地点にある雨量計からの距離の増加と減衰の関係を求める相関関係の研究が行われた (Huff and Shipp, 1969; Hutchinson, 1969). 米国において, 図 3.14 に示したアメリカ気象局 (U.S. Weather Bureau, 1957–1960; Miller, 1963; Myers and Zenr, 1980) による地点雨量の（個々の降雨ではなく）頻度データを用いる補正係数が計画目的に対しては広く使用されてきた. その後, 広域を代表させるための雨量補正法のさまざまな側面を Rodriguez-Iturbe and Mejia (1974), Eagleson *et al.* (1987), Smith and Karr (1990), Omolayo (1993), Sivapalan and Blöschl (1998), Asquith and Famiglietti (2000), DeMichele *et*

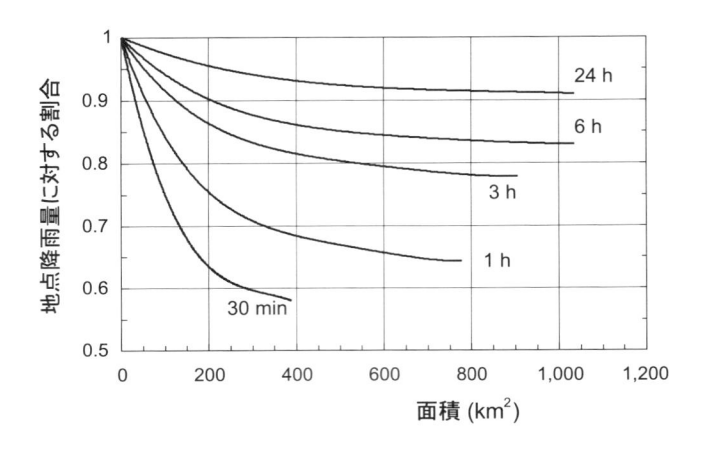

図 **3.14** 地点雨量頻度データに対して用いる，異なる降雨継続時間に対する面積と地点雨量補正係数の関係. （原図は NOAA 標準図 (standard NOAA chart)；Hershfield, 1961）

al. (2001), Allen and DeGaetano (2005) などが研究を行った．この研究のいくつかでは，補正係数の代表面積への依存性もまた，イベントの強さ，すなわち再現期間 (return period) の関数であることが示された．しかしまた，図 3.14 に示した曲線は，さまざまな理由から安全側にあること，そのため，これを用いると控えめな計画となる傾向にあることが一般に示されてきた．つまり，実際の降水は，この図で示されるよりも，代表する面積が増加するにつれ，再現期間が増加するにつれより早く減少する傾向にある．また，層状性よりも対流性の嵐において降水量が面積に対してより早く減少する．最後に，図に示した係数は 1,000 km^2 程度で一定になるように見えるが，実際はこの面積を超えて 20,000 km^2 に達するまで，係数が指数関数的に減少し続けることがわかっている．

3.3.2 時間分布

降水量は普通，時間単位または日単位で記録され，データとしてはさまざまな期間に対する平均として報告される．時間方向の降水の変化の記述は，主に採用した時間分解能に依存する．応用水文学では一般に，個々の降水イベントの降水強度の時系列記録をハイエトグラフ（雨量図，hyetograph）とよぶ．雨量図は普通，時間雨量の棒グラフとして表される．ある期間の累積降水量は積算曲線 (mass curve) で表される．

ダブルマスカーブ (double mass curve) は，任意の雨量計の降水の季節あるいは年積算値を，この雨量計の周辺にある多くの雨量計の平均積算値に対してプロットした図である．ダブルマス解析は，雨量計の位置や風雨に対する露出状況，測定機材，あるいは測定方法の変化があった雨量計の記録の一貫性を調べるために Merriam (1937) により導入された（Chang and Lee, 1974 も参照のこと）.

■ 例 3.2 ダブルマスカーブ

図 3.15 は，ウェストバージニア州 Spencer での年累積降水量を，同州南西部の同じ気候区内にある 13 の雨量計の平均積算値に対してプロットしたものである．図から，測定状況の変化が 1964 年頃生じたことがわかる．図に示すように，この年以前のデータに傾き $\Delta y/\Delta x$ の変化に応じた係数を乗じることで，以前のデータを新しい状況に合わせる補正を行うことができる．

ダブルマス解析はまた，欠測値の補完にも用いることができる (Paulhus and Kohler, 1952)．また河川流量，土砂流量や降水・流出関係のような水文データにも適用されてきた (Searcy and Hardison, 1960).

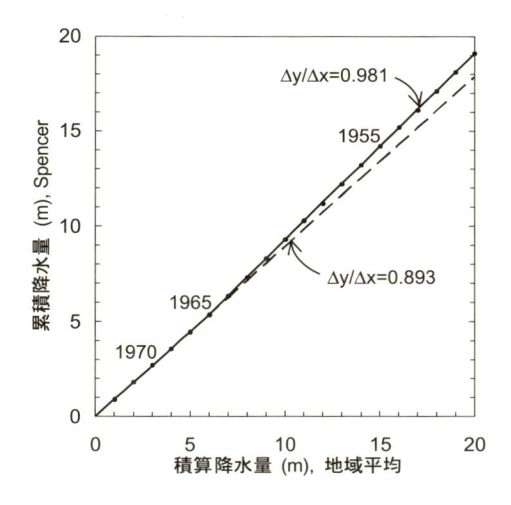

図 3.15 ダブルマスカーブの例．1 地点（ウェストバージニア州 Spencer）での累積降水量を，同じ気候区内の周辺 13 雨量計の平均累積降水量に対してプロットしてある．Spencer における風雨に対する雨量計の露出状況は 1964 年頃変化した．（原図は Chang and Lee, 1974）

3.3.3 流出計画のための降雨データ

　工学的な設計目的で，主に合理式や単位図（第 12 章参照）との関係から，地点雨量データを降雨イベントの強度，継続時間，そして頻度を用いて表すことがしばしばある．このような解析結果が多くの地点に対して報告されてきた．Hershfield (1961), Miller (1963), Bruce (1968) は，北米を覆う図面を作成した．同様な図面が，世界のさまざまな地域に対してつくられてきた．降雨発生メカニズムが異なる水文地域でも結果が非常に似ている場合があるので，この手の情報を経験的な関数として一般化することが多く試みられてきた．これと関連したいくつかの結果を，たとえば Bell (1969), Chen (1983), Ferreri and Ferro (1990), Kothyari and Garde (1992), Ferro (1993), Pagliara and Viti (1993) そして Alila (2000) の研究に見いだすことができる．このテーマは，現在も続く研究対象である（たとえば Madsen *et al.*, 2002）．

　広く使われている関係式

$$P = K_p \frac{T_r^a}{(D+b)^c} \tag{3.4}$$

は，その発展を Meyer (1917, p.149), Sherman (1931), Bernard (1932) の研究までさかのぼれる．ここで P は継続時間 D[T], 再現期間 T_r（第 13 章参照）の降雨イベントの強度 [L T^{-1}] であり，K_p, a, b, c は対象地点に対して決まる定数である．

■ 例 3.3　強度・継続時間・頻度関係

　図 3.16 は，米国の首都ワシントンでの $K_p = 40$, $a = 0.2$, $b = 0.19$ h, $c = 0.79$ とした式 (3.4) の例である．P は mm h^{-1}, D は h, T_r は yr の単位としてある．これらは，U.S. Weather Bureau (1955) のデータから得られた値である．興味深いことに，ほぼ 20 年早く，Bernard (1932) がワシントンでの 1 時間より長い降雨イベントに対して，$K_p = 34.4$, $a = 0.2$, $b = 0$, $c = 0.78$ の値を報告している．これから，利用できるデータ期間が長くなるにつれ，P の値がある発生確率をもって増加することがわかる．

　式 (3.4) 中の定数は，場所ごとに異なると考えられるが，文献中の a, b, c の値は $0.15 < a < 0.3$, $5 < b < 10$ min, $0.3 < c < 0.8$ という比較的狭い範囲にある．そこで，他に用いることができる情報がなければ，継続時間 $D \leq 24$ h の降雨に対しては，典型的な値 $a = 0.2$, $c = 0.7$ を用いる．b は

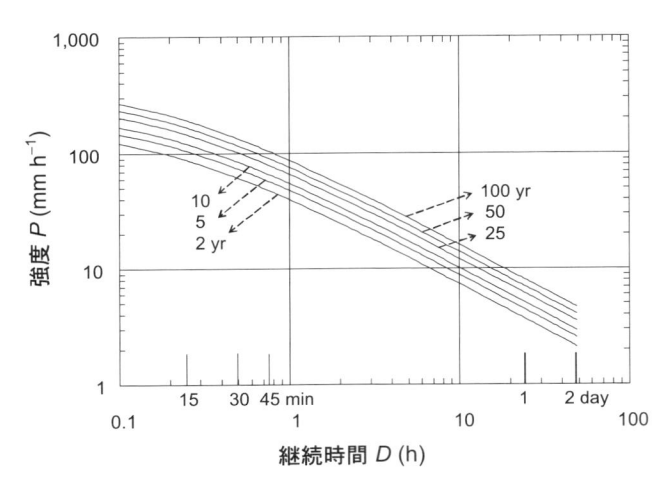

図 3.16 $K_p = 40, a = 0.2, b = 0.19, c = 0.79$ とした式 (3.4) で計算したワシントン D.C. での降雨強度–降雨継続時間–降雨頻度の関係

分のオーダーにすぎないので，D が $1\sim2\,\mathrm{h}$ を超す場合には通常，式 (3.4) から省いてしまう．K_p を，気候学的な指標と関連づけることも試みられてきた．たとえば，Kothyari and Garde (1992) は $D = 24\,\mathrm{h}, T_r = 2\,\mathrm{yr}$ の降雨量 $24P_{24}^2$ と K_p が

$$K_p = C_p(24P_{24}^2)^{0.33} \tag{3.5}$$

のように関係づけられることを示した．C_p は地点ごとの定数で，P を $\mathrm{mm\ h^{-1}}$，D を h, T_r を yr で表すと $6 < C_p < 9$ という比較的狭い範囲に収まる．彼らが式 (3.4) で $a = 0.2, c = 0.7$，$K_p = 40.1$ として，インドの 78 の雨量計データに適用したところ，重相関係数 0.90 が得られた．しかし，式 (3.5) で $C_p = 8.31$ とした K_p を用いた式 (3.4) を適用したところ，重相関係数が 0.96 へと向上した．

　参考として，起こりうる最大降雨量を示す指針となるよう，表 3.2 (World Meteorological Organization, 1986) と図 3.17 に，さまざまな継続時間に対して観測された最大地点雨量の最大値のいくつかを示す．図 3.17 の上側の包絡線は

$$P = 416.6D^{-0.52} \tag{3.6}$$

で与えられる．P は $\mathrm{mm\ h^{-1}}$，継続時間 D は時間単位である．

　ここで提示された情報は過去の記録に基づいていることに注意すること．最近の観測や気候モデルによるシミュレーションの結果は，極端な降水やそれにより生じる洪水規模が進行中の気候変化の元でさらに激しくなることを示唆している (Papalexiou and Montanari, 2019; Moustakis *et al.*, 2021).

表 3.2 これまでに観測された地点雨量の最大値

継続時間	雨量 (mm)	地点	日付
1 分	38	グアドループ島 Barot	1970 年 11 月 26 日
5 分	63	カリフォルニア州 Haynes Camp	1976 年 2 月 2 日
8 分	126	バイエルン州 Fussen	1920 年 5 月 25 日
15 分	198	ジャマイカ Plumb Point	1916 年 5 月 12 日
20 分	206	ルーマニア Curtea-de-Arges	1889 年 7 月 7 日
30 分	280	河北省四棵樹沟(Sikeshugou)	1974 年 7 月 3 日
42 分	305	ミズーリ州 Holt	1947 年 6 月 22 日
60 分	401	内モンゴル Shangdi	1975 年 7 月 3 日
1 時間 12 分	440	甘粛省高吉 (Gaoj)	1985 年 8 月 12 日
2 時間 30 分	550	内モンゴル巴音敖包 (Bainaobao)	1972 年 6 月 25 日
2 時間 45 分	559	テキサス州 D'Hanis（北北西 17 マイル）	1935 年 5 月 31 日
3 時間	600	河北省 Duan Jiazhuang	1973 年 6 月 28 日
4 時間 30 分	782	ペンシルベニア州 Smethport	1942 年 7 月 18 日
6 時間	840	内モンゴル木多才当 (Muduocaidang)	1977 年 8 月 1 日
10 時間	1,400	内モンゴル木多才当 (Muduocaidang)	1977 年 8 月 1 日
18 時間	1,589	レユニオン島 Foc Foc	1966 年 1 月 7〜8 日
24 時間	1,825	レユニオン島 Foc Foc	1966 年 1 月 7〜8 日
2 日	2,467	レユニオン島 Aurere	1958 年 4 月 8〜10 日
3 日	3,240	レユニオン島 Grand Ilet	1980 年 1 月 24〜27 日
4 日	3,721	インドメガラヤ州 Cherrapunji	1974 年 9 月 12〜15 日
5 日	3,951	レユニオン島 Commerson	1980 年 1 月 23〜27 日
7 日	4,653	レユニオン島 Commerson	1980 年 1 月 21〜27 日
10 日	5,678	レユニオン島 Commerson	1980 年 1 月 18〜27 日
15 日	6,083	レユニオン島 Commerson	1980 年 1 月 14〜28 日
31 日	9,300	インドメガラヤ州 Cherrapunji	1861 年 7 月 1〜31 日
2 カ月	12,767	インドメガラヤ州 Cherrapunji	1861 年 6〜7 月
4 カ月	18,738	インドメガラヤ州 Cherrapunji	1861 年 4〜7 月
6 カ月	22,454	インドメガラヤ州 Cherrapunji	1861 年 4〜9 月
1 年	26,461	インドメガラヤ州 Cherrapunji	1860 年 8 月〜1861 年 7 月
2 年	40,768	インドメガラヤ州 Cherrapunji	1860〜1861 年

データ：World Meteorological Organization (1986)

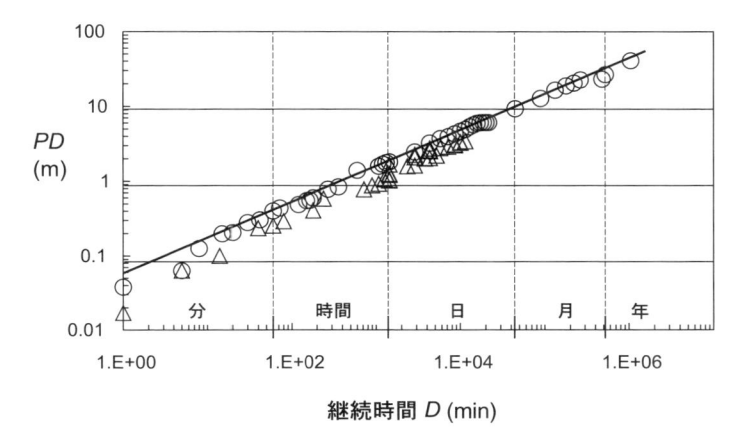

図 3.17 観測された最大地点累積降雨量 *PD* (m, ○) と，最大記録に近い値 (△)．最大値のほとんどを表 3.2 にも示してある．上側包絡線は，*D* を分単位として $PD = 0.0584D^{0.48}$ (m) で与えられる．（原図は World Meteorological Organization, 1986）

3.4 遮　断

遮断 (interception) は，降水の一部が，主には植生からなるさまざまな地表面要素をぬらし，そこに一時的に蓄えられる現象である．地表面要素が完全に飽和し最大遮断貯留量 (interception storage capacity) に達すると，それ以上の遮断された水は，その上を流れまた地上へと滴下する．実際には，最大遮断貯留量は，降雨終了後に蒸発がなく，滴下がすべて終了した条件の下で，キャノピー上に残された水の量として定義される．つまり，蓄えられる水の量は，降雨期間中に最大遮断貯留量を超えることがある．地表面に達した降水をしばしば正味降水量 (net precipitation) とよぶ．植生地の場合，正味降水量のほとんどはキャノピーを樹冠通過雨 (throughfall) として通過したものである．残りのわずかな部分は，大きな幹や枝を樹幹流 (stemflow) として流下し，根の周りに集まる傾向がある．植生による降水の遮断は，地表面の水収支に大きな影響を与える．葉の要素に保持され，地表に達する前に蒸発する水は，浸透や流出にかかわることができない．それゆえ，蒸発により大気に戻る遮断降水量は，しばしば遮断損失 (interception loss) とよばれる．

3.4.1　観測された大きさ

ほとんどの遮断の研究は，その値が大きい森林で覆われた地表面を対象としてきた．植生の種類と降水の種類の両者が遮断に影響を及ぼすようである．実際，高く密な植生の方が，低く疎らな植生より遮断量が大きくなる傾向にある．また降水量の関数としての遮断損失量は，短期間の集中的などしゃ降りの時より，中規模で長期間にわたる降水イベントの際の方が，通常は大きい．たとえば，温帯の高く密な植生で，遮断損失は林外雨 (gross precipitation) の 30〜40%ほどにもなることが観測されてきた (Gash *et al.*, 1980)．しかし，降雨中の蒸発速度がそれほど変わらないにもかかわらず，熱帯雨林での強い雨で観測された損失は，どちらかといえば 10〜15%程度である (Lloyd and Marques, 1988; Lloyd *et al.*, 1988; Ubarana, 1996)．同様に，疎林でも降水の 10〜20%程度と遮断量は小さくなる (Gash *et al.*, 1995; Valente *et al.*, 1997 参照)．ヒースや灌木で覆われた地域での遮断損失は，同じ気候条件下では，密な森林の値の 1/3 以下である (Calder, 1990)．

3.4.2　植生の遮断損失メカニズム

単一の降水イベントに対して，全降雨損失量は，イベント中のぬれた植生からの蒸発と，降水が終了した後に植生上に残っている水の蒸発量の和である．これを式に表したのは，Horton (1919) がおそらく最初で，植生を飽和させるのに十分長い降雨継続時間 D を用いると，

$$L_i = \int_0^D E_i \, dt + S_{ic} \tag{3.7}$$

と表すことができる．E_i は遮断された水の蒸発速度 [L T^{-1}]，S_{ic} は植生の最大遮断貯留量 [L] である．植生が完全に飽和するまでに降水が終了した場合には，遮断で失われた降水量は

$$L_i = \int_0^D E_i \, dt + S \tag{3.8}$$

であり，S は部分的に飽和した植生上に貯留された水の量である．この式を損失量を推定するのに使うためには，S と E_i が既知でなければならない．

S を決める一般的な方法では，植生をキャノピーと幹を表す 1 つ以上の要素として扱い，それぞれについて，集中型貯留式 (1.10) が適用できるものとする．最も単純な方法では，変化するキャノピー貯留量を単一の要素で代表させ，降水を入力，蒸発と液体での排水を 2 つの流出速度として扱い (図 3.18)，

$$\frac{dS}{dt} = cP - E_i - O \qquad (0 \leq S \leq S_{ic}) \tag{3.9}$$

図 **3.18** 植生キャノピーの水収支

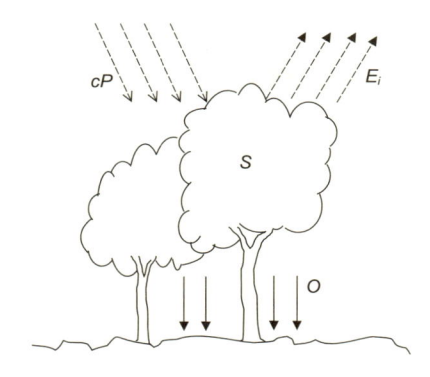

とおく．c は遮断にかかわる植生の水平方向の密度である植被率，P は降水強度，O は植生からの液相の水の排水速度である．式 (3.9) は，対象とするスケールで十分に一様と考えられる植生に対してのみ適用すべきことに注意すること．つまり，たとえば，森林とさまざまな植生の生えた伐採地がチェス盤のように存在する場合や，草地あるいは裸地面に部分的に木々が生えている場合などには適用できない．このような場合には，個々の地表面被覆を別々に解析し，その結果を被覆割合で重みづけする．

式 (3.9) を積分すると貯留量は

$$S = c \int_0^D P\,dt - \int_0^D E_i\,dt - \int_0^D O\,dt \qquad (S \le S_{ic}) \tag{3.10}$$

となる．植生を飽和させるほどには長くない降水イベントに対しては，式 (3.8) から

$$L_i = c \int_0^D P\,dt - \int_0^D O\,dt \qquad (S \le S_{ic}) \tag{3.11}$$

が求まる．式 (3.11) は，累積降水量が植生を飽和させるのに必要な量に達しない限りは有効で，その後 $S = S_{ic}$ となった後には式 (3.7) が有効となる．

式 (3.7) と (3.11) を実際に適用するために，c, E_i, O に関するさまざまな仮定が異なる研究者により提案されてきた．これらの仮定を調べるにあたり難しいのは，植生の複雑さから完全な解析を行うことが不可能であること，遮断にかかわるプロセスのほとんどすべてについて観測に基づく証拠がないことである．これらの仮定のいくつかを，以下で簡潔に議論する．

● **いくつかの一般的仮定**

植被率 c は，しばしば樹冠通過率 (free throughfall coefficient) p と $c = (1 - p)$ の関係にあると仮定される．p はキャノピーに触れることなく地面に達する降水の割合である (Gash and Morton, 1978)．c と p はともに測定することができる (3.4.3 項参照)．排水速度 O は，さまざまな方法で推定される．O を表す最も単純な方法では，キャノピーが部分的に飽和である限りは滴下はなく，一度完全に飽和したら降雨終了時にはキャノピー上の水量が急速に最大貯留量 S_{ic} へと減少すると仮定する (Gash, 1979; Noilhan and Planton, 1989)．これは

$$O = 0 \qquad (S < S_{ic}) \tag{3.12}$$

および式 (3.9) から

$$cP - E_i - O = 0 \qquad (S = S_{ic}) \tag{3.13}$$

と表せる．植生が遮断した水の蒸発速度 E_i は，非常に重要ではあるが決めるのも最も難しい．ルーチン的な実用目的では，植生が飽和した場合，地表面の中で植生に覆われた部分 c からの蒸発は，いずれかの可能蒸発量 (potential evaporation) E_{po} の式 (第 4 章参照) により推定でき，残り $(1 - c)$ からの蒸発は無視できると仮定するのが現在一般的である (Noilhan and Planton, 1989; Gash *et al.*, 1995).

遮断プロセス初期のぬれはじめの時期に部分的に飽和した表面に対しては，蒸発が飽和度 (S/S_{ic}) に比例すると仮定するのが最も一般的である（Rutter $et\ al.$, 1971 参照）．（この仮定は式 (4.33)，(4.34) の応用である．）これらの仮定を組み合わせると，

$$E_i = c(S/S_{ic})E_{po} \tag{3.14}$$

となる．この仮定の主な問題は，可能蒸発量をどのように定義し推定するのかが，今でも明確ではない点にある．この点はさらに研究が必要である．いずれにせよ，この仮定から遮断損失の式が求まる．t_0 を飽和までに要する時間としたら，短い降水イベントでの損失は式 (3.11) と (3.12) から

$$L_i = c \int_0^D P\,dt \qquad (S \le S_{ic}, D \le t_0) \tag{3.15}$$

となり，長期間のイベントに対しては，式 (3.7) を

$$L_i = \int_0^{t_0} E_i\,dt + S_{ic} + \int_{t_0}^D E_i\,dt \qquad (S = S_{ic}, D > t_0) \tag{3.16}$$

と書き直せ，また右辺のはじめの 2 項を式 (3.12) と (3.10) で，第 3 項を式 (3.14) で置き換えると，

$$L_i = c\left(\int_0^{t_0} P\,dt + \int_{t_0}^D E_{po}\,dt \right) \qquad (S = S_{ic}, D > t_0) \tag{3.17}$$

が求まる．式 (3.15) と (3.17) は，S の値を式 (3.10) で追いかけることで，数値的に解くことができる．

● 集中型キネマティック解

（$O = 0$ とした）式 (3.9) に従う貯留要素と式 (3.14) により与えられる貯留–流出関係を用いて水文学的な流れのシステムとして植生が表されるという仮定は，集中型キネマティック法 (lumped kinematic approach) のよい例である．Gash (1979; Gash $et\ al.$, 1995) はこの単純な構造を利用して，S の時間変化を表す閉じた形の解を導出した．彼は，継続時間 D の降水中に，P と E_{po} が一定値（あるいは平均値）をとると仮定することで

$$D = \frac{S_{ic}}{cE_{po}} \ln\left(1 - \frac{E_{po}S}{PS_{ic}} \right) \tag{3.18}$$

を得た．そこで，飽和までの時間は

$$t_0 = (S_{ic}/cE_{po}) \ln[1 - (E_{po}/P)] \tag{3.19}$$

であり，式 (3.15) および (3.17) とともに用いることで，遮断損失を推定することができる．降水イベント中に一定な（あるいは平均値の）P と E_{po} に対して，式 (3.15) と (3.17) を

$$L_i = cPD \qquad (S \le S_{ic}, D \le t_0) \tag{3.20}$$

および

$$L_i = c[Pt_0 + (D - t_0)E_{po}] \qquad (S = S_{ic}, D > t_0) \tag{3.21}$$

と表すことができる．PD は降水イベントの終了時における累積降水量（全降水量），Pt_0 は植生を飽和させるのに必要な累積降水量である．

● 樹幹流と幹による遮断損失

これまでの遮断のいくつかの解析例では幹と枝の水収支を，葉の水収支と別に扱ってきた (Rutter $et\ al.$, 1975; Gash $et\ al.$, 1995)．幹からの蒸発は，キャノピー蒸発と比べると普通はずっと小さいので，幹による遮断損失は主に樹幹流終了時に幹に残った水の蒸発からなる．そこで，樹幹貯留を飽和させる程度に降水イベントが長ければ，全損失量は最大樹幹貯留量 S_{tic} に等しくなる．降水が樹幹貯留を飽和させるほどでない場合には，式 (3.15) あるいは (3.20) からの類推で，損失は $p_t PD$ とおける．p_t は樹幹流となった降水の割合である．

ほとんどの場合，この損失はキャノピーの葉による損失よりはるかに少ない．たとえば，英国のマツの森林において (Gash, 1979; Gash *et al.*, 1980)，樹幹損失は全遮断損失の 2〜9% 程度であった．アマゾンの熱帯雨林では約 9% の値であった (Lloyd *et al.*, 1988).

3.4.3 植生構造パラメータの実験的な方法による決定

遮断損失を支配する主な表面パラメータは，S_{ic} と c である．蒸発速度への影響をとおしての地表面粗度長 z_0 の効果はおそらく小さい．最大貯留量 S_{ic} は，通常 Leyton *et al.* (1967; Gash and Morton, 1978 も参照のこと) が提案した方法で推定される．この方法は式 (3.7) で蒸発がゼロの時に，損失量がキャノピー貯留量と等しくなるという事実に基づいている．前と同様，P を継続時間 D のイベント中の平均降雨強度としよう．すると，全降水量 PD と，正味降水量，すなわち樹冠通過雨 $[(1-c)PD]$ の観測値を多くの降水イベントに対してプロットすると，S_{ic} は傾き 1 の下部包絡線の切片となる．この下部包絡線は，E_i がごく小さく $PD = (1-c)PD + S_{ic}$ となる降雨イベントを表す．この解析では，キャノピーが飽和した時のデータのみを用いるため，継続時間が十分長いイベントのデータを選ばねばならない．この方法を図 3.19 に示す．ここで y 軸は樹幹流を考慮するため，本来は PD ではなく $(1-p_t)PD$ を表すべきであることに注意．しかし違いは通常小さく無視できる．樹幹通過率 p は，キャノピーを飽和させることのない小さな降雨イベントでの樹冠通過雨の測定から決定でき (Gash and Morton, 1978)，すると植被率は $c = (1-p)$ を仮定して求められる．

最大キャノピー貯留量 (S_{ic}/c)（植被部の単位面積あたりの最大貯留量）と c の典型的な値として，密なマツの森林で $(S_{ic}/c) = 0.8〜1.2\,\mathrm{mm}$, $c = 0.68〜1.00$ (Gash and Morton, 1978; Gash *et al.*, 1980)，疎なマツの森林で $(S_{ic}/c) = 0.56\,\mathrm{mm}$, $c = 0.45$ 程度 (Gash *et al.*, 1995)，アマゾンの熱帯雨林では $(S_{ic}/c) = 0.8\,\mathrm{mm}$, $c = 0.92$ (Lloyd *et al.*, 1988)，疎なマツの森林で $(S_{ic}/c) = 0.64\,\mathrm{mm}$, $c = 0.64$，ユーカリの森林で $(S_{ic}/c) = 0.35\,\mathrm{mm}$, $c = 0.60$ (Valente *et al.*, 1997) があげられる．高さが 0.1〜0.5 m の草地では，0.43〜2.8 mm の範囲の (S_{ic}/c) が報じられている (Merriam, 1961).

樹幹流のパラメータ S_{tic} と p_t は，測定が行われた個々の木についての樹幹流量と降水量の回帰直線を求め，それぞれ，その傾きと切片として求めることができる（たとえば Gash and Morton, 1978）．典型的な値としては，密なマツの森林で $S_{tic} = 0.014〜0.74\,\mathrm{mm}$, $p_t = 0.016〜0.29$，疎なマツの森林で $S_{tic} = 0.17\,\mathrm{mm}$, $p_t = 0.0275$，アマゾンの熱帯雨林では $S_{tic} = 0.15\,\mathrm{mm}$, $p_t = 0.036$，地中海性の疎なマツの森林で $S_{tic} = 0.019\,\mathrm{mm}$, $p_t = 0.0038$，ユーカリの森林で $S_{tic} = 0.027\,\mathrm{mm}$, $p_t = 0.017$ である．

図 3.19 蒸発量がほとんどないか無視でき $L_i = S_{ic}$ とおける条件下で，全降水量を正味降水量に対してプロットし，データポイントの下側包絡線から最大遮断貯留量 S_{ic} を推定する方法

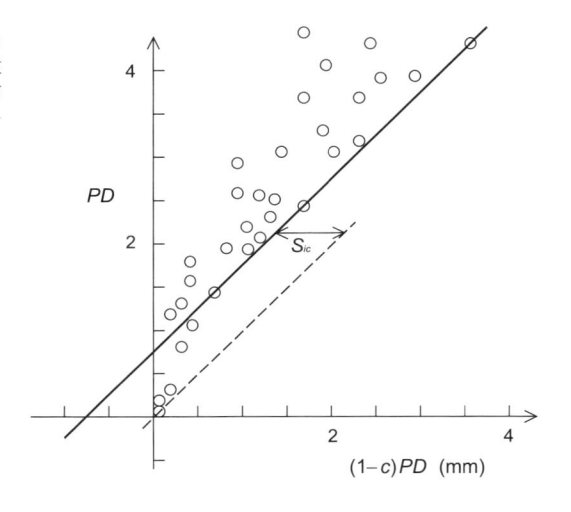

3.4.4 実験式

遮断量と累積降水量 PD を線形回帰式で経験的に関係づける試みがこれまでに多く行われた (Helvey and Patric, 1965; Jackson, 1975)．これはある種の応用には役に立つ (Gash, 1979)．式 (3.20)（または (3.15)）を式 (3.21)（または (3.17)）と比較すると，この方法は降雨の初期段階では信用できるが，キャノピーが飽和した後の段階ではそうでないことがわかる．一度キャノピーが飽和すると，式 (3.21) は，降水量よりも降雨の継続時間がよい指標となることを示している．この問題は Horton (1919) により議論された．彼は遮断量を降水量より降雨継続時間で表す方が筋が通っていると感じていた．しかし，累積降水量が降雨継続時間とほぼ線形的に関係づけられることを見いだした後，彼は累積降水量による線形回帰式を提案したのである．

長期間の遮断量の大ざっぱな推定値として，時間雨量データを用いる

$$L_i = n(S_{ic} + c\overline{E_{po}}\,\overline{D}) \tag{3.22}$$

の式が役に立ちそうであることが式 (3.7) から予想される．ここで $\overline{D}$ は，この期間中の n 回の降雨イベントの平均継続時間，$\overline{E_{po}}$ は同じイベントでのぬれた表面からの蒸発速度の平均である．より複雑な式を用いた詳細な計算結果からは，植物の成長期に平均的には E_{po} が広い気候条件で比較的不変であること (Gash $et\ al.$, 1980; Lloyd $et\ al.$, 1988; Valente $et\ al.$, 1997)，$0.15\sim0.30\,\mathrm{mm\ h^{-1}}$ の範囲のほぼ $0.2\,\mathrm{mm\ h^{-1}}$ 程度の値を用いるとよい結果が得られることが示されてきた．植被率 c と S_{ic} の典型的な値として，上で述べた値を用いることができる．c は通常 $0.6\sim1.0$ 程度である．S_{ic} の大まかな推定値は

$$S_{ic} = cf_t La \tag{3.23}$$

から得られる．La は葉面積指数 (leaf area index) で単位地表面面積あたりの葉の（片面の）面積，f_t は単位葉面積あたりの最大貯留量である．表 3.3 に Merriam (1961) が収集したいくつかの植生に対する f_t の値を示してある．これらから上限を $0.2\,\mathrm{kg\ m^{-2}}$ としてもよいことが示唆される．表 2.9 には多くの植物群落に対する葉面積指数 La の値を示してある．

これらの値を仮定すると，式 (3.22) はまた葉面積指数を用いて

$$L_i = 0.2nc(La + \overline{D}) \tag{3.24}$$

と表すこともできる．

表 3.3 さまざまな植物に対する水の有効層厚 f_t（$\mathrm{kg\ m^{-2}}$ または mm）

種	厚さ
大きなイチゴツナギ (big bluegrass)	0.203
沼地の草 (slough grass)	0.102
モンテレーマツ (Monterey pine)	0.0762
$Baccharis\ pilularis$ (coyote brush)（常緑の灌木）	0.1778
チャパラル (chaparral)（カリフォルニア州南部の密な低木林）	0.152
1 年生ライグラス (ryegrass)	0.127

3.5 融 雪

　雪の研究は少なくとも3つの科学分野の研究対象の1つである．固体降水としてのその誕生，空間や時間分布は常に気象学の範疇である．地表面に到達した後の雪の研究である，さまざまなタイプの氷晶から巨大な氷河までのスケールを持つ固体物質の特性，そしてそのより一般的な変質や動きはすべて雪氷学の範疇である．そしてまた，雪は水文学の研究対象としても扱うことができる．第1章で示したように，水文学は水循環に関心がある．このことは，水文学では，水循環の一部として雪が直接的に関わる時に，興味の対象となることを意味している．水が凍った固まりとして固相である限りは，雪はおおむね静止状態にある．加えて，固相の水は液相の水よりはるかに小さな水蒸気圧を生じさせる．結果として，雪や氷で覆われた地表面は，その面積，積雪深や氷層の厚さにかかわらず，水文学的には不毛の地である．そのため，積雪量はある地域に同時に存在する乾燥状態と湿潤状態の効果的な指標ではない．積雪が融け出して初めて，雪は水循環の活動的な要素となるのである．したがって，本節では，温暖な環境での液相の降水量に相当する融雪量の推定に焦点をあてる．

　降雪の一部は植生によって遮断されるが，大部分は地面に到達し積雪として蓄積される．その温度が融点より低く保たれている限りは，積雪は基本的には貯留分であり，暖かな季節になってから液相の水として利用されるようになる．積雪は，時として急激な温度上昇や強い降雨により破壊的な洪水の供給源となることがある．

　理想的な事例では，積雪には3段階の変化が見られる．大規模な融雪の前には，まず積雪の平均温度が標準値0°Cで等温となる必要がある．この状態は温暖化の段階とよばれる．より多くのエネルギーが使えるようになると，温度は一定に保たれ，融雪プロセスが始まる．しかし，はじめは，液体の水は表面張力により積雪の間隙にとどまっている．これは成熟段階である．最後に，出力段階においてはより多くの液体の水が生じ，表面張力では液体の水を保持できなくなる．そして，地面への浸透，流出，あるいは大気中へ水蒸気として液体の水が積雪から離れていく．

3.5.1 熱収支的な考察

　主要なプロセスの見当をつけるため，数回の積雪イベント直後の融雪中に一定密度と温度をもつ一様な積雪という単純な事例を考察してみよう．この温度が0°Cに保たれた積雪層に対して熱収支式 (2.74) を

$$R_s(1 - \alpha_s) + \varepsilon_s R_{ld} - R_{lu} - L_e E - H - L_{fu} F_m - G + A_w = 0 \tag{3.25}$$

と書き直すことができる．これまでと同様に R_s は（全天）短波放射量，α_s は地表面のアルベド，R_{ld} は下向き長波放射量または大気放射量，ε_s は地表面の射出率，R_{lu} は上向き長波放射量，L_e は液体の水の気化の潜熱，H は顕熱フラックスである．融雪を生じさせるエネルギーフラックス部分では，L_{fu} は融解の潜熱，F_m は $[\mathrm{M_w\,L^{-2}\,T^{-1}}]$ の次元をもつ比流束で表した融雪水の生成速度，すなわち単位面積，単位時間あたりの融雪水質量である．1，2回の降雪に伴う十分に薄い層に対しては，G は地中への熱フラックスと考えることができる．しかし，厚い季節積雪や氷河に対しては，G は深部の雪へのフラックスを表す．移流エネルギーの項 A_w は，主には通常温度が高い降水による熱フラックス，そしてそれより絶対量としては小さいが，融雪水が地中に浸透したり，流出することで運び出される熱の除去速度を表す．

安定した積雪の温度は通常氷点下にあり，このような条件では潜熱フラックスは $L_s E$ で表される．ここで，$L_s = L_e + L_{fu}$ は雪や氷の気化の潜熱である．目に見える形の融雪は雪や氷の温度が $0°C$ 付近に達してからのみ生じる．融雪プロセスは通常氷晶や氷の粒子の表面で生じる．ここで，格子状の構造が最初に消失する可能性が高い (Lock, 1990)．したがって，融雪の間，氷晶は気化する前に，液体を生じさせる．このことからも，式 (3.25) でなぜ L_e が必要かわかる．

Ohmura (2001) は，様々な雪面や氷面が融けている時の実験的な熱収支観測のレビューから，通常は正味放射量 $R_n = R_s(1 - \alpha_s) + \varepsilon_s R_{ld} - R_{lu}$ が式 (3.25) の主要なエネルギー源であり，続くのが，負の値をとる場合の顕熱フラックス H であることを示した．融解の潜熱 $L_{fu} F_m$ は通常主要なエネルギーの吸収源であり，正味放射量と同じオーダーにある．熱伝導の項 G はおおむね小さく，しばしば無視しうる程度である．E による潜熱フラックスは，移流してきた空気の融解中の地表面に対する相対的な湿度に依存するため，地点ごとに異なる傾向にある．

式 (3.25) の各項の性質を理解するには，第 2 章でのそれぞれの扱いを振り返る必要がある．表 2.7 に示したように，第 1 項の新鮮な雪面のアルベドは通常非常に大きく，$0.8 \sim 0.9$ 程度である．これから，融雪プロセスの初期には短波放射がそれほど重要でないこと，時間が経過した古い雪に対してや季節全体で見たときに高い太陽高度下で重要になる場合があることが説明できる．第 2 項の雪の射出率は表 2.8 によれば 1 に近い値である．下向き長波放射あるいは大気放射量 R_{ld} の推定は容易ではないが，式 (2.83) によれば地表面近くの気温と強い相関がある．すなわち，$R_{ld} = \varepsilon_a \sigma T_a^4$ である．式 (3.25) の第 3 項は上向きの長波放射である．雪面の射出率は 1 に近く，さらに上向き長波は反射された下向き長波放射も含んでいるため，雪面が黒体として放射を行っていると仮定することで容易に推定できる．したがって，$R_{lu} = \sigma T_0^4$ であり，融雪中の雪面では原理的に $T_0 = 273.16$ K である．融雪中の気温は通常雪面温度より数度ほどしか高くないので，正味放射量はよい近似として，

$$R_n = R_s(1 - \alpha_s) - (1 - \varepsilon_a)\sigma T_0^4 + 4\varepsilon_a \sigma T_0^3 (T_a - T_0) \tag{3.26}$$

で与えられる．この式で T_0 は一定で，大気の射出率 ε_a は特に曇天時には 1 に近い．そのため，右辺第 2 項は大きくは変化しない．一方，第 1 項では日射量 R_s の変化は気温変化，そして $(T_a - T_0)$ に反映されるだろう．したがって，式 (3.26) の第 1 項と第 3 項は，正味放射量を決める主要な変数が温度差 $(T_a - T_0)$ であることを示している．

式 (3.25) の第 4 項と第 5 項は乱流による潜熱と顕熱フラックスであり，2.5.2 項や 4.2.2 項で接地層相似則に基づいて導出された式 (2.36), (2.38) や式 (4.3) の形のバルク輸送式で推定できる．それゆえ，潜熱フラックスは

$$E = Ce\rho u_a (q_s - q_a) \tag{3.27}$$

として表現できる．ここで u_a と q_a は，Ce の定義に従う地表面上の高さで測定された，それぞれ風速と大気中の比湿である．添字の s は雪面を意味しており，したがって $q_s = q^*(T_0)$ は雪の温度における飽和比湿である．潜熱フラックスは通常はエネルギーの損失であるが，雪面への暖かい降雨時に大きな q_a による凝結を伴うエネルギー増加をもたらすこともある．気温の効果をより明瞭に示すために，式 (3.27) はよい近似として，

$$E = Ce\rho u_a [(1 - r)q^*(T_a) - (0.622\Delta/p)(T_a - T_0)] \tag{3.28}$$

のように表すことができる．ここで r は相対湿度，$q^*(T_a)$ は気温における飽和比湿，$\Delta = de^*/dT$ は気温における飽和水蒸気圧曲線の傾き（式 (2.13) および図 2.1 参照），0.622 は式 (2.5) の水と空気の分子量の比，p は気圧である．式 (3.28) は式 (4.6) と式 (4.20) を利用して導出することができる．

顕熱フラックスも同様にして

$$H = \mathrm{Ch}\rho c_p u_a (T_0 - T_a) \tag{3.29}$$

として与えられる．融雪中は $T_0 < T_a$ なので，式 (3.29) は負の値となる．このことは，顕熱フラックスが式 (3.25) の中ではエネルギー源であることを示している．$T_0 < T_a$ であることはまた，地表面付近の大気が安定成層であることを意味する．結果として，乱流は抑制され，輸送係数 Ch およびCe は中立時の値より著しく小さくなると予想される．このことは，式 (3.29) により融雪中の積雪が得るエネルギーが，式 (3.26) の放射による加熱（そして式 (3.27) によるエネルギー損失）より通常ずっと小さく観測される 1 つの理由となっている．さらに，顕熱と潜熱フラックスは相互に打ち消し合う傾向にある．これまでの融雪の研究において，輸送係数 Ch および Ce は理論的に，そして実験的に決められてきている．

熱伝導の項 G は通常調べるのが困難である．しかし，前述のように，多くの研究において，他の項と比べると，特に日単位やそれより長い期間では無視しうることが見いだされている．式 (3.25) の最後の項は積雪への熱移流を表している．雨の温度は一般に湿球温度に等しいと仮定される．しかし，降雨中は空気が飽和に近いので，しばしば単純に気温 T_a が雨の温度であるとされる．表 2.4 は 0° から 5°C の間の水の比熱が 4.21 kJ kg^{-1}K^{-1} 程度であることを示している．したがって，降雨から得られるエネルギーは，降雨の単位を mm d^{-1} とすると

$$A_w = 4.21 \times 10^3 P(T_a - T_0) \tag{3.30}$$

により J m^{-2} d^{-1} の単位で与えられる．

熱収支式 (3.25) の各項についての考察から，融雪中において，凍結温度上の気温 $(T_a - T_0)$ が雪面と大気の相互作用の最も重要な要素であることが示された．これは，式 (3.26) 中の正味放射量の主要変数であるばかりでなく，式 (3.29) の乱流の顕熱フラックス，式 (3.30) の降水の加熱効果，そしてある程度は式 (3.28) の潜熱フラックスを決定する要素としても登場する．このことは，対象期間の平均温度，あるいは積算温度 (degree day) の統計値を用いる温度のみに基づく融雪量の推定がなぜそれほどよい結果をもたらすのかを示している．Ohmura (2001) により鋭く指摘されたように，しばしばこのタイプの方法は，詳細な熱収支に基づく包括的な方法と比べて劣っているとか，過度に単純化していると誤って扱われてきた．この方法をあえて適用する場合は，温度データがどこでも入手できるのに対して，詳細な熱収支が滅多に入手できないことを理由としてきた．しかし，ここで示したように，式 (3.25) のほぼすべての項，特に下向き長波と顕熱フラックスは気温と強い相関があるので，ほとんどの融雪予測の目的において，気温に基づく融解係数法 (melt-index method) が十分に正確であると見いだされてきたことは驚くにはあたらない．実際，この方法は，観測された日積雪質量や流出量を再現するためのモデルで，より複雑な方法と実際問題としては同等の実力があることが示されてきた (Rango and Martinec, 1995; Magnusson et al., 2015)．この方法を次で扱う．

3.5.2 温度に基づく融雪係数（または正の積算温度）法

氷や雪の氷面の平均融解速度が平均気温と強く関係しているという証拠を示す研究は，それが間接的なものであるにせよ，ほぼ100年前にはすでに報告されだしたようである．たとえば，Ahlmann (1924) のノルウェーにおける観測では，氷河域から流出する河川の年間流量が氷河に覆われている標高における夏の平均気温と明白な相関があることが示された．Slater (1929) は Spitsbergen 島と Savoy 氷河の地点氷厚変化の観測から，気温が表層の氷の融解における主要因子であると結論づけた．Collins (1934) は北部アイダホ州の融雪期の3河川流域において，氷点以上の正の積算値としての積算温度と流域からの積算流出量の間に明確な関係があることを見いだした．

今扱っている問題では，この方法の基本式は $T_a > T_m$ の条件下で

$$F_m = C_m(T_a - T_m) \tag{3.31}$$

で与えられる．F_m は比流束として表した融雪水の発生速度，C_m は融雪係数 (melt factor)，温度融雪係数 (temperature melt index)，ディグリーデーファクター (degree-day factor, degree-day ratio) などと呼ばれている．T_a は平均気温，T_m は，融雪を起こす閾値である基準温度である．前項で示されたように，この方法は物理的に十分な根拠に基づいているが，C_m と T_m の値が対象地域の条件に依存するという不便な点があり，したがって，個々の適用にあたって新たに推定する必要があるかもしれない．

原理的には，$T_m = T_0 = 273.16$ K と仮定できる．しかし，日単位あるいはより長い期間に対して計算を行おうとすると，昼間の間には融雪が起きていても，夜間の再凍結で平均 T_a が氷点下であれば，式 (3.31) から融雪量ゼロとなってしまう．この問題は，時間単位などの短期間を対象にするか，T_0 より小さな T_m を用いることで避けることができる．小さな T_m を用いることでまた，標高に幅のある広い地域内にあるわずか数ヵ所のみの観測点を用いて式 (3.31) を適用する際のサンプリングの問題を，ある程度回避することもできる (Van den Broeke et al., 2010)．

多くの異なる C_m の値が文献中に示されてきた．そして，実際の適用では，ある条件に適合する値は，流域の流出量を用いてキャリブレーションすることで通常は決められている．それでも，いくつかの共通の傾向に気がつく．ディグリーデーファクター C_m は一般的に雪面より氷面に対して大きな値をとる (Hock, 2003)．雪の場合，C_m の値は森林よりは，開けた場所で通常大きくなる．また，春から夏にかけて融雪期が進行すると，積雪密度が増加しアルベドが減少するのに従い，C_m の値は増加するようである．表3.4に示された $T_m = T_0 = 273.16$ K に対する C_m の変化がこの点についての例証となる．これらの平均値は，カリフォルニア州 Central Sierra Snow Laboratory の11地点における1947〜52年，そして西部モンタナ州の Upper Columbia Snow Laboratory の14地点での1947〜50年の毎週，あるいは時として2週に1度の頻度で4月から6月までに行った観測値を基に Weiss and Wilson (1958) が示したものである．5月の値は季節平均と考えることができる．C_m の値は平均風速，湿度，雲量とは無関係であることが見いだされている．

積雪は時間の経過とともに，その密度 ρ_s は増加し，アルベド α_s が減少する．さらに，春季に融雪プロセスが進行するにつれ，通常日射量も増加する．ここで，熱収支式 (3.25) で R_s が主要な項であること，R_s は $(T_a - T_0)$ により直接的には表現されないことを思い起こすこと．したがって大きな R_s は，式 (3.31) 中ではより大きなディグリーデーファクター C_m となって反映されることになる．これら積雪密度，アルベド，日射量の変化により，表3.4中の春季の C_m の増加がおおむね説明できる．積雪密度が既知であれば，ディグリーデーファクターのおおよその推定値を得るのに

表 **3.4** Weiss and Wilson (1958) によるカリフォルニア州と西部モンタナ州の 25 の観測点での融雪観測結果の解析から得られた平均ディグリーデーファクター (mm d^{-1} K^{-1}).

	4月	5月	6月
森林	2.2	3.1	4.0
中間的な地域	3.3	4.6	6.0
開けた地域	4.3	6.2	8.0

用いることができる. 週平均の観測値を基にマルティネク (Martinec)(Rango and Martinec, 1995) は雪の比重との間に一貫した以下の関係を見いだした.

$$C_m = 11.0(\rho_s/\rho_w) \tag{3.32}$$

ここで, ρ_s は積雪密度, ρ_w は水の密度である. 積雪密度は新雪の概略 50 kg m^{-3} と降雪から時間経過した古い雪の 500 kg m^{-3} 程度までの間の値をとる. 積雪密度を推定する方法や時間経過に伴う変化は Bormann *et al.* (2013; 2014) が説明している. Anderson (1973; Slater and Clark, 2006) はディグリーデーファクターを以下の正弦波関数で与えることを提案した.

$$C_m = [(m_1 + m_2)/2] + \sin(2\pi n/366)[(m_1 - m_2)/2] \tag{3.33}$$

ここで m_1 と m_2 はキャリブレーションで決めるパラメータであり, それぞれ夏至と冬至における仮想的な C_m の値としてとらえることができる. n は春分からの経過日数である. 式 (3.33) は表 3.4 と同様な春季融雪期における正のトレンドを示す.

多くの研究で, 積算温度の基本式が融雪量の推定における強力な道具であることが示されてきた. しかし, このことは, 式 (3.25) において $(T_a - T_0)$ を含む項が含まない項より支配的であるという点にかかっている. 前項で示されたように, $(T_a - T_0)$ を含む項の中でもっとも大きいのは下向きの長波放射量である. 短波放射量と下向きの長波放射量はしばしば負の相関があるので, $(T_a - T_0)$ の効果が弱まり, 式 (3.31) がさほど有効でなくなる場合もありうる. これは, 高い植生のない開けたプレーリーや高い標高で経験するような乾燥かつ (または) 寒冷大気に覆われた晴天日に, 特に融雪の後期に積雪が古くなりアルベド α_s が減少したときに生じる条件である. 式 (3.26) が示すように, アルベド α_s が小さく, 乾燥して清浄な大気により大気射出率 ε_a が小さな晴天時には, 右辺第 3 項が小さくなることではじめの 2 項の相対的な大きさが増大する. 第 3 項の影響は, 寒冷条件下において, T_a が T_0 に近づけばそれだけ減少する. 時間スケールでより顕著になるこのような条件下では, 正味日射量を含む項を導入することで基本式 (3.31) を拡張することができる (Martinec, 1989). 原理的にはよさそうであるが, この選択は広く採用されることはなかった. いずれにせよ, 融雪期の進行に伴い短波放射量の重要性が増大することが, 表 3.4 に示すような時間とともに C_m が増加する主要な原因である. 式 (3.31) に短波放射量だけでなく正味の長波放射量を導入することで拡張した研究者もいる. しかし, $(T_a - T_0)$ はすでに正味の長波放射量と最も強い関係があるので, 式 (3.31) に正味の長波放射量の項をもう 1 つ加えることは, 多分に冗長で不必要と思われる.

流域の流出計算において式 (3.31) を効果的に利用するための多くのアルゴリズムが提案されており (たとえば, Martinec and Rango, 1986; Schreider *et al.*, 1996; Hock, 2003; Slater and Clark, 2006), その中では衛星から得られた積雪データの利用が増加している (たとえば, Franz and Karsten, 2013; He *et al.*, 2014; Riboust et al., 2019).

3.6 ルーチン的な降水量測定の信頼性

　降水量は，おそらく定期的・ルーチン的に測定が行われた初めての水文変数であり，100年以上前に世界中の多くの場所でこの観測が開始されている．そこで水文学のさまざまな目的で，この歴史的なデータベースの存在が役に立つのである．原理的には，降水量の測定は単純なはずである．しかし利用できる過去の降水量記録のほとんどには大きな系統的な誤差が含まれており，その利用には注意が必要であることを知っておく必要がある．もちろんこのことは長年にわたり知られてきた（たとえば Larson and Peck, 1974; McGuiness and Vaughan, 1969; Neff, 1977; Golubev *et al.*, 1992; Duchon and Essenberg, 2001 参照）が，この状況を何とか改善しようとする動きが出てきたのは，比較的最近のことである．保管された降水量データの修正問題の解決には，まだなされねばならないことが多いが (Groisman and Legates, 1994)，少しずつこの件についての理解が深まっている．

　雨量計は，設置の都合上や雨滴の跳ね返りや漂雪を避けるため，通常は地表面上のある高さ（型により 0.5 m かそれ以上）に受水口が置かれる．ここで重要な因子の1つは，雨量計が風に対する障害物として存在することで風の場を乱し，受水口上の風速を増加させ，雨量計周囲にウェークの渦を発達させることである．この結果，細かい雨滴が受水口上を通り越し，雨量計に入る数が減少する傾向をもつ．この傾向は，受水口の高さが増すにつれて増加する．そこで，風速が増すにつれ，降水強度が減少するにつれ，そして受水口の地表面からの高さが増すにつれて，実際の降水量と測定された降水量の差が増加することが予測できる．図 3.20 は，Nespor (1993) (Nespor *et al.*, 1994; Nespor and Sevruk, 1999 も参照のこと）による風洞実験で得られた雨量計上の風の場の乱れを表している．この図で，雨量計上流側の乱されていない場の風速より雨量計上の風速が 20〜30% 高くなっているのが見て取れる．風による降水量の損失は，雨で平均 2〜10%，雪で 20〜50% の範囲である．しかし，個々の降水イベント中ではこの値はもっと大きいかもしれない．風を唯一の因子とした時の，典型的な捕捉欠損率を図 3.21 に示す．Sevruk (1993a) はより詳細な雨量データの解析から，図 3.22 に示すように，降雨強度の関数として平均風速で生じた誤差を求めた．この観測から，小さな

図 **3.20**　風洞実験から求められた英国 Mk2 型雨量計内外での風速の無次元等値線．面対称な雨量計の対称面を断面として，風速と平行な方向に鉛直に切り取って表した図．無次元化に用いた風洞内の参照空気速度 v_f は図中左から右に 3 m s^{-1} である．図中の長さは 136.6 mm の雨量計外径により無次元化してある．雨量計受水部上の風速が自由流の風速より約 35% 大きいことがわかる．(Nespor and Sevruk, 1999)

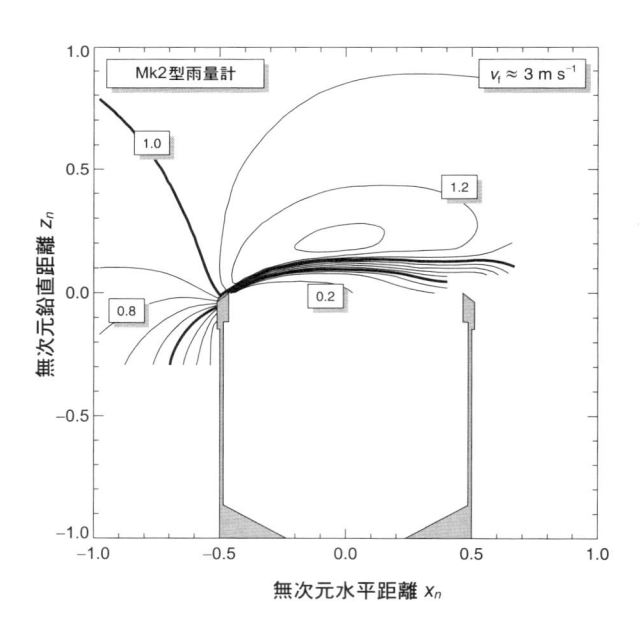

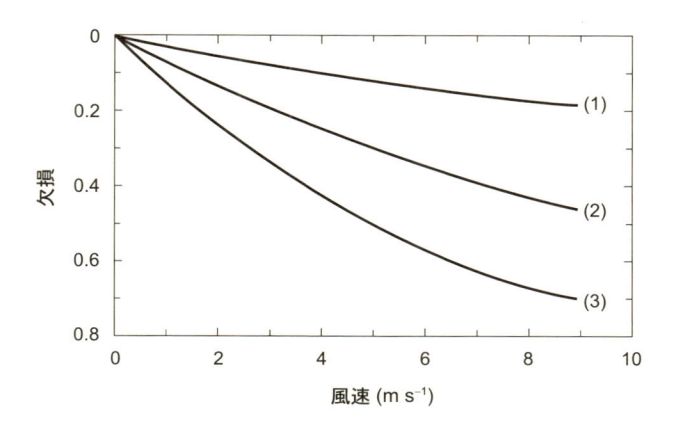

図 3.21　風速に対する雨量計の捕捉損失率.
(1) 液体の降水測定の場合, (2) 周り
に一重の風よけをつけた雨量計で固
体の降水測定をした場合, (3) 風よ
けをつけない雨量計で固体の降水測
定をした場合. 曲線は Larson and
Peck (1974) が集めた合衆国, ロシ
ア, 英国の異なる地点でのデータを
まとめたものである. 雨に対して
は, 風よけがあってもなくても捕捉
率はほぼ同じである.

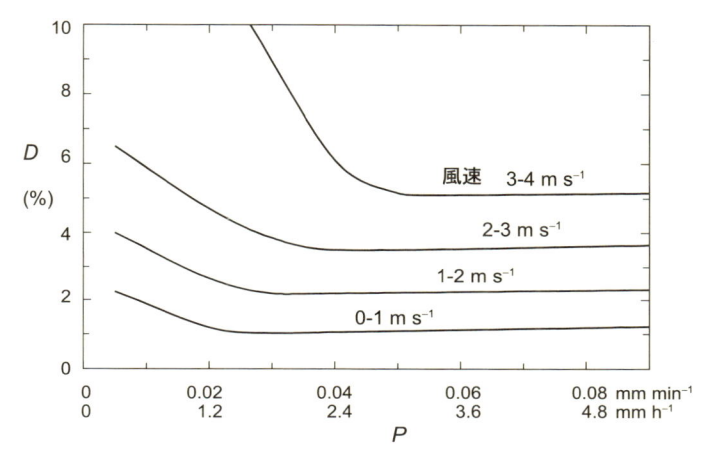

図 3.22　階級ごとに平均した地上 1 m および 1.5 m に設置したヘルマン型雨量計 (Hellmann gage) と, 地面レベル
雨量計による降水量測定値の差 $D(\%)$. Sevruk (1993a) による 1938〜1947 年にわたるスイス Les Avants
における 4 月〜9 月の観測結果であり, 異なる風速に対して平均降水強度 P の関数として示されている.

図 3.23　世界気象機関 (WMO) がキャリブレーションの
際に利用を推薦する 2 つの参照用標準雨量計.
内部が見えるようにしてある. 雨の測定に用い
られる地面雨量計（上図）は, 雨滴の飛沫を避け
るための格子に囲まれている. 降雪測定に用い
る風よけつき雨量計（下図）は直径 4 m, 高さ
3 m と, 直径 12 m, 高さ 3.5 m の 2 つのフェン
スに囲まれている. (Sevruk, 1993b)

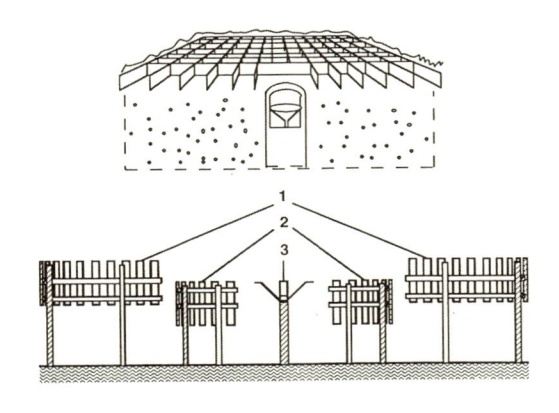

雨量強度では, 誤差が風速とともに急速に上昇するのに対し, 雨量強度が大きいと誤差の上昇が緩
やかであることがわかる.

　この問題の解決のため, さまざまな測定方法が試みられてきた（たとえば Rodda, 1967; Robinson
and Rodda, 1969; Sevruk, 1974）. 最もよい方法は, おそらく受水口を地面の高さに合わせる地面雨

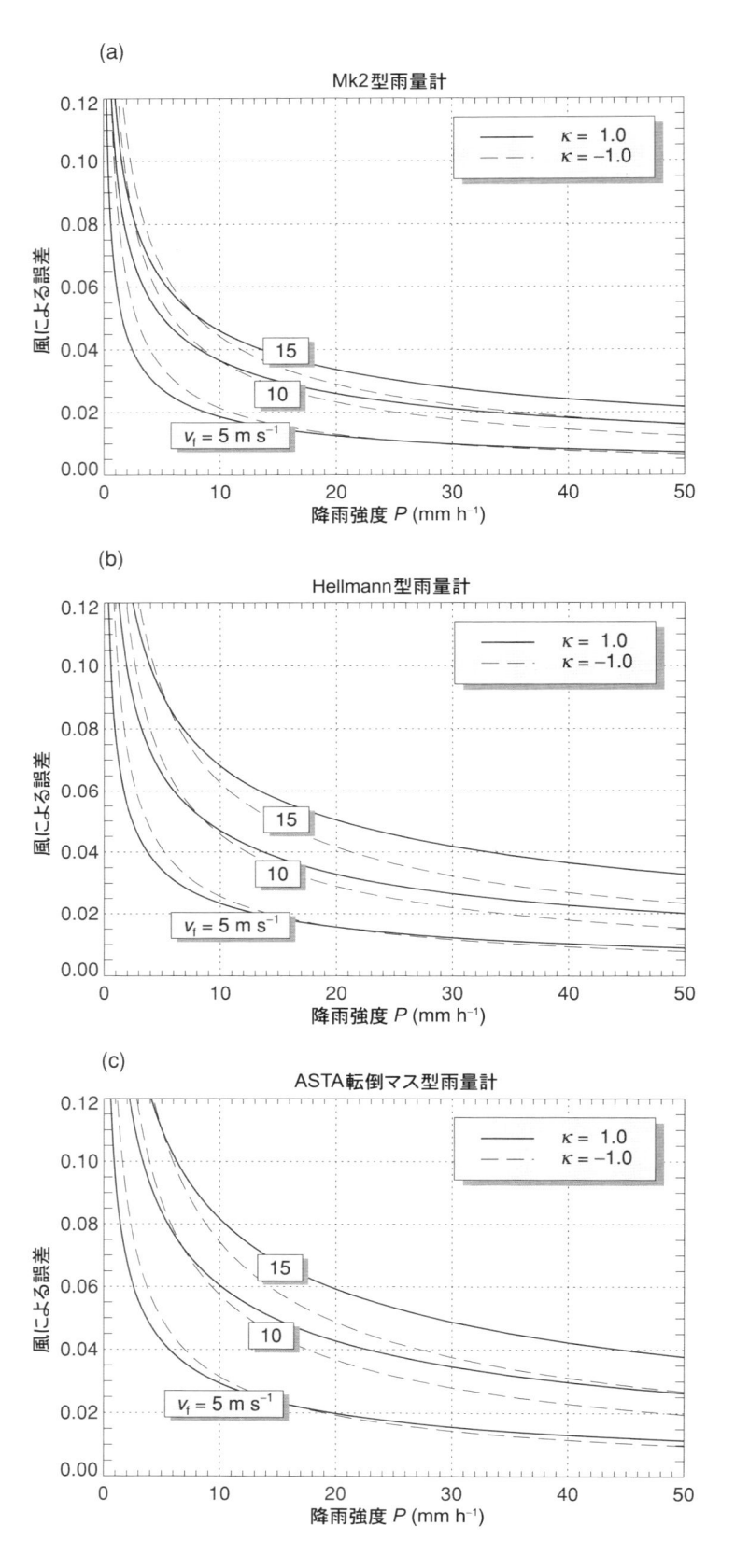

図 3.24 雨量強度 $P(\mathrm{mm\,h^{-1}})$ の関数として表した，風による誤差の計算例．(a) Mk2, (b) Hellmann, (c) ASTA 転倒マス型雨量計．誤差は図に示した 3 つの風速 (v_f) と地形性 ($\kappa = -1$)，雷雨性 ($\kappa = 1$) の 2 つの雨滴分布型に対して計算されている．(Nespor and Sevruk, 1999)

量計 (pit gage) (Duchon and Essenberg, 2001) の利用である．風よけも使われるが，どのような設計を用いても問題を軽減することはできるが，なくすことはできない．また風よけは，雪の捕捉欠損率を減少させるのに有効であるが，降雨に対してはそれほど大きな効果はないようである．異なる型の雨量計のキャリブレーションのために，世界気象機関 (World Meteorological Organization；WMO) では，図 3.23 に示した風の影響が無視できる (Sevruk, 1993b)，2 つの参照用雨量計の利用を推奨している．降雨に対する参照用雨量計は，受水口を地表面の高さに合わせるように地面にあけたピット中に設置し，その周りに格子を置いて雨滴の飛沫を避けるようにした Mk2 型雨量計（英国気象部）である．雪に対する参照用雨量計は地上 3 m の風よけをつけた受水部を 2 つの 8 角形のフェンスで囲んだ Tretyakov 型雨量計（ロシア気象庁）であり，フェンスは，直径 4 m，高さ 3 m と 直径 12 m，高さ 3.5 m に間隙率 50% の 1.5 m の細長い薄板を配置したものである．しかし，この参照用降水量計も完全ではなく，風速 6～7 m/s で日量として 20～50% もの捕捉欠損を生じうる (Yang, 2014).

　風速が主要な要因であるが，この他にも降雨初期の雨量計のぬれ（つまり遮断），蒸発，そして雨量記録のメカニズムによっても損失が生じるかもしれない．捕捉率が小さいことによる系統誤差を補正する多くの方法が開発されてきた（たとえば Legates and DeLiberty, 1993; Sevruk, 1993a;1996; Sevruk and Nespor, 1998; Yang *et al.*, 1998; 2001; 2005; Nespor and Sevruk, 1999; Ye *et al.*, 2004 参照）．いくつかのこれらの研究からはまた，測定値を補正するには，平均風速の他にも降雨強度や雨滴粒径分布も考慮すべきであるという共通認識が生まれてきた．この影響を図 3.22，図 3.24 に示す．Habib *et al.* (1999) は，誤差推定にあたり平均化時間も考慮すべきであることを示し，1 時間またはそれ以下の平均化時間が薦められている．

■問　題

3.1　図 3.10 の変化を受ける気塊について，温位と高さ z の関係を図示せよ．気塊が峰を通過する際の各区間について，同じ記号 A, B, C, D を用いて図中に示すこと．

3.2　式 (3.3) の逆距離加重法で $b = 0$ とすると，算術平均となることを示せ．

3.3　逆距離加重法（式 (3.3) 参照）の原理を用いて，対象流域内にある n 個の雨量計の内の 1 つの欠測値を求める式を導出せよ．つまり，欠測の生じた p 番目の雨量計の降水量を距離がそれぞれ $d_{1,p}, d_{2,p}, \ldots, d_{n-1,p}$ 離れた $(n-1)$ 個の他の雨量計の測定値から推定すること．

3.4　式 (3.4) の K_p が 36 程度である地点において発生した，90 分間で 60 mm の降雨イベントの再現期間 T_r (年) を推定せよ．a と c のパラメータには典型的な値を用いること．

3.5　湿潤温帯気候にある地域の降雨の強度，継続時間，頻度データが式 (3.4) により $K_p = 30$, $a = 0.2$, $b = 0.05$ h, $c = 0.70$ として表すことができると仮定せよ．P の単位は mm h^{-1}，D は h，T_r は yr である．継続時間 70 分の 50 年確率降雨を求めよ．

3.6　地球上で記録された継続時間 90 分の最大雨量を推定せよ．

3.7　図 3.21 を求めるのに使用したデータの平均降雨強度の概略値を，図 3.21 と図 3.22 を組み合わせることで求めよ．別の設問としては，P がいくつの時 2 つの図が一致するか．この 2 図で使用されたさまざまな雨量計の捕捉欠損に影響する流体力学的特性は同じようなものであることを仮定せよ．

3.8　式 (3.26) の形の正味放射量の式を導出せよ．

3.9　式 (3.27) から式 (3.28) を導出せよ．

■参考文献

Ahlmann, H. W. (1924). Le niveau de glaciation comme fonction de l'accumulation d'humidité sous forme solide, *Geografiska Annaler*, **6**, 223–272. doi:10.1080/20014422.1924.11881098.

Alila, Y. (2000). Regional rainfall depth-duration-frequency equations for Canada. *Water Resour. Res.*, **36**, 1767–1778.

Allen, R. J. and DeGaetano, A. T. (2005). Areal reduction factors for two eastern U.S. regions with high rain gauge density. *J. Hydrol. Eng. (ASCE)*, **10**. 327–335. doi:10.1061/(ASCE)1084-0699(2005)10:4(327).

Anderson, E. A. (1973). *National Weather Service River Forecast System—Snow Accumulation and Ablation Model*. NOAA Tech. Memo. NWS HYDRO-17, U.S. Dept. Commerce.

Arnault, J., Knoche, R., Wei, J. and Kunstmann, H. (2016). Evaporation tagging and atmospheric water budget analysis with WRF: a regional precipitation recycling study for West Africa. *Water Resour. Res.*, **52**, 1544–1567. doi:10.1002/2015WR017704.

Asquith, W. H. and Famiglietti, J. S. (2000). Precipitation areal-reduction factor estimation using an annual-maxima centered approach. *J. Hydrol.*, **230**, 55–69.

Bell, F. C. (1969). Generalized rainfall-duration-frequency relationships. *J. Hydraul. Div., Proc. ASCE.*, **95** (HY1), 311–327.

Benton, G. S., Blackburn, R. T. and Snead, V. O. (1950). The role of the atmosphere in the hydrologic cycle. *Eos Trans. Amer. Geophys. Un.*, **31**, 61–73.

Bernard, M. M. (1932). Formulas for rainfall intensities of long duration. *Trans. Amer. Soc. Civ. Eng.*, **96**, 592–606, 617–624.

Blanchard, D. C. (1972). Bentley and Lenard: pioneers in cloud physics. *Amer. Scientist*, **60**, 746–749.

Bormann, K. J., Evans, J. P. and McCabe, M. F. (2014). Constraining snowmelt in a temperature-index model using simulated snow densities. *J. Hydrol.*, **517**, 652–667. doi:10.1016/j.jhydrol.2014.05.073.

Bormann, K. J., Westra, S., Evans, J. P. and McCabe, M. F. (2013). Spatial and temporal variability in seasonal snow density. *J. Hydrol.*, **484**, 63–73. doi:10.1016/j.jhydrol.2013.01.032.

Bras, R. F. and Rodriguez-Iturbe, I. (1976). Rainfall network design for runoff prediction, *Water Resour. Res.*, **12**, 1197–1208.

Brubaker, K. L., Entekhabi, D. and Eagleson, P. S. (1993). Estimation of continental precipitation recycling. *J. Clim.*, **6**, 1077–1089.

Bruce, J. P. (1968). *Atlas of rainfall intensity-duration frequency data for Canada*. Climatol. Studies No. 8. Toronto: Met. Branch, Dept. of Transport.

Budyko, M. I. (1974). *Climate and Life*. New York: Academic Press. (訳本：内嶋善兵衛・岩切敏 訳 (1973) 気候と生命 (上・下), 東京大学出版会)

Burns, F. (1964). The relationship between point and areal rainfall in prolonged heavy rain. *Met. Mag., London*, **98**, 289–293.

Calder, I. R. (1990). *Evaporation in the Uplands*. Chichester, UK: John Wiley.

Cao, Q., Gershunov, A., Shulgina, T., Ralph, F. M., Sun, N. and Lettenmaier, D. P. (2020). Floods due to atmospheric rivers along the U.S. west coast: the role of antecedent soil moisture in a warming climate. *J. Hydromet.*, **21**, 1827–1845. doi:10.1175/JHM-D-19-0242.1

Chang, M. and Lee, R. (1974). Objective double-mass analysis. *Water Resour. Res.*, **10**, 1123–1126.

Chen, C. L. (1983). Rainfall intensity-duration-frequency formulas. *J. Hydraul. Eng.*, **109**, 1603–1621.

Chua, S.-H. and Bras, R. L. (1982). Optimal estimators of mean areal precipitation in regions of orographic influence. *J. Hydrol.*, **57**, 23–48.

Collins, E. H. (1934). Relationship of degree-days above freezing to runoff, *Eos, Trans. Am. Geophys. Un.*, **15**, 624–629.

Court, A. (1961). Areal-depth rainfall formulae. *J. Geophys. Res.*, **66**, 1823–1831.

Daly, C., Neilson, R. P. and Phillips, D. L. (1994). A statistical-topographic model for mapping climatological precipitation over mountainous terrain. *J. Appl. Meteor.*, **33**, 140–158.

Dean, J. D. and Snyder, W. M. (1977). Temporally and areally distributed rainfall. *J. Irrig. Drain. Div., Proc. ASCE.*, **103** (IR2), 221–229.

Delhomme, J. P. (1978). Kriging in the hydrosciences. *Adv. Water Resour.*, **1**, 251–266.

DeMichele, C., Kottegoda, N. T. and Rosso, E. (2001). The derivation of areal reduction factor of storm rainfall from its scaling properties. *Water Resour. Res.*, **37**, 3247–3252.

Dickinson, R. E. (1984), Modeling evapotranspiration for three-dimensional global climate models, climate processes and climate sensitivity. Geophys. Monogr. No. 29, Amer. Geophys. Un., 58–72.

Duchon, C. E. and Essenberg, G. R. (2001). Comparative rainfall observations from pit and aboveground rain gauges with and without wind shields. *Water Resour. Res.*, **37**, 3253–3263.

Eagleson, P. S., Fennesey, N. M., Qinliang, W. and Rodriguez-Iturbe, I. (1987). Application of spatial Poisson models to air mass thunderstorm rainfall. *J. Geophys. Res.*, **92** (D8), 9661–9678.

Eltahir, E. A. B. (1998). A soil moisture–rainfall feedback mechanism 1: theory and observations. *Water Resour. Res.*, **34**, 765–776.

Eltahir, E. A. B. and Bras, R. L. (1994). Precipitation recycling in the Amazon basin. *Quart. J. R. Meteor. Soc.*, **120**, 861–880.

(1996). Precipitation recycling. *Rev. Geophys.*, **34**, 367–378.

Ferreri, G. B. and Ferro, V. (1990). Short-duration rainfalls in Sicily. *J. Hydraul. Eng.*, **116**(3), 430–435.

Ferro, V. (1993). Discussion of "Rainfall intensity–duration–frequency formula for India". *J. Hydraul. Eng.*, **119**(8), 960–962.

Fleagle, R. G. and Businger, J. A. (1963). *An Introduction to Atmospheric Physics*. NY: Academic Press.

Fogel, M. M. and Duckstein, L. (1969). Point rainfall frequencies in convective storms. *Water Resour. Res.*, **5**, 1229–1237.

Franz, K. J. and Karsten, L. R. (2013). Calibration of a distributed snow model using MODIS snow covered area data. *J. Hydrol.*, **494**, 160–175. doi:10.1016/j.jhydrol.2013.04.026.

Fritsch, J. M., Kane, R. J. and Chelius, C. R. (1986). The contribution of mesoscale convective weather systems to the warm season precipitation in the United States. *J. Clim. Appl. Meteor.*, **25**, 1333–1345.

Fujita, T. (1955). Results of detailed synoptic studies of squall lines. *Tellus*, **7**, 405–436.

Gandin, L. (1963). *Objective Analysis of Meteorological Fields*. Leningrad: Gidrometeorologichoskoe Isdatel'stvo. English translation (1965), Jerusalem: Israel Program for Scientific Translation.

Gash, J. H. C. (1979). An analytical model of rainfall interception by forests. *Quart. J. Roy. Meteor. Soc.*, **105**, 43–55.

Gash, J. H. C. and Morton, A. J. (1978). An application of the Rutter model to the estimation of the interception loss from Thetford Forest. *J. Hydrol.*, **38**, 49–58.

Gash, J. H. C., Lloyd, C. R. and Lachaud, G. (1995). Estimating sparse forest rainfall interception with an analytical model. *J. Hydrol.*, **170**, 79–86.

Gash, J. H. C., Wright, I. R. and Lloyd, C. R. (1980). Comparative estimates of interception loss from three coniferous forests in Great Britain. *J. Hydrol.*, **48**, 89–105.

Gilman, C. S. (1964). Rainfall. In *Handbook of Applied Hydrology*, 9.1–9.68, ed. V. T. Chow, New York: McGraw-Hill Book Co.

Goff, R. C. (1976). Vertical structure of thunderstorm outflows. *Mon. Wea. Rev.*, **104**, 1429–1440.

Golubev, V. V., Groisman, P. Ya. and Quayle, R. G. (1992). An evaluation of the U.S. standard 8-inch nonrecording rain gage at the Valdai polygon, USSR. *J. Atmos. Oceanic Technol.*, **49**, 624–629.

Groisman, P. Ya. and Legates, D. R. (1994). The accuracy of United States precipitation data. *Bull. Amer. Met. Soc.*, **75**, 215–227.

Habib, E., Krajewski, W. F., Nespor, V. and Kruger, A. (1999). Numerical simulation studies of rain gage data correction due to wind effect. *J. Geophys. Res.*, **104** (D16), 19 723–19 733.

He, Z. H., Parajka, J., Tian, F. Q. and Blöschl, G. (2014). Estimating degree-day factors from MODIS for snowmelt runoff modeling. *Hydrol. Earth Syst. Sci.*, **18**, 4773–4789. doi:10.5194/hess-18-4773-2014.

Helvey, J. D. and Patric, J. H. (1965). Canopy and litter interception of rainfall by hardwoods of the eastern United States. *Water Resour. Res.*, **1**, 193–206.

Hershfield, D. M. (1961). Rainfall frequency atlas of the United States, for durations from 30 minutes to 24 hours and return periods from 1 to 100 years, Tech. Paper No. 40. Washington, DC: Weather Bureau, US Dept. Commerce.

Hock, R. (2003), Temperature index melt modelling in mountain areas, *J. Hydrol.*, **282**, 104–115, doi:10.1016/S0022-1694(03)00257-9.

Horton, R. E. (1919). Rainfall interception. *Mon. Wea. Rev.*, **47**, 603–623.

Houze, R. A., Rutledge, S. A., Biggerstaff, M. I. and Small, B. F. (1989). Interpretation of Doppler weather radar displays of midlatitude mesoscale convective systems. *Bull. Am. Meteor. Soc.*, **70**, 608–619.

Hua, L., Zhong, L. and Ke, Z. (2017). Characteristics of the precipitation recycling ratio and its relationship with regional precipitation in China. *Theor. Appl. Climatol.*, **127**, 513–531. doi: 10.1007/s00704-015-1645-1.

Huff, F. A. (1966). Rainfall gradients in warm seasonal rainfall. *J. Appl. Meteor.*, **5**, 437–453.
  (1967). Time distribution of rainfall in heavy storms, *Water Resour. Res.*, **3**, 1007–1019.

Huff, F. A. and Shipp, W. L. (1969). Spatial correlations of storm, monthly and seasonal precipitation. *J. Appl. Meteor.*, **8**, 542–550.

Hutchinson, P. (1969). Estimation of rainfall in sparsely gauged areas. *Bull. Int. Assoc. Sci. Hydrol.*, **14**, 101–199.

Jackson, I. J. (1975). Relationships between rainfall parameters and interception by tropical forest. *J. Hydrol.*, **24**, 215–238.

Johnson, R. H. (2001). Surface mesohighs and mesolows. *Bull. Am. Meteor. Soc.*, **82**, 13–31.

Journel, A. G. and Huijbregts, C. J. (1978). *Mining Geostatistics.* San Diego, CA: Academic Press.

Judson, A. and Doesken, N. (2000). Density of freshly fallen snow in the Central Rocky Mountains. *Bull. Am. Meteor. Soc.*, **81**, 1577–1587.

Kagan, R. L. (1997). *Averaging of Meteorological Fields.* Dordrecht: Kluwer Academic Publishers.

Kitanidis, P. K. (1997). *Introduction to Geostatistics, Applications to Hydrogeology.* Cambridge: Cambridge University Press.

Kothyari, U. C. and Garde, R. J. (1992). Rainfall intensity–duration–frequency formula for India. *J.*

Hydraul. Eng., **118**(2), 323–336.

Larson, L. W. and Peck, E. L. (1974). Accuracy of precipitation measurements for hydrologic modeling. *Water Resour. Res.*. **10**, 857–863.

Lavers, D. A. and Villarini, G. (2013). Atmospheric rivers and flooding over the central United States. *J. Clim.*, **26**, 7829–7836. doi:10.1175/JCLI-D-13-00212.1.

Legates, D. R. and DeLiberty, T. L. (1993). Precipitation measurement biases in the United States. *Water Resour. Bull*, **29**, 855–861.

Leyton, L. E., Reynolds, R. C. and Thompson, F. B. (1967). Rainfall interception in forest and moorland. In *Int. Symp. on Forest Hydrology*, 163–178, ed. W. E. Sopper and H. W. Lull. Oxford: Pergamon Press.

List, R. J. (1971). *Smithsonian Meteorological Tables*, sixth edition, fifth reprint. City of Washington: Smithsonian Institution Press.

Lloyd, C. R. and Marques, A. de O. (1988). Spatial variability of throughfall and stemflow measurements in Amazonian rainforest. *Agric. Forest Meteor.*, **42**, 63–73.

Lloyd, C. R., Gash, J. H. C., Shuttleworth, W. J. and Marques, A. de O. (1988). The measurement and modelling of rainfall interception by Amazonian rain forest. *Agric. Forest Meteor.*, **43**, 277–294.

Lock, G. S. H. (1990). *The Growth and Decay of Ice*. Cambridge, UK: Cambridge Univ. Press.

Maddox, R. A. (1980). Mesoscale convective complexes. *Bull. Am. Meteor. Soc.*, **61**, 1374–1387.

Madsen, H., Mikkelsen, P. S., Rosbjerg, D., and Harremoes, P. (2002). Regional estimation of rainfall intensity-duration-frequency curves using generalized least squares regression of partial duration series statistics. *Water Resour. Res.*, **38**(11), 1239; doi:10.1029/2001WR001125.

Magnusson, J., Wever, N., Essery, R., Helbig, N., Winstral, A. and Jonas, T. (2015). Evaluating snow models with varying process representations for hydrological applications, *Water Resour. Res.*, **51**, 2707–2723, doi:10.1002/2014WR016498.

Martinec, J. (1989). Hour-to-hour snowmelt rates and lysimeter outflow during an entire ablation period. In *Glacier and Snow Cover Variations*, ed. S. C. Colbeck, Proc. Baltimore Sympos., Maryland 1989, IAHS Publ. no. 183, 19–28.

Martinec, J. and de Quervain, M. R. (1975). The effect of snow displacement by avalanches on snowmelt and runoff. In *Interdisciplinary Studies of Snow and Ice in Mountain Regions*. Proc. Moscow Sympos., IAHS Pub. No. 104, 364–377.

Martinec, J. and Rango, A. (1986). Parameter values for snowmelt runoff modelling, *J. Hydrol.*, **84**, 197–219. doi:10.1016/0022-1694(86)90123-X.

McGuiness, J. L. and Vaughan, G. W. (1969). Seasonal variation in rain gauge catch. *Water Resour. Res.*, **5**, 1142–1146.

Merriam, C. F. (1937). A comprehensive study of the rainfall on the Susquehanna Valley. *Eos, Trans. Am. Geophys. Un.*, **18**, 471–476.

Merriam, R. A. (1961). Surface water storage on annual ryegrass. *J. Geophys. Res.*, **66**, 1833–1838.

Meyer, A. F. (1917). *The Elements of Hydrology*. New York: John Wiley & Sons, Inc.

Miller, J. F. (1963). Probable maximum precipitation and rainfall-frequency data for Alaska, Tech. Paper No. 47. Washington, DC: Weather Bureau, US Dept. Commerce.

Moustakis, Y., Papalexiou, S. M., Onof, C. J. and Paschalis, A. (2021). Seasonality, intensity, and duration of rainfall extremes change in a warmer climate. *Earth's Future*, **9**, e2020EF001824. doi:10.1029/2020EF001824

Myers, V. A. and Zehr, R. M. (1980). A methodology for point-to-area rainfall frequency ratios, NOAA Tech. Report NWS 24. Washington, DC: Nat. Weather Service, Nat. Oc. Atmos. Admin., US Dept. Commerce.

Nayak, M. A. and Villarini, G. (2018). Remote sensing-based characterization of rainfall during atmospheric rivers over the central United States. *J. Hydrol.*, **556**, 1038–1049. doi:10.1016/j.jhydrol.2016.09.039.

Neff, E. L. (1977). How much rain does a rain gage gage? *J. Hydrol.*, **35**, 213–220.

Nespor, V. (1993). Comparison of measurements and flow simulation: The Mk2 precipitation gauge. In *Aktuelle Aspekte in der Hydrologie/Current Issues in Hydrology; Festschrift zum 60. Geburtstag von H. Lang*, 114–119, ed. D. Grebner, no 53. Zurich: Zuercher Geographische Schriften, Swiss Federal Institute of Technology.

Nespor, V., Sevruk, B., Spiess, R. and Hertig, J.-A. (1994). Modelling of wind-tunnel measurements of precipitation gauges. *Atmos. Environ.*, **28**, 1945–1949.

Nespor, V. and Sevruk, B. (1999). Estimation of wind-induced error of rainfall gauge measurements using a numerical simulation. *J. Atmos. Oceanic Technol.*, **16**, 450–464.

Noilhan, J. and Planton, S. (1989). A simple parameterization of land surface processes for meteorological models. *Mon. Wea. Rev.*, **117**, 536–549.

Ohmura, A. (2001). Physical basis for the temperature-based melt-index method. *J. Appl. Meteor.*, **40**, 753–761.

Ohmura, A., Calanca, P., Wild, M. and Anklin, M. (1999). Precipitation, accumulation and mass balance of the Greenland ice sheet. *Zeits. f. Gletscherkunde u. Gazialgeol.*, **35**, 1–20.

Omolayo, A. S. (1993). On the transposition of areal reduction factors for rainfall frequency estimation. *J. Hydrol.*, **145**, 191–205.

Pagliara, S. and Viti, C. (1993). Discussion of "Rainfall intensity-duration-frequency formula for India". *J. Hydraul. Eng.*, **119**(8), 962–966.

Paltan, H., Waliser, D., Lim, W. H., Guan, B., Yamazaki, D., Pant, R. and Dadson, S. (2017). Global floods and water availability driven by atmospheric rivers. *Geophys. Res. Lett.*, **44**, 10,387–10,395. doi:10.1002/2017GL074882.

Papalexiou, S. M. and Montanari, A. (2019). Global and regional increase of precipitation extremes under global warming. *Water Resour. Res.*, **55**, 4901–4914. doi:10.1029/ 2018WR024067.

Paulhus, J. L. H. and Kohler, M. A. (1952). Interpolation of missing precipitation records. *Mon. Wea. Rev.*, **80**, 129–133.

Payne, A. E., Demory, M.-E., Leung, L. R., Ramos, A. M., Shields, C. A., Rutz, J. J., Siler, N., Villarini, G., Hall, A. and Ralph, F. M. (2020). Responses and impacts of atmospheric rivers to climate change. *Nature Rev., Earth Environ.*, **1**, 143–157. doi:10.1038/s43017-020-0030-5

Peck, E. L. and Brown, M. J. (1962). An approach to the development of isohyetal maps for mountainous areas. *J. Geophys. Res.*, **67**, 681–693.

Pettersen, S. (1964). Meteorology. In *Handbook of Applied Hydrology*, 3.1–3.39, ed. V. T. Chow. New York: McGraw-Hill.

Phillips, D. L., Dolph, J. and Marks, D. (1992). A comparison of geostatistical procedures for spatial analysis of precipitation in mountainous terrain. *Agric. Forest Meteor.*, **58**, 119–141.

Ralph, F. M., Iacobellis, S. F., Neiman, P. J., Cordeira, J. M., Spackman, J. R., Waliser, D. E., Wick, G. A., White, A. B. and Fairall, C. (2017). Dropsonde observations of total integrated water vapor transport within North Pacific atmospheric rivers. *J. Hydromet.*, **18**, 2577–2596. doi:10.1175/JHM-D-17-0036.1.

Ralph, F. M., Rutz, J. J., Cordeira, J. M., Dettinger, M., Anderson, M., Reynolds, D., Schick, L. J. and Smallcomb, C. (2019). A scale to characterize the strength and impacts of atmospheric rivers. *Bull. Am. Meteorol. Soc.*, **100**, 269–289. doi:10.1175/BAMS-D-18-0023.1.

Rango, A. and Martinec, J. (1995). Revisiting the degree-day method for snowmelt computations. *Water Resour. Bull.*, **31**, 657–669. doi:10.1111/j.1752-1688.1995.tb03392.x.

Reed, W. G. and Kincer, J. B. (1917). The preparation of precipitation charts. *Mon. Wea. Rev.*, **45**, 233–235.

Riboust, P., Thirel, G., Le Moine, N. and Ribstein, P. (2019). Revisiting a simple degree-day model for integrating satellite data: implementation of SWE-SCA hystereses. *J. Hydrol. Hydromech.*, **67**, 70–81. doi:10.2478/johh-2018-0004.

Robinson, A. C. and Rodda, J. C. (1969). Wind, rain and the aerodynamic characteristics of rain gauges. *Met. Mag., London*, **98**, 113–120.

Rodda, J. C. (1967). *The rainfall measurement problem.* Proc. Gen. Assembly, Int. Assoc. Sci. Hydrol., Berne, IASH Publ. 78, pp. 215–231.

Rodriguez-Iturbe, I. (1986). Scale of fluctuation of rainfall models, *Water Resour. Res.*, **22**, 15S–37S.

Rodriguez-Iturbe, I. and Mejia, J. M. (1974). On the transformation of point rainfall to areal rainfall. *Water Resour. Res.*, **10**, 729–735.

Rutter, A. J., Kershaw, K. A., Robins, P. C. and Morton, A. J. (1971). A predictive model of rainfall interception in forests. I. Derivation of the model from observations in a plantation of Corsican Pine. *Agric. Meteor.*, **9**, 367–384.

Rutter, A. J., Morton, A. J. and Robins, P. C. (1975). A predictive model of rainfall interception in forests. II. Generalization of the model and comparison with observations in some coniferous and hardwood stands. *J. Appl. Ecol.*, **12**, 367–380.

Schreider, S. Y., Whetton, P. H., Jakeman, A. J. and Pittock, A. B. (1997). Runoff modelling for snow-affected catchments in the Australian alpine region, eastern Victoria. *J. Hydrol.*, **200**, 1–23. doi: 10.1016/S0022-1694(97)00006-1.

Searcy, J. K. and Hardison, C. H. (1960). Double-mass curves. Geological Survey Water Supply Paper 1541-B. Washington, DC: US Dept. Interior, pp. 31–66.

Sevruk, B. (1974). The use of stereo, horizontal, and ground level orifice gages to determine a rainfall–elevation relationship. *Water Resour. Res.*, **10**, 1138–1141.

(1993a). Wind-induced measurement error for high-intensity rains. In *Precipitation Measurement*, 199–204, ed. B. Sevruk, Proc. Int. Workshop on Precipitation Measurement, St. Moritz, Switzerland, 3–7 Dec., 1989. Zurich: Institute of Geography, Swiss Federal Institute of Technology.

(1993b). WMO precipitation measurement intercomparisons. In *Precipitation Measurement and Quality Control*, ed. B. Sevruk and M. Lapin, Proc. Symposium on Precipitation and Evaporation, Vol. 1, 120–121. Bratislava, Slovakia: Slovak Hydrometeorological Institute, and Zurich, Switzerland: Swiss Federal Institute of Technology, Dept. Geography.

(1996). Adjustment of tipping-bucket precipitation gauge measurements. *Atmos. Res.*, **42**, 237–246.

Sevruk, B. and Nespor, V. (1998). Empirical and theoretical assessment of the wind induced error of rain measurement. *Water Sci. Technol.*, **37**, 171–178.

Sherman, C. W. (1931). Frequency and intensity of excessive rainfalls at Boston, Massachusetts. *Trans.*

Amer. Soc. Civ. Engrs., **95**, 951–960, 966–968.

Simanton, J. R. and Osborn, H. B. (1980). Reciprocal-distance estimate of point rainfall. *J. Hydraul. Div., Proc. ASCE*, **106**(HY7), 1242–1246.

Simpson, J. E. (1977). *Gravity Currents in the Environment and in the Laboratory*, second edition. Cambridge, UK: Cambridge University Press.

Singh, V. P. and Chowdhury, P. K. (1986). Comparing some methods of estimating mean areal rainfall. *Water Resour. Bull.*, **22**, 275–282.

Sivapalan, M. and Blöschl, G. (1998). Transformation of point rainfall to areal rainfall: intensity-duration-frequency curves. *J. Hydrol.*, **204**, 150–167.

Slater, A. G. and Clark, M. P. (2006). Snow data assimilation via an ensemble Kalman filter, *J. Hydromet.*, **7**, 478–493. doi:10.1175/JHM505.1.

Slater, G. (1929). Studies on the Rhone Glacier, 1927: The relationship between the average air temperature and the rate of melting of the surface of the glacier. *Quart. J. Roy. Meteor. Soc.* **55**, 385–393.

Smith, J. A. and Karr, A. F. (1990). A statistical model of extreme storm rainfall. *J. Geophys. Res.*, **95**(D3), 2083–2092.

Smith, R. B. (1979). The influence of mountains on the atmosphere. *Adv. Geophys.*, **21**, 87–230.

Stoelinga, M. T., Locatelli, J. D. and Hobbs, P. V. (2002). Warm occlusions, cold occlusions, and forward-tilting cold fronts. *Bull. Am. Meteor. Soc.*, **83**, 709–721.

Suzuki, Y., Nakakita, E. and Ikebuchi, S. (2002). A study of dependence properties of rainfall distribution on topographic elevation. *J. Hydrosci. Hydraul. Eng. (JSCE)*, **20**, 1–11.

Thiessen, A. H. (1911). Precipitation averages for large areas. *Mon. Wea. Rev.*, **39**, 1082–1084.

Ubarana, V. N. (1996). Observation and modelling of rainfall interception loss in two experimental sites in Amazonian forest. In *Amazonian Deforestation and Climate,* 151–162, ed. J. H. C. Gash, C. A. Nobre, J. M. Roberts and R. L. Victoria. Chichester, UK: John Wiley.

US Weather Bureau (1955). *Rainfall Intensity–Duration–Frequency Curves, For Selected Stations in the United States, Alaska, Hawaiian Islands, and Puerto Rico*, Technical paper No. 25. Washington, DC: US Dept. Commerce.

  (1957–1960). *Rainfall Intensity–Frequency Regime*, Technical paper No. 29, Parts 1–5. Washington, DC: US Dept. Commerce.

Valente, F., David, J. S. and Gash, J. H. C. (1997). Modelling interception loss for two sparse eucalypt and pine forests in central Portugal using reformulated Rutter and Gash analytical models. *J. Hydrol.*, **190**, 141–162.

Van den Broeke, M., Bus, C., Ettema, J. and Smeets, P. (2010). Temperature thresholds for degree-day modelling of Greenland ice sheet melt rates. *Geophys. Res. Lett.*, **37**, L18501, doi:10.1029/2010GL044123.

Vonnegut, B. (1977). Quaint cumulus convection conviction. *Eos Trans. Am. Geophys. Un.*, **78**(23), 241.

Weiss, L. L. and Wilson, W. T. (1958). Snow-melt degree-day ratios determined from snow-lab data. *Eos Trans. Am. Geophys. Un.*, **39**, 681–688.

Williams, D. T. (1963). *The thunderstorm wake of May 4, 1961*. Nat. Severe Storms Project Rept.18. Washington, DC: US Dept. Commerce [NTIS PB-168223].

World Meteorological Organization (1986). *Manual for Estimation of Probable Maximum Precipita-*

tion, second edition, Operational Hydrology Rept. No. 1, WMO-No. 332, Secretariat of the WMO, Geneva, Switzerland. (Table updated by the National Weather Service, Office of Hydrology, Hydrometeorological Branch, 1992.)

Yang, D. (2014). Double fence intercomparison reference (DFIR) vs. Bush Gauge for "true" snowfall measurement, *J. Hydrol.*, **509**, 94–100. doi:10.1016/j.jhydrol.2013.08.052.

Yang, D., Goodison, B. E. and Metcalf, J. R. (1998). Accuracy of the NWS 8" standard nonrecording precipitation gauge: results and application of WMO intercomparison. *J. Atmos. Oceanic Technol.*, **15**, 54–67.

Yang, D., Goodison, B.. Metcalfe, J., Louie, P., Elomaa, E., Hanson, C., Golubev, V., Gunther, T., Milkovic, J. and Lapin, M. (2001). Compatibility evaluation of national precipitation gage measurements, *J. Geophys. Res.*, **106**, 1481–1492.

Yang, D., Kane, D., Zhang, Z., Legates, D. and Goodison, B. (2005). Bias corrections of long-term (1973–2004) daily precipitation data over the northern regions, *Geophys. Res. Let.*, **32**, L19501, doi:10.1029/2005GL024057.

Ye, B., Yang, D., Ding, Y., Han, T. and Koike, T. (2004). A bias-corrected precipitation climatology for China, *J. Hydromet.*, **5**, 1147–1160.

Zhang, F., Huang, T., Man, W., Hu, H., Long, Y., Li, Z. and Pang, Z. (2021). Contribution of recycled moisture to precipitation: A modified d-excess-based model. *Geophys. Res. Lett.*, **48**, e2021GL095909. doi:10.1029/2021GL095909.

Zhu, Y. and Newell, R. E. (1998). A proposed algorithm for moisture fluxes from atmospheric rivers. *Mon. Wea. Rev.*, **126**, 725–735. doi:10.1175/1520-0493(1998)126 <0725:APAFMF>2.0.CO;2.

蒸　　　発 **4**

　地球上で輸送される水の量からすると，水循環の中で蒸発は降水に続いて2番目に重要な要素である．第1章で振り返ったこれまでに得られた水循環の一般的な気候値によると，蒸発量は地球の陸地面上で平均降水量の約60〜65%にあたる．しかし，この推定値は単に予想される蒸発量の大まかな値にすぎない．ある時刻，ある場所における実際の蒸発量は，気候学的な平均値からは大きく異なる可能性が高く，より深い解析がしばしば要求されるのである．

4.1　蒸発のメカニズム

　物理プロセスとしては，蒸発は水の液相から気相への相変化である．この相変化には，まず，水面から水分子が逃れるための運動エネルギーが必要とされる．さらに，逃れた水分子が再び凝結しないよう，水面近傍から運び去る何らかのメカニズムが要求される（図4.1）．これらの観点から，蒸発は，伝統的には以下の2つの方法で表現されてきた．

1. 主として地表面近くの大気中の水蒸気輸送メカニズムの記述からなる質量輸送または空気力学式．
2. 蒸発現象に対するエネルギー供給の側面に主な焦点をあてる熱収支式．

　実は，この分類は必ずしもよい方法ではない．なぜなら，蒸発の質量輸送とエネルギーの側面を分離して考えることはほとんど不可能だからである．この後の記述で明らかになるように，熱収支の方法の適用にあたって，質量輸送の部分を避けることは通常できないし，質量輸送の方法で熱収支の部分も避けては通れない．それにもかかわらず，以下ではこの分類を主に歴史的な理由により使用している．加えて，3つ目の方法も考慮する．すなわち，

3. 水収支式．この中で蒸発量は，大気–陸面間の界面を境界とするさまざまな種類の支配体積に対する連続の式 (1.7) または (1.8) で，未知の残差項として扱われる．

図 4.1　十分な運動エネルギーをもった液体の水分子は，液体表面から気化によって出て行く．気化と凝結の釣り合う平衡状態が成り立つのを避けるために，気化した水蒸気を除去するメカニズムが必要である．

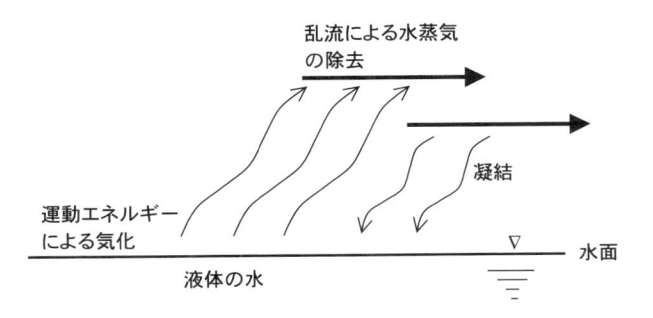

３つの中で，(i) の式が最も直接的な水蒸気輸送のメカニズムの記述に基づいている．そのため，可能な限りはこれを優先して扱うべきである．これに対して (ii) の式は間接的である．というのは，水蒸気輸送とは物理的に非常に異なる量を使用しているからである．しかし，それらの物理量のいずれもが水循環の一部ではないので，熱収支法は，独立して水蒸気フラックスを推定することができる．これは，(iii) の式にはあてはまらない．この方法は，概念的には３つの中で最も明確で人に訴えるものがあるが，水収支の他のすべての項が既知である必要がある．そのため，すべての水収支項を独立して推定し，水循環を閉じさせるのが目的な場合には，この方法は適当ではない．

4.2　質量輸送式

4.2.1　乱流変動による方法

● 直接法 (direct method) または渦相関法

　渦相関法 (eddy correlation method) とよばれるこの方法は，式 (2.29) に基づいており，そのため蒸発速度 $[\mathrm{M\,L}^{-2}\,\mathrm{T}^{-1}]$ を直接測定することができ，

$$E = \rho\,\overline{q'w'} \tag{4.1}$$

のように表せる．実際には，変動成分である w' と q' を測定し，適当な平均化時間に対してその共分散すなわち相互相関を計算することで E が決められる．平均化時間は通常 15〜30 分程度，長くとった場合で 1 時間である．この方法の理論的根拠は極めて明確であるが，必要な観測装置に対して要求される内容が多い．たとえば，地上数 m での測定においては，測定器の応答速度の上限が少なくても 5〜10 Hz 程度はなければならない．このため，適当な測定器の開発が進み市販品として入手できるようになったのは，ごく最近のことである．しかし，測定器が高額であり，使用にあたって特殊な技術が求められるため，この方法は，現在のところ主に特別に実施される観測においてのみ現実的な選択肢である．それでも，2.6 節で議論したように，ほとんどの野外観測で，式 (2.72) や式 (2.73) のような熱収支式の各項を独立して測定した場合に，収支式が閉じないことが見いだされてきた．この原因は，移流の効果や（あるいは）式 (4.1) を用いた潜熱フラックスや $\rho\,\overline{\theta'w'}$ による顕熱フラックスの点での測定が，より大きな渦による輸送を捉えられないためかもしれない．Twine *et al.* (2000) は，渦相関法による潜熱と顕熱フラックス推定値の比率は影響を受けないと仮定することでフラックスの過小評価を補正する方法を提案している．問題点はあるものの (Asanuma *et al.*, 2007; Foken *et al.*, 2011)，この方法は実用目的では便利である．

　過去数十年の間に，既存の渦相関法による観測サイトを統合して，全球規模のネットワークへと拡張しようとする努力がなされてきた．このネットワークは FLUXNET と呼ばれており，本書の執筆時において，地球上に分布する約 1000 のサイトがそこに含まれている．

● 分散法

　式 (4.1) に必要なデータと温度の変動成分が得られる場合には，変動成分の分散を計算するのにも利用できる．

$$\sigma_q^2 = \overline{(q')^2} \qquad \sigma_w^2 = \overline{(w')^2} \qquad \sigma_\theta^2 = \overline{(\theta')^2} \tag{4.2}$$

これらは式 (4.1) 中の共分散，すなわち蒸発速度と単純な相似則の仮定により結びつけることができる．この関係式が分散法 (variance method) の基礎となっている．この方法は，地表面の乱流フラックス

E, u_*, H を決定するにあたって, 渦相関法の補完的あるいは代替的な方法として利用できる. 分散法はおそらく Tillman (1972) により最初に提案され, その後 Wesely(1988) ら (たとえば Asanuma and Brutsaert, 1999; Eng *et al.*, 2003) がさらに詳細に調べたものである. 渦相関法の 1 つの欠点は, w' を測定するのに用いる速度センサーが正確に鉛直方向に設置されているかどうかに, 式 (4.1) が非常に敏感な点である. 分散値に基づく方法はこの欠点の影響を受けにくい. 消散法 (dissipation method) も同様な乱流測定から地表面フラックスを求めるもう 1 つの方法である (Champagne *et al.*, 1977; Brutsaert, 1982).

4.2.2 平均量に基づく方法

平均量を用いる式は, 適切なフェッチをもつ一様表面上で, 第 2 章で扱った大気境界層に対する相似則を適用して求められている. ここでの「平均」という用語は, 前項での 2 次モーメントに対する説明と同様に, ある平均化時間に対して $\overline{q}$, $\overline{u}$, $\overline{\theta}$ のデータが得られていることを意味する. この方法はバルク法 (bulk transfer method) とプロファイル法 (mean profile method) の 2 つの型に分類できる.

● バルク法

この方法では, 水蒸気に対する式 (2.33), 運動量, 温度に対する式 (2.34), (2.35) で与えられる一般式を用いてフラックスは決定される. 実際の適用では, 式 (2.33) を書き換えた

$$E = \mathrm{Ce}\, \rho\, \overline{u}_1 (\overline{q}_s - \overline{q}_2) \tag{4.3}$$

が多く用いられる. 添字の 1 と 2 は地表面上の測定高度 z_1 と z_2 を, s は $z = 0$ の地表面を表している. Ce は理論的または実験的に決めることができる. 式 (4.3) を利用するには地表面比湿 $\overline{q}_s$ が既知である必要がある. そこで, この式は $\overline{q}_s$ を表面温度における飽和比湿 $q^*(T_s)$ とおくことができる水面上で主に使用される. 通常は一定値とされる係数 Ce を用いる質量輸送式の主な実際的利点は, 平均風速, 水面温度, 空気中の湿度といった容易に入手できるデータを用いてルーチン的に適用できることにある.

2.5.2 項ですでに述べたように, 式 (4.3) はフラックス・プロファイル関数 (2.41), (2.44), (2.54)〜(2.56) の形から容易に正当化できる. しかしこれらの関数からはまた, 境界層内で測定されたデータに対する経験的な質量輸送係数 Ce が一定となるのは限られた条件に対してのみであることがわかる. すなわち, 粗度パラメータが一定であり, 大気が中立またはζで表される安定度の効果が無視できるか一定である場合である.

■ 例 4.1 中立大気中の質量輸送係数

式 (4.3) に現れる水蒸気輸送係数は, 中立条件下では式 (2.41), (2.44) から

$$\mathrm{Ce} = \frac{k^2}{\ln[(z_2 - d_0)/z_{0v}] \ln[(z_1 - d_0)/z_0]} \tag{4.4}$$

となる. z_1 と z_2 はそれぞれ風速と比湿の測定高度であり, d_0 は水面上ではゼロとおける. 海洋上では, ある風速範囲では中立条件がしばしば満たされる. 実際多くの実験結果からは, 海洋の輸送係数が平均的には $\mathrm{Ce}_{10}(\cong \mathrm{Ch}_{10}) \cong 1.2(\pm 0.30) \times 10^{-3}$ 程度であることが示される. 添字は, 測定が水面上の高度 $z_1 = z_2 = 10\,\mathrm{m}$ で行われたことを表している. これに対応する抵抗係数 (drag coefficient) は一般に少し大きく, 平均すると $\mathrm{Cd}_{10} \cong 1.4(\pm 0.3) \times 10^{-3}$ 程度である. また海面の状態に応じて $\mathrm{Ce}_{10}(\cong \mathrm{Ch}_{10})$ より敏感に変化する傾向がある.

水面上での実験から決められた輸送係数 Ce_{10}, Ch_{10}, Cd_{10} の推定値のばらつきは，非常に大きい．つまり，正確な値が知りたい場合に平均的な係数を利用するのは適切ではなく，大気安定度や粗度の効果，水面の場合は水面の状態を含む必要があるだろう．Cd_{10} と風速や広い水面に対する表面せん断応力を関係づける多くの式が提案されてきた (Brutsaert, 1982)．小さな湖沼などの限られた大きさの水面上では，風上側の岸からの距離であるフェッチに Ce が依存することが考えられる．しかしフェッチが $1 \sim 10$ km のオーダーの中規模の湖では，空気の比湿と風速を湖の中心付近で測定するならば，Ce はフェッチにはほとんど依存しない．つまり $Ce_{10} = 1.2 \times 10^{-3}$ とした式 (4.3) を 1 次近似として，このような条件では使用することができる．しかし，より正確な結果を得るには式 (4.3) 中の Ce を各湖についてキャリブレーションして決定することが望ましい．

　　式 (4.3) の形は，ある意味では過去に提案された他の多くの，ほとんどは経験式である他の質量輸送式を示唆している．このような蒸発式の 1 つであり，元々は Stelling が 1822 年に提案し，現在もなお使われている式 (Brutsaert, 1982) は

$$E = (a + b\overline{u}_1)(\overline{e}_s - \overline{e}_2) \tag{4.5}$$

と書ける．$\overline{e}$ は平均水蒸気圧，添字は測定高度を表す．比湿の定義 $q = \rho_v/\rho$，水蒸気と空気全体の状態方程式 (2.5), (2.6) から，よい近似として

$$q = 0.622e/p \tag{4.6}$$

と書ける．これから水蒸気圧 e と比湿 q が比例関係に近いことがわかる．式 (4.5) で導入されている定数 a は，平均風速と蒸発速度の間の関係をよりうまく表すためのものと考えることができる．Stelling の式 (4.5) のような式は，その理論的な根拠は弱いものの，水面あるいはぬれた表面からの蒸発の記述に役立つことが見いだされてきた．さまざまな事例や種々の表面に対する例を Penman (1948; 1956), Brutsaert and Yu (1968), Shulyakovskiy (1969), Neuwirth (1974) などに見ることができる．水蒸気圧による質量輸送式は，しばしばより一般的な形で

$$E = f_e(\overline{u}_1)(e_s - \overline{e}_2) \tag{4.7}$$

と表される．前と同様，添字は測定の行われた表面上の高さ z_1 と z_2 を表す．$f_e(\overline{u})$ は風速関数とよばれ，実験的あるいは相似則から求めることができる．式 (4.5) の場合には明らかに $f_e(\overline{u}) = a + b\overline{u}$ である．

● プロファイル法

　　2.5.2 項で与えられた境界層に対して利用できるフラックス・プロファイル関数を用いると，2 高度以上での平均濃度測定から地表面フラックスを計算することができる．プロファイル関数の実際の形は，測定が行われる高さがどの層に属するかにより異なる(図 2.6 参照)．

　　プロファイル法は，モニン・オブコフ相似則に基づく大気接地層内で最も有用である．接地層は普通完全に乱流の発達した層で，粗度要素の高さ h_0 の少なくとも $4 \sim 5$ 倍の高さ z_{sb} と，境界層厚さの概略 $1/10$ の高さ z_{st} の間にあることを思い出すこと．より正確な接地層の範囲については 2.5.2 項で扱っている．この層内のプロファイルは式 (2.50)〜(2.52)（あるいは式 (2.54)〜(2.56)）で与えられる．これらの式中の添字の 1 と 2 は，$\overline{q}$, $\overline{u}$, $\overline{\theta}$ それぞれの下側と上側の測定高度である．明らかに，3 式中のこれらの高度は同じである必要はない．式 (2.50)〜(2.52) に現れる Ψ 関数は，式 (2.58), (2.59), (2.63), (2.64) で与えられている．

この方法では，E, u_*, H のどのフラックスも対応する濃度 $\overline{q}, \overline{u}, \overline{\theta}$ のみの測定値からは求めることはできない．実際，中立条件を除けば，式 (2.50)〜(2.56) の各式には運動量フラックス u_* と式 (2.46) で上の 3 つのフラックスにより定義されるオブコフ長が含まれている．このフラックス決定の問題の解決には 2 つの方法がある．

第 1 の方法では，少なくとも 2 高度での平均比湿，平均風速，平均気温の測定値を用いて，式 (2.50)〜(2.52)（あるいは式 (2.54)〜(2.56)）を 3 つの未知のフラックス E, u_*, H に対して同時に解く．この解を得るにはいくつか方法がある．最も単純な方法は，以下に示す収束計算である．まずはじめに，対数プロファイル，すなわち $L = \infty$ で Ψ 関数がゼロであることを仮定する．これから式 (2.50)〜(2.52)（あるいは式 (2.54)〜(2.56)）を用いて 1 つ目のフラックス推定値，そして 1 つ目のオブコフ長 L が式 (2.46) から求まる．この 1 つ目の L の推定値から 2 つ目のフラックス推定値が式 (2.50)〜(2.52)（あるいは式 (2.54)〜(2.56)）を用いて求まり，さらに 2 つ目の L 推定値も求まる．この収束計算は，繰り返し得られる推定値が大きく変わらなくなった時点で終了する．$\overline{q}, \overline{u}, \overline{\theta}$ の測定値が 2 高度以上で行われている場合には，収束計算の各ステップでデータに式 (2.50)〜(2.52)（あるいは式 (2.54)〜(2.56)）を原点を通る 1 次回帰式として最小二乗法であてはめ，その傾きから E と H を求めることができる．

■ 例 4.2 　中立大気中のプロファイル法による蒸発量決定

中立大気中では乱流熱フラックスは比較的小さい．そこで式 (2.46) で定義されるオブコフ長 L は大きく，したがって ζ は小さくなる．すると Ψ 関数が無視できる．この結果，式 (2.50)〜(2.52) が対数プロファイル式の (2.40) と (2.43) となる．この 2 式を比較すると，地表面上の高さ z_1 と z_2 における風速測定値と z_3 および z_4 での比湿測定値から蒸発量を直接計算するのに利用できる

$$E = \frac{k^2 \rho (\overline{u}_2 - \overline{u}_1)(\overline{q}_3 - \overline{q}_4)}{\ln\left(\dfrac{z_2 - d_0}{z_1 - d_0}\right) \ln\left(\dfrac{z_4 - d_0}{z_3 - d_0}\right)} \tag{4.8}$$

が得られる．この式と同様な結果を Thornthwaite and Holzman (1939) が初めて提案している．この導出は，プロファイル法の教科書的な解説には便利であるが，陸面上で大気はまれにしか中立状態にならないため，式 (4.8) の実際的な適用性は限られていることに注意すること．つまり，ほとんどの場合，プコファイル法では式 (2.50)〜(2.52)（あるいは式 (2.54)〜(2.56)）を 1 組として解くことが必要なのである．

第 2 の方法では，対象とするスカラー量の平均プロファイルに加えて，対象とは別であるが相似なスカラー量の地表面フラックスおよび平均プロファイルを用いる．ここでの相似性とは，スカラー量に対する式 (2.33) と (2.35) または，式 (2.36) と (2.38) の輸送係数 Ce および Ch が等しいという意味合いである．この意味では式 (2.51) と (2.52)（あるいは式 (2.55) と (2.56)）の Ψ_h 関数と Ψ_v 関数が等しいことも意味する．この原理の最も古い適用はおそらくボーエン比 (Bowen ratio) (Bowen, 1926)

$$\mathrm{Bo} = H/L_e E \tag{4.9}$$

である．ここで L_e は水の気化の潜熱である．もし相似性が成り立つなら，熱収支法 (4.3 節参照) で多く使われるこの比をプロファイル測定値に用いて

$$\mathrm{Bo} = \frac{c_p(\overline{\theta}_1 - \overline{\theta}_2)}{L_e(\overline{q}_1 - \overline{q}_2)} \tag{4.10}$$

と表すことができる．水面上では空気中の $\overline{\theta}_1$, $\overline{q}_1$ の代わりに $\overline{\theta}_s$, $\overline{q}_s$ が一般に用いられる．ボーエン比の概念から，接地層中の平均比湿と平均温度測定値に顕熱フラックスを用いた単純な式

$$E = \frac{H(\overline{q}_1 - \overline{q}_2)}{c_p(\overline{\theta}_1 - \overline{\theta}_2)} \tag{4.11}$$

が得られる．

ところで，大気中の他のどのような受動的成分（passive admixture，たとえば CO_2）の地表面フラックスも同様にして式 (4.11) で求めることができる．この場合，式中の $\overline{q}$ を対象とする成分の平均濃度 $\overline{c}$ の測定値に置き換えればよい．あるいは，任意の成分の地表面フラックス F を，平均比湿と濃度 $\overline{c}$ の測定値に既知の蒸発量を用いて

$$F = \frac{E(\overline{c}_1 - \overline{c}_2)}{(\overline{q}_1 - \overline{q}_2)} \tag{4.12}$$

と表すこともできる．

これまでのところ本項では，接地層内でのプロファイルデータを用いるプロファイル法について説明してきた．原理的にはこの方法を式 (2.65), (2.66)（あるいは式 (2.67) と (2.68)）そして式 (2.71) で与えられる ABL 全体に対する相似則の式を用いて，境界層外層での測定値に対しても適用することができる．上で接地層に対して説明したのと同じ理由で，これらの相似則の式を同時に解くには繰り返し収束計算が必要であろう (Mawdsley and Brutsaert, 1977)．この目的に適した不安定条件下に対する最近の式は，式 (2.69) および (2.70) で与えられている．しかし，1 つ解決していないこの方法の問題点は，外層では温度と比湿が相似性を示さないため，Brutsaert and Chan (1978) が示したように C が D と等しくないことである．

4.3 熱収支および関係する式

4.3.1 標準的な適用

主な目的が蒸発量 E（あるいは空気中への顕熱フラックス H）の決定である場合，熱収支式 (2.72) を

$$L_e E + H = Q_n \tag{4.13}$$

と書き換えると便利である．Q_n は有効エネルギーフラックス密度で

$$Q_n = R_n - G + L_p F_p + A_h - \partial W/\partial t \tag{4.14}$$

として定義される．この式の各項は 2.6 節で説明されている．前述のとおり，多くの適用では式 (4.14) の後の 3 項は重要ではなく，$Q_n = R_n - G$ とおいても十分正確である．

水文学では，エネルギーフラックス密度を，蒸発相当速度で表すのが一般的である．すると，式 (4.13) は $H_e = H/L_e$ と $Q_{ne} = Q_n/L_e$ を用いて

$$E + H_e = Q_{ne} \tag{4.15}$$

と書ける．15℃における典型的な値 $L_e = 2.466 \times 10^6 \, \mathrm{J \, kg^{-1}}$（表 2.4）を用いると，$1 \, \mathrm{W \, m^{-2}}$ は 1 カ月あたり概略 $1.07 \, \mathrm{kg \, m^{-2}}$ の蒸発量と等しい．つまり関係するフラックスの大きさを大ざっぱに考える際には，エネルギーフラックス単位の $\mathrm{W \, m^{-2}}$ を液相の水の蒸発を用いる水文単位 mm/月 に置き換えることができる．

Q_n と H または E のどちらかを独立に求められれば，式 (4.13) から残りの未知フラックスを直接求めることができる．しかし，普通は H と E の両方が未知なので，間接的な方法を用いる必要が出てくる．気象学的な見地からは，このような間接的な熱収支法は 4.2.2 項のプロファイル法と同等である．両者とも，3 つの未知数 E, u_*, H が 3 つの方程式に陰関数として含まれている．プロファイル法では，これが $\overline{q}, \overline{u}, \overline{\theta}$ の式である．熱収支法では，以下に示すように式 (4.13) が $\overline{\theta}$ と $\overline{q}$ の式，あるいは $\overline{u}$ と $\overline{\theta}$ または $\overline{q}$ の式とともに用いられている．

● 熱収支・ボーエン比法 (EBBR 法)

Q_n が既知な場合には，熱収支式 (4.13) と (4.9) で定義されるボーエン比を組み合わせると，

$$E = \frac{Q_{ne}}{1 + \mathrm{Bo}} \tag{4.16}$$

が得られる．同様に顕熱に対しては

$$H_e = \frac{\mathrm{Bo}\, Q_{ne}}{1 + \mathrm{Bo}} \tag{4.17}$$

である．Bo は，式 (4.10) に示されるように，接地層中の温度と比湿のプロファイルから決定することができる．4.2.1 項で議論したように，このデータは 15〜30 分程度の間の平均値として用いなければならない．式 (4.16) から，熱収支・ボーエン比 (EBBR) 法は Bo が小さい場合に最も正確であることがわかる．式 (4.16), (4.17) ともに Bo = −1 に特異点をもつ．しかし，Tanner (1960) が指摘したように，この状況は活動的な植生上では，普通は H の小さい日の出，日没，そして時として夜間に生じるので問題とはならない．寒冷な冬期にはこの状況がより頻繁に生じるので，式 (4.16), (4.17) の分母が小さくなる場合の問題を避けるため，−1 < Bo < −0.5 の場合には別法を用いることが必要となるかもしれない．Tanner (1960) は，このような特別な場合にはバルク法を用いることを示唆した．別な方法では，Webb (1964) が示した風速測定値で補正した Bo を用いる．この方法は，特に有効エネルギー Q_n のいくつかの項が日単位以上でのみわかっている場合に有用である．

EBBR 法には大気乱流の相似関数が式中に現れないという利点がある．式 (4.10) を用いると，乱流測定あるいは平均風速の測定は必要ではなく，式 (4.10) と (4.16) で表される式は大気安定度と無関係である．さらに EBBR 法で Bo が小さい場合には，フェッチが短い場合の影響が明白なプロファイル法と比べると，その影響はないとはいえないものの比較的小さいだろう．EBBR 法が成り立つかどうかは，温度と湿度プロファイルの相似性に強く依存する．接地層中でこれが成り立つためには，式 (2.51) および (2.52)（または式 (2.55) および (2.56)）中の [ ] の部分が等しくなければならない．第 2 章で示したように，得られている証拠のほとんどは，安定時においても $\Psi_v = \Psi_h$ であることを支持している (Dias and Brutsaert, 1996 参照のこと).

● 風速とスカラー成分のプロファイルを用いた熱収支法 (EBWSP 法)

EBBR 法を利用する際に，平均温度あるいは平均比湿のプロファイルデータがない場合，代わりに平均風速プロファイルのデータを用いて熱収支法を適用することができる．実は，この方法からは E と H だけでなく u_* も得られるので，もしかするとボーエン比法よりも強力かもしれない．

この方法を示すために，比湿の測定値がないとしよう．そこで式 (4.13) を接地層のプロファイル式 (2.50) および (2.51)（または式 (2.54) と (2.55)）とともに，3 つの未知数 E, u_*, H を含む，3 つの陰関数の式のシステムとして用いることができる．このシステムは $Q_n, \overline{\theta}_1 - \overline{\theta}_2$（または $\overline{\theta}_s - \overline{\theta}$）と $\overline{u}_2 - \overline{u}_1$（または $\overline{u}, z_0$）を測定することで解くことができる．この方法はさらに，上空の混合層での測定値に対しても同様に適用することができる．この場合，3 方程式のシステムは，式 (4.13) と (2.67)

および (2.68) である．同様に，湿度の測定値はあるが気温がない場合にこの方法を接地層データに適用するとしたら，3つの方程式は，式 (4.13) と (2.50) および (2.52)（または式 (2.54) および (2.56)）からなる．混合層データに適用するとしたら，式 (4.13) と (2.67) および (2.71) である．

この EBWSP 法とこれから派生したより単純な方法（次項参照）は，蒸発の熱収支の側面と流体力学的側面の両方が考慮されるため，時として組合せ法とよばれる．しかしこの名前は誤解を生じやすい．ボーエン比法も平均風速プロファイルの式に劣らず，たとえば式 (2.50)〜(2.52)（あるいは式 (2.54)〜(2.56)）の基になっている流体力学の有効性に依存しているからである．

4.3.2　ぬれた表面からの蒸発：単純化した式

● 1 高度の測定値を用いる EBWSP 法

表面がぬれている場合，表面比湿が表面温度における飽和比湿 $q_s = q^*(T_s)$ に等しいと仮定することができるだろう．これから，Penman (1948) により導入され，後述の式 (4.20) として示す近似を行うことができる．この近似の主たる利点はプロファイル法 (4.2.2 項) や，標準的な熱収支法 (4.3.1 項) で必要であった $\overline{q}, \overline{u}, \overline{\theta}$ の 2 高度での測定が必要でなくなり，1 高度での測定で十分となることである．

Penman (1948) が導出した式は，開水面で用いるためのものであった．ここでは，どのようなぬれた表面にも適用できる，より一般的でその本質は変わらない導出法を示す．式 (4.6) を用いると，ボーエン比 (4.10) を水蒸気圧により表現できる．$e_s = e^*(T_s)$ となる地表面での測定値を下側とすると，ボーエン比は

$$\mathrm{Bo} = \gamma \frac{(\overline{T}_s - \overline{T}_a)}{(\overline{e}_s - \overline{e}_a)} \tag{4.18}$$

と書ける．e_a と T_a は，それぞれある参照高度での大気中の水蒸気圧と気温である．

$$\gamma = \frac{c_p p}{0.622 L_e} \tag{4.19}$$

は一般に乾湿計定数 (psychrometric constant) とよばれ，20℃，$p = 1{,}013.25\,\mathrm{hPa}$ において $\gamma = 0.67\,\mathrm{hPa\ K^{-1}}$ である．ここで，θ の差を T の差に置き換えてある．両者は接地層内ではしばしばほぼ等しい．Penman (1948) の解析での重要なステップは

$$\frac{e_s^* - e_a^*}{T_s - T_a} = \Delta \tag{4.20}$$

とする線形近似の仮定である．$\Delta = (de^*/dT)$ は，飽和水蒸気圧曲線 $e^* = e^*(T)$ の気温 T_a における傾きである（図 2.1 参照）．$e_a^* = e^*(T_a)$ は T_a における飽和水蒸気圧，$e_s^* = e^*(T_s)$ は添字が示すように，表面温度における飽和水蒸気圧である．ぬれた表面に対する e_s は飽和時の値なので，ボーエン比 (4.18) は近似的に

$$\mathrm{Bo} = \frac{\gamma}{\Delta} \left[1 - \frac{(e_a^* - \overline{e}_a)}{(\overline{e}_s - \overline{e}_a)} \right] \tag{4.21}$$

となる．この式では Δ は温度のみに，γ は温度と気圧に依存する．$p = 1{,}000\,\mathrm{hPa}$ の時の異なる温度に対する (γ/Δ) の値を，表 4.1 と図 4.2 に示してある．この値は式 (4.19) と表 2.4 の Δ および L_e の値から求めたものである．式 (4.21) を (4.16) に代入すると

$$Q_{ne} = \left(1 + \frac{\gamma}{\Delta} \right) E - \frac{\gamma}{\Delta} \left(\frac{e_a^* - \overline{e}_a}{\overline{e}_s - \overline{e}_a} \right) E \tag{4.22}$$

表 4.1 1,000 hPa での (γ/Δ) の値（γ は式 (4.19) で定義されており，Δ は表 2.4 から得られる）

気温 T_a (℃)	(γ/Δ)
−20	5.864
−10	2.829
0	1.456
5	1.067
10	0.7934
15	0.5967
20	0.4549
25	0.3505
30	0.2731
35	0.2149
40	0.1707

図 4.2 (γ/Δ) と $\Delta/(\Delta + \gamma)$ の 1,000 hPa における温度依存性．γ は式 (4.19) で定義され，$\Delta = de^*/dT$ は図 2.1 に示されている．また式 (2.13)，あるいは表 2.4 からも求められる．

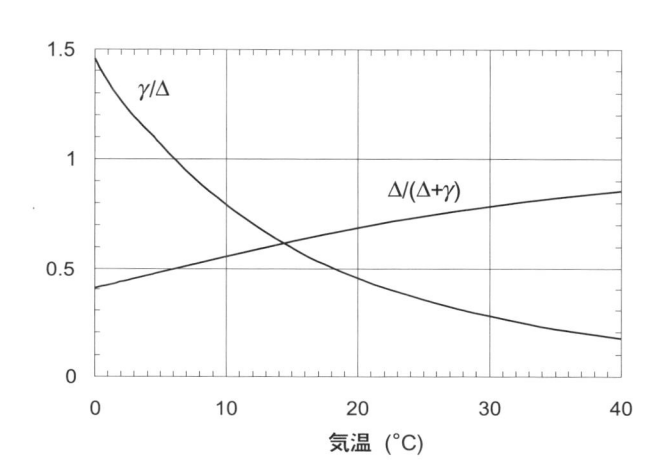

が得られる．式 (4.22) 右辺第 2 項で未知の $E/(\overline{e}_s - \overline{e}_a)$ を風速関数 $f_e(\overline{u}_r)$ に置き換えるために，式 (4.7) のようなバルク式を用いる．すると式 (4.22) から通常の形のペンマン式 (Penman, 1948)

$$E = \frac{\Delta}{\Delta + \gamma} Q_{ne} + \frac{\gamma}{\Delta + \gamma} E_A \tag{4.23}$$

が得られる．E_A は大気の乾燥力を表し

$$E_A = f_e(\overline{u}_r)(e_a^* - \overline{e}_a) \tag{4.24}$$

と定義される．図 4.2 に 1,000 hPa における $\Delta/(\Delta + \gamma)$ を示してある．なお，Penman (1948) の導出では $Q_{ne} = R_a/L_e$ とおき，式 (4.14) の他の全項が無視できると仮定されている．前述のとおり，実用的な観点から見たこの式の大事な性質は，平均比湿，風速，気温の 1 高度の測定のみで済む点にある．これは，式 (4.20) で導入した近似の直接的な成果である．このため，ペンマン式はプロファイル法や標準的な熱収支法で必要な，2 高度以上での測定値の入手が不可能な場合や現実的でない場合に有用である．

式 (4.23) は多くの場面で用いられてきたが，E_A 中の風速関数 $f_e(\overline{u}_r)$ については広く一般的に受け入れられている式は存在しない．式 (4.24) の定義からは，どの適切な質量輸送係数 (4.2.2 項参照) でもこの目的に使用できることがわかる．Penman (1948) は Stelling 型（式 (4.5)）の

$$f_e(\overline{u}_2) = 0.26(1 + 0.54\overline{u}_2) \tag{4.25}$$

を提案した. $\overline{u}_2$ は, 表面上の高さ $2\,\mathrm{m}$ での平均風速 $(\mathrm{m\ s^{-1}})$ であり, 定数は, 式 (4.24) の E_A を $\mathrm{mm\ d^{-1}}$ 単位, 水蒸気圧を hPa 単位で用いた時のものである. 式 (4.25) を用いると, 小から中程度の粗度をもつ自然地勢に対して正当な値が得られるようである (Thom and Oliver, 1977). 灌漑された耕作地に対して, 定数の 0.54 を 0.86 とすべきであるという観測に基づく提案 (Doorenbos and Pruitt, 1975) もある. 式 (4.25) のような式を用いて E_A の長期平均値を計算する際, 1 次近似としては, $2\,\mathrm{m}$ での風速を高さのべき乗の関数

$$\overline{u}_2 = \overline{u}_r (2/z_r)^{1/7} \tag{4.26}$$

を用いて推定することができる. z_r は実測の風速データが存在する高度 (m) である.

風速関数を決定するより根本的な方法は乱流相似則に基づく. たとえば, 式 (4.3) で定義されたバルク水蒸気輸送係数で, z_1 が $\overline{u}_1$ の測定高度, z_2 が $\overline{e}_a$ の測定高度であり, これと式 (4.6) から, 風速関数

$$f_e(\overline{u}_1) = 0.622\rho\,p^{-1}\mathrm{Ce}\,\overline{u}_1 \tag{4.27}$$

が求まる. Ce は第 2 章の相似則プロファイル関数から決定できる. 中立条件下では式 (4.4), (4.6), (4.7) から (よい近似として)

$$f_e(\overline{u}_1) = \frac{0.622k^2\overline{u}_1}{R_d T_a \ln[(z_2 - d_0)/z_{0v}] \ln[(z_1 - d_0)/z_0]} \tag{4.28}$$

が得られる. z_1 は風速測定高度, z_2 は水蒸気圧の測定高度である.

ペンマン式を日以上の期間に対して E の平均値を計算するのに適用する場合, 式 (4.25), (4.27) あるいは (4.28) のような風速関数を用いてもよいであろう. しかし, 時間値が必要な場合には, 日変化する大気安定度の効果が重要である. 風速関数に安定度の効果を入れるには, 大気の乾燥力の式 (4.24) を (2.56) と同様な

$$E_A = ku_*\rho(q_a^* - \overline{q}_a)\left[\ln\left(\frac{z_a - d_0}{z_{0v}}\right) - \Psi_v\left(\frac{z_a - d_0}{L}\right) + \Psi_v\left(\frac{z_{0v}}{L}\right)\right]^{-1} \tag{4.29}$$

の形で表す (Brutsaert, 1982 も参照のこと). $\overline{q}_a$ と q_a^* は, それぞれ空気の比湿と気温での飽和比湿である. この問題は, 以下の繰り返し収束計算で解くことができる. 中立条件を仮定し E_A をたとえば式 (4.28) を用いた式 (4.24) により計算することで, E の初期値を式 (4.23) から求められる. 式 (4.29) で $\Psi_v = 0$ とし, u_* を式 (2.54) で $\Psi_m = 0$ としても E_A を求めることができる. E の初期値は式 (4.13) で H を求めるのに用いる. これらの E, u_*, H の初期値から, 式 (2.46) によりオブコフ長 L の 1 つ目の推定値が得られる. この L の値を用いることで, 式 (2.54) での u_* の 2 つ目の推定値, 式 (4.29) による E_A の 2 つ目の推定値が計算でき, さらにこれから式 (4.23) により 2 つ目の E の推定値が得られる. 以下収束するまでこれを繰り返す. この方法の適用例が Katul and Parlange (1992) に示されている.

● 移流がない条件下でのぬれた表面からの蒸発

2 つの項をもつ式 (4.23) の構造について, 地域あるいは大スケールの移流効果を理解するのに役立つような解釈をすることができる. 水面と大気が非常に長いフェッチ上で接触すると, その大気が水蒸気で飽和し, 式 (4.24) の E_A はゼロに近づくだろう. そこで Slatyer and McIlroy (1961) は, 式 (4.23) 右辺第 1 項が, 湿潤な表面からの蒸発量の下限値を表すと推論した. そこで,

$$E_e = \frac{\Delta}{\Delta + \gamma}Q_{ne} \tag{4.30}$$

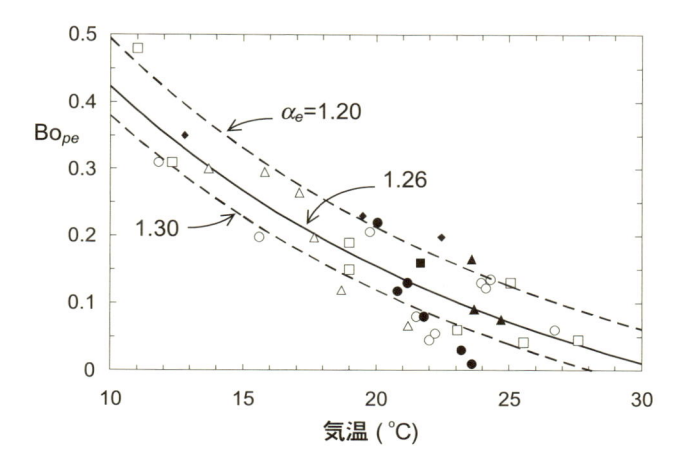

図 4.3 式 (4.32) で与えられる湿潤表面に対するボーエン比 Bo_{pe} の変化. 実線は $\alpha_e = 1.26$ の場合. 2 つの破線は, $\alpha_e = 1.20$ および 1.30 の場合である. (日平均の) データの点は, Davies and Allen (1973) がさまざまな論文から収集したものである.

を平衡蒸発量 (equilibrium evaporation) とよび, 式 (4.23) 第 2 項は, この平衡からのずれを表すと解釈する. 雲の凝結や放射の発散がなければ, このずれは地表面や大気条件の水平方向の変化にかかわる, 大スケールあるいは地域スケールの移流効果によると考えられるだろう.

　しかしその後の研究から, ぬれた表面上での真の平衡が存在するとしても, それはまれにしか生じないことがわかった. この主な理由は, 大気境界層が決して水路流れで生じるような完全に均質な境界層ではないからである. どちらかといえば, 大気境界層は上空での凝結や乾燥空気のエントレインメントを伴って, 非定常な大スケールの天気場に常に応答しており, その結果, 海洋上でも飽差がある程度の値で維持される傾向にあるのである. それでも, Priestley and Taylor (1972) は式 (4.30) の考え方に基づいて, 最小限度の移流の存在下でのぬれた表面からの蒸発 E_{pe} を表すのに平衡蒸発量を用いた. 海洋や湿潤陸面上で得られたデータから, 彼らはこれが E_e とほぼ比例関係にあり

$$E_{pe} = \alpha_e \frac{\Delta}{\Delta + \gamma} Q_{ne} \tag{4.31}$$

とおけると結論づけた. この式を以下ではプリーストリー・テイラー (Priestley and Taylor) 式とよぶ. α_e は定数で, 彼らはこれが約 1.26 であることを見いだした. この値は後に他の数多くの研究 (Brutsaert, 1982) により確認され, 移流のない自由水面や短い草で覆われた湿潤陸面に対しては, 平均すると α_e が 1.20〜1.30 程度であることが, 現在一般に受け入れられている. 式 (4.31) は, ボーエン比を

$$\mathrm{Bo}_{pe} = \alpha_e^{-1}[(\gamma/\Delta) + 1] - 1 \tag{4.32}$$

とおくことと同等である. この式をさまざまな α_e に対していくつかの実験値とともに図 4.3 に示してある.

　これらの α_e の値から, 海洋あるいは湿潤表面上における大スケールでの移流を表す式 (4.23) 右辺第 2 項が, 平均すると蒸発速度の約 17〜23% を占めることがわかる. しかし, これは平均としてであり, 異なる観測条件では大きな違いが見られた. それでも, 草のような短い植生で覆われ, 表面がぬれてはいないが根からの吸水には十分な水が存在する非常に多くの陸面において, 開水面とほぼ同じ, 平均して 1.20〜1.30 の値が得られることは注目に値する. これは, ぬれていない葉面上で比湿が飽和に達せずに小さいことを, 植生表面の有効粗度や輸送係数が大きいことで埋め合わせている偶然の補償効果によるのかもしれない. それでも, いくつかの研究で大きく異なる α_e の値が報告されてきた. これは特に粗度の大きな地表面で見られる. たとえば, McNaughton and Black (1973) は 8 m の高さの若いモミの森林で $\alpha_e = 1.05$ を得ている.

式 (4.31) で Q_{ne} の代わりに短波放射 R_s を用いる経験式を Makkink (1957), Jensen and Haise (1963), Stephens and Stewart (1963) が提案している．R_s は，しばしば1日より長い期間においては，Q_n の主要な構成要素である正味放射とよい相関をもっている．日射量と気温のみが利用できる場合に，式 (4.31) の代わりに使えるこのような式は，灌漑用水量 (irrigation requirement) を決める場合や，可能蒸発量の気候学的な指標として使われてきた．しかしこのような指標の物理的な意味は，次に示すように必ずしも明らかではない．

● **可能蒸発量**

ぬれた表面に対する熱収支型の蒸発量の単純な推定法のいくつかが可能蒸発量 (potential evaporation) を表すものとしてしばしば使われてきたので，この概念についてのいくつかのコメントが必要だろう．「可能蒸発散量 (potential evapotranspiration)」という用語は，Thornthwaite (1948) により気候分類のために導入されたようである．彼はこれを以下のように定義した．

> 「実際に蒸散や蒸発する水の量と，水が十分に存在したとするときの蒸散や蒸発する水の量には違いがある．砂漠地帯において水供給が灌漑プロジェクトでの場合のように増加すると，蒸発散は気候によってのみ決まる最大値まで増加する．これを私たちは実際の蒸発散量と区別される「可能蒸発散量」と呼ぶ．」

現在これは，常に適切な水分条件下にある活発な成長期の植生が完全かつ一様に覆った広い地域からの蒸発の最大速度を表すと一般に理解されている．この地域は，移流の効果を避けるために広くなければならない．この用語は広く用いられてきたが，すべてのありうる条件を含んではおらず，またいくつかのあいまいさが含まれているために，混乱も同時に招いてきた．この用語をあいまいさのない概念として用いるには，よりはっきりした細部までの明確化が必要である．

蒸散の場合には，最大可能な速度の時でも水蒸気拡散に対する気孔抵抗や植生の成長段階のような生物学的な影響が関係する．この点や 1.2 節で述べた他の理由により可能蒸発散量という用語はあまり適切でない (Miralles *et al.*, 2020)．現在の水文学の枠組みでは，「可能蒸発量」とするのがより望ましい．これは，植生の有無にかかわらず，広く一様な表面が湿潤であるかぬれており，これと直接接触する大気が十分に飽和している場合の蒸発と定義することができる．湿潤またはぬれた表面は，成長期の活発な植物根系に対する十分な水分供給のある地表面とは異なる点に注意．それでも，適切な水分供給のある，ぬれていない短い植生面からの蒸発散量は，しばしば同じ条件下での開水面からの蒸発量に近い．これに対する1つの説明としては，前述のとおり，水蒸気拡散に対する気孔抵抗が植生面の大きな粗度，そして結果として生じる大きな輸送係数で補われているためであろう．

もう1つのあいまいな点として，最大可能な条件にない時の気象データを用いて，しばしば可能蒸発量が求められることをあげられる．大気とその下の地表面との間には相互作用があるので，結果として計算される「可能」蒸発速度は，表面が湿潤あるいは十分な水供給がある場合に対して計算または測定された蒸発速度とは等しくない．そこで，最大可能な条件にない時の気象データを基に推定した可能蒸発量は「見かけの」可能蒸発量とよぶべきであろう．この見かけの可能蒸発量はまた，大気の蒸発要求量とも呼ばれる．乾燥中の条件では，見かけの可能蒸発量は通常可能蒸発量より大きい．見かけの可能蒸発量の例として，蒸発パンや，最大可能な条件にない実際の乾燥環境下での測定値を用いたペンマン式 (4.23) による推定値をあげることができる．さらにもう1つの例として，式 (4.3) で乾燥した表面の q_s の値を，表面温度に対する飽和比湿 $q^*(T_s)$ に置き換えて求

めた場合があろう．以下では「真の」可能蒸発量を E_{po} とし，見かけの可能蒸発量あるいは大気の蒸発要求量は E_{pa} と表す．

4.3.3 陸面に対する実用的な方法

蒸発量の推定のために応用水文学で用いられる多くの実用的な方法では，何らかの形の可能蒸発量を求め，これを最大可能な条件にない実際の状態における蒸発量に変換する．

● 「バケツ」内の地表面水分量に比例したフラックス

おそらく，最も古くからある Budyko (1955; 1974) と Thornthwaite and Mather (1955) の方法は

$$E = \beta_e E_p \tag{4.33}$$

とする比例関係に基づいている．E_p は可能蒸発量，β_e は利用できる水分を反映した低減係数である．前述のとおり，可能蒸発量はややあいまいな概念である．そのため，実際には，異なる種類の E_p を用いて式 (4.33) は適用されてきた．それらは，ほとんどの場合，前項で定義した見かけの可能蒸発量 E_{pa} と式 (4.31) で与えられるプリーストリー・テイラー式の E_{pe} の 2 種類の E_p である．

低減係数 β_e は，しばしば土壌水分量と関係する水の利用可能性を示す何らかの尺度の関数と仮定される．式 (4.33) を (4.3)，あるいは (4.23) や (4.31) のような見かけの可能蒸発量 E_{pa} を用いて適用する場合によく使われる仮定は

$$\begin{aligned}
\beta_e &= 1 & (w > w_0) \\
\beta_e &= (w - w_c)/(w_0 - w_c) & (w \le w_0)
\end{aligned} \tag{4.34}$$

である．w_0 は臨界土壌水分量で，土壌水分がこれ以上の時は，E が E_p に等しくなる．w_c はこれ以下で E がゼロになる下限値である．この様子を図 4.4 に示す．w の値は土壌水収支を基に決めることができる (Thornthwaite and Mather, 1955; Budyko, 1974, p.335; Manabe, 1969; Carson, 1982)．w_0 と w_c の値は，キャリブレーションで決定しなければならない．厚さ 1 m とした土壌表層で，w_0 は一般に水柱高で 10～20 cm 程度とされる．低減係数 β_e は，w 以外の他の地表面の水分を表す指標と実測データを用いてモデルをキャリブレーションすることで関係づけることもできる．このような指標の例として，積算実蒸発量から降水量を差し引いた値 (Priestley and Taylor, 1972)，観測地点の地表面近くの土壌水分量 (Davies and Allen, 1973; Crago and Brutsaert, 1992; Chen and Brutsaert, 1995)，土湿不足 (Grindley, 1970)，先行降雨指数 (antecedent precipitation index, Choudhury and Blanchard, 1983; Mawdsley and Ali, 1985; Owe et al., 1989) などをあげることができる．

これと同じ考え方を用いた別の方法では，式 (4.33) と (4.31) を組み合わせることで実蒸発量 E

図 **4.4** 陸面の水分条件 w と，利用できる水分を反映する係数 β_e の間の一般に仮定される関係．実際の適用では，この関係を見かけと実際の可能蒸発量の両者に対して用いてきた．

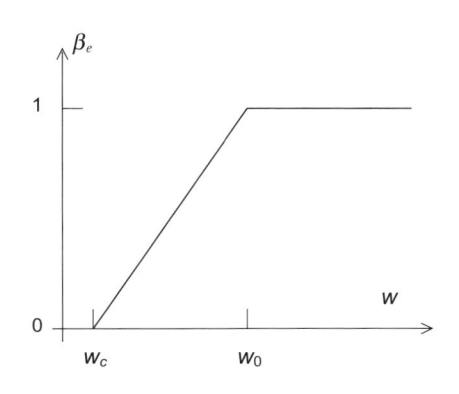

図 4.5 多年生ライグラスで覆われた，オンタリオ州の砂質ローム土壌における，圃場容水量 θ_f で無次元化した土壌表層 5 cm の水分量 θ_5 と $(\beta_e \alpha_e)$ の関係．曲線は $\beta_e \alpha_e = 1.26\,[1 - \exp(-10.563\theta_5/\theta_f)]$ を示している．（原図は Davies and Allen, 1973）

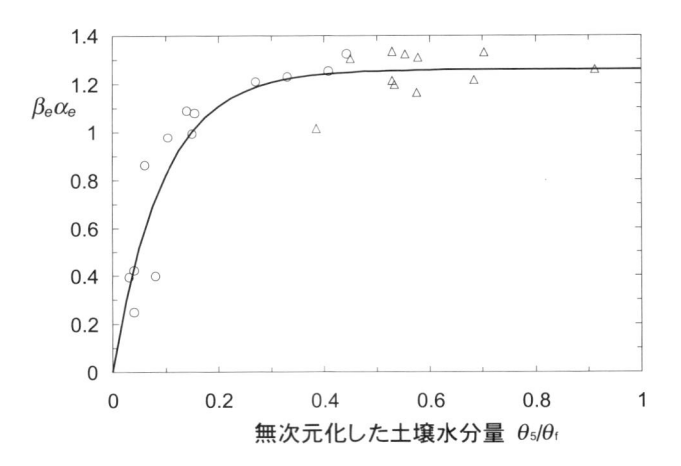

無次元化した土壌水分量 θ_s/θ_f

を，

$$E = (\beta_e \alpha_e) E_e \tag{4.35}$$

のように平衡蒸発量 E_e を用いて表す．E_e は式 (4.30) から求められる．たとえば，図 4.5 は $(\beta_e \alpha_e)$ を土壌表層 5 cm の体積含水率に対して関係づけた Davies and Allen (1973) の結果である．データには非線形関数をあてはめてあるが，これは式 (4.34) と近い．プレーリー地域での観測データから，Chen and Brutsaert (1995) は土壌表層 10 cm の体積含水率 θ_{10} を用いると，E と E_e の関係が $0.05 \leq \theta_{10} \leq 0.27$ の範囲で，

$$(\beta_e \alpha_e) = 1.26(\theta_{10} - 0.05)/0.22 \tag{4.36}$$

の線形関係となり，それ以上の水分範囲では $(\beta_e \alpha_e) = 1.26$ により表せることを示した．さらに $(\beta_e \alpha_e)$ を土壌水分量のみではなく葉面積指数 La と緑の植被率で表した草の植生密度にも関係づけることで予測精度が大きく向上することもわかった．より最近では，Miralles *et al.* (2011; Martens *et al.*, 2017) が，本質的には式 (4.35) を遮断された降水の蒸発と組み合わせ，衛星に基づく観測値を用いて全球の地表面蒸発量を推定している．式 (4.35) の $(\beta_e \alpha_e)$ に相当する地域ごとの係数は，降水量と排水量を用いて根系域の土壌水収支から決められ，そして遮断量は Gash (1979; 3.4 節を参照) により推定されている．

式 (4.33) のような式を見かけの可能蒸発量 E_{pa} を用いて適用する際の 1 つの問題は，表面が乾燥するにつれ式 (4.33) 右辺の 2 変数が逆方向に変化することである．β_e がゼロに近づくと，E_{pa} は実際には大きくなる傾向にある．すると，それぞれが大きなばらつきを含んだ大きな値と小さな値の不安定な積を用いるということになってしまうかもしれない．一方で，E_{pe} は主に放射と温度に依存し大気の乾燥具合にはそれほど依存しない．そこで，式 (4.33) を E_{pe} を用いて適用する方がより頑健性が高く適切だろう．

● 表面抵抗の概念

E_p から E を求める第 2 の方法は，植生からの水蒸気の放出が葉の気孔により制御されているという認識に基づいている．この様子を図 4.6 に示す．基になる考え方は，気孔内の空気は水蒸気で飽和しているが葉の外側は飽和していないと仮定し，水蒸気が葉の内部から外側へ拡散する際に気孔が障壁あるいは抵抗となっているとする．これはしばしば気孔抵抗 (stomatal resistance) r_{st} とよばれる．

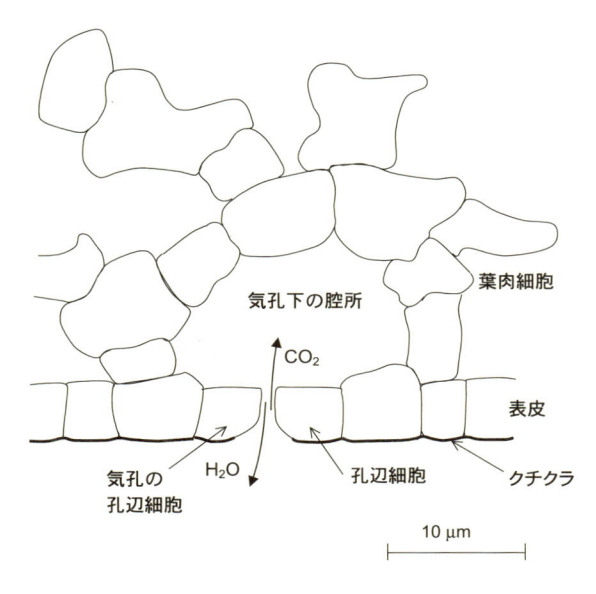

図 4.6 葉面下側の断面図. 光合成は中側の葉肉細胞で生じる. 表皮は通常単層の細胞からなり, これを保護するクチクラで覆われている. これらの細胞のいくつかは気孔を囲む孔辺細胞で, これが収縮・膨張することで気孔の大きさを制御している. 気孔は切れ目のような開口部で, ここを介してガス交換や水蒸気の損失が生じる.

葉肉細胞

気孔下の腔所

CO_2

表皮

気孔の
孔辺細胞

H_2O

孔辺細胞

クチクラ

10 μm

図 4.7 植生表面と大気間の輸送を表すのに用いられる抵抗パラメータ. 添字の1と2は, 大気接地層中の, それぞれ風速と比湿測定高度を表す. この枠組みで, 時として, 式 (4.3) を抵抗表現で $E = \rho(\bar{q}_s - \bar{q}_2)/r_{av}$ と表す. 図に示すように, この式は水蒸気に対する空気力学的抵抗パラメータ r_{av} を質量輸送係数 Ce を用いて定義している.

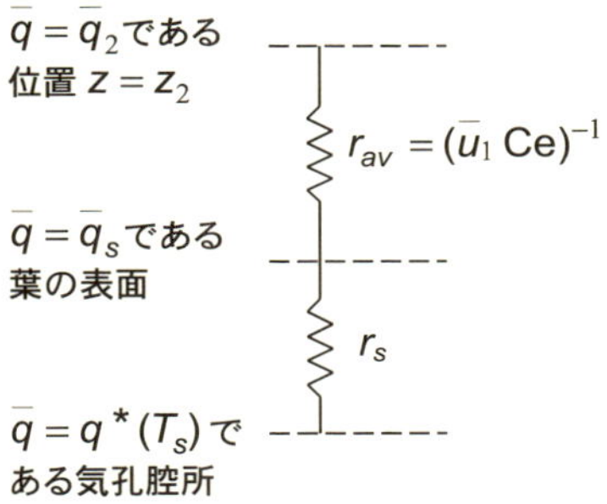

$\bar{q} = \bar{q}_2$ である
位置 $z = z_2$

$r_{av} = (\bar{u}_1 \text{Ce})^{-1}$

$\bar{q} = \bar{q}_s$ である
葉の表面

r_s

$\bar{q} = q^*(T_s)$ で
ある気孔腔所

葉以外に土壌表面からも蒸発は生じるので, 通常はこの輸送も含めるように基本的な考え方を拡張する. つまり地表面下のある深度での土壌空気は飽和していると仮定され, 土壌間隙が水蒸気の地表面への拡散の抵抗となっていると見なすのである. より一般的には, 抵抗を用いる方法は1つ以上の並列あるいは（および）直列な抵抗パラメータに基づいており, 各抵抗は植生あるいは（および）土壌の水分ストレスを表したり, 蒸発面の温度 T_s での飽和比湿 q_s^* と実際の（不飽和）蒸発面の比湿 q_s を関連づけている.

いくつかのこのような抵抗パラメータがこの目的に対して用いられてきた（たとば Monteith, 1973）. Thom (1972) によるパラメータは

$$r_s = \rho(q_s^* - q_s)/E \tag{4.37}$$

で定義され, パラメータの例として示すのに都合がよい. ここで r_s は表面抵抗 (surface resistance), q_s は実際の蒸発面での（不飽和な）平均比湿である. 基本的な概念を図4.7に示してある. 実際の利用にあたっては抵抗概念に基づく一般的な2つの形式の蒸発式が用いられてきた. 1つ目の形式では, 未知の q_s を式 (4.37) と質量輸送式 (4.3) の間で消去して

$$E = \frac{\text{Ce}\,\bar{u}_1}{(1 + r_s\text{Ce}\,\bar{u}_1)}\rho(q_s^* - \bar{q}_2) \tag{4.38}$$

を導き出す. 第2の形式の導出では, 式 (4.38) を（式 (4.3) の代わりに用いて）式 (4.23) と同等な方法で

$$E = \frac{\Delta Q_{ne} + \gamma \mathrm{Ce}\,\overline{u}_1 \rho(q_2^* - \overline{q}_2)}{[\Delta + \gamma(1 + r_s \mathrm{Ce}\,\overline{u}_1)]} \tag{4.39}$$

が求まる．式 (4.39) はペンマン・マンティース式の型である（Monteith, 1973;1981; Thom, 1975）.

　さまざまな種類の植生に対して，抵抗の値を決定する多くの研究がなされてきた．このほとんどは式 (4.39) と関係した式の枠組みの中で行われてきた．いくつかの例として豆 (Black *et al.*, 1970)，テンサイ (Brown and Rosenberg, 1977)，熱帯雨林 (Dolman *et al.*, 1991)，ユーカリの森林 (Dunin and Greenwood, 1986)，アカマツの森林 (Gash and Stewart, 1975; Lindroth, 1985)，トウモロコシ (Mascart *et al.*, 1991)，大麦 (Monteith *et al.*, 1965)，モロコシ (Szeicz *et al.*, 1973)，モミの森林 (Tan and Black, 1976) があげられる．また，抵抗パラメータをボーエン比，根群域の土壌水サクション，土湿不足，大気の飽差などに関連づける多くの試みもなされてきた (たとえば VanBavel, 1967; Szeicz and Long, 1969; Federer, 1977; Garratt, 1978; Lindroth, 1985; Stewart, 1988; Gash *et al.* 1989). これまでに求められた関係は主に統計的なものであり，植生と場所に依存する．このため抵抗の式は予測目的にはまだ十分には一般的ではなく実用にはおそらく向かないが，ある種のシミュレーション的な研究（たとえば欠測値の補完のための計算）における実態分析のための指標としては役に立ってきた.

　過去の研究において，抵抗の式はいつでも Ce（または r_{av}）と r_s の定義に従って使われてきたわけではない点に注意が必要である (Thom, 1972; Brutsaert, 1982, p.111). たとえば，式 (4.24), (4.27) を用いた式 (4.23) の厳密な導出で必要な Ce の代わりに，しばしば抵抗係数 Cd（あるいはこれと関係するいわゆる空気力学的コンダクタンス）が用いられてきた．この抵抗係数は式 (2.37) で定義されている．植生上では，$z_0 = z_{0v}$ も $\Psi_m = \Psi_v$ あるいは $\Psi_m = \Psi_h$ も成立する可能性は低く，Cd はまず Ce と等しくはない．Ce の代わりにこの不適切な Cd を用いた結果，通常は Ce に含まれるべき輸送の乱流的な面を，r_s に含まれる輸送の植生および（あるいは）土壌水分だけがかかわるはずの部分からどのように分離すればよいのか明白ではない．これは疑いなく，式 (4.39) に基づく Ce および r_s の一般的な関係式を導出するのを困難にしている原因の 1 つである.

　r_s を用いた抵抗式は低減係数を用いた式 (4.33) と概念的には大きく異なるように見えるが，実は両者は事実上同じものである．実際，式 (4.38) は低減係数を

$$\beta_e = (1 + r_s \mathrm{Ce}\,\overline{u}_1)^{-1} \tag{4.40}$$

とおき，式 (4.3) がぬれた表面の E_p を表すと考えれば式 (4.33) と同等となる．同様に式 (4.39) は式 (4.23) を用いて低減係数を

$$\beta_e = [1 + r_s \mathrm{Ce}\,\overline{u}_1 \gamma/(\Delta + \gamma)]^{-1} \tag{4.41}$$

とおくと式 (4.33) と同じであり，式 (4.31) を用いて，低減係数を

$$\beta_e = \alpha_e^{-1}[1 + \gamma \mathrm{Ce}\,\overline{u}_1 \rho(q_2^* - \overline{q}_2)/\Delta Q_{ne}][1 + r_s \mathrm{Ce}\,\overline{u}_1 \gamma/(\Delta + \gamma)]^{-1} \tag{4.42}$$

としても式 (4.33) と同じである.

　式 (4.38) と (4.39) を実際に適用する際にはパラメータである Ce および r_s についての知識が不可欠である．Ce は明確な乱流理論に基づいており，その物理的な性質はよくわかっている．しかし抵抗概念の概念的重要性については，多くの研究がこれに向けられたにもかかわらず不明確なままである.

● 補完関係にある蒸発の原理

　乾燥しつつある地表面の実蒸発量 E と，同じ環境下で E の蒸発が生じている地表面に囲まれた湿潤で小さな地表面からの蒸発量 E_{pa} が補完関係 (complementary relation) を示すことはよく知

られている．この湿潤で小さな地表面からの蒸発量は，4.3.2 項の終わりに導入した大気の蒸発要求量としても知られる見かけの可能蒸発量 E_{pa} と考えることができる．この補完関係の原理は時間から年平均までの時間スケールで蒸発量の推定にさまざまな方法で用いられてきた（Morton, 1976; 1983; Brutsaert and Stricker, 1979; Lemeur and Zhang, 1990; Parlange and Katul, 1992; Hobbins *et al.*, 2001 ほか多数）．Bouchet (1963) により導入された基となっている主張は以下のように展開することができるだろう．地表面において十分な水分がある場合，Thornthwaite (1948) の定義のとおりに，E と E_{pa} は可能蒸発量 E_{po} の値と等しい．何らかの理由で有効エネルギーと無関係に実蒸発量 E がその最大可能値 E_{po} 以下になると，蒸発に使われなくなったエネルギーが他に利用できるようになる．この E_{po} に対する E の減少は，主として気温，湿度，そして地表面近くの乱流に影響を与えるが，正味放射量に対してはおそらく小さな影響しか及ぼさない．そのような乾燥，温暖となった条件から推測されるように，この余分なエネルギーが，見かけの可能蒸発量 E_{pa} の増加を引き起こす．結果として，

$$E < E_{po} < E_{pa} \tag{4.43}$$

となる．Bouchet (1963) は，E_{pa} の増加量が蒸発量 E の減少量とちょうど等しくなると仮定した．すると，$(E_{po} - E) = (E_{pa} - E_{po})$ となり，ここから彼の提案した関係

$$E = 2E_{po} - E_{pa} \tag{4.44}$$

が得られる．Bouchet の仮定は，後に Brutsaert and Parlange (1998) により $(E_{po} - E)$ が $(E_{pa} - E_{po})$ に比例するとして拡張された．その結果，

$$E = [(b+1)E_{po} - E_{pa}]/b \tag{4.45}$$

が求まる．b はキャリブレーションにより決められる比例定数であり，$b = 1$ の場合，式 (4.44) となる．なお，式 (4.45) は，20 世紀後半における全球気温の上昇トレンドと同時に観測されたパン蒸発量の一見矛盾する減少トレンドを指し示す「蒸発のパラドックス」（"evaporation paradox"）を説明するのに用いられた．この説明は後に Ramirez *et al.* (2005) により有効であることが示されている．

　式 (4.44) および 式 (4.45) を導出する際の仮定はやや制限的である．実際，式 (4.44) で仮定される $(E_{po} - E)$ と $(E_{pa} - E_{po})$ で表される差が同じ大きさとなる，あるいは式 (4.45) で仮定される比例関係となるべき根本的な理由は存在しない．加えて，式 (4.44) では，また式 (4.45) でも，強い移流条件下での大きな蒸発要求量 E_{pa} に対して，現実的でない負の E が生じることが許容されている．そこで，Brutsaert (2015) では導出の際の制約は，より一般的な形

$$E - E_{po} = -f_c(E_{pa} - E_{po}) \tag{4.46}$$

をもつように，さらに緩められた．ここで，$f_c()$ は括弧内の変数の（今のところ）未知の関数で，負の E を避けるという点を含む利用可能な境界条件から決められることになる．この関数を導出するためには，式 (4.46) を $y = E/E_{pa}$ と $x = E_{po}/E_{pa}$ を導入することで無次元化すると便利である．両者ともその値は常に 0 から 1 の間をとる．すると，

$$y = x - F_c(1 - x) \tag{4.47}$$

の形が得られ，$F_c()$ は $f_c()$ を無次元変数で表した関数である．この段階でも，関数 $F_c()$ は未知のままであるが，より具体的な情報が存在しない場合，通常多くの関数はべき級数で，切り捨て処理をした場合は多項式として表すことができる．そこで，式 (4.47) は

$$y = x - \sum_{i=0}^{n} a_i x^i \tag{4.48}$$

となり，n は多項式の次数，a_i は係数である．係数は，蒸発面における水についての完全乾燥条件と完全湿潤条件を対象とした物理的な考察に基づき，式 (4.48) に対する次の 4 つの境界条件を適用することで決めることができる．境界条件は，$x = 1$ の時，$y = 1$ および $(dy/dx) = 1$，$x = 0$ の時，$y = 0$ および $(dy/dx) = 0$ である．1 つ目の条件は式 (4.44) や式 (4.45) でも満たされている．最初の 2 条件は，可能条件に近づくと E, E_{po} および E_{pa} の 3 変数が等しくなっていくことを反映している．第 3 と第 4 の条件は式 (4.43) から定まり，乾燥条件下で E が通常 E_{po} より小さいことを表している．この 2 条件で強い移流条件下での負の蒸発が避けられる．$y = 0$ の時に $x = 0$ となるという第 3 の条件の逆条件は式 (4.43) からは定まらないが，この点は E_{po} と E_{pa} に適切な定義を与えることで下で示すように解決できる．これら 4 条件を式 (4.48) に課すことで，

$$y = 2x^2 - x^3 \tag{4.49}$$

が得られ (Brutsaert, 2015)，これは一般化補完関係法と呼ばれる．式 (4.49) を適用するには，E_{pa} と E_{po} を決める必要がある．本項のはじめの部分で定義したように，今扱っている補完関係にある蒸発の原理において，大気の蒸発要求量 E_{pa} は蒸発 E が生じている乾燥しつつある地表面に囲まれた湿潤な小さな地表面からの蒸発量である．この定義に従うと，E_{pa} は小さな蒸発パンにより測定することができる．また，式 (4.44) を用いて Brutsaert and Stricker (1979) が提案し後の研究で有効性が確認されたように，式 (4.23) で与えられるペンマン式 (Penman, 1948; 1956) に可能状態にない環境下で測定された値を入力することでもうまく表現できる．

　E_{po} の項は推定するのが E_{pa} より難しい．その一因は，E_{po} が元々可能蒸発量として考え出されたからである．したがって，Thornthwaite (1948) が定義したように，その推定に必要な測定は蒸発面に十分な水分が存在する真の可能条件下でなされる必要がある．非可能条件下で E を求めたい場合にそのような測定値を入手することは不可能である．式 (4.44) を用いた移流・乾燥関係法における Brutsaert and Stricker (1979) や初期の補完関係法の適用例では，E_{po} の項は Slatyer and McIlroy (1961) が導入した式 (4.30) で与えられる平衡蒸発量 E_e に比例すると仮定され，比例定数として，式 (4.31) で可能条件の標準的な値として Priestley and Taylor (1972) が示した $\alpha_e = 1.26$ が用いられた．Brutsaert and Stricker (1979) では，どのような条件下でも安定した E_{po} の推定値を与える程度に $\alpha_e E_e$ が頑健であることが仮定（そして期待）された．しかし，その後の研究やよりよい観測データを用いたキャリブレーションにより，これが正しくはないこと，α_e のパラメータは対象地域の状態に応じて変える必要があることがわかってきた．ここで，プリーストリー・テイラー式のパラメータ α_e との混同を避けるために，式 (4.49) の適用時の比例定数を β_c で表すこととする．したがって，E_{po} を $\beta_c E_e$ に置き換えると，$x = \beta_c E_e / E_{pa}$ であり，式 (4.49) は

$$\frac{E}{E_{pa}} = 2\left(\frac{\beta_c E_e}{E_{pa}}\right)^2 - \left(\frac{\beta_c E_e}{E_{pa}}\right)^3 \tag{4.50}$$

と表される．ここで，E_e は式 (4.30) で定義され，E_{pa} はペンマン式 (4.23) や蒸発パンの測定値で

与えられる．可変のパラメータ β_c は対象地域の気候値から推定できるだろう．Liu *et al.* (2016; 2018) は β_c が

$$\mathrm{AI} = E_{pa}/P \tag{4.51}$$

で定義される乾燥指数 (aridity index) におおむね依存することを見いだした．この定義では E_{pa} と P は年平均値である．中国東部に位置する 241 の流域での観測データに基づき，彼らはその依存性が

$$\beta_c = 1.15\mathrm{AI}^{-0.14} \tag{4.52}$$

で表されることを示した．その後，全球に散らばる 524 の流域の観測値を用いて Brutsaert *et al.* (2020) は $a = 1.496, b = 0.2948, c = 0.6697$ とした

$$\beta_c = a/[1 + (b\mathrm{AI})^c] \tag{4.53}$$

を得た．さらに最近になって，Zhang and Brutsaert (2021) は AI に加えて (E_e/E_{pa}) の関数として β_c を求めた．$E_{\max}$ が大気の蒸発要求量 E_{pa} にあたると仮定した式 (4.77) と式 (4.50) の (E/E_{pa}) が等しいと置くと，

$$\beta_c = \frac{E_{pa}}{E_e} \left[\frac{4}{3} \sin \left(\frac{1}{3} \sin^{-1} \left(\frac{27}{16} F(\Phi) - 1.0 \right) \right) + \frac{2}{3} \right] \tag{4.54}$$

が得られる．ここで $\Phi = P/E_{pa}(= \mathrm{AI}^{-1})$, $F(\Phi) = 1 + \Phi - [1 + \Phi^m]^{1/m}$ であり，最適な m の値は 2.41 とされた．シュライバー・オルドカップ (Schreiber-Oldekop) の枠組みは年やそれ以上の長期間に対してのみ有効なので，式 (4.54) で計算された β_c も対応する時間スケールでの利用に限定されなければならない．それでも Zhang and Brutsaert (2021) はこのパラメータ β_c が時間スケールに割と鈍感であることを見いだしている．このことから，式 (4.50) で年の時間スケールだけでなく日の時間スケールでの蒸発量を推定するに際して，式 (4.54) を用いて β_c をキャリブレーションの必要なしに求めることができる．

■ 例 4.3　一般化補完関係法による蒸発量

Zhang and Brutsaert (2021) は，全球に広く散らばった 524 流域で得られたデータに対して式 (4.54) を用いた式 (4.50) を適用した．得られた E の年平均値は，各流域で年平均流出量と降水量データを用いて式 (1.1) の水収支法により推定された年平均値と比較された．この比較では相関係数 0.96 のよい適合性が得られた．加えて，式 (4.54) を用いた式 (4.50) を適用して求めた E の値と，156 の高精度渦相関フラックスステーションの年平均値 E の比較もなされ，相関係数は 0.83 であった．相関係数が水収支法との比較結果より悪いのは，流域水収支による蒸発量推定値が集水域全体に対する 12 年の平均値であるのに対して，フラックスステーションはより短期間での地点での測定値であるためである．156 のフラックスステーションのうちの数ヵ所に対しては，式 (4.54) で年単位で求めた β_c の値を式 (4.50) での日単位での計算に用いた．渦相関法の E の測定値との比較で，相関係数は 0.63〜0.99，平均 0.94 の値であった．このことは，β_c の値が時間スケールに対してかなり鈍感であると考えられること，式 (4.54) で求めた年単位の β_c の値が日単位程度までの短い時間スケールに対しても有用であることを示している．この方法をさらに説明するため，図 4.8 では，式 (4.49) あるいは式 (4.50) の理論的な関係とその基となっている境界条件が，測定された蒸発量とどの程度よく合うか示している．ここでは，524 の選択した流域と 156 の渦相関フラック

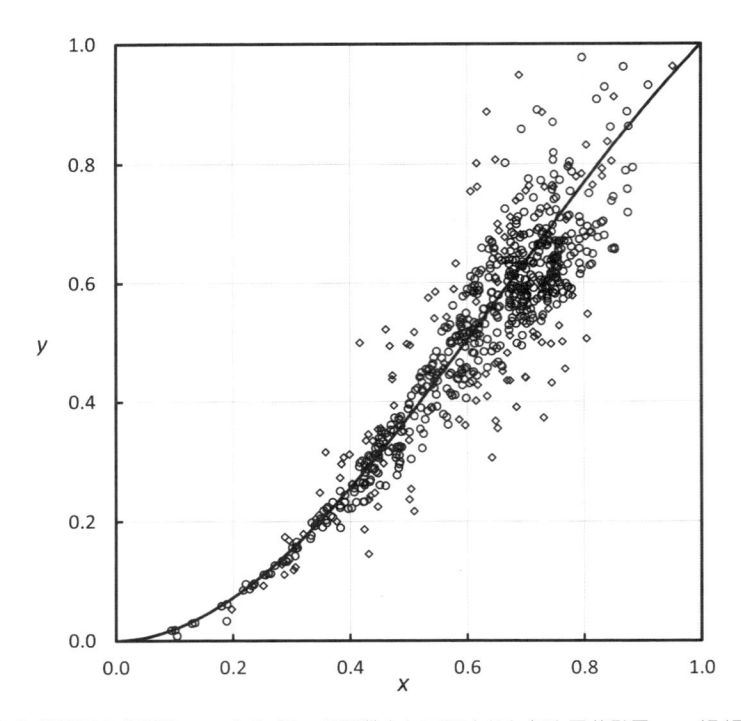

図 4.8 無次元表示した蒸発量の参照値 $x = \beta_c E_e / E_{pa}$ の関数として示された無次元蒸発量 $y = (E/E_{pa})$. 白丸は 524 の全球から選ばれた流域の値である. 個々の点について, E の値は式 (1.1) の流域水収支から推定され, E_{pa} と $\beta_c E_e$ はそれぞれ式 (4.23) と式 (4.54) を用いた式 (4.30) を用いて算出している. ひし形の点は 156 の渦相関法フラックスステーションの測定値を示している. 曲線は式 (4.49) あるいは式 (4.50) の理論的補完関係関数を表す (Zhang and Brutsaert, 2021).

スステーションのデータから得られた y を x に対してプロットしてある. 各点の E の値は測定値, E_{pa} と $\beta_c E_e$ はそれぞれ式 (4.23) および式 (4.30) と式 (4.54) で計算されている. 図 4.8 の曲線は式 (4.49) であり, また上端と下端の境界条件を示している. 図 4.9 は一般的には式 (4.46) または式 (4.47) により, そして特に式 (4.49) または式 (4.50) で表現される補完関係を, この研究で用いられた 524 の流域に対して示している. つまり, 基準となっている蒸発量 $\beta_c E_e$ からの E と E_{pa} のそれぞれの差 $(\beta_c E_e - E)$ および $(E_{pa} - \beta_c E_e)$ の関係が描かれている.

　より一般的には, 図 4.9 に描かれた例は, 地域の蒸発量 E の減少には通常大気の蒸発要求量 E_{pa} の増加が伴うことを示している. E_{pa} はペンマン式で推定できる. 式 (4.23) と式 (4.24) からは, 風速と飽差の増加により E_{pa} が増加することがわかる. このことは, Brutsaert and Stricker (1979) で導入された湿潤地域を除いて風速や飽差の減少が地表面蒸発量の増加を伴うというやや直感に反する考えを再び表している. 前に述べたように, 蒸発要求量 E_{pa} は小さな蒸発パンからの蒸発量を測定することでも推定できる. したがって, 図 4.9 はまた, 正味放射量や気温のトレンドの影響もあるものの, パン蒸発量の負のトレンドと正の地表面蒸発量のトレンドのつじつまが合うことを示している (Zhang *et al.*, 2007; Brutsaert, 2013). より広い気候変化の文脈では, この点は観測された負のパン蒸発量トレンドが放射量減少による地球暗化 (dimming) と連動して, 負の地表面蒸発トレンドを表すという主張を否定するものである (Brutsaert and Parlange, 1998). 20 世紀後半に観測された負のパン蒸発量トレンドが, よく立証された正の気温トレンドやより活性化した大気と相容れないという考えは, 当時蒸発のパラドックス (evaporation paradox) とよばれていた. 式 (4.44),

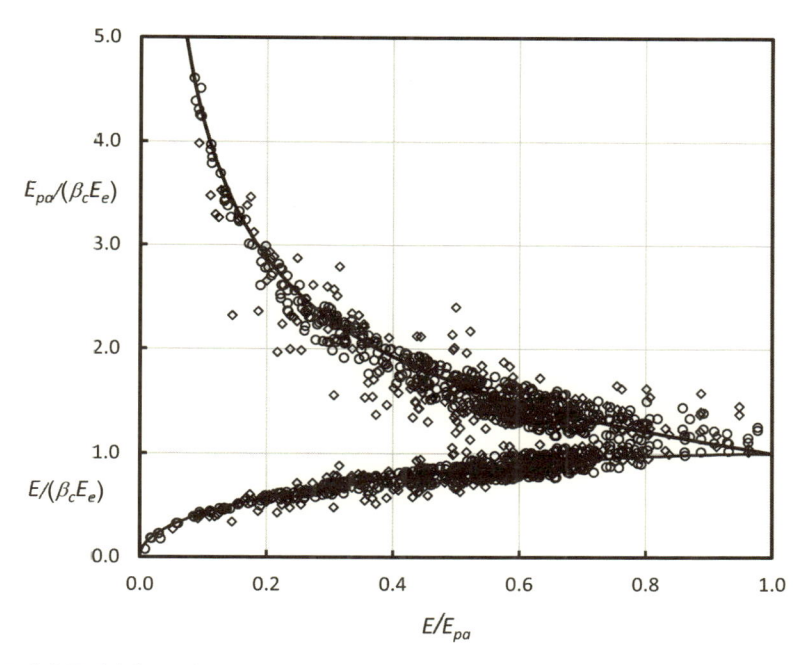

図 4.9 利用できる水分量が変化した場合の，$\beta_c E_e$ に対する相対値として表した実蒸発量 E と大気の蒸発要求量（あるいは見かけの可能蒸発量）E_{pa} の間の補完関係．水分量は両者の比 E/E_{pa} で表してある．白丸は 524 の流域で流域水収支式 (1.1) で求められた E による値，ひし形は 156 の渦相関法により求められたフラックスステーションの E による値である．E_{pa} と $\beta_c E_e$ はそれぞれ，式 (4.23) と式 (4.54) を用いた式 (4.30) を用いて算出した．2 曲線 ま式 (4.49) あるいは式 (4.50) の理論的補完関係関数で，(y/x) および $(1/x)$ を y に対して示してある (Zhang and Brutsaert, 2021).

(4.45) や式 (4.50) で表される補完関係の原理によりこの問題は解決したのである．

4.3.4　陸面上の E 変化：自己保存近似

　水平移流がそれほど大きくない場合には，陸面上の主要なエネルギーフラックスの日中の変化が，非常によく似ていることが知られている．陸面上のさまざまなエネルギーフラックス要素のこのような日変化の相似性を，図 2.19，図 2.20，図 4.10 に示してある．このことは，任意の 1 日を通してこれらのフラックスの比がほぼ一定になることを意味し，これは，ある種の「自己保存性 (self-preservation)」の現れと考えることができるだろう．通常，蒸発は夜間には比較的小さいので，この自己保存は日平均値と瞬間値または時間値を関連づけるのに役に立つ場合がある．Jackson *et al.* (1983) は $L_e E/R_s$ を用いてこの考えを適用し，1 日 1 回の測定値から潜熱フラックスの日総量を推定した．Shuttleworth *et al.* (1989), Sugita and Brutsaert (1991), Nichols and Cuenca (1993) はまた，蒸発比 (evaporative fraction) $\mathrm{EF} = L_e E/(R_n - G)$ または $\mathrm{EF} = L_e E/(L_e E + H)$ を用いてこの考えを適用した．Crago (1996) は，式 (4.30) で定義された平衡蒸発量 E_e を用いたさらに別の無次元蒸発比 $\alpha_e = E/E_e$ でこれを適用した．

　より一般的な表現 (Brutsaert and Sugita, 1992) によれば，自己保存の仮定では蒸発フラックス比 (evaporative flux ratio)

$$\mathrm{ER} = L_e E/F \tag{4.55}$$

が日中に一定であることが求められる．ここで F は，$L_e E$ と日変化が相似で，参照値として利用できる地表面熱収支の（$L_e E$ 以外の）項である．相似性の仮定が成り立つかどうかを，図 4.11 のさまざ

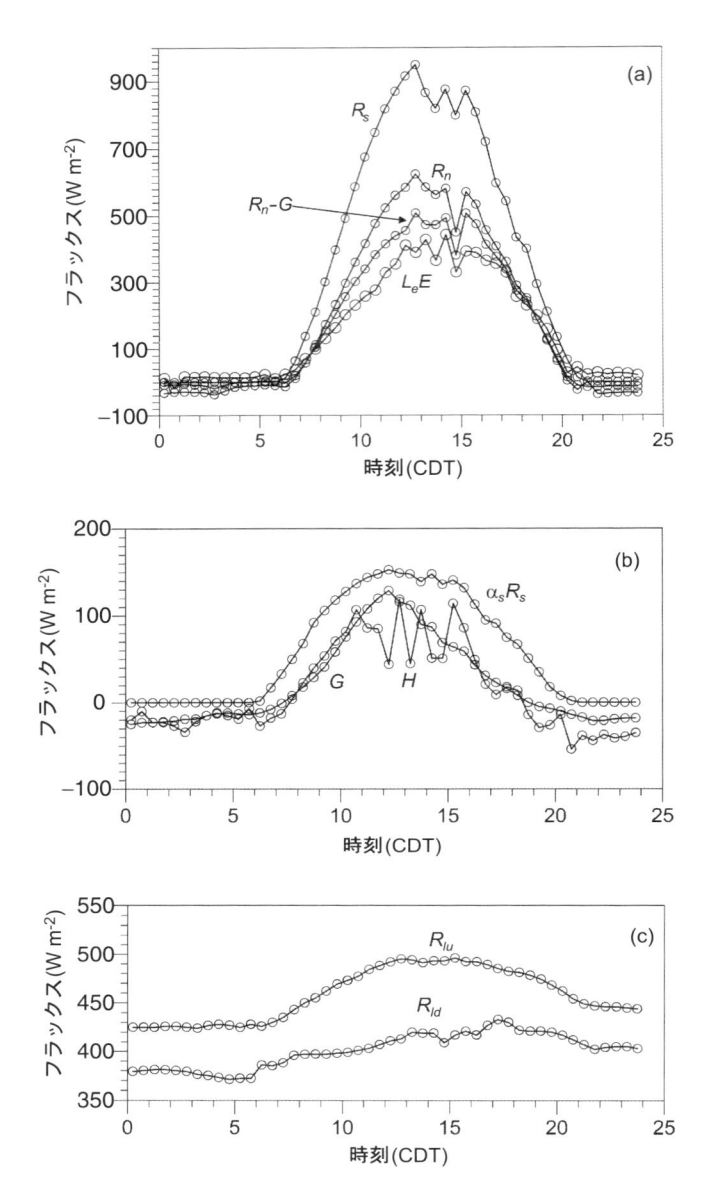

図 4.10 カンザス州北東部の丘陵性プレーリー地域内に設けられた 15 × 15 km の観測地域中の 6 ステーションで, 1987 年 7 月 6 日に観測された熱収支項の平均値の日変化. (a) L_eE, R_n, $R_n - G$, R_s, (b) G, H, $\alpha_s R_s$, (c) R_{lu}, R_{ld}. 時刻は中部夏時間である. (Brutsaert and Sugita, 1992)

なフラックス項(主に白抜きの記号を付した曲線)および図 4.12 について調べることができる. これらは, カンザス州東部の丘陵性トールグラス地域で行われた FIFE (First ISLSCP Field Experiment) 実験計画で測定されたデータである. これから F を有効エネルギー $(R_n - G)$ または $(L_eE + H)$, 正味放射量 R_n, 下向き短波放射量 R_s とした場合に相似性がよく認められ, また上向き短波放射量 $\alpha_s R_s$ でも弱いながらも相似性がみられることがわかる. 平衡蒸発量 E_e が有効エネルギー $(R_n - G)$ と強く関係すること(式 (4.30) 参照)から, F を E_e としても式 (4.55) が一定になることがわかる. なお, F を顕熱フラックス H とした場合, ER^{-1} はボーエン比となり, $F = (R_n - G)$ の場合より自己保存性がはるかに悪くなるようにみえる. Crago and Brutsaert (1996) はこれが EF と Bo の誤差伝播特性が異なるためであることを示した. 図 4.12 はまた, 自己保存が夜間には成り立たないことを示している. さらに図 4.13 は同じトールグラス・プレーリー地域の第 26 観測ステーションでの, 長期乾燥時の日中の蒸発比の変化を示している. どの日も, 日中の EF はほぼ一定であるが, 日ごとに土壌水分が

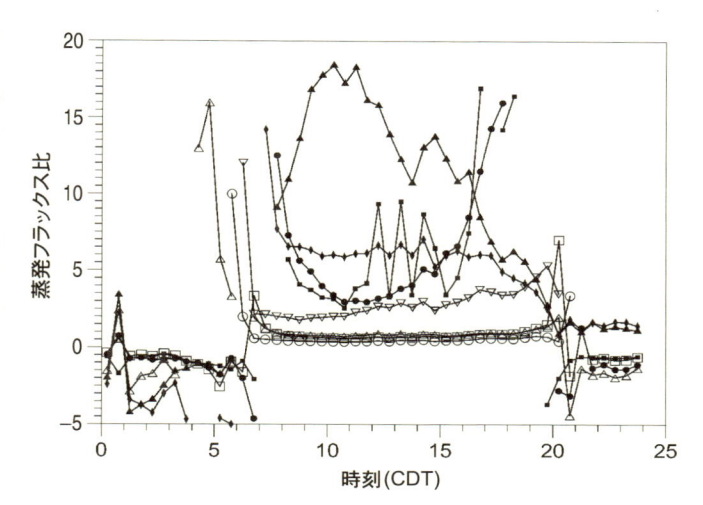

図 4.11 図 4.10 に示したフラックスデータから求められた，異なる蒸発フラックス比の30分値の日変化．$L_eE/\alpha_s R_s$（▽），$L_eE/(R_n - G)$（△），L_eE/R_n（□），L_eE/R_s（○），$L_eE/H(\equiv \mathrm{Bo}^{-1}$，■），$L_eE/G$（●），$L_eE/(R_{ld} - R_{ld(夜間)})$（▲），$L_eE/(R_{lu} - R_{lu(夜間)})$（◆）．(Brutsaert and Sugita, 1992)

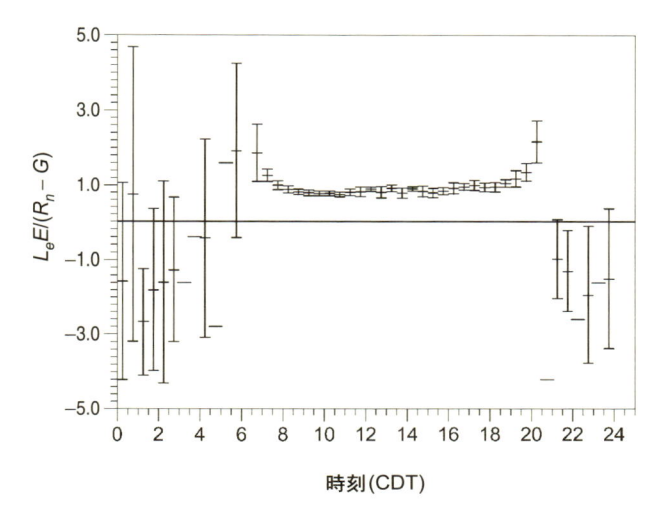

図 4.12 図 4.11 と同じであるが，$F = (R_n - G)$ を用いた蒸発フラックス比である蒸発比が示してある．エラー・バーは6ステーションの平均と標準偏差として表してある．(Sugita and Brutsaert, 1991)

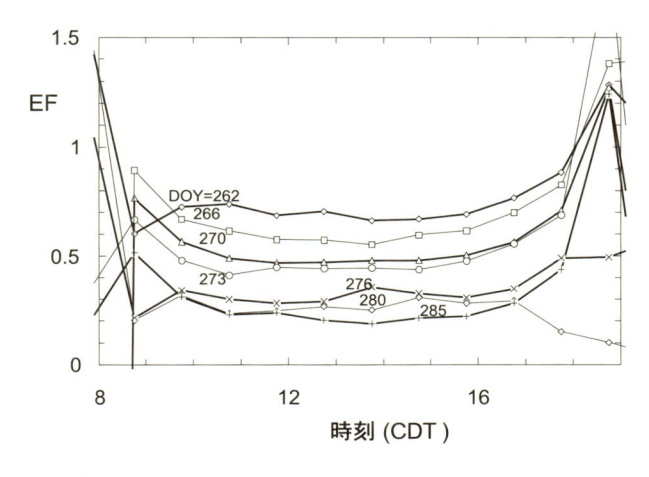

図 4.13 カンザス州北東部の丘陵性プレーリー地域での1987年9月19日（1月1日を起点とした通算日 DOY262 日）から10月12日（DOY285 日）までの蒸発比 $\mathrm{EF} = L_eE/(R_n - G)$ の日変化の変遷．時刻は中部夏時間であり，線に付した数字は DOY を表す．(Brutsaert and Chen, 1996)

徐々に減少するにつれ，EF も減少している．

　実用目的では，この自己保存概念は以下のように適用される．もし ER が日中に十分一定であるな

らば，日中のある瞬間における蒸発速度は，式 (4.55) を用いた

$$L_e E_i = \mathrm{ER}_d F_i \tag{4.56}$$

で推定できる．逆に，日中全体に対する蒸発速度は

$$L_e E_d = \mathrm{ER}_i F_d \tag{4.57}$$

から推定できる．添字の i は瞬間値を，d は日中全体の値を表し，$E_d = \Sigma E_i$, $F_d = \Sigma F_i$ がそれぞれの瞬間値（実際には時間値とか 30 分値）の和となる．衛星データの利用が増加するに伴い，自己相似の適用法の改良は活発な研究対象であり続けている（例えば，Van Niel *et al.*, 2012; Jiang *et al.*, 2021）．

4.4 水収支法

水収支法 (water budget method) は，水循環のある部分に適用された質量保存則に基づいている．質量保存は，適切な支配体積に対して式 (1.10) のような収支式として表すことができる．すると，収支式の蒸発速度以外の Q_i, Q_o, S の全項を独立に決めることができるなら，蒸発を流出速度 Q_o の中で唯一残された未知項として決定することができる．水収支法は，原理的には非常に単純であるが，その適用はしばしば難しく現実的ではない．そのため，質量輸送や熱収支法に比べて，水収支法はわずかしか利用されていない．しかし，その考え方の単純さは捨てがたく，気候学的な計算や，他の方法の長期間における有効性の確認などある種の目的には非常に有用である．

4.4.1 陸面の水収支

面積 A の陸面上における単位時間あたりの平均蒸発量は，水収支式 (1.10) を用いて表すことができ，ここでは，

$$E = P + [(Q_{ri} + Q_{gi}) - (Q_{ro} + Q_{go})] - \frac{dS}{dt} \tag{4.58}$$

のように書き直すことができる．ここで各項は，単位時間，単位面積あたりの値で，P は面平均降水量，Q_{ri}, Q_{ro} は地表面での（河川水系による）全流入と流出量，Q_{gi}, Q_{go} は地下水の全流入，流出量，S は水貯留量である．この地域が自然な分水界で区切られた自然河川流域または水文学的な集水域であれば，地下水の項は普通は無視できる．また，地表面流入 Q_{ri} はゼロであるか，人工的な流域間の水のやり取りがある場合でもその正確な値がわかる．そこで，$R = (Q_{ro} - Q_{ri})$ を流域からの単位面積あたりの正味の平均地表面流出速度とすれば，式 (4.58) は

$$E = P - R - \frac{dS}{dt} \tag{4.59}$$

と単純化できる．降水量や流出量の信頼できる値を用いるとしても，式 (4.59) にはまだ E と S の 2 つの未知項が残される．つまり，式 (4.59) を閉じるには，dS/dt がそれほど重要でなくなる十分に長い期間に対してこの式を適用するか，別の式で S を決定しなければならない．流域の水貯留量は簡単には決められない．1 年前と同じ季節の始まりや終わりには貯留量が 1 年前と同じ値に戻ることがしばしば仮定できる．そこで 1 年を対象とすれば，普通は dS/dt が無視できる程度に長い期間であると考えられている．間接的に貯留量変化を推定することで，式 (4.59) を 1 年より短い期間に対して適用するいくつかの方法も提案されている．

● 貯留量を蒸発量と関連づける方法

この種類の方法では，E を S と関連づけることでもう 1 つの式を得る．たとえば，Budyko (1955; 1974, p.97) はこのような式として，式 (4.34) を用いた式 (4.33) を利用した．ここで w が流域の貯留量 S を表すと仮定し，w_0 は 10〜20 cm 程度の水柱高としてキャリブレーションにより季節的・地域的

差違を考慮して決めることとした. この方法は $E, P, R, S = (S_1 + S_2)/2, (dS/dt) = (S_2 - S_1)$ の月平均値を用いて適用できる. 添字の 1 と 2 は, 月のはじめと月の終わりを表している. 計算は, 逐次近似により以下のようにして行う. 1 月目に対して S_1 の初期値を適当に決める. 式 (4.33) を (4.59) に代入すると, E の含まれない S_2 の式が求まる. この月に対して適当に決めた S_1 の初期値を用いると, これから S_2 の 1 つ目の推定値が得られる. これを式 (4.33) に代入すると, 1 月目の E の値が求まる. 同じ方法を 1 月目の S_2 を 2 月目の S_1 などとおくことで, 2 月目にも適用する. このようにして求めた全月の E の値の和を $(P - R)$ の年間の総量と比較する. 仮定した 1 月目の S_1 値を比例調整するために両者の比を用いる. 調整した S_1 値を用いて計算された年蒸発量 E と, 記録データの $(P - R)$ が等しくなるまでこれを繰り返す. 式 (4.33) のような関係に基づく方法はどれでも, この比例関係が有効なのかという疑問以外にも, まず最大の水分量パラメータ w_0 が未知であること, そして可能蒸発量の意味があいまいであるという欠点を有している. Budyko (1955) の方法は旧ソビエト連邦内のさまざまな地域の広い範囲で適用されてきた. 同様な方法を Thornthwaite and Mather (1955; Steenhuis and Van der Molen, 1986 も参照のこと) もまた提案している.

● 貯留量を河川流量と関連づける方法

第 2 の方法では, S と流域の流出量 R を関連づけることでもう 1 つの式を得る. 対象として, 降水がなく式 (4.59) 中で P を考える必要のない, 河川流の干ばつ期間である減水プロセス中を主に選ぶ. これまでの研究 (Tschinkel, 1963; Daniel, 1976; Brutsaert, 1982) のほとんどにおいて,

$$S = K_n R^m \tag{4.60}$$

により表されるキネマティック関数を用いている. K_n と m は定数である (式 (12.48) と比較せよ). この式 (4.59) と (4.60) の組合せは, 集中型キネマティック法 (lumped kinematic approach) の 1 つの例である. S を消去すると, 原理的には河川流量データから E を決めることができるはずである. パラメータは, E が無視できる条件下でのキャリブレーションにより決定する. この枠組みで式 (4.60) を使う主な欠点は, 式 (4.60) の貯留量 S が流域の蒸発の源になっている地表面近くの土壌水分ではなく, 主に地下水貯留を表している点にある. このことは, 地下水面と植生の根が直接接触する地域の蒸発のみに減水期の流れが敏感に反応することを意味する. つまりこの方法で決定した蒸発は主に河畔域 (riparian zone) からのもので, 河道から離れて地下水と植生が基本的には切り離されている地域からのものではない. 河川流 R を供給している式 (4.60) の変数 S は, 長期間の減水後, 土壌水が完全に使い尽くされた後の, 流域全体の貯留を表していると考えることができる.

この問題点は, Dias and Kan (1999) が示したように, 収支期間の終わりに貯留成分のほとんどが地下水のみで構成され, 式 (4.60) が S の決定に利用できるような十分に長い期間 Δt に対して式 (4.59) を積分することで避けることができる. 収支期間のはじまりは, 式 (4.60) を S の決定に使う 1 つ前の減水期間の終わりとする. 式 (4.59) の積分結果は, E, P, R の収支期間 Δt での平均値と, dS/dt を $(S_f - S_i)/\Delta t$ に置き換えたもので表される単純な式である. 貯留量変化を評価するはじめと終わりの値 S_i, S_f は, 式 (4.60) を用いて河川流量データから決めることができ, すると E が式 (4.59) で残されたただ 1 つの未知数となる. この方法では, 収支期間 Δt は変数で, 少なくとも 1 カ月とされる. この方法は, システムが式 (4.60) で $m = 1$ とする線形であると仮定し, また, $P = 0$ の長い減水期間中の日流量 Q_i とその翌日の流量 Q_{i+1} のプロットの下部包絡線から K_n を決定できると仮定することで適用された (図 10.30 と比較のこと). 下部包絡線は, 流域からの蒸発量が少ないか, あるいは無視できる条件を表していると仮定された. この方法で求められたいくつかの結果を図 4.13 に示す. この事例では, 降水が季節変化をしないのに, 計算された蒸発量には季節の影響がよく現れていることが見て取れる. 同様の蒸発量を求める方法を Wittenberg and Sivapalan (1999) が用いている.

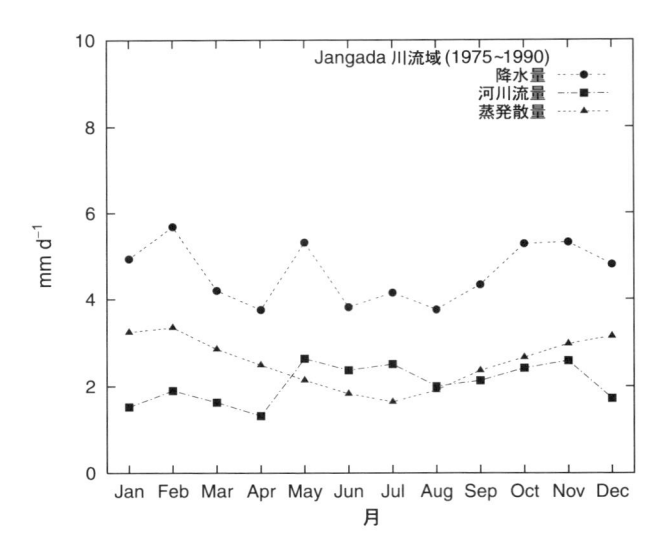

図 4.14 森林植生で主に覆われたブラジル南部パラナ州 (26°30′S, 50°20′W) Jangada 川流域 (1,055 km²) における降水量, 河川流量の月平均気候値と季節水収支法 (SWB) による蒸発量推定値. ここでは冬期と夏期ははっきりしているが, 降水量は年間をとおしてほぼ一様である. (Dias and Kan, 1999)

4.4.2　長期間の陸域水収支：蒸発降水比の乾燥指数に対する依存性—ブディコの枠組みとしても知られるシュライバー・オルドカップの仮説

この依存性の基本的な考えは 19 世紀末の年降水量と年河川流出量の関係を見いだそうとする中央ヨーロッパでの試みに根ざしている. 年やそれ以上の時間スケールでは, 貯留量変化の項 dS/dt は無視できる. すると, 式 (4.59) は式 (1.1), すなわち $P - R = E$ となり, 長期間の降水量と流出量の関係は, 流域蒸発量へと直接的に翻訳できるようになる.

● 背景

中央ヨーロッパでの年平均河川流出量と年平均降水量との関係を見いだそうとする初期の試みにおいて, Penck (1896) は線形関数を, Ule (1903) は 3 次の多項式を採用した. この 2 研究を詳細に調べた結果, Schreiber (1904) は物理学や気象学の多くの問題で利用されてきた指数関数が適用できると考えた. そこで彼は, 重要な関係式

$$R/P = \exp(-k_s/P) \tag{4.61}$$

を提案したのである. ここで, 指数関数中の k_s は対象河川流域に対して決まる定数とされた. 式 (4.61) を式 (12.63) で示すように級数展開することで, シュライバー (Schreiber) は降水量 P が非常に大きくなると, この定数 k_s が $(P - R)$ に近づくことを示した. 彼はこの差を降水量のうちで流出に使われなかった「残差」("remainder") と呼んだ. 式 (1.1) から明らかなように, この差は蒸発量 E である. しかし, 彼は流出のみに関心があり, 蒸発には関心がなかったので, k_s の最大値を蒸発速度の最大と呼ぶことには思い至らなかったに違いない.

これらシュライバーの解析の隠れた性質は, $(P - R)$ が年平均蒸発量であること, シュライバーの級数展開による k_s が可能最大蒸発量 $E_{\max}$ であることを Oldekop (1911; Andreassian *et al.*, 2016) が正式に認定することで, 明示的に示されるようになったのである. そこで式 (4.61) はオルドカップ (Oldekop) の説明にしたがって, 以下のように年平均蒸発量を用いて書き換えることができる.

$$E/P = 1 - \exp(-E_{\max}/P) \tag{4.62}$$

彼の蒸発量データを説明するのに, オルドカップは式 (4.62) を採用する代わりに, $(E/E_{\max})$ を

$(P/E_{\max})$ の双曲線正接関数として以下のように表現した.

$$E/E_{\max} = \tanh(P/E_{\max}) \tag{4.63}$$

後に，シュライバーの指数関数の式 (4.62) とオルドカップの双曲線正接関数の式 (4.63) の幾何平均を同じ無次元量を利用して求めるとデータへの適合がさらによくなるだろうと感じた Budyko (1958; 1974) は，以下の式を提案した.

$$E/P = \{\varphi \tanh(1/\varphi)[1 - \exp(-\varphi)]\}^{1/2} \tag{4.64}$$

ここで，$\varphi = E_{\max}/P$ である．しかし，式 (4.64) は，同じ 3 変数を用いたその他のほとんどの実験式導出の出発点に過ぎなかった．シュライバー，オルドカップ，そしてブディコ (Budyko) の元の関数の改良を意図したこれらの関数は

$$(E/P) = f(E_{\max}/P) \tag{4.65}$$

の一般形をもち，式 (4.62) と (4.63) に暗黙的に含まれていた条件

$$\begin{aligned} E/P \to 1 \quad (E_{\max}/P \to \infty) \\ E/E_{\max} \to 1 \quad (E_{\max}/P \to 0) \end{aligned} \tag{4.66}$$

に従う．余談ではあるが，関数関係 (4.65) はしばしばまた P の代わりに $E_{\max}$ を繰り返し変数 (repeating variable) として同等の，そして相互に変換できる形で以下のように表される.

$$(E/E_{\max}) = F(P/E_{\max}) \tag{4.67}$$

シュライバーとオルドカップは明らかに式 (4.65) と (4.67) の起点である．したがって，その後のすべての式はシュライバー・オルドカップの仮説に基づいて導出されたとして引用されるのが筋であろう．しかし，式 (4.65) あるいは (4.67) の形をもつその後の式は現在「ブディコの枠組み (Budyko framework)」に属するとして引用されている．この食い違いがなぜ生じたのか，今では想像することしかできない．というのも，ブディコ自身は 2 人の先行した著者の功績を常に認めていたからである．ことによると，Schreiber (1904) と Oldekop (1911) の論文はその原文でしか利用できなかったのに対し，ブディコの著作だけが英語の翻訳で読むことができ，式 (4.65) の唯一の出所となりえたことが主な理由なのかもしれない．興味深いことに，式 (4.65) あるいは (4.67) に基づく枠組みをブディコに帰属させることは，スティグラーの法則 (Stigler, 1980) の 1 例である．この法則によると，「どんな科学的発見でもその第 1 発見者の名前がつけられることはない」．文献中のブディコの名称使用の現在の増加を止めたり遅らせたりするには遅すぎるかもしれないが，本来属する者の功績を認めるのに遅すぎることはけっしてない．式 (4.65) あるいは (4.67) をシュライバー・オルドカップの仮説として認め，名前がそこに付されるべきだとするのは決して不適切ではないだろう.

● 蒸発降水比を乾燥指数と関係づけるパラメトリック関数：簡潔なレビュー

ブディコ後，式 (4.65) と (4.67) の一般的な形に対する具体的な提案がなされてきた．シュライバーとオルドカップとは独立に，今日でも用いられている関数がフランスの Turc (1954) により導入された．彼は，式 (4.66) を満たす最も単純な関数は

$$y = \frac{x}{1 + x} \tag{4.68}$$

であると考えた. ここで $y = E/E_{\max}$ および $x = P/E_{\max}$ である. 彼はさらにこれを一般化し,

$$y = \frac{x}{(1+x^n)^{1/n}} \tag{4.69}$$

すなわち,

$$\frac{E}{P} = \left[1 + \left(\frac{E_{\max}}{P}\right)^{-n}\right]^{-1/n} \tag{4.70}$$

とした. ここで, n は自由パラメータである. 異なる値を試した後, $n = 3$ で彼のデータとの最もよい適合が得られた. しかし彼はこの仮に定めた $E_{\max}$ がおそらく過大評価で, データのばらつきがかなり大きいと感じ, 同じくらいよい結果を生み, そしてより単純な計算ができる利点をもつ, 小さめの $n = 2$ を採用した. この結果,

$$E = \frac{P}{\sqrt{1 + (P/E_{\max})^2}} \tag{4.71}$$

が得られた. 流量がない流域からの蒸発にも適応できるようにするため, 彼は分母の 1 を 0.9 に変えた. 彼はまた, P と E が既知の流域で式 (4.71) から $E_{\max}$ を求め, $E_{\max}$ と年平均気温の関係を導き出した.

ほぼ同時期にシベリアにおいて独立に, Mezentsev (1955; Andreassian and Sari, 2019) は Bagrov (1953) のより早い時期の考え方に基づいて式 (4.70) を提案している. Bagrov(1953) の提案は

$$dE/dP = 1 - (E/E_{\max})^n \tag{4.72}$$

であり, 式 (4.66) と等しい条件を基本的に満たす. 興味深いことに, 式 (4.72) を積分すると $n = 1$ でシュライバーの式 (4.62) となり, $n = 2$ でオルドカップの式 (4.63) となる. 式 (4.72) をより一般的に積分できるように, Mezentsev (1955) はこれを

$$dE/dP = [1 - (E/E_{\max})^n]^{1+1/n} \tag{4.73}$$

と置き換えた. この積分は式 (4.70) であり, Turc (1954) と同じ結果となる.

シュライバー・オルドカップの仮説に基づく 2 つめのパラメトリック関数は, チュニジアの Tixeront (1964) まで遡れる. ティクセレント (Tixeront) は関数を提示しただけで, それ以上の説明はない. しかし, Andreassian and Sari (2019) によって見いだされたバーカロフ (Berkaloff) とティクセレントによるチュニジアの 1958 年の流出量地図に添付された注釈には, この関数の根拠となる推論が以下のように与えられていた. まず, 「降水量が増加すると, 流出量は降水量から蒸発散量を減じた量に近づき」, 次に「降水量がゼロに近づくと, 降水量に対する流出量の比もゼロに近づく」. これらの条件を満たす最も単純な関係は,

$$R = (P^m + E_{\max}^m)^{1/m} - E_{\max} \tag{4.74}$$

である. 式 (1.1) を用いることで, この式から年蒸発量が

$$E = P + E_{\max} - (P^m + E_{\max}^m)^{1/m} \tag{4.75}$$

と求まる. 無次元化すると,

$$\frac{E}{P} = 1 + \frac{E_{\max}}{P} - \left[1 + \left(\frac{E_{\max}}{P}\right)^m\right]^{1/m} \tag{4.76}$$

あるいは, これと同等な

$$\frac{E}{E_{\max}} = 1 + \frac{P}{E_{\max}} - \left[1 + \left(\frac{P}{E_{\max}}\right)^m\right]^{1/m} \qquad (4.77)$$

が得られる．後に独立に，Fu (1981; Zhang *et al.*, 2004) は中国において，より完全な数学的な解析から同じ関数を導き出している．

文献中には他にも無次元関数が提案されてきたが，シュライバー・オルドカップの仮説の体現としては，チュルク・メゼンツェフ (Turc-Mezentsev) 式 (4.70) とティクセレント・チュルク (Tixeront-Turc) 式 (4.76) または (4.77) が最もよく使われるようになった．この命名法は Andreassian *et al.* (2016) が示唆したように，これらの研究者の独立した先取権のために採用してある．式 (4.70) と (4.76) は明らかに異なる形を持つが，Yang *et al.* (2008) は，式 (4.70) の導出において，それぞれのパラメータが

$$m = n + 0.72 \qquad (4.78)$$

で関係づけられれば，両者が実際上同じ結果を生み出すことを示している．

● チュルク・メゼンツェフ式とティクセレント・傅式：いくつかのコメント

パラメータ n あるいは m が追加されたことで，シュライバーとオルドカップの仮説による提案と比べて，両式は柔軟性がより高くなっているが，長期間の降水量 P の蒸発量 E と流出量 R への配分が 1 つの物理量，すなわち最大可能蒸発量 $E_{\max}$ により圧倒的な影響を受けるという基本的，経験的な観察に基づくという点は変わらない．4 変数のうちの 1 つは，長期間の水収支式 (1.1) により消去できる．残る 3 変数，P，E （または R），そして $E_{\max}$ から直接相似関数式 (4.65) （または式 (4.67)）が得られる．原理的には，パラメータ m および n により式中に他の効果を導入できるはずである．しかし，式 (4.70) や (4.76) においてメカニズム的な考察がなされていないため，どの物理変数を追加すべきかは必ずしも明白ではない．

事を複雑にしている要因は，これまで，この「最大可能蒸発量」$E_{\max}$ の厳密な性質が記されてない点にある．シュライバー・オルドカップの仮説を扱った文献中でさまざまな定義が与えられてきたが，その正確な意味や最適な推定法についての合意は得られていない．それが有効エネルギーを示すと考えた Budyko (1974) は，当初，これを正味放射量と等しいと置いた．後に，いくつかの研究でそれが可能蒸発量に，そして他の研究では大気の蒸発要求量，あるいは見かけの可能蒸発量にあたると考えられた．たとえば，式 (4.70) と (4.76) を適用した約 50 の研究を調べた結果，$E_{\max}$ はこの中の 14% で正味放射量とされ，26% でプリーストリー・テイラー式，41% でペンマン式やそれと関連する式，14% で (MOPEX, Model Parameter Estimation Project による) パン蒸発量，5% で温度に基づく表現となっていた．言い換えれば，$E_{\max}$ は約 40% で真の可能蒸発量 E_{po} の近似により，約 60% で見かけの可能蒸発量あるいは大気の蒸発要求量 E_{pa} の推定値により与えられていた．パラメータ m および n の大きさが $E_{\max}$ の選択に依存すると考えるのは理にかなっている．これまでのところ，この点は系統的に調べられてこなかった．これらのパラメータを植被率のような他の物理量に関係づけようとする試みはいくつかなされてきた (Li *et al.*, 2013)．

図 4.15 と図 4.16 はティクセレント・傅 (Tixeront-Fu) 式 (4.77)，そして式 (4.78) からの推論を介したチュルク・メゼンツェフ式 (4.70) で期待できる正確さを示している．このために用いたデータと計算の詳細は Zhang and Brutsaert (2021) で説明されている．ここでは，$E_{\max}$ は式 (4.25) を用いたペンマン式 (4.23) により与えられる大気の要求量 E_{pa} で代表できると仮定している．ティクセレント・傅式のパラメータ m は，全球に分布した 524 流域の水収支による蒸発量推定値を用いて式 (4.77) をキャリブレーションする形で決められた．キャリブレーションは $E_{\max} = E_{pa}$ となるよう，図 4.16 で年平均蒸発量の観測値と推定値の原点を通る回帰直線の傾きがちょうど 1.0 になるように試行錯誤的に m を調整して行った．Nash-Sutcliffe 係数 (NSE) は 0.93，相関係数は 0.96，バイアスは 2.12% でモデルのよいキャリブレーション結果を示している．最適化された m の値は 2.41 である．この値は

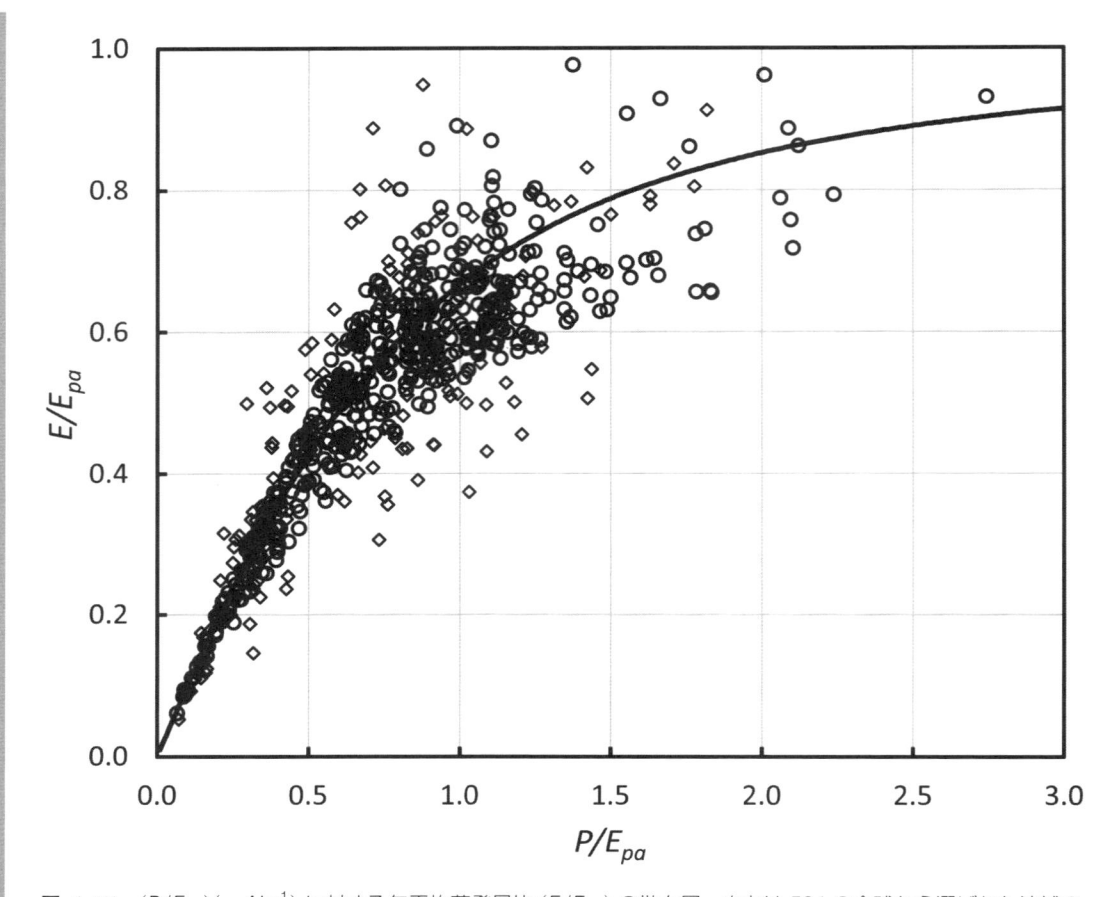

図 4.15 $(P/E_{pa})(= \mathrm{AI}^{-1})$ に対する年平均蒸発量比 (E/E_{pa}) の散布図. 白丸は 524 の全球から選ばれた流域の値, ひし形は全球 156 のフラックスステーションの測定値である. 曲線はブディコの枠組みとしても知られるシュライバー・オルドカップの関係を最適化したパラメータ $m = 2.41$ を用いてティクセレント・傅関数式 (4.77) により求めたものである (Zhang and Brutsaert, 2021).

$E_{\max}$ をプリーストリー・テイラー式で与えた Zhang *et al.* (2004) の 2.53 と近い. 図 4.15 と図 4.16 にはまた, 最適化された $m = 2.41$ を用いた式 (4.77) により推定された年平均蒸発量が 156 の全球のフラックス観測点に対して示されている. NSE は 0.71, 相関係数は 0.83, バイアスは 2.15％である. これらの結果は, 最適化された $m = 2.41$ を用いた式 (4.77)（または式 (4.76)）が全球の流域水収支データやフラックス測定値との比較において, 年平均蒸発量を精度よく予測できることを示している. 図 4.16 において, 式 (4.77) がフラックスステーションに対してよりも, 集水域に対しての年平均蒸発量をより正確に与えている点に注意すること. 例 4.3 で述べたように, この理由は, 流域水収支による蒸発量推定値が流域面積全体に対する 12 年間の平均なのに対して, フラックスステーションはより短期間に対する地点測定であるためである.

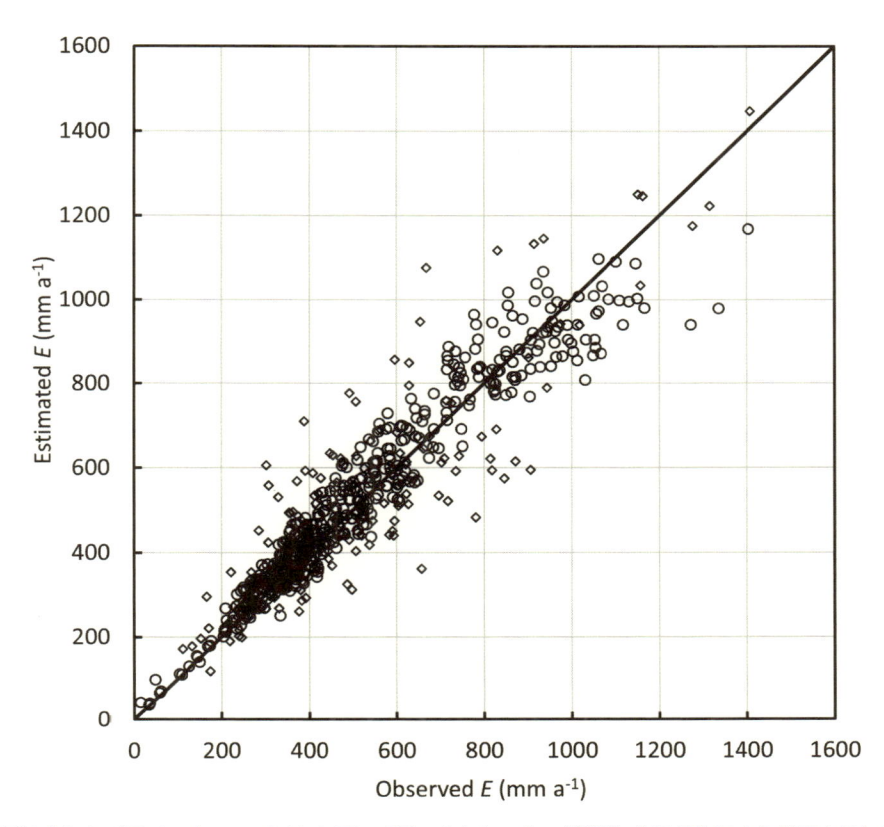

図 4.16 最適化したパラメータ $m = 2.41$ を用いてティクセレント・傅関数式 (4.77) により推定された年平均蒸発量と 524 の全球から選ばれた流域での水収支法による推定値（白丸）の比較 ($r = 0.96$). 同時に示してあるのは，156 の全球フラックスステーションの年平均蒸発量観測値との比較（ひし形）である ($r = 0.83$) (Zhang and Brutsaert, 2021).

4.4.3 大気水収支

この方法では，適切に選択した大気中の有限な大きさの支配体積に対する水収支式において，蒸発量は（できればただ 1 つの）未知数として決定される．陸面の水収支同様に，これは水の全流入量から全流出量を差し引いたものが，支配体積中の貯留量変化に等しいことを表す式 (1.10) の積分形に基づいている．底面積 A，外周 C の大気鉛直柱からなる支配体積に対して，この式は

$$E - P = \frac{\partial W}{\partial t} + \frac{1}{Ag} \int_{p_t}^{p_s} \int_C (qV_n) dC dp \tag{4.79}$$

となる (Brutsaert, 1982). ここで，E と P は A で平均した蒸発強度と降水強度，W は支配体積中の単位面積あたりの全水蒸気量，q は鉛直境界での比湿，V_n は同じ境界面に対して垂直で外向きの水平風速成分，p は気圧で，添字の s と t は地表面と気柱最上部を表している．固相と液相の水分は無視されている．式 (4.79) は，地球表面の対象地域上の蒸発と降水の平均速度の差が，この地域上の水蒸気増加速度と，この地域から出て行く全フラックスの和に等しいことを表している.

過去においてこの方法は主に水面上で使われてきた（初期の研究についてのレビューは Brutsaert, 1982 を参照のこと）．陸面上での初期の適用の 1 つに，北米大陸に対する Benton and Estoque (1954) の解析や，それに続くアメリカ合衆国に対する Rasmusson (1971) と Magyar *et al.* (1978) の解析があげられる．初期の研究では，必要なデータが通常 1 日に 2 回のラジオゾンデの連続測定ネットワークから得られたので，$\partial W / \partial t$ は 12 時間の間の差として評価された．この世界規模の観測網

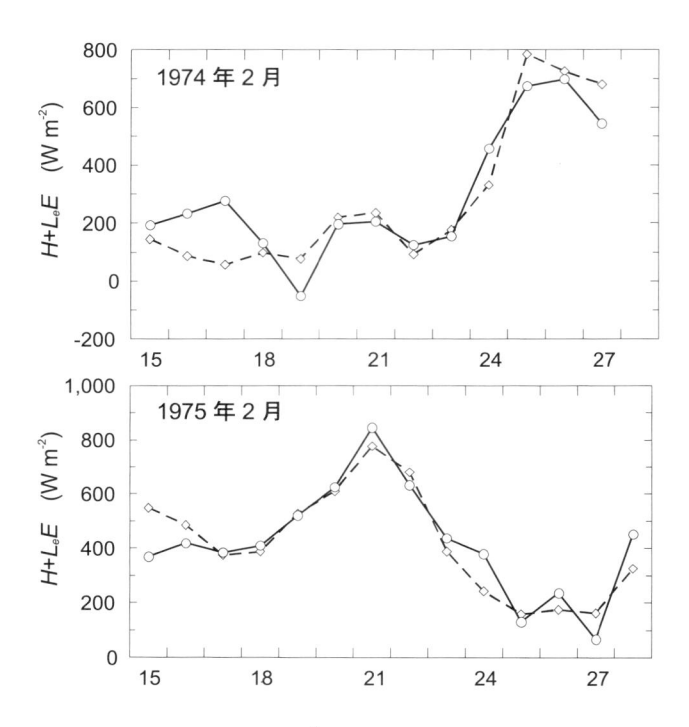

図 4.17 海洋表面における全乱流熱フラックス $H + L_eE$ (W m^{-2}) の日平均値の比較. 実線は Nitta (1976) と Murty (1976) による大気水収支法による値. 破線は東シナ海内の数ステーションにおいて平均プロファイル法から得られた値の平均値である. データは同じ地点で得られていないので, 2 つの方法が適用された地域はおおむね一致しているにすぎない. 観測は 1974, 1975 年の 2 月に行われ, 大気水収支を適用した沖縄を中心とするほぼ長方形の地域の面積は 17×10^4 km^2 であった. (原図は Kondo, 1976)

は, 元々は収支計算のためではなく, 数日の時間スケールと 10^3 km オーダーの水平スケールをもつ総観規模 (synoptic-scale) の特性を観測するために, 計画されたものである. 図 4.17 に海洋上の $A = 17 \times 10^4$ km^2 の領域内の 4 つのステーションでの 6 時間間隔のラジオゾンデ観測値を用いたこの方法の結果と, Kondo (1976) による平均プロファイル法を用いた結果を比較してある. Rasmusson (1977) はフラックス収束計算の時空間解像度の限界と, さまざまなスケールのネットワークで使われる典型的なラジオゾンデ観測の機材精度から生じる誤差の詳細な解析を行った. 彼は連続観測ネットワークと現在の観測間隔ではこの方法の 25×10^4 km^2 より小さい流域への適用性は限られ, 結果は信頼できないと結論づけた. このようなデータでも, $25 \times 10^4 \sim 10^6$ km^2 程度の面積に対してはよい結果が得られるが, 10^6 km^2 より広い地域に対してこの方法は最も適している. しかし, その後, この状況は変化しつつある. 観測データをモデル計算結果と組み合わせるデータ同化法 (data assimilation scheme) の向上と進歩により, この方法の精度が大きく向上するかもしれないことが期待される. 結果として, この方法は新たな興味の対象となってきた (たとえば Brubaker *et al.*, 1994; Oki *et al.*, 1995; Rasmusson and Mo, 1996; Berbery *et al.*, 1996; Yarosh *et al.*, 1996). この方法の魅力は, 主に収支概念の単純さにある. これは, 蒸発量を広域に対して推定できるただ 1 つの方法であり, より局地的な方法の結果と比較したり, それを拡張したりするのに有用である.

4.4.4 土壌プロファイル水収支

● 土壌水分測定値の利用

土壌プロファイルを水収支を決定するための支配体積と考えることもできる. この事例では, 厚さ h_{so} で, 横方向の流入, 流出フラックスがない単位水平面積の土壌カラムに対して, すべてのフラックス項を対象期間の平均値として表した時, 連続の式 (1.8)(式 (8.54) も参照のこと) の積分から, 蒸発速度が,

$$E = -\frac{1}{h_{so}} \int_0^{h_{so}} \frac{\partial \theta}{\partial t} dz + P - q_{zd} \tag{4.80}$$

図 **4.18** カリフォルニア州 Davis の Yolo ローム層中で地表面浸透終了後の 60 日にわたる排水期間中に観測された土壌水分圧力の連続変化. 土壌水分の負圧 $H = -p_w/\gamma_w$ を水柱高で表してある（原図は Davidson *et al.*, 1969）.

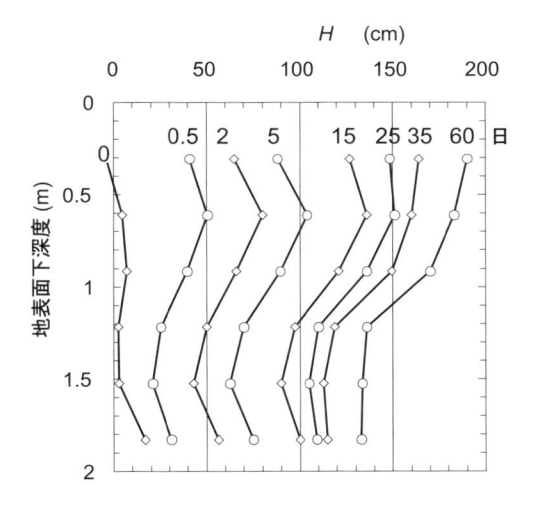

で与えられる. θ は体積土壌含水率, z は鉛直方向の座標で, 地表面 $z = 0$ から下向きを正にとってある. P は降水（あるいは灌漑）強度, q_{zd} は下向き排水速度, すなわち $z = h_{so}$ の土壌層下部境界を通過する排水速度である. $(\partial\theta/\partial t)$ の差分型の対象期間の平均値は, z の関数としてさまざまな方法で決定することができる. 農作物の灌漑に関係した初期の野外観測（Israelsen, 1918; Edlefsen and Bodman, 1941）では, 土壌のサンプル採取と, サンプルの炉乾燥前後での重量測定により決定された. より最近では, 中性子水分計や TDR (time domain reflectmetry) などの方法（たとえば Schmugge *et al.*, 1980）が利用できるようになり, 現場での土壌水分測定が可能となった.

　この方法は, q_{zd} が無視でき, 蒸発が土壌から水分を減らすただ 1 つのメカニズムの場合におそらく最も役に立つ. それでも何らかの情報が追加できれば, 信頼できる q_{zd} の推定値を得ることができるかもしれない.（差分の形の）鉛直圧力勾配 $(\partial p_w/\partial z)$ と透水係数 $k = k(z)$ のデータが得られるならば, 下方への排水速度は原理的にはダルシー則の式 (8.19) で計算することができる. しかし, いくつかの野外での研究（Davidson *et al.*, 1969; Nielsen *et al.*, 1973）で, 蒸発の直接的な影響のない 1 m 以深での土壌水の鉛直再配分中には, 動水勾配がまれにしか 1 から大きく異ならないことが観測されてきた. この減少の例を図 4.18 に示す. これから, 式 (8.19) を

$$q_{zd} = k \tag{4.81}$$

と近似することができる. つまり, このような場合には, $k = k(\theta)$ が既知であるとして, $z = h_{so}$ での土壌水分量測定のみから q_{zd} は推定できるだろう. 多くの条件下, 特に乾燥の第 2 段階（第 9 章参照）では, ある深さの下向き排水速度を単純に無視できるかもしれない（Jackson *et al.*, 1973）. しかしこれは, 個々の事例で確認する必要がある.

　土壌水分と水圧をプロファイル中の数深度で測定することは容易ではなく, 多くの注意が必要とされる. 土壌プロファイル水収支法（土壌水減少法；soil water depletion method ともよぶ）はおそらく特別観測時のよい条件下でのみ役に立ち, 明らかにルーチン的な適用には一般に適さない. 次のような状況では, 不可能とは言わないまでも, この方法を適用することは難しい. すなわち, 地表面近くに地下水面がある場合, 頻繁に大きな降水がある場合, 無視できない正味の横方向の流れが存在する場合, 排水速度が大きい場合, 土壌特性が大きく変化している場合. つまり, この方法で得られる精度は, 局所的な条件に大きく依存している. その他の土壌サンプル採取の実際的な側面を Jensen (1967) が扱っている.

● 水収支に基づく測定器：ライシメータ

　ライシメータ (lysimeter) は, 自然条件下でのさまざまな土壌・水・植物関係を研究できるように,

土壌を充填し，植生をその土壌面に維持することができるような容器を野外に設置したものである．この測定器からの蒸発速度は，式 (4.80) の解から得られる．周囲の蒸発速度と同じ値が得られるように，ライシメータは周辺の自然土壌プロファイルと植生条件を代表していなければならない．つまり，ライシメータを設計し設置する際には，土壌表面での水フラックスと土壌プロファイル中の植物根の発達が同じとなるように注意しなければならない．このことは，その表面が周辺の表面と同一平面にあり，少なくとも植生の根と同じ深さが必要であることを意味する．さらに，ライシメータ中の土壌構造，土性，土壌水分量，地温は外側の条件や値とできる限り同じにしなければならない．これらの条件を満たすのは必ずしも容易ではない (Brutsaert, 1982)．式 (4.80) の各項を決定するために，さまざまな方法を用いることができる．完璧に近い設計の1つ (Pruitt and Angus, 1960) では，円形の表面の直径が 6.1 m，深さが 0.91 m あり，温度制御装置がついている．式 (4.80) の積分は連続的な重量測定から決定され，q_{zd} は容器底面で土壌水のサクションを制御して流出量を測定することで求められる．

● 他のパラメタリゼーション

水収支を考察することで，土壌特性や水分量以外の他の変数により土壌表面蒸発を毛管上昇現象として表すこともできる．しかしこのような方法の導出にあたっては，不飽和土壌中の流れの物理の理解と，さまざまな境界条件に対するリチャードソン・リチャーズの方程式の解が必要とされる．そこでこの問題は，第8章で多孔体の流れの原理を示した後，9.6 節で扱う．

4.5　蒸発の気候値

全球上では年蒸発量が 1 m 程度あり，年降水量と釣り合っていることをすでに第1章で指摘した．表 1.1 は地球の陸面からの蒸発量が約 0.5 m で，平均年降水量の約 2/3 であることを示している．

興味深いことに，現場の経験や庶民の知恵からも，表 1.1，表 1.2 に示されたと似た値が示唆されている．たとえば，灌漑に携わる技師たちは他によい情報がない場合には，よく灌漑された農作物の灌漑率として $1\,l\,\mathrm{s}^{-1}\,\mathrm{ha}^{-1}$ をしばしば経験値として用いる．同様に，北米の農民は活発な成長期間に野外の耕作物をよい条件に保つには，1週間あたり1インチ，つまり 2.5 cm の降雨が必要だという．典型的な灌漑効率 25～40%，4,5 カ月の成長期間を考えると，両者の農業での蒸発要求量の実際的な推定値は，1年あたり約 0.50 m の地球気候値と矛盾しない．

しかし，降水量と放射エネルギー供給が地球上で大きく異なるため，実際の蒸発量は，普通この気候学的平均値からは大きくはずれる．1年より短い期間では，蒸発量の平均からのずれは日および季節的時間スケールでの周期的な振る舞いとして特徴づけられる．顕著な乾期と雨期をもつ乾燥温暖気候での極端な場合には，季節的な蒸発の周期は，降雨の周期と似ている．湿潤地域あるいは水面上では，蒸発強度の季節変化は，蒸発に利用できるエネルギー量の周期と近くなる．陸面上のほとんどの気候条件下において，蒸発の季節変化は利用できる水の量とエネルギー量の両方の影響を受ける．例として，図 4.19 にアメリカ合衆国東部のいくつかの地点についての月平均蒸発強度を示す．ここでの周期的な振る舞いは，日射の入力と気温の変化と似ていることがわかる．同じことが浅い水体についてもいえる．しかし深い水体では，蒸発の周期は太陽による冬から夏という周期とは一致しない．陸面と対照的に，水体は多量の熱を貯留し放出することができるので，その温度は，トルクに応答するはずみ車のようにエネルギー入力にゆっくりとしか応答しない．たとえば，オンタリオ湖からの蒸発量は，図 4.20 にも示すように秋から初冬に最大値が，晩春から初夏に最小値がある (Phillips, 1978)．対応する正味放射量と貯熱量を図 4.21 に示してある．

蒸発の日周期は，水面上より陸面上で顕著に見られる．陸面上では，地表面下に伝えられる熱量

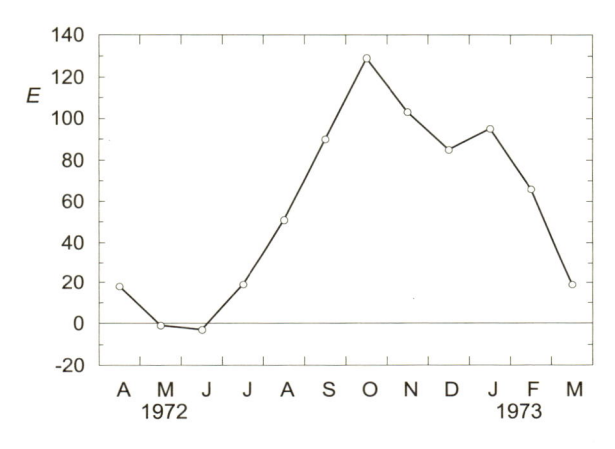

図 4.19 アメリカ合衆国東部の 4 地点での草に覆われたライシメータによる月平均蒸発散量の測定値. ニュージャージー州 Seabrook (◇), ノースカロライナ州 Waynesville (△), 同州 Raleigh (+) については, 最大または最大に近い値を表している. オハイオ州 Coshocton の値 (○) は, 不規則な降雨と土壌中の土湿不足を反映した実際の値である. 年平均値は Seabrook で 2.44 mm d^{-1}, Waynesville で 2.16 mm d^{-1}, Coshocton で 2.29 mm d^{-1} である. (原図は Van Bavel, 1961)

図 4.20 質量輸送法, 熱収支法, 水収支法による推定値を加重平均して求めたオンタリオ湖における 1972〜1973 年の月蒸発量 E (mm). 重みづけ係数は個々の方法の誤差分散の逆数に基づいて決められた. (原図は Quinn and Den Hartog, 1981)

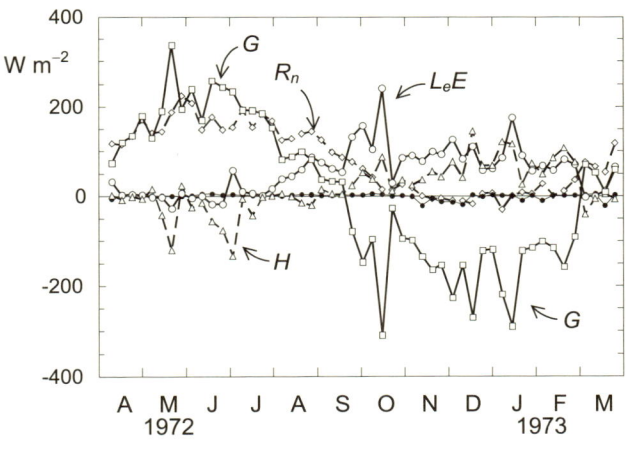

図 4.21 Pinsak and Rodgers (1981) のデータから求めたオンタリオ湖の 1972〜1973 年の期間における正味放射量 R_n (◇記号と破線), 湖水中の貯熱量変化 G (□記号と実線), 河川と降水による移流に伴う流入熱量速度 (●記号と細線), 潜熱フラックス L_eE (○と実線), 顕熱フラックス H (△と破線) の週平均値 (W m^{-2}).

ははるかに少なく, 日周期は一般に放射の日変化に従って生じる. 異なる表面における蒸発の日変化の様子が, 図 2.19〜図 2.22, および図 4.10 に他の地表熱収支要素とともに示されている. 図 4.22 では, 裸地面での蒸発の日変化の例が示されている. この図はまた, 降雨あるいは灌漑後に土壌中に蓄えられた利用できる水が徐々になくなっていく際の, 蒸発の一般的挙動を示している. この観測は乾燥期間中になされたので, 日変化に日平均蒸発量の減少傾向が重なっている. この一般的特性は, 図 4.13 に示された乾燥時の傾向と似ており, 4.3.4 項で議論した自己保存の仮定の根拠

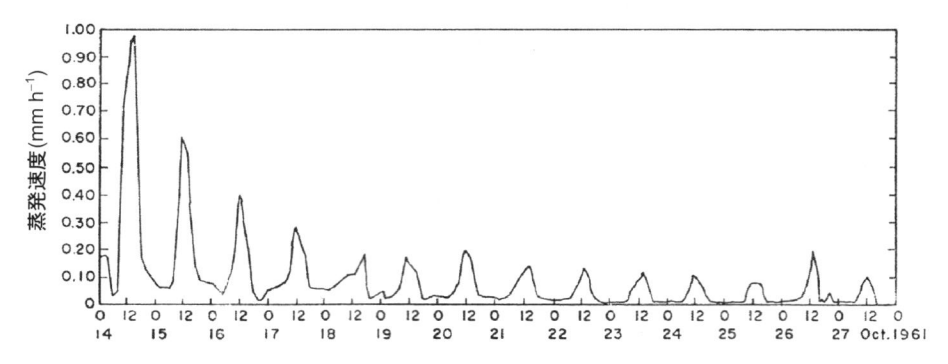

図 4.22 アリゾナ州の秤量式ライシメータで測定された，乾燥期間中の裸地面からの蒸発速度 (Van Bavel and Reginato, 1962)

図 4.23 極域のツンドラの時間蒸発量 (W m^{-2}) の季節ごとの典型的な日変化. 乾雪期間は (a) 4 月終わり, (b) 5 月, (c) 6 月はじめで代表してある. 融雪期は, (d) 6 月中頃から終わり, 融雪後の期間は (e) 7 月で代表してある. f の線は 1969 年 8 月の測定を表す. 測定は Axel Heiberg 島 (79°25'N, 90°45'W, 海抜高度 200 m) 上での熱収支観測計画の一部として 1969 年と 1970 年に行われた. 全年蒸発量は 140 mm と推定され, これは総降水量の約 80% である. (原図は Ohmura, 1982)

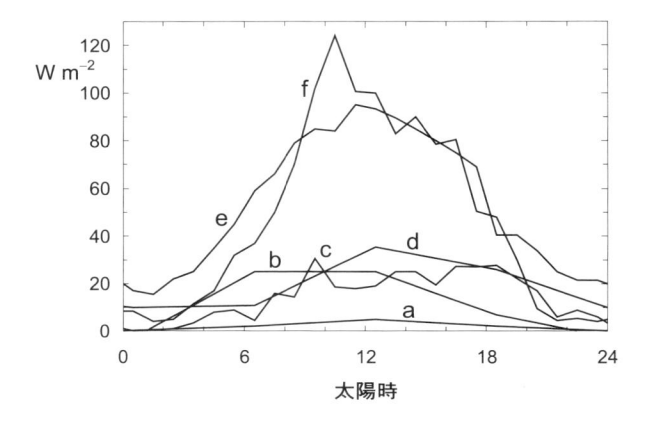

となる. 最後に図 4.23 は極域ツンドラの極端な条件下で観測された蒸発の周期的な振る舞いの例を示している. 驚くべきことに, 厳しい環境にもかかわらず年蒸発量 140 mm は陸面の地球全体の平均値の 1/4 以上ある.

　この気候の項のまとめとして, 図 4.24 に 2000～2013 年の期間中の年平均陸面蒸発量を水平分解能 0.5° で示している. 分布を色分けで示した同じ図が Brutsaert *et al.* (2020) に掲載されている. この結果は, Brutsaert *et al.* (2020) に説明されているように, 式 (4.53) による β_c を用いて式 (4.50) で求めたものである. 図 4.24 に示された 0.5° × 0.5° の領域ごとの値を面積加重して積算することで, 南極大陸を除く地球の陸域からの全球平均地表面蒸発量は, 522 mm yr^{-1} と求められた. 南極大陸は概略 14×10^6 km^2 の面積を占めており, これは地球上の陸域面積の約 9.4% にあたる. Van den Broeke *et al.* (2006) が示したように, 1980～2004 年の間の平均蒸発量は 24 mm yr^{-1} であり, 顕著なトレンドは認められていない. したがって, この値と上の結果を組み合わせると, 地球の全陸域の全球平均蒸発量は $E = 474.83$ mm yr^{-1}, あるいは 37.13 W m^{-2} となり, これは表 1.1 に示された値と一致する.

■問　題

4.1 式 (4.4) を式 (2.41) と (2.44) から導出せよ.

4.2 広く一様な草地面上の地点で地表面における水蒸気の鉛直フラックスが 4 mm d^{-1} と測定された. 地表面

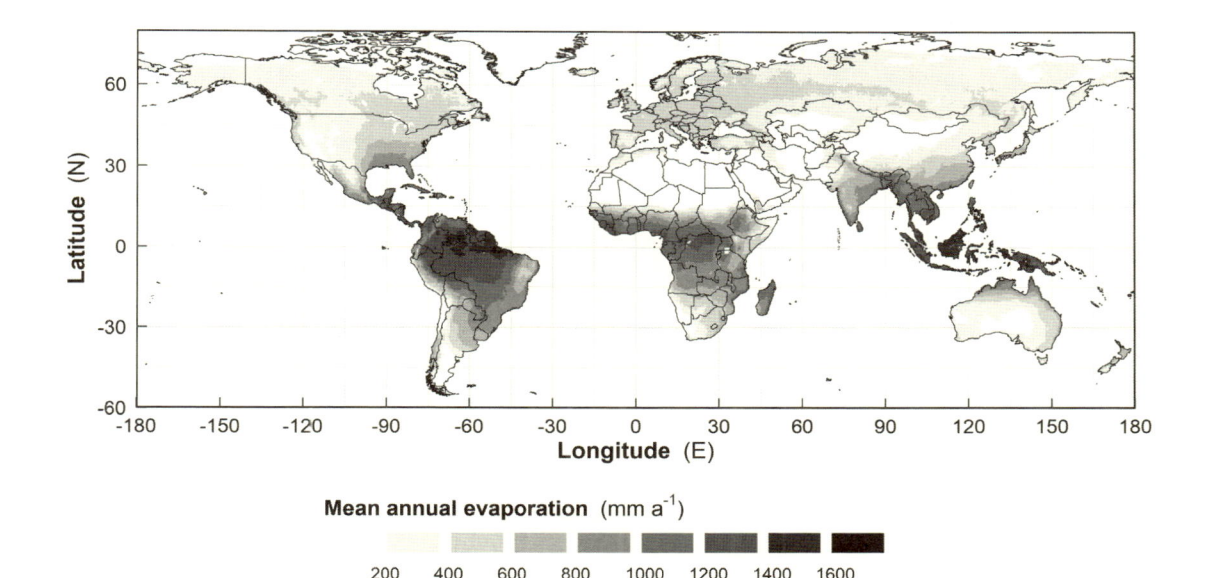

図 4.24 式 (4.53) を用いた一般化補完関係法の式 (4.50) により Lei Cheng によって作成された 2000〜2013 年の期間に対する年平均陸面蒸発量 (mm yr^{-1}) の全球分布図（原図は Brutsaert *et al.*, 2020; 文献中ではこの図はカラー表示されている）．

上 $2.0\,\mathrm{m}$ において，気温 $20\,℃$，相対湿度 60%，風速は $5\,\mathrm{m\,s^{-1}}$ であった．中立で等温な大気を仮定し，地表の粗度長 $1\,\mathrm{cm}$，地面修正量が無視できるとして $10\,\mathrm{m}$ におけるこれらの値を推定せよ．

4.3 ぬれた地表面からの地点蒸発速度 $E(\mathrm{mm\,d^{-1}})$ が与えられているとする．地表面温度と地表面比湿はそれぞれ T_s, q_s である．$2\,\mathrm{m}$ 高度における気温は T_2，比湿は q_2 である．これらの変数を用いて，この地点の地表面近くの顕熱の乱流フラックス $H(\mathrm{W\,m^{-2}})$ を表す式を導出せよ．（ボーエン比と乾湿計定数を最終的に得られる式の中では使わないこと）

4.4 式 (4.6) を証明せよ．

4.5 式 (4.4), (4.6), (4.7) から式 (4.28) を導出せよ．

4.6 複数選択．以下の記述の中で正しいのはどれか示せ．経験的な質量輸送法では，水面からの平均蒸発量を式 (4.7) の形の式で決定する．この式で，$f_e(\bar{u}_1)$ は与えられた高さでの平均風速のある既知の関数である．

(a) （たとえば日以上の）長期平均では，式 (4.7) の風速関数はボーエン比を計算するのにも必要である．

(b) 式 (4.7) は，地表面での q_s を決定しなければならないため，耕作地上ではあまり役に立たない．q_s は耕作地ではしばしば一定ではなく，明確に定義することができない値である．

(c) 地表面と空気中の温度が既知であるなら，式 (4.7) を地表面における顕熱の乱流フラックス決定に利用できる．

(d) （実際上は別として）原則としては，風速関数には地表面粗度長 z_0 の効果が含まれるべきである．

(e) 時間単位では $f_e(\bar{u}_1)$ に大気安定度の効果を導入しても精度は上がらない．

4.7 複数選択．以下の記述の内で正しいのはどれか示せ．一様な水平面で蒸発量は次の式で表される．添字の 1 と 2 は，中立条件下にある大気接地層中の参照高度 z_1, z_2 を表す．$d_0 = 0$ を仮定すること．

(a) $E = \dfrac{u_*^2 \rho (\bar{q}_1 - \bar{q}_2)}{(\bar{u}_2 - \bar{u}_1)}$

(b) $E = -(k u_* z) \rho \dfrac{d\bar{q}}{dz}$

(c) $E = -u_*^2 \rho \dfrac{(d\bar{q}/dz)}{(d\bar{u}/dz)}$

(d)　$E = \dfrac{\rho k^2 (\bar{u}_2 - \bar{u}_1)(\bar{q}_1 - \bar{q}_2)}{[\ln(z_2/z_1)]^2}$

(e)　$E = \dfrac{\rho k^2 \bar{u}_2 (\bar{q}_s - \bar{q}_2)}{[\ln(z_2/z_0)][\ln(z_2/z_{0v})]}$

4.8　Penman (1948) による経験的な質量輸送式 (4.25) を考察する．この式で，中立条件，運動量粗度長 $z_0 = 0.05$ m，気温 20℃，典型的な風速として $\bar{u}_2 = 5$ m s^{-1} とした場合のスカラー粗度長 z_{0v} を求めよ．

4.9　25℃において 1 W m^{-2} のエネルギー供給があった場合，1 カ月あたり何 mm の液体の水の蒸発が生じるか．導出方法も示すこと．

4.10　微気象観測ステーションにおいて以下の値が得られた．正味放射量 $R_n = 200$ W m^{-2}，地中熱流量 $G = 40$ W m^{-2}，蒸発速度 $E = 5 \times 10^{-8}$ m s^{-1}．(a) 顕熱の乱流フラックス H を W m^{-2} 単位で求めよ．(b) ボーエン比を計算せよ．(c) 大気は安定か，それとも不安定か．理由を記せ．(d) 土壌は暖まりつつあるか，それとも冷えつつあるか? 理由を記せ．

4.11　微気象観測ステーションにおいて以下の値が得られた．正味放射量 $R_n = 250$ W m^{-2}，地中熱流量 $G = 30$ W m^{-2}，顕熱フラックス $H = \rho c_p \overline{w'T'} = 55$ W m^{-2}．(a) 蒸発速度 E を kg m^{-2} s^{-1} および mm d^{-1} 単位で求めよ．(b) ボーエン比を計算せよ．(c) 大気は安定か，それとも不安定か．理由を記せ．(d) 土壌は暖まりつつあるか，それとも冷えつつあるか? 理由を記せ．

4.12　典型的な夏の日に対して，以下の，蒸発にかかわる基準値を mm d^{-1} 単位で計算せよ．この時のデータは問題 2.17 で与えられ，R_n も同問を解く上で計算されたはずである．地上 10 m での風速は 10.4 km h^{-1} であった．地中熱流量 G の日平均値は無視できると仮定せよ．(a) ペンマン式による可能蒸発量．Penman (1948) の風速関数を用いよ．(b) Priestley and Taylor (1972) による移流が最小限度の条件下での可能蒸発量．$\alpha_e = 1.26$ を使用せよ．(c) 実蒸発量．平衡蒸発量で与えられると仮定せよ．式 (4.30) を用いよ．(d) $\beta_c = 1.0$ と仮定した一般化補完関係法 (4.50) による実蒸発量．

4.13　問題 4.12 と同じ．ただし，問題 2.18 のデータを使用すること．地上 10 m での風速は 8.96 km h^{-1} とせよ．

4.14　式 (4.30) で与えられる平衡蒸発量の概念から示唆されるボーエン比の式を示せ．25℃におけるこの場合のボーエン比の値を示せ．

4.15　複数選択．以下の記述の内で正しいのはどれか示せ．ペンマン式 (4.23)

(a)　には，実用的な適用において，地表面上の（鉛直方向の勾配あるいは差ではなく）1 高度の測定値のみでよいという利点がある．

(b)　は，空気の飽差を考慮しているので，干ばつ時の流域実蒸発量を計算するのに適している．

(c)　は，正確な値を求めるためには，原則として，対象とする地表面に対して地表面粗度長 z_0 と大気安定度の関数を用いた補正を加えるべきである．

(d)　は熱帯でも適用できる

(e)　日単位以上の期間に対して，植生で覆われた陸面上の計算を行う場合，地中熱流量 G はしばしば無視することができる．

4.16　問題 2.19 と同じ湖を対象とする．12 月と 7 月の典型的な日の値として以下のデータを加えて用いること．湖の水体への平均熱フラックス $G = -430$ と 390 cal cm^{-2} d^{-1}，水面上 10 m での平均風速 $\bar{u}_{10} = 15.3$，10.1 km h^{-1}．上の 12 月と 7 月の典型的な日に対して，湖からの平均蒸発量 mm d^{-1} を，(a) 熱収支・ボーエン比法，(b) ペンマン式を用いて計算せよ．

4.17　問題 2.19, 4.16 で扱った湖の平均蒸発量を，同じ 2 日間に対して，質量輸送法により mm d^{-1} 単位で求めよ．1 次近似として，大気が中立状態にあり，輸送係数として $Ce_{10} = 1.2 \times 10^{-3}$ が使えることを仮定せよ．

4.18　式 (4.40) で与えられる β_e の式を，式 (4.38) と (4.33) が等しいとおくことで導き出せ．（ぬれた面に対する E_p として式 (4.3) を用いる．）

4.19 図 4.10〜4.13 に示された測定場所での地方太陽時の正午を中部夏時間 (CDT) で表せ. この地点の経度は概略 $96°31'$W であり, CDT は世界時 (UTC) から 5 時間遅れの CDT = UTC − 0500 である.

4.20 不安定な大気境界層中で以下の測定値が得られたとする. 正味放射量 R_n, 地中熱流量 G, 2 高度の平均風速 $\bar{u}_1$, $\bar{u}_2$, 2 高度での温位 $\overline{\theta_1}$, $\overline{\theta_2}$. これらを用いて蒸発速度 E, 顕熱フラックス H, 地表面せん断応力 u_* の 3 未知数を求めるための 3 つの方程式を示せ. 式には, 定数の他には, 上にあげた変数のみを使うこと.

■ 参考文献

Andréassian, V., Mander, Ü. and Pae, T. (2016). The Budyko hypothesis before Budyko: the hydrological legacy of Evald Oldekop. *J. Hydrol.*, **535**, 386–391. doi:10.1016/j.jhydrol.2016.02.002.

Andreassian, V. and Sari, T. (2019). On the puzzling similarity of two water balance formulas—Turc-Mezentsev vs. Tixeront-Fu. *Hydrol. Earth Syst. Sci.*, **23**(5), 2339–2350. doi:10.5194/hess-23-2339-2019.

Asanuma, J. and Brutsaert, W. (1999). Turbulence variance characteristics of temperature and humidity in the unstable atmospheric surface layer above a variable pine forest. *Water Resour. Res.*, **35**, 515–521.

Asanuma, J., Tamagawa, I., Ishikawa, H., Ma, Y., Hayashi, T., Qi, Y. and Wang, J. (2007). Spectral similarity between scalars at very low frequencies in the unstable atmospheric surface layer over the Tibetan plateau. *Bound.-Layer Meteor.*, **122**, 85–103. doi:10.1007/s10546-006-9096-y.

Bagrov, N. (1953). On long-term average of evapotranspiration from land surface. *Meteorologia i Gidrologia*, **10**, 20–25.

Baldocchi, D. D. (2014). Measuring fluxes of trace gases and energy between ecosystems and the atmosphere—the state and future of the eddy covariance method. *Global Change Biol.*, **20**, 3600–3609. doi:10.1111/gcb.12649

Benton, G. S. and Estoque, M. A. (1954). Water vapor transfer over the North American continent. *J. Met.*, **11**, 462–477.

Berbery, E. H., Rasmusson, E. M. and Mitchell, K. E. (1996). Studies of North American continental hydrology using ETA model forecast products. *J. Geophys. Res.*, **101**(D3), 7305–7319.

Black, T. A., Tanner, C. B. and Gardner, W. R. (1970). Evapotranspiration from a snap bean crop. *Agron. J.*, **62**, 66–69.

Bouchet, R. J. (1963). Evapotranspiration réelle, évapotranspiration potentielle, et production agricole. *Ann. Agron.*, **14**, 743–824.

Bowen, I. S. (1926). The ratio of heat losses by conduction and by evaporation from any water surface. *Phys. Rev.*, **27**, 779–787.

Brown, K. W. and Rosenberg, N. J. (1977). Resistance model to predict evapotranspiration and its application to a sugarbeet field. *Agron. J.*, **65**, 341–347.

Brubaker, K. L., Entekhabi, D. and Eagleson, P. S. (1994). Atmospheric water vapor transport and continental hydrology over the Americas. *J. Hydrol.* **155**, 409–430.

Brutsaert, W. (1982). *Evaporation into the Atmosphere*: *Theory, History and Applications*. Dordrecht, Holland/Boston, MA: D. Reidel Publ. Co.

(2013). Use of pan evaporation to estimate terrestrial evaporation trends: the case of the Tibetan Plateau. *Water Resour. Res.*, **49**, 3054–3058. doi:10.1002/wrcr.20247.

(2015). A generalized complementary principle with physical constraints for land-surface evaporation.

Water Resour. Res., **51**, 8087–8093. doi:10.1002/2015WR017720.

Brutsaert, W. and Chan, F. K.-F. (1978). Similarity functions D for water vapor in the unstable atmospheric boundary layer. *Bound.-Layer Meteor.*, **14**, 441–456.

Brutsaert, W. and Chen, D. (1996). Diurnal variation of surface fluxes during thorough drying (or severe drought) of natural prairie. *Water Resour. Res.*, **32**, 2013–2019.

Brutsaert, W. and Parlange, M. B. (1998). Hydrologic cycle explains the evaporation paradox. *Nature*, **396**(5), 300. doi:10.1038/23845.

Brutsaert, W. and Stricker, H. (1979). An advection-aridity approach to estimate actual regional evapotranspiration. *Water Resour. Res.*, **15**, 443–450.

Brutsaert, W. and Sugita, M. (1992). Application of self-preservation in the diurnal evolution of the surface energy budget to determine daily evaporation. *J. Geophys. Res.*, **97**(D17), 18 377–18 382.

Brutsaert, W. and Yu, S.-L. (1968). Mass transfer aspects of pan evaporation. *J. Appl. Meteor.*, **7**, 563–566.

Brutsaert, W., Cheng, L. and Zhang, L. (2020). Spatial distribution of global landscape evaporation in the early twenty first century by means of a generalized complementary approach. *J. Hydromet.*, **21**, 287–298. doi:10.1175/JHM-D-19-0208.1.

Budyko, M. I. (1955). On the determination of evaporation from the land surface. *Meteorol. Gidrol.*, **1**, 52–58 (in Russian).

(1958). *The heat balance of the Earth's surface*, translated from Russian by N. A. Stepanova, Natl. Weather Serv., U.S. Dep. of Commer., Washington, D. C. （訳本：内嶋善兵衛 訳 (1959) 地表面の熱収支，河川水温調査会；内嶋善兵衛 訳 (2010) 地表面の熱収支，成山堂書店）

(1974). *Climate and Life* (English Edn., ed. D. H. Miller). New York: Academic Press. （訳本：内嶋善兵衛・岩切敏 訳 (1973) 気候と生命（上・下）東京大学出版会）

Carson, D. J. (1982). Current parametrizations of land-surface processes in atmospheric general circulation models. In *Land Surface Processes in Atmospheric General Circulation Models.* 67–108, ed. P. S. Eagleson. New York: Cambridge University Press.

Champagne, F. H., Friehe, C. A., LaRue, J. C. and Wyngaard, J. C. (1977). Flux measurements, flux estimation techniques and fine-scale turbulence measurements in the unstable surface layer over land. *J. Atmos. Sci.*, **34**, 515–530.

Chen, D. and Brutsaert, W. (1995). Diagnostics of land surface spatial variability and water vapor flux. *J. Geophys. Res.*, **100**(D12), 25, 595–525, 606.

Choudhury, B. J. and Blanchard, B. J. (1983). Simulating soil water recession coefficients for agricultural watersheds. *Water Resour. Bull.*, **19**, 241–247.

Chu, H., Baldocchi, D. D., John, R., Wolf, S. and Reichstein, M. (2017). Fluxes all of the time? A primer on the temporal representativeness of FLUXNET. *J. Geophys. Res., Biogeosci.*, **122**, 289–307. doi:10.1002/2016JG003576.

Crago, R. D. (1996). A comparison of the evaporative fraction and the Priestley–Taylor parameter α for parameterizing daytime evaporation. *Water Resour. Res.*, **32**, 1403–1409.

Crago, R. D. and Brutsaert, W. (1992). A comparison of several evaporation equations. *Water Resour. Res.*, **28**, 951–954.

(1996). Daytime evaporation and the self-preservation of the evaporative fraction and the Bowen ratio. *J. Hydrol.*, **178**, 241–255.

Daniel, J. F. (1976). Estimating groundwater evapotranspiration from streamflow records. *Water Re-*

sour. Res., **12**, 360–364.

Davidson, J. M., Stone, L. R., Nielsen, D. R. and La Rue, M. E. (1969). Field measurement and use of soil-water properties. *Water Resour. Res.*, **5**, 1312–1321.

Davies, J. A. and Allen, C. D. (1973). Equilibrium, potential and actual evaporation from cropped surfaces in southern Ontario. *J. Appl. Meteor.*, **12**, 649–657.

Dias, N. L. and Brutsaert, W. (1996). Similarity of scalars under stable conditions. *Bound.-Layer Meteor.*, **80**, 355–373.

Dias, N. L. and Kan, A. (1999). A hydrometeorological model for basin-wide seasonal evapotranspiration. *Water Resour. Res.*. **35**, 3409–3418.

Dolman, A. J., Gash, J. H. C., Roberts, J. M. and Shuttleworth, W. J. (1991). Stomatal and surface conductance of tropical rainforest. *Agric. Forest Meteor.*, **54**, 303–318.

Doorenbos, J. and Pruitt, W. O. (1975). *Crop water requirements.* Irrigation and Drainage Paper No. 24. Rome: FAO (United Nations), Rome.

Dunin, F. X. and Greenwood, A. N. (1986). Evaluation of the ventilated chamber for measuring evaporation from a forest. *Hydrol. Processes*, **1**, 47–61.

Edlefsen, N. E. and Bodman, G. B. (1941). Field measurements of water movement through a silt loam soil. *J. Amer. Soc. Agron.*, **33**, 713–731.

Eng, K., Coulter, R. L. and Brutsaert, W. (2003). Vertical velocity variance in the mixed layer from radar wind profilers. *J. Hydrol. Eng. (ASCE)*, **8**, 301–307.

Federer, C. A. (1977). Leaf resistance and xylem potential differ among broadleaved species. *Forest Sci.*, **23**, 411–419.

Foken, T., Aubinet, M., Finnigan, J. J., Leclerc, M. Y., Mauder, M. and Paw U, K. T. (2011). Results of a panel discussion about the energy balance closure correction for trace gases. *Bull. Amer. Meteor. Soc.*, **92**, ES13–ES18, doi:10.1175/2011BAMS3130.1.

Fu, B. P. (1981), On the calculation of the evaporation from land surface (in Chinese), *Scientia Atmospherica Sinica*, **5**, 23–31.

Garratt, J. R. (1978). Transfer characteristics for a heterogeneous surface of large aerodynamic roughness. *Quart. J. Roy. Meteor. Soc.*, **104**, 491–502.

Gash, J. H. C. (1979). An analytical model of rainfall interception by forests. *Quart. J. Roy. Meteor. Soc.*, **105**, 43–55.

Gash, J. H. C. and Stewart, J. B. (1975). The average resistance of a pine forest derived from Bowen ratio measurements. *Bound.-Layer Meteor.*, **8**, 453–464.

Gash, J. H. C., Shuttleworth, W. J., Lloyd, C. R., Andre, J.-C., Goutorbe, J.-P. and Gelpe, J. (1989). Micrometeorological measurements in Les Landes forest during HAPEX-Mobilhy. *Agric. Forest Meteor.*, **46**, 131–147.

Grindley, J. (1970). Estimation and mapping of evaporation. Symposium on Water Balance, Vol. I, *IAHS Publ.*, **92**, 200–213.

Hobbins, M. T., Ramirez, J. A. and Brown, T. C. (2001). The complementary relationship in estimation of regional evapotranspiration: an enhanced advection-aridity model. *Water Resour. Res.*, **37**, 1389–1403.

Israelsen, O. W. (1918). Studies on capacities of soils for irrigation water, and on a new method of determining volume weight. *J. Agric. Res.*, **13**, 1–37.

Jackson, R. D., Kimball, B. A., Reginato, R. J. and Nakayama, F. S. (1973). Diurnal soil-water evaporation: time–depth–flux patterns. *Soil Sci. Soc. Amer. Proc.*, **37**, 505–509.

Jackson, R. D., Hatfield, J. L., Reginato, R. J., Idso, S. B. and Pinter, P. J. (1983). Estimation of daily evapotranspiration from one time of day measurements. *Agric. Water Manage.*, **7**, 351–362.

Jensen, M. E. (1967). Evaluating irrigation efficiency. *J. Irrig. Drain. Div., Proc. ASCE*, **93**(IR1), 83–98.

Jensen, M. E. and Haise, H. R. (1963). Estimating evapotranspiration from solar radiation. *J. Irrig. Drain. Div., Proc. ASCE*, **89**(IR4), 15–41.

Jiang, Y., Tang, R. and Li, Z.-L. (2021). Reconstruction of daily evapotranspiration under cloudy sky constrained by soil water budget. *J. Hydrol.*, 127288. doi:10.1016/j.jhydrol.2021.127288.

Katul, G. G. and Parlange, M. B. (1992). A Penman–Brutsaert model for wet surface evaporation. *Water Resour. Res.*, **28**, 121–126.

Kondo, J. (1976). Heat balance of the East China Sea during the Air Mass Transformation Experiment. *J. Met. Soc. Jpn.*, **54**, 382–398.

Lemeur, R. and Zhang, L. (1990). Evaluation of three evapotranspiration models in terms of their applicability for an arid region. *J. Hydrol.*, **114**, 395–411, doi:10.1016/0022-1694(90)90067-8.

Li, D., Pan, M., Cong, Z., Zhang, L. and Wood, E. (2013). Vegetation control on water and energy balance within the Budyko framework. *Water Resour. Res.*, **49**, 969–976. doi:10.1002/wrcr.20107.

Lindroth, A. (1985). Canopy conductance of coniferous forests related to climate. *Water Resour. Res.*, **21**, 297–304.

Liu, X., Liu, C. and Brutsaert, W. (2016). Regional evaporation estimates in the eastern monsoon region of China: Assessment of a nonlinear formulation of the complementary principle. *Water Resour. Res.*, **52**, 9511–9521. doi:10.1002/2016WR019340.

(2018). Investigation of a generalized nonlinear form of the complementary principle for evaporation estimation. *J. Geophys. Res., Atmos.*, **123**, 3933–3942. doi: 10.1002/2017JD028035.

Magyar, P., Shahane, A. N., Thomas, D. L. and Bock, P. (1978). Simulation of the hydrologic cycle using atmospheric water vapor transport data. *J. Hydrol.*, **37**, 111–128.

Makkink, G. F. (1957). Ekzameno de la formulo de Penman. *Netherl. J. Agric. Sci.*, **5**, 290–305.

Manabe, S. (1969). Climate and ocean circulation, 1. The atmospheric circulation and the hydrology of the earth's surface. *Mon. Wea. Rev.*, **97**, 739–774.

Martens, B., Miralles, D. G., Lievens, H., van der Schalie, R., de Jeu, R. A. M., Fernández-Prieto, D., Beck, H. E., Dorigo, W. A. and Verhoest, N. E. C. (2017). GLEAM v3: satellite-based land evaporation and root-zone soil moisture. *Geosci. Model Dev.*, **10**, 1903–1925. doi:10.5194/gmd-10-1903-2017.

Mascart, P., Taconet, O., Pinty, J.-P. and BenMehrez, M. (1991). Canopy resistance formulation and its effect in mesoscale models – a HAPEX perspective. *Agric. Forest Meteor.*, **54**, 319–351.

Mawdsley, J. A. and Ali, M. F. (1985). Estimating nonpotential evapotranspiration by means of the equilibrium evaporation concept. *Water Resour. Res.*, **21**, 383–391.

Mawdsley, J. A. and Brutsaert, W. (1977). Determination of regional evapotranspiration from upper air meteorological data. *Water Resour. Res.*, **13**, 539–548.

McNaughton, K. G. and Black, T. A. (1973). A study of evapotranspiration from a Douglas fir forest using the energy balance approach. *Water Resour. Res.*, **9**, 1579–1590.

Mezentsev, V. (1955). Back to the computation of total evaporation. *Meteorologia i Gidrologia*, **5**, 24–26.

Miralles, D. G., Holmes, T. R. H., De Jeu, R. A. M., Gash, J. H., Meesters, A. G. C. A. and Dolman, A. J. (2011). Global land-surface evaporation estimated from satellite-based observations. *Hydrol.*

Earth Syst. Sci., **15**, 453–469. doi:10.5194/hess-15-453-2011.

Miralles, D. G., Brutsaert, W., Dolman, A. J. and Gash, J. H. (2020). On the use of the term "evapotranspiration". *Water Resour. Res.*, **56**, e2020WR028055. doi:10.1029/2020WR028055.

Monteith, J. L. (1973). *Principles of Environmental Physics.* New York: American Elsevier Publ. Co. (訳本：及川武久 訳 (1975) 生物環境物理学—生態学とフラックス，共立出版)

(1981). Evaporation and surface temperature. *Quart. J. Roy. Meteor. Soc.*, **107**, 1–27.

Monteith, J. L., Szeicz, G. and Waggoner, P. E. (1965). The measurement and control of stomatal resistance in the field. *J. Appl. Ecol.*, **2**, 345–355.

Morton, F. (1976). Climatological estimates of evapotranspiration. *J. Hydraul. Div., Proc. ASCE*, **102**, 275–291.

(1983). Operational estimates of areal evapotranspiration. *J. Hydrol.*, **66**, 1–76.

Murty, L. K. (1976). Heat and moisture budgets over AMTEX area during AMTEX '75. *J. Met. Soc. Jpn.*, **54**, 370–381.

Neuwirth, F. (1974). Über die Brauchbarkeit empirischer Verdunstungsformeln dargestellt am Beispiel des Neusiedler Sees nach Beobachtungen in Seemitte und in Ufernähe. *Arch. Met. Geophys. Bioklim Ser. B*, **22**, 233–246.

Nichols, W. E. and Cuenca, R. H. (1993). Evaluation of the evaporative fraction for parameterization of the surface energy balance. *Water Resour. Res.*, **29**, 3681–3690.

Nielsen, D. R., Biggar, J. W. and Erh, K. T. (1973). Spatial variability of field-measured soil-water properties. *Hilgardia*, **42**, 215–259.

Nitta, T. (1976). Large-scale heat and moisture budgets during the Air Mass Transformation Experiment. *J. Met. Soc. Jpn.*, **54**, 3–14.

Ohmura, A. (1982). Evaporation from the surface of the arctic tundra on Axel Heiberg Island. *Water Resour. Res.*, **18**, 291–300.

Oki, T., Musiake, K., Matsuyama, H. and Masuda, K. (1995). Global atmospheric water balance and runoff from large river systems. *Hydrol. Processes*, **9**, 655–678.

Oldekop, E. (1911). On evaporation from the surface of river basins (In Russian: Ob Isparenii s Poverkhnosti Rechnykh Basseinov) (With abstract in German, 201–209). Collection of the Works of Students of the Meteorological Observatory. University of Tartu-Jurjew-Dorpat, Tartu, Estonia.

Owe, M., Choudhury, B. J. and Ormsby, J. P. (1989). Large area variability in climate-based soil moisture estimates and implications for remote sensing. *GeoJ.*, **19**(2), 177–183.

Parlange, M. B. and Katul, G. G. (1992). An advection-aridity evaporation model. *Water Resour. Res.*, **28**, 127–132.

Penck, A. (1896). Untersuchungen über Verdunstung und Abfluss von grösseren Landflächen. *Geogr. Abh. Wien*, **5** (5), 10-29.

Penman, H. L. (1948). Natural evaporation from open water, bare soil and grass. *Proc. Roy. Soc. London*, A **193**, 120–146.

(1956). Evaporation: an introductory survey. *Netherl. J. Agric. Sci.*, **4**, 9–29.

Phillips, D. W. (1978). Evaluation of evaporation from Lake Ontario during IFYGL by a modified mass transfer equation. *Water Resour. Res.*, **14**, 197–205.

Pinsak, A. P. and Rodgers, G. K. (1981). Energy balance. In *IFYGL – The International Field Year for the Great Lakes.* 169–197, ed. E. J. Aubert and T. L. Richards. Ann Arbor, MI: NOAA, Great Lakes Envir. Res. Lab., US Dept. Commerce.

Priestley, C. H. B. and Taylor, R. J. (1972). On the assessment of surface heat flux and evaporation using large-scale parameters. *Mon. Wea. Rev.*, **100**, 81–92.

Pruitt, W. O. and Angus, D. E. (1960). Large weighing lysimeter for measuring evapotranspiration. *Trans. Amer. Soc. Agric. Eng.*, **3**, 13–15.

Quinn, F. H. and Den Hartog, G. (1981). Evaporation synthesis. In *IFYGL – The International Field Year for the Great Lakes.* 221–245, ed. E. J. Aubert and T. L. Richards. Ann Arbor, MI: NOAA, Great Lakes Environ. Res. Lab., US Dept. Commerce.

Ramirez, J. A., Hobbins, M. T. and Brown, T. C. (2005). Observational evidence of the complementary relationship in regional evaporation lends strong support for Bouchet's hypothesis. *Geophys. Res. Lett.*, **32**, L15401, doi:10.1029/2005GL023549.

Rasmusson, E. M. (1971). A study of the hydrology of eastern North America using atmospheric vapor flux data. *Mon. Wea. Rev.*, **99**, 119–135.

(1977). *Hydrological application of atmospheric vapor-flux analyses.* Operational Hydrol. Rept No. 11, WMO-No. 476, World Meteor. Org.

Rasmusson, E. M. and Mo, K. C. (1996). Large-scale atmospheric moisture cycling as evaluated from global NMC analysis and forecast products. *J. Clim.*, **9**, 3276–3297.

Schmugge, T. J., Jackson, T. J. and McKim, H. L. (1980). Survey of methods for soil moisture determination. *Water Resour. Res.*, **16**, 961–979.

Schreiber, P. (1904). Über die Beziehungen zwischen dem Niederschlag und der Wasserführung der Flüsse in Mitteleuropa. *Meteorol. Zeitsch.*, **21**, 441–452.

Shulyakovskiy, L. G. (1969). Formula for computing evaporation with allowance for temperature of free water surface. *Soviet Hydrol. Selec. Papers*, No. **6**, 566–573.

Shuttleworth, W. J., Gurney, R. J., Hsu, A. Y. and Ormsby, J. P. (1989). FIFE: the variation in energy partition at surface flux stations. *IAHS Publ.*, **186**, 67–74.

Slatyer, R. O. and McIlroy, I. C. (1961). *Practical Microclimatology.* Melbourne, Australia: CSIRO.

Steenhuis, T. S. and VanderMolen, W. H. (1986). The Thornthwaite–Mather procedure as a simple engineering method to predict recharge. *J. Hydrol.*, **84**, 221–229.

Stephens, J. C. and Stewart, E. H. (1963). A comparison of procedures for computing evaporation and evapotranspiration. General Assembly Berkeley. *IAHS Publ.*, **62**, 123–133.

Stewart, J. B. (1988). Modeling surface conductance of pine forest. *Agric. Forest Meteor.*, **43**, 19–37.

Stigler, S. M. (1980). Stigler's law of eponymy. *Trans. New York Acad. Sci.*, **39**, 147–157. doi:10.1111/j.2164-0947.1980.tb02775.

Sugita, M. and Brutsaert, W. (1991). Daily evaporation over a region from lower boundary layer profiles measured with radiosondes. *Water Resour. Res.*, **27**, 747–752.

Szeicz, G. and Long, I. F. (1969). Surface resistance of crop canopies. *Water Resour. Res.*, **5**, 622–633.

Szeicz, G., Van Bavel, C. H. B. and Takami, S. (1973). Stomatal factor in the water use and dry matter production of sorghum. *Agric. Meteor.*, **12**, 361–389.

Tan, C. S. and Black, T. A. (1976). Factors affecting the canopy resistance of a Douglas-fir forest. *Bound.-Layer Meteor.*, **10**, 475–489.

Tanner, C. B. (1960). Energy balance approach to evapotranspiration from crops. *Soil Sci. Soc. Amer. Proc.*, **24**, 1–9.

Thom, A. S. (1972). Momentum absorption by vegetation. *Quart. J. Roy. Meteor. Soc.*, **97**, 414–428.

(1975). Momentum, mass and heat exchange of plant communities. In *Vegetation and the Atmosphere,*

Vol.I, Principles, 57–109, ed. J. L. Monteith. London: Academic Press.

Thom, A. S. and Oliver, H. R. (1977). On Penman's equation for estimating regional evaporation. *Quart. J. Roy. Meteor. Soc.*, **103**, 345–357.

Thornthwaite, C. W. (1948). An approach toward a rational classification of climate. *Geograph. Rev.*, **38**, 55–94.

Thornthwaite, C. W. and Holzman, B. (1939). The determination of evaporation from land and water surfaces. *Mon. Wea. Rev.*, **67**, 4–11.

Thornthwaite, C. W. and Mather, J. R. (1955). *The Water Balance*. Publications in Climatology, 8, No. 1. Centerton, NJ: Lab. of Climatology.

Tillman, J. (1972). The indirect determination of stability, heat and momentum fluxes in the atmospheric boundary layer from simple scalar variables during dry unstable conditions. *J. Appl. Meteor.*, **11**, 783–792.

Tixeront, J. (1964). Prévision des apports des cours d'eau (Prediction of streamflow), *IAHS Publ.*, **63**: General Assembly of Berkeley. Gentbrugge, Belgium: Int. Assoc. Sci. Hydrol., 118–126.

Tschinkel, H. M. (1963). Short-term fluctuation in streamflow as related to evaporation and transpiration. *J. Geophys. Res.*, **68**, 6459–6469.

Turc, L. (1954). Le bilan d'eau des sols: Relation entre les précipitations, l'évaporation et l'écoulement. *Ann. Agronom., Série A*, **IV**, 491–595.

Twine, T. E., Kustas, W. P., Norman, J. M., Cook, D. R., Houser, P. R., Meyers, T. P., Prueger, J. H., Starks, P. J. and Wesely M. L. (2000). Correcting eddy-covariance flux underestimates over a grassland. *Agric. Forest Meteor.*, **103**, 279–300. doi:10.1016/S0168-1923(00)00123-4.

Ule, W. (1903). Niederschlag und Abfluss in Mitteleuropa. *Forsch. Deutsche Volks-u. Landesk.*, **14**(5), 24–39.

Van Bavel, C. H. M. (1961). Lysimetric measurements of evapotranspiration rates in the eastern United States. *Soil Sci. Soc. Amer. Proc.*, **25**, 138–141.

(1967). Changes in canopy resistance to water loss from alfalfa induced by soil water depletion. *Agric. Meteor.*, **4**, 165–176.

Van Bavel, C. H. M. and Reginato, R. J. (1962). Precision lysimetry for direct measurement of evaporative flux. *Int. Symp. Methodol. of Plant Eco-Physiol.*, Montpellier, France, 129–135.

Van den Broeke, M., Van den Berg, W. J., Van Meijgaard, E. and Reijmer, C. (2006). Identification of Antarctic ablation using a regional atmospheric model, *J. Geophys. Res.*, **111**, D18110, doi:10.1029/2006JD007127.

Van Niel, T. G., McVicar, T. R., Roderick, M. L., Van Dijk, A. I., Beringer, J., Hutley, L. B. and Van Gorsel, E. (2012). Upscaling latent heat flux for thermal remote sensing studies: comparison of alternative approaches and correction of bias. *J. Hydrol.*, **468**, 35–46. doi:10.1016/j.jhydrol.2012.08.005

Webb, E. K. (1964). Further note on evaporation with fluctuating Bowen ratio. *J. Geophys. Res.*, **69**, 2649–2650.

Wesely, M. (1988). Use of variance techniques to measure dry air–surface exchange rates. *Bound.-Layer Meteor.*, **44**, 13–31.

Wittenberg, H. and Sivapalan, M. (1999). Watershed groundwater balance estimation using streamflow recession analysis and baseflow separation. *J. Hydrol.*, **219**, 20–33.

Yang, H., Yang, D., Lei, Z. and Sun, F. (2008). New analytical derivation of the mean annual waterenergy balance equation. *Water Resour. Res.*, **44**, W03410. doi:10.1029/2007WR006135.

Yarosh, E. S., Ropelewsky, C. F. and Mitchell, K. E. (1996). Comparisons of humidity observations and ETA model analyses and forecasts for water balance studies. *J. Geophys. Res.*, **101**(D18), 23 289–23 298.

Zhang, L. and Brutsaert, W. (2021). Blending the evaporation precipitation ratio with the complementary principle function for the prediction of evaporation. *Water Resour. Res.*, **57,** e2021WR029729. doi:10.1029/2021WR029729.

Zhang, L., Hickel, K., Dawes, W. R., Chiew, F. H. S. and Western, A. W. (2004). A rational function approach for estimating mean annual evapotranspiration. *Water Resour. Res.*, **40**, W02502, doi:10.1029/2003WR002710.

Zhang, Y., Liu, C., Tang, Y. and Yang, Y. (2007). Trends in pan evaporation and reference and actual evapotranspiration across the Tibetan Plateau. *J. Geophys. Res.*, **112**, D12110, doi: 10.1029/2006JD008161.

地表面の水

地表面上の水 5
自由水面流れの流体力学

　陸面上の水の流れである表面流出 (surface runoff) は地球の陸面の不規則な地形のために多くの異なった発生の仕方をする．降雨，融雪，小さなくぼ地からの越水，あるいは水源での地下水面の上昇といった何らかの理由で表面流が発生すると，はじめは薄いシートフロー (sheet flow) として流れる．しかし，局地的な凹凸のために流れはすぐに小さなガリーやリルに集中し，次にそれが集まって樹木のようなネットワーク状に小川を形成する．結局，これらが他の小川と合わさってより大きな河川となり，最終的に湖や海洋に達するのである．このように，さまざまな形状や大きさの水路中の多くの異なるタイプの流況が複雑に組み合わさって，流れのシステムが構成されている．基本的な地表面流出の水理要素を解析目的で表すためには，2 つの主な自由表面流を区別するのが便利であり有用である．1 つはシートフローまたは地表流 (overland flow) で，流出が発生し河川流への供給源となる汜出寄与域(source area) において，激しい雨が降っている場合に最も発生しやすい．2 つ目はより大きな恒常開水路で起きている流れである．どちらのタイプの流れも，普通非定常で水平方向にも変化する．本章では，自由水面流れの一般的な記述を行う．この後に続く第 6 章，第 7 章では，この一般原理を表面流と水路の流れや河川流追跡に適用する．

5.1　自由水面の流れ

　固体表面上の水の流れは，一般的な流体力学の保存則，すなわち質量についての連続の式と運動量についてのナビエ・ストークスの方程式 (Navier-Stokes equation) によって支配されている．流体粒子が一度不透水性の表面に乗るとそこに留まり続けることに注意することで(たとえば Lamb, 1945, p.7)，1 つの重要な境界条件を式に表すことができる．つまり，その粒子は表面とともに移動し，その表面に対する相対速度は純粋に接線方向であるか，（滑りなしの場合）ゼロである．そうでないとすると，流体の有限な流れがその表面を横切って生じてしまう．したがって，もしその表面が関数 $F = F(x, y, z, t) = 0$ で表現できるとしたら，流体粒子にどのような変位が生じても関数の形は変わらないはずである．すなわち，

$$\frac{DF}{Dt} = 0 \tag{5.1}$$

である．式 (1.3) で定義した演算子 D/Dt は，動きに従った時間微分であり，流体力学的時間微分 (fluid mechanical time derivative)，実質時間微分 (substantial time derivative) あるいは物質微分，粒子微分 (material derivative, particle derivative) などともよばれており，平均の動きに対して，

$$\frac{D}{Dt} = \frac{\partial}{\partial t} + \overline{u}\frac{\partial}{\partial x} + \overline{v}\frac{\partial}{\partial y} + \overline{w}\frac{\partial}{\partial z} \tag{5.2}$$

のように定義できる．ここで，第 2 章同様，$\overline{u}, \overline{v}$ および $\overline{w}$ は，速度ベクトル $\mathbf{v} = (\overline{\mathbf{v}} + \mathbf{v}')$ におけ

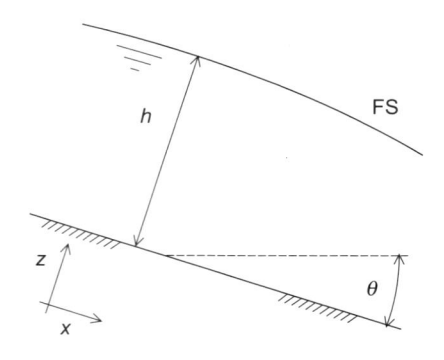

図 5.1 2 次元の自由水面流れで用いる変数の定義. FS は流水の自由水面を表す.

る（乱流的な意味合いでの）流体の平均速度のそれぞれ x, y, z 成分である.

　議論を単純化するために，自由水面を有する水の 2 次元の動きを考察してみよう. 任意の基準面から底面と垂直な方向の距離 $z = z_s(x, t)$ に自由水面が存在する. 水は底面上を流れており，底面は同じ基準面からの垂直方向の距離 $z = z_b(x, t)$ にあるとする（図 5.1）. 第 2 章と異なり，ここでは，z 軸が鉛直方向ではなく，鉛直方向と θ の角度をなす点に注意. しかし，θ は多くの場合小さいので，z 軸が鉛直方向であるとして用いることができる. この図に示す状況に対して，水面の位置を定義する関数は，$F(x, z, t) = [z_s(x, t) - z] = 0$ である. そこで条件式 (5.1) は，水面に対して

$$\overline{u}\frac{\partial z_s}{\partial x} - \overline{w} + \frac{\partial z_s}{\partial t} = 0 \qquad (z = z_s) \tag{5.3}$$

となる. 同様に，底面は $F(x, z, t) = [z_b(x, t) - z] = 0$ であり，時間依存性を含めることで底質の沈着や浸食を，少なくとも原理的には考慮することができる. そこで式 (5.1) から流体の底部境界面についての同様な条件を導き出せる. この条件は式 (5.3) と同じ形であるが，添え字の s を b に変える必要がある. しかし，通常は，底面を滑ることのない固定壁面として扱い，その結果この底面の条件式は $\overline{u} = \overline{w} = 0$ と単純化される. この条件式により，自由水面の条件式 (5.3) もまた，水深を用いて

$$\overline{u}\frac{\partial h}{\partial x} - \overline{w} + \frac{\partial h}{\partial t} = 0 \qquad (z = h) \tag{5.4}$$

のように表すことができる. ここで水深は $h = z_s - z_b$ と定義され，基準面 $z = 0$ は底面としてある.

5.2 水理解析法理論：浅水方程式

　水文学で扱う自由水面の流れのほとんどの場合について，ある単純化を行うことが可能である. 主な仮定は，流れの流跡線 (path line) または流線 (streamline) がわずかしか曲がっておらず，平均流と直角方向の加速を無視できるというものである. このことは，圧力が底面から垂直な z 方向に静力学的に分布すること，つまり

$$\frac{\partial p}{\partial z} + \gamma \cos \theta = 0 \tag{5.5}$$

を意味している. ここで θ は底面の傾斜角，$\gamma (\equiv \rho g)$ は水の単位体積重量 (specific weight of the water) である. 底面で $z = 0$ として式 (5.5) を積分すると，

$$p = \gamma \cos \theta (h - z) \tag{5.6}$$

となり，前と同様に $h = h(x,t) = (z_s - z_b)$ は底面と垂直な方向の深さである．底面の傾斜角 θ が流れの主方向で一定であれば，式 (5.6) を x に対して微分すると

$$\frac{\partial p}{\partial x} = \gamma \cos\theta \frac{\partial h}{\partial x} \tag{5.7}$$

が得られる．この圧力勾配は z の関数ではないので，それと対応する水粒子の加速度も z に依存しない．そこで，底面と平行な速度 $\overline{u}$ は x と t によらず z に依存し続ける．したがって，$\overline{u} = \overline{u}(x,z,t)$ を，

$$V = \frac{1}{h} \int_0^h \overline{u}\, dz \tag{5.8}$$

で定義される z 方向の平均値 $V = V(x,t)$ で置き換えることが許されるのである．

　静水圧分布と平均速度 V の仮定の 2 つの単純化が，自由水面の流れに対するいわゆる水理解析法理論 (hydraulic theory) の基礎である．以下で明らかになるように，これにより 2 次元問題が 1 次元問題に置き換えられるのである．この理論は通常浅水理論 (shallow water theory) あるいは長波理論 (theory of long waves) とよばれ，連続の式と運動量（レイノルズ）の方程式を浅水方程式に単純化することからなっている．これを以下に示す．

5.2.1　連続の式

　非圧縮性流体の連続の式は，式 (1.9) で与えられる．乱流に対しては，この式は平均と乱流速度成分に同様に適用することができる．2 次元の場合，考察の対象とする点で湧き出し項としての流入 ϕ_l があるとすれば，平均速度成分に対する連続の式は，

$$\frac{\partial \overline{u}}{\partial x} + \frac{\partial \overline{w}}{\partial z} - \phi_l = 0 \tag{5.9}$$

となる．z 方向に積分すると，

$$\int_0^h \frac{\partial \overline{u}}{\partial x}\, dz + [\,\overline{w}\,]_0^h - \int_0^h \phi_l\, dz = 0 \tag{5.10}$$

となり，さらに固体底面に対する条件式 (5.4) を代入すると，

$$\int_0^h \frac{\partial \overline{u}}{\partial x}\, dz + \overline{u}|_{z=h} \frac{\partial h}{\partial x} + \frac{\partial h}{\partial t} - \int_0^h \phi_l\, dz = 0 \tag{5.11}$$

が得られる．積分の微分に対するライプニッツの公式 (付録参照) により，第 1 項は

$$\frac{\partial}{\partial x} \int_0^h \overline{u}\, dz - \overline{u}|_{z=h} \frac{\partial h}{\partial x} \tag{5.12}$$

と書き換えられる．連続の式は最終的に

$$\frac{\partial h}{\partial t} + \frac{\partial}{\partial x}(Vh) - i = 0 \tag{5.13}$$

となる．ここで，i は式 (5.11) 中の ϕ_l を積分することで生じる，単位幅の流れに対する側方（流れと垂直方向）からの正味の流入である．式 (5.13) は，$i = 0$ の場合に Dupuit (1863, p.149) がおそらく最初に導出したものである．

5.2.2 運動量の保存

　動きのあるニュートン流体の任意の点における運動量の保存は，ナビエ・ストークスの方程式により記述される．流れが乱流の場合，この式は，平均量に対するレイノルズの方程式に変換される．レイノルズの方程式は，式 (1.12) の各従属変数をその（乱流としての意味合いの）平均と変動成分の和に置き換え，適切な期間での時間平均操作を行うことで求めることができる．考察中の湧き出しからの流入 ϕ_l を伴う非圧縮性流れの 2 次元の事例では，式 (1.12) の底面と平行な成分は

$$\frac{\partial \overline{u}}{\partial t} + \overline{u}\left(\frac{\partial \overline{u}}{\partial x} + \phi_l\right) + \overline{w}\frac{\partial \overline{u}}{\partial z} = -g\sin\theta - \frac{1}{\rho}\frac{\partial p}{\partial x} + \nu\nabla^2\overline{u} - \nabla\cdot\overline{(\mathbf{v}'u')} \tag{5.14}$$

のように書くことができる．ここで，$\mathbf{v}' = (u'\mathbf{i} + v'\mathbf{j} + w'\mathbf{k})$ は，速度ベクトル $\mathbf{v} = (\overline{\mathbf{v}} + \mathbf{v}')$ の乱流変動成分を表す．式 (5.14) で右辺の後ろ 2 項がないと，オイラーの方程式 (1.11) の形になることに注意．この 2 項は，それぞれ粘性による応力と乱流によるレイノルズ応力を表している．式 (5.8) で定義した平均流速 V により表した運動量方程式を求めるには，式 (5.14) を以下のように z 方向に積分する必要がある．便宜上，まずゼロの値をもつ式 (5.9) に $\overline{u}$ を乗じたものを式 (5.14) に加え，次式を得る．

$$\frac{\partial \overline{u}}{\partial t} + \frac{\partial}{\partial x}(\overline{u}^2) + \frac{\partial}{\partial z}(\overline{w}\,\overline{u}) = -g\sin\theta - \frac{1}{\rho}\frac{\partial p}{\partial x} + \nu\nabla^2\overline{u} - \nabla\cdot\overline{(\mathbf{v}'u')} \tag{5.15}$$

ライプニッツの公式 (付録参照) を用いると，式 (5.15) 左辺第 1 項の積分を次のように書ける．

$$\int_0^h \frac{\partial \overline{u}}{\partial t}\,dz = \frac{\partial}{\partial t}(Vh) - \overline{u}|_{z=h}\frac{\partial h}{\partial t} \tag{5.16}$$

同じようにして，表面条件式 (5.4) と

$$\int_0^h \overline{u}^2 dz = V^2 h \tag{5.17}$$

の仮定を用いると，式 (5.15) 左辺第 2 項の積分が以下に得られる．

$$\int_0^h \frac{\partial(\overline{u}^2)}{\partial x}\,dz = \frac{\partial}{\partial x}(V^2 h) - \overline{w}\,\overline{u}|_{z=h} + \overline{u}|_{z=h}\frac{\partial h}{\partial t} \tag{5.18}$$

式 (5.8) の V の定義からすると，式 (5.17) の仮定は $\overline{u}$ が z 方向に一定である場合にのみ有効となる．しかし，$z = 0$ で滑りがない条件からして，そのようなことはありえない．それでも，乱流状態の開水路は鉛直方向によく混合しており，通常これは受け入れられる近似である．しかし，層流 (laminar flow) や遷移流 (transitional flow) に対しては，（しばしばブジネスクの名と関連づけられる（たとえば Bakhmeteff (1941)））補正係数，すなわち，

$$\beta_c = \int_0^h (\overline{u}/V)^2 dz/h \tag{5.19}$$

を，式 (5.18) の右辺第 1 項，つまり移流加速度項に適用しなければならないだろう．

　式 (5.15) の他の項の積分は単純である．左辺第 3 項を積分すると，$z = h$ における $\overline{w}$ と $\overline{u}$ の積となる．もし θ が小さいと仮定できるなら，右辺第 1 項は $-\sin\theta$ を底面の勾配 $-\tan\theta = S_0$ に置き換えて，積分が $(gS_0 h)$ となるような近似ができる．同様に，傾斜角 θ が十分に小さければ，式 (5.7) を利用して右辺第 2 項の圧力勾配を水深勾配に置き換えることができる．

　自由水面流れに対する水理解析法において，式 (5.15) の後ろ 2 項の積分は，粘性と乱流の効果を

取り込むクロージャーパラメタリゼーションを適用して通常摩擦勾配 (friction slope) S_f により表される. 今回の 2 次元流れでは, これは

$$\int_0^h \nu \left(\frac{\partial^2 \overline{u}}{\partial x^2} + \frac{\partial^2 \overline{u}}{\partial z^2}\right) dz - \int_0^h \left(\frac{\partial (\overline{u'u'})}{\partial x} + \frac{\partial (\overline{w'u'})}{\partial z}\right) dz = -ghS_f \tag{5.20}$$

となる.

式 (5.16), (5.18) および (5.20) より, 式 (5.15) の積分は最終的に

$$\frac{\partial}{\partial t}(Vh) + \frac{\partial}{\partial x}(V^2 h) + hg\left(\frac{\partial h}{\partial x} + S_f - S_0\right) = 0 \tag{5.21}$$

となる. これが自由水面流れの水理解析法理論の運動量方程式である. この結果はしばしば別の形で表され, V を掛け合わせた連続の式 (5.13) を減じた後, h で除すことで

$$\frac{\partial V}{\partial t} + V\frac{\partial V}{\partial x} + g\left(\frac{\partial h}{\partial x} + S_f - S_0\right) + \frac{iV}{h} = 0 \tag{5.22}$$

の形の運動量方程式が得られる.

式 (5.13) および (5.22) は, 浅水方程式として知られている. これはまた, 19 世紀にセンブナン (Saint Venant) がもう少し単純な形で最初に示したので, しばしば彼の名を冠してよばれている. 最後に要約すると, 浅水方程式は次の仮定に基づいている. (i) 水中の圧力分布は静水圧分布で, 式 (5.5) で表される. (ii) 河床勾配 S_0 は一定かつ小さく, これから式 (5.6) より式 (5.7) が求められる. また $\sin\theta$ を $\tan\theta = -S_0$ に置き換えられる. (iii) 粘性と乱流応力の効果は, 式 (5.20) で定義される摩擦勾配 S_f により合わせてパラメタライズすることができる. (iv) 流速はあまり強くは z に依存せず, 式 (5.19) で $\beta_c = 1$ とおくことができる.

■ 例 5.1　定常流

式 (5.22) の各項の意味は, 側方からの流入がない定常流条件を考察することで説明することができる. そこで, まず $\partial V/\partial t$ と i をゼロとおき, 式 (5.22) を流下距離 δx に対して積分すると,

$$\frac{V_1^2}{2} + gh_1 + gS_0\delta x = \frac{V_2^2}{2} + gh_2 + gS_f\delta x \tag{5.23}$$

が得られる. 添字の 1 と 2 は δx の入口と出口を表す. 図 5.2 は, この式の左辺と右辺の収支を表している. 河床勾配が十分小さいので, 河床方向の軸 x を図中では水平方向に表せることに注意. 力（すなわち運動量変化率）を距離に対して積分すると仕事となるので, 式 (5.23) の各項は異なる形のエネルギーを表していると考えることもできる. 開水路の水理学において水路底を基準とした単位重量あたりのニネルギーを比エネルギーとよぶ. 今回の表記法でこれは $[h + V^2/(2g)]$ である. 図 5.2 に示されるように, その高さがエネルギー勾配線 (EGL) を決定している. 摩擦勾配 S_f は, エネルギー勾配線の傾きである. 任意の断面における $[z + p/(\rho g)]$ は動水勾配線 (HGL) を決めている. これは水深 h と等しいので, HGL は水面と一致する.

式 (5.13) と (5.22) は, 2 次元流れ, すなわち無限に広い水路に対して求められたものである. しかし, 任意の形の, 有限ではあるが流れが近似的には 2 次元と見なせるような広い断面を有する水路に対しては,

$$\frac{\partial A_c}{\partial t} + \frac{\partial}{\partial x}(VA_c) - Q_l = 0 \tag{5.24}$$

$$\frac{\partial V}{\partial t} + V\frac{\partial V}{\partial x} + g\left(\frac{\partial h}{\partial x} + S_f - S_0\right) + \frac{Q_l V}{A_c} = 0 \tag{5.25}$$

図 5.2 定常条件下での積分形の浅水運動量方程式 (5.23) の各項を表す略図

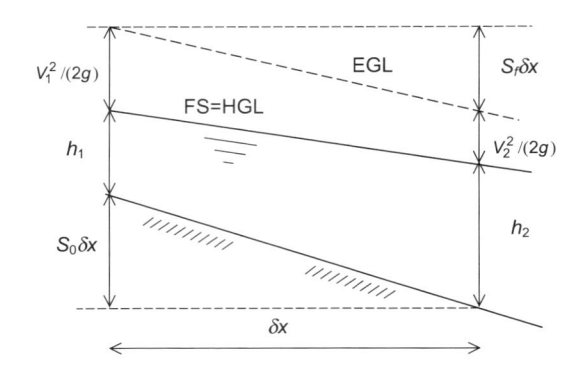

と表せる (たとえば Stoker, 1957). ここで A_c は水体の断面積, Q_l は単位長さの水路に対する側方からの流入量である.

水文学において, 平均速度は流量 $Q = V A_c$ に比べるとしばしばそれほど重要でない. 水面幅 $B_s = (\partial A_c / \partial h)$ の広い水路において, 式 (5.13) と (5.22) は

$$\frac{\partial A_c}{\partial t} + \frac{\partial Q}{\partial x} - Q_l = 0$$

$$A_c^2 \frac{\partial Q}{\partial t} + 2 A_c Q \frac{\partial Q}{\partial x} + \left(g A_c^3 - Q^2 B_s \right) \frac{\partial h}{\partial x} + g A_c^3 (S_f - S_0) = 0$$

$$(5.26)$$

の形をとる.

5.3 摩擦勾配

浅水方程式の摩擦勾配を決定する際には, 式 (5.15) の後ろの 2 項から生じる流れに対する抵抗が非定常不等流 (unsteady nonuniform flow) の場合でも定常等流 (steady uniform flow) と同様に振る舞うと一般に仮定される. そこで, このような条件下で式 (5.21) または (5.22) を見てみると,

$$S_f = S_0 \tag{5.27}$$

が得られる.

等流に対しては $\partial(\ )/\partial x = 0$ なので, 式 (5.20) に与えられている 2 次元流れにおける S_f の定義は

$$S_f = \frac{-1}{\rho g h} \int_0^h \frac{\partial \tau_{zx}}{\partial z}\, dz \tag{5.28}$$

のように表すことができる. ここで,

$$\tau_{zx} = \rho \left(\nu \frac{\partial \overline{u}}{\partial z} - (\overline{w' u'}) \right) \tag{5.29}$$

はせん断応力で, 添字の z は応力が働く面に垂直な方向を, 添字の x はこの応力の方向を表している. 式 (5.28) は, 水面でのせん断応力がゼロであるという境界条件をおくことで積分できる. τ_0 を底面 $z = 0$ での応力として, 積分の結果は

$$S_f = \frac{\tau_0}{\gamma h} \tag{5.30}$$

であり，摩擦速度で表すと，$S_f = u_*^2/gh$ となる．残念ながら，この時点では底面でのせん断応力を用いた S_f の表現は，あまり役に立たない．浅水方程式を解けるようにするには，主たる従属変数 h および V を用いた表現が代わりに必要である．以上，簡単にまとめると，まず傾斜 S_0 と流れの変数 h および V（または A_c および Q などの同等の変数）との関係を定常等流の条件で求める．式 (5.27) に従って S_0 に対して求められたこの関係を，次に浅水運動量方程式で用いることで，S_f を同じ流れの変数によりパラメタライズするのである．以下，5.3.1 項と 5.3.2 項では層流と乱流の場合についての関係を示す．

5.3.1 層流

平面を流下する平行な面としての 2 次元の定常等流の流れは，u' も w' もゼロの層流条件に対しては厳密に解くことができる．このような条件では，式 (5.14)（あるいは式 (5.15)）の右辺第 1 項と第 3 項を除くすべての項がゼロとなる．残された項を 2 回（$z = h$ で $\partial u/\partial z = 0$，$z = 0$ で $u = 0$ の条件を用いて）積分し，式 (5.27) の $-\sin\theta = S_f$ を利用すると，流速プロファイル式

$$u = \frac{gS_f}{\nu}(hz - z^2/2) \tag{5.31}$$

が得られ，$z = h$ における最大流速 u_h で無次元化すると $u/u_h = 2(z/h) - (z/h)^2$ となる．この式を，図 5.3 に示してある．式 (5.31) を z について積分すると，式 (5.8) により平均流速

$$V = \frac{gS_f h^2}{3\nu} \tag{5.32}$$

が求まる．降水に伴う側方からの流入がない場合，式 (5.32) の適用性は主にレイノルズ数 $\mathrm{Re} \equiv (Vh/\nu)$ に依存する．Re は流れが乱流になると増加するが，その遷移は表面の滑らかさ，流れの一様さと定常性や，さらにひょっとするとそれ以外の因子にも依存する．式 (5.32) は，実験的には Re の値が 300 程度でも成り立たなくなる場合があることが確かめられ，一方で側方からの流入のない滑面上の流れに対しては，$\mathrm{Re}=1{,}000$ まで成り立つことも観測されてきた（たとえば Chow, 1959; Woo and Brater, 1961）．$\mathrm{Re} \equiv (Vh/\nu) = 500$ を典型的な上限値ととることができる．有限幅の矩形水路の事例は，Woerner *et al.* (1968) が研究した．

自由表面における雨滴衝撃の摩擦勾配に対する効果を Yoon and Wenzel (1971) が研究している．彼らの滑面上での実験結果を Brutsaert (1972) が提案した

$$V = \frac{gS_f h^2}{\nu(3 + cS_f^d P^e)} \qquad (\mathrm{Re} < 800,\ S_0 \leq 0.03) \tag{5.33}$$

図 5.3 傾斜した平面上で自由水面を有する定常層流の流速プロファイル．u_h は水面 $z = h$ での最大流速である．

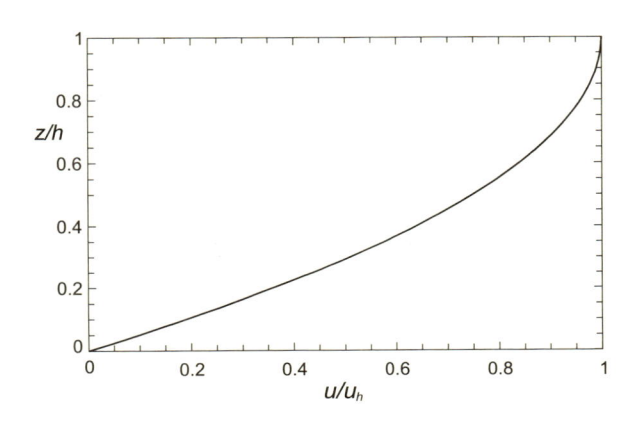

の単純な式で表すことができる．ここで，P は cm h^{-1} 単位の降雨強度，c, d, e は定数で $c = 5.36$, $d = 0.16$, $e = 0.36$ と求められた．Shen and Li (1973) は後にデータをさらに追加することで，$c = 2.32$, $d = 0$, $e = 0.40$ であるとした．

5.3.2 乱　流

　レイノルズ数が 1,000 より大きいと，一般的には，自然界の自由水面流れは側方からの流入の効果がほとんど，あるいはまったくない完全に乱流状態の粗面流 (rough flow) と考えられるだろう．しかし層流とは異なり，定常で等流の場合でも乱流の流れに対する厳密な解は存在しない．第 2 章で議論した同等な乱流クロージャー問題の事例と同様に，ここでの主たる問題は，式 (5.14) および (5.29) における速度変動の 2 次モーメント，すなわちレイノルズ応力の存在である．現在，この未知のせん断応力 τ_{zx} をなくす（あるいは決定する）現実的な方法は，相似則を適用するかまたは完全に実験的な結果に頼るかのどちらかしかない．

● 2 次元乱流流れに対する相似則

　一様な 2 次元乱流の流れは，よく発達した境界層と考えることができる．自然界の地表面上の流れは通常は粗面流であるが，この条件では，中立境界層の内層 (inner region) の速度プロファイルは式 (2.40) または (2.41) で与えられる．厳密には，この対数プロファイルは境界層厚さの下部 10〜20% の層にしか適用できない．境界層の外層では，ある種の速度欠損則 (velocity defect law) の方が適切である．2 次元自由水面流れでは，この欠損則はしばしば

$$\overline{u}_h - \overline{u} = -\frac{u_*}{k} \ln \left(\frac{z - d_0}{h - d_0} \right) \tag{5.34}$$

の形をとると仮定されている（たとえば Keulegan, 1938）．この式は，式 (2.40) が流れの全層で使えることを示唆している．これは明らかに近似にすぎないが，実験室内での境界層においては，式 (2.40) または (5.34) と外層で観測された速度プロファイルの違いは非常に小さい（たとえば Hinze, 1959, p.473; Monin and Yaglom, 1971, pp.300–301, 315–317; Kisisel $et~al.$, 1973）．そこで，式 (2.41) と (5.30) から，平均速度は（$h \gg z_0$ に対して）おおむね

$$V = \frac{(gS_f)^{1/2}(h - d_0)}{kh^{1/2}} \left[\ln \left(\frac{h - d_0}{z_0} \right) - 1 \right] \tag{5.35}$$

で表すことができる．あるいは（$h \gg d_0$ の場合），

$$V = \frac{(gS_f h)^{1/2}}{k} [\ln(h/z_0) - 1] \tag{5.36}$$

である．なお，式 (2.40) を開水路流れに適用する場合の 1 つのありうる問題として，z_0 がフルード数 $\mathrm{Fr} = V/(gh)^{1/2}$ の関数かもしれない (Iwagaki, 1954; Chow, 1959) ことを述べておかねばならない．このことは，斜面を流下する水の乱流境界層の構造が，式 (2.40) を導出する際に考慮された変数以外にも，重力 g の影響を受けているかもしれないことを意味する．第 2 のありうる問題点は雨滴衝撃の効果である．たとえば，Kisisel $et~al.$ (1973) は h が 15 mm 程度である薄い流れに対して $P = 125$ mm h^{-1} の強い降雨強度があった場合に，測定された速度プロファイル ($\overline{u}_h - \overline{u}$) は対数に乗っていたものの，結果として生じる V の値が式 (5.36) で予測される大きさの約半分程度にしかならないことを示している．しかし，さらに薄い流れでは雨滴衝撃の効果は小さくなりそうである．

　ある種の応用問題では，乱流速度プロファイルを式 (2.40) の代わりに高さの単純なべき関数として表すと便利なことがある．最近の提案例の中では，$z \gg d_0$ に対して，

$$\overline{u} = C_p u_* \left(\frac{z}{z_0} \right)^m \tag{5.37}$$

をあげられる．ここで C_p と m は定数である．下部大気における風速プロファイルをべき関数で表すことは，少なくとも 1870 年代の Stevenson の研究までさかのぼれる（たとえば Brutsaert, 1982 のレビュー参照）．式 (5.37) と類似の式は，Prandtl and Tollmien(1924)（Brutsaert, 1993 も参照のこと）の研究で暗に示されており，後に種々の乱流輸送問題を解くに際して多く利用された．対象とする高度において式 (5.37) をより正確な式 (2.41) にあてはめることで，C_p と m のパラメータは決められるだろう．m の値は典型的には 1/7 で 1/8〜1/6 の範囲にあり，C_p は m^{-1} 程度の値である．式 (5.37) を式 (5.8) に従って積分し，摩擦速度 u_*（式 (2.32) 参照）を式 (5.30) に置き換えると，

$$V = \left[\frac{C_p g^{1/2}}{(m+1)z_0^m} \right] S_f^{1/2} h^{m+1/2} \tag{5.38}$$

の平均速度の式が得られる．今回の導出とは多少異なるが，式 (5.38) の導出法は Keulegan(1938) が最初に発表している．式 (5.38) の大事な点は，それが次に示す S_f の実験式のいくつかの理論的な根拠となっている点にある．

● 実験式

定常等流での測定から導き出されたほとんどの経験式は

$$V = C_r R_h^a S_f^b \tag{5.39}$$

の形をもつ．ここで C_r は抵抗係数で，理想的には水路の性質のみに依存する．a と b は定数，R_h は経深 (hydraulic radius) で

$$R_h = \frac{A_c}{P_w} \tag{5.40}$$

で定義される．ここで A_c は水路の流積，P_w は断面の潤辺 (wetted perimeter) である．2 次元流れの場合や広い水路では，経深は流れの水深と等しく $R_h = h$ である．

■ 例 5.2

この点については水深 h，水底幅 B_b，水面幅 B_s（図 5.4）を有する台形断面水路の事例で確認できる．式 (5.40) により，経深は

$$R_h = \frac{h(B_s + B_b)/2}{[(B_s - B_b)^2 + 4h^2]^{1/2} + B_b}$$

であり，B_s および B_b が（h に比べて）大きくなると，h に近づき実質的に等しくなる．

開水路の式 (5.39) の最も古い形は，おそらく 1770 年頃にフランスでシェジー (Chézy) によって求められた公式で $a = b = 1/2$（たとえば Mouret, 1921）である．C_r の表現については，多くの提

図 5.4　台形断面を有する開水路．この事例では，流積は $h(B_s + B_b)/2$，潤辺は $P_w = [(B_s - B_b)^2 + 4h^2]^{1/2} + B_b$ である．

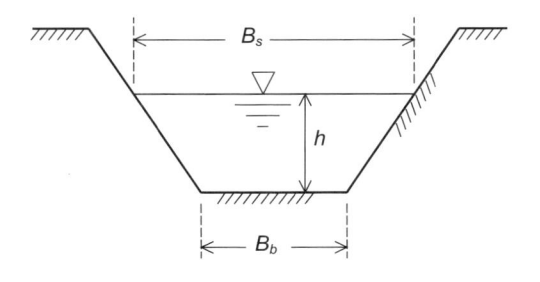

案がなされてきた(たとえば Chow, 1959, p.94 のレビュー参照). シェジーの公式を乱流に対するより理論的根拠に基づく式と比較することで, C_r の性質が理解できる. 広い水路に対する相似則に基づく式 (5.36) から, シェジーの公式の C_r は $(g/k)^{1/2}[\ln(h/z_0) - 1]$ で与えられることがわかる. これから C_r が粗度のみならず, 経深にも依存していることもわかる. また, べき関数を用いた式 (5.38) からは, 流速が垂直方向に一様である $m = 0$ の場合のみ, C_r が h や R_h に依存しないことがわかる. このことは, 任意の水路に対して, 非常に高いレイノルズ数 $Re \equiv Vh/\nu$ をもつ乱流の卓越した流れに対してのみ, C_r が真の意味で一定でありうることを示唆している.

もう 1 つの評判の高い式がその導出に最も貢献した 2 人の技師の名前にちなむガウクラー・マニング (Gauckler-Manning ; GM) の公式であり (たとえば Powell, 1962;1968; Williams, 1970;1971), 通常

$$V = \frac{1}{n}S_f^{1/2}R_h^{2/3} \tag{5.41}$$

のように表される. 変数を SI 単位系で表した場合の定数 n は河道粗度係数 (channel roughness coefficient) とよばれており, この値を決定するために, あらゆる種類の水路や表面に対して多数の実験が行われてきた. いくつかの値を表 5.1 に示すが, より広い範囲を含む詳細な結果は Chow (1959) や Barnes (1967) を参照のこと. 式 (5.38) と比較すると, $m = 1/6$ とした式 (5.37) のようなべき乗則を仮定することで, GM 公式 (5.41) を理論的に導き出せることがわかる. このことは, 完全に一様な流速プロファイルに対する $m = 0$ が求められるシェジーの公式より GM 公式の方が, より低いレイノルズ数の領域でも成り立つ可能性があることを示している. 式 (5.38) はまた, n が $z_0^{1/6}$ に比例していることを示す. 2.5.2 項での議論で, z_0 が 1 次近似としては粗度要素高さの1/10 程度であると仮定できたことを思い起こすこと. いずれにしても, GM 公式が暗に基づいているべき乗則は, ほとんどの実用的な応用事例に対しては適切である. これを図 5.5 に示してあり, 対数プロファイル式 (5.36) とべき乗プロファイル式 (5.38) で計算した平均流速 V の水深 (h/z_0) への依存性を示してある. 2 つの曲線は $C_p = 5.4$ に対して満足できる一致を示している. GM 公式 (5.41) と (5.38) を比較すると,

$$n = 0.0690z_0^{1/6} \tag{5.42}$$

の河道粗度係数と境界層の粗度長の関係が得られる. ここで z_0 は m 単位である.

シェジーとガウクラー・マニング公式は完全な乱流条件下において, 式 (5.39) の a が通常 0.5〜0.7 の範囲にあることを示している. 一方, 式 (5.32) からは, 層流に対して $a = 2$ である. 草のような短い植生に覆われた表面上での, 高レイノルズ数のシートフローについての研究は, h のべき乗数としての a がこれらの中間的な値である 1 程度だろうと結論づけている. Horton (1938) は, ハイドログラフの上昇部を導き出すのに $a = 1$ を採用した. 彼はこの値が75%乱流, 25%層流の流れを代表するだろうと考えた. Horner and Jens (1942) は, この $a = 1$ の値をさまざまな研究者の

表 5.1 自然水路での典型的な粗度係数 n の値

水路の状況	n
土の河床, 直線, 短い植生あり	0.02〜0.03
礫の河床, 直線	0.03〜0.04
礫と土の河床, 屈曲, 堤防上に雑草あり	0.03〜0.05
玉石混じり, または堤防上にやぶ, 張り出した木のある砂礫床	0.035〜0.06
玉石河床と露出した岩からなる堤防	0.05〜0.08
雑草の多い土の河床	0.07〜0.09

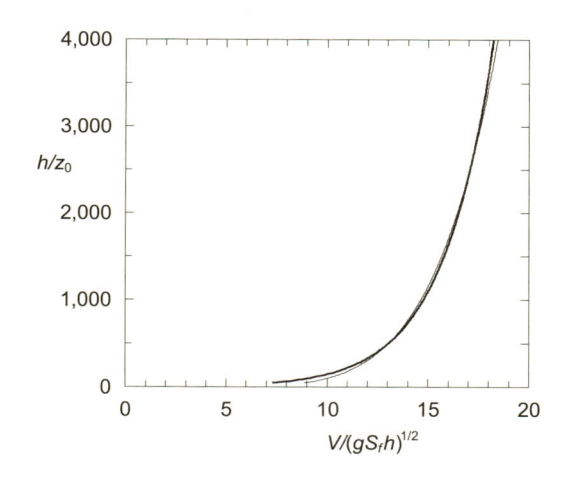

図 **5.5** 対数式 (5.36)（太線）と，べき乗式 (5.38)（細線）で記述される平均流速 V の比較．べき乗式の定数は，$m = 1/6$ および $C_p = 5.4$ である．

実験データから導出した．Hicks (1944) のデータを解析した Henderson and Wooding (1964) は，非常に凹凸の大きな表面や，草に覆われた表面では a が 1 に近いだろうことを確かめた．Wooding (1965) は，不規則な表面上の水深や粗度の変動により，流れの状態が時空間的に層流と乱流の間を変化しうることに言及し，この現象に解釈を加えた．さらに，水面付近の流れが乱流でも，草の茎や葉の間の流れは多孔体中を通る層流に近いかもしれない．

5.3.3 摩擦勾配パラメタリゼーションのまとめ

式 (5.39) を摩擦勾配の一般的な表現として利用できる．2 次元流れ，または幅の広い水路に対しては，これは

$$V = C_r h^a S_f^b \tag{5.43}$$

となり，この式はさらに，単位幅あたりの流量を用いて表すこともできる．層流と乱流に対するパラメータの値を表 5.2 にまとめてある．

5.4 一般的考察と自由水面流れの性質

浅水方程式 (5.13) と (5.22)（または式 (5.24) と (5.25)）を解くことは容易ではなく，自然界で遭遇するほとんどの流れの問題に対しては，数値的な方法で解析しなければならない．ここ数十年でデジタル計算機が利用できるようになったことでこの方法が大きく発展し，この分野の急速な発展がなされてきた（たとえば Liggett and Cunge, 1975; Cunge *et al.*, 1980; Tan, 1992; Montes, 1998）．そ

表 **5.2** 式 (5.39) または (5.43) で与えられる摩擦勾配のパラメータの値

	流れのタイプ			
	層流		乱流	
パラメータ	降雨なし	降雨あり	ガウクラー・マニング	シェジー
C_r	$\dfrac{g}{3\nu}$	$\dfrac{g}{\nu(3 + cS_f^d P^e)}$	n^{-1}	C_r
a	2	2	2/3	1/2
b	1	1	1/2	1/2

注：P は降雨強度で，定数 c, d および e は式 (5.33) の下に与えられている

れでも，その構造や物理的な意味合いをよりよく理解するためには，これらの式の単純な形を考察することが有用である．単純な形の式は，ある特別な条件下でのみ有効で，解を簡単に得ることができ，あるいは流れの重要な性質を推測することができる．

5.4.1 浅水方程式の完全系：小さなじょう乱

運動量の保存を記述する式 (5.22) 左辺第 2 項と S_f を含む項で見られるように，この式は非線形偏微分方程式である．しかし，もし流れが初期の等流定常状態から少しだけ外れていたとしたら，浅水方程式を線形化することができ，式を解くのが非常に容易になる．しかし，より大事なことは，解が容易になるだけでなく，非線形システムにつきものの，異なる波のタイプが同時に存在していることの物理的な性質が明らかになることである．

この目的のために，等流定常状態からの小さなずれを $V = V_0 + V_p$ と $h = h_0 + h_p$ と表すことで考察してみよう．ここで添字の 0 は等流定常状態を，p は小さな摂動やじょう乱を表す．これを図 5.6 に水深 h に対して描いてある．すると，側方からの流入の運動量効果を含む高次項を除いた後，式 (5.13) と (5.22) は

$$V_0 \frac{\partial h_p}{\partial x} + h_0 \frac{\partial V_p}{\partial x} + \frac{\partial h_p}{\partial t} - i = 0$$

および

$$\frac{\partial V_p}{\partial t} + V_0 \frac{\partial V_p}{\partial x} + g \frac{\partial h_p}{\partial x} + g(S_f - S_0) = 0 \tag{5.44}$$

となる．

● 動力学的部分の解

もし V_p と h_p のじょう乱が小さいと仮定されるなら，さらなる近似として摂動から生じる乱流の効果を無視でき，$S_f = S_0$ とおけるようになる．これで 2 つ目の式 (5.44) の最初の 3 項の，運動量方程式の純粋に動力学的な部分だけが残る．これを x で微分し，1 つ目の式を用いて $(\partial V_p/\partial x)$ を消去するとこれら 2 式を組み合わせて 1 つの式にでき，側方からの流れがなければ

$$\frac{\partial^2 h_p}{\partial t^2} + 2V_0 \frac{\partial^2 h_p}{\partial x \partial t} + (V_0^2 - gh_0) \frac{\partial^2 h_p}{\partial x^2} = 0 \tag{5.45}$$

となる．乱されていない流れは等流で定常なので，この乱されていない流れの速度 V_0 で動く基準位置からの相対的な小さなじょう乱を記述すると便利である．これには，$x_m = (x - V_0 t)$ と $t_m = t$ を代入すればよい．添字の m は，移動する基準位置を表す．そこで偏微分は，$\partial/\partial x = \partial/\partial x_m$ および $(\partial/\partial t) = (\partial/\partial t_m) - V_0(\partial/\partial x_m)$ と表せ，式 (5.45) は

$$\frac{\partial^2 h_p}{\partial t_m^2} - gh_0 \frac{\partial^2 h_p}{\partial x_m^2} = 0 \tag{5.46}$$

となる．

図 5.6　線形化のための水深の変数分解 $h = h_0 + h_p$ の様子．h_0 は定常等流部分，$h_p = h_p(x, t)$ は小さなじょう乱部分を表す．

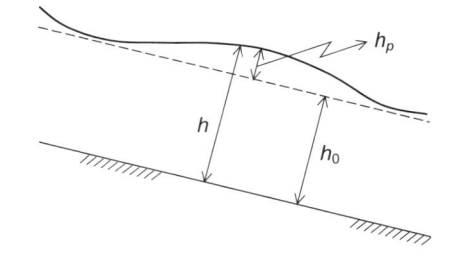

となる．同様に，1つ目の式 (5.44) を x に対して微分し，$(\partial h_p/\partial x)$ に 2つ目の式 (5.44) から代入した上で同じ座標変換を適用すると

$$\frac{\partial^2 V_p}{\partial t_m^2} - gh_0\frac{\partial^2 V_p}{\partial x_m^2} = 0 \tag{5.47}$$

が得られる．同じタイプの式が流量 $q = Vh$ に対しても導き出せる．$q = q_0 + q_p$ とおくと，$V_p h_p$ が無視できるので，$q_0 = V_0 h_0$ および $q_p = V_0 h_p + V_p h_0$ となる．そこで，式 (5.46) と (5.47) にそれぞれ V_0 と h_0 を乗じた後に加え合わせることで

$$\frac{\partial^2 q_p}{\partial t_m^2} - gh_0\frac{\partial^2 q_p}{\partial x_m^2} = 0 \tag{5.48}$$

が得られる．式 (5.46)〜(5.48) は古典的な線形波動方程式の形

$$\frac{\partial^2 y}{\partial t_m^2} - c_0^2\frac{\partial^2 y}{\partial x_m^2} = 0 \tag{5.49}$$

をしている．ここで従属変数 y は，h_p, V_p あるいは q_p を表し，

$$c_0 \equiv (gh_0)^{1/2} \tag{5.50}$$

は式を簡潔にするために導入された定数である．この波動方程式の一般解は，

$$F_1[x_m - c_0 t_m] + F_2[x_m + c_0 t_m] \tag{5.51}$$

で与えられる．ここで，F_1 と F_2 は初期条件と境界条件から決められる任意の関数である．式 (5.51) が実際に解であることは，式 (5.49) に代入して微分することで確かめられる．また，解が式 (5.51) の形をとらなければならないことは，次のようにして示せる．この目的のためには，$\xi = x_m - c_0 t_m$ および $\eta = x_m + c_0 t_m$ の座標変換を考慮する．これにより，x_m と t_m の関数である y が，ξ と η の関数である（たとえば）Y に

$$y(x_m, t_m) = Y(\xi, \eta)$$

のように置き換えられる．この式を用いて，式 (5.49) に微分の連鎖法を適用することで，Y に対する微分方程式が

$$\frac{\partial^2 Y}{\partial \xi \partial \eta} = 0$$

として得られる．この式は，$(\partial Y/\partial \xi)$ が η に依存しないこと，また逆に $(\partial Y/\partial \eta)$ が ξ に依存しないことを表している．そこで，もし Y が ξ と η の両方に依存しているのであれば，$Y = F_1(\xi) + F_2(\eta)$ の形でなければならず，これは式 (5.51) と同じとなる．

　式 (5.51) の形は，実は 2つの波を表しており，それぞれの（乱されていない流れの流体速度 V_0 で動いている基準に対する相対的な）伝播速度が c_0 で，移動方向は反対である．じょう乱，あるいは波動の伝播速度を流体自体の速度と区別するために，これを通常，波速 (celerity) とよぶ．例として，最も想像しやすい y が水面の高さ h_p を表す事例を考えてみよう．この事例では，まず $t_m = 0$ の時に関数 $F_1(x_m - c_0 t_m)$ により水面形状 $h_p = F_1(x_m)$ が定義される．時間が経過した $t_m = t_{m1}$ の時には，形状は $h_p = F_1(x_m - c_0 t_{m1})$ である．水面の形は同じであるが，t_{m1} 時間単位中に距離 $c_0 t_{m1}$ を形を歪めないで右方向へ移動したのである．同じことが同じ波速 c_0 で反対方向に移動する水面形状を定義する関数 $F_2(x_m - c_0 t_m)$ についてもいえる．実際の水面変位はこれらの 2つの波の和となる．式 (5.50) は，一般にラグランジュの波速方程式 (Lagrange's celerity equation) とよばれている．

■ 例 5.3　任意の初期条件に対する長い水路

　任意の関数 F_1 と F_2 を決定するためには，初期条件と境界条件が必要である．$x_m = 0$ の（移動する）原点から $x_{-n} = \pm\infty$ に伸びた幅の広い一様な水路を考察しよう．変数 $y = f(x_m)$ とその時間微分

$(\partial y / \partial t_m) = g(x_m)$ が，すべての x_m に対して既知であることを初期条件として仮定する．すると式 (5.51) から

$$y(x_m, 0) = f(x_m) = F_1(x_m) + F_2(x_m)$$

$$\left. \frac{\partial y}{\partial t_m} \right|_{x_m,0} = g(x_m) = c_0[-F_1'(x_m) + F_2'(x_m)] \tag{5.52}$$

が得られる．式 (5.52) の 2 つ目の式を c_0 で除した後に積分して，式 (5.52) の 1 つ目の式と組み合わせると，2 つの関数に対する

$$F_1(x_m) = \frac{1}{2}f(x_m) - \frac{1}{2c_0}\int_{x_{m0}}^{x_m} g(s)ds$$

$$F_2(x_m) = \frac{1}{2}f(x_m) + \frac{1}{2c_0}\int_{x_{m0}}^{x_m} g(s)ds \tag{5.53}$$

の形が求められる．ここで，s はダミー積分変数である．そこで，式 (5.51) の解をこの事例に対して

$$y = \frac{1}{2}\left[f(x_m - c_0 t_m) + f(x_m + c_0 t_m)\right] + \frac{1}{2c_0}\int_{x_m - c_0 t_m}^{x_m + c_0 t_m} g(s)ds \tag{5.54}$$

のように表せ，普通これはダランベール (d'Alembert) の解とよばれる．式 (5.54) の結果は水面深さ h_p，速度 V_p，流量 q_p に等しく適用することができる．しかし，$f(x_m)$ と $g(x_m)$ の関数はそれぞれが対象とする変数の初期条件を代表していなければならない．

■ 例 5.4　初期時間微分がゼロである無限長の水路

もし対象とする変数の時間微分値がはじめにゼロで $g(x_m) = 0$ となるなら，ダランベールの解 (5.54) は単純な

$$y = \frac{1}{2}f(x_m - c_0 t_m) + \frac{1}{2}f(x_m + c_0 t_m) \tag{5.55}$$

となる．例として，初期のじょう乱を記述する

$$f(x_m) = \left[\alpha\left(1 + 10x_m^2\right)\right]^{-1} \tag{5.56}$$

の関数を考えてみよう．変数の乱されていない部分，すなわち定常等流を記述する h_0, V_0 または q_0 に比べて摂動が小さくなるように，この表現において，α は大きな値の定数でなければならない．この初期条件を用いると，式 (5.55) に従って解は

$$y(x_m, t_m) = \frac{1}{2\alpha}\left[\left(1 + 10(x_m - c_0 t_m)^2\right)^{-1} + \left(1 + 10(x_m + c_0 t_m)^2\right)^{-1}\right] \tag{5.57}$$

となる．図 5.7 に $c_0 t_m = 0, 0.2, 0.4, 0.8, 1.2$ の値に対するこの解を示してあり，これは V_0 の速度で移動している基準点 $x_m = 0$ から相対的に見た，時間経過に従うじょう乱の伝播を表している．

もし初期のじょう乱が単位インパルス（ディラックのデルタ関数）$y = \delta(x_m)$（付録参照）（そして $\partial y / \partial t = 0$）であれば，式 (5.55) から無限に長い水路に対する単位応答関数が

$$u = \frac{1}{2}\left[\delta(x_m - c_0 t_m) + \delta(x_m + c_0 t_m)\right]$$

として求まる．元の座標系では

$$u = \frac{1}{2}\left[\delta(x - (V_0 + c_0)t) + \delta(x - (V_0 - c_0)t)\right] \tag{5.58}$$

である。これは，1 つは流れ V_0 と同方向に，1 つは流れに逆らって動く 2 つのデルタ関数の移動を記述している．式 (5.56) はデルタ関数ではない．しかし図 5.7 は式 (5.58) 中の 2 つの単位インパルスがどのように進行するかを示している．

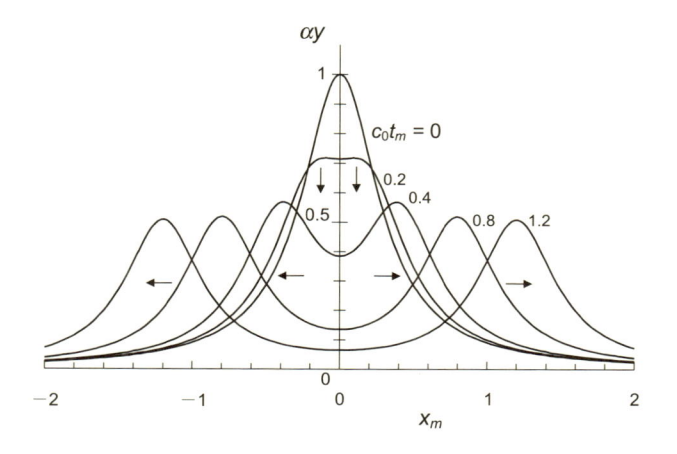

図 5.7 初期状態が式 (5.56) で与えられるじょう乱の進行の様子．このじょう乱は 2 つの要素からなっており，初期じょう乱の半分ずつが原点 $x_m = 0$ から反対の方向へと移動していく．原点そのものは，流速 V_0 で下流へと動く．曲線は式 (5.57) で，$c_0 t_m = 0, 0.2, 0.4, 0.8, 1.2$ の各値について求めたものである．

■ 例 5.5　上流側からの流入量が既知である半無限長水路

上流端での流入量が与えられている水路区間という条件は，多くの研究の対象とされてきた．もし上流端を原点 $x = 0$ とすれば，境界条件と初期条件は

$$
\begin{aligned}
y(0, t) &= y_u(t) & (x = 0,\ t > 0) \\
y(\infty, t) &= \text{有限値} & (x \to \infty,\ t > 0) \\
y(x, 0) &= 0 & (x > 0,\ t = 0) \\
\frac{\partial y(x, 0)}{\partial t} &= 0 & (x > 0,\ t = 0)
\end{aligned}
\tag{5.59}
$$

で表される．これらの条件を式 (5.49) と用いることで，この問題を解くことができる．しかし，正面からこの問題を扱うより，前の例で単位インパルスに対して得られたダランベールの解 (5.58) を利用し，また図 5.7 を調べる方法がここでは便利である．これから，解のうち $x = 0$ から左に離れていく成分は虚像と考えられ，$x > 0$ の領域に動いていく成分が求めている結果であることがわかる．このようにして，$x = 0$ での入力 $\delta(t)$ に対する解である単位応答関数を

$$
u = u(x, t) = \delta(x - (V_0 + c_0)t)
\tag{5.60}
$$

と得ることができる．もし $x = 0$ での入力が実際のところデルタ関数ではなく $y = y_u(t)$ であったとしても，たたみこみによって解を得ることができる（式 (A.14) 参照）．たとえば $y(t)$ が流量のじょう乱 q_p を表す事例では，$x = 0$ における $q_u(t)$ の流入量から生じる解は

$$
q = q(x, t) = q_0 + \int_0^t q_u(\tau)\delta(x - (V_0 + c_0)(t - \tau))\, d\tau
\tag{5.61}
$$

であり，積分すると

$$
q = q(x, t) = q_0 + q_u(t - x/(V_0 + c_0))
\tag{5.62}
$$

が得られる．

本項での結果を簡潔にまとめると，浅水方程式の動力学的部分の一般解は 2 つの波となる．その平均場に対する相対的伝播速度 $c_0 \equiv (gh_0)^{1/2}$ は，ラグランジュの波速方程式（式 (5.50) 参照）としても知られている．これらの「動力学的」な波（ダイナミックウェーブ）の 1 つは流れ方向に，もう 1 つは流れに逆らった方向に動いている．したがって，もし $c_{01} \equiv (V_0 + c_0)$ の速度で下流方向に移動しながら観測している者と，流れに逆らった速度 $c_{02} \equiv (V_0 - c_0)$ で移動しながら観測する者がいたとしたら，小さな乱れを停止して動きがない平衡状態からの表面の変位とみるだろう．この文脈においては，

V_0/c_0 の比が

$$\mathrm{Fr}_0 = \frac{V_0}{(gh_0)^{1/2}} \tag{5.63}$$

の定常等流に対するフルード数を定義することを思い起こすこと．したがって $c_{02} < 0$，すなわち $\mathrm{Fr}_0 < 1$ の場合には流れは常流 (subcritical flow) で，この乱れ（あるいは観測者）は実は上流に動くことになる．$c_{02} > 0$ の場合には流れは射流 (supercritical flow) となり，このじょう乱はやはり流れに逆らって移動するものの，その波速は V_0 よりは小さいので，下流へと押し流される．この2名の観測者の x–t 平面上の軌跡を特性曲線 (characteristics) とよぶ．上の解析から，この特性曲線が

$$\frac{dx}{dt} = V_0 + (gh_0)^{1/2} = c_{01}$$
および
$$\frac{dx}{dt} = V_0 - (gh_0)^{1/2} = c_{02} \tag{5.64}$$

の常微分方程式で定義できることがわかる．特性曲線の概念をここでは前置きなしに導入したが，正式には，偏微分方程式の理論で登場する．しかしこれは，今回扱う範囲外である．数学の入門用には，たとえば Sommerfeld (1949) の教科書を，特性曲線の自由水面への適用にあたっては Stoker (1957) または Abbott (1975) を参照すること．

● **完全系の解：2つのタイプの波**

もし式 (5.44) の2つ目の式の左辺最後の項を無視しないとすると，これもまた初期の定常等流を表す変数とそこからの摂動を用いて表さねばならない．広い水路の流れに対する式 (5.39) を $R_h = h$ として（すなわち式 (5.43) として）利用すると，

$$S_f = \frac{(V_0 + V_p)^2}{C_f^2(h_0 + h_p)^{2a}} = \frac{V_0^2}{C_f^2 h_0^2}[(1 + 2V_p/V_0 + \dots)(1 - 2ah_p/h_0 + \dots)]$$

が得られる．あるいは，高次項を無視すると，

$$S_f - S_0 = b^{-1}S_0[(V_p/V_0) - (ah_p/h_0)] \tag{5.65}$$

となる．a や b の値は，表 5.2 から選択する．水文学における多くの応用問題では，流出速度 q は水深 h や流速 V より重要である．そこで V を (q/h) で置き換え $q = q_0 + q_p$ を利用すると，式 (5.44) を $b = 1/2$ の乱流に対して

$$\frac{\partial h_p}{\partial t} + \frac{\partial q_p}{\partial x} - i = 0$$
および
$$(gh_0^3 - q_0^2)\frac{\partial h_p}{\partial x} + 2q_0 h_0 \frac{\partial q_p}{\partial x} + h_0^2 \frac{\partial q_p}{\partial t} + 2gh_0^3 S_0\left(\frac{q_p}{q_0} - \frac{(1+a)h_p}{h_0}\right) = 0 \tag{5.66}$$

のように書き換えることができる．この2式は，式 (5.66) の2つ目の式に $(\partial/\partial t)$ の演算を行い，上の式を $(\partial h_p/\partial t)$ へ代入することで，

$$h_0^2 \frac{\partial^2 q_p}{\partial t^2} + 2q_0 h_0 \frac{\partial^2 q_p}{\partial t \partial x} + \left(q_0^2 - gh_0^3\right)\frac{\partial^2 q_p}{\partial x^2} + \left(2gh_0^3 S_0/q_0\right)\frac{\partial q_p}{\partial t}$$
$$+ 2(1+a)gS_0 h_0^2 \frac{\partial q_p}{\partial x} = \left(q_0^2 - gh_0^3\right)\frac{\partial i}{\partial x} + 2(1+a)gh_0^2 S_0 i \tag{5.67}$$

のように1つの式にすることができる．

この式は，側方からの流れのない条件 $i = 0$ に対してシェジーの公式の $a = 1/2$ を用いることによりデイミー (Deymie, 1938) が初めて導出した方程式に変形できる．$x = 0$ における既知の $q_p = q_u(t)$ から生じるじょう乱の伝播に対するデイミーの式の解がさまざまな方法で求められてきた（Deymie,

1939; Massé, 1939; Lighthill and Whitham, 1955; Dooge and Harley, 1967 を参照).

$x = 0$ における流入 $q_p = q_u(t)$ と任意のゼロでない側方流入 $i = i(x, t)$ に対するより一般的な解が Brutsaert (1973) により示されており，数学的な細部についてはこの論文を参照のこと．この状況を記述するために式 (5.67) が満足すべき条件は式 (5.59) のままであり，これを q_p に適用すると，

$$
\begin{aligned}
&q_p(0, t) = q_u(t) && (x = 0,\ t > 0) \\
&q_p(\infty, t) = 有限値 && (x \to \infty,\ t > 0) \\
&q_p(x, 0) = 0 && (x > 0,\ t = 0) \\
&\frac{\partial q_p(x, 0)}{\partial t} = 0 && (x > 0,\ t = 0)
\end{aligned}
\tag{5.68}
$$

となる．この問題の解は，

$$
q_p(x, t) = \int_0^t \int_0^\infty G(\xi, \tau; x, t) i(\xi, \tau)\, d\xi d\tau - (gh_0^3 - q_0^2) \int_0^t q_u(\tau) \left[\frac{\partial G(\xi, \tau; x, t)}{\partial \xi} \right]_{\xi=0} d\tau
\tag{5.69}
$$

で与えられる．$G(\ )$ はグリーン関数を表しており，この事例の場合は

$$
G(\xi, \tau; x, t) = -(4gh_0^5)^{-1/2} \exp[d_1(x - \xi) - d_2(t - \tau)]
$$

$$
\times \left\{
\begin{aligned}
& I_0 \left[d_3 \left(t - \tau - \frac{(x - \xi)}{c_{01}} \right)^{1/2} \left(t - \tau - \frac{(x - \xi)}{c_{02}} \right)^{1/2} \right] \\
& \times H \left[t - \tau - \frac{V_0(x - \xi)}{c_{01}c_{02}} + (gh_0)^{1/2} \frac{|\xi - x|}{c_{01}c_{02}} \right] \\
& - I_0 \left[d_3 \left(t - \tau - \frac{x}{c_{01}} + \frac{\xi}{c_{02}} \right)^{1/2} \left(t - \tau - \frac{x}{c_{02}} + \frac{\xi}{c_{01}} \right)^{1/2} \right] \\
& \times H \left[t - \tau - \frac{x}{c_{01}} + \frac{\xi}{c_{02}} \right]
\end{aligned}
\right\}
\tag{5.70}
$$

である (Brutsaert, 1973)．式 (5.70) 中の定数は，$d_1 = (aS_0/h_0)$，$d_2 = (S_0V_0/h_0)(a\mathrm{Fr}_0^2 + 1)/\mathrm{Fr}_0^2$，および $d_3 = (S_0V_0/h_0)[(1 - \mathrm{Fr}_0^2)(1 - a^2\mathrm{Fr}_0^2)]^{1/2}/\mathrm{Fr}_0^2$ である．定常等流のフルード数 Fr_0 は式 (5.63) により，ダイナミックウェーブの波速 c_{01}, c_{02} は式 (5.64) でそれぞれ定義されている．$H(\ )$ は，ヘビサイドステップ関数（付録参照）で，$I_0(\ )$ は第 1 種 0 次変形ベッセル関数である．

■ 例 5.6　上流側からの流入量が既知である半無限長水路

現実的な興味の対象になる多くの状況では，側方からの流れは解に大きな影響を与えない．そこで解 (5.69) の最も重要な特性を明らかにするために，以下ではその最も単純な形である $i = 0$ の場合を考察する．側方からの流入 i がない場合，式 (5.69) 右辺で第 2 項のみが残る．いくつかの操作を施すと，結果は

$$
q(x, t) = q_0 + \int_0^t q_u(\tau) u(x, t - \tau)\, d\tau
\tag{5.71}
$$

の単純なたたみこみ積分（付録参照）の形で与えられる．前と同様，$u(x, t)$ はこの水路の単位応答，すなわち $x = 0$ における上流からの単位インパルス（ディラックのデルタ関数）流入によって生じる任意の時間 t と地点 x における流量 $q_p(x, t)$ を示している．これは 2 つの部分をもつ式として，

$$
u = u_1 + u_2
\tag{5.72}
$$

と書くことができる．第 1 項は，

$$
u_1 = \exp(-d_4 x)\, \delta \left(t - \frac{x}{c_{01}} \right)
\tag{5.73}
$$

で与えられる．ここで

$$d_4 = \frac{S_0}{h_0} \frac{(1 - a\mathrm{Fr}_0)}{(\mathrm{Fr}_0 + \mathrm{Fr}_0^2)}$$

であり，定常常流のフルード数は式 (5.63) で定義されている．式 (5.72) の第 2 項は，

$$u_2 = \frac{d_3}{2t_0} \left(\frac{x}{c_{01}} - \frac{x}{c_{02}} \right) \exp\left(d_1 x - d_2 t\right) \mathrm{I}_1(d_3 t_0) \, H\left(t - \frac{x}{c_{01}} \right) \tag{5.74}$$

で与えられる．ここで，$t_0 = [(t - x/c_{01})(t - x/c_{02})]^{1/2}$，$d_1, d_2, d_3$ は定数で，式 (5.70) の下に定義してある．$\mathrm{I}_1(\ )$ は，第 1 種 1 次変形ベッセル関数，$H(\ )$ はヘビサイドステップ関数である（付録参照）．

式 (5.72) の解は，定常常流 q_0 を変化させる 2 つの波のような動きからなる．式 (5.73) で与えられる第 1 の部分は，式 (5.60) で与えられた類似の動力学的な事例の解と同じであるが，x の指数関数的減少の項が含まれる点のみが異なる．この部分はデルタ関数の形を保持しており，このデルタ関数の独立変数から，これが式 (5.60) または (5.64) のはじめの式で与えられるダイナミックウェーブ (dynamic wave) の波速を有していることがわかる．$d_4 > 0$ であれば，u_1 の振幅は指数関数的に減少する．しかし，$d_4 < 0$ すなわち $\mathrm{Fr}_0 > a^{-1}$ の場合は，波が指数関数的に成長する．これはボア (bore) 形成のよく知られた基準であり，シェジーの公式では $\mathrm{Fr}_0 > 2$，GM 式では $\mathrm{Fr}_0 > 3/2$ となる．小さなフルード数に対しては，u_1 の振幅は $\exp[-S_0 x/(\mathrm{Fr}_0 h_0)] = \exp[-g^{1/2} S_0 x/(h_0^{1/2} V_0)]$ で減衰する．このことは，河床勾配が大きく流速が小さいと，じょう乱の動力学的部分が素早く減衰し，短い距離 x で重要でなくなることを示している．興味深いことに，非線形方程式 (5.13) と (5.22) を解析した Lighthill and Whitham (1955; Stoker, 1957, p.505 も参照のこと) により非常によく似た結果が得られている．彼らは，小さなフルード数に対しては，どのような表面じょう乱でもその動力学的部分の前面が $\exp(-g S_0 t/V_0)$ で減衰することを示したのである．

式 (5.74) で与えられる 2 つ目の部分 u_2 は，波の主体をなしている．数学的には，ヘビサイドステップ関数がこの部分の解から特異点を排除している．物理的には，この部分が式 (5.73) で与えられる動力学的部分の前面位置 $x = (c_{01} t)$ より早くあるいは先に行くことがないこと，式 (5.73) で与えられる第 1 項が $x = 0$ での単位インパルスにより引き起こされたじょう乱の前縁部を表していることが，単位ステップ関数により保障されている．波の主体の波速は，波の平均移動時間 (travel time) から決定できる．この波の平均存在時間は平均値の周りの 1 次モーメントであり，m_1' または μ の記号で表される．これはまた図心 (centroid) または図形の中心ともよばれる．そこで移動時間は，観測点と原点 $x = 0$ での波の平均存在時間の差，すなわちその重心が x に到達するのに要する時間である．$x = 0$ での上流側からの流入はデルタ関数で与えられ，その原点周りの 1 次モーメントはゼロである．そこで数学的には，任意の x に対する平均移動時間は流出量 $q_p(x, t)$ の $t = 0$ の周りでの 1 次モーメントで，

$$m_1' = \int_{-\infty}^{+\infty} t q(x, t) \, dt \tag{5.75}$$

である．式 (5.72) のラプラス (Laplace) 変換をモーメント母関数 (moment generating function) として利用することができる (Dooge, 1973)．そこで，1 次モーメントは変換領域における原点でのラプラス変換の 1 次微分であり，

$$m_1' = \frac{x}{(1 + a)V_0} \tag{5.76}$$

で与えられる．これからじょう乱の主体の波速 x/m_1' は，

$$c_{k0} = (1 + a)V_0 \tag{5.77}$$

と求まる．5.4.3 項で明らかになる理由により，波速 $[(1 + a)V]$ をもつ波をキネマティックウェーブ (kinematic wave) とよぶ．式 (5.77) はそれを線形化した形で，添字 0 でそれを示してある．

相似則の枠組みで考察することで，より一般的な方法で解のいくつかの性質を明らかにすることがで

きる．解を調べてみると，この目的のためには水路に沿った無次元距離と無次元時間を，

$$x_+ = \frac{S_0 x}{h_0} \quad \text{および} \quad t_+ = \frac{S_0 V_0 t}{h_0} \tag{5.78}$$

のように定義するとよいことがわかる．式 (5.50), (5.63), (5.64) で与えられた定義を思い起こせば，解の 2 つの部分をこの無次元変数で表すことができる．すなわち，式 (5.73) から

$$u_1 = \exp(-e_1 x_+)\delta(t_+ - e_2 x_+) \tag{5.79}$$

が得られ，定数はフルード数のみに依存する．つまり，$e_1 = (1 - a\mathrm{Fr}_0)/(\mathrm{Fr}_0^2 + \mathrm{Fr}_0)$，および $e_2 = \mathrm{Fr}_0/(\mathrm{Fr}_0 + 1)$ である．同様にして，式 (5.74) から単位応答の 2 つ目の部分を無次元数を用いて

$$u_2 = \frac{S_0 V_0}{h_0} \frac{e_4 x_+}{\tau_+} \exp(ax_+ - e_5 t_+)\mathrm{I}_1(e_6 \tau_+)\mathrm{H}(t_+ - e_2 x_+) \tag{5.80}$$

と表すことができる．ここで $\tau_+ = [(t_+ - e_2 x_+)(t_+ - e_3 x_+)]^{1/2}$ で，a は式 (5.39), (5.43) で定義されている．残った定数は，$e_3 = \mathrm{Fr}_0/(\mathrm{Fr}_0 - 1)$，$e_4 = [(1 - a^2 \mathrm{Fr}_0^2)/(1 - \mathrm{Fr}_0^2)]^{1/2}/\mathrm{Fr}_0$，$e_5 = (a\mathrm{Fr}_0^2 + 1)/\mathrm{Fr}_0^2$，および $e_6 = [(1 - a^2 \mathrm{Fr}_0^2)(1 - \mathrm{Fr}_0^2)]^{1/2}/\mathrm{Fr}_0^2$ である．図 5.8 にこの 2 つ目の部分を t_+ の関数として，単位インパルスの放出地点からのさまざまな距離 x_+ で観測されるであろう値として示してある．波の形の変化を見やすくし，さまざまな波の比較を容易に行えるようにするため，図中では x 軸では t_+ を x_+ で，y 軸では u_2 を x_+^{-1} でそれぞれ無次元化してある．このため x_+ が増加すると，横軸方向には縮み，縦軸方向には広がる．前述のとおり，第 1 の部分 u_1 が素早く無視できるようになる．図 5.8 に示した事例では，式 (5.79) から，$x_+ = (0, 1, 5, 20)$ においてそれぞれ，u_1 の相対的な値が $\exp(-e_1 x_+) = (1.0, 0.411, 0.0117, 1.9 \times 10^{-8})$ と減少することがわかる．

　式 (5.73) と (5.74) または式 (5.79) と (5.80) を用いる解 (5.72) へと導かれたこの単純な線形解析例の主眼点は，自由水面のじょう乱伝播において，ダイナミックウェーブとキネマティックウェーブの 2 つのタイプの波が存在することを示すことにある．式 (5.60) と (5.64) で示されるように，前者は，式 (5.22)（あるいは式 (5.44) の 2 つ目の式）のはじめの 3 項の結果である．式 (5.77) に示されるように，後者は解析に 2 つの傾斜の項を含むことから生じる．$\mathrm{Fr}_0 > 1$ の時の射流，あるいは動力学的衝撃 (dynamic shock)（第 7 章参照）のような例外的な場合を除くと，前者は後者より普通は早く，減衰もまた早い傾向にある．式 (5.64) を (5.77) と比較すると，キネマティックウェーブは $(aV_0) > (gh_0)^{1/2}$，すなわち $\mathrm{Fr}_0 > (1/a)$ の時のみダイナミックウェーブより早いことがわかる．これは 2 段落前で述べたとおり，ボア形成あるいは動力学的衝撃に対する基準でもある．さらに $1 < \mathrm{Fr}_0 < (1/a)$ の場合は，e_4, e_6 はともに虚数となり，変形ベッセル関数 $\mathrm{I}_1(\ )$ は振幅性の振る舞いを示すベッセル関数 $\mathrm{J}_1(\ )$ へと変化する．線形解析では，2 つのタイプの波は別々に現れ，全体のじょう乱は式 (5.72) に示される

図 5.8 線形化した浅水完全方程式の上流側からの流入問題に対する解として得られた 2 つ目の単位応答関数 $u_{+2} = h_0 u_2/(S_0 V_0)$ の無次元表示．各々の曲線は，単位インパルスの放出点から下流方向にとった距離 x_+ と時間 t_+ の関数として描かれている．3 つの曲線の比較ができるように，x の値を $(e_2 x_+)$ で除し，y の値に $(e_2 x_+)$ を乗じてある．定数は $e_2 = \mathrm{Fr}_0/(\mathrm{Fr}_0 + 1)$ であり，フルード数は $\mathrm{Fr}_0 = 0.5$ としてある．

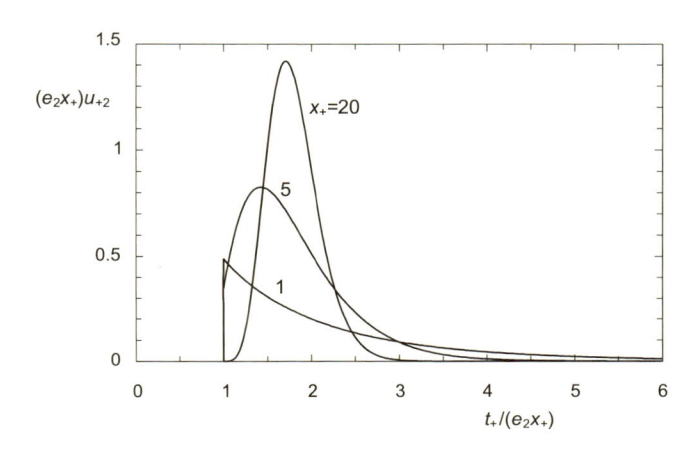

ように，それらの単純な重ね合わせの結果として生じる．浅水運動量方程式 (5.22) は実際には非線形なので，現実の世界では，これら 2 つの特別なタイプの伝播が相互に作用すると考えられる．それでも，線形解析でその最も重要な特性を示すことができたのである．

ところで，ダイナミックウェーブの平均速度 V に対する相対的な波速とキネマティックウェーブの相対的な波速 (aV) の比は，ヴェデルニコフ数 (Vedernikov number) ともよばれ，$Ve = (gh)^{1/2}/(aV)$ で与えられる（たとえば Vedernikov, 1946; Chow, 1959）ことを指摘しておく．上の線形事例で示したように $Ve < 1$ はボア形成の基準である．

5.4.2 拡散との相似：第 1 の近似

自然界で出くわす多くの状況下では，流速は比較的ゆっくりと変化するので，加速度（慣性あるいは動力学）項 $(\partial V/\partial t)$ と $V(\partial V/\partial x)$ は支配方程式中の他項に比べて小さい．たとえば，Iwasaki (1967) は本州北部の流域面積 $7{,}860\,\mathrm{km}^2$，長さ約 $195\,\mathrm{km}$ の北上川上流で，これらの慣性項が水位勾配 (stage gradient) $g[(\partial h/\partial x) - S_0]$ の高々 1.5%，通常は 1% 以下と記している．同様に，

$$\frac{S_f}{S_0} \sim 0.9 \qquad \frac{\partial h/\partial x}{S_0} \sim 2 \times 10^{-2}$$
$$\frac{\partial V/\partial t}{gS_0} \sim \frac{V\partial V/\partial x}{gS_0} \sim 1.7 \times 10^{-3} \tag{5.81}$$

が典型的な英国河川の値として洪水研究報告 (Natural Environment Research Council, 1975) に示されている．

自由水面を有する流れの支配方程式が質量と運動量の保存を記述していることを思い起こすこと．本項では，運動量方程式 (5.22) または式 (5.25) で慣性項を無視した場合の結果を考察する．しかし，連続の式 (5.13) または (5.24) はそのままで手をつけない．

● 自由水面を有する流れの拡散方程式

ここで再び幅の非常に広い水路の事例を考察しよう．加速度項を省くと，側方からの流入がなければ運動量方程式 (5.22) は

$$\frac{\partial h}{\partial x} + S_f - S_0 = 0 \tag{5.82}$$

となる．もし式 (5.39) が成り立つと仮定すると，摩擦勾配は

$$S_f = \alpha_r q^{1/b} \tag{5.83}$$

のような簡潔な形となる．ここで $\alpha_r = (C_r h^{a+1})^{-1/b}$ であり，前と同様 $q = (Vh)$ は単位幅あたりの流量である．そこで式 (5.82) を

$$\alpha_r q^{1/b} - S_0 + \frac{\partial h}{\partial x} = 0 \tag{5.84}$$

のように書き直せる．式 (5.67) の場合と同様に，運動量方程式 (5.84) に $\partial/\partial t$ を，連続の式 (5.13) に $\partial/\partial x$ をそれぞれ適用し，差をとると

$$b^{-1}\alpha_r q^{-1+1/b}\frac{\partial q}{\partial t} - \frac{\partial^2 q}{\partial x^2} + q^{1/b}\frac{\partial \alpha_r}{\partial t} = 0 \tag{5.85}$$

が得られる．α_r が断面形状のみに依存し，形状は水深 h と関係するので，第 3 項の微分は

$$\frac{\partial \alpha_r}{\partial t} = \frac{d\alpha_r}{dh}\frac{\partial h}{\partial t}$$

で与えられる．連続の式 (5.13) を利用して，この h の時間偏微分を $(\partial h / \partial t) = -(\partial q / \partial x)$ と置き換え，式 (5.83) を利用して $q^{1/b}$ をなくすと，式 (5.85) から

$$\frac{\partial q}{\partial t} - \left(\frac{bq}{\alpha_r} \frac{d\alpha_r}{dh} \right) \frac{\partial q}{\partial x} = \left(\frac{bq}{S_f} \right) \frac{\partial^2 q}{\partial x^2} \tag{5.86}$$

が得られる．広い矩形断面 $A_c = (B_c h)$ を有する水路に対して同じ導出を行うと，

$$\frac{\partial Q}{\partial t} - \left(\frac{bQ}{\alpha_r} \frac{d\alpha_r}{dA_c} \right) \frac{\partial Q}{\partial x} = \left(\frac{bQ}{B_c S_f} \right) \frac{\partial^2 Q}{\partial x^2} \tag{5.87}$$

のよく似た結果が得られる．式 (5.86) と (5.87) は，非線形移流拡散方程式の形をしている．このため，$D = bq/S_f$ または $bQ/B_c S_f$ は拡散係数とよばれる．後で参照するのに便利なように，$c_d = -[(bq/\alpha_r)(d\alpha_r/dh)] = S_f^b (d\alpha_r^{-b}/dh)$ または $c_d = -[(bQ/\alpha_r)(d\alpha_r/dA_c)] = B_c S_f^b (d\alpha_r^{-b}/dA_c)$ を，今後移流係数 (advectivity) とよぶことにする．これまで同様，拡散係数の次元は $[\mathrm{L}^2\ \mathrm{T}^{-1}]$，移流係数の次元は $[\mathrm{L}\ \mathrm{T}^{-1}]$ である．一般的な説明としては，移流係数の大きさが流れの（q あるいは h における）じょう乱の伝播速度を反映するのに対し，拡散係数はこのじょう乱が水平方向に広がっていく速度，あるいは，同じことであるがその高さが低くなっていく速度と関係している．

● 線形化した方程式の解

この方法のほとんどの実用的な適用においては方程式を線形化した形が使われてきた．これは，5.4.1 項と同様に進めることで，式 (5.86) から求めることができる．すなわち変数を定常な部分と摂動部分に分け，$q = q_0 + q_p$ および $h = h_0 + h_p$ とおき，1 次項のみを残すと

$$\frac{\partial q_p}{\partial t} + \left(\frac{dq_0}{dh_0} \right) \frac{\partial q_p}{\partial x} = \left(\frac{bq_0}{S_0} \right) \frac{\partial^2 q_p}{\partial x^2} \tag{5.88}$$

が得られる．これは線形の拡散方程式で，定数の拡散係数は

$$D_0 = \left(\frac{bq_0}{S_0} \right) \tag{5.89}$$

となり乱流に対しては $b = 1/2$ である．定数の移流係数は，

$$c_{d0} = \frac{dq_0}{dh_0} \tag{5.90}$$

で与えられる．線形拡散水路では，この移流係数は，明らかに式 (5.77) で与えられた完全な線形解の波の主体部分の波速 $(a+1)V_0$ と等しい．5.4.3 項で明らかになるが，ここでも定常等流に対する式 (5.43) から (dq_0/dh_0) を決定することで，このことを確かめることができる．下で示されるように，このことは，拡散方程式の移流係数がキネマティックウェーブの波速 c_{k0} と等しく

$$c_{d0} = c_{k0} \tag{5.91}$$

が成り立つことを意味する．

式 (5.88) の線形拡散方程式は，矩形断面をもつ広い水路に対して求められたものである．さまざまな形状の $A_c = A_{c0} + A_{cp}$ の断面に対して，流量 $Q = Q_0 + Q_p$ の基礎方程式は

$$\frac{\partial Q_p}{\partial t} + c_{k0} \frac{\partial Q_p}{\partial x} = D_0 \frac{\partial^2 Q_p}{\partial x^2} \tag{5.92}$$

のように書くことができ，これは式 (5.87) の線形化した形である．拡散係数は

$$D_0 = \left(\frac{bQ_0}{B_c S_0} \right) \tag{5.93}$$

となり，移流係数は式 (5.91) から

$$c_{k0} = \frac{dQ_0}{dA_{c0}} \tag{5.94}$$

である．もし水路が十分広ければ，これは再び $c_{k0} = (a+1)V_0$ により近似できる．

自由水面を有する流れの拡散近似は，多くの研究の対象となってきた（たとえば Schönfeld, 1948; Hayami, 1951; Appleby, 1954; Daubert, 1964; Van de Nes and Hendriks, 1971; Dooge, 1973）．Brutsaert (1973) は，水路上流側境界 $x = 0$ での流入量が $q_u(t)$ であり，側方からの流入 $i = i(x,t)$ がゼロでない場合の一般的な事例を，式 (5.69) と (5.70) の特別な場合として示している．浅水完全方程式の解との比較を行うため，側方からの流入がゼロで，既知の上流からの流入 $q_u(t)$ がある同じ例を再び考察してみよう．

■ 例 5.7　上流側からの流入量が既知である半無限長水路

拡散的アプローチで，現在の支配方程式は (5.88) で与えられ，境界条件は本質的には式 (5.68)（または式 (5.59)）のままである．5.4.1 項の完全な定式化の場合と同様に，線形の拡散との相似式の解をその単位応答によって与えるのが最も便利である．これは流量の摂動がデルタ関数 $q_p(0,t) = q_u(t) = \delta(t)$ で与えられる $x = 0$ から下流方向へ距離 x 離れた点における流量 $q_p(x,t) = u(x,t)$ である．次に単位応答を式 (5.71) と用いることで，任意の関数形 $q_u(t)$ に対する結果を計算するのに使用できる．拡散方程式は，さまざまな境界条件に対して徹底的に調べられてきている（たとえば Carslaw and Jaeger, 1986）．この単位応答関数は，

$$u = \frac{x}{(4\pi D_0 t^3)^{1/2}} \exp\left(\frac{-(x - c_{k0}t)^2}{4D_0 t}\right) \tag{5.95}$$

のように表せる．この解の形は，平均が $x = (c_{k0}t)$，空間分散が $\sigma^2 = (2D_0 t)$ で与えられるガウス分布（正規分布）と密接に関係している．すなわち，式 (5.91) の移流係数 c_{k0} で与えられる波速により，この波の主体（図心）が下流へと動いていることをこの単位応答は裏づけている．これはまた，波が下流へ動くにつれ拡散係数がどのように拡散つまり波の広がりを引き起こしているのかを表している．

この結果を一般化するために，式 (5.78) で導入された無次元変数によって表すとよい．式 (5.77) と (5.89) から，それぞれ c_{k0} と （$b = 1/2$ とした）D_0 を代入すると

$$u = \frac{S_0 V_0}{h_0} \frac{x_+}{(2\pi t_+^3)^{1/2}} \exp\left\{\frac{-[x_+ - (a+1)t_+]^2}{2t_+}\right\} \tag{5.96}$$

が得られる．この拡散的アプローチの解を，式 (5.80) で与えられる浅水完全方程式の同等な解の主体の単位応答 u_2 と図 5.9 に比較してある．無次元距離 x_+ が大きい場合，2 つの式の間にほとんど差が

図 5.9　上流側からの流入の問題に対して，浅水完全方程式から得られた単位応答関数 $u_{+2} = h_0 u_2/(S_0 V_0)$（太線）と，拡散近似から得られた $u_+ = h_0 u/(S_0 V_0)$（細線）の比較．各々の単位応答曲線は，単位インパルスの放出点から下流方向にとった距離 x_+ と時間 t_+ の関数として描かれている．定数は $a = 2/3$ で，フルード数は $\mathrm{Fr}_0 = 0.5$ としてある．$x_+ = 1, 5, 20$ に対する浅水方程式の結果は，図 5.8 のものと同じである．

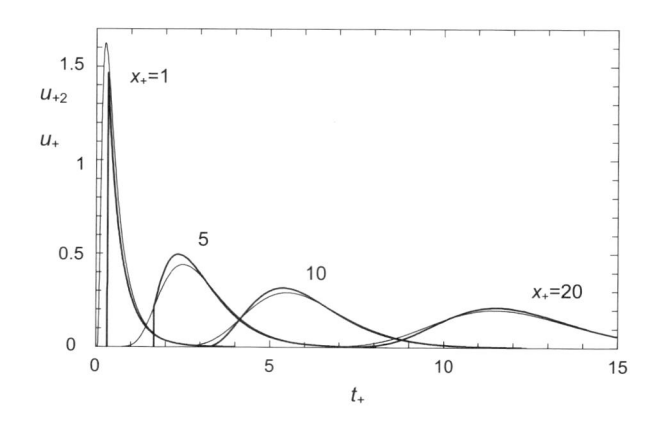

ないことがわかる．実際，図 5.9 からは，$x_+ > 5$ の場合には，拡散的アプローチが実用的な計算に適切であることが示唆される．しかし，式 (5.79) と (5.80) を式 (5.96) と比較すると，図 5.9 の 2 組の曲線が一致するかどうかは，フルード数 Fr_0 の大きさに必然的に影響されることもわかる．前述のとおり，浅水完全方程式の解は $Fr_0 \geq 1$ で特異性を示す．それゆえ，フルード数が 1 に近づき流速 V_0 が限界流に近づくと，拡散的アプローチの精度が悪くなることが予測される．最後に，図 5.9 は，x_+ が小さい時に u_2 の曲線の下の部分の総量が 1 より小さいことを示している．たとえば，$x_+ = 1.0$ における u_2 の曲線は，これと対応する拡散の結果より小さい．このことは，x_+ が小さい場合には，ダイナミックウェーブの u_1 がまだ無視できないことを示している．たとえば前述のとおり，式 (5.79) 中の $\exp(-e_1 x_+)$ の項は $x_+ = 1.0$ においてまだ 0.411 である．しかし x_+ が増加すると急速に減衰する．

　自由水面を有する流れの拡散との相似を利用した解析の大事な点は，加速を表す式 (5.22) のはじめの 2 項である慣性項が，式 (5.64) と (5.73) で示されるダイナミックウェーブを形成していることをさらに進めて示したことにある．この波は，式 (5.95) と (5.96) で与えられた解には存在しない．波の主体の動きは，本質的には式 (5.22) の最後の 3 項に支配されている．完全系の解と拡散の相似の解はともに，波の主体がキネマティックウェーブの波速で動くことを示している．このことは 5.4.3 項でさらに議論する．

● **改良された線形拡散係数**

　式 (5.88) は，ここでは運動量方程式 (5.22) のはじめの 2 項を無視して線形化することで単純に導出された．このようにすることで，式 (5.22) の主に第 3 項 $g(\partial h/\partial x)$ が，結果として得られる式の拡散的性質の原因となっていることがわかる．実際，この第 3 項も無視した場合，この後の 5.4.3 項で示すように得られる式からは拡散の性質が失われてしまう．しかし，これが自由水面を有する流れに対する線形拡散方程式を求めるただ 1 つの方法というわけではないことに注意しなければならない．完全線形系の式 (5.67) で，準定常等流，すなわちキネマティックウェーブの仮定（5.4.3 項および Brutsaert，1973 参照）を用いて，時間の 2 次微分を（なくすのではなく）変形することでもこれを求めることができる．以下で明らかになるように（式 (5.118) 参照），この仮定で，式 (5.67) 中の時間 2 次微分を $(\partial q/\partial t) = (a+1)V_0[-(\partial q/\partial x) + i]$ に置き換えることができる．この結果，式 (5.89) とは異なる，

$$D_0 = \left(\frac{bq_0}{S_0}\right)\left(1 - a^2 Fr_0^2\right) \tag{5.97}$$

で表される拡散係数をもつ拡散方程式が得られる．あるいは，幅 B_c の水路に対しては

図 **5.10** 上流側からの流入の問題に対して得られた単位応答関数 $u_+ = h_0 u/(S_0 V_0)$ の比較．1 は浅水完全方程式から得られた単位応答関数，2, 3 は拡散近似から得られた関数である．2 の曲線は拡散係数を $D_0 = (bq_0/S_0)(1 - a^2 Fr_0^2)$ とした場合，3 は $D_0 = (bq_0/S_0)$ とした場合である．それぞれの単位応答曲線は，単位インパルスの放出点から下流方向にとった距離 x_+ と時間 t_+ の関数として描かれている．定数は $a = 2/3$ で，フルード数は $Fr_0 = 0.5$ としてある．1, 3 のいくつかの曲線は，図 5.8 と図 5.9 にも描かれている．

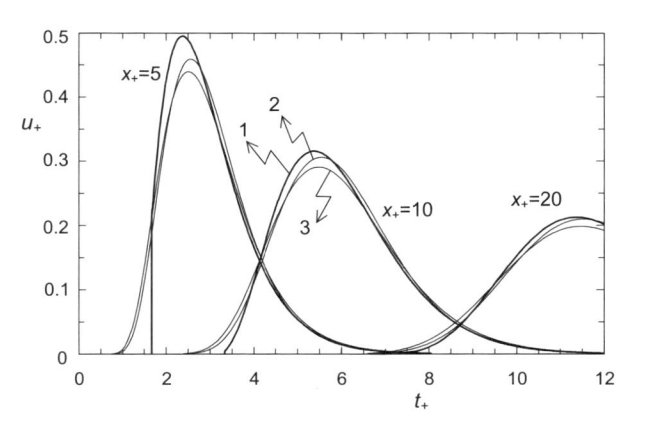

$$D_0 = \left(\frac{bQ_0}{B_c S_0}\right)\left(1 - a^2 \mathrm{Fr}_0^2\right) \tag{5.98}$$

である．例 5.7 で扱った上流側の流入事例では，この改良された拡散係数を用いると，単位応答式 (5.96) が

$$u = \frac{S_0 V_0}{h_0}\frac{x_+}{\left[2\pi\left(1 - a^2 \mathrm{Fr}_0^2\right)t_+^3\right]^{1/2}}\exp\left\{\frac{-\left[x_+ - (a+1)t_+\right]^2}{2\left(1 - a^2 \mathrm{Fr}_0^2\right)t_+}\right\} \tag{5.99}$$

となる．図 5.10 でみられるように，$\mathrm{Fr}_0 = 0.5$ の事例では，拡散係数 (5.97) を用いた方が，浅水完全方程式の解とよりよい一致を示すようになる．しかし，小さな Fr_0 の値あるいは大きな x_+ の値に対しては，この拡散係数 (5.89) と (5.97) の違いの効果は小さくなることが予測される．

5.4.3 準定常等流アプローチ：第 2 の近似

運動量方程式 (5.22)，（あるいは式 (5.25)）のはじめの 3 項の大きさが，重力や摩擦の効果を表す S_0 と S_f の項より典型的には 2〜3 オーダー小さいことを前に示した（たとえば式 (5.81) 参照）．5.4.2 項では動力学的な項が省かれたが $\partial h/\partial x$ の項は式に残してあり，これから拡散との相似が導き出された．しかし，実は自然界で非常によくある条件下では，しばしばこの項も無視して S_0 と S_f のみを残すことも可能である．つまり，水が斜面下方へと流れるが，河床の摩擦抵抗が他のすべての因子を圧倒してしまうため，大きくは加速も減速もされないのである．そこでこのような条件下では運動量方程式 (5.22)（または (5.25)）は，

$$S_f = S_0 \tag{5.100}$$

のように単純化できる．ここでは，前項で行ったと同様に，連続の式 (5.13)（または (5.24)）には手をつけていない．これがいわゆる準定常等流またはキネマティックウェーブ近似の基礎となっている．

● 自由水面流れに対するキネマティックウェーブの方法

5.3 節で議論された摩擦勾配を表すさまざまな式の形からみて，式 (5.100) は，流れの水路に沿った任意の地点 x において平均速度 V が経深のみの関数として与えられるという仮定，

$$V = V(R_h) \tag{5.101}$$

と同義である．任意の断面に対して，経深は流れの平均水深と流積に 1 対 1 に結びつけられている．そこで，V をこれらの変数のいずれかの関数としても表すことができ，

$$V = V(h) \quad\text{または}\quad V = V(A_c) \tag{5.102}$$

も利用可能である．

前と同様，流れの最も重要な性質を広い水路を考察することで推測することができる．今回の運動量方程式である式 (5.102) は，単位幅あたりの流量 $q = (Vh)$ が h のみの関数であることを示している．そこで連続の式 (5.13) が

$$\frac{\partial h}{\partial t} + \frac{dq}{dh}\frac{\partial h}{\partial x} = i \tag{5.103}$$

で表せる．逆に，式 (5.102) から $h = h(q)$ とすることもでき，これを式 (5.13) に代入することで同様にして

$$\frac{\partial q}{\partial t} + \frac{dq}{dh}\frac{\partial q}{\partial x} = \frac{dq}{dh}i \tag{5.104}$$

が得られる．式 (5.103) と (5.104) はともに h と q の全時間微分，

$$\frac{\partial h}{\partial t} + \frac{dx}{dt}\frac{\partial h}{\partial x} = \frac{dh}{dt} \tag{5.105}$$

および

$$\frac{\partial q}{\partial t} + \frac{dx}{dt}\frac{\partial q}{\partial x} = \frac{dq}{dt} \tag{5.106}$$

と似た形をしており，そこで，

$$\frac{dq}{dh} = \frac{dx}{dt} \tag{5.107}$$

が波の速度を定義していることになる．簡潔に表すために，これを $dx/dt = c_k$ とすると

$$c_k = \frac{dq}{dh} \tag{5.108}$$

が得られる．この波の速度は，深さ（あるいは流積）と流量がそれぞれ

$$\frac{dh}{dt} = i \quad \text{および} \quad \frac{dq}{dt} = c_k i \tag{5.109}$$

で増加している x 方向の任意の点の移動速度を表している．つまり，式 (5.108) と (5.107) で定義される速度で x 方向に移動している仮想的な観測者にとっては，流積と流量が，式 (5.109) で示される変化をしているように見えるはずであることが，式 (5.103) と (5.104) を，各々式 (5.105) と (5.106) と比較するとわかる．側方からの流入がない場合，$i = 0$ として，式 (5.108) と (5.107) で定義される速度は $dh/dt = 0$ および $dq/dt = 0$ となる点，すなわち所与の h および q の値をもつ点の伝播速度である．この観察は式 (5.51)，(5.55) および (5.64) に対してなされた解説とやや似ている．つまり仮想的観測者の経路を表す式 (5.107) が問題の性質を定義しているのである．式 (5.103) と (5.104) はともに 1 次なので，1 組の特性曲線，すなわち前進方向のみしかない．

この方法から得られる 1 つの実用的な答えに，開水路中の小さな単斜上昇波 (monoclinal rising wave) の波速がある．任意の断面をもつ水路中において，式 (5.24) から微分方程式 (5.103) および (5.104) は

$$\frac{\partial A_c}{\partial t} + c_k\frac{\partial A_c}{\partial x} = Q_l \tag{5.110}$$

$$\frac{\partial Q}{\partial t} + c_k\frac{\partial Q}{\partial x} = c_k Q_l \tag{5.111}$$

の形をとる．ここで波速 (5.108) は

$$c_k = \frac{dQ}{dA_c} \tag{5.112}$$

である．広い水路に対しては，よい近似として $R_h = h$ および $A_c = (B_c h)$ である．そこで q または Q に，式 (5.39) で与えられる V を用いて，式 (5.108) と (5.112) から

$$c_k = (a + 1)V \tag{5.113}$$

が得られる．ここで $(a + 1)$ は，流れを記述するのにシェジーの公式を用いるか GM 式を利用するのかにより，1.5〜1.7 程度の値をとる．しかし断面が広い矩形でない場合には，波速式 (5.112) は式 (5.39) を用いて

$$c_k = (a + 1)V - \frac{aQ}{B_s P_w}\frac{dP_w}{dh} \tag{5.114}$$

となる．ここで B_s は水面における水面幅，dP_w/dh は潤辺 P_w の深さ方向の増加率で，これが広い水路ではゼロとなっている．

　準定常等流の近似は，1857 年という早い時期に Kleitz (1877, p.172) とその同僚の技術者らが Rhône 川で，また Breton が 1867 年に (Forchheimer, 1930) 使い出したようである．式 (5.108) はまた，Seddon (1900) が Mississippi 川や Missouri 川の水位推定にうまく利用した．これは現在クライツ・セドンの法則 (Kleitz-Seddon law) ともよばれている．この近似が意味することの全般を，Lighthill and Whitham (1955) が研究している．運動量方程式から動力学的な部分である式 (5.22) のはじめの 3 項をなくし，式 (5.101) と (5.102) の仮定を用いることでこの波が生じるため，彼らはこの波の動きをキネマティック（kinematic，運動学的）とよんだのである．

● 近似の重要性

　　水理解析法理論が有効な範囲内においては，式 (5.13) と (5.22)（または式 (5.24) と (5.25)）は自由水面流れの現象を記述している．そのため式 (5.44) と (5.67) の解が示すように，ダイナミックウェーブは常に生じるわけであるが，式 (5.73) に示されるように重力がその振幅を変化させる．そこで一般的に，じょう乱の小さな前駆波は，近似的には式 (5.64) で与えられる速度で移動する．しかし，じょう乱の主体部分は重力と摩擦の結果，式 (5.107), (5.108) および (5.113)（または線形化した事例では式 (5.77) および (5.91)）で与えられるはるかに遅い速度で移動する．$(S_0 t/V)$ が大きい場合には，ダイナミックウェーブが十分に弱くなるので，通常は相対的に遅い速度で移動するキネマティックウェーブが支配的な役割を果たす．このような条件に対しては，式 (5.105) と (5.106) が流れを記述しているのである．第 6 章と第 7 章で示されるように，キネマティックウェーブの方法は，実際的な問題の解法として有用である．

● 線形化方程式の解

　　前と同様，基準となる定常等流の流れの周りのじょう乱がそれほど大きくない場合には，変数を乱れのない部分と摂動部分に分解することができ，連続の式は (5.66) のはじめの式

$$\frac{\partial h_p}{\partial t} + \frac{\partial q_p}{\partial x} = i \tag{5.115}$$

で与えられる．式 (5.100) と (5.43) により流量を分解した変数を用いると，

$$q_0 + q_p = C_r S_0^b (h_0 + h_p)^{a+1} = q_0 \left(1 + \frac{h_p}{h_0}\right)^{a+1}$$

のように表すことができる．ここで $q_0 = V_0 h_0$ であり，またおそらく $h_p \ll h_0$ なので，

$$q_p = (a+1)V_0 h_p \tag{5.116}$$

のようにも表すことができる．この式は，q_p が h_p のみの関数なので（V_0 は定数），式 (5.103) と (5.104) と同様に式 (5.115) を h_p の全時間微分として，

$$\frac{\partial h_p}{\partial t} + \frac{dq_p}{dh_p}\frac{\partial h_p}{\partial x} = i \tag{5.117}$$

のように表せることを示している．あるいは，q_p の全時間微分として

$$\frac{\partial q_p}{\partial t} + \frac{dq_p}{dh_p}\frac{\partial q_p}{\partial x} = \frac{dq_p}{dh_p} i \tag{5.118}$$

のように表せる．式 (5.117) と (5.118) から，波速 (dq_p/dh_p) を定義できる．しかし，式 (5.116) と (5.43) をみると，これは (dq_0/dh_0) に等しい．そこで

$$\frac{dq_p}{dh_p} = \frac{dq_0}{dh_0} = c_{k0} \tag{5.119}$$

が得られる. あるいは

$$c_{k0} = (a+1)V_0 \tag{5.120}$$

である. 予期されるように, この結果は式 (5.77) と (5.91) で与えられる波速と同じである.

上の結果は, 矩形断面を有する幅の広い水路に対して得られたものである. 他の断面形に対して, 式 (5.116) と同様に分解した変数を用いると, 流量は

$$Q_0 + Q_p = C_r S_0^b (A_{c0} + A_{cp})^{a+1} (P_{w0} + P_{wp})^{-a} = Q_0 \left(1 + \frac{A_{cp}}{A_{c0}}\right)^{a+1} \left(1 + \frac{P_{wp}}{P_{w0}}\right)^{-a}$$

と表すことができる. ここで再び, $A_{cp} \ll A_{c0}$ および $P_{wp} \ll P_{w0}$ なので, 式 (5.116) に相当する

$$Q_p = (a+1)V_0 A_{cp} - aQ_0 \frac{P_{wp}}{P_{w0}} \tag{5.121}$$

が得られる. 前と同様, 連続の式によって波速 (dQ_p/dA_{cp}) を定義でき, これは今回は

$$c_{k0} = (a+1)V_0 - \frac{aQ_0}{P_{w0}} \frac{dP_w}{dA_c} \tag{5.122}$$

の形となる. この結果は, ここでも $(dQ_p/dA_{cp}) = (dQ_0/dA_{c0})$ であることを示している点に注意.

■ 例 5.8　上流側からの流入量が既知である半無限長水路

式 (5.118)（そして式 (5.117)）の一般解は, 側方からの流入がなく, $i = 0$ の時には特に単純で

$$q_p = q_p(x - c_{k0}t) \tag{5.123}$$

となる. 式 (5.123) は, 線形で運動学的に扱う場合には, 上流側のじょう乱が水路中を下流方向に単純に移動することを示している. 線形で動力学的な扱いや線形の拡散的な扱いの場合と異なり, じょう乱が下流に伝播しても変形することはない. そこで, $t = 0$ における流れのじょう乱が単位インパルス $\delta(x, t)$ で与えられ, $x = 0$ からの下流方向の距離 x, 時刻 t における単位応答, すなわち流出量は, 式 (5.72) や (5.95) と対照的に,

$$u(t) = \delta(x - c_{k0}t) \tag{5.124}$$

のように単純である. この式は, 入力が水路沿いに流れる際に変形が生じない移動を記述している. しかしこれは, 定常等流 q_0 に重ねて生じるじょう乱を表していることは覚えておかねばならない.

5.4.4　自由水面を有する流れに対する集中型キネマティック法：第3の近似

集中型の定式化には, 5.4.3項でキネマティックウェーブの解析へとつながった近似の他にも, 連続の式 (5.13)（または (5.24)）の空間依存性がなくなるという付加的な性質がある. このためには, 積分により x 変数を除き, q または Q を流れ領域の境界に存在する流入量, 流出量として, $\partial h/\partial t$ が流れの全領域で平均化した水深, すなわち貯水量の変化速度を表すようにする. 第1章ですでに説明したように, これで（集中型の）貯留式

$$Q_i - Q_e = \frac{dS}{dt} \tag{5.125}$$

が得られる. ここですべての流入と流出は, それぞれ Q_i と Q_e としてまとめてあり, S は, 対象とする流れの領域内の貯留量を表している. 式 (5.101) と (5.102) との類推で, S と流量 Q_i および（あるいは）Q_e の運動学的な関係が続いて用いられ, 式 (5.125)（すなわち式 (1.10)）の解が得られる. この概念の適用を第6章と第7章で示す.

■問 題

5.1 レイノルズの方程式 (5.14) の x 成分を,ナビエ・ストークスの方程式 (1.12) の x 成分から導出せよ.

5.2 式 (5.34) から式 (5.35) を導出せよ.途中経過も示すこと.

5.3 幅の広い開水路における対数流速プロファイルに対するブジネスクの補正係数 β_c を計算せよ.速度を式 (5.34) と (5.36) で表し,式 (5.19) を積分すること.$(h/z_0) = 100$ の場合の値はいくつになるか.

5.4 幅の広い開水路におけるべき乗型流速プロファイルに対するブジネスクの補正係数 β_c を計算せよ.速度を式 (5.37) と (5.38) で表し,式 (5.19) を積分すること.$m = 1/6$ の時の値はいくつになるか.

5.5 (a) 三角形断面 ($B_b = 0$) と (b) 矩形断面 ($B_s = B_b$) を有する水路に対し,経深 R_h を求める式を式 (5.40) に従って記せ.

5.6 非常に幅の広い開水路の流速プロファイルが典型的な $m = 1/7$ の値を用いた式 (5.37) で与えられるとしたら,式 (5.43) のべき乗数 a と b はいくつになるだろうか.

5.7 台形断面を有し,河岸の傾斜が垂直,水平の比率が $1:2$,河床幅 $B_b = 5\,\mathrm{m}$ の水路中の流れを考察しよう.水路の粗度係数 $n = 0.015$,河床勾配 $S_0 = 0.001$ とする.中心における水深を $h = 2\,\mathrm{m}$ とし,定常等流条件下で流速 V,流量 $Q = V A_c$ とレイノルズ数 $\mathrm{Re} = V R_h/\nu$ を計算せよ.

5.8 前問 5.7 と同じ水路で,流量 $Q = 60\,\mathrm{m}^3\,\mathrm{s}^{-1}$ の時の水路中央における水深 h を計算せよ.試行錯誤により求めること.

5.9 非常に幅の広い開水路で,流速プロファイルが対数式 (5.34) で与えられる場合を考察する.地面修正量は無視でき $d_0 = 0$ であるとする.水深 h の何割の深さで平均流速 V が生じるか.(ルーチン的水文業務ではこの位置はしばしば $z = 0.4\,h$ とされる.)

5.10 非常に幅の広い開水路で,流速分布がべき乗式 (5.37) で与えられる場合を考察する.$m = 1/6$ を仮定せよ.水深 h の何割の深さで平均流速 V が生じるか.(ルーチン的水文業務では,この深さはしばしば $z = 0.4\,h$ とされる.)

5.11 ルーチン的水文業務では,平均流速 V を,$0.2\,h$ と $0.8\,h$ における測定値の平均,$V = (\bar{u}_{0.2} + \bar{u}_{0.8})/2$ として求めることが一般に行われている.もし流速が式 (5.34) で与えられるような対数プロファイルだったとしたら,誤差はどのくらいか計算せよ.$d_0 = 0$ を仮定せよ.

5.12 式 (5.51) が式 (5.49) の解であることを示せ.

5.13 パラメータの定義が式 (5.43) でなされてる $\alpha_r = (C_r\,h^{a+1})^{-1/b}$ を用いた式 (5.87) により,幅の広い開水路の流れを記述する拡散近似を考察する.線形化した場合に,左辺第 2 項の係数 $(bQ/\alpha_r)(d\alpha_r/dA_c)$ が波速に対するクライツ・セドンの式 $c_{k0} = (dQ_0/dA_{c0})$ と等しいことを示せ.ヒント:線形化は,$A_c = A_{c0} + A_{cp}$ および $Q = Q_0 + Q_p$ とおいて A_{cp} と Q_p が比較的小さなじょう乱であると仮定することで行える.

5.14 開水路流れの拡散方程式は,式 (5.93) と式 (5.94) を用いた (5.92) の形で表せる.単位に (m), (s) を用いて,次式で表される洪水追跡の問題を考察しよう.

$$\frac{\partial Q}{\partial t} + 2.17\frac{\partial Q}{\partial x} = 1365\frac{\partial^2 Q}{\partial x^2}$$

(a) この式から,(洪水波ではない) 流れの平均流速 V の概略の推定値を求めよ.(b) V を推定するのに用いた式をどのように導出したか示せ.(c) 洪水波の形に関して,係数 (この事例では 2.17 と 1365) の大きさは何を意味するか.もし係数が大きかったり小さかったりしたとすると,各々の係数の洪水波の形の変化に対する効果はどのようなものであるか.個々の係数について,別々に (各 1 文で) 述べよ.

5.15 (a) クライツ・セドンの式 (5.112) から式 (5.114) を導出せよ.(b) 三角断面を有する水路のキネマティックウェーブの波速計算に式 (5.114) を用いよ.GM 式 (5.41) を $S_f = S_0$ として利用すること.

5.16 選択問題:浅水方程式 (5.13) および (5.22) は,以下が必要とされる.正しいのはどれか.

(a) 側方からの流れは x に依存しない.つまり,流下方向に一様でなければならない.

(b) 圧力分布は,底面と垂直な z 方向に静水圧分布となっている.

(c) 流速分布は,a と m を定数としたべき乗則 $\bar{u} = az^m$ に従う.

(d) 水路底勾配は，流れ方向に小さく $-\sin\theta$ を S_0 と置き換えられる.

(e) 水路の粗度は流れ方向で一定である.

■ 参考文献

Abbott, M. B. (1975). Method of characteristics. In *Unsteady Flow in Open Channels*. 63–88, ed. K. Mahmood and V. Yevjevich, Vol. I, chapter 3. Fort Collins, CO: Water Resources Publ.

Appleby, F. W. (1954). Runoff dynamics – a heat conduction analogue of storage flow in channel networks, Assemblée Générale de Rome, 1954, Int. Assoc. Sci. Hydrol., Publ., No. 38, 338–348.

Bakhmeteff, B. A. (1941). Coriolis and the energy principle in hydraulics. In *Theodore Von Karman Anniversary Volume: Contributions to Applied Mechanics*. 59–65, Pasadena: Calif. Inst. Technology.

Barnes, H. H. (1967). *Roughness characteristics of natural channels*. Geol. Surv., Water-Supply Paper 1849.

Brutsaert, W. (1972). Discussion of "Mechanics of sheet flow under simulated rainfall". *J. Hydraul. Div., Proc. ASCE*, **98**(HY2), 406–407.

(1973). Review of Green's functions for linear open channel. *J. Eng. Mech. Div., Proc. ASCE*, **99**(EM6), 1247–1257.

(1982). *Evaporation into the Atmosphere: Theory, History and Applications*. Boston, MA: D Reidel Pub. Co.

(1993). Horton, pipe hydraulics and the atmospheric boundary layer. *Bull. Am. Meteor. Soc.*, **74**, 1131–1139.

Carslaw, H. S. and Jaeger, J. C. (1986). *Conduction of Heat in Solids*, second edition. Oxford: Clarendon Press.

Chow, V. T. (1959). *Open-Channel Hydraulics*. New York: McGraw-Hill.（訳本：石原藤次郎 訳 (1962) 開水路の水理学 1・2．丸善）

Cunge, J. A., Holley, F. M. and Verwey, A. (1980). *Practical Aspects of Computational River Hydraulics*. Boston, MA: Pitman Adv. Publ. Program.

Daubert, A. (1964). Quelques aspects de la propagation des crues. *La Houille Blanche*, **19**(3), 341–346.

Deymie, P. (1939). Propagation d'une intumescence allongée (Problème aval), in *Proc. Fifth Int. Congress for Appl. Mech.* 537–544, Cambridge, MA. New York: John Wiley & Sons, Inc.

Dooge, J. C. I. (1973). *Linear Theory of Hydrologic Systems*, Tech. Bull. 1468, Agric. Res. Serv., US Dept. Agric.

Dooge, J. C. I. and Harley, B. M. (1967). Linear routing in uniform open channels. In *Proc. Int. Hydrol. Symposium*. 57–63, Vol. 1. Fort Collins: Colorado State University.

Dupuit, J. (1863). *Études Théoriques et Pratiques sur le Mouvement des Eaux Dans les Canaux Découverts et à Travers les Terrains Perméables*, 2me édition. Paris: Dunod.

Forchheimer, Ph. (1930). *Hydraulik*, 3. Aufl. Leipzig and Berlin: B. G. Teubner.

Hayami, S. (1951). On the propagation of flood waves. Bulletin No. 1. Disaster Prevention Research Institute, Kyoto University, Kyoto, Japan.

Henderson, F. M. and Wooding, R. A. (1964). Overland flow and groundwater flow from a steady rainfall of finite duration. *J. Geophys. Res.*, **69**, 1531–1540.

Hicks, W. I. (1944). Discussion of "Preliminary report on analysis of runoff resulting from simulated rainfall on a paved plot" by C. F. Izzard and M. T. Augustine. *Eos Trans. Am. Geophys. Un.*, **25**,

1039–1041.

Hinze, J. D. (1959). *Turbulence.* New York: McGraw-Hill.

Horner, W. W. and Jens, S. W. (1942). Surface runoff determination from rainfall without using coefficients. *Trans. Amer. Soc. Civ. Engrs.*, **107**, 1039–1075.

Horton, R. E. (1938). The interpretation and application of runoff plat experiments with reference to soil erosion problems. *Soil Sci. Soc. Amer. Proc.*, **3**, 340–349.

Iwagaki, Y. (1954). On the law of resistance to turbulent flow in open rough channels, *Proc. 4th Jpn. Nat. Congress Appl. Mech.*, 229–233.

Iwasaki, T. (1967). Flood forecasting in the River Kitakami. In *Proc. Int. Hydrol. Symposium*, Sept. 6–8, 1967, Vol. 1. Fort Collins, CO: Colorado State University, 103–112.

Keulegan, G. H. (1938). Laws of turbulent flow in open channels. *J. Res. Nat. Bur. Standards*, **21**, 707–741.

Kisisel, I. T., Rao, R. A. and Delleur, J. W. (1973). Turbulence in shallow water under rainfall. *J. Eng. Mech. Div., Proc. ASCE*, **99**(EM1), 31–53.

Kleitz, M. (1877). Note sur la théorie du mouvement non permanent des liquides. *Annales des Ponts et Chaussées*, 5^{e}serie, **14**, 2me Semestre, 133–196.

Lamb, H. (1932). *Hydrodynamics*, sixth edition. Cambridge: Cambridge University Press (also 1945, New York: Dover Publications). （訳本：今井功・橋本英典 訳 (1988) 流体力学 1-3, 東京書籍）

Liggett, J. A. and Cunge, J. A. (1975). Numerical methods of solution of the unsteady flow equations. In *Unsteady Flow in Open Channels*. 89–182, ed. K. Mahmood and V. Yevjevich, Vol. I, chapter 4. Fort Collins, CO: Water Resources Publ.

Lighthill, M. J. and Whitham, G. B. (1955). On kinematic waves, I. Flood movement in long rivers. *Proc. Roy. Soc. London*, **A229**, 281–316.

Massé, P. (1939). Recherches sur la théorie des eaux courantes. In *Proc. Fifth Int. Congress for Appl. Mech.* 545–549, Cambridge, MA, 1938. New York: John Wiley & Sons, Inc.

Monin, A. S. and Yaglom, A. M. (1971). *Statistical Fluid Mechanics: Mechanics of Turbulence*, Vol. 1. Cambridge, MA: The MIT Press. （訳本：山田豊一 訳 (1975) 統計流体力学 1, 文一総合出版）

Montes, S. (1998). *Hydraulics of Open Channel Flow.* Reston, VA: ASCE Press.

Mouret, M. G. (1921). *Antoine Chézy – histoire d'une formule d'hydraulique*(*Extrait des Annales des Ponts et Chaussées*, II, 165–268). Paris: A. Dumas, Ed.

Natural Environment Research Council (1975). *Flood Studies Report*, Vol. III, Flood routing studies (by R. K. Price). London.

Powell, R. W. (1962). Another note on Manning's formula. *J. Geophys. Res.*, **67**, 3634–3635.

  (1968). The origin of Manning's formula. *J. Hydraul. Div., Proc. ASCE*, **94**(HY4), 1179–1181.

Prandtl, L. and Tollmien, W. (1924). Die Windverteilung über dem Erdboden, errechnet aus den Gesetzen der Rohrströmung. *Zeits. Geophysik*, **1**, 47–55.

Schönfeld, J. C. (1948). Voortplanting en verzwakking van hoogwatergolven op een rivier. *De Ingenieur*, **60**(B1), 1–7.

Seddon, J. A. (1900). River hydraulics. *Trans. Amer. Soc. Civ. Engrs.*, **43**, 179–243.

Shen, H. W. and Li, R.-M. (1973). Rainfal effect on sheet flow over smooth surface. *J. Hydraul. Eng., Proc. ASCE*, **99**(HY5), 771–792.

Sommerfeld, A. (1949). *Partial Differential Equations in Physics*, translated by E. G. Strauss. New York: Academic Press Inc.

Stoker, J. J. (1957). *Water Waves*. New York: Intersci. Publ., Inc.

Tan, W. (1992). *Shallow Water Hydrodynamics*. Beijing: Water & Power Press.

Van de Nes, T. J. and Hendriks, M. H. (1971). *Analysis of a Linear Distributed Model of Surface Runoff*, Report No. 1. Laboratory of Hydraulics and Catchment Hydrology, Agricultural University, Wageningen, Netherlands.

Vedernikov, V. V. (1946). Characteristic features of a liquid flow in an open channel. *Dokl. Akad. Nauk SSSR*, **52**(3), 207–210.

Williams, G. P. (1970). Manning formula – a misnomer? *J. Hydraul. Div., Proc. ASCE*, **96**(HY1), 193–200.

(1971). Manning formula – a misnomer? Closure. *J. Hydraul. Div., Proc. ASCE*, **97**(HY5), 733–735.

Woerner, J. L., Jones, B. A. and Fenzl, R. N. (1968). Laminar flow in finitely wide rectangular channels. *J. Hydraul. Div., Proc. ASCE*, **94**(HY3), 691–704.

Woo, D.-C. and Brater, E. F. (1961). Laminar flow in rough rectangular channels. *J. Geophys. Res.*, **66**, 4207–4217.

Wooding, R. A. (1965). A hydraulic model for the catchment-stream problem. *J. Hydrol.*, **3**, 257–267.

Yoon, Y. N. and Wenzel, Jr., H. G. (1971). Mechanics of sheet flow under simulated rainfall. *J. Hydraul. Div., Proc. ASCE*, **97**(HY9), 1367–1386.

地　表　流　　　　　　　　　　　　　　*6*

シートフローとか薄層流 (shallow flow) ともよばれるこの種の流れは，表面流出の初期段階で生じやすい．低い透水性をもつ地表面上，飽和した土壌を有する地域や，地下水面が地表面に近い地域でしばしば観察される．地表流 (overland flow) は，都市水文学の中心的な課題の 1 つであり多くの研究対象になってきた．この現象が道路，高速道，空港，そして都市や工業地域の小さな構造物や表面灌漑システムの設計に重要であったため，主たる興味の対象となってきたのである．

6.1　標準的な定式化

この解析の主たる目的は，たとえば，降水，灌漑，浸透などに伴う側方からの既知の流入・流出量に対する傾斜平面の下端における流量を決定することにある．この概略を図 6.1 に示す．一般的に，一様ではあるが非定常であってもよく，そして流れ方向の流速成分は無視できるような側方からの流入 $i = i(t)$ がある場合，一定の傾斜 S_0 と長さ L を有する平面上の自由水面流れは浅水方程式 (5.13) と (5.22) で記述できる．今回の目的のためには，これらの式は質量保存に対して，

$$\frac{\partial h}{\partial t} + \frac{\partial}{\partial x}(Vh) - i = 0 \tag{6.1}$$

運動量保存に対して，

$$\frac{\partial V}{\partial t} + V\frac{\partial V}{\partial x} + g\left(\frac{\partial h}{\partial x} + S_f - S_0\right) + \frac{iV}{h} = 0 \tag{6.2}$$

と書き換えられる．従属変数は垂直方向に平均した流速 V と底面上の水深 h である．g は重力加速度，S_f は摩擦勾配である．側方からの流入が，降水（あるいは灌漑）P と浸透 f からなるとすれば，$i = P - f$ である．

はじめに底面が乾燥している時，この問題の本質は以下の境界条件でとらえることができる．

$$\begin{aligned} V = 0,\ h = 0 \quad (0 \leq x \leq L,\ t = 0) \\ V = 0,\ h = 0 \quad (x = 0,\ t > 0) \end{aligned} \tag{6.3}$$

図 6.1　側方からの流入のある平面上の流れ
で用いる変数の定義

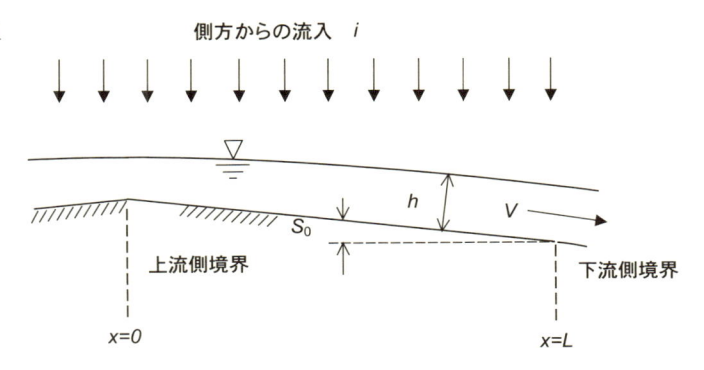

ある条件下では解析解を得ることができるが(たとえば Brutsaert, 1968)，完全解は数値的な方法でしか得ることができない．Woolhiser and Liggett (1967) と Liggett and Woolhiser (1967) はこの方法を用いて定常等流の流入量 i に対するこの問題の徹底的な解析を行った．

境界条件 (6.3) で定義される一般的問題に対して，変数を ($(h_{0L}V_{0L}) = (iL)$ である) 下流端 $x = L$ における面の長さ L，等流水深 (normal depth) h_{0L}，そして対応する速度 V_{0L} で無次元化すると便利である．等流水深とは，所与の流出量 q の等流時の水深で，$S_f = S_0$ とした式 (5.43) で与えられる．この無次元化を行うことで，$x_+ = (x/L)$, $t_+ = (V_{0L}t/L)$, $h_+ = (h/h_{0L})$, $V_+ = (V/V_{0L})$ のような無次元変数が得られる．すると，式 (6.1) と (6.2) は，

$$\frac{\partial h_+}{\partial t_+} + \frac{\partial (V_+ h_+)}{\partial x_+} - 1 = 0$$

および

$$\frac{\partial V_+}{\partial t_+} + V_+ \frac{\partial V_+}{\partial x_+} + \frac{1}{\mathrm{Fr}_{0L}^2} \frac{\partial h_+}{\partial x_+} + \mathrm{Ki}_0 \left[\left(\frac{V_+}{(h_+^a)} \right)^{1/b} - 1 \right] + \frac{V_+}{h_+} = 0$$

$$(6.4)$$

のような無次元の形をとるようになる．式 (6.4) において，Ki_0 は $x = L$ におけるキネマティック流れ数 (kinematic flow number) であり，

$$\mathrm{Ki}_0 = \frac{S_0 L}{\mathrm{Fr}_{0L}^2 h_{0L}} \tag{6.5}$$

で定義される．Fr_{0L} は

$$\mathrm{Fr}_{0L} = \frac{V_{0L}}{(gh_{0L})^{1/2}} \tag{6.6}$$

で定義されるフルード数である（式 (5.63) と比較せよ）．フルード数の存在を除けば，Ki_0 は式 (5.73) の (d_4x) または式 (5.79) の (e_1x_+) とほぼ同じ形をしており，それぞれ，ダイナミックウェーブの減衰速度の基準という同じ役割を果たしている．無次元方程式では，Fr または Ki のような無次元数を含んでいる場合を除いて，全項が 10^0 のオーダーとなる場合が多い．そこで式 (6.4) の 2 つ目の式からは，$\mathrm{Ki}_0 \gg 1$ の時に動きが運動学的（キネマティック）となることがわかる．

Woolhiser and Liggett (1968) は数値シミュレーションに基づき，大きな Ki_0 の値に対しては，キネマティック法が浅水方程式 (6.4) の完全系と実質的に同じ精度の解を生み出すことを示した．$\mathrm{Ki}_0 = 10$ の時，流出ハイドログラフの最大誤差は 10%程度であり，Ki_0 が増加するにつれ，これが急激に減少することが見いだされた．Ki_0 の値はまれにしか 10 を下回らないので，キネマティックウェーブの結果が地表流のほとんどの状況に対するよい近似であると彼らは結論づけた．彼らの結果のいくつかを図 6.2 と図 6.3 に示した．キネマティック法では，はるかに単純で閉じた形の解が得られるので，次にこれを扱う．

6.2 キネマティックウェーブの方法

キネマティック近似では，式 (6.2)（あるいは式 (6.4) の 2 つ目の式）の傾斜に関する 2 項のみが重要である（式 (5.100) と比較せよ）．そこで運動量方程式は

$$S_f = S_0 \tag{6.7}$$

図 6.2 完全な浅水方程式で $Ki_0 = 1$ として，曲線に示したさまざまなフルード数に対して計算された面下端 $x = L$ におけるハイドログラフ上昇部．ハイドログラフは，無次元時間 t_+ における単位幅あたりの無次元流量 $q_{L+} = (V_{L+}h_{L+})$ として示されている．キネマティックウェーブ法から求まる結果には $Ki_0 = \infty$ と記されている．（原図は Woolhiser and Liggett, 1967）

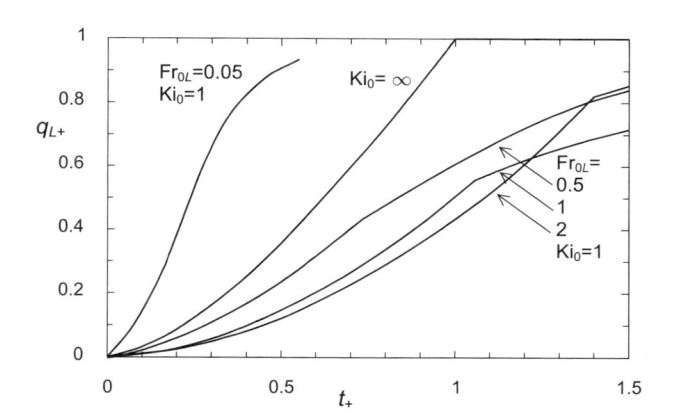

図 6.3 $Ki_0 = 10$ に対して求められた図 6.2 と同様なハイドログラフ（原図は Woolhiser and Liggett, 1967）

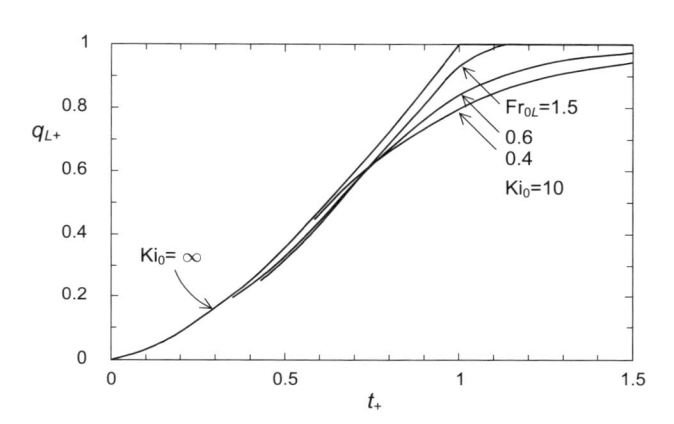

となる．物理的には，式 (6.7) は，水面が底面と平行であると仮定することを表している．式 (6.7) を (5.43) に代入すると，キネマティック式

$$q = K_r h^{a+1} \tag{6.8}$$

が得られ，ここで $q = (Vh)$ は，単位幅底面あたりの流量 $[\mathrm{L}^2\,\mathrm{T}^{-1}]$，$K_r$ は式 (5.43) を用いて $K_r = C_r S_0^b$ と定義でき，C_r, a, b の値は，さまざまな流れの状況に対して表 5.2 に与えられている．

式 (6.8) は q（あるいは V）と h の 1 対 1 の関係を示唆している．そこで，5.4.3 項ですでに示したように，連続の式 (6.1) が全微分の形

$$\frac{\partial h}{\partial t} + \frac{dx}{dt}\frac{\partial h}{\partial x} = \frac{dh}{dt} \tag{6.9}$$

であることが，

$$\frac{dx}{dt} = \frac{dq}{dh} \quad \text{および} \quad \frac{dh}{dt} = i \tag{6.10}$$

とおくことで示唆される．dx/dt はキネマティックウェーブの波速を定義しており，式 (6.8) から

$$\frac{dx}{dt} = c_k = (a+1)K_r h^a = (a+1)K_r^{1/(a+1)} q^{a/(a+1)} \tag{6.11}$$

と表せる．dx/dt の速度で前方に移動する観測者にとっては，式 (6.10) の等号がともに成り立っているように見えるはずである．第 5 章でこのような仮想的観測者の x–t 面上の経路を波動の特性曲線 (characteristics) とよんだことを思い起こすこと．

6.2.1 側方からの非定常な流入

任意の非定常であるが等流の側方からの流入 $i = i(t)$ をまずはじめに考察し，式 (6.11) で与えられる速度 dx/dt で移動する仮想的観測者について考えてみよう．この特性曲線に沿って移動する観測者にとって，式 (6.10) から次のように見えるはずである．

(i) 水深 h が $i = i(t)$ の速度で変化し，任意の時刻に深さが i の積分値

$$h = \int_{t_0}^{t} i \, dt \tag{6.12}$$

あるいは，式 (6.8) を用いて

$$q = K_r \left(\int_{t_0}^{t} i \, dt \right)^{a+1} \tag{6.13}$$

となる．t_0 は特性曲線の開始点である．

(ii) $dq/dt = (dq/dh)(dh/dt) = i(dx/dt)$ であり，これから，

$$q = \int_{x_0}^{x} i \, dx \tag{6.14}$$

の流量の積分値が得られる．ここで積分区間の下限 x_0 は，特性曲線の開始点である．

(iii) 特性関数の式 $x = x(t)$ は，式 (6.11) を積分すると得られ，式 (6.13) を用いると，

$$x = (a+1) K_r \int_{t_0}^{t} d\tau \left(\int_{t_0}^{\tau} i \, d\sigma \right)^{a} + x_0 \tag{6.15}$$

である．ここで τ と σ は積分のダミー変数である．

式 (6.13)〜(6.15) の積分は，Ishihara and Takasao (1959) によって単位図の概念の詳細な解析で初めて導き出されたものである．Smith and Woolhiser (1971) は浸透の生じている表面上の地表流を研究し，降水とリチャーズの方程式の数値解として求めた浸透量の差を側方からの流入量 $i(t)$ として，キネマティックウェーブ方程式の数値解を求めた．Parlange *et al.* (1981) および Giraldez and Woolhiser (1996) は，側方からの非定常な流入と浸透 $i = i(t)$ のさまざまな事例を考察し解析解を求めている．定常な流入による流出は Henderson and Wooding (1964) によって初めて扱われ，これはより一般的な状況を理解する手がかりとなる．この事例を次に扱う．

6.2.2 側方からの定常な流入

側方からの流入量が時間に伴って変化しない場合，水文学的に興味の対象になる 2 つの段階がある．1 つ目は，式 (6.3) に従う初期に乾いていた底面上に流れが形成される段階である．2 つ目は，側方からの流入がなくなり，$i = 0$ となった後に，流れが引いていく段階である．

● **立ち上がり期（ハイドログラフの上昇部）**

式 (6.3) から $t = 0$ で $h = 0$ なので，式 (6.12) の積分は単純に

$$h = it \tag{6.16}$$

となる．一方，式 (6.14) の積分は

$$q = i(x - x_0) \tag{6.17}$$

で，x_0 は $t = t_0 = 0$ における特性曲線の開始点（すなわち，上で登場した観察者の初期位置）であ

図 6.4 キネマティックウェーブ法で ($a = 2/3$ とした完全な乱流の流れに対して) 求めた立ち上がり期における水面プロファイル $0A_1B_1C$, $0A_2B_2C$ など. プロファイルは, 側方からの流入 i の開始後のいくつかの時間に対して, 下流方向への距離の関数として表してある. 水深は, 式 (6.19) で与えられる $x = L$ における平衡水深 $h_{sL} = (iL/K_r)^{1/(a+1)}$ で無次元化してある.

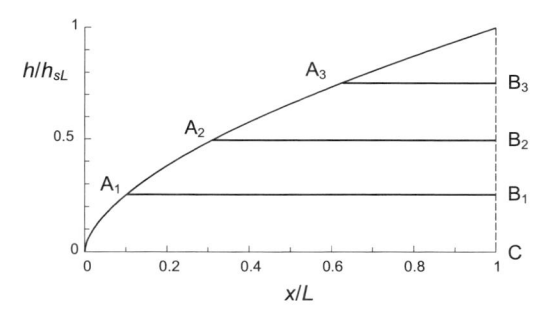

る. x_0 は対象とする面の長さ $0 \leq x \leq L$ の範囲内のどのような値でもよいので, 式 (6.17) が成り立つ特性曲線は無限に存在し, それぞれの特性曲線が x_0 の値に依存することになる. しかし, ここでは $x = x_0 = 0$ から始まる境界の特性曲線が特に興味の対象となる. この特性曲線上では, 式 (6.17) は

$$q = ix \tag{6.18}$$

となる. 式 (6.8) を用いて式 (6.18) から任意の深さの位置 $x = x(h)$ が

$$x = (K_r/i)h^{a+1} \tag{6.19}$$

で与えられる.

そこで x–t 平面上の $t = 0$, $x = 0$, すなわち実際の h–x 平面上での $h = 0$, $x = 0$ から開始するこの特性曲線上において, 式 (6.16) と式 (6.19) がともに成り立つ. 異なる t の値に対してこの h–x 平面上の軌跡が 0 から始まり, A_1, A_2, $\ldots$ と動く様子を図 6.4 に示してある. 他のすべての特性曲線に対しては, 式 (6.19) で与えられる値より大きな x の範囲では, 式 (6.17) はあまり役に立たない. なぜなら x_0 の値は決められていないものの, 式 (6.16) は水深 h が x_0 に無関係で, 時間の関数であることを示しているからである. そのため式 (6.19) で与えられる点 x より下流では, h は x に依存しないのである (図 6.4).

実のところ, 式 (6.18) と (6.19) も, 平衡状態の下で満たされるべき連続の条件, すなわち任意の点 x における流量がその点より上流側での側方からの全流入量と等しいことを表している. このことは, 境界特性曲線の通過した任意の地点 x より上流側では平衡状態が成り立っていること, 特性曲線が $x = L$ に達するとすぐに全平面で平衡状態が成立することを意味する. この後, 式 (6.18) と (6.19) は流れの全領域 $0 \leq x \leq L$ で成り立つ. この定常平衡状態に達するのに要する時間は, 式 (6.16) を式 (6.19) と $x = L$ で組み合わせることで得られる. すなわち,

$$t_s = (L/K_r i^a)^{1/(a+1)} \tag{6.20}$$

である. 側方からの流入の継続時間が平衡に達するまでの時間より長い場合, 式 (6.8) と (6.16) を組み合わせることで, 平衡に達する前までの $x = L$ における流出ハイドログラフを求めることができる. 平衡状態に達した後は, 式 (6.18) から求められる. そこで, $x = L$ におけるハイドログラフの上昇部は,

$$q_L = \begin{cases} K_r i^{a+1} t^{a+1} & (t \leq t_s) \\ iL & (t \geq t_s) \end{cases} \tag{6.21}$$

で与えられる. 式 (6.21) がこの項での主たる結果である. McCuen and Spiess (1995) は, 式 (6.20)

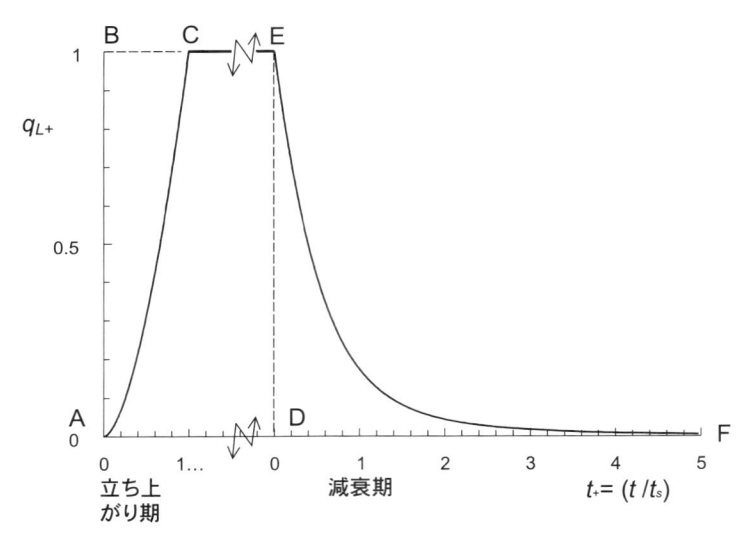

図 6.5 キネマティックウェーブ法で（$a = 2/3$ とした乱流の流れに対して）求めた平面下端 $x = L$ における上昇部 (AC) と，減水部 (EF) のハイドログラフ．流量は，平衡時の流量 $q_{sL} = iL$ で，時間は，式 (6.20) で与えられる平衡に達するまでの時間でそれぞれ無次元化し，$q_{L+} = (q_L/q_{sL})$ および $t_+ = (t/t_s)$ として表現してある．ABC の面積は，平衡状態の流れで平面上に存在する水の量を示しており，DEF の面積と等しい．

図 6.6 キネマティックウェーブ法で（$a = 2/3$ とした乱流の流れに対して）求めた無次元ハイドログラフと，芝に覆われた平面上での Izzard (1944) の実験データを同様に無次元化した比較．実線は $q_{L+} = t_+^{5/3}$ を表す．データポイントは，降雨強度 $P = i = 91.4, 45.7\,\mathrm{mm\ h^{-1}}$，傾斜 $S_0 = 0.01, 0.02, 0.04$，平面の長さ $L = 22, 15, 7.3, 3.7\,\mathrm{m}$ の実験条件の組合せから求められた．（原図は Morgali, 1970）

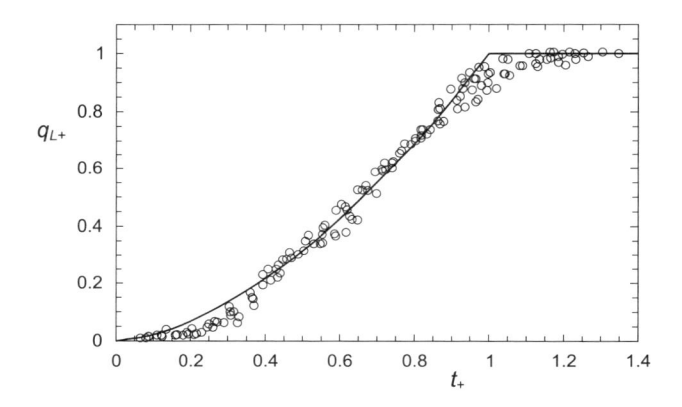

を文献から得られた乱流シートフローの実験データと比較し，その成績を調べた．彼らは，この式の利用を $(nL/\sqrt{S_0}) < 30\,\mathrm{m}$ の範囲内にすべきであると結論づけている．

　式 (6.21) に示された結果を一般化するために，これを無次元変数で表すとよい．ここで最も単純な方法は，平衡状態での平面からの流出量 (iL) と平衡に達するまでの時間 t_s を無次元変数として採用することである．これにより，式 (6.21) が

$$q_{L+} = \begin{cases} (t_+)^{a+1} & (t_+ \leq 1) \\ 1 & (t_+ \geq 1) \end{cases} \tag{6.22}$$

となる．ここで，$q_{L+} = (q_L/q_{sL})$, $t_+ = (t/t_s)$ であり，$q_{sL} = iL$ は $x = L$ における平衡流出量である．この上昇部ハイドログラフを図 6.5 に示す．図 6.6 と図 6.7 にはキネマティックウェーブの上昇部ハイドログラフと，Izzard (1944, 1946) の実験データを同様に無次元化して比較してある．図 6.6 中のデータからは，層流として始まり後に $t_+ = 0.4$ 程度で乱流へと変化した様子が見て取れる．また，$t_+ = 0.9$ あたりにおいて，キネマティック法の定式化では無視されている動力学的な効果が

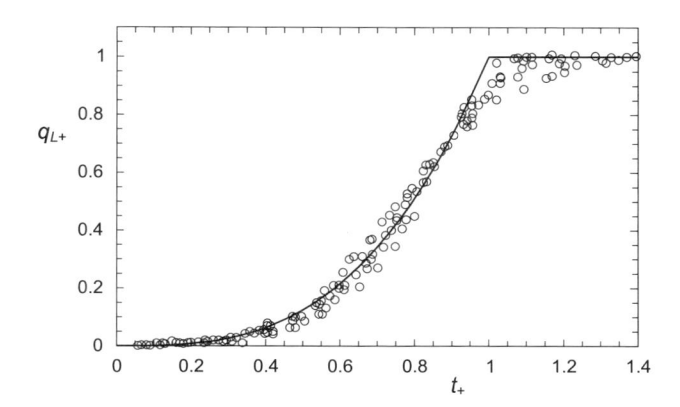

図 6.7 キネマティックウェーブ法で（$a = 2$ とした層流の流れに対して）求めた無次元ハイドログラフと，アスファルトで覆われた平面上での Izzard (1944) の実験データの比較．実線は $q_{L+} = t_+^3$ を表す．データポイントは降雨強度 $P = i = 91.4, 45.7\,\mathrm{mm\,h^{-1}}$，傾斜 $S_0 = 0.001, 0.005, 0.01, 0.02$，平面の長さ $L = 22, 15, 7.3, 3.7\,\mathrm{m}$ の実験条件の組合せから求められた．（原図は Morgali, 1970）

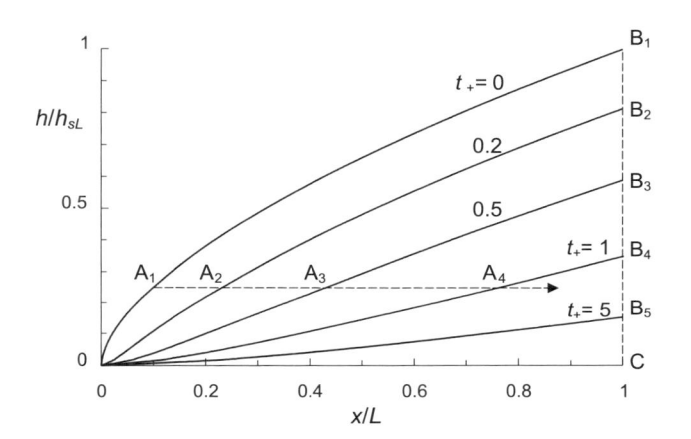

図 6.8 キネマティックウェーブ法で（$a = 2/3$ として）求めた減衰期の水面プロファイル $0A_1B_1C$，$0A_2B_2C$ など．プロファイルは，側方からの流入 i の終了後のいくつかの時間に対して，下流方向への距離の関数として表してある．水深は，式 (6.19) で与えられる $x = L$ における平衡水深 $h_{sL} = (iL/K_r)^{1/(a+1)}$ で無次元化してある．初期プロファイルは，図 6.4 に示されている平衡時，すなわち定常時のプロファイルである．A_1 から開始する特性曲線は，一定の h を保ちながら，$x = L$ で平面から押し出されるまで $A_2, A_3, \ldots$ を順に通過する．

影響を与え始めているように見える．

● 減衰期（降雨終了後のハイドログラフの減水部）

　$i = 0$ となるとすぐに，式 (6.10) から $(dh/dt) = 0$ となる．そこで，式 (6.11) で与えられる波速で移動している観察者にとっては，h が変化しなくなったように見えるはずである．つまり，式 (6.11) は所与の h をもつ水面上にある点の速度である．そこで，$h\text{–}x$ 平面上での特性曲線は $h = 0$ の面と平行な直線となる．このような特性曲線の 1 つが図 6.8 に示されており，側方からの流入の終了後の時間 t に対して，A_1 から開始して $A_2, A_3, \ldots$ と進んで行く．h が一定なので，式 (6.11) は積分することができ，

$$x = (a+1)K_r h^a t + x_0 \tag{6.23}$$

が得られる．ここで x_0 は x の開始点，すなわち降雨が終了し減水が開始した時点 $t = 0$ における x の初期値である．

　降雨継続期間が平衡に達するまでの時間 t_s より長い $D > t_s$ の時には，水面が最初は式 (6.19) で与えられる平衡プロファイルを有しているので，式 (6.23) は

$$x = (a+1)K_r h^a t + (K_r/i)h^{a+1} \tag{6.24}$$

となる．前と同様，水深を $x = L$ における平衡水深（減衰段階前の初期水深）を用いて無次元化すると便利である．すると，式 (6.24) は

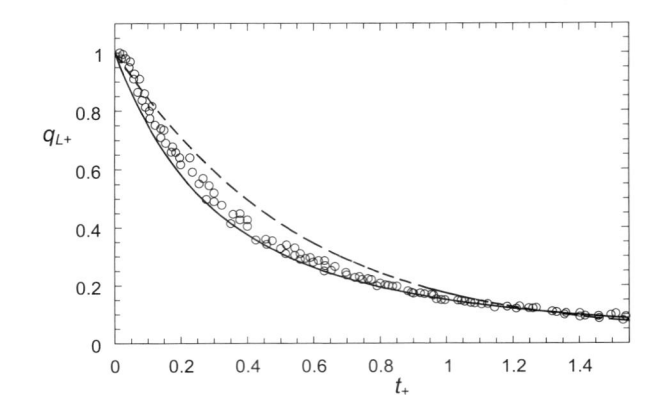

図 **6.9** キネマティックウェーブ法 (6.28) から求められた無次元ハイドログラフと，芝に覆われた面上での Izzard (1944) の実験データの比較．実線は $a = 2$ とした層流に対する値で，$t_+ = (1/3)q_{L+}^{-2/3}(1 - q_{L+})$ を表す．破線は $a = 2/3$ とした乱流に対する値で，$t_+ = (3/5)q_{L+}^{-2/5}(1 - q_{L+})$ を表している．実験のデータポイントは，図 6.6 と同じ実験条件の組合せに対して求められた．（原図は Morgali, 1970）

$$\frac{x}{L} = (a + 1)h_+^a t_+ + h_+^{a+1} \tag{6.25}$$

と表せる．t_+ は式 (6.22) の下に定義されている．無次元水深は $h_+ = (h/h_{sL})$ で，流出口での平衡水深は式 (6.19) に従って $h_{sL} = (iL/K_r)^{1/(a+1)}$ である．式 (6.25) を図 6.8 に表してあり，側方からの流入 i が終了した後の時間 t の経過に伴う水面形の変化を示している．

流出口 $x = L$ において，式 (6.8) を用いて h を置き換えると，式 (6.24) は

$$L = (a + 1)K_r^{1/(a+1)}q_L^{a/(a+1)}t + q_L/i \tag{6.26}$$

となる．これを用いると，ハイドログラフの減水部 $q_L = q_L(t)$ を（実際にはこの事例では $t = t(q_L)$ として

$$t = \left[(a + 1)K_r^{1/(a+1)}iq_L^{a/(a+1)}\right]^{-1}(iL - q_L) \tag{6.27}$$

により）計算することができる．これがこの解析の主たる結果である．Henderson and Wooding (1964) は，式 (6.21) と (6.27) が Hicks (1944) の草で覆われた表面に対する実験データをうまく記述できること，彼の 3 つの事例と最もよく適合するのが，それぞれ $a = 0.8, 0.8, 1.0$ の場合であることを示した．

ここで再び式 (6.22) と同じ無次元変数を用いると，式 (6.27) をより一般的な形で

$$t_+ = \left[(a + 1)(q_{L+})^{a/(a+1)}\right]^{-1}(1 - q_{L+}) \tag{6.28}$$

と表すことができる．式 (6.28) で記述される減水部ハイドログラフを $a = 2/3$ とした完全乱流の事例について図 6.5 に示してある．図 6.9 は $a = 2$ とした層流および $a = 2/3$ とした乱流に対する式 (6.28) と，Izzard (1946) が図 6.6 に示したのと同じ実験条件の組合せで得た芝生面上の実験データを比較している．これから，ハイドログラフ上昇部が乱流の振る舞いを示しているのに対し，初期を除くと，減水部はどちらかといえば層流曲線に近いことがわかる．

● 短い集中降雨に対して生じる流出の変化

降雨継続時間 D が平衡に達する時間より短い $D < t_s$ の場合，降雨終了時の水面プロファイル（すなわち減衰段階開始時の初期プロファイル）は，典型的には図 6.4 のプロファイル 0ABC の 1 つで表される．以下，$t = 0$ を降雨開始時としよう．$h = h_0 (= iD)$（式 (6.16) と比較せよ）が立ち上がり期の最大水深を表すとしたら，A 点は一定速度 $[(a + 1)K_r h_0^a]$ で流下し $x = L$ に

$$D + t_p = D + (L - (K_r/i)h_0^{a+1})/((a + 1)K_r h_0^a) \tag{6.29}$$

の時点で到達する（式 (6.24) 参照）．そこで $D \leq t < D + t_p$ である限り，$x = L$ における水深と流出量は一定で，それぞれ $h = h_0$ と

$$q_L = K_r h_0^{a+1} \tag{6.30}$$

である．その後 $t \geq t_p + D$ の時には，流出量は式 (6.27) で与えられるが，側方からの流入のある期間を考慮して時間を D だけずらす必要がある．

　まとめると，完全に平衡に達する前に降雨がやんだ場合のハイドログラフは，無次元変数を用いて次のように表すことができる．側方からの流入が開始すると，$x = L$ における流出量は式 (6.22) のはじめの式で与えられる．$t = D$ または $t_+ (= t/t_s) = D_+$ に側方からの流入が停止すると，流出量は，

$$q_{L+} = (D_+)^{a+1} \tag{6.31}$$

で与えられる．ここで前と同様 $q_{sL} = iL$ として，$q_{L+} = (q_L/q_{sL})$ および $D_+ = (D/t_s)$ である．$t_{p+} = (t_p/t_s)$ および $h_{0+} = (h_0/h_{sL})$ として

$$t_{p+} = (1 - h_{0+}^{a+1}) [(a+1)h_{0+}^a]^{-1} \tag{6.32}$$

で与えられる期間（式 (6.29) と比較せよ）には，$x = L$ における流量が式 (6.31) で与えられる値で一定となる．$h_0 = (iD)$ なので，無次元降雨継続時間 D_+ を用いてこの一定流量の期間を

$$t_{p+} = (1 - D_+^{a+1}) [(a+1)D_+^a]^{-1} \tag{6.33}$$

のように表すことができる．この後，降雨開始後，$t_+ \geq (D_+ + t_{p+})$ の期間には，流量は式 (6.28) で与えられる．時間の基準 $t = 0$ を降雨開始時においているので，ここでは式 (6.28) は

$$t_+ = D_+ + \left[(a+1)(q_{L+})^{a/(a+1)} \right]^{-1} (1 - q_{L+}) \tag{6.34}$$

と書き直せる．例として，降雨継続時間 $D = 0.6 t_s$ に対するこの流出量の変化を図 6.10 に示す．この事例では，式 (6.33) から $t_{p+} = 0.483$ が得られる．

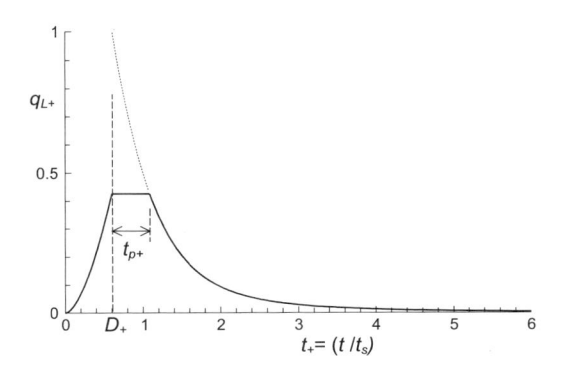

図 **6.10** キネマティックウェーブ法で（$a = 2/3$ として）求めた，降雨継続時間 D_+ の一様な降雨から生じる平面下端 $x = L$ におけるハイドログラフ（太線）．流量は平衡時の流量 $q_{sL} = (iL)$ により，時間は式 (6.20) で与えられる平衡に達するまでの時間によりそれぞれ無次元化し，$q_{L+} = (q_L/q_{sL})$, $t_+ = (t/t_s)$, $D_+ = D/t_s$ として表現してある．この例では，$D_+ = 0.6$ および $t_{p+} = 0.483$ である．

● 雨滴衝撃の効果

　これまでの解析では，式 (6.8) の K_r が雨滴の水面への衝撃の影響を受けないと仮定していた．乱流条件下ではこの仮定はよい近似かもしれないが，表 5.2 に示されたように，層流条件下ではこれにより生じる付加的な抵抗が割と大きいだろう．この効果を，減水解析においては次のように取り込むことができる．K_{rr} を降雨の衝撃がある条件下での式 (6.8) のパラメータ，K_{rn} を無降雨時の同パラメータとする．両者はそれぞれ式 (5.33) と (5.32) を用いて決定できる．ここで式 (6.24) を

$$x = (a+1)K_{rn}h^a t + (K_{rr}/i)h^{a+1} \tag{6.35}$$

と書き直す. この式は $x = L$ において式 (6.26) の代わりに,

$$L = (a + 1)K_{rn}^{1/(a+1)}q_L^{a/(a+1)}t + (K_{rr}/K_{rn})q_L/i \tag{6.36}$$

となる. 前と同様, この結果から流出ハイドログラフ $t = t(q_L)$ が

$$t = \left[(a + 1)K_{rn}^{1/(a+1)}iq_L^{a/(a+1)}\right]^{-1}[iL - (K_{rr}/K_{rn})q_L] \tag{6.37}$$

と求まる. 式 (6.37) は降雨が $t = 0$ で急にやむと, すぐに流量 q_L が iL より (K_{rn}/K_{rr}) だけ大きくなる様子を表している. この増加は, 雨滴衝撃がなくなり流れに対する抵抗が急に減少したために引き起こされたものである. 表5.2の表現を用いると, この増加した流量は, 概略で $(1 + cS_0^d P^e)$ に平衡時の流量 iL を乗じた値となる. たとえば, 傾斜 $S_0 = 0.001$, 降雨強度 $P = 0.3\,\mathrm{cm}\ \mathrm{h}^{-1}$ の場合には38%の急激な増加が生じることになる. しかし, 実際の流れの状況での増加がこれほど大きくなる可能性は小さく, 式 (6.37) から予測される値は上限と考えるのがよい. 実のところ, 降雨終了によるせん断応力の急激な変化は加速度変化も伴っているはずであるが, 式 (6.37) を導き出すためのキネマティック法ではこれを無視している. しかし, これが上の効果を相殺する方向にあるのである. さらに, 実際に増加が起きたとしても, そのスパイク状の増加はすぐに消えてしまう. 最後に, 自然の降雨イベントは決して急に止まることはなく, 徐々に減少する傾向にある. 降雨停止に伴う流出の短期間における増加は, Izzard (1946) により実験的に観測され報告されてきたが, 式 (6.37) で予測されるよりずっと小さな増加であった.

6.3　集中型キネマティック解析

集中型キネマティック解析 (lumped kinematic approach) は, 上で述べたより基本的な解析方法以前に発達したもので, 現在では時代遅れとなっているが, 貴重な実験データの解析の枠組みとしてしばしば用いられたことから, 今でも興味の対象である. これは, Horton (1938) がその先駆的な地表流の解析で開発し, その後, Izzard (1944) が広範囲にわたる舗装面と草の生えた面からの降雨流出の実験的研究から得たデータを調べるのに適用した. この方法では, 連続の式は貯留式 (1.10) あるいは (5.125) に置き換えられる. この貯留式は地表流の表記法では

$$iL - q_L = L\frac{d\langle h\rangle}{dt} \tag{6.38}$$

と書ける. ここで

$$\langle h\rangle = \frac{1}{L}\int_0^L h\,dx \tag{6.39}$$

は底面上で平均した水深を示している. 式 (6.38) を閉じるためには q_L を $\langle h\rangle$ と関係づけなければならない. 定常で平衡に達した流れの条件では, 式 (6.8) と (6.19) を組み合わせて

$$q_L = K_1\langle h\rangle^{a+1} \tag{6.40}$$

と求めることでできる. ここで $K_1 = \left\{[(a+2)/(a+1)]^{(a+1)}K_r\right\}$ である. ここで式 (6.40) が立ち上がりや減水時の非定常条件下でも成り立つと仮定すると, これを式 (6.38) に代入して

$$iL - q_L = LK_1^{-1/(a+1)}\frac{dq_L^{1/(a+1)}}{dt} \tag{6.41}$$

が得られる. 表面の下流端での流出量 q_L を決定するためには, 式 (6.41) を与えられた入力 $i = i(t)$ に対して積分しなければならない. ここで再び側方からの流入量 i に対しての立ち上がり期と減衰期を考

察することで，この問題の本質的な性質を理解することができる．

● 上昇部ハイドログラフ

はじめは乾燥している底面上に $t = 0$ から i が加わる事例では，式 (6.22) の下で定義した無次元変数を用いて式 (6.41) を表すことができる．実のところ，この無次元化は数学的には最も理解しやすい選択肢のように見える．結果として生じる微分方程式は

$$1 - q_{L+} = \frac{(a+1)}{(a+2)} \frac{d\left(q_{L+}^{1/(a+1)}\right)}{dt_+} \tag{6.42}$$

で，$t_+ = 0$ に対して $q_{L+} = 0$ となる．式 (6.42) は，$(a+1) = 1, 2, 3, 4, 3/2, 4/3$ の値に対して閉じた形で積分できるが，2 と 3 のみが表面流出では適切と考えられる．第 5 章で示したように，$(a+1) = 2$ の曲線はいくつかの草に覆われた地表面での地表流データ（たとえば Wooding, 1965）から導出され，$(a+1) = 3$ は層流に対する理論値である．

$a = 1$ に対して，式 (6.42) の解は

$$q_{L+} = \tanh^2(1.5t_+) \tag{6.43}$$

である．同様に $a = 2$ に対しては，$y = q_{L+}^{1/3}$ として解が

$$t_+ = 0.125 \ln\left[(1+y+y^2)(1-y)^{-2}\right] + \left(\sqrt{3}/4\right)\tan^{-1}\left[(2y+1)/\sqrt{3}\right] - \left(\sqrt{3}/4\right)\tan^{-1}\left[1/\sqrt{3}\right] \tag{6.44}$$

となる．式 (6.43) と (6.44) を図 6.11 に示してあり，式 (6.22) から得られる結果と比較できる．キネマティックウェーブの方法の開発前には，これらの 2 つの解が実用的な計画目的で広く使われた．

Horton(1938) は，$(a+1) = 2$ が 75％乱流の流れを代表することを根拠に，式 (6.43) を導き出した．この式は後に，都市や空港の洪水排水施設の設計の基礎として使われた（たとえば Horner and Jens, 1942; Hathaway, 1945; Jens, 1948）．Horton の方法の上に築き上げられた Izzard(1946) の研究もまたよく知られており，その結果は広く利用された（Linsley et al., 1975）．広範囲にわたる実験に基づき，Izzard(1946) は，$iL < 3.8\,\mathrm{m^2 h^{-1}}$ に対して，層流に対する $(a+1) = 3$ を用いた式 (6.40) により，集中型のキネマティック式で流れを記述できると結論づけている．パラメータ K_1 の値は，実験データから表面粗度と降雨強度の関数として導き出された．流出の上昇段階に対して，彼はおそらく数値的な方法で解を求め，無次元ハイドログラフとして図で提示した．時間変数 t は，平衡に達するのに要する時間で無次元化してある．Izzard (1946) はこの時間を平衡時の流出量の 97％となるのに要した時間 $q_L = 0.97(iL)$ とおいた．降雨開始後平衡に達するまでに要する時間 t_e に流入する概略半分の量が底面上の表面貯留に留め置かれる水量であると仮定して，彼は，

図 **6.11** 集中型キネマティック法（太線）とキネマティック法（細線）で得られるハイドログラフ上昇部の比較．両者とも同じ無次元化を施してある．$a = 1$ の太線は，Horton (1938) により提案された解であり，$a = 2$ の太線は Izzard (1946) が無次元ハイドログラフを求めるのこ使った解と本質的には同じである．

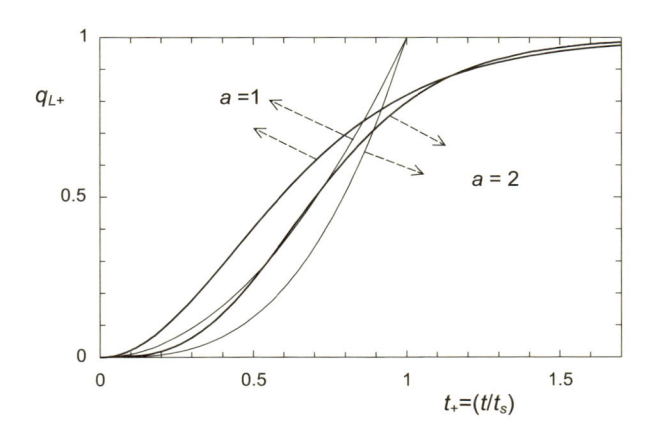

$$t_e = \frac{2\langle h_s \rangle}{i} \tag{6.45}$$

の表現を提案した．ここで $\langle h_s \rangle$ は平衡に達した後の平均水位である．

　図 6.11 からは，厳密解をよく近似できることが知られているキネマティックウェーブの解と比較して，集中型キネマティック解析では地表流を数学的にうまく記述できないことがわかる．そこで Izzard (1946) の研究では，なぜ集中型の方法で実験結果をうまく記述できたのかという疑問が生じる．この矛盾点に対する説明は，おそらく実験値の上昇部ハイドログラフを無次元化する方法にある．図 6.11 に示すように，集中型キネマティック解析の解では $q_{L+}(\equiv q_L/iL)$ は 1 へと漸近する．このため，平衡に達するのに要する時間を求めるための $q_{L+} = 0.97$ を誤差の含まれるデータによって決めるのは容易ではない．しかし，Izzard (1946, p.148) は式 (6.45) の t_e に上の定義を用いると，$a = 2$ に対して，集中型キネマティック解析の解から $t = 0.5t_e$ の時に流出量が概略 $q_{L+} = 0.55$ となることを記している．そこで彼は，$t_{0.55}$ を平衡時の流出量の 0.55 になる時間とした $t_e = 2t_{0.55}$ を基準にして，実験から得られた上昇部ハイドログラフを逆に非無次元化することにしたのである．Woolhiser and Liggett (1967; Fig.8) に示されているように，この時間の無次元化を用いると結果が非常によく一致するようになる．これは驚くにはあたらない．このようにすると，曲線が $t/t_e = 0$ と 0.55 で一致するように強制されるからである．

● 減水部ハイドログラフ

　$i = 0$ に降雨が停止した後，式 (6.41) は任意の a の値に対してすぐに積分できる．これは無次元で，

$$q_{L+} = \left(\frac{a(a+2)}{(a+1)} t_+ + (q_{Li+})^{-a/(a+1)} \right)^{-(a+1)/a} \tag{6.46}$$

と書くことができる．ここで添字 i は，無次元流出量の降雨停止時 $t = 0$ における初期値を表す．降雨継続時間が t_s（式 (6.20) 参照）よりずっと大きな $D \gg t_s$ の事例に対しては，初期流量を 1 とおくことができる．Izzard (1946) は，$a = 2$ とおいた式 (6.46) と本質的には同じだが異なる無次元化を用いた減水関数を用いて，彼の実験データを解析した．

■ 問　題

6.1　適切な無次元変数を用いて，式 (6.1) と (6.2) から式 (6.4) を導出せよ．

6.2　長期間降雨が続き定常流が形成されている傾斜 S_0 の滑らかな面を考察する．降雨強度 P と，流れが層流から乱流へと変化する流下距離 x の関係を求めよ．この変化が限界レイノルズ数 (critical Reynolds number) $Vh/\nu = 500$ で起こると仮定すること．

6.3　(a) 降雨強度 $P = 37\,\mathrm{mm\,h^{-1}}$ によって定常状態に達した後に，傾斜 $S_0 = 0.0015$，長さ $L = 30\,\mathrm{m}$ の平面上に生じる水面プロファイル $h = h(x)$ を導き出すこと．キネマティックウェーブの仮定が成り立つと仮定すること．(b) この解析において，$x = L = 30\,\mathrm{m}$ における水深 h はいくらになるか．

6.4　前問では，キネマティックウェーブの仮定が用いられた．この単純化が成り立たないとした場合，浅水方程式 (6.1) と (6.2) の中でどの項が無視できるか．キネマティックウェーブの仮定なしでも同じ定常問題の解を導き出せるように，これらの式を最も単純な形で表すこと．その際，S_f を広い水路に対して従属変数 V, h を用いて表すこと．

6.5　定常な降雨強度 P から一様な平面上に生じる自由水面流れをキネマティックウェーブ法で記述でき，$i = P$ とした式 (6.1) が支配方程式となると仮定する．また，流れは完全な乱流で，その動力学が GM 式 (5.41) で記述できると仮定する．与えられた深さ $h = D_g$ を有する自由水面上の点が降雨終了後に流下する際の波速はいくらか．粗度 n は雨滴衝撃の影響を受けないと仮定すること．答えを求める途中経過も示すこと．

6.6 図 6.5 の ABC で囲まれた面積が平衡流条件下で面上に蓄えられる水の量を表すこと，これが DEF で囲まれた面積と等しいことを示せ．（ヒント：適切な積分範囲を設定して，$\int q\,dt = \int t\,dq$ の積分を行ってみること）

6.7 長さ $L = 40\,\mathrm{m}$，傾斜 $S_0 = 0.0015$ のコンクリート舗装がある．一様な降雨が $t = 0$ に開始し，長期間にわたり定常な強度 $P = 25\,\mathrm{mm}\,\mathrm{h}^{-1}$ で降り続いた．(a) まず $x = L$ での最大流が層流か乱流か決定せよ．(b) この降雨開始後の舗装部分最下端におけるハイドログラフ上昇部を（降雨強度と比較できるよう $\mathrm{mm}\,\mathrm{h}^{-1}$ の単位で）計算せよ．キネマティックウェーブ法を用い，降雨の効果を入れた場合と，入れない場合を試してみること．(c) 2 つの結果を $\mathrm{mm}\,\mathrm{h}^{-1}$ 単位の $q = q(t)$ と，時間単位の t を軸にとった 1 つのグラフに表すこと．乱流条件では，流れに対する降雨の効果が普通無視されることに注意．層流条件下では式 (5.33) を用いてこの効果を入れこむことができる．

6.8 前問と同じ問題を，短い草の生えた土壌表面を対象に $L = 45\,\mathrm{m}$，$S_0 = 0.02$，$P = 85\,\mathrm{mm}\,\mathrm{h}^{-1}$ として答えよ．

6.9 長さ $L = 35\,\mathrm{m}$，傾斜 $S_0 = 0.005$ のコンクリート舗装がある．定常降雨が長期間にわたり，$P = 30\,\mathrm{mm}\,\mathrm{h}^{-1}$ の強度で続いた．(a) まず $x = L$ での最大流が層流か乱流か決定せよ．(b) この降雨終了後の舗装部分最下端におけるハイドログラフ減水部を（$\mathrm{cm}\,\mathrm{h}^{-1}$ の単位で）計算せよ．キネマティックウェーブ法を用い，雨滴衝撃の効果と $t = 0$ における（降雨終了時の）一時的な増加を無視すること．ハイドログラフを P の単位と合うように $\mathrm{mm}\,\mathrm{h}^{-1}$ で描け，(c) (b) で得られた結果に基づいて，降雨終了後 15 分経過した時の $x = L$ における流量を $\mathrm{mm}\,\mathrm{h}^{-1}$ の単位で求めよ．

6.10 前問と同条件を考察する．降雨終了後，$x = L$ における流出は初期には抵抗の減少のためわずかに増加しそうである．この短時間の増加の最大値を，平衡時の流量に対する割合として計算せよ．式 (6.36) あるいは (6.37) で経験式 (5.33) を用いよ．

6.11 定常な降雨によって，長さ L の一様な平面上に生じる平均水深 $\langle h \rangle$ は下端 $(x = L)$ での水深と，$\langle h \rangle = [(a+2)/(a+1)]h_L$ の関係がある．a は式 (5.43) で定義したべき乗の係数である．この関係が成り立つことを示せ．この関係は，集中型キネマティック法を展開するための式 (6.40) の基礎となっている．

6.12 選択問題．以下の記述のうちで正しいものを選択せよ．キネマティックウェーブ法は，完全な（浅水，センブナンの）方程式に基づく方法とは異なっている．なぜなら，

(a) 連続の式が常に集中型の貯留方程式に置き換えられるからである．

(b) 流れが層流と仮定されるからである．

(c) 流量と水深の間に 1 対 1 の関係があると仮定しているからである．

(d) 重力の効果が摩擦の効果と釣り合っていると仮定しているからである．

(e) 動力学的な（すなわち流体の加速度の）効果が無視できる場合にのみ適用できるからである．

■ 参考文献

Brutsaert, W. (1968). The initial phase of the rising hydrograph of turbulent free surface flow with unsteady lateral inflow. *Water Resour. Res.*, **4**, 1189–1192.

Giraldez, J. V. and Woolhiser, D. A. (1996). Analytical integration of the kinematic equation for runoff on a plane under constant rainfall rate and Smith and Parlange infiltration. *Water Resour. Res.*, **32**, 3385–3389.

Hathaway, G. A. (1945). Design of drainage facilities (Military airfields: a symposium). *Trans. Am. Soc. Civ. Engrs.*, **110**, 697–733.

Henderson, F. M. and Wooding, R. A. (1964). Overland flow and groundwater flow from a steady rainfall of finite duration. *J. Geophys. Res.*, **69**, 1531–1540.

Hicks, W. I. (1944). Discussion of "Preliminary report on analysis of runoff resulting from simulated rainfall on a paved plot" by C. F. Izzard and M. T. Augustine. *Eos Trans. Am. Geophys. Un.*, **25**, 1039–1041.

Horner, W. W. and Jens, S. W. (1942). Surface runoff determination from rainfall without using coefficients. *Trans. Am. Soc. Civ. Engrs.*, **107**, 1039–1075.

Horton, R. E. (1938). The interpretation and application of runoff plat experiments with reference to soil erosion problems. *Soil Sci. Soc. Amer. Proc.*, **3**, 340–349.

Ishihara, T. and Takasao, T. (1959). Fundamental researches on the unit hydrograph method and its application. *Trans. Jpn. Soc. Civ. Eng.*, No. 60 (Extra Paper 3–3), 1–34. (In Japanese; English translation by K. Hoshi, ed., Kyoto University, 1996.) （石原藤次郎・高棹琢馬 (1959) 単位図法とその適用に関する基礎的研究，土木学会論文集, No. 60 別冊）

Izzard, C. F. (1944). The surface profile of overland flow. *Eos Trans. Am. Geophys. Un.*, **25**, 959–968.

  (1946). Hydraulics of runoff from developed surfaces. *Proc. 26th Ann. Meeting, Highway Res. Board, Nat. Res. Council*, **26**, 129–150.

Jens, S. W. (1948). Drainage of airport surfaces – some basic design considerations. *Trans. Am. Soc. Civ. Engrs.*, **113**, 785–809.

Liggett, J. A. and Woolhiser, D. A. (1967). Difference solutions of the shallow-water equation. *J. Eng. Mech. Div., Proc. ASCE*, **93** (EM2), 39–71.

Linsley, R. K., Kohler, M. A. and Paulhus, J. L. H. (1975). *Hydrology for Engineers*, Second edition. New York: McGraw-Hill.

McCuen, R. H. and Spiess, J. M. (1995). Assessment of kinematic wave time of concentration. *J. Hydraul. Eng.*, **121**, 256–266.

Morgali, J. R. (1970). Laminar and turbulent overland flow hydrographs. *J. Hydraul. Div., Proc. ASCE*, **96**, 441–460.

Parlange, J.-Y., Rose, C. W. and Sander, G. (1981). Kinematic flow approximation of runoff on a plane: an exact analytical solution. *J. Hydrol.*, **52**, 171–176.

Smith, R. E. and Woolhiser, D. A. (1971). Overland flow on an infiltrating surface. *Water Resour. Res.*, **7**, 899–913.

Wooding, R. A. (1965). A hydraulic model for the catchment-stream problem. *J. Hydrol.*, **3**, 254–267.

Woolhiser, D. A. and Liggett, J. A. (1967). Unsteady, one-dimensional flow over a plane—The rising hydrograph. *Water Resour. Res.*, **3**, 753–771.

河 流 追 跡　　　　　　　　　　　　　7

　河流追跡 (streamflow routing) は洪水追跡 (flood routing) とか河道追跡 (channel routing) ともよばれ，応用水文学における古典的問題の 1 つである．追跡という言葉は，一般にある地点から別の地点への水の動きを記録あるいは追いかける数学的な方法を意味する．そのため，この言葉の意味には，降水から地中へあるいは地表流出現象へのさまざまな変換も含まれている．しかし，河流追跡は，明確に定義された開水路中を洪水波が移動する際の振る舞いを記述することを特に意味している．実際にはこの問題では，上流あるいは下流点の既知のハイドログラフと河道の物理的特性の情報から，流路上の任意の地点における流出ハイドログラフ $Q = Q(t)$ を決定する．この波は豪雨，融雪，地すべりや地震による自然あるいは人工ダムの決壊または越水，潮汐相互作用，人工貯水池からの放水など，さまざまなイベントから生じる河道への流入の結果として生じるものである．

　長年にわたり種々の方法が開発されてきた．基本的な方法は開水路流れの水理解析法理論に基づくもので，浅水完全方程式のいずれかの形をコンピュータ上で数値的に解いた解からなる．このような方法の詳細は本書の扱う範囲外であるが，完全なセンブナンの方程式の解法のよいレビューが，Mahmood and Yevjevich (1975) の単行本中の Liggett and Cunge (1975) などの論文や Cunge *et al.* (1980), Montes (1998) などにある．精度が最も重要な場合には，浅水完全方程式をよい数値的な方法で扱うことが好まれる．しかし，どのような数値プログラムを用いるにせよ，その基をなす流体力学の原理を完全に理解することは欠かせない．

　追跡問題におけるいくつかの重要な側面を，解析解とある特別な条件下でのみ適用可能な単純化した式を調べることで明らかにすることができる．単純化した方法は，計画や予備的な設計目的には十分で，むしろ望ましいことさえある．本章では，このような 1 つの方法であるマスキンガム法に特に注目する．この方法は，原理的には集中型キネマティック法を用いて求められており，自然河川における実際的な興味の対象となる広範な条件下でよい結果を与える．また理論的な派生効果もあり，浅水完全方程式をより深く理解する上で重要である．しかしまずはじめに，大きな波の事例を用いて浅水方程式の振る舞いを，運動量輸送の 2 つの極端な条件である動力学的（ダイナミック）な条件と運動学的（キネマティック）な条件に対して考察する．

7.1　大きな洪水波の伝播における両極端の事例

　運動量方程式のどの項が重要で，どの項が無視できるかにより，水面の小さなじょう乱から多様な波が生じうることが第 5 章で示された．流れの運動量収支を支配している主たる因子が何であるかを考えることで，特別な形の大きな波もまたシミュレートすることができるのである．

7.1.1　サージ（動力学的な衝撃）

　ある条件下では，段波 (abrupt wave)，サージ (surge)，ボア (bore)，あるいは移動跳水 (moving

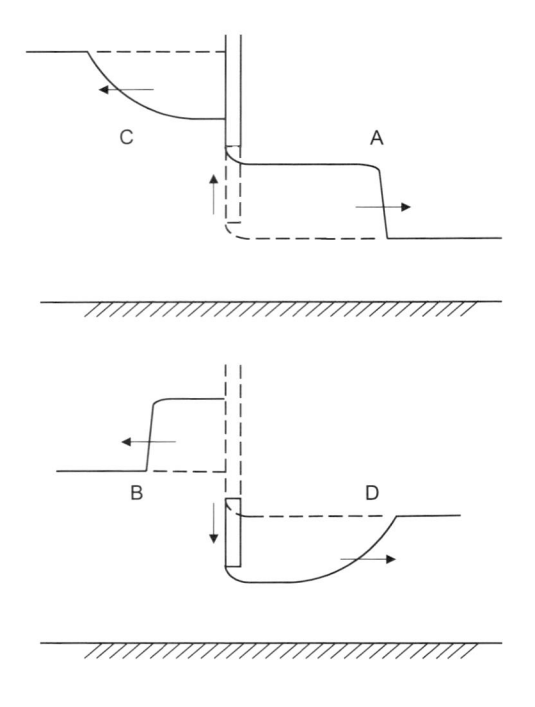

図 **7.1** スルースゲートを急に動かすことで生じる異なる4つのタイプの段波. タイプＡとＢの波は安定な正のサージである. ＣとＤのタイプの波は, 比較的短命 (つまり不安定) な負のサージである. 破線はゲートを動かす前の位置を表す.

hydraulic jump) などとさまざまな名前でよばれる明白で目に見えるじょう乱を水面が引き起こすことがある. 同様な現象は環境中の異なる状況下でも発生し, これが重力流 (gravity current) (たとえば Simpson, 1997) と広くよばれている現象の先端部を構成している. たとえば, 類似のサージが激しい雷雨の突風前線 (gust front) として起きることが第3章で示された (図 3.8, 図 3.9).

　どのようなじょう乱も, 水深 h が不連続ではないにせよ, 少なくとも滑らかな関数にならない点として解釈できるだろう. この解釈は, 微分 $(\partial h / \partial x)$ が不連続で不定であることを意味する. 一般に, それが拡大するのか減衰するのかは, このような波の周囲の流れの性質に依存する. 線形事例の解を基に第5章ですでに見たように, ボア形成の基準は $\mathrm{Fr} > a^{-1}$ (a は式 (5.39), (5.43) のべき乗の係数) で, $\mathrm{Fr} > 1.5 \sim 2$ となる. しかし以下に示すように, このような波の瞬間伝播速度 c_s は, 不連続そのものの大きさのみに依存している.

● 段波の種類

　一般に段波には4つの異なるタイプがある. これをわかりやすく示す単純な方法は, 図 7.1 の思考実験を行うことである. よく落ち着いた定常流条件下で, スルースゲート (sluice gate) の開度を急に変えた場合を考察する. ゲートを上げると, 下流の流れはＡの状況となり, 上流はＣの状況となることが見られる. 急な変化がゲートを下げる方向なら, ゲートの上流, 下流にそれぞれＢとＤの状況が起こることが見られる. Ａの種類の波は正のサージとして下流に移動する. このタイプのサージは多量の水を運搬し, 過去に大きな洪水氾濫を引き起こしていることから, 水文学における主な興味の対象である. Ｂのタイプの波も正のサージであるが, Ａとは対照的に上流に向かって移動する. これは, 潮汐作用の影響を受ける河川や河口部で観察されることのあるタイダルボアで典型的に見られる. このようなボアは, 上げ潮時に河川が逆流し, 徐々に狭く浅くなる緩い河床勾配の水路に潮水が入り込んでくる時に形成される. この狭くなっていく条件により, 上げ潮の先端の速度が遅くなり, 後方から常に上がってくるより深く早い潮の流れが先端部に追いつけるようになる. 調査は完全ではないものの, 最新の集計 (Bartsch-Winkler and Lynch, 1988) によると, 全世界

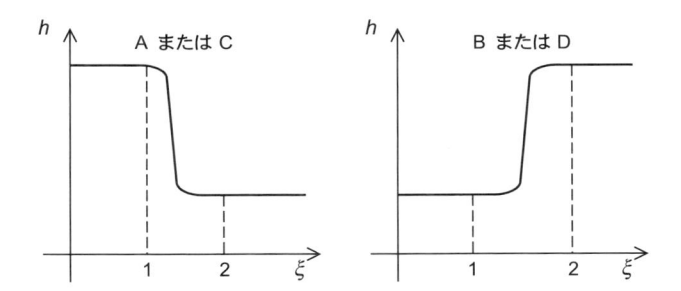

図 7.2　4 つのタイプの段波の解析で用いる条件

の 67 の地点において高さが $0.2\sim6.0\,\mathrm{m}$ の範囲の明白なタイダルボアの発生が確かめられている. C のタイプの波は上流に向かって移動する負のサージであり,水力発電の供給用水路で水需要が激しく増加した際に見られることがある. D のタイプの波は,下流に向かって流れる負のサージで,開水路中で水供給が急減した時に発生することがある.

　以下でわかるように,波は浅水中より深水中で相対的に早く移動する. A や B の正のサージは周囲より高い水面を生じさせるが,深い部分の水が相対的に浅い部分の先端部に追いつきやすい. このためサージが維持され安定である. 後退する負のサージである C や D のタイプでは,窪んだ水面が生じ,比較的深い先端部が後ろから遅い速度でついてくる浅い部分の水から急速に離れていく. そのため明確な先端部が維持できず,すぐに広がってしまい,波は不安定である. これらの違いにもかかわらず,4 つのすべての波の初期段階を以下に示す同じ方法で解析することができる.

● 洪水波の解析

　この問題は,波と同じ速度 c_s で動く基準座標系に対して解析し,現象が定常状態として表せるようにするのが最も簡単である. すると,h と V がただ 1 つの変数 $\xi = (x - c_s t)$ の関数であることが仮定でき,偏微分が,

$$\frac{\partial(\ )}{\partial t} = \frac{d(\ )}{d\xi}\frac{\partial\xi}{\partial t} = -c_s\frac{d(\ )}{d\xi} \quad\text{および}\quad \frac{\partial(\ )}{\partial x} = \frac{d(\ )}{d\xi}\frac{\partial\xi}{\partial x} = \frac{d(\ )}{d\xi} \tag{7.1}$$

のように全微分となる. 波の両側で速度 V と水深 h が大きくまた急に変化するので,慣性項と静水圧力勾配の項が運動量方程式で支配的な項となり,摩擦項 gS_f と重力項 gS_0 は 1 次近似としてはともに無視することができる. そこで,幅の広い水路に対する運動量方程式 (5.22) は,側方からの流入がない場合,式 (7.1) を用いて

$$-(c_s - V)\frac{dV}{d\xi} + g\frac{dh}{d\xi} = 0 \tag{7.2}$$

のようになる. $(h\,d\xi)$ を乗じ,急峻な波の上流側,下流側それぞれ微小な,しかし有限な距離にある断面 1 と断面 2(図 7.2)の間で積分すると,式 (7.2) は

$$-\int_1^2 (c_s - V)h\frac{dV}{d\xi}\,d\xi + \frac{g}{2}\int_1^2 \frac{dh^2}{d\xi}\,d\xi \tag{7.3}$$

のような形をとることになる. 同じ操作を,幅の広い水路に対する,側方からの流入がない連続の式 (5.13) にも適用できる. つまり,式 (7.1) の座標変換を用いて式 (5.13) は

$$-c_s\frac{dh}{d\xi} + \frac{d(Vh)}{d\xi} = 0 \tag{7.4}$$

となる. 波を横切って積分すると,これは

$$(c_s - V)h = \text{一定}$$

あるいは $\qquad\qquad\qquad\qquad\qquad\qquad\qquad\qquad\qquad\qquad\qquad\qquad$ (7.5)

$$(c_s - V_1)h_1 = (c_s - V_2)h_2$$

となる．式 (7.5) を，今度は式 (7.3) を積分するために代入する．式 (7.5) によると，式 (7.3) 第 1 項の一部は ξ とは独立である．そこで，この部分を積分記号の外に出すと式 (7.3) は

$$(c_s - V_1)h_1(V_1 - V_2) + \frac{g}{2}(h_2^2 - h_1^2) = 0 \qquad\qquad\qquad (7.6)$$

となる．式 (7.5) は式 (7.6) から V_2 を消去するのにも使える．$V_2 = [c_s - (c_s - V_1)h_1/h_2]$ を式 (7.6) に代入して代数操作を行うと，最終的に，

$$c_s = V_1 \pm \left(\frac{gh_2(h_2 + h_1)}{2h_1}\right)^{1/2} \qquad\qquad\qquad (7.7)$$

が得られる．式 (7.7) 中の平方根の項は，断面 1 での流速に対する相対的なボアの波速を表している．対称性から，式 (7.7) の添字 1, 2 は相互に入れ替えられ，断面 2 での流速に対する相対的波速を求めることもできる．断面 1 と 2 が，急峻な波の上流側，下流側の断面として定義される場合には，式 (7.7) のプラス記号は A と D のタイプのサージの下流方向への動きを，マイナス記号は B と C のタイプのサージの上流方向への動きを表している．そこで，水文学で扱う洪水波では式 (7.7) の符号はプラスとなる．

この解析を，地点 1 と 2 における任意の断面形をもつ幅の広い水路に対して行ったとしたら，結果は

$$c_s = V_1 \pm \left(\frac{g(A_2 h_2 - A_1 h_1)}{2A_1(1 - A_1/A_2)}\right)^{1/2} \qquad\qquad\qquad (7.8)$$

となる．h が大きい場合，あるいはじょう乱が小さい場合には $h_1 \approx h_2$ で，式 (7.7) の $V_1 (\approx V_2)$ に対する相対的な波速は，予期されるようにラグランジュの波速方程式 (5.50) となる．$c_s = 0$ の場合には，式 (7.7) と (7.8) は停止跳水 (stationary hydraulic jump) を表す．

ここで示した解析は，水路床の傾斜と抵抗の効果を無視することで大きく単純化されている．波が自然河川中を長距離にわたって移動する際には，これらの因子は重要な役割を果たす．それでも，式 (7.8) はこのような波の主要な性質に関する価値ある 1 次情報を与えてくれることもある．

● 壊滅的な洪水

A のタイプの急峻な波は，過去において激しい洪水氾濫の事例と関連づけられてきた．たとえば，アメリカ合衆国内の Johnstown の洪水は，今でも記録上最も大きな自然災害の 1 つである (たとえば, McCullough, 1968; Degen and Degen, 1984)．洪水は 1889 年 5 月 31 日の午後，前夜中に降った大雨の後に発生した．その原因は，Little Conemaugh 川の Johnstown より上流 23 km 地点，町より 135 m 高いところに位置する South Fork Creek の管理が悪かったダムの決壊である．ダムが 15 時 10 分に完全に決壊 (図 7.3) した後，場所によっては 15 m を超す高さの水の壁が谷間を荒れ狂うように通過した．これが 1 時間弱後の 16 時 07 分に Johnstown に到達すると，多少広がりはしたものの，その中心部は依然として少なくとも 10 m の高さがあった．Johnstown でのこの出来事は 10 分程度で終わったが，その後には，2,200 名の死者と，ほとんど完璧に破壊された町が残ったのである．

■ 例 7.1　Johnstown の洪水の性質

興味深いことに，報告された Johnstown の洪水の様子を式 (7.7) に照らして見ると理解できないことはなく，ある部分は有効パラメータを推定することで再現できる．このようなダム決壊問題は

図 7.3　空になった貯水池側から見た決壊した South Fork ダム．決壊幅は上部で約 130 m だった．洪水吐が右側，橋の直ぐ下に見える．洪水のサージは約 53 分で Johnstown に到達した．スケッチは Schell と Hogan による．(*Harper's Weekly*, 1889 より)

本質的に高い非定常性を有しており，徹底的な研究の対象となってきた(たとえば Yevjevich, 1975). しかしこの例では，貯水池が十分大きく，ダム決壊後には河道へ定常な流入が起きていたと仮定しよう．目撃者の話からサージの高さは $h_1 = 10\,\mathrm{m}$ 程度と思われる．平均傾斜 $S_0 = (135/23{,}000)$，粗度を $n = 0.07$ (表 5.1 参照) と仮定すると，式 (5.41) からサージの後ろの流速が $V_1 = 5.08\,\mathrm{m\ s^{-1}}$ と求まる．谷の横断面の断面積が流れ方向に大きくは変化しないこと，(よりよい情報がないため) サージ前方の谷では有効水深が $h_2 = 1.0\,\mathrm{m}$ 程度であることも (1 次近似として) 仮定すると，式 (7.7) からサージが波速 $c_s = 7.4\,\mathrm{m\ s^{-1}}$ で流下したことがわかる．つまり，波が 23 km の距離に到達するのに約 52 分が必要だったはずで，実際にもそのとおりであった．もちろん，この結果は仮定した n と h_2 の値を用いて得られており，他の同じくらい可能性のある組合せを用いても，同じ c_s の値を得ることができるだろう．たとえば，災害発生前に対して，流れがほとんどなくより滑らかな水路を表す $n = 0.05$ と $h_2 = 0\,\mathrm{m}$ を仮定してもほぼ同じ結果が得られる(問題 7.1 参照)．この谷で起きたダム決壊で，どの n, h_1, h_2 が適切か推定するにはより詳細な現地測量と解析が必要だろう．

1903 年 6 月 14 日の日曜午後遅くに，オレゴン州 Heppner の Willow Creek で，悪名高いが上の事例ほどには壊滅的でない突発的な洪水 (フラッシュフラッド，flash flood) が発生した．Morrow 郡の記録 (および Taylor and Hatton, 1999) によると，これは，町の南 10～15 km の丘陵中の主に Balm Fork の周辺約 50 km^2 の範囲において，後に約 35 mm と推定された強雨 (cloudburst) によりもたらされた．洪水は，17 時 00 分頃急激に町に侵入し，住民人口の 20 % 近い 247 名の死者を出し，全構造物の 1/3 を破壊した．1903 年 6 月 18 日付の *Heppner Gazette* 紙は「まったくの警報なしに，急峻な泡だらけの 40 フィート (12 m) の水の壁」の洪水が町を襲ったと報じている．このサージの高さは多分過大評価であろう．降雨イベントの詳細な時空間分布データなしでは，どのようにして流出が Willow Creek の谷沿いの狭所を通って，サージとなったのか知ることは難しい．それでも，この洪水が突然やってきたことや力が巨大だったことは，町の上流端に洗濯場があった

ことも疑いなくその原因の1つである．溜まった岩屑と合わさったこの構造物がまず水の通過を妨げ，しばらくして崩れ落ちると，溜まった水塊を急に放出したのであろう．

このタイプの他の例として，ペルーで氷雪崩によって引き起こされる，現地では aluviónes とよばれる氷河湖の決壊がある（たとえば Lliboutry *et al.*, 1977; Morales-Arnao, 1999）．これは，概してほとんど警告なしに発生し，氷塊，巨礫や泥が流れ下り，その経路に死と破壊を残していく．過去300年の間に，22 の大きな決壊洪水がこの地域の多くの町や村を破壊してきた．1941 年に Blanca 山脈上部でのモレーンダムの決壊により引き起こされたこのような aluvión は，Huaraz 市の約 1/3 を破壊し，推定で 5,000〜7,000 名の死者を生じさせた．

7.1.2 単斜上昇波（運動学的衝撃）

7.1.1 項で考察したサージは運動量方程式 (5.22) の動力学的な項のみを考慮して得られたものであるが，単斜上昇波 (monoclinal rising wave) はこの方程式の他の2項の釣り合いから得られ，（側方からの流入がなければ）$S_f = S_0$ である．加速度が非常に小さいので，流れを準定常等流と仮定でき，重要な力は摩擦抵抗と重力のみとなるのである．これはしばしば，動力学的衝撃 (dynamic shock) の運動学版とみなされる．波の先端部が，本質的には等流の2つの領域間を動く変換部を構成しているからである．

この問題もまた，波と同じ速度で移動する基準座標系に対して解析することができる（図 7.4）．これから，前と同様，連続の式に対して式 (7.5)，すなわち

$$c_s = \frac{q_2 - q_1}{h_2 - h_1} \tag{7.9}$$

が得られる．完全な運動学的システムでは，この結果は h またはその微分の不連続性を示唆している．というのは，c_s を一定に保つためには $q = q(h)$ が非線形であるにもかかわらず dq/dh が一定でなければならないためである．これが単斜上昇波を運動学的衝撃とも言い表してきた理由である．しかし，実際の河川では，主に（しかし決してそれだけではない）重力と摩擦に従う洪水による増水がこのような不連続性を示すことは普通なく，連続で滑らかである．増水は通常長距離にわたっており，変化部（衝撃）の幅はかなり大きいだろう．このような点から，式 (7.9) で予測されるタイプの運動が現実的に存在し持続できるのかという疑問が持ち上がる．この問題は，運動の完全な方程式 (5.22) を用いて，どのような条件下で拡散と波の急峻化が釣り合い，式 (7.9) を導出する際に仮定された一様進行流 (uniformly progressive flow) が安定するか考察することで解くことができる．移動基準座標系を用いると，単斜波の水面形が $h_1 > h_2 > h_{cr}$ であり，波の先端部が下流方向に無限に伸びている限りは仮定どおり安定であることを示せる．h_{cr} は限界水深である．また，大

図 7.4 2 つの準定常等流の流れの間の緩やかな移行状態としての単斜波．この伝播速度は式 (7.9) で与えられる．

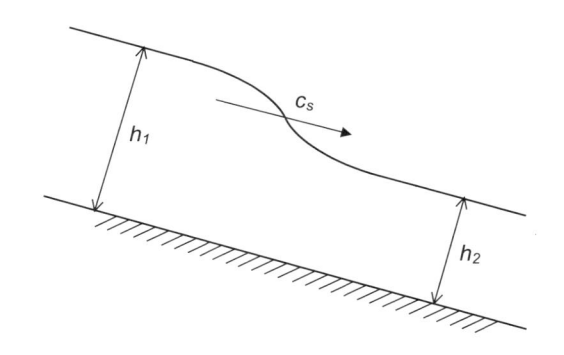

河川でのほとんどの実際例で，通常数十 km 程度である h_2/S_0 の距離内で，波が $0.90(h_1 - h_2)$ に上昇することも示せる．このことは，単斜上昇波が長い河川でうまく近似できることを意味する．解析の詳細は簡単ではあるものの，本書が扱う範囲外であり，他のさまざまな点については文献 (Lighthill and Whitham, 1955; Henderson, 1966) を参照すること．

微小な上昇に対して，式 (7.9) はクライツ・セドンの法則の式 (5.108) になる．また，運動学的衝撃の速度 c_s は式 (5.108) と (5.112) で定義されたキネマティックウェーブの波速 c_k に近づいていく．そこで式 (5.113)，すなわち広い水路に対しては，

$$c_k = (a + 1)V \tag{7.10}$$

が，それ以外に対しては式 (5.114) が得られる．a の値は表 5.2 に示されている．

7.2　集中型キネマティック法：マスキンガム法

マスキンガム法は，これが初めて適用されたオハイオ州 Muskingum 流域保全地域にちなんで名づけられている．Muskingum 川は Ohio 川の支流である．この方法が McCarthy (1938) により初めて提唱されて以来，マスキンガム法やそこから派生したいくつかの方法が水文学的な応用問題に広く用いられてきた．他にも集中型キネマティック法に基づく河流追跡法があり，その中で遅延追跡法 (lag-and-route method) (Meyer, 1941)，Kalinin-Milyukov の方法(たとえば Apollov et al., 1964, p.53)がおそらくよく知られている(たとえば Chow, 1959; Dooge, 1973)．マスキンガム法は多くの研究対象となってきており，その性質や限界がよく理解されているため河流追跡法の見本として扱える．

7.2.1　概念的な導出

マスキンガム法は，貯留式 (1.10) または (5.125) に基づいており，ここで便利なように書き直すと，

$$Q_i - Q_e = \frac{dS}{dt} \tag{7.11}$$

で，Q_i と Q_e はそれぞれ対象とする水路の入口と出口での単位時間あたりの流量である．Q_i と Q_e のハイドログラフを同一グラフ上に描くと，図 7.5 に示すように洪水波通過中にこの河川区間に貯留される水 S は，2 つの曲線間の累積面積である．マスキンガム法では，河道区間の対象体積に対する流入と流出量の重みづけ関数により S が与えられるという仮定によって，式 (7.11) のクロー

図 7.5　水路区間での流入ハイドログラフ $Q_i = Q_i(t)$ と流出ハイドログラフ $Q_e = Q_e(t)$．洪水波通過中の区間内の貯留量変化速度も合わせて示してある．流入量が流出量より多く $Q_i > Q_e$ である限り貯留量は増加し，これが逆転し，$Q_i < Q_e$ となると貯留は減少する．影をつけた部分は，貯留 $S = \int(Q_i - Q_e)\,dt$ が時間経過に伴ってどのように増加するかを示している．

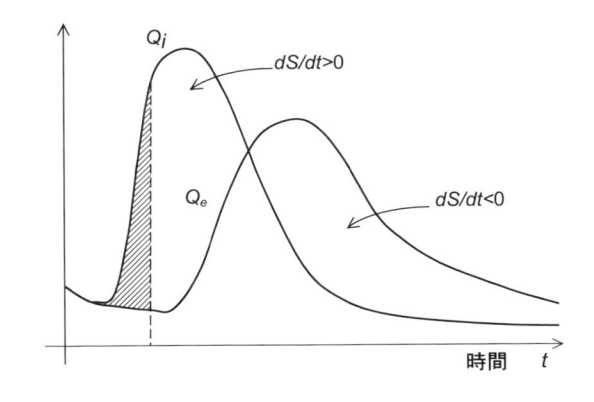

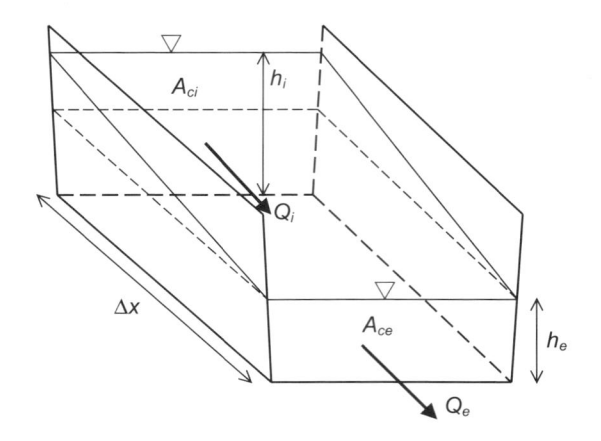

図 7.6 長さ Δx の水路区間の対象体積中に貯留される水．流入端，流出端それぞれにおいて，流積は A_{ci} と A_{ce} である．対応する両端での平均水深は h_i と h_e である．

ジャーがなされている．この関数を次のようにして求めることができる．

● マスキンガム貯留関数

流入点において，流量はしばしば流積のべき関数として近似できる．同じことが流出点でもいえる．つまり，

$$Q_i = \alpha_i A_{ci}^{\beta} \quad \text{および} \quad Q_e = \alpha_e A_{ce}^{\beta} \tag{7.12}$$

とおけ，α と β は定数，添字は対象とする河道区間の流入と流出断面を表している．たとえば，平均幅 B_c の広い水路に対しては，これらの定数は式 (5.39) から，$\alpha = (C_r S_0^b B_c^{-a})$ と $\beta = (a + 1)$ となる．河道区間に貯留された水の体積 S は，河道区間の長さ Δx と平均流積を乗じた

$$S = [XA_{ci} + (1 - X)A_{ce}]\Delta x \tag{7.13}$$

となる．X は相対的な重みを表す定数で，流入端と流出端の流積が平均流積の決定に果たす程度を表す（図 7.6）．式 (7.12) を式 (7.13) に代入すると，

$$S = [X\alpha_i^{-1/\beta}Q_i^{1/\beta} + (1 - X)\alpha_e^{-1/\beta}Q_e^{1/\beta}]\Delta x \tag{7.14}$$

が得られる．さらに，流入端と流出端の断面が相似であり，すべての定数を 1 つの定数 K にまとめられ，このシステムが線形で $\beta = 1$ を仮定できるとすれば，最終的にマスキンガムの貯留関数 (Muskingum storage function)

$$S = K[XQ_i + (1 - X)Q_e] \tag{7.15}$$

が得られる．定数 K は貯留係数 (storage coefficient) ともよばれる．式 (7.15) を貯留関数 (7.11) に代入すると，

$$Q_e + K(1 - X)\frac{dQ_e}{dt} = Q_i - KX\frac{dQ_i}{dt} \tag{7.16}$$

の支配微分方程式が得られる．

● パラメータの解釈

前進中の洪水波の 2 つの主な属性を考察することで，パラメータ K と X の性質を調べることができる．この 2 つは洪水波が対象区間を通過するのに要する時間と，その際の洪水波の水面形の変化である．以下で使われるモーメントは，第 13 章で定義されている．

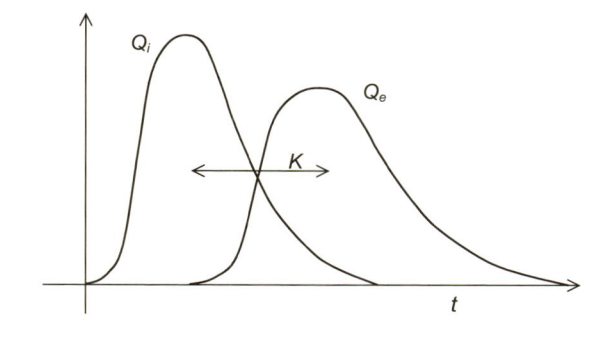

図 **7.7** 洪水波の河道区間の流下時間 t_t は，流入ハイドログラフと流出ハイドログラフの図心間の時間である．線形マスキンガム貯留関数は $t_t = K$ で与えられる．

洪水波の平均発生時間は，原点の周りの 1 次モーメントで m'_1 または μ と表される．この量はまた，ハイドログラフの図心（面積の中心点）ともよばれる．そこで図 7.7 に示されるように，流下時間 (travel time) は，河道区間の流入と流出断面における平均発生時間の差 $t_t = m'_{e1} - m'_{i1}$ である．前と同様，添字の e と i は，対象とする河道区間の流入と流出断面を表している．別表現では，流下時間は流入波 $Q_i(t)$ の図心と流出波 $Q_e(t)$ の図心の差

$$t_t = \frac{\int_0^\infty tQ_e\,dt}{\int_0^\infty Q_e\,dt} - \frac{\int_0^\infty tQ_i\,dt}{\int_0^\infty Q_i\,dt} \tag{7.17}$$

となる．式 (7.17) 分母の積分はゼロ次モーメントで，Q を無次元化するのに必要である．理想的な条件として，河道区間に側方からの流入と流出がなければ両者は等しくなる．式 (7.16) を式 (7.17) に代入すると，

$$t_t = -K \int_0^\infty t\frac{d}{di}[XQ_i + (1-X)Q_e]\,dt \,/\, \int_0^\infty Q_i\,dt \tag{7.18}$$

が得られ，部分積分と Q_i と Q_e がともに t を無限大にした時にゼロとなるという条件を課すと，最終的に

$$t_t = K \tag{7.19}$$

の結果が得られる．言葉で表すと，式 (7.19) は K が洪水波の遅れの程度である河道区間を流下するのに要する時間 t_t を表す．したがって，河道区間の長さが Δx の場合，マスキンガム波の波速は，

$$c_m = \Delta x/K \tag{7.20}$$

で与えられる．

洪水波ハイドログラフの幅，すなわち平均継続時間はその形を表すわかりやすい尺度の 1 つであり，平均値の周りの 2 次モーメントの平方根 $\sqrt{m_2}$ である標準偏差 σ を用いてうまく特徴を表すことができる．つまり，河道区間通過後の洪水波ハイドログラフの形の変化は，流入，流出ハイドログラフの 2 次モーメントの差 $(m_{e2} - m_{i2})$ として記述できる．式 (13.12) に示すとおり，平均値の周りの 2 次モーメントは原点周りのモーメントと関係づけられるので，この差は，

$$(m_{e2} - m_{i2}) = (m'_{e2} - m'_{i2}) - (m'_{e1})^2 + (m'_{i1})^2 \tag{7.21}$$

と表せ，原点周りの 2 つのモーメントの差は

$$(m'_{e2} - m'_{i2}) = \frac{\int_0^\infty t^2 Q_e \, dt}{\int_0^\infty Q_e \, dt} - \frac{\int_0^\infty t^2 Q_i \, dt}{\int_0^\infty Q_i \, dt} \tag{7.22}$$

で与えられる．前と同様，式 (7.22) の 2 つの項の分母は，河道区間に他に流入と流出がなければ等しいはずである．式 (7.16) を (7.22) に代入して

$$(m'_{e2} - m'_{i2}) = -K \int_0^\infty t^2 \frac{d}{dt}[XQ_i + (1-X)Q_e] \, dt \left/ \int_0^\infty Q_i \, dt \right. \tag{7.23}$$

が得られる．式 (7.23) を部分積分し，式 (7.18) から (7.19) を導出したのと同じ操作を利用すると

$$(m'_{e2} - m'_{i2}) = 2K(m'_{e1} - KX) \tag{7.24}$$

が得られる．最終的に，式 (7.24) を (7.21) に代入し，式 (7.19) から $m'_{e1} - m'_{i1} = K$ であることを思い起こすと，

$$(m_{e2} - m_{i2}) = K^2(1 - 2X) \tag{7.25}$$

の結果が得られる．

式 (7.15) の概念的な導出において，X は単に流入と流出断面の相対的な効果に対する重みとして導入された．したがって，純粋な貯水池の場合には，流出端の洪水吐で水位が制御された水平な水面を洪水波は通過し，貯留量 S は流入量に依存せず $X = 0$ である．一方，水平な水面を有する一様な矩形水路では，2 つの断面は等しく重みづけされるべきで，理想的には $X = 0.5$ となる．式 (7.25) により X をさらに深く解釈できる．すでに式 (7.19) では，K が河道区間中の平均滞留時間を表すことが示された．式 (7.25) 中の 2 つの 2 次モーメントと K^2 は基本次元 $[\mathrm{T}^2]$ をもつ．そこで $\sqrt{1 - 2X}$ は，波が河道区間を通して移動する際の（流れ方向の）幅の増加速度を反映している．質量は保存されるので，$\sqrt{1 - 2X}$ はその高さの減少，すなわち洪水ハイドログラフのピーク流量の減少速度も反映しなければならない．式 (7.25) から，2 つのモーメントの差が最大になるのは $X = 0$ の時で，これは純粋な貯水池での場合である．一方，式 (7.25) によれば，$X = 1/2$ の場合波は変形せず，元の形を保ったまま移動する．洪水波のピークはその経路に沿って減少するので，原則として X は 0.5 より小さくなければならない．

7.2.2 解析解

常微分方程式 (7.16) は容易に解くことができる．1 つのよく使われる方法では，$\exp[t/K(1-X)]$ を両辺に乗じる．これから

$$\frac{d}{dt}\left(e^{t/K(1-X)}K(1-X)Q_e\right) = -KX\frac{d}{dt}\left(e^{t/K(1-X)}Q_i\right) + \frac{K}{1-X}e^{t/K(1-X)}Q_i \tag{7.26}$$

が得られる．

最後に式 (7.26) を積分すると，任意の流入量 $Q_i = Q_i(t)$ から生じる流出量 Q_e が

$$Q_e = \frac{e^{-t/K(1-X)}}{K(1-X)^2} \int Q_i(\tau) e^{\tau/K(1-X)} \, d\tau - \frac{X}{(1-X)} Q_i(t) + 定数 \tag{7.27}$$

として求まり，定数はある基準時間における流量に依存して決まる値である．

● 単位応答関数

これは，$t = 0$ に流入断面において河道区間に流入する単位インパルスに対して生じる流出量である（付録参照）．そこでディラックのデルタ関数で与えられる流入量 $Q_i = \delta(t)$ を用いて，式 (7.27) から

$$u(t) = \frac{e^{-t/K(1-X)}}{K(1-X)^2} - \frac{X\delta(0)}{(1-X)} \tag{7.28}$$

が得られる.

● 単位応答のはじめの2つのモーメント

関数を記述するもう1つの方法として,そのモーメントの利用がある.これは,単位応答関数 (7.28) に対して以下のようにして決めることができる.単位応答関数の原点周りの1次モーメントは(第13章参照)

$$m'_{u1} = \frac{\displaystyle\int_0^\infty tu\,dt}{\displaystyle\int_0^\infty u\,dt} \tag{7.29}$$

である.単位応答式 (7.28) を用いて,式 (7.29) 分母の積分,すなわちゼロ次モーメントが当然そうなるはずの1に等しいことを確かめることができる.さらに,デルタ関数 $\delta(0)$ の1次モーメントはゼロである.そこで,式 (7.28) を代入すると,式 (7.29) を

$$m'_{u1} = \int_0^\infty t\frac{e^{-t/K(1-X)}}{K(1-X)^2}\,dt \tag{7.30}$$

と書き直せる.部分積分の後,単位応答の1次モーメントが実際マスキンガム法のパラメータ K と等しく

$$m'_{u1} = K \tag{7.31}$$

となることがわかる.

単位応答の原点周りの2次モーメントは,

$$m'_{u2} = \frac{\displaystyle\int_0^\infty t^2 u\,dt}{\displaystyle\int_0^\infty u\,dt} \tag{7.32}$$

で与えられる.1次モーメントと同じ方法で進めると,この原点周りの2次モーメントをマスキンガム法のパラメータを用いて

$$m'_{u2} = 2K^2(1-X) \tag{7.33}$$

と表せることがわかる.平均値周りの2次モーメントが,はじめの2つのモーメントと関連づけられている(式 (13.12) 参照)ので,最終的に,

$$m_{u2} = K^2(1-2X) \tag{7.34}$$

が得られる.高次モーメントも同じようにして得ることができる.

ところで,式 (7.31) と (7.34) をそれぞれ式 (7.19), (7.25) と比較すると,$m'_{u1} = (m'_{e1} - m'_{i1})$ および $m_{u2} = (m_{e2} - m_{i2})$ となることがわかる.これは驚くべきことではない.実際マスキンガム法での河道区間は線形システムであり,式 (A.22) と (A.28) で与えられるモーメントの定理が完全に適用できる.

7.2.3 標準的な実行方法

● 数値計算

解析解はマスキンガム法の式の構造を理解するのに役立つが,それを観測で得られた河川流量データに適用するのは難しい.水文学ではマスキンガム法は普通有限時間幅 Δt に対して適用され

る．この目的に対して，式 (7.11) は

$$\frac{1}{2}(Q_{i1} + Q_{i2})\Delta t - \frac{1}{2}(Q_{e1} + Q_{e2})\Delta t = S_2 - S_1 \tag{7.35}$$

のように近似できる．ここで添字の 1 と 2 は，時間 Δt のはじまりと終わりを表す．式 (7.15) を代入すると，これは

$$\begin{aligned}
\frac{1}{2}(Q_{i1} + Q_{i2})\Delta t &- \frac{1}{2}(Q_{e1} + Q_{e2})\Delta t \\
&= K\{[XQ_{i2} + (1-X)Q_{e2}] - [XQ_{i1} + (1-X)Q_{e1}]\}
\end{aligned} \tag{7.36}$$

となり，項を集めた後，係数を導入して式 (7.36) は

$$Q_{e2} = c_0 Q_{i2} + c_1 Q_{i1} + c_2 Q_{e1} \tag{7.37}$$

となる．この中で，各係数は

$$c_0 = \frac{-2X + \Delta t/K}{2(1-X) + \Delta t/K} \quad c_1 = \frac{2X + \Delta t/K}{2(1-X) + \Delta t/K} \quad c_2 = \frac{2(1-X) - \Delta t/K}{2(1-X) + \Delta t/K} \tag{7.38}$$

で与えられ，明らかに，$(c_0 + c_1 + c_2) = 1$ であることが求められる．

● パラメータの制約

　　実用的な適用でマスキンガム法がうまく働くには，そのパラメータは多数の制約を満たさねばならない．この方法が初期に発展した頃には基礎となる仮定が完全には理解されていなかったため，この問題にはあまり注意が払われなかった．そのため，この方法は（負の流量のような）望ましくない結果を生み出すこともあったのである．時間ステップ Δt，河道区間の長さ Δx の重みづけパラメータ X の値は，計算結果に影響を与えるためその選択には注意を払う必要がある．

1. すでに議論したように，式 (7.25) は X が 0.5 を超すべきではないことを示している．実際 0.5 を超える値を与えると，下流に行くにつれ洪水のピークが増加することになるだろう．このようなことは，集中型キネマティック法が適用できる条件では決して生じない．さらに，負の X の値を与えると，式 (7.15) から河川区間へのより大きな流入量があると，より少ない貯留量が生じてしまう．そこで X には次の制約を与える．

$$0 \leq X \leq 0.5 \tag{7.39}$$

2. マスキンガム法には，いくつかの時間スケールが含まれている．すなわち，数値解における有限時間ステップ Δt，水路中の流下時間あるいは遅れを表す K，入力洪水波を代表する寿命（たとえばピークに達するまでの時間 t_p）である．洪水波の時間変化を十分な時間分解能で表すためには，Δt が入力洪水波の寿命に比べて小さくなるべきなのは当然である．このため，通常

$$\Delta t \leq a t_p \tag{7.40}$$

が仮定される（たとえば Jones, 1981; Ponce and Theurer, 1982）．ここで a は 4〜（どちらかといえば）5 程度の値である．

3. いくつかの研究が河道区間の最適長さ Δx を扱ってきたが，文献中で一般的な意見の一致はない．式 (7.20) からわかるように，Δx と K は関係しており，Δx の大きさが式 (7.37) と (7.38) を用いた計算に影響を与えるのである．マスキンガム法の元々の適用では，Δx は追跡の行われる全区間の長さとされていた．より最近の適用例では，河道の全長を多くの Δx の長さに細分し，計算は個々の細分した区間で行う．Miller and Cunge (1975) により提案された確実に負の流量が生じないようにするための 1 つの単純な制約は，式 (7.37) の全係数が正でなければならないというものである．そこで，式 (7.38) と (7.20) から，

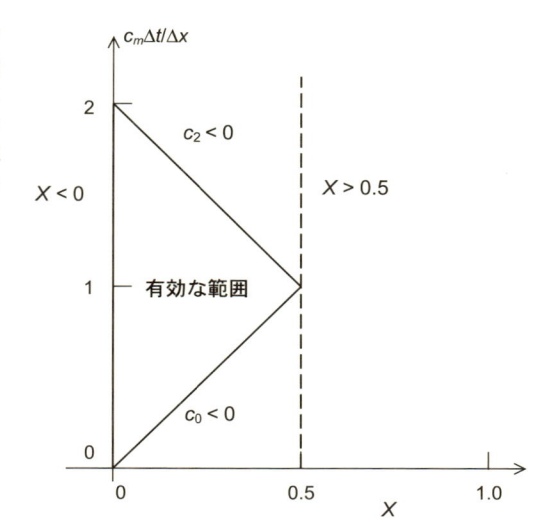

図 **7.8** 太線で表した三角形の部分は，マスキンガム式が有効な範囲を示している．三角形の内側は，式 (7.41) に示されるように，$0 \leq X \leq 0.5$ という条件と c_0, c_1, c_2 がすべて正であるという条件を満たした部分である．c_m は波速である．（原図は Miller and Cunge, 1975）

$$\frac{\Delta x}{\Delta t} \leq \frac{c_m}{2X}$$

$$\frac{\Delta x}{\Delta t} \geq \frac{c_m}{2(1 - X)} \tag{7.41}$$

を厳密に言えば満たすべきであると考えることができる．これから，式 (7.39) を用いて図 7.8 をつくることができる．実際の適用では，キャリブレーションに必要な洪水ハイドログラフを，望ましい距離の河川区間に対して得られないかもしれない．しかし，入手できる粗い空間分解能のハイドログラフのデータを内挿することで，より短い Δx のハイドログラフを生み出せる場合もある．Laurenson (1959) は，この内挿を行うことで結果が向上する例を示している．

ある場合には，これらの制約 1〜3 に厳密に従うのは難しいかもしれない．しかし，幸いなことにマスキンガム法には頑健性があり，式 (7.41) のような基準を満たさない場合も必ずしも意味のない結果になってしまうわけではない．たとえば Weinmann and Laurenson (1979) は，計算で負の流出が生じたが，

$$\Delta x \leq \frac{t_p c_m}{2X} \tag{7.42}$$

の基準が満たされている限り，この負の流出量は小さくまた短期間しか現れないので，実用的な目的では無視できることを報告している．なお，式 (7.40) から，この基準は式 (7.41) のはじめの式の基準を緩めたものであることがわかる．

7.3　マスキンガム法のパラメータの推定

7.3.1　過去の洪水波事例を用いたキャリブレーション

● マスキンガムの貯留関数を用いた推定

　この方法の特に初期の適用においては，通常 X と K のパラメータは対象区間の既存の流入と流出データから推定された．この方法では，流量データを各区間の貯留量を決定するのに用い，これから貯留関数 (7.15) を導出する．実際には，まず式 (7.35) を用いて S を Q_i と Q_e から表 7.1 に示すようにして求める．初期値 S_1 は未知であるが，この値は重要ではない．計算においては，切片がゼロの式 (7.15) を用い普通これをゼロとおく．

表 7.1　流入・流出ハイドログラフからの貯留量 S の推定

流入量	平均流入量	流出量	平均流出量	貯留量の差	貯留量
Q_{i1}		Q_{e1}		式 (7.35) より	S_1
	$(Q_{i1}+Q_{i2})/2$		$(Q_{e1}+Q_{e2})/2$	(S_2-S_1)	
Q_{i2}		Q_{e2}			S_2
	$(Q_{i2}+Q_{i3})/2$		$(Q_{e2}+Q_{e3})/2$	(S_3-S_2)	
Q_{i3}		Q_{e3}			S_3
	$(Q_{i3}+Q_{i4})/2$		$(Q_{e3}+Q_{e4})/2$	(S_4-S_3)	
Q_{i4}		Q_{e4}			S_4
以下繰り返し					

次のステップでは，さまざまな X の値を試行的に用いて，重みづけした流入と流出量 $[XQ_i + (1-X)Q_e]$ に対して S の値をプロットしてみる．そして，ループの生じない，一価関数となる直線を最もよく近似する X の値を選択する．この K の値はこの直線の傾きであり，理想的にはその切片は $-S_1$ である．この方法の主な欠点は，最適さを決定するのに客観的な基準がない点にある．それどころか，この方法では通常曲がっているループに直線をあてはめることで X を試行錯誤的に調節している．それでも，この方法は単純であり，以下の例で示すように容易に実行できる．

■ **例 7.2　マスキンガム法の標準的な適用**

例として，表 7.2 に示してある河道区間に対する流量 Q_i, Q_e を考察してみよう．この表には，表 7.1 ですでに概略を示したパラメータ推定に必要な計算結果も載せてある．貯留の増分 ΔS を式 (7.35) で計算し，次のカラムで積算し区間の貯留量 S を得ている．次にこれらの値を，試行的に選んださまざまな重みづけパラメータ X を用いて $XQ_i + (1-X)Q_e$ に対してプロットする．$X = 0.3$ の値が式 (7.15) の最もよい一価関係を与えているように見える．これを図 7.9 に示す．同時に，この関係が X を変えるとどのように変化するかを示すため，極端な値である $X = 0.1, 0.5$ に対する曲線も描いてある．$X = 0.3$ に対する式 (7.15) の形の回帰式は，$S = 1.99(0.3Q_i + 0.7Q_e) - 489$ である．（このことから，図 7.9 の回帰直線が式 (7.15) に従って原点を通るようにするには，河道区間の初期貯留量を表 7.2 で採用した $S = 0$ ではなく，$S = 489\,\mathrm{m^3\,h\,s^{-1}}$ と仮定できたことが示唆される．）流下河道区間の流下時間は $K = 1.99\,\mathrm{h}$ である．これら X と K の値を用いると式 (7.37) は $Q_{e2} = -0.051Q_{i2} + 0.579Q_{i1} + 0.472Q_{e1}$ となる．図 7.10 において計算した流出ハイドログラフをキャリブレーションに用いた元々の Q_e データ（すなわち，表 7.2 に示した値）と比較してある．

● **最適化手法を用いた推定：最小二乗法**

パラメータ推定の目的のためには，マスキンガム法での水路をより客観的なシステム論的な方法（12.2.1 項と比較参照）が適用できるブラックボックスとして扱う．以下に最小二乗法を例として示す．

式 (7.37) の単純な形から，定数である係数を重回帰によって推定することが可能であることに気がつく．しかし，ここで係数が $c_0 + c_1 + c_2 = 1$ の制約を満たさねばならないという 1 つの問題がある．このことは，変数 $y = Q_{e2} - Q_{e1}, x_1 = Q_{i2} - Q_{e1}, x_2 = Q_{i1} - Q_{e1}$ を定義し，式 (7.37) を

$$y = c_0 x_1 + c_1 x_2 \tag{7.43}$$

と書き直すことでうまく処理できる．この式は，y の x_1 および x_2 に対する原点を通る線形回帰と見なせる．最小二乗法を式 (7.43) に適用すると，最適な係数は，

表 **7.2** 例 7.2 でのマスキンガム河道追跡法の適用

経過時間 (h)	Q_i $(\mathrm{m^3s^{-1}})$	Q_e $(\mathrm{m^3s^{-1}})$	ΔS $(\mathrm{m^3h\,s^{-1}})$	S $(\mathrm{m^3h\,s^{-1}})$	$XQ_i + (1-X)Q_e$		
					$X = 0.1$	$X = 0.3$	$X = 0.5$
0	172	139		0	143	149	156
1	250	124	79	79	137	162	187
2	438	220	172	251	241	285	329
3	736	342	306	557	382	460	539
4	1,077	542	464	1,021	596	703	810
5	1,622	805	675	1,696	887	1,050	1,214
6	2,090	1,271	818	2,514	1,353	1,517	1,681
7	2,294	1,684	714	3,229	1,745	1,867	1,989
8	2,247	1,973	442	3,670	2,001	2,055	2,110
9	2,090	2,169	98	3,768	2,161	2,145	2,130
10	1,622	2,090	−273	3,495	2,044	1,950	1,856
11	1,271	1,895	−546	2,948	1,833	1,708	1,583
12	1,015	1,622	−615	2,333	1,561	1,440	1,318
13	844	1,333	−548	1,785	1,285	1,187	1,089
14	711	1,077	−428	1,357	1,040	967	894
15	627	891	−315	1,042	864	812	759
16	549	759	−236	806	738	696	654
17	488	651	−186	620	634	602	569
18	433	558	−143	477	545	520	495
19	388	496	−116	360	485	464	442
20	343	434	−100	261	425	407	389
21	313	396	−87	174	388	371	355
22	283	350	−75	99	343	330	317
23	266	319	−60	39	314	303	293
24	249	296	−50	−12	291	282	272
25	236	265	−38	−50	263	257	251
26	224	235	−20	−70	234	232	230
27	213	220	−9	−79	219	218	216
28	201	204	−5	−84	204	203	203
29	192	197	−4	−88	196	195	194
30	182	189	−6	−94	188	187	186

$$c_0 = \frac{\sum yx_1 \sum x_2^2 - \sum yx_2 \sum x_1 x_2}{\sum x_1^2 \sum x_2^2 - \left(\sum x_1 x_2\right)^2}$$

$$c_1 = \frac{\sum yx_2 \sum x_1^2 - \sum yx_1 \sum x_1 x_2}{\sum x_1^2 \sum x_2^2 - \left(\sum x_1 x_2\right)^2}$$

(7.44)

で求まる．そしてもちろん $c_2 = 1 - c_0 - c_1$ である．総和記号はハイドログラフが存在する時間範囲に対して適用する．これから（最小二乗の意味合いで）「平均的に」よい結果を出す係数が得られる．しかし，ピーク流量周りの流量の例などハイドログラフのある部分でより高い精度が必要とされるなら，加算を狭い時間範囲で行うことが望ましいだろう．

決められたこれら 3 つの係数 c_0, c_1, c_2 を用いると，式 (7.37) を任意の追跡問題に利用することができる．マスキンガム法のパラメータが何らかの理由で必要な場合には，これらの係数から，式 (7.38) を書き直した．

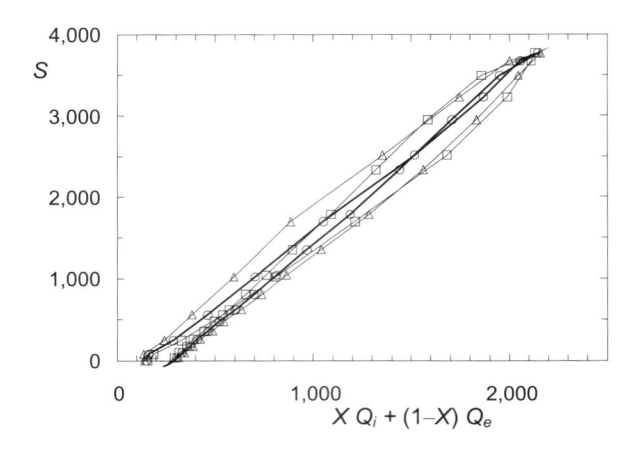

図 **7.9** $X = 0.1$（△），0.3（○），0.5（□）に対する重みづけした流量 $XQ_i + (1 - X)Q_e$ $(\mathrm{m^3 s^{-1}})$ の関数としての水路区間の貯留量 S $(\mathrm{m^3 h s^{-1}})$．流量は例 7.2 で表 7.2 にあげた値を用いている．

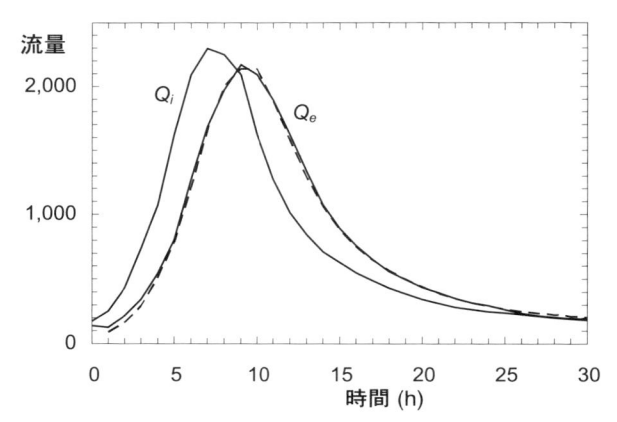

図 **7.10** 表 7.2 にあげられ，例 7.2 で用いた流入端 (Q_i) と流出端 (Q_e) における観測値のハイドログラフ（実線）．破線は $X = 0.3$ および $K = 1.99\,\mathrm{h}$ としてマスキンガム法で計算された流出ハイドログラフである．流量の単位は $\mathrm{m^3\,s^{-1}}$．

$$K = (c_1 + c_2)/(c_0 + c_1)$$
$$X = 0.5(c_1 - c_0)/(c_1 + c_2)$$

(7.45)

を用いて求めることができる．

■ **例 7.3　重回帰の方法の適用**

　　この方法を説明するのに，表 7.2 と図 7.10 に示された例 7.2 の Q_i と Q_e のハイドログラフが利用できる．式 (7.44) で必要な和が，以下となることを確かめること．$\sum yx_1 = 2{,}772{,}315$，$\sum yx_2 = 1{,}942{,}872$，$\sum x_1^2 = 8{,}383{,}823$，$\sum x_2^2 = 3{,}838{,}571$，$\sum x_1 x_2 = 5{,}454{,}548$（単位は表 7.2 の単位の平方）．式 (7.44) から係数が $c_0 = 0.018$，$c_1 = 0.480$，$c_2 = 0.502$ と決まる．マスキンガム法のパラメータは，式 (7.45) を用いて $K = 1.97\,\mathrm{h}$ および $X = 0.24$ と求まる．これらの値はすべて，例 7.2 で標準的な試行錯誤法により求めた値と近い．実際 Q_e のハイドログラフを描くと，$K = 1.99\,\mathrm{h}$ および $X = 0.3$ に対する図 7.10 の曲線との違いを見つけるのは難しいだろう．

7.3.2　水路の物理的特性によるパラメータ推定

● マスキンガム波の拡散的な振る舞い

　　5.4.3 項で説明した線形キネマティックウェーブの性質には，水路中を波速 c_{k0} で伝播するがその形の変化は起きないというものがあった．このためマスキンガム波が 5.4.4 項で説明したのと同じ近似に基づいているのに，その性質が明らかにこのキネマティックウェーブの性質とは異なることが，過去しばらく技術者をまごつかせた．実際，図 7.10 に示されるように，マスキンガムの洪水波

は時間とともに移動するだけでなくその形も変わっている.

　現在では，計算された波形の変化が，基になっている物理の結果ではなく，微分を有限差分の比として近似したことから生じる数値拡散の結果であることがわかっている. 集中型キネマティック法はすべて貯留方程式 (7.11) に基づいている. この方程式は，空間微分を距離 Δx 間の差として近似し，連続の式を離散化したものである. Cunge (1969) が指摘したように，この近似が計算結果の波の広がりを引き起こしているのである.

　式 (7.37) から側方からの流入がない場合の偏微分方程式 (5.111) を再現することで，有限差分近似によってもたらされた拡散部分を決めることができる. 添字の 1 と 2 は，時間幅 Δt のはじまりと終わりと表すことを思い起こすこと. 同様に，添字の i と e は，区間 Δx の流入端と流出端を表している. 今回の目的に対して，4つの Q を流量 $Q(x, t)$ を用いてテイラー展開により

$$
\begin{aligned}
Q_{i1} &= Q \\
Q_{i2} &= Q + \frac{\partial Q}{\partial t}\Delta t + \frac{1}{2}\frac{\partial^2 Q}{\partial t^2}(\Delta t)^2 + \cdots \\
Q_{e1} &= Q + \frac{\partial Q}{\partial x}\Delta x + \frac{1}{2}\frac{\partial^2 Q}{\partial x^2}(\Delta x)^2 + \cdots \\
Q_{e2} &= Q + \frac{\partial Q}{\partial t}\Delta t + \frac{1}{2}\frac{\partial^2 Q}{\partial t^2}(\Delta t)^2 + \cdots \\
&\quad \cdots + \frac{\partial}{\partial x}\left(Q + \frac{\partial Q}{\partial t}\Delta t + \cdots\right)\Delta x + \frac{1}{2}\frac{\partial^2}{\partial x^2}(Q\ldots)(\Delta x)^2 + \cdots
\end{aligned}
\tag{7.46}
$$

のように表すことができる. ここで 3 次以上の高次項は無視してある. 式 (7.46) を (7.37) に代入し，$[(1 - c_0)\Delta t]$ で除すと

$$
\frac{\partial Q}{\partial t} + \frac{\Delta x(1 - c_2)}{\Delta t(1 - c_0)}\frac{\partial Q}{\partial x} + \frac{(\Delta x)^2(1 - c_2)}{2\Delta t(1 - c_0)}\frac{\partial^2 Q}{\partial x^2} + \frac{\Delta t}{2}\frac{\partial^2 Q}{\partial t^2} + \frac{\Delta x}{(1 - c_0)}\frac{\partial^2 Q}{\partial x \partial t} = 0
\tag{7.47}
$$

の偏微分方程式が求まる. この結果は式 (7.37) から得られたが，原理的には，式 (7.37) は（側方からの流入 Q_l がない場合の）キネマティックウェーブ式 (5.111) にすぎない. キネマティックウェーブ式には，1 階微分しか含まれていない. そこでこのことから，式 (7.47) のはじめ 2 項がキネマティックウェーブ式 (5.111) の対応する微分項を表すことがわかる. また，2 階微分を含む式 (7.47) の残りの 3 項が，有限差分近似によって表面的にもたらされたものであることも示唆される. これを次のようにして確かめることができる. 式 (7.38) を各定数に代入すると，式 (7.47) の第 2 項の係数は $(\Delta x / K)$ となる. Δx は河道区間の長さで，K がこの洪水波の流下時間なので，その比は式 (7.20) ですでに定義したマスキンガム法の波速 c_m である. キネマティックウェーブ式 (5.111) で対応する係数は c_k である. このことから，マスキンガム法の波速が，実際キネマティックウェーブの波速であり，

$$
c_m = c_k
\tag{7.48}
$$

であることがわかる. 式 (7.47) の残りの 3 項は，（$Q_l = 0$ に対して式 (5.111) を微分し，式 (7.48) を用いることで得られる）

$$
\begin{aligned}
\frac{\partial^2 Q}{\partial x \partial t} &= -(\Delta x / K)\frac{\partial^2 Q}{\partial x^2} \\
\frac{\partial^2 Q}{\partial t^2} &= (\Delta x / K)^2\frac{\partial^2 Q}{\partial x^2}
\end{aligned}
\tag{7.49}
$$

のキネマティックウェーブの恒等式により1つの項にまとめることができる.最終的に式を整えると式 (7.47) は

$$\frac{\partial Q}{\partial t} + \frac{\Delta x}{K}\frac{\partial Q}{\partial x} - \frac{(\Delta x)^2(1 - 2X)}{2K}\frac{\partial^2 Q}{\partial x^2} = 0 \tag{7.50}$$

となる.これは標準的な移流拡散方程式で,移流係数はキネマティックウェーブの波速

$$c_{k0} = \Delta x/K \tag{7.51}$$

で与えられ,拡散係数は

$$D_0 = c_{k0}(1 - 2X)\Delta x/2 \tag{7.52}$$

である.前と同様,ここで添字の 0 は線形性を表している.式 (7.52) は,Δx の離散化が貯留方程式に内在する拡散効果の原因となっていることを示している.Δx が微分となるゼロに近づく極限では,拡散性は消失する.これは式 (7.51) の波速では成り立たない.流下時間 K もゼロに近づくためである.

● **物理的根拠のあるパラメータ推定:MCD 法**

MCD は Muskingum-Cunge-Dooge を表しており,この方法を独立に導いた2名の研究者の名前である.

Cunge (1969) が提案したように,マスキンガム法での数値拡散を X と K のパラメータ推定でうまく利用できる.このためには,数値拡散が流れの水理特性から生じる実際の拡散と等しいとする.つまり,式 (7.51) と (7.52) が,それぞれ式 (5.94),(5.93) 式と等しいとすると,

$$K = \frac{\Delta x}{dQ_0/dA_{c0}} \tag{7.53}$$

が得られ,これは,幅の広い水路に対しては $\Delta x/[(a + 1)V_0]$ と等しく,また

$$X = \frac{1}{2} - \frac{bQ_0}{c_{k0}B_c S_0 \Delta x} \tag{7.54}$$

が得られる.Q_0 は水路の典型的な基準となる流量,b は式 (5.39) のパラメータで,普通,乱流流れに対して $1/2$ とする(表 5.2 参照).c_{k0} はキネマティックウェーブの波速,B_c は水路幅,S_0 は河床勾配,Δx は河道区間の長さである.拡散係数のより正確な式 (5.98) を用いると,

$$X = \frac{1}{2} - \frac{bQ_0}{c_{k0}B_c S_0 \Delta x}(1 - a^2 \mathrm{Fr}_0^2) \tag{7.55}$$

である.水路が十分に広い場合,クライツ・セドンの法則の式 (5.108) を用いて,式 (7.55) をさらに単純に

$$X = \frac{1}{2} - \frac{bh_0}{(a + 1)S_0 \Delta x}(1 - a^2 \mathrm{Fr}_0^2) \tag{7.56}$$

と表せる.これらの X の式は,X が通常 0.5 より小さいことを示している.

Dooge (1973) はこれと別の方法として,マスキンガム法のパラメータ K, X をそのはじめの2つのモーメント (7.31) と (7.34) と単位応答式 (5.72) から得られるはじめの2つのモーメントが等しいとおくことで決定した.この応答関数は,浅水完全線形化方程式 (5.67) の厳密解として得られたことを思い起こすこと.この導出の詳細はここで扱う範囲外だが,結果として得られる式が式 (7.53), (7.56) と等しいことを示すのは容易である.このことは,式 (7.53) と (7.56) を用いてマス

キンガム法を適用すると，波動の平均伝播速度と分散が厳密解で得られるものと間違いなく同じとなることを示している．また，式 (7.53)〜(7.56) で与えられるマスキンガム法のパラメータは，導出をざっとレビューした Cunge (1969) の結果から示唆されるよりずっとよいものであることも意味する．これらの表現は，拡散近似と一致するのみならず，浅水完全線形化方程式 (5.67) とも一致しているのである．

● 実際的な適用：線形か非線形か

標準的なマスキンガム法の適用において，K と X のパラメータは通常定数と考え，対象水路区間の特性として扱われる．しかし，物理的根拠に基づく式 (7.53) と (7.54) からは，Δx が一度決められれば，実際には K と X が基準流量 Q_0 に依存することがわかる．実際の流量 Q が基準流量 Q_0 からわずかしかずれていなければ，線形アルゴリズムがうまく働くことが期待できる．洪水波の場合，普通は大きなずれがあり，またマスキンガム法が本質的に線形なため，最適な結果を求めるためには式 (7.53) と (7.54) で Q_0 をいくつにすべきかという問題が生じる．いくつかの研究がこの点に焦点をあててきた．

実のところ，式 (7.53) と (7.54) の形からマスキンガム法を非線形な方法で適用する可能性が生じる．Cunge (1969) は，マスキンガム法のパラメータを過去に観測されたイベントの範囲を超えて外挿することができるよう Q_0 を調節することをすでに提案している．Miller and Cunge (1975, p.226) はその後，計算の各時間ステップごとに時間 t における流量 Q に対応する値を Q_0 と (dQ_0/dA_{c0}) として与え調節することで，パラメータを時間の関数 $K = K(Q(t))$，$X = X(Q(t))$ として扱った．彼らはこの方法を複合断面を有する水路に適用した．同じ趣旨で，Koussis (1978) は各計算時間ステップにおいて，式 (7.53) の (dQ_0/dA_{c0}) を推定するために 1 つの水位–流量曲線を用いることで K を調節することを提案した．X は Q の関数としても容易に調節できるものの，彼は Rhine 川の波の伝播解析から結果が X に対して余り敏感ではなく，それゆえ定数が適切であることを見いだした．一方，Ponce and Yevjevich (1978) は，式 (7.37) 中の式 (7.53) と (7.54) を線形と非線型で適用する結果の全体的な差は通常非常に小さいと結論づけた．さらに，彼らは Q_0 として Q の平均値を用いることでよりよい結果を得た．しかし，Q_0 としてハイドログラフのピークの値を使う方が，実際的には実施しやすいだろうという意見も述べている．

■ 例 7.4　MCD 法の適用

ここで再び，図 7.11 に示され例 7.2 で用いた流入，流出ハイドログラフを考察してみよう．これらの流量が，有効幅 $B_c = 170\,\mathrm{m}$，有効勾配 $S_0 = 0.0004$，有効粗度 $n = 0.035$ を有する河道

図 7.11　表 7.2 にあげられ，例 7.2 で用いた流入端 (Q_i) と流出端 (Q_e) における観測値のハイドログラフ（太い実線）．細線は，基準流量を $Q_0 = 2{,}500\,\mathrm{m^3 s^{-1}}$ （△），および $Q_0 = 1{,}500\,\mathrm{m^3 s^{-1}}$ （○）として，MCD 法で計算された流出ハイドログラフである．流量の単位は $\mathrm{m^3\ s^{-1}}$．

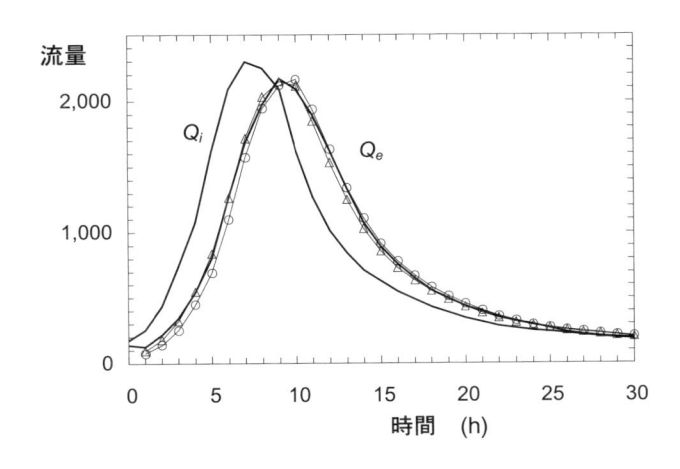

での値と仮定すること．流入断面と流出断面間の距離である河道区間の長さは $\Delta x = 23\,\mathrm{km}$ とした．例 7.2 で，マスキンガム法のパラメータは $K = 1.99\,\mathrm{h}$ および $X = 0.30$ と決められた．基準となる流量を概略 $Q_0 = 2{,}000\,\mathrm{m^3s^{-1}}$ と仮定することで，式 (7.53) と (7.54) から，同じパラメータの値が得られることを確認できる．ゴウクラー・マニングの公式 (5.41) を用いると，これが水深 $h_0 = 6.14\,\mathrm{m}$，基準流速 $V_0 = 1.92\,\mathrm{m\,s^{-1}}$ に対応することが示される．この K と X の値を用いて計算したハイドログラフを観測された流出ハイドログラフと図 7.10 ですでに比較した．仮定した基準流量 Q_0 に対する MCD 法の感度を，たとえば $Q_0 = 1{,}500,\ 2{,}500\,\mathrm{m^3s^{-1}}$ の異なる 2 つの値を用いて計算することで調べることができる．同一の河道において $Q_0 = 1{,}500\,\mathrm{m^3s^{-1}}$ とおくと，式 (5.41) から流速 $V_0 = 1.71\,\mathrm{m\,s^{-1}}$ と水深 $h_0 = 5.17\,\mathrm{m}$ が求まる．これらの値から，式 (7.53) および (7.54) を用いて，パラメータの値が $K = 2.24\,\mathrm{h}$，$X = 0.34$ と定まる．$Q_0 = 2{,}500\,\mathrm{m^3s^{-1}}$ とした場合には，$V_0 = 2.09\,\mathrm{m\,s^{-1}}$，$h_0 = 7.02\,\mathrm{m}$，$K = 1.83\,\mathrm{h}$，$X = 0.27$ が得られる．図 7.11 に示されるように，計算結果の流出量は基準流量 Q_0 の選択にはそれほど強く影響されない．当然，Q_0 の値を小さくすると，一般に河道区間を波動が遅く通過するようになり，ピーク流量の到着もやや遅れることになる．

7.3.3 物理的根拠に基づいたキャリブレーションパラメータの調節

7.3.2 項で求めたマスキンガム法のパラメータに対する表現を利用するには，河道区間の有効水理パラメータが必要である．ここで「有効」とは，その水理パラメータを用いるとマスキンガム法から最適な結果が得られるという意味合いである．そのため，水路特性に関する情報を入手し，野外測量を行ったとしても有効パラメータを決めるのは容易ではない．むしろ，与えられた洪水イベントに対して 7.3.1 項で説明した方法を適用しキャリブレーションにより決めるのが，おそらく最もよい方法である．しかし，マスキンガム法のパラメータは定数ではなく，キャリブレーションを行った過去のイベントと異なる洪水に対して，計画や予報目的で河道区間の追跡を行う場合には，キャリブレーションで決めた値とは異なる可能性が高い．それでも，キャリブレーションで決めたパラメータを異なる流量をもつどのような洪水イベントに対しても適用できるように調節したり定率で増減したりするためには，7.3.2 項で得られた物理的根拠に基づく式 (7.53)〜(7.56) の式を利用できる．これには，ピーク流量や何らかの代表流量を基準として利用する．

この調節方法は，どのような断面形をもつ水路に対しても適用できるが，特に $R_h = h$ における幅の広い水路では単純である．過去の洪水イベントに基づいてキャリブレーションにより求めたパラメータを K_r，X_r としよう．そして追跡の対象である計画や予報目的の洪水イベントに対するパラメータを K_d，X_d とする．これら 2 つのイベントの対応する流れの特性に対しても，同じ添字を用いる．たとえば，河道区間の流入端でのピーク流速 V_{ipd} が既知の場合，式 (7.53) から計画あるいは予測洪水に対する時間遅れを

$$K_d = K_r \frac{V_{ipd}}{V_{ipr}} \tag{7.57}$$

と求めることができる．式 (7.57) で，V_{ipr} は，過去の洪水イベントの河道区間の流入端でのピーク時における流速である．同様に，式 (7.54) から調節した重みづけパラメータ

$$X_d = \frac{1}{2} + (X_r - 0.5) h_{ipd}/h_{ipr} \tag{7.58}$$

が得られる．h_{ipr} は，実測またはキャリブレーションに用いた洪水イベントに対して計算で求めた河道区間の流入断面でのピーク時の水深，h_{ipd} はそれと対応した X_d のパラメータを求めたい洪水イベントに対する流入断面でのピーク時の水深である．a の値は，表 5.2 に示してある．より正確な式 (7.56)

と (5.63) からは，同様にして，

$$X_d = \frac{1}{2} + (X_r - 0.5)\left(\frac{gh_{ipd} - a^2 V_{ipd}^2}{gh_{ipr} - a^2 V_{ipr}^2}\right) \tag{7.59}$$

が得られる．

■問　題

7.1 例 7.1 では，サージの直前の有効水深 h_2 を 1.0 m，GM 式の河川粗度を $n = 0.07$ と仮定した．(a) 仮に実際の粗度が（0.07 でなく）$n = 0.08$ であったとしたら，サージの流下時間が Johnstown 洪水氾濫で観測されたと同じ 57 分となるためには，（ダムの急な決壊前の）水深 h_2 はどの程度である必要があるか．勾配とサージの高さを例 7.1 で採用したと同じ値とせよ．(b) もし粗度が実は $n = 0.09$ だったとしたら，h_2 はどの程度である必要があるか．

7.2 コンクリートで覆われた一様な矩形断面を有する水路中で，スルースゲートにより水深 $h = 2$ m の定常流が維持されている．その幅は $B_c = 5$ m，水路床勾配は $S_0 = 0.0008$，GM 式の粗度は $n = 0.015$ である．ゲートを上げ水位が $h = 4$ m に急上昇したことで発生したサージの下流方向の波速を計算せよ．

7.3 表 7.2 に載せた流出量 Q_e を，例 7.2 で扱った河道区間の次の区間への流入量とせよ．マスキンガム法で $X = 0.3$，$K = 2$ h を用いて次の区間からの流出量を計算せよ．

7.4 以下の Q_i と Q_e のハイドログラフは，それぞれアラバマ州 Conecuh 川の Andalusia と Brooklyn の区間の流入，流出断面で 1944 年 3 月～4 月に測定されたものである (Carter and Godfrey, 1960)．

正午の日付	Q_i (m^3 s^{-1})	Q_e (m^3 s^{-1})	正午の日付	Q_i (m^3 s^{-1})	Q_e (m^3 s^{-1})
1944 年 3 月 16 日	120.64	118.38	29	982.70	1,013.86
17	216.65	158.59	30	1,280.06	1,022.35
18	314.35	205.89	31	1,390.51	994.03
19	472.94	272.44	1944 年 4 月 1 日	1,169.62	1,090.32
20	611.71	481.44	2	957.22	1,263.07
21	594.72	518.26	3	580.56	1,135.63
22	753.31	549.41	4	416.30	849.60
23	1,302.72	719.33	5	322.85	583.39
24	1,699.20	965.71	6	263.09	387.98
25	1,634.06	1,263.07	7	221.75	291.70
26	1,356.53	1,449.98	8	176.43	241.57
27	977.04	1,469.81	9	172.19	218.35
28	614.54	1,180.94			

(a) 式 (7.37) の追跡係数 c_0, c_1, c_2 を重回帰で決定せよ．(b) これらの係数から，マスキンガム法のパラメータ K と X の値を推定せよ．(c) (a) で得られた係数を用いて，流入をこの河道区間で追跡し，得られる流出量を測定流量と比較せよ．比較結果を図示すること．

7.5 問題 7.4 の 1944 年のイベントを考察する．(a) マスキンガム法のパラメータ K と X の値を例 7.2 に示した方法で決定せよ．(b) 流入をこの河道区間で追跡し，得られる流出量を測定流量と比較せよ．結果を図示すること．

7.6 問題 7.4 のハイドログラフを考察する．計画ピーク流入量 $Q_i = 3{,}000$ m^{3}s^{-1} に対して，計画ピーク流出量を以下の 2 つの方法で予測せよ．(a) 1 次近似として，厳密な線形性と，計画洪水波と 1944 年のイベントの相似性を仮定せよ．(b) 河川が一定の広い幅を有しており，河床勾配が $S_0 = 0.002$，GM 式の粗度 $n = 0.04$，河道区間の長さ 35 km，マスキンガム法の 1944 年のイベントに対するパラメータが $K_r = 2$ d，$X_r = 0.2$ であると仮定せよ．式 (7.57) と (7.58) を用いて，計画洪水に対するパラメータの値を決定せよ．

(c) これらの値を用いて，問題 7.4 で与えられた値の 1.766 倍とした流入ハイドログラフ Q_i から生じる計画ピーク流出量 Q_e を計算せよ．結果を (a) の結果と比較せよ．

7.7 問題 7.4 と 7.6 で与えられたデータを利用し，1944 年の Brooklyn における流出量のピーク時の流積 A_c を推定せよ．

7.8 マスキンガムの洪水追跡法は，拡散方程式を有限差分として用いている．問題 5.14 の流れ条件で，河道区間の長さを $L = 2.5\,\mathrm{km}$ とした時の，マスキンガム法の貯留方程式の K の値を決定せよ．

7.9 （上流側集水域での大雨の後）河道区間の下流端におけるハイドログラフが以下のように記録された．

時刻（時）	0	2	4	6	8	10	12	14	16	18	20
流量 ($\mathrm{m^3\,s^{-1}}$)	1.5	1.4	16.9	54.1	72.8	62.4	46.3	31.7	20.7	13.9	9.6

この河道区間中には，流入も損失もないと仮定すること．過去のイベントからこの区間の流下時間は 4 時間ということがわかっており，貯留の重みづけ係数は $X = 0.25$ である．(a) このイベントに対する河道区間の上流端における洪水ハイドログラフを，マスキンガム法により求めよ．（ヒント：計算を $t = 20$ 時から始め，逆に進むこと．）(b) もし河川幅が 15 m で，（下流端での）ピーク時の水深が 3.5 m とすると，（下流端での）ピーク時の平均流速はいくらか．（矩形断面を仮定すること．）(c) わかっている情報から河道区間の長さを推定せよ．

7.10 以下の歴史的洪水イベントの，河道区間入口と出口におけるハイドログラフを用いる問題．

正午の日付	Q_i 流入量 ($\mathrm{m^3\,s^{-1}}$)	Q_e 流出量 ($\mathrm{m^3\,s^{-1}}$)	正午の日付	Q_i 流入量 ($\mathrm{m^3\,s^{-1}}$)	Q_e 流出量 ($\mathrm{m^3\,s^{-1}}$)
1	668	611	9	2,109	2,895
2	1,685	785	10	1,668	2,256
3	4,647	1,951	11	1,325	1,776
4	7,906	4,641	12	1,098	1,402
5	7,864	7,102	13	962	1,125
6	5,547	7,392	14	869	966
7	3,792	5,657	15	781	854
8	2,721	4,098	16	708	811

(a) 式 (7.37) の追跡係数 c_0, c_1, c_2 を重回帰により求めよ．(b) これらの係数から，マスキンガム法のパラメータ K と X を推定せよ．(c) これらの係数を用いて，流入量を河道区間に対して追跡し，結果を測定された流出量と比較せよ．

7.11 以下のハイドログラフが，40 km の河道区間の上流端で観測されたと仮定せよ．

時刻（経過時間）	0	2	4	6	8	10	12	14	16	18	20
流量 ($\mathrm{m^3\,s^{-1}}$)	0	16.7	53.7	72.2	61.9	45.9	31.4	20.5	13.7	9.49	0

(a) もし水路が矩形断面で一様，ピーク流量時（6 時間後）の流積が $42.0\,\mathrm{m^2}$ とわかっていたとしたら，洪水波の波速が，概略 $10\,\mathrm{km\,h^{-1}}(= 2.78\,\mathrm{m\,s^{-1}})$ となることを示せ．(b) 河道区間を通じて波速が一定で，貯留関数の重みづけ係数が $X = 0.25$ と仮定せよ．まず，マスキンガム法のパラメータ K を (a) から推定せよ．続いて河道区間の下流端でのピーク流量を計算せよ．

7.12 拡散方程式 (7.50) を式 (7.47) を介して式 (7.46) から導出せよ．

7.13 式 (7.59) で与えられる計画用重みづけ係数 X_d の式を，式 (7.56) から導出せよ．

7.14 複数選択：以下の記述で正しいのはどれか．

    (a) 一般的に，開水路の流れを記述するための拡散的アプローチは，（その下にある仮定に関して）移動跳水（ボア）と単斜上昇波の中間に位置すると考えられる．

いくつかの基となる仮定は次のとおりである．

    (b) 重力の影響はせん断応力と釣り合っている．

(c) 側方からの流入は無視できる.

(d) 水路幅は無限に広い.

(e) 水路底に対しての水面の相対的な勾配は無視できる.

7.15 複数選択:以下の記述で正しいのはどれか. マスキンガムの洪水追跡法は式 (7.15) の貯留関数を利用している. この方法は,

(a) 運動量の遅く緩やかな変化を伴う洪水波の伝播を予測するのにうまく使える.

(b) 必要なパラメータは,水路の粗度や形状についての情報からも得ることができるため,過去の洪水データを必要としないという利点がある.

(c) その一般的な形において,河道区間からの流出量 Q_e のピークが,流入波が同じ流量となる時に起きることが必要とされる.

(d) 貯留量がヒステリシスをもった流入量と流出量の関数として与えられるという仮定に基づくので,その適用性はかなり限定されている.

(e) 貯留量が流出量のみの関数であれば,堰のない線形貯水池に対して適用できる.

7.16 複数選択:以下の記述で正しいのはどれか.(流入量 Q_i と流出量 Q_e のハイドログラフを同じグラフにプロットしたとして)流出量が洗い堰で制御されている貯水池を洪水波が通過する間に流出ハイドログラフのピークが生じるのは,

(a) 流入ハイドログラフの反曲点 (inflection point) である.

(b) K を $S = K[XQ_i + (1 - X)Q_e]$ 中の定数として,$t = K$ の時である.

(c) 流出ハイドログラフの傾きが正から負に変わる時である.

(d) 流入ハイドログラフとの交差点である.

(e) 流入ハイドログラフのピークより K だけ遅れた時である.

7.17 複数選択:以下の記述で正しいのはどれか. 中規模河川中の洪水波の動きは

(a) 通常単斜上昇波よりボア(移動跳水)の動きと似ている.

(b) 常に流量が水深と 1 対 1 に対応する一価関数となっている.

(c) 河床勾配の平方根にほぼ比例する波速でしばしば生じる.

(d) 通常十分に高いレイノルズ数を有しているので,河床の粗度の効果は無視できる.

(e) 連続の式を浅水完全運動量方程式とともに解くことでうまく予測できる.

(f) 通常河川中の流水への雨滴衝撃による影響をあまり強く受けない.

(g) 河床が比較的滑らかで GM 式の粗度 n が小さいときのみ,キネマティックウェーブ法で記述することができる.

(h) キネマティックウェーブ法で記述することができる. この近似は勾配の大きな水路より(他の条件がすべて同じであれば),勾配の小さな水路でうまく働く.

(i) 河川幅があまり大きくない場合でも,浅水方程式で記述できる.

7.18 複数選択:以下の記述で正しいのはどれか. 古典的なマスキンガムの洪水追跡法は

(a) 洪水波が下流へ移動する際の拡散(すなわち,広がりや平らになる様子)を記述するのには適さない. なぜなら,それがキネマティックウェーブの仮定に基づいているからである.

(b) ボア(移動跳水)の伝播を記述するには適さない. なぜなら運動量の変化の影響を無視しているからである. つまり,この方法が $(DV/Dt) = 0$ の仮定に基づいているためである.

(c) 移動座標系の速度を調節することで,停止跳水を記述するのに使える.

(d) 水路中の水の貯留量が流入量と流出量両方の線形関数であるという仮定に基づいている.

(e) その一般形において,流出端での洪水ピークが,流入端で洪水が同じ流量となる時に生じることが求められる.

■ 参考文献

Apollov, B. A., Kalinin, G. P. and Komarov, V. D. (1964). *Hydrological Forecasting (Gidrologicheskie prognozy)*, translated from Russian. Jerusalem: Israel Progr. Scient. Translation.

Bartsch-Winkler, S. and Lynch, D. K. (1988). *Catalog of Worldwide Tidal Bore Occurrences and Characteristics*. Denver, CO: US Geological Survey Circular 1022.

Carter, R. W. and Godfrey, R. G. (1960). Storage and flood routing. In *Manual of Hydrology: Part 3. Flood Flow Techniques*. 81–104, Geol. Survey Water-Supply Paper 1543-B, Washington, DC: US Dept. Interior.

Chow, V. T. (1959). *Open-Channel Hydraulics*. New York: McGraw-Hill.（訳本：石原藤次郎 訳 (1962) 開水路の水理学 1・2，丸善）

Cunge, J. A. (1969). On the subject of the flood propagation computation method (Muskingum method). *J. Hydraul. Res.*, **7**, 205–230.

Cunge, J. A., Holly, F. M. and Verwey, A. (1980). *Practical Aspects of Computational River Hydraulics*. Boston: Pitman Adv. Publ. Program.

Degen, P. and Degen, C. (1984). *The Johnstown Flood of 1899: The Tragedy of the Conemaugh*. Philadelphia, PA: Eastern Acorn Press.

Dooge, J. C. I. (1973). *Linear Theory of Hydrologic Systems*, Tech. Bull. 1468, Agr. Res. Serv., US Dept. Agric.

Harper's Weekly (June 15, 1889), **23**, No. 1695, p. 481.

Henderson, F. M. (1966). *Open Channel Flow*. New York: Macmillan Publ. Co.

Jones, S. B. (1981). Choice of space and time steps in the Muskingum–Cunge flood routing method. *Proc. Inst. Civ. Eng., part 2*, no. 71, 759–772.

Koussis, A. D. (1978). Theoretical estimations of flood routing parameters. *J. Hydraul. Div., Proc. ASCE*, **104** (HY1), 109–115.

Laurenson, E. M. (1959). Storage analysis and flood routing in long river reaches. *J. Geophys. Res.*, **64**, 2423–2431.

Liggett, J. A. and Cunge, J. A. (1975). Numerical methods of solution of the unsteady flow equations. In *Unsteady Flow in Open Channels*. 89–182, ed. K. Mahmood and V. Yevjevich, Vol. I, chapter 4. Fort Collins, CO: Water Resource Publ.

Lighthill, M. J. and Whitham, G. B. (1955). On kinematic waves, I. Flood movement in long rivers. *Proc. Roy. Soc. London*, A **229**, 281–316.

Lliboutry, L. A., Morales-Arnao, B., Pautre, A. and Schneider, B. (1977). Glaciological problems set by the control of dangerous lakes in Cordillera Blanca, Perú. *J. Glaciol.*, **18** (79), 239–290.

Mahmood, K. and Yevjevich, V. (eds.) (1975). *Unsteady Flow in Open Channels*, Vols I – III. Fort Collins, CO: Water Resource Publ.

McCarthy, G. T. (1938). The unit hydrograph and flood routing. Unpublished paper, Conference of the North Atlantic Division, US Corps of Engineers, New London, CN.

McCullough, D. G. (1968). *The Johnstown Flood*. New York: Simon and Schuster.

Meyer, O. H. (1941). Simplified flood routing. *Civ. Eng.*, **11**, 306–307.

Miller, W. A. and Cunge, J. A. (1975). Simplified equations of unsteady flow. In *Unsteady Flow in Open Channels*. 183–257, ed. K. Mahmood and V. Yevjevich, Vol. I, chapter 5. Fort Collins, CO: Water Resource Publ.

Montes, S. (1998). *Hydraulics of Open Channel Flow*. Reston, VA: ASCE Press.

Morales-Arnao, B. (1999). Glaciers of Peru. In *Glaciers of South America*; ed. R. S. Williams, Jr., and J. G. Ferrigno. Geological Survey Prof. Paper 1386-I. Denver, CO: US Dept. Interior.

Ponce, V. M. and Theurer, F. D. (1982). Accuracy criteria in diffusion routing. *J. Hydraul. Div., Proc. ASCE*, **108** (HY6), 747–757.

Ponce, V. M. and Yevjevich, V. (1978). Muskingum–Cunge method with variable parameters. *J. Hydraul. Div., Proc. ASCE.*, **104** (HY12), 1663–1667.

Simpson, J. E. (1997). *Gravity Currents in the Environment and in the Laboratory*, second edition. Cambridge: Cambridge University Press.

Taylor, G. H. and Hatton, R. R. (1999). *The Oregon Weather Book*. Corvallis, OR: Oregon State University Press.

Weinmann, P. E. and Laurenson, E. M. (1979). Approximate flood routing methods: a review. *J. Hydraul. Div., Proc. ASCE*, **105** (HY12), 1521–1536.

Yevjevich, V. (1975). Sudden water release. In *Unsteady Flow in Open Channels*. 587–668, ed. K. Mahmood and V. Yevjevich, Vol. II, chapter 15. Fort Collins, CO: Water Resource Publ.

地表面下の水

III

地中の水
多孔体中の流体力学

8.1 多孔体

　水が貯留されそして輸送される地表面近くの地層の多くは，異なる大きさの粒子からなる未固結で多孔質性の岩石や土壌から構成されている．このタイプの地層は，通常地表面近くでは，土壌 (soil)，より深いところでは帯水層 (aquifer) とよばれる．しかし，土壌物質と帯水層物質はしばしば同じ意味で使われる．これらの層の多くは沖積堆積物や崩積性堆積物からなっており，これが河畔域の帯水層として河川流に大きく寄与している．石灰岩が地下にあるカルスト地域では，多量の水が溶食水路や鍾乳洞を通って輸送されるが，地球全体で見るとこれはそれほど重要ではない．火山岩，頁岩や粘土層からなる地層は，多孔質ではあるが水を比較的ゆっくりとしか輸送できず，水文学的にはしばしば不透水性として扱われる．そのため，これらは難透水層 (aquicludes) とよばれる．

　土壌粒子や他の粒状物質の間の空隙を間隙 (pore) とよぶ．このような水を帯びた層の重要な1つの特性が間隙率 (porosity) である，これは

$$n_0 = \lim_{\Delta\forall \to 0} \left(\frac{\Delta\forall \text{ 中の間隙の体積}}{\Delta\forall} \right) \tag{8.1}$$

のように定義される．ここで，$\Delta\forall$ は多孔体の小体積である．この定義は，連続体パラドクス (continuum paradox) に支配されている．というのは，一方で微分により点の現象を記述するには極限が必要である．他方で，多くの異なる大きさの間隙の意味のあるアンサンブル平均を n_0 が表すよう，体積 $\Delta\forall$ は十分大きくなければならない．土壌の間隙率は，主にその粒度分布と構造に依存している．これらの性質のいくつかを図8.1，図8.2に示してある．広い範囲の粒径からなる土壌は一様な大きさの粒子からなる土壌より，間隙率は小さくなりやすい．粒状多孔体の構造は，粒子相互の配列と粒子がより大きな団粒にどのように集合するかに影響を受ける．たとえば間隙率は，耕起や落ち葉かきなどの農作業，あるいは霜柱の発生で増加する．これらは，単に粒子の相対的な位置を再配列することで土壌を「開放」しているのである．同様に，土壌の間隙率は圧密で減少させられる．原則として，不活性物質からなる土壌では，土壌構造，粒度分布，化学組成が同じであるなら，粒子の大きさを示す土性は間隙率に影響しない．しかし実際の土壌は不活性ではなく，その粒子表面は電荷を帯びている．電荷は土壌の構造に影響を与え，粒子の大きさが小さくなるにしたがってその効果は大きくなる．さらに土壌の化学組成は大きく変わりうる．コロイド状粘土，有機物，炭酸カルシウム，鉄やアルミニウムのコロイド状酸化物など，土壌を構成する物質のあるものは接合剤として作用し，これによって，粒子がより大きな構造の一部となることが促されているのである．結果として，粘土質土壌は砂質土壌より高い間隙率をもつ傾向にある．

　土壌の体積含水率 (volumetric water content) は，式 (8.1) と同様に

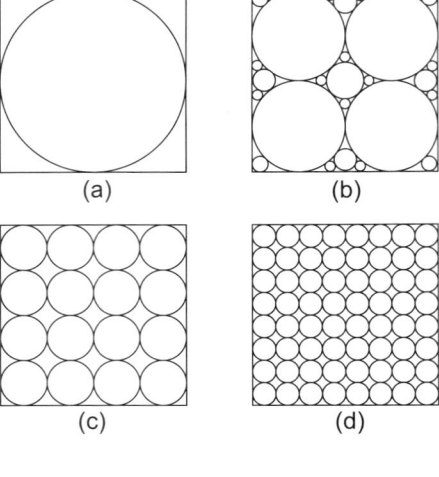

図 8.1 土壌構造と粒径分布が間隙率に与える影響. (a), (c), (d) は一様な大きさの球形の粒子を立方体型に充填（すなわち同様な構造に）した場合，粒子の大きさに関係なく同じ間隙率をもつ団粒 (aggregate) が生じる. (b) は粒子の大きさが異なり，全体として小さい間隙率をもつ団粒が生じる.

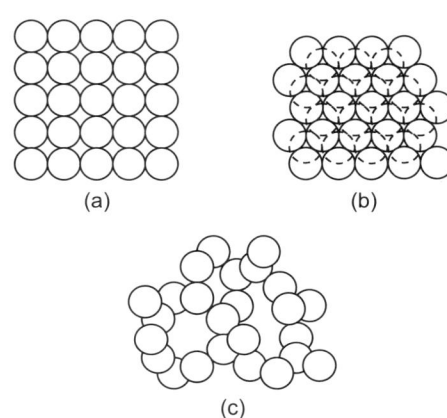

図 8.2 一様な粒径をもつ球形粒子の構造が間隙率に与える影響. 規則的な配列では, (a) の立方体型充填 (cubic packing) で最も大きな空隙が生じ, (b) の面心 4 面体型充填 (rhombohedral packing) が最も細密な充填となる. (c) は 2 次的な構造（団粒状構造）が生じ，より大きな間隙を生み出す様子を表している.

$$\theta = \lim_{\Delta\forall \to 0} \left(\frac{\Delta\forall \ \text{中の水の体積}}{\Delta\forall} \right) \tag{8.2}$$

として定義できる. 土壌が完全に飽和している場合の土壌水分は θ_0 で表され，定義から，間隙率と等しく $\theta_0 = n_0$ となる.

8.2 空気存在下の間隙水の流体静力学

　地表面近くの土壌や地層の間隙中の水は，通常大気中の空気と密に接触している. ほとんどの水文学的な目的に対しては，水と空気は不混和流体として扱うことができるが，さまざまな水輸送メカニズムの記述や定式化において，その相互作用を考慮することはやはり必要である. 本節では静力学，すなわち水と空気の 2 つの流体がともに静止している状態を調べてみる.

8.2.1 水分量と圧力の関係

　土壌の水分量が減少すると，残留水分の圧力は徐々に間隙中の水分と置き換わった空気の圧力より小さくなっていく. このプロセスを以下の思考実験で調べよう.

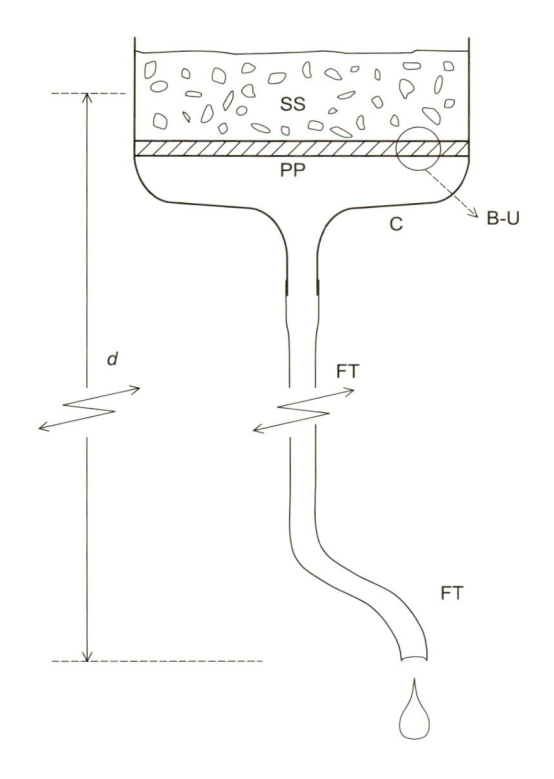

図 **8.3** 土壌サンプル SS を容器 C 中のポーラスプレート PP 上に置いて行う思考実験. 土壌サンプル中の水分の平均圧力は $-(\rho_w g d)$ である. B–U 断面の拡大図を図 8.4 に示してある.

図 **8.4** 図 8.3 に示される多孔体を載せているポーラスプレート（または薄膜）の拡大図. 黒色で塗りつぶした部分は水で占められていることを示す.

● 思考実験

　図 8.3 に示すように，試験対象として土壌サンプル SS を考えよう．これがチューブ FT につながった容器 C 中のポーラスプレート PP 上に置かれている．（実際の実験では，この目的のためには十分に細かな目をもつフリットディスクのビュヒナーフィルターを利用する.）ポーラスプレート PP の目はサンプル SS の間隙よりずっと小さい（図 8.4）．土壌サンプル，容器，チューブからなる全システムを水で満たし，サンプルの中心とチューブ出口の高低差 d がゼロとなるように初期実験条件を整える．この単純な実験では，土壌サンプルが非圧縮性で実験中にその体積を維持すること，水の密度は一定な ρ_w であることを仮定する．ここで d を小間隔で段階的に増加させ，各段階ごとに水がチューブ下端から流れ出なくなる平衡状態に達するまで待つようにする．各段階で排水された水の全体積 $\forall_d$ と d の値を記録する．$\Delta\forall$ をサンプル SS の体積とすると，排水された水の全体積 $\forall_d$ を $\theta = (n_0 - \forall_d/\Delta\forall)$ により土壌サンプルの体積含水率に変換できる．大気圧に対する相対的な土壌間隙の水圧は $p_w = -\gamma_w d$ で与えられる点に注意．ここで $\gamma_w = \rho_w g$ は水の単位体積重量である．実際には，水密度が一定の時には圧力を水柱高 ψ_w で表すと便利な場合が多い．この単位を用いると，この実験の間隙水圧は $\psi_w = p_w/\gamma_w$ と表せる．圧力は大気圧に対する相対的な負の値である．この負圧は，しばしば土壌水のサクション (suction) またはテンション (tension) とよばれる．本章では，正の水柱高として表される時には，土壌水サクションを $H\ (= -\psi_w)$ と表現

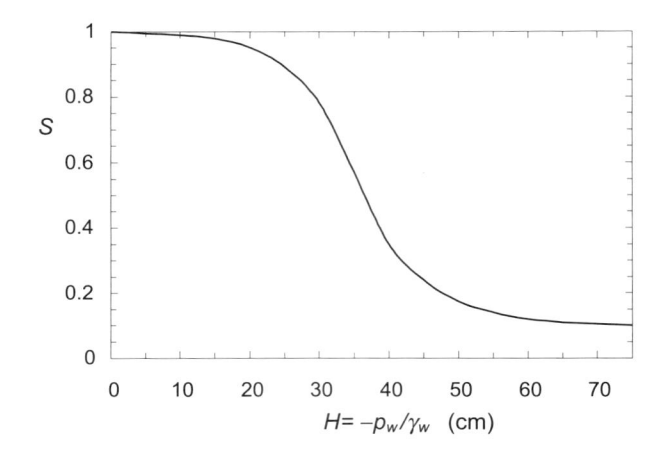

図 **8.5** 段階的な脱水プロセスで測定された細砂 (Oso Flaco 砂) の土壌水分特性曲線. 飽和度 $S = \theta/n_0$ を cm 単位の水頭 $H = -p_w/\gamma_w$ に対してプロットしてある. この実験での間隙率は $n_0 = 0.405$ であった.

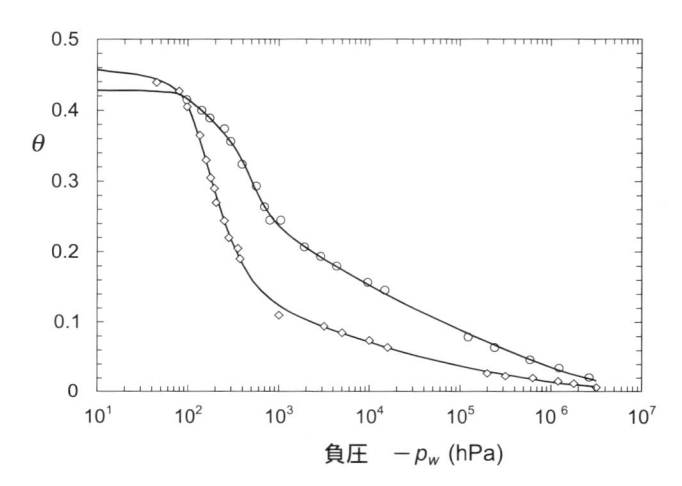

図 **8.6** 2 種類のローム質土壌 (Adelanto 土壌 (○) と Pachappa 土壌 (◇)) の脱水プロセスに対する土壌水分特性曲線. (1 hPa は水頭で表すと概略 1.02 cm に等しい.) (原図は Jackson *et al.*, 1965)

することにする.

　土壌水の圧力と土壌水分量の関係は, 典型的には図 8.5 に示されるような形をとる. この関係は, 土壌水分特性 (soil water characteristic), 土壌水分保持曲線 (soil water retention relationship), 土壌水分–吸引圧関係 (soil water suction relationship) ともよばれる. 土壌水分特性曲線の他のいくつかの例を図 8.6 に示す.

● **均質土壌中の平衡水分量プロファイル**

　変数 $z = d \, (= -p_w/\gamma_w = H)$ が地下水面上の高さを表すとすると, 土壌水分特性曲線はまた, 流れがない場合である静水圧条件下で生じる均質土壌中の土壌水分分布を示している. これを図 8.7 に示す. 第 1 章で定義されたように, 地下水面は, 土壌中で水圧が大気圧と等しく, 大気圧を基準とすれば $p_w = 0$ となる場所である. 地下水面より下では, p_w は正, 上では負である. 地下水面上の土壌中の水圧はテンシオメータで測定する. この測器は, Richards (1928) による考案のようである. テンシオメータの例を図 8.8 に示す. この例では, テンシオメータは水を満たした単純な筒の先端に多孔質材料からなる検出部 (ポーラスカップ) があり, 反対側がマノメータに接続されている. 検出部の材料は, 土壌中と筒中の水が (空気漏れなしで) 連続して接することができるよう, 十分に小さな孔を有していなければならない. これは図 8.3 のポーラスプレート PP に対して求められる条件と同じであることを思い起こすこと. テンシオメータのポーラスカップを水圧

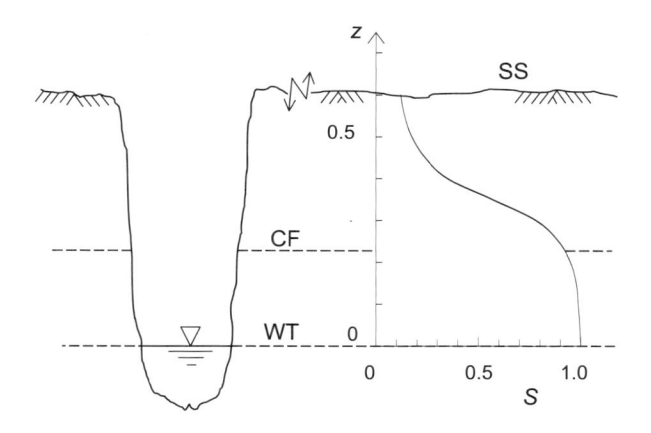

図 8.7 一様な土壌断面で平衡状態にある飽和度 S の鉛直分布. SS は土壌表面, WT は地下水面, CF は毛管水縁のおおよその高さを表している. 地下水面からの高さ z は m 単位である. この例では, 土壌は細砂で, 曲線は図 8.5 に示してあるものと同じである. 「平衡」とは流れがないこと, 土壌水分の圧力が静水圧分布をしていることを意味する.

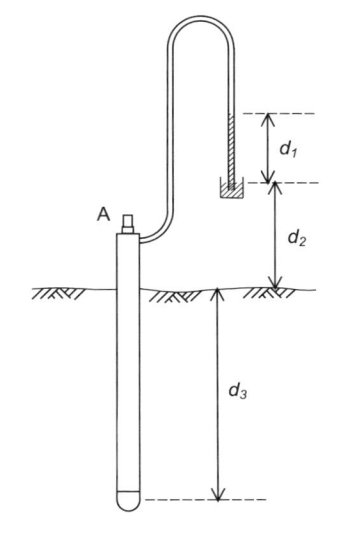

図 8.8 野外に設置したテンシオメータ. マノメータの液体だめ面の高さ d_2 上に液体が d_1 の高さまで上昇している. テンシオメータ先端のポーラスカップは土壌水と接触した水に満たされており, 深さ d_3 に設置されている. A においてテンシオメータの管を開き, 水を補充したり気泡を追い出すことができるようになっている.

を測定すべき深度に埋設し, その水圧を地上でマノメータにより測定する. 多くの異なる種類のマノメータが開発されてきたが, 基本的にはすべて同じように動作する. 土壌水分が減少するとサクションは大きくなり, テンシオメータで測定される負圧の絶対値が大きくなる.

8.2.2 保水メカニズム

水などの流体は, 土壌中で分子レベルのいくつかの力と関係した複数種類のメカニズムによって保持されている. その中の重要ないくつかのメカニズムは, 水を土壌から取り除く際に必要なエネルギー量が小さい順に, 次のように順位づけできる. (i) 水を非圧縮性の飽和土壌から取り除くと水は空気に置き換わり, 間隙中に水と空気の境界面が発達する. この境界面を形成するのに必要なエネルギー量は水を取り去るのに要するエネルギー量と等しく, これは表面張力に直接的に関係している. (ii) 特に細粒土性からなる自然土壌は不活性ではなく, その表面の電荷のために活性である. このような表面が活性な粒子は水が存在すると相互に作用し, 互いに反発し, 粒子間の間隙にイオンを引きつけ, そして浸透圧を解消するのにより多くの水を引き寄せる. 粒子のごく近傍と土壌のより大きな間隙中で生じるこの浸透圧の差が, 今度は静水圧の差を生じさせる. これは, 吸水中の膨潤と続く乾燥中の収縮によっても生じる. (iii) 水分子は電気双極子としても振る舞うので, 土壌

粒子の表面電荷による吸引を受けることもある．(iv) 土壌が粘土粒子（特にモンモリロナイト）を含んでいる場合，水がこれら粘土質鉱物の「サンドイッチ」層間に半結晶状態で保持されうる．水はこのメカニズムでは強く保持されるので，この水を自由な水と考えるべきか，化学的に結合していると考えるべきか，議論の的となりうる．

● 表面張力

　以上のメカニズムの中で，表面張力に関するものが，おそらく水文学では最も重要である．表面張力または毛管現象は，2 種の流体の境界面で働く．単純化して，流体中の分子がその周りにある分子からの吸引力を受けている状態を考えよう．境界面からずっと離れるとこの分子間の効果は釣り合っている．しかし，吸引力が比較的小さな流体との境界面ではこの釣り合いが崩れ，分子がその属する流体へと引き寄せられることになる．この流体の境界面積を減らすには仕事が必要である．表面張力は，この仕事の程度，すなわちこの境界面を維持するのに必要なエネルギーを表している．水と空気の間の境界の場合には，$0 \leq T \leq 30\,℃$ の範囲で表面張力の概略値を $\sigma = (75.6 - 0.14T) \times 10^{-3}$ $(\mathrm{J\ m^{-2}} = \mathrm{N\ m^{-1}})$ により推定できる．ここで T は ℃ の単位である．毛管現象という用語は，ラテン語の *capilla*，すなわち毛からきている．表面張力は，毛のような細い管内の水の上昇現象として現れるからである．土壌中の地下水面直上で，圧力は負であるのに土壌水分は飽和に近い層をしばしば毛管水縁 (capillary fringe) とよぶ（図 8.7 参照）．同様に，土壌水圧 p_w が負の場合，これを毛管圧 (capillary pressure) ともよぶ．

● ラプラスの式

　表面張力の結果，隣り合う 2 種の不混和流体の境界面での圧力差から，その境界面に湾曲が生じる．この現象は

$$\Delta p = \sigma \left(\frac{1}{r_2} \pm \frac{1}{r_1} \right) \tag{8.3}$$

で記述できる．ここで $\Delta p\ (= p_a - p_w)$ は境界面での圧力差，r_1 と r_2 は，境界面の 2 つの主曲率半径である．括弧中の 2 項間の記号は，同向境界面でプラス，鞍形境界面でマイナスとなる．境界の同じ側に 2 つの曲率半径の中心がある場合，この面を同向であるという．反対側にある場合，この面は鞍形とよばれる．式 (8.3) は一般にラプラスが導出した式とされ，以下のようにして求めることができる．

● ラプラスの式の導出

　表面張力 σ が境界面を維持するのに必要なエネルギーを表すので，仮想仕事の原理 (principle of virtual work) を利用すると便利である．そこで，図 8.9 に示されるような小さな鞍形境界面の要素 $(\delta x \delta y) = (r_1 \delta\theta_1 r_2 \delta\theta_2)$ を考える．この要素が仮想変位 δr を受けるとしよう．その際，$\delta\theta_1$ と $\delta\theta_2$ の角度は π の同じ無限小割合を保つが曲率半径は $(r_1 + \delta r)$，$(r_2 - \delta r)$ となるものとする．この変位の結果，この要素の面積は $[(r_1 + \delta r)\delta\theta_1 (r_2 - \delta r)\delta\theta_2]$ となる．このような準備の後，この変位を行うのに要する仕事とこの要素の表面積の変化を維持するのに必要なエネルギーを

$$-\Delta p(r_1 \delta\theta_1 r_2 \delta\theta_2)\delta r = \sigma\delta\theta_1\delta\theta_2[(r_1 + \delta r)(r_2 - \delta r) - r_1 r_2] \tag{8.4}$$

のように等しいとおく．余分な項を打ち消し，δr の残っている項を無視すると式 (8.3) が得られる．同様な導出を同向境界面についても行うことができる．

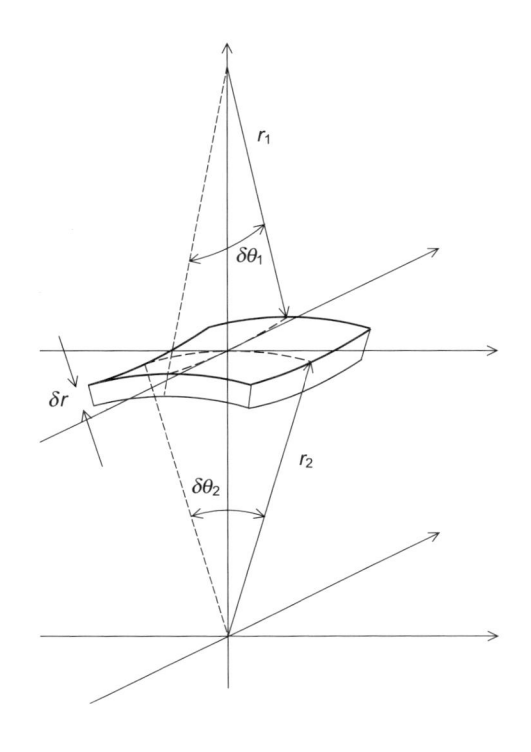

図 8.9 表面積 $r_1\delta\theta_1 r_2\delta\theta_2$ を有する鞍形の微小水–空気境界要素（太線）の等角図. $\delta\theta_1$ と $\delta\theta_2$ を保ったまま，δr を仮想的に変位させると，この要素の面積は $(r_1 + \delta r)\delta\theta_1(r_2 - \delta r)\delta\theta_2$ となる.

■ 例 8.1 毛細管の特別な事例

毛細管の事例では，図 8.10 に示すように水は大気圧で空気と接しており，水から空気へ移行する際の圧力の増加 $\Delta p = (p_a - p_w)$ は，水のサクション（すなわち負圧）$(-p_w)$ と等しい. 毛管の半径 R が十分小さく，境界面が球面の曲率をもつと仮定できるなら，曲率半径はともに $R/\cos\alpha$ に等しくなる. ここで，α は水とガラスの間の接触角である. 石英のような物質やさまざまな土壌粒子と水の接触角は，（不純物がある場合を除き）普通は小さい. すると，水圧は式 (8.3) から

$$p_w = -2\sigma/R \tag{8.5}$$

となり，毛管上昇は $H_c = -p_w/\gamma_w \ (= H)$ である. 単位体積重量が一定で H_c と R をともに cm 単位で表すと，18℃において大まかには $H_c = (0.149/R)$ となる. 式 (8.5) は，管の断面が半径 R の円であるような理想的な場合に成り立つ. 図 8.4 は，不規則な粒子配列中の間隙に，水が同様に

図 8.10 内側の半径 R をもつ円筒状毛細管中の水–空気境界面の拡大図. このメニスカスの曲率半径は $r = R/\cos\alpha$ で，α は接触角である. メニスカスでの毛細管中央の水圧は $p_w = -\gamma_w H_c$ である.

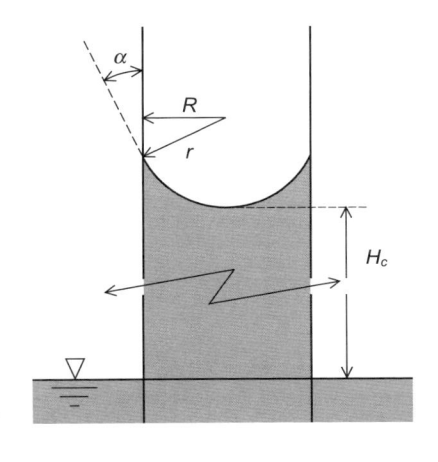

して保持される様子を示している．このような不規則断面を有する間隙では，有効半径 (effective radius) を定義するのに式 (8.5) を使える．これは，水–空気境界面での実際の圧力差 $\Delta p = -p_w$ と同じ値を生じさせる円断面を有する毛細管の半径である．

● 間隙径分布

多くの研究において，式 (8.5) で定義される間隙中の空気–水境界面の有効曲率半径 R をこの間隙の大きさの尺度として用いてきた．円管との類推で，R は通常式 (5.40) により定義され，間隙の断面積と，その潤辺の比として与えられる経深 R_h の 2 倍に等しいとおかれる．式 (8.5) は，どのような間隙においても空気–水境界面での圧力低下が間隙の大きさに逆比例することを示している．このことは，負圧の絶対値，すなわちサクション $-p_w \ (= \gamma_w H)$ が増加するにつれ，より小さな間隙の水が排水されることを示している．土壌水分特性は，サクション H と土壌にまだ残されている水の量である土壌水分量 θ を関連づけている．したがって，任意のサクション H において，R より大きなすべての間隙に水が存在しないと仮定するなら，式 (8.5) を用いた土壌水分特性が累積間隙径分布 (cumulative pore size distribution) と同等となる．別な言い方をすると，飽和度 (degree of saturation) $S = (\theta/\theta_0)$ は R より小さな間隙が全間隙体積中に占める割合を表す指標と考えられるだろう．

他の水分保持力が支配的となる低水分域での毛管モデルの限界を避けるためには，有効飽和度 (effective saturation) を定義する

$$S_e = \frac{\theta - \theta_r}{\theta_0 - \theta_r} = \frac{S - S_r}{1 - S_r} \tag{8.6}$$

の線形変換を用いるとよい．ここで θ_0 は大気圧，すなわち $H = 0$ での水分量である．添字の r は残留土壌水分量または残留飽和度を表す．これらは主に無次元化のために導入したパラメータであるが，間隙の奥の方に存在する水分，あるいは非常に強く保持されているので流れに加わることができない水分と見なせるだろう．有効間隙径密度 $s_e = dS_e(R)/dR$ は，$S_e(R)$ の傾きを R の関数として求めることで決められる．図 8.11 は，このような有効間隙径分布と密度関数が，土壌水分特性から式 (8.5) および (8.6) により求められる様子を示している．

この間隙径分布を求める方法は，Donat (1937) の論文で初めて土壌の構造と安定性を表すのに使用された．同じような初期の研究が Schofield (1938), Bradfield and Jamison (1938), Leamer and Lutz (1940), Childs (1942), Russell (1941), Feng and Browning (1946) によってもなされている．8.3.4 項でさらに議論するように，たとえば Childs and Collis-George (1950), Marshall (1958), Mualem (1978) など (Brutsaert, 1967;1968a,b) は，このタイプの間隙径分布を透水性とも関連づけた．このようにして得られた土壌の間隙径分布の基本的な考えには明らかな欠点もある．図 8.4 に示されるように，水–空気境界面，すなわちメニスカスは，比較的狭い間隙部分である間隙の「くびれ部」で生じる傾向がある．そのため，あるサクションに対して式 (8.5) で与えられるより大きな有効間隙径をもつ間隙がすべて空気で満たされていると仮定するのは正しくない．それでもこの概念は，比較のためや概略値の推定のためにはこれまでに役立ってきたのである．

8.2.3　ヒステリシス

水分量と毛管圧の関係にはヒステリシスが見られる．これは，現在の土壌水分となるまでに起きた吸水と脱水プロセスの発生順序にこの関係が依存することを意味している．これはまた，図 8.5，図 8.6 に示されるような一価の土壌水分特性曲線が，連続した脱水プロセスまたは（曲線の形は異

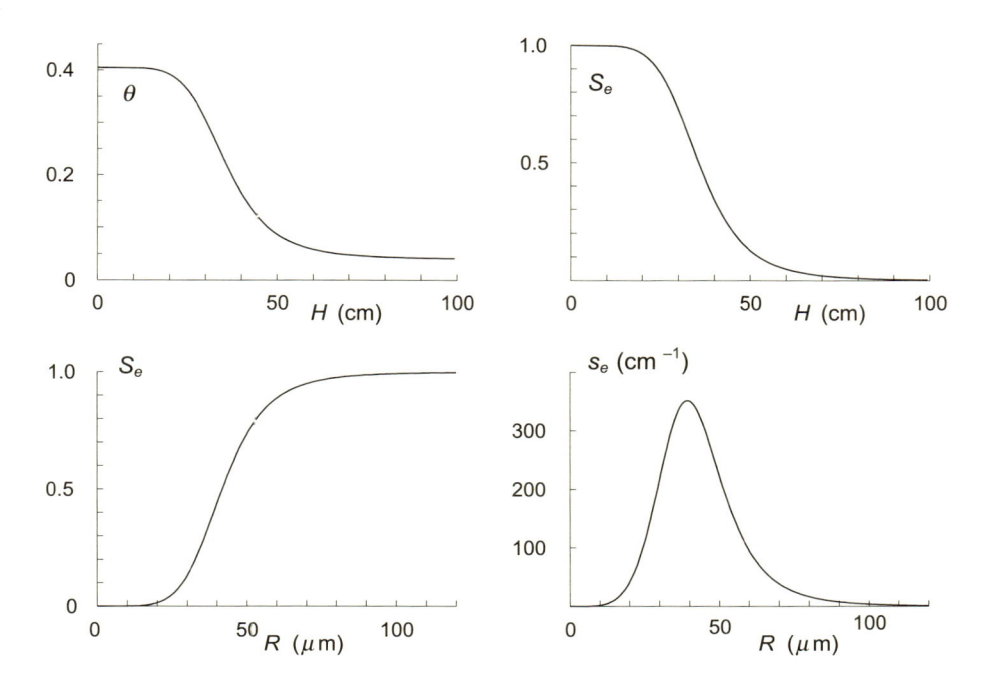

図 8.11 連続座標変換により土壌水分特性（左上）から有効間隙径分布関数を導出する様子. まず水分量を無次元化し S_e に変換（右上）. 次にラプラスの式を用いて, 負の間隙水圧に相当する間隙径 R に変換（左下）. 最後に間隙径分布から $s_e = dS_e/dR$ として密度分布関数を得る（右下）. この例の土壌水分特性は, 細砂の脱水プロセスで求められている.

図 8.12 拡張部のある毛細管中のヒステリシス. 毛細管を水槽に入れる際に, はじめから水で満たされていれば, 水位は 1 の位置まで下がる. 毛細管が空の状態で水柱に入れると, 水位は 2 の位置まで上昇する.

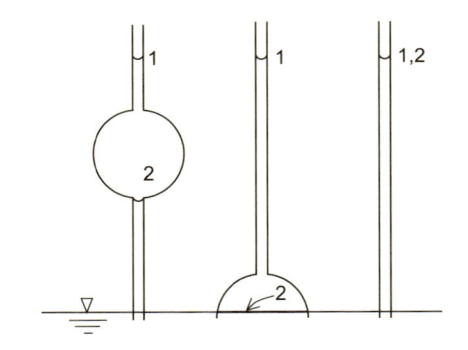

なるが）連続した吸水, 浸透プロセスに対してのみ成り立ち, 脱水と吸水が交互に生じるような状況では成り立たないことを意味している. ヒステリシスという用語は, 古代ギリシャ語 $\acute{v}\sigma\tau\varepsilon\rho o\varsigma$ からきており, これは遅い, 遅れた, あるいは遅延したといった意味である. 図 8.12 は, 毛細管にどのように水が入れられたかにより, 拡張部のある毛細管中で水–空気の境界が異なる高さで生じることを示している. 同様に図 8.13 は, 同じ大きさの間隙くびれ部にメニスカスがある場合, 水圧が同じでも, それが間隙を上に向かって満たしていき生じた圧力か, 間隙を下向きに排水していき生じた圧力かにより異なる水分量が生じうることを示している. 図 8.14 では, ヒステリシスのいくつかの例をさまざまな砂質土壌に対して示している. 図のヒステリシス領域の境界をなす曲線を吸水境界曲線 (wetting boundary curve) とか脱水境界曲線 (drying boundary curve) とよぶ. このヒステリシス領域内のどの点へも, 走査曲線 (scanning curve) により到達できる. 脱・吸水境界曲線

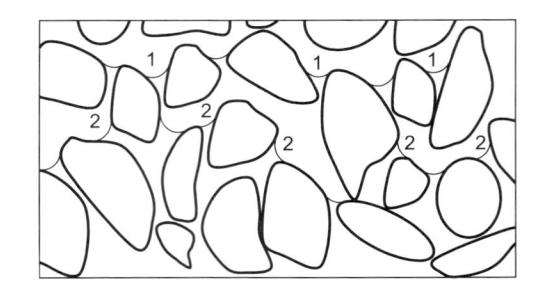

図 8.13 土壌粒子の団粒中のヒステリシス. 1と記されたメニスカスは排水時に, 2のメニスカスは吸水時に形成される. 図中のすべてのメニスカスは同じ曲率を有しており, そのため, 流体が1の位置にある時と2の位置にある時で, 水分量は異なるものの個々の境界面での流体圧力は同じである.

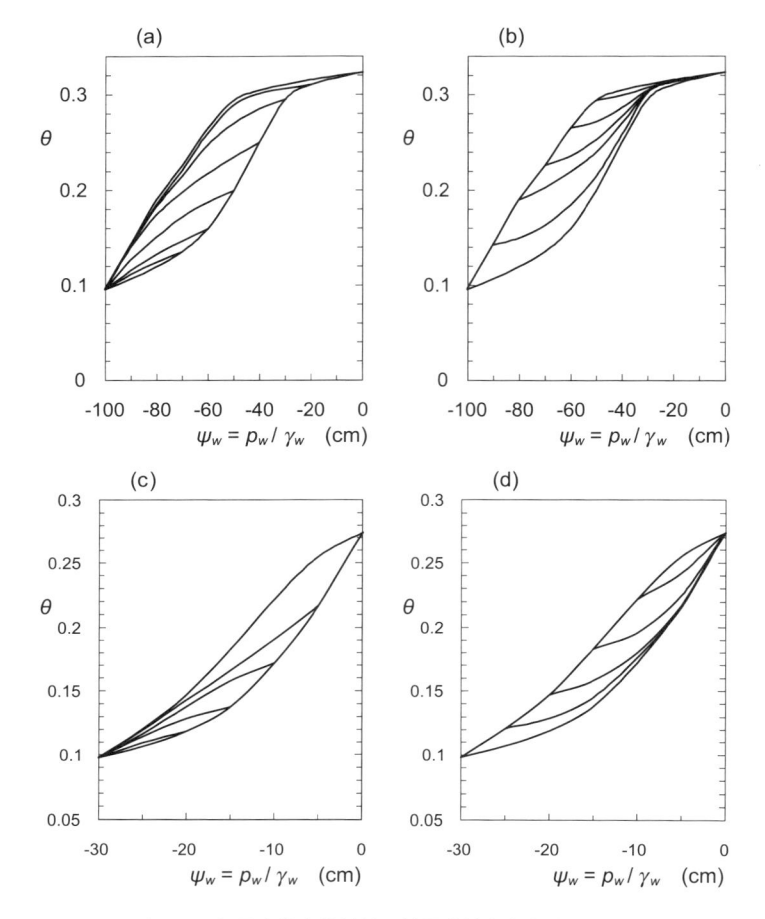

図 8.14 ヒステリシスのある土壌水分特性. 境界曲線を主走査曲線とともに示してある. (a) Adelaide 砂丘砂, 脱水プロセス. (b) Adelaide 砂丘砂, 吸水プロセス. (c) Molonglo 砂, 脱水プロセス. (d) Molonglo 砂, 吸水プロセス. 曲線はデータに対する回帰線, ψ_w は圧力水頭である. (原図は Talsma, 1970)

から分かれる走査曲線をそれぞれ. 主脱水走査曲線 (primary drying scanning curve), 主吸水走査曲線 (primary wetting scanning curve) とよぶ. ここまでで, ヒステリシス領域内には無限の走査曲線がありうることが明白である. これを定量的に表すにはある種の内挿法を考えねばならない.

　ヒステリシスの一般的な検討を, Haines (1930) は物理的に行っている. しかし, 土壌中の毛管ヒステリシスを定量的に扱った初期の試みの1つは Poulovassilis (1962) による研究で, Néel (1942; 1943) と Everett (1954; 1955) が提案した独立領域の概念を利用している.

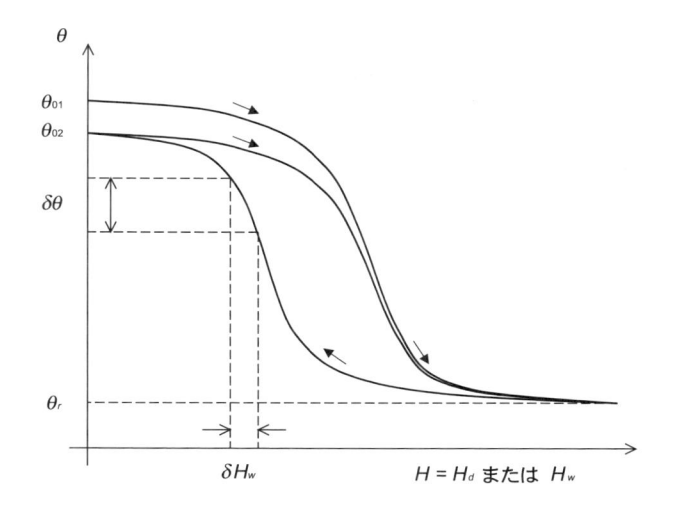

図 8.15 土壌水分特性の典型的な脱水・吸水境界曲線. 水分量 θ_{01} は（完全）飽和であり，θ_{02} は臨界飽和である. 両者の違いは間隙の袋小路に封入された空気により生じる. 図はまた，吸水プロセスで土壌水のサクションが $H_w + \delta H_w$ から H_w に減少した時に，水分量 $\delta\theta$ が土壌に侵入する様子を示している.

● 封入空気の効果

　ヒステリシスから生じる１つの明らかな現象が，連続して繰り返し脱水・吸水サイクルを行う実験でしばしば観測される. 例として，図 8.15 に示した以下の順序を考察してみる. 初期状態では土壌が完全に飽和しており，この水分量を $\theta = \theta_{01}$ とする. したがって，全間隙は水で満たされており，水分量は $\theta_{01} = n_0$，すなわち式 (8.1) で定義した真の間隙率に等しくなる. 次に，土壌に負圧を与えることで $\theta = \theta_r$ まで脱水し，その後圧力をゼロに戻すことで，再度吸水させる. この時点で，土壌水分量は常に θ_{01} よりやや小さな値 θ_{02} となる. この差は，主に再吸水の際に間隙の袋小路から逃れられずに封入された空気の存在により生じる. 通常，この後続くすべての脱水，吸水サイクルは θ_{02} と θ_r の間で起こり，普通は元の水分量 θ_{01} に戻ることがない. 実験室内での注意深く制御した条件下で，脱気水を使用したり水を入れる前に土壌中に CO_2 を通気させたり，あるいは長期間にわたってぬらしたり浸したりするなどの特別な処置を行った場合にのみ，完全な飽和は達せられる. 水分量 θ_{02} は，しばしば（完全）飽和 (saturation) θ_{01} と区別するために臨界飽和 (satiation) とよばれる. ２つの用語は，しばしば区別せずに使われる. しかし，通常の吸水や脱水プロセスの生じる野外条件では，$H = 0$ の水分量は臨界飽和状態である.

● 独立領域の方法

　簡潔に述べると，この概念は全間隙空間の個々の要素（間隙）を，その脱水と吸水が起きる（負の）圧力範囲により完全に仕分けができるという仮定を含んでいる. この中に暗黙のうちに示されているのは，どの要素も水で満たされているか空かのどちらかであり，その間で一気に生じる移行をしばしばヘインズジャンプ (Haines jump) とよぶ. この仮定により，関数 $F = F(H_d, H_w)$ を定義でき，これは負圧，すなわちサクション H_d で脱水し，H_w で吸水する間隙空間の割合を表す. この関数は，図 8.16 に示す等測投影で図的に表現できる. 全間隙において，間隙を満たすのに要するのと同じかそれ以上のサクションが脱水させるのには必要で，$H_d \geq H_w$ である. H_m は土壌水中で起こる最大のテンションを表す. 関数 F はここで，土壌水分特性と以下のように関連づけられる.

　図 8.15 に示すように，$H_w + \delta H_w$ から H_w の間の吸水中に土壌に入る流体の体積は

$$\delta\theta = \frac{\partial\theta}{\partial H_w}\delta H_w$$

である. 一方，図 8.16 に示されるように，F を用いるとこの体積は

図 8.16　独立領域関数 $F = F(H_d, H_w)$ の例

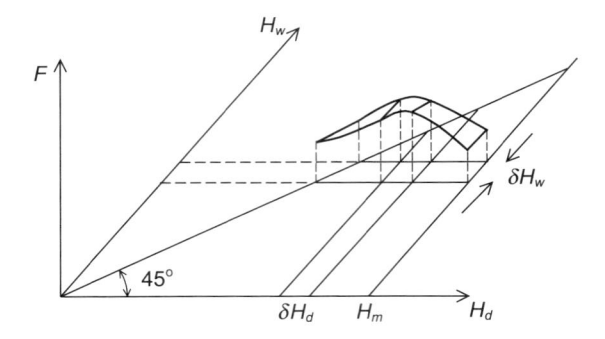

$$\delta\theta = \left[\int_{x=H_w}^{H_m} F(x, H_w)\, dx \right] \delta H_w \tag{8.7}$$

に等しい. ここで x は積分のダミー変数である. そこで, 土壌水分特性の吸水境界曲線の傾きに対して

$$\frac{\partial\theta}{\partial H_w} = \int_{x=H_w}^{H_m} F(x, H_w)\, dx \tag{8.8}$$

が得られる. 同様に H_d と $H_d + \delta H_d$ の間で脱水される水分量を考えることで, 土壌水分特性の脱水境界曲線の傾きが

$$\frac{\partial\theta}{\partial H_d} = \int_{x=H_d}^{0} F(H_d, x)\, dx \tag{8.9}$$

のように得られる. したがって最終的に

$$F = \frac{\partial^2\theta}{\partial H_d \partial H_w} \tag{8.10}$$

が求まる. これを積分すると, さまざまな吸水時, 脱水時の主走査曲線や第 2 走査曲線が得られる.

■ 例 8.2　連続して吸水と脱水を相互に行う事例

　この方法を示すため, 図 8.17 で示すように, はじめに飽和した土壌を H_1 のサクションまで脱水させ, その後 H_2 まで再吸水させ, 続いて H_3 へ脱水, そして H_4 へ吸水させることを仮定する. 各ステップの水分量を,

$$
\begin{aligned}
\theta_1 &= \theta_0 - \int_0^{H_1} \int_0^x F(x, y)\, dy\, dx \\
\theta_2 &= \theta_1 + \int_{H_2}^{H_1} \int_{x=y}^{H_1} F(x, y)\, dx\, dy \\
\theta_3 &= \theta_2 - \int_{H_2}^{H_3} \int_{H_2}^{x} F(x, y)\, dy\, dx \\
\theta_4 &= \theta_3 + \int_{H_2}^{H_3} \int_{x=y}^{H_3} F(x, y)\, dx\, dy + \int_{H_4}^{H_2} \int_{x=y}^{H_1} F(x, y)\, dx\, dy
\end{aligned}
\tag{8.11}
$$

のように連続積分を行うことで求めることができる.

　ヒステリシス関数 F は, 主脱水走査曲線から次のような考察により決定できる. 図 8.18 において, $\delta\theta$ は H_d と $H_d + \delta H_d$ 間で脱水された水分量, $(\delta\theta/\delta H_d)$ は脱水率, すなわち脱水サクションの単位増加に対して脱水された水の量である. 主吸水走査曲線 BA は, 0 と H_d の間に脱水された土壌水分が, 再吸水により再分布する様子を示している. 同様に, 主吸水走査曲線 CA は, 0 と $H_d + \delta H_d$ の間に脱水された土壌水分が, 再吸水でどのように再分布するかを示している. すなわち, 曲線 CA で記述される土壌への吸水量から曲線 BA で記述される吸水量を差し引くと, $\delta\theta$ の水分量が再吸水の際にどのように再分布するかが示される. 図的には, この差は CA 曲線と CB′A′ 曲線間の (図中) 縦方向の

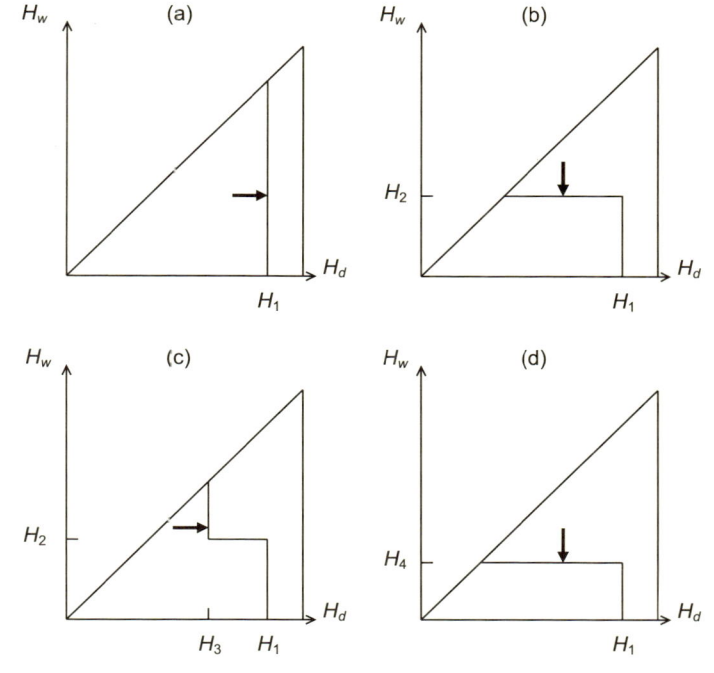

図 8.17 脱水・吸水プロセスの例. はじめに飽和していた物質がサクション H_1 まで脱水, その後 H_2 まで再吸水, そして再度 H_3 まで脱水後 H_4 まで吸水. 三角形の内部を分割する線の左側の面積が空の間隙を, 右側が水で満たされた間隙を表している.

図 8.18 脱水プロセス (BC) 中に出てきた水分量 $\delta\theta$ が, 吸水プロセスでサクションが $H + \delta H$ から 0 に減少するにつれ土壌に再度入ってくる様子. 主吸水曲線 CA と曲線 CB′A′ の縦方向の差を曲線 DE として示してある.

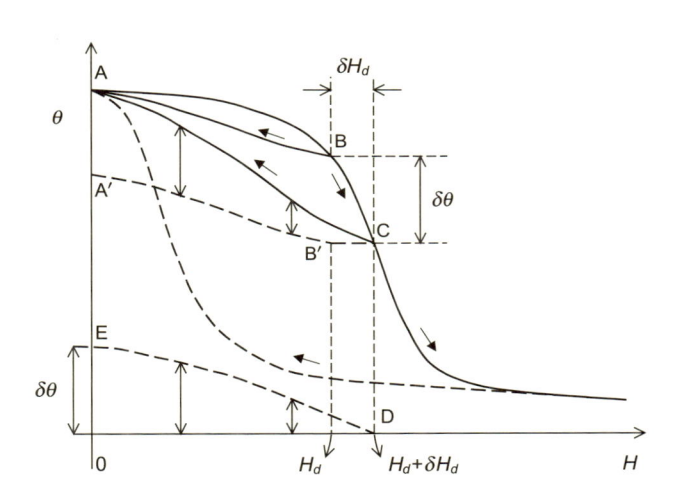

距離で, これは曲線 DE としても示されている. そこで, この脱水率の変化割合 $\delta(\delta\theta/\delta H_d)/\delta H_w$ は, 脱水サクションの単位減少に対する吸水した水分量の増加を表す. つまり, 与えられた H_d に対して, F は各増分 δH_w に対する吸水した水分の増加分である. したがって, 図 8.18 において (式 (8.10) も参照のこと), 与えられた H_d に対して F は曲線 DE の傾きである. 表 8.1 は Poulovassilis (1962) が実験的に求めた F 関数の例を示している. もう 1 つの例を問題 8.3 にあげてある.

独立領域モデルは, Poulovassilis (1962) と Talsma (1970) の実験データとよく合ったが, Topp (1971) のデータとはそれほどうまく適合しなかった. このモデルを土壌水再分布を伴う間欠的な浸透問題に適用した初期の例として, Ibrahim and Brutsaert (1968) の数値的な研究があげられる.

表 **8.1** Poulovassilis (1962) の研究での多孔体に対する独立領域法の F の分布例. F は排水可能間隙率として，$4\,\mathrm{cm}^2$ あたりの%単位で表現してある.

$H_d=0$	4	8	12	16	20	24	H_w (cm)
							28
						0.95	
							24
					2.38	0.01	
							20
				1.90	2.38	0.95	
							16
			1.43	4.29	6.19	1.90	
							12
		0.01	4.76	17.14	9.05	0.95	
							8
	0.95	4.29	8.57	8.57	3.81	0.95	
							4
3.81	3.33	5.24	2.86	1.90	0.48	0.95	
							0

F 関数を推定するのに必要な実験データを得るのは容易ではない．このため，独立領域モデルを種々の相似仮定によって単純化する試みが，Parlange (1976)，Mualem and Miller (1979)，Braddock *et al.* (2001) などによりなされてきた．以下に多くの実際的問題で役立ってきた Parlange (1976) の提案の概要を示す．

主たる仮定は，F が H_w に依存せず，$F(H_d, H_w)$ を $F(H_d)$ に置き換えられるとすることである．これは，たとえば，表 8.1 の各カラムの F の値をその平均値に置き換えられることを意味する．表 8.1 では，H_d が 20 と 24 cm の間のカラムの値はすべて 4.05 ％となる．これはまた，たとえば図 8.18 において DE が直線で表されることを意味する．この単純化の主な利点は，実験的に決定するのが最も簡単な脱水境界曲線から，すべての走査曲線を計算できるようになることである．たとえば，関数 $F(H_d)$ は式 (8.9) を積分することで

$$F = \frac{1}{H_d} \frac{\partial \theta}{\partial H_d} \tag{8.12}$$

として決められる．吸水境界曲線は式 (8.8) から

$$\delta\theta = \left[\int_{x=H_w}^{H_m} F(x)\,dx \right] \delta H_w$$

または，

$$\theta = \int_{y=H_w}^{H_m} \int_{x=y}^{H_m} F(x)\,dx\,dy \tag{8.13}$$

と決められる．他の走査曲線は，前と同様，例に示した方法で式 (8.11) から計算することができる．

■ 例 8.3　数値計算

数値的な方法を図 8.17 に示した同じ手順で説明できる．この例では，$H_1 = 20$，$H_2 = 8$，$H_3 = 16$，$H_4 = 4\,\mathrm{cm}$ と仮定する．計算は図 8.17 に示す内容に従って，表 8.1 の値を加えたり減じたりすることで行う．表 8.1 の値を用いて通常の独立領域法で得られた結果と，表 8.1 のカラムの平均値を用いて Parlange (1976) の単純法で求めた結果を図 8.19 に比較してある．

ヒステリシス曲線の決定は，実験室で得られたデータでも難しいが，野外のデータではさらに難しい（たとえば Royer and Vachaud, 1975; Watson *et al.*, 1975）．このため，独立領域法とその単純化法

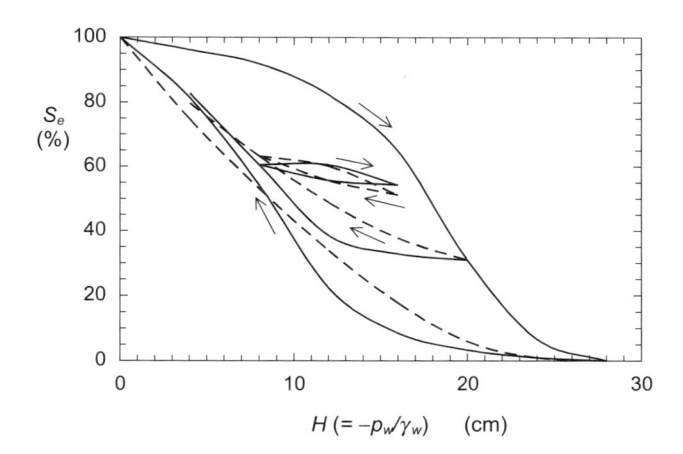

図 8.19 図 8.17 の例と同じ順序の吸水・脱水プロセスでの土壌水分特性曲線. 実線は実験的に得られた表 8.1 の F 分布を用いて得られたもので, 破線は同じデータに相似の仮定を適用して求めたものである.

$$H (= -p_w/\gamma_w) \quad \text{(cm)}$$

は粗い近似と考えらてしまうかもしれないが, 土壌水流れの問題の実際的なシミュレーションでは非常に有用である. この近似から生じる誤差は, ごく一般的な土壌水流れのパラメータの不確かさやヒステリシスを無視することの両方から生じる避けられない大きな誤差と比較すれば, 間違いなくはるかに小さい.

8.2.4 土壌水分特性の関数型

土壌水分特性を記述するためのいくつかの関数が, 実験により提案されてきた. その中でよく知られているのが Brooks and Corey (1964) のべき乗関数で,

$$
\begin{aligned}
S_e &= 1 & (0 < H < H_b) \\
S_e &= (H/H_b)^{-b} & (H \geq H_b)
\end{aligned}
\tag{8.14}
$$

と表せる. ここで, 前と同様 $H \, [= (-\rho_w/\gamma_w) = -\psi_w]$ は水柱高として表したサクションである. S_e は式 (8.6) で定義されており, b と H_b は対象土壌の特性を表す定数である. H_b は空気侵入値 (air entry suction) とかバブリングサクション (bubbling suction) ともよばれる. 粗い土性の土壌より細かい土壌の方が小さな b と大きな H_b の値をもつ傾向にある. 式 (8.14) が不利なのは 2 つの式からなる構造で, $H_w = H_b$ においてその微分が特異点をもつことにある.

$S_e = 1$ $(\theta = \theta_0)$ から $S_e = 0$ $(\theta = \theta_r)$ までの範囲で滑らかな変化を得るために, Brutsaert (1966) は

$$
S_e = (1 + (aH)^b)^{-1}
\tag{8.15}
$$

を代わりに提案した. ここで a と b は, 対象土壌に対して決まる定数である. 式 (8.15) において, 定数 a は長さの逆数の次元 $[L^{-1}]$ をもち, これは水柱高として表した毛管圧の逆数を示している. a^{-1} の値が, 有効飽和度 S_e が 50% の時の毛管サクションにたまたま一致することに注意. 図 8.20 は Oso Flaco 砂に対する式 (8.15) の形を対数軸で表している. この場合のパラメータは $n_0 = 0.405$, $S_r = 0.094$, $a = 0.0280 \, \text{cm}^{-1}$, $b = 6.7$ である. 式 (8.15) は, Van Genuchten (1980) がさらにもう 1 つのパラメータ c を追加して,

$$
S_e = (1 + (aH)^b)^{-c}
\tag{8.16}
$$

のように拡張した. どの関数を使うかは, 多分にパラメタリゼーションの節約性と柔軟さのどこに重きをおくかで決まる. 柔軟性を大きくすると, 普通はパラメータの数が多くなる. 式 (8.14) と (8.15) は 3 つのパラメータが必要なのに対し, 式 (8.16) は適用にあたって 4 つのパラメータを推定する必要がある.

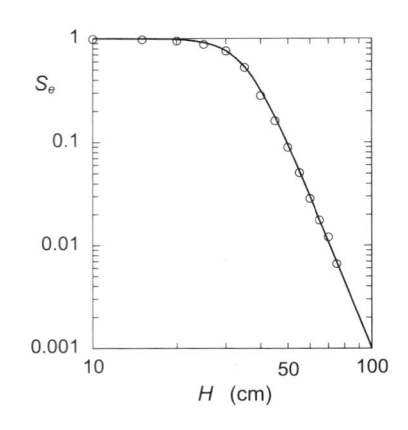

図 8.20 細砂 (Oso Flaco) に対する脱水プロセスの土壌水分特性曲線. 有効飽和度 $S_e = (\theta - \theta_r)/(n_0 - \theta_r)$ を cm 単位の圧力水頭 $H = -p_w/\gamma_w$ に対してプロットしてある. 曲線は式 (8.15) で, $n_0 = 0.405$, $\theta_r = 0.0381$, $a = 0.0280\,\mathrm{cm}^{-1}$, $b = 6.7$ としてある. 丸印 (○) は図 8.5 に示した実験値である.

8.3 多孔体中の水の輸送

8.3.1 間隙を満たす流体の力学：ダルシー則

● 初期の実験

Darcy (1856) は, ブルゴーニュの Dijon 市への公共水源と給水に関する報告書中に, 砂で満たした内径 0.35 m, 有効長さ 3.00 m のパイプ中の水の浸透実験の結果を示した (図 8.21). 手短にまとめると, 彼は, 砂層中の水の流量 Q が砂カラムの断面積 A と砂層中の水理水頭 h の差に比例し, 砂カラムの長さ ΔL には逆比例することを見つけた. この記号を用いると, 彼の結果は

$$Q = kA(h_1 - h_2)/\Delta L \tag{8.17}$$

と表せる. 添字の 1 と 2 は, それぞれカラムの入口と出口の断面を示す. k は次元 $[\mathrm{L\,T^{-1}}]$ の比例

図 8.21 Darcy (1856) の実験装置を示す図

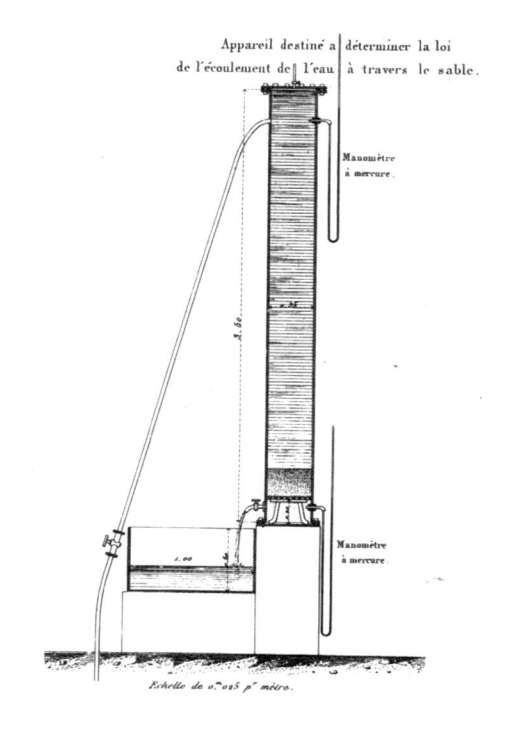

定数で，現在一般に透水係数 (hydraulic conductivity) とよばれている．ダルシーの実験において水は本質的には一定の単位体積重量をもっており，水理水頭を通常のように

$$h = z + \frac{p_w}{\gamma_w} \tag{8.18}$$

と定義することができる．z は位置水頭である．負圧を水柱高で表すと，式 (8.18) は簡潔に $h = z - H$ とも表せる．ダルシーの研究やその生活状況の一部は Freeze (1994) と Philip (1995) が触れている．

ダルシーが初めて使用したものと同様な，透水係数 k を測定する器具をしばしば透水計 (permeameter) とよぶ．長年にわたり数多くのさまざまな設計が行われたが，それらは原理的には式 (8.17) を逆にして，k を推定するのに必要な Q と $(h_1 - h_2)$ の測定を行うという点においてほとんど同じである．いくつかの種類の透水計が市販されている．

● 点での定式化

多孔体が連続体として扱えるという仮定の下では，A と ΔL をともに無限に小さくもっていくことができる．すると，式 (8.17) は点での流れを記述し，一般的ベクトル表現を用いると簡潔に

$$\mathbf{q} = -k\nabla h \tag{8.19}$$

で表せる．ここで $\mathbf{q} = q_x \mathbf{i} + q_y \mathbf{j} + q_z \mathbf{k}$ は多孔体の単位面積あたり単位時間あたりの体積で表した流量である単位体積フラックス（比流束），$\nabla = (\partial/\partial x)\mathbf{i} + (\partial/\partial y)\mathbf{j} + (\partial/\partial z)\mathbf{k}$ は勾配の演算子である．添字がベクトル要素を表すとして，これはしばしば，

$$q_i = -k\frac{\partial h}{\partial x_i} \tag{8.20}$$

と書かれる．ここで x_i は $i = 1, 2, 3$ に対して x, y, z をそれぞれ表している．微小対象体積中で圧力 p，密度 ρ の流体に対して，z を鉛直座標，$\mathbf{k}$ が鉛直方向の単位ベクトルとすると，流れを起こす力は，（単位体積あたりの）鉛直方向の圧力勾配 ∇p と重力 ($\rho g \mathbf{k}$) である．そこで，流れ領域中で流体密度が変化する場合には，水理水頭は，式 (8.18) ではなく，次の勾配の形で定義しなければならない．

$$\nabla h = \mathbf{k} + \frac{1}{\rho g}\nabla p \tag{8.21}$$

式 (8.20) と同じ記号を用いると，この勾配は

$$\frac{\partial h}{\partial x_i} = \frac{\partial x_3}{\partial x_i} + \frac{1}{\rho g}\frac{\partial p}{\partial x_i} \tag{8.22}$$

と書け，x_3 は鉛直座標である．

● 固有透過度

多孔体中の流体が，間隙の大きさや配列により，また流体の性質に依存して流れやすかったり，流れにくかったりするのは当然である．それゆえ，透水係数は両方の因子に影響されているに違いない．流体の効果を，多孔体基質（マトリックス）の効果と分離したい時には，透水度 (permeability) あるいは固有透過度 (intrinsic permeability) k' を用いることができる．これは

$$k = \frac{k'\gamma}{\mu} = \frac{k'g}{\nu} \tag{8.23}$$

と定義され，対象流体について，$\gamma = \rho g$ は単位体積重量，ρ は密度，μ は粘性係数 (dynamic viscosity)，$\nu = \mu/\rho$ は動粘性係数 (kinematic viscosity) である．式 (8.23) の形を導き出す 1 つ

の方法は，単純な次元解析である．この方法では流体の多孔体中の動きやすさである透水係数 $k[\mathrm{L\ T^{-1}}]$ が実は $-\mathbf{q}/\nabla h$ の比であることをまず確認する．すると，この比が次の3つの変数の影響を受けると仮定するのが合理的である．すなわち，ある有効または平均間隙径 $R_e[\mathrm{L}]$ で特徴づけられる間隙中の流れが利用できる面積と，低レイノルズ数流れ（クリーピング (creeping) 流れ）の力学を支配する流れの2つの性質である粘性係数 $\mu[\mathrm{M\ L^{-1}T^{-1}}]$ と式 (8.21) より単位体積重量 $\gamma[\mathrm{M\ L^{-2}T^{-2}}]$ である．透水係数と同じ次元をもつように3つの変数を組み合わせる唯一の方法は $k = (\mathrm{Ge}R_e^2\gamma/\mu)$ であり，Ge は間隙の幾何学的形状を表すために導入された無次元定数である．そこで次元解析に基づきダルシーの式は，

$$q_i = -\frac{\mathrm{Ge}R_e^2\gamma}{\mu}\frac{\partial h}{\partial x_i} \tag{8.24}$$

の形をとることになる．式 (8.24) の大事な点は，まず第1に，流体特性の流れへの影響が多孔体基質の特性の影響から分離される様子を示していることにある．第2に，R_e で表される間隙の大きさによってのみでなく，Ge を通してその幾何学的な形状によっても多孔体基質そのものが流れに対して影響を与えていることを示している点にある．間隙の大きさは，主に多孔体の固体粒子の粒径とその分布に依存する．間隙の幾何学的形状は，主に粒子の配列に依存する．このことから，道路やダム建設の圧密で土壌の透水係数がなぜ減少するのか，土地を耕したりならしたりする農作業でなぜ増大するのかが理解できる．しかしこの概念にも制約があり，特に粘土質土壌に対しては注意して用いなければならない．粘土の種類によっては，土壌の間隙構造が水に溶解したある種の電解質や塩の影響を受けやすい場合がある．たとえば，ナトリウムはこの点に関してよく知られている．このことから，流体の透水係数への影響と多孔体基質の影響を完全に分離することが，常に可能なわけではないことがわかる．

式 (8.24) の形から，規則的な形状をもつ流れ領域に対するよく知られたクリーピング流れの方程式を，土壌粒子などの粒子状物質を機械的に集めた結果生じる，完全に不規則な間隙形状に対して一般化したものがダルシー則であるととらえることができるのは，興味のある点である．たとえば，円筒管中の流れの場合，クリーピング流れはハーゲン・ポアジュイュの公式 (Hagen-Poiseuille equation) で記述される．これは q_i が管内の平均速度を表し，R_e が管の半径，Ge $= 1/8$ とすると式 (8.24) と同じになる．（他の断面形を有する管については，Boussinesq (1868;1914) や Graetz (1880) などによって解析されている．）また，Ge $= 1/3$ として，R_e を平行板の間隔の半分，q_i が管内の平均速度とすると，式 (8.24) でこの（ヒーリー・ショーモデル (Hele-Shaw model) で用いられる）平行板の間の流れを記述できる（たとえば Lamb, 1932, p.582）．同様に，Ge $= 1/3$，R_e を水深 h，動水勾配を平面の傾斜 S_0 とすれば，式 (5.32) の場合のように，式 (8.24) はこの平面を流下する流れの平均速度を示すのに用いることができる．これら3つの表現は，ナビエ・ストークスの方程式 (1.12) のクリーピング流れに対する厳密解であり，流体力学の基礎的な教科書に記述されている．（クリーピング流れはレイノルズ数が極めて低い流れで，$(D\mathbf{v}/Dt)$ が無視しうることを思い起こすこと．）過去の研究で，ナビエ・ストークスの方程式からダルシー則を導出する多くの試みの大部分は，この厳密解の類推として行われてきた．粒子を規則性なしに機械的に詰め込むことから生じる間隙の不規則形状のために，求める結果の導出にあたっては，何らかのアンサンブル平均と常に成り立つとは限らない別の確率論的仮定を用いなければならない．しかしこのような考察にもかかわらず，実用的にはダルシー則を単にそのままの形，すなわちこれが実験的に導出，実証された式であり，k あるいは k' は測定から求めることが最もよいパラメータであるとして適用するのが

おそらく望ましいだろう.

● **実流速**

ダルシーの式で定義されるように,$\mathbf{q}$ または q_i は多孔体の間隙や粒子を含んだ単位面積あたり,単位時間あたりの体積で表した流量である.そのため,これが次元 $[\mathrm{L\ T^{-1}}]$ を有していても,流体粒子の平均速度を表しているわけではない.間隙中の「真の」流速は,完全に飽和した条件下では通常 (q_i/n_0) として,不飽和な条件下では (q_i/θ) で与えられると仮定されている.

● **異方性**

式 (8.19)(または (8.24))で定式化されるとおり,q_i と $-\partial h/\partial x_i$ は同じ方向のベクトル量,そして k(あるいは k')は方向に関係しないスカラー量である.これが成り立つ多孔体は等方性 (isotropic) であるという.透水係数や透水度などの物質の特性が方向により異なる時,この物質は異方性 (anisotropic) であるという.ほとんどの土壌や水を含んだ地層はある程度の異方性をもつ.ある場合には,水平方向に大きい透水度は土壌形成プロセスで堆積物が層をなした結果かもしれない.他の事例では,粘土質土壌が乾燥してひび割れ,その鉛直方向の割れ目に粗いレスが風に飛ばされて来て充填された結果,鉛直方向に比較的高い透水度を生じさせたのかもしれない.

異方性の物質では,q_i と $-\partial h/\partial x_i$ の2つのベクトルは必ずしも同じ方向を向いていない.このようなベクトル間の線形的な関係を式に表すには,2階のテンソル(ダイアド)を用いるのが唯一の方法である.つまり,異方性物質に対するダルシー則は,

$$q_x = -k_{xx}\frac{\partial h}{\partial x} - k_{xy}\frac{\partial h}{\partial y} - k_{xz}\frac{\partial h}{\partial z}$$
$$q_y = -k_{yx}\frac{\partial h}{\partial x} - k_{yy}\frac{\partial h}{\partial y} - k_{yz}\frac{\partial h}{\partial z} \qquad (8.25)$$
$$q_z = -k_{zx}\frac{\partial h}{\partial x} - k_{zy}\frac{\partial h}{\partial y} - k_{zz}\frac{\partial h}{\partial z}$$

の形をとらなければならない.あるいは添字を用いて,これをより簡潔に

$$q_i = -\sum_{j=1}^{3} k_{ij}\frac{\partial h}{\partial x_j} \qquad (8.26)$$

と表すこともできる.一般に,2階テンソル k_{ij} は9つの成分をもっている.このようなテンソルの成分が $k_{ij} = k_{ji}$ と対称な場合,3つの主軸方向の3成分のみをもつようにテンソルを対角化することができる.透水係数テンソルは,通常対称性が仮定されている.

■ **例8.4　動水勾配とフラックスベクトルの方向**

異方性が意味することを引き出すため,フラックスベクトル $\mathbf{q}$ とフラックスを生じさせる負の動水勾配ベクトル $-\nabla h$ を,図8.22に示すような主軸を座標系として考察してみよう.動水勾配は2成分からなっており,

$$\nabla h = \frac{\partial h}{\partial x}\mathbf{i} + \frac{\partial h}{\partial z}\mathbf{k} = |\nabla h|(\cos\alpha\,\mathbf{i} + \sin\alpha\,\mathbf{k}) \qquad (8.27)$$

のように分解できる.同様に比流束は,

$$\mathbf{q} = q_x\mathbf{i} + q_z\mathbf{k} = |\mathbf{q}|(\cos\beta\,\mathbf{i} + \sin\beta\,\mathbf{k}) \qquad (8.28)$$

と表せる.これら2ベクトルはダルシー則の式 (8.25) で関連づけられており,そのためフラックスは式 (8.27) から

$$\mathbf{q} = -|\nabla h|(k_{xx}\cos\alpha\,\mathbf{i} + k_{zz}\sin\alpha\,\mathbf{k}) \qquad (8.29)$$

図 **8.22** 異方性物質中の比流束と勾配ベクトルの方向. ここで $k_{xx} > k_{zz}$, x および z は主軸である.

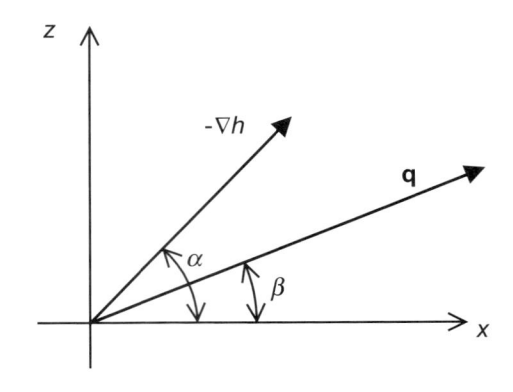

のようにも書き表せる. ここで式 (8.28) と (8.29) の x と z 成分がそれぞれ等しくなければならないので,

$$\tan \beta = \frac{k_{zz}}{k_{xx}} \tan \alpha \tag{8.30}$$

が得られる. これから, 比流束と (負の) 動水勾配の方向が等しくなるのは, 多孔体が等方性な場合のみであることがわかる. 異方性物質中ではこれら 2 ベクトルは異なる方向を向く.

● 透水係数のスケール依存性

　ダルシー則を野外に適用した多くの事例において, 観測された流量を再現するのに必要な k の値が式 (8.19) を積分または平均する対象の大きさに依存することが認められてきた. つまり, k の大きさがスケールに依存しているのである. 与えられた土壌の透水係数の値は, 野外でオーガーにより孔を穿って測定した場合の方が, ダルシーの方法 (たとえば図 8.21) や似たような透水計で小さなカラムから求めた場合よりしばしば大きいのである. 小河川流域で得られたデータを用いて逆算 (たとえば Brutsaert and Lopez, 1998) して求めた k の値は, さらに大きくなる傾向にある. 透水計の流れ領域の典型的な長さスケールが高々 1.0 m なのに対し, オーガー孔での測定と揚水試験ではそれぞれの影響範囲の長さスケールは $10 \sim 10^2$ m のオーダーである. 小流域のオーダーは通常 10^3 m 以上である.

　このスケール依存性の原因として, いくつかの可能性があげられる. 1 つは, ほとんどの透水計での測定が撹乱されたサンプルで行われることにある. 土壌はシャベルですくい上げて透水計の中に入れられるが, これでは普通は野外の土壌構造を再現できない. さらに野外の自然条件では, ほとんどの土壌に植物根跡や虫, 穿孔動物によってつくられたマクロポア (macropore) などの導管が存在する. このようなマクロポアや大きな水路を透水計の小さな範囲に含ませるのは, 不撹乱サンプルを使用したとしてもほとんど不可能である. 最後に, 均質と思われる土壌タイプにおいても, すべての土壌特性は大きな空間変動性を示す. 10^2 m の圃場スケールで, 透水係数は普通対数正規分布に近い分布をする (たとえば Rogowski, 1972; Nielsen *et al.*, 1973; Hoeksema and Kitanidis, 1985). このことは, この領域中の小さな k の値よりも, 大きな値が全体の流れに対して比較的大きな影響をもつことを意味する. しかも分布の様子に無関係に, 2 次元や 3 次元の流れでは, 流れが小さな透水係数の場所を避けてしまい, 全領域では, 単純平均した透水係数が示すより大きな有効透水係数をとることになる (たとえば El-Kadi and Brutsaert, 1985). 流れのシミュレーション計算では, 流れ領域全体が均質であり, 有効パラメータ (1.4.3 項参照) が流れ領域を代表すると仮定して, 土壌特性の空間変動性を回避している. 透水係数のスケール依存性は, この仮定から生じている.

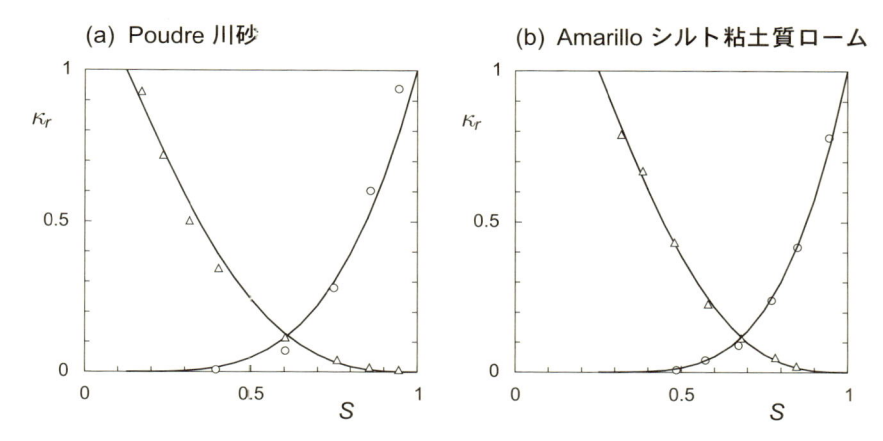

図 8.23 砂質土とシルト粘土質ローム中の水（ぬれ流体，○）と空気（非ぬれ流体，△）の飽和度 $S = \theta/\theta_0$ の関数としての相対透水度 $\kappa_r = (k'/k_0')$（すなわち相対透水係数）．水に対する曲線は式 (8.45) を用いた式 (8.36) を，空気の式は非ぬれ流体に対する類似な式を表している．（原図は Brooks and Corey, 1966）

8.3.2 不飽和流

● ダルシー則の拡張

部分的にのみ飽和している土壌に対してもダルシー則の式 (8.19) が適用できること，この場合に透水係数が水分量の関数 $k = k(\theta)$ となることを主張したのは，おそらく Buckingham (1907) が初めである．土壌水分量が減少すると k は小さくなる．この理由は，水分のない間隙を水が通れなくなるので避けて動かねばならず，流れがより少ない数の間隙しか利用できなくなり，流れの経路がより屈曲し，それに伴い長くなるためである．相対的に大きい間隙からまず水がなくなるので，ある土壌水分量の減少に対する透水係数の減少は，初期の方が，後の低水分領域で起こる減少よりも大きい．

間隙の水がなくなると，水は空気に入れ替わる．このような条件下では，ダルシー則は空気の流れを記述することもできる．この場合，式 (8.21) で，空気密度を用いた「空気頭」勾配を用いて適用しなければならない．図 8.23 に例として，2 つの土壌での水と空気の相対的透水係数 $\kappa_r = (k'/k_0')$ を示してある．以下では，k_0 と k_0' はそれぞれ飽和時の透水係数と透水度を通常は示すものとする．部分的に飽和した条件での透水係数 k は，毛管伝導率 (capillary conductivity) ともよばれる．空気の移動が無視しうるほど小さな圧力勾配下で生じると普通は仮定できるので，水文学では水が主に興味の対象である．

● 毛管伝導率の決定

原理的には，毛管伝導率はダルシーが行ったと同様なカラム実験で測定できる．その際，カラム内の土壌水分量 θ または平均水圧 p_w を測定できるか，望ましい値に保てる必要がある．このような実験装置の例 (Nielsen and Biggar, 1959) を図 8.24 に，$k = k(-p_w)$ と $k = k(\theta)$ の測定結果を図 8.25 に示す．毛管伝導率 k と水のサクション H $(= -p_w/\gamma)$ の関係にヒステリシスがあることが見て取れる．しかし，透水係数と土壌水分量 θ の関係には，ほとんどヒステリシスがない．多くの研究結果から，$k = k(\theta)$ のヒステリシスはあるとしても小さく，ほとんどは存在しないことが確かめている（たとえば Jackson *et al.*, 1965; Talsma, 1970; Topp, 1971）．いくつかの $k = k(H)$ の例をさらに図 8.26 に示してある．

しかし，自然界の流れの問題をシミュレートする目的では，$k(\theta)$ を不撹乱土壌プロファイルに対して決定する方が明らかに望ましい．現在まで，実験的に決められたほとんどの $k(\theta)$ は，鉛直流

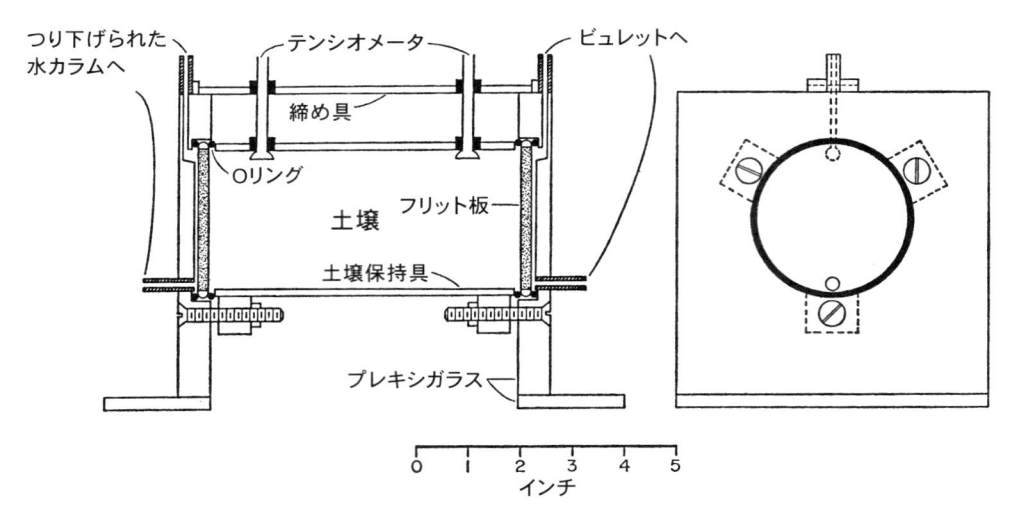

図 8.24 毛管伝導率を測定する実験装置 (Nielsen and Biggar, 1959)

図 8.25 Columbia シルト質ロームの毛管伝導率. 圧力および水分量の関数として表してあり, 図 8.24 に示す装置で測定されたものである. 1回目と2回目の脱水プロセスの違いは, 主に水分中の負圧から生じた初期の土壌圧密による. (1 hPa は概略 1.02 cm の水頭に相当). (原図は Nielsen and Biggar, 1961)

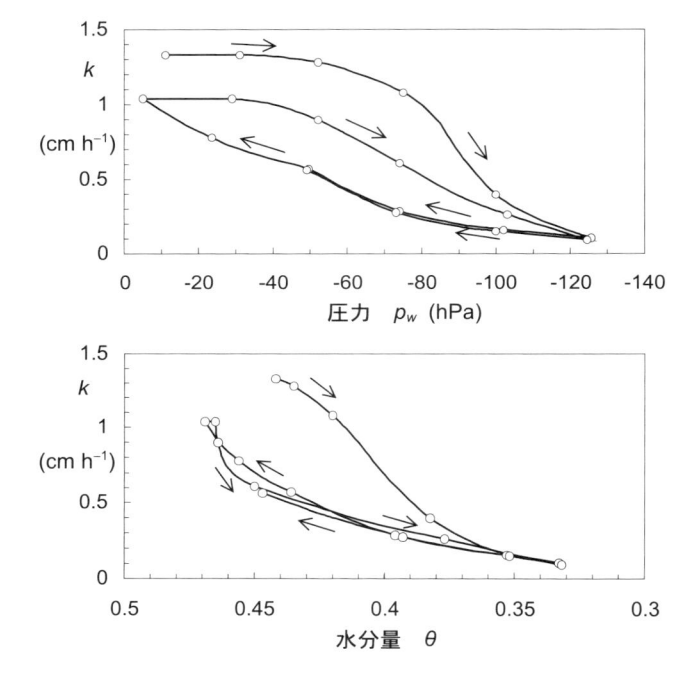

に対する値に限られてきた. 支配微分方程式の差分形を逆に適用したものがほとんどであるさまざまな研究 (この後の 8.4.1 項参照) が, 降水なし, 地表面の蒸発が起きないようにした条件で行われてきた (たとえば Ogata and Richards (1957), Nielsen *et al.* (1973), Davidson *et al.* (1969), Baker *et al.* (1974), Libardi *et al.* (1980) や Katul *et al.*, (1993) など). しかし, 土壌中の数深度における長期間の土壌水分量と水圧の測定は容易ではなく, 多くの注意が必要とされる. 以下のような条件下では, 野外での測定は不可能ではないにしろ, 通常は難しい. すなわち, 地表面近くの地下水面の存在, 頻繁に起きる大きな降水, 無視しえない, あるいは未知の側方からの正味の流入, プロファイル下端での鉛直方向の大きな正味の排水, そして土壌の性質の大きな変動などである. 野外での測定は, 例外的によい条件でのみ可能であり, このため概念的予測法を導き出す多くの試みがなされ

図 8.26 異なる土壌の排水（脱水）プロセスに対する負圧の関数として与えられた毛管伝導率 $k = k(-p_w)$. (1) Pachappa 砂質ローム，(2) Indio 砂質ローム，(3) Fort Collins ローム，(4) Aiken 粘土質ローム，(5) Chino 粘土.（10 kPa は概略 1.02 cm の水頭に相当）.（原図は Gardner and Miklich, 1962）

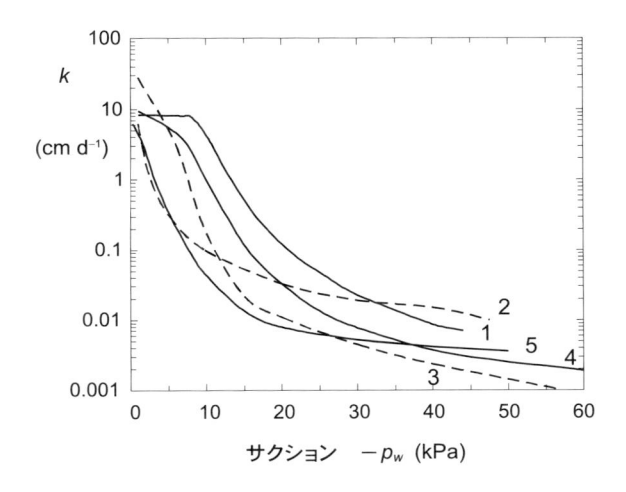

図 8.27 図 8.26 と同じ土壌に対して，脱水プロセス中に土壌水分の関数として与えられた土壌水分拡散係数 $D_w = D_w(\theta)$.（原図は Gardner and Miklich, 1962）

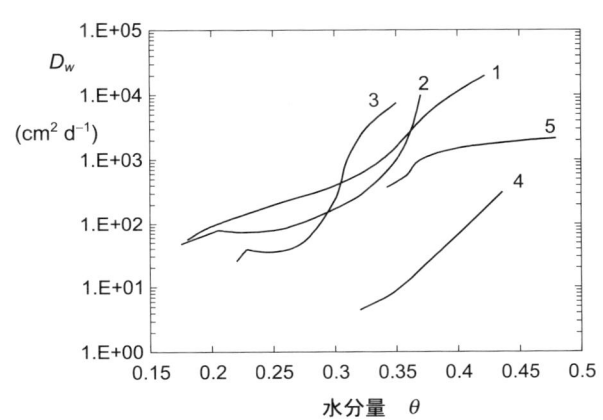

てきた．この方法のいくつかを 8.3.4 項でふれる.

● 土壌水の拡散式

不飽和土壌中のある種の流れの問題を解く際には，ダルシー則を拡散式として書き直すと便利である．つまり式 (8.19) 中の圧力勾配を水分量（すなわち濃度）勾配に置き換えると，ダルシー則は

$$q_i = -D_w \frac{\partial \theta}{\partial x_i} - k \frac{\partial x_3}{\partial x_i} \tag{8.31}$$

のように表せる．ここで $D_w(\theta)$ は土壌水分拡散係数で，

$$D_w = -k \frac{dH}{d\theta} \tag{8.32}$$

のように定義される (Klute, 1952)．または $D_w = k(d\psi_w/d\theta)$ である．物理的な見地からは，式 (8.31) は式 (8.19) と比べて何ら新しい情報が含まれるわけではなく，多くの実用的シミュレーションで，この拡散式が特に有利な点はないだろう．実際，流れの領域の一部が飽和している場合，式 (8.31) と (8.32) は θ が一定の場合の D_w の特異性のために，問題を起こすかもしれない．これは，式 (8.19) では避けることができる問題である．それでも，次章で示すように，拡散式により多くの重要な土壌水の問題の解析的取り扱いが非常に単純化されるため，拡散式は興味の対象であり続ける．土壌水分拡散係数と土壌水分の関係の例が，図 8.27 に示されている.

8.3.3 ダルシー則の限界

● 上　限

　レイノルズ数がある点を超して増加すると，比流束 $\mathbf{q}$ が徐々に動水勾配 ∇h との比例関係からはずれることが実験で示されてきた．これはダルシー則と流体力学に登場する他のクリーピング流れの式との相似性からして，驚くことではない．定義上，クリーピング流れはレイノルズ数が十分小さい場合の流れで，ナビエ・ストークスの方程式中の（局所的な時間方向や移流に伴う）加速度項が無視できる．レイノルズ数の定義では，流れの領域の代表速度と代表長さを必ず決める必要がある．式 (8.23) での透水度 k' の定義から，その基本次元が $[\mathrm{L}^2]$ であり，流れの代表または典型的断面積に比例していると考えられる．そこで，比流束の基本次元が $[\mathrm{L}\ \mathrm{T}^{-1}]$ なので，多孔体中の流れに対するレイノルズ数を，

$$\mathrm{Re_p} = \frac{|q|\sqrt{k'}}{\nu} \tag{8.33}$$

のように定義すると便利である．レイノルズ数は，慣性力と粘性力の相対的な大きさを表している．このことは，$\mathrm{Re_p}$ が 1 のオーダーをはるかに超える場合，ダルシー則が成り立つことを期待できないことを意味している．このダルシー則からの初期のずれは，乱流の発生のためではなく，単に流体の加速によることは強調されるべきである．この加速は，図 8.28 に示すような間隙中の不規則で曲がりくねった流れの経路のために生じている．

　Forchheimer (1930, p.54) は，初めて実験データを解析した 1 人で，1901 年にデータを記述するフォルヒハイマーの式

$$|\nabla h| = \alpha|q| + \beta q^2 \tag{8.34}$$

を提案した．ここで，α と β は与えられた土壌に対して決まる定数である．ナビエ・ストークスの方程式 (1.12) の次元を調べることで，これらの定数の性質を明らかにすることができる．式 (8.34) の左辺と右辺第 1 項は，式 (1.12) 右辺の 3 項に対応している．そこで α は粘性の効果を表しており，透水度を用いれば，$\alpha = \nu/(gk')$ と表せる．右辺第 2 項の βq^2 は，式 (1.12) の左辺の項に対応している．そこで，これは流れの慣性効果を表している．定常状態に対して，式 (1.12) 左辺は $\mathbf{v} \cdot \nabla \mathbf{v}$ である．次元的には，2 つの速度の項は q^2 に比例する．一方，∇ の次元は $[\mathrm{L}^{-1}]$ である．$\sqrt{k'}$ は間隙の代表長さスケールなので，このことから β がそれに逆比例していることがわかる．つまり，

$$\beta = \frac{C}{g\sqrt{k'}} \tag{8.35}$$

である．C は定数で，間隙空間の幾何学的構造や形状に依存する．数多くの実験的研究で式 (8.35) の有効性が確かめられてきた．たとえば Arbhabhirama and Dinoy (1973) は，C の値がほぼ 0.6（砂）と 0.2（角張った礫）の間にあることを報じている．

● 下　限

　粘土質土壌を用いた実験から，流速が非常に小さくなる場合にもダルシー則が成り立たなくなることが示された（たとえば Miller and Low, 1963; Swartzendruber, 1968）．実験結果からは，低い流速（あるいは小さな h 勾配）条件下において，$-k\nabla h$ よりも測定された比流束 q が小さくなることがわ

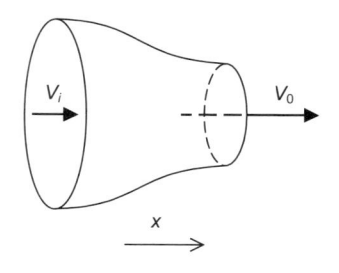

図 8.28　断面が変化し，結果として移流加速度 $\partial V/\partial x$ が生じる間隙中の慣性効果を示す，先細りとなっている導管の断面．V_i と V_0 は，それぞれ平均流入速度と流出速度である．流速が早い時には，この効果がより顕著になり，クリーピング流れでなくなり，ダルシー則が成り立たなくなる．

かった．この問題はちょっとした議論の的になり（たとえば Olsen, 1966），解決されたとはいえない（たとえば Neuzil, 1986）が，ひょっとするとこの現象は，常に電荷をもつ粘土粒子近くで，水分子がその電気双極子の性質により半規則的に方向づけられることによるのかもしれない．結果として，ナビエ・ストークス方程式やダルシー則が成り立つための必要条件である水の粘性が，ニュートン流的に働くことがなくなってしまう．また多くの状況においては，動水勾配 ∇h の他にも付加的な駆動メカニズムが働いているかもしれない．これらが $\nabla h = 0$ でも流れを生じさせるのかもしれない．

● 付加的駆動力

　水文学のほとんどの目的において，駆動力は事実上主に機械的なもので，これは流れがダルシー則のとおり，重力と圧力勾配で駆動されることを意味する．しかし一般に，多孔体中の水の流れは，熱，浸透圧，そして時には電気的な効果をも含むいくつかの他の因子の影響も受ける可能性がある．たとえば，不飽和土壌中のある点での温度変化は表面張力の変化を起こすだろう．これが与えられた水分量に対する圧力 p_w に影響し，そして水輸送にも影響する．熱が加わるとその地点で気化が生じる．これが比湿勾配を生じさせ，空気に満たされた間隙空間中の水蒸気輸送を引き起こす．この水蒸気が離れた所で次に凝結し，液体の水フラックスに影響を与えるかもしれない．

　さまざまな現象の複雑さや土壌中のその相互作用のため，現在一般に受け入れられている学説は明らかに存在しない．それでも，最近熱と水の輸送が同時に起こるような問題が Philip and DeVries (1957; DeVries, 1958; DeVries and Philip, 1986) が展開した枠組みの中で研究されてきた．しかし，得られた結果はさまざまである (Jackson *et al.*, 1974; Kimball *et al.*, 1976)．Raats (1975) と Nakano and Miyazaki (1979) は，Philip and DeVries 式の非平衡熱力学の概念との理論的・実際的な整合性を調べた．より最近では，Cahill and Parlange (1998) は水蒸気輸送の役割を明らかにした．数値シミュレーションによって，Milly (1984) は水輸送における温度勾配の相対的重要性を研究し，多くの実用的な目的に対して，水輸送が本質的に等温状態下で動水勾配 ∇h のみで引き起こされると仮定しても，十分に正確であると結論づけている．

8.3.4　透水係数と土壌水分の拡散係数の関数表現

● 飽和物質の透水係数

　過去，多孔体の透水係数を予測する非常に多くの式が提案されてきた．これらのほとんどが粒子の大きさやその分布，あるいは式 (8.5) から決められる間隙径分布の測定値を用いている．しかしこのような式は，普通透水計による k 測定値を基にして求められているので，局地スケールでのみ有効である．前述のように k はスケールに依存し，透水係数を水文学でしばしば必要とされる圃場あるいは流域スケールで用いる場合には，これらの方法は利用できない．そこで，より広い地域に適用するには，適切なスケールでの測定から k を逆解法で求めることが賢明である．基底流の減水解析に基づく，このような逆解法の 1 つを第 10 章で扱う．

● 不飽和物質の透水係数

　これまでに見てきたように，不飽和条件下での $k(\theta)$ の決定は容易ではない．しかし，多くの流量計算では高水分領域の k の精度が非常に重要なのに対し，低水分域では多少の不正確さは許容できる．そこで，$k(\theta)$ を比較的単純なパラメータ方程式で表すことが有用であることがわかってきた．図 8.23 に描かれるような

$$k = k_0 S_e^n \tag{8.36}$$

が広く用いられていることは驚くべきことではない．ここで，k_0 は飽和時の透水係数，n は定数である．有効飽和度 S_e は式 (8.6) で定義されている．式 (8.36) を用いるには，$k_0, \theta_0, \theta_r, n$ の 4 つのパラメータを決める必要がある．過去に決められた n の値を調べると，小さい方が 1，大きい方が 20

程度だが，典型的な値は 3〜5 の間にある．n は，間隙の大きさの分布範囲が狭い物質で小さく，広い物質で大きいようである．興味深いことに，このべき乗の形の式は，いくつかの大きく異なる理論モデルを基にして導出されている．そこで，べき乗式の形は導出方法には依存しないと結論づけたくなるわけである．これらのモデルのいくつかを 8.3.5 項でレビューしてある．たとえば，Averyanov (Polubarinova-Kochina, 1952) は式 (8.36) で $n = 3.5$ を提案し，Irmay (1954) は $n = 3$ を提案している．より最近では，式 (8.14) の b を用いた $n = (2 + 2.5/b)$ が実験データを最もよく記述できることが見いだされた (Brutsaert, 2000)．

式 (8.36) は最も古くからあり，現在でも広く使われている式の 1 つである．最近，土壌のフラクタル解析でこの式が自然に出てくることから，再び理論的な興味の対象になってきた．他にも $k(\theta)$ のパラメタリゼーションが提案されてきたが，これらはすべて式 (8.36) と類似している．

土壌水分量 θ が負の水圧 $H\ (= -p_w/\gamma_w)$ の関数なので，k を H の関数として表すこともできる．Gardner (1958) は，多くの異なる土壌のデータに適用できる実験式

$$k = \frac{a}{b + H^c} \tag{8.37}$$

を提案した．a, b, c は定数である．(a/b) は飽和透水係数 k_0 に等しく，b は，$k = k_0/2$ での H^c の値である点に注意．c は粘土質土壌の 2 程度から，より砂質な土壌に対する 4 程度の範囲にある．式 (8.37) が，図 8.29 に示されたような実験データに合わせるのに適した一般的な形であることが見て取れる．しかし，図 8.25 ですでに示されたように，$k(H)$ には普通顕著なヒステリシスが見られるので，これを反映するために定数を調節しなければならない．

ある種の応用では，透水係数を次のような指数関数で記述するのが便利である．

$$\begin{aligned} k &= k_0 & (H \le H_b) \\ k &= k_0 \exp[-a(H - H_b)] & (H > H_b) \end{aligned} \tag{8.38}$$

ここで，a と H_b は対象土壌に対して決める定数である．式 (8.38) は，Gardner (1958) が H_b がない形で導入した．この定数は P. E. Rijtema が後に毛管水縁を扱えるように追加した．式 (8.38) のパラメータ a の空間変動性と物理的重要性についての研究がなされてきた（White and Sully, 1992）．圃場スケールでは，a は k_0 と同様に対数正規分布となるようである．

● 土壌水分拡散係数

多くの問題の解で使われてきた拡散係数の関数は，

$$D_w = D_{wr} \exp[\beta(\theta - \theta_r)/(\theta_S - \theta_r)] \tag{8.39}$$

のような指数形をしている．ここで β は定数で，D_{wr} はある乾燥土壌水分または基準土壌水分 θ_r にお

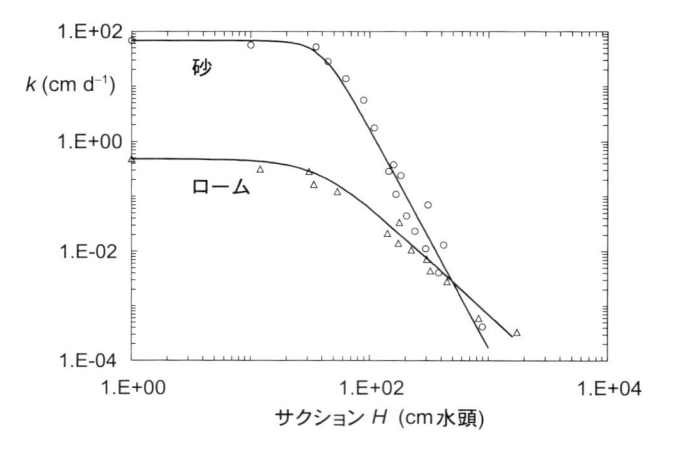

図 8.29 Santa Ana 河床と Diablo ロームの毛管伝導率 k (cm d^{-1})．水の負圧 H (cm 水柱高) の関数として脱水プロセスで測定してある．曲線は Gardner の式 (8.37) で，砂に対して $a = 1.7 \times 10^8, b = 2.5 \times 10^6, c = 4$，ロームに対して $a = 700, b = 1{,}450, c = 2$ である．（原図は Willis, 1960）

図 **8.30** 一様な風乾土壌カラム中への水平方向の浸透時の土壌水分拡散係数 D_w ($\mathrm{cm^2 min^{-1}}$). 無次元水分量 $S_n = (\theta - \theta_i)/(\theta_0 - \theta_i)$ の関数として表してある (式 (9.25) および図 9.2 参照). 実験で得られた観測値は Fresno 細砂 (△), Hanford 砂質ローム (◇), Yolo 粘土質ローム (○), Sacramento 粘土 (□) に対するものである. 直線は, 式 (8.39) による指数近似である. パラメータ $\theta_0, \theta_i, \beta, D_{wi}$ の値はそれぞれ, Fresno に対して 0.31, 0.007, 7.97, 0.00458, Hanford に対して 0.35, 0.012, 8.36, 0.00090, Yolo に対して 0.42, 0.04, 7.85, 0.00056, Sacramento に対して 0.55, 0.07, 8.02, 0.00014 である. (データは Reichardt *et al.* (1972) より)

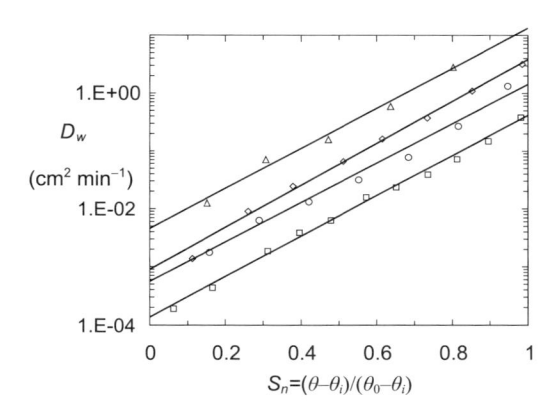

ける拡散係数, θ_S は臨界飽和水分量である. Gardner and Mayhugh (1958) は, 式 (8.39) を水平方向の浸透問題 (吸水 (sorption), 第 9 章参照) の数値解に用いた. Reichardt *et al.* (1972) は, 8 つの異なる風乾土壌から得た水平浸透の実験データを, 無次元変数を用いて単一の回帰式で表せるように無次元化する際に式 (8.39) を用いた (図 8.30). Reichardt *et al.* (1972) の解析を再度調べた Miller and Bresler (1977) は, 多くの土壌タイプに対して, 式 (8.39) の β がほぼ定数で, 8 から大きく異ならないことを示した. 彼らはまた, θ_r を土壌の風乾時の土壌水分量とすれば, D_{wr} が実は水平浸透 (吸水中) のぬれ前線 (wetting front) の前進速度と関係していることを線形回帰により示した. 後に Brutsaert (1979) は, この関係が吸水の物理的な性質の直接的な結果であることを理論的に示した. 加えて, D_{wr} が吸水中の浸透した水の体積に関係するべきであること, これら 2 つの関係式に現れる定数が β の一価関数であることも示されている. なお, $\beta = 8$ の値は, 土壌を再充填した実験室カラムで得られた値であることを述べておかねばならない. Clothier and White (1981; 1982) による野外での測定でははるかに小さな値が得られた. 実のところ, データは平均として $\beta = 3$ とした式 (8.39) でうまく表すことができたが, $0.20 \leq \theta \leq 0.36$ の土壌水分範囲に対しては D_w がほとんど一定であることが見いだされた. いずれにせよ, 式 (8.39) は 2 つのパラメータをもった式と考えるべきである. この点に関しては第 9 章で扱う.

　第 2 の拡散係数の式は単純なべき乗の形で, 式 (8.32) に式 (8.14) と (8.36) を用いることで導出される. この結果は

$$D_w = k_0 \alpha S_e^{\beta} \tag{8.40}$$

と表せ, $\alpha = H_b[(\theta_0 - \theta_r)b]^{-1}$ および $\beta = (n - b^{-1} - 1)$ である. 水文学的な目的で, 土壌特性をパラメタライズするのに用いられてきたこれよりやや複雑な式 (Brutsaert, 1968b) が, 同様に式 (8.32) により式 (8.36) を式 (8.15) または (8.16) と組み合わせて用いることで

$$D_w = k_0 \alpha S_e^{\beta}(1 - S_e^{\delta})^{\gamma} \tag{8.41}$$

として得られる. ここで, $\alpha = [(\theta_0 - \theta_r)ab]^{-1}$, $\beta = (n - b^{-1} - 1)$, $\gamma = (b^{-1} - 1)$, $\delta = 1$ (式 (8.15) の場合), または, $\alpha = [(\theta_0 - \theta_r)abc]^{-1}$, $\beta = [n - (bc)^{-1} - 1]$, $\gamma = (b^{-1} - 1)$, $\delta = c^{-1}$ (式 (8.16) の場合) である.

8.3.5　透水度のモデル

　透水係数を実験的に決めるのは, 飽和した土壌に対しても決して簡単なことではないが, 不飽和土壌

に対して土壌水分の関数としてこれを決定するのは特に難しい．このため，流れのプロセスの単純な概念化を行い，決定が比較的容易な土壌の他の特性を用いて $k = k(\theta)$ を表す試みが多くなされてきた．

● 間隙の大きさを一様としたモデル

１つのよく用いられる方法では，多孔体が一様で円断面をもつ毛細管を並列に束ねた物と同等であると仮定される．1950 年頃，Averyanov (Polubarinova-Kochina, 1952) は中央部を空気が占める単管の内側壁面部での環状のぬれ流体 (wetting fluid) の流れを解析した．この流れの問題を解くと，$n = 3.5$ とした式 (8.36) で非常にうまく近似できる方程式が得られた．管の中央部の非ぬれ流体 (non-wetting fluid) が壁面に沿ったぬれ流体と同じ圧力勾配で移動するという少し異なる仮定を設けることで，Yuster (1951) は式 (8.36) で $n = 2$ を得た．別の方法では経深の概念が用いられる．これは初めに Kozeny (1927) によって飽和物質に対して提案され，間隙体積と粒子面積の比と定義される．Irmay (1954) はこれを不飽和物質に拡張し，式 (8.36) で $n = 3$ を得た．

● 並列モデル

このアプローチでは，間隙システムが多くの異なる大きさをもつ一様な毛細管の集まりと仮定される．間隙の大きさの分布は，土壌水分特性 $S_e = S_e(H)$ から，式 (8.5) の $H = H(R)$ を介して，式 (8.6) の下で説明されたようにして得られる．各間隙中の真の平均流速は，クリーピング流れに対するハーゲン・ポアジュイ型の方程式，すなわち Ge の値を概略 1/8 とした式 (8.24) で記述できる．

$s_e(R) = dS_e(R)/dR$ が間隙の大きさの密度を表すので，$\delta\theta(R) = (d\theta/dR)\delta R = \theta_0(1 - S_r)(dS_e/dR)\delta R = \theta_0(1 - S_r)s_e(R)\delta R$ は，半径 $(R - \delta R/2) \sim (R + \delta R/2)$ の「活動中」の間隙が間隙体積を占める割合となる．δR は R の微小増分である．当然の結果として，$[\theta_0(1 - S_r)s_e(R)\delta R]$ もまた大きさが $(R - \delta R/2) \sim (R + \delta R/2)$ の間隙が多孔体の単位断面積あたりで占める面積である．この要素面積を単位時間に通過する流量は式 (8.24) から

$$-\frac{\mathrm{Ge}g}{\nu}\frac{\partial h}{\partial x_n}[\theta_0(1 - S_r)]s_e(R)R^2\delta R \tag{8.42}$$

であり，n は対象面積と垂直な方向を意味している．$s_e(R)dR = dS_e$ とラプラスの式 (8.5)，$R = 2\sigma/(\gamma H)$ を用いて水で満たされた全間隙を対象に積分すると，固有透過度

$$k' = (2\sigma/\gamma)^2\mathrm{Ge}[\theta_0(1 - S_r)]\int_0^{S_e}[H(x)]^{-2}\,dx \tag{8.43}$$

が得られる．ここで x は S_e を表すダミー変数である．

このアプローチを初めて適用したいくつかの研究の中で，Purcell (1949) と Gates and Tempelaar-Lietz (1950) は式 (8.43) と似た式を導出した．しかし，式 (8.43) は入手できる実験データよりかなり大きな値を与える傾向にあるため，その後の何人かの研究者は定式化にあたり，平行な直管を仮定したモデルに内在する限界を考慮するための屈曲度係数 (tortuosity factor) を導入した．屈曲度の概念は，元々は Carman (1937; 1956) が Kozeny (1927) の一様経深モデルの改良として導入したもので，$T = (L_e/L)^2$ と表現できる．L_e は間隙中での流体粒子の実際の微視的な経路長，L はダルシー流線に沿う見かけの巨視的経路長である．いくつかの研究では，この屈曲度が水分量 S_e に依存すると仮定されている．この場合，相対透水度 $\kappa_r = k'/k_0'\,(= k/k_0)$ を

$$\kappa_r = \left[\beta\int_0^{S_e}[H(x)]^{-2}\,dx\right]\bigg/\left[\beta_0\int_0^1[H(x)]^{-2}\,dx\right] \tag{8.44}$$

と書き表せる．ここで $\beta = \beta(S_e)$ は屈曲度に依存する変数で，β_0 は $S_e = 1.0$ での値である．Burdine (1953) は彼の実験データを基にして $(\beta/\beta_0) = S_e^2$ を提案した．

■ 例 8.5　べき乗関数を用いた適用

並列モデルの１つのよく知られた適用例は，Brooks and Corey (1966) の結果である．彼らは式

(8.44) の Burdine の仮定を採用し，これを式 (8.14) の土壌水分特性を用いて積分し，べき指数

$$n = 3 + \frac{2}{b} \tag{8.45}$$

の式 (8.36) を導出した．Burdine の屈曲度の仮定がないとすると，並列モデルからは式 (8.45) の代わりに，$n = 1 + 2/b$ が得られる点に注意．式 (8.45) の係数を用いた式 (8.36) を適用した結果が，図 8.23 に 2 つの土壌での実験値と比較されている．Poudre 砂に対しては，ぬれ流体の曲線はパラメータを $S_r = 0.125$ および $b = 3.4$ として計算してある．Amarillo シルト粘土質ロームに対しては $S_r = 0.250$ と $b = 2.3$ を用いてある．

● **連続並列モデル**

　このタイプのモデルの理論的構築もまた，並列な間隙の集まりから始まる．各間隙の大きさは異なるが，一様である．しかしここで，これらの間隙を流れと垂直な方向に面が生じるように切断し，その後，管をでたらめに並べ直してから，切断面の接合を行う．このようにすることで，間隙の大きさの不規則な変化が，流れの方向と垂直な面のみならず流れ方向についても考慮される．元のモデルでは，2 つの部分が直列になって構成される個々の間隙の流出速度は，直径の小さな方の部分に支配されると仮定している．間隙の大きさの分布は，ここでも $S_e = S_e(H)$ から毛管上昇についてのラプラスの式 (8.5)，$H = 2\sigma/(\gamma R)$ を用いて得られている．また，各間隙の真の流速は，式 (8.24) が示すようにハーゲン・ポアジュイ型の式から求まる．この方法は，実験的に得た $H = H(\theta)$ のデータから透水度を計算するための差分法において，Childs and Collis-George (1950) が開拓したものである．このモデルは，後に Brutsaert (1968a) によって積分形として式が整えられ，より便利な k の解析的な表現ができるようになった．この定式化を次に示す．

　元の方法で暗黙のうちに与えられた基本的な仮定の 1 つとして，1 つながりの流れの中では，間隙の大きさが相互に完全に独立であることがあげられる．前述のとおり，これは，モデル構築において多孔体を平行で異なる大きさの管，または流路の配列と同等ととらえていることから想像できる．平行な管は，流れと垂直な平断面で切断してまず 2 つの部分にする．この切断で 2 つの面が生じるが，後に管をでたらめに再配列してからこの 2 面を接合する．$[\theta_0(1 - S_r)s_e(R)\delta R]$ が多孔体の単位断面積あたりで，大きさが $(R - \delta R/2) \sim (R + \delta R/2)$ の間隙が占める面積であることはすでに示した．これはまた，媒体中にとった任意の断面内の点がこの大きさの間隙中に見つかる確率と等しい．そこで，大きさが $(y - \delta y/2) \sim (y + \delta y/2)$ の第 1 の面の間隙と，大きさが $(z - \delta z/2) \sim (z + \delta z/2)$ の第 2 の面の間隙の並びによってこの切断面が占められる面積割合は

$$[\theta_0(1 - S_r)]^2 s_e(y)s_e(z)\,\delta y\delta z$$

と等しい．もし連続した 2 つの間隙間の流れが 2 つのうちの小さい方（大きさを y としよう）の間隙によって支配されると仮定すれば，大きさが $(z - \delta z/2) \sim (z + \delta z/2)$ の間隙と接触している $(y - \delta y/2) \sim (y + \delta y/2)$ の間隙並びがこの断面積内で占める部分を通過する流量は

$$-\frac{\mathrm{Ge}g}{\nu}\frac{\partial h}{\partial x_n}[\theta_0(1 - S_r)]^2 s_e(y)s_e(z)y^2\,\delta y\delta z$$

である．ここで，添字の n は切断面と垂直な方向を表す．大きさが $(y - \delta y/2) \sim (y + \delta y/2)$ の第 1 の面の間隙は，第 2 の面のあらゆる大きさの間隙と接触している．これらの間隙を通る流出量は

$$-\frac{\mathrm{Ge}g}{\nu}\frac{\partial h}{\partial x_n}[\theta_0(1 - S_r)]^2 \left[s_e(y)\int_0^y s_e(z)z^2\,dz\delta y + s_e(y)y^2\int_y^R s_e(z)\,dz\delta y \right]$$

であり，R は与えられた飽和度の下で流れがまだ生じている最も大きな間隙の大きさである．第 1 項は，大きさが $(y - \delta y/2) \sim (y + \delta y/2)$ の第 1 面の間隙から，大きさが y より小さい第 2 面の全間隙への流量を与えている．第 2 項は，大きさが y より大きい第 2 面の間隙への流量を与えている．y に対

して積分すると，最終的に多孔体の単位断面積あたりの全流出量が求まる．すなわち式 (8.23) で定義された固有透過度は

$$k' = \mathrm{Ge}[\theta_0(1-S_r)]^2 \left[\int_0^R s_e(y) \int_0^y s_e(z)z^2\,dzdy + \int_0^R s_e(y)y^2 \int_y^R s_e(z)\,dzdy \right] \qquad (8.46)$$

と書くことができ，y と z は R を表すダミー変数である．この結果は，完全に飽和した媒体に対しても単に $R = \infty$ とおくことで適用できる．またラプラスの毛管上昇の式 (8.5) から，

$$k' = \mathrm{Ge}[(2\sigma/\gamma)\theta_0(1-S_r)]^2 \left[\int_0^{S_e} \int_0^x [H(y)]^{-2}\,dydx + \int_0^{S_e} [H(x)]^{-2} \int_x^{S_e} dydx \right] \qquad (8.47)$$

のように土壌水分特性関数を用いて直接的に表すこともできる．ここでは，x と y は S_e を表すダミー変数である．部分積分を用いると，右辺の 1 つ目の二重積分が 2 つ目と同じであることを示せる．そこで，式 (8.47) は少し短縮した形で

$$k' = (2\mathrm{Ge})[(2\sigma/\gamma)\theta_0(1-S_r)]^2 \int_0^{S_e} (S_e - x)[H(x)]^{-2}\,dx \qquad (8.48)$$

と表せる．式 (8.47) と (8.48) は，適切な $S_e(R)$ または $S_e(H)$ の式を用いて適用することができる (Brutsaert, 1968a)．これらは，完全飽和媒体に対しても $R = \infty$ および $S_e = 1.0$ とおくことで k_0 を求めるのにも利用できるが，主には相対透水度 $\kappa_r = k'/k_0'$ を求めるのに使われてきた．

■ 例 8.6 べき乗関数を用いた適用

前と同様，式 (8.14) を用いた積分は特に単純で，

$$k' = \frac{\mathrm{Ge}[(2\sigma/\gamma)\theta_0(1-S_r)\,b]^2}{(b+1)(b+2)H_b^2} S_e^{2+2/b} \qquad (8.49)$$

が得られる．相対透水度に対しては，この結果から式 (8.36) でべき指数

$$n = 2 + 2/b \qquad (8.50)$$

が求まる．

　連続並列の元々のモデルでは，その差分形も，式 (8.47), (8.48) の積分形も，実験データを用いて試されてきた（たとえば Childs and Collis-George, 1950; Marshall, 1958; Millington and Quirk, 1964; Nielsen *et al.*, 1960; Jackson *et al.*, 1965）．異なる土壌間で違いが大きいが，（マクロポアの存在しない）構造の未発達な土壌に対しては，納得のいく結果を与えるようである．しかし乾燥条件下では，相対透水度をやや過大評価する傾向にもある．

　このモデルのいくつかの欠点は，その導出で用いられた仮定から明らかである．つまり，(i) 1 つながりの間隙の大きさは，相互に独立である．(ii) 1 つながりの間隙中の流量は，最も小さな直径で支配される．(iii) つながった間隙はきれいに整列しており，屈曲がなくまっすぐである．(i) と (ii) の仮定は，計算結果には過大評価を生じさせない．(i) に関しては，並列モデルでは各流路がその全長にわたって一様な断面をもつと仮定されていることから，1 つながりの間隙の大きさが相互に完全に依存していると仮定されていることを考慮すると理解できる．屈曲度の補正のない並列モデルは，透水度を大きく過大評価するからである．少しでも相関があると仮定されれば，さらに過大評価が起こるだろう．同様に，(ii) に関しては，1 つながりの中のより大きな間隙を流体速度の式に加えたとすると，これもより大きな流量を引き起こすだろう．このことから，過大評価が (i) や (ii) の仮定ではなく，主に (iii) の仮定に原因があることがわかる．

　これらの欠点を埋め合わせるため，いくつかの研究で屈曲度の概念が利用された．この概念は直感的に明確であるが，これを概念的あるいは数学的に定義する上では意見の一致はみられない．明らか

に，土壌が乾燥するにつれて残された水を含む間隙の連続性が不完全になり，流路の屈曲は大きくなる．このため，屈曲度を導入する一般的な方法では，屈曲度が水を含む最も大きな間隙の大きさ，たとえば土壌水分量（Millington and Quirk, 1964; Mualem, 1976 参照）の何乗か，すなわち c を定数として S_e^c に比例するとしている．前述のとおり，この仮定は並列モデルの初期モデルですでに使用された（Burdine, 1953; Brooks and Corey, 1966）．しかし，後になり，この仮定では実験データと合わせることができないことが見いだされた（Brutsaert, 2000）．逆に，対象間隙を通る流路の屈曲度は，最大間隙のスケールだけに依存するのではなく，その対象間隙の代表水平スケールに依存すると仮定することが必要であることがわかった．実際，この仮定は，より小さな間隙を流れる液体がより屈曲した経路を通るという物理的根拠に基づき，Fatt and Dykstra (1951) が彼らの並列モデルですでに用いている．そこで彼らは，屈曲度が間隙の大きさのべき乗 r^c に逆比例すると仮定した．c は実験的に決められる別の定数である．

この仮定を連続並列モデルに組み込み，屈曲度や完全には考慮されていない他の因子に対する補正ができるようにするのは容易である．つまり，式 (8.46) で，z と y のべき乗数を 2 の代わりに $(2+c)$ とすれば，式 (8.48) の代わりに

$$k' = (2\text{Ge})[(2\sigma/\gamma)\theta_0(1 - S_r)]^2 \int_0^{S_e} (S_e - x)[H(x)]^{-2-c}\,dx \tag{8.51}$$

が得られる．

■ 例 8.7　屈曲度を含むべき乗関数を用いた計算

ここでも，式 (8.14) を用いて拡張した連続並列モデル式 (8.51) を積分すると

$$k' = \frac{2\text{Ge}[(2\sigma/\gamma)\theta_0(1 - S_r)b]^2}{(2b + c + 2)(b + c + 2)H_b^{2+c}} S_e^{2+(2+c)/b} \tag{8.52}$$

が得られ，これは式 (8.36) の形では $n = 2 + (2+c)/b$ となる．Mualem (1978) が収集した相対透水度の実験データと比較すると (Brutsaert, 2000)，$c = 0.5$ の値でよい結果が得られ，これから

$$n = 2 + \frac{2.5}{b} \tag{8.53}$$

となる．図 8.31 に示すように，式 (8.53) は，回帰関係 $n = 2.18 + 2.51/b$，相関係数 $r = 0.75$ と事実上同じデータへの適合を示す．

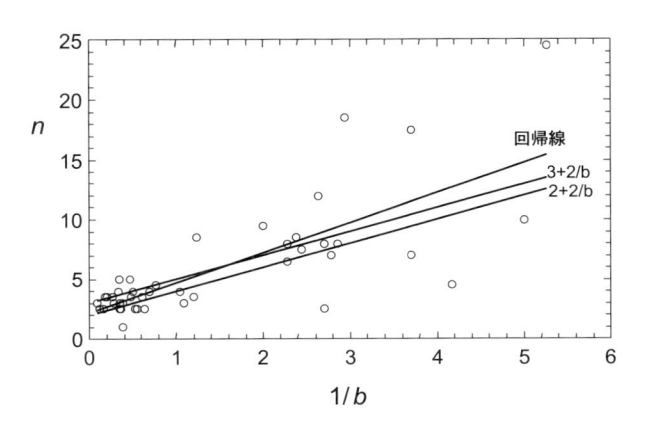

図 8.31　べき乗型の土壌水分保持曲線関数 (8.14) のべき指数 b に対する式 (8.36) 中の n 値の依存性．○記号は Mualem (1978) の収集したデータの実験値である．回帰線は $n = 2.13 + 2.51/b$．同時に式 (8.44) と (8.49) の線も示してある．（パラメータ b は細かい土性の土壌に対して小さくなる傾向がある．）

8.4 質量と運動量保存場の方程式

8.4.1 剛性多孔体中の一定密度の流体

● 連続の式

多孔体中の無限小対象体積に対して連続の式 (1.8) が導出されたが，これは間隙と固体からなっている．そこで，単位体積中の流体の質量は，水なら $(\rho_w\theta)$ で与えられる．同様に，間隙と固体物からなる多孔体の単位面積あたりの質量フラックスは $(\rho_w\mathbf{q})$ で与えられる．ここで $\mathbf{q}$（すなわち q_i）は，ダルシー則の式 (8.19) で使われている比流束である．そこで，一定密度ではあるが飽和度が異なる流体に対して，連続の式 (1.8) は，多孔体中の流れの書き方を用いると

$$\nabla \cdot \mathbf{q} = -\frac{\partial \theta}{\partial t} \tag{8.54}$$

となる．

● 質量と運動量の保存：リチャードソン・リチャーズの方程式

ダルシー則の式 (8.19) を連続の式 (8.54) に代入すると

$$\nabla \cdot (k\nabla h) = \frac{\partial \theta}{\partial t} \tag{8.55}$$

が導出できる．展開すると

$$\frac{\partial}{\partial x}\left(k\frac{\partial h}{\partial x}\right) + \frac{\partial}{\partial y}\left(k\frac{\partial h}{\partial y}\right) + \frac{\partial}{\partial z}\left(k\frac{\partial h}{\partial z}\right) = \frac{\partial \theta}{\partial t} \tag{8.56}$$

で，これは，伝統的にリチャーズの方程式 (Richards, 1931) と通常よばれている．しかし，この式はより早い時期に Richardson (1922) が導出しているので，共有優先権 (shared priority) を表す目的で Raats and Knight (2018) が提案するように，ここではリチャードソン・リチャーズの方程式とよび改めている．このようにして求められているので，式 (8.55) は等方性物質に対してのみ成り立つが，この式を異方性物質に対して拡張するのも容易である．定常条件，あるいは完全に飽和した流れに対して式 (8.55) 右辺はゼロになる．一様物質中の完全に飽和した流れに対しては，$\theta = \theta_0$ および $k = k_0$ は一定で，式 (8.55) はラプラスの方程式 $\nabla^2 h = 0$，あるいは展開して書き表せば，

$$\frac{\partial^2 h}{\partial x^2} + \frac{\partial^2 h}{\partial y^2} + \frac{\partial^2 h}{\partial z^2} = 0 \tag{8.57}$$

となる．

8.4.2 弾性多孔体中の 2 つの不混和流体の一般的な事例

Biot (1941;1955;1956a;b) は，弾性流体で飽和した多孔体に任意の可変荷重が与えられた場合の弾性について，3 次元事例の一般的な理論をおそらく最初に提案している．この理論は，後に間隙に 2 流体を含む未固結粒子からなる物質の弾性について記述できるよう拡張された (Brutsaert, 1964; Brutsaert and Luthin, 1964)．後に Verruijt (1969) は，飽和物質に対するバイエット (Biot) の理論を単純化し，実際的な興味の対象になるほとんどの事例において地下水の移動を記述できることを示した．つまり彼は，バイエットの理論がしばしば Jacob (1940) の単純な方程式に変形できること，しかし時として一般理論が実験結果をうまく説明できるただ 1 つの方法であることを示したのである．以下において，Verruijt (1969) の展開を Brutsaert (1964) の 2 流体への理論の拡張と組み合わせ，被圧および不圧地下水流に対する一般的な方程式を求める．この方法は単純ではあるが，専門的な文献で使われる，より特殊な地下水方程式の基となっている仮定の重要さを明らかにできるよう，注意深い取り扱いが望まれる．

図 8.32 変形が起きた時の多孔体の変位の一部．変形前の固体質量 $\rho_s(1-n_0)\delta\forall$ は，ABCD の位置で体積要素 $\delta\forall = (\delta x\delta y\delta z)$ を占めていた．変位後，同じ固体質量が A′B′C′D′ に移動．質量の中心は (x_0, y_0, z_0) から $(x_0+u_x, y_0+u_y, z_0+u_z)$ に移動．図は見やすいように 2 次元で表している．3 つ目の座標軸 y は，図面から出て行く方向を向いていると考えればよい．

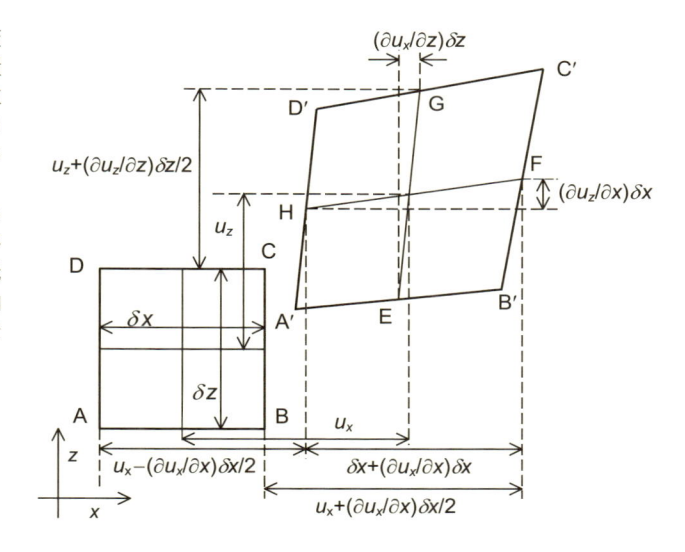

● **ひずみ**

直交座標系内に（オイラー的に）固定され，水と空気（あるいはより一般的にはぬれ流体と非ぬれ流体）を含んだ微小な立方体の多孔体要素を考えると都合がよい．本項では，固体部分の初期位置に対する変位ベクトルは $\mathbf{u}\,(=u_x\mathbf{i}+u_y\mathbf{j}+u_z\mathbf{k})$ で与えられる．これと対応した水の変位は $\mathbf{w}\,(=w_x\mathbf{i}+w_y\mathbf{j}+w_z\mathbf{k})$，空気の変位は $\mathbf{v}\,(=v_x\mathbf{i}+v_y\mathbf{j}+v_z\mathbf{k})$ で，これに多孔体の間隙も含んだ全断面積を乗じると，それぞれ変位させられた水と空気の体積となるように定義されている．

固体部分のひずみ成分は，$e_{xx}=\partial u_x/\partial x$，$e_{xy}=(\partial u_x/\partial y+\partial u_y/\partial x)/2$ などと定義される．この物理的な意味を図 8.32 に示してある．図中の立方体の中心は変形前は (x_0, y_0, z_0) にあり，変位成分 (u_x, u_y, u_z) は立方体中心の変位を表している．変形後，点 H の位置は

$$x_H = x_0 - \frac{\delta x}{2} + u_x - \frac{\partial u_x}{\partial x}\frac{\delta x}{2} + \frac{\partial^2 u_x}{\partial x^2}\left(\frac{\delta x}{2}\right)^2\frac{1}{2} - \cdots$$

および

$$z_H = z_0 + u_z - \frac{\partial u_z}{\partial x}\frac{\delta x}{2} + \frac{\partial^2 u_z}{\partial x^2}\left(\frac{\delta x}{2}\right)^2\frac{1}{2} - \cdots$$

であり，点 F の位置は

$$x_F = x_0 + \frac{\delta x}{2} + u_x + \frac{\partial u_x}{\partial x}\frac{\delta x}{2} + \frac{\partial^2 u_x}{\partial x^2}\left(\frac{\delta x}{2}\right)^2\frac{1}{2} + \cdots$$

および

$$z_F = z_0 + u_z + \frac{\partial u_z}{\partial x}\frac{\delta x}{2} + \frac{\partial^2 u_z}{\partial x^2}\left(\frac{\delta x}{2}\right)^2\frac{1}{2} + \cdots$$

となる．伸びひずみ（縦ひずみ）は，要素の変形の結果生じるある方向の変形量を元々の長さで除した値として，要素を限りなく小さくした極限において定義される．x 方向においては，元の長さを δx，変形した長さを $(x_F - x_H)$ として，これから $e_{xx}=\partial u_x/\partial x$ が得られる．必要な変更を加えれば，同様にして e_{zz} および e_{yy} が得られる．なお，この方法は，式 (1.5), (1.6) の導出と同様である．垂直ひずみの和

$$e = \nabla\cdot\mathbf{u} = e_{xx} + e_{yy} + e_{zz} \tag{8.58}$$

は，変形した固体骨格立方体の体積変化の割合と等しく，体積ひずみ度または膨張度とよばれる．せん断

ひずみは，定義として，2つの元々は直角であった要素間で変形の結果生じる角度変化の 1/2 を，要素を限りなく小さくした極限において表したものである．A'B'C'D' の場合，せん断応力は，HF と x 軸の間の角度と EG と z 軸の間の角度の和の 1/2 である．HF と x 軸の間の角度は $(z_F - z_H)/\delta x$ であり，EG と z 軸の間の角度は $(x_G - x_E)/\delta z$ なので，せん断ひずみの xz 成分は $e_{xz} = e_{zx} = (\partial u_x/\partial z + \partial u_z/\partial x)/2$ となる．他のせん断ひずみ 2 成分である e_{xy} と e_{yz} も同様な方法で得ることができる．

流体で重要なひずみは，多孔体の間隙も含む単位体積あたりの流体の体積変化量で，水に対しては，

$$e_w = \nabla \cdot \mathbf{w} = \frac{\partial w_x}{\partial x} + \frac{\partial w_y}{\partial y} + \frac{\partial w_z}{\partial z} \tag{8.59}$$

であり，同様に空気の膨張度は

$$e_a = \nabla \cdot \mathbf{v} = \frac{\partial v_x}{\partial x} + \frac{\partial v_y}{\partial y} + \frac{\partial v_z}{\partial z} \tag{8.60}$$

である．流体の変位は，多孔体の単位面積あたりの流体体積で表してあるので，対応する単位流体体積あたりの流体の体積変化量はそれぞれ $e_w/(n_0 S)$ と $e_a/[n_0(1 - S)]$ である．

変位が式 (1.8) に従って，以下の連続の式を満たすことを示すのは容易である．水に対しては

$$\frac{\partial}{\partial t}(\rho_w n_0 S) = -\nabla \cdot \left(\rho_w \frac{\partial \mathbf{w}}{\partial t} \right) \tag{8.61}$$

空気に対しては，

$$\frac{\partial}{\partial t}[\rho_a n_0(1 - S)] = -\nabla \cdot \left(\rho_a \frac{\partial \mathbf{v}}{\partial t} \right) \tag{8.62}$$

そして固体に対して

$$\frac{\partial n_0}{\partial t} = \nabla \cdot \left[(1 - n_0)\frac{\partial \mathbf{u}}{\partial t} \right] \tag{8.63}$$

であり，ρ_w と ρ_a はそれぞれ水と空気の密度，n_0 は間隙率，$S = \theta/n_0$ は単位間隙体積中の水の体積である多孔体の水による飽和度で，θ は体積含水率である．式 (8.63) が固相の（すなわち粒子そのものの，固体骨格のではない）密度が一定であるという仮定に基づいている点に注意．

● **応　力**

上で述べた変位，$\mathbf{u}$, $\mathbf{w}$, $\mathbf{v}$ にかかわる全応力は 3 つの部分からなり，空間中の任意の点で 3 相のそれぞれに働く力と対応している．これは $\tau_{xx} + \tau_w + \tau_a$, τ_{xy}, τ_{xz}, τ_{yx}, $\tau_{yy} + \tau_w + \tau_a$, τ_{yz}, τ_{zx}, τ_{zy}, $\tau_{zz} + \tau_w + \tau_a$ と表すことができる (Biot, 1955; Brutsaert, 1964)．τ_{xx}, τ_{xy} などの 2 つの添字のある成分は多孔体の固体部分に働く応力テンソルを表し，粒界応力または有効応力ともよばれる．図 8.33 に有効応力テンソルが微小体積 $\delta x \delta y \delta z$ の立方体側面に働く場合について，成分のいくつかを示してある．それぞれの有効応力成分のはじめの添字は応力が働く面の向きを，2 つ目が応力成分そのものの方向を表している．各成分が正の面に正方向に働く場合と，負の面に負の方向に働く場合を正としてある．全応力のうち水に働く部分 τ_w は

$$\tau_w = -\chi p'_w \tag{8.64}$$

で与えられる．ここで p'_w は，変位前の平衡状態での初期静水圧に対する流体圧力の増分である．この初期圧力を p_{wi}，全圧力を $p_w = p_{wi} + p'_w$ と表す．χ の項は有効応力関数で，不飽和土壌に対して Bishop (1961) が 1955 年に導入した概念である．Terzaghi (1925；1943) の有効応力の考えに従って，$S = 0$ の時には χ がゼロであり，$S = 1$ の飽和時には 1 に近くなることが一般に受け入れられている．ここでテラザーギ (Terzaghi) の考え（$S = 1$ の時 $\chi = 1$）は，粒子が相互に点接触しておりかつ非圧縮性の (Bishop and Blight, 1963 参照) 粒子状物質についてのみ，有効であることを補足しておかねばならない．間隙の一部を水が占めていることの影響以外にも，χ は有効応力経路，間隙形状，接触角や

図 8.33 $(\delta x \delta y \delta z)$ の大きさの多孔体の要素立方体の中心での応力が $\tau_{xx}, \tau_{xy}, \tau_{xz}, \tau_{yx}, \tau_{yy}$ などである時に，この要素立方体に働く有効応力または粒界応力成分の一部．1つ目の添字は応力成分が働く面の方向を，2つ目の添字は応力成分そのものの方向を表している．

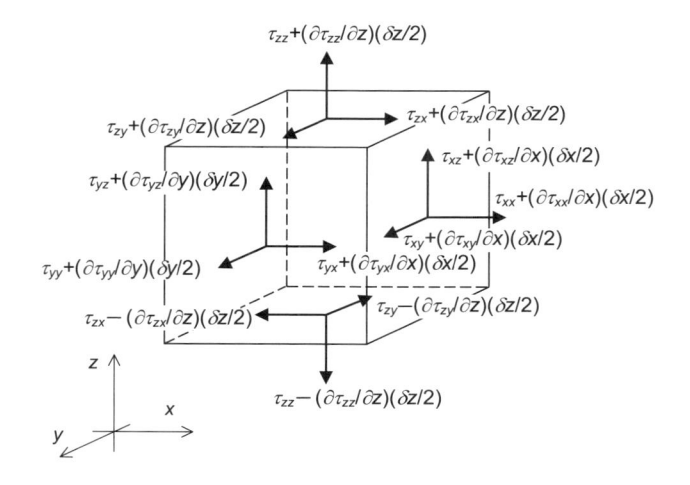

おそらくその他の因子の影響を受けているだろうと思われる．χ の性質はずっと不明確であった (McMurdie and Day, 1960; Blight, 1967; Snyder and Miller, 1985)．単純化のために，微小な弾性変位に対して $\chi = S$ が仮定されてきた (Brutsaert, 1964) が，一般に χ が S の関数 $\chi = \chi(S)$ であると仮定してもおそらく問題なかろう．Bishop の提案を空気相に適用すると，全応力中の空気に働く部分を

$$\tau_a = -(1 - \chi)p'_a \tag{8.65}$$

と書き表せる．p'_a は変位前に存在した初期圧力 p_{ai} に対する空気圧の増分である．そこで全空気圧は $p_a = p_{ai} + p'_a$ となる．

2つの不混和流体が糸状に連続し，局所的なしずくや封入されて間隙を塞ぐ気泡が存在しない索状の状態では，水の全圧力 p_w を空気の全圧力 p_a と毛管圧 p_c で

$$p_w = p_a + p_c \tag{8.66}$$

と関係づけられる．この毛管圧は，ラプラスの式 (8.3) を式 (8.4) を介して導出した際に扱った空気–水境界面での圧力減少と等しい．ヒステリシス（8.2.3 項参照）は常に存在する．しかし，対象とするプロセスが吸水のみあるいは脱水だけで，ヒステリシスの影響を避けることができるのであれば，$p_c = p_c(S, n_0)$ を飽和度と間隙率のみの関数として扱うことができる．

応力テンソルの成分と3相変位の変化は，運動方程式を満たすか (Brutsaert, 1964)，遅い変位に対しては，同様な釣合い方程式を満たさねばならない (Verruijt, 1969)．しかし，これは今回の導出では必要とはされない．

● **応力–ひずみ関係**

もし固体のひずみと流体量変化が小さく関係する過程が可逆であるなら，応力成分は一般にひずみ成分の線形関数であると仮定できる (Biot, 1941;1955)．この仮定から，等方性多孔体の場合にフック (Hooke) の法則を一般化した

$$
\begin{aligned}
\tau_{xx} &= 2\mu e_{xx} + \lambda e + c_{sw} e_w + c_{sa} e_a \\
\tau_{yy} &= 2\mu e_{y_b} + \lambda e + c_{sw} e_w + c_{sa} e_a \\
\tau_{zz} &= 2\mu e_{zz} + \lambda e + c_{sw} e_w + c_{sa} e_a \\
\tau_{xy} &= 2\mu e_{xy} \quad \tau_{xz} = 2\mu e_{xz} \quad \tau_{yz} = 2\mu e_{yz} \\
\tau_w &= c_{sw} e + c_w e_w + c_{wa} e_a \\
\tau_a &= c_{sa} e + c_{wa} e_w + c_a e_a
\end{aligned} \tag{8.67}
$$

が得られる (Brutsaert,1964)．ここで $\mu, \lambda, c_{sw}, c_{sa}, c_w, c_a, c_{wa}$ は，対象物質の弾性的振る舞いを性格づける定数である．これらの式は，間隙が 1 種類の流体で飽和している場合には，Biot (1955) の式に変形できる．また固体部のみが存在していれば，等方性物体に対するフックの法則になる．つまり μ と λ は固体の振る舞いを表しているのである．流体の変位はせん断応力を生じさせない．変位の速度が生じさせるのである．そのため流体のひずみは，せん断応力成分には登場しない．係数 c_w は，ぬれ流体が多孔体中に強制的に注入される際に，他の 2 相の全体積が一定で e, e_a がゼロのままに保たれた状況を考察すると理解できる．この場合，式 (8.67) から

$$c_w = \chi K_w / n_0 S \tag{8.68}$$

で，$K_w = \beta_w^{-1}$ はぬれ流体の体積弾性率，β_w はその圧縮率である．同様に非ぬれ流体に対しては，

$$c_a = (1 - \chi) K_a / n_0 (1 - S) \tag{8.69}$$

であり，K_a は非ぬれ流体の体積弾性率である．係数 c_{sw}, c_{sa}, c_{wa} は，添字で示される 3 成分の体積変化間に，少なくとも原理的にはつながりがあるべきことを表している．しかし，ここで示すように固体粒子の密度が一定であると仮定できれば，これらの係数はゼロになる．このことを示すために，式 (8.67) から流体のひずみを除き，式 (8.67) の 4～6 番目の式を用いてフックの法則を一般化した別表現

$$\begin{aligned} \tau_{xx} &= 2\mu e_{xx} + (\lambda + c_1)e + c_2 \tau_w + c_3 \tau_a \\ \tau_{yy} &= 2\mu e_{yy} + (\lambda + c_1)e + c_2 \tau_w + c_3 \tau_a \\ \tau_{zz} &= 2\mu e_{zz} + (\lambda + c_1)e + c_2 \tau_w + c_3 \tau_a \end{aligned} \tag{8.70}$$

を求める．新しい定数は，

$$\begin{aligned} c_1 &= (2c_{sw}c_{sa}c_{wa} - c_{sw}^2 c_a - c_{sa}^2 c_w)c & c_2 &= (c_{sw}c_a - c_{sa}c_{wa})/c \\ c_3 &= (c_{sa}c_w - c_{sw}c_{wa})/c & c &= (c_w c_a - c_{wa}^2) \end{aligned}$$

である．

ここで有効応力 τ_{xx} を一定に保ち，流体圧力を増加させるという思考実験を行おう．1 つの流体のみを含んだ多孔体の場合には，スリーブをはずした飽和サンプルを流体中に置き，その流体の圧力を増加させればよい．空気と水を含む物質の場合には，p_w と p_a をその差 p_c を一定に保ちながら増加させる．固体粒子密度が一定であれば，この過程は有効応力を増加させないし，固体の変位を生じさせることもないのは明らかである．そこで，式 (8.70) から $c_2 = c_3 = 0$ である．つまり，固体物質（固体骨格ではない）が非圧縮性であれば $c_{sw} = c_{sa} = 0$ であり，これから $c_1 = 0$ も得られる．さらにこの場合，μ と λ を固体骨格の体積弾性率と

$$K_s = \frac{2}{3}\mu + \lambda \tag{8.71}$$

のように関係づけられる．

● 液体での応力とひずみ速度の関係

8.3.1 項で述べたように，ダルシー則は多孔体中のクリーピング運動の式を表している．多孔体自体が変形している時にこの動きが起きた場合，ダルシー流束は，固体基質と流体間の相対的な運動としてとらえなければならない．明らかにこの考えは，1934 年頃ガイサバーナフ (Gersevanov) により初めて液体で飽和した媒体に対して導入された (Verruijt, 1969)．バイエットはこの考えを元の論文 (Biot, 1941) では使用しなかったが，彼の一般化した弾性理論 (Biot, 1955) でこれを紹介している．固体の変位ベクトルは実際の変位長さであるが，2 流体の変位ベクトルは，ここでは，それと垂直な全断面積を乗じると体積となるように定義されている．そこでぬれ流体の固体に対する相対速度は $\{[(\partial \mathbf{w}/\partial t)/(n_0 S)] - (\partial \mathbf{u}/\partial t)\}$ であり，非ぬれ流体に対する同様な表現から，ダルシー流束はそれぞ

れ $[(\partial \mathbf{w}/\partial t) - n_0 S(\partial \mathbf{u}/\partial t)]$, $[(\partial \mathbf{v}/\partial t) - n_0(1-S)(\partial \mathbf{u}/\partial t)]$ で与えられる.

　同じ間隙中に 2 流体が存在する場合，流体間の相対運動により水頭の損失が付加的に起こるだろうことは明らかである．このことは，フラックスと圧力および体積力の勾配の線形関係を表すダルシー則を，一般的な次の形で書き表せることを意味する.

$$
\begin{aligned}
-\nabla h_w &= \frac{\mu_w n_0 S}{\gamma_v} \left\{ \frac{1}{k_w} \left[\frac{1}{n_0 S} \frac{\partial \mathbf{w}}{\partial t} - \frac{\partial \mathbf{u}}{\partial t} \right] + \frac{1}{k_{wa}} \left[\frac{1}{n_0 S} \frac{\partial \mathbf{w}}{\partial t} - \frac{1}{n_0(1-S)} \frac{\partial \mathbf{v}}{\partial t} \right] \right\} \\
-\nabla h_a &= \frac{\mu_a n_0(1-S)}{\gamma_a} \left\{ \frac{1}{k_a} \left[\frac{1}{n_0(1-S)} \frac{\partial \mathbf{v}}{\partial t} - \frac{\partial \mathbf{u}}{\partial t} \right] + \frac{1}{k_{wa}} \left[\frac{1}{n_0(1-S)} \frac{\partial \mathbf{v}}{\partial t} - \frac{1}{n_0 S} \frac{\partial \mathbf{w}}{\partial t} \right] \right\}
\end{aligned} \tag{8.72}
$$

ここで k は（固有）透過度，μ はニュートン粘性係数 (Newtonian viscosity) である．（本項では以下，表記の便宜上プライム記号を透水度の項 k_w, k_a, k_{wa} から省いてある点に注意.）全圧力が初期圧力と圧力の増分の和 $p_w = p_{wi} + p'_w$ であることを思い起こすこと．初期圧力は静水圧なので $\nabla z + (\nabla p_{wi}/\gamma_w) = 0$ とすると

$$
\nabla h_w \left(\equiv \nabla z + \frac{1}{\gamma_w} \nabla p_w \right) = \frac{1}{\gamma_w} \nabla p'_w \tag{8.73}
$$

が得られる．ここで z は鉛直座標，$\gamma_w = \rho_w g$ は単位体積重量，h_w は式 (8.21) で定義されている．添字 w はぬれ流体を表し，a は非ぬれ流体を表す．交差透過度項 k_{wa} は 2 流体間の相対運動から生じる．ほとんどの実際的な問題では，この相対運動の効果はおそらく無視できる．しかし向流条件下では，これが重要になることもありえる．たとえば土壌に水が浸透しぬれ前線が降下する際に，入れ替えられる空気が下方へ逃げられずに気泡として上方へ移動するような事例である．この相対運動の結果として運動量の交換が生じる可能性は，Yuster (1951) や Scott and Rose (1953) によりすでに考察されている．主に実験によりこれを決定することが実際問題として不可能であること，そして交換がおそらく小さい値であることから，以下ではこれを省いてある．すると，式 (8.72) は

$$
\begin{aligned}
\frac{\partial \mathbf{w}}{\partial t} - n_0 S \frac{\partial \mathbf{u}}{\partial t} &= -\frac{k_w}{\mu_w} \nabla p'_w \\
\frac{\partial \mathbf{v}}{\partial t} - n_0(1-S) \frac{\partial \mathbf{u}}{\partial t} &= -\frac{k_a}{\mu_a} \nabla p'_a
\end{aligned} \tag{8.74}
$$

となる．これまでに提示した方程式は，完全系からはほど遠い．これらを組み合わせることで，役に立つことの比較的少ない変数を除去し，ほとんどの実際的な問題には関係する変数のみを残すことができる．これを行う 1 つの方法は，固体部の変位と流体の圧力を考慮することである．間隙率と飽和度に加え，全部で 7 変数 $\mathbf{u}$, p'_w, p'_a, n_0, S が存在する．多孔体基質が均質で不活性と仮定し，μ と λ が一定でかつ S に依存しなければ（つまり空間と時間に依存しなければ；これは，たとえば粘土–水–空気の系では成り立たない），式 (8.67) または (8.70) をよく知られた（非圧縮性粒子に対する）釣合い方程式に代入することで，

$$
\mu \nabla^2 \mathbf{u} + \nabla[(\mu + \lambda)e - \chi p'_w - (1-\chi)p'_a] = 0 \tag{8.75}
$$

が得られる．ダルシー則の流体変位の項は，式 (8.74) にまず ρ_w と ρ_a をそれぞれ乗じてから平均，続いて発散を求めることで除くことができ，その後，連続の式 (8.61), (8.62) を代入すると，

$$
\begin{aligned}
\frac{\partial}{\partial t}[\rho_w n_0 S] + \nabla \cdot \left[\rho_w n_0 S \frac{\partial \mathbf{u}}{\partial t} \right] &= \nabla \cdot \left(\frac{k_w \rho_w}{\mu_w} \nabla p'_w \right) \\
\frac{\partial}{\partial t}[\rho_a n_0(1-S)] + \nabla \cdot \left[\rho_a n_0(1-S) \frac{\partial \mathbf{u}}{\partial t} \right] &= \nabla \cdot \left(\frac{k_a \rho_a}{\mu_a} \nabla p'_a \right)
\end{aligned} \tag{8.76}
$$

が得られる．式 (8.75) と (8.76)，そして固体の連続の式 (8.63) で閉じた連立方程式となる．そこで，2 種類の弾性流体に占められる弾性多孔体にかかわるどのような圧密，または流れの問題に対しても，これを解くことができるはずである．幸いなことに，この式はどのような問題に対しても，必要以上に

一般的であり（しかし Verruijt (1969) を参照すること），しばしば下に示すように大きく単純化することが可能である．

● 一定な鉛直荷重の単純な事例

土質力学や地下水水理学では，Terzaghi (1925；1943) と Jacob (1940；1950) が導入した2つの基本的な仮定により，問題の方程式が一般に単純化されている．まず，圧縮が厳密に鉛直方向のみで，水平方向の固体変位はまったくないと仮定する．第2に，鉛直圧縮の有効応力の変化は等量で，逆方向の液体中の応力変化と釣り合っていると仮定する．これらの仮定を正当化するのは難しいかもしれないが，結果として得られる方程式を用いることで，1流体で飽和した多孔体中の多くの問題の解がうまく得られてきたのである．これから，2つの不混和流体が関係するある種の問題を単純化する際にもこの考え方が有効であると考えられるだろう．ここで用いている表記法で表せば，第1の仮定は $u_x = u_y = 0$ なので $e_{zz} = e$ と（非圧縮性粒子に対する）式 (8.67) または (8.70) の3つ目の式から

$$\tau_{zz} = (2\mu + \lambda)e \tag{8.77}$$

と表せる．第2の仮定は，$\tau_{zz} = -(\tau_w + \tau_a)$ と書け，式 (8.64) と (8.65) から

$$\tau_{zz} = \chi p'_w + (1 - \chi)p'_a \tag{8.78}$$

が求まる．ところで，式 (8.78) は飽和に近い土壌が簡単にバラバラにはならないが，ある程度のコンシステンシーと凝集性を示すという一般的な観察と一致する点に注意すること．実際，空気圧の効果が無視できるなら，飽和に近い土壌中では水圧 p'_w は負，有効応力関数 χ は1に近いので，粒界応力 τ_{zz} もまた負である．つまり，土壌の粒子が相互に引き寄せられ，土壌はより安定することを意味する．この効果は他でも，たとえば干潮時に海水が引いた直後の砂質海岸で見ることができる．この場合，砂が水中に沈み $p'_w > 0$ となる場合や，完全に乾いている時よりも，堅い表面をもつようになる．

式 (8.77) と (8.78) を組み合わせると，式 (8.75) の代わりに単純な

$$(2\mu + \lambda)e = \chi p'_w + (1 - \chi)p'_a \tag{8.79}$$

が得られる．式 (8.63) を (8.76) の1つ目の式に代入すると

$$\rho_w S \frac{\partial e}{\partial t} + n_0 S \rho_w \beta_w \frac{\partial p'_w}{\partial t} + n_0 \rho_w \frac{\partial S}{\partial t} = \nabla \cdot \left(\frac{k_w \rho_w}{\mu_w} \nabla p'_w \right) \tag{8.80}$$

が得られ，この中で，$\beta_w \left[= (\partial \rho_w / \partial t) / (\rho_w \partial p'_w / \partial t) \right]$ は水の圧縮率で，一定であると仮定されている．また，$(\partial \mathbf{u} / \partial t) \cdot \nabla(\rho_w S)$ は固体部の速度が小さいため，無視されている．同様にして，式 (8.76) の2つ目の式は

$$\rho_a (1 - S) \frac{\partial e}{\partial t} + n_0 (1 - S) \rho_a \beta_a \frac{\partial p'_a}{\partial t} - n_0 \rho_a \frac{\partial S}{\partial t} = \nabla \cdot \left(\frac{k_a \rho_a}{\mu_a} \nabla p'_a \right) \tag{8.81}$$

となり，ここで $(\partial \mathbf{u} / \partial t) \cdot \nabla[\rho_a (1 - S)]$ は無視できると仮定してある．式 (8.79) と (8.80) を (8.81) と組み合わせると，

$$
\begin{aligned}
& \rho_w S \alpha \frac{\partial}{\partial t} \left(\chi p'_w \right) + \rho_w S n_0 \beta_w \frac{\partial p'_w}{\partial t} + \rho_w S \alpha \frac{\partial}{\partial t} \left[(1 - \chi) p'_a \right] + n_0 \rho_w \frac{\partial S}{\partial t} \\
& \quad = \nabla \cdot \left(\frac{k_w \rho_w}{\mu_w} \nabla p'_w \right) \\
& \rho_a (1 - S) \alpha \frac{\partial}{\partial t} [(1 - \chi) p'_a] + \rho_a (1 - S) n_0 \beta_a \frac{\partial p'_a}{\partial t} + \rho_a (1 - S) \alpha \frac{\partial}{\partial t} (\chi p'_w) - n_0 \rho_a \frac{\partial S}{\partial t} \\
& \quad = \nabla \cdot \left(\frac{k_a \rho_a}{\mu_a} \nabla p'_a \right)
\end{aligned}
\tag{8.82}
$$

の拡散型の方程式が得られる．ここで式 (8.77) から α を固体骨格の鉛直圧縮率

$$\alpha = (2\mu + \lambda)^{-1} \tag{8.83}$$

と定義できる．これは，式 (8.71) の逆数である体積圧縮率 $K_s^{-1}\,[\equiv 3e/(\tau_{xx} + \tau_{yy} + \tau_{zz})]$ とは異なることに注意すること．

式 (8.82) 各項の物理的な意味は，次のように説明できる．両式ともに，その左辺全体は対象とする流体のある点における局所的貯留変化速度を表している．水（ぬれ流体）の流れを記述する式 (8.82) のはじめの式の場合，左辺第 1 項は，水圧変化により引き起こされる固体基質の圧縮（または膨張）に伴って生じる貯留変化速度である．第 2 項は，水の圧縮（または膨張）から生じる貯留量変化速度である．第 3 項は，空気圧変化により引き起こされる，固体基質の全体積変化で生じる貯留変化速度である．第 4 項は，飽和度の局所的変化から生じる水の貯留変化速度を表している．最後に右辺はダルシー流束の発散であり，対象とした点の流入，流出速度の差として貯留変化速度を表している．式 (8.82) の 2 つ目の式の各項は，空気の流れを記述するように必要な変更を加えることで，1 つ目の式と同じメカニズムを表現している．

先に進む前に，式 (8.82) とその限界についての理解を深めるため，基になる仮定を簡単に繰り返してまとめてみよう．

1. 粒子は非圧縮性である
2. 有効応力は Bishop のパラメータ $\chi = \chi(S)$ により求められる．
3. 固体の変位は十分小さいので，固体骨格は $\mathbf{u}$ の範囲内では弾性である．実際にはそうでない時でも，ある場合については対応できる．たとえば Brutsaert and Corapcioglu (1976) が示したように，式 (8.84)（後述）の基本的な導出法は粘弾性帯水層中の流れにも拡張できる．
4. 一定の全荷重に対する固体の変位は，鉛直方向のみである．Verruijt (1969) はこの仮定が成り立たない場合の飽和流の状態を記述している．
5. 流体の圧縮率 β は，式 (8.80) により時間の偏微分として定義される．
6. $(\partial\mathbf{u}/\partial t)\cdot\nabla(\rho_w S)$ と $(\partial\mathbf{u}/\partial t)\cdot\nabla[\rho_a(1 - S)]$ の項は無視できる．

式 (8.82) が本項での主たる成果である．原理的には，パラメータの値が既知であれば，適切な境界条件に対してこれを解くことができるはずである．しかし多くのよくある場合に対して，これは必要以上に一般的であり，大きく単純化することが可能である．

● いくつかの特別な場合

1. 弾性多孔体中の 1 つの不飽和弾性流体の流れ．空気の圧力が一定と仮定できる場合には，式 (8.82) の 2 つ目の式が重要ではなくなり，1 つ目の式は

$$\rho_w S\alpha\frac{\partial}{\partial t}(\chi_w p_w') + \rho_w S n_0\beta_w\frac{\partial p_w'}{\partial t} + n_0\rho_w\frac{\partial S}{\partial t} = \nabla\cdot\left(\frac{k_w\rho_w}{\mu_w}\nabla p_w'\right) \tag{8.84}$$

のように表せる．この式を不圧システムにおける不飽和と圧縮率の相対的な効果を研究するために Brutsaert and El-Kadi (1984) が調べている．地下水関係の文献中には，式 (8.84) の主に左辺第 1 項がやや異なる結果となるさまざまな導出法が示されていることに気づくかもしれない．他の式と式 (8.84) との不一致のいくつかの原因は，ダルシー則の式 (8.72) において相対速度を無視していること，固体部の連続の式 (8.63) を無視していることからきている．式 (8.63) に固体の圧縮が含まれ，これが圧縮率 α の基となっているため，後者の仮定が特に重要である．他の違いは，ここで使われている p_w' ではなく全圧 p_w を使用していること，χ_w を無視していることから生じている．
2. 弾性多孔体中の 1 つの弾性流体の流れ．この事例では，Biot (1941;1955) の理論が適用可能である．間隙が 1 流体のみで満たされているので $S = 1.0$，$\chi_w = 1.0$ であり，これから式 (8.84) が

$$\rho_w(\alpha + n_0\beta_w)\frac{\partial p'_w}{\partial t} = \nabla \cdot \left(\frac{\rho_w k'}{\mu_w} \nabla p'_w \right) \tag{8.85}$$

となる．この式では，透水度に対する記号 k_w をより一般的な k' に変えてある．透水係数 $k = (\rho_w g k'/\mu_w)$ も一定と仮定するなら，式 (8.85) はよく知られた線形の形

$$S_s \frac{\partial p'_w}{\partial t} = k\nabla^2 p'_w \tag{8.86}$$

をとる．ここで，$S_s = \rho_w g \left[n_0\beta_w + (2\mu + \lambda)^{-1} \right]$ である．この式は，熱伝導や拡散を記述する式と同じ形である（式 (5.88) や (5.92) とも比較してみよ）．さまざまな S_s の表現を用いた式 (8.86) が，土壌圧密や被圧帯水層中の流れの記述に広く適用されてきた．これは，1 次元の圧密に対して Terzaghi (1925) が提案し，後に 3 次元に拡張された (Terzaghi, 1943)．Theis (1935) はこれと独立して，熱伝導の式を弾性被圧帯水層中の水平非定常流を解析するのに用いたが，彼はフーリエの法則とダルシー則間の類似にかかわる発見的な考察のみに基づきその正しさを主張した．一方，Jacob (1940;1950) は，帯水層と流体の物理特性を用いた熱伝導型の方程式を被圧帯水層に対して導出した．しかし，その後も Verruijt (1969) が Biot (1941;1955) の解析結果と一致することを示すまで，式 (8.86) の正確な導出は議論の対象となっていた．

　式 (8.84) 固有の限界の他にも，テラザーギ・ジェイコブ (Jacob) 式 (8.86) は一定透水係数の仮定による制約を受ける．本章の前の方で示したように，透水度 k' は間隙率 n_0 に依存する．たとえば式 (8.48) と (8.51) 中で，k' は n_0^2 に比例している．つまり式 (8.86) を (8.85) から導く際に，n_0 と $\rho_w = \rho_w(p_w)$ は未知の従属変数であるにもかかわらず，それが一定であると仮定しているのである．別の言い方をすると，式 (8.85) の左辺では流体と多孔体基質が圧縮性，右辺では非圧縮性であることを仮定しているのである．この仮定は $\nabla p'_w$ が小さくない場合に問題となるだろう．それでも，この矛盾にもかかわらず多孔体と流体の物理特性を用いた式 (8.86) の正確な定式化は，おそらくほとんどの問題に対してそれほど重要ではない．(S_s/k) が通常野外での実験から決められるからである．したがって，渦なしの一方向変位や k' と ρ_w が一定とすることを正当化することは難しいにしろ，主な問題点は S_s をマイクロスケール（ダルシースケール）でいかにして $n_0, \beta_w, \mu, \lambda$ などにより表すかではなく，熱伝導の形の式 (8.86) が，帯水層のより大きなスケールの手近な現実的問題を解くのに適切かどうかにある．

3. 非圧縮性多孔体中の 2 不混和流体．この特別な事例では固相は移動できず，固体集合体の変位 $\mathbf{u}$ と変位速度 $(\partial\mathbf{u}/\partial t)$ はゼロである．そこで，式 (8.76) を

$$n_0 \frac{\partial}{\partial t}(\rho_w S) = \nabla \cdot \left(\frac{\rho_w k_w}{\mu_w} \nabla p'_w \right) \tag{8.87}$$

$$n_0 \frac{\partial}{\partial t}(\rho_a(1-S)) = \nabla \cdot \left(\frac{\rho_a k_a}{\mu_a} \nabla p'_a \right) \tag{8.88}$$

のように表せる．

　これらの方程式は Muskat and Meres (1936) が初めて提案したものと同等であるが，ぬれ流体中における非ぬれ流体の溶解度が考慮されている．式 (8.88) は，水の浸透に対する土壌空気の移動の効果を研究するのに用いられてきた (Le Van Phuc and Morel-Seytoux, 1972; Morel-Seytoux, 1973)．

　非ぬれ流体の効果が無視できる場合には，粘性係数 μ_a と圧力変化 $\nabla p'_a$ が小さいため，ぬれ流体のみが興味の対象となる．この流体密度 ρ_w が一定なら式 (8.87) が単純化され，

$$n_0 \frac{\partial S}{\partial t} = \nabla \cdot (k\nabla p'_w)/\gamma_w \tag{8.89}$$

となる．これは土壌水移動に対するリチャードソン・リチャーズの方程式 (8.55) と同等である．

■問 題

8.1 間隔 d の2枚の平行ガラス板間の毛管上昇を計算せよ. 流体の表面張力は σ, 単位体積重量 γ である. 接触角は無視できると仮定すること.

8.2 実験室での砂質土壌に対する試験の結果, 水分量 θ が水のサクション $(H = -p_w/\gamma_w)$ と

$$\theta = n_0 \left[\frac{1400}{1400 + (0.1H)^6} \right]$$

の実験式で関係づけられることがわかった. ここで n_0 は間隙率, H は cm 単位で表した水柱高である. (a) 野外の土壌面下 1.0 m 深に停止した (つまり移動しない) 水平な地下水面がある状況を考察する. 土壌が平衡状態 (つまり流れがない状態) で蒸発が無視できる場合, 土壌面下 0.5 m 深での水分量はどのくらいか. (b) (数カ月後) 同じ土壌中の水平な地下水面は 1.0 m 深にあった. 土壌水分プロファイルがはじめ (およそ1日前) には (地下水面の位置は不明ではあるが) 平衡状態にあったことがわかっているが, 現在は地下水面が鉛直方向に移動していることのではないかと思われる. 土壌表面の水分量が $0.5n_0$ であるとして, 地下水面が上昇しているのか下降しているのかを決定せよ. 地表面での降水や蒸発はないものとせよ. 答えが正しいことを証明せよ.

8.3 以下の表は, Talsma (1970) が Adelaide 砂丘砂に対して求めた独立領域法の F 分布を示している. F の値は $10\,\mathrm{cm}^2$ あたりの％で表した排水可能間隙率として示されている.

H_d (cm)	0	10	20	30	40	50	60	70	80	90	100	H_w (cm)
										4.06		100
									4.94	0.48		90
								5.26	0.56	1.43		80
							6.85	0.96	1.67	1.75		70
						6.14	0.16	2.23	4.38	5.42		60
					6.61	1.43	1.35	2.47	5.18	4.22		50
				5.90	0.00	1.12	9.16	0.88	3.11	0.56		40
			1.59	-3.90	-1.12	4.78	0.16	3.75	0.80	0.32		30
		1.51	0.32	0.56	-0.96	0.00	0.00	-1.35	2.47	0.24		20
	1.43	0.48	0.24	0.40	0.00	0.00	0.00	0.00	0.00	0.00		10
												0

(a) 吸水境界曲線と脱水境界曲線を図示せよ. (b) 同じ図上に次の一連のプロセスを示せ. サクション 100 cm で乾燥した砂丘砂を 50 cm まで吸水, 80 cm まで再度乾燥, そして 20 cm まで吸水.

8.4 前問の F 分布を使用せよ. (a) 吸水境界曲線と脱水境界曲線を図示せよ. (b) 同じ図上に次の一連のプロセスを示せ. 完全に飽和した土壌を 70 cm まで脱水, 30 cm まで再度吸水した後, 90 cm まで脱水.

8.5 例 8.3 で使われ表 8.1 に示された F 分布を使用せよ. (a) 吸水境界曲線と脱水境界曲線を求め図示せよ. (b) 同じ図上に次の一連のプロセスを示せ. 乾燥土壌から 8 cm まで吸水, 20 cm まで脱水後, 4 cm まで再度吸水.

8.6 圧力勾配 $\gamma_w^{-1}\nabla p_w = 0.02\mathbf{i} - 0.03\mathbf{j}$ により透水係数テンソルが

$$\underline{\underline{k}} = \begin{pmatrix} k_{xx} & k_{xy} \\ k_{yx} & k_{yy} \end{pmatrix} = \begin{pmatrix} 1.2 & 0.003 \\ 0.003 & 0.2 \end{pmatrix}$$

で与えられる土壌中の1地点において，2次元流れが生じている．圧力は水中高として表されている．透水係数の単位は cm h^{-1} で，x 軸は水平方向，y 軸は垂直方向とする．(a) 圧力勾配と x 軸の間の角度を求めよ．(b) 動水勾配と x 軸の間の角度を求めよ．(c) 比流束（すなわち流れの方向と垂直な単位断面積，単位時間あたりの流量）を求めよ．(d) フラックスベクトルと x 軸の間の角度を求めよ．

8.7 均質，異方性土壌中の2次元流線網が主軸システム上で与えられている．等ポテンシャル線（equipotential line，h が一定な点を結ぶ線）は，等間隔の直線で x 軸と $-20°$（y 軸と $+70°$）の角度をなす．流線（stream line，流れの局所的な方向に接する曲線）もまた等間隔の直線で x 軸と $+40°$（y 軸と $-50°$）の角をなす．(a) この流線網を図示せよ．(b) 描いた図中で h が下から上方向に増加し $k_{xx} = 10^{-5}$ cm s^{-1} とした場合の k_{yy} の値を求めよ．

8.8 土壌水分拡散係数を与える式 (8.41) を，その成分を与える関数式 (8.36) と (8.15) から導出せよ．

8.9 土壌水分特性関数式 (8.14) および (8.15) から示唆される間隙径分布密度関数 $s_e(R) = dS_e/dR$ を導出せよ．これら2関数を $H_b = 33$ cm，$b = 5.7$ および $a = 0.03$ cm^{-1}，$b = 5.7$ についてそれぞれ図示せよ．

8.10 リチャードソン・リチャーズの方程式 (8.56) を異方性物質の一般的な場合に対して拡張せよ．式 (8.54) から開始すること．

8.11 式 (8.45) を式 (8.44) から導出せよ．

8.12 式 (8.49) を式 (8.47) から導出せよ．

8.13 (a) 式 (8.49) を Ge $= 1/8$ として適用し，砂質土壌の飽和時の固有透過度を cm^2 単位で求めよ．この土壌の水分特性曲線を図 8.5 と図 8.20 に示してある．式 (8.14) のパラメータとして，$\theta_0 = 0.405$，$S_r = 0.1$，$b = 5.7$，$H_b = 0.33$ m と仮定せよ．(b) 20℃における飽和透水係数を，(a) で得られた透過度から求めよ．（実験では概略 $k_0 = 1$ cm min^{-1} の値が得られている点に注意．）

8.14 式 (8.70) を式 (8.67) から始めて証明せよ．

8.15 式 (8.82) の1つ目の式を式 (8.74) の1つ目の式から（式 (8.76) の1つ目の式を介して）導出せよ．

8.16 複数選択．以下の記述で正しいのはどれか．土壌水分–吸引圧関係でのヒステリシスは

(a) 間隙の幾何学的形状と関係している．

(b) テンシオメータのみを使って決定できる．

(c) 土壌飽和時の流束を求める際に考慮すべき重要な因子である．

(d) 流れが地下水面下で起こることを示唆する．

(e) 吸水と脱水が交互に起こる問題の解析では考慮されねばならない．

8.17 複数選択．以下の記述で正しいのはどれか．ダルシー則が適用できないのは，

(a) 極端に非定常な現象の記述

(b) 土壌が不均質な場合

(c) 水理水頭が大きくなる時

(d) 水圧がゼロ，すなわち大気圧と等しい時

(e) 間隙を満たす流体が非ニュートン流体，すなわちせん断応力がひずみ変化速度の非線形関数である場合

(f) 多孔体基質がフックの法則の意味合いでの弾性でない場合（注意：ここで多孔体基質とは，間隙も含んだ全体の固体を意味する．粒子を構成する物質のことではない．）

である．

8.18 複数選択．以下の記述で正しいのはどれか．均質で不飽和，異方性で膨潤しない多孔質砂からなる大きな地層の特性は

(a) $k = k(\theta, x, y, z)$ で方向に依存しない．

(b) $k_{ij} = k_{ij}(x, y, z)$ で $2^2 = 4$ 成分からなる．

(c) $k_{ij} = k_{ij}(x, y, z)$ で，座標系をどの方向にとっても一般的に3成分からなる．

(d) $k_{ij} = k_{ij}(\theta)$ で，θ との関数関係は x, y, z の方向に依存しない．

(e) 通常 $k_{ij} = k_{ji}$ が仮定される.

8.19 複数選択. 以下の記述で正しいのはどれか. 不飽和粘土質土壌の透水係数（すなわち毛管伝導率）は

(a) 土壌水分が減少すると，その初期の段階で急激に減少する.

(b) 土壌水圧の関数で，普通顕著なヒステリシスを示す.

(c) 動水勾配の増加に伴って増加する.

(d) 温度に依存する.

(e) 水分中に融解している塩類の種類に依存するかもしれない.

8.20 複数選択. 以下の記述で正しいのはどれか. レイノルズ数が $1\sim10$ より大きな範囲になると，ダルシー則が多孔質中の流れを記述できなくなることがわかっている. この初期のずれは

(a) 電荷をもった粘土粒子の存在による.

(b) 水が低流速の範囲では非ニュートン流体であることによる.

(c) 慣性効果（流体粒子の移流加速度）による.

(d) 局所的な乱流の発生による.

(e) 間隙のくびれ部における流れの不安定性のため，局所的な剥離渦が生じるためである.

(f) 流れが層流でなく，なおクリーピング流れであるためである.

8.21 複数選択. 以下の記述で正しいのはどれか. 弾性多孔体中のぬれ流体の流れが式 (8.82) の最初の式で記述できると仮定せよ. この式の単純化した形であるラプラスの方程式 $\nabla^2 p_w = 0$ が（流れが生じる前に）一様で，等方性，完全に飽和した多孔体中の流れを記述できるのは，

(a) 流れが定常，流体は圧縮性，多孔体も圧縮性の場合である.

(b) 流れが非定常，流体は非圧縮性，多孔体も非圧縮性の場合である.

(c) 流れが定常，流体は圧縮性，多孔体は非圧縮性の場合である.

(d) 流れが非定常，流体は圧縮性，多孔体は非圧縮性の場合である.

(e) 流れが定常，流体は非圧縮性，多孔体は圧縮性の場合である.

(f) 流れが定常，流体と多孔体は非圧縮性の場合である.

■ 参考文献

Arbhabhirama, A. and Dinoy, A. A. (1973). Friction factor and Reynolds number in porous media flow. *J. Hydraul. Div., Proc. ASCE*, **99**, 901–911.

Baker, F. G., Veneman, P. L. M. and Bouma, J. (1974). Limitations of the instantaneous profile method for field measurement of unsaturated hydraulic conductivity. *Soil Sci. Soc. Amer. Proc.*, **38**, 885–888.

Biot, M. A. (1941). General theory of three-dimensional consolidation. *J. Appl. Phys.*, **12**, 155–164.

(1955). Theory of elasticity and consolidation for a porous anisotropic solid. *J. Appl. Phys.*, **26**, 182–185.

(1956a). General solutions of the equations of elasticity and consolidation for a porous material. *J. Appl. Mech.*, **23**, 91–96.

(1956b). Theory of propagation of elastic waves in a fluid-saturated porous solid, I, Low-frequency range. *J. Acoust. Soc. Amer.*, **28**, 168–178.

Bishop, A. W. (1961). The measurement of pore pressure in the triaxial test. In *Pore Pressure and Suction in Soils*. 38–46, London: Butterworths.

Bishop, A. W. and Blight, G. E. (1963). Some aspects of effective stress in saturated and partly saturated soils. *Geotechnique*, **13**, 177–197.

Blight, G. E. (1967). Effective stress evaluation for unsaturated soils. *J. Soil Mech. Found. Div., Proc. ASCE*, **93**(SM2), 125–148.

Boussinesq, J. (1868). Mémoire sur l'influence des frottements dans les mouvements réguliers des fluides. *J. de Mathématiques Pures et Appliquées, 2me Série*, **13**, 377–424.

(1914). Sur la vitesse moyenne ou le débit et la vitesse maximum ou axiale, dans un tube prismatique, a section régulière d'un nombre quelconque m de côtés. *Compt. Rend. Hebdomadaires des Séances de l'Académie des Sciences, Paris*, **158**, 1846–1850.

Braddock, R. D., Parlange, J.-Y. and Lee, H. (2001). Application of a soil water hysteresis model to simple water retention curves. *Transp. Porous Media*, **44**, 407–420.

Bradfield, R. and Jamison, V. C. (1938). Soil structure – attempts at its quantitative characterization. *Soil Sci. Soc. Amer. Proc.*, **3**, 70–76.

Brooks, R. H. and Corey, A. T. (1966). Properties of porous media affecting fluid flow. *J. Irrig. Drain. Div., Proc. ASCE*, **92**, 62–88.

Brutsaert, W. (1964). The propagation of elastic waves in unconsolidated unsaturated granular mediums. *J. Geophys. Res.*, **69**, 243–257.

(1966). Probability laws for pore-size distributions. *Soil Sci.*, **101**, 85–92.

(1967). Some methods of calculating unsaturated permeability. *Trans. Amer. Soc. Agric. Engrs.*, **10**, 400–404.

(1968a). The permeability of a porous medium determined from certain probability laws for pore size distribution. *Water Resour. Res.*, **4**, 425–434.

(1968b). A solution for vertical infiltration into a dry porous medium. *Water Resour. Res.*, **4**, 1031–1038.

(1979). Universal constants for scaling the exponential soil water diffusivity? *Water Resour. Res.*, **15**, 481–483.

(2000). A concise parameterization of the hydraulic conductivity of unsaturated soils. *Adv. Water Resour.*, **23**, 811–815.

Brutsaert, W. and Corapcioglu, M. Y. (1976). Pumping of aquifer with viscoelastic properties. *J. Hydraul. Div., Proc. ASCE*, **102** (HY11), 1663–1675.

Brutsaert, W. and El-Kadi, A. I. (1984). The relative importance of compressibility and partial saturation in unconfined groundwater flow. *Water Resour. Res.*, **20**, 400–408.

Brutsaert, W. and Lopez, J. P. (1998). Basin-scale geohydrologic drought flow features of riparian aquifers in the southern Great Plains. *Water Resour. Res.*, **34**, 233–240.

Brutsaert, W. and Luthin, J. N. (1964). The velocity of sound in soils near the surface, as a function of moisture content. *J. Geophys. Res.*, **69**, 643–652.

Buckingham, E. (1907). Studies on the movement of soil moisture, *Bureau of Soils, Bull. No. 38.* Washington, DC: US Dept. Agric.

Burdine, N. T. (1953). Relative permeability calculations from pore-size distribution data. *Trans. Amer. Inst. Min. Engrs.*, **198**, 71–78.

Cahill, A. T. and Parlange, M. B. (1998). On water vapor transport in field soils. *Water Resour. Res.*, **34**, 731–739.

Carman, P. C. (1937). Fluid flow through granular beds. *Trans. Inst. Chem. Engrs. London*, **15**, 150–166.

(1956). *Flow of Gases Through Porous Media.* New York: Academic Press Inc.

Childs, E. C. (1942). Stability of clay soils. *Soil Sci.*, **53**, 79–92.

Childs, E. C. and Collis-George, N. (1950). The permeability of porous materials. *Proc. Roy. Soc. London*, A**201**, 392–405.

Clothier, B. E. and White, I. (1981). Measurement of sorptivity and soil water diffusivity in the field. *Soil Sci. Soc. Amer. J.*, **45**, 241–245.

(1982). Water diffusivity of a field soil. *Soil Sci. Soc. Amer. J.*, **46**, 155–158.

Darcy, H. (1856). *Les fontaines publiques de la ville de Dijon.* Paris: Victor Dalmont. (英訳本：Patricia Bobeck 訳 (2004). *The Public Fountains of the City of Dijon.* Dubuque, IA: Kendall/Hunt Pub. Co.)

Davidson, J. M., Stone, L. R., Nielsen, D. R. and LaRue, M. E. (1969). Field measurement and use of soil-water properties. *Water Resour. Res.*, **5**, 1312–1321.

De Vries, D. A. (1958). Simultaneous transfer of heat and moisture in porous media. *Eos Trans. Am. Geophys. Un.*, **39**, 909–916.

De Vries, D. A. and Philip, J. R. (1986). Soil heat flux, thermal conductivity and the null alignment method. *Soil Sci. Soc. Amer. J.*, **50**, 12–18.

Donat, J. (1937). Das Gefüge des Bodens und dessen Kennzeichung. *Trans. Intern. Congr. Soil Sci., 6th Congr., Paris, B*, pp. 423–439.

El-Kadi, A. I. and Brutsaert, W. (1985). Applicability of effective parameters for unsteady flow in nonuniform aquifers. *Water Resour. Res.*, **21**, 183–198.

Everett, D. H. (1954). A general approach to hysteresis, 3. *Trans. Faraday Soc.*, **50**, 1077–1096.

(1955). A general approach to hysteresis, 4. *Trans. Faraday Soc.*, **51**, 1551–1557.

Fatt, I. and Dykstra, H. (1951). Relative permeability studies. *Trans. Amer. Inst. Min. Engrs.*, **192**, 249–255.

Feng, C. L. and Browning, G. M. (1946). Aggregate stability in relation to pore size distribution. *Soil Sci. Soc. Amer. Proc.*, **11**, 67–73.

Forchheimer, Ph. (1930). *Hydraulik*, 3. Aufl. Leipzig & Berlin: B. G. Teubner.

Freeze, R. A. (1994). Henry Darcy and the fountains of Dijon. *Ground Water*, **32**, 23–30.

Gardner, W. R. (1958). Some steady-state solutions of the unsaturated moisture flow equation with application to evaporation from a water table. *Soil Sci.*, **85**, 228–232.

Gardner, W. R. and Mayhugh, M. S. (1958). Solutions and tests of the diffusion equation for the movement of water in soil. *Soil Sci. Soc. Amer. Proc.*, **22**, 197–201.

Gardner, W. R. and Miklich, F. J. (1962). Unsaturated conductivity and diffusivity measurements by a constant flux method. *Soil Sci.*, **93**, 271–274.

Gates, J. I. and Tempelaar Lietz, W. (1950). Relative permeabilities of California cores by the capillary-pressure method. *Drilling and Production Practice*, American Petroleum Institute, pp. 285–298.

Graetz, L. (1880). Über die Bewegung von Flüssigkeiten in Röhren. *Z. für Mathematik u. Physik*, **25**, 316–334.

Haines, W. B. (1930). Studies in the physical properties of soils: 5. The hysteresis effect in capillary properties and the modes of moisture distribution associated therewith. *J. Agric. Sci.*, **20**, 97–116.

Hoeksema, R. J. and Kitanidis, P. K. (1985). Analysis of spatial structure of properties of selected aquifers. *Water Resour. Res.*, **21**, 563–572.

Ibrahim, H. A. and Brutsaert, W. (1968). Intermittent infiltration into soils with hysteresis. *J. Hydraul. Div., Proc. ASCE*, **94**, 113–137.

Irmay, S. (1954). On the hydraulic conductivity of unsaturated soils. *Eos Trans. Am. Geophys. Un.*, **35**,

463–467.

Jackson, R. D., Reginato, R. J. and Van Bavel, C. H. M. (1965). Comparison of measured and calculated hydraulic conductivities of unsaturated soils. *Water Resour. Res.*, **1**, 375–380.

Jackson, R. D., Reginato, R. J., Kimball, B. A. and Nakayama, F. S. (1974). Diurnal soil-water evaporation: comparison of measured and calculated soil-water fluxes. *Soil Sci. Soc. Amer. Proc.*, **38**, 861–866.

Jacob, C. E. (1940). The flow of water in an elastic artesian aquifer. *Eos Trans. Am. Geophys. Un.*, **21**, 574–586.

——— (1950). Flow of ground water. In *Engineering Hydraulics*. 321–386, ed. H. Rouse. New York: John Willey.

Katul, G. G., Wendroth, O., Parlange, M. B., Puente, C. E., Folegatti, M. V. and Nielsen, D. R. (1993). Estimation of in situ hydraulic conductivity function from nonlinear filtering theory. *Water Resour. Res.*, **29**, 1063–1070.

Kimball, B. A., Jackson, R. D., Nakayama, F. S. and Idso, S. B. (1976). Comparison of field-measured and calculated soil-heat fluxes. *Soil Sci. Soc. Amer. J.*, **40**, 18–25.

Klute, A. (1952). A numerical method for solving the flow equation for water in unsaturated materials. *Soil Sci.*, **73**, 105–116.

Kozeny, J. (1927). Über kapillare Leitung des Wassers im Boden, *Sitzungsberichte. Akad. der Wissensch. Wien, Math.-Naturw. Klass. Abt. 2a*, **136**, 271–306.

Lamb, H. (1932). *Hydrodynamics*, sixth edition. New York: Cambridge University Press. （訳本：今井 功・橋本英典 訳 (1988) 流体力学 1-3, 東京書籍）

Le Van Phuc and Morel-Seytoux, H. J. (1972). Effect of soil air movement and compressibility on infiltration rates. *Soil Soc. Amer. Proc.*, **36**, 237–241.

Leamer, R. W. and Lutz, J. F. (1940). Determination of pore-size distribution in soils. *Soil Sci.*, **49**, 347–360.

Libardi, P. L., Reichardt, K., Nielsen, D. R. and Biggar, J. W. (1980). Simple field methods for estimating soil hydraulic conductivity. *Soil Sci. Soc. Amer. J.*, **44**, 3–7.

Marshall, T. J. (1958). A relation between permeability and size distribution of pores. *J. Soil Sci.*, **9**, 1–8.

McMurdie, J. L. and Day, P. R. (1960). Slow tests under soil moisture suction. *Soil Sci. Soc. Amer. Proc.*, **24**, 441–444.

Miller, R. D. and Bresler, E. (1977). A quick method for estimating soil water diffusivity functions. *Soil Sci. Soc. Amer. Proc.*, **41**, 1021–1022.

Miller, R. J. and Low, P. F. (1963). Threshold gradient for water flow in clay systems. *Soil Sci. Soc. Amer. Proc.*, **27**, 605–609.

Millington, R. J. and Quirk, J. P. (1964). Formation factor and permeability equations. *Nature*, **202**, 143–145.

Milly, P. C. D. (1984). A simulation analysis of thermal effects on evaporation from soil. *Water Resour. Res.*, **20**, 1087–1098.

Morel-Seytoux, H. J. (1973). Two-phase flows in porous media. *Adv. Hydrosci.*, **9**, 119–202.

Mualem, Y. (1976). A new model for predicting the hydraulic conductivity of unsaturated porous media. *Water Resour. Res.*, **12**, 513–522.

——— (1978). Hydraulic conductivity of unsaturated porous media: generalized macroscopic approach. *Water*

Resour. Res., **14**, 325–334.

Mualem, Y. and Miller, E. E. (1979). A hysteresis model based on an explicit domain-dependence function. *Soil Sci. Soc. Amer. J.*, **43**, 1067–1073.

Muskat, M. and Meres, M. W. (1936). The flow of heterogeneous fluids through porous media. *Physics*, **7**, 346–363.

Nakano, M. and Miyazaki, T. (1979). The diffusion and nonequilibrium thermodynamic equations of water vapor in soils under temperature gradient. *Soil Sci.*, **128**, 184–188.

Néel, L. (1942). Théorie des lois d'aimantation de Lord Rayleigh, 1. *Cah. Phys.*, **12**, 1–20.

(1943). Théorie des lois d'aimantation de Lord Rayleigh, 2. *Cah. Phys.*, **13**, 19–30.

Neuzil, C. E. (1986). Groundwater flow in low-permeability environments. *Water Resour. Res.*, **22**, 1163–1195.

Nielsen, D. R. and Biggar, J. W. (1959). *Measuring capillary conductivity*. Annual Report, Dept. Irrigation, University of California Davis. (以下も参照. (1961). *Soil Sci.*, **92**, 192–193.)

Nielsen, D. R., Biggar, J. W. and Erh, K. T. (1973). Spatial variability of field-measured soil–water properties. *Hilgardia*, **42**, 215–259.

Nielsen, D. R., Kirkham, D. and Perrier, E. R. (1960). Soil capillary conductivity: Comparison of measured and calculated values. *Soil Sci. Soc. Amer. Proc.*, **24**, 157–160.

Ogata, G. and Richards, L. A. (1957). Water content changes following irrigation of bare-field soil that is protected from evaporation. *Soil Sci. Soc. Amer. Proc.*, **21**, 355–356.

Olsen, H. W. (1966). Darcy's law in saturated kaolinite. *Water Resour. Res.*, **2**, 287–295.

Parlange, J.-Y. (1976). Capillary hysteresis and the relationship between drying and wetting curves. *Water Resour. Res.*, **12**, 224–228.

Philip, J. R. (1995). Desperately seeking Darcy in Dijon. *Soil Sci. Soc. Am. J.*, **59**, 319–324.

Philip, J. R. and De Vries, D. A. (1957). Moisture movement in porous materials under temperature gradients. *Eos Trans. Am. Geophys. Un.*, **38**, 222–232.

Polubarinova-Kochina, P. Ya. (1952). *Theory of Ground Water Movement* (translated from the Russian by J. M. R. DeWiest, 1962). Princeton, NJ: Princeton University Press.

Poulovassilis, A. (1962). Hystersis of pore water, an application of the concept of independent domains. *Soil Sci.*, **93**, 405–412.

Purcell, W. R. (1949). Capillary pressures – their measurement using mercury and the calculation of permeability therefrom. *Trans. Amer. Inst. Min. Met. Engrs., Petrol. Devel. Technol.*, **186**, 39–46.

Raats, P. A. C. (1975). Transformations of fluxes and forces describing the simultaneous transport of water and heat in unsaturated porous media. *Water Resour. Res.*, **11**, 938–942.

Raats, P. A. C. and Knight J. H. (2018). The contributions of Lewis Fry Richardson to drainage theory, soil physics, and the soil-plant-atmosphere continuum. *Front. Environ. Sci.*, **6**, 13. doi: 10.3389/fenvs.2018.00013

Reichardt, K., Nielsen, D. R. and Biggar, J. W. (1972). Scaling of horizontal infiltration into homogeneous soils. *Soil Sci. Soc. Amer. Proc.*, **36**, 241–245.

Richards, L. A. (1928). The usefulness of capillary potential to soil moisture and plant investigators. *J. Agric. Res.*, **37**, 719–742.

(1931). Capillary conduction of liquids through porous mediums. *Physics*, **1**, 318–333.

Richardson, L. F. (1922). *Weather Prediction by Numerical Process*. Cambridge: Cambridge University Press. (Reprinted by Dover Publications, New York, 1965, with a new introduction by S. Chapman;

2d Edn. by Cambridge University Press, 2007, with a new introduction by P. Lynch.).

Rogowski, A. S. (1972). Watershed physics: soil variability criteria. *Water Resour. Res.*, **8**, 1015–1023.

Royer, J. M. and Vachaud, G. (1975). Field determination of hysteresis in soil-water characteristics. *Soil Sci. Soc. Amer. Proc.*, **39**, 221–223.

Russell, M. B. (1941). Pore-size distribution as a measure of soil structure. *Soil Sci. Soc. Amer. Proc.*, **6**, 108–112.

Schofield, R. K. (1938). Pore-size distribution as revealed by the dependence of suction (pF) on moisture content. *Trans. Int. Congr. Soil Sci. 1st Congr. A*, pp. 38–45.

Scott, P. H. and Rose, W. (1953). An explanation of the Yuster effect. *J. Petrol. Technol.*, **5**, 19–20.

Snyder, V. and Miller, R. D. (1985). Tensile strength of unsaturated soils. *Soil Sci. Soc. Am. J.*, **49**, 58–65.

Swartzendruber, D. (1968). The applicability of Darcy's law. *Soil Sci. Soc. Amer. Proc.*, **32**, 12–18.

Talsma, T. (1970). Hysteresis in two sands and the independent domain model. *Water Resour. Res.*, **6**, 964–970.

Terzaghi, K. (1925). *Erdbaumechanik auf Bodenphysikalischer Grundlage.* Leipzig und Wien: Franz Deuticke.

——— (1943). *Theoretical Soil Mechanics.* New York: John Wiley.

Theis, C. V. (1935). The relation between the lowering of the piezometric surface and the rate and duration of discharge of a well using ground water storage. *Eos Trans. Am. Geophys. Un.*, **16**, 519–524.

Topp, G. C. (1971). Soil water hysteresis in silt loam and clay loam soils. *Water Resour. Res.*, **7**, 914–920.

Van Genuchten, M. T. (1980). A closed form equation for predicting the hydraulic conductivity of unsaturated soils. *Soil Sci. Soc. Amer. J.*, **44**, 892–898.

Verruijt, A. (1969). Elastic storage of aquifers. In *Flow Through Porous Media.* 331–376, ed. R. J. M. DeWiest. New York: Academic.

Watson, K. K., Reginato, R. J. and Jackson, R. D. (1975). Soil water hysteresis in a field soil. *Soil Sci. Soc. Amer. Proc.*, **39**, 242–246.

White, I. and Sully, M. J. (1992). On the variability and use of the hydraulic conductivity alpha parameter in stochastic treatments of unsaturated flow. *Water Resour. Res.*, **28**, 209–213.

Willis, W. O. (1960). Evaporation from layered soils in the presence of a water table. *Soil Sci. Soc. Amer. Proc.*, **24**, 239–242.

Yuster, S. T. (1951). Theoretical considerations of multiphase flow in idealized capillary systems. *Proc. 3rd World Petrol. Congr.*, **2**, 437–445. Leiden, Netherlands: E. J. Brill.

浸透および関連する不飽和流　9

　本章では，地表面近くの土壌中の水の流れと，大気–土壌境界面を横切る輸送を扱う．局地スケールでは，降水が地表面に達し，土壌への浸透 (infiltration) が発生する．無降雨時には大気は乾燥効果を及ぼし，土壌中の水が水蒸気拡散 (vapor diffusion) や液体の毛管上昇 (capillary rise) により地表に移動し，そこで蒸発する．

　図 8.23 に示されたように，土壌水分が飽和状態からわずかでも減少すると，透水性は大きく減少する．この結果，ほとんどの土壌で，地下水面上と地下水面下の透水係数の違いが大きくなる．異なる透水性を有する土壌間の境界では，流線が大きく屈折することが知られている．多くの状況に対して，地下水面上の不飽和流はほぼ鉛直方向と仮定できる．これに対し，地下水面下の飽和流は，より水平な方向，すなわち下にある不透水層 (impervious layer) と平行な方向と仮定できる．そこで本章では，土壌の不飽和帯中の浸透および関連した流れの現象を，鉛直 1 次元の枠組みで解析する．同様に第 10 章では，多くの飽和流に 1 次元の地下水に対する水理解析法理論を適用できることを示す．浸透能が土壌への最大侵入速度を規定するので，これを 9.2 節と 9.3 節でまず取り扱う．降雨浸透は 9.4 節でふれる．降水の浸透と，集水域スケールでの関連するプロセスのさまざまなパラメタリゼーションは 9.5 節で扱う．そして最後に 9.6 節において，無降雨時の土壌表面からの蒸発を伴う毛管上昇が生じる基本的なメカニズムのいくつかを記述する．

9.1　浸透現象の一般的性質

　浸透は水の土壌表面下への侵入とその後の土壌中の移動と定義できる．ほとんどの実際に興味の対象となる問題では，土壌ははじめは飽和していない．そこで，浸透した水により押し下げられた空気が自由に逃げられると仮定できれば，土壌中を浸透している水はリチャードソン・リチャーズの方程式 (8.55) に支配される．水の鉛直下向きの動きに対しては，これは

$$\frac{\partial \theta}{\partial t} = -\frac{\partial}{\partial z}\left(k\frac{\partial H}{\partial z}\right) - \frac{\partial k}{\partial z} \tag{9.1}$$

と表せる．式 (9.1) 中の $H = H(\theta)$ は水のサクション，すなわち水柱高で表した負圧であり，z は（通常の使用法と異なり）深さを表し，下向きを正にとった鉛直座標である．

　浸透は 2 つの可能性のうちのどちらかで生じる．降水や他の起源から生じる地表面での水の供給強度が強ければ，その一部は湛水または流出し，一部は最大の強度で浸透する．浸透のこの最大速度が，浸透能 (infiltration capacity) である．供給強度が弱い時には，降水の全量が土壌間隙中に浸み込む．これが降雨浸透 (rainfall infiltration) である．

9.1.1　浸透能

　この解析のために，厚く一様な土壌を考察する．土壌表面は水の層で覆われ，この層が十分に薄

いので地表面での水圧は大気圧と等しく，また土壌は飽和していると仮定する．さらに，初期土壌水分は土壌内で一定と仮定する．これと対応した境界条件は

$$\theta = \theta_i \quad H = H_i \qquad (z > 0, \ t = 0)$$
$$\theta = \theta_0 \quad H = 0 \qquad (z = 0, \ t \geq 0)$$

(9.2)

である．1つ目の条件は，$t = 0$ において土壌中の水分量 θ_i と水圧 H_i が一定という初期状態を表している．2つ目は，土壌表面 $z = 0$ で，浸透開始後に無限に維持される条件を表している．予期される解がどのようになるか示すために，図9.1は室内実験で観測された浸透中の水の再分布の様子を表している．式 (9.2) の条件下での式 (9.1) の解の詳細にはふれずに，ここでは，短期間と長期間での流れの性質の概略を見てみることが有用である．

● 短期間の振る舞い

式 (9.1) で，右辺第1項は毛管現象に伴う圧力勾配による流れを，第2項は地球の重力場による流れを表している．水が比較的乾燥した土壌に侵入し始めると，地表面と土壌中の水の圧力差が非常に大きいので，右辺第2項は第1項と比べて実際問題としては無視できる．そこで初期段階では，浸透を

$$\frac{\partial \theta}{\partial t} = -\frac{\partial}{\partial z}\left(k\frac{\partial H}{\partial z}\right)$$

(9.3)

で記述できる．式 (9.2) の条件下での式 (9.3) を，式 (8.32) を用いて拡散の式の形に表した場合，これは吸水 (sorption) 問題とよばれる．より詳細な浸透能の短期的振る舞いについては9.2節で扱う．

図 9.1　風乾した $\theta_0 = 0.45$ の Columbia シルト質ロームの鉛直カラム中への鉛直浸透中の土壌水分プロファイル．記号が測定値，線が計算値である．図中の経過時間は浸透開始からの時間である．（原図は Davidson *et al.*, 1963）

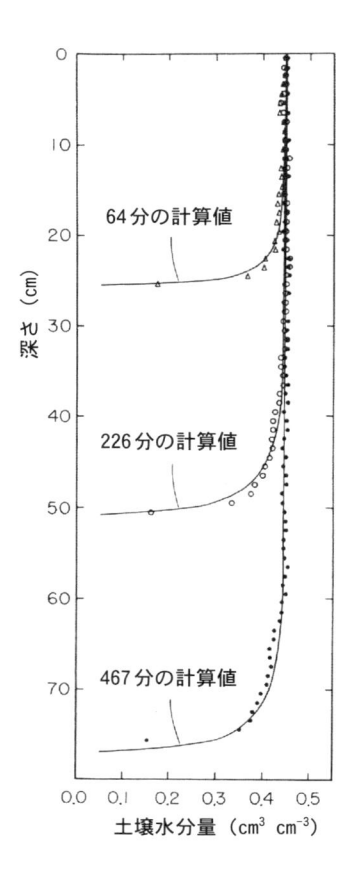

● 長期的振る舞い

　図 9.1 に示すように，浸透が長時間継続した後，地表面近くの水分プロファイルは徐々に一様になり，最終的に臨界飽和値 $\theta \to \theta_0$ へと近づく．同様に，土壌上層中の圧力は，徐々に $H \to 0$ へと大気圧に近づく．したがって鉛直勾配 $\partial\theta/\partial z$，$\partial H/\partial z$ はゼロに近づく．このことは $(\partial h/\partial z) \to -1$ を意味し，ダルシー則，式 (8.19) から浸透強度 f_c は

$$\lim_{t \to \infty} (f_c) = \lim_{\substack{z=0 \\ t \to \infty}} (q_z) = k_0 \tag{9.4}$$

と飽和透水係数の値に近づく．浸透能の中期的な振る舞いは 9.3 節で扱う．

9.1.2　降雨浸透

　降水の土壌表面への浸透は，浸透能と同様にリチャードソン・リチャーズの方程式 (9.1) で支配されるが，境界条件は式 (9.2) とは大きく異なる．この場合，地表面での水供給は土壌が吸い込める最大強度よりは小さいので，表面での水分量 θ_s は θ_0 より小さくなり，その程度は未知である．地表面で既知である流れの特性は，供給強度である降水強度，そして土壌中への流量のみである．供給強度が保たれている限り，未知の地表面水分量 θ_s は徐々に増加する．もし降水強度が十分強ければ，地表面水分量は最終的には最大可能な水分量 θ_0 に達し，その後，水の湛水が地表面で始まるはずである．t_p を降水開始から湛水開始時までの時間とすれば，境界条件を

$$\begin{array}{lll}
\theta = \theta_i & H = H_i & (z > 0,\ t = 0) \\
-D_w \dfrac{\partial\theta}{\partial z} + k = P \quad & k \dfrac{\partial H}{\partial z} + k = P \quad & (z = 0,\ 0 < t \le t_p) \\
\theta = \theta_0 & H = 0 & (z = 0,\ t \ge t_p)
\end{array} \tag{9.5}$$

のようにまとめることができる．ここで $P = P(t)$ は，降水強度である．1 つ目の条件は，前と同様，土壌中の初期水分量 θ_i が一定という初期状態を表している．2 つ目は，フラックスが地表面で既知であることを示している．3 つ目は，湛水開始後に地表面が臨界飽和となるが，フラックスは既知でなくなることを表している．しかし，降水強度が弱ければ，表面の土壌層は完全には臨界飽和とはならない．すると $t_p \to \infty$ となり，式 (9.5) の 3 つ目の条件は余分となる．降雨浸透問題に対する解の詳細は 9.4 節で扱う．

9.2　重力のない場合の浸透能：吸水

　吸水 (sorption) は，水により押し込められる空気が自由に動ける状態での，一様に不飽和な土壌への水の水平方向の浸透であり，これは水文学における長年にわたる問題であった．それ自身では，この種類の 1 次元水平流は自然界であまり一般的ではないが，この問題の解が実用的な重要性をもっているのである．まず，これにより土壌表面上に湛水した水の鉛直浸透の初期段階，すなわち毛管現象の影響が重力の効果に勝る時の，短期的振る舞いをうまく記述できる．第 2 に，これはさまざまな方法で得られるより遅い時期に対する解の欠くことのできない部分，基本要素としても有用である．

9.2.1　水平流プロセスの拡散型の定式化

　初期水分量 θ_i の一様な土壌を考えよう．土壌表面での水分量が突然 $\theta_0\ (> \theta_i)$ へと上昇した時

図 9.2 吸水問題を実験的に研究するための装置. マリオット瓶の仕組みでメスシリンダーにより給水点 ($x = 0$) の水圧が一定に保たれている. 実験開始時 ($t = 0$) に, フレキシブルチューブからの水供給が開始される. ある程度の時間 t が経過した実験終了後, 水平土壌カラムを構成する 1 cm 長の小カラムに分解して, 各々の土壌水分を $\theta = \theta(x)$ として決めることができる. (Nielsen et al., 1962)

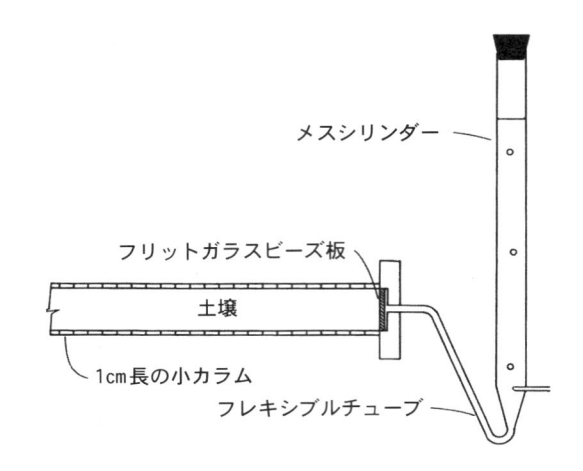

図 9.3 図 9.2 に示した装置を用いた 3 回の水平浸透実験で得られた Columbia シルト質ローム中の土壌水分量 $\theta = \theta(x)$. 水の供給点での圧力は -2 hPa (水頭では約 2.04 cm) に保たれていた. 740 分に対する曲線は, データ点 (○) を通る回帰曲線である. 88 分, 344 分の曲線は, ボルツマンの相似に基づき, 740 分に対する曲線にそれぞれ $(88/740)^{1/2}$ および $(344/740)^{1/2}$ を乗じることで計算されたものである. (原図は Nielsen et al., 1962)

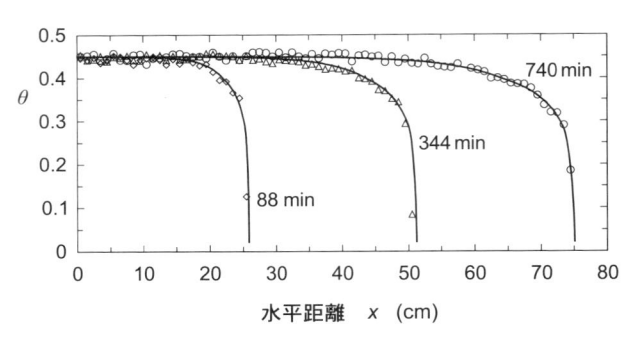

に流れが生じる. この問題は, 重力項のない 1 次元のリチャードソン・リチャーズの方程式 (9.3) (Richards, 1931) によって定式化できるだろう. これが水平流であることを示すため, 以下では x 座標で表す. 式 (8.32) を代入して, これは拡散方程式の形で,

$$\frac{\partial \theta}{\partial t} = \frac{\partial}{\partial x}\left(D_w \frac{\partial \theta}{\partial x}\right) \tag{9.6}$$

と書ける. 境界条件は式 (9.2) のままであるが, 水平軸方向に対して

$$\begin{aligned}\theta &= \theta_i &&(x > 0,\ t = 0)\\\theta &= \theta_0 &&(x = 0,\ t \geq 0)\end{aligned} \tag{9.7}$$

と書き直せる. ここで θ_i は初期水分量, θ_0 は水が土壌に侵入する $x = 0$ の表面で維持される水分量である. この問題を研究するための単純な実験装置を図 9.2 に示してある. これから得られた実験データは図 9.3 に与えられている.

浸透問題の定式化において, 水分量を

$$S_n = \frac{\theta - \theta_i}{\theta_0 - \theta_i} \tag{9.8}$$

のように無次元化しておくと, しばしば便利である. この無次元水分量を用いると, 支配方程式と境界条件は

$$\frac{\partial S_n}{\partial t} = \frac{\partial}{\partial x}\left(D_w \frac{\partial S_n}{\partial x}\right) \tag{9.9}$$

および

$$S_n = 0 \qquad (x > 0, \ t = 0)$$
$$S_n = 1 \qquad (x = 0, \ t \geq 0) \tag{9.10}$$

となる.

● 相似則の適用

空間変数と時間変数を組み合わせて 1 従属変数にするボルツマン変換 (Boltzmann, 1894)

$$\phi = xt^{-1/2} \tag{9.11}$$

を適用すると, 式 (9.6) は

$$\frac{\partial \theta}{\partial t} = \frac{d\theta}{d\phi}\frac{\partial \phi}{\partial t} = -\frac{1}{2}xt^{-3/2}\frac{d\theta}{d\phi}$$
$$\frac{\partial \theta}{\partial x} = \frac{d\theta}{d\phi}\frac{\partial \phi}{\partial x} = t^{-1/2}\frac{d\theta}{d\phi} \tag{9.12}$$
$$\frac{\partial}{\partial x}\left(D_w\frac{\partial \theta}{\partial x}\right) = \frac{\partial}{\partial x}\left(D_w t^{-1/2}\frac{d\theta}{d\phi}\right) = t^{-1/2}\frac{d}{d\phi}\left(D_w\frac{d\theta}{d\phi}\right)\frac{\partial \phi}{\partial x} = t^{-1}\frac{d}{d\phi}\left(D_w\frac{d\theta}{d\phi}\right)$$

を経て常微分方程式に単純化できる. 式 (9.12) の 1 つ目と 3 つ目が等しいとおくことで, 求めるべき

$$\frac{d}{d\phi}\left(D_w\frac{d\theta}{d\phi}\right) + \frac{\phi}{2}\frac{d\theta}{d\phi} = 0 \tag{9.13}$$

の常微分方程式が得られる. 境界条件式 (9.7) は

$$\theta = \theta_i \quad \text{または} \quad S_n = 0 \qquad (\phi \to \infty)$$
$$\theta = \theta_0 \quad \text{または} \quad S_n = 1 \qquad (\phi = 0) \tag{9.14}$$

となる.

　ボルツマン変換が適用できることは, 空間変数 x が時間変数 $t^{-1/2}$ と同じように流れを支配していることを示す. 逆に, 式 (9.11) の相似則を適用するには, 変数 x と t を組み合わせて 1 変数 ϕ にするためのある種の対称性が境界条件に求められる. 式 (9.7) の事例では, 水分量が θ_i に保たれる水の侵入点から遠く離れた地点 $x \to \infty$ での θ の値が $t = 0$ における値と同じとなることから, この条件は満たされている. 同様に, 長時間が経過し, 全土壌中の水分量が θ_0 に近づく $t \to \infty$ の場合には, θ は $x = 0$ での値をとる. 図 9.3 は, 式 (9.11) の実験値による検証結果を示している. この図から, もし実験データを (異なる時間に対する $\theta = \theta(x)$ としてではなく) $\theta = \theta(\phi)$ とプロットすれば, すべての点が 1 つの曲線上に集まることが確かめられる.

● 浸　透

　式 (9.13) と (9.14) の解は $\phi = \phi(\theta)$ と書ける. 実際にこの解がわかる前に, 浸透現象の本質的な推測が可能である. 事実, 解の形を決定しなくても, 図 9.4 の鉛直事例について示されるように, 浸透した累積体積は土壌中に侵入した水の全体積を積分することで求めることができる. これは, $(z\,d\theta)$ か $(\theta\,dz)$ のどちらかの積分となる. したがって, $[\mathrm{L}^3\,\mathrm{L}^{-2}]$ の次元での浸透の累積体積は一般に

$$F = \int_{\theta_i}^{\theta_0} x\,d\theta \tag{9.15}$$

図 9.4 ある瞬間 t における土壌中の水分量プロファイル $\theta = \theta(z)$ の下の部分の面積として浸透量を計算する方法. 要素面積 $(z\,d\theta)$ または $(\theta\,dz)$ を積分することで, これを求めることができる. z 軸は土壌の深さ方向にとってあり, $z = 0$ が水の浸透が起こる位置, $z = z_f$ がぬれ前線の位置である.

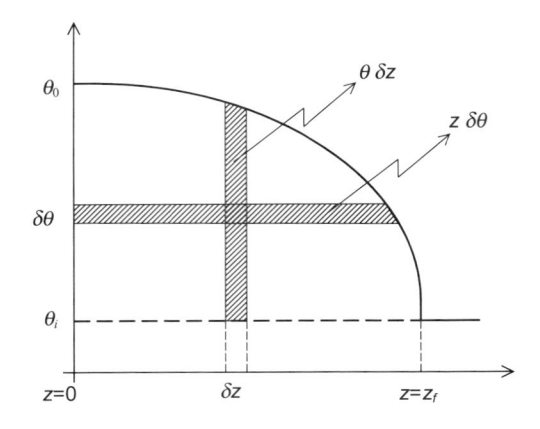

と表すことができる. この事例では重力がないことを表すために, x を z の代わりに用いている. この式はボルツマン変数 (9.11) を用いた解として,

$$F = t^{1/2} \int_{\theta_i}^{\theta_0} \phi\,d\theta \tag{9.16}$$

の形となる. この式は一定の範囲をもつ定積分なので定数である. そこで表記を簡潔にするため, Philip (1957a) が

$$A_0 = \int_{\theta_i}^{\theta_0} \phi\,d\theta \tag{9.17}$$

で定義した吸水能（ソープティビティ, sorptivity）を用いて表すと便利である. そこで, 累積浸透量式 (9.16) は

$$F = A_0 t^{1/2} \tag{9.18}$$

として, また浸透強度 $f = dF/dt$ は

$$f = \frac{1}{2} A_0 t^{-1/2} \tag{9.19}$$

と書き直せる. ここで重要な点は, 両式とも解はまだ得られていないものの, 水平方向の浸透能が時間の経過に伴ってどのように変わるかを明白に示していることである.

解は $\theta = \theta(\phi)$ とも書けるので, 浸透強度をダルシー流束として表すこともできる. $\partial\phi/\partial x = t^{-1/2}$ なので,

$$f = -D_w \frac{\partial\theta}{\partial x}\bigg|_{x=0} = -D_w \frac{d\theta}{d\phi}\bigg|_{\phi=0} t^{-1/2} \tag{9.20}$$

となり, これは吸水能の別表現である点に注意すること. 第2の大事な点として, 式 (9.17)〜(9.19) の形からは, 吸水現象を支配する変数を無次元化する方法が示唆されることがあげられる. 実際, f が透水係数と同じ次元をもつので, この変数で無次元化するのがごく自然である. この方法で, 式 (9.19) からはすぐに無次元の時間変数も構成できる. つまり

$$f_+ = \frac{f}{k_0} \qquad t_+ = \frac{k_0^2 t}{A_0^2} \qquad F_+ = \frac{k_0 F}{A_0^2} \tag{9.21}$$

のような無次元変数が得られるのである.

吸水能は，年月を経てその重要性が吸水現象以外にも及ぶ，より基礎的な土壌中の流れの特性の 1 つと考えられるようになった．本章の後で明らかになるように，吸水能は鉛直浸透能や降雨浸透のさまざまな側面の定式化でも必然的に現れてくる．野外で吸水能を測定する方法も開発されてきた (Talsma, 1969; Talsma and Parlange, 1972; Clothier and White, 1981; Cook and Broeren, 1994; Touma *et al.*, 2007; Auteri *et al.*, 2020). これはまた，White and Perroux (1987) により，水分拡散係数 $D_w(\theta)$，透水係数 $k(\theta)$，土壌水分特性 $H(\theta)$ などの土壌の水理特性を野外で導出するのに用いられた．この大きさの概略値として Talsma and Parlange (1972) が野外で測定した値（cm min$^{-1/2}$ 単位）は，Bungendore 砂に対して 0.97，Pialligo 砂に対して 0.08，Barton 粘土ロームに対して 0.17 である．それぞれの臨界飽和時の透水係数 k_0 は 0.092, 1.08, 0.093 cm min^{-1} であった．

● ぬれ前線

　ある種の応用では，ぬれ前線 (wetting front) の位置を決定することに関心が払われる．この前線の位置は，水分量がある値 $\theta = \theta_f \ (> \theta_i)$ となる x の値 $x = x_f$ と定義できる．実験的には，この水分量を水が浸透し土壌の色が変化する場所の値ととることができるだろう．数学的には，多くの土壌で前線がわりに明確なので，これを単に水分量が $\theta = \theta_i$ または $S_n = 0$ に近づく場所と仮定するのが便利である．ϕ が θ の関数なので，式 (9.11) からぬれ前線の位置が $t^{1/2}$ に直接的に比例し

$$x_f = \phi_f t^{1/2} \tag{9.22}$$

となるのは明らかである．ここで，$\phi_f = \phi(\theta_f)$ は選択した θ_f の値に対して決まる定数である．式 (9.22) の実験結果を図 9.5 に示してある．

9.2.2　第 1 の積分結果の適用例

　式 (9.13) は，(9.14) の 1 つ目の条件に従って一度積分でき，

$$-2D_w \frac{d\theta}{d\phi} = \int_{\theta_i}^{\theta} \phi(y)\,dy \tag{9.23}$$

が得られる．y は θ を表す積分のダミー変数である．おそらく Matano (1933) が初めて示したように，式 (9.23) から水分拡散係数の式が

$$D_w = -\frac{1}{2}\frac{d\phi}{d\theta}\int_{\theta_i}^{\theta} \phi(y)\,dy \tag{9.24}$$

と求まる．この積分は，いくつかの場面，特に土壌水分拡散係数の実験的な決定や，吸水と水平浸透能のある種の厳密解を導き出すのに便利である．

図 **9.5**　図 9.3 に示された Columbia シルト質ローム中への 3 つの水平浸透実験で得られた，ぬれ前線までの距離 x_f と時間 t の平方根の関係．ぬれ前線位置は，図 9.2 の実験装置中の土壌の色の変化を観測することで目視により決められた．浸透は 25 cm（◇），50 cm（△），および 75 cm（○）まで行った　単位容積密度は約 1.3 g cm^{-3} であった．（原図は Nielsen *et al.*, 1962）

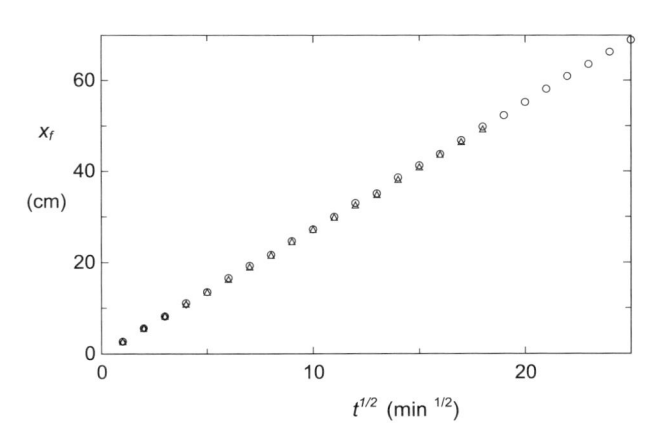

● **土壌水分拡散係数の直接的測定**

式 (9.24) が Bruce and Klute (1956) による吸水実験から直接拡散係数 $D_w = D_w(\theta)$ を求める方法の基礎となる．ボルツマン変換式 (9.11) を (9.24) に代入すると，元の変数 x と t で表される拡散係数が次のように求まる．

$$D_w = -\frac{1}{2t} \left(\frac{dx}{d\theta}\right) \int_{\theta_i}^{\theta} x\, d\theta \qquad (9.25)$$

この表現は，図 9.2 のような装置を用いた継続時間 t の水平浸透実験から得られる水分量プロファイル $\theta = \theta(x)$ の測定値を用いて適用することができる．拡散係数 $D_w = D_w(\theta)$ は，図 9.3 に示されるどの曲線からでも計算することができる．図 9.6 に示すように，これは与えられた経過時間 t において，x 対 θ のグラフの下の面積とこの曲線の傾きを一連の θ に対して推定することで行える．次にこれらの積分と微分値を式 (9.25) で用いると，各 θ 値での拡散係数が計算できる．この方法のもう 1 つの適用例として，Clothier and White (1982) の研究をあげることができる．彼らは，図 9.7 のプロファイルデータを用いてこれを適用し，図 9.8 に示すように，不撹乱状態で再充填された土壌カラム中の拡散係数関数 $D_w = D_w(\theta)$ と比較した．

● **土壌水分の吸水に対する厳密解**

式 (9.24) から，ϕ が既知であれば $D_w = D_w(\theta)$ を決められることがわかる．つまり，仮定した関数型をもつ解 $\phi = \phi(\theta)$ を生じさせうる拡散係数 $D_w = D_w(\theta)$ の関数型を決めるために，式 (9.24) を逆にして適用することができる．このようにして Philip (1960) は，式 (9.7) の条件下での非線形拡散方程式 (9.6) の厳密解を，対応する拡散係数の関数型に対して多種類まとめることができたのである．その当時は，得られた $\phi(\theta)$ 関数はどれも土壌への浸透には適用できるとは思われず，水文学の論文ではほとんど注目を集めることがなかった．しかし，後になり，いくつかの事例においては，適切な無次元化によりこの解の 1 つを実際の土壌の吸水の記述ができるように変え，実験データと比較できることが示された (Brutsaert, 1968;1976)．最も単純なこの解は $\phi = (1 - S_n^m)$ で，これは式 (9.24) によると，拡散係数 $D_w = m S_n^m [1 - S_n^m/(1+m)]/2$ に対応する．臨界飽和 $S_n = 1$ における拡散係数 $D_w = D_{w0}$ を求めるには，この結果を

$$D_w = D_{w0}(1+m)\left[S_n^m - S_n^{2m}/(1+m)\right]/m \qquad (9.26)$$

のように書き直すことで，対応する厳密解が

$$\phi = \left[2D_{w0}(1+m)/m^2\right]^{1/2}(1 - S_n^m) \qquad (9.27)$$

として求められる．

図 **9.6** 継続時間 t の水平浸透実験で得られた水分量プロファイル $\theta = \theta(x)$ と式 (9.25) を用いて，土壌水分拡散係数 $D_w = D_w(\theta)$ を数値計算する方法．影をつけた部分が式 (9.25) の積分で，$(dx/d\theta)$ は θ での傾きの逆数である．

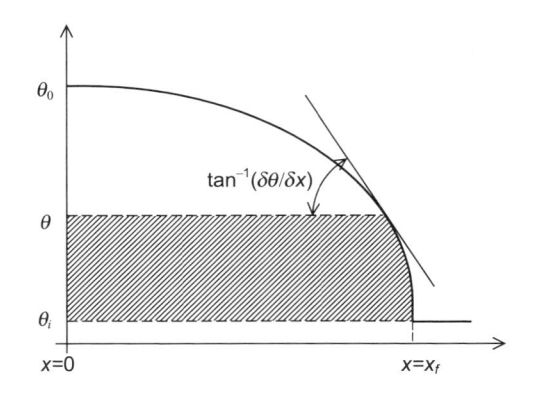

図 9.7　Bungendore 細砂での吸水中の水分量プロファイルを無次元距離 x/x_f（すなわち ϕ/ϕ_f）の関数として表した図．x_f はぬれ前線までの距離である．曲線（とエラーバー）は，7つの不撹乱野外コアサンプルの測定値の平均（と標準偏差）を，○は4つの再充填コアサンプルで得られた結果である．2セットの実験に対するそれぞれの吸水能は平均として $A_0 = 6.5 \times 10^{-4}\,\mathrm{m\,s^{-1/2}}$ および $A_0 = 1.26 \times 10^{-3}\,\mathrm{m\,s^{-1/2}}$，ぬれ前線位置（式 (9.22) 参照）も平均として，$\phi_f = 3.43 \times 10^{-3}\,\mathrm{m\,s^{-1/2}}$ および $\phi_f = 4.45 \times 10^{-3}\,\mathrm{m\,s^{-1/2}}$ であった．（原図は Clothier and White, 1982）

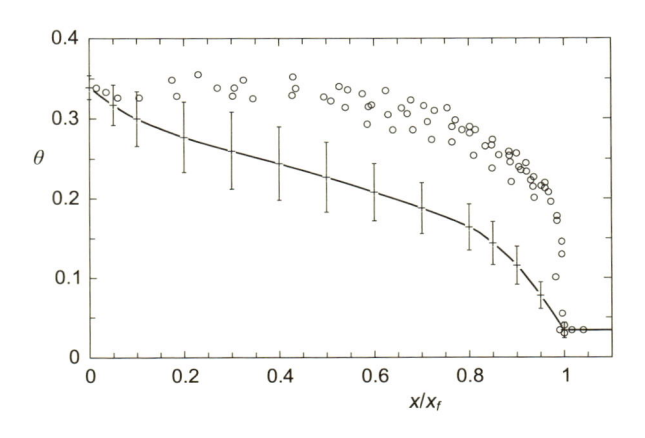

図 9.8　Bungendore 細砂に対して，図 9.7 に示された水分量プロファイルから得られた無次元土壌水分量拡散係数 D_w/D_0 を，水分量 θ の関数として示した図．この場合，無次元化するための拡散係数 D_0 は，同じ吸水能そして同じ浸透強度を生じさせると仮定した一定値である（式 (9.59) 参照）．曲線（とエラーバー）は，7つの不撹乱野外コアサンプルの θ プロファイルから得られた結果を $D_0 = 4.09 \times 10^{-6}\,\mathrm{m^2 s^{-1}}$ で無次元化して算出した対数平均（とその標準偏差）を表している．○は，4つの再充填コアサンプルで得られた結果を $D_0 = 1.34 \times 10^{-5}\,\mathrm{m^2 s^{-1}}$ で無次元化したものである．（原図は Clothier and White, 1982）

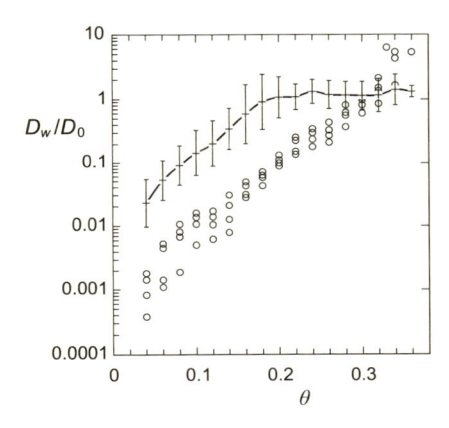

図 9.9　水分量 θ を $\phi(\equiv xt^{-1/2})$ の関数として与えた，吸水中の土壌水分量プロファイルの比較．実線は式 (9.27) の厳密解で計算したもの，破線は Peck (1964) の実験データによるもので，$x=0$ での供給水の異なる圧力水頭に対してグラフが与えられている．水圧が大気圧 $H=0$ の場合，吸水能の値は $A_0 = 0.7\,\mathrm{cm\,min^{-1/2}}$ であった．（原図：Brutsaert, 1968）

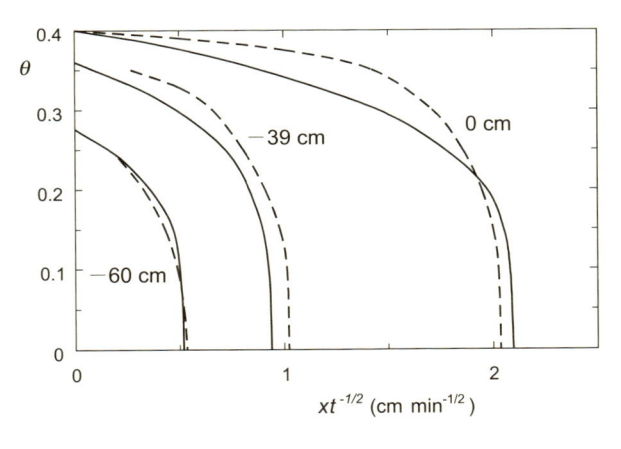

　図 9.9 に，この式で計算した土壌水分プロファイルと，Peck (1964) の実験データの比較を示してある．$x=0$ における圧力水頭 0 cm で行われる吸水に対する曲線は，$\phi = 2.09(1-S_n^4)\,\mathrm{cm\,min^{-1/2}}$ (Brutsaert, 1968) で与えられる．（$x=0$ における）圧力水頭が $-39\,\mathrm{cm}$ および $-60\,\mathrm{cm}$ の場合の曲線は，S_n をこの圧力での水分量で無次元化することで求められる．

　式 (9.27) は厳密解であるが，その主たる欠点として，必要とされる拡散係数の式 (9.26) が実際の土

壌水分拡散係数を正確に表現できるほどの適応性がないことがあげられる．一方，式 (9.27) の主たる利点は，他の解法の精度を調べるのに利用できる点にある．この厳密解に対する吸水能は，式 (9.17) を利用して求められ，

$$A_0 = (\theta_0 - \theta_i)\left[2D_{w0}/(m+1)\right]^{1/2} \tag{9.28}$$

となる．式 (9.27) を (9.28) と組み合わせると，この厳密解で得られる水分プロファイルを，図 9.10 のように無次元化して示すことができる．図から，m の値が増加するにつれて，ぬれ前線の勾配が急になることが見て取れる．$m = 0.25$ と 0.50 のような，1 以下の m の値を用いると，式 (9.56) の線形事例（9.2.4 項参照）から得られる解と形が大きく異ならない曲線が得られる．

ぬれ前線の位置は，$S_n = 0$ での ϕ の値としてとらえることができる．そこで，式 (9.27) から

$$\phi_f = \left[2D_{w0}(1+m)/m^2\right]^{1/2} \tag{9.29}$$

が得られる．この式を式 (9.28) と比較すると，浸透の積算値がぬれ前線の位置と比例関係にあり，

$$F = (\theta_0 - \theta_i)\frac{m}{(m+1)}x_f \tag{9.30}$$

となることがわかる．厳密解 (9.27) から得られる吸水能 A_0，ぬれ前線の位置 ϕ_f，そして F/x_f の比率を形状パラメータ m の関数として図 9.11 に示してある．

図 9.10 厳密解 (9.27) を無次元化した $x(\theta_0-\theta_i)/(A_0 t^{1/2}) = [(1+m)/m](1-S_n^m)$ を用いて，さまざまなパラメータ m の値に対して求めた土壌水分プロファイル．太線は線形化した場合の解である式 (9.56) を表す．

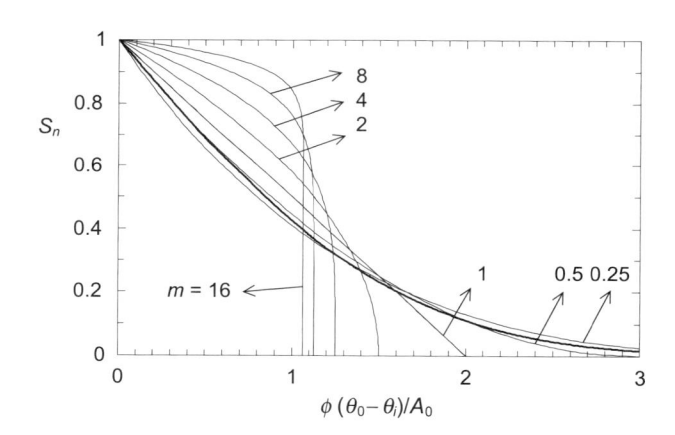

図 9.11 厳密解 (9.27) を用いて，拡散係数関数 (9.26) のパラメータ m の関数として表した無次元吸水能 $A_0/[(\theta_0 - \theta_i)D_{w0}^{1/2}]$（曲線 1），ぬれ前線の位置 $\phi_f/D_{w0}^{1/2}$（曲線 2），および浸透量とぬれ前線位置の比 $F/[(\theta_0 - \theta_i)x_f]$（曲線 3）．$D_{w0}$ は臨界飽和における水分拡散係数である．

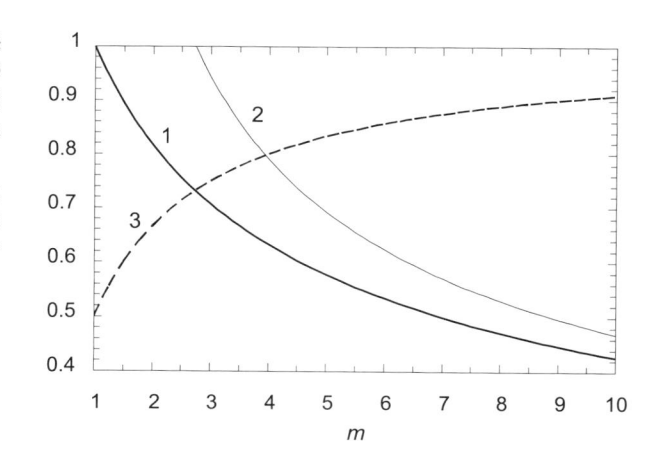

● 近似解に対する積分の制約条件

　いくつかの解法（Philip, 1955 など）では，数学的に解析がしやすいように支配方程式 (9.13) に多少の変形を加える．しかし，式 (9.13) が物理的にはダルシー則の有効性，質量保存の原理に基づいていることから，どのような変形を行っても物理的な原則に違反することになる．そこである場合には，式 (9.13) を境界条件式 (9.14) のもとで積分した

$$2(D_w d\theta/d\phi)_{\theta=\theta_0} + \int_{\theta_i}^{\theta_0} \phi \, d\theta = 0$$

あるいは，S_n を用いた

$$2(D_w dS_n/d\phi)_{S_n=1} + \int_0^1 \phi \, dS_n = 0 \tag{9.31}$$

を考え，これを近似解の制約として用いるとよい．この方法の適用例を 9.2.3 項で示す．

9.2.3　強い非線形性土壌に対するほぼ厳密な解

　水文学において，式 (9.14) の条件下での式 (9.13) の数値解が，Klute (1952) および Philip (1955) に始まり多く報告されてきた．このような解は非常に正確であるが，シミュレーションを実際に行うのは，特に広域を対象にすると今でもやっかいである．そこで，物理性と計算上の簡潔さの両方の要求を満たすようなパラメタリゼーションを用いて，現象を記述することがしばしば有用となる．長年にわたり，この要求を満たす単純な解析解の定式化がなされてきた．これらの解は厳密ではないが，その精度は受け入れられるものであり，パラメータの関数 $k = k(\theta)$, $H = H(\theta)$ の不確実性に起因する数学誤差よりはるかに小さな誤差しか含まれない．さらに，これらの解は，閉じた簡潔な形を有しているので，適用も容易である．これらの解のいくつかは，

$$\phi = (2/ \int_0^1 D_w S_n^a dS_n)^{1/2} \int_{S_n}^1 D_w(y) y^b \, dy \tag{9.32}$$

の一般形として表わすことができる (Brutsaert, 1976)．a と b は定数であり，その値は解で用いた近似の性質に依存する．たとえば，準定常解 (Landahl, 1953; Macey, 1959; Parlange, 1971) では，$a = 1$, $b = 0$ である．準定常解の 2 つ目の近似 (Parlange, 1973) では $a = 0$, $b = -1$ である．急勾配前線の解 (Brutsaert, 1974) では $a = b = -1$ となる．そして 1 つ目の重みづけでの解では $a = -b = 1/2$ (Parlange, 1975)，2 つ目の重みづけを用いた解では $a = b = -3/2$ となる．厳密解 (9.28) と比較することで，この ϕ に対するすべての解に含まれる誤差が，高々 3% か 4% 程度であることが示された (Brutsaert, 1976)．次に示すように $a = -b = 1/2$ の 1 つ目の重みづけを用いた解は，0.2〜0.3% 以下の誤差しかない (Brutsaert, 1976)．

● 一般形の導出

　式 (9.32) の一般形は，式 (9.13) の左辺第 2 項の ϕ を S_n のべき関数に置き換えることができるという仮定をおいて直接積分することで得られる．この仮定を用いると，式 (9.13) は

$$\frac{d}{d\phi}\left(D_w \frac{dS_n}{d\phi} \right) + \frac{d}{d\phi}(cS_n^{-b}) = 0 \tag{9.33}$$

となり，c と b は定数である．式 (9.33) を (9.14) の 1 つ目の条件を用いて積分すると（$b \leq 0$ であれば）

$$D_w \frac{dS_n}{d\phi} + cS_n^{-b} = 0 \tag{9.34}$$

が求まる．式 (9.33) を (9.14) の 2 つ目の条件を用いて，2 度目の積分をすると

$$\phi = c^{-1} \int_{S_n}^1 y^b D_w \, dy \tag{9.35}$$

が得られる．定数 b と c はこれから決めねばならない．Brutsaert (1976) が示したように，c はいくつかの方法で決定できる．しかし，積分条件の式 (9.31) を用いると，浸透計算のためのより正確な形を求めることができる．$S_n = 1$ に対する式 (9.34) を式 (9.31) 第 1 項に，式 (9.35) を第 2 項に代入すると，ライプニッツの公式（式 (A.1) 参照）を用いた部分積分により

$$-2c + c^{-1} \left[S_n \left(\int_{S_n}^1 y^b D_w(y) dy \right) \right]_0^1 + c^{-1} \int_0^1 S_n^{1+b} D_w(S_n) dS_n = 0 \tag{9.36}$$

が得られる．式 (9.36) 第 2 項はゼロなので，

$$c = \left[\int_0^1 S_n^{1+b} D_w(S_n) dS_n / 2 \right]^{1/2} \tag{9.37}$$

となる．そこで式 (9.35) の解は

$$\phi = \left(2 / \int_0^1 D_w S_n^{1+b} dS_n \right)^{1/2} \int_{S_n}^1 D_w(y) y^b \, dy \tag{9.38}$$

と書ける．より一般的な式 (9.32) と比較すると，この c の決定法から $a = 1 + b$ となることが示される．

ここでこの近似解法について，いくつかのコメントが必要である．式 (9.13) の形のリチャードソン・リチャーズの方程式は，連続の式とダルシー則から導かれており，そこには質量と運動量の保存則が取り込まれている．式 (9.33) は式 (9.13) の近似にすぎないので，これらの保存則はこの段階ですでに満たされていないかもしれない．しかし b, c の値を決定する際に，式 (9.33) の解を式 (9.31) で制約することで，少なくとも積分，あるいは平均的な意味合いでは，この解が保存則を満たすようにしているのである．

● べき乗数 b の最適値

式 (9.27) が，近似を含む可能性がある拡散係数関数 (9.26) に対する厳密解であるのに対し，式 (9.38) は，特定されていないがおそらく正確と考えられる拡散係数の関数に対する近似解を表していることを思い起こすことで，b の最適値を導出する方法を決めることができる．ここでは，b として式 (9.38) が正確な結果に最も近づくような値を採用する．浸透現象が興味の対象なので，吸水能をこの目的で使うべきであろう．

吸水能は，式 (9.38) を (9.17) に従って積分することで計算でき，

$$A_0 = (\theta_0 - \theta_i) \left(2 \int_0^1 D_w S_n^{1+b} \, dS_n \right)^{1/2} \tag{9.39}$$

が得られる．b の最適値は，式 (9.39) を拡散係数式 (9.26) で解き，結果を正確な吸水能式 (9.28) と比較することで推定できる．これから，

$$b = \left[(4m^2 + 8m + 5)^{1/2} - (2m + 3) \right] / 2 \tag{9.40}$$

が求まる．この式の数値 5 は，m が小さくない場合には 4 と置き換えられるので，b は -0.5 に近いことが明らかである．前述のように，この b の値を用いると，吸水能の誤差がほぼ 1% より小さくなることが示される．

したがって，$b = -1/2$ を用いた最も正確な形では，式 (9.38) の解は

$$\phi = \left(2 / \int_0^1 D_w S_n^{1/2} \, dS_n \right)^{1/2} \int_{S_n}^1 D_w y^{-1/2} \, dy \tag{9.41}$$

と表せる．同様に吸水能は

$$A_0 = (\theta_0 - \theta_i) \left(2 \int_0^1 D_w S_n^{1/2} \, dS_n \right)^{1/2} \tag{9.42}$$

となる．ぬれ前線の位置 (9.22) は，積分の下限を $S_n = 0$ として，式 (9.41) から

$$\phi_f = \left(2/ \int_0^1 D_w S_n^{1/2} \, dS_n \right)^{1/2} \int_0^1 D_w S_n^{-1/2} \, dS_n \tag{9.43}$$

となる．

● パラメトリック拡散係数関数を用いた方法

$\theta_i = \theta_r$（または $S_e = S_n$）が仮定できる場合には，拡散係数関数 (8.39) と (8.41) を式 (9.32) と (9.39) の積分に用いることができる．これは，土壌が初期に非常に乾燥していた場合にはよい仮定である．

■ 例 9.1 指数型の拡散係数

拡散係数 (8.39) を用いると，吸水能式 (9.42) は

$$A_0 = D_{w0}^{1/2}(\theta_0 - \theta_i) C_1(\beta) \tag{9.44}$$

となることが示される (Brutsaert, 1976)．D_{w0} は臨界飽和 $S_n = 1.0$ での拡散係数である．$C_1(\beta)$ は式 (8.39) 中のパラメータ β の値に依存し，

$$C_1(\beta) = \beta^{-1} \left((2\beta - 1) + \exp(-\beta) \mathrm{M}(-0.5, 0.5, \beta) \right)^{1/2} \tag{9.45}$$

から計算することができる．ここで $\mathrm{M}(a, b, z)$ は合流超幾何関数で，その値は Abramowitz and Stegun (1964, pp.516–535) が表としてまとめている．$C_1(\beta)$ の β への依存性を図 9.12 に示してある．典型的な値は，$C_1(8) = 0.48280$ および $C_1(3) = 0.7256$ 程度となる．他に利用できる情報がない場合，式 (9.44) を A_0 の初期推定値として使うことができる．Brutsaert (1979) で示されたように，$D_{w0} = D_{wi} \exp(\beta)$ で β が定数なので，式 (9.44) もまた吸水能を用いた拡散係数関数 (8.39) ということになる．同様に，同じ拡散係数を式 (9.43) に代入すると，ぬれ前線の位置の式

$$\phi_f = D_{w0}^{1/2} C_2(\beta) \tag{9.46}$$

として得られ，

$$C_2(\beta) = 2(1 - \exp(-\beta) \mathrm{M}(-0.5, 0.5, \beta) \cdot ((2\beta - 1) + \exp(-\beta) \mathrm{M}(-0.5, 0.5, \beta))^{-1/2} \tag{9.47}$$

である．この結果を図 9.12 に示す．ここでも β の値が既知であれば，与えられた土壌に対する拡散係数関数 (8.39) が，ぬれ前線の位置によって表現される様子を式 (9.46) と (9.47) は示している (Miller

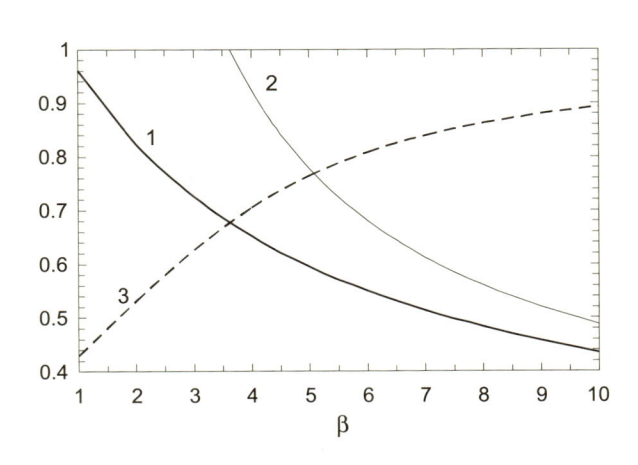

図 **9.12** 式 (9.41) の解を用いて，拡散係数関数 (8.39) のパラメータ β の関数として表した，無次元吸水能 $A_0/[(\theta_0 - \theta_i) D_{w0}^{1/2}]$（曲線 1），ぬれ前線の位置 $\phi_f/D_{w0}^{1/2}$（曲線 2），および浸透量とぬれ前線位置の比 $F/[(\theta_0 - \theta_i) x_f]$（曲線 3）．$D_{w0}$ は臨界飽和における水分拡散係数である．

and Bresler, 1977; Brutsaert, 1979). 式 (9.18) の A_0 と，式 (9.22) の ϕ_f の定義を思い起こし，式 (9.44) を式 (9.46) と比べることで，$A_0/\phi_f = (\theta_0 - \theta_i)C_1(\beta)/C_2(\beta)$ であることが確かめられる．これから，土壌水分拡散係数が指数関数の場合，累積水平浸透 F とぬれ前線の位置 x_f の関係が

$$F = C_3(\beta)(\theta_0 - \theta_i)x_f \tag{9.48}$$

で与えられることがわかる．ここで $C_3(\beta) = C_1(\beta)/C_2(\beta)$ は，β に依存する数値である．この結果もまた図 9.12 に示してある．典型的な値は，$C_3(8) = 0.862$ および $C_3(3) = 0.626$ 程度である．

■ 例 9.2 べき乗型の拡散係数

同様にして式 (8.40) の拡散係数の場合にも，式 (9.42) を積分して吸水能を

$$A_0 = (2H_b\,(\theta_0 - \theta_i)\,k_0/b)^{1/2}\left(n - b^{-1} + 0.5\right)^{-1/2} \tag{9.49}$$

と求めることができる．ここで H_b と b は式 (8.14) のパラメータで，n は式 (8.36) 中のべき乗数である．

もう少し複雑な拡散係数式 (8.41) を用いると，式 (9.42) の積分はベータ関数で

$$A_0 = (2k_0/a)^{1/2}(\theta_0 - \theta_i)\left(\Gamma(n - b^{-1} + 0.5)\Gamma(b^{-1} + 1)/\Gamma(n + 0.5)\right)^{1/2} \tag{9.50}$$

と表すことができる．ここで a と b は式 (8.15) のパラメータ，n は式 (8.36) 中のべき乗数，$\Gamma(\ )$ はガンマ関数（Abramowitz and Stegun (1964) 参照）である．ほとんどの土壌で n は 2〜10 の範囲，b は 1〜10 の範囲で変化し，式 (9.50) のガンマ関数を含む平方根の部分は 1 程度となりそうである．たとえば，典型的な事例 $n = b = 3$ に対して，これは 0.7938 となる．式 (9.43) を同様に積分するとぬれ前線の位置は，

$$\phi_f = (2k_0/[(\theta_0 - \theta_i)a])^{1/2}\left(\frac{\Gamma(n - b^{-1} + 0.5)\Gamma(b^{-1} + 1)}{\Gamma(n + 0.5)}\right)^{1/2}\frac{(n - 0.5)}{(n - b^{-1} - 0.5)} \tag{9.51}$$

として得られる．式 (9.50) を式 (9.51) と比較すると，この拡散係数関数を用いた場合，浸透した体積がぬれ前線位置と比例関係となり，

$$F = C(n, b)(\theta_0 - \theta_i)x_f \tag{9.52}$$

であることがわかる．ここで比例定数は $C(n, b) = (n - b^{-1} - 0.5)/(n - 0.5)$ で，たとえば $C(3, 3) = 0.867$ となり，式 (9.48) から得られる結果と同等である．

9.2.4 中程度に非線形な土壌に対するほぼ厳密な解：線形化

ある土壌に対しては，拡散係数が水分量 θ にほぼ依存しないと仮定できる．この例を図 9.8 に示してある．この場合，式 (9.6) を線形化して線形拡散方程式にすることができる．そこで，式 (9.13) は

$$D_0\frac{d^2\theta}{d\phi^2} + \frac{\phi}{2}\frac{d\theta}{d\phi} = 0 \tag{9.53}$$

と書け，D_0 は一定な土壌水分拡散係数である．$p = d\theta/d\phi$ とおくと，式 (9.53) が積分でき，

$$p = C_1\exp\left(-\phi^2/4D_0\right) \tag{9.54}$$

を得る．もう一度積分すると

$$\theta = C_1 2D_0^{1/2}\int\exp(-y^2)\,dy + C_2 \tag{9.55}$$

となる．y は積分のダミー変数で $\phi/2D_0^{1/2}$ を表している．C_1 と C_2 は境界条件の式 (9.14) から決められる定数である．積分をゼロと無限大の間で行うと $(\pi^{1/2}/2)$ となる．そこでこれらの条件を与える

ことで，最終的に解である

$$\theta = (\theta_0 - \theta_i)\mathrm{erfc}(\phi/2D_0^{1/2}) + \theta_i \tag{9.56}$$

が得られる．

$$\mathrm{erfc}(y) = \frac{2}{\pi^{1/2}} \int_y^\infty \exp(-z^2)\, dz \tag{9.57}$$

は相補誤差関数である．この解で与えられる無次元水分量 $S_n = (\theta - \theta_i)/(\theta_0 - \theta_i)$ を図 9.10 に示してある．式 (9.20) をライプニッツの公式（付録参照）を用いて式 (9.57) に適用し，式 (9.19) と比較すると

$$A_0 = 2(\theta_0 - \theta_i)(D_0/\pi)^{1/2} \tag{9.58}$$

の吸水能の式が得られる．

　ほとんどの自然土壌は，水分量に強く依存する土壌水分拡散係数を有する．そのため，本項で線形土壌に対して得られた結果は，一見疑わしく見えるかもしれない．しかし，図 9.8 に示されたようにこの θ 依存性は常に強いわけではなく，そのため線形モデルでも実際の現象に近い記述ができるのかもしれない．実のところ，線型モデルは解析を大きく単純化できるために興味の対象となる．しかし，線型モデルが典型的な吸水の大事な特性を再現できるためには，どのような定数の拡散係数 D_0 を与えるべきなのかという問題が残されている．1 つの可能性として，典型的な非線形土壌と同じ浸透強度と浸透量を再現するような値とする方法があげられる．この場合には，式 (9.58) から

$$D_0 = \frac{\pi A_0^2}{4(\theta_0 - \theta_i)^2} \tag{9.59}$$

がすぐに求まる．典型土壌の吸水能 A_0 は別途決定しなければならない．もう 1 つの可能性は，A_0 の独立して求めた推定値が得られない場合に，Crank (1956, p.256) が提案した実験的な近似を用いる方法である．彼は加重平均

$$D_0 = n(\theta_0 - \theta_i)^{-n} \int_{\theta_i}^{\theta_0} (\theta - \theta_i)^{n-1} D(\theta)\, d\theta \tag{9.60}$$

を用いることで，θ に伴って数オーダーにわたり増加する拡散係数関数 $D = D(\theta)$ に対して，$n = 5/3$ により吸水速度がよい精度で与えられることを見いだした．

9.3　浸透能

　浸透能または可能浸透強度は，前述のとおり土壌表面が水を吸収できる最大の強度として定義される．このような条件は，地表面が飽和しそこでの水圧が大気圧以上である時に生じる．この問題は通常地表面に薄い層として湛水が生じ，水圧が本質的に大気圧であると仮定して解析が行われる．

9.3.1　湛水の鉛直浸透の拡散式

　乾燥した土壌中への水の鉛直下方への移動は，押し込められた空気が自由に逃げ出せる場合には，リチャードソン・リチャーズの方程式 (8.55) の 1 次元の式 (9.1) により記述される．式 (8.32) を利用し，これを拡散方程式の形で

$$\frac{\partial \theta}{\partial t} = \frac{\partial}{\partial z}\left(D_w \frac{\partial \theta}{\partial z}\right) - \frac{\partial k}{\partial z} \tag{9.61}$$

と表すことができる．$z = 0$ での侵入点で最大水供給強度を与えるために，土壌表面が水の薄い層

で覆われ，そこでの土壌水圧が大気圧と等しく，土壌は飽和していると考える．初期水分量は土壌中で一様であると仮定する．この状況は，境界条件 (9.2) で記述されている．拡散の方程式では圧力 H がなくなっているので，この条件は単純化され

$$
\begin{aligned}
\theta &= \theta_i \qquad (z > 0,\ t = 0) \\
\theta &= \theta_0 \qquad (z = 0,\ t \geq 0)
\end{aligned}
\tag{9.62}
$$

となる．この問題の解は，普通 $\theta = \theta(z, t)$ と表現される．一度この解が得られると，これを $z = z(\theta, t)$ の形で用い，累積浸透量を求めるのに使うことができる．図 9.4 に示したように，これは

$$
F_c = \int_{\theta_i}^{\theta_0} z\, d\theta + k_i t
\tag{9.63}
$$

として表せる．ここで k_i は，$\theta = \theta_i$ における毛管伝導率である．F_c の添字 c は，浸透能を意味する．この式の右辺第 2 項は，土壌中にはじめに存在していた水の重力による下方への移動を表している．これは，土壌がはじめに十分乾いていたのなら，ほとんどの場合には多分無視できるだろう．すると，浸透強度は $f_c = dF_c/dt$ として計算できる．あるいは，前と同様，$z = 0$ におけるダルシー流束として浸透強度を決めることもできる．これは拡散式の形では，

$$
f_c = \left[-D_w \frac{\partial \theta}{\partial z} + k \right]_{z=0}
\tag{9.64}
$$

である．式 (9.61) を (9.62) の条件で解くこの問題に対しては，数多くの数値解法が論文中に示されてきた．しかし，前と同様，集水域や広域スケールでの適用には，しばしば簡潔でしかも物理的に意味のあるパラメタリゼーションを用いて現象を記述することが望まれる．以下で，いくつかのこのようなパラメタリゼーションを扱う．

9.3.2　重力の影響下の水平流としての鉛直浸透

　Philip (1957b; 1969) の時間展開 (time expansion) は，これが浸透問題を解くおそらく初めての現実的な試みだったことから多くの注目を集めてきた解法であり，その後のこの分野での進展を推し進めた．式 (9.61) のこの解は，同じ境界条件での厚い均質土壌に対する式 (9.6) の解の周りの摂動展開と同等で，

$$
z = \phi t^{1/2} + \chi t + \psi t^{3/2} + \omega t^2 + \ldots
\tag{9.65}
$$

と書くことができる．ここで関数 $\phi = \phi(\theta)$ (式 (9.11) 参照)，$\chi = \chi(\theta)$, $\psi = \psi(\theta)$, $\omega = \omega(\theta)$ などはそれぞれ別々の常微分方程式に支配されている．このような方程式の 1 つが ϕ に対する式 (9.13) である．これらの方程式それぞれに対して，Philip (1957b) は数値解法を与えている．時間展開による解は Davidson *et al.* (1963) による室内実験データとよく合うことが報告されてきた（図 9.1 参照）．この計算で得られた関数 ϕ, χ, ψ を図 9.13 に示してある．

　式 (9.65) を (9.63) に代入すると，浸透強度 $f_c = dF_c/dt$ が

$$
f_c = \frac{1}{2} A_0 t^{-1/2} + (A_1 + k_i) + \frac{3}{2} A_2 t^{1/2} + 2A_3 t + \ldots
\tag{9.66}
$$

と求まる．A_0 は式 (9.17) で定義された吸水能で，$A_1 = \displaystyle\int_{\theta_i}^{\theta_0} \chi\, d\theta$, $A_2 = \displaystyle\int_{\theta_i}^{\theta_0} \psi\, d\theta$, $A_3 = \displaystyle\int_{\theta_i}^{\theta_0} \omega\, d\theta$ である．

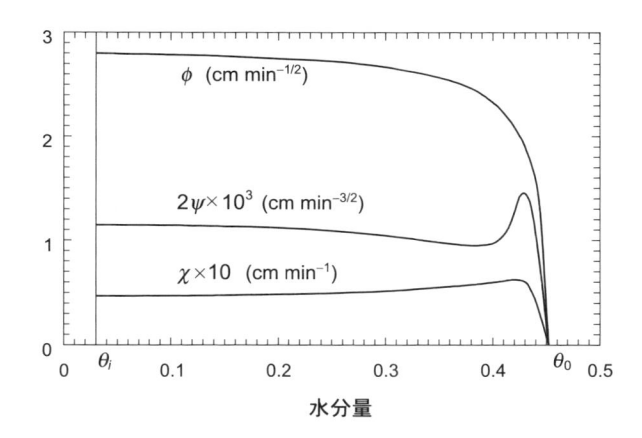

図 9.13 水分量 θ の関数として，Columbia シルト質ロームに対して計算された ϕ, χ, ψ の値．式 (9.65) を用いて得られる水分量プロファイルが図 9.1 に示されている．（原図は Davidson *et al.*, 1963）

式 (9.65) のような級数解の主な欠点は，t が大きくなると最終的に適切な結果が得られなくなることにある．このことは，式 (9.66) から得られる浸透強度と式 (9.4) の実際の強度を比較するとよくわかる．浸透強度は最終的に有限値 k_0 に近づくはずであるが，時間展開式 (9.65) と (9.66) は，t が大きくなった時に収束しない．そのため，これらは短期的から中期的な経過時間に対してのみに適用できると考えられる．

9.3.3　級数解の閉じた形

級数展開の式 (9.65) そのものは発散してしまうが，ある場合に対しては，t が小さい時も大きい時も適切に振る舞う浸透の式を導くことができる (Brutsaert, 1977)．この式は，ϕ, χ, ψ, ω に対する微分方程式を解く近似（しかし非常に正確な）解法を用いることで得られる．式 (8.15) を用いた (8.32)，すなわち式 (8.41) のべき乗型関数式を用いることで，b を非常に大きくした場合（これは式 (8.15) で狭い間隙径分布を有する土壌を表す），浸透強度 (9.66) は

$$f_c = k_0 + \frac{1}{2}A_0 t^{-1/2}\left(1 - 2y + 3y^2 - 4y^3\dots\right) \tag{9.67}$$

で非常にうまく近似できることがわかる．ここで $y = k_0 t^{1/2}\beta_0/A_0$，$A_0$ は前と同様吸水能である．β_0 は土壌の間隙径分布に依存する定数で，ほとんどの土壌に対して 2/3 程度である．式 (9.67) で大事なことは，$y^2 < 1$ に対しては，パラメータを 3 つもつ代数方程式

$$f_c = k_0 + \frac{1}{2}A_0 t^{-1/2}\left[1 + \beta_0(k_0 t^{1/2}/A_0)\right]^{-2} \tag{9.68}$$

として閉じた形で浸透強度を表現できる点にある．この式は t が大きい場合にも発散せず，式 (9.4) が求めるような適切な極限値 $f_c = k_0$ に近づく．また，t が小さい場合にも式 (9.68) は (9.19) が求める適切な極限値 $f_c = (1/2)A_0 t^{-1/2}$ に近づく．このような t が小さい場合と大きい場合に適切な振る舞いを示すことも，式 (9.68) が β_0 の正確な値に対して比較的感度が低いことの表れである．式 (9.68) に対応する累積浸透量は

$$F_c = k_0 t + \frac{A_0^2}{\beta_0 k_0}\left\{1 - \left[1 + \beta_0(k_0 t^{1/2}/A_0)\right]^{-1}\right\} \tag{9.69}$$

である．より一般的な比較のためには，これらの結果も無次元量で表現するとよい．式 (9.68) を見ると，水平浸透に対して式 (9.21) で表した無次元化を利用できそうである．そこで，浸透能に対して

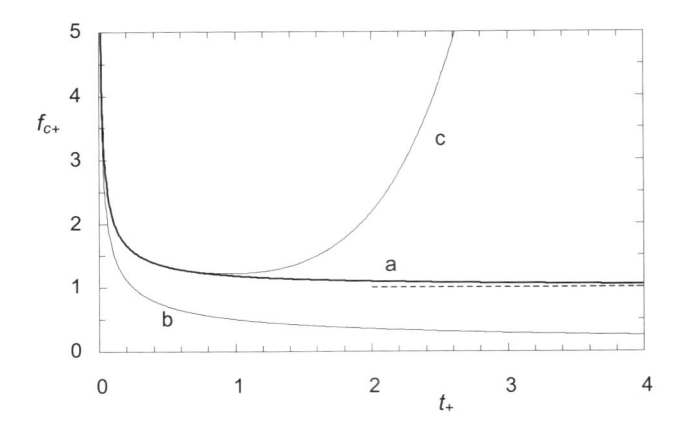

図 9.14　式 (9.71) で与えられる無次元時間 $t_+ = k_0^2 t / A_0^2$ の関数として表した，厚い均質土壌中への鉛直方向の無次元浸透強度 $f_{c+} = f_c / k_0$（曲線 a）．同時に水平浸透強度 $f_{c+} = t_+^{-1/2}/2$（曲線 b），式 (9.67) の時間展開 (9.66)（曲線 c）も示してある．破線は長時間経過後の漸近線 $f_{c+} = 1$ である．

$$t_+ = \frac{k_0^2 t}{A_0^2} \quad f_{c+} = \frac{f_c}{k_0} \quad F_{c+} = \frac{k_0 F_c}{A_0^2} \tag{9.70}$$

が利用でき，無次元浸透強度は

$$f_{c+} = 1 + \frac{1}{2} t_+^{-1/2} \left[1 + \beta_0 t_+^{1/2} \right]^{-2} \tag{9.71}$$

と表すことができる．これに対応する累積浸透量は

$$F_{c+} = t_+ + \beta_0^{-1} \left[1 - \left(1 + \beta_0 t_+^{1/2} \right)^{-1} \right] \tag{9.72}$$

となる．式 (9.71) を時間展開の式 (9.67)，短期間向けの式 (9.19)（$f_{c+} = t_+^{-1/2}/2$），長期間に対する式 (9.4)（$f_{c+} = 1$）と比較できるように図 9.14 に示してある．

式 (9.67) の収束の基準 $y < 1$ または $t_+ < \beta_0^{-2}$ から，式 (9.66) の下で述べた式 (9.65) が有効である「短期的から中期的な経過時間」とは，少なくとも

$$t < (1.5 A_0 / k_0)^2 \tag{9.73}$$

を満たすことにあると考えられる．式 (9.68) と (9.69) の大きな利点は，β_0 を除けば k_0 と A_0 の 2 つのパラメータしか含まれず，これらのパラメータを決める多くの測定や単純な計算方法（9.2.3 項参照）が存在することにある．前述のように β_0 は土壌に依存するが，2/3 程度の値をとると仮定することができる．

9.3.4　付加的な効果

ここでレビューした可能浸透量の定式化は，厚い均質土壌のどちらかといえば理想的な場合に対するものである．実際の野外の状況では，空気の移動効果，土壌特性の空間変動性や成層，地表面近くにある不透水層，土壌表面でのクラスト化の効果，フィンガー流，排水や蒸発時の水の再分布後に生じる非一様な初期水分量などの重要で厄介な問題が存在するだろう．そのいくつかを以下で簡潔に触れておく．

● 空気の流れ

ある条件下では，空気の移動が浸透してくる水の移動を大きく妨げることがある．たとえば不透水層または地下水面が，湛水した比較的平らな地表面近くにある場合，気泡の発生が観測されるのは珍しくない．これは空気の向流の証拠であり，疑いなく，水を取り込む速度を減少させている (Linden and Dixon, 1975). 浸透を2種類の不混和流体の流れの問題として記述するいくつかの数式が導かれてきた. この例は, McWhorter(1971) や Sonu and Morel-Seytoux (1976) の研究で見ることができよう. 目的がダルシースケールでの流れの厳密な物理的記述であるなら, 浸透は2相流現象として扱われるべきである. しかし, 目的が圃場スケールでの現象を記述できるパラメトリック方程式の導出であるなら, リチャードソン・リチャーズの方程式を用いた単相流の仮定は, 1次近似としてはおそらく適切であろう. これは特に土壌が厚く地下水面の位置が深い場合や, しばしば野外で見られる収縮による亀裂, 土壌動物による空洞や根成孔道から生じる（土壌水分特性で考慮されない）表面でつながったある種のマクロスケールの間隙が存在する場合にあてはまる. Parlange and Hill (1979) は, 空気移動を考慮した解とリチャードソン・リチャーズの方程式から得られる解を比較することで, 空気の効果を調べた. 土壌カラムの底を閉じた事例では, この差は非常に大きくなった. しかし, 空気がぬれ前線より先を動き大きな圧力上昇が生じないような場合には, 取り込まれる水の量の差は2%にすぎなかった. 自然土壌を用いた実験で2%の差を検出するのは非常に困難である.

● 土壌特性の変動

土壌特性の空間変動性は, 野外での測定から調べられてきた (Nielsen *et al.*, 1973; Rogowski, 1972; Warrick *et al.*, 1977 参照). 最近ではリモートセンシングによる研究もなされている (Cosh and Brutsaert, 1999). しかしこの手の情報を, 広域の浸透量決定に用いるのは, まだ非常に難しい. 土壌特性の成層や地表面クラストの効果は, 多くの注目を集めてきた (Miller and Gardner, 1962; Philip, 1967; Bouwer, 1969; Hillel and Gardner, 1970; Ahuja and Swartzendruber, 1973; Bruce *et al.*, 1976). 成層土壌への浸透中のぬれ前線で生じる不安定状態の詳細も研究されてきている (White *et al.*, 1977; Selker *et al.*, 1992; Liu *et al.*, 1994a;b).

9.3.5 可能浸透強度に対する他のいくつかの式

ほとんどの実用的な適用に際して, 浸透能のパラメタリゼーションとして式 (9.68) と (9.69) は十分なはずである. しかし, 長年にわたって他のいくつかの式も応用水文学で提案され使われてきた.

● 級数展開の高次項を無視した式

多くのよく知られた式は, Philip (1957b) の時間展開級数 (9.66) の高次項を無視したものと考えることができる. 最も古い式はおそらく Kozeny (1927) によるもので,

$$f_c = at^b \tag{9.74}$$

と書ける. a と b は定数である. Kozeny (1927) は, 垂直な毛細管への流れとの相似性を用い, Wollny (1884) の実験データとよく一致することを示すことで $b = -1/2$ としたこの式を導いた. 式 (9.74) は, 後に実験的に Kostiakov (1932) など（たとえば Lewis, 1937）によっても求められている. 理論的には, 式 (9.74) を (9.66) の第1項と考えると, 定数は $a = A_0/2$ および $b = -1/2$ となるはずであるが, これらの値では, 短時間に対してしか有効に働かないだろう. 一方, 式 (9.74) を長時間に対しても利用しようとすると, 定数は式 (9.4) に従って, $a = k_0$ および $b = 0$ となるはずである. 式 (9.74) の a と b に上の両極端の間の値を用いれば, 比較的限られた時間範囲に対しては, ある種の目的には有用である.

式 (9.66) の級数は, 時間を長くとると発散してしまうので, Philip (1957a) は

$$f_c = at^{-1/2} + t \tag{9.75}$$

を提案した. a と b は定数である. 式 (9.66) を導く解析過程に基づき, 少なくとも短時間と中間的な時間に対して, これらの定数は $a = A_0/2$ および $b = (A_1 + k_i)$ と推定できる. しかし, これら

の a と b の値では，時間を長くとった場合には現象をうまく記述できない．実際，さまざまな土壌に対して A_1 を計算すると (Brutsaert, 1977; 式 (9.67) も参照すること)，これが通常 $k_0/3$ 程度にあることがわかる．そこで，式 (9.75) で $b = (A_1 + k_i)$ とすると f_c もまた式 (9.4) が求める k_0 でなく，この値に近づくことになる．このことは，式 (9.75) が厳密には限られた時間範囲でのみ適用でき，a と b の値がこの時間範囲に依存することを表している．しかし多くの実際的な問題においては，a と b の定数を対象とする時間範囲に合うように曲線をあてはめるためのパラメータであると考えれば，重要な障害とはならない．

● 指数関数を用いた減衰方程式

Horton (1939; 1940) は，水文学で広く注目を集めた指数関数を用いた減衰関数型の実験式

$$f_c = a + (b - a)e^{-ct} \tag{9.76}$$

を提案した．a, b, c は定数で推定して与える必要がある (Horton, 1942)．明らかに，b は初期浸透強度で，a は k_0 と等しい．実際的な適用で指数関数は数学的に便利であるが，この時間依存性はリチャードソン・リチャーズの方程式に基づく理論的な解析結果からすると，受け入れられるものではない．

9.4　降雨浸透

自然界で観測される降雨強度は，土壌の初期浸透能を減多に超えることがない．そのためほとんどの状況において，少なくともある程度の初期段階では，遮断されることなく地表面に到達した全降雨が土壌に浸透する．この初期段階で表面水分量は徐々に増加し，土壌の吸水能力は減少する．次に起こることは，降水の強度により 2 つの筋書きが可能である（図 9.15）．まず厚い均質な土壌の表面上に，一定強度の降水が降る単純な事例を考えてみよう．もし降雨強度が臨界飽和透水係数より小さく $P \leq k_0$ となっていれば，土壌が雨水を吸収する能力を降雨強度が超過することはない．最終的に，表面の水分量は θ_s に近づき，この水分量での透水係数が降水強度と等しい状態 $k(\theta_s) = P$ となる．限定的な事例として，$P = k_0$ であれば，土壌水分は最終的に $t \to \infty$ の時，$\theta_s \to \theta_0$ と完全な臨界飽和に達する．もう 1 つの筋書きは，$P > k_0$ の場合に生じる．降水開始初期には全雨水が浸透するが，ある有限時間 $t = t_p$ が経過した後，土壌表面が完全に臨界飽和に達し $\theta_s = \theta_0$ となる．この時点から後，条件が大きく変化する．すなわち，表面土壌が臨界飽和となり，降雨強度が

図 9.15 厚い均質土壌の無次元浸透能 $f_{c+} = f_{c+}(t_+)$（実線）に重ねて表示した，異なる無次元降水強度 $P_+(= P/k_0)$（破線）．$P > k_0$ の時，土壌表面はある時間 $t = t_p$ の経過後，臨界飽和に達し，湛水が始まる．$P = k_0$ の時，土壌表面は $t \to \infty$ とすれば，最終的に臨界飽和に達するが，雨水は常に土壌中に浸透し，湛水は生じない．$P < k_0$ の時には土壌表面は常に不飽和のままである．最終的には，地表面付近の透水係数が $k(\theta_s) = P$ となるような水分量 $\theta = \theta_s$ に達し，湛水は発生しない．

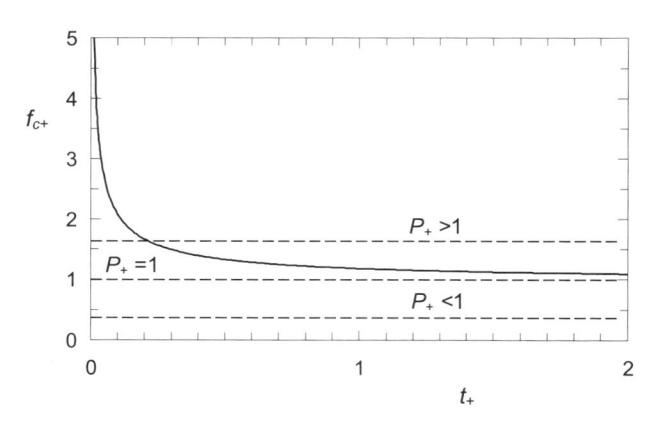

浸透能を超過するにつれ湛水が発生し，過剰降雨が地表流として流出する．

　これらの地表面で起きる状況の変化は，浸食の予測やひょっとするとその制御にも影響を与える．湛水発生前には土壌は不飽和であり，そのため土壌水圧は負圧である．これから有効応力（式 (8.64)，(8.78) を比較せよ）が生じ，土壌粒子に凝集力を与える．しかし，一度土壌が飽和すると有効応力がなくなり，粒子が流出に伴ってより簡単に運び出されるようになる．つまり湛水条件の発生はまた浸食の発生も意味する可能性があるのである．

　降雨浸透問題のもう 1 つの興味深い性質は，スプリンクラーを用いた単純な灌漑実験で得られる測定値を用いた逆計算により，土壌のある水理特性が得られる点にある．

9.4.1　数学的な定式化

　降雨浸透の間，流れはここでもリチャードソン・リチャーズの方程式 (9.1) で支配される．最終的に地表面を臨界飽和させる $P > k_0$ の場合を考察しよう．9.1.2 項ですでに簡単に触れたように，湛水前の $z = 0$ での境界条件はフラックス型である．一度地表面での土壌水分が臨界飽和に達し湛水が生じ始めると，この境界条件は濃度型の条件に変わる．これらの条件は式 (9.5) の 2 つ目と 3 つ目にそれぞれ与えられており，現象が明確に区分できる 2 段階で生じることを表している．原理的には式 (9.5) の条件下での式 (9.1) の完全解は $\theta = \theta(z, t)$ の形になるはずで，これは土壌中の水分量分布である．

　数値解法も得られる (Rubin, 1966; Smith, 1972) が，この問題はいまだに難しい．多くのより単純な方法により，現象のある側面に対するより簡潔なパラメタリゼーションを行うことができた．これらはグリーン・アンプト (Green and Ampt) の方法の拡張 (Mein and Larson, 1973; Swartzendruber and Hillel, 1975; Chu, 1978)，式 (9.1) の数値解から求めた実験式 (Smith, 1972; Smith and Chery, 1973)，準定常状態や他の近似により式 (9.1) の解析解から導出した式 (Parlange, 1972; Smith and Parlange, 1978; Broadbridge and White, 1987; White and Broadbridge, 1988; White *et al.*, 1989) からなる．

　おそらくどの解においても，実際的な目的で最も重要な部分は湛水までの時間 t_p とその後の浸透強度の決定である．以下の 9.4.2〜9.4.3 項で，この目的のためのパラメタリゼーションを行う．

9.4.2　湛水までの時間

　この解析では，最も単純な厚い一様な土壌表面上に降水がある場合を考察しよう．式 (9.1) のような非線形拡散方程式の最も古くからある近似解法の 1 つでは，定常状態が連続していると考えて問題を解く．地下水理論では 1886 年という早い時期に，レムカ (K. E. Lembke) が排水（脱水）問題の解析において，式 (9.6) で $D_w \propto \theta$ とおいたブジネスクの式を近似するのにこれを用いた (Polubarinova-Kochina, 1962, p.573)．後に本質的に同じ方法を Landahl (1953) が線形拡散方程式の解で用い，その後 Macey (1959) が吸水に対する非線形拡散方程式 (9.6) へと一般化した．Parlange (1971) は，この方法を吸水に対する土壌水分プロファイル $\phi = \phi(\theta)$ のはじめの推定値，つまり $a = 1$ および $b = 0$ とおいた式 (9.32) を導き出すのに適用した．Parlange (1972) と Parlange and Smith (1976) はその後，同じ方法を降雨浸透の研究で試みた．この準定常状態の方法を以下に示す．

● 急勾配前線の方法

　この方法は，ぬれ前線が急な勾配をもち，一度ある点を通過すると水分量 θ がすぐ臨界飽和に近くな

9.4　降雨浸透　● *309*

り，それ以上は大きく変化しないという仮定に基づいている．つまりリチャードソン・リチャーズの方程式 (9.1) の $(\partial\theta/\partial t)$ の項は無視でき，右辺がゼロとなると仮定するのである．このことは，地表面 $z = 0$ を含むすべての z で比流束が等しいことを意味する．地表面の比流束は降水強度 P に等しい．そこで式 (9.1) は，拡散型式 (9.61) で一度積分した後，

$$P = -D_w \frac{\partial\theta}{\partial z} + k \tag{9.77}$$

となる．これは，式 (9.5) の 2 つ目と一致しており，2 回目の積分を行うと，

$$z = -\int_{\theta_s}^{\theta} \frac{D_w}{P-k} \, d\theta \tag{9.78}$$

となる．ここで θ_s は地表面 $z = 0$ での水分量で，降水イベントが進行するにつれ変化する値である．式 (9.15) と (9.63) で，浸透量 F は $(z\,d\theta)$ の積分として求められている．図 9.4 に示されるように，これは $(\theta\,dz)$ の積分でも行えるので，代わりに

$$F = \int_0^{z_f} (\theta - \theta_i) \, dz + k_i t \tag{9.79}$$

とも書ける．ここで z_f はぬれ前線の位置である．今回の条件では，F はまた降水強度の時間積分

$$F = \int_0^t P \, dt \tag{9.80}$$

である．式 (9.79) と (9.80) の 2 つの累積浸透量の式を組み合わせると

$$\int_0^t P \, dt = -\int_{\theta_i}^{\theta_s} (\theta - \theta_i)(\partial z/\partial\theta) \, d\theta \tag{9.81}$$

が求まる．ここで，初期水分量での透水係数 k_i が無視しうるほど小さいことを仮定しており，積分範囲は $z = 0$ の θ_s から，$z = z_f$ での θ_i までである．式 (9.77)（あるいは式 (9.78)）を式 (9.81) に代入すると

$$\int_0^t P \, dt = \int_{\theta_i}^{\theta_s} \frac{(\theta - \theta_i)D_w}{(P-k)} \, d\theta \tag{9.82}$$

が得られる．これは，湛水前の土壌表面での水分量と時間の関係 $\theta_s = \theta_s(t)$ を与えているという点で大事な結果である．

　湛水までに要する時間 $t = t_p$ は，表面での土壌水分量が臨界飽和に達し $\theta_s = \theta_0$ となるのに要する時間と考えることで，式 (9.82) から，

$$\int_0^{t_p} P \, dt = \int_{\theta_i}^{\theta_0} \frac{(\theta - \theta_i)D_w}{(P-k)} \, d\theta \tag{9.83}$$

と求めることができる．D_w と k はともに水分量 θ の関数であり，これらが既知であれば，原理的には任意の降水の時間分布 $P = P(t)$ に対して式 (9.83) を積分することができるはずである．D_w と k が $\theta = \theta_0$ 付近で急に変化すると仮定できる場合には，この積分は特に単純になる．たとえば，k に式 (8.36) を，D_w に式 (8.40) を用いてみよう．これらは単純なべき関数であるが，他のどのような関数，たとえば $\theta = \theta_0$ 付近で同じような振る舞いを示す指数関数でも結果は同じである．式 (9.8) で水分量を無次元化しこれらの 2 関数を代入すると，式 (9.83) は

$$t_p = \frac{H_b(\theta_0 - \theta_i)k_0}{\langle P\rangle b} \int_0^1 \frac{S_n^{n-1/b} \, dS_n}{(P - k_0 S_n^n)} \tag{9.84}$$

となる．ここで $\langle P\rangle$ は，湛水発生までの降雨イベント中の平均降水強度である．$S_n^{n-1/b}$ を微分の内側に入れると，べき数 n が小さくなければ，同じべき拡散係数 (8.40) に対する吸水能の式 (9.49) と似た部分があることにすぐに気がつくだろう．そこでよい近似として，式 (9.84) は

$$t_p = \frac{A_0^2}{2\langle P \rangle} \int_0^1 \frac{dS_n^{n-b^{-1}+1}}{(P - k_0 S_n^n)} \tag{9.85}$$

と書き直せる．$b = 1$ あるいは n と b の両方が大きい場合には，(9.85) は積分することができ，ここでの主な結果である

$$t_p = \frac{A_0^2}{2\langle P \rangle k_0} \ln\left(\frac{P_p}{P_p - k_0}\right) \tag{9.86}$$

が得られる．P_p は湛水発生時 $t = t_p$ の降水強度である．式 (9.86) は Parlange and Smith (1976) が最初に提案した式で，彼らはこれをやや異なる方法，すなわちここで用いた特定の k と D_w の式を用いずに式 (9.83) から求めている．実際この結果は，2 つのべき関数，k に対する式 (8.36) と D_w に対する式 (8.40) には依存しないことが示される．後の研究において，Assouline $et\ al.$ (2007) は t_p に対する同様な，しかしより一般的な数学表現を導出した．この中では，降水の 3 項すべてが時間の関数 $P = P(t)$ のままであることが許されている．

● 実際の適用

多くの現実的な問題で，降雨期間中あるいは少なくとも湛水発生までの期間では，降雨強度が一定と仮定することができる．この場合 $P = \langle P \rangle = P_p = $ 一定値 で式 (9.86) を

$$t_p = \frac{A_0^2}{2P k_0} \ln\left(\frac{P}{P - k_0}\right) \tag{9.87}$$

と書き換えられる．

これまで同様，式 (9.87) を無次元変数を用いて表すことで，より一般性をもたせることができる．この式の形からは，すでに式 (9.21) や (9.70) で用いられた時間変数での無次元化に加え，降水強度を透水係数で無次元化し，

$$t_{p+} = \frac{k_0^2 t_p}{A_0^2} \qquad P_+ = \frac{P}{k_0} \tag{9.88}$$

とすることを思いつく．これら無次元変数を用いると，式 (9.87) は

$$t_{p+} = \frac{\alpha_p}{P_+} \ln\left(\frac{P_+}{P_+ - 1}\right) \tag{9.89}$$

と表すことができる．α_p は定数で 0.5 となる．予期されるように，降雨強度が土壌の臨界飽和透水係数よりずっと大きい $P \gg k_0$ の時には，式 (9.87), (9.89) ともに湛水が降雨イベントの開始後すぐに起こること，すなわち $t_p = 0$ となることを示している．一方，透水係数 k_0 が降水強度 P に近づくかそれ以上であれば，$t_p \to \infty$ となり湛水は生じない．この様子を図 9.15，図 9.16 に示してある．

式 (9.86)〜(9.89) を導出するにあたり，式 (9.83) の k と D_w にどのような関数を用いても，それが $S_n = 1$ 付近で急激に変化する関数であれば同じ結果が得られることを指摘した．この種の k と D_w の振る舞いは，2 次構造の発達していない実験室で再充填された土壌や，比較的深い深度の不撹乱の野外土壌で典型的に見られる．しかし，図 9.8 に示されるように，これは地表面近くの不撹乱土壌の水分拡散係数 D_w に常にあてはまるわけではない．ここでは 2 次構造が水理特性に影響を与えるかもしれないためである．Broadbridge and White (1987) は，t_p のいくつかの近似式を $k(\theta)$ と $D_w(\theta)$ のある関数型に対して得られる厳密解と比較することで，その精度を解析した．彼らは Parlange and Smith (1976) の式 (9.87)（$\alpha_p = 0.50$ とおいた式 (9.89)）が再充填した土壌と似た構造をもつ土壌に対して，非常に正確であると結論づけている．彼らはまた，異なる構造をも

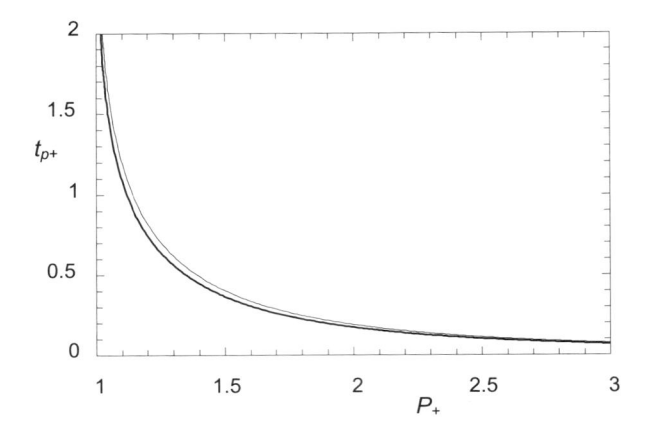

図 9.16 無次元降雨強度 $P_+ = (P/k_0)$ と，湛水までの無次元時間 $t_{p+} = (k_0/A_0)^2 t_p$ の関係．降雨強度は，降雨中で一定と仮定してある．太線は，準定常状態の方法で得られた解，すなわち，$\alpha_p = 0.50$ とおいた式 (9.89) (Parlange and Smith, 1976) である．細線は，透水特性がよくわからない野外の土壌に対して Broadbridge and White (1987) が勧める $\alpha_p = 0.55$ とおいた式 (9.89) である．

つほとんどの土壌に対して，式 (9.89) の定数 α_p を $0.50 \sim 0.66$ の範囲で調節することで湛水までの時間を記述できることを見いだしている．水理特性が未知な土壌に対して，彼らは式 (9.89) を勧めており，$\alpha_p = 0.55$ が結果の誤差が高々 $\pm 10\%$ となる適切な選択であるとした．$\alpha_p = 0.55$ とした式 (9.89) を図 9.16 に示してある．

9.4.3　湛水開始後の浸透：時間圧縮近似

　湛水発生までは，降水は容易に土壌中に入ることができ，式 (9.5) の 2 つ目の式が示すように，浸透強度は降水強度と等しい．一度湛水が始まると土壌表面は臨界飽和 $\theta = \theta_0$ となり，$z = 0$ での境界条件は式 (9.5) の 3 つ目の式となる．これは浸透能問題での式 (9.62) の 2 つ目の式と同じである．しかし，湛水開始時の初期条件は，浸透能を記述するのに用いた初期条件である式 (9.62) の 1 つ目の式とは大きく異なる．実際，湛水開始時の初期水分量の分布は，各降雨イベントにおける湛水までの浸透期間や強度の詳細に依存するため，一般的には，あらかじめ与えることはできない．各降雨に対するリチャードソン・リチャーズの方程式の詳細な解法は，実用的でもなくまた実際的ではないので，この問題をさらに単純化するのがよい．

　過去において提案された降雨浸透のいくつかのパラメタリゼーションには，時間圧縮 (time compression; time condensation ともよばれる) の考えかこれと同等の仮定が用いられている．簡潔に述べると，この考え方では，降雨期間中での湛水発生後の任意の時刻における可能浸透強度が，同一降雨中で先行した浸透または降雨変化にかかわらず，それまでの累積浸透量のみに依存すると仮定する．時間圧縮近似 (time compression approximation ; TCA) は，集水域への降雨の流出と浸透への分配を行うにあたって 1940 年代に導入され (Sherman, 1943; Holtan, 1945 参照)，後に他の多くの研究でも適用された (Reeves and Miller, 1975; Sivapalan and Milly, 1989; Salvucci and Entekhabi, 1994; Kim *et al.*, 1996).

　TCA は概念的には，式 (1.10) で表される集中型キネマティック法の 1 つの適用例と考えることができる．つまり，土壌が 1 次元の支配体積であり，浸透強度 f は流入速度 Q_i，累積浸透量 F は貯留量 S である．湛水開始後，流入速度 f はそれまでの降雨と無関係に，貯留量 F のみの関数であると仮定されるのである．

● 一般的な定式化

　$f = f(t)$ および $F = F(t)$ をそれぞれ，実際の浸透強度と累積浸透量としよう．これらは時間の

関数なので，逆関数 $t = t(f)$ および $t = t(F)$ も存在する．同様に $f_c = f_c(t)$ と $F_c = F_c(t)$ は 9.3 節で解析した最大可能な条件での浸透能の式で境界条件式 (9.2) に従う，同関数を表す逆関数もそれぞれ $t = t(f_c)$ および $t = t(F_c)$ と書ける．TCA の基本的な仮定は

$$
\begin{aligned}
f &= P & (t < t_p) \\
f &= f_c(t(F_c = F)) & (t \geq t_p)
\end{aligned}
\tag{9.90}
$$

と表すことができる．湛水開始時の累積浸透量は，一定（または平均）降雨強度 P により (Pt_p) となる．ここで，（仮想的な）圧縮基準時間 (compression reference time) t_{cr} を，同量の累積浸透量を最大可能な条件下で生み出すのに要する降雨開始後の時間として定義しよう．つまり，

$$
F(t_p) = Pt_p = F_c(t_{cr})
\tag{9.91}
$$

で，これから t_{cr} または t_p が推定できる．一度 t_{cr} と t_p がわかると，累積浸透量は

$$
\begin{aligned}
F(t) &= Pt & (t < t_p) \\
F(t) &= F_c(t - (t_p - t_{cr})) & (t \geq t_p)
\end{aligned}
\tag{9.92}
$$

で与えられる．式 (9.90) から，浸透強度は

$$
\begin{aligned}
f(t) &= P & (t < t_p) \\
f(t) &= f_c(t - (t_p - t_{cr})) & (t \geq t_p)
\end{aligned}
\tag{9.93}
$$

である．式 (9.92) と (9.93) で，湛水までの時間と，これに対応する圧縮基準時間を決める必要がある．これら 2 変数は，式 (9.91) で関連づけられている．2 つの未知数に対して 1 つの式しかないので，これを t_p と t_{cr} に対して解くには何らかの追加情報が必要である．湛水までの時間は実際に存在する物理量であるのに対し，圧縮基準時間 t_{cr} は，本質的には TCA 近似の中で生まれたパラメータである．t_{cr} の推定法として 2 つの可能性がある．第 1 の方法では，これを湛水までの時間から推定する．湛水までの時間は測定または式 (9.86) や (9.89) のような式から独立して推定する．第 2 の方法では，降水強度を用いて TCA 近似により t_p と t_{cr} をともに決定する．

● 湛水までの正確な時間を用いた推定

第 1 の方法では，t_p の値は独立して求められ，既知あるいは受け入れられる精度をもっている．t_p が既知であれば，式 (9.91) の逆関数として

$$
t_{cr1} = t(F_c = Pt_p)
\tag{9.94}
$$

が求まる．添字の 1 は，t_{cr} が第 1 の方法で求まったことを表している．この方法では，浸透強度は $t = t_p$ において不連続である（図 9.17）点に注意すること．これは TCA の近似的性質の結果で，避けることはできない．しかし式 (9.90) で表された TCA の基本的仮定は満たされている．

● 降水強度からの推定

過去の TCA の適用において，湛水までの時間 t_p が独立して決定できることは通常仮定されてはこなかった．どちらかといえば，t_{cr} を最大可能な条件下で，湛水時の浸透量と同じ浸透量 (Pt_p) のみならず，同じ浸透強度 P を生み出すのに要する降雨開始後の時間であると仮定することで推定されてきた．つまり，もう 1 つの式

$$
P = f_c(t_{cr2})
\tag{9.95}
$$

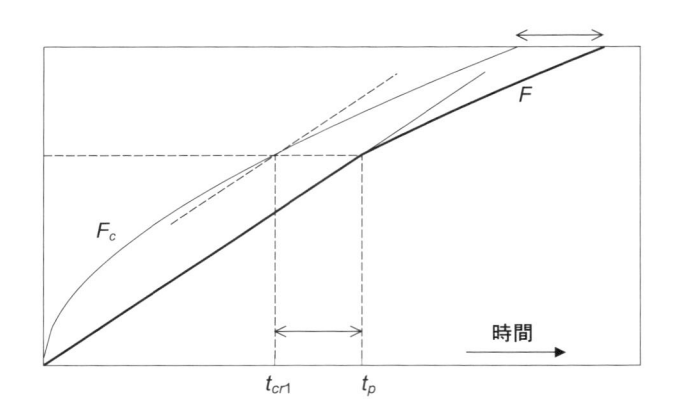

図 9.17 降水強度 P から生じる累積浸透量 F（太線）を推定するための，時間圧縮法 (9.92) の図示．この事例の方法では，湛水までの時間は独立に決定され，それが正しいと仮定している．湛水発生時 $t = t_p$ において，F の値は，F_c 曲線の $t = t_{cr}$ の時の値に等しいが，その傾きは F_c 曲線の $t = t_{cr}$ の時の値とは等しくない．つまり，浸透強度 f は，$t = t_p$ において不連続であるが，浸透量 F は時間圧縮の主たる前提を満たしているのである．

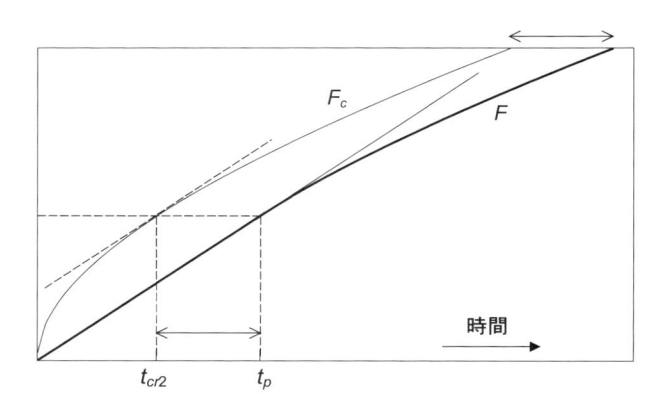

図 9.18 降水強度 P から生じる累積浸透量 F（太線）を推定するための時間圧縮法 (9.92) の図示．この事例の方法では，湛水までの時間は，式 (9.91) の他に式 (9.95) も成り立つと仮定して推定される．$t = t_p$ において，F とその傾きである浸透強度 f は，$t = 0$ から始まる F_c 曲線での対応する値に等しい．しかしこの方法では，t_p の正しい値は得られない．

が立てられ，これから圧縮基準時間が単純な逆関数 $t_{cr2} = t(f_c = P)$ として求められる．添字の 2 は，これが第 2 の方法で推定されたことを表している．すると，湛水までの時間は，式 (9.91) から

$$t_p = F_c(t_{cr2})/P \qquad (9.96)$$

と計算できる．この方法を図 9.18 に示してある．

　実際には，湛水時には当然 $F = Pt_p$ と $f = P$ の両方が満たされていなければならない．しかし，TCA が単なる近似であることを心にとめておくべきである．そのため，式 (9.91) と (9.95) の両式がともに成り立つことは不可能である．このことは，式 (9.96) を用いて得られた t_p も有効ではないことを意味する．湛水までの時間は降雨浸透を記述する上で非常に大事なパラメータなので，圧縮基準時間を決めるには，可能であれば第 1 の方法を用いるべきである．TCA が主に質量保存と累積浸透量に重きをおき，浸透強度は相対的に軽く扱われるので，式 (9.91) は (9.95) より重要であると考えるべきである．つまり，J.-Y.Parlange が指摘したように (Liu *et al.*, 1998)，t_{cr1} の第 1 の方法は，t_{cr2} の第 2 の方法より望ましいのである．以下に示す例から，TCA 概念の実際の適用法と第 2 の方法による t_p 推定値に含まれる誤差についての概略が理解できるだろう．

■ 例 9.3　高次項を無視した時間級数展開による適用

　上の降雨浸透の式は，9.3.5 項で述べた浸透能 f_c または F_c の利用可能な式のどれかを用いれば適用することができる．特に時間 t が浸透能の陽関数として表現できると，計算が簡潔になる．例として，Philip (1957a) が提案した高次項を無視した時間級数展開式 (9.75) を利用してみよう．独立して決めた正確な t_p の値を用いた方法により，式 (9.94) から圧縮基準時間が陰関数

$$Pt_p = 2at_{cr1}^{1/2} + bt_{cr1}$$

として求められ，これを解くと，

$$t_{cr1} = \left[-a + (a^2 + Pbt_p)^{1/2}\right]^2 / b^2 \tag{9.97}$$

が陽関数として得られる．a と b は式 (9.75) の定数である．

第2の方法は浸透強度を限定することに基づくが，式 (9.95) を (9.75) と組み合わせると

$$t_{cr2} = \left[a/(P - b)\right]^2 \tag{9.98}$$

が得られる．湛水発生までの時間は，式 (9.98) を (9.91) に代入することで計算でき，これから式 (9.75) に対応する累積浸透量を用いて

$$t_p = \frac{a^2(2P - b)}{P(P - b)^2} \tag{9.99}$$

が求まる．t_p と t_{cr} の値が2つの方法のどちらかで決められれば，この例では，式 (9.92) の累積浸透量を式 (9.75) を用いて

$$\begin{aligned} F(t) &= Pt & (t < t_p) \\ F(t) &= 2a\left[t - (t_p - t_{cr})\right]^{1/2} + b\left[t - (t_p - t_{cr})\right] & (t \geq t_p) \end{aligned} \tag{9.100}$$

と書ける．式 (9.93) の浸透強度も同様にして表すことができる．

第2の TCA 法における誤差は，得られた t_p の式 (9.99) を 9.4.2 項で求めたより正確な式 (9.89) と比較することで決めることができる．前と同様，特に他の式と比較する際には，一般性をもたせるために式 (9.99) を無次元化して表示するとよい．この例で用いた浸透の方程式 (9.75) の定数として，$a = A_0/2$ および $b = k_0/3$ とおけることを思い起こすこと．これらの定数値と式 (9.88) の無次元変数を用いると，式 (9.99) を

$$t_{p+} = \frac{0.5(P_+ - 1/6)}{P_+(P_+ - 1/3)^2} \tag{9.101}$$

と表すことができる．この式を図 9.19 に図示してあり，図 9.16 のより正確な結果と比較できる．同時に示してあるのは，式 (9.89) と比較した場合の式 (9.101) 固有の誤差である．これから，第2の方法の誤差が無視できない場合があり，降雨強度により湛水までの時間が概略 10〜70% の範囲で過小評価されることがわかる．

● TCA 近似の精度

いくつかの研究から，時間圧縮近似の評価を行うことができる．その1つは，周期的に可能浸透と

図 **9.19** TCA 近似の第2の方法の式 (9.101) で計算された，湛水までの無次元時間 $t_{p+} = (x_0/A_0)^2 t_p$ と無次元降雨強度 $P_+ = (P/k_0)$ との関係（曲線1）．降雨強度は，降雨中で一定と仮定されている．曲線2は（図 9.16 に示されている）$\alpha_p = 0.55$ とおいた式 (9.89) に対するこの結果の負の誤差で，この方法では t_{p+} が過小評価されることがわかる．

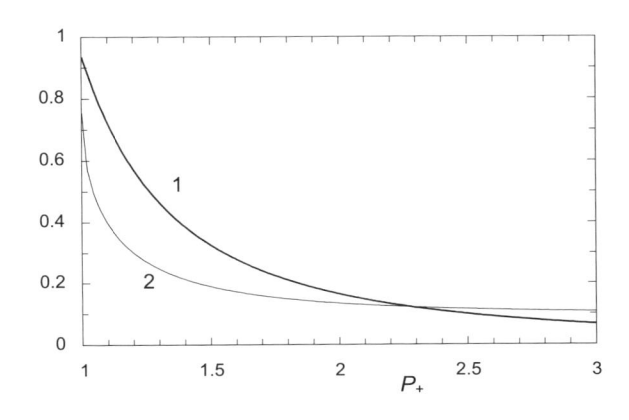

排水（または再分布）が繰り返される条件下で式 (9.1) の数値解を求め，断続的な浸透の解析を行った Ibrahim and Brutsaert (1968) の研究である．土壌水分特性のヒステリシスは独立領域の考えにより考慮された．結果を見ると，任意期間の排水後に再開した浸透の累積浸透量は，初期（つまり排水前）の累積可能浸透曲線を単に時間方向にある時間範囲ずらすことで，求められることがわかる．しかし，必要とされる時間方向の移動量は，TCA で仮定される時間方向移動量である排水期間より短い傾向にあった．このことは，通常浸透を TCA が過小評価することを表している．同様の結果が Reeves and Miller (1975) でも得られている．極端な事例では，15%や20%といった大きな誤差が報告されているが，ほとんどの場合にははるかに小さい．Liu *et al.* (1998) は TCA の解の誤差を，重力の効果がない場合の線形化したリチャードソン・リチャーズの方程式，すなわち $D_w = D_0$ を一定とした式 (9.6) に対する降雨浸透の厳密解と比較することで推定した．2つの解の差は非常に小さく，最大値は湛水付近で生じていた．累積浸透量の最大誤差は，式 (9.94) の第 1 の TCA 法ではわずか1.3%の過小評価，式 (9.95) と (9.96) の第 2 の方法でも約2.5%の過小評価であることがわかった．同様に，浸透強度についても誤差は小さかった．一方で，第 2 の方法は式 (9.96) で求めた湛水までの時間を約19%過小評価した．これから，t_p が感度の高いパラメータとなりえるが，反対に t_p の誤差は F または f にはずっと小さな誤差しか生じさせないかもしれない．この感度の高さについては White *et al.* (1989) でも扱われている．

9.5 集水域スケールでの浸透と他の「損失」

本章ではこれまでのところ，浸透を事実上，点で起こる現象として扱ってきた．応用水文学では，通常これをより広域で，しばしば典型的な長さスケールを km のオーダーとして推定する必要がある．長年にわたり，降水から洪水流出を予測する仕事に携わってきた技術者たちが，この問題に対するさまざまな，主に発見的な方法を進めてきた．それらのいくつかを以下でレビューする．

9.5.1 浸透能法

この方法は，点での浸透に関して得られている情報を単純に広域に拡張することからなる．これは，集水域を一様な浸透特性を仮定できる適切な小地域に分割することで，現在多くの集水域の水収支モデルに組み入れられている．各小地域に対して，平均または典型的な浸透能関係を採用し，これに時間圧縮近似を用いて降水イベントを扱うのに適用する．この方法の主たる難点は，いわゆる均質な野外条件においても普通に出くわす土壌特性と土壌水分量の大きな時空間変動性にある．このことは，広域での適用のための平均的な $f_c(t)$ の関数を定義することが容易ではないことを意味する．9.3.4 項ですでに扱ったように，この問題はまだわずかしか理解されておらず，さらに研究すべき対象である．

9.5.2 損失強度の概念

洪水制御目的で降雨から河川流量を予測するのに使われてきた多くの方法（Feldman, 1981 参照）では，有効降雨（net rainfall; 降雨過剰（rainfall excess）ともよばれる），すなわち降水の中で直接洪水流出を生じさせる部分を決定する必要がある．通常これは観測される降水強度に損失強度を適用することで求められる．この「損失」のほとんどは，浸透からなると仮定される．しかし，凹地での初期降雨のくぼみ貯留や降雨遮断などの他のプロセスを分離して考慮することが困難なので，これらを普通はすべて損失に含めてしまう．浸透した水の多くは水流発生に能動的にかかわる

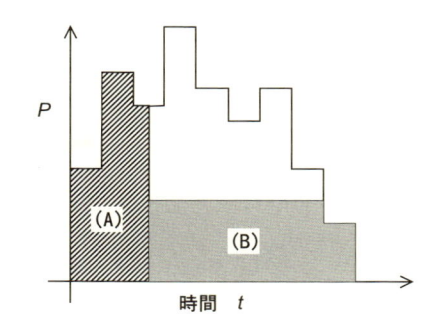

図 9.20 初期損失 (A) とその後の一定損失強度 (B) を仮定し，時間の関数として降雨強度 P を表した洪水時のハイエトグラフ．残された白の部分は，洪水流出を生じさせる過剰降雨と見なされる．

ので，損失強度の概念の有効性は疑問であり正当な根拠はない．それでもその限界を理解していれば，特にデータが限られる場合や，高水や洪水を含む計画目的にはこの概念は有用である．損失強度概念を適用する方法は主に 2 つある．第 1 の方法は，大流域で一般的に使われ，損失が降雨量には依存しないと仮定されているのに対し，第 2 の方法では，より小さな流域で利用され損失が降雨量に比例すると仮定される．

● 降雨に依存しない損失強度

この方法では，損失強度は通常降雨イベントを通して一定とし，これを実際の降雨強度から差し引くことで有効降雨強度が求められる．この基になるのは，損失強度が土壌特性により支配され，降雨強度が大きい限りこれには依存せず，浸透能の時空間平均された振る舞いを主に表しているとする考えである．このような指標がこれまでにいくつか提案されてきたが，Horton (1937) の方法がおそらく最も広く使われてきている．

簡潔に述べると，実際の降雨強度から一定な損失強度を差し引いて求められる全集水域に対する有効降雨量と実際の洪水流出量が等しくなるように損失強度は決められる．この洪水流出量は，洪水ハイドログラフを用いて，全流出量から（仮定した）基底流量を減じることで求められる．降雨がいくつかの観測所で測定されている時には，その値に影響範囲面積を用いた適切な重みづけ（3.3.1 項参照）を行って入力値とし，何度か試行錯誤の上で損失強度を決定しなければならない．

この方法は，しばしば降雨イベントの開始時には降雨から初期損失を差し引くという修正を加えた形で適用されている．この原理を図 9.20 に示してある．初期損失は河川で洪水流出が発生する前に生じる損失と定義され，通常は遮断貯留 (interception storage)，くぼみ貯留 (depression storage) と初期の高い浸透強度から構成されると考える．初期損失を決定するさまざまな方法が用いられてきたが，そのいずれもが欠点をもっている．最もわかりやすい方法では，初期損失を河川流量が上昇し始めるまでに降った全降雨としている．しかし，河川流量ハイドログラフが上昇し始める前に降雨がしばしば終わってしまうので，この方法はいつでも適用できるわけではない．この難点は，記録上の集中して降った降雨中で，河川流ハイドログラフの上昇が伴わなかった最大の雨量として初期損失量をとらえることで回避できる．もう 1 つの方法では，短期集中型の降雨とその直後の河川流ハイドログラフの上昇までの遅れとして，過去の記録から決めることができる「典型的遅延期間 (typical delay period)」を利用する．十分に激しい降雨なら，初期損失は無視できると仮定される．そこでこの期間を，より長く継続する降雨イベントの降雨過剰発生時，すなわち初期損失期間の終了時点を決めるのに利用できる．損失強度法の適用例は，Cook (1946) や Laurenson and Pilgrim (1963) の論文で見ることができる．Cordery (1970) は，初期損失と先行降雨指数 (antecedent precipitation index) がどのように関連しているかを示している．彼は先行降

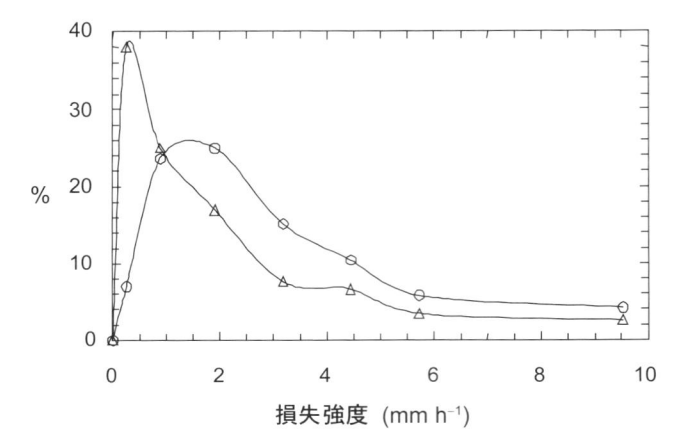

図 9.21　Pilgrim (1966) が収集したデータから求めた計画洪水の推定に使われる一定損失強度の頻度 (%) 分布. ○はアメリカ合衆国内の 101 の集水域, オーストラリアの 24 の集水域, ニュージーランドの 8 集水域の加重平均としてすべての損失強度をまとめた値である. △印はアメリカ合衆国内の 60 の集水域で観測された損失強度の最小値を表す.

雨指数を集水域の湿り具合を表す指標として用いた.

　一定損失強度の概略の大きさを示すために, 図 9.21 に Pilgrim (1966) が収集したデータのまとめを示してある. 丸印は損失強度の頻度分布であり, アメリカ合衆国の 101 流域からの 460 の値, オーストラリアの 24 流域の 150 の値, ニュージーランドの 8 流域の 116 の値を加重平均して表してある. 3 つのデータセットの結果はよく似ていたので, これらを 1 つの曲線で表してある. 図 9.21 の三角印はアメリカ合衆国の 60 の流域で観測された最小損失強度の頻度分布を表している.

● 降雨強度に比例した損失強度：流出係数

　合理式では, ピーク時の流域出口での（単位流域面積あたりの流量である）流出速度 (Q_p/A) を降雨強度のある割合と仮定し,

$$Q_p/A = CP \tag{9.102}$$

と表す. A は集水域の面積, C は定数で流出係数 (runoff coefficient) ともよばれ, 地表面状況に応じて 0 と 1 の間の値をとる（表 12.2 参照）. この基本的な方法は, 約 150 年前に提案されているが (Mulvany, 1850; Dooge, 1957), さまざまに拡張した合理式が, 道路の暗渠や大きくても数 km^2 の小地域を排水するための構造物を計画する際に, 今でも一般的に使われている. 式 (9.102) から, 降雨損失強度が降雨強度に単純に比例し, $[(1-C)P]$ となることがわかる. 物理的には, 降雨に比例して増加する損失は, 短期降水イベントに対して遮断損失（式 (3.15), (3.20)）を考慮した初期段階の降雨浸透（式 (9.5) の 2 つ目の条件）と比較的矛盾しないように見える. 対照的に, 一定な損失強度は, 最終的にはほぼ一定な浸透能に達する長期間継続するイベント中の条件（式 (9.5) の 3 つ目を参照）を反映しているように思われる. これはまた, 両者の方法を工学で適用してきた集水域の大きさの違いも反映している. 合理式は 12.2.2 項でさらに詳細に取り扱う.

9.6　毛管上昇と土壌表面での蒸発

　土壌表面で蒸発する水は, 土壌中の土層を通って地表面へと輸送される. この輸送は液相と気相, 両方で生じる. さらに蒸発は放射や他の入力エネルギーによって引き起こされているので, この輸送には, 圧力勾配のみならず地中熱フラックスを伴う温度勾配もかかわっている. しかし 8.3.3 項ですでに述べたように, 水文学的に興味の対象となる状況に対しては, 等温条件の流れの式であるダルシー則の式 (8.19) を基にして土壌表面でのいくつかの重要な特性を得ることができる. この中で特に 2 つの流

れの問題が，土壌表面蒸発で実際的な重要性をもつ研究対象であった．これは浅い地下水面から地表面へ向かう定常的な毛管上昇と，地下水面が存在しない厚い土壌からの非定常な水分損失である．

9.6.1 浅い地下水面からの定常な毛管上昇の単純な事例

これは，地下水面がある一定レベルに維持され，そこから水が土壌中を上方へと流れ，地表面で一定な大気条件の元での蒸発により運び去られるという状況で生じる．土壌中で定常条件下だと $\partial\theta/\partial t = 0$ となり，鉛直フラックスはどこでも $q_z = E$ で与えられる．そこで，$p_w = 0$ の地下水面を $z = 0$ として，上向きを正にとった鉛直座標系において，式 (8.19) から

$$z = -\frac{1}{\gamma_w} \int_0^{x=p_w} \frac{dx}{[1 + E/k(x)]} \tag{9.103}$$

が得られる．x は水圧を表すダミー変数である．この式は，一様な土壌に対して，毛管伝導率 $k = k(H)$ が土壌水サクション $H\ (= -p_w/\gamma_w)$ の関数として与えられれば積分することができる．Gardner (1958) が，式 (8.37) でパラメータの値を $c = 1, 3/2, 2, 3, 4$ とした時の式 (9.103) の解を与えている．

式 (9.103) から，任意の蒸発速度 E に対する土壌水分の鉛直圧力分布が求まる．比較的小さな E，あるいは地表面下の比較的浅い深さ d_w に地下水面が存在する土壌に対しては，土壌表面での H の値はゼロに近い小さな値となり，土壌表面は飽和に近い．そこでこのような場合，蒸発速度は土壌が水を送り出す能力ではなく，大気条件によって支配されている．与えられた地下水面深度 d_w に対して，大気の乾燥能力が増加するにつれ土壌表面でのサクション H も増加する．すると傾度が増加し，水が上方へ移動し表面で蒸発する速度もまた増加する．しかし，最終的には E がそれ以上増加しない限界に近づく．この限界では，E は大気の乾燥能力とは無関係に，土壌が水を送り出せる能力により完全に支配されることになる．ほとんどの実用目的では，任意の時刻における実蒸発量は，可能蒸発量と限界蒸発量 (limiting evaporation) E_{lim} のうちの少ない方であると仮定してもおそらく十分に正確であろう．

この限界値 E_{lim} に対して，$z = d_w$ の土壌表面がほぼ乾燥しているか，圃場容水量 (field capacity) にあり，$H \to \infty$ および $k \to 0$ となることを仮定することで，満足のいく近似式を求めることができる．式 (9.103) を (8.37) を用いて積分すると，一般に，

$$d_w = \frac{\pi a}{c \sin(\pi/c)(a + bE_{\text{lim}})} \left(\frac{a + bE_{\text{lim}}}{E_{\text{lim}}} \right)^{1/c} \tag{9.104}$$

の蒸発の限界速度と地下水面深さの関係が得られる (Cisler, 1969)．ここで a, b, c は式 (8.37) のパラメータである．多くの場合 $a > (bE_{\text{lim}})$ なので，よい近似として

$$E_{\text{lim}} = a \left(\frac{\pi}{c \sin(\pi/c)} \right)^c d_w^{-c} \tag{9.105}$$

を用いることができる．

等温条件での毛管流の仮定は，明らかに過度の単純化であろう．特に地表面近くでは，気相での水輸送も重要な役割を果たす可能性が高いので，限界蒸発速度はおそらく予測式の値より大きいだろう．しかし Gardner (1958) はこの増分の見積もりを行い，これが 20% を超えることがなさそうなことを示した．いずれにせよ，式 (9.105) からは限界蒸発が d_w^{-c} に比例することがわかる．図 9.22 に示されるように，Gardner and Fireman (1958) の結果はこれを確認しているようにみえる．これから，等温仮定での流れの扱いがある程度は支持されているといえよう．（図 9.22 で，曲線は式 (9.105) と似ているが同じではない点に注意．実験では，1 m の長さのカラム底において，ゼロではなく負圧を保つことで，地下水面の深さを擬似的につくり出したためである．）Willis (1960) は，式 (9.103) を用いて異なる土性の 2 層からなる土壌中の地下水面からの定常流を調べた．彼は，細粒土壌の上に粗粒土壌が存在する場合には成層の影響が大きいが，逆の条件ではそのようなことはないと結論づけた．

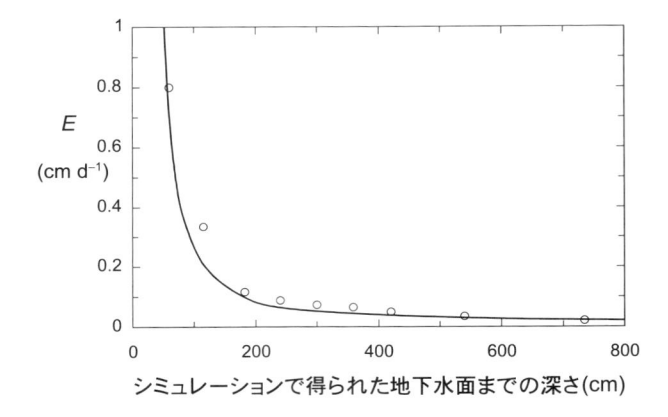

図 **9.22** 粘土質土壌カラムからの定常蒸発の実験値（○）と，$k = 1100/[565 + (-p_w)^2]$ の形にした式 (8.37) と式 (9.103) を用いて計算した値（曲線）の比較．p_w の単位は hPa，k の単位は $\mathrm{cm\,d^{-1}}$ である．（原図は Gardner and Fireman, 1958）

シミュレーションで得られた地下水面までの深さ(cm)

9.6.2 地下水面の存在しない土壌プロファイルの非定常な乾燥

9.6.1 項で仮定した一定深度の浅い地下水面は，頻繁に生じる条件ではない．土壌表面から蒸発する水は，しばしば土壌中の貯留分から供給されている．この問題を解くために，まず一定大気条件でこの乾燥プロセスを考察するのがよい．Fisher (1923) および Sherwood and Comings (1933) などの研究以来，実験室内での一定外部条件下の土壌面蒸発を乾燥状態で数段階に分けることが一般的である．水文学的な見地からは，このうちのはじめの 2 段階がより重要である．第 1 段階は土壌が十分に湿潤である場合で，ここでは蒸発速度は主に大気条件により支配されている．そのため，大気中の観測値により表現するのがよい．中立条件下での湿潤な地表面に対しては，第 4 章で扱った大気の変数を用いたいくつかのよく知られた式が利用できる．明らかに，一定な大気条件に対しては乾燥速度も一定である．第 1 段階の長さは，蒸発速度と土壌がその蒸発速度で水を供給できる能力に依存する．

地表面付近の土壌が乾燥するにつれ，最終的には，地表面への水供給は大気が要求するより少なくなってしまう．この速度が低下する第 2 段階では，蒸発速度は主に土壌水分条件と土壌特性により制限され，使えるエネルギー量による制限ははるかに小さい．地表面の任意の点における第 1 段階から第 2 段階への移行はかなり急激に起こるのかもしれない．しかし，異なる点での移行は，異なる時に生じる場合が多いため，より大きなスケールでは，普通もっと徐々に生じるだろう．第 1 から第 2 段階への移行は，土壌の色の変化やアルベド変化により目視で観察できると述べたのは Jackson *et al.* (1976) である．

● 第 2 段階中の物理的なメカニズムと便利な仮定

1 時間以下の時間スケールでは，乾燥中の土壌からの蒸発，すなわち土壌が制御する蒸発は複雑な構造をもつプロセスである．地表面直下で徐々に風乾層が発達し，その中での輸送は，基本的には水蒸気拡散や乱流や空気の圧力変動と関係するメカニズムにより行われる．この風乾層の下は，部分的に飽和しており，輸送は主には毛管上昇と水蒸気の拡散がある程度重なって生じている．飽和土壌との接続を行うこの部分的に飽和した層の下側境界は，しばしば「乾燥前線（"drying front"）」と見なされる (Yamanaka and Yonetani, 1999; Assouline *et al.*, 2013)．

しかし，蒸発が継続しても風乾層が単調に厚くなることはない．実際，土壌からの時々刻々の蒸発は顕著な日変化を示す．日中，水蒸気は地表面に向けて上昇する一方，夜間には大気の蒸発要求は低下し，土壌水分は早朝までに新たな平衡状態へと再配分され，風乾層はその厚さが減少する傾向にある．このプロセスは日中の下向き放射量による地表面の乾燥と，夜間の下部からのぬれに伴うヒステリシスを伴っており，これにより日変化が生じる (Jackson, 1973; Jackson *et al.*, 1973; Idso *et al.*, 1979 など)．さらに，地表面近くの土壌は基本的に乾燥しているので，蒸発した水は必然的にそれより下位，しかしほとんどは毛管上昇帯の最上部付近からのものとならざるをえない (Heitman *et al.*, 2008 など)．

風乾層最上部における水蒸気輸送メカニズムに対する土壌面蒸発の敏感度をこれまでの研究から決めることができる．たとえば，Philip and De Vries (1957) (PdV) の理論を用いたヒステリシスを考慮した解析に基づき，Milly (1984a; 1984b) は水蒸気輸送を考慮しても，土壌面からの日平均蒸発量にはわずかな影響しか与えないと結論づけた．同様な PdV の方法を用いて Saravanapavan and Salvucci (2000) は非常に乾燥した土壌を除くと，液体の水の流れ，すなわち毛管上昇が裸地面蒸発の速度を決めるプロセスであり，地表面への全フラックスは水蒸気の拡散係数には極めて鈍感であると結論づけている．このことは，土壌表面への水輸送の速度を決める因子としての風乾層の効果が比較的小さいことを意味する．関連する理由で，いくつかの研究で示されているように，地表面における放射から生じる温度勾配も日フラックスには比較的わずかな効果しかないことが予測できる（Fritton *et al.*, 1970; Hanks *et al.*, 1967; Milly, 1984a; 1984b など）．

非常に厚い土壌中でも，毛管上昇層の厚さはその上に位置する風乾層よりは厚いが，絶対値としては有限の厚さしかもたない．ある深さに達すると，上向きの毛管圧が重力の効果に打ち勝てるほどには大きくなくなり，フラックスが基本的にゼロとなってまう．これがいわゆるゼロフラックス面 (zero-flux plane) で，これ以深では水は重力で下向きに流れる．野外において裸地土壌で観察されたゼロフラックス面の深さは，すべておおむね同程度，すなわち地表面下数十 cm にあり，時間に伴う変化は比較的小さい (Daamen *et cl.*, 1993; Jackson *et al.*, 1973; Khalil *et al.*, 2003; Payne *et al.*, 1990; Tsujimura *et al.*, 2001; Villegas and Morris, 1990)．降水量あるいは灌漑水量が与えられた後のゼロフラックス面の発達はまた，線形化したリチャードソン・リチャーズの方程式で重力を考慮し，土壌が制御する地表面蒸発と下向き浸透を組み合わせて記述した境界条件を用いて，Brutsaert (2014b) によりさらに解析されている．計算の結果は，蒸発と浸透の進行にしたがいゼロフラックス面の深さは徐々に増加するが，この増加は極めて限られたものとなりそうなことを示している．これは，ゼロフラックス面の深さが時間に対して一定と仮定してもしばしば十分に正確であるという点で，実験的な観察結果と矛盾しない．

しかし，昼間の乾燥と夜間のぬれの結果として生じるヒステリシスをもつ最上層の日変化からくる複雑さは，蒸発フラックスを日単位のような粗い時間スケールで扱うことでおおむね避けることができる．通常，時々刻々変化するプロセスは日単位以上の期間では相互に打ち消しあい，積算で平均化され無視できるようになる．さらに，以下に示すように，Gardner (1959), Black *et al.* (1969), Jackson *et al.* (1976), Parlange *et al.* (1992) の実験で観察されたような，通常はボルツマン変換の結果生じる短期間の日平均蒸発量の時間の平方根への依存性は，日時間スケールにおいても蒸発フラックスを拡散プロセスとして扱えることを強く示唆している．地表面近くでは，圧力と土壌水分勾配が大きいので，重力の効果はそこでは比較的小さいだろう．したがって，以下の解析は，これらの物理的な考察から得られる次のような仮定に基づいている．(i) 日単位の時間スケールでは，風乾層の存在は無視できる．(ii) 裸地面土壌からの日蒸発の減少段階のより重要な性質のいくつかはリチャードソン・リチャーズの方程式 (9.3) または式 (9.6)，すなわち重力が無視できる状態での圧力勾配による等温の液体水の流れとしてパラメタライズできる．(iii) 流れは，下端をゼロフラックス面とする一定の厚さをもつ層の中で生じる．したがって，重力の効果は微分方程式中では無視されるものの，一定の深さにゼロフラックス面を導入することで，ある程度は考慮されている．また，これらの仮定のいくつかは，ある程度相互に相殺されている．たとえば，水蒸気輸送を無視することは蒸発速度の過小評価につながる一方で，重力を無視することは蒸発速度を過大評価することになる．

● 境界条件と解

土壌が制御する蒸発の問題で式 (9.6) を解くために，（空間変数として x の代わりに z を用いて）以下の考察から適切な境界条件を定めることができる．初期には，土壌プロファイル中の水分分布は，直近の降雨や灌漑がどのように浸透したのかとその後の大気条件に依存する．これだけだと無限の可能性

があるので，問題を扱える範囲に限定するために，ここでは単純にプロトタイプの事例として初期水分量は一様に臨界飽和 θ_s しているとする．これは第2段階なので，開始と同時に土壌表面 $z = 0$ では風乾状態で θ_r となることが仮定できる．$z = d$ にあるゼロフラックス面より上にある土壌プロファイルからのみ，蒸発は水を取り出すことができる．この深さは時間とともに変化するだろうが，上で引用したいくつかの野外観測や理論的な研究が示唆するように，平均的にはこの変化は非常に小さくまた緩やかである．したがって，境界条件は，

$$
\begin{aligned}
\theta &= \theta_s & (z > 0,\ t = 0) \\
\theta &= \theta_r & (z = 0,\ t \geq 0) \\
\partial \theta / \partial z &= 0 & (z = d,\ t \geq 0)
\end{aligned}
\tag{9.106}
$$

である．

　拡散係数が土壌水分の関数 $D_w = D_w(\theta)$ なので，式 (9.6) は非線形である．一方，数値実験で長時間経過後に観察される指数関数的な減少を示す振る舞い（例 9.4〜9.6 参照）は，通常線形過程と関連づけられる性質である．式 (9.60) ですでに触れたように，この点は，それほど驚くべきことではない．というのも，Crank (1975, p. 251) が示したように，加重平均の拡散係数 D_0 により，強い非線形な拡散式でも線形化でき，役に立つ解を提供できるからである．境界条件 (9.106) で示唆される無次元変数 $S_n = (\theta - \theta_r)/(\theta_s - \theta_r)$ を用いると，これは，n を定数として，

$$
D_0 = n \int_0^1 (1 - S_n)^{n-1} D_w(S_n)\, dS_n
\tag{9.107}
$$

で与えられる．この定数の最適値は，ほとんどの既知の土壌水分拡散係数と共通な性質をもつ拡散係数の関数に対する線形拡散方程式の解と非線形の厳密解 (Brutsaert, 1982) を比較することで，Brutsaert (2014a) により $n = 1.77$ 程度であることが示されている．

　拡散係数の通常のパラメタリゼーションは指数タイプ，すなわち式 (8.39) である．これは主には吸水問題で使われてきた（Gardner and Mayhugh, 1958; Reichardt *et al.*, 1972; Brutsaert, 1979 など）が，以下で議論するように，土壌面蒸発の研究でも役に立つ．指数型の拡散係数の式 (8.39) を式 (9.107) に代入すると，加重平均の拡散係数

$$
D_0 = D_{wr} n \int_0^1 (1 - S_n)^{n-1} e^{\beta S_n}\, dS_n
\tag{9.108}
$$

が得られる．$\beta(1 - S_n) = y$ とおくことで，式 (9.108) をより識別しやすい以下の形に書き換えられる．

$$
D_0 = D_{wr} n \beta^{-n} e^{\beta} \int_0^{\beta} y^{n-1} e^{-y}\, dy
\tag{9.109}
$$

ここで，積分は不完全ガンマ関数として知られており，一般に $\gamma(n, \beta)$ と表される．Abramowitz and Stegun (1964; 26.4.19) で示されているように，これはカイ二乗確率分布関数と $\gamma(n, \beta) = \Gamma(n)[1 - Q(2\beta|2n)]$ の関係がある．関数 $Q(2\beta|2n)$ の値が彼らの Table 26.7 にまとめられており，これを用いると D_0 を

$$
D_0 = D_{wr} n \Gamma(n) \beta^{-n} e^{\beta} [1 - Q(2\beta|2n)]
\tag{9.110}
$$

から計算することができる．

　拡散係数を一定 $D_w = D_0$ とすると，式 (9.6) は線形となり，式 (9.106) の境界条件で，容易に積分することができる．この解法は2世紀以上前に熱輸送に関してフーリエによって始められ，後に地下水流れを記述するのにブジネスクによって用いられている．地下水での解の数学的な詳細は 10.4.2 項で示す．今扱っている問題においては，解の重要な部分は地表面における蒸発フラックス [L T^{-1}]

$$E = D_0 \frac{\partial \theta}{\partial z}\bigg|_{z=0} \tag{9.111}$$

である．地下水流れのパラメータを式 (10.112) または式 (10.113) の土壌面蒸発のパラメータに変換すると,

$$E = E_0 \sum_{n=1,2,\dots}^{\infty} \exp\left(-\frac{(2n-1)^2 t}{\kappa}\right) \tag{9.112}$$

となる (Brutsaert, 2014a) ことが容易に示せる．ここでパラメータは

$$\begin{aligned} E_0 &= 2D_0(\theta_s - \theta_r)/d \\ \kappa &= 4d^2/\pi^2 D_0 \end{aligned} \tag{9.113}$$

である．式 (9.112) の級数は素早く収束するので,長時間経過後には

$$E = E_0 \exp(-t/\kappa) \tag{9.114}$$

と単純化できる．この乾燥が継続した後の指数関数的な減少のために,κ はこの問題においては,土壌乾燥の代表時間スケール,あるいは蒸発の土壌水貯留係数とよぶことができる．同様に,0.693κ は土壌乾燥半減期と考えることができる．

一方,初期の短期間には,土壌プロファイル中の流れは土壌深さ d が無限大であるかのように進行する．実際,蒸発 E が生じている地表面において,開始時から課した式 (9.106) の 2 つ目の条件である風乾条件 θ_r は $z=0$ から広がっていくので,結果として $z=0$ 近くの流れの状態は,初期段階ではずっと離れた $z=d$ の状態の影響をまだ受けてはいない．したがって,初期には,流れは d が無限大かのように振る舞い,ボルツマン変換が適用可能である．それゆえ,式 (9.113) を用いた式 (9.112) は短時間という限定条件では,

$$E = \frac{1}{2}De_0 t^{-1/2} \tag{9.115}$$

と表すことができる．ここで,De_0 は脱水能 (desorptivity) として知られている．9.2.4 項で示されたのと同じ方法を線形吸水の同様の問題に用いると,脱水能は,

$$De_0 = 2(\theta_s - \theta_r)(D_0/\pi)^{1/2} \tag{9.116}$$

であることが示せる．式 (9.116) を用いた式 (9.115) は短時間に対してのみ成り立つ特例ではあるが,ガードナー (Gardner, 1959) は半世紀以上前により一般的な解である式 (9.112) を提案している．結果として,式 (9.115) は多くの研究で乾燥下にある土壌からの蒸発を記述するための標準的パラメタリゼーションとして扱われてきた．式 (9.112) と同様に,Gardner (1959) はこの現象を土壌水の拡散プロセスとして記述した．その際の条件として,無限の深さをもつ一様土壌プロファイル中で,重力が無視でき,はじめは全層で土壌水分量が一様,その後,土壌表面ではじめよりも小さな一定の土壌水分となる場合とした．ガードナーが式 (9.106) の 3 つ目の境界条件のゼロフラックス面を無視したことで,ボルツマン変換の適用が可能となり,これから直接的に地表面蒸発速度が $t^{-1/2}$ で減少するという結果が得られた．しかし,以下の 3 例で見ることができるように,この $t^{-1/2}$ の依存性は,式 (9.114) の指数関数的減少にとって代わられるまでの比較的短時間でのみ有効である．

■ 例 9.4 砂質土壌からの蒸発

Black *et al.* (1969) は 1967 年夏,ウィスコンシン州において深さ 1.5 m のライシメータを用いて,砂質土壌である Plainfield 砂の蒸発量,排水量,貯留量変化を自然降雨条件下で測定した．彼らは,8 月 27 日～9 月 7 日の期間に乾燥が長く生じたことを報告している．測定された蒸発量は図 9.23 で片対数グラフ上に示されている．長時間に対しては,データが式 (9.114) のとおりに直線上に載る傾向を示すことが見てとれる．直線で最もよく近似できるデータに対して,$\ln(E)$ を t で線形回帰すると,2 つの

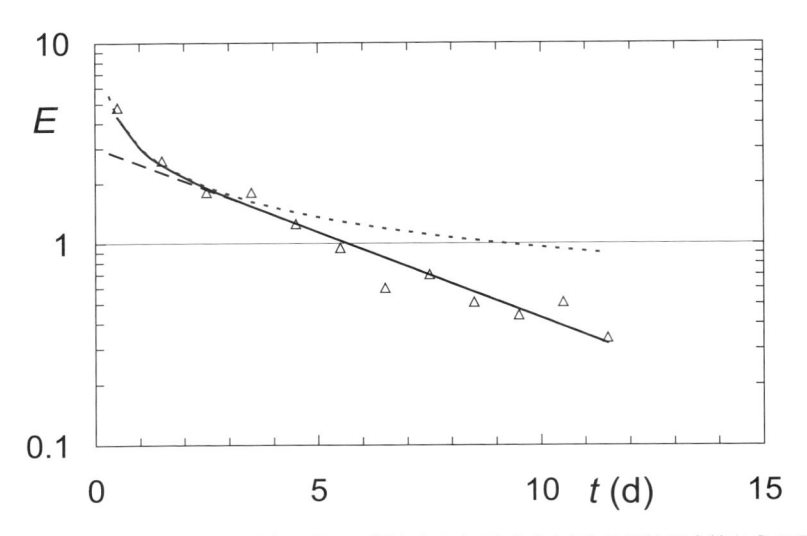

図 9.23 Black *et al.* (1969, Fig. 3) の研究において測定された Plainfield 砂の裸地面土壌からの日蒸発量 E (mm d^{-1}) の減少段階の開始時点からの変化. 同時に一般解の式 (9.112)(実線), その長時間版である式 (9.114)(破線) および短時間版である式 (9.115)(点線) が示されている(Brutsaert, 2014a).

パラメータの値 $E_0 = 3.03$ mm d^{-1} および $\kappa = 5.11$ d が得られる.

Black *et al.* (1969, Fig. 3) は指数関数の拡散係数式 (8.39) のパラメータを Plainfield 砂に対して概略 $D_{wr} = 50$ mm^2 d^{-1} および $\beta = 5.50$ と決定した. 式 (9.110) で $n = 1.77$ とすれば, 加重平均拡散係数が $D_0 = 961$ mm^2 d^{-1} と求まる. 式 (9.113) の 2 つ目の式からは, 土壌中のゼロフラックス面の深さが $d = 110$ mm と求まる. 式 (9.113) の 1 つ目の式からは, 土壌の開始時と終了時の土壌水分量の差が $(\theta_s - \theta_r) = 0.17$ と求まる. この値は Black *et al.* (1969) による推定値 0.12 よりわずかばかり大きい. いずれにせよ, これらの値を用いることで, 式 (9.116) による脱水能の計算は単純なものとなり, $De_0 = 6.05$ mm d$^{-1/2}$ が得られる. これらのパラメータの値を用いた式 (9.112), (9.114), (9.115) は図 9.23 に実験データと比較できるように示されている.

■ 例 9.5　ローム土壌からの蒸発

Jackson (1973) および Jackson *et al.* (1973) はアリゾナ州 Phoenix 近くの Adelanto ロームで覆われた裸地におけるいくつかの土壌乾燥実験について報告している. 灌漑後の土壌水分プロファイル, 2 つのライシメータからの蒸発量, そして関係するいくつかの気象要素が測定された. ここで考察する蒸発データ(図 9.24 参照)が得られ, 熱心に研究された出来事が 1971 年 3 月に発生した. 例 9.4 と同様に, 式 (9.114) を用いた回帰により, $E_0 = 1.18$ mm d^{-1} および約 1 ヶ月にあたる $\kappa = 29.67$ d のパラメータの値が得られる.

$\theta_s = 0.27$, $\theta_r = 0$(Jackson (1973, Fig. 7 土壌の深い部分) 参照)を仮定できるなら, Jackson (1973, Fig. 1) で与えられた Adelanto ロームの土壌水拡散係数は, 式 (8.39) で $D_{wr} = 0.479$ mm^2 d^{-1} および $\beta = 10.36$ とした $D_w = 0.479 \exp(38.376\theta)$ により記述できることがわかる. $n = 1.77$ とした式 (9.110) で, 加重平均拡散係数が $D_0 = 394$ mm^2 d^{-1} と求まる. 式 (9.113) の 2 つ目の式からは, 土壌中のゼロフラックス面の深さが $d = 170$ mm と定まる. これは野外で Jackson (1973, Fig. 8) により観察された平均値 200 mm と近い. 式 (9.113) の 1 つ目の式からは, $(\theta_s - \theta_r) = 0.26$ が得られる. そして, パラメータ D_0 と $(\theta_s - \theta_r)$ としてこれらの値を用いると, 式 (9.116) による脱水能は $De_0 = 5.71$ mm d$^{-1/2}$ となる. 図 9.24 はこれらのパラメータの値を用いた式 (9.112), (9.114), (9.115) を示しており, 測定された蒸発量と比較することができる.

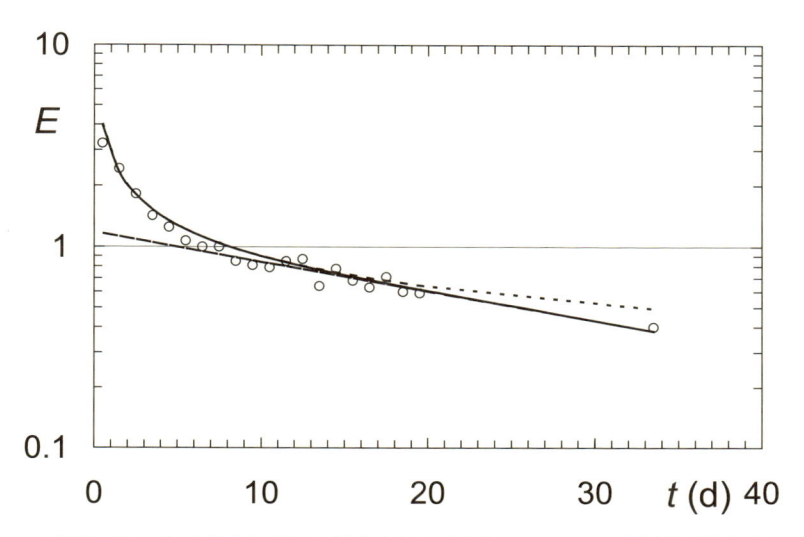

図 **9.24** Jackson (1973, Fig. 4) の研究において測定された Adelanto ロームの裸地面土壌からの日蒸発量 E (mm d^{-1}) の減少段階の開始時点からの変化. 同時に一般解の式 (9.112)（実線）, その長時間版である式 (9.114)（破線）および短時間版である式 (9.115)（点線）が示されている (Brutsaert, 2014a).

■ 例 9.6　粘土質ローム土壌からの蒸発

　Parlange *et al.* (1992) は, 繰り返し行われる灌漑とその間の乾燥, 土壌水分貯留量変化を伴う水収支の考察に基づき, Yolo 粘土質ローム土壌に覆われた裸地面の土壌水分に対する自己回帰マルコフモデルを開発した. この研究の一部として, 秤量式ライシメータと水位が測定されている水槽中に浮かべたフローティングライシメータ (Pruitt *et al.*, 1972) で蒸発量が測定された. ここでの目的に適した最も長い乾燥期間は 1990 年の 9 月 14〜27 日に生じた (Parlange *et al.*, 1992, Fig. 18). ここで使用するデータはフローティングライシメータで得られたもので, 図 9.25 に示されている. 8 日目のデータは機械の不調のため欠測である.

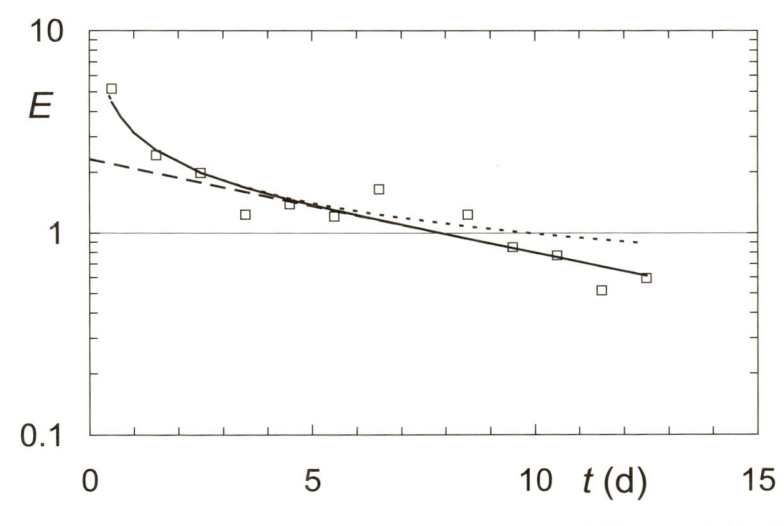

図 **9.25** Parlange *et al.* (1992, Fig. 18) の研究において測定された Yolo 粘土質ロームの裸地面土壌からの日蒸発量 E (mm d^{-1}) の減少段階の開始時点からの変化. 同時に一般解の式 (9.112)（実線）, その長時間版である式 (9.114)（破線）および短時間版である式 (9.115)（点線）が示されている (Brutsaert, 2014a).

4 日目から始まる指数関数的な減少から，式 (9.114) を用いてパラメータの値が $E_0 = 2.32\,\mathrm{mm\,d^{-1}}$ および $\kappa = 9.36\,\mathrm{d}$ と定まる．Parlange *et al.* (1992) は彼らの時系列モデルから Yolo 粘土質ローム土壌の加重平均拡散係数を $D_0 = 334\,\mathrm{mm^2\,d^{-1}}$ と推定した．この値を式 (9.113) の 2 つ目の式に用いると，ゼロフラックス面の深さが $d = 88\,\mathrm{mm}$ と求まる．そして，これらの D_0 と d を式 (9.113) の 1 つ目の式に代入すると，$(\theta_s - \theta_r) = 0.31$ となる．また，これらの D_0 と $(\theta_s - \theta_r)$ が既知となると，式 (9.116) から脱水能は $De_0 = 6.29\,\mathrm{mm\,d^{-1/2}}$ である．式 (9.112)，(9.114)，(9.115) を図 9.25 に実験データと比較できるように示してある．

● 無次元変数を用いた場合の任意の土壌に対する相似性

これまでに示した式の様々な土壌や野外状況に対する普遍的な適用性の検証や評価のためには，無次元変数でこれらの式を表現すると便利である．すると，式 (9.112) からは無次元蒸発量

$$E_+ = \sum_{n=1,2,\dots}^{\infty} \exp(-(2n-1)^2 t_+) \tag{9.117}$$

が得られる．ここで，$E_+ = E/E_0$ および $t_+ = t/\kappa$ である．同様に，式 (9.114) からは式 (9.117) の第 1 項にあたる長時間無次元蒸発速度が

$$E_+ = \exp(-t_+) \tag{9.118}$$

となる．最後に，式 (9.115) から短時間無次元蒸発速度は

$$E_+ = \frac{1}{2} De_{0+} t_+^{-1/2} \tag{9.119}$$

と表すことができる．$De_{0+} = \pi^{1/2}/2$ は無次元脱水能である．

図 9.26 に示されたように，大きく異なる特性を持つ 3 種の土壌に対する図 9.23, 9.24, および 9.25 のデータは，変数を無次元にすることで式 (9.117) により一緒に扱うことができる．図 9.26 には，式 (9.117)，(9.118) および (9.119) で計算した無次元蒸発速度も示されている．式 (9.117) すなわち

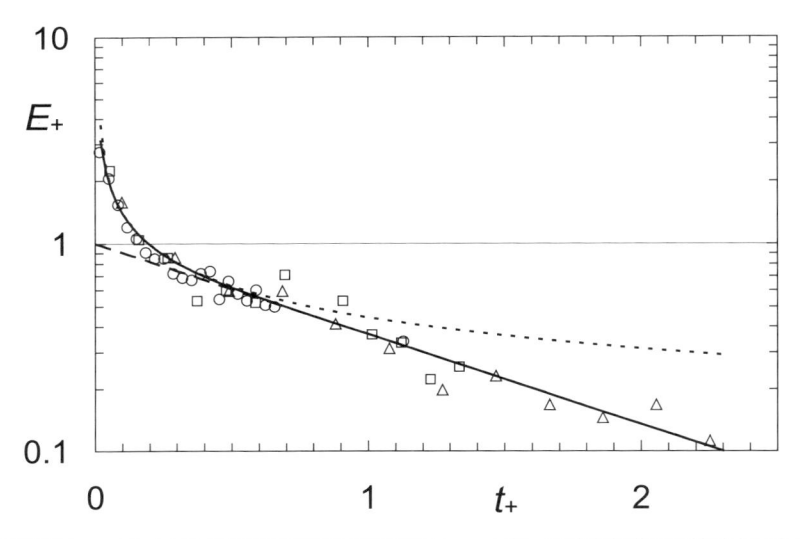

図 9.26 無次元時間 $t_+ = t/\kappa$ に対する無次元裸地面蒸発量 $E_+ = E/E_0$ の減少段階の開始時点からの変化．△は砂質土壌で得られた値 (Black *et al.* (1969), Fig. 3)，○はローム土壌で得られた値 (Jackson, 1973, Fig. 4)，□は粘土質ロームで得られた値 (Parlange *et al.*, 1992, Fig. 18) である．同時に無次元の一般解の式 (9.117)（実線），その長時間版である式 (9.118)（破線）および短時間版である式 (9.119)（点線）が示されている（Brutsaert, 2014a）．

(9.112) で与えられた一般解は，測定データを全体としてよく再現しているように見える．図はまた，長時間の解 (9.118) すなわち (9.114) が $t_+ \geq 0.55$ でのみ有効であり，短時間の解 (9.119) すなわち (9.115) が $t_+ \leq 0.45$ においてのみ有効であることを示している．

したがって，短時間と長時間を分ける基準の概略値として $t_+ = 0.50$ を用いることができる．相似変数としての t_+ の定義から，たとえば，砂質土壌に対する「短い」時間，あるいは「長い」時間の意味が，粘土質土壌に対するものとどのように異なるのかがわかる．

● **植生に覆われた土壌からの土壌が制御する蒸発**

これまでの解析は，厳密には植生がない裸地面に対してのみ適用できる．しかし，自然条件下の地表面はしばしば植生に覆われており，その根系が広範囲の深さから水分を吸い上げている．しかし，長期にわたる乾燥期間には丈の短い植生は成長を休止し，蒸発は最終的に土壌表面のみから生じるようになる．このことは，指数関数的な減少を表す式の重要さや適用性を無視することはできず，植被のある土壌表面からの蒸発という枠組みでもこれを試せるだろうということを意味する．実際，植生のある地点での乾燥段階の蒸発量減少が基本的に指数関数的に起こることがいくつかの蒸発の研究 (Williams and Albertson, 2004; Dardanelli *et al.*, 2004; Teuling *et al.*, 2006) で観測されてきた．土壌—植物根系の複合体が集中型の線形貯留要素であると考えることで，このタイプの減少の概念的な正当化が一般になされる．ここでは，流出に対する式 (12.25) と同様に，水分貯留量 S は水の流出速度に比例する．乾燥期間においては，この貯留要素からの蒸発が唯一の流出なので

$$S = \kappa_v E \tag{9.120}$$

である．κ_v は植生に覆われた土壌プロファイルにおける乾燥時の代表時間スケールである．蒸発速度が貯留量の変化速度でもあるので，$E = -dS/dt$ とおけ，式 (9.120) から $E = -\kappa_v dE/dt$，あるいは

$$E = E_0 \exp(-t/\kappa_v) \tag{9.121}$$

が求まる．ここで，E_0 は，第 1 段階の終了時，あるいは，降雨や灌漑による最後の水の入力の終了時と通常定められる基準時刻 $t = 0$ における日蒸発量である．

乾燥時の時間スケール κ_v は，これまでに観測された蒸発量や土壌水分量減少の測定から推定することができる．Dardanelli *et al.* (2004) は同じタイプの土壌で生育した 7 種の植生（ワタの木，トウモロコシ，トウジンビエ，モロコシ，ダイズ，ヒマワリ，コムギ）の吸水量を解析し，これらすべてにおいて，土壌水分量の変化が同一の $\kappa_v = 10.4$ d で表せることを見いだした．8 つ目の植物であるピーナッツが例外で $\kappa_v = 15.6$ d が得られた．Dardanelli *et al.* (2004) はこれから κ_v に反映された吸水速度の変化が根長密度には依存せず，土壌の状態によって生じそうであると結論づけた．Teuling *et al.* (2006) は，草原や作物畑からサバンナや森林までの異なるタイプの植生に覆われた 15 地点の E の測定値から式 (9.121) の κ_v の値を推定した．草原や作物畑，サバンナのような丈の低い植生の 9 地点で κ_v の値は 12～20 d の間に，顕著な乾期や砂漠状態にあった 2 地点で約 30～35 d となった，ほぼ森林や樹木の生えたサバンナである残りの 5 地点では，より大きな値，いくつかは 100 d を越える値が得られた．乾期の季節性や深くまで伸びる根系を持つ樹木が大きな κ_v を引き起こすようである．しかし，Teuling *et al.* (2006) による短い植生の κ_v の値が，例 9.4～9.6 で得られた裸地面に対する κ_v の値と同程度であることは注目すべきである．値が類似していることは，植生面の蒸発が指数減少段階に達する頃には，植生がすっかり不活発となり，乾燥はほぼ土壌面から生じていることを示唆している．このことはまた，少なくとも短い丈の植生に対しては，κ_v の値が個々の植物根系の性質よりも土壌の性質に依存するという Dardanelli *et al.* (2004) の結論を支持するようである．同様に，McColl *et al.* (2017) は κ や κ_v と密接に関係する土壌水分量減少の時間スケールが全球的には砂質土壌の地域や乾燥地域で小さくなる傾向にあることを見いだした．半乾燥地域では，この時間スケールがばらつ

きが大きいものの，数日のオーダーである一方，湿潤な地域では 10 日のオーダーであった．この件については さらなる研究が必要である．

● 自己保存近似による日変化

流域水文学では，日単位の時間スケールが一般的である．しかし，多くの適用例では日単位の時間分解能は粗すぎ，30 分から 1 時間の時間間隔が求められる．Brutsaert and Chen (1996) による天然のプレーリー上で観測されたデータの解析からは，日蒸発の総量は $t^{-1/2}$ に依存する形で記述できるものの，その日々の変化は，日中，地表面における時間単位の放射の入力を表す有効エネルギーで調節されることが示された．さらに，昼間の時間帯における地表面の熱収支は，しばしば 4.3.4 項で議論した意味での自己相似性あるいは自己保存性を示していた．この非常に乾燥した条件下での蒸発変化の 2 重構造からは，蒸発量の日総量，あるいは（蒸発比 EF，プリーストリー・テイラー式の α_e や，他にもあるかもしれない）蒸発量の無次元変数に対しての式 (9.112) のパラメタリゼーションと，式 (4.51) で表現される自己保存のプロセスを組み合わせることで，蒸発変化を表現できることが示唆される．これら 2 つの概念を組み合わせると，t_d 日の時刻 $t = t_i$ における以下の蒸発速度の式

$$E_i = E_0 \sum_{n=1,2,\ldots}^{\infty} \exp\left(-\frac{(2n-1)^2 t_d}{\kappa}\right) \times (F_i/F_d) \tag{9.122}$$

が得られる．ここで，添字 d と i は日と瞬間（現実的には，時間とか 30 分など）の変数をそれぞれ示している．F_d は，蒸発速度と相似な日変化を示す地表面熱収支の（潜熱フラックス以外の）何らかのフラックス項の t_d 日における平均フラックス，F_i は同日の時刻 $t = t_i$ におけるフラックスである．したがって，式 (9.122) には 2 つの時間スケール，日単位の t_d と時間単位の t_i が含まれている．このタイプの近似の信頼性は図 4.9～図 4.12 で判断することができる．条件が揃えば，このアプローチは，より完全な情報が不足しているときに，日蒸発量や週の蒸発量を時間値に分解するのに役立つかもしれない．

■ 問　題

9.1 地表面に薄い湛水層が存在する下での，はじめは乾燥していた土壌への浸透を表現するリチャードソン・リチャーズの方程式 (9.1) の近似（だが十分正確な）解が，$z = 2.87(1 - S^9)t^{1/2} + 0.04(1 - S^{20})t$ で与えられると仮定せよ．$S = \theta/\theta_0$ は飽和度，z は cm 単位の土壌の深さ，t は分単位の時間，θ_0 は臨界飽和での水分量である．以下を求めよ．(a) 時間の関数としての（地表面の単位面積あたりの）累積浸透量（結果の単位も示すこと）．(b) 時間の関数としての浸透強度．(c) 1 分後のぬれ前線の深さ．ぬれ前線は，土壌がちょうどぬれ始めた地表面下の深さである．

9.2 前間と同じ項目 (a), (b), (c) を求めよ．ここでは，リチャードソン・リチャーズの方程式の近似解を $z = 2.90(1 - S^4)t^{1/2} + 0.05(1 - S^9)t$ とせよ．$S = \theta/\theta_0$ は飽和度，z は cm 単位の土壌の深さ，t は分単位の時間，θ_0 は臨界飽和での水分量である．

9.3 式 (9.68) の変数を無次元化して式 (9.71) を導出せよ．

9.4 ホートン (Horton, 1939; 1940) の指数関数式 (9.76) から，累積浸透量 F_c を表す式を導出せよ．

9.5 ホートンの指数関数式 (9.76) から，累積浸透量 F_c を表す式を導出せよ．パラメータ b と c を，吸水能 A_0 と臨界飽和時の透水係数 k_0 の関数として表すことで，これらのパラメータの物理的意味を示せ．具体的な方法として，ホートンの式の F_c を式 (9.69) と比較し，t を大きくした時に，両式が同じ浸透量を与えるようにする．式 (9.69) で $\beta_0 = 2/3$，式 (9.76) で $a = k_0$ であることを思い起こすこと．

9.6 与えられた土壌の浸透能が $f_c = 0.5A_0 t^{-1/2} + k_0/3$ で表せると仮定せよ．A_0 は吸水能，k_0 は臨界飽和時の透水係数である．累積浸透能 F_c を与える式を導出せよ．

9.7 弱い定常な雨 $P = 0.45$ cm h^{-1} が，厚い均質な土壌へと浸透している．この土壌の透水係数 (cm d^{-1}) は

式 (8.37) で与えられ（図 8.29 も参照），H を cm 単位として，$a = 170 \times 10^6$, $b = 2.5 \times 10^6$, $c = 4$ である．2 つのテンシオメータで，深度 0.5 m および 1.0 m での圧力が測られている．もしこれら 2 つのテンシオメータのマノメータが地上 0.5 m の高さに設置してあるとしたら，これらのマノメータから読み取れる値はいくつになるだろうか．答えを cm 単位の水柱高で表すこと．

9.8 浸透特性が問題 9.6 で与えられた土壌について考察する．(a) 降雨強度が透水係数の 1.3 倍である $P = 1.3k_0$ の時の，湛水までに要する時間を A_0 と k_0 で表せ．(b) 圧縮基準時間 t_{cr1} を A_0 と k_0，および上で得られた t_p の値を用いて，式 (9.91) により計算せよ．(c) 式 (9.92) を利用して累積浸透量 $F(t)$ の式を書き表せ．(d) この事例で，透水係数が $k_0 = 0.08\,\mathrm{cm}\ \mathrm{min}^{-1}$，吸水能が $A_0 = 1\,\mathrm{cm}\ \mathrm{min}^{-1/2}$ とした場合の湛水までの時間を推定せよ．

9.9 複数選択．以下の記述で正しいのはどれか．不飽和土壌の透水係数は，

(a) 土壌が乾燥すると小さくなる．

(b) 湛水した水の浸透中，（地表面付近と比較して）ぬれ前線近くで最小になる．

(c) 浸透期間中，初期に封入された空気が溶解するので，時間の経過に伴って大きくなるかもしれない．

(d) 土壌水分量の勾配の関数である．

(e) 土壌中の水のサクション ($p < 0$) の関数である．

(f) ヒステリシスを有する関数である．

9.10 複数選択．以下の記述で正しいのはどれか．土壌表面が水の薄い層で湛水状態に保たれている．はじめに乾燥していた均質な無限厚さを有する土壌中への累積浸透量（強度ではない）は，

(a) 最終的に（非常に長時間経過後），時間の線形関数となる．

(b) 最終的に一定となり，時間に依存しなくなる．

(c) 初期には主に毛管力が働いているため，$t^{-1/2}$ に比例して変化する．

(d) 初期には透水係数に等しい．

(e) 初期には時間の滑らかな関数として減少する．

9.11 複数選択．以下の記述で正しいのはどれか．（土壌表面での水供給に限りがない場合の鉛直浸透強度である）浸透能は

(a) 時間経過に伴って大きく変化するかもしれない．

(b) 降雨強度（たとえば霧雨）に依存するかもしれない．

(c) 土壌の透水性の関数である．

(d) 理論的には，土壌が非常に厚い（浅い深度に不透水層が存在しない）場合には，長時間経過後に一定で一様な値となる．

(e) 地表面を覆う植被あるいは季節とは，おおむね無関係である．

9.12 相似変数 $\phi = x t^{-1/3}$ を用いると，偏微分方程式

$$2x \frac{\partial \theta}{\partial t} = \frac{\partial}{\partial x} \left(\theta^4 \frac{\partial \theta}{\partial x} \right)$$

を解が $\theta = \theta(\phi)$ で与えられる常微分方程式に変えられることがわかっていると仮定せよ．(a) 常微分方程式を求めよ．(b) このタイプの相似変数の利用が許される問題の（時空間）構造について，その制限事項を境界条件として（数行で）表現せよ．

9.13 微分方程式 (9.13) と境界条件 (9.14) を考察する．もしこの問題の解が $0 < \phi < 1$ に対して $\phi = (1-\theta)^n$，$\phi \geq 1$ に対して $\theta = 0$ だとしたら，水分拡散係数 $D_w = D_w(\theta)$ はどう表せるか．n は正の定数である．

9.14 図 9.2 に示された水平方向の浸透実験の結果を与えられたとする．はじめは土壌は完全に乾燥して $\theta_i = 0$ であり，この土壌の臨界飽和水分量は $\theta_0 = 0.4$ である．$t = 100$ 分後に，以下の水分量の分布が得られた．

x (cm)	0	5	10	15	17	19	20	20.5	21
θ	0.4	0.37	0.34	0.29	0.26	0.22	0.18	0.14	0

式 (9.24) または (9.25) を図を用いるか数値的に解くことで，$\theta = 0.10, 0.25, 0.30, 0.35$ に対する $D_w = D_w(\theta)$ の値を $(\text{cm}^2\ \text{min}^{-1})$ の単位で求めよ．

9.15 前問と同じ実験で $\theta_i = 0.02, \theta_0 = 0.45$ とせよ．$t = 740$ 分後に水分量の分布は次表のようになった．

x (cm)	10	30	40	50	60	70	72	75	76
θ	0.45	0.45	0.45	0.44	0.42	0.36	0.33	0.20	0.10

式 (9.24) または (9.25) を図を用いるか数値的に解くことで，$\theta = 0.1, 0.2, 0.3, 0.4, 0.45$ に対する $D_w = D_w(\theta)$ の値を，$(\text{cm}^2\ \text{min}^{-1})$ の単位で求めよ．

9.16 $t = 740$ 分継続した問題 9.15 の水平方向の浸透実験を考察する．この実験が $t = 370$ 分しか継続しなかった場合に，観測される水分量の分布 $\theta = \theta(x)$ を表として表すこと．

9.17 厳密解 (9.27) から式 (9.28) の吸水能の式を導出せよ．これから水平方向の浸透強度 f の式を導出せよ．

9.18 式 (9.38) から式 (9.39) を導出せよ．ヒント：部分積分を用い，その後ライプニッツの公式（付録参照）を適用する．

9.19 吸水問題のある程度正確な解は，$b = 0$ とした式 (9.38) である．（この式は式 (9.43) ほどには正確ではないが，解析的に用いやすい．）式 (9.39) を利用して，この解を用いて吸水能 A_0 とぬれ前線の位置 ϕ_F を計算せよ．拡散係数が式 (8.39) で与えられるとした場合の F と x_f の関係を β の関数として求めよ．$\beta = 3, 8$ の値に対して，図 9.12 に示され式 (9.48) で与えられる，より正確な結果と比較せよ．

9.20 式 (9.103) から式 (9.104) と (9.105) を導出せよ．

9.21 均一な砂質土壌を考察する．この土壌の透水係数は式 (8.37) により $\text{cm}\ \text{d}^{-1}$ の単位で与えられ，$a = 170 \times 10^6, b = 2.5 \times 10^6, c = 4$ である．土壌表面での可能蒸発量 $0.4\ \text{cm}\ \text{d}^{-1}$ を仮定せよ．（大気ではなく）土壌が蒸発速度を決めるようになる最も浅い地下水面の深度を求めよ．

9.22 Diablo ロームの透水係数が図 8.29 に示されている．この土壌に対して，式 (8.37) のパラメータ a, b, c として図の値を用い，地下水面の深さが異なる以下の 3 つの場合について，裸地表面からの（定常な毛管上昇による）最大蒸発速度を計算せよ．(a) 0.5 m, (b) 1.0 m, (c) 1.5 m.

9.23 複数選択．以下の記述で正しいのはどれか．2 相不混和流体問題でのぬれ流体の運動は，しばしばリチャードソン・リチャーズの方程式で表される．この式では以下の仮定が必要とされる．

  (a) ダルシー則が有効である．

  (b) 熱力学エネルギーの保存．

  (c) 非ぬれ流体は非粘性流体なので，圧力勾配なしで自由に動くことができる．

  (d) 毛管現象の効果は無視することができる．

  (e) 多孔体基質は非圧縮性である．

9.24 複数選択．以下の記述で正しいのはどれか．（一定な非常に薄い層として存在する）湛水した水の，厚い均質な乾燥土壌中への鉛直浸透中においては，

  (a) 重力の効果が初期には支配的であり，長時間経過するとほぼ無視できるようになる．

  (b) 地表面での比流束は浸透強度に等しい．

  (c) 透水係数はぬれ前線では，ほぼ一定である．

  (d) 土壌表層での水圧は，長時間経過後には深さ方向に一定となる．

  (e) 浸透量は初期には時間に比例して変化する．

9.25 （x の代わりに z を用いた）拡散の式 (9.6) で拡散係数を一定 $(D_w = D_0)$ とし，ボルツマン変換により，短期間の裸地土壌面からの蒸発の式 (9.115) および (9.116) を導出せよ．

9.26 式 (9.114) を用いて，なぜ 0.693κ が土壌水分貯留の半減期と考えられるのかを説明し，また証明せよ．0.693 は正確には何を表しているのか？

■ 参考文献

Abramowitz, M. and Stegun, I. A. (eds.) (1964). *Handbook of Mathematical Functions*, Appl. Math. Ser. 55. Washington, DC: National Bureau of Standards.

Ahuja, L. R. and Swartzendruber, D. (1973). Horizontal soil-water intake through a thin zone of reduced permeability. *J. Hydrol.*, **19**, 71–89.

Assouline, S., Selker, J. S. and Parlange, J.-Y. (2007). A simple accurate method to predict time of ponding under variable intensity rainfall. *Water Resour. Res.*, **43**, W03426, doi:10.1029/2006WR005138.

Assouline, S., Tyler, S. W., Selker, J. S., Lunati, I., Higgins, C. W. and Parlange, M. B. (2013). Evaporation from a shallow water table: diurnal dynamics of water and heat regime at the surface of drying sand. *Water Resour. Res.*, **49**, 4022–4034, doi:10.1002/wrcr.20293.

Auteri, N., Bagarello, V., Concialdi, P. and Iovino, M. (2020). Testing an adapted beerkan infiltration run for a hydrologically relevant soil hydraulic characterization. *J. Hydrol.*, **584**, 124697. doi: 10.1016/j.jhydrol.2020.124697.

Black, T. N., Gardner, W. R. and Thurtell, G. W. (1969). The prediction of evaporation, drainage, and soil water storage for a bare soil. *Soil Sci. Soc. Amer. Proc.*, **33**, 655–660.

Boltzmann, L. (1894). Zur Integration der Diffusionsgleichung bei variabeln Diffusionskoeffizienten. *Ann. Phys. (Leipzig)*, **53**, 959–964.

Bouwer, H. (1969). Infiltration of water into non-uniform soil. *J. Irrig. Drain. Div., Proc. ASCE*, **95**, 451–462.

Broadbridge, P. and White, I. (1987). Time to ponding: comparison of analytic, quasi-analytic and approximate predictions. *Water Resour. Res.*, **23**, 2302–2310.

Bruce, R. R. and Klute, A. (1956). The measurement of soil moisture diffusivity. *Soil Sci. Soc. Amer. Proc.*, **20**, 458–462.

Bruce, R. R., Thomas, A. W. and Whisler, F. D. (1976). Prediction of infiltration into layered field soils in relation to profile characteristics. *Trans. Amer. Soc. Agric. Engrs.*, **19**, 693–698, 703.

Brutsaert, W. (1968). The adaptability of an exact solution to horizontal infiltration. *Water Resour. Res.*, **4**, 785–789.

(1974). More on an approximate solution for nonlinear diffusion. *Water Resour. Res.*, **10**, 1251–1252.

(1976). The concise formulation of diffusive sorption of water in a dry soil. *Water Resour. Res.*, **12**, 1118–1124.

(1977). Vertical infiltration in dry soil. *Water Resour. Res.*, **13**, 363–368.

(1979). Universal constants for scaling the exponential soil water diffusivity? *Water Resour. Res.*, **15**, 481–483.

(1982). Some exact solutions for nonlinear desorptive diffusion. *J. Appl. Math. Phys. (ZAMP)*, **33**, 540–546.

(2014a). Daily evaporation from drying soil: Universal parameterization with similarity. *Water Resour. Res.*, **50**, 3206–3215. doi:10.1002/2013WR014872.

(2014b). The daily mean zero-flux plane during soil-controlled evaporation: A Green's function approach. *Water Resour. Res.*, **50**, 9405–9413, doi:10.1002/2014WR016111.

Brutsaert, W. and Chen, D. (1996). Diurnal variation of surface fluxes during thorough drying (or severe drought) of natural prairie. *Water Resour. Res.*, **32**, 2013–2019.

Chu, S. T. (1978). Infiltration during an unsteady rain. *Water Resour. Res.*, **14**, 461–466.

Cisler, J. (1969). The solution for maximum velocity of isothermal steady flow of water upward from water table to soil surface. *Soil Sci.*, **108**, 148.

Clothier, B. E. and White, I. (1981). Measurement of sorptivity and soil water diffusivity in the field. *Soil Sci. Soc. Amer. J.*, **45**, 241–245.

(1982). Water diffusivity of a field soil. *Soil Sci. Soc. Amer. J.*, **46**, 155–158.

Cook, F. J. and Broeren, A. (1994). Six methods for determining sorptivity and hydraulic conductivity with disk permeameters. *Soil Sci.*, **157**, 211.

Cook, H. L. (1946). The infiltration approach to the calculation of surface runoff. *Eos Trans. Am. Geophys. Un.*, **27**, 726–747.

Cordery, I. (1970). Initial loss for flood estimation and forecasting. *J. Hydraul. Div., Proc. ASCE*, **96**, 2447–2466.

Cosh, M. H. and Brutsaert, W. (1999). Aspects of soil moisture variability in the Washita'92 study region. *J. Geophys. Res.*, **104** (D16), 19751–19757.

Crank, J. (1975). *The Mathematics of Diffusion*, Second Edn. Oxford, UK: Clarendon.

Daamen, C. C., Simmonds, L. P. and Sivakumar, M. V. K. (1995). The impact of sparse millet crops on evaporation from soil in semi-arid Niger. *Agric. Water Manage.*, **27**, 225–242.

Dardanelli, J. L., Ritchie, J. T., Calmon, M., Andriani, J. M. and Collino, D. J. (2004). An empirical model for root water uptake. *Field Crop. Res.*, **87**, 59–71. doi:10.1016/j.fcr.2003.09.00.

Davidson, J. M., Nielsen, D. R. and Biggar, J. W. (1963). The measurement and description of water flow through Columbia silt loam and Hesperia sandy loam. *Hilgardia*, **34** (15), 601–617.

Dooge, J. C. E. (1957). The rational method for estimating flood peaks. *Engineering (London)*, **184**, 311–374.

Farrell, D. A. and Larsen, W. E. (1972). Dynamics of the soil-water system during a rainstorm. *Soil Sci.*, **113**, 88–95. doi:10.1097/00010694-197202000-00003.

Feldman, A. (1981). HEC models for water resources system simulation: theory and experience. *Adv. Hydrosci.*, **12**, 297–423.

Fisher, E. A. (1923). Some factors affecting the evaporation of water from soil. *J. Agric. Sci.*, **13**, 121–143.

Fritton, D. D., Kirkham, D. and Shaw, R. H. (1970). Soil water evaporation, isothermal diffusion, and heat and water transfer. *Soil Sci. Soc. Am. Proc.*, **34**, 183–189.

Gardner, W. R. (1958). Some steady-state solutions of the unsaturated moisture flow equation with application to evaporation from a water table. *Soil Sci.*, **85**, 228–232.

(1959). Solution of the flow equation for the drying of soils and other porous media. *Soil Sci. Soc. Amer. Proc.*, **23**, 183–187.

Gardner, W. R. and Fireman, M. (1958). Laboratory studies of evaporation from soil columns in the presence of a water table. *Soil Sci.*, **85**, 244–249.

Hanks, R. J., Gardner, H. R. and Fairbourn, M. L. (1967). Evaporation of water from soils as influenced by drying with wind or radiation. *Soil Sci. Soc. Am. Proc.*, **31**, 593–598.

Heitman, J. L., Xiao, X., Horton, R. and Sauer, T. J. (2008). Sensible heat measurements indicating depth and magnitude of subsurface soil water evaporation. *Water Resour. Res.*, **44**, W00D05, doi: 10.1029/2008WR006961.

Hillel, D. and Gardner, W. R. (1970). Transient infiltration into crust-topped profiles. *Soil Sci.*, **109**, 69–76.

Holtan, H. N. (1945). Time condensation in hydrograph analysis. *Eos Trans. Am. Geophys. Un.*, **26**,

407–413.

Horton, R. E. (1937). Determination of infiltration capacity for large drainage basins. *Eos Trans. Am. Geophys. Un.*, **18**, 371–385.

(1939). Analysis of runoff-plot experiments with varying infiltration capacity. *Eos Trans. Am. Geophys. Un.*, **20**, 693–711.

(1940). An approach toward a physical interpretation of infiltration capacity. *Soil Sci. Soc. Amer. Proc.*, **5**, 399–417.

(1942). A simplified method of determining the constants in the infiltration-capacity equation. *Eos Trans. Am. Geophys. Un.*, **23**, 575–577.

Ibrahim, H. A. and Brutsaert, W. (1968). Intermittent infiltration into soils with hysteresis. *J. Hydraul. Div., Proc. ASCE*, **94**(HY1), 113–137.

Idso, S. B., Reginato, R.J. and Jackson, R. D. (1979). Calculation of evaporation during three stages of soil drying. *Water Resour. Res.*, **15**, 487–488.

Jackson, R. D. (1973). Diurnal changes in soil water content during drying, in *Field Soil Water Regime*, ed. R. R. Bruce, *Spec. Pub. 5*, 37–55, Madison, WI: Soil Sci. Soc. Amer. doi:10.2136/sssaspecpub5.c3.

Jackson, R. D., Kimball, B. A., Reginato, R. J. and Nakayama, F. S. (1973). Diurnal soil water evaporation: time-depth-flux patterns. *Soil Sci. Soc. Amer. Proc.*, **37**, 505–509.

Jackson, R. D., Idso, S. B. and Reginato, R. J. (1976). Calculation of evaporation rates during the transition from energy-limiting to soil-limiting phases using albedo data. *Water Resour. Res.*, **12**, 23–26.

Khalil, M., Sakai, M., Mizoguchi, M. and Miyazaki, T. (2003). Current and prospective applications of zero flux plane (ZFP) method. *J. Jpn. Soc. Soil Phys.*, **95**, 75–90.

Kim, C. P., Stricker, J. N. M. and Torfs, P. J. J. F. (1996). An analytical framework for the water budget of the unsaturated zone. *Water Resour. Res.*, **32**, 3475–3484.

Klute, A. (1952). A numerical method for solving the flow equation for water in unsaturated materials. *Soil Sci.*, **73**, 105–116.

Kostiakov, A. N. (1932). On the dynamics of the coefficient of water-percolation in soils and on the necessity of studying it from a dynamic point of view for purposes of amelioration. *Trans. Sixth Comm. Internatl. Soc. Soil Sci.*, Russian Part A, 17–21. (English Summary in Part B, 177–178.)

Kozeny, J. (1927). Über kapillare Leitung des Wassers im Boden. *Sitzungsberichte, Akad. d. Wissensch., Vienna, Austria*, **136** (Part 2a), 271–306.

Landahl, H. D. (1953). An approximation method for the solution of diffusion and related problems. *Bull. Math. Biophys.*, **15**, 49–61.

Laurenson, E. M. and Pilgrim, D. H. (1963). Loss rates for Australian catchments and their significance. *J. Inst. Engrs., Australia*, **35**, 9–24.

Lewis, M. R. (1937). The rate of infiltration of water in irrigation practice. *Eos Trans. Am. Geophys. Un.*, **18**, 361–368.

Linden, D. R. and Dixon, R. M. (1975). Water table position as affected by soil air pressure. *Water Resour. Res.*, **11**, 139–143.

Liu, M.-C., Parlange, J.-Y., Sivapalan, M. and Brutsaert, W. (1998). A note on the time compression approximation. *Water Resour. Res.*, **34**, 3683–3686.

Liu, Y., Steenhuis, T. S. and Parlange, J.-Y. (1994a). Formation and persistence of fingered flow fields in coarse grained soils under different moisture contents. *J. Hydrol.*, **159**, 187–195.

(1994b). Closed-form solution for finger width in sandy soils at different water contents. *Water Resour. Res.*, **30**, 949–952.

Macey, R. I. (1959). A quasi-steady state approximation method for diffusion problems, 1. Concentration dependent diffusion coefficients. *Bull. Math. Biophys.*, **21**, 19–32.

Matano, C. (1933). On the relation between the diffusion-coefficients and the concentrations of solid metals (the nickel–copper system). *Jpn. J. Phys.* (日本物理學輯報), **8**, 109–113.

McColl, K. A., Wang, W., Peng, B., Akbar, R., Short Gianotti, D. J., Lu, H., Pan, M. and Entekhabi, D. (2017). Global characterization of surface soil moisture drydowns. *Geophys. Res. Lett.*, **44**, 3682–3690. doi:10.1002/2017GL072819.

McWhorter, D. B. (1971). *Infiltration affected by flow of air.* Hydrology Paper No. 49, Colorado State University.

Mein, R. G. and Larson, C. L. (1973). Modeling infiltration during a steady rain. *Water Resour. Res.*, **9**, 384–394.

Miller, E. E. and Gardner, W. H. (1962). Water infiltration into stratified soil. *Soil Sci. Soc. Amer. Proc.*, **26**, 115–119.

Miller, R. D. and Bresler, E. (1977). A quick method for estimating soil water diffusivity functions. *Soil Sci. Soc. Amer. Proc.*, **41**, 1021–1022.

Milly, P. C. D. (1984a). A linear analysis of thermal effects on evaporation from soil. *Water Resour. Res.*, **20**, 1075–1085.

(1984b). A simulation analysis of thermal effects on evaporation from soil. *Water Resour. Res.*, **20**, 1087–1098.

Mulvany, T. J. (1850). On the use of self registering rain and flood gauges. *Inst. Civ. Eng. Proc. (Dublin)*, **4**, 1–8.

Nielsen, D. R., Biggar, J. W. and Davidson, J. M. (1962). Experimental consideration of diffusion analysis in unsaturated flow problems. *Soil Sci. Soc. Amer. Proc.*, **26**, 107–111.

Nielsen, D. R., Biggar, J. W. and Erh, K. T. (1973). Spatial variability of field-measured soil-water properties. *Hilgardia*, **42**, 215–259.

Parlange, J.-Y. (1971). Theory of water movement in soils: 1. One-dimensional absorption. *Soil Sci.*, **111**, 134–137.

(1972). Theory of water movement in soils: 8. One-dimensional infiltration with constant flux at the surface. *Soil Sci.*, **114**, 1–4.

(1973). Horizontal infiltration of water in soils: a theoretical interpretation of recent experiments. *Soil Sci. Soc. Amer. Proc.*, **37**, 329–330.

(1975). Comments on 'Determination of soil water diffusivity by sorptivity measurements' by C. Dirksen, *Soil Sci. Soc. Amer. Proc.*, **39**, 1011.

Parlange, J.-Y. and Hill, D. E. (1979). Air and water movement in porous media – compressibility effects. *Soil Sci.*, **127**, 257–263.

Parlange, J.-Y. and Smith, R. E. (1976). Ponding time for variable rainfall rates. *Can. J. Soil Sci.*, **56**, 121–123.

Parlange, M. B., Katul, G. G., Cuenca, R. H., Kavvas, M. L., Nielsen, D. R. and Mata, M. (1992). Physical basis for a time series model of soil water content. *Water Resour. Res.*, **28**, 2437–2446.

Payne, W. A., Wendt, C. W. and Lascano, R. J. (1990). Bare fallowing on sandy fields of Niger, West

Africa. *Soil Sci. Soc. Amer. J.*, **54**, 1079–1084.

Peck, A. J. (1964). The diffusivity of water in a porous material. *Aust. J. Soil Res.*, **2**, 1–17.

Philip, J. R. (1955). Numerical solution of equations of the diffusion type with diffusivity concentration-dependent. *Trans. Faraday Soc.*, **51**, 885–892.

    (1957a). The theory of infiltration, 4, Sorptivity and algebraic infiltration equations. *Soil Sci.*, **84**, 257–264.

    (1957b). Numerical solution of equations of the diffusion type with diffusivity concentration-dependent, 2. *Aust. J. Phys.*, **10**, 29–42.

    (1960). General method of exact solution of the concentration-dependent diffusion equation. *Aust. J. Phys.*, **13**, 1–12.

    (1967). Sorption and infiltration in heterogeneous media. *Aust. J. Soil Res.*, **5**, 1–10.

    (1969). Theory of infiltration. *Adv. Hydrosci.*, **5**, 215–296.

Philip, J. R., and De Vries D. A. (1957). Moisture movement in porous materials under temperature gradients. *Eos Trans. Am. Geophys. Un.*, **38**, 222–232.

Pilgrim, D. H. (1966). Storm loss rates for regions with limited data. *J. Hydraul. Div., Proc. ASCE*, **92**(HY2), 193–206.

Polubarinova-Kochina, P. Ya. (1952). *Theory of Ground Water Movement*, (translated from the Russian by J. M. R. DeWiest, 1962). Fort Collins, CO: Princeton University Press.

Pruitt, W. O., Lourence, F. J. and von Oettingen S. (1972). Water use by crops as affected by climate and plant factors. *Calif. Agric.*, **26**, (Oct., No. 10), 11–14.

Reeves, M. and Miller, E. E. (1975). Estimating infiltration for erratic rainfall. *Water Resour. Res.*, **11**, 102–110.

Rogowski, A. S. (1972). Watershed physics: soil variability criteria. *Water Resour. Res.*, **8**, 1015–1023.

Rubin, J. (1966). Theory of rainfall uptake by soils initially drier than their field capacity and its applications. *Water Resour. Res.*, **2**, 739–749.

Salvucci, G. D. and Entekhabi, D. (1994). Equivalent steady soil moisture profile and the time compression approximation in water balance modeling. *Water Resour. Res.*, **30**, 2737–2749.

Saravanapavan, T. and Salvucci, G. D. (2000). Analysis of rate-limiting processes in soil evaporation with implications for soil resistance models. *Adv. Water Resour.*, **23**, 493–502.

Selker, J., Parlange, J.-Y. and Steenhuis, T. (1992). Fingered flow in two dimensions, 2. Predicting finger moisture profile. *Water Resour. Res.*, **28**, 2523–2528.

Sellers, P. J., Hall, F. G., Asrar, G., Strebel, D. E. and Murphy, R. E. (1992). An overview of the First International Satellite Land Surface Climatology Project (ISLSCP) Field Experiment (FIFE). *J. Geophys. Res.*, **97**(D17), 18345–18371.

Sherman, L. K. (1943). Comparison of F-curves derived by the methods of Sharp and Holtan and of Sherman and Mayer. *Eos Trans. Am. Geophys. Un.*, **24**, 465–467.

Sherwood, T. K. and Comings, E. W. (1933). The drying of solids, V, Mechanism of drying of clays. *Ind. Eng. Chem.*, **25**, 311–316.

Sivapalan, M. and Milly, P. C. D. (1989). On the relationship between the time condensation approximation and the flux-concentration relation. *J. Hydrol.*, **105**, 357–367.

Smith, R. E. (1972). The infiltration envelope: results from a theoretical infiltrometer. *J. Hydrol.*, **17**, 1–21.

Smith, R. E. and Chery, D. L. (1973). Rainfall excess model from soil water flow theory. *J. Hydraul.*

Div., Proc. ASCE, **99**, 1337–1351.

Smith, R. E. and Parlange, J.-Y. (1978). A parameter-efficient hydrologic infiltration model. *Water Resour. Res.*, **14**, 533–538.

Sonu, J. and Morel-Seytoux, H. J. (1976). Water and air movement in a bounded deep homogeneous soil. *J. Hydrol.*, **29**, 23–42.

Swartzendruber, D. and Hillel, D. (1975). Infiltration and runoff for small field plots under constant intensity rainfall. *Water Resour. Res.*, **11**, 445–451.

Talsma, T. (1969). In situ measurement of sorptivity. *Aust. J. Soil Res.*, **7**, 269–276.

Talsma, T. and Parlange, J.-Y. (1972). One-dimensional vertical infiltration. *Aust. J. Soil Res.*, **10**, 143–150.

Teuling, A. J., Seneviratne, S. I., Williams, C. and Troch, P. A. (2006). Observed timescales of evapotranspiration response to soil moisture. *Geophys. Res. Lett.*, **33**, L23403. doi:10.1029/2006GL028178.

Touma, J., Voltz, M. and Albergel, J. (2007). Determining soil saturated hydraulic conductivity and sorptivity from single ring infiltration tests. *Eur. J. Soil Sci.*, **58**, 229–238. doi:10.1111/j.1365-2389.2006.00830.x.

Tsujimura, M., Numaguti, A., Tian, L., Hashimoto, S., Sugimoto, A. and Nakawo, M. (2001). Behavior of subsurface water revealed by stable isotope and tensiometric observation in the Tibetan Plateau. *J. Met. Soc. Jpn.*, **79**, 599–605.

Villegas, A. N., Morris, R. A. (1990), Zero flux plane recession under monocropped and intercropped cowpea and sorghum. *Agron. J.*, **82**, 845–851.

Warrick, A. W., Mullen, G. J. and Nielsen, D. R. (1977). Scaling field-measured soil hydraulic properties using a similar media concept. *Water Resour. Res.*, **13**, 355–362.

White, I. and Broadbridge, P. (1988). Constant rate rainfall infiltration: a versatile nonlinear model. *Water Resour. Res.*, **24**, 155–162.

White, I. and Perroux, K. M. (1987). Use of sorptivity to determine field soil hydraulic properties. *Soil Sci. Soc. Amer. J.*, **51**, 1093–1101.

White, I., Colombera, P. M. and Philip, J. R. (1977). Experimental studies of wetting front instability induced by gradual change of pressure gradient and by heterogeneous porous media. *Soil Sci. Soc. Amer. J.*, **41**, 483–489.

White, I., Sully, M. J. and Melville, M. D. (1989). Use and hydrological robustness of time-to-incipient-ponding. *Soil Sci. Soc. Amer. J.*, **53**, 1343–1346.

Williams, C. A. and Albertson, J. D. (2004). Soil moisture controls on canopy-scale water and carbon fluxes in an African savanna. *Water Resour. Res.*, **40**, W09302. doi:10.1029/2004WR003208.

Willis, W. O. (1960). Evaporation from layered soils in the presence of a water table. *Soil Sci. Soc. Amer. Proc.*, **24**, 239–242.

Wollny, E. (1884). Untersuchungen über die kapillare Leitung des Wassers im Boden. *Forschungen auf dem Gebiete der Agrikulturphysik*, **7**, 269–308.

Yamanaka T., Takeda, A. and Shimada, J. (1998). Evaporation beneath the soil surface: some observational evidence and numerical experiments. *Hydrol. Process.*, **12**, 2193–2203.

Yamanaka, T. and Yonetani, T. (1999). Dynamics of the evaporation zone in dry sandy soils. *J. Hydrol.* **217**, 135–148, doi:10.1016/S0022-1694(99)00021-9.

地下水流出量と基底流量 *10*

土壌に浸透した降水の多くは，小河川，河川，湖沼などの開水面に最終的にたどり着く．降水やその他の入力がある程度の時間停止した後には，すべての河川流量は，その上流にある全不圧帯水層から集まった流出からなると考えることができる．この流量の予測は実用的に重要である．なぜなら，基底流量とは降水や人工的な貯水施設がない時にも河川が維持できる流量だからである．したがって，基底流量は干ばつ流量 (drought flow)，低水流量 (low flow)，維持流出 (sustained runoff)，あるいは平穏時流出 (fair-weather runoff) などさまざまな名前でよばれている．工学分野では，この基底流量は，干ばつ期の水供給，河川の水質の問題や一般的な流域，農業排水との関連で研究がなされてきた．

干ばつ流の期間に比べて，降雨や雪解け時には，それらへの応答として水が水路に到達する経路やメカニズムがより複雑になる．それでも，第 11 章でふれるように，植生に覆われた自然流域からの洪水流出の多くは，地中の流れにより河道にもたらされていると一般には考えられている．このため，河岸に沿った帯水層からの排水は，干ばつ期間のみならず降水への反応に対しても，流域水文学の重要な要素の 1 つである．本章ではまず，河畔域の不圧帯水層中の地下水流を解析することにより，河川に流出が流れ込む地点における地中流出を局所的に考察する．はじめの 5 つの節では，この目的に使われるさまざまな公式について述べる．本章の最後の節では，流域の河道や水路に沿った局所的な地下水流出を積分することで，この現象を流域スケールで扱う．

10.1 河畔域の不圧帯水層中の流れ

10.1.1 一般的な定式化

図 10.1 は不圧帯水層の典型的な断面を示しており，水は隣接する河道に流れ込んでいる．この流れのシステムは通常は比較的薄く，部分的に飽和した土壌水帯を通じて大気に接しているため，水圧と有効応力はまれにしか大きくは変わらない．そこで，水と固体の基質は非圧縮性と仮定できる（たとえば Brutsaert and El-Kadi, 1984;1986）ので，土壌物質が実際上等方性と仮定できるなら，飽和と不飽和状態の両方を含む流れは，原則として

$$\frac{\partial}{\partial x}\left(k\frac{\partial h}{\partial x}\right) + \frac{\partial}{\partial y}\left(k\frac{\partial h}{\partial y}\right) + \frac{\partial}{\partial z}\left(k\frac{\partial h}{\partial z}\right) = \frac{\partial \theta}{\partial t} \tag{10.1}$$

のリチャードソン・リチャーズの方程式により支配される．ここで $h = (z + p_w/\gamma_w)$ は水理水頭，z は鉛直方向の軸，k は透水係数，θ は帯水層の土壌水分である．境界条件は，おおむね以下のように表すことができる．帯水層の下にある基盤岩または不透水層と流域界では，フラックスの向きは通常境界に平行である．すなわち，n を境界に対する法線とすると，$\partial h/\partial n = 0$ となる．地表面で境界を横切る比流束 $\mathbf{q}$ は，蒸発 E，浸透速度 f または両者の組合せであるが，基底流の解析では，単純化のためしばしばゼロと仮定されるので，ここでもまた $\partial h/\partial n = 0$ となる．河川水路の境界

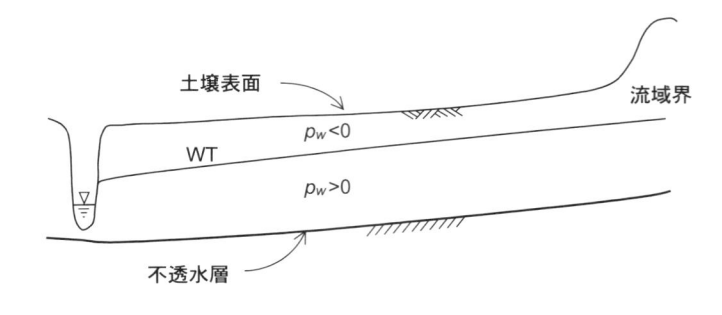

図 10.1 河畔域の不圧帯水層の断面. WT は地下水面であり, そこでは水圧と大気圧が等しい. WT より上では, 土壌は部分的に飽和している. 流域界は集水域の境界と仮定されている.

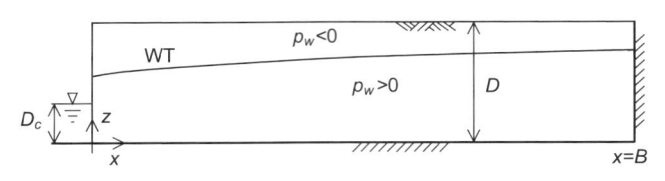

図 10.2 水平不透水層上にある河畔域の不圧帯水層断面. 座標原点は河川 ($x = 0$) と不透水層 ($z = 0$) にとってある. D_c は隣接する河川の水位, D は帯水層の厚さ, B は帯水層の幅 (河川から流域界までの距離) である. 地下水面 (WT) では, 水圧 p_w が大気圧と等しく, 大気圧を基準とすれば $p_w = 0$ である. WT より上では, 土壌は部分的に飽和しており, 水圧は大気圧より小さい. 下では水圧は大気圧より大きい.

では, 水理水頭 h は一定で, $z = 0$ の基準面からの河川水面の高さとなる. 河岸沿いにはしばしば浸潤面が現れる. ここでは水圧は大気圧に等しく, $h = z$ となる. 初期条件は仮定される土壌水分のはじめの分布状態により変わる.

この問題を解くのは簡単ではない. 帯水層の属性は, 一般に空間的に一様ではなく, 時間とともに変わることもある. そこで, 従属変数として $\theta = \theta(x, y, z, t)$ の他に, $k = k(x, y, z, t, \theta)$ と $H = H(x, y, z, t, \theta)$ の 2 つの非線形関数が役割を演じることになる. ここで $H = -p_w/\gamma_w$ は, 前と同じく圧力水頭である. 現在のところ, これらの関数の空間的な変動性を決める方法はない. さらに, 図 10.1 に示される帯水層断面図のような不規則な形状を有する堆積物中では, 境界条件の多くを地下に設定しなければならないので, 見て確認することができない. そのため, 検証することや正確な定式化はほとんど不可能である. この問題の一般解を得ることは, 明らかに不可能である. それでも, ある特別な場合や単純化された形状についての解から, 流れの現象のいくつかの重要な特性を知ることができる.

1 つのよく行われる単純化の方法では, 「有効」パラメータ関数を導入する. その基本的な概念は 1.4.3 項で紹介したが, 要約すれば, 有効パラメータ関数 $k = k(\theta)$ と $H = H(\theta)$ をもつ, 空間的に一様な理想的な帯水層を定義 (または想定) できるという仮定の上に成り立っている. この帯水層は, 適切な境界条件下で式 (10.1) の解が得られたとすれば, 現実の空間的に変わりうる帯水層と同じ流れの性質をもつはずである. 第 2 の単純化は, 河畔域の不圧帯水層の厚さが水平方向の広がりより小さい場合が多いという観察に基づいている. これから, 現実の帯水層の境界条件と, 矩形断面を有する 2 次元のモデル帯水層の境界条件とが, ほとんどの場合に大きくは異ならないという仮定へと導かれる. つまり流れの解析のためには, 図 10.1 に描かれた帯水層を図 10.2 で図的に示された帯水層で代表させることができると考えるのである. これらの 2 つの単純化により, 地下水流出の主たる性質を保持しながら, ある程度の標準化をすることができるのである.

10.1.2 いくつかの一般的な近似式

　前述した単純化手法を用いても，現象を支配するリチャードソン・リチャーズの方程式 (10.1) は依然として高度に非線形であり，飽和と部分的に飽和した流れが組み合わさったようなほとんどの問題は，数値解析によって解かなければならない．高速計算機が利用できるようになり，この目的のための効率的な計算プログラムが現在数多く存在し，この分野では急速な発展が続いている．しかし，このような式 (10.1) の厳密な数値解の欠点の1つは，解を現実的な項として流域規模の解析に入れ込むことが簡単にはできないことにある．そのため，解がより簡単に得られるような特別な条件下について成り立つ単純化がさらに求められるのである．

　最初の単純化においては，地下水面上の $p_w < 0$ である層の流れは無視され，地下水面は真の自由水面として扱われる．ここでは，有効透水係数と有効間隙率を仮定することで，支配方程式 (10.1) がラプラスの方程式になる．この場合を 10.2 節で議論する．第2の近似式化においては，自由水面の仮定以外に，流れと垂直方向の水圧の分布が静水圧で表されるという仮定もなされる．以上の2つの仮定は，デュピュイ (Dupuit) の仮定ともよばれ，10.3 節で扱う地下水に対する水理解析法理論の基礎となっている．水理解析法の線形化手法が第3の仮定をなしている．これを 10.4 節で扱う．最後に，水理水頭勾配が地表面勾配と等しいとするもう1つの仮定をおくと，キネマティックウェーブ式が導き出される．これが第4の仮定であり，10.5 節で取り扱う．しかし，本章でこれらの一般的な単純化手法をより詳細に扱う前に，式 (10.1) の解が意味するところをまず考察することが有用である．

10.1.3 飽和−不飽和混合流の性質

● 非定常流の式

　Verma and Brutsaert (1970; 1971b) は，図 10.2 に描かれたような矩形断面を有する水平 2 次元不圧帯水層からの涵養停止後の流出に対する式 (10.1) の数値解法による結果を示した．土壌水の性質は式 (8.15) で，透水係数は式 (8.36) で与えられると仮定された．この問題に対する境界条件は，式 (8.6) で定義された有効飽和度 S_e を用いて

$$
\begin{aligned}
h = D_c \qquad & S_e = 1.0 \qquad && (x = 0,\ 0 \le z \le D_c) \\
h = z \qquad & S_e = 1.0 \qquad && (x = 0,\ D_c \le z = h) \\
\frac{\partial h}{\partial x} = 0 \qquad & \frac{\partial S_e}{\partial x} = 0 \qquad && (x = 0,\ h \le z \le D) \\
\frac{\partial h}{\partial x} = 0 \qquad & \frac{\partial S_e}{\partial x} = 0 \qquad && (x = B,\ 0 \le z \le D) \\
\frac{\partial h}{\partial z} = 0 \qquad & \frac{\partial S_e}{\partial z} = 0 \qquad && (0 \le x \le B,\ z = 0) \\
\frac{\partial h}{\partial z} = 0 \qquad & \frac{\partial S_e}{\partial z} = 0 \qquad && (0 \le x \le B,\ z = D)
\end{aligned}
\tag{10.2}
$$

と表される．

　第1の境界条件は，河川流中の静水圧分布の結果生じるものである．第2の条件に示されるように，浸潤面における圧力はゼロ（大気圧）であり，水理水頭は高さ z に等しい．浸潤面の上で水は負圧であり，水圧が大気圧以上でないと流出は物理的に不可能なので，この面は式 (10.2) の3つ目の条件に示されるように，不透水境界として働く．式 (10.2) の4つ目と5つ目で与えられる境界条

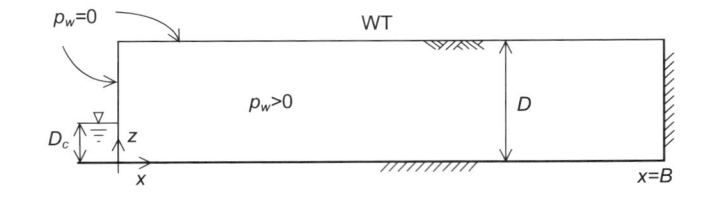

図 10.3 図 10.2 に示された河畔域の不圧帯水層の初期状態. 地下水面 (WT) は土壌表面にあり, 全帯水層が飽和していると仮定されている.

件は, 流域界と基盤岩では横切る流れがなく帯水層の不透水境界となっていることを示している. 地表面は, 蒸発や涵養がないと仮定しているので, 第 3 の条件に示されるように排水が始まると不透水層のように振る舞う. しかしこの条件は, 蒸発フラックスや涵養速度がわかっていればそれに置き換えることができる.

$t = 0$ における初期条件は, 地下水面と地表面が一致する完全に飽和した帯水層を仮定する. この状況は

$$
\begin{aligned}
&\nabla^2 h = 0 \qquad S_e = 1.0 \qquad (0 \le x \le B,\ 0 \le z \le D) \\
&h = D \qquad\qquad\qquad\quad (0 \le x \le B,\ z = D)
\end{aligned}
\tag{10.3}
$$

と表される. $S_e = 1.0$ において $k = k_0$ であり, これが全流れ領域において一定である有効透水係数と等しいと仮定されているので, 式 (10.1) は式 (10.3) に示されるようにラプラスの方程式になる. この帯水層の初期状態は図 10.3 に示されている.

● 相似則の基準

変数を無次元化することで, この問題で重要な (無次元) パラメータが以下のみであることを示すことができる. (i) 土壌に関係する n と b, (ii) 流れの形状に関係する $B_+ = B/D$ と $D_{c+} = D_c/D$, そして, (iii) 土壌と形状の両方に関係する (aD) である. 式 (8.15) の中の a^{-1} は, 毛管水縁の厚さの程度を表すと考えられる. $(aD)^{-1}$ は帯水層の鉛直方向の広がりに対する毛管現象そして不飽和流帯の相対的な重要性を示している.

$D_{c+} = 0$, $B_+ = 1.0$, $n = 3$, $(aD)^{-1} = 0.36$, $b = 1.5$ に対するいくつかの計算結果が図 10.4 に示されている. 図 10.5 には $n = 3$, $(aD)^{-1} = 0.1$, $b = 3$ の場合を, 図 10.6 には $n = 8$, $(aD)^{-1} = 0.36$, $b = 1.5$ の場合を示してある. 図 10.4 と図 10.6 におけるこれらのパラメータ (主に $(aD)^{-1}$ と b) の値は, たとえば 3 m の厚さの帯水層中のローム質土壌を表していると考えることができる. 図 10.5 の値は, ほぼ同じ厚さの帯水層中のやや粗な土壌に相当する. これらの計算結果から, $(aD)^{-1}$ の値が大きい場合と b の値が小さな場合, 地下水面が早く低下する傾向にあること, しかし, n の値は大きな影響を及ぼさないことがわかる. このことは, 毛管効果が重要である実際の状況下では, 地下水面上の不飽和帯に多くの水が残されるので, 流れの領域の上部境界を地下水面とするのが望ましくない可能性を示している. また, n が大きい時に t も大きくなった場合, 飽和帯の外側では等水理水頭線が水平に近いのに対して, 内側ではより垂直に近いことが観察される. この屈折現象は, 主に飽和帯の上部境界が高い透水性と低い透水性の領域の境界になっていることによる.

これらの数値実験の結果を不圧帯水層中のさまざまな流れの状況に対して得られる特殊解の結果と比較することで, 流れの状況を決定する相似則の基準を求めるのにも利用できる (Verma and Brutsaert, 1971a;b). 原則として, 土壌の性質に関する 3 つのパラメータ n, b と $(aD)^{-1}$ はすべて, 不飽和帯の流れのある側面を表すべきである. しかし, 数値計算の結果は, b の変化のみの効果は非常に小さく, また, わずか数単位分の n の変化に対しては計算された流出量の感度が比較的低いことを示している. n と b は, 通常ほとんどの土壌では限られた範囲でしか変化しないので, $(aD)^{-1}$ と比べると重要性は比較的低い. このことは図 10.7〜図 10.10 に示されている. 図 10.9 と図 10.10 では, 帯水層の幅 B_+

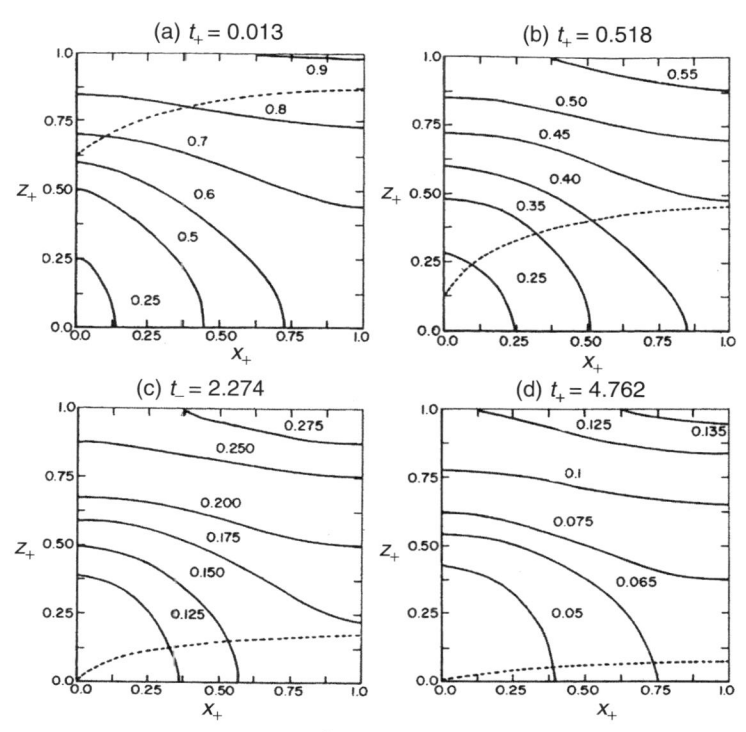

図 10.4 $D_{c+} = 0, B_+ = 1.0, (aD)^{-1} = 0.36, n = 3, b = 1.5$ で与えられる帯水層中の地下水面（破線）と等水頭線 $h_+ = h/D$（実線）の位置の変化. 図の時間値は $[(\theta_0 - \theta_r)D]/k_0$ で無次元化してある.（Verma and Brutsaert, 1970）

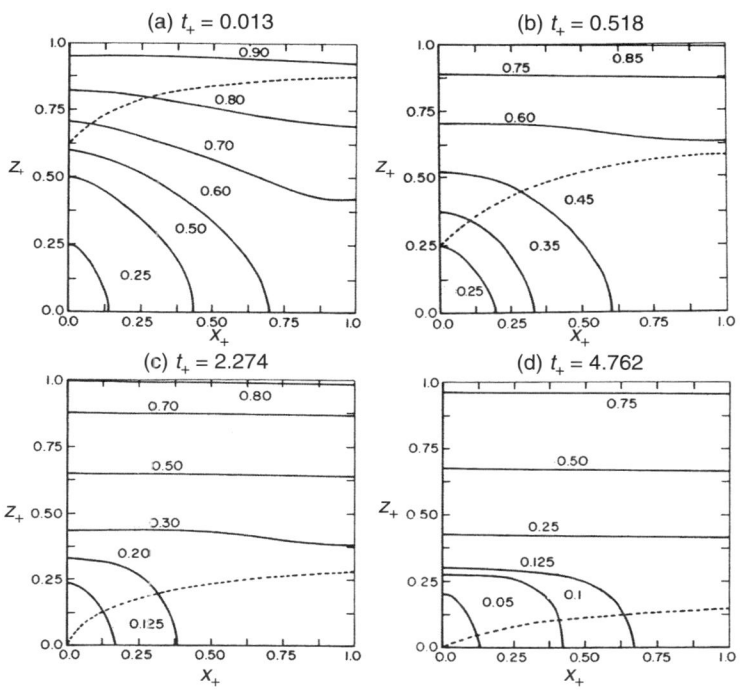

図 10.5 $D_{c+} = 0, B_+ = 1.0, (aD)^{-1} = 0.10, n = 3, b = 3$ で与えられる帯水層についての図 10.4 と同じ形式の図（Verma and Brutsaert, 1970）

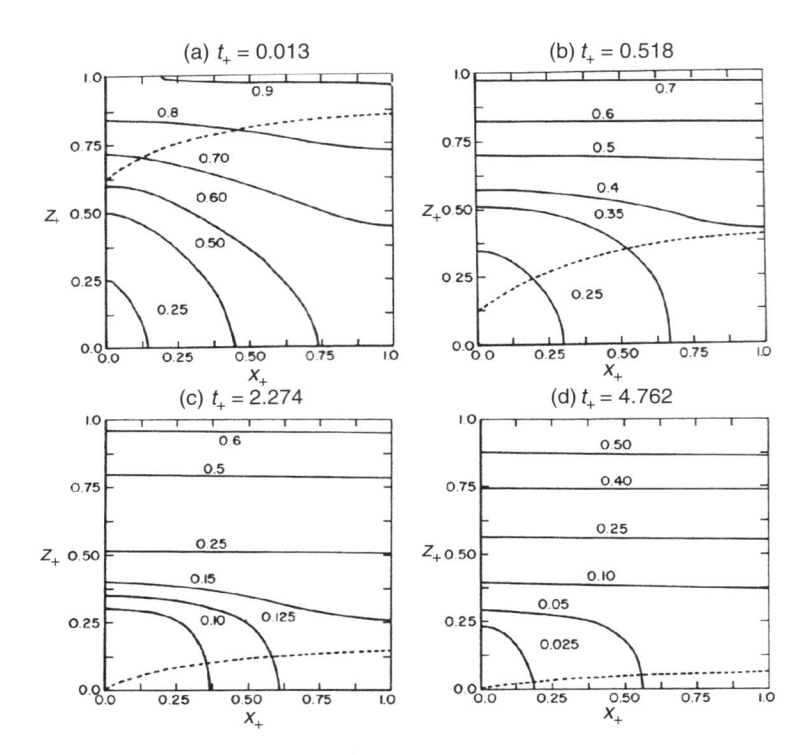

図 10.6 $D_{c+} = 0$, $B_+ = 1.0$, $(aD)^{-1} = 0.36$, $n = 8$, $b = 1.5$ で与えられる帯水層についての図 10.4 と同じ形式の図 (Verma and Brutsaert, 1970)

が1から5に増加した場合の流出量が示されている（自由水面を有する飽和2次元の場合（10.2 節参照）を比較のために示してある）．これらの2つの図を比較すると，B_+ が増加するにつれ曲線1と2の違いが小さくなることが見て取れる．したがって，B_+ が増加するにつれ，$(aD)^{-1}$ が 0.36 から 0.10 に減少することの効果は相対的には小さくなっていく．これから，ここで考察したよりも B_+ の値がはるかに大きな自然界では，これらの数値実験が示すよりも毛管現象の効果がさらに明瞭となりそうであり，流出量の計算において地下水面上の毛管現象を無視するには，おそらくさらに小さな $(aD)^{-1}$ が必要なことが示唆される．いずれにせよ，これらの結果からは，地下水面上の毛管流が重要であるかどうか決めるのに，主に $(aD)^{-1}$ を利用できることがわかる．

図 10.7 $D_{c+} = 0$ で $B_+ = 1$ の矩形断面を有する帯水層からの無次元流出量 q_+ の無次元時間 t_+ に対するプロット．流出量は (Dk_0) により，時間変数は $[(\theta_0 - \theta_r)D]/k_0$ により無次元化してある．曲線1は，$(aD)^{-1} = 0.36$, $n = 3$, $b = 2$ の特性をもつ土壌に対するハイドログラフを，曲線2は，$(aD)^{-1} = 0.36$, $n = 3$, $b = 6$ に対するもの，曲線3は地下水面上の部分的に飽和した層を無視した場合（10.2 節参照）を示している．(原図は Verma and Brutsaert, 1971b)

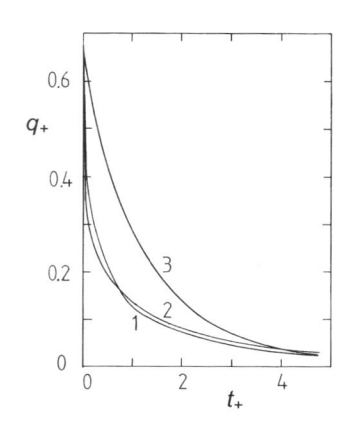

図 10.8 図 10.7 と同じ形式のプロットで，曲線 1 は $(aD)^{-1} = 0.36$，$n = 3, b = 1.5$ の特性をもつ土壌に対するハイドログラフを，曲線 2 は $(aD)^{-1} = 0.36, n = 8, b = 1.5$ に対するもの，曲線 3 は地下水面上の部分的に飽和した層を無視した場合（10.2 節参照）を示している（原図は Verma and Brutsaert, 1971b）

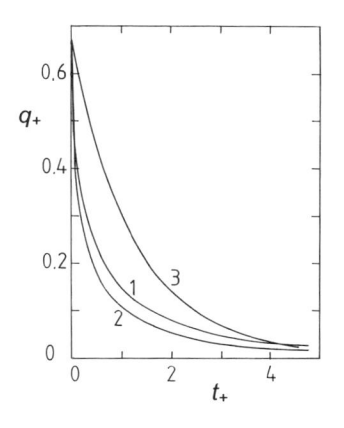

図 10.9 $D_{c+} = 0.5$ で $B_+ = 1$ の矩形断面を有する帯水層からの無次元流出量 q_+ の無次元時間 t_+ に対するプロット．流出量は (Dk_0) により，時間変数は $[(\theta_0 - \theta_r)D]/k_0$ によって無次元化してある．曲線 1 は $(aD)^{-1} = 0.36, n = 3, b = 1.5$ の特性をもつ土壌に対するハイドログラフを，曲線 2 は $(aD)^{-1} = C.1, n = 3, b = 3$ に対するもの，曲線 3 は地下水面上の部分的に飽和した層を無視した場合（10.2 節参照）を示している．（原図は Verma and Brutsaert, 1971b）

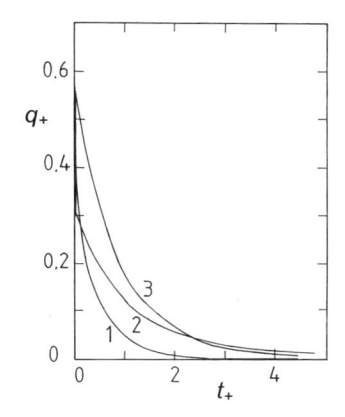

図 10.10 $D_{c+} = 0$ で $B_+ = 5$ の矩形断面を有する帯水層からの無次元流出量 q_+ の無次元時間 t_+ に対するプロット．流出量は (Dk_0) により，時間変数は $[(\theta_0 - \theta_r)D]/k_0$ で無次元化してある．曲線 1 は $(aD)^{-1} = 0.36, n = 3, b = 1.5$ の特性をもつ土壌に対するハイドログラフを，曲線 2 は $(aD)^{-1} = 0.1, n = 3, b = 3$ に対するもの，曲線 3 は地下水面上の部分的に飽和した層を無視した場合（10.2 節参照）を示している．（原図は Verma and Brutsaert, 1971b）

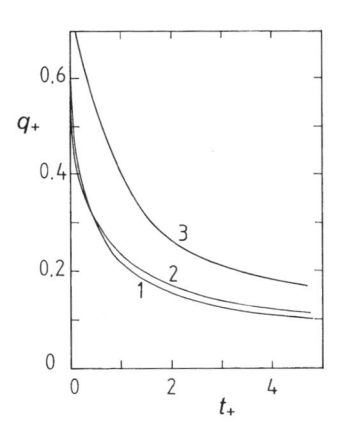

　数値実験でパラメータ a を求めるのに使った式 (8.15) は，土壌水分の性質をパラメタライズする常に最適な方法というわけではないのかもしれない．ここで，毛管水帯数 (capillary zone number)

$$\mathrm{Ca} = \frac{H_c}{D} \tag{10.4}$$

を定義することでこの基準を広げるとよい．ここで H_c は，土壌の飽和度をある割合に下げるのに必要なサクション（負圧）の代表値である．この無次元量 Ca を 8.2.4 項の他の表現にも適用することができる．たとえば式 (8.14) の場合，$\mathrm{Ca} = (H_b/D)$ とおくことができる．式 (8.15) においてパラメータ a^{-1} は，飽和時の土壌水分を半分にするのに要する（負の）圧力水頭を表していることを思い起こすこ

と．一般に Ca または $(aD)^{-1}$ が小さい場合，不飽和帯は相対的に薄くなる．その逆もまた成り立つ．式 (8.5) から推測されるように，代表的な負圧 H_c は細かい構造を有する物質では大きく，粗い土壌では小さくなる．実際問題としては，毛管流の効果は 100 m の厚さの砂質土壌ではおそらく無視することができるが，2 m の厚さの粘土質土壌では相対的に重要となるはずである．

残る 2 つのパラメータ $B_+ = B/D$ と $D_{c+} = D_c/D$ は，幾何学的な相似性に対する基準として利用する．

10.1.4 排水開始時の初期状態

不圧帯水層から隣接する河川への最大流出量は，帯水層が完全に飽和している場合に発生する．このような状態は，豪雨や長雨，灌漑や融雪の後に存在すると仮定でき，排水が始まる時の初期状態を表している考える．そこで式 (10.3) に示されるように，非定常な排水問題の初期状態を完全に飽和した帯水層とし，地下水面は地表面にあるとする．このような条件は，大気圧にある地表面上に限りなく薄い水の層を維持することで得られる．この古典的な定常状態の問題の厳密解が Kirkham (1950) によって得られている．

● 定式化

有効透水係数の仮定により，流れはラプラスの方程式 (8.57) により支配され，これは 2 次元断面については

$$\frac{\partial^2 h}{\partial x^2} + \frac{\partial^2 h}{\partial z^2} = 0 \tag{10.5}$$

である．境界条件は，式 (10.2) と (10.3) の組合せで (図 10.3 参照)，

$$\begin{aligned}
h &= D_c & (x = 0,\ 0 \leq z \leq D_c) \\
h &= z & (x = 0,\ D_c \leq z \leq D) \\
\frac{\partial h}{\partial x} &= 0 & (x = B,\ 0 \leq z \leq D) \\
\frac{\partial h}{\partial z} &= 0 & (0 \leq x \leq B,\ z = 0) \\
h &= D & (0 \leq x \leq B,\ z = D)
\end{aligned} \tag{10.6}$$

となる．

いくつかの方法で解を得ることができる．Kirkham (1950) は，それまでにオーガー掘りの井戸への流入の問題に対して得られていた柱座標の解を一般化することでこれを求めた．等角写像からも得ることができる (Polubarinova-Kochina, 1952)．しかし，現在の座標系で変数分離するのが，おそらく最も簡単である．水理水頭に対する結果は

$$h = D - \sum_{n=1,3,5,...}^{\infty} \frac{8D}{(n\pi)^2} \cos\left(\frac{n\pi D_c}{2D}\right) \cos\left(\frac{n\pi z}{2D}\right) \cosh\left(\frac{n\pi(B-x)}{2D}\right) / \cosh\left(\frac{n\pi B}{2D}\right) \tag{10.7}$$

と表せる．

● 流出量

$x = 0$ にある開水路への流出量は，単位長さの水路あたり（帯水層中の主流向と垂直方向の単位幅の帯水層あたり），単位時間に流れ込む体積として表され，ダルシー則を解 (10.7) に適用することで求められる．すなわち，

$$q = -k_0 \int_0^D \left(\frac{\partial h}{\partial x}\right)_{x=0} dz \quad \text{または} \quad q = -k_0 \int_0^B \left(\frac{\partial h}{\partial z}\right)_{z=D} dx \tag{10.8}$$

とすると，どちらの場合でも

$$q = -k_0 \sum_{n=1,3,..}^{\infty} (-1)^{(n-1)/2} \frac{8D}{(n\pi)^2} \cos\left(\frac{n\pi D_c}{2D}\right) \tanh\left(\frac{n\pi B}{2D}\right) \qquad (10.9)$$

が導出される．右辺最初の負号は，流出が x 方向と反対に生じることを示している．他の解や実験データと比較できるように，変数を無次元化して結果を無次元で表すと便利である．式 (10.9) の形からすぐに，

$$
\begin{aligned}
D_{c+} &= D_c/D \\
B_+ &= B/D \\
q_+ &= q/(k_0 D)
\end{aligned}
\qquad (10.10)
$$

が無次元化の候補と考えられ，すると式 (10.9) は

$$q_+ = - \sum_{n=1,3,...}^{\infty} (-1)^{(n-1)/2} \frac{8}{(n\pi)^2} \cos\left(\frac{n\pi D_{c+}}{2}\right) \tanh\left(\frac{n\pi B_+}{2}\right) \qquad (10.11)$$

となる．実用的な関心の対象となる多くの場合，帯水層の厚さ D は，水平方向の広がりよりはるかに小さく $B_+ \to 0$ となる．また，隣接する開水路の水深は帯水層の厚さに比べて非常に小さいので $D_{c+} \to 0$ となる　これらの 2 つの条件で，式 (10.11) を

$$q_+ = \frac{-8}{\pi^2}\left(1 - \frac{1}{9} + \frac{1}{25} - \cdots\right) = -0.74245 \qquad (10.12)$$

と単純化できる．式 (10.12) の重要性は，これが完全に飽和し浅く横に広がった帯水層から空の水路への最大流出量を示している点にある．なお，括弧の中の合計はカタラン (Catalan) の定数ともよばれており 0.915966 の値をとる．

10.2　自由水面を有する流れ：第 1 の近似

　毛管現象の効果が比較的重要ではないと仮定できる時には，$p_w < 0$ である地下水面上の不飽和帯の流れを無視することができる．また，移動する地下水面を，変化する流れ領域の上部境界を表す真の自由水面として扱うことができる．上述のとおり，無次元の毛管水帯数が不飽和帯での毛管の効果の相対的な重要さを示してくれる．この毛管水帯数は，式 (10.4) より $Ca = H_c/D$ と定義され，D は対象とする不飽和帯の平均厚さ，H_c は帯水層中の地下水面上の典型的な毛管上昇高，すなわち，土壌の飽和度をある割合（たとえば 50%）に下げるのに必要とされる代表毛管吸引圧 (capillary suction) である．そのため，Ca が小さい場合には地下水面上の不飽和帯を流れの領域から除くことができ，移動する地下水面の下のみで流れが生じていると仮定できる．

10.2.1　一般的な定式化
● 微分方程式と境界条件
　この近似法では，自由水面の下が完全に飽和しているので，支配方程式はラプラスの方程式 (10.5) である．はじめは完全に飽和状態にある，水平な層上の不圧帯水層の単純 2 次元の場合，境界条件は式 (10.2) と (10.3) から不飽和帯を取り除いたもので与えられ（図 10.11），

$$
\begin{aligned}
h &= D_c \qquad (x = 0,\ 0 \le z \le D_c,\ t \ge 0) \\
h &= z \qquad\ (x = 0,\ D_c \le z = h,\ t \ge 0)
\end{aligned}
$$

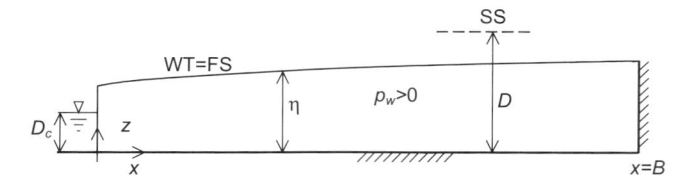

図 **10.11** 水平不透水層上にある河畔域の 2 次元不圧帯水層における排水開始後ある程度時間が経過した後の流れの領域. 地下水面 (WT) より上の流れは無視できると仮定するので, 地下水面は真の自由水面 (FS) である. 毛管現象の効果は排水可能間隙率（比産出率）によってパラメタライズされている. 自由水面の初期の位置は, 図 10.2 と図 10.3 に示されるように土壌表面 (SS) にあり $\eta = D$ である.

図 **10.12** 地下水面上の鉛直土壌カラムに対する排水可能間隙率（比産出率）n_e の概念. 最大のサクションはカラム最上部の $(-p_w)_{max}$ である. n_e の値は, 土壌特性曲線の左側の面積 ABCD と $[(\theta_0 - \theta_u) \times (-p_w)_{max}]$ の差が $[n_e(-p_w)_{max}]$ と等しいとおくことで定義される. カラム最上部の土壌から排水される水は $(\theta_0 - \theta_u)$ である. そこで, n_e はカラムの単位体積の土壌から排水される平均量であり, $(\theta_0 - n_e)$ はこれに対応した土壌中に残される水の量である.

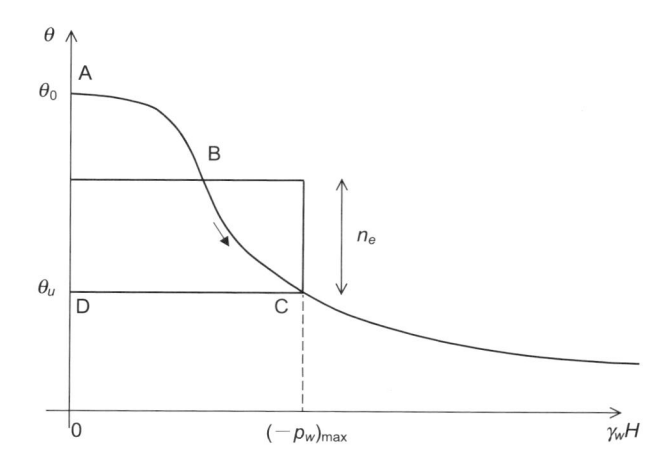

$$\frac{\partial h}{\partial x} = 0 \qquad (x = B,\ 0 \leq z \leq D,\ t \geq 0)$$

$$\frac{\partial h}{\partial z} = 0 \qquad (0 \leq x \leq B,\ z = 0,\ t \geq 0) \tag{10.13}$$

$$h = D \qquad (0 \leq x \leq B,\ z = D,\ t = 0)$$

と書ける. これは非定常な流れの問題であるが, 時間変数は支配方程式のラプラスの方程式には現れない. 浸潤面を記述する式 (10.13) の 2 つ目の式ですでに暗示されているように, 時間変数は移動する上部境界である自由水面の条件を通じて, 問題に入っているのである. この自由水面の条件を導き出す前に, 排水可能間隙率の概念を導入する必要がある.

● 排水可能間隙率

　たとえば排水時に地下水面が低下してある点を通過しても, 土壌間隙はすぐには空にはならず, 水分が毛管現象や 8.2.2 項で述べた他のメカニズムで保持される. サクションがさらに増加して水圧が減少して初めて, 図 8.3～図 8.6 に示されるように水分が間隙から脱水されるのである. 自由水面の近似の中では, この緩やかな変化を排水可能間隙率 (drainable porosity) n_e の仮定で置き換えている. 有効間隙率 (effective porosity) または比産出率 (specific yield) ともよばれる排水可能間隙率は, 自由水面がある点を通過した場合に多孔体の単位体積から放出あるいは吸収される水の体積と定義できる. 一般に, ある点の間隙に存在する水の量は局所的な水圧に依存する. 排水可能間隙率は, 地下水面上で支配的な水圧分布に依存し, したがって実際の流れの状況に依存してくるはずである. 図 10.12 は, この概念が土壌水分との関係でどのように解釈されるかをさらに示している. n_e が地下水面上の土壌カラム内のサクションの最大値に依存することが見て取れる. 非定常流

では，$(-p_w)_{\max}$ は時間とともに変化するので，原則として n_e もある程度は時間の変数である．図 10.12 の土壌水分特性曲線は脱水過程を示している．ヒステリシスを有する脱水と吸水過程の繰り返しを考慮すると，問題は明らかにさらに複雑になる．このことは，排水可能間隙率 n_e が任意の多孔体の唯一の物理量ではありえないこと，流れの問題の性質により調節やキャリブレーションが必要な単なるパラメータと考えるべきことを意味している．これは，多孔体中の流れで自由水面法を実際に適用する際に留意すべき，その主要な弱点である．しかしこの弱点に注意すれば，この概念は圃場や流域スケールの地下水流動プロセスについての有用な結果を導き出すことができるのである．

● 自由水面の条件

原則として，多孔体中の自由水面の条件は，第 5 章で示されたように式 (5.1) で与えられる．η を基準高度 $z = 0$ 上の自由水面の高さとして，自由水面を記述する関数が $F = F(x, z, t) = [\eta(x, t) - z] = 0$ で与えられるとしたら，これは $z = \eta$ において

$$\overline{u}\frac{\partial \eta}{\partial x} - \overline{w} + \frac{\partial \eta}{\partial t} = 0 \tag{10.14}$$

と書ける．ここで $\overline{u}$ と $\overline{w}$ は，実流速の x 成分と z 成分であり，自由水面の実流速でもある．

流体の速度は，この流体に占められている断面の単位面積を単位時間に通過する体積である．ダルシー則中の比流束 $\mathbf{q}$ は，全多孔体の単位断面積あたりを単位時間に通過する体積であり，これは流体粒子の実流速とは異なる (8.3.1 項参照)．排水可能間隙率の仮定によると，流体粒子の実流速は，$(\mathbf{q}/n_e)$ とならねばならない．そこで (q_x/n_e) と (q_z/n_e) を流体と自由水面の速度の x および z 成分とすると，式 (10.14) はダルシー流束を用いて，$z = \eta$ において

$$q_x\frac{\partial \eta}{\partial x} - q_z + n_e\frac{\partial \eta}{\partial t} = 0 \tag{10.15}$$

と表せる．さらにダルシー則を適用して，$z = \eta = h$ において

$$\frac{n_e}{k_0}\frac{\partial \eta}{\partial t} = \frac{\partial h}{\partial x}\frac{\partial \eta}{\partial x} - \frac{\partial h}{\partial z} \tag{10.16}$$

が得られる．

多孔体中で自由水面の条件を式に表すために，式 (5.1) を満足させるもう 1 つの方法がある．自由水面の関数として $F = F(x, z, t) = [h(x, z, t) - z] = 0$ を採用すると，式 (10.14) の代わりに $z = \eta = h$ において

$$\overline{u}\frac{\partial h}{\partial x} + \overline{w}\frac{\partial h}{\partial z} - \overline{w} + \frac{\partial h}{\partial t} = 0 \tag{10.17}$$

が得られ，さらにこれから式 (10.16) の代わりの $z = \eta = h$ における自由水面の条件が，

$$\frac{n_e}{k_0}\frac{\partial h}{\partial t} = \left(\frac{\delta h}{\delta x}\right)^2 + \left(\frac{\partial h}{\partial z}\right)^2 - \frac{\partial h}{\partial z} \tag{10.18}$$

と求められる．式 (10.16) と (10.18) はどちらも解を得るのに利用できる．どちらを使うかは，普通は調査すべき数学的な側面から決められる．

■ 例 10.1　自由水面の移動

式 (10.16) の物理的な重要性と適用例を図 10.13 によって説明できる．微小経過時間 δt 中に，微小地下水面 AB が流線 AA′ と BB′ に沿って新しい位置 A′B′ へと動いたとする．β が地下水面の勾配，θ が流線と鉛直方向のなす角とすると，地下水面の鉛直方向の低下距離は

$$\mathrm{AC} = \mathrm{AA}'(\cos\theta - \sin\theta\tan\beta) \tag{10.19}$$

で与えられる．ダルシー則によれば，A 点の δt の間の全移動距離は

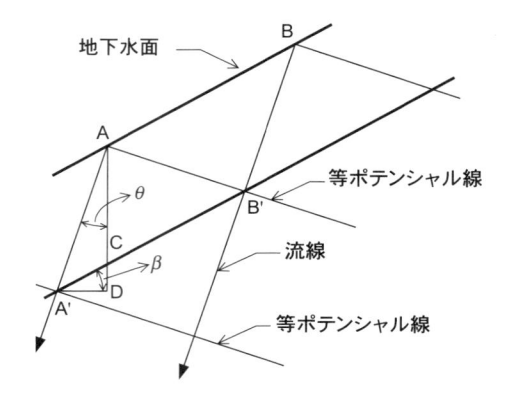

図 10.13　地下水面 (WT) を自由水面として扱った場合に，WT の水位低下を計算するのに式 (10.16) を利用する方法．等ポテンシャル線は一定の水理水頭 h の線である．(原図は Kirkham and Gaskell, 1951)

$$\mathrm{AA'} = -\frac{k_0}{n_e}\frac{\partial h}{\partial s}\delta t \tag{10.20}$$

である．ここで $\partial h/\partial s$ は $\mathrm{AA'}$ 方向の動水勾配である．式 (10.20) を式 (10.19) に代入し，

$$\frac{\partial h}{\partial s}\cos\theta = \frac{\partial h}{\partial z} \quad \text{および} \quad \frac{\partial h}{\partial s}\sin\theta = \frac{\partial h}{\partial x} \tag{10.21}$$

であることに注意すると，

$$\mathrm{AC} = \frac{k_0}{n_e}\left(\frac{\partial h}{\partial x}\tan\beta - \frac{\partial h}{\partial z}\right)\delta t \tag{10.22}$$

が得られる．この式は Kirkham and Gaskell (1951) により初めて導出されたが，本質的には式 (10.16) の差分型である．

10.2.2　自由水面に対する解の性質

　このタイプの問題の解を最も早く示したのはおそらく Kirkham and Gaskell (1951) で，暗渠排水システムと排水溝への排水に伴って低下する地下水面という，非常に似た流れの状況に対して得られた解である．彼らは定常流の条件が連続して起こるものとして，低下する地下水面の位置と形を導き出した．すなわち，ラプラス方程式の緩和法を用いた数値解により，初期状態で既知の地下水面の位置に対して水理水頭 h の分布がまず求められた．次に時間 δt が経過した後の地下水面の位置が式 (10.22) で求められ，以下これを繰り返した．Brutsaert *et al.* (1961) は，この方法を地下水面上に不飽和帯を追加することで拡張し，ラプラスの方程式はアナログ電気回路を用いて解いた．その後，多孔体中のこの問題や，類似の自由水面の流れを解くための他の方法である式 (10.16) を線形化する摂動近似法（たとえば Dagan, 1966; VandeGiesen *et al.*, 1994），差分近似解法（たとえば Verma and Brutsaert, 1971a），および境界積分法 (Liggett and Liu, 1983) が適用されてきた．

　飽和–不飽和流の完全な表現と対比される自由水面の方法が適用可能かどうかを決める決定的な基準として，無次元数 Ca を利用できる．たとえば，図 10.7～図 10.10 は $\mathrm{Ca} = (aD)^{-1}$ が大きい場合，毛管水帯を無視すると短期的には流出量を過大評価するが，長期的には過小評価することを示している．すでに述べたように，他の 2 つのパラメータ $B_+ = B/D$ と $D_{c+} = D_c/D$ は，幾何学的な相似性の基準を表している．もし，河川から流域界までの距離である不圧帯水層の幅 B が厚さ D の少なくとも 10 倍あれば，飽和帯水層からの流出は，地下水に対する水理解析法理論（10.3 節参照）を適用することで十分再現可能である．図 10.14 は，$B_+ = (B/D) = 6$ および 8 である帯水層中で，地下水面上の不飽和帯が無視される場合について，このことを示している．実験値は，ヒーリー・ショウ粘性アナログモデルによって求められた (Ibrahim and Brutsaert, 1965)．図 10.14 によれば，時間の経過に伴って，1 次元の水理解析法の近似で求められた流出量が 2 次元ラプラス方程式で求めたものと実質的に同じになる．

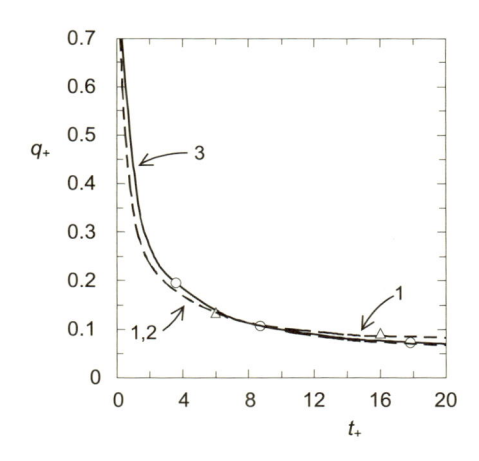

図 **10.14** $D_{c+} = 0$ に対して，自由地下水面の仮定で計算した水平不透水層上の矩形断面をもつ帯水層からの無次元流出量ハイドログラフ $q_+ = q_+(t_+)$. 無次元流量は $q_+ = q/(Dk_0)$ として，無次元時間変数は $t_+ = k_0 t/(n_e D)$ として定義されている．曲線 3 はラプラスの方程式と自由水面条件の式 (10.16) または式 (10.22) を用いた 2 次元解析（10.2 節参照）の $B_+ = 6$ に対する結果である．曲線 1 と 2 は，1 次元の水理解析法（10.3 節参照）から求められた，それぞれ $B_+ = 6$ と 8 に対するブジネスクの式 (10.30) を用いた結果である．○と△はそれぞれ，$B_+ = 6$ と 8 に対する実験で得られた結果である．(原図は Verma and Brutsaert, 1971b)

10.3 地下水に対する水理解析法理論：第 2 の近似

10.2 節で示した不圧帯水層中の流れの自由水面による表現は，リチャーズの方程式に基づく地下水面上の不飽和帯の流れも含む表現より，通常は容易に解を得ることができる．それでも，流域水文学においてこの単純化を実際に行うのは簡単ではなく，解が得られる場合でも，その解をこの目的のためにパラメタライズすることは普通は難しい．そこでさらなる単純化が求められるのである．1 つの一般的な方法は，自然流域の不圧帯水層の横方向の広がりに比べてその厚さが薄い場合が多いという観察に基づいている．そこで，地下水面が自由水面であるという仮定の他に，このような条件の下で，流れが，地下水面および（あるいは）その下の不透水性の基盤と本質的には平行であることを仮定する．具体的には，第 1 の仮定では毛管水帯数 $\mathrm{Ca} = H_c/D$ が小さいことが求められ，第 2 の仮定に対しては，帯水層が浅く $B_+ = B/D$ が大きいことが求められる．この 2 つの仮定が，地下水に対する水理解析法理論の基礎を構成しているのである．この後で，10.1 節，10.2 節で述べられたより完全な定式化に比べて，水理解析法がはるかに単純で必要最小限な内容であることが明らかになる．その上，多くの場合にこの方法で，より完全な式から得られる解と非常に近い解が得られるのである．そのため当然ながら，多くの調査においてこの方法が採用されるのである．水理解析法は，普通 Dupuit (1863) によるとされる．これはまた，Forchheimer (1930) がさまざまな多くの問題にこの方法を適用したことから，デュプイ・フォルヒハイマー理論ともよばれる．

10.3.1 一般的な定式化

この方法の基礎微分方程式は，連続の式と水理解析法の仮定に合わせて変形したダルシー則を組み合わせることで導き出される．

● ダルシー則の変形

主な仮定は，開水路の流れに対して通常なされるものと本質的には同じである．流線の曲率が非常に小さいので，不透水基盤と垂直な方向に対して水圧は事実上静水圧分布をとる．図 10.15 に示される帯水層の 2 次元断面に対して式 (5.5) が直接適用でき，

$$\frac{\partial p_w}{\partial z} + \gamma_w \cos\alpha = 0 \tag{10.23}$$

と変形することができる．ここで α は基盤の不透水層の傾斜角，z がこの層と垂直な方向にとった座

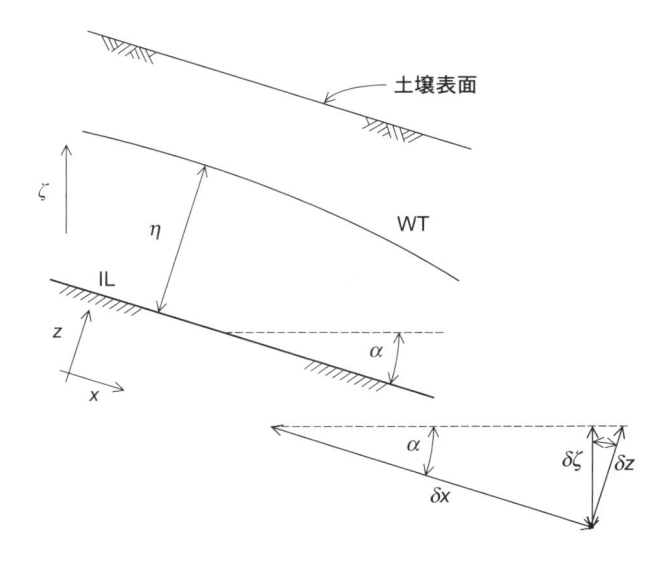

図 **10.15** 傾斜した不透水層 (IL) 上の，地下水面 (WT) をもつ 2 次元地下水流れの定義．WT は流水の真の自由水面であると仮定され，WT の上の流れは無視される．

標である．基盤が傾斜している場合，x と z は，鉛直座標 ζ と $\partial \zeta / \partial z = \cos \alpha$ および $\partial \zeta / \partial x = \sin \alpha$ の関係があることに注意．式 (10.23) を積分すると，

$$p_w = \gamma_w \cos \alpha (\eta - z) \tag{10.24}$$

が得られ，$\eta = \eta(x, t)$ は不透水基盤と直交する方向に測った地下水面の高さである．式 (10.24) から，一定の傾斜角 α に対して流れの方向 x の圧力勾配は，

$$\frac{\partial p_w}{\partial x} = \gamma_w \cos \alpha \frac{\partial \eta}{\partial x} \tag{10.25}$$

で与えられる．この式は，圧力勾配が自由水面の勾配のみに依存していること，z には依存しないことを示している．つまり $\partial p_w / \partial x$ が不透水基盤と垂直な方向に一定であることを示している．一定密度の流体に対して，水理水頭は式 (8.18)，または今回の表記法に従えば $h = \zeta + p_w / \gamma_w$ で与えられる．動水勾配は式 (10.25) を用いて，

$$\frac{\partial h}{\partial x} = \cos \alpha \frac{\partial \eta}{\partial x} + \sin \alpha \tag{10.26}$$

で与えられる．これから，水理解析法の仮定の下でダルシー則により

$$q_x = -k_0 \left(\cos \alpha \frac{\partial \eta}{\partial x} + \sin \alpha \right) \tag{10.27}$$

の比流束が得られる．ここで，式 (10.25) で記したように，下部基盤と垂直方向にとった，原点からの距離 x のどの断面においても比流束は一定である．式 (10.27) の微分型を Boussinesq (1877) が初めて提示し，その後 Childs (1971) により明確化された．しかし，両者ともここに示す方法とは多少異なっている．

● **連続の式**

q_x は z 方向に一定なのでその値は平均と等しく，自由水面を有する開水路の流れに対して求めた連続の式 (5.13) もまた直接適用できる．式 (5.13) において自由水面の移動速度 $\partial h / \partial t$ を表す項は，今回の表現では $\partial \eta / \partial t$ となる．$\partial \eta / \partial t$ は自由水面の実際の速度なので，式 (5.13) 中の平均速度 V をここで多孔体中の実流速 (q_x / n_e) に置き換えなければならない．同様に側方からの流入量 i

も真の涵養速度 (I/n_ϵ) で置き換える必要がある．I は多孔体の単位地表面積あたりの体積フラックスとして湧き出し項を表す涵養速度である．この結果,

$$\frac{\partial \eta}{\partial t} + \frac{\partial}{\partial x}\left(\frac{q_x \eta}{n_e}\right) - \frac{I}{n_e} = 0 \tag{10.28}$$

が得られる．これは，式 (10.27) を用いると

$$\frac{\partial \eta}{\partial t} = \frac{k_0}{n_e}\left[\cos\alpha\frac{\partial}{\partial x}\left(\eta\frac{\partial \eta}{\partial x}\right) + \sin\alpha\frac{\partial \eta}{\partial x}\right] + \frac{I}{n_e} \tag{10.29}$$

と変形される．ここでは，一般的に仮定されるのと同様に，k_0, n_e, α が定数であり有効パラメータとして取り扱うことができるものとしてある．側方からの流れこみがなく不透水層が水平な場合,式 (10.29) は

$$\frac{\partial \eta}{\partial t} = \frac{k_0}{n_e}\frac{\partial}{\partial x}\left(\eta\frac{\partial \eta}{\partial x}\right) \tag{10.30}$$

となる．式 (10.29) と式 (10.30) を普通ブジネスクの式とよぶ．繰り返すと，ブジネスクの式は次の仮定に基づいている．(i) 地下水面上の不飽和流の効果が無視でき，有効間隙率（比産出率）n_e によりパラメタライズできる．これはまた自由水面法（すなわち第 1 の近似）の基礎でもある．(ii) 基盤に垂直な方向の圧力は静水圧分布となっている．これから式 (10.27) が求められ，水理解析法（すなわち第 2 の近似）の基礎となっている．

　ここで示した式 (10.29) と式 (10.30) の導出は，不圧帯水層の 2 次元断面に対するものである．より一般的な 3 次元の流れを考えることも容易で，x 軸を不透水基盤に沿って斜面上向きにとり，y 軸を水平横向きの座標軸とすると，より一般的なブジネスクの式

$$\frac{\partial \eta}{\partial t} = \frac{k_0}{n_e}\left[\cos\alpha\frac{\partial}{\partial x}\left(\eta\frac{\partial \eta}{\partial x}\right) + \sin\alpha\frac{\partial \eta}{\partial x} + \cos\alpha\frac{\partial}{\partial y}\left(\eta\frac{\partial \eta}{\partial y}\right)\right] + \frac{I}{n_e} \tag{10.31}$$

が求まる．

　水理解析法の基本的な性質として，式 (10.29) や (10.30) の中で 2 次元流が 1 次元で表わされることをあげられる．ここで，未知の水理水頭 $h = h(x, z, t)$ が，既知の地下水面の位置 $\eta = \eta(x, t)$ に置き換えられている．同様に 3 次元流は式 (10.31) の中で 2 次元の問題に単純化され，未知の水理水頭 $h = h(x, y, z, t)$ が既知の地下水面の高さ $\eta = \eta(x, y, t)$ に置き換えられている．

10.3.2　水理解析法理論により記述された定常流

　地下水に対する水理解析法理論は，長年にわたり定常状態の多くの重要な問題を解く上で有力な道具であった．これが広く使われた主な理由は，定常状態下でブジネスクの式が η^2 に対して線形となることにあり，このことで数学的な解析が非常に単純になっているのである．たとえば，水平基盤上の定常流で側方からの流入がない場合，式 (10.31) は

$$\frac{\partial^2 \eta^2}{\partial x^2} + \frac{\partial^2 \eta^2}{\partial y^2} = 0 \tag{10.32}$$

となる．これは η^2 に対するラプラスの方程式であり，これに対する多くの解法が存在する．その上問題が線形なので，比較的単純な境界条件に対して求められた既知の η^2 に対する解を，鏡像法や他の組合せの方法を適用することで，より複雑な状況に拡張できる．以下に，定常な帯水層からの流出の 2 つの例を示す．

図 10.16 定常流条件下で水平不透水層上にある河畔域の不圧帯水層断面. 地下水面の位置は定常で一定な涵養速度 I_c の結果決まり, 水理解析法で決めた場合には, 地下水面の形は $x = 0$ にしみ出し面のない楕円形となる.

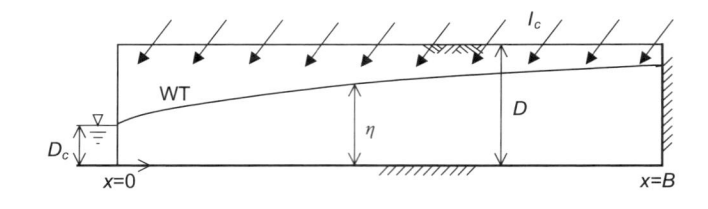

● 一様な降水から生じる定常流出

定常条件下において水平な基盤をもつ帯水層断面に対しては, 図 10.16 に示すように式 (10.29) を

$$\frac{\partial}{\partial x}\left(\eta\frac{\partial\eta}{\partial x}\right) = -\frac{I_c}{k_0} \tag{10.33}$$

と書くことができる. ここで, I_c は一定の涵養速度であり, 設計目的では通常は気候学的な平均降水量を用いるが, 灌漑, 地下水面からの蒸発や, 基盤を通しての水の漏れ出しを表す負の値, あるいはこれらの組合せとすることもできる. 境界条件,

$$\eta = D_c \qquad (x = 0)$$
$$\frac{\partial\eta}{\partial x} = 0 \qquad (x = B) \tag{10.34}$$

は, 式 (10.2) と (10.6) と同様に水路中の水位が D_c であり, 式 (10.27) により分水界が不透水性の境界であることを示している. 式 (10.33) を 2 回積分すると, 地下水面の高さについての式

$$\eta^2 = \frac{I_c}{k_0}(2Bx - x^2) + D_c^2 \tag{10.35}$$

が得られる. 実のところ, この結果はブジネスクの式を使わなくても導出できる. 式 (10.27) によると, 任意の地点 x における面積 η を通過する流れの速度は $[-\eta k_0(\partial\eta/\partial x)]$ で与えられ, これを地表面での涵養速度 $[-I_c(B - x)]$ と等しいとおくと式 (10.35) が得られる.

式 (10.35) は, 他の理論的な方法や実験結果と比較できるように, 変数を

$$\eta_+ = \frac{\eta}{B} \quad x_+ = \frac{x}{B} \quad D_{c+} = \frac{D_c}{B} \quad I_+ = \frac{I_c}{k_0} \tag{10.36}$$

のように無次元化することで, 一般化することができる. これにより式 (10.35) は

$$\eta_+ = \left[I_+(2x_+ - x_+^2) + D_{c+}^2\right]^{1/2} \tag{10.37}$$

と変形される. この結果のいくつかの例を図 10.17 に示してある.

式 (10.35) を地下水面が最大の高さ $\eta = \eta_{\max}$ となる $x = B$ で適用すると,

$$B^2 = \frac{k_0}{I_c}\left(\eta_{\max}^2 - D_c^2\right) \tag{10.38}$$

が得られる. 式 (10.38) は, 元々は農業地域における排水溝や暗渠排水システムの間隔 ($=2B$) を設計するために用いられた. 実際, その後の種々の改良によって, この式は今日使われている多くの土壌排水計画法の基礎となっているのである. 式 (10.38) をこの式の形で適用するためには, 右辺に現れる変数が既知または決められるべき値となる. すなわち, k_0 の土壌の透水係数, I_c の排水が最も必要な期間の降水量または他の入力の平均値, D_c の排水路の水深または 1 次近似としての不透水層からの暗渠の高さ, そして, $\eta_{\max}$ すなわち不透水層上の許容しうる地下水面高さの最大値が主たる設計変数である.

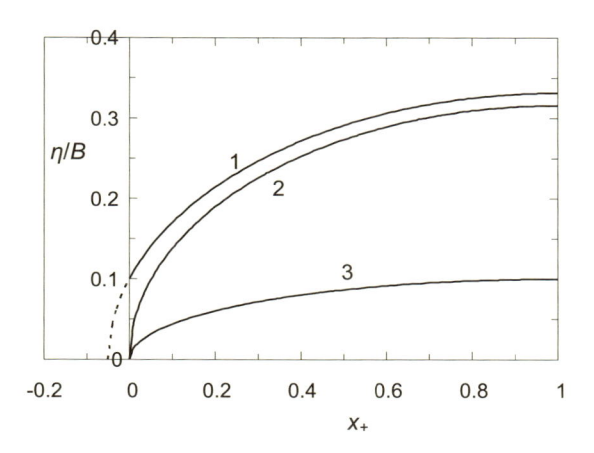

図 **10.17** 異なる無次元涵養速度 $I_+ = I_c/k_0$ と開水路の無次元水位 $D_{c+} = D_c/B$ の値に対して，図 10.16 に示された条件で式 (10.37) から求めた排水路からの無次元距離 $x_+ = x/B$ の関数としての無次元地下水面高 η/B の例．曲線 1 は $D_{c+} = 0.1$ および $I_+ = 0.1$ の場合．曲線 2 と 3 は $D_{c+} = 0$ でそれぞれ $I_+ = 0.1$ または 0.01 の場合．個々の曲線は楕円形の 1/4 の部分である．

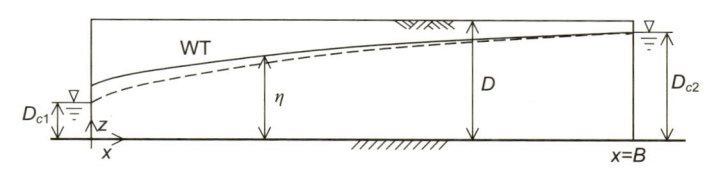

図 **10.18** 一定水位をもつ 2 つの開水路の間にある水平不透水層上の不圧帯水層の断面．もし地下水面 (WT) を自由水面と仮定すると，2 つの水路の間に生じる定常流の流量 q はデュプイの流量公式 (10.43) によって正確に与えられる．実線はしみ出し面をもった真の WT，破線は水理解析法で得られた WT.

式 (10.38) は長い歴史をもっている．式 (10.35) により与えられる地下水面の形状（図 10.17 参照）から，これは現在しばしば楕円の式とよばれているが，デンマークのコルディング (A. Colding) が，1859 年に発表されたフランスのドラクロワ (S. C. Delacroix) による実験結果を知った後，1872 年より前に $D_c = 0$ の場合についておそらく最初に導き出したものである．興味深いことに，彼は実験結果とよりよく合うように，式 (10.38) から得られる B の値を 10% 小さくすることを勧めている．他の者たちの成果を通して間接的にコルディングの結果を知っていた Hooghoudt (1937) が，任意の D_c の値に対する式 (10.38) を導き出したおそらく最初である．後に彼は，パイプによる排水に適した形に式を修正した (Hooghoudt, 1940)．この式についての詳細な歴史とより最近行われた導出については，Van der Ploeg *et al.* (1999) に述べられている．

● **無降雨状態における 2 本の平行水路間の定常流**

この問題では，図 10.18 に示されるように，不圧帯水層中の流れは 1 次元のラプラスの方程式

$$\frac{\partial^2 \eta^2}{\partial x^2} = 0 \tag{10.39}$$

で記述される．境界条件は，

$$
\begin{aligned}
\eta &= D_{c1} & (x = 0) \\
\eta &= D_{c2} & (x = B)
\end{aligned}
\tag{10.40}
$$

で，D_{c1} と D_{c2} は 2 本の水路の深さである．式 (10.39) を 1 回積分すると，

$$\eta \frac{\partial \eta}{\partial x} = C_1 \tag{10.41}$$

が得られる．C_1 に積分定数である．この式を水平基盤に対する式 (10.27) と比べると，$q = (\eta q_x)$ として $C_1 = -q/k_0$ となる．変数 q は，2 水路間の単位水路幅の帯水層中の単位時間あたりの流量

$[\mathrm{L^2\ T^{-1}}]$ である．流れが定常なので，今回の条件では q は一定となり，x と無関係となる．2 回目の積分を行うと，式 (10.40) の 1 つ目の条件で自由水面の位置を与える式

$$\eta^2 = -\frac{2q}{k_0}x + D_{c1}^2 \tag{10.42}$$

が得られる．式 (10.40) の 2 つ目の条件を適用すると，2 水路間の流量を透水係数と 2 水路の既知の水深の関数として与える

$$q = -\frac{k_0\left(D_{c2}^2 - D_{c1}^2\right)}{2B} \tag{10.43}$$

の式が得られる．ここで式 (10.43) 中の負号はこれまでと同様に，単に流れが x のマイナス方向に起こることを示している．式 (10.43) はデュプイの流量公式（Dupuit formula）（Dupuit, 1863, p.236 も参照のこと）として知られている．この結果が正確なことを示すことができるため，この式は少なからぬ理論的な興味の対象となる．というのは，式 (10.43) の導出にあたり水理解析法の仮定が用いられたにもかかわらず，同じ自由水面の問題に対する仮定を用いずに得られる解と式 (10.43) は同一なのである．水理解析法が正確な結果を生み出す場合があるという事実は，この方法が地下水流量を導き出すのに有力で頼りになる道具となりうることを示している．このことは，いくつかの他の場合においても確かめられてきた．しかし現在，水理解析法は自由水面の形状の予測に対してはそれほど正確でないことも知られている．この 1 つの明白な理由は，本質的に 2 次元の流れを 1 次元の式で記述していることにある．このために，たとえば式 (10.13) の 2 つ目の条件として加えられていたしみ出し面を境界条件として取り入れられないのである．地下水に対する水理解析法理論では，しみ出し面の存在を取り込む方法はなく，式 (10.13) の上 2 つの条件は，必然的に合わせて 1 つの条件，すなわち式 (10.40) または式 (10.34) の 1 つ目の条件にしなければならなかったのである．

● デュプイの流量公式の正確さ

以下に示す証明は，図 10.18 に示された状況に対するものである．2 水路間の任意の地点 x で鉛直断面を横切る流量は，水理解析法の近似を用いないと

$$q = -k_0 \int_0^\eta \frac{\partial h}{\partial x}\,dz \tag{10.44}$$

により与えられる．$h = h(x, z)$ と $\eta = \eta(x)$ であることを思い出し，ライプニッツの公式（付録 (A.2) を参照）を適用すると，(10.44) は

$$-q = k_0 \frac{d}{dx} \int_0^\eta h\,dz - k_0 h(x, \eta)\frac{d\eta}{dx} \tag{10.45}$$

と書き変えられる．$h(x, \eta) = \eta(x)$ が自由水面を定義しているので，式 (10.45) は積分でき，

$$-qx = k_0 \int_0^\eta h(x, z)\,dz - k_0 \frac{\eta^2}{2} + \mathrm{C} \tag{10.46}$$

となる．積分定数 C は，$x = 0$ における境界条件 $0 \leq z \leq D_{c1}$ に対して $h = D_{c1}$，$D_{c1} \leq z \leq \eta$ に対して $h = z$ を適用することで求められる．（この下側の境界条件は，静水圧の状態と水路の定水頭を示し，上部の条件はしみ出し面を記述している．そのため，この条件は式 (10.40) の 1 つ目の条件，すなわち，しみ出し面を取り込むことのできない水理解析法での条件とは異なっている．）式 (10.46) の積分を 2 つの積分範囲に分けると，

$$\mathrm{C} = -k_0 \int_0^{D_{c1}} D_{c1}\,dz - k_0 \int_{D_{c1}}^{\eta_0} z\,dz + k_0 \frac{\eta_0^2}{2} \tag{10.47}$$

が得られ，η_0 は $x = 0$ での η の値である．積分の結果，最終的に

$$C = -k_0 \frac{D_{c1}^2}{2} \tag{10.48}$$

が得られる．$0 \leq z \leq D_{c2}$ の全範囲で $h = \eta = D_{c2}$ という2つ目の境界条件を $x = B$ において適用し，式 (10.48) を挿入すると式 (10.46) は

$$-qB = k_0 \int_0^{D_{c2}} D_{c2}\,dz - k_0 \frac{D_{c2}^2}{2} - k_0 \frac{D_{c1}^2}{2} \tag{10.49}$$

と変形できる．式を積分すると，デュプイの流量公式 (10.43) が得られる．このことから，デュプイの流量公式が元々は水理解析法の近似により求められたのにもかかわらず，それが実はより正確な導出から得られる結果とまったく同じであることが確かめられたのである．これから，流量を記述するための非常に精密な近似として，水理解析法を他の状況下でより一般的に適用することに，ある程度の信頼性が認められることがわかる．

デュプイの流量公式の正確な導出は，おそらくチャーニー (I. A. Charnii) により最初に行われ，Polubarinova-Kochina's (1952, p.281) の著書においても見つけることができる．同様な証明は，後に Hantush (1962;1963) によっても行われた．

10.3.3　標準的な水理解析法理論により記述される非定常流

ここで再度，水平基盤上の不圧帯水層からの河川への流出現象を考えることは有用である．これは図 10.11 で示されたのと同じ状況である．しかし，水理解析法の近似を使うので，2次元問題が1次元の問題となり，z 軸は方程式中に現れなくなる．

● 基礎的な定式化

この流れの問題は，境界条件式 (10.2) および式 (10.3)，または第1の近似の後では式 (10.13) に従うことが示された．これらの条件を水平帯水層の水理解析法に書き換えると，

$$
\begin{aligned}
\eta &= D_c & &(x = 0,\ t \geq 0) \\
\frac{\partial \eta}{\partial x} &= 0 & &(x = B,\ t \geq 0) \\
\eta &= D & &(0 \leq x \leq B,\ t = 0)
\end{aligned}
\tag{10.50}
$$

と表される．1次元流れの基礎方程式はブジネスクの式 (10.30) である．しかし，この式は，このような単純な形でも非線形である．このことは，線形問題と異なり一般解がないこと，新しい問題ごとにそれ専用の方法を考案しなければならないことを意味する．もちろん，式 (10.30) は式 (10.50) を条件として数値的には解くことができる（たとえば Verma and Brutsaert, 1971a）．式 (10.50) を条件として式 (10.30) をこのように解いた結果を，完全な自由水面の式で得られた結果と図 10.14 に比較してある．しかし一方で，現実的な状況で興味の対象となる $D_c = 0$ とした式 (10.50) の短時間と長時間の場合と考えられる境界条件に対しての2つの厳密な解析解がある．これらの解を以下の 10.3.4 と 10.3.5 項で扱う．

● 流出量

この問題の1つの解が $\eta = \eta(x, t)$ として得られると，$x = 0$ における帯水層から河川への流出量 q は，ダルシー則の水理解析法の形である式 (10.27) を適用することで

$$q = -k_0 \left[\eta \frac{\partial \eta}{\partial x} \right]_{x=0} \tag{10.51}$$

と求められる．本章においては，q が水路の単位幅あたり（すなわち，帯水層の流れと直交する方

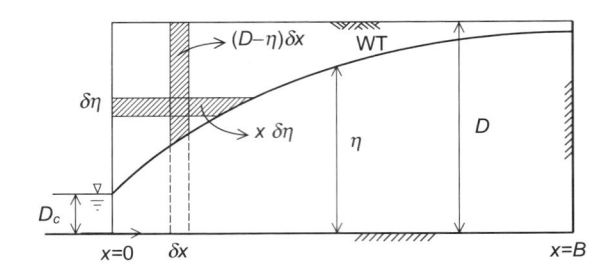

図 **10.19** 任意の時刻 t の瞬間における地下水面高さ $\eta = \eta(x)$ の外側の面積として排水された体積を計算する方法. ここでは, $(xd\eta)$ または $(D - \eta)\,dx$ を積分することで計算する. $x = 0$ 地点は, 地下水が帯水層を抜け出るところであり, B は帯水層の幅 (河川水路から流域界までの距離) である.

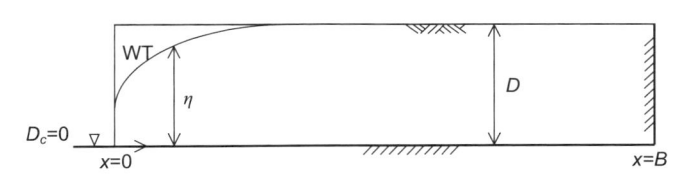

図 **10.20** 水理解析法の仮定が成り立つ不圧帯水層の, $x = B$ における境界条件の影響はないと仮定できる短時間の地下水面形状. この条件に対する境界条件は式 (10.53) であり, ボルツマン変換が適用できる.

向の帯水層の単位幅あたり), 単位時間に通過する水の体積を表すことを思い起こすこと. そのため次元は $[\mathrm{L}^2\ \mathrm{T}^{-1}]$ である. ある場合には, 浸透を表す式 (9.15) を導出するのに用いたのと同様な方法を使った方が便利である. そこで, 図 10.19 に示すように, 連続の条件から, $x = 0$ における単位幅あたりの流出体積の積算値 (単位 $[\mathrm{L}^2]$) は一般的に

$$\forall = n_e \int_{D_c}^{D} x d\eta \tag{10.52}$$

で与えられる. これから流量は $q = d\forall/dt$ により求まる. 式 (10.51) と (10.52) の両式を本章の残りの部分では使用する. 第 9 章の浸透や吸水の場合と同様に, 解法がボルツマン変換に基づく時には流出量を求める 2 つ目の方法は特に有用である.

10.3.4　短時間の流出の様子

　下で明らかになるように, 不圧帯水層の短時間の流出の振る舞いは, 無限幅の帯水層の場合 ($B \to \infty$ の場合) (図 10.20) を解析することで調べることができる. はじめに帯水層が完全に飽和していたとすると, 流出が始まった時, $x = B$ における状況は「感知」されず, 流れは帯水層が無限な広がりをもっているかのように起こると仮定できる. しかし, やがて排水が続くと, 短時間の解は徐々に無効となっていく. このような, 無限幅をもち, はじめは飽和した帯水層から水のない水路への流出を記述する境界条件は,

$$\begin{aligned} \eta &= 0 & (x = 0,\ t \geq 0) \\ \eta &= D & (x > 0,\ t = 0) \end{aligned} \tag{10.53}$$

のように表すことができる.

● 相似性の考察

　9.2 節の吸水の問題同様, 無限に近い流れの領域の性質とその境界条件からはある対称性が暗示される. 帯水層は排水が長く続くと空っぽになるので, $t \to \infty$ の時の水位は $x = 0$ の水位と常に同じである. 同様に, $x \to \infty$ となるよう水路から遠く離れるとそこの水は排水の効果を「感知」できないので, $t = 0$ の時の初期の水位のままとなる. これでボルツマン変換

$$\phi = xt^{-1/2} \tag{10.54}$$

を同様に利用できる．次に示すように，これによって解が非常に単純化されるのである．

式 (9.12) で示された方法でボルツマン変換式 (10.54) を用いると，ブジネスクの式 (10.30) を

$$\frac{k_0}{n_e}\frac{d}{d\phi}\left(\eta\frac{d\eta}{d\phi}\right) + \frac{\phi}{2}\frac{d\eta}{d\phi} = 0 \tag{10.55}$$

の常微分方程式へと変えることができる．境界条件 (10.53) は

$$\begin{aligned} \eta &= 0 \qquad (\phi = 0) \\ \eta &= D \qquad (\phi \to \infty) \end{aligned} \tag{10.56}$$

となる．使用した方法によらず，(10.56) の条件での式 (10.55) の解は，$\eta = \eta(\phi)$ または $\phi = \phi(\eta)$ の形をとる．$x = 0$ における帯水層からの累積流出量は，式 (10.52) で与えられる．そこで，解 $\phi = \phi(\eta)$ がわかれば，ボルツマン変換により流出体積は，

$$\forall = t^{1/2}n_e\int_0^D \phi(\eta)\,d\eta \tag{10.57}$$

となる．式 (10.57) 中の積分は定数なので，簡潔な表現にするためには流出体積を

$$De_h = n_e\int_0^D \phi(\eta)\,d\eta \tag{10.58}$$

で定義される水理脱水能 (hydraulic desorptivity) を用いて表すことができる．すると，$x = 0$ における帯水層からの流出量 $q = -d\forall/dt$ は，

$$q = -\frac{1}{2}De_h t^{-1/2} \tag{10.59}$$

と表せる．この式はおそらく式 (10.58) より明確で実際的な脱水能の定義として役に立つだろう．流量 q はまた，ダルシー則を水理解析法で拡張した式 (10.51) を $x = 0$ で適用することでも求められる点に注意．当然ながら，既知の解 $\eta = \eta(x, t)$ に対して得られる結果は，式 (10.59) と (10.58) からの結果と同じはずである．

　解についてより詳細に議論する前に，脱水能 De_h の興味深い性質を相似性の考察から導き出してみよう．地下水面の高さ η をその初期値 D で無次元化するのは当然として，この無次元化された地下水面の深さを式 (10.55) に代入すると，ϕ の無次元化された形が得られる．すなわち，

$$\begin{aligned} \eta_+ &= (\eta/D) \\ \phi_+ &= (n_e/k_0 D)^{1/2}\phi \end{aligned} \tag{10.60}$$

の無次元変数を用いて，この問題を表すことができるのである．式 (10.58) の脱水能は

$$De_h = a(k_0 n_e)^{1/2}D^{3/2} \tag{10.61}$$

で与えられる．ここで a は

$$a = \int_0^1 \phi_+\,d\eta_+ \tag{10.62}$$

の積分を表す．これは無次元定数でその値は解に依存する．

　まとめると，この簡単な解析から，定数 a を除いて，帯水層からの流出量の正確な関数形である式 (10.59) と (10.61) が，実際に解を導出することなく相似則を用いることで求められることがわかった．

2つのタイプの相似則がここでは使われている．1つ目が境界条件の性質から生じるボルツマン変換で，独立した変数の組合せからなる．これは，η の x への依存性が $t^{-1/2}$ への依存性と相似であることを表している．2つ目のタイプは，変数を無次元化することで方程式も無次元化するもので，大きさや多孔体の種類とは無関係にどのような帯水層にでも適用できる普遍性を有する．

● 解

　この問題のいくつかの解が求められてきた．Polubarinova-Kochina (1952, p.507) は，ブジネスクの式 (10.30) を粘性境界層に対するブラジウス (Blasius) の式に変換することで解を得た．彼女の結果から，

$$a = 0.66412 \tag{10.63}$$

が示される．しかし，その導出の詳細はここで扱う範囲外である．ある程度正確な同様の方法が，後に Hogarth and Parlange (1999) により用いられた．また，いくつかの近似解も存在し，比較すれば精度は落ちるものの式 (10.63) の a に近い値を与える．1つのこのような解は，式 (10.30) を逐次定常状態で近似することに基づいており，1886 年に (Polubarinova-Kochina, 1952, p.573 に引用されている) レムカ (K. E. Lembka) により提案された．この仮定により $a = (1/3)^{1/2}$ が導き出されることが示され，これは，式 (10.63) の値より 13% 小さいだけである．ついでながら，逐次定常状態の仮定は，Parlange (1971) により水平方向の浸透問題の解に用いられた準定常の方法と同義である．2つ目の近似解は線形化により求められる．1947 年に (Kraijenhoff, 1966 に引用されている) エデルマン (J. H. Edelman) は，自由水面を有する地下水流を記述するのに線形化を行うことを提案した．この解からは，$a = (4p/\pi)^{1/2}$ が導き出される．p は 10.4 節でさらに議論されるが，線形化による近似を補償するためのパラメータである．式 (10.63) と比べると，$p = 0.3465$ とすれば線形解からの正確な流出量と同じ結果が得られることがわかる．

● 流出量

　帯水層から隣接する河川または他の開水面を有する水体への流出量は，流域水文学における主たる興味の対象である．相似則に基づいて，すでにこれが式 (10.59) で与えられることが示された．この中で De_h は定数ではあるが，実際の値は明示されない水理脱水能と定義された．利用するのに便利なように，式 (10.59) を式 (10.61) および (10.63) と組み合わせると，実際の値を入れて河川への流出量を

$$q = 0.33206 \left(k_0 n_e D^3\right)^{1/2} t^{-1/2} \tag{10.64}$$

と表すことができる．

10.3.5　長時間の流出の様子

　式 (10.50) に示されたように，3つ目の条件は，帯水層の全域 $0 \leq x \leq B$ がはじめは飽和状態にあることを記述している．Boussinesq (1904) はこの条件を緩和し，η の値を $x = B$ のみで与えることで式 (10.30) の厳密解が得られることを示した．この場合，式 (10.50) の代わりの緩和した境界条件は

$$
\begin{aligned}
\eta &= 0 & & (x = 0,\ t \geq 0) \\
\frac{\partial \eta}{\partial x} &= 0 & & (x = B,\ t \geq 0) \\
\eta &= D & & (x = B,\ t = 0)
\end{aligned}
\tag{10.65}
$$

図 **10.21** 図に示した無次元時間 $t_+ = \left[k_0 D/(n_e B^2)\right] t$ に対するブジネスクの解 $\eta_+ = F/(1 + at_+)$ で計算した，河畔域の不圧帯水層の無次元化した地下水面位置 $\eta_+ = \eta/D$ の変化．変数 $x_+ = x/B$ は，無次元化した河川からの距離で，関数 $F = F(x_+)$ は $t_+ = 0$ に対して示された曲線である．

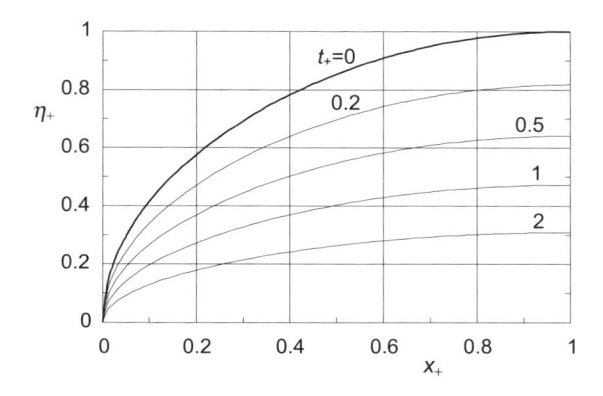

で与えられる．この後に示すように，ブジネスクの解法では，地下水面の形が時間とともに変わらないようにするために，地下水面の高さ η が x に依存するとした自己保存の仮定が暗黙のうちに求められている．この地下水面の形は任意に決められるものではなく，解から決まるものである．図 10.21 に示されるように，解が得られると $t = 0$ で始まる排水過程が終了するまでの地下水面が曲線として与えられる．はじめに飽和していた帯水層（式 (10.50) の 3 つ目の条件参照）は，通常，排水がある程度進んで初めてこのような形をとる．以下に示す解が，長時間に対する解とよばれるのはこのためである．

● 相似性の考察

短時間に対する解の場合と同様に，方程式を無次元化することで重要な考察を行うことができる．再び境界条件式 (10.65) が示すように，長さの変数 η と x をそれぞれの最大値 D および B で無次元化するのが合理的である．無次元化した変数を基礎微分方程式 (10.30) に代入すると，時間変数の適切な尺度 (scaling) が得られることになる．そこで

$$
\begin{aligned}
x_+ &= x/B \\
t_+ &= \left[k_0 D/\left(n_e B^2\right)\right] t \\
\eta_+ &= \eta/D
\end{aligned}
\qquad\qquad (10.66)
$$

の無次元変数を使用する．

これらの無次元変数を用いると，ブジネスクの式 (10.30) が

$$
\frac{\partial \eta_+}{\partial t_+} = \frac{\partial}{\partial x_+}\left(\eta_+ \frac{\partial \eta_+}{\partial x_+}\right)
\qquad\qquad (10.67)
$$

の単純な形になる．境界条件式 (10.65) は

$$
\begin{aligned}
\eta_+ &= 0 && (x_+ = 0,\ t_+ \geq 0) \\
\frac{\partial \eta_+}{\partial x_+} &= 0 && (x_+ = 1,\ t_+ \geq 0) \\
\eta_+ &= 1 && (x_+ = 1,\ t_+ = 0)
\end{aligned}
\qquad\qquad (10.68)
$$

となる．

この問題を変数分離法により解くことができる．すなわち，解 $\eta_+ = \eta_+(x_+, t_+)$ が x_+ のみに依存する関数と，t_- のみに依存する関数の積として

$$
\eta_+ = F_1(x_+) F_2(t_+)
\qquad\qquad (10.69)
$$

で与えられると仮定するのである．式 (10.69) を (10.67) に代入すると

$$\frac{1}{F_2^2}\frac{dF_2}{dt_+} = \frac{1}{F_1}\frac{d}{dx_+}\left(F_1\frac{dF_1}{dx_+}\right) = C_1 \tag{10.70}$$

が得られ，すると C_1 は定数でなければならない．x と t がお互いに独立なので，式 (10.70) の F_1 と F_2 に依存する部分は，それらが定数である時のみ等しくなりうるのである．F_1 に対する微分方程式は一般的な関数では表すことができないが，今回の議論の目的ではそれは必要ではない．そこでこれが既知であると仮定しよう．解はこの後で導出されることになる．一方，F_2 に対する微分方程式からは，

$$-F_2^{-1} = C_1 t_+ + C_2 \tag{10.71}$$

が得られる．ここで C_2 は 2 つ目の定数である．そこで，$-F_1(x_+)/C_2 = F(x_+)$ および $a = (C_1/C_2)$ とおけば，解 (10.69) を

$$\eta_+ = \frac{F(x_+)}{1 + at_+} \tag{10.72}$$

の形に書き直すことができる．ここで a は無次元定数，$F(x_+)$ は $F_1(x_+)$ と同じ微分方程式を満足させ，また境界条件式 (10.68) より求められる $x_+ = 0$ において $F = 0$，$x_+ = 1$ において $F' = 0$，$F = 1$ の条件を満たす x_+ の関数である．この解は，地下水面の初期の形状が保存されるという点で相似性を示している．つまり，一度地下水面がある形をとると，その形は維持される．地下水面の高さのみが時間とともに低くなるのである．

　帯水層からの流出量の式 (10.51) は，式 (10.66) で定義された無次元変数を用いて，

$$q = -\frac{k_0 D^2}{B}\,\eta_+\frac{\partial \eta_+}{\partial x_+}\bigg|_{x_+=0} \tag{10.73}$$

と書き換えられる．この式から，流出量を $(k_0 D^2/B)$ で無次元化した

$$q_+ = \frac{Bq}{k_0 D^2} \tag{10.74}$$

の無次元流出量を定義すべきであることが示唆される．解 (10.72) を用いて，

$$F\,\frac{dF}{dx_+}\bigg|_{x_+=0} = b \tag{10.75}$$

とおくことで，無次元の形で

$$q_+ = \frac{-b}{(1 + at_+)^2} \tag{10.76}$$

が得られる．式 (10.76) において，a と b は無次元定数で，その値は $F(x_+)$ に対する式 (10.70) の解に依存する．

　再び，10.3.4 項と同様に，上の 2 定数を除けば，この簡単な導出により，主に 2 種類の相似性の考察に基づき，実際に $F(x_+)$ を解くことなく，正確な流出量の形が得られることが示された．第 1 のタイプは地下水面の形の自己保存を用いている．これは，変数分離法から解が得られることからきている．2 つ目のタイプは，変数を無次元化するための次元解析に伴うものである．

● 解

　前述のとおり Boussinesq (1904) は，この問題の厳密解を得た．この解は無次元変数を利用することで，以下に示すように大きく単純化される．式 (10.70) 中の関数 $F_2(t_+)$ はすでに与えられているので，$F_1(x_+)$ のみを決めればよい．そのためには，式 (10.71) の下にあげた変換により，

$$\frac{d^2}{dx_+^2}\left(F^2/2\right) = -aF \tag{10.77}$$

の常微分方程式の解を求めることが必要となる. $p = d(F^2/2)/dx$ とおくと,式 (10.77) の左辺が $p\,dp/d(F^2/2)$ と書けることが確認できよう. この式を 1 回積分すると,

$$\frac{p^2}{2} = -\frac{aF^3}{3} + C_3 \tag{10.78}$$

が得られ,C_3 は 3 つ目の積分定数である. 式 (10.68) の 1 つ目の境界条件($x_+ = 0$ で $F = 0$)を用いて 2 回目の積分を行うと,式 (10.78) から

$$x_+ = \int_0^F \frac{y\,dy}{(2C_3 - (2a/3)y^3)^{1/2}} \tag{10.79}$$

が得られる. 残った式 (10.68) の 2 つの境界条件を適用することで,2 つの定数 a と C_3 が次に決められる. 式 (10.68) の 2 つ目の条件をあてはめるには,F の微分が必要である. そこでライプニッツの公式(付録参照)を利用して式 (10.79) から

$$1 = \frac{F}{(2C_3 - (2a/3)F^3)^{1/2}} \frac{dF}{dx_+} \tag{10.80}$$

が得られる. 式 (10.68) の 2 つ目の条件によれば,$x_+ = 1$ において微分 dF/dx_+ はゼロでなければならない. さらに,式 (10.72) から $x_+ = 1$ において F は 1 でなければならない. そこで,式 (10.80) の左辺が 1 になるためには $C_3 = (a/3)$ が必要である. 最後に,式 (10.68) の 3 つ目の条件($x_+ = 1$ において $F = 1$)を式 (10.79) にも適用することで

$$1 = \left(\frac{3}{2a}\right)^{1/2} \int_0^1 y \left(1 - y^3\right)^{-1/2} dy \tag{10.81}$$

が得られる. $u = y^3$ とおくことで,$B(\ )$ をベータ関数として式 (10.81) 中の積分が $B(2/3, 1/2)/3$ に等しいことが示される. そこで,式 (10.81) の定数は $a = [B(2/3, 1/2)]^2/6$ と表されることになる. このベータ関数の値は,ガンマ関数を用いて書き直すと容易に計算できる(たとえば Abramowitz and Stegun (1964) の 6.2.2 項参照). $B(2/3, 1/2) = \Gamma(1/2)\Gamma(2/3)/\Gamma(7/6) = 2.58711$ と書き直せば,$a = 1.1155$ が得られるのである. 定数 a, C_3 のこれらの値を式 (10.79) に代入すると,x_+ に依存する部分の解が

$$x_+ = \frac{3}{B(2/3, 1/2)} \int_0^F y \left(1 - y^3\right)^{-1/2} dy \tag{10.82}$$

と求められ,また多少異なる形では

$$x_+ = \frac{1}{B(2/3, 1/2)} \int_0^{F^3} u^{-1/3} (1 - u)^{-1/2} du \tag{10.83}$$

となる. 式 (10.83) の形では,解は変数 F^3 に対する不完全ベータ関数である. $F(x_+)$ に対するこの解の実際の数値が Aravin and Numerov (1953) により与えられている. 彼らはまた,ライベンゾン (L. S. Leibenzon) が 1934 年にすでに $F = (1.321 x_+^{1/2} - 0.142 x_+^{3/2} - 0.179 x_+^{5/2})$ の近似を導出したことを示している. この表現では明らかに F の推定に標準誤差 10^{-3} が含まれる. 式 (10.82) や (10.83) として与えられる関数 $F(x_+)$ は,図 10.21 の $t_+ = 0$ に対する曲線である. 実のところ,図 10.21 は式 (10.72) で与えられる地下水面の高さ η_+ に対する完全解をいくつかの時間 t_+ に対して示しているのである. この図を見ると,式 (10.72) では確かに地下水面が自己保存性を示し,排水開始から終了までの全過程において同じ曲線の形を保っていることがわかる. もし式 (10.50) と (10.53) で求められるように,帯水層がはじめに飽和していたとしたら,地下水面は十分な水が排水して初めて曲線となるだろう. このため,式 (10.65) の条件下での式 (10.30) は「長期」の流出の状況を記述する場合にのみ適用できるのである.

　解 $F(x_+)$ が得られたので,式 (10.76) で流出量を求めるのに必要な定数の値を決められる. 式

(10.75) で定義される b の値を得るには，式 (10.80) を導出するのに利用した時と同じようにして，ライプニッツの公式を再び式 (10.82) に適用する必要がある．すると

$$1 = \frac{3}{B(2/3, 1/2)} \left(1 - F^3\right)^{-1/2} F \frac{dF}{dx_+} \tag{10.84}$$

が得られる．$x_+ = 0$ における境界条件 $F = 0$ をこの結果にあてはめると，$b = B(2/3, 1/2)/3 = 0.86237$ が得られる．

● 流出量

流出量の (10.76) 式を上で決められた 2 つの定数を用いて元の変数により

$$q = -\frac{bk_0 D^2}{B} \left(1 + \frac{ak_0 D}{n_e B^2} t\right)^{-2} \tag{10.85}$$

と書き直すと後々便利である．ここで 2 つの定数は

$$\begin{aligned} a &= 1.115 \\ b &= 0.862 \end{aligned} \tag{10.86}$$

で与えられる．

t が大きい時のこの解の適用性は，ヒーリー・ショウモデルで実験的に確認されている (Ibrahim and Brutsaert, 1965;1966)．明らかに，式 (10.85) と同等あるいは類似な関数形を有する式は，Maillet (1905; Boussinesq, 1904) によって Vanne 川の干ばつ流の解析において初めて用いられたものである．

10.4　地下水に対する線形化水理解析法理論：第 3 の近似

これまでに本章で述べてきた不圧地下水の流れを記述するすべての式の大きな欠点は，非線形であることである．最も単純な水理解析法に基づく式にもこの欠点があり，解を得る一般的な方法が存在しないのである．そこで，これまでに線形化によってこの欠点をなくそうとする試みが行われてきたのである．線形問題に対する解は，単位応答関数として表せるので一般化することができ，単純な重ね合わせによって異なる境界条件や初期条件に対して拡張することができる．さらに，一度単位応答関数が求まると，これからブジネスクの式でとらえられた基礎をなす主要な物理メカニズムと，流域規模での一般的な線形システム論的アプローチ（単位図法，第 12 章参照）の抽象的な数学的側面の間に直接的なつながりが出てくるのである．

10.4.1　一般的な定式化

式 (10.30) で表される最も単純な形のブジネスクの式を線形化するには，通常，右辺の 2 次微分を

$$\frac{\partial \eta}{\partial t} = \frac{k_0}{n_e} \left[\left(\frac{\partial \eta}{\partial x}\right)^2 + \eta \frac{\partial^2 \eta}{\partial x^2}\right] \tag{10.87}$$

のように展開する．この線形化は，自由水面の位置 η が乱されていない状態での平均値 η_0 から大きく異なることがないという基本的仮定に基づいている．η がほぼ一定に保たれるので，式 (10.87) の右辺第 1 項が無視できるようになり，第 2 項の η を η_0 に置き換えることができる．すると，式 (10.87) が

$$\frac{\partial \eta}{\partial t} = \frac{k_0 \eta_0}{n_e} \frac{\partial^2 \eta}{\partial x^2} \tag{10.88}$$

と書き換えられる．式 (10.88) は，

$$D_h = \frac{k_0 \eta_0}{n_e} \tag{10.89}$$

で定義される定数の水頭 (地下水) 拡散係数をもつ標準的な拡散方程式の形となっている．

　同様な方法で，より一般的なブジネスクの式 (10.31) も線形化でき，

$$\frac{\partial \eta}{\partial t} = \frac{k_0 \eta_0}{n_e} \cos \alpha \left(\frac{\partial^2 \eta}{\partial x^2} + \frac{\partial^2 \eta}{\partial y^2} \right) + \frac{k_0 \sin \alpha}{n_e} \frac{\partial \eta}{\partial x} + \frac{I}{n_e} \tag{10.90}$$

が得られる．これまで同様，α は下部不透水基盤の傾きである．

　ブジネスクの式を線形化するあまり一般的でない第 2 の方法では，両辺に η を乗じ，1 次微分の中側にこれを入れ込むか，またはこれを η_0 で置き換えるか，より適切と考えられる方を採用する．たとえば式 (10.30) の場合には，これから

$$\frac{\partial \eta^2}{\partial t} = \frac{k_0 \eta_0}{n_e} \frac{\partial^2 \eta^2}{\partial x^2} \tag{10.91}$$

が得られ，これは η^2 に対して線形である．この方法はおそらくバグローフ (N. A. Bagrov) によりはじめて，そして後にヴェリギン (N. N. Verigin) (Polubarinova-Kochina, 1952; Aravin and Numerov, 1953) により使われたものである．式 (10.91) の式 (10.88) に対する理論的な強みは，定常条件下においてはこの式が式 (10.39) になるべきであるが，確かにそうなっている点にある．このことは，ブジネスクの式の基になっている水理解析法の仮定とこの式が，より親和性が高いことを示している．それにもかかわらず，この点に関するいくつかの研究からは，2 つの線形化の方法のどちらがより好ましいか，明確な結論は得られていない（たとえば Polubarinova-Kochina, 1952, p.501; Brutsaert and Ibrahim, 1966）．しかし，ある種の実用的な適用例（後述参照）では，この点は重要ではないだろう．

　線形化に際して用いるべき最適な η_0 の値について述べておいた方がよいだろう．η_0 の最適な値は，地下水面の平均的な高さ

$$\langle \eta \rangle = \int_0^B \eta \, dx / B \tag{10.92}$$

から大きく異なってはならないことは当然であろう．ここで難しいのは，η が既知でないことである．それでも，2 つの特別な状況に対して得られている解から，ある程度の様子がわかる．1 つは，境界条件の式 (10.50) の D と D_c がほぼ等しい場合の解である．定常条件下のデュプイの公式 (10.43) をよく見ると，この式がある意味では，$(D_{c2} - D_{c1})/B$ を動水勾配，$(D_{c2} + D_{c1})/2$ を流れの領域の平均的な厚さとおいたダルシー則の差分型と考えられることがわかる．このことから，D と D_c がほぼ同じ値の場合には，$\eta_0 = (D + D_c)/2$ がよい近似となるはずである．2 つ目の事例は，水路の深さが無視でき $D_c = 0$ とおける場合の解であり，D が流れの領域の平均厚さを特徴づけるのに使えるただ 1 つの残ったパラメータとなる．このような状況に対しては，

$$\eta_0 = pD \tag{10.93}$$

とするのがよい．p は線形化の影響を補正するための定数パラメータである．10.3.4 項で述べたエデルマンによる短時間の非定常な流出量に対する線形化解 $a = (4p/\pi)^{1/2}$ からは，$p = 0.3465$ とおけば式 (10.63) の正確な結果を近似できることがわかる．このことは，初期の状態において p が 1/3 程度の値をとることを示唆している．しかし，この値 $p = 0.3 \sim 0.4$ は，短時間からせいぜい

中程度の長さの時間までにしか適用できない．長い時間に対しては，地下水面高 η が減少し続けるので η_0 の最適値もおそらく小さくなるだろう．

10.4.2　水平な帯水層からの流れ

ここで再び，境界条件の式 (10.50) で記述される降雨や涵養の終了後に，はじめは飽和している帯水層からの流出についての，標準的な事例を考察してみよう．線形化されたシステムでの基礎微分方程式は式 (10.88) である．

● 相似性の考察

式 (10.66) の場合と同様に，変数を無次元化すると便利である．式 (10.88) と (10.50) の形からは，

$$
\begin{aligned}
x_+ &= x/B \\
t_+ &= \left[k_0\eta_0/(n_e B^2)\right] t \\
\eta_+ &= (\eta - D_c)/(D - D_c)
\end{aligned}
\tag{10.94}
$$

の無次元化がよいと考えられる．これらの無次元変数を用いて，微分方程式 (10.88) を

$$
\frac{\partial \eta_+}{\partial t_+} = \frac{\partial^2 \eta_+}{\partial x_+^2}
\tag{10.95}
$$

と書き直せる．同様に，境界条件の式 (10.50) も無次元変数で

$$
\begin{aligned}
\eta_+ &= 0 & (x_+ = 0,\ t_+ \geq 0) \\
\frac{\partial \eta_+}{\partial x_+} &= 0 & (x_+ = 1,\ t_+ \geq 0) \\
\eta_+ &= 1 & (0 \leq x_+ \leq 1,\ t_+ = 0)
\end{aligned}
\tag{10.96}
$$

となる．

● 解

式 (10.69) のような積の形の解で変数を分離し (10.95) に代入すると，

$$
\frac{1}{F_2}\frac{dF_2}{dt_+} = \frac{1}{F_1}\frac{d^2 F_1}{dx_+^2} = -C_1
\tag{10.97}
$$

が得られる．C_1 は，(10.70) の時と同じ理由で定数であり，η_+ と F_2 が常に有限であるためには正の値となる．これは，式 (10.97) の t_+ に依存する部分の解，

$$
F_2 = C_2 \exp(-C_1 t_+)
\tag{10.98}
$$

からわかる．式 (10.97) の F_1 についての微分方程式の解は

$$
F_1 = C_3 \sin\left(\sqrt{C_1}\,x_+\right) + C_4 \cos\left(\sqrt{C_1}\,x_+\right)
\tag{10.99}
$$

となり，C_3 と C_4 は定数である．(10.96) の 1 つ目の条件を適用すると，$C_4 = 0$ が示せる．式 (10.96)の 2 つ目の条件を適用すると，C_1 が

$$
\cos\left(\sqrt{C_1}\right) = 0
\tag{10.100}
$$

を満たさねばならないことがわかる．これは，

$$
\sqrt{C_1} = (2n - 1)\pi/2
\tag{10.101}
$$

が満たされると成り立つ．ここで n はどのような自然数 $n = 1, 2, 3 \ldots \infty$ でもよい．式 (10.98) と

(10.99) を式 (10.101) に組み合わせると

$$\eta_+ = C_n \sin\left((2n-1)\pi x_+/2\right) \exp\left(-(2n-1)^2\pi^2 t_+/4\right) \tag{10.102}$$

が得られる．$C_n = (C_2 C_3)$ は実際に使用した n の値に依存する定数である．式 (10.102) は (10.96) のはじめの 2 つの条件を満たしており，3 つ目の条件をさらに満たす必要がある．$t_+ = 0$ における式 (10.102) を見てみると，$\eta_+ = 1$ はどのような正弦関数でも満たすことができないこと，異なる n に対する解を調和級数として加えた場合のみ，$\eta_+ = 1$ が成り立つことがわかる．システムが線形なので，解の和もまた解である．この級数に式 (10.96) の 3 つ目の条件を適用すると

$$\sum_{n=1,2,\dots}^{\infty} C_n \sin\left(\frac{(2n-1)\pi}{2} x_+\right) = 1 \tag{10.103}$$

が得られる．定数 C_n の値はフーリエの方法で決められる．この方法では，式 (10.103) の両辺に $\sin((2m-1)\pi x_+/2)\,dx_+$ を乗じて $0 \le x_+ \le 1$ の流れの領域について積分する．この結果，

$$C_m = \frac{4}{\pi(2m-1)} \tag{10.104}$$

が得られる．最後に，式 (10.104) を式 (10.102) の級数に代入すると，解が

$$\eta_+ = \sum_{n=1,2,\dots}^{\infty} \frac{4}{\pi(2n-1)} \sin\left(\frac{(2n-1)\pi}{2} x_+\right) \exp\left(-\frac{(2n-1)^2\pi^2}{4} t_+\right) \tag{10.105}$$

と表せる．図 10.22 にいくつかの時間 t_+ に対する式 (10.105) が描かれている．次元をもつ元の変数に戻ると，式 (10.94) を用いて (10.105) から次式が得られる．

$$\eta = D_c + \frac{4(D-D_c)}{\pi} \sum_{n=1,2,\dots}^{\infty} \frac{1}{(2n-1)} \sin\left(\frac{(2n-1)\pi}{2B} x\right) \exp\left(-\frac{(2n-1)^2\pi^2 k_0\eta_0}{4n_e B^2} t\right) \tag{10.106}$$

この解は，Boussinesq (1903;1904) の論文中にすでに暗黙のうちに示されていた．彼はこの問題を「側面で熱を通さない長さ L の均質な角柱の棒の先端 $x = 0$ を溶解中の氷に浸し，他の端 $x = L$ が側面と同様に熱を通さない場合に起きる冷却」になぞらえた．しかし彼は，その解が「ある程度早くフーリエの単純な基本解に近づく」と感じていた．この解とは級数の第 1 項のことで，高次項が無視できるということである．水文学で完全な級数が使われたのは，おそらく Dumm (1954) と Kraijenhoff (1958) の研究からである．

式 (10.105) および式 (10.106) の級数中に現れる指数関数の引数は，$1, 9, 25, \dots$ と急激に増加する．その上，級数中の正弦関数の振幅は $1, 1/3, 1/5, \dots$ という具合に減少する．これが，時間が経過し

図 10.22 図に示した無次元時間 $t_+ = \left[k_0\eta_0/(n_e B^2)\right] t$ に対して線形のブジネスクの解 (10.105) で計算された，河畔域の不圧帯水層の無次元化した地下水面位置 $\eta_+ = (\eta - D_c)/(D - D_c)$ の変化．変数 $x_+ = x/B$ は無次元化した河川からの距離である．$t_+ > 0.2$ に対して解は本質的に級数展開の第 1 項である式 (10.107) の基本波となる．

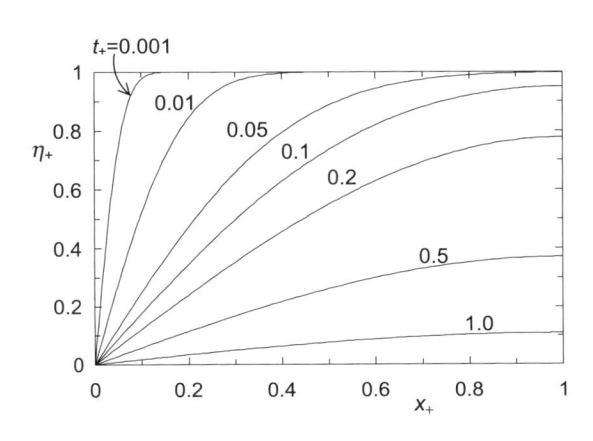

た時に，級数の第 1 項のみが残ることをブジネスクに気づかせた 2 つの性質である．そこで，地下水位を与える式 (10.105) は徐々に第 1 の正弦関数の形に近づき，長時間経過後の線形解は

$$\eta_+ = \frac{4}{\pi} \sin\left(\frac{\pi x_+}{2}\right) \exp\left(\frac{-\pi^2 t_+}{4}\right) \tag{10.107}$$

の基本波の式で与えられる．式 (10.105) の級数の第 1 項と第 2 項を比較すると，長時間経過後の解は，その誤差が 1 % より十分小さくなる $t_+ > 0.2$ の範囲で有効であると仮定できることが示せる．元の変数を使うと，長時間後の解は式 (10.107) と (10.94) から

$$\eta = D_c + 4(D - D_c)\pi^{-1} \sin\left(\frac{\pi x}{2B}\right) \exp\left(\frac{-\pi^2 k_0 \eta_0 t}{4 n_e B^2}\right) \tag{10.108}$$

となる．

● 流出量

線形化により，水理解析法の近似が成り立つ帯水層から隣接する開水面への流出量式 (10.51) が

$$q = -k_0 \eta_0 \left. \frac{\partial \eta}{\partial x} \right|_{x=0} \tag{10.109}$$

となる．式 (10.94) の無次元変数を用いると，これは

$$q_+ = - \left. \frac{\partial \eta_+}{\partial x_+} \right|_{x=0} \tag{10.110}$$

と書き換えられる．ここで，流出量は $k_0 \eta_0 (D - D_c)/B$ により無次元化されており，定義から

$$q_+ = \frac{Bq}{k_0 \eta_0 (D - D_c)} \tag{10.111}$$

である．式 (10.110) を一般解 (10.105) を用いて適用すると

$$q_+ = -2 \sum_{n=1,2,\dots}^{\infty} \exp\left(-\frac{(2n-1)^2 \pi^2}{4} t_+\right) \tag{10.112}$$

が得られる．この結果を図 10.23 に示してある．元の変数を使うと，式 (10.94) の変換後，不圧帯水層からの流出量 (10.112) が

$$q = -2 k_0 \eta_0 (D - D_c) B^{-1} \sum_{n=1,2,\dots}^{\infty} \exp\left(\frac{-(2n-1)^2 \pi^2 k_0 \eta_0 t}{4 n_e B^2}\right) \tag{10.113}$$

図 **10.23** 式 (10.112) で与えられる，線形化した水理解析法の近似が成り立つ帯水層から隣接した開水路の水体への流出の無次元ハイドログラフ $q_+ = q_+(t_+)$（太線）．細い直線は，級数展開の第 1 項で，式 (10.114) で与えられた長時間用のハイドログラフである．無次元変数は式 (10.94) および式 (10.111) に定義されている．

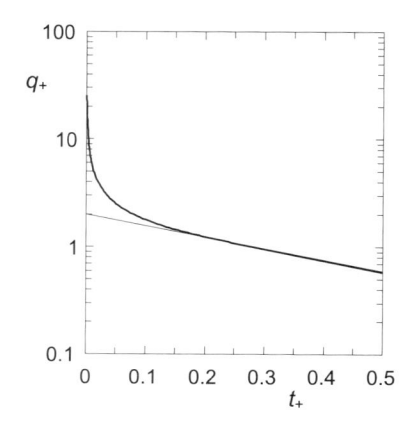

と表せる．前述のように，時間が経過すると最終的には級数の $n = 2, 3, \ldots$ の項が無視できるようになり，第 1 項のみが残る．そこで，長時間後の流出量は，式 (10.112) から

$$q_+ = -2 \exp\left(-\frac{\pi^2}{4} t_+\right) \tag{10.114}$$

で表されるようになる．図 10.23 に示されるように，式 (10.114) は $t_+ > 0.2$，すなわち $t > 0.2 n_e B^2/(k_0 \eta_0)$ の範囲で適用できる．したがってこの基準が満たされた場合，式 (10.113) から元の変数に戻して，

$$q = -2 k_0 \eta_0 (D - D_c) B^{-1} \exp\left(-\frac{\pi^2 k_0 \eta_0 t}{4 n_e B^2}\right) \tag{10.115}$$

の長時間後の流出量の式が導出される．小さな上流の集水域ではしばしば帯水層の地下水面高に比べて河川水は浅いが，この場合は $D_c = 0$ を仮定できる．式 (10.93) を用いると，この仮定により式 (10.115) を

$$q = -2 k_0 p D^2 B^{-1} \exp\left(-\frac{\pi^2 k_0 p D t}{4 n_e B^2}\right) \tag{10.116}$$

とさらに単純化できる．

● 単位応答と任意の入力に対する応答

　　式 (10.113)（または式 (10.116)）は，ある特定の境界条件に対して得られたものであるが，それでも広い範囲に適用できる．Kraijenhoff (1958) によって指摘されたように，実のところそれは，線形な水理解析法の近似が成り立つ帯水層に対する単位応答（グリーン関数）を表わしている．この応答を起こす（単位幅の河道あたり，2 次元での）全帯水層への単位入力は $[n_e(D - D_c)B]\delta(t)$ である．単位地表面積あたりでは $[n_e(D - D_c)]\delta(t)$ である．そこで，線形化した水理解析法の近似が成り立つ帯水層のデルタ関数の入力に対する応答である単位応答は，式 (10.113) から

$$u = -2 k_0 \eta_0 (n_e B)^{-1} \sum_{n=1,2,\ldots}^{\infty} \exp\left(\frac{-(2n-1)^2 \pi^2 k_0 \eta_0 t}{4 n_e B^2}\right) \tag{10.117}$$

で与えられる．降水，融雪などの任意の入力，あるいは地表面蒸発，不透水基盤での漏れなどに伴う負の入力は，単純なたたみこみ積分で扱うことができる（付録参照）．すなわち，単位水平面積あたりの入力が x に無関係に帯水層に均等に $I = I(t)$ として $[\mathrm{L\ T^{-1}}]$ の次元で与えられるとしたら，$x = 0$ における流出量は

$$q = \int_{t-t_m}^{t} I(\tau) u(t - \tau)\, d\tau \tag{10.118}$$

となる．ここで $u = u(t)$ は式 (10.117) で与えられ，t_m は流れのシステムがもつ固有の記憶時間である．システムが線形であると仮定したことにより，同様な方法で，地下水面の位置に対する解 (10.106) をデルタ関数の入力から生じる単位応答関数を表すのに利用できることを述べておくべきであろう．すると，これは q に対する式 (10.118) と同等の η に対するたたみこみ積分に適用することで，任意の入力（たとえば以下で用いる定常降雨など）から生じる地下水面の変化を予測するのに利用できる．しかし，前述のとおり，地下水に対する水理解析法理論での地下水面の位置はあまり信頼できないので，ここではこれ以上は扱わない．

■ 例 10.2

　　単位強度 $I(t) = I_c$ を有する一定入力の場合を考察することで，式 (10.118) の適用例を示すことができる．結果として得られる流出速度は，入力が十分長い間与えられた後には定常に達する．そこで，

式 (10.117) を用いて式 (10.118) から

$$q = \frac{-2k_0\eta_0}{n_e B} \int_{-\infty}^{t} I_c \sum_{n=1,2,\ldots}^{\infty} \exp\left(\frac{-(2n-1)^2\pi^2 k_0\eta_0(t-\tau)}{4n_e B^2}\right) d\tau \tag{10.119}$$

が得られ, これを積分すると

$$q = \sum_{n=1,2}^{\infty} \frac{-8BI_c}{(2n-1)^2\pi^2} \exp\left(\frac{-(2n-1)^2\pi^2 k_0\eta_0 t}{4n_e B^2}\right) \left[\exp\left(\frac{(2n-1)^2\pi^2 k_0\eta_0\tau}{4n_e B^2}\right)\right]_{-\infty}^{t} \tag{10.120}$$

が求まる. 積分範囲を与え, さらに, $1 + 1/9 + 1/25 + \ldots = \pi^2/8$ であることを思い起こすと, 最終的に

$$q = -BI_c \tag{10.121}$$

が予想どおりに求まる. これが前に扱った式 (10.35), (10.37) で地下水面の位置が与えられ, 図 10.16, 図 10.17 においてその様子が描かれた事例の線形化版であることは言うまでもない.

■ 例 10.3

次の事例では, 定常な入力 I_c の終了後しばらく経過した後の流量を扱う. これは, 完全飽和を示す式 (10.50) の 3 つ目の条件ではなく, 定常な浸透から得られる式 (10.37) で与えられる地下水面の初期形状をもつ帯水層からの流出量である. この事例は, 定常な入力を長雨や灌漑と考えると現実的な興味の対象となる. 実際, 帯水層を完全には飽和させないような長雨や灌漑後の排水の開始は, 湿潤地域での共通の関心事である. $t = 0$ を定常入力が停止した時刻とすると, 入力 $I = I(t)$ は

$$I = I_c \qquad (-\infty < t < 0)$$
$$I = 0 \qquad (0 \leq t) \tag{10.122}$$

と表せる. そこで式 (10.118) は

$$q = \int_{-\infty}^{0} I_c u(t-\tau) \, d\tau + \int_{0}^{t} 0 \, u(t-\tau) \, d\tau \tag{10.123}$$

となる. 右辺第 2 項はゼロなので, 式 (10.117) を用いて式 (10.123) の右辺第 1 項を積分すると

$$q = -\sum_{n=1,2}^{\infty} \frac{8BI_c}{(2n-1)^2\pi^2} \exp\left(\frac{-(2n-1)^2\pi^2 k_0\eta_0 t}{4n_e B^2}\right) \left[\exp\left(\frac{(2n-1)^2\pi^2 k_0\eta_0\tau}{4n_e B^2}\right)\right]_{-\infty}^{0} \tag{10.124}$$

となり, 積分範囲を与えてやることで最終的に

$$q = -\sum_{n=1,2}^{\infty} \frac{8BI_c}{(2n-1)^2\pi^2} \exp\left(\frac{-(2n-1)^2\pi^2 k_0\eta_0 t}{4n_e B^2}\right) \tag{10.125}$$

が得られる. この解からは, 定常入力が停止した $t = 0$ において, 当然のことながら初期条件 (10.121) が得られる. 式 (10.125) で特記すべき性質として, 単位応答の式 (10.117) の元になっている式 (10.113) と比べて, この式がずっと早く級数第 1 項に収束する点をあげられる. 式 (10.125) で高次項が素早くなくなることは, これを無次元にすることでうまく示すことができる. 初期流量で流量を無次元化すると, 今回の事例では $q_+ = q/(BI_c)$ となり, これを用いると式 (10.125) は

$$q_+ = -\sum_{n=1,2}^{\infty} \frac{8}{(2n-1)^2\pi^2} \exp\left(\frac{-(2n-1)^2\pi^2 t_+}{4}\right) \tag{10.126}$$

となる. ここで t_+ は式 (10.94) で定義されている. 式 (10.126) を図 10.24 に示してある. これから, $t_+ > 0.08$ の範囲では第 1 項のみが残っていることが見て取れ, $t_+ > 0.2$ の範囲でのみ同じことが生じている図 10.23 の式 (10.112) の場合とは対照的である. この 2 つの事例の違いは, 初期条件の違いに

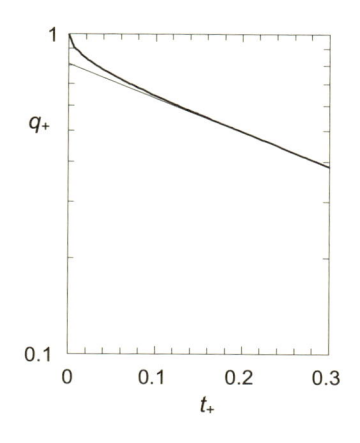

図 10.24　式 (10.126) で与えられる線形化した水理解析法の近似が成り立つ帯水層から隣接した開水路の水体への流出の無次元ハイドログラフ $q_+ = q_+(t_+)$（太線）と級数展開の第 1 項（細い直線）．ここでは，流出量を初期流出量 $q = Bl_c$ で無次元化してある．この初期流出量は，例 10.3 に述べられたように $t_+ = 0$ 以前の定常入力 l_c から生じたものである．

よる．式 (10.112) に対しては，帯水層は，はじめは完全に飽和していることが仮定されていたのに対し，式 (10.126) に対しては，初期の地下水面が式 (10.35) の線形版で与えられると仮定されていたのである．

■ 例 10.4

　任意の時間の関数 $I = P(t)$ を降雨入力とした場合に生じる流出量について考察してみよう．原理的には，解析的にせよ，数値的にせよ，たたみこみ積分を行う場合の問題はない．しかし，降水量データは通常棒グラフとして記録されている．つまり，1 時間とか日とかの有限な時間間隔について一定値をとる．これから，前の例の時と同じように入力関数を決められるので，解析をある程度単純化できる．この例では，

$$
\begin{aligned}
P &= 0 && (0 \le t < t_1) \\
P &= 0.2 P_c && (t_1 \le t < t_2) \\
P &= 0.9 P_c && (t_2 \le t < t_3)
\end{aligned}
\tag{10.127}
$$

の降雨時系列を仮定しよう．ここで P_c は参照降雨強度（たとえば $5\,\mathrm{mm\,h^{-1}}$）である．

　$t = 0$ で帯水層が乾燥している事例を考えてみよう．式 (10.127) と (10.117) を用いて式 (10.118) を適用すると，t_1, t_2, t_3 に対する t の大きさにより異なる $q(t)$ の式が得られる．たとえば，$t_1 < t < t_2$ の時，流量は

$$
q = q(t) = \frac{-2 k_0 \eta_0 P_c}{n_e B} \int_{t_1}^{t} 0.2 \sum_{n=1,2,\dots}^{\infty} \exp\left(\frac{-(2n-1)^2 \pi^2 k_0 \eta_0 (t - \tau)}{4 n_e B^2} \right) d\tau
\tag{10.128}
$$

で与えられ，積分の後

$$
q = -\sum_{n=1,2}^{\infty} \frac{8 B P_c}{(2n-1)^2 \pi^2} 0.2 \left[1 - \exp\left(\frac{-(2n-1)^2 \pi^2 k_0 \eta_0 (t - t_1)}{4 n_e B^2} \right) \right]
\tag{10.129}
$$

が求まる．同様に，$t > t_3$ の時には

$$
\begin{aligned}
q = q(t) = \frac{-2 k_0 \eta_0 P_c}{n_e B} \Bigg[& \int_{t_1}^{t_2} 0.2 \sum_{n=1,2,\dots}^{\infty} \exp\left(\frac{-(2n-1)^2 \pi^2 k_0 \eta_0 (t - \tau)}{4 n_e B^2} \right) d\tau \\
& + \int_{t_2}^{t_3} 0.9 \sum_{n=1,2,\dots}^{\infty} \exp\left(\frac{-(2n-1)^2 \pi^2 k_0 \eta_0 (t - \tau)}{4 n_e B^2} \right) d\tau \Bigg]
\end{aligned}
\tag{10.130}
$$

であり，積分の後には

$$q = -\sum_{n=1,2}^{\infty} \frac{8BP_c}{(2n-1)^2\pi^2}$$

$$\times \left[0.2 \left[\exp\left(\frac{-(2n-1)^2\pi^2 k_0\eta_0(t-t_2)}{4n_eB^2}\right) - \exp\left(\frac{-(2n-1)^2\pi^2 k_0\eta_0(t-t_1)}{4n_eB^2}\right) \right] \quad (10.131)\right.$$

$$\left. + 0.9 \left[\exp\left(\frac{-(2n-1)^2\pi^2 k_0\eta_0(t-t_3)}{4n_eB^2}\right) - \exp\left(\frac{-(2n-1)^2\pi^2 k_0\eta_0(t-t_2)}{4n_eB^2}\right) \right] \right]$$

が得られる. 式 (10.127) によって与えられる $t_1 = 2\,\mathrm{d}$ および $t_2 - t_1 = t_3 - t_2 = 1\,\mathrm{d}$ の時の流量を図 10.25 に示してある. 簡潔に表すため, この図では BP_c で無次元化した q を, (10.94) で定義した無次元時間 t_+ に対して示してある. ここでは, $t_+ = 0.1$ がおおむね $1\,\mathrm{d}$ に相当する. この換算は, 小流域で決められた典型的な値 (たとえば Brutsaert and Lopez, 1998; Eng and Brutsaert, 1999) $k_0 = 0.001\,\mathrm{m\ s^{-1}}$, $n_e = 0.02$, $\eta_0 = 2\,\mathrm{m}$, $B = 300\,\mathrm{m}$ に基づいている.

図 10.25 例 10.4 で与えられた降水イベントの式 (10.127) の結果生じる, 線形化した水理解析法の近似が成り立つ帯水層から, 隣接した開水路の水体への流出の無次元ハイドログラフ $q_+ = q/(BP_c)$. 完全な級数解は太い線で, 級数展開の第 1 項は細い線で示されている. この例では $t_+ = 0.1$ が大まかには 1 日に相当するとしている.

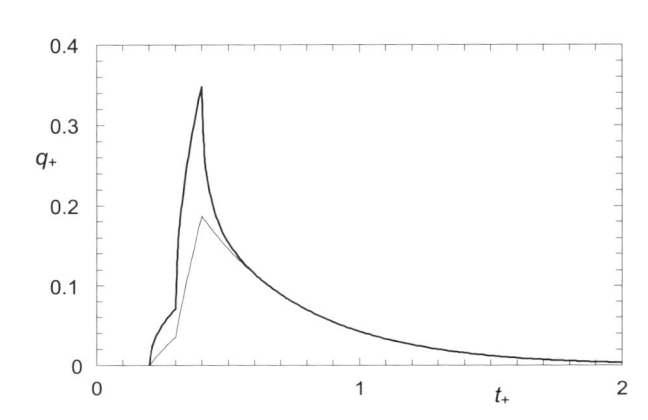

10.4.3 斜面帯水層からの流れ

単位応答関数を求めるために, ここで再び, はじめに飽和している帯水層 (図 10.26) からの流出の問題を考えるのが便利である. 帯水層から流出している時には, 地表面からの涵養はないとするので, この現象を支配する微分方程式は $I = 0$ とした式 (10.90) である. 傾斜した帯水層の場合, 水路からの距離 x における総流量を式 (10.26) から求められる. 線形化の後, これは

$$(q_x\eta) = -k_0\left(\eta_0\cos\alpha\frac{\partial\eta}{\partial x} + \sin\alpha\eta\right) \qquad (10.132)$$

で与えられる. そこで, $x = B$ の流域界における境界条件は, 単純な式 (10.50) の 2 つ目の条件ではなく, 式 (10.132) で不透水性の壁が形成されるようにしなければならない. さらに, 丘陵地では急流の流れが浅くなり, 通常は隣接する斜面の地下水流に影響を与えないので, $D_c = 0$ と仮定しても差し支えない. そこで, はじめに飽和している傾斜した帯水層に対する境界条件は, 式 (10.50) の代わりに

$$\begin{array}{ll} \eta = 0 & (x = 0,\ t \geq 0) \\ \eta_0\cos\alpha\dfrac{\partial\eta}{\partial x} + \sin\alpha\eta = 0 & (x = B_x,\ t \geq 0) \qquad (10.133) \\ \eta = D & (0 \leq x \leq B_x,\ t = 0) \end{array}$$

となる. 側方からの流入がない条件 $I = 0$ の下で, 斜面を流下する今回の 2 次元流れの事例に対して基礎方程式 (10.31) を線形化した形 (式 (10.90)) は,

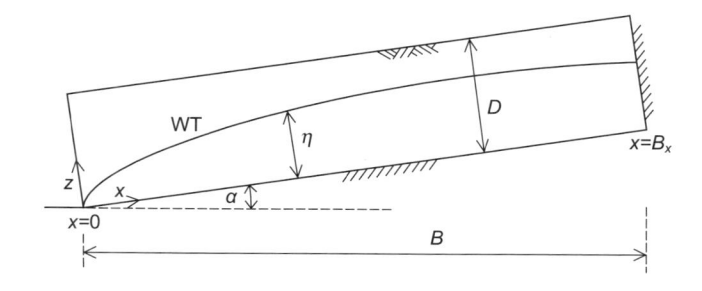

図 10.26　不圧斜面帯水層断面の定義. 地表面に沿った河川から流域界までの距離は $B_x = B_x'/\cos\alpha$ である.

$$\frac{\partial \eta}{\partial t} = \frac{k_0 \eta_0 \cos\alpha}{n_e}\frac{\partial^2 \eta}{\partial x^2} + \frac{k_0 \sin\alpha}{n_e}\frac{\partial \eta}{\partial x} \tag{10.134}$$

と表せる. この式が, 開水路流れの拡散的アプローチ (式 (5.88) および (5.92) 参照) ですでに用いられた移流拡散方程式の形である点に注意すること. 今回の傾斜した帯水層の事例では, 水頭拡散係数は単純な式 (10.89) ではなく, 傾斜の効果が含まれた

$$D_h = \frac{k_0 \eta_0 \cos\alpha}{n_e} \tag{10.135}$$

となる. 加えて, 式 (10.134) には水頭（地下水）移流係数

$$c_h = -\frac{k_0 \sin\alpha}{n_e} \tag{10.136}$$

が含まれている. 開水路中の洪水波伝播との相似から, 傾斜した帯水層中の地下水面高 η の乱れを2つの変化として考えることができる. 1 つは拡散係数の式 (10.135) に支配される地下水面形状の変形であり, もう 1 つは, この乱れが移流係数の式 (10.136) で与えられる速度で斜面を流下する移動である.

● 相似性の考察

境界条件の式 (10.133) と支配微分方程式 (10.134) の形から, 変数を

$$\begin{aligned} x_+ &= x/B_x \\ t_+ &= \left[k_0 \eta_0 \cos\alpha / \left(n_e B_x^2\right)\right] t \\ \eta_+ &= \eta/D \end{aligned} \tag{10.137}$$

のように無次元化することが考えられる（式 (10.94) と比較せよ）. これらの変数を用いると, 式 (10.134) は

$$\frac{\partial \eta_+}{\partial t_+} = \frac{\partial^2 \eta_+}{\partial x_+^2} + \mathrm{Hi}\frac{\partial \eta_+}{\partial x_+} \tag{10.138}$$

と書き換えられる. 式 (10.138) の Hi は

$$\mathrm{Hi} = \frac{B_x \tan\alpha}{\eta_0} \tag{10.139}$$

で定義される地下水斜面流数 (groundwater hillslope flow number) である. ここで, B_x および α は図 10.26 に示されており, η_0 は, 今扱っている問題に対してブジネスクの方程式 (10.31) の線形化で導入された帯水層の平均厚さである. 式 (10.138) は移流拡散式の形をしている. この式は無次元なので, 単位拡散係数をもっていることになる. 式 (10.95) と (10.138) の比較から, 無次元パラメータ Hi が斜面に関する項（重力の効果を表す項）と拡散の項の相対的な大きさを表していることがわかる. この比率は, 傾斜 α および帯水層の「薄さ」B_x/D に伴って増加する. 大きな Hi に

対しては，式 (10.138) 右辺第 1 項の拡散の項は無視でき，キネマティック流れの近似（10.5 節参照）が有効である．小さな Hi の値（すなわち緩い傾斜 α または大きな D/B_x を有する比較的厚い帯水層）に対しては，この問題は水平流の 1 つとして扱うことができ，解は式 (10.106) で近似できる．

● 解

境界条件の式 (10.133) は無次元で

$$\eta_+ = 0 \qquad\qquad (x_+ = 0,\ t_+ \geq 0)$$
$$\frac{\partial \eta_+}{\partial x_+} + \mathrm{Hi}\,\eta_+ = 0 \qquad (x_+ = 1,\ t_+ \geq 0) \tag{10.140}$$
$$\eta_+ = 1 \qquad\qquad (0 \leq x_+ \leq 1,\ t_+ = 0)$$

のように書ける．式 (10.140) の条件下での式 (10.138) の解はラプラス変換によって求められ，

$$\eta_+ = \sum_{n=1,2,3\ldots}^{\infty} \frac{2z_n\left[\exp(-\mathrm{Hi}/2) - 2\cos(z_n)\right]\sin(z_n x_+)\exp\left[-(z_n^2 + \mathrm{Hi}^2/4)t_+ + (1-x_+)\mathrm{Hi}/2\right]}{(z_n^2 + \mathrm{Hi}^2/4 + \mathrm{Hi}/2)} \tag{10.141}$$

となる (Brutsaert, 1994)．式 (10.141) で z_n は，$z_1, z_2, \ldots z_n, \ldots$ というように無限の根をもつ

$$\tan(z) = \frac{z}{-\mathrm{Hi}/2} \tag{10.142}$$

の n 乗根である．式 (10.142) は多くの問題に出現し，その根 z_n は表にまとめられている（たとえば Carslaw and Jaeger, 1959, p.492; Abramowitz and Stegun, 1964, p.224）．非常に小さな Hi に対しては，$z_n = [(2n-1)\pi/2]$ となる点に注意．これは水平な場合の式 (10.101) と等しい．非常に大きな Hi に対しては，根は $z_n = (n\pi)$ に近づく．

● 流　量

流量は，$x = 0$ において式 (10.132) を式 (10.141) に適用することで求められる．この結果，

$$q_+ = -2\sum_{n=1,2,3\ldots}^{\infty} \frac{z_n^2\left[1 - 2\cos(z_n)\exp(\mathrm{Hi}/2)\right]\exp\left[-(z_n^2 + \mathrm{Hi}^2/4)t_+\right]}{(z_n^2 + \mathrm{Hi}^2/4 + \mathrm{Hi}/2)} \tag{10.143}$$

が求まる．ここで無次元流量は $q_+ = B_x q/(k_0 \eta_0 D \cos\alpha)$ で，無次元時間 t_+ は式 (10.137) で定義されている．斜面流数が Hi $= 0$ となると，この式が $D_c = 0$ とした水平な事例の解 (10.113) になることが確かめられる．

図 10.27 に，式 (10.143) 式で与えられる傾斜した帯水層からの流出量のハイドログラフをさまざまな斜面流数 Hi に対して描いてある．長時間経過後のこの流出量は，線形システムの代表時間に対する

図 **10.27**　斜面流数 Hi $= 0, 1, 2, 4, 10, 20$ の値に対して式 (10.143) で求められた，線形化した水理解析法の近似が成り立つ傾斜帯水層から隣接した開水路の水体への流出の無次元ハイドログラフ $q_+ = q_+(t_+)$．Hi $= 0$ は水平な場合を示している．無次元時間は式 (10.137) で定義されており，帯水層は初期には完全に飽和している．

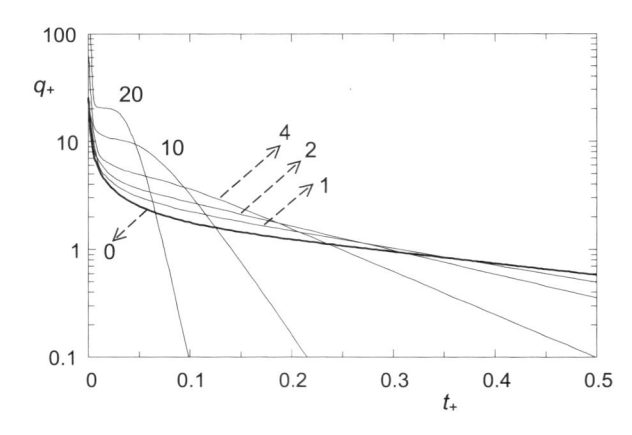

指数関数型減衰を示している．しかし，この指数関数は 2 つの減衰係数をもっており，1 つ目の $(z_n)^2$ は流れの拡散的な性質を表し，2 つ目の $(\mathrm{Hi}^2/4)$ が斜面の傾斜の効果である運動学的 (kinematic) な性質を反映している．結果として，流量は 2 つの性質を示す．まず，式 (10.101) と同様，z_n は n の増加に伴って高次項が急激に増大する．その結果，Hi の値にかかわらず，これらの項は急速に減衰する．このため，大きな t に対しては，級数の第 1 項のみが残り，片対数グラフである図 10.27 では直線となっている．すなわち，流量 q は拡散の結果，水平な事例とほぼ同じように大きな t の値に対して指数関数的に減衰していくが，この速度は，Hi を含む項の存在のためにさらに大きい．第 2 の性質として，斜面流数 Hi が増加すると，流出量のハイドログラフが徐々に「こぶ」をもち，流出過程の休止を示すようになることがあげられる．この現象は数学的には，Hi が大きくなると式 (10.138) の拡散項（右辺第 1 項）の移流項（右辺第 2 項）に対する相対的な重要性が減少することにより生じている．これは，帯水層中の流れの性質が拡散的でなくなり，より運動学的，すなわち斜面の効果でますます重力に駆動されるようになったことを意味する．10.5 節でさらに議論するように，運動学的な動きは，地下水面の形状の変化を伴わない純粋な並進運動である．式 (10.138) で記述される今回の事例では，初期段階で級数の全高次項が依然として意味をもつ間は，拡散が流出口付近の地下水面を広げている．これは第 7 章で議論した開水路の洪水波の振る舞いと似ていなくはない．しかし，時間が経過し運動学的な効果が支配的になると，帯水層に残された大部分は移動波として下降するようになり，この 2 つの状態の移行中に，ハイドログラフの「休止」が生じる．この休止の存在は，$x_+ = 1$ である流域界において地下水面高 η_+ がゼロに近づく時の時間と関係する．流域界で地下水面高がゼロに近づく速度は，図 10.27 に示される休止の強度と同様，主に斜面流数 Hi の大きさに依存する．実は式 (10.141) は，流域界で η_+ が決してゼロにならないこと，時間経過に伴って単に指数関数的にゼロに近づくことを予測している．これは多少直感に反する．なぜなら，地下水に対する水理解析法では，地下水面は真の自由水面であり，明確な境界面をなすという仮定に基づいており，物理的には，そのような明確な境界面 $\eta_+(x_+, t_+)$ が $x_+ = 1$ でゼロになれない理由がなく，これが起きた後には，$\eta_+ = 0$ の点が $x_+ = 1$ から $x_+ = 0$ の方向に帯水層の底に沿ってずれていくことが予期されるからである．初期には，式 (10.141) がこのような一連の現象を予測しないのは，ブジネスクの式を用いた水理解析法の欠点と考えられていた．しかし，後にそれは誤りで，実は式の線形化のためであることが示された (Stagnitti *et al.*, 2004)．線形の拡散方程式の解は，普通明確な前線を形成せず，むしろ長い指数関数的な広がりを表すことがよく知られているので，これは驚くべきことではない．この性質あるいは似たような性質の他の例が，開水路の流れ（式 (5.95) および図 5.9）や浸透（式 (9.56) および図 9.10）での線形拡散方程式の適用でもみられる．それでも現在の状況では，式 (10.141) で地下水面高 $\eta_+ = 0$ が $x_+ = 1$ を通過し，帯水層の底に沿って流下できないという問題は，斜面水文学においてはそれほど重要ではないかもしれない．現実の帯水層では，低下する地下水面は乾いていく明確な境界面ではなく，その流れは，ブジネスクの式よりはリチャーズの方程式によってより厳密に記述できる．このことは，線形化した式のゼロに漸近する解 (10.141) が，明確な境界面の記述より劣った近似を与えるとは必ずしも限らないことを意味する．それでも，この欠点にもかかわらず，線形化した問題の解析からは，Hi の増加に伴って現象の拡散的な面が徐々に重要でなくなり，実際の集水域における斜面の流れの記述においてはひょっとすると無関係になるかもしれないことがわかる．つまり，たとえば 10 を超えるような大きな Hi の値に対しては，以下の 10.5 節に示す単純なキネマティック法がより適切なのかもしれないことが示唆されるのである．

　式 (10.143) で与えられた傾斜した帯水層からの流出量は，Pauritsch *et al.* (2015) により式 (10.134) の数値解の結果および Parlange *et al.* (2001; Mendoza *et al.*, 2003) と Hogarth *et al.* (2014) による近似解と比較されている．

　式 (10.143) の短時間側の極限値は

$$q = -(k_0 \eta_0 n_e \cos \alpha / \pi)^{1/2} D t^{-1/2} \tag{10.144}$$

で与えられる (Brutsaert, 1994). これは予期されるとおり, 式 (10.61) を用いた式 (10.59) であり, 定数 a の値は

$$a = [4\eta_0 \cos \alpha / (\pi D)]^{1/2} \tag{10.145}$$

で与えられる. 実のところ式 (10.144) は, 式 (10.138) 右辺第 2 項を無視した場合に (10.133) の条件下で $B \to \infty$ および $\sin \alpha = 0$ とおいた場合の厳密解である. これは, 急に地表面での (たとえば降雨からの) 水供給がなくなった場合に, 無限に長い帯水層での拡散現象として流出が初期には進行することを意味する. これは意外ではない. 移流拡散方程式で記述される他の現象でも, 初期には $t^{-1/2}$ に依存した同様の振る舞いが起きることを思い起こしてみること. 第 9 章で扱った 1 つの例は, 湛水した水の乾燥した土壌カラム中への鉛直方向の浸透であった. $\alpha = 0$ の時の式 (10.144) と (10.145) は, Edelman (Kraijenhoff, 1966 に引用) により提案された水平方向に無限に長い帯水層からの排水の解であることにまた注意すること.

● 単位応答と任意の入力に対する応答

式 (10.143) は斜面帯水層が完全に飽和した後に起こる流出量を表している. そのため, これは単位応答 (グリーン関数) であり, また傾斜した帯水層に対する瞬間単位図 (instantaneous unit hydrograph) でもある. ここで, 式 (10.143) の応答を引き起こす全帯水層 (2 次元の単位河道幅あたり) に与えられた入力は $(n_e D B_x)\delta(t)$ である. 単位地表面積あたりでは $(n_e D)\delta(t)$ となる. そこで, デルタ関数に対する線形化した水理解析法が成り立つ斜面帯水層の応答 (単位応答) は,

$$u(t) = \frac{-2k_0 \eta_0 \cos \alpha}{(n_e B_x)} \sum_{n=1,2,3\ldots}^{\infty} \frac{z_n^2 \left[1 - 2\cos(z_n)\exp(\mathrm{Hi}/2)\right]\exp\left[-(z_n^2 + \mathrm{Hi}^2/4)t_+\right]}{(z_n^2 + \mathrm{Hi}^2/4 + \mathrm{Hi}/2)} \tag{10.146}$$

で与えられる. このことは, 式 (10.113)〜(10.116) の水平な事例と同様, この解を式 (10.118) のたたみこみ積分により降水や融雪水の浸透, 基盤での水漏れなどの任意の入力に対して利用できることを意味している. 前の場合と同様, 帯水層全体に均一に (位置 x に無関係に) 与えられる単位地表面積あたりの任意の入力を, $[\mathrm{L\ T^{-1}}]$ の次元をもつ $I = I(t)$ とする. しかし斜面が傾斜しているので, いくつかの注意が必要である. もし I を (降水のような) 水平面の単位面積あたりの入力とするなら, これは, 式 (10.118) 中では $I \cos \alpha$ としなければならない.

式 (10.118) のところで行った, 水平帯水層での地下水面位置に対する単位応答関数に関する考察は, 今回の傾斜した帯水層についても同様に成り立つ.

■ 例 10.5

例 10.3 で扱ったと同じ状況を考察してみよう. この問題は, 定常で長期間の降雨の終了後における斜面帯水層からの流出量の定式化に関するものであった. 式 (10.118) の適用は, 式 (10.122) と (10.123) で示された同じ方法に従って行う. もし単位水平面積あたりの定常な入力を I_c とすると, たたみこみ積分で使われる入力は $I_c \cos \alpha$ となり, 単位応答の式 (10.146) を用いて, この積分から

$$q(t) = -2B_x I_c \cos \alpha \sum_{n=1,2,3\ldots}^{\infty} \frac{z_n^2 \left[1 - 2\cos(z_n)\exp(\mathrm{Hi}/2)\right]\exp\left[-\left(z_n^2 + \mathrm{Hi}^2/4\right)t_+\right]}{(z_n^2 + \mathrm{Hi}^2/4 + \mathrm{Hi}/2)(z_n^2 + \mathrm{Hi}^2/4)} \tag{10.147}$$

の結果が得られる. 式 (10.125) が $\alpha = 0$ の水平帯水層に対する式 (10.147) の特殊な場合を表している点に注意. 異なる Hi に対する式 (10.147) を図 10.28 に示してある. 比較しやすいよう, 式 (10.126) の時と同様に, 流出量をその初期値 $q_+ = q / (I_c B_x \cos \alpha)$ で無次元化してある.

■ 例 10.6

この例では, 式 (10.127) で与えられたと同じ入力並びを考察してみよう. 式 (10.146) の単位応答

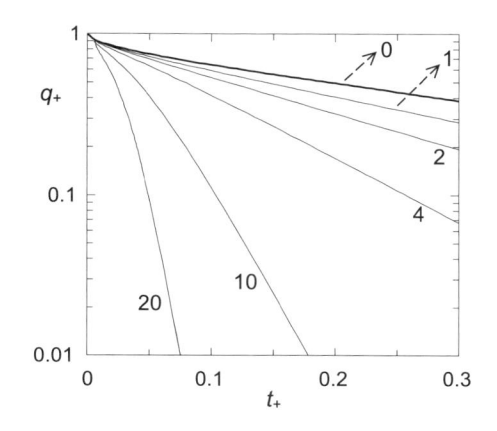

図 10.28 斜面流数 Hi $= 0, 1, 2, 4, 10, 20$ の値に対して式 (10.147) で求められた，線形化した水理解析法の近似が成り立つ傾斜帯水層から隣接した開水路の水体への流出の無次元ハイドログラフ $q_+ = q_+(t_+)$．Hi $= 0$ は水平な場合を示している（例 10.3 参照）．流量は初期流出量 $q = (l_c B_x \cos \alpha)$ で無次元化してあり $q_+ = q/(l_c B_x \cos \alpha)$ である．この初期流出量は，例 10.5 に述べられたように，$t_+ = 0$ 以前の定常入力 l_c から生じたものである．時間は式 (10.137) に示すように無次元化してある

により，例 10.4 と同様に計算を行うことができる．例として，$t > t_3$ の時の事例では，帯水層の流量を（式 (10.130) の類推で）

$$q = q(t) = \frac{-2k_0 \eta_0 P_c \cos^2 \alpha}{n_e B_x} \left\{ \int_{t_1}^{t_2} 0.2 \sum_{n=1,2,\dots}^{\infty} \frac{z_n^2 [1 - 2\cos(z_n) \exp(\mathrm{Hi}/2)]}{(z_n^2 + \mathrm{Hi}^2/4 + \mathrm{Hi}/2)} \right.$$

$$\times \exp \left[\frac{-(z_n^2 + \mathrm{Hi}^2/4)[k_0 \eta_0 \cos \alpha](t - \tau)}{(n_e B_x^2)} \right] d\tau + \int_{t_2}^{t_3} 0.9 \sum_{n=1,2,\dots}^{\infty} \frac{z_n^2 [1 - 2\cos(z_n) \exp(\mathrm{Hi}/2)]}{(z_n^2 + \mathrm{Hi}^2/4 + \mathrm{Hi}/2)}$$

$$\left. \times \exp \left[\frac{-(z_n^2 + \mathrm{Hi}^2/4)[k_0 \eta_0 \cos \alpha](t - \tau)}{(n_e B_x^2)} \right] d\tau \right\} \tag{10.148}$$

と書ける．この結果は（水平な場合の式 (10.131) との類推で）積分でき，

$$q = -2B_x P_c \cos \alpha \sum_{n=1,2,\dots}^{\infty} \left[\frac{z_n^2 [1 - 2\cos(z_n) \exp(\mathrm{Hi}/2)]}{(z_n^2 + \mathrm{Hi}^2/4)(z_n^2 + \mathrm{Hi}^2/4 + \mathrm{Hi}/2)} \right]$$

$$\times \left[0.2 \left[\exp \left(- \left(z_n^2 + \mathrm{Hi}^2/4 \right) (t_+ - t_{+2}) \right) - \exp \left(- \left(z_n^2 + \mathrm{Hi}^2/4 \right) (t_+ - t_{+1}) \right) \right] \right. \tag{10.149}$$

$$\left. + 0.9 \left[\exp \left(- \left(z_n^2 + \mathrm{Hi}^2/4 \right) (t_+ - t_{+3}) \right) - \exp \left(- \left(z_n^2 + \mathrm{Hi}^2/4 \right) (t_+ - t_{+2}) \right) \right] \right]$$

となる．ここで，無次元時間変数は式 (10.137) で定義されている．

10.4.4　毛管水帯の結合

　地下水面上の不飽和流のある性質を，線形の水理解析法に取り込む試みがなされてきた．このような近似は，理論的にはあらゆる自由水面の式に対して利用できるが，現在まで，主に線形のブジネスクの式についての考察がなされてきた．このような研究の例は Pikul *et al.* (1974) や Parlange and Brutsaert (1987) の論文中で報告されている．

10.5　傾斜した帯水層中のキネマティックウェーブ：第 4 の近似

　式 (10.26) と (10.27) は，下にある基盤に対する地下水面の傾斜 $\partial \eta / \partial x$ として現れる圧力勾配と基盤の傾斜の大きさ $\sin \alpha$ として現れる重力によって流れが駆動される様子を示している．圧力勾配の項は拡散による輸送を引き起こし，これはブジネスクの式では 2 次微分として現れている．

基盤の傾斜の項は移流による輸送を起こしている．大きな斜面勾配，つまり大きな斜面流数 Hi では，移流の効果が拡散を圧倒する．これはまた式 (10.134) と (10.138) でも見ることができる．キネマティックウェーブ法では，Hi が十分大きく，拡散項を生み出す圧力勾配の項が単に無視できると仮定する．すなわち，式 (10.27) 中の動水勾配を基盤の勾配 $\sin\alpha$ と等しいとおくことで，式 (10.29) が

$$\frac{\partial \eta}{\partial t} - \frac{k_0 \sin\alpha}{n_e}\frac{\partial \eta}{\partial x} = \frac{I}{n_e} \tag{10.150}$$

の 1 階線形微分方程式となる．

この方法は急斜面に対して Boussinesq (1877) で簡単に紹介されている．涵養 I がない単純流出の事例において，彼は式 (10.150) が

$$\frac{d\eta}{dt} = \frac{\partial \eta}{\partial t} + \frac{\partial \eta}{\partial x}\frac{dx}{dt} = 0$$

の全微分の形なので，地下水位の高さ η は斜面を

$$c_k = \frac{dx}{dt} = \frac{-k_0 \sin\alpha}{n_e} \tag{10.151}$$

の速度で下降することを指摘した．つまり，式 (10.151) の速度で斜面を下降する観察者がいたとすると，その人には地下水面高 η が変化しないように見えるだろう．この結果は予期できないものではなく，拡散方程式の移流係数の式 (10.136) とキネマティックウェーブの波速 (celerity) の式 (10.151) が等しく $c_k = c_h$ であるという点から，これは開水路流れと類似な関係にある．一方，ブジネスクの結果である式 (10.151) は，開水路のキネマティックウェーブと対照的な以下の 2 つの性質をもっている．まず，c_k が η に対して独立であることが見て取れる．このことは，すべての η の値が同一速度で移動すること，地下水面が斜面を下降しながらも初期の形状を維持することを意味している．たとえば，降水の矩形パルス入力が土壌表面において瞬間的に帯水層に入ったとすると，それは時間遅れを伴った矩形パルス出力として，帯水層から河川水路へ出てくるであろう．2 つ目として，式 (10.151) が実は波を記述しているわけではないという議論もすることができる．実際，排水可能間隙率 n_e が土壌中の可動水 (mobile water) を表している（そして $(\theta_0 - n_e)$ が図 10.12 に示されたように非可動水 (immobile water) と考えられている）という程度においては，式 (10.151) もまた帯水層の水の実際の速度を表しているのである．そのため，この現象はキネマティックウェーブというよりは，キネマティック流れとよんだ方がよいのかもしれない．このような流体と波の速度が等しい理由は，式 (10.150) の固有の線形性にあるとみることができる．一方，その名前にもかかわらず，n_e の本当の物理的な重要性が明確ではないことを覚えておく必要がある．これは，地下水面上の不飽和流を自由水面近似で無視したことを補償するために導入された単なるパラメータである．地下水面下の土壌体積中を流れている水が占める割合は，全間隙率 n_0 と比べれば大きくはないが，それでも全部の流れている水が排水過程で除かれるわけではないので，おそらく n_e よりは大きい．そこで，帯水層の水の真の流速は，式 (10.151) で表されるほどには大きくない可能性が高い．このことは，急斜面を下降する地下水面の動きは，やはりある波の性質をもつかもしれないと考えられることを意味する．しかし，n_e の不明確な物理性からしてこの性質は明らかではなく，この現象についてのさらなる研究が必要である．

Henderson and Wooding (1964) は，6.2.2 項で示された $a = 0$ として地下水に適用した彼らの結果を，完全なブジネスクの式で得られる結果と比較することで，キネマティックウェーブ法の適用

性を調べた．彼らは，たとえば地表流に対する式 (6.27) を地下水用に変えた結果から得られるように，減衰期において差が有意になりうると結論づけた．前述のとおり，キネマティック法では動水勾配が基盤の傾斜と等しいと仮定している．実際には，通常はこれが地表面の勾配と等しいとしている．この方法の主たる実際面での欠点は，比較的平坦な地形での非常に小さい値も含む広い範囲の勾配を考慮しなければならない場合には，この方法が適さないという点にある．しかし，急な勾配，あるいは高い斜面流数 Hi に対しては，この方法は流れを記述するのに有用である．また，動きが厳密な並進運動なので，工学的な設計目的で，丘陵性の非常に透水性の高い斜面からの流出を記述するために合理式 (rational method) (12.2.2 項を参照) を適用することの正当性が，この方法からある程度示される．キネマティック法は，斜面洪水流出の集水域スケールでのシミュレーションに使われてきた (Beven, 1981)．

10.6 集水域スケールでの基底流のパラメタリゼーション

10.6.1 一般的な性質

基底流量は，降水，融雪やその他の入力がない時に，上流側の河道や隣接した河畔域の帯水層に貯留されていた水が自然状況下で放出されることから生じる流量である．一般的にこのタイプの流れは，流域の地文学的性質，河道や帯水層中の貯留水分の分布に依存し，流域からの蒸発量の影響を受けることもある．地文学的性質とは，主に地表面や河川網の地形と河畔域の帯水層，地表面近くの土壌の形状や性質を意味する．これらの性質は流域の地質や気候を反映しており，水文循環の主な要素の通常の時間スケールからすると，時間に伴っては変化しない特質と考えられる．基底流時の河道貯留の効果は，普通非常に小さい．実際，河道に貯留される水は，普通は流れに関与する帯水層に貯留される水より数オーダー少ない (表 1.3 も参照)．さらに，河川中の水の典型的な流下時間 (travel time) は，隣接した帯水層の流下時間よりオーダーが小さい傾向にある．ある条件下では，地下水の蒸発が季節的な効果をもつ場合がある．しかし，地下水の蒸発は普通地下水面が地表面に十分近い河岸近くの限られた地域からのみ起こるので，この効果は，通常は無視できる (Zecharias and Brutsaert, 1988b)．

これらの考察から，河川の任意地点における基底流量 $Q = Q(t)$ が主に地下水の排水から生じることは明らかである．そこである地点の基底流量は，その地点から河道沿いの水源までの各点で起きている地下水流出量を，その瞬間ごとに積分した値であると考えることができる．これから，基底流条件下の集水域出口での河川流量は

$$Q(t) = \int_0^L \left(|q_L| + |q_R| \right) ds \tag{10.152}$$

と表すことができる．ここで s は流域内のすべての河道沿いの線座標，L は全河道の長さ，$q_L = q_L(s,t)$ および $q_R = q_R(s,t)$ は，それぞれ左岸と右岸からの地下水流入量（図 10.29）である．流域の地文特性は時間変化しないので，各点での地下水流出量 q_L, q_R も時間変化せず，その地点の地下水貯留の単一の関数で与えられる可能性が高い．q_L と q_R が座標 s に依存するので，式 (10.152) からは，流域スケールの基底流 $Q(t)$ が流域の全水貯留量のみならず，流域内貯留の面的な分布にも依存することがわかる．しかし，貯留の分布はいつでも同じなわけではなく，先行降水の面的分布の直接的な結果として普通は時間変化する．このことは，$Q(t)$ が必ずしも時間のみの関数であるとは限らないことを意味する．小流域上で降水が十分に一様であると仮定できる場合には，これは問題で

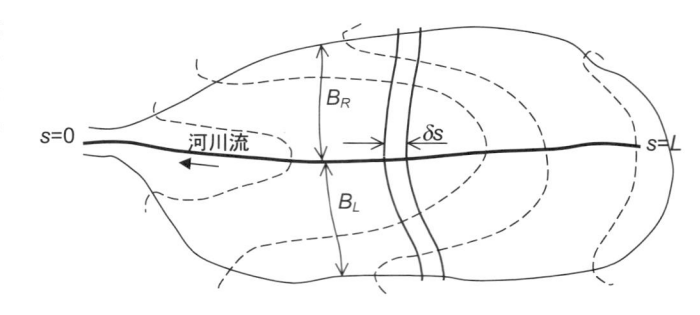

図 10.29 式 (10.152) に従って河畔域の不圧帯水層の局所的流出量を積分することで，流域全体の流出量を求める方法を示した 1 次の集水域の平面図．s は河川に沿った線座標であり，$B_L = B_L(s)$ と $B_R = B_R(s)$ は，左岸と右岸それぞれの帯水層幅である．破線は地表面等高線である．

はないだろう．しかし，大きな流域では，観測データから 1 つの基底流出関数を定義するのは容易ではない．このような関数をただ 1 つに決められないことに加えて，$t = 0$ の時間基準を決めるのがほとんど不可能であることによって，難しさがさらに増大している．実際，降水による洪水流によって時々中断されるような長期にわたる河川流量データの場合，個々の基底流出の始まりを決めるのは単純な作業ではない．この関数が 1 つではないことの難しさと時間原点の不確かさは，過去において主に 2 つの方法で避けられてきた．すなわち，低水時ハイドログラフの減水曲線が指数関数に従って減衰すると仮定すること（10.6.2 項）と，ハイドログラフの減水曲線を微分形式に置き換えること（10.6.3 項）の 2 つである．

10.6.2 指数関数的減衰過程としての基底流の平均的減水

基底流を記述する際に，最も一般的に水文工学の業務で使われる式は，おそらく指数関数的に減少するタイプである．これは

$$Q = Q_0 \exp(-t/K) \tag{10.153}$$

の形で表すことができる．ここで Q_0 は $t = 0$ における流量で，K は排水プロセスの代表時間スケールで，基底流時間スケールとか貯留係数などともよばれ，流域貯留の代表的な排水時間を表している．Q_0 も K も観測から決めるパラメータと考えることができる．式 (10.153) の重要な性質，そして実際にこれが広く使われる主な理由は，もし式 (10.153) が本当に流れを記述できるのであれば，回帰などの方法で決められる K の値が時間原点 $t = 0$ をどこにするかで変わってしまわないことにある．この場合，Q を t に対して片対数紙にプロットし，多くのハイドログラフの減水曲線の末尾部分が最も合致するように水平方向に移動したすると，基底流の減水部を包む下部包絡線として基底流減水部を図的に確認できるはずである．すると，この包絡線の傾きから $-K^{-1}$ の値が得られるのである．

さまざまな減衰関数によって基底流を表す初期の試みについて Hall (1968) がまとめている．しばしば引用される Barnes (1939;1959) の方法では，河道のハイドログラフの減水曲線が，流域の表面流出 (surface runoff)，中間流出 (interflow)，地下水流出 (groundwater outflow) の寄与を表す 3 つの指数減衰関数の和であると仮定している．表面流出と中間流出がなくなった後，最終的に減水曲線は地下水の排水のみで成り立つことになる．基底流を特徴づける式 (10.153) の広い範囲にわたる実際の適用事例として，数ある中で Laurenson (1961)，Feldman (1981)，そして Dias and Kan (1999) の研究があげられる．

式 (10.153) は，本質的には式 (10.115) や (10.116)，そして線形化したブジネスクの式の解の基本波を表す式 (10.143) 第 1 項の形である．もちろん，これは水文システム論的アプローチ (12.2.2

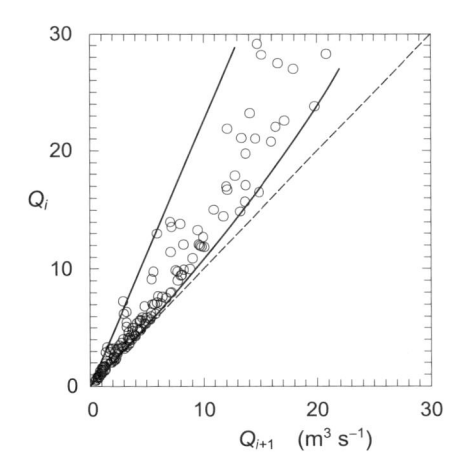

図 10.30 ニューヨーク州 Ithaca 近辺の Fall Creek で，5 年間にわたって減水期に測定された日流出量データ（○）．$\mathrm{m^3\,s^{-1}}$ の単位で示してある．i 番目の日の流量を $(i+1)$ 番目の日の流量に対してプロットしてある．この集水域の面積は $326\,\mathrm{km^2}$ である．

項参照）で使われるように，集中型線形貯留要素の応答でもある．式 (10.153) が，10.4 節の物理的な表現と同じ指数型をもつということは，貯留遅れの定数 K が土壌の性質 k_0 と n_e，河畔域帯水層の厚さ D と幅 B，その傾斜 α，そして場合によっては他の流域の性質に依存することを強く示している．このことをさらに 10.6.3 項で調べていく．

いくつかの適用例では，指数型の流出関数は

$$Q_n = Q_0 K_r^n \tag{10.154}$$

のさまざまな形で与えられている．ここで $K_r = Q_i/Q_{i-1}$ は，減水係数 (depletion ratio)，$n = (t/\Delta t)$ は，t をゼロとする減水開始時から数えた時間間隔 Δt の数，Q_i は i 番目の時間間隔における流量である．式 (10.154) は任意の時刻 t から $(t + \Delta t)$ までの流量の減少が一定であり，$Q_1 = Q_0 K_r$，$Q_2 = Q_1 K_r = Q_0 K_r^2$ などとなることを仮定して求められる．これから，式 (10.154) が $\ln(K_r) = -\Delta t/K$ とおいた式 (10.153) の別表現であることがわかる．また，式 (10.115) や (10.116)（そして式 (10.143) 第 1 項）と式 (10.153) の相似性からして，K_r が K と同じ土壌，帯水層，流域の性質に依存することが考えられる．

式 (10.153) または (10.154) の適用性，すなわち基底流に対する流域の線形性は，減水時の流量データを Q_i 対 Q_{i+1} の形にプロットすることで図的に確認できる．このようなデータの例を図 10.30 に示す．このデータに対する上部包絡線は，記録の中の最大の流量減少率を示している．そこでこれは洪水流時の河道貯留の減水と，後述するように流域の急斜面の減水によるものと考えられる．一方で下側の包絡線は，記録上の最も遅い現象を示すが，これが河畔域の帯水層の地下水貯留の減水によるものと仮定できる．もし，基底流量の減水が真に線形で式 (10.154) により表せるのなら，K_r は一定でなくてはならない．すると K_r は下側包絡線の傾きなので，包絡線は直線となるはずである．図 10.30 の例では，データは下側包絡線が直線であることを必ずしも示していない．そこで，この流域に対しては非線形な基底流変化の可能性を捨てきれない．このような Q_{i+1} に対して Q_i をプロットして上部包絡線を求める方法は，おそらく Langbein (1938) が河道貯留の減水特性を求めるために導入したのが最初である．後に Linsley *et al.* (1958) は，下部包絡線を使って基底流量の減水特性を求めるようにこの方法の拡張を行った．

10.6.3 基底流量の減少速度：減水勾配解析

　凍結，融解や融雪が影響しない条件下では，長期間の河川流量記録には降水から生じる洪水流と基底流が通常交互に現れる．一般的に，河川流量データから求められる関数形は，時間に対する指数関数の場合を除いて，個々の基底流の開始時である $t = 0$ の選択または定義により敏感に変わる．この時間基準を決める際の不確実さは，データ解析から時間変数 t をなくしてその微分 dt を使用することで避けられる．Brntasaert and Nieber (1977) で導入されたように，これは，

$$\frac{dQ}{dt} = f(Q) \tag{10.155}$$

のようにハイドログラフ $Q(t)$ そのものではなく，Q の関数としてその変化速度を考察することで行うことができる．ここで，$f(\ )$ は対象流域の特性を表す関数である．この関数は，Δt の時間間隔で測定された連続流量データが Q_i と Q_{i+1} で与えられれば，たとえば

$$\frac{Q_{i+1} - Q_i}{\Delta t} = f\left(\frac{Q_{i+1} + Q_i}{2}\right) \tag{10.156}$$

により近似できる．

　地下水流出の減少速度は，表面流出や河道貯留など降水に関係するイベントから生じる他の河川流を構成する要素の減少速度と比べてはるかに遅い．そのため，式 (10.155) の適用にあたっては，Q に対する $|dQ/dt|$ の最小値（または $|dQ/dt|$ に対する Q の最大値）が基底流を代表していると仮定できる．このことは，$(Q_i + Q_{i+1})/2$ に対して $(Q_i - Q_{i+1})/\Delta t$ をプロットした図において，式 (10.155) の $f(\ )$ が基底流については下部包絡線となることを意味している．このような方法の主な目的は，個々の減水の解析だけからは見つけられない，あるいはとらえられないような多くの減水イベントの集合の特性を求めることにある．実際，自然流域において，ハイドログラフやその減水曲線は多くの異なる形をとり，1つの流出イベントから次のイベントへと大きく変化する．減水期のハイドログラフの形は，流域の初期土壌水分量の面的分布，地下水位の面的分布，先行降水イベントの時空間分布といった多くの因子に依存している．結果として生じるハイドログラフの形には無限の可能性があり，大きく変化し単一でない．これは，自然流域の日データの dQ/dt を Q に対してプロットすると，データポイントが大きな広がりを見せることからもわかる．図 10.31 は比較的小さく平らな流域の例で，降水量の記録から基底流時の期間が決められる．したがってこの例では，式 (10.156) を用いた解析において，降水中とその直後の小河川の流れは外すことができる．

　しかし，より広い流域では，流域内のあらゆる場所ですべてのイベントをとらえるのに，雨量計ネットワークの密度はまず十分ではない．また降水と河川流の同期記録を揃えるのも容易なことではない．それゆえ，「純粋な」干ばつ流量である減水期の Q_i のみを式 (10.156) に入力する可能性を最大するため，日データを用いた過去の研究 (Brutsaert and Sugita, 2008; Zhang *et al.*, 2014; Brutsaert and Hiyama, 2012; Cheng *et al.*, 2016) においては，以下の選択基準が用いられた．(i) dQ/dt がゼロまたは正のデータと突然生じる変則的に変化するデータは除く．(ii)（最大値の後に）最後に dQ/dt がゼロまたは正となった後の少なくとも2つのデータポイント，大きなイベント後の3データポイント，あるいは $-dQ/dt$ の増加が止まるまで（すなわち，減水曲線の屈曲点まで）のすべての連続データを除く．(iii) dQ/dt が（最小値の前に）ゼロまたは正になるまでの少なくとも2つのデータポイントは除く．(iv) 急に $-dQ/dt$ が2倍以上になるデータが後に続くような一連の減水時のデータポイントは除く．(v) 減水期は少なくとも連続した2つの利用可能なデータポイントを含む長さでなければならない．この方法で通常図 10.31 に示されるようなデータポイントの集まりを得るこ

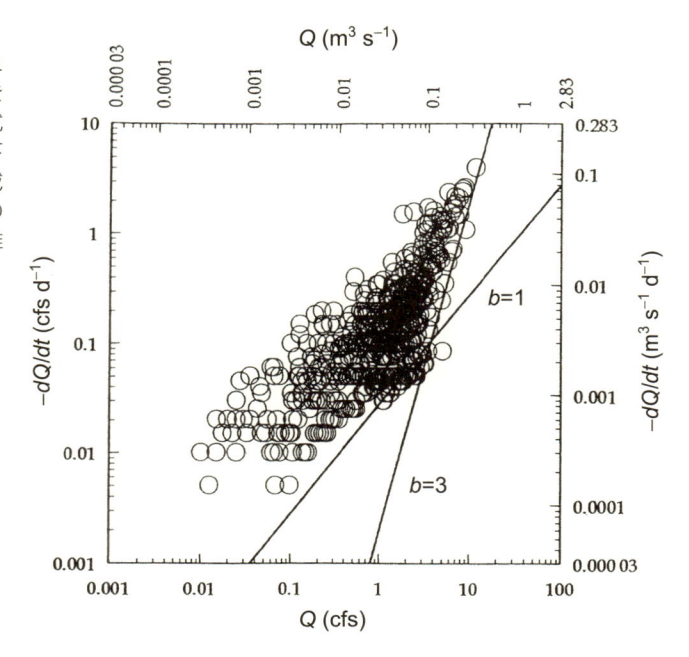

図 10.31　オクラホマ州 Tonkawa Creek で, 1961〜1974 年の期間に観測されたデータを用いて, $-dQ/dt$ を Q に対してプロットした図. 式 (10.157) に従った傾き 1 と 3 の下部包絡線を描いてある. この流域の面積は $A = 67\,km^2$, 全河道の長さ $L = 70\,km$, 表面帯水層の推定平均深さは $D = 1.6\,m$ である. (Brutsaert and Lopez, 1998)

とができる. このようなデータポイントにおける避けられない誤差をある程度許容するために, 広い流域での下部包絡線は, その下のおおむね5%ほどのデータポイントも含めることで決めることができる. 5%の選択は, 統計で一般に使われる有意水準に対応している. 図的に, あるいは表にまとめたデータを用いてこれらの基準を適用するのは退屈であり, 間違いを生じやすい. しかし, Cheng *et al.* (2016) が客観的な自動化アルゴリズムを開発している.

　図 10.31 の例において, 最も遅い減水速度 dQ/dt を満たすのが, このようにして得られたデータポイントの集まりの下部包絡線である. 逆に見れば, それは任意の減水速度 dQ/dt における Q の最大値を表している. この最大流量は, 基本的には全流域が基底流に寄与している時に式 (10.155) を満たすであろう流量である. 自然流域では, 特に河畔域の帯水層の特性が10.3節で考察した理想状態から大きくはずれる場合, 基底流関数 $Q = Q(t)$ の正確な形は, 普通はわからない. そのため, 式 (10.155) と (10.156) に基づく方法は, 時間原点の問題を避けること以外にも, これまで述べた理論式のどれが適用できるのかについて知見を与えてくれるという点で強みがある. この解析は残念ながら微分を含んでいるので, データの避けがたい誤差に対しても感度が高い. そのため, 次に示すように得られた理論的な考察結果を基に包絡線に対してある制限を加えることが望ましい.

● 地下水流出解を用いた適用

　水理解析法に基づく不圧帯水層からの地下水流出を表すブジネスクの式のいくつかのよく知られた解に対しては, 式 (10.155) をべき関数で表すことができる (Brutsaert and Nieber, 1977). a と b を定数として,

$$\frac{dQ}{dt} = aQ^b \tag{10.157}$$

である.

　集水域内の水系模様や水系網 (drainage network) の幾何学的相似性を仮定することで, 式 (10.157) が解それぞれに対して得られる. この仮定により, そして相当または有効側方流入速度 q を定義することで式 (10.152) が積分でき

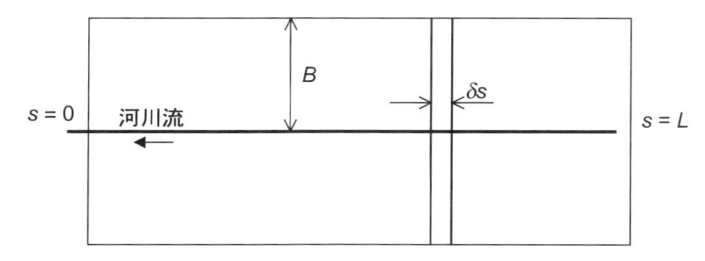

図 10.32 集水域スケールの流出量 Q を記述するための面的に一定な有効パラメータ q と B の利用を示す図 10.29 の流域を単純化した表現. $Q = 2qL$ および $A = 2LB$ が仮定される.

$$Q = 2L|q| \tag{10.158}$$

が得られる. 前と同様, L は流量が Q である流量観測所の上流側にある全支流と主流の長さである. 同様に, 有効帯水層幅 B を河道から流域界までの距離 (図 10.32) として

$$B = A/(2L) \tag{10.159}$$

のように定義できる. A は集水域の流域面積であり, L/A は水系密度 (drainage density) である. 式 (10.159) は, 河道勾配が地表面勾配よりはるかに小さい集水域での水流の平均長さに対して Horton (1945) が提案した関係と同じである.

式 (10.157) に入れられる解の 1 つは, ボルツマンの相似から求められた短時間の流出量の式 (10.64) で, これは独特な $t^{-1/2}$ の振る舞いを示す. 式 (10.158) を代入すると, 式 (10.64) から流域スケールの流出量の式

$$Q = 0.66412 \left(k_0 n_e D^3 L^2\right)^{1/2} t^{-1/2} \tag{10.160}$$

が得られる. これを式 (10.157) に従って計算することで, この事例の場合には定数を

$$b_1 = 3$$
$$a_1 = -1.1336(k_0 n_e D^3 L^2)^{-1} \tag{10.161}$$

と決められる. ここで, 添字の 1 はここで考察される 1 つ目の解であることを示している.

2 つ目の解は, 非線形のブジネスクの式から求められた長時間に対する流量の式, すなわち式 (10.86) の定数を用いた式 (10.76) または (10.85) である. 式 (10.158) と (10.159) を適用すると, この解は流域スケールのパラメータを用いた

$$Q = \frac{3.448 L^2 k_0 D^2}{A} \left(1 + \frac{4.46 L^2 k_0 D}{n_e A^2} t\right)^{-2} \tag{10.162}$$

となる. これから式 (10.157) の定数は

$$b_2 = 3/2$$
$$a_2 = -4.8038 k_0^{1/2} L \left(n_e A^{3/2}\right)^{-1} \tag{10.163}$$

となる.

3 つ目の興味の対象になる解は, 線形解の基本波から得られる長期流量の式 (10.115) または式 (10.116) である. 長期間に対する指数減少解である式 (10.116) の場合, 式 (10.158) と (10.159) を代入することで,

$$Q = 8 k_0 p D^2 L^2 A^{-1} \exp\left(-\frac{\pi^2 k_0 p D L^2 t}{n_e A^2}\right) \tag{10.164}$$

の集水域スケールのパラメータによる流量の式が求まる. そこでこの結果を用いると式 (10.157) に対して

$$b_3 = 1$$
$$a_3 = -\pi^2 k_0 p D L^2 \left(n_e A^2 \right)^{-1}$$

(10.165)

の定数が得られる.

式 (10.157) に入れる 4 つ目の式は, 傾斜した帯水層からの長期間の流出に対して式 (10.143) 第 1 項から得られる. 式 (10.158) と (10.159) で,

$$Q = \frac{8 k_0 p D^2 L^2 \cos\alpha}{A} \frac{z_1^2 \left[1 - 2\cos(z_1) \exp(\mathrm{Hi}/2) \right]}{\left(z_1^2 + \mathrm{Hi}^2/4 + \mathrm{Hi}/2 \right)} \exp\left[\frac{-\left(z_1^2 + \mathrm{Hi}^2/4 \right) 4 k_0 p D L^2 \cos\alpha}{\left(n_e A^2 \right)} t \right]$$

(10.166)

となる. この場合式 (10.157) の定数は

$$b_4 = 1$$
$$a_4 = \frac{-\left(z_1^2 + \mathrm{Hi}^2/4 \right) 4 k_0 p D L^2 \cos\alpha}{\left(n_e A^2 \right)}$$

(10.167)

となる. 式 (10.142) で示したように, 基盤の傾斜が比較的緩やかな不圧帯水層では, $z_1 = \pi/2$ を仮定できる. 極限の傾斜がない場合には, 式 (10.167) は式 (10.165) となる. 集水域スケールの傾斜 α を定義する方法は Zecharias and Brutsaert (1985) で論じられている.

水平帯水層に対する 3 つの解は, 任意の b に対して適用できるように組み合わせて 1 つの式にすることもできる. この式は, ブジネスクの式中に内在し, 式 (10.66) と (10.74) で定義された無次元変数を用いて式 (10.157) を無次元化することで得られる. 式 (10.158) と (10.159) を適用すると, 流域スケールのパラメータによる

$$t_+ = 4 k_0 D L^2 t / \left(n_e A^2 \right)$$
$$Q_+ = A Q / \left(4 k_0 D^2 L^2 \right)$$

(10.168)

の無次元時間と無次元流量が得られる. そこで式 (10.155) は

$$\frac{dQ_+}{dt_+} = a_+ Q_-^b$$

(10.169)

となり, a_+ は b のみに依存する (無次元) 定数である. Michel (1999) が示したように, a_+ の値は理論値 $b = 1, 3/2, 3$ の各々について, (10.161), (10.163) および (10.165) の a の式から計算できる.

$$a_+ = 10.513 - 15.030 b^{1/2} + 3.662 b$$

(10.170)

の内挿式 (Brutsaert and Lopez, 1999) はこれらの理論値のよい近似を与えており, この範囲の任意の b に対して利用できるだろう.

● 小流域の基底流の減水から求まる帯水層の水理的な性質

全流域に対して一様, あるいは有効な水理パラメータを定義することが意味をもつのであれば, 局所的なパラメータが空間的に, そしてことによると時間的に変化するとしても, その流域は「小さい」と見なすことができる. 式 (10.161)〜(10.165) を用いた式 (10.157) の適用性をこの一様性の基準として, また流域の河畔域帯水層の有効水理パラメータを推定する方法として用いることができる (Brutsaert and Nieber, 1977; Brutsaert and Lopez, 1998; Eng and Brutsaert, 1999; Mendoza *et al.*, 2003; Panritsch *et al.*, 2015 も参照のこと). この方法の適用では, まず式 (10.161) と式 (10.163)

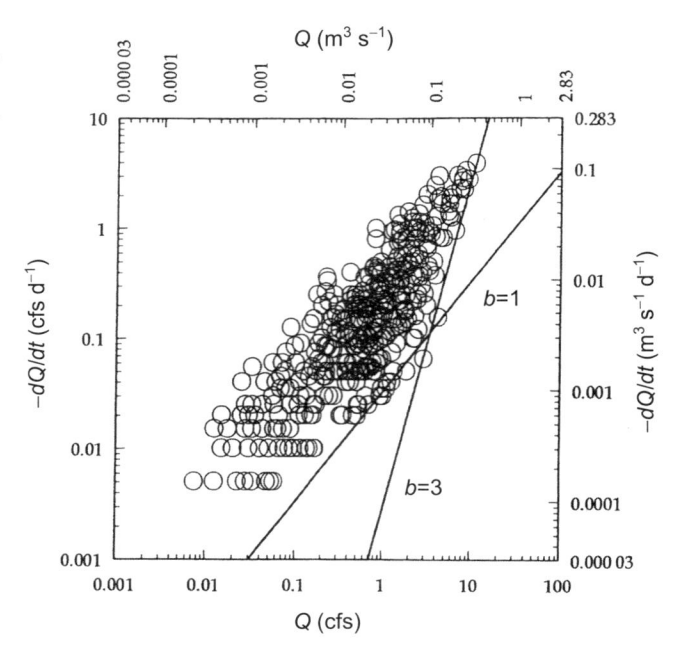

図 10.33　図 10.31 と同じ形式の図で, オクラホマ州 Salt Creek の 1966～1977 年についてのプロットである. この流域の面積は $A = 62\,\mathrm{km}^2$, 全河道の長さ $L = 76\,\mathrm{km}$, 表面帯水層の推定平均深さは $D = 1.4\,\mathrm{m}$ である. (Brutsaert and Lopez, 1998)

のどちらが流域の長時間の流出の振る舞いを表すのにより適しているかを決めなければならない. これまでの適用例では, Q に対して $|dQ/dt|$ を両対数グラフにプロットし, 低水流量の包絡線の傾きを調べることでこれを行った. この方法を図 10.31 に示してある. ここでは包絡線の傾きはたまたま 1 に近くなり, これは式 (10.157) で $b = 1$ にあたる. これはまた, 全データポイントに対して $\log(-dQ/dt)$ の $\log(Q)$ に対する直線回帰を求めることでも行われてきた. どちらの方法も客観的とは思えず, 現在のところ, 対象とする流域の長時間の振る舞いを記述する適切な b の推定値をどのようにして決めたらよいのかは, まだ明白ではない. いくつかの集水域の研究 (Brutsaert and Nieber, 1977; Troch *et al.*, 1993; Mendoza *et al.*, 2003) では, $b = 3/2$ が結論として得られたが, 10.6.2 項で述べたように, 現場のデータを用いたほとんどの先行研究においては指数型の減衰関数が用いられてきた. このことは, 実用的には $b = 1$ の線形関係が好ましいということを示唆している.

　一度長時間の流量の式と b の値が決められると, a_1 および a_3 （または a_2）の値は, Q と $|dQ/dt|$ のデータを両対数グラフにプロットし, それぞれ傾き 3 と 1 （または 3/2）の下部包絡線から決めることができる. この方法の例が図 10.31 と図 10.33 に示されている. 以下に, 流域スケールの帯水層パラメータの決定法の概要を水平な帯水層における $b = 1$ の線形の事例について示す. しかし, $b = 3/2$ とした同様の解析も簡単であり, 章末の問題用に残しておくこととする.

　式 (10.164) および (10.165) で見たように, a_3 の値は, 指数型の流出量の式 (10.153) の減衰係数, すなわち

$$a_3 = -K^{-1} \tag{10.171}$$

である. すなわち, $-a_3^{-1}$ は流域の基底流出に対する代表時間スケールと考えることができる. これから, 貯留の半減期が $-\ln(2)/a_3$ として求まる. これはまた, 式 (10.89) で定義される水頭拡散係数とも関連づけられ, 式 (10.165) を式 (10.93), (10.89) と比較すると,

$$D_h = -a_3\pi^{-2}(A/L)^2 \tag{10.172}$$

が得られる. 同様な方法で, 短時間の包絡線に対する a_1 の値も式 (10.58) で定義された水理脱水能と関連づけられる. この場合, 式 (10.161) と (10.61), (10.63) を比較すると

$$De_h = (2a_1L)^{-1/2} \tag{10.173}$$

が得られる.

式 (10.165)（または式 (10.163)）と式 (10.161) を組み合わせると, 有効帯水層パラメータ a_3（または a_2）と a_1 が決められる. しかし, 2つの式に対して3つのパラメータ k_0, n_e, D があるので, そのうちの1つが既知であるか, あるいは他の何らかの独立な方法で推定されなければならない. この問題は, そのうちの2つを合わせて, ここでは $T_e = k_0pD$ と定義される有効透水量係数に入れ込むことで避けることができる. しかし, たとえば（土壌図あるいは他の調査により）平均帯水層厚さ D が既知であると仮定できる場合, 式 (10.161) と式 (10.165) を組み合わせることで, 透水係数と排水可能間隙率が

$$
\begin{aligned}
k_0 &= 0.5757(a_3/a_1)^{1/2}A(LD)^{-2} \\
n_e &= 1.9688(a_3a_1)^{-1/2}(DA)^{-1}
\end{aligned}
\tag{10.174}
$$

から求められる. 同様に, 長時間流出量の非線形事例の式が式 (10.161) 式と (10.163) 式の組合せから求められる.

■ 例 10.7 小流域の帯水層パラメータの推定

この方法で求められる結果の例として, 図 10.34 に Brutsaert and Lopez (1998) が得た a_3 の値を用いて式 (10.172) から求めた D_h の値を示す. この研究では, オクラホマ州 Washita 川流域内にある流域面積 A が $1\sim500\,\mathrm{km}^2$, 水路長 L が $2\sim670\,\mathrm{km}$ の 22 の支流域の河川流量データが用いられた. $-a_3$ の平均値は $0.0316\,\mathrm{d}^{-1}$ で, これから, 平均貯留半減期約 22 日が求まる. 図 10.35 は同じ 22 の支流域に対する a_1 の値から式 (10.173) を用いて求めた脱水能 De_h の値を示している.

図 10.36 と図 10.37 に Washita 川流域で式 (10.174) から求められた k_0 と n_e の範囲を示している. この方法から求められたこれら 2 つのパラメータは, 他の研究で報告された野外測定値に対して十分許容できる範囲に収まっている. また, 驚くにはあたらないが, 透水係数は実験室での測定値や「砂箱」を用いて予測される値より数オーダー大きい. これは, 大きな空間スケールでマクロポア (macropore) や選択流 (preferential flow) 路が効力をもつようになったためかもしれない. し

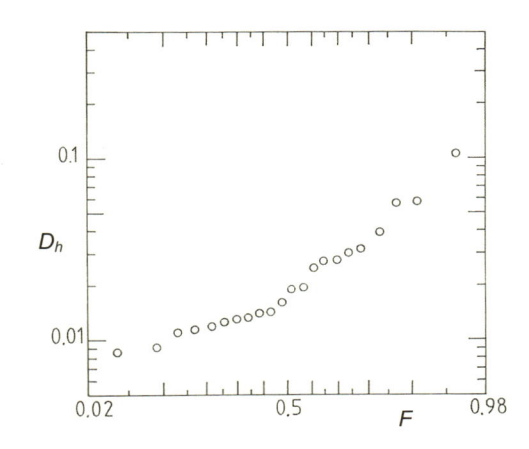

図 **10.34** 式 (10.89) で定義され, オクラホマ州中央部の Washita 川流域内の 22 の支流域での基底流測定値を用いて, 式 (10.172) から求めた水頭拡散係数 D_h の分布. 単位は $(\mathrm{m}^2\,\mathrm{s}^{-1})$. 軸は対数目盛になっている. x 軸は非超過確率 F をワイブルのプロッティング・ポジション公式 $m/(n+1)$ により求めたものである. (Brutsaert and Lopez, 1998)

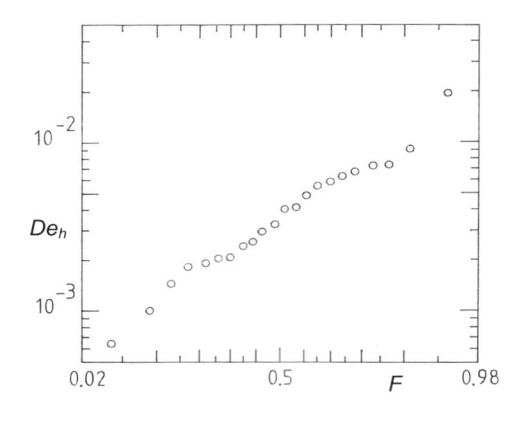

図 10.35　図 10.34 のプロットに利用された流量データを用いて，式 (10.58) で定義され式 (10.173) により求められた水理脱水能の分布．単位は $(m^2\,s^{-1/2})$．(Brutsaert and Lopez, 1998)

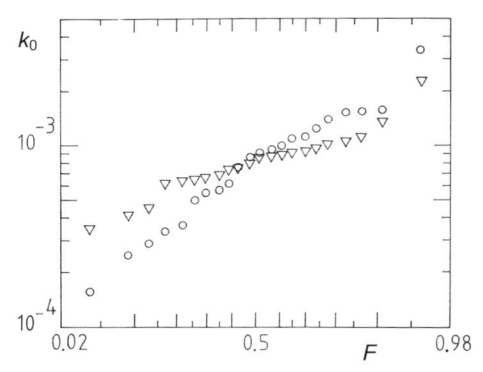

図 10.36　図 10.34 のプロットに利用された流量データを用いて，式 (10.174) により求められた透水係数 k_0 の分布．単位は $(m\,s^{-1})$．○は 22 の支流域それぞれについての a_1 を用いて計算された k_0 の値，△は式 (10.175) からの a_1 を用いて計算された k_0 の値を示している．(Brutsaert and Lopez, 1998)

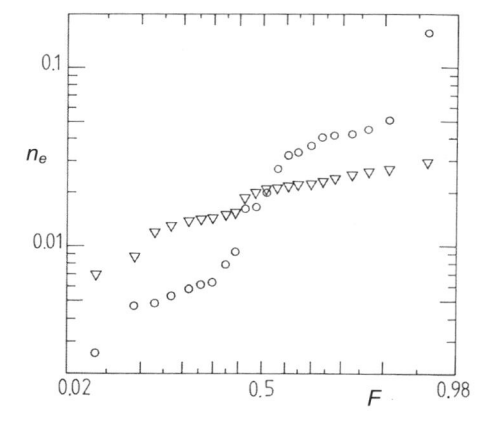

図 10.37　図 10.34 のプロットに利用された流量データを用いて，式 (10.174) により求められた排水可能間隙率（すなわち比産出率）n_e の分布．○は 22 の支流域それぞれについての a_1 を用いて計算された n_e の値，△は式 (10.175) からの a_1 を用いて計算された n_e の値を示している．(Brutsaert and Lopez, 1998)

かしより重要なことは，図に示された値が相互にもっともらしい範囲に収まっていることである．このことは，単純化しすぎているのではないかという議論の的になる水理解析法や斜面解析の方法が，有用であることを意味している．

　同じ研究からはまた，基底流出の代表時間スケール $(a_3)^{-1}\ (=K)$ と流域内の全水路長である空間スケール L とがよい相関をもっていることが示された．得られた $K = 19.2L^{0.17}$ の関係は弱いものであるが，相関係数は $r = 0.66$ である．式 (10.165) は，この L に対する依存性が A^{-1} に対する依存性により相殺されていることを示唆している．水系密度 $D_d = L/A$ がこの地域ではあまり大きく変化しないので，a_3 と L の関係の予測能力は弱いものとなってしまう．短時間の定数 a_1 は，流路長 L と強い相関があることが見いだされた．回帰式は m の単位を用いて，

$a_1 = -5.46 \times 10^3 L^{-1.81}$ $(r = 0.91)$ となり，これは式 (10.161) の L 依存性とよく一致する．もし L のべき乗が式 (10.161) と正確に同じと仮定すると，データの中央を通る線は

$$a_1 = -3.50 \times 10^4 L^{-2} \tag{10.175}$$

で与えられる．図 10.36 と図 10.37 に示されるように，式 (10.175) を利用することである程度 a_1 のばらつきを抑えることができ，k_0 と n_e の推定値の変動（あるいはばらつき）を小さくできる．他のパラメータについては，透水係数とスケール間にはこの L のスケールの範囲（$> 2\,\mathrm{km}$）では（あるとしても）弱い相関しかなかった．水頭拡散係数 D_h，水理脱水能 De_h，および排水可能間隙率（比産出率）n_e については，同じスケール範囲においてスケールに依存するという証拠は得られなかった．

● **大流域の基底流出の指数関数的な減水とほぼ普遍的な低水流量時間スケール K**

10.6.2 項で述べたように，実用的な適用例では現在，おそらく指数関数式 (10.153) が最もよく利用されている．実際，現場データの多くの解析からは，低水時の流量の減少がこのタイプの減衰関数で最もうまく合わせられることが示されてきた．このことは，基底流量は流れのない定常状態の小さな，そしてそれゆえ線形の摂動と考えられるので，それほど驚くにはあたらないかもしれない．この指数関数の広い適用性のもう 1 つの説明は，中心極限定理から示されるかもしれない．この定理は，同一の，正規分布とは限らない分布に従う n 個の離散的あるいは連続確率変数の合計または平均を適切に無次元化して，n を大きくとると正規分布に従うようになることを述べている．大流域の河口における基底流量は，流域内のすべての河畔域の小さな帯水層からの流出の合計である．このことは，個々の河畔域帯水層の応答関数が何であれ，その平均は十分に大きな集水域の全体的な単位応答であり，ガウス密度すなわち正規分布関数に近づくことを示唆している．このような関数は，実は単位応答，すなわち線形拡散方程式のグリーン関数 (10.88) あるいは式 (10.95) としても知られている．境界条件の式 (10.50) に対して，このグリーン関数から指数流出式 (10.115) あるいは式 (10.116) が当然の帰結として得られることを示すことができる．

　数多くの過去の研究で述べられてきた式 (10.153) 中の K の注目に値する特性は，大流域になると，K が比較的狭い範囲でしか変化しない点にある．以下では，野外観測から得られた値を選んでこの点を説明する．

　　先行研究の中で，Barnes (1939) は Iowa 川での干ばつ流量の観測から，Iowa City ($A = 8,360\,\mathrm{km}^2$) において $K = 50\,\mathrm{d}$，Marshalltown ($A = 3,880\,\mathrm{km}^2$) において $K = 58\,\mathrm{d}$ を得た．彼は後に $K = 50\,\mathrm{d}$ が広く適用可能であると結論づけ，バングラデシュの Karnafuli 川 ($A = 9,840\,\mathrm{km}^2$) の解析でもこれを用いた (Barnes, 1959)．Linsley *et al.* (1949) はペンシルベニア州 Johnstown における Stony Creek 川 ($A = 1,170\,\mathrm{km}^2$) に対して $K = 33\,\mathrm{d}$ を得た．

　　例 10.7 において，Brutsaert and Lopez (1998) はオクラホマ州の Washita River 実験流域施設内の 22 集水域内の干ばつ流量から降雨イベント影響を受けた日を除いて解析を行い，流域面積が 16 〜540 km^2 の範囲にある 15 の大流域に対して，平均 ($\pm\sigma$) として $K = 45 \pm 14\,\mathrm{d}$ が得られた．モンゴルの Kherle 川では，Brutsaert and Sugita (2007) が，$A = 7,350, 39,400$ および $71,500\,\mathrm{km}^2$ の流域に対して，それぞれ $K = 41, 43$ および $48\,\mathrm{d}$ を求めた．Singh *et al.* (2005, Table 1) は彼らの HSPF 水文モデルのキャリブレーションのために，まったく異なる方法で，イリノイ州とインディアナ州の Iroquois 川流域 ($A = 5,568\,\mathrm{km}^2$) に対して日地下水減水速度パラメータ 0.98 を得た．これは $K = 49\,\mathrm{d}$ に相当する．

　　より最近の研究からも非常に似た値が得られている．東シベリアの Lena 川流域内の流域面積が

$115{,}000 \sim 770{,}000 \, \mathrm{km}^2$ の範囲にある 4 ヵ所の流量観測所において，Brutsaert and Hiyama (2012) は平均値として $K = 41 \pm 10 \, \mathrm{d}$ を得ている．流域面積が $200 \sim 9{,}000 \, \mathrm{km}^2$ のオーストラリアの 17 流域に対しては，Zhang $et\ al.$ (2014) が $K = 50 \pm 19 \, \mathrm{d}$ を求めた．広さが大きく異なるアメリカ合衆国，オーストラリア，中国の 26 流域に対しては，Cheng $et\ al.$ (2016) は彼らの自動数値計算アルゴリズムを用いて $K = 44.5 \pm 13.2 \, \mathrm{d}$ を，手作業の図的な方法では $45.7 \pm 10.5 \, \mathrm{d}$ を得た．最後に，長江中央部の支流に位置する流域面積が $5{,}000 \sim 140{,}000 \, \mathrm{km}^2$ の範囲にある 19 の集水域に対しては，Liu $et\ al.$ (2020) がメディアンとして $K = 45.2 \, \mathrm{d}$ を，平均値として $K = 46.1 \pm 14.3 \, \mathrm{d}$ を求めている．

これらの研究における K の平均値は違いが比較的小さく，その中のいくつかでは，K は流路長 L あるいは流域面積 A として表現された流域のスケールと正の相関があった．例 10.7 ですでに示したように，Washita 川の比較的小さな流域では，0.66 のよい相関係数をもつものの，弱い関係が見られた．同様により大きなモンゴルの Kherlen 川の 3 つの K の値と長江中央部の支流の値は流域面積に対する弱い依存性が見いだされた．一般的に，小流域は小さな K をもつ傾向にある．

この K の相違がほぼないことについては，水平な帯水層に対する式 (10.116) や傾斜した基盤をもつ帯水層に対する式 (10.143) の第 1 項を導き出した水理解析法理論の枠組みで，K に影響を与えうる異なる物理パラメータを考えることで理解を深められる．水平な帯水層からの指数関数的な流出速度を与える式 (10.116) あるいは式 (10.164) および (10.165) に対して，この目的では代表時間スケールとしてより簡潔な

$$K = 0.10 n_e / (D_d^2 T_e) \tag{10.176}$$

を用いることができる．ここで，$D_d = (L/A)$ は水系密度，$T_e = k_0 p D$ は集水域内の帯水層の有効透水量係数である．

式 (10.176) は，流域の排水時間スケールが，流域内で流出に寄与する不圧帯水層の，主に排水可能間隙率 n_e と有効透水量係数 T_e，そして河道網の水系密度 D_d に依存することを示している．河川流域，特に大流域では内部にさまざまな地質学的な特性が含まれている一方で，帯水層の物理特性や河道網の構造は，時間が経過すると浸食や風化によりある平衡状態に達する傾向にある．水系密度 D_d は，同種の岩相を持つ地域内では流域の大きさ A によって変化しないことがしばしば観察される（たとえば，Morisawa, 1962; Brutsaert and Lopez, 1998）．他の因子が影響していることは疑いないが（たとえば，Gregory and Gardiner, 1975; Gardiner $et\ al.$, 1977），この D_d がほぼ A から独立している様子は，多くの場合と同様に，水系網パターンが相似性すなわちフラクタルな振る舞いを示すときにもっとも顕著で明瞭に現れる（たとえば，Smart, 1972, p. 334; Maritan $et\ al.$, 1996）．さらに，大きな有効透水量係数 $T_e = k_0 p D$ をもつ地勢は，単位面積あたりでより少ない河道しか必要とせず，したがってより小さな水系密度 D_d をもつこと，あるいはその逆も成り立つことは当然である．別な言い方をすれば，岩相が変わりやすい地域では，D_d^2 や T_e 個々よりもその積 $(D_d^2 T_e)$ のほうが変化しにくく，より頑健である可能性が高い．排水可能間隙率 n_e は比較的狭い範囲で変化するかもしれない．いずれにせよ，より透水性の高い物質に対しては大きくなる傾向にある．式 (10.176) によれば，これらすべては，支配的な効果の多くが大流域では平均化され，あるいは相互に相殺し合っていることを示唆している．これが，気候が似通った異なる流域で K の値が同程度の大きさをもち，流域面積 A や地勢と無関係に比較的狭い範囲でのみ変化することが観察されてきた理由だろう．

まとめると，レビューしたほとんどすべての研究事例で，平均代表時間スケールは比較的一定，

すなわち，2週間の不確実性をもって概略 1.5 ヶ月程度である．これは，10.4 節で示したように，地下水に対する線形水理解析法理論と矛盾しない．したがって K を決めるのが難しい場合や，主に気候学的な目的などで概略の大きさがわかればよい場合には，大きな河川流域では $K = 45 \pm 15\,\mathrm{d}$ は作業仮説として有効でろう．

　それでも，ここで採用したルールに例外はあるだろう．例外が生じる 1 つの原因は，流域内の土壌の性質にある．中国の黄土高原内の 38 集水域での研究において，Gao $et\ al.$ (2015) は K が 12〜83 d の間で変化し，平均が $K = 30 \pm 15\,\mathrm{d}$ となることを見いだした．これは上で示した値より小さい．彼らはこの小さな値を，この地域が多くの場所で深さ D が 100 m を越えるような高密度のガリーや厚い黄土土壌を伴って激しく解析されていることにより説明している．黄土土壌は風成の堆積物であり，通常シルト粒子からなる．このような土壌は緩やかにしか固められておらず，透水性が高く，容易に浸食される傾向をもつ．これらから，透水量係数 T_e は大きく，水系密度 D_d は高くなり，そしてそのため排水が早くなり，K の値は河川による堆積物からなる帯水層より小さくなる．これらは式 (10.176) と矛盾しない．

　第 2 の原因は河川流域の大きさと地形の合わさった効果によるだろう．大きさそのものの直接的な効果は，大きな河川システムにおいて $Q(t)$ が測定される流出点に水が達するまでにより長い時間がかかることによる．地形の効果は式 (10.143) 第 1 項または式 (10.167) から推測できる．これから傾斜した帯水層の代表時間スケール $K\ (= a_4^{-1})$ が

$$K = [(10 + \mathrm{Hi}^2) \cos\alpha (D_d^2 T_e)/n_e]^{-1} \tag{10.177}$$

となる．ここで α は河畔域帯水層の有効傾斜角であり，斜面流数 Hi は，式 (10.139) で定義されている．$\cos\alpha$ と Hi が含まれていることで，河畔域帯水層の傾斜が影響することが期待される．大きな α は $\cos\alpha$ を減少させるが，Hi 中の $\tan\alpha$ を増加させる．それでも，主に B_x/η_0 の比率がほとんどの不圧帯水層で 100 のオーダーかそれ以上なため，式 (10.177) において Hi の項は $\cos\alpha$ の項よりはるかに影響が大きい．大きな Hi の値は，地下水流のキネマティック流れの部分が拡散の部分より相対的に大きいことを意味しており，早い地下水流出と短い時間スケール K をもつことになる．基本的に Hi の中に現れるこの傾斜の効果は，傾斜が通常より険しくなる流域の源流部でもっとも強く現れ，下流に向けて流域面積が大きく，地形が平坦になるにつれ，徐々になくなっていく．したがって，傾斜の効果がより現れやすい小流域で K がやや小さくなる傾向にあることは，驚くに値しない．しかし，起伏のある小流域でも，地下水面が徐々に水平に近づくのにしたがって，傾斜の効果は時間と共に減少し，無視できるようになるだろう．

　この点を別の表現で図 10.38 に示してある．ここでは，減水速度 $-dQ/dt$ が早い乾燥の初期段階における地下水流出についての情報を上側の包絡線が与えてくれる．上部包絡線の位置から推測される連続した K の値は，減水速度が初期には大きく，無降雨期間が続くのにしたがって明瞭に減少するような帯水層が流域内に存在することを示している．小さな減水速度を伴う流出プロセスが進行した状態は下部包絡線で示されており，その K の値は，3 つの連続した図で基本的には同じである．時間が経過したときに上部包絡線の K パラメータが変化するのは，1 つには集水域内の物理特性の非一様な分布の結果である可能性が高い．式 (10.167) および (10.177) は，流域内で Hi と α が大きな傾斜の急な部分では K の値が小さいことを示している．ここは最も早く排水される部分で，それゆえ早い減水速度を持つ．このような地域は普通流域の源流部近くに位置する．対照的に，流域内の傾斜の緩い部分では減水速度は相対的に遅い．したがって，時間の経過とともに，基底流の減水プロセスが進行した段階に達し，傾斜が急な地域の斜面効果はおおむね消失してしまう．基底流時には傾斜の効果がしばしば無視できることを示す同様な結果が Zecharias and Brutsaert (1988, Fig. 3) で得られている．

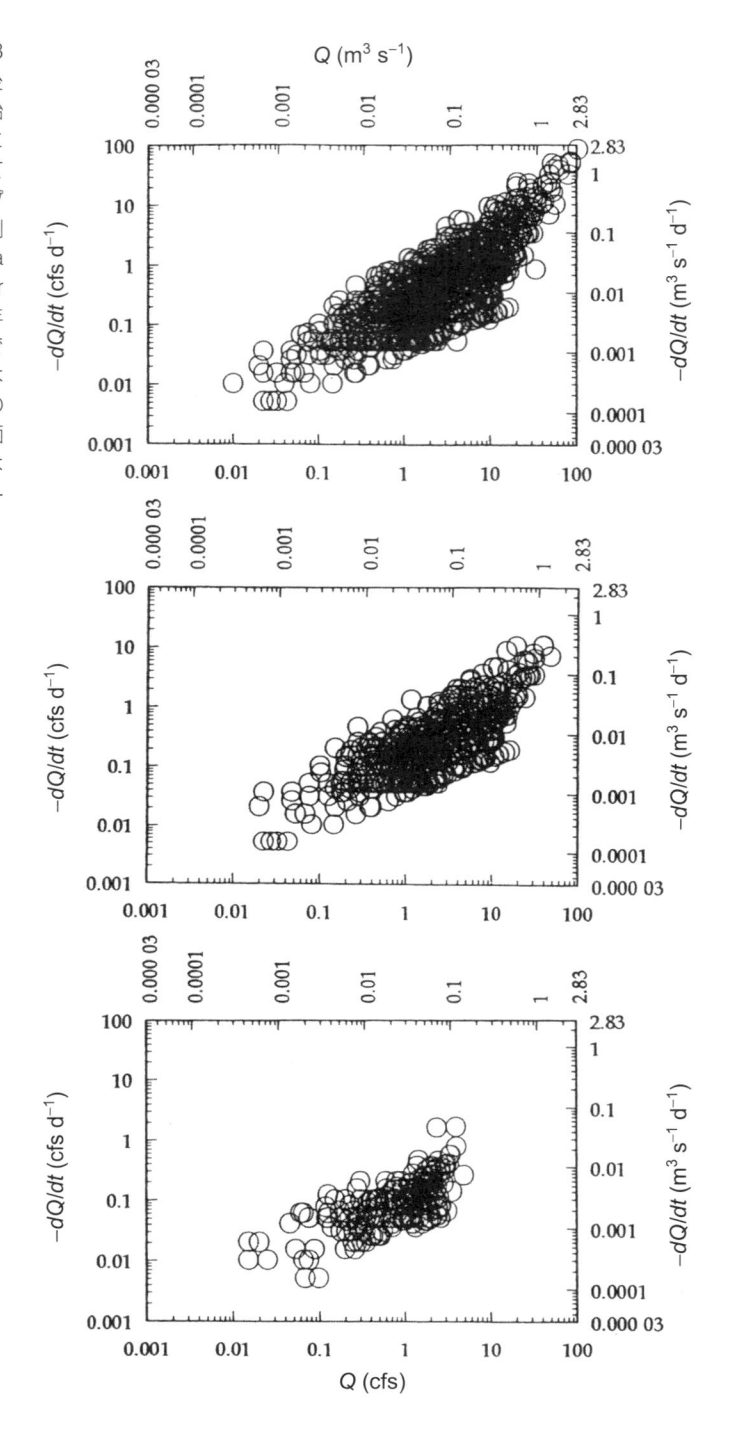

図 10.38　降雨後 1 日後（上の図），3 日後（中央の図），6 日後（下の図）をそれぞれ開始日とした干ばつ流量時に観測されたデータを用いて $-dQ/dt$ を Q に対してプロットした図．流量観測はオクラホマ州 Washita 川流域内の West Bitter Creek で 1962～1977 年の間になされたものである．この流域の面積は $A = 154\,\mathrm{km}^2$，全河道の長さ $L = 161\,\mathrm{km}$，表面帯水層の推定平均深さは $D = 1.3\,\mathrm{m}$ である．(Brutsaert and Lopez, 1998)

　　これらすべては，流域を集中型の一単位として流域スケールのパラメータを用いて説明することは，基底流に対する役に立つ方法であるが，特に大流域では明らかに限界があることを示している．全流出速度は，等しくはない応答特性をもつ複数の帯水層部分からの流れの寄与の合計である．この全流出は，初期には河道貯留と急な傾斜をもつ帯水層からの流出で占められており，これらは減水期の最初の数時間から数日の間，全流出量に大きく寄与している．しかし，減水が進行するにつれ，これらの貯留

要素は急激に使い尽くされ，傾斜の緩やかな帯水層が主に寄与し，流出量を決めるようになる．このことはまた，流域スケールの帯水層特性を下部包絡線の解析から求める方法が，比較的平らで水平な地勢で主に有効であることを示している．より起伏の大きい集水域においては，下部包絡線は下流部の広い谷部分の特性を反映する傾向をもつ．したがって，丘陵性の流域での計画目的の実用的な適用では，代表的な流域スケールのパラメータを求めるに際して，式 (10.157) の a および b の平均値を採用する別の方法，たとえば（下部包絡線だけからでなく）すべてのデータポイントを通る回帰線から求める方法が必要となるかもしれない．この点はさらなる研究が必要である．

10.6.4 基底流の観測から推定される地下水貯留量とそのトレンド

降水や他の入力を生じさせるイベントが直近でなければ，河川などを流れる水は主には上流の帯水層からの流出で生じたものである．このような低水流あるいは干ばつ流量時には，流域スケールの質量保存は貯留式 (1.10)

$$y = -\frac{dS}{dt} \tag{10.178}$$

で記述される．ここで，$y = (Q/A)$ は上流側の単位集水域面積あたりの河川の基底流量であり，Q は河川流量，A は集水域面積，S は地下水貯留量である．これまで，地下水貯留量の推定は基底流の指数型の減水式を用いて通常なされてきた．式 (10.153) を式 (10.178) に代入して積分，すなわち

$$\int_S^0 dS = -Q_0 \int_t^\infty e^{-t/K}\, dt/A \tag{10.179}$$

とすると，基本的な関係

$$S = Ky \tag{10.180}$$

が求まる．ここで貯留量 S は，面積 A に広がる，流れが生じなくなる水位より上にある地下水の平均層厚と捉えることができる．したがって，S は全地下水貯留量を表してはいないが，次式で示されるように，主に河川流域の流出口での基底流量の時間変化から流域内の地下水貯留量の変化速度を推定できる点で，式 (10.180) は興味の対象となる．

$$\frac{dS}{dt} = K\frac{dy}{dt} \tag{10.181}$$

式 (10.180) あるいは (10.181) を用いて長期間の経年トレンドを推定するには，基底流の時間スケール K と基底流のトレンド y が必要である．河川流量の測定値を用いた K の推定は前節で扱った．また，これまでの推定値は $K = 45 \pm 15\,\mathrm{d}$ 程度であることを思い起こすこと．

任意の年において，流域内の陸水貯留量は地域内の先行降水量に応じて多くなったり少なくなったりする．したがって，経年変化を求めるにあたっては，年地下水貯留量を最もよく表すために年間のどのタイミングの基底流を利用すべきか決める必要がある．長期間にわたる地下水貯留量の変化を捉える確実で客観的な方法は，各年の最低値，すなわち翌年利用できる非枯渇性の備蓄分を調べることである．式 (10.180) に照らせば，これは貯留量の長期トレンドを求める目的に対しては，記録期間中の各年の最低日流量により長期基底流が最もうまく表されることを意味している．しかし，このような日流量は大きく変化しがちであり，また測定誤差などの不確実性の影響をうけるため，Brutsaert (2008) は，この目的のために年間で最も小さな7日間の平均日流量 $y_{L7} = (Q_{L7}/A)$ をより頑健な値として用いることを提案した．したがって，式 (10.180) は

$$S = Ky_{L7} \tag{10.182}$$

となる．この式から，時間に対する各年の y_{L7} 値の線形回帰式を対象期間について求めると，その傾きから地下水貯留量の長期トレンドが得られることがわかる．

ここで述べた方法は Brutsaert (2008) で導入され，イリノイ州の 2 河川流域に適用された (例 10.8 参照)．同様の適用が，モンゴル (Brutsaert and Sugita, 2008)，日本の関東地域 (Sugita and Brutsaert, 2009)，オーストラリア (Zhang *et al.*, 2014)，中国の黄土高原 (Gao *et al.*, 2015)，揚子江中央部 (Liu *et al.*, 2020) の流域においてもなされている．この方法は，東シベリアにおいて，開放水面が生じる季節の基底流量と河川流域上流における永久凍土層の融解に伴う地下水の活動層厚の増加速度を関係づけることで，永久凍土の融解トレンドの推定にも用いられた (Brutsaert and Hiyama, 2012).

■ 例 10.8　河川流出データからの地下水貯留量トレンドの推定

図 10.39 は Valley City を流出口とする Illinois 川流域 ($A = 69{,}227\,\mathrm{km}^2$) と Joslin 付近の Rock 川流域 ($A = 24{,}721\,\mathrm{km}^2$) というイリノイ州の 2 つの大流域の年間で最も小さな 7 日間の平均日流量 y_{L7} の加重平均を表している．これら 2 流域の代表流出時間スケール K はそれぞれ 46 d と 37 d と推定された．2 流域の面積で加重平均した代表流出時間スケール $K = 43.6\,\mathrm{d}$ と y_{L7} のトレンド $0.00191\,\mathrm{mm}\ \mathrm{d}^{-1}\ \mathrm{yr}^{-1}$ を用いると，式 (10.182) から 1965〜2000 年の期間の平均地下水貯留量トレンドが $dS/dt = 0.0833\,\mathrm{mm}\ \mathrm{yr}^{-1}$ と求まる．同時に図中に示されているのは，これらの流域内に散らばった 9 つの観測井の観測値の平均として求めた年間で最も低い 7 日間の地下水面高 $\langle \eta \rangle$ の変化である．この平均トレンドは $d\langle \eta \rangle /dt = 6.338\ \mathrm{mm}\ \mathrm{yr}^{-1}$ である．2 つの時系列は同様に変化するように見え，両者の相関係数 0.663 はおそらくこのような大スケールの野外データに対して期待しうる十分高い値であろう．この地下水面のトレンド $d\eta/dt$ と貯留量トレンド dS/dt を用いると，流域の平均排水可能間隙率が

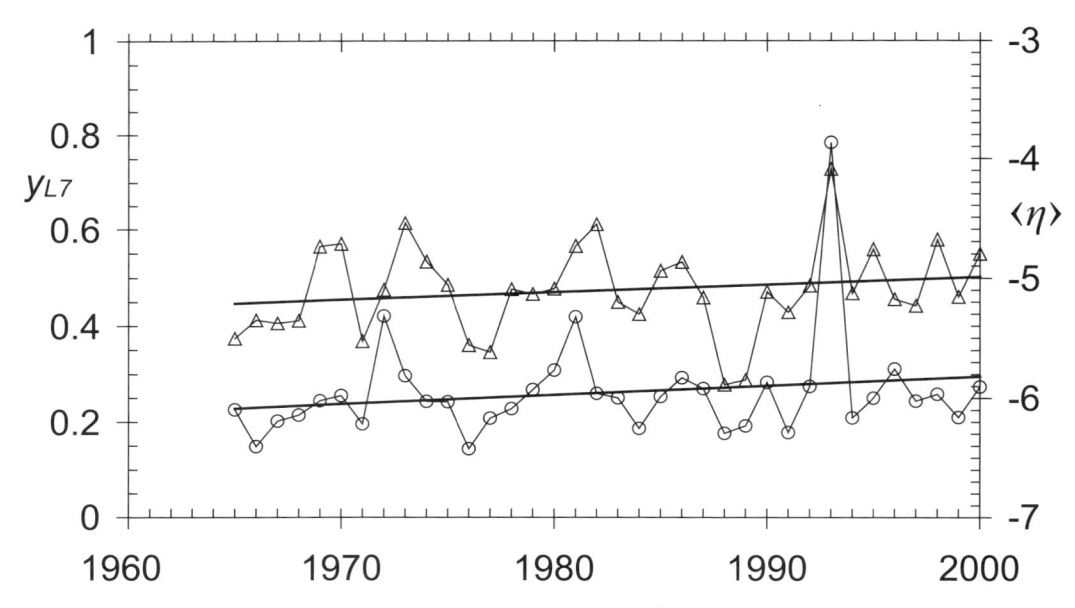

図 **10.39**　Illinois 川流域と Rock 川流域を合わせた地域 ($A = 93{,}948\,\mathrm{km}^2$) に対して加重平均した年間で最も小さな 7 日間の平均日流量 $y_{L7} = Q_{L7}/A\ (\mathrm{mm}\ \mathrm{d}^{-1})$（○）とイリノイ州の同地域内に分布する 9 つの観測井の最も低い地下水面高さ $\langle \eta \rangle$（地表面を 0 とした m 単位）の平均値（△）の変化．2 本のトレンド線は線形最小二乗法で求められている．トレンドは $dy_{L7}/dt = 0.00191\,\mathrm{mm}\ \mathrm{d}^{-1}\ \mathrm{yr}^{-1}$ および $d\langle \eta \rangle /dt = 6.338\,\mathrm{mm}\ \mathrm{yr}^{-1}$ であり，2 つの時系列の相関係数は $r = 0.663$ である (Brutsaert, 2008).

$$n_e = \frac{dS/dt}{d\eta/dt} \tag{10.183}$$

により推定できる．この方法を上で示したトレンドに適用すると，平均排水可能間隙率 $n_e = 0.013$ が得られる．これは他の研究で得られた値と同程度の値である．

■ 例 10.9 基底流の減水と GRACE から得られた地下水変化の比較

中国の揚子江支流の 19 集水域での研究 (Liu *et al.*, 2020) において，式 (10.182) を用いて得られた地下水貯留量トレンドが衛星重力ミッション (Gravity Recovery and Climate Experiment, GRACE) の衛星観測から導出された全水量の変化量と比較された．両者の回帰係数は $r = 0.64$ でよい相関を示したが，基底流から得られたトレンドは，衛星観測からの値と比べて平均で 33% 小さかった．2 つの方法によるこの違いは，他の要因もおそらく影響しているものの，主には GRACE データ処理に残る不確実性と基底流期間中に流れに寄与する集水域面積が徐々に減少することによると結論づけられた．前節で触れたように，基底流減水が終わりに近づくと，河道近傍の地域は依然として流れに寄与しているものの，河道から離れた集水域の標高が高い地域は流出に寄与しなくなってしまうだろう．結果として，最も少ない基底流に寄与する地域は，全集水域 A ではなく，その一部でしかなくなる．このことは，集水域スケールのパラメータを用いた基底流に関する方法が，比較的平らでなだらかな地勢で最も効果的であり，起伏の大きな地勢では信頼性が劣ることを再び示している．

■ 問 題

10.1 流域の洪水流と基底流の減水が時間の指数関数だとすると，図 10.30 のデータポイントを囲む 2 本の線が直線になることを示せ．

10.2 ある流域の減水時の流量データが $b = 2$ とした式 (10.157) で記述できるとしよう．この事例に対して，時間の関数として減水時の流出ハイドログラフ $Q = Q(t)$ を導出せよ．この関数の 2 つのパラメータ，すなわち式 (10.157) 中の a と $t = 0$ の時の流量 Q_0 を利用せよ．

10.3 (a) ある計画プロジェクトにおいて，基底流の減水を式 (10.153) の形の指数関数で表す必要があるとしよう．Tonkawa Creek（図 10.31 参照）に対して K の値を日単位で求めよ．ここでは式 (10.157) の $b = 3$ に対して $a = -2.74 \times 10^{-5}\,\mathrm{s\,m^{-6}}$，$b = 1$ に対して $a = -3.24 \times 10^{-7}\,\mathrm{s^{-1}}$ であることがわかっている．(b) この流域に対して式 (10.154) の K_r の値を求めよ．

10.4 問題 10.3(a), (b) を Salt Creek（図 10.33 参照）に対して解答せよ．ここでは式 (10.157) の $b = 3$ に対して $a = -3.90 \times 10^{-5}\,\mathrm{s\,m^{-6}}$，$b = 1$ に対して $a = -3.82 \times 10^{-7}\,\mathrm{s^{-1}}$ であることが知られている．

10.5 (a) 地形的な関係式 (10.158) を用いて，式 (10.64) から式 (10.160) を導出せよ．(b) 式 (10.160) から，式 (10.161) に与えられている式 (10.157) の a_1 と b_1 の値を導出せよ．

10.6 (a) 地形的な関係式 (10.158), (10.159) を用いて，式 (10.85), (10.86) から式 (10.162) を導出せよ．(b) さらに式 (10.162) を用いて式 (10.163) 式の a_2 と b_2 を求めよ．

10.7 (a) 地形的な関係式 (10.158), (10.159) を用いて，式 (10.116) から式 (10.164) を導出せよ．(b) さらに式 (10.165) に与えられている式 (10.157) の a_3 と b_3 を導出せよ．

10.8 式 (10.157) と (10.161) を式 (10.168) で無次元化することで，式 (10.169) の a_+ の値を $b = 3$ の場合について求めよ．この無次元数を式 (10.170) の内挿式から求まる値と比較せよ．

10.9 式 (10.165) と式 (10.161) を組み合わせ，a_1 と a_3 を用いて有効透水係数 k_0，有効不圧帯水層厚 D の式を求めよ．排水可能間隙率 n_e は既知であると仮定せよ．

10.10 図 10.31 に示してある Tonkawa Creek の減水時の流量データから，パラメータ $a_3 = -3.24 \times 10^{-7}\,\mathrm{s^{-1}}$

および $a_1 = -2.74 \times 10^{-5}\,\mathrm{s\,m^{-6}}$ が求められた．この流域は面積 $A = 67.3\,\mathrm{km^2}$, 全水路長 $L = 70.1\,\mathrm{km}$, 平均帯水層厚さ $D = 1.6\,\mathrm{m}$ を有する．有効透水係数 k_0 と排水可能間隙率 n_e の値を求めよ．

10.11 Q と dQ/dt の両対数プロットの傾きが $b = 3$ および $b = 3/2$ となるハイドログラフの解析結果と一緒に利用することができる広域の k_0 および n_e の値を求める式を，式 (10.161) と (10.163) を組み合わせて導出せよ（式 (10.174) 参照）．地表面近くの帯水層の平均厚さ D は既知であると仮定せよ．

10.12 各自が興味をもつ地域で流量観測所を選択せよ．なるべく流域面積 A が $200\,\mathrm{km^2}$ より小さいことが望ましい．適切なデータベースをつくれるよう減水期間の日流量データを数年間から収集せよ．このデータを式 (10.156) に従い，図 10.31 のように両対数グラフにプロットせよ．もし水系密度がわからなければ，地形図を用いて観測所の上流側の全水路長を推定すること．式 (10.174) を用いて，この地域に対する k_0, n_e の有効値を推定せよ．この結果の有効帯水層厚さ D の推定値に対する感度を調べよ．（合衆国内ではこのようなデータは以下で見つけることができる https://waterdata.usgs.gov/usa/nwis/sw）（訳注：国内河川については，同様のデータが国土交通省の水文水質データベース http://www1.river.go.jp/から得られる．）

10.13 複数選択．以下の記述のうちで正しいものを選択せよ．無降雨時で不圧帯水層の排水が生じている基底流時の地下水面上の不飽和帯は

(a) 大気圧より低い水圧下にある．

(b) 帯水層が一様で均質ならば，ラプラスの方程式 $\nabla^2 h = 0$ に従う．

(c) 時として，地下水に対する水理解析法理論によって近似的に記述される．

(d) （粗粒でなく）細粒物質からなる（深くない）浅い帯水層で最も重要である．

(e) 基底流が完全に停止した後より，流れが生じている最中の方が厚い．（流出過程中，地下水面は地表面よりずっと下にあると仮定せよ．）

(f) 減衰効果をもっており，帯水層からの流出は，不飽和帯を無視し（飽和流のパラメータをそのままにして）計算した値に比べて（洪水流出の停止直後の）初期には小さい．

(g) 連続の式とダルシー則に従う．

(h) 不飽和帯水層が初期には完全に飽和していた場合，ヒステリシスを考慮する必要が生じる．

10.14 複数選択．以下の記述で正しいのはどれか．不圧帯水層は,

(a) 下部への水の浸透を妨げる．

(b) 大気圧より大きな水圧と小さな水圧の両方の水を含んでおり，完全に飽和した部分と完全に乾いた部分のはっきりした境界面をなす自由水面を通常有している．

(c) 河川や湖沼への基底流の重要な源となりうる．

(d) 蒸発による水の枯渇を被りうる．

(e) 常に線形貯留として振る舞い，降水や他の涵養がない場合，その流出量は指数減衰関数として与えられる．

10.15 複数選択．以下の記述で正しいのはどれか．地下水に対する水理解析法理論では

(a) ダルシー則が不飽和帯のみで有効であることが必要とされる．

(b) 水頭 h が不透水層に沿って変化しないことが求められる．

(c) 不透水層が水平であることが求められる．

(d) 流量が自由水面の勾配に比例することが求められる．

(e) 浸透による涵養を無視することが求められる．

(f) 比流束の大きさが不透水層と直交する座標にそって一定（すなわち一様）であることが求められる．

10.16 複数選択．以下の記述で正しいのはどれか．ブジネスクの式 (10.30)

(a) は，（事実上飽和した）毛管水縁は解析で考慮することができないという仮定が必要である．

(b) のこの形は，帯水層が一様な，しかし t に依存する排水可能間隙率を有することを間接的に示している．

(c) のこの形は，帯水層が一定で一様な透水係数を有していることを間接的に示している．

(d) は定常流の場合ラプラスの方程式となる.

(e) は比流束が x の関数ではないという仮定に基づいている.

(f) は帯水層の水平長さスケールが鉛直スケールよりはるかに大きい時に適用できる.

10.17 複数選択. 以下の記述で正しいのはどれか. 河川流量観測所で測定された基底流量(干ばつ流量)の時間の関数として与えられる減水曲線は

(a) (洪水流出と比べると)一時的な豪雨や流域内の降雨パターンに対する感度は比較的小さい.

(b) 主として流域の帯水層の流出特性に依存する.

(c) 工学的な適用ではしばしば,両対数グラフ上に直線としてプロットされる.

(d) 観測されたハイドログラフからある豪雨による洪水流出量を分離するのに使われることがある.

(e) 流域からの蒸発の影響を受けるかもしれない.

10.18 ラプラスの方程式 (10.5) から境界条件 (10.6) を用いてその解 (10.7) を導出せよ. ヒント:解 (10.105) を求めるのに用いたと同様な変数分離法を用いよ.

10.19 飽和した河畔域の不圧帯水層からの定常流出量の式 (10.9) を解 (10.7) から導出せよ. 式 (10.8) の 1 つ目または 2 つ目の式を使うこと.

10.20 式 (10.70) からどのようにして式 (10.71) が求まるか示せ.

10.21 線形解法で得られた無次元流出量の式 (10.112) の第 2 項の第 1 項に対する比を求めよ. どのような無次元時間 t_+ の時にこの比が 1% 以下になるか.

10.22 直線開水路が境界である(図 10.20 と似た $B = \infty$ な)広大な水平不透水層上の不圧帯水層を考えること. 長期間にわたる乾燥で水路と帯水層が両方とも空となった後,$t = 0$ においてこの水路が急に(他所の洪水を緩和するため)$D_c = 0.9D$ の水位にまで満たされた. 帯水層中の流れはブジネスクの式 (10.30) に支配されると仮定される. (a) この状況を記述するブジネスクの式に対する 3 つの境界条件(そのうちの 1 つは初期条件)を示せ. (b) それらの境界条件で許される,偏微分方程式を常微分方程式にする方法を提案せよ. (c) 与えられた η の値に対する t と x の関数関係を(1 つかそれ以上ある未知の定数を除いて)求めよ. 別な設問としては,もし $\eta = \eta(x,t)$ の解が既知であり η にある値が与えられたとしたら,残る関係 $x = x(t)$ は何だろうか. 注意:解を見つけようとはしないこと. 単に解は既知であると仮定しそれを利用すること.

10.23 例 10.3 で,$t_1 < t < t_2$ および $t > t_3$ の時間間隔に対して,$q = q(t)$ の式がそれぞれ式 (10.129) および (10.131) として与えられている. 時間間隔 $t_2 < t < t_3$ に対する式を導出せよ.

10.24 線形化したブジネスクの式 (10.88) を短時間の流出の振る舞いが式 (10.53) の境界条件で記述できる常微分方程式にせよ. ヒント:式 (9.13) を求めるのに用いたと同じ方法を用いよ.

10.25 複数選択. 水平な不透水層上の定常な地下水流の事例において,地下水に対する水理解析法理論についての記述で正しいのはどれか.

(a) 流線は自由水面と直行する.

(b) 圧力分布は鉛直方向には静水圧となっている.

(c) 等ポテンシャル(等水頭の線または面)は水平である.

(d) 自由水面での地下水の涵養を考慮することができない.

(e) ラプラスの方程式を用いたポテンシャル流理論を適用可能である.

(f) 問題の水平スケールは,鉛直スケール(たとえば不透水層の厚さ)と同じオーダーかあるいは小さい.

(g) 流れの領域は完全に飽和している.

(h) 地下水面は真の自由水面である.

(i) 水平方向の異方性は,ブジネスクの式 (10.31) をうまく合わせてやることで考慮することができる. つまり,x と y を水平座標とすると,k_{xx} と k_{yy} が等しい必要はなく,式中の k_0 をそれらで置き換えることができる.

(j) しかし,鉛直方向に異方性をもつ(すなわち $k_{xx} = k_{yy} \neq k_{zz}$ な)土壌の流れは,地下水に対する水理

解析法理論では記述することができない.

10.26 複数選択. 以下の記述で正しいのはどれか. 境界条件の式 (10.50) での 1 次元流出問題に対するブジネスクの式は, 式 (10.88) で示されるように線形化できる.

    a. これは, 水路の水位 D_c がゼロに近づくとしても成り立つ.

    b. 平均地下水面深さ η_0 より帯水層の幅 B が狭いときに成り立つ.

    c. η/η_0 が 1 と大きく異ならないときに成り立つ.

    d. $(\partial\eta/\partial x)^2$ が無視しうるほど小さいときに成り立つ.

    e. 流れが定常なときにのみに成り立つ.

10.27 Singh *et al.* (2005) は式 (10.154) 中の地下水の日減衰係数をイリノイ州とインディアナ州にまたがる Iroquois 川流域 $(A = 5{,}568\,\mathrm{km^2})$ に対して $K_r = 0.98$ と定めた. これが基底流時間スケール $K = 49\,\mathrm{d}$ と同等なことを示せ.

10.28 式 (10.153) の K の平均値を図 10.38 の 3 つの下部包絡線から導出せよ. 上部包絡線からの値も導出せよ. K の単位は何か？

10.29 例 10.8 で説明された研究において, Joslin 近くの Rock 川流域 $(\mathrm{A} = 24{,}721\,\mathrm{km^2})$ が代表流出時間スケール $K = 37\,\mathrm{d}$, 年間で最も小さな 7 日間の平均日流量 y_{L7} の平均トレンドが $0.00404\,\mathrm{mm\ d^{-1}\ yr^{-1}}$, 年間で最も低い地下水面高さ $\langle\eta\rangle$ の 1965〜2000 年の間の平均トレンドが $10.423\,\mathrm{mm\ yr^{-1}}$ と求められた. これらのトレンドの値から平均地下水貯留量のトレンドとこの河川流域の平均排水可能間隙率 n_e を推定せよ.

■参考文献

Abramowitz, M. and Stegun, I. A. (Eds.) (1964). *Handbook of Mathematical Functions, Appl. Math. Ser.* 55. National Washington, DC: Bureau of Standards.

Aravin, V. I. and Numerov, S. N. (1953). *Theory of Fluid Flow in Undeformable Porous Media* (translated from the Russian by A. Moscona, 1965). Jerusalem: Israel Program for Scientific Translations.

Barnes, B. S. (1939). The structure of discharge recession curves. *Trans. AGU*, **20**, 721–725.

(1959). Consistency in unit graphs. *J. Hydraul. Div., Proc. ASCE*, **85** (HY8), 39–61.

Beven, K. (1981). Kinematic subsurface storm flow. *Water Resour. Res.*, **17**, 1419–1424.

Boussinesq, J. (1877). Essai sur la théorie des eaux courantes. *Mém. Acad. Sci. Inst. France*, **23** (1), footnote, pp. 252–260.

(1903). Sur le débit, en temps de sécheresse, d'une source alimentée par une nappe d'eaux d'infiltration. *C. R. Hebd. Séances Acad. Sci.*, **136**, 1511–1517.

(1904). Recherches théoriques sur l'écoulement des nappes d'eau infiltrées dans le sol et sur le débit des sources. *J. Math. Pures Appl., 5me sér.*, **10**, 5–78.

Brutsaert, W. (1994). The unit response of groundwater outflow from a hillslope. *Water Resour. Res.*, **30**, 2759–2763.

(2008). Long-term groundwater storage trends estimated from streamflow records: Climatic perspective. *Water Resour. Res.*, **44**, W02409. doi:10.1029/2007WR006518.

Brutsaert, W. and El-Kadi, A. (1984). The relative importance of compressibility and partial saturation in unconfined groundwater flow. *Water Resour. Res.*, **20**, 400–408.

(1986). Interpretation of an unconfined groundwater flow experiment. *Water Resour. Res.*, **22**, 419–422.

Brutsaert, W. and Hiyama, T. (2012). The determination of permafrost thawing trends from long-term streamflow measurements with an application in eastern Siberia. *J. Geophys. Res., Atmos.*, **117**,

D22110. doi:10.1029/2012JD018344.

Brutsaert, W. and Ibrahim, H. A. (1966). On the first and second linearization of the Boussinesq equation. *Geophys. J. R. Astron. Soc.*, **11**, 549–554.

Brutsaert, W. and Lopez, J. P. (1998). Basin-scale geohydrologic drought flow features of riparian aquifers in the southern Great Plains. *Water Resour. Res.*, **34**, 233–240. doi:10.1029/97WR03068. (1999). Reply. *Water Resour. Res.*, **35**, 911.

Brutsaert, W. and Nieber, J. L. (1977). Regionalized drought flow hydrographs from a mature glaciated plateau. *Water Resour. Res.*, **13**, 637–643. doi:10.1029/WR013i003p00637.

Brutsaert, W. and Sugita M. (2008). Is Mongolia's groundwater increasing or decreasing? The case of the Kherlen River Basin. *Hydrol. Sci. J.*, **53**, 1221–1229. doi:10.1623/hysj.53.6.1221.

Brutsaert, W., Taylor, G. S. and Luthin, J. N. (1961). Predicted and experimental water table drawdown during tile drainage. *Hilgardia*, **31**, 389–418.

Carslaw, H. S. and Jaeger, J. C. (1959). *Conduction of Heat in Solids*, second edition. Oxford: Clarendon Press.

Cheng, L., Zhang, L. and Brutsaert, W. (2016). Automated selection of pure base flows from regular daily streamflow data: Objective algorithm. *J. Hydrol. Eng.*, **21**, 06016008. doi:10.1061/(ASCE)HE.1943-5584.0001427.

Childs, E. C. (1971). Drainage of groundwater resting on a sloping bed. *Water Resour. Res.*, **7**, 1256–1263.

Dagan, G. (1966). The solution of the linearized equations of free-surface flow in porous media. *J. Mécan.*, **5**, 207–215.

Dias, N. L. and Kan, A. (1999). A hydrometeorological model for basin-wide seasonal evapotranspiration. *Water Resour. Res.*, **35**, 3409–3418.

Dumm, L. D. (1954). Drain spacing formula. *Agric. Eng.*, **35**, 726–730.

Dupuit, J. (1863). *Études théoriques et pratiques sur le mouvement des eaux dans les canaux découverts et à travers les terrains perméables*, Second Edn. Paris: Dunod.

Eng, K. and Brutsaert, W. (1999). Generality of drought flow characteristics within the Arkansas River basin. *J. Geophys. Res.*, **104**(D16), 19435–19441.

Feldman, A. (1981). HEC models for water resources system simulation: theory and experience. *Adv. Hydrosci.*, **12**, 297–423.

Forchheimer, P. (1930). *Hydraulik*, 3. Aufl. Leipzig and Berlin: B. G. Teubner.

Gao, Z., Zhang, L., Cheng, L., Zhang, X., Cowan, T., Cai, W. and Brutsaert, W. (2015). Groundwater storage trends in the Loess Plateau of China estimated from streamflow records. *J. Hydrol.*, **530**, 281–290. doi:10.1016/j.jhydrol.2015.09.063.

Gardiner, V., Gregory, K. J. and Walling, D. E. (1977). Further notes on the drainage density: basin area relationship. *Area*, **9**, 117–121.

Gregory, K. J. and Gardiner, V. (1975). Drainage density and climate. *Z. Geomorph.*, **19**, 287–298.

Hall, F. R. (1968). Base flow recessions – a review. *Water Resour. Res.*, **4**, 973–983.

Hantush, M. S. (1962). On the validity of the Dupuit–Forchheimer well discharge formula. *J. Geophys. Res.*, **67**, 2417–2420. doi:10.1029/jz067i006p02417. (1963). Reply. *J. Geophys. Res.*, **68**, 594–595.

Henderson, F. M. and Wooding, R. A. (1964). Overland flow and groundwater flow from a steady rainfall of finite duration. *J. Geophys. Res.*, **69**, 1531–1540.

Hogarth, W. L. and Parlange, J. Y. (1999). Solving the Boussinesq equation using solutions of the Blasius equation. *Water Resour. Res.*, **35**, 885–887.

Hogarth, W. L., Li, L., Lockington, D. A., Stagnitti, F., Parlange, M. B., Barry, D. A., Steenhuis, T. S. and Parlange J.-Y. (2014). Analytical approximation for the recession of a sloping aquifer. *Water Resour. Res.*, **50**, doi:10.1002/2014WR016084.

Hooghoudt, S. B. (1937). Bijdragen tot de kennis van eenige natuurkundige grootheden van den grond, 6. *Verslagen Landb. Onderzoek(Algemeene Landsdrukkerij, Den Haag)*, **43**, 461–676.

(1940). Bijdragen tot de kennis van eenige natuurkundige grootheden van den grond, 7. *Verslagen Landb. Onderzoek(Algemeene Landsdrukkerij, Den Haag)*, **46**, 515–707.

Horton, R. E. (1945). Erosional development of streams and their drainage basins: hydrological approach to quantitative morphology. *Geol. Soc. Amer. Bull.*, **56**, 275–370.

Ibrahim, H. A. and Brutsaert, W. (1965). Inflow hydrographs from large unconfined aquifers. *J. Irrig. Drain. Div., Proc. ASCE*, **91** (IR2), 21–38.

(1966). Discussion. *J. Irrig. Drain. Div., Proc. ASCE*, **92** (IR3), 68–69.

Kirkham, D. (1950). Seepage into ditches in the case of a plane water table and an impervious substratum. *Eos Trans. Am. Geophys. Un.*, **31**, 425–430.

Kirkham, D. and Gaskell, R. E. (1951). The falling water table in tile and ditch drainage. *Soil Sci. Soc. Amer. Proc.*, **15**, 37–42.

Kraijenhoff van de Leur, D. A. (1958). A study of non-steady groundwater flow, with special reference to a reservoir coefficient. *Ingenieur*, **70**, B87–B94.

(1966). Runoff models with linear elements. *Recent Trends in Hydrograph Synthesis, Comm. Hydrol. Onderzoek TNO, Versl. Mededel.*, **13**, 31–64.

Langbein, W. B. (1938). Some channel-storage studies and their application to the determination of infiltration. *Eos Trans. Am. Geophys. Un.*, **38**, 435–445.

Laurenson, E. M. (1961). A study of hydrograph recession curves of an experimental catchment. *J. Inst. Engrs. Aust.*, **33**, 253–258.

Liggett, J. A. and Liu, P. L.-F. (1983). *The Boundary Integral Equation Method for Porous Media Flow*. London: Allen and Unwin.

Linsley, R. K., Kohler, M. A. and Paulhus, J. L. H. (1949), *Applied Hydrology*. New York: McGraw-Hill.

(1958). *Hydrology for Engineers*. New York: McGraw-Hill.

Liu, X., Liu, C. and Brutsaert, W. (2020). Mutual consistency of groundwater storage changes derived from GRACE and from baseflow recessions in the Central Yangtze River basin. *J. Geophys. Res., Atmos.*, **125**, e2019JD031467. doi:10.1029/2019JD031467.

Maillet, Edmond (1905). *Mécanique et physique du globe, essais d'hydraulique souterraine et fluviale*. Paris: Librairie Sci., A. Hermann.

Maritan, A., Rinaldo, A., Rigon, R., Giacometti, A. and Rodríguez-Iturbe, I. (1996). Scaling laws for river networks, *Phys. Rev. E*, **53**, 1510–1515. doi:10.1103/PhysRevE.53.1510.

Mendoza, G. F., Steenhuis, T. S., Walter, M. T. and Parlange, J.-Y. (2003). Estimating basin-wide hydraulic parameters of a semi-arid mountainous watershed by recession-flow analysis. *J. Hydrol.*, **279**, 57–69. doi:10.1016/S0022-1694(03)00174-4.

Michel, C. (1999). Comment on "Basin-scale geohydrologic drought flow features of riparian aquifers in the southern Great Plains" by W. Brutsaert and J. P. Lopez. *Water Resour. Res.*, **35**, 909–910.

Morisawa, M. (1962). Quantitative geomorphology of some watersheds in the Appalachian Plateau.

Geolog. Soc. Amer. Bull., **73**, 1025–1046.

Parlange, J.-Y. (1971). Theory of water movement in soils: 1. One-dimensional absorption. *Soil Sci.*, **111**, 134–137.

Parlange, J.-Y. and Brutsaert, W. (1987). A correction to free surface groundwater formulations due to capillarity. *Water Resour. Res.*, **23**, 805–808.

Parlange, J.-Y., Stagnitti, F., Heilig, A., Szilagyi, J., Parlange, M. B., Steenhuis, T. S., Hogarth, W. L., Barry, D. A. and Li, L. (2001). Sudden drawdown and drainage of a horizontal aquifer. *Water Resour. Res.*, **37**, 2097–2101. doi:10.1029/2000WR000189.

Pauritsch, M., Birk, S., Wagner, T., Hergarten, S. and Winkler, G. (2015). Analytical approximations of discharge recessions for steeply sloping aquifers in alpine catchments. *Water Resour. Res.*, **51**. doi:10.1002/2015WR017749.

Pikul, M. F., Street, R. L. and Remson, I. (1974). A numerical model based on coupled one-dimensional Richards and Boussinesq equations. *Water Resour. Res.*, **10**, 295–302.

Polubarinova-Kochina, P. Ya. (1952). *Theory of Ground Water Movement* (translated from the Russian by J. M. R. DeWiest, 1962). Princeton, NJ: Princeton University Press.

Singh, J., Knapp, H. V., Arnold, J. G. and Demissie, M. (2005). Hydrological modeling of the Iroquois River watershed using HSPF AND SWAT. *J. Am. Water Resour. Assoc.*, **41**, 343–360.

Smart, J. S. (1972). Channel networks. *Adv. Hydrosci.*, **8**, 305–346.

Stagnitti, F., Li, L., Parlange, J.-Y., Brutsaert, W., Lockington, D. A., Steenhuis, T. S., Parlange, M. B., Barry, D. A. and Hogarth, W. L. (2004). Drying front in a sloping aquifer: Nonlinear effects. *Water Resour. Res.*, **40**, W04601, doi: 10.1029/2003WR002255.

Sugita, M. and Brutsaert, W. (2009). Recent low-flow and groundwater storage changes in upland watersheds of the Kanto region, Japan. *J. Hydrol. Eng.*, **14**, 280–285, doi:10.1061/(ASCE)1084-0699(2009)14:3(280).

Troch, P. A., DeTroch, F. P. and Brutsaert, W. (1993). Effective water table depth to describe initial conditions prior to storm rainfall in humid regions. *Water Resour. Res.*, **29**, 427–434.

Van de Giesen, N. C., Parlange, J.-Y. and Steenhuis, T. S. (1994). Transient flow to open drains: comparison of linearized solutions with and without the Dupuit assumption. *Water Resour. Res.*, **30**, 3033–3039.

Van der Ploeg, R. R., Kirkham, M. B. and Marquardt, M. (1999). The Colding equation for soil drainage: its origin, evolution and use. *Soil Sci. Soc. Amer. J.*, **63**, 33–39.

Verma, R. D. and Brutsaert, W. (1970). Unconfined aquifer seepage by capillary flow theory. *J. Hydraul. Div., Proc. ASCE*, **96** (HY6), 1331–1344.

(1971a). Unsteady free surface ground water seepage. *J. Hydraul. Div., Poc. ASCE*, **97** (HY8), 1213–1229.

(1971b). Similitude criteria for flow from unconfined aquifers. *J. Hydraul. Div., Proc. ASCE*, **97** (HY9), 1493–1509.

Zecharias, Y. B. and Brutsaert, W. (1985). Ground-surface slope as a basin-scale parameter. *Water Resour. Res.*, **21**, 1895–1902.

(1988). Recession characteristics of groundwater outflow and baseflow from mountainous watersheds. *Water Resour. Res.*, **24**, 1651–1658.

Zhang, L., Brutsaert, W., Crosbie, R. and Potter, N. (2014). Long-term groundwater storage trends in Australian catchments. *Adv. Water Resour.*, **74**, 156–165. doi:10.1016/j.advwatres.2014.09.001.

降水への応答としての
流域スケールの水の流れ

IV

水流発生機構
メカニズムとパラメタリゼーション

河川流は自然界における水循環の主要な体現の1つであり，通常，河道中の流量を時間の関数

$$Q = Q(t) \tag{11.1}$$

として表すハイドログラフによって，その特徴が記述される．河川沿いの任意の地点における河川流量ハイドログラフは，その上流側の集水域における降水，融雪や，上流に位置する河畔域帯水層からの既存流出などの水の入力に対する応答として生じるすべての流出プロセスの積分結果である．そのため，河川流は地点ではなく流域スケールの現象である．これまでの章では，解析で調べることのできる比較的重要な輸送現象とその数学的な定式化について考察してきた．それらのメカニズムのほとんどは，各々についてはかなりよく理解されている．しかし，現在のところ，さまざまな局所的なメカニズムを水流発生プロセスへと統合するための，一貫した満足のできる説明を与えてくれるような統一理論は存在しない．この不確実さの主な理由は，疑いなく流域の大きな多様性にある．多くの観点からして，個々の流域はあたかも慣習を無視するかのように振る舞い，広く適用可能な一般的な関係を導き出すのが困難である．しかも，1つの流域についても，観測された $Q(t)$ の値を生み出すさまざまなメカニズムを見つけ数量化することは，しばしば困難である．積分値をその成分に分解すること，すなわち積分を求めるのと逆のプロセスは「オムレツを分解」するようなもので，単純な作業ではない．

11.1 河畔域と源流域

一般に地表面に達した降水の水流への変換は，河道に沿った河川の堤防から最も近い流域界までの地域で生じる．つまり，河道両岸から河道へ水供給を行うのが河畔域であるが，その2本の細長い土地の間に存在しているのが，河川システムの河道部分であると見なすことができる．降水を河川流に変換するメカニズムは多くの因子に依存しているが，考慮すべき重要な因子の1つは，流域内の河川水系と河川の河道部分の相対的な大きさである．

地形学では，河道を次数の階層として分類するのが一般的である．河道の次数は，その上流側の支流または分岐点数に依存している．Horton (1932;1945) がおそらく下流方向に向かう次数区分法を提案した最初だろう．このシステムでは，支流をもたない細流を1次水流とよぶ．1次水流のみを支流とする水流が2次水流とされ，1つ以上の2次水流と1次水流が合流した水流を3次水流などとする．ホートン (Horton) の方法では，1次と2次流の定義は明確であいまいさがないが，3次以上の定義では決定が主観的となる．Strahler (1952) は，これを避け流域内でただ1つの水流が最大次数を有するように，2次水流部が2本合流することによってのみ3次水流がつくられると規定することで，この方法に変更を加えた．現在ホートン・ストレーラー (Horton-Strahler) の方法とよばれるこの方法を図11.1に示してある．この例では18本の1次水流，5本の2次水流，そして

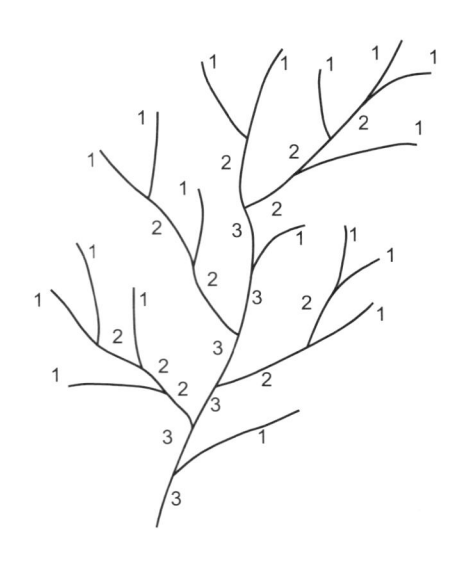

図 **11.1**　ホートン・ストレーラーの方法による自然流域水系網に
　　　　　おける河川水路区間の階級区分

1本の3次水流が存在する.

　大きな次数の河道は，普通は多くの水を河畔域表面から河岸を介して局所的に集めるのでなく，ほとんどの水を低い次数の水流を通して上流から受け取っている．支流がほとんど，あるいは全くない低次水流のみで排水される集水域を源流域 (headwater basin, source area watershed, upland watershed) とよぶ．低次の集水域からより高次の河道に徐々に水が注ぎ込むので，源流域は広い流域の流出メカニズムをよく理解するためにも重要である．このような源流域からの流出解析で重要な点は，低次の河道が比較的短い滞留時間をもつことである．そのため，源流域の洪水流ハイドログラフは，河川近傍の土壌表層の性質にまず影響を受け，河川水流そのものの性質にはほとんど影響を受けていない．しかし，下流に向かい多くの支流が合流するにつれ，ハイドログラフの形が変化し，河道系の水理学的な性質をより多く反映するようになる．河畔域と源流域の流れのメカニズムは，斜面水文学 (hillslope hydrology) でしばしば扱う課題であり，過去数十年の間に多くの研究の題材となってきた．これらのメカニズムやその間の相互作用についての知識は，水流発生を記述するのに欠くことができないばかりでなく，人間環境における溶質輸送，地形変化や浸食のよりよい理解のための鍵となっているのである．

11.2　河畔域における洪水流出メカニズム

11.2.1　地表流

　このタイプの流れは，土壌が降雨を吸収する自然に備わった能力を降雨強度が超過した場合か，土壌プロファイルがすでに完全に飽和している場合に発生する.

● 浸透余剰地表流

　降雨強度が浸透能 (infiltration capacity) を超えた時，余剰な水が地表面上を流下する．この流れの発生概念は，Horton (1933) の名前を冠して使われることがあるが，実はそれよりはるか前までさかのぼれ，すでに150年以上前に Mulvany (1850) が導入した広く知られる合理式 (rational method) や，そこから Hawken and Ross (1921) など (Dooge, 1957; 1973 参照) が導き出したさまざまな流出追跡法 (runoff routing procedure) の基礎となっているのである．これはまた，Sherman (1932a;b) によって元々提案されたように，単位図 (unit hydrograph) にも暗黙のうちに内在してい

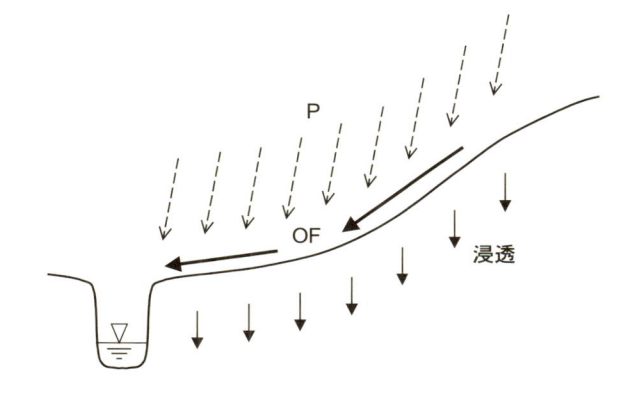

図 11.2 浸透余剰としての地表流 (OF). 降水強度 P が浸透能を超過し，地下水面と地表面が一致している．

る．洪水や浸食の問題における最大流出速度を扱ったこれらの初期の研究では，浸透能は全集水域で降水強度より小さいと仮定されていた．合理式では浸透が降水のある割合とされるのに対し，単位図やホートンの研究では，浸透能やそれと関係した指標が降水から差し引かれている．つまり浸透した水は損失し，事実上すべての洪水流が降水の余剰分の地表流から生じると仮定されている（図 11.2）．計画目的における最大可能流量の予測では，この地表流の仮定は不合理というわけではない．

現在，地表流が普遍的に起きる現象ではなく，多くの状況ではまったく生じず，広範囲に生じるかどうかが集水域の性質と降水強度に依存することが理解されている．地表流は，透水性が比較的低い地表面を有し，薄い土壌層しかない集水域では主要なメカニズムであることが予期される．このような地表面は，ほとんどの場合，都市的な環境，工場や農場の構内，踏みつけられた土壌のある地域，そして乾燥・半乾燥地域で見られる．ほとんどあるいは全く土壌や植生のない岩石や小石からなる地域に分布する．つまり，人間が居住し働く地域や露出した乾燥地域で，地表流は最も頻繁に発生する．地表流はまた，降雨が十分に集中して発生すれば，比較的浸透性の高い地表面でも生じる可能性がある．たとえば，半乾燥地域にある中国山西省の急斜面を有する 20 ha の 1 次の農業流域において，Zhu *et al.* (1997) はほとんどの豪雨で地表流が生じないことを報告している．しかし，降水イベントの 8% においては，浸透余剰地表流が支配的な流出プロセスであった．土壌表面のクラスト化も影響するが，降水の量ではなく，強度がその発生を決める決定要因であった．浸透能の水平方向の多様性のため，地表流の発生状況は場所により異なる．

一般に浸透余剰地表流 (infiltration excess overland flow) は，湿潤な気候下で植生の生い茂った自然流域ではまれにしか生じない現象のようである．

● **飽和余剰地表流**

このタイプの地表流出は，降水（あるいは融雪）強度と関係なく，土壌下層や宙水からの地中水流出によって飽和した地表面で生じる（図 11.3）．これは，しみ出し面からの流出や降水（あるいは融雪水）にとっては，河道への素早くほぼ瞬間的な輸送メカニズムである．通常この地表流は，河道への地中水の流れと同時に起こるが，両者の相対的な大きさは集水域と降水の性質に大きく依存する．またこの地表流は，斜面上で地中水の流れが地表に出てくる河道近傍の限られた地域や，地下水面が地表面まで容易に上昇する湿地で最もよく観測される．しかし，等高線が大きく曲がり流れが収束するような，より高所にある斜面の窪地でも地表流は発生する．これらの飽和地域の外側では，降水やその他の水の入力は，一般的には土壌中に浸透することができる．

たとえば，1961 年という早い時期にすでに，ノースカロライナ州南部 Appalachians 山脈中の

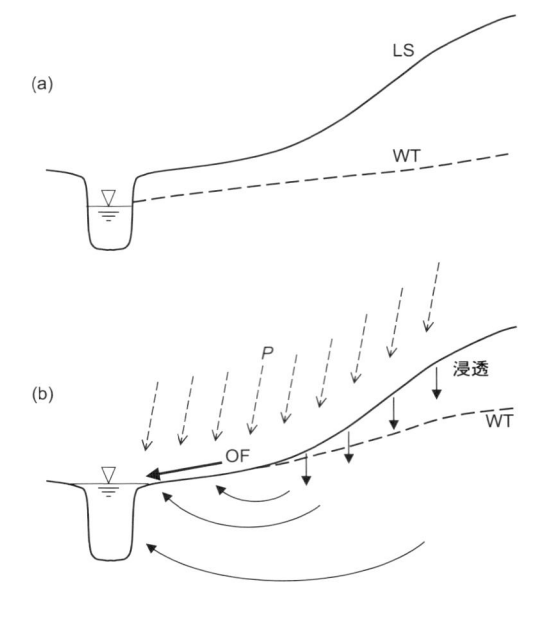

図 11.3　飽和余剰としての地表流 (OF)．(a) 降水発生前，(b) 降水イベント中の地下水面 (WT) の位置．地表面の不飽和部分では，降水強度 P は浸透能より小さい．地表流は地下水面が地表面 (LS) まで上昇した部分で発生する．

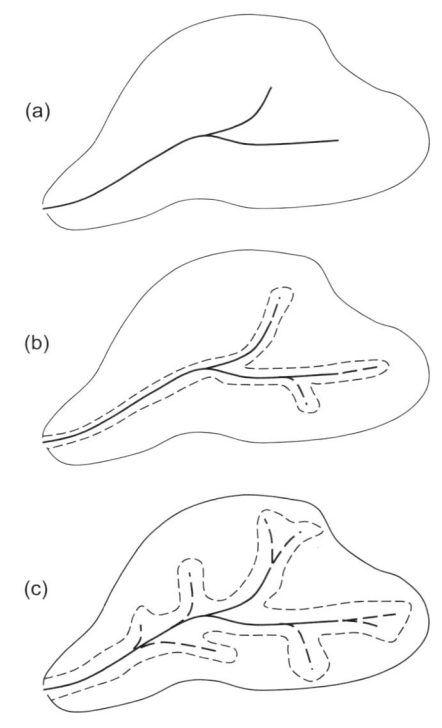

図 11.4　地表流が発生する変動流出寄与域（破線で囲まれた部分）の範囲を示した 2 次の集水域の平面図．(a) 干ばつ流量時．(b) および (c) 降水開始後．河道と河道近くの飽和域が，降水が続くにつれ広がっている．

Coweta にある森林丘陵性流域において，アメリカ合衆国森林局の水文学者たちは，河川流のハイドログラフの上昇が，河道降雨と河道近傍における飽和域の拡大の結果生じていることを報告した (Hewlett, 1974; Hewlett and Hibbert, 1967)．拡大・縮小するこのような地域は，しばしば変動流出寄与域 (variable source area) とよばれる（図 11.4）．バーモント州での斜面観測に基づき，Dunne and Black (1970a;b) も河道に沿った限られた地域での地表流が，洪水流の源になっていると結論づけた．しかし，彼らのメカニズムの解釈としては，地表流出への地中水からの供給はそれほど多く

なく，ほとんどは河道沿いに拡大した寄与域上への降水からであること，そして地中水の流れの役割は，主に寄与域の拡大とその後の縮小にあるとしていた.

しかし，飽和余剰地表流 (saturation excess overland flow) が常に水流のごく近傍で起こるとは限らない. オーストラリアのクインズランド州北東部の熱帯雨林において Bonnell and Gilmour (1978) と Elsenbeer *et al.* (1995a) は，強い降雨強度のために宙水が土壌表面近くで広範に形成され，これが容易に地表面に現れることを観測した. この結果，地表面下 20 cm までの層内の地中水の流れ (subsurface flow) を伴う飽和余剰地表流が生じた. この証拠として，降雨イベント前に土壌中に存在していたイベント前の水 (pre-event water) が河川流中に存在していたことをあげている. もし浸透余剰地表流が唯一のメカニズムだったとしたら，すべての洪水流出が降水イベントによって供給されたイベントによる水 (event water) からなることになる. 河川流中に占めるイベントによる水とイベント前の水の割合は，降雨継続時間 (rainfall duration) と降雨強度に依存することが確認された. 地表流の発生が非常に多くみられることから，彼らはこのタイプの熱帯雨林には，流出寄与域変動概念が適用できないと結論づけた. Elsenbeer (2001) はその後，アクリソル土壌を有する熱帯雨林流域では，地表流がごく一般的な流出経路であるとの推測を下した. アクリソル土壌では，粘土含有量が深さ方向に増加し，その結果，透水係数も小さくなっている.

11.2.2　地中洪水流出

多くの自然条件下にある集水域では，降水やその他の水の入力が浸透能を超すことはなく，容易に地表面に浸透することができる. したがって，その後の河道への流れは，地中で，おそらく集水域の土壌表層を通して起こることになる. Lowdermilk (1934) および Hursh (1936) は，地中水の流れが森林斜面における河川流発生機構の主なメカニズムであることを最初に提案した論文のようである (Hewlett, 1974 も参照のこと). 後になって，いくつかの実験的研究により地中水の流れがある条件下では唯一のメカニズムとなりうることも確かめられた (たとえば Roessel, 1950; Hewlett and Hibbert, 1963; Whipkey, 1965; Weyman, 1970).

地中水の流れが重要であり，しばしば水を送り出す唯一のメカニズムであるという考えは，観測された河川流量を生じさせるには一般に多孔体中の流れが地表流と比べてあまりにも遅すぎるという理由で，多くの研究者から反対されてきた. このパラドクスに対する初期の説明の 1 つが，Hursh (1944) により提案された. この提案によれば，粒子の集合体の 2 次間隙が 3 次元的な格子パターンを形成し，水の輸送はこれを通り，また枯れた根による管状孔隙や動物による孔道からなる水理的経路を通して起こると仮定される (8.3.1 項も参照のこと). 当時このマクロポア流 (macropore flow) とパイピング (piping) の可能性は，他の現場の研究者からは非現実的であるとしてほぼ退けられ，モデル研究者からはほとんど無視されたようである. しかし，その後のフィールドにおける実験的な研究において，受動的な化学トレーサーや同位体トレーサーを使用することにより，降雨イベント後には，流出量の大部分が降雨開始時に河畔域帯水層中に存在していた「古い」イベント前の水からなるというより多くの証拠が示されたのである (Neal and Rosier, 1990; McDonnell, 2003; Botter *et al.*, 2010). この考えは時に「古い水のパラドクス」とよばれ，マクロポア流や地中水の流れを強めるこの他のメカニズムによって説明できる. これらについて以下において，より詳細に考察する.

● マクロポアと他の選択流的経路

選択流的な経路 (preferential flow path)，すなわちマクロポアの概念は古くからある. 「小さな隙間」や「小石や木の根と混じっている部分」といった表現で 1680 年代にマリオット (Mariotte)

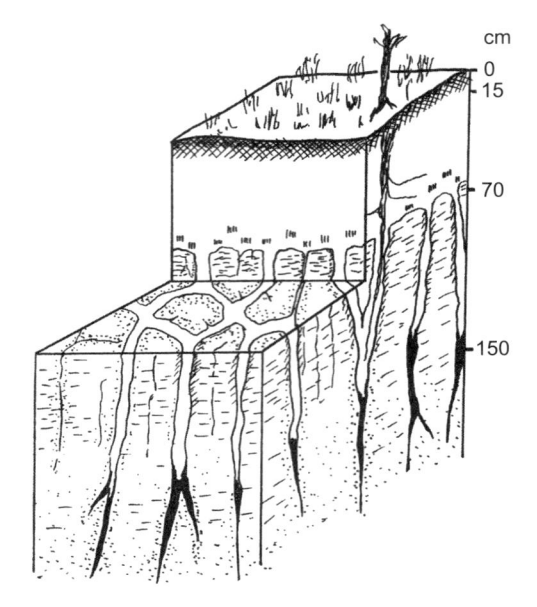

図 11.5　フラジ盤層位をもつ土壌．割れ目の先端の黒い部分は粘土の集積を，白い部分は漂白土に満たされていることを表す．(Smalley and Davin, 1982 ; 原図は Van Vliet and Langohr ,1981 より）

cm

0
15

70

150

は浸透を説明し，降水が土壌に浸透して泉の源になることなどありえないというセネカ (Seneca) とペロー (Perrault) の主張に反駁するために用いられた．一般に，マクロポアは，乾燥亀裂から始まった浸食のような純粋な物理プロセスの痕跡や，異なる種類の生物活動，植物根の腐朽後の管状孔隙やさまざまな大きさの土壌動物による孔道などの痕跡である 2 次的な，しばしばパイプ状の土壌構造と定義できる．この問題についてのレビューが Jones (1971) や Beven and Germann (1982) によりなされている．土壌の乾燥や生物の活動は地表面近くで起こりやすいので，普通パイプやマクロポアは土壌の表土層に最も多く存在し，深さ方向にその存在頻度は低くなる．このような構造は，通常河岸や道路の切り通しで見られる土壌プロファイルの特徴である．

　これらのマクロポアに加えて，さまざまな異なる種類の選択流経路が観察されてきた．これらにより，降水イベント前の水と降水イベントの水の相対的な河道への輸送状況がさらに複雑になっているのかもしれない．前述のとおり，古い水ともよばれるイベント前の水は，降水開始前に土壌表層に存在していた水であるのに対し，新しい水とよばれることもあるイベント水は，降水によりもたらされた水である．ある種の選択流に対しては，乾燥による土壌の収縮から生じる亀裂や割れ目として，粘土質やローム質の土壌表面で選択流経路が観察される．少なくとも降水イベントの初期の段階において粘土の膨潤が経路を塞ぐ前までは，このような亀裂が土壌中を水が降下するのを促進する．図 11.5 に示すような，多少関連する種類の選択流が割れ目の入ったフラジ盤層位で観測された (たとえば Parlange *et al.*, 1989)．フラジ盤は，典型的には上部を覆っている層より非常に低い透水性と高い単位容積密度 (bulk density) を有するローム質粘土層である．しかし，その発達の過程で，ある場合には粘土粒子の収縮の結果フラジ盤層位にひびが入り，相互につながった垂直方向の割れ目のネットワークを有する多角柱状構造を形成することがある．この割れ目には，その上部からのより透水性の高い土壌物質が満たされていると考えられ，これが水の輸送を大きく促進しているのである．割れ目は，典型的には 10〜20 cm の幅をもつ．また別の選択流では，浸透速度が飽和透水係数より低い場合に，粗粒土壌におけるぬれ前線 (wetting front) において，まず経路が不安定性すなわちフィンガー (finger) として形成される．しかし重要な点は，一度これらの経路ができ上がると，土壌がぬれる度に土壌中で生じる永続的な特性となる点にある (たとえば Glass *et al.*,

図 11.6　不安定なぬれ前線の典型的な発達と，結果として生じる持
　　　　続性をもつフィンガー状の流れのパターン (Selker *et al.*,
　　　　1992)．丸い穴は 2 次元の砂を充填した容器中に設けた，実
　　　　験中の水圧を記録するためのテンシオメータの位置を示して
　　　　いる．数字は浸透開始後の経過時間 (s) である．

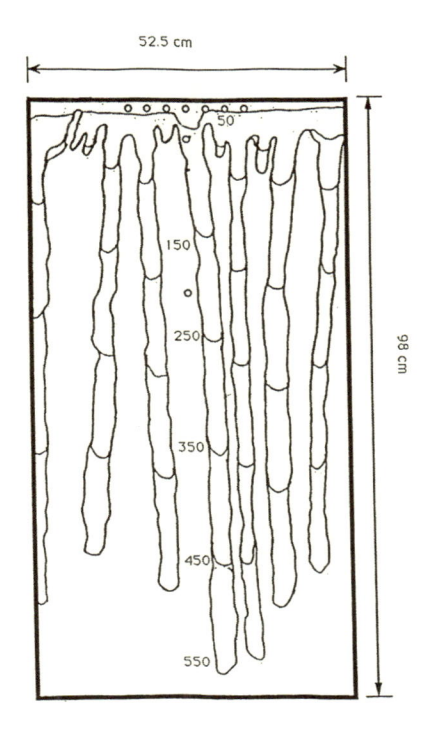

1989)．土壌が完全な乾燥や飽和を経験した場合には例外があるかもしれないが，ともに自然界であ
りえないわけではないにしろまれである．図 11.6 は実験室内で観測されたフィンガーの初期におけ
る成長の例である．このようなフィンガーは土壌中ではそれほど明瞭ではないが，染料やトレー
サーを使うことで可視化できる．このタイプの選択流経路の性質や起源についても明らかにされて
きた(たとえば Selker *et al.*, 1992; Liu *et al.*, 1994a;1994b)．

　マクロポアの存在は長期にわたって知られてきたが，その河川流発生プロセスに対する貢献の正
確な性質は少しずつわかってきたにすぎない．マクロポアが重要な役割を果たすことが観測された
研究のいくつかの例を以下にあげる．

　本州中央部の東側に位置する小流域 (0.022 km^2 (0.2 ha)) において，Tanaka *et al.* (1981;1988)
は，洪水流の 90％以上が地表面下から主にパイプ流を通して出てきていることを観測した．また，
降雨が 50 mm を超過した時には谷底の比較的緩い勾配 ($S_0 \cong 0.12$) をもつ斜面上で，多少の飽和地
表流が発生した．飽和域は洪水ごとに場所や広がりは多少異なったが，その面積は全体の 4.5％を
超えることはなかった（図 11.7，図 11.8）．急勾配 ($S_0 \cong 0.50$) の山腹斜面で地表流が観測される
ことはなかった．

　テネシー州にある 0.47 ha の集水域において，Wilson *et al.* (1991) は中程度から強い降水イベン
トにおいて，初期の地中洪水流出 (subsurface stormflow) が主に (> 70％) 新しい（イベントの）
水からなっていることを見いだした．彼らはこのことから，イベントの水が地下水面に達すること
なく，イベント前の水を蓄えていた不飽和の土壌基質（マトリックス）をマクロポア経由で迂回し
たのであると結論づけた．しかし，後に流出が続くにつれ，古い水の割合が増加した．

　南部オーストラリアの牧草で覆われた集水域において，Smettem *et al.* (1991) および Leaney *et
al.* (1993) は，冬期の洪水流が主にマクロポアを介して土壌基質を迂回しながら河道に達している
こと，マクロポアのすぐ周りに宙水が形成されていることを観測した．しかし夏期には地表流が支

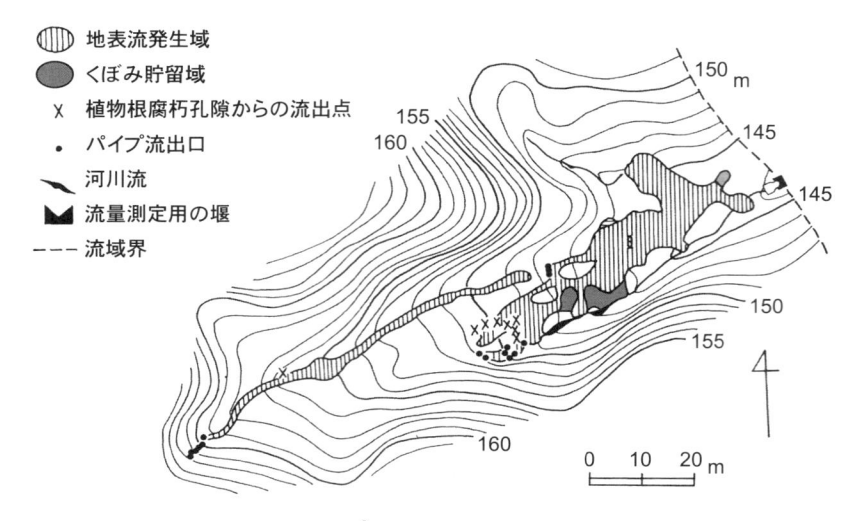

凡例:
- 地表流発生域
- くぼみ貯留域
- x 植物根腐朽孔隙からの流出点
- • パイプ流出口
- 河川流
- 流量測定用の堰
- --- 流域界

図 11.7 多摩丘陵源流域内の 0.022 km^2 の急な勾配をもつ集水域において 1980 年 9 月に発生した 195 mm の豪雨中の最大流量時における飽和域の最大拡大範囲と地中水流出地点の分布 (Tanaka *et al.*, 1981). 飽和域は流域の約 3.3%を占めており, 示された地域は流域の約 1/4 の部分である.

図 11.8 図 11.7 に示された集水域での 195 mm の豪雨イベント時の降水とハイドログラフ (Tanaka *et al.*, 1981)

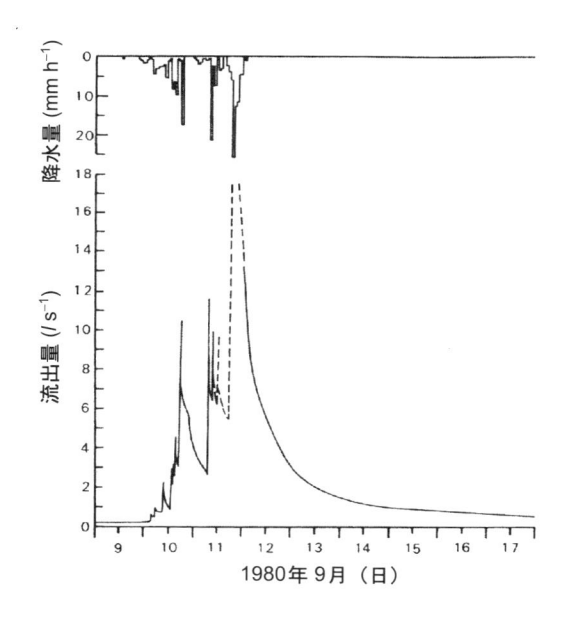

配的であることが認められた. 彼らは, この集水域では無視できるほどの部分だけが湿地であることから, 部分流出寄与域 (partial source area) が存在する証拠は見いだせなかった.

　本州中央部の東側に位置する茨城県内のスギとヒノキに覆われた急斜面において, Tsuboyama *et al.* (1994) はマクロポアの動的なシステムを観測した. このシステムはイベント前の条件が湿潤であるほど拡張し, より多くの水を運んでいた. この流域における継続した研究 (Noguchi *et al.*, 1999; Sidle *et al.*, 2001) の結果, 個々のマクロポアは, 普通は 0.5 m より短いものの, 湿潤度が増すにつれ埋没した有機物やぼろぼろの土壌のくぼみ, 基盤岩の小さな凹部, 風化基盤岩中の割れ目などが選択流の接続部となり, より大きな流れのシステムが自動的に形成される傾向をもつというより明確な見方を導き出すことができた.

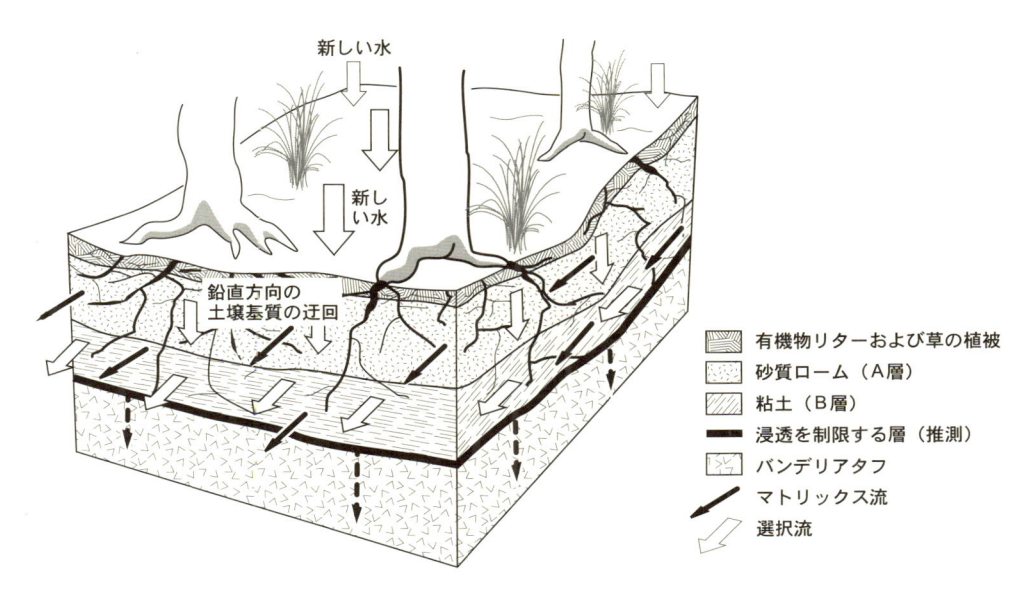

図 11.9 ニューメキシコ州の半乾燥森林斜面における流れのメカニズムを示す概念図 (原図は Newman *et al.*, 1998). A 層における横方向のマトリックス流は B 層中の流れより大きい. たぶん B 層上に水が溜まった結果である. B 層中の流れは主に選択流経路により, マトリックス流とその下にある凝灰岩への水漏れを伴って生じる.

Elsenbeer *et al.* (1995b) はペルーのアンデスに近い流域内の 0.75 ha の 1 次森林流域における測定値を化学的に解析した結果, 洪水流出の応答がイベント水に占められていたことを示した. この水は, 地表水とパイプの組合せによって河道へと移動していた. 多少のパイプ流は直接河道へ達していたが, 一部は河川に達する前に地表に現れていた. つまり, 地表流はパイプ流と直接降雨によって引き起こされていたのである. このことから, 集水域という観点からすれば, パイプ流と地表流がともにイベント水を発生させるのであり, 区分することは意味がないと彼らは述べている.

Newman *et al.* (1998) は, ニューメキシコ州の半乾燥マツ林での観測から, 横方向の地中水の流れのほとんどが B 層中でのマクロポアを通して起こると結論づけている. 土壌が 1 年のほとんどの期間において 2 領域からなるシステムのように振る舞っていた. 1 つがマクロポア領域で, 土壌基質とは平衡状態になっていない地中の早い流れを引き起こしている. もう 1 つが土壌基質領域で, ここでは輸送が非常に遅く, 蒸発プロセスが大きな水の損失と塩分増加を引き起こす (図 11.9). 流出中の古い水と新しい水の割合の変化は, 主に降水イベントの大きさに依存するように思われた. マクロポアは流れを直接導くことができ, 透水性が低い基盤上に形成された薄い宙水帯に水を供給することもできるだろう. 融雪時のように全層が飽和に達する時には 2 つの領域が接続し, より大きな地中水の流れが形成される.

これらの研究から, マクロポアや他の選択流経路を通して地中水の流れが洪水流出発生における主要な役割を演じうることが示された. しかし, 測定結果の解釈, 特にこのプロセスにおける古い水と新しい水の相対的な役割に関しては, 研究ごとにその解釈が異なっており, またある場合には矛盾している. これは, 研究対象となった集水域の多様性が主な理由である一方で, これらの研究で使用された実験方法の違いも関係していることは疑いがない. この点は, たとえばニュージーランド Maimai の湿潤気候 (2,600 mm yr^{-1}) 下にある混合常緑林で覆われた急峻な森林流域 (1.63〜8.26 ha) で行われた長期観測の解析において扱われた. 連続した詳細な観測の結果から, よ

り多くの，よりよい測定技術が適用されるにつれ，解釈が時間とともに変化する可能性が示された (McGlynn *et al.*, 2002)．Mosley (1979) の初期の研究では，ピット内での局地的な流量測定と色素によるトレーサー実験の結果から，中〜大規模豪雨においては，イベント前の降雨が貯留された土壌基質をほぼ新しい水からなるマクロポア流が迂回し河道の洪水流を形成しうると結論づけた．その後，電気伝導度と自然トレーサーを用いた研究に基づき，Pearce *et al.* (1986) と Sklash *et al.* (1986) は異なる結論に達した．彼らは，観測結果から主に古い水の側方浸透流 (throughflow) がハイドログラフの形成に寄与しており，地表面や地表面下の土壌基質やマクロポアを通った新しい水の流れでは，河川流量の応答を説明できないと推測した．この不一致を解決するために，第3の一連の研究が McDonnell (1990; McDonnell *et al.*, 1991a) によって行われ，そこでは化学的トレーサー解析に加えて，河川近傍，中位凹部，そして斜面上部に設置されたテンシオメータによる土壌水の圧力測定が併用された．土壌水の圧力応答が降雨の大きさ，強度，先行土壌水分に依存することが認められた．最大流出 (peak runoff) が $2\,\mathrm{mm\ h^{-1}}$ 以下にしかならないような降水イベントでは，目視できるようなマクロポアによる迂回流は発生せず，水は土壌基質中をぬれ前線を伴いながら下方へ浸透していた．斜面に沿った地下水面は形成されず，河川流は主に河川近傍の谷底地下水からの古い水からなっていた．最大流出 $2\,\mathrm{mm\ h^{-1}}$ を超えるような洪水流出では，斜面に沿った下部土壌層位がほぼ瞬間的に反応しており，Mosley (1979) がすでに推測したように，早いマクロポア流が存在することを示した．河川流出中で古い水が支配的である点に関しては，下方へ伸びる割れ目マクロポアを通る新しい雨水の早い流れが，まだ乾燥している土壌と基盤の界面で土壌基質中へと逆流しているという事実から，McDonnell (1990) により説明された．これにより飽和状態が素早く発生し，基質からのよく混合した古い水が横方向のパイプマクロポアに現れ，素早く斜面を下降する輸送を起こした（図 11.10）．4つ目の一連の実験では，Woods and Rowe (1996) は凹斜面先端部に長さ $60\,\mathrm{m}$，深さ $1.5\,\mathrm{m}$ のトレンチを掘り，長さ方向に 30 の地中水流の採取地点を設けた．斜面からの流出が場所により大きく変化することが認められた．このことから，斜面に設けた単一の側方浸透流ピットの流出データを斜面全体に外挿すべきではないこと，さらにこの大きな多様性が湿潤度と地形に依存する (Woods *et al.*, 1997) という結論に達した．後者の結論に対して，McGynn *et al.* (2002) は，同流域での臭化物を使った5つ目の斜面スケールのトレーサー実験に基づき，反論した．この研究の主たる結論は，地形ではなく基盤中の小さな局所的凹部によって決まる基盤面の面的なパターンが，局所的な選択流や可動・非可動域を介してトレーサー流出の変化を制御しているという点にある．トレーサー物質と古い水が一時的にこのような凹部に蓄えられ，新しい洪水イベントによってのみ可動となるのである．

オンタリオ州のカナダ盾状地内の森林流域における観測から，Peters *et al.* (1995) は選択流路が水を鉛直下方に運び，その後基盤上を側方に流れることを示し，事実上すべての側方流が土壌と基盤岩の境界近くに存在する薄い風化帯内で発生していると結論づけた．この選択流の起こる層の透水性が非常に大きかったので，早い流れや最大流出の一部は非ダルシー流タイプではないかと疑われた．河道の洪水流出水は，イベント水と非イベント水が混合したものであった．この現象は，イベント水の素早い浸透が基盤上の土壌を飽和させ，それが今度はイベント水とイベント前の水両者の斜面下降流となったことを示していると解釈された．さらに，斜面下方への移動中には，イベント流出水が土壌基質と相互に影響し合う十分な機会があった．

まとめると，ここでレビューした斜面における実験で観測された地中洪水流は，降水からの新しい水が妨害を受けずに土壌に浸透し，その後すぐに選択流経路，パイプや他のマクロポアを通る早

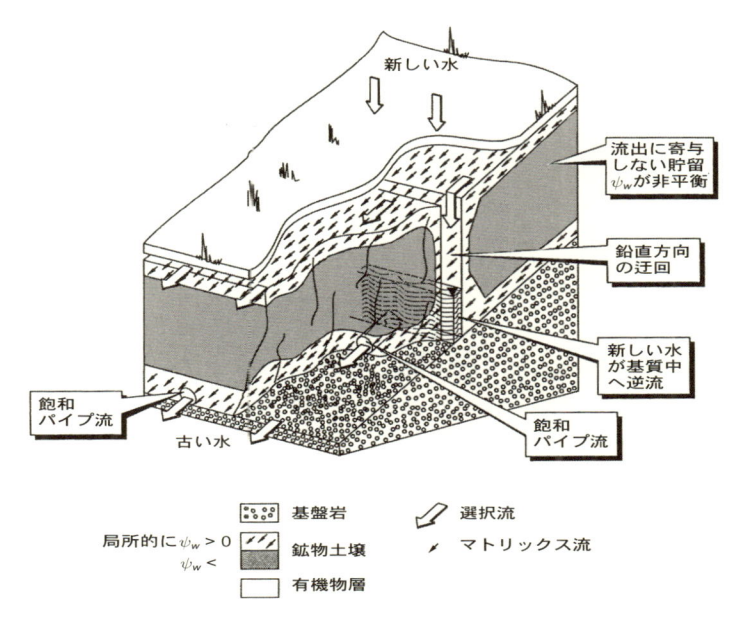

局所的に $\psi_w > 0$
$\psi_w <$

- 基盤岩
- 鉱物土壌
- 有機物層
- 選択流
- マトリックス流

図 11.10　ニュージーランドにある湿潤集水域の斜面中部凹地部での流出形成メカニズムの概念図 (原図は McDonnell, 1990)．図に示されるように，降水強度 (P) が鉱物土壌の透水係数 (k_0) より大きく，降水が鉛直方向の割れ目を下降していく．この侵入してきた新しい水が土壌–基盤境界面上に溜まり，新たに飽和した土壌基質の中へと逆流しそこに貯留されていた量的にははるかに多い古い水と混合する．一度 ($\psi_w > 0$ の正圧の) 自由水が存在するようになると，一時的に形成された地下水面が下部土壌帯中のより大きなパイプを通って斜面沿いに下方へと素早く消散する．これにより主にイベント前の水であるが，よく混合した水の素早い側方浸透流の反応を引き起こすのである．

図 11.11　種々の選択流経路，パイプ，マクロポアを通した素早い地中洪水流出 (SF)．新しい水（破線）と古い水（実線）の相対的な量は，主に降水強度と降雨前の土壌水分条件に依存する．

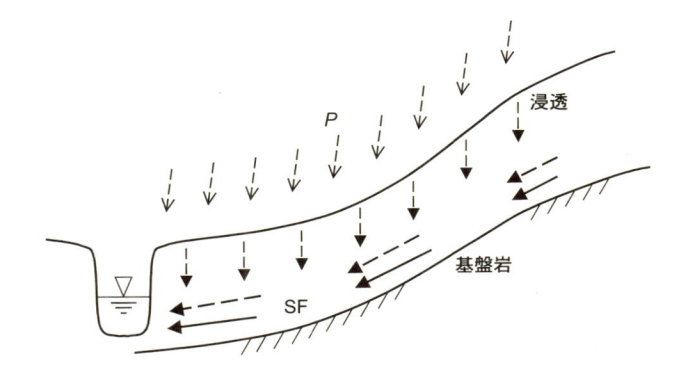

い斜面下降流となるという共通の性質を示している．この流れは，降水の強度や土壌表層の初期水分状態により程度は異なるものの，すでに土壌中に存在していた古い水と混合する（図 11.11）．

● 薄い透水層中の側方浸透流

　　自然植生に覆われた多くの集水域では，有機物片と有機物含有率の高い鉱物土壌からなる比較的高い透水性をもった土壌表層の最上部層が存在する．典型的には，この層はわずか数十 cm の厚さしかなく，その下部境界はその下にある鉱物土壌中の透水係数の急激な減少で特徴づけられる．そこで，浸透する雨水がこの境界面に沿って流れあるいは集積し，より深い層は不飽和のままでもそこに宙水と完全飽和の状態が形成される傾向にある．いくつかの実験的研究においては，このような層が洪水流にとっては重要な，そして時として主要な輸送媒体になるほど十分効果的であること

が観測されてきた．このタイプの流れは，前述のとおり Bonnell and Gilmour (1978) によりクインズランド州の集水域において飽和地表流とともに発生が観測された．Chappell *et al.* (1990) はまた，英国ウェールズの集水域における斜面水の化学的特徴から，これが下流方向の河川近傍の河畔域へと水とイオンを運ぶ支配的メカニズムになる場合が確かにあると結論づけた．同様に Jenkins *et al.* (1994) は，スコットランド北東部の排水の悪い沼地集水域において，自然トレーサーを用いて雨水，土壌水，地下水の特徴を調べた．鉱物土壌層とその上部の泥炭質のポドソルの境界面が，選択流の流路として確認された．この上部層中の水の流れは降水の発生によりほぼ瞬間的に引き起こされ，降雨が停止するとまた同様に突然止まることが観測された．この層の水は化学的には雨水と非常に似ていた．洪水ハイドログラフにおいて，最大流量時の水は降水と土壌水に占められており，一方，減水部はイベント前の水によって占められていた．

McDonnell *et al.* (1991b) はこのタイプの流れが全集水域を代表するとは考えなかったが，彼らもニュージーランドの Maimai 集水域の小区画でこれを観測している．土壌水の初期サクションが $H = 60\sim150\,\text{cm}$ の範囲にあった約 47 mm の降雨イベント中に，ほとんどの水が鉱物土壌の上にある有機物土壌層から流れ出てくるのが認められた．この間，下部土壌は部分的にしか飽和していなかった．より最近になって，ニューヨーク州 Catskill 山地の 7 つの入れ子構造の森林流域（8～161 ha）での実験的研究から，Brown *et al.* (1999) は大きな割合の河川水への素早い水供給がこの同じメカニズムにより生じたと結論づけた．有機物土壌層からのイベント水は，特に乾燥した条件下において洪水流中で最も多くなるようであり，最大流量時近くの相対的な寄与率は 50～62% であった．

● 波の伝播のような地下水面の変化

図 8.5～図 8.7 に示したように，ほぼ飽和している毛管水縁内のほとんどの土壌中では，土壌水分が少し変化しても間隙の水圧はわりと大きく変化する．このことから，比較的湿潤な土壌へ少量の水が加わると，ほとんど波圧型伝播のように地下水面が急激に上昇し，飽和土壌を形成することがあるという見方が出てきた．土壌がこのように完全に飽和した場所では，地中水の流れが地表に現れるだろうし，飽和余剰地表流もまた必ず発生する．このタイプの地下水面の上昇は斜面下部で特に早く，現われてきたばかりの地下水堆 (groundwater mound) の確立へとつながるのかもしれない．また動水勾配が非常に大きくなるので，河道への地下水流出が増加し，部分流出寄与域あるいは変動流出寄与域を形成し，飽和余剰地表流も引き起こす．そのためこの現象は図 11.3 に描かれたものと似ていなくはない．しかし，ここでは地下水面の上昇に実際の水移動がほとんど関与していないと考えられている点が異なっている．

このタイプのメカニズムにより生じたと解釈される現象が，たとえば，湿地性の地域において Novakowski and Gillham (1988) により，起伏の小さな草原流域において Abdul and Gillham (1989) により，どちらもオンタリオ州で観測されている．これらの研究において，地下水面の上昇は水流近傍の地域で最も顕著にみられた．このメカニズムはまた，より起伏の激しい地形でも起こると考えられてきた．オレゴン州 Coos Bay 近くの急傾斜 (43%) をもつ森林斜面でのスプリンクラー灌漑実験において，Torres *et al.* (1998) はシステムが定常状態になり土壌水の圧力水頭がほぼ $0\sim-10\,\text{cm}$ となってから，スパイク状の入力を与えた．彼らはこの急な入力に対する間隙水圧と流出速度の反応のタイミングと大きさが，移流的な水移動から予期されるよりはるかに早いと考え，不飽和帯を検知されることなく移動する圧力波によって早い反応が引き起こされたと結論づけた．つまり，湿潤な土壌中への少量の降雨から，おそらく比較的わずかな動水勾配の上昇と大きな透水

係数の増加を伴う飽和帯の急激な上昇が引き起こされるのである．彼らは選択流も観測したが，この対象となっている土壌の場合には，土壌水の保水特性の効果に比べると選択流の効果は小さいと感じていた．

比較的少量の降雨によって負圧下で飽和 (suction-saturated) した毛管水縁の負圧の水が容易に地下水面下の正圧の水に変換されるという考えは，疑いなく現実的である．土壌がすでに飽和に近い場合には，明らかにわずかな水の付加のみが土壌水を動員するのに必要とされる．しかし，このメカニズムの重要性は的確に認識されるべきである．たとえば，これは土壌最上位層の間隙水圧が吸水プロセス (wetting phase) ではなく脱水プロセス (drainage phase) にある時に水がやってきた場合にのみ，効果的であると考えられる．図 8.14，図 8.18，図 8.19 に示されるように，普通毛管水縁の厚さは吸水プロセスにおいてはずっと小さい．同様に，マクロポアやパイプがない場合，地下水面（間隙水圧が大気圧すなわちゼロである場所）がすでに地表面に近い場合にのみ，これが急斜面下方へと素早く動くことを期待できる．図 10.12 に示すように，$(-p_w)_{\max}$ が小さくなる場合である地下水面が地表に近くなった時，排水可能間隙率 n_e も小さくなる．ブジネスクの式 (10.29) やその線形化した式 (10.134) として表される地下水に対する水理解析法理論もまた，完全な表現ではないがこれと矛盾してはいない．このことは，式 (10.29)（式 (10.136) でも）の移流係数 (advectivity) を考察することで説明することができる．ここでは，これをわかりやすいように

$$c_h = -\frac{k_0 \sin \alpha}{n_e} \tag{11.2}$$

の形に書き直す．これは与えられた地下水面の高さ η が斜面を下降する伝播速度（すなわち降水の結果生じる地下水面の乱れ）を示している．これから，選択流経路が存在しない場合，大きな c_h は排水可能間隙率が小さい場合にのみ生じることがわかる．式 (10.151) で見たように，このことはまたキネマティックウェーブ近似とも矛盾しない．

毛管現象が引き起こす流れを早める現象は，土壌の成層とも関連づけられてきた．細粒土壌が相対的に粗粒な土壌の上にある状況において，2 層の境界面がキャピラリーバリア (capillary barrier) に発達することがありえる（たとえば Ross, 1990; Steenhuis *et al.*, 1991）．平衡時には通常，2 層中の土壌水分特性の違いにより，境界面における水の圧力水頭に対して，上層の土壌水分量は下層の粗粒土壌の水分量より大きい．結果として，上層の透水係数は下層の透水係数よりはるかに大きくなるだろう．これは図 8.26 に示されている．このような場合，浸透してきた雨水は下層には容易には侵入せず，横方向に向きを変える場合が多い．そして，もし上層の水がすでに負圧下で飽和状態に近ければ，斜面のさらに下部における地下水面の急激な上昇を引き起こすかもしれない．本州東部にある多摩丘陵源流域内で，4 m 厚の細粒ローム層の下に 15 m の礫層が存在する斜面部での Marui (1991; Tanaka, 1996) による野外観測結果は，この一連の説明と矛盾しない．彼は急斜面に沿った大規模な地下水嶺 (groundwater ridge) を観測した．そのさらに下にある部分的に飽和した礫層内の空気は，周囲の地下水体とローム層内の飽和帯によって閉じこめられた結果，被圧されていたと考えられた．Onodera (1991; Tanaka, 1996) は別の研究において，結果として生じる空気圧の上昇が斜面表面での地下水流出を増加させたかもしれないと推測している．

結論として，毛管水縁がすでに地表面に近い場合，河畔域のみならず斜面に沿っても，毛管上昇に関係したメカニズムがいわゆる地下水嶺の形成に結びつくということは理にかなっている．しかし現在までのところ，このタイプの現象がそれ自身でハイドログラフと関係することを示した研究は存在しない．そのため，このメカニズムが大きな地中洪水流出を説明できるのかどうかは，これ

から答えを出すべき問題である.

● 地下水に対する線形化水理解析法理論を用いた地中洪水流の単純なシミュレーション

Fiori (2012) は古い水のパラドクスの本質を理解するために, 図 10.2, 10.11, あるいは 10.16 に示されたような河畔域帯水層での線形化ブジネスクの式とこれと同等な溶質輸送に対する分散の式を解くことで, 古いイベント前の地下水と新しいイベント降雨の間の配分の様子を解析した. 水理解析法理論は, 帯水層の平均特性の有効パラメータにより地下水面の位置 $\eta = \eta(x, t)$ を表す水理水頭の鉛直平均を記述することで, マクロポアやその他の特徴の全体的な効果を考慮することができることを思い起こすこと. 第 10 章で, 傾斜の効果は集水域スケールではしばしば無視できることが示された. したがって, $\alpha = 0$ とし, 時間と共に変化する降雨入力 $I = I(t)$ に対して, 線形化ブジネスクの式 (10.90) は

$$n_e \frac{\partial \eta}{\partial t} = T_e \frac{\partial^2 \eta}{\partial x^2} + I \tag{11.3}$$

と表すことができる. ここで, $T_e = k_0 p D$ は有効透水量係数である. 初期条件 $\eta(x, 0) = D_c$, 境界条件 $\eta(0, t) = D_c$, $\partial \eta(B, t)/\partial x = 0$ に対して, 河川からの任意の距離 x における鉛直平均した流れの速度を式 (11.3) の解から $q_x = -T_e \partial \eta(x, t)/\partial x$ として計算できる.

Fiori (2012) の解析では, 降雨イベント水である新しい水を, 一定の初期濃度 C_0 をもつ受動的トレーサーによりに印をつけ, 帯水層中の物質フラックスを計算することで追跡した. 輸送はブジネスクの式と矛盾しないように鉛直方向に平均した濃度 $C(x, t)$ を用いた (拡散による混合を含まない) 移流分散方程式

$$n_e \frac{\partial (\eta C)}{\partial t} + \frac{\partial (q_x C)}{\partial x} = C_0 I \tag{11.4}$$

を用いて記述された.

降雨イベント前には, 帯水層は古い水のみからなると仮定され, したがって, 初期条件は $C(x, 0) = 0$ である. 式 (11.4) の解から, 新しい水の河川への流出が $q_{\mathrm{new}}(t) = C(0, t) q_x(0, t)/C_0$ により計算できる.

問題を簡潔に保つため, この研究では一定の降雨強度 P と継続時間 D_r をもつ 1 イベントに焦点をあてた. これから, $H(\ )$ を付録の式 (A.8) で定義されるヘビサイドステップ関数として, 入力は $I(t) = P H(D_r - t)$ と表される. この入力と上で述べた条件のもとで, 式 (11.3) の解は Carslaw and Jaeger (1986) から採用することもできるが, 式 (11.4) は数値的に解かれた. このシステムの解の数学的な詳細は, ここで扱う範囲外である. しかし, Fiori (2012) の解析の重要な結果は, 解が 2 つの無次元変数のみの関数であるという点にある. 1 つ目は

$$\delta_f = \frac{D_r T_e}{n_e B^2} \tag{11.5}$$

であり, 降雨継続時間 D_r と帯水層の代表応答時間 $n_e B^2/T_e$ の比として見ることができる. 式 (10.159) によると, 帯水層の幅は水系密度と関係する. したがって, この代表応答時間は, 第 10 章の線形水理解析法理論の結果である式 (10.94), (10.115), (10.165) あるいは (10.176) を用いた式 (10.153) ですでに出会った帯水層の応答時間と基本的には同じである. 2 つ目は, 新しい降雨の水の (単位面積あたりの) 全体積と降雨開始時に帯水層中にすでに存在していた古い水の体積の比

$$\rho_f = \frac{P D_r}{n_e D_c} \tag{11.6}$$

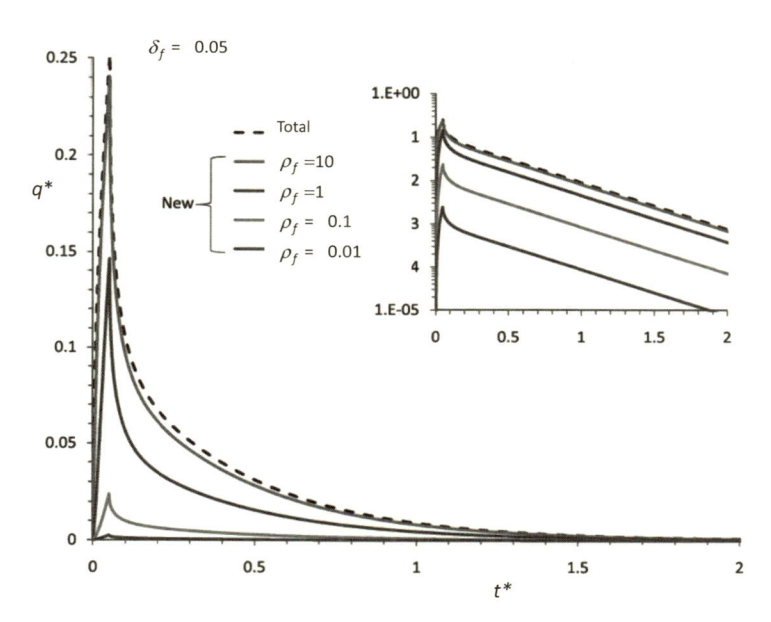

図 11.12 式 (11.6) で定義された帯水層中にすでに存在していた古い水の全体積に対する新しい雨水体積の割合である ρ_f のさまざまな値に対して，無次元時間 $t* = tT_e/(n_eB^2)$ の関数として表した河川への新しい水の無次元流出速度 $q* = q_{new}/(PB)$（実線）．全流出速度は，破線で示されている．この例で使用した $\delta_f = 0.05$ の値は式 (11.5) で定義される帯水層の代表応答時間に対する降雨継続時間 D_r の比である．使われている変数は，降雨強度 P，帯水層幅 B，有効透水量係数 T_e，排水可能間隙率 n_e と地下水面高さの初期値 D_c である．挿入図は同じ図を対数スケールで示している．(Fiori, 2012)

である．

　このシステムの解を用いた計算結果は，2 つのうちで ρ_f がはるかに重要であることを示した．つまり，降雨イベントから生じる流出における古い水の寄与を決めるのは，古いイベント前の水量に対する降雨の相対的な量が大事であることが見いだされたのである．たとえば，図 11.12 で示されるように，ρ_f が 1 以下である典型的な事例において，古い水の河川流に対する寄与は 50% を越える可能性が高い．図 11.12 の例では，$\delta_f = 0.05$ の値は，$T_e = 10^{-3}$ m^2 s^{-1}，$D_r = 10$ h，$n_e = 0.3$，$B = 50$ m により不圧帯水層を記述できる．第 8 章の線形水理解析法の近似が成り立つ帯水層に対しての結果から推測されるだろうが，図 11.12 に描かれた全曲線は，$t* > 0.2$ の範囲では指数減衰関数を示している点にも注意．ことによると意外なのは，帯水層の応答時間に対する降水の継続時間を表す δ_f のパラメータの重要性ははるかに小さく，実際問題としてほぼ無視しうることである．

　式 (11.3) と式 (11.4) によるこの解析は比較的単純であり，本節で説明された，たとえば飽和余剰地表流，有機層口宙水の有無，あるいは毛管水縁が関与する流れの増強のような，古い水の洪水流出への供給に関わる他のメカニズムは考慮されていない．それでも，この解析は，洪水流出における地下水を関与させる主要メカニズムのある部分を，野外観測結果と矛盾しない形で有効パラメータを用いてシミュレートするための妥当な仕組みを与えている．

11.3　メカニズムとパラメタリゼーションの選択肢に関するまとめ

11.3.1　一般的な考察

　11.2 節の簡単なレビューにおいて，地球の陸地表面上では驚くほど幅のある水文，気候，地形，

そして土壌条件に遭遇しうること，このことが非常に異なる水流発生メカニズムの存在を助長していることが示された．これらのメカニズムには，浸透余剰降水による地表流あるいは地中からの復帰流，または土壌中の毛管水縁の水が素早く動員され完全飽和になった結果生じる，土壌表面近くの飽和余剰による地表流などが含まれる．急斜面上では，地表流は窪地内の収束部で起こりやすい．このメカニズムはまた，多くの異なる経路による地中水の流れということもありうる．特に大きな降水イベントの間には，異なるタイプのマクロポアや選択流経路がこのメカニズムに含まれることがある．すなわち，ある深さまでは迂回流として下向きに流れ，その後，パイプ，高い有機物含有量をもつ薄い多孔質土壌層中，あるいは土壌と基盤の境界面を通って側方へと流れる経路である．これと同時に，これより遅くかつ局所的ではない側方浸透流も土壌基質中で発生する．これらのメカニズムのいくつかは，強い強度の流出イベントを生み出すのに十分であることが確認されてきた．これらのメカニズムは相互に排他的ではなく，多くの状況下において，河川の流れを生じさせるために同時に発生し，お互いに影響を与えながら働いている点が印象的である．この相対的な重要さは，集水域内の初期土壌水分量や降水強度といった支配的な条件により決まる．

　ある場合には，異なるメカニズムが同時に発生していることで，珍しい現象が引き起こされることがある．たとえば，コートジボワール中央の流域での初期低水条件下において，Masiyandima *et al.* (2003) は1つの集中的な降雨からピークの2つあるハイドログラフが生じたことを観測した．はじめのピークは降雨中にすでに発生し，飽和していた谷底部への降雨によって引き起こされていた．2つ目のピークは，1つ目のピークから分〜時間オーダー遅れて出現し，谷底の周辺地域に降り地中水の流れとして河道に出てきた降雨によって引き起こされていた．

　これらすべては水流発生プロセスが非常に複雑であることを再度示している．これらの観測結果は，ある1つの統一流出モデルというものが可能ではないし，また望ましくさえないことを示唆している．またこれらは，応用水文学における予測目的でのモデル開発戦略に大きな示唆を与えている．

● 主要なメカニズムの同定

　方程式を十分に単純で節約性があるように保つためには，与えられた条件に対する支配的なメカニズムのみを同定して取り込み，残りの比較的重要でないメカニズムを省いたことから生じる避けられない不確実性を受け入れることが必要であろう．解析を行う者は，この局所的な条件についての情報から，対象とするどのメカニズムが支配的であり，集水域を代表すると考えられるのかを決定しなければならない．最近のフィールド観測から得られた現象の理解もその一助となる．たとえば，活発な植生のある湿潤地域の流出プロセスでは，異なる種類の地中水の流れが支配的となる．よく発達した鉱物土壌が疑いなく選択流経路の発達を促すのに対し，有機物のリターを含む薄い多孔質土壌では，透水性が低くなっている土壌層や基盤上に薄い側方流を引き起こす可能性が高い．河川流近傍の湿潤な地域では，地下水面が素早く動き，地下水嶺が形成され，部分寄与域や変動流出寄与域が発達してその上に飽和余剰地表流が発生するだろう．浸透余剰地表流は強い人間活動の影響下にあるような，乾燥・半乾燥地域の裸地面への大きな降水イベント中に支配的だろう．

● 解析の目的

　可能性のあるメカニズムに大きな幅があるため，工学や他の応用目的でのモデル化戦略を考える際には，対象流域に対して，解析の目的に応じて異なる公式を採用することが望ましいだろう．たとえば，極端な降水条件下での破壊的な洪水予測のためには，環境中の水質や溶存物質輸送を扱う場合や，より一般的な流況化での気候変化シナリオの解析の場合，あるいは浸食や地すべりの可能性を探る場合とは全く異なる方法が求められるだろう．洪水予測のためには，河川に沿ったある地

点の流れが主たる興味の対象である．気候変化シナリオにとっては，地表面と大気の相互作用が最も重要である．水質目的では，混合物や水の汚染物質の行方を決定するために経路を知ることが非常に大事であろう．そして，浸食や地すべり災害は，間隙水圧の分布や局所的な流速に関係している場合が多い．

● 適切なパラメータの値

さらに，同じ公式に対しても，流況に応じて異なったパラメータの値を採用することも必要であろう．河川流量の公式化では，対象が通常の水路中の低水時なのか，堤内地への氾濫を伴う高水時なのかで，普通ガウクラー・マニングの公式やシェジーの公式の異なる粗度パラメータが必要とされる．同様に，第10章の地中水のパラメタリゼーションによる斜面流出の記述においては，マクロポアが働いている時の洪水流条件を表すための有効透水係数 k_0 と流れの厚さ η_0 は，地下水面が低下し多くの上部土壌層中のマクロポアが空になり流出に寄与しなくなった基底流時の値よりずっと大きいだろう．実のところ，流速が大きいので地中洪水流は非ダルシー流かもしれず，フォルヒハイマーの式 (8.34) を用いて透水係数以外の伝達パラメータを追加しなければならないかもしれないのである．

パラメタリゼーションと結果として出てくるモデルの一般的な意味においての善し悪しは，最終的には，興味の対象である変数の観測値をいかによく再現できるかによって判断されなければならない．第1章で述べたように，さらに節約性 (parsimony) と頑健性 (robustness) が考慮すべき重要な点である．モデル化の問題点についてのその他の側面は，Klemes (1986)，Morton (1993)，Woolhiser (1996) などが扱っている．

11.3.2 いかにまとめるか？分布型アプローチと集中型アプローチ

第1章ですでに説明したように，異なる方法を分類する際の適切な基準はスケールである．これに従うと，水流発生をシミュレートするのに使われてきたモデルを2つの一般的な種類に分けることができる．分布型モデル (distributed model) は洪水追跡モデル (runoff routing model) ともよばれ，集水域を代表する流れの領域より計算を行うスケールはずっと小さい．これに対して集中型モデル (lumped model) では，計算スケールは本質的には集水域のスケールと同じオーダーにある．

分布型アプローチの主な特性として，流域内部での水のさまざまな輸送プロセスを通して水を追跡することで，流域からの流出量を得る点をあげられる．この輸送プロセスとは，簡潔に書けば，降水が地表面に達した後にそれに対する応答として水が地表面，地中を通して水系網まで達するプロセス，そしてその後の開水路の流れが流域出口に達するプロセスである．無降雨期間には，流域からの流出量は基底流と蒸発プロセスによって支配される．第2章〜第10章に示されたように，これらの輸送プロセスごとのさまざまなメカニズムは重要なプロセスの公式をいくつか組み合わせることで表すことができるだろう．これらの公式には，比較的重要性が低いと考えられる流れのある側面を無視した多くの仮定が常に含まれている．このことは，これらが現実を単純化した表現にすぎないことを意味している．高速計算の進歩と数値地形モデル (DEM) やその他の地理情報システム (GIS) による高分解データが利用しやすくなっていることから，分布型アプローチは近年ますます受け入れられるようになってきた．

分布型モデルが主に有利な点として，種々の単純化のための仮定がもたらした影響を調べることができるという点があげられる．結果として，種々の経路についての，そして主たるプロセスと現実社会の複雑な水文システムとの相互作用についての理解を深めることができるのである．源流域

からの流出予測でも，そのパラメータが決定できさえすれば分布型モデルは有用である．しかしこの要求がまた，その主な欠点の1つを含んでいるのである．理想的には，パラメータは事前に，すなわちモデルの出力の善し悪しの判定とは独立して決められるべきである．しかし多くの場合にこれは不可能であり，パラメータはキャリブレーションで決めねばならない．しかし，分布型モデルは非常に多くのパラメータを含んでいるので，それらすべてを客観的にまた物理的に一貫した方法で推定するのは実際問題としては不可能である．もう1つの大きな欠点は，モデル要素のパラメタリゼーションなどにおける数学的厳密さのために，その能力についての信頼感を実用目的のモデル利用者にもたせてしまい，モデルが現実を表しているという考えを植えつけてしまう可能性があることである．しかし，多くの単純化と含まれる不確実性からしてそのような評価には値しない．結果として，このようなモデルの限界は初心者に完全には理解されておらず，意図していない状況に対してもモデルを適用してしまうかもしれないのである．

　対照的に，集中型のモデルの計算スケールは集水域のスケールと同じオーダーにあり，存在するデータから推定することが一般的により簡単な，相対的に数が少ないパラメータを用いる．そのため，集中型のモデルは，予測や予報目的で流域からの流出量をシミュレートするための適用が比較的容易である．残念ながら，計算スケールが大きくなると，これらのパラメータに第2章〜第10章に記述したプロセスという意味での物理的な解釈を与えるのが次第に難しくなる．このことは，土地利用や気候変化の結果として集水域の自然状態が変化した場合に，これらのパラメータを予測することが普通不可能であるということを意味している．もう1つの欠点は，集水域の特性が変化しない場合でも，集水域スケールのパラメータに入力（たとえば降雨）と流れのプロセス（たとえば浸透や蒸発）の面的な多様性を取り込むことができない点にある．さらにこの方法では汚染物質輸送や浸食の予測で必要になる詳細な流れの経路を記述することができない．しかしこれらの欠点にもかかわらず，集中型のアプローチはある種の管理や計画目的での河川流量予測では有用であり続ける．この方法の実際の適用についてはさらに第12章で詳細に扱う．

　このレビューを閉じるにあたり，方法を分布型と集中型に分類することは，多くの可能性のある方法をある程度整理する上で有用ではあるものの，この分類がやや人工的であることを再度理解すべきである．第5章〜第10章で扱われた異なる方法の比較の結果，連続した複雑さのレベルの中で，集中型のキネマティック法が最も単純な方法であることが明らかになった．この連続したレベルを考慮することで，時空間に依存する運動量，熱，および質量保存式の最も細かい分解能から最も粗い分解能（すなわち集水域そのもの）まで，解析のスケールを拡大することができる．しかし，個々の応用において必要なモデルの複雑さは，今でもよくわかっていない．またどのようなシナリオならより複雑なモデルの使用が是認されるのか，どのような条件下で分布型モデルより集中型モデルの方が常によい成績を生み出すのかも明確ではない．つまり，現在のところ，与えられた条件の下で水流発生を記述するために最適な単純化の仮定に関する一般的な意見の一致はみられない．意見の一致というのは永久にありえないのだとも言えるが，この分野は活発な発展状況にあり，急速な進歩が続いている．

■ 問　題

11.1　図 11.12 の各曲線は，$t^* > 0.2$ の範囲では（a と b を定数とした）$q^* = a \exp(-t^*/b)$ のような指数関数で表される．これらの曲線から b の値を推定せよ．得られた b の値は，式 (10.115)，あるいは (10.176) を

用いた式 (10.153) で与えられるこの例に対する線形帯水層の代表応答時間とどう比較できるだろうか. 計算過程も示すこと.

■参考文献

Abdul, A. S. and Gillham, R. W. (1989). Field studies of the effects of the capillary fringe on streamflow. *J. Hydrol.*, **112**, 1–13.

Beven, K. and Germann, P. (1982). Macropores and water flow in soils. *Water Resour. Res.*, **18**, 1311–1325.

Bonnell, M. and Gilmour, D. A. (1978). The development of overland flow in a tropical rainforest catchment. *J. Hydrol.*, **39**, 365–382.

Botter, G., Bertuzzo, E. and Rinaldo, A. (2010). Transport in the hydrologic response: Travel time distributions, soil moisture dynamics, and the old water paradox, *Water Resour. Res.*, **46**, W03514, doi:10.1029/2009WR008371

Brown, V. A., McDonnell, J. J., Burns, D. A. and Kendall, C. (1999). The role of event water, a rapid shallow flow component, and catchment size in summer stormflow. *J. Hydrol.*, **217**, 171–190.

Carslaw, H. S. and Jaeger, J. C. (1986). *Conduction of Heat in Solids*, Second Edn. Oxford and London, UK: Clarendon Press.

Chappell, N. A., Ternan, J. L., Williams, A. G. and Reynolds, B. (1990). Preliminary analysis of water and solute movement beneath a coniferous hillslope in mid-Wales, U.K. *J. Hydrol.*, **116**, 201–215.

Dooge, J. C. I. (1957). The rational method for estimating flood peaks. *Engineering (London)*, **184**, 311–313, 374–377.

(1973). *Linear theory of hydrologic systems*, Tech. Bull. 1468. Washington, DC: Agric. Res. Serv., US Dept. Agric.

Dunne, T. and Black, R. D. (1970a). An experimental investigation of runoff production in permeable soils. *Water Resour. Res.*, **6**, 478–490.

(1970b). Partial area contributions to storm runoff in a small New England watershed. *Water Resour. Res.*, **6**, 1296–1311.

Elsenbeer, H. (2001). Hydrologic flowpaths in tropical rainforest soilscapes – a review. *Hydrol. Process.*, **15**, 1751–1759.

Elsenbeer, H., Lorieri, D. and Bonnell, M. (1995a). Mixing model approaches to estimate stormflow sources in an overland flow-dominated tropical rainforest catchment. *Water Resour. Res.*, **31**, 2267–2278.

Elsenbeer, H., Lack, A. and Cassel, K. (1995b). Chemical fingerprints of hydrological compartments and flow paths at La Cuenca, western Amazonia. *Water Resour. Res.*, **31**, 3051–3058.

Fiori, A. (2012). Old water contribution to streamflow: Insight from a linear Boussinesq model. *Water Resour. Res.*, **48**, W06601, doi:10.1029/2011WR011606.

Glass, R. J., Steenhuis, T. S. and Parlange, J.-Y. (1989). Mechanism for finger persistence in homogeneous, unsaturated, porous media: theory and verification. *Soil Sci.*, **148**, 60–70.

Hawker, W. H. and Ross, C. N. (1921). The calculation of flood discharges by the use of a time contour plan. *Trans. Inst. Engrs. Aust.*, **2**, 85–92.

Hewlett, J. D. (1974). Comments on letters relating to 'Role of subsurface flow in generating surface runoff, 2, Upstream source areas' by R. Allan Freeze. *Water Resour. Res.*, **10**, 605–607.

Hewlett, J. D. and Hibbert, A. R. (1963). Moisture and energy conditions within a sloping soil mass during drainage. *J. Geophys. Res.*, **68**, 1081–1087.

(1967). Factors affecting the response of small watersheds to precipitation in humid areas. In *Forest Hydrology*. 275–290, ed. W. E. Sopper and H. W. Lull. New York: Pergamon Press.

Horton, R. E. (1932). Drainage-basin characteristics. *Eos Trans. Am. Geophys. Un.*, **13**, 350–361.

(1933). The role of infiltration in the hydrologic cycle. *Eos Trans. Am. Geophys. Un.*, **14**, 446–460.

(1945). Erosional development of streams and their drainage basins; hydrophysical approach to quantitative morphology. *Geol. Soc. Amer. Bull.*, **56**, 275–370.

Hursh, C. R. (1936). Storm water and absorption. *Eos Trans. Am. Geophys. Un.*, **17**, 301–302.

(1944). Subsurface-flow. *Eos Trans. Am. Geophys. Un.*, **25**, 743–746.

Jenkins, A., Ferrier, R. C., Harriman, R. and Ogunkoya, Y. O. (1994). A case study in catchment hydrochemistry: conflicting interpretations from hydrological and chemical observations. *Hydrol. Process.*, **8**, 335–349.

Jones, A. (1971). Soil piping and stream channel initiation. *Water Resour. Res.*, **7**, 602–610.

Klemes, V. (1986). Operational testing of hydrological simulation models. *Hydrol. Sci. J.*, **31**, 13–24.

Leaney, F. W., Smettem, K. R. J. and Chittleborough, D. J. (1993). Estimating the contribution of preferential flow to subsurface runoff from a hillslope using deuterium and chloride. *J. Hydrol.*, **147**, 83–103.

Liu, Y., Steenhuis, T. S. and Parlange, J.-Y. (1994a). Formation and persistence of fingered flow fields in coarse grained soils under different moisture contents. *J. Hydrol.*, **159**, 187–195.

(1994b). Closed-form solution for finger width in sandy soils at different water contents. *Water Resour. Res.*, **30**, 949–952.

Lowdermilk, W. C. (1934). The role of vegetation in erosion control and water conservation. *J. Forest.*, **32**, 529–536.

Marui, A. (1991). Rainfall-runoff process and function of subsurface water storage in a layered hillslope. *Geograph. Rev. Jpn.*, **64**, 145–166. （丸井敦尚 (1991) 層状に堆積した斜面における降雨流出プロセスと地中水の貯留機構，地理学評論，**64**, 145-166.）

Masiyandima, M. C., VandeGiesen, N., Diatta, S., Windmeijer, P. N. and Steenhuis, T. S. (2003). The hydrology of inland valleys in the sub-humid zone of West Africa: rainfall-runoff processes in the M'be experimental watershed. *Hydrol. Process.*, **17**, 1213–1225.

McDonnell, J. J. (1990). A rationale for old water discharge through macropores in a steep, humid catchment. *Water Resour. Res.*, **26**, 2821–2832.

(2003). Where does water go when it rains? Moving beyond the variable source area concept of rainfall-runoff response. *Hydrol. Process.*, **17**(9), 1869–1875.

McDonnell, J. J., Stewart, M. K. and Owens, I. F. (1991a). Effect of catchment-scale subsurface mixing on stream isotopic response. *Water Resour. Res.*, **27**, 3065–3073.

McDonnell, J. J., Owens, I. F. and Stewart, M. K. (1991b). A case study of shallow flow paths in a steep zero-order basin. *Water Resour. Bull.*, **27**, 679–685.

McGlynn, B. L., McDonnell, J. J. and Brammer, D. D. (2002). A review of the evolving perceptual model of hillslope flowpaths at the Maimai catchments, New Zealand. *J. Hydrol.*, **257**, 1–26.

Morton, A. (1993). Mathematical models: questions and trustworthiness. *Brit. J. Philos. Sci.*, **44**, 659–674.

Mosley, M. P. (1979). Streamflow generation in a forested watershed, New Zealand. *Water Resour. Res.*,

15, 795–806.

Mulvany, T. J. (1850). On the use of self registering rain and flood gauges. *Inst. Civ. Eng. Proc. (Dublin)*, **4**(2), 1–8.

Neal, C. and Rosier, P. T. W. (1990). Chemical studies of chloride and stable oxygen isotopes in two conifer afforested and moorland sites in the British uplands. *J. Hydrol.*, **115**(1–4), 269–283.

Newman, B. D., Campbell, A. R. and Wilcox, B. P. (1998). Lateral subsurface flow pathways in a semiarid ponderosa pine hillslope. *Water Resour. Res.*, **34**, 3485–3496.

Noguchi, S., Tsuboyama, Y., Sidle, R. C. and Hosoda, I. (1999). Morphological characteristics of macropores and the distribution of preferential flow pathways in a forested slope segment. *Soil Sci. Soc. Amer. J.*, **63**, 1413–1423.

Novakowsky, K. W. and Gillham, R. W. (1988). Field investigations of the nature of water-table response to precipitation in shallow water-table environments. *J. Hydrol.*, **97**, 23–32.

Onodera, S. (1991). Subsurface water flow in the multi-layered hillslope. *Geograph. Rev. Jpn.*, **64** (Ser. A), 549–568. (小野寺真一 (1991) 多層構造を有する丘陵地斜面における地中水の挙動, 地理学評論, **64** (Ser. A), 549-568.)

Parlange, M. B., Steenhuis, T. S., Timlin, D. J., Stagnitti, F. and Bryant, R. B. (1989). Subsurface flow above a fragipan horizon. *Soil Sci.*, **148**, 77–86.

Pearce, A. J., Stewart, M. K. and Sklash, M. G. (1986). Storm runoff generation in humid headwater catchments, 1. Where does the water come from? *Water Resour. Res.*, **22**, 1263–1272.

Peters, D. L., Butte, J. M., Taylor, C. H. and LaZerte, B. D. (1995). Runoff production in a forested, shallow soil, Canadian Shield basin. *Water Resour. Res.*, **31**, 1291–1304.

Roessel, B. W. P. (1950). Hydrologic problems concerning the runoff in headwater regions. *Eos Trans. Am. Geophys. Un.*, **31**, 431–442.

Ross, B. (1990). The diversion capacity of capillary barriers. *Water Resour. Res.*, **26**, 2625–2629.

Selker, J., Parlange, J.-Y. and Steenhuis, T. (1992). Fingered flow in two dimensions, 2. Predicting finger moisture profile. *Water Resour. Res.*, **28**, 2523–2528.

Sherman, L. K. (1932a). Stream flow from rainfall by the unit-graph method. *Engin. News-Rec.*, **108**, 501–505.

(1932b). The relation of hydrographs of runoff to size and character of drainage basins. *Eos Trans. Am. Geophys. Un.*, **13**, 332–339.

Sidle, R. C., Noguchi, S., Tsuboyama, Y. and Laursen, K. (2001). A conceptual model of preferential flow systems in forested hillslopes: evidence of self-organization. *Hydrol. Process.*, **15**, 1675–1692.

Sklash, M. G., Stewart, M. K. and Pearce, A. J. (1986). Storm runoff generation in humid headwater catchments, 2. A case study of hillslope and low-order stream response. *Water Resour. Res.*, **22**, 1273–1282.

Smalley, I. J. and Davin, J. E. (1982). *Fragipan horizons in soils: a bibliographic study and review of some of the hard layers in loess and other materials*, New Zealand Soil Bureau Bibliographic Report 30. New Zealand: Dept. Scientific and Industrial Research.

Smettem, K. R. J., Chittleborough, D. J., Richards, B. G. and Leaney, F. W. (1991). The influence of macropores on runoff generation from a hillslope soil with a contrasting textural class. *J. Hydrol.*, **122**, 235–252.

Steenhuis, T. S., Parlange, J.-Y. and Kung, K.-J. S. (1991). Comment on "The diversion capacity of capillary barriers" by B. Ross. *Water Resour. Res.*, **27**, 2155–2156.

Strahler, A. N. (1952). Hypsometric (area-altitude) analysis of erosional topography. *Geol. Soc. Amer. Bull.*, **63**, 1117–1142.

Tanaka, T. (1996). Recent progress in Japanese studies on storm runoff processes. *Geograph. Rev. Jpn.*, **69** (Ser. B), 144–159.

Tanaka, T., Sakai, H. and Yasuhara, M. (1981). Detection of dynamic responses of subsurface water during a storm event with tensiometer and piezometer nests. *Hydrology* (ハイドロロジー, *Jpn. Assoc. Hydrol. Sci.*), **11**, 1–7.

Tanaka, T., Yasuhara, M., Sakai, H. and Marui, A. (1988). The Hachioji experimental basin study – storm runoff processes and the mechanism of its generation. *J. Hydrol.*, **102**, 139–164.

Torres, R., Dietrich, W. E., Montgomery, D. R., Anderson, S. P. and Loague, K. (1998). Unsaturated zone processes and the hydrologic response of a steep, unchanneled catchment. *Water Resour. Res.*, **34**, 1865–1879.

Tsuboyama, Y., Sidle, R. C., Noguchi, S. and Hosoda, I. (1994). Flow and solute transport through the soil matrix and macropores of a hillslope segment. *Water Resour. Res.*, **30**, 879–890.

Van Vliet, B. and Langohr, R. (1981). Correlation between fragipans and permafrost with special reference to silty Weichselian deposits in Belgium and northern France. *Catena*, **8**, 137–154.

Weyman, D. R. (1970). Throughflow on hillslopes and its relation to the stream hydrograph. *Bull. Int. Assoc. Sci. Hydrol.*, **15** (3), 25–26.

Whipkey, R. Z. (1965). Subsurface stormflow from forested slopes. *Bull. Int. Assoc. Sci. Hydrol.*, **10** (3), 74–85.

Wilson, G. V., Jardine, P. M., Luxmoore, R. J., Zelazny, L. W., Lietzke, D. A. and Todd, D. E. (1991). Hydrogeochemical processes controlling subsurface transport from an upper subcatchment of Walker Branch watershed during storm events, 1, Hydrologic transport processes. *J. Hydrol.*, **123**, 297–316.

Woods, R. A. and Rowe, L. K. (1996). The spatial variability of subsurface flow across a hillside. *J. Hydrol. (New Zealand)*, **35**, 51–86.

Woods, R. A., Sivapalan, M. and Robinson, J. S. (1997). Modeling the spatial variability of subsurface runoff using a topographic index. *Water Resour. Res.*, **33**, 1061–1073.

Woolhiser, D. A. (1996). Search for physically based runoff model – a hydrologic El Dorado? *J. Hydraul. Eng.*, **122** (No. 3), 122–129.

Zhu, T. X., Cai, Q. G. and Zeng, B. Q. (1997). Runoff generation on a semi-arid agricultural catchment: field and experimental studies. *J. Hydrol.*, **196**, 99–118.

集水域スケールでの河川流の応答 12

本章では，集中型の降水や融雪入力を集水域からの河川流量出力に変換するのに用いるさまざまな式を扱う．このタイプの方法の基礎となる考え方は，詳細な小スケールのプロセスや流域内の流れの経路の複雑さを考慮せずに，物理プロセスが集水域のスケールで起こると仮定する点にある．ある意味では，これは分子や原子レベルでの特性を考慮せずに，流体の「マクロ的」あるいは「日常的」な特性のみを考慮する連続体力学や熱力学で信奉されている見方と（各々のスケール範囲においてではあるが）類似している．時間や日時間スケールの降水入力に対するより直接的な流出応答については，12.1～12.4 節で考察する．これまでの集中型の方法のほとんどが線形と定常の仮定に基づいているので，これを 12.1 節と 12.2 節でまず詳細に扱う．非線形，非定常の方法はそれぞれ 12.3 節と 12.4 節で扱う．最後に，12.5 節では年流域降水量とその結果生じる集水域からの流出を関連づける初期の定式化のいくつかをレビューする．時間や日時間スケールでの流出応答は，工学では基本的には水防目的で興味の対象となる．一方，年やより長期の時間スケールでの応答は水供給の確保や気候変化の立証において主に重要である．

12.1 定常線形応答：単位図

単位図 (unit hydrograph) は，線形性 (linearity) と時間不変性 (time invariance) を基本的な仮定として，単位時間 D_u の間に生じた（時空間的に）一様強度の単位体積の有効降雨によって引き起こされる単位体積の洪水流出のハイドログラフと定義できる．

12.1.1 基礎となる概念

ここに定義されるように，単位図は線形システムの応答関数である．これを $u(D_u; t)$ と表し，より一般的な解説は巻末の付録で扱っている．同様に本章では，$y = y(t)$ と $x = x(t)$ はそれぞれ単位集水域面積あたりの洪水流出量と，この流出量を直接的に生み出す単位集水域面積あたりの正味の有効降雨，またはその他の入力の強度を表す．実際の適用にあたって，y と x を決めるには，基底流，降水の遮断量あるいは深部浸透量を分離する必要があるかもしれない点に注意すること．式 (A.9) の定義によると，ここでの線形あるいは重ね合わせの仮定とは，個々の単位図の大きさを調節し時間方向に順に並べた後に重ね合わせることで，どのような入力パターンの降雨や融雪から生じるハイドログラフでもつくり出すことができるということを意味している．式 (A.10) の定義からすると，時間不変性とか定常性 (stationarity) とは，与えられた入力パターンによる与えられた集水域からの流出が，個々の状況に関係なく同じであることを意味している．つまり，今現在の条件（たとえば季節）や先行入力から生じるイベント期間中への影響やフィードバックはない．単位体積と単位時間は任意に決められ，たとえば全集水域に対してそれぞれ 1 cm と 1 時間あるいはその倍数とされる．単位図の概念は，これまでに観測された洪水より複雑で強い降雨から生じる洪水

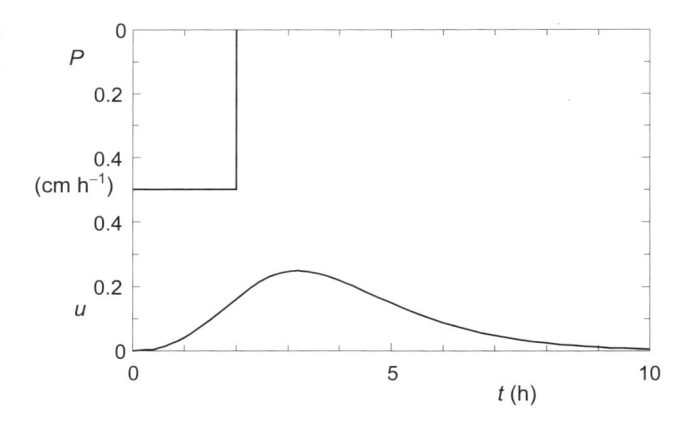

図 12.1 単位図 $u = u(D_u; t)$ の例. 集水域面積で除したその量は 1 cm で, 単位時間 $D_u = 2\,\mathrm{h}$ の間に強度 $P = 0.5\,\mathrm{cm\,h^{-1}}$ の単位体積の有効降雨から生じたものである.

表 12.1 例 12.1 に使われた 2 時間単位図の値

経過時間 (h)	流出速度 (cm h^{-1})	経過時間 (h)	流出速度 (cm h^{-1})
0	0.0000	6.5	0.0654
0.5	0.0080	7	0.0477
1	0.0414	7.5	0.0342
1.5	0.0963	8	0.0242
2	0.1610	8.5	0.0169
2.5	0.2195	9	0.0118
3	0.2471	9.5	0.0081
3.5	0.2433	10	0.0055
4	0.2190	10.5	0.0037
4.5	0.1851	11	0.0025
5	0.1494	11.5	0.0017
5.5	0.1164	12	0.0011
6	0.0883	12.5	0.0008

を予測するために, 利用できるデータを拡張する方法として, Sherman (1932a, b) が導入した.

■ 例 12.1　単位図の適用

　図 12.1 はある集水域に対する 2 時間の単位図を例にしてこの概念を示している. 実際の値は表 12.1 に載せてある. このハイドログラフは 1 cm の単位体積と $D_u = 2\,\mathrm{h}$ の単位時間有効降雨により生じた集水域からの洪水流出を示している. この単位体積を生じさせるためには, 降雨強度はこの 2 時間に必然的に $x = 0.5\,\mathrm{cm\,h^{-1}}$ 必要である. この単位図を, 面的に一様な有効降雨のあらゆるパターンから生じる洪水流出を計算するのに使うことができる. 以下の配列を考察してみよう. すなわち, $x = 1\,\mathrm{cm\,h^{-1}}\ (0 < t \le 2\,\mathrm{h})$, $x = 2\,\mathrm{cm\,h^{-1}}\ (2 < t \le 4\,\mathrm{h})$, $x = 1.5\,\mathrm{cm\,h^{-1}}\ (4 < t \le 6\,\mathrm{h})$ である. はじめの 1 cm h^{-1} の突発的な降雨は, 単位図を生み出した入力の 2 倍の強度である. そこでこの降雨は単位図の 2 倍の大きさの洪水流出ハイドログラフを生み出す. 2 つ目の 2 cm h^{-1} の降雨は単位図を生み出した入力の 4 倍の強度である. このように続け, 結果として生じる 3 つのハイドログラフの y 値を図 12.2 に示すように加え合わせることで, 1 つの洪水流出ハイドログラフがつくられる.

● 実用上の限界

　線形性と時間不変性の仮定には限界があり, 求められる一様性も滅多に満足されることはない. たとえば線形性を仮定するということは, 流出の時間スケールが入力強度とは無関係であり続け

図 12.2 $0 < t \le 2\,\mathrm{h}$ に $1\,\mathrm{cm\,h^{-1}}$, $2 < t \le 4\,\mathrm{h}$ に $2\,\mathrm{cm\,h^{-1}}$, $4 < t \le 6\,\mathrm{h}$ に $1.5\,\mathrm{cm\,h^{-1}}$ の有効降水強度を有する降水に対して,図 12.1 に示された 2 時間単位図を用いて計算された洪水流出(太線)の例.これらの連続したパルスとその応答が a, b, c によって示されている.集水域面積で除した各々の量は 2, 4, 3 cm である.

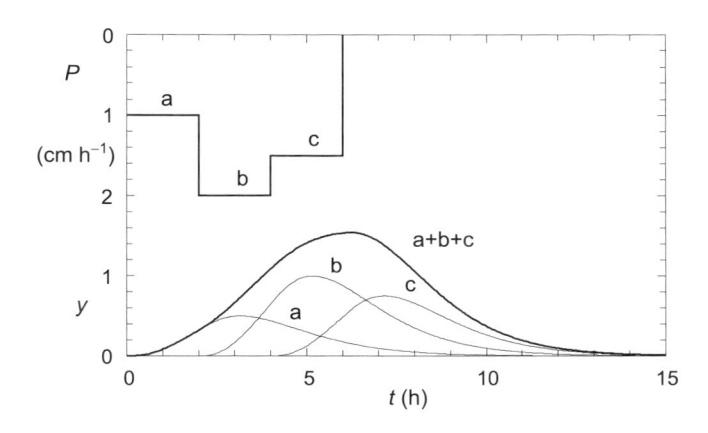

図 12.3 イリノイ州にある農業が主体の非常に小さい ($0.11\,\mathrm{km^2}$) 集水域に対して,有効降水強度の入力 x(ここでは P と表している)が 2.4〜12.1 cm h^{-1} までの広い範囲で変化した時の単位応答 $u(D_u; t)$ の非線形性(原図は Minshall (1960)).単位時間 D_u は全 5 つの事例でほぼ同じで,10〜14 分の範囲であった.示してある時間は有効降水の開始からの相対時刻である.

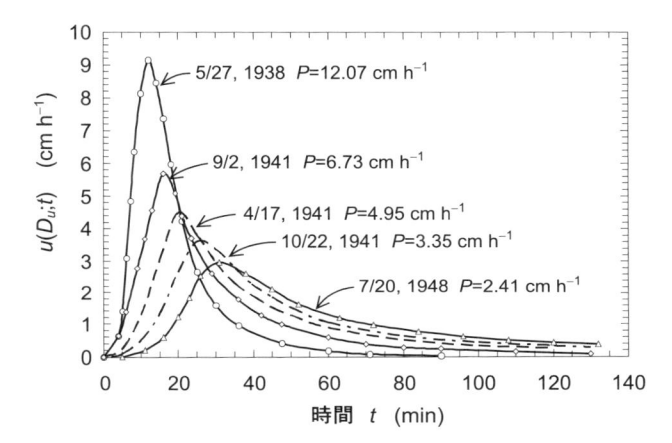

ることを意味する.この仮定は,流量が平均値や代表値からあまり大きくはずれない限りは受け入れられる.しかし,対象の流量が広い範囲にわたっている場合,非線形性が現れることが予測される.たとえば,自由水面流れの事例において,シェジーの公式 (5.39) やガウクラー・マニングの公式 (5.41) は,流速が水深に依存することを示している.このことは,流域のリルや凹地,小河川の河道の水が多くなるほど,流出ハイドログラフがピークに達するまでの時間が短く,そして最大流出量も大きくなることを意味する.このタイプの非線形性が図 12.3 に示されている.単位図は $0.11\,\mathrm{km^2}$ の小さな農業流域での Minshall (1960) のデータから求められたものである.単位時間 D_u は 5 つの事例でほぼ同じ 10〜14 分の範囲にあるが,降雨強度は 24〜121 mm h^{-1} という 5 倍の範囲で変化した.このタイプの応答は超線形 (superlinear) とよべるだろう.しかし流域は必ずしもこのように振る舞うとは限らない.たとえば,大洪水の極端な事例で水が河岸を越えて氾濫源に越流した時には,氾濫源にある大きな粗度要素によって流れが阻害されるかもしれない.すると,より穏やかな流況下の流量から得られた単位図で予測するより,ピークが遅く現れる可能性が高い.これは準線形 (sublinear) 応答である.面的に一様な降水入力という要求からは,適用できる集水域の面積に上限が生じる.実用的適用例では上限として $1{,}800\,\mathrm{km^2}$ 程度の値が O'Kelly (1955) により提案されている.

12.1.2 基本的な方法の拡張：他の応答関数

● Sハイドログラフ

このタイプの応答関数は，単位強度の一様な入力が永久に続く場合に生じる．したがって，単位図の定義で使われたものと同じ仮定を用い，単位時間中の単位降雨体積が途切れることなく降り続いた結果生じる単位図を重ね合わせることによって，Sハイドログラフを求めることができる．もし全入力を単位体積とするのなら，単位時間 D_u に対して入力強度が自動的に $(1/D_u)$ になることに注意．そのため，単位強度の連続入力に対するSハイドログラフを求めるには，重ね合わせた単位図をこの強度で除す（あるいは D_u を乗じる）ことで縮小・拡大しなければならない．

Sハイドログラフの主な特性として，たとえば D'_u などのどのような単位時間を採用しても単位図を決定できることがあげられる．これは，Sハイドログラフを図上で時間方向（右側）に D'_u 単位時間ずらし，元のSハイドログラフから時間移動したグラフを差し引くことで達成できる．しかし，時間幅 D'_u の単位体積入力パルスの強度が同様に $(1/D'_u)$ なので，結果として生じる差にこの値を乗じることで単位体積入力から生じる出力を求める必要がある．したがって，新しい単位時間に対する単位図は

$$u(D'_u; t) = \frac{1}{D'_u} [S_u(t) - S_u(t - D'_u)] \tag{12.1}$$

となり，ここで $S_u = S_u(t)$ がSハイドログラフである．

■ 例 12.2　Sハイドログラフと単位図の拡大・縮小

ここで再び，表 12.1 にデータが，図 12.1 にグラフが示されている例 12.1 の 2 時間の単位図を考察してみよう．Sハイドログラフは以下のようにして導出することができる．まずいくつかの 2 時間のハイドログラフをすべて 2 時間分ずらし，その流出速度を加えていく．図 12.4 に示されるように，この結果は定常有効降雨強度 $x = (1/D_u) = 0.5\,\mathrm{cm\,h^{-1}}$ による集水域からの流出速度を表している．$x = 1\,\mathrm{cm\,h^{-1}}$ の定常一様な入力速度からの流出速度を求めるには，この重ね合わせたハイドログラフに D_u を乗じなければならない．2 時間の単位図の場合には $D_u = 2$ である．このSハイドログラフを任意の単位時間 D'_u の単位図を求めるのに利用できる．もし単位時間 $D'_u = 0.5\,\mathrm{h}$ の単位図が必要であるなら，式 (12.1) で記述される操作を行えばよい．図 12.5 に示すように，1 時間分ずらしたS曲線を元の曲線から差し引く．30 分継続する $x = 1\,\mathrm{cm\,h^{-1}}$ の強度の入力からは，全量で 0.5 cm が出力される．そこで，この差分に $1/D'_u = 2$ を乗じることで単位流出量が 1 cm となるように拡大する．

図 **12.4**　図 12.1 に示された単位図の例を用いたSハイドログラフの作成．いくつかの単位図を時間方向に $D_u = 2\,\mathrm{h}$ だけずらして加え合わせる．この結果（細線）は，$x = 1/D_u = 0.5\,\mathrm{cm\,h^{-1}}$ の一様入力によって生じる集水域からの流出速度を示している．$1\,\mathrm{cm\,h^{-1}}$ の単位強度の定常入力に対するSハイドログラフ（太線）は，この合計を $2\,(= D_u)$ 倍することで求められる．

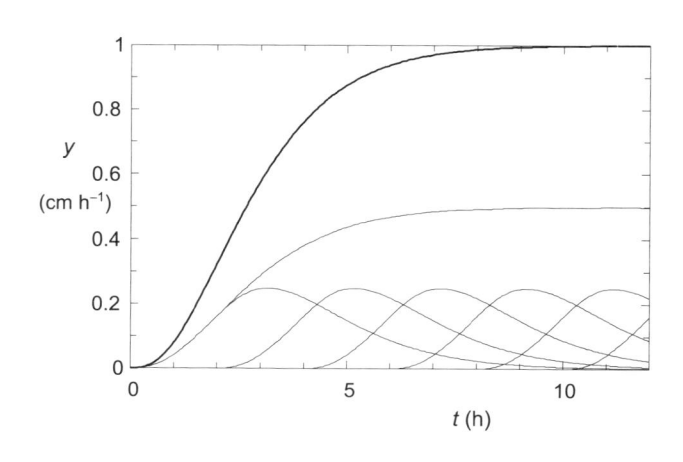

図 12.5 図 12.4 で求めた S ハイドログラフからの 30 分単位図の作成. 2 つの S ハイドログラフを $D'_u = 0.5\,\mathrm{h}$ だけ時間方向にずらし, その y 方向の差を求める. この結果 (細線 1) は, 0.5 h 継続した $x = 1.0\,\mathrm{cm\,h^{-1}}$ の一様入力によって生じた集水域からの流出速度を表している. 1 cm の単位強度を有する全入力体積に対する単位図 (太線 2) は, 差に $1/D'_u = 2$ を乗じることで求められる.

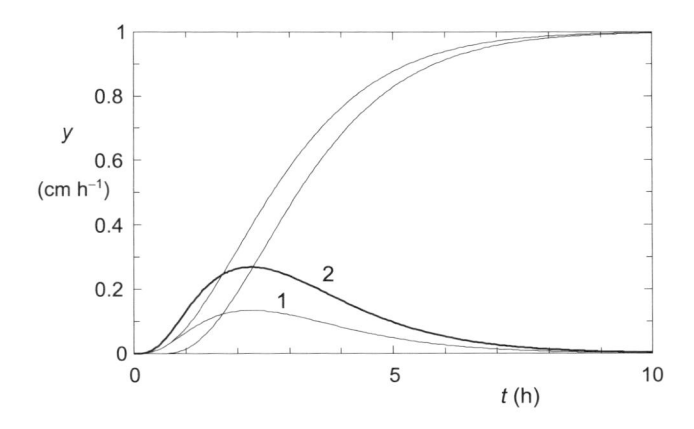

図 12.6 図 12.2 に示された合計と同等な $D_u \to dt \to 0$ の極限における瞬間単位図 $u = u(t)$ を用いたたたみこみ操作. (y と u は一定の尺度で描かれているわけではない.) (また図 A.5 も参照のこと)

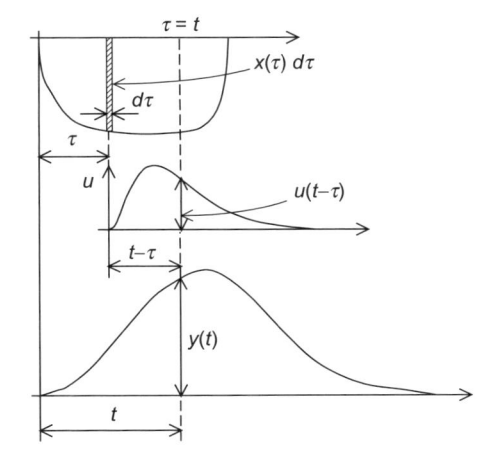

● 瞬間単位図

　これは集水域の全地表面に一様かつ瞬間的に単位体積の入力があった場合の, 線形性と時間不変性の仮定の下での流出ハイドログラフである. おそらく Clarke (1945) が流出計算にこの概念を適用した最初である. 付録に示してあるように, 瞬間入力はディラックのデルタ関数で表すことができる. そのため, 瞬間単位図 (instantaneous unit hydrograph) は実は集水域のインパルス応答, すなわちグリーン関数である. 付録の書き方では $u = u(t)$ となる. このことはまた, 強度 $x = x(t)$ の一様入力に対する集水域からの流出量が, 式 (A.11)〜(A.16) のいずれかの最も適切な形をたたみこみ積分することで求められることを意味する. たとえば, 式 (A.14) の場合には, これは

$$y(t) = \int_0^t x(\tau)u(t-\tau)\,d\tau \tag{12.2}$$

で表せ, $y = y(t)$ が出力, $x = x(t)$ は入力, $u = u(t)$ が集水域の単位応答である. $y = y(t)$ は単位面積の集水域からの洪水流出速度である. そこで面積 A の集水域出口での河川流出速度 $Q = Q(t)$ に対しては, 関数 y が Q/A なので, その次元は $x = x(t)$ と同様 $[\mathrm{L\,T^{-1}}]$ である. このことから, 式 (12.2) 中の単位応答関数の次元が $[u] = [\mathrm{T^{-1}}]$ であり, これはたとえば cm の降雨入力についての $\mathrm{cm\,h^{-1}}$ の流出に対応していることがわかる. たたみこみ積分式 (12.2) で示される操作において, $t = 0$ は入力 $x = x(t)$ の開始時と定義される. 図 12.6 に示すように, 任意の時刻 t における全流出速度 y は, $\tau = 0$ における入力の開始から $\tau = t$ までに生じた全入力を, 各瞬間 τ ごとに

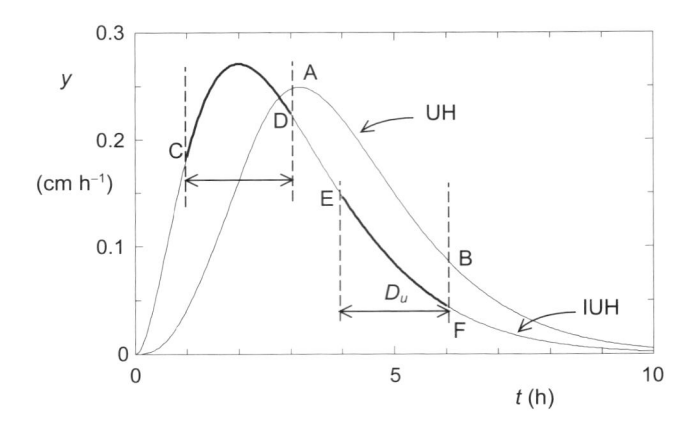

図 **12.7** 同一の集水域に対する例 12.1 の 2 時間単位図 (UH) と対応する瞬間単位図 (IUH). たとえば, 点 A, 点 B における UH の y 値は, 式 (12.5) に従い, それぞれ IUH の CD 区間と EF 区間の平均である.

$(t - \tau)$ に対する単位応答で重みづけした結果である. 積分において τ はダミー時間変数であり, t は定数として扱われている (このたたみこみ積分のより数学的な表現が図 A.5 に与えられている).

● 異なる応答関数間の関係

瞬間単位図 $u(t)$ は,

$$x = \frac{1}{D_u} \qquad (0 \leq t \leq D_u)$$
$$x = 0 \qquad (t > D_u)$$

(12.3)

の入力を式 (12.2) に適用することで, 有限期間に対する単位図 $u(D_u; t)$ を導出するのに利用できる. すると $t > D_u$ に対して

$$u(D_u; t) = \int_0^{D_u} \frac{1}{D_u} u(t - \tau) \, d\tau$$

(12.4)

が得られ, $(t - \tau) = s$ とおくと $d\tau = -ds$ なので式 (12.4) は

$$u(D_u; t) = \frac{1}{D_u} \int_{t-D_u}^t u(s) \, ds$$

(12.5)

となる. これは, 時刻 t における有限期間に対する単位図が $(t - D_u)$ と t の間の瞬間単位図の平均となっていることを示しており, 図 12.7 にこの様子が示されている. この有限期間に対する単位図と瞬間単位図の間に 1 対 1 の対応関係があるため, 実は両者を区別する必要はなく, ともに単位応答関数とよぶことができるのである.

瞬間単位図からはまた, 式 (12.2) に $t = 0$ で始まる一定な単位入力速度 $x(t) = 1.00$, すなわち式 (A.8) として定義されたステップ関数を適用することで S ハイドログラフを

$$S_u(t) = \int_0^t u(t - \tau) \, d\tau$$

(12.6)

として導出することができる. ここで, $[x(t) = 1.00] = [L\,T^{-1}]$ であるので, $[S_u(t)] = [L\,T^{-1}]$ となる点に注意. ライプニッツの公式 (A.2) を適用すると, 瞬間単位図が S ハイドログラフの傾きであることが示される. 実のところこれは, 式 (12.1) で単位時間 D_u を $D_u \to 0$ とゼロに近づけると

$$u(t) = \frac{dS_u(t)}{dt}$$

(12.7)

となることからも示される.

12.2　線形応答関数の決定

12.2.1　既存データの利用

● 単純な降雨イベント

　降雨が許容できる程度に一様で，適度な長さを有する単一のイベントとして生じ，容易に区別できる河川流ハイドログラフを伴っていれば，原理的には単位図を決めるのは比較的単純なはずである．このためにはまず，観測されたハイドログラフから基底流部分を差し引く．その上で，残ったハイドログラフを観測された過剰雨量の水柱高で除してやることで，必要な単位体積に拡大・縮小する．全集水域で過剰降雨量が洪水流出量と同じとなるようにするには，基底流の決定と降水の損失分を決める際に試行錯誤が必要かもしれない．似たような長さの異なるイベントから得られたいくつかの単位図を平均することで，より代表的な結果を得ることができる．必要であれば，共通の期間の長さをそれぞれの S ハイドログラフからも求めることができる．

● 複雑な降雨イベント

　ほとんどの降水イベントは，強度が時間方向に一定ではなく，結果として生じる流出ハイドログラフが非常に不規則な形となる．そこで単位図は，その数学的操作をある程度詳細に考慮して推定する必要がある．降水と河川流量データは，普通は離散的な時間間隔で与えられる．式 (A.18) によれば，離散的な場合のたたみこみ積分と同等な操作は

$$y(t) = \sum_{k=0}^{n} x(k\,\Delta\tau)u(\Delta\tau; t - k\,\Delta\tau)\Delta\tau \tag{12.8}$$

で表せる．ここで $\tau = n\Delta\tau\ (\leq t)$ は，決められた応答時間 $\tau = t$ 以前の最後に生じた入力パルスの時刻である．もし単位時間 $\Delta\tau$ を文字どおり 1 とし，出力と入力の時系列も同じ間隔で離散化するとしたら，これは

$$y_i = \sum_{k=1}^{i} x_k\,u_{i-k-1} \tag{12.9}$$

のように書き直せる．式 (A.16) との相似で，これはまた

$$y_i = \sum_{k=1}^{i} x_{i-k+1}u_k \tag{12.10}$$

のようにも書ける点に注意．さらに y_i と u_i の値として，離散化の仕方により，i 番目の時間間隔中のそれぞれの平均値または同期間の終わりの値を使うこともできる．式 (12.9)（または式 (12.10)）から

$$y_1 = x_1 u_1$$

$$y_2 = x_1 u_2 + x_2 u_1$$

$$y_3 = x_1 u_3 + x_2 u_2 + x_3 u_1$$

$$\vdots$$

$$y_i = x_1 u_i + x_2 u_{i-1} + \cdots + x_i u_1$$

$$\vdots \tag{12.11}$$

$$y_{p-1} = x_1 u_{p-1} + x_2 u_{p-2} + \cdots + x_{p-1} u_1$$

$$y_p = x_1 u_p + x_2 u_{p-1} + \cdots + x_p u_1$$

$$\vdots$$

$$y_{m-1} = x_{p-1} u_n + x_p u_{n-1}$$

$$y_m = x_p u_n$$

の一連の式が得られる。ここで，新しい添字 m は離散化した河川流ハイドログラフのデータ数，p は入力パルス数，そして n は単位応答関数の値の数である。明らかに，各関数の値の数は

$$m = p + n - 1 \tag{12.12}$$

を満たさなければならず，これを例 12.3 で示してある。

■ 例 12.3　数値的なたたみこみ積分

$p = 3$ の降雨入力パルスと出力であるハイドログラフの $m = 6$ の測定値からなる降雨イベントを考察してみよう。これから離散化した応答関数の値の数は $n = 4$ となる。この場合式 (12.9) と (12.10) は

$$y_1 = x_1 u_1$$

$$y_2 = x_1 u_2 + x_2 u_1$$

$$y_3 = x_1 u_3 + x_2 u_2 + x_3 u_1$$

$$y_4 = x_1 u_4 + x_2 u_3 + x_3 u_2 \tag{12.13}$$

$$y_5 = \qquad x_2 u_4 + x_3 u_3$$

$$y_6 = \qquad\qquad x_3 u_4$$

となる。ある集水域の離散化単位応答関数が連続値 $u_i = 0.3,\ 0.4,\ 0.2,\ 0.1$ で与えられるとし，この流域に連続した 1 時間入力パルス $x_i = 2.0,\ 4.0,\ 1.0\,\mathrm{cm\ h^{-1}}$ の降雨入力があった場合について，この数値的なたたみこみ積分の様子を図 12.8 に示してある。

　式 (12.9)〜(12.13) として示されるシステム応答の性格を決めるにあたり，$u_1, u_2, \cdots, u_n$ の値が未知なので決める必要がある。$m\ (> n)$ 個の式が利用できるので，システムは十分以上に決定できる。それにもかかわらず，この u の値を前進代入で代数的に決めたいという場合があるかもしれない。たとえば，式 (12.11) では

$$u_1 = \frac{y_1}{x_1}$$

$$u_2 = \frac{y_2 - x_2 u_1}{x_1} \tag{12.14}$$

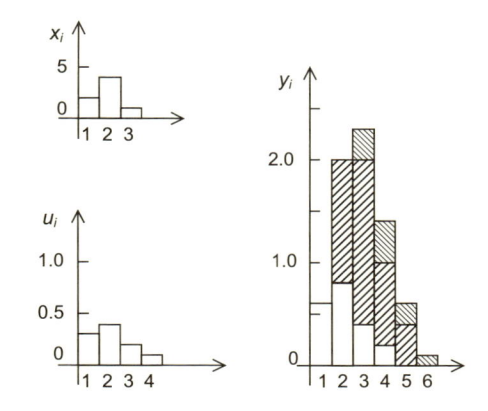

図 12.8 式 (12.13) に従った離散的な時間変数でのたたみこみ操作. 時間流出 y_i の単位は $\mathrm{cm\,h^{-1}}$ である. 右側のグラフで, 異なる模様の棒グラフが式 (12.13) の右辺各項を表す. たとえば, $i = 3$ に対しては右辺の 3 項に対応する 3 つの棒グラフ部分が示されている.

として, 以下 $u_3, u_4 \cdots, u_n$ に対して同様に繰り返していく. これはまた後退代入でも行うことができ, u_n から始めると

$$
u_n = \frac{y_m}{x_p}
$$
$$
u_{n-1} = \frac{y_{m-1} - x_{p-1} u_n}{x_p}
\tag{12.15}
$$

となり, これを残りの値 $u_{n-2}, u_{n-3}, \cdots, u_1$ に対して繰り返す. この方法は, もしデータが正確でシステムがこれらの式で表したとおりに実際に動くのであれば, 問題がないわけである. 残念ながら, 水文データは常に大きな誤差を含んでおり, また自然の集水域はその応答性において, ある程度の非線形性と非定常性 (non-stationary feature) を示しがちである. そのため最適な解は利用できる全 m 個の式を用いて求めるべきである. 式 (12.9) や (12.11) のような一連の式を解く一般的な方法として, 最小二乗基準を用いる方法 (たとえば Snyder, 1955) やその他の数学的プログラム技術に基づく方法 (たとえば Deininger, 1969; Diskin and Boneh, 1973; Box *et al.*, 1994) がある.

● 最小二乗法

この方法の基になる基準は, 測定データ y_i と式 (12.9) の計算値 $\sum x_k u_{i-k+1}$ の差の 2 乗の和を最小にすることである. この差は残差 ε_i とよばれる. 簡単な例で, 2 乗値を最小にする様子を見てみよう.

■ 例 12.4 　最小二乗法の適用

図 12.8 に示された式 (12.13) の単純な事例をここで再び考察してみよう. 残差の 2 乗和は

$$
\sum_i \varepsilon_i^2 = (y_1 - x_1 u_1)^2 + (y_2 - x_1 u_2 - x_2 u_1)^2 + (y_3 - x_1 u_3 - x_2 u_2 - x_3 u_1)^2
$$
$$
+ (y_4 - x_1 u_4 - x_2 u_3 - x_3 u_2)^2 + (y_5 - x_2 u_4 - x_3 u_3)^2 + (y_6 - x_3 u_4)^2
\tag{12.16}
$$

となる. この和は各 i の値に対して $\partial \sum \varepsilon_i^2 / \partial u_i = 0$ とすることで最小にすることができる. この結果, $i = 1$ と 2 それぞれに対して

$$
(y_1 - x_1 u_1)x_1 + (y_2 - x_1 u_2 - x_2 u_1)x_2 + (y_3 - x_1 u_3 - x_2 u_2 - x_3 u_1)x_3 = 0
$$

および
$$
\tag{12.17}
$$
$$
(y_2 - x_1 u_2 - x_2 u_1)x_1 + (y_3 - x_1 u_3 - x_2 u_2 - x_3 u_1)x_2
$$
$$
+ (y_4 - x_1 u_4 - x_2 u_3 - x_3 u_2)x_3 = 0
$$

となり, また $i = 3$ と 4 に対しても同様な式が求まる. これで 4 つの未知数 u_i に対して 4 つの線

形方程式が得られたのでこの式を解くことができる.

この方法はまた，より複雑な事例の解法にも利用できるだろう．行列の転置や逆行列を求める操作を含む種々のアルゴリズムがあり，詳細は数値解析の教科書で見ることができる.

● 決定のための変換法

式 (12.9) と (12.11) の直接的な解法の他にも，最適な u_i の値を導出する多くの方法がある．そのいくつかの方法では，元の関数 $y(t)$，$x(t)$ および $u(t)$ の変換により，より単純な，そして通常は代数の関数としてこれら3つの関係が得られる．これは，たたみこみ積分式 (12.2) または (12.9) より計算上扱いやすい．モーメント法 (method of moments) では，関数はそのモーメントによって特徴づけられる．最適な u_i の値，または $u(t)$ を記述する関数の最適な定数は，計算した出力関数のモーメントが，測定された出力関数 $y(t)$ のモーメントと等しくなるように決められる．原理的にはこの方法は，式 (A.22) と (A.28) で与えられるモーメントの定理に基づいている．調和解析において，関数はフーリエ級数展開として記述される．最適な u_i の値または $u(t)$ の定数は，計算された出力のフーリエ級数展開の定数が，観測された出力の定数と一致するように決められる．フーリエとラプラス変換では，周波数領域と s（ラプラス変換）領域でそれぞれの関数を公式化するのである.

初期の流域水文学における多くの決定法の適用についてのレビューが Dooge (1973) にまとめられている．しかし実のところ，既存データから直接決定する方法のいくつかは測定値の小さな誤差に対する感度が非常に高く，大きな振幅や負の値のような物理的にありえない挙動を示す応答関数を与えることがある．このような問題に対処する方法が，数ある中で Neuman and de Marsily (1976) や Singh (1976) によって議論されている.

12.2.2 線形洪水追跡法による簡潔なパラメタリゼーション

対象流域の単位図を求めるのに必要なデータはいつでも入手できるとは限らない．そこで流域の特性から単位応答関数を予測できるようにする方法を開発しようとする努力が長年にわたって行われてきたことは，驚くにはあたらない．この研究の目標は，水文観測の不備な流域 (ungaged watershed) の単位図を地図や他の容易に入手できる自然特性から導出することにある．方法を分類すると，1つ目は流域の特性をパラメータとした実験式や，実験的に決められた曲線を用いて単位図を表現する．しかし，これは完全に実験的に決められているので，その適用性はこれを導き出した地域のみに限定されやすい．ここではこれ以上は扱わない.

より根本的な興味の対象となるもう1種類の方法では，降水を河川流に変換するという最も重要なメカニズムを表すモデル要素をさまざまに組み合わせることで，種々の応答関数の理論的な形が提案された．応答関数は一般に，第2〜10章に記述されたさまざまなプロセスに応じて並べた多くの貯留要素や移動要素をとおして，集中型の有効降雨入力を追跡することで求められる．そのため，このようなモデルはある意味においては，物理的であると考えられるだろう．この方法の主な長所として，結果として得られる応答関数に普通はわずかなパラメータしか必要とされない点をあげられる．このことで，得られる関数がより一般的となりキャリブレーションも容易となる．一方，欠点としては，計算の水平スケールが非常に大きいので，実際の物理プロセスとの対応が必ずしも常に明らかではない点があげられる．実のところ，計算スケールが流域の変動スケールより大きくなるにつれ，パラメータはその元々の物理的な意味を失ってしまう．このあいまいさのため，このタイプのパラメタリゼーションはまた概念モデルともよばれる（たとえば Dooge, 1973）.

● 線形移動輸送：合理式

おそらくこれが降水量を集水域からの流出に結びつけようとした最初の試みである．明らかにこの方法は約150年前にアイルランドの Mulvany (1851) によって開発され，今日でも小さな排水構造物の設計にさまざまな形で使用されている (Dooge, 1957)．この方法の基になる概念は，集水域で最も遠い地点からその出口まで水が流れるのに要する時間を表す（一定の）到達時間（集中時間，time of concentration）t_c を個々の集水域が有しているというものである．最大流出速度 Q_p は全集水域面積 A が流出に寄与している時に発生し，これは降雨開始時 $t = 0$ から数えて $t = t_c$ の時に生じる．したがって，この期間の（降雨または融雪の）平均入力強度 I に対する最大流出量は

$$Q_p = CIA \tag{12.18}$$

であり，入力–出力という書き方をすると

$$y_p = Cx \tag{12.19}$$

で表される．ここで $y_p = Q_p/A$ で $[y_p] = [\mathrm{L\,T^{-1}}]$ の次元を有する．C は流出係数 (runoff coefficient) で，入力の中で直接洪水流出となる部分を表す (9.5.2 項参照)．また Q_p の単位を $(\mathrm{m^3 s^{-1}})$，I を $(\mathrm{mm\,hr^{-1}})$，A を $(\mathrm{km^2})$ にとれば式 (12.18) は

$$Q_p = 0.278 CIA \tag{12.20}$$

となる点に注意．原理的には，式 (12.18)（または (12.20)）はどのような大きさの流域にでも適用できるはずであるが，工学的な業務では普通 $A \leq 15\,\mathrm{km^2}$ の小流域にその利用は限定されている．

標準的な方法において合理式は次のように適用する．流域面積 A は集水域の分水界を決定した後，地図上で測定できる．C の値は表 12.2 を利用して，集水域の地表面条件についての情報から推定できる．たとえば，都市域で一般に使われる値は $C = 0.8$ である．計画入力強度 I の決定が実際上はおそらく最も難しい．$I = P$ となるような降雨入力の事例を考察してみよう．最初に計画降雨の長さ D を推定するべきである．これは普通 $D = t_c$ を仮定し，到達時間 t_c と等しいとおく．いくつかの実験式がこの目的に使える．Ramser (1927) のデータに基づいて提案された Kirpich (1940) の式がしばしば引用されている．この式は

$$t_c = 0.062 \left(L/S_a^{1/2}\right)^{0.80} \tag{12.21}$$

と表現できる．ここで t_c の単位は時間であり，L は最も離れた分水界から流域出口までの主流の km 単位の長さ，そして S_a は平均（無次元）傾度である流域界から流域出口までの主流の比高とその長さの比である．この代わりの選択肢として，非常に小さな集水域に対しては，到達時間をキネマティックウェーブ法により解析的に求められた平衡に達するまでの時間式 (6.20) とすることもできる．ガウクラー・マニングの公式 (5.41) を用いると，乱流に対しては $a = 2/3$ および $K_r = S_0^{1/2} n^{-1}$ なので，式 (6.20) を

$$t_c = \left(n^{0.60} P^{-0.40}\right) \left(L/S_0^{1/2}\right)^{0.60} \tag{12.22}$$

と書くことができる．L と S_0 のべき乗の指数が，まったくの実験式である式 (12.21) の指数と大きく変わらない点に注目すべきである．しかし，式 (12.21) と (12.22) の基になる考えは異なる点に注意すること．前者は流体の粒子が流域長さを移動するのに要する時間を表すのに対し，後者は

表 **12.2** C の値（ASCE and WPCF, 1982）

地域の用途	流出係数
商業地域	
都心部	$0.70 \sim 0.95$
近郊	$0.50 \sim 0.70$
住居地域	
1 世帯用住宅	$0.30 \sim 0.50$
複数世帯用住宅，分離配置	$0.40 \sim 0.60$
複数世帯用住宅，連結配置	$0.60 \sim 0.75$
住居地域（郊外）	$0.25 \sim 0.40$
アパート	$0.50 \sim 0.70$
工業地域	
軽工業地域	$0.50 \sim 0.80$
重工業地域	$0.60 \sim 0.90$
公園，墓地	$0.10 \sim 0.25$
運動場	$0.20 \sim 0.35$
鉄道駅構内，操作場	$0.20 \sim 0.35$
未開発地域	$0.10 \sim 0.30$
地表面の性質	流出係数
（異なる地表面からなる地域の流出係数推定に用いる）	
道路	
アスファルトおよびコンクリート	$0.70 \sim 0.95$
レンガ	$0.70 \sim 0.85$
屋根	$0.75 \sim 0.95$
砂質土壌の芝生	
平坦地，勾配 2 %	$0.05 \sim 0.10$
平均的な勾配，2 %〜7 %	$0.10 \sim 0.15$
急勾配，7 %	$0.15 \sim 0.20$
粘土質土壌の芝生	
平坦地，勾配 2 %	$0.13 \sim 0.17$
平均的な勾配，2 %〜7 %	$0.18 \sim 0.22$
急勾配，7 %	$0.25 \sim 0.35$

定常信号が波動により同じ距離に及ぶのに要する時間を意味している．また McCuen and Spiess (1995) は，文献に報告された t_c についての実験データに基づいて，式 (12.22) は $(nL/\sqrt{S_0})$ が $30\,\mathrm{m}$ を超す場合には使わない方がよいと勧めていることも思い起こすこと．

次にイベントの再現期間 (return period) T_r を決めなければならない．これは通常は構造物の予想される寿命とする．ASCE and WPCF (1982) では経済的に許容できるかどうかを基準とした典型的な値として，居住地域の雨水管 (storm sewer) で 5 年，商業地域や一等地で 20 年，洪水防止事業では 50 年以上を概略値として推薦している．

最後に，降雨イベントの長さ D と計画降雨の再現期間 T_r が決まったとすると，強度 P は対象地点の強度・継続時間・頻度関係を表す既存データから決めることができる．図 3.16 はこのようなデータの例を示している．必要となれば，その地点の雨量強度は図 3.14 に示されたような方法で面積雨量に変換することもできる．

到達時間と選択した計画降雨イベントの継続時間を等しいとおくことの根拠が図 12.9 に示されている．この図は，もし $D < t_c$ を仮定したとすると，流域の一部しか流出量に寄与できないことを示している．一方，もし $D > t_c$ を仮定すると，この長めにとった期間に対して得られる強度 P は小さすぎるだろう．実際，図 3.16 に示されるように，与えられた再現期間 T_r に対して，降雨強

図 **12.9** 最大流出を計算するために合理式を適用する際，計画降雨の長さは洪水到達時間とし，$D = t_c$ である．もしこの長さがこれより短く $D < t_c$ とすると，集水域のある部分しか流出に寄与しない．一方，より長い期間を仮定し $D > t_c$ とすると，手元にある降雨強度–継続時間の情報（たとえば図 3.16）から求めた計画降雨強度は，採用した計画再現期間 T_r に対しては小さすぎるだろう．

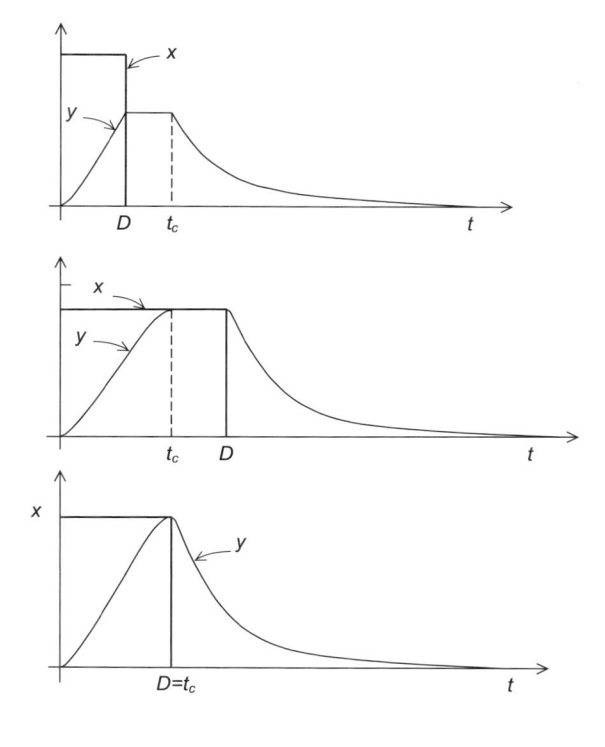

度 P は継続期間 D が増加するにつれて減少する．そこで全流域が流出速度に寄与できるようにし，選択した再現期間に対して最大の強度を得るためには，$D = t_c$ とすることが合理的なのである．

式 (12.21)（または (12.22)）を用いた合理式や工学分野の文献に発表されたその改良版のほとんどは，洪水流出が主に地表流からなっているという考えに基づいている．第 11 章で議論したように，透水性の土壌を有する斜面では，流出のほとんどが地中の流出経路を通って起きることから，これはしばしば根拠の弱い仮定である．もしこのような条件下でダルシー則が有効であるとしたら，キネマティック流れの速さの式 (10.151) から

$$t_c = \frac{n_e B_x}{k_0 \sin \alpha} \tag{12.23}$$

の到達時間が得られる．ここで B_x は斜面長さ（図 10.26 参照），n_e, k_0, α は排水可能間隙率，透水係数，斜面傾斜それぞれの有効値である．

● **時間–面積法による線形移動**

合理式は最大流出速度を与えてくれるだけなので，上昇部と減水部を含むハイドログラフ全体の完全に近い記述ができるように，この方法を拡張する試みが長年にわたり行われてきた．たとえば Hawken and Ross (1921) は，降雨の時間変化と流域の形状の効果を考慮することでこれを試みた．流域の形状と水系網の効果は，時間–面積（–到達）関数，すなわち時間–面積（タイムエリア）ダイアグラムを導入することで考慮された．このダイアグラムは流域出口までの流下に要する時間（流下時間，travel time）の流域内の分布を表している．この関数は，まずはじめに流域内の各点での流下時間を求め，次に等しい流下時間の点を結んだ線である等時曲線を描くことで求められる．時間–面積関数 $A_r = A_r(t)$ は，（等間隔で引かれた）等時曲線間の（全流域面積に対する）相対面積を流下時間に対してプロットしたものである．そこでこれは，流域出口までの流下時間の密度関数である（図 12.10）．Nash (1958) が指摘したように，この方法では降雨入力の時間変化が実は数値的な

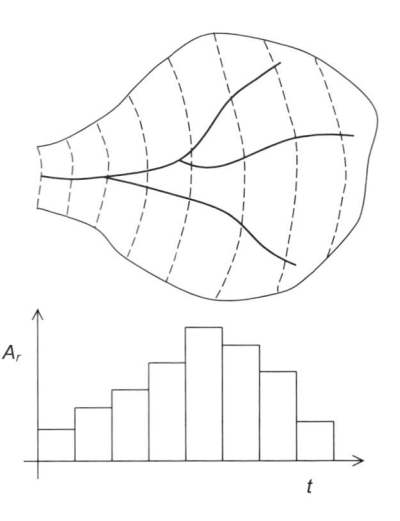

図 12.10　合理式の拡張としての時間–面積関数 $A_r = A_r(t)$. 集水域図
上の破線は等流下時間の線（等時曲線）を示している.

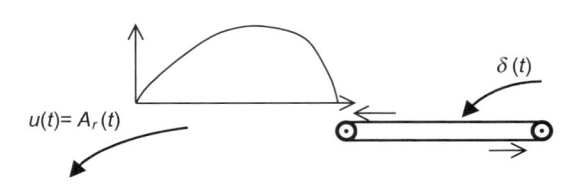

図 12.11　瞬間入力 $\delta(t)$ の時間–面積関数を通したた
たみこみ（あるいは追跡）から求められた
流出に対する機械論的な暗喩としての線形
移動要素

たたみこみ操作で説明されている.

　標準の合理式同様, 基礎になる仮定は, 全集水域が移動操作で流域出口に降水を運ぶ面となって
いるとしている. このシステムは線形なので, 第 5 章で定式化した線形キネマティック水路の変換
メカニズムを用いる. 時間–面積曲線は正規化されているので, 集水域面積に瞬間単位入力が一様
に与えられた時に起きる流出を表している. そのため, 時間–面積曲線 $A_r = A_r(t)$ はこのタイプの
集水域の単位応答関数であり（図 12.11）, 降雨入力 $x(t)$ から生じる流出は, 式 (12.2) あるいは

$$y(t) = \int_0^t x(\tau) A_r(t - \tau) \, d\tau \tag{12.24}$$

で与えられる. Dooge (1973) でも述べられているように, この方法は時間–面積関数の形で瞬間単
位図を利用しているが, 実は Sherman (1932a;b) による公式的な単位図の発明より 10 年ほど早く
行われていた. しかし, おそらく時間–面積法が流域の貯留メカニズムを不十分にしか考慮してい
ないため, 広く受け入れられることはなかった. 自然流域では, 降水が流域出口に直接移動するこ
とはなく, その一部は流れが起きる前に植生や土壌表面上, そして土壌の間隙中に貯留分として蓄
えられなければならない. そのため, 地表流や水路流れの既知の流速を基に流域内の流下時間を推
定すると, 最大流出速度が非常に大きく過大評価されやすいことが想像できる. このような認識か
ら, その後の開発において貯留効果を含むための努力がよりいっそう進められたのである.

　近年, 時間–面積–到達関数の基礎となっている移動の概念は, より正式な方法で研究と利用が続
けられてきている. これには現在では幅関数 (width function) $w = w(s)$ と普通よばれている関数
(Kirkby, 1976) を用いる. この関数は, 流域出口までの河道流下距離の密度関数として定義され, 流
域出口からの距離 s の関数として（無次元化した）枝路 (link) すなわち河道要素の数を表している.
距離変数 s として, 河道に沿った実際の距離, 合流点をつなぐ直線による幾何学的な距離, あるい
は流出口から対象となる点を分けているトポロジー的距離である枝路数などさまざまなものが用い

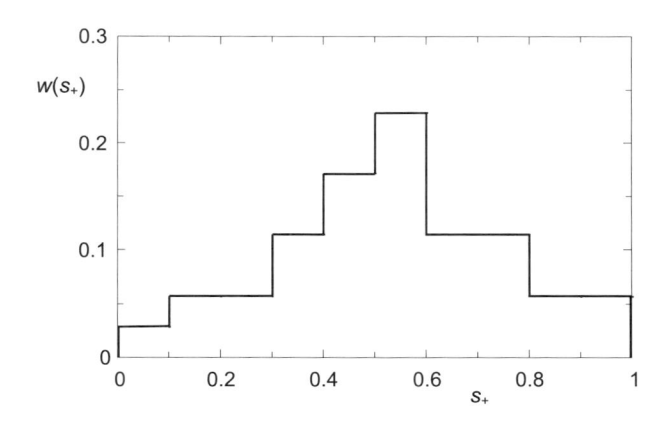

図 12.12 図 11.1 に示してある水系網に対する幅関数 $w = w(s_+)$. この場合，変数 s_+ は集水域出口からのトポロジー的距離を出口からの距離が最大な（トポロジー的）流路延長距離で無次元化した値である.

られてきた.（平均値としては，これらの距離は相互に関係している. 明らかに，大きなネットワークではトポロジー的な最長距離と幾何学的な最長距離はわずかしか異ならない (Shreve, 1974).）枝路数は流域面積と強い関係がある. さらに，傾斜が下流方向に緩くなるのに，平均河川流速は比較的一定であることが知られている (Wolman, 1955; Pilgrim, 1977; Rodriguez-Iturbe *et al.*, 1992). そのため，流域出口からの距離はおおむね流下時間と比例していると見ることができるので，幅関数の概念は，本質的には時間–面積関数と同等である. しかし，幅関数は河川網の明確に定義された形態学的な特性に基づくのでより客観的に決めることができ，そのため解析に適している. この考え方と単位応答関数としての時間–面積関数の対応を最初に指摘したのはおそらく Surkan (1969) であり，それを河道パターンの流れに及ぼす影響を研究するのに用いた. その後，幅関数は河道網の確率的な性質 (Kirkby, 1976; Veneziano *et al.*, 2000 参照) や暗にその移動応答特性のある部分 (Gupta and Waymire, 1983; Troutman and Karlinger, 1985; Rodriguez-Iturbe and Rinaldo, 1997 参照) を研究するのに便利な道具であることがわかってきた.

■ 例 12.5　幅関数の決定

図 11.1 に示される仮想的な集水域を再び考察してみよう. 流域出口からのトポロジー的な距離 $1, 2, 3 \dots$ における河道枝路数は容易に数えられる. それぞれ，$1, 2, 2, 4, 6, 8, 4, 4, 2, 2$ となる. それぞれの距離における密度は，枝路数をこの集水域内の全枝路数 35 で除すことで求められる. 結果を図 12.12 に示してある.

● 1 つの貯留要素をもった連続線形移動

降雨入力のハイエトグラフから流量出力のハイドログラフへの変換には，移動効果の結果生じる遅れと貯留の効果である変形や減衰が含まれる. 線形解析で両方の効果を入れこむ最も単純な方法は，単に加算することである. そこで歴史的には，線形洪水追跡法の開発の次のステップが，単純な移動を表す線形時間–面積関数と単純な貯留を表す線形貯留項の重ね合わせからなっていたことは当然であろう. この考えを実際に実行した中でよく知られている 1 つとして，Clark (1945) は $X = 0$ としたマスキンガム法によって，流域の時間–面積集中関数を単一の集中型貯留要素を通して数値的に追跡することで，河川流量記録から瞬間単位図を導き出した. 式 (7.15) から，このタイプの貯留要素は

$$S = Ky \tag{12.25}$$

で特徴づけられる. ここで，y は流出速度，S は貯留でともに単位集水域面積あたりの値である.

次元は $[y] = [\mathrm{L\ T^{-1}}]$，$[S] = [\mathrm{L}]$，$[K] = [\mathrm{T}]$ である．パラメータ K を一般に貯留係数 (storage coefficient) とよぶ．

O'Kelly (1955) と土木工事事務所の彼の同僚は，アイルランドの多くの集水域での大規模な排水路計画作成にあたり，同様な方法をうまく適用した．しかし，この仕事の初期段階で，集中型の貯留要素を通した追跡には時間–面積関数を平滑化する効果があるため，この関数の正確な形がそれほど重要ではないこと，それを二等辺三角形で置き換えても精度が悪くなることがほとんどないことが明らかになった．この概念の適用における主なパラメータは，三角形の時間–面積関数の大きさを決めるのに必要な到達時間 t_c と式 (12.25) による追跡法における遅れである貯留係数 K である．O'Kelly の報告書は注目すべきものであり，多くの研究で時間–面積関数や幅関数の重要性が誇張されているかもしれないことを示唆している．

2 つのパラメータ t_c および K を推定するさまざまな方法がこれまでに用いられてきた．Clark (1945) の適用例では，降雨の直接的な効果が流出ハイドログラフの減水部の屈曲点においてなくなること，その時以降の流出が流域の貯留からの単なる放出であることが仮定されていた．そこで彼は，t_c を降雨終了時とハイドログラフの減水部変曲点の間の時刻とし，$x = 0$ として式 (1.10)（または (7.11)）および式 (12.25) から得られる $K = -y/(dy/dt)$ を用いて，変曲点後の減水から貯留係数を決めた．O'Kelly (1955) の方法では，瞬間単位図の形が K/t_c の比によりただ 1 つ定まる（例 12.6 も参照すること）．そこで，流域に対して実験的に決められた単位図の一般的な形からこの比の推定値が得られる．これを逆に用いると，最大流出速度が合うようにして t_c（または K）の値を推定できる．この形はいつでもよく合うとは限らないので，しばしば異なる t_c と K の値が生じる種々の K/t_c 比が試された．これらのパラメータを推定するための初期の方法のレビューが Dooge (1973, pp.198–200) に述べられている．これらの研究のいくつかでは，t_c と K は L, S_a, A のような流域の特性を表す値のべき乗として表されていた．式 (12.21) と (12.22) は t_c が組合せ変数 $(L/\sqrt{S_a})$ のべき乗に比例することを示している点に注意．

このモデルの単位応答関数を導出するには，集中型貯留要素の単位応答をまず考察する必要がある．線形貯留要素を通る流れは，貯留の式 (1.10)（または (7.11)），あるいは集水域スケールでの表現では入力 $x(t)$，出力 $y(t)$ そして単位面積あたりの貯留 $S(t)$ によって

$$x - y = \frac{dS}{dt} \tag{12.26}$$

で表すことができる．集中型貯留関数式 (12.25) を代入すると，この式は

$$\left(\frac{d}{dt} + \frac{1}{K} \right) y = \frac{x}{K}$$

と整理することができる．この式の両辺に $\exp(t/K)$ を掛け合わせると，

$$y = \frac{\exp(-t/K)}{K} \int x(t) \exp(t/K)\, dt + 定数 \tag{12.27}$$

の解が得られる．デルタ関数の入力 $x(t) = \delta(t)$ を用いると，式 (12.27) の出力は単一貯留要素に対する単位応答関数となる．式 (A.7) により，これは

$$u(t) = \frac{\exp(-t/K)}{K} \tag{12.28}$$

の形を有し，予期されるように $X = 0$ でのマスキンガム応答関数式 (7.28) と同じである．

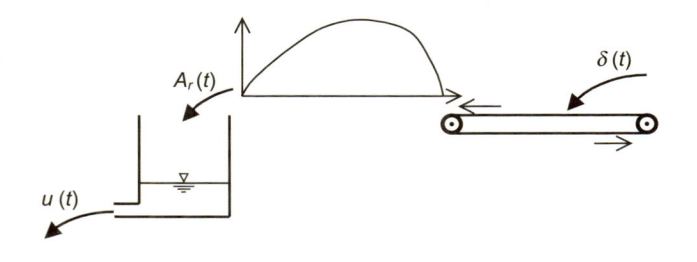

図 12.13 瞬間入力 $\delta(t)$ の時間–面積（あるいは幅）関数と集中型貯留関数を通した逐次たたみこみ（あるいは追跡）から求められた，流出に対する機械論的な暗喩としての線形タンク要素と，直列に並べた線形移動要素

　そこで，降雨入力を移動要素と貯留要素を通して連続的に追跡することで洪水流出を求める Clark (1945)，O'Kelly (1955) やその他 (Dooge, 1973) のモデルは，$A_r(t)$ を単に式 (12.28) を用いて順に並べることで定式化できる．つまり移動操作の出力である $A_r(t)$ が，単位応答が式 (12.28) で与えられる貯留要素の入力になるわけである．この様子を図 12.13 に示してある．追跡はたたみこみの操作で行うことができ，これから

$$u(t) = \int_0^t A_r(\tau) \exp[-(t-\tau)/K]\, d\tau/K \tag{12.29}$$

の結合システムの単位応答関数が導き出される．

■ 例 12.6

　仮想的なダイヤモンドの形をした集水域において，河道がその対角線の 1 つに沿って存在する場合を考察しよう．この条件下でこれは三角形の時間–面積関数（あるいは幅関数）を生じさせ，これは

$$\begin{aligned}
A_r &= \frac{4t}{t_c^2} & (0 \le t \le t_c/2) \\
A_r &= \frac{-4t}{t_c^2} + \frac{4}{t_c} & (t_c/2 < t \le t_c) \\
A_r &= 0 & (t_c < t)
\end{aligned} \tag{12.30}$$

のように式として表せる．ここで t_c は到達時間である．$A_r = A_r(t)$ の下の面積は 1 となるべきであるが，実際に 1 となっていることを確認すること．単位応答は式 (12.29) を式 (12.30) とともに適用することで計算される．すなわち，$t \le t_c/2$ に対して，

$$u(t) = \frac{4}{t_c^2 K} \int_0^t \tau e^{-(t-\tau)/K}\, d\tau \tag{12.31}$$

となり，積分を実施することで

$$u(t) = \frac{4}{t_c^2} \left(t + K(e^{-t/K} - 1) \right) \tag{12.32}$$

が得られる．同様に $t_c/2 < t \le t_c$ に対して，

$$u(t) = \frac{4}{t_c^2 K} \int_0^{t_c/2} \tau e^{-(t-\tau)/K}\, d\tau - \frac{4}{t_c^2 K} \int_{t_c/2}^t \tau e^{-(t-\tau)/K}\, d\tau + \frac{4}{t_c K} \int_{t_c/2}^t e^{-(t-\tau)/K}\, d\tau \tag{12.33}$$

と書け，これから

$$u(t) = -\frac{4}{t_c^2} \left(t - K - t_c \right) + \frac{4K e^{-t/K}}{t_c^2} \left(1 - 2e^{t_c/(2K)} \right) \tag{12.34}$$

が求められる．式 (12.32) と (12.34) は，$t = t_c/2$ において同じ u を与えるべきであり，それは容易に確認できるだろう．$t > t_c$ に対して式 (12.33) を再度積分する必要がある．この場合，2 つ目

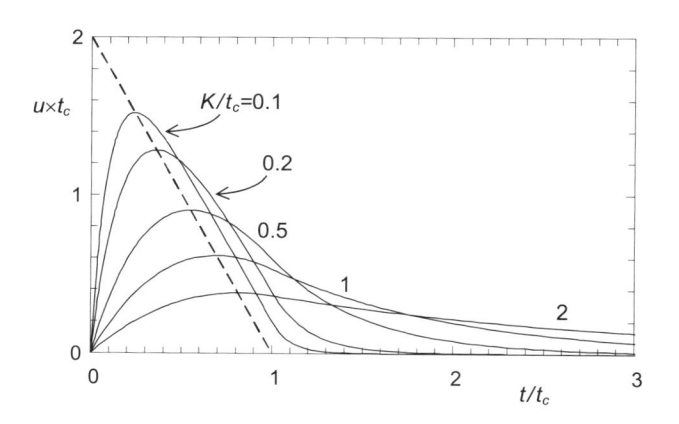

図 12.14 種々の時間縮尺比 K/t_c に対して二等辺三角形の時間–面積関数 $A_r(t)$ を線形貯留要素で追跡して得られる単位応答関数. $u(t)$ と t はともに t_c で無次元化してある. 時間スケール t_c は時間–面積関数（破線）の流下時間であり, 時間スケール K は線形貯留要素の係数である.

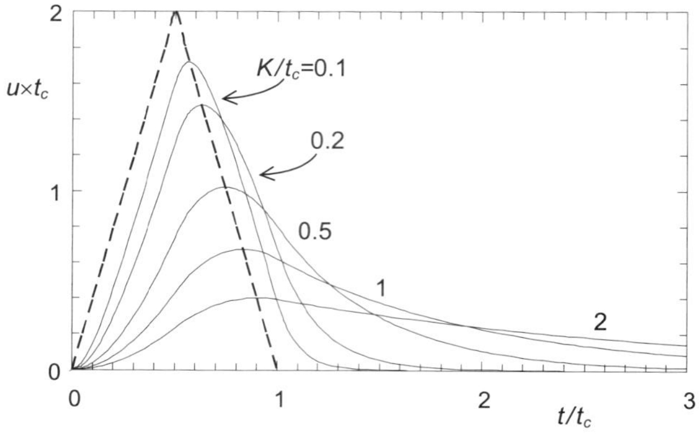

図 12.15 直角三角形の時間–面積関数（破線）の場合に対しての図 12.14 と同内容の図

と 3 つ目の積分範囲の上限を $\tau = t_c$ とする. A_r がこの点から先ではゼロとなるからである. この操作の結果,

$$u(t) = \frac{4Ke^{-t/K}}{t_c^2}\left(1 - 2e^{t_c/(2K)} + e^{t_c/K}\right) \tag{12.35}$$

が求まる. ここでも式 (12.34) と (12.35) は $t = t_c$ で同じ値を与えるべきであり, 実際そのとおりであることがわかる. 式 (12.32), (12.34) および (12.35) をそれぞれの時間範囲でつなぎ合わせた結果生じる瞬間単位図を, 図 12.14 に示してある. 原理的には, この 3 成分単位応答関数をたたみこみ積分式 (12.2) により任意の入力関数 $x(t)$ に対して適用し, 実際の流出量 $y(t)$ を解析的に計算することが可能なはずである. しかし, この $u(t)$ が 3 つの部分からなっているため, これはかなり複雑である. そこで, 実際の適用では $u(t)$ を表にして計算を数値的に行う方が便利である. この結果と図 12.15 に示してある直角三角形に対して得られる応答関数と比較することで, 時間–面積関数の形の単位応答への影響について理解できるだろう.

● 線形貯留要素の組合せ

さらにもう 1 つのモデルの種類では, 移動を定式化によって正式にあるいは明示的に表すことなく, 降水入力を多数の貯留要素のみに対して追跡することで流域の流出量を求める. 式 (12.28) を貯留要素のそれぞれの応答関数として用いる. この形の表現のいくつかの例をレビューする.

現在タンクモデルとしても知られるこの方法の最も初期のタイプにおいて, Sugawara and Maruyama (1956) と Sugawara (1961) は, 流域の流出量を記述するのに使われた線形貯留要素の組合せの多くの例を示している. たとえば, 図 12.16 は本州北部の北上川の洪水流を記述するのに用

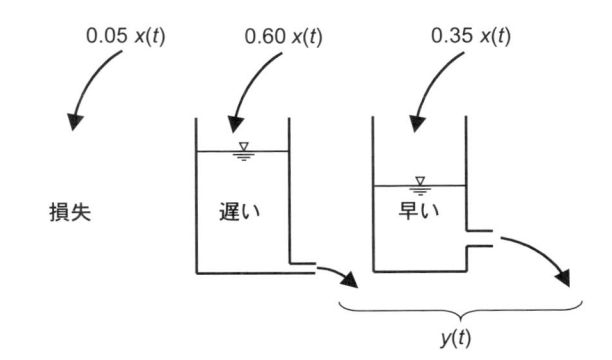

図 12.16 Sugawara and Maruyama (1956) による本州北部北上川を表すタンクモデル. 両方のタンクは式 (12.28) で与えられる単位応答関数をもつ線形貯留要素である. 早い応答のタンク底部は 20 mm の初期損失を表している.

0.05 $x(t)$ 0.60 $x(t)$ 0.35 $x(t)$

損失 遅い 早い

$y(t)$

図 12.17 Sugawara and Maruyama (1956) による基底流 (BF) と中間流（または地中洪水流 SSF）からなる日流量を表すタンクモデル. 3 つのタンクはすべて, 個々の貯留係数 K を代入した単位応答関数式 (12.28) をもつ線形貯留要素である.

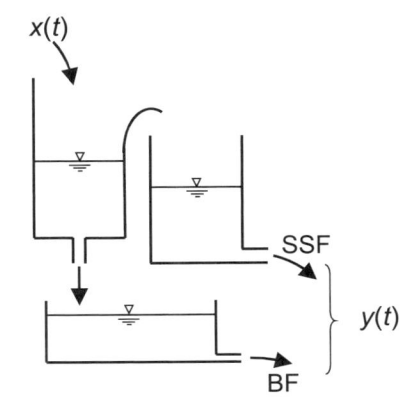

$x(t)$

SSF

$y(t)$

BF

いられた配列である. 流域は 2 つの要素を並列に並べることで表現されている. 1 つは $K = 33\,\mathrm{h}$ で入力の 60 % を受け取り, もう 1 つは $K = 2.9\,\mathrm{h}$ で入力の 35 % を引き受ける. 早い応答をもつタンクへの初期の 20 mm の入力と全入力の 5 % は損失すると仮定している. 洪水流の場合と異なり, 日流量の記述においては中間流や基底流がより重要である. これらをシミュレーションするためには異なる配列が用いられ, これは図 12.17 に示されている. 干ばつ期間後, はじめのうち降水は第 1 のタンクから流れ出て地下水貯留にまわる. ここから水が基底流として流出する. 第 1 のタンクが一杯になって初めて, 第 2 のタンクへの越流が地中洪水流出となる. 流域の入力特性の空間的な変動を考慮するために, Sugawara and Maruyama (1956) はまたいくつかの配列法を提案している. それらの 1 つを以下の例で考察する.

■ 例 12.7　空間変動性を考慮に入れたタンクモデル

図 12.18 は流域内の支流域を各貯留要素で表す配列を示している. ここで各タンクは代表する支流域への降雨と同時に, 上流側のタンクからの出力を入力として受け取る. α_1, α_2 および α_3 を全面積に対する各タンクが代表する面積割合としよう. すると, $\alpha_1 \delta(t)$ の第 1 のタンクへの入力に対して, このタンクの単位応答 $u_1(t)$ が式 (12.28) に α_1 を乗じたものであることがわかる. 同様に, 第 2 のタンクの単位応答は, 第 1 のタンクの出力 $u_1(t)$ を第 2 の支流域を代表するタンクまで追跡すると同時に, 第 2 の支流域への瞬間降雨 $\alpha_2 \delta(t)$ をこの支流域を代表するタンクを通して加えることで,

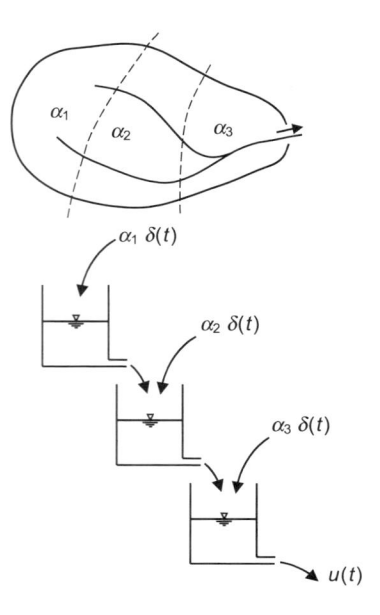

図 12.18 集水域内の入力値の水平分布を取り込んだ上で，単位応答 $u = u(t)$ を導出するために Sugawara and Maruyama (1956) により用いられたタンク配列の例

$$u_2(t) = \int_0^t \left[\alpha_1 \frac{\exp[-\tau/K]}{K} + \alpha_2 \delta(\tau) \right] \frac{\exp[-(t-\tau)/K]}{K} \, d\tau$$
$$= \frac{\exp(-t/K)}{K} \left(\alpha_1 \frac{t}{K} + \alpha_2 \right) \tag{12.36}$$

と計算することができる．同様にして全流域に対する瞬間入力で生じる第3のタンクからの流出，すなわち集水域の単位応答が

$$u(t) = u_3(t) = \frac{\exp(-t/K)}{K} \left[\frac{\alpha_1}{2} \left(\frac{t}{K} \right)^2 + \alpha_2 \frac{t}{K} + \alpha_3 \right] \tag{12.37}$$

で与えられることが示される．

　同様な方法において，Nash (1957) は集水域の入力から河川流出力への変換が，直列に並べた n 個の線形貯留要素を通る連続した追跡と同等であるとした．すなわち，入力が第1のタンクに入り，それが引き続き第2のタンクを通って追跡され，さらに第3，第4へと続いていく（図12.19）．しばしばナッシュカスケードとよばれるこの直列並びの単位応答は以下のようにして導出することができる．単位体積の瞬間降雨入力は式 (12.28) で与えられる出力を生じさせる．これを第2の貯留要素への入力とすると，そこからの出力は，

$$u_2(t) = \int_0^t \frac{\exp(-\tau/K)}{K} \frac{\exp[-(t-\tau)/K]}{K} \, d\tau = \frac{t \exp(-t/K)}{K^2} \tag{12.38}$$

である．これが今度は第3の貯留要素への入力となり，その出力は，

$$u_3(t) = \int_0^t \frac{\tau \exp(-\tau/K)}{K^2} \frac{\exp[-(t-\tau)/K]}{K} \, d\tau = \frac{t^2 \exp(-t/K)}{2K^3} \tag{12.39}$$

となる．同じ手順を繰り返すと，最後の貯留要素からの流出が

$$u_n(t) = \frac{(t/K)^{n-1} \exp(-t/K)}{(n-1)! K} \tag{12.40}$$

のように求められ，これは全システムの応答関数である．n の値として実数を使えるようにするた

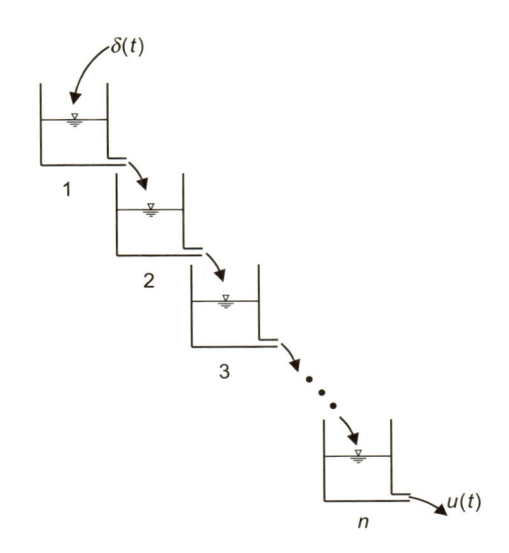

図 **12.19** 集水域への瞬間入力 $x = \delta(t)$ に対する応答 $u = u(t)$ の暗喩として Nash (1957) により提案された n 個の同一貯留要素を直列に配列したタンク並び

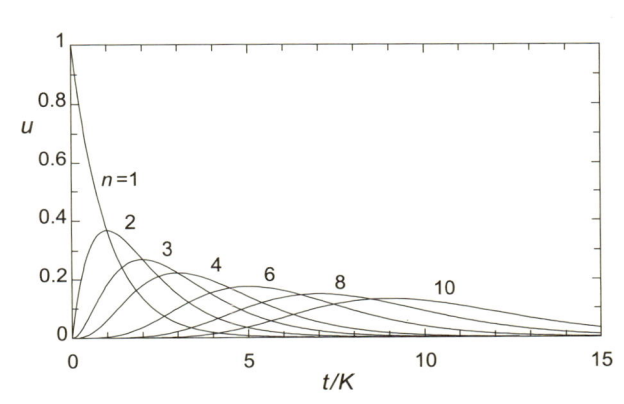

図 **12.20** さまざまなパラメータ n の値に対してガンマ分布関数 (12.40) または (12.41) を用いて $u = u(t/K)$ により求められた単位応答関数

めには，階乗をガンマ関数に置き換える．最終的に，全集水域の単位応答は

$$u(t) = \frac{(t/K)^{n-1}\exp(-t/K)}{K\Gamma(n)} \tag{12.41}$$

として表すことができる．式 (12.41) は不完全ガンマ関数の被積分関数またはガンマ分布関数として知られている．この式には 2 つのパラメータしかないが，非常に柔軟で広い範囲のハイドログラフの形に適応することができる．図 12.20 に示すように，K は大きさを決めるパラメータ，n は形を決めるパラメータと考えられる．流域水文学において式 (12.41) は流域特性を用いて単位図をパラメタライズするのに広く使われてきた．

たとえば Nash (1960) は，式 (12.41) を用いて英国の多くの集水域の瞬間単位図をモーメント法により決定した．原点の周りの 1 次モーメントは

$$m'_{u1} = nK \tag{12.42}$$

である (式 (13.9) と比較せよ)．また，平均値すなわち重心の周りの 2 次のモーメントは

$$m_{u2} = nK^2 \tag{12.43}$$

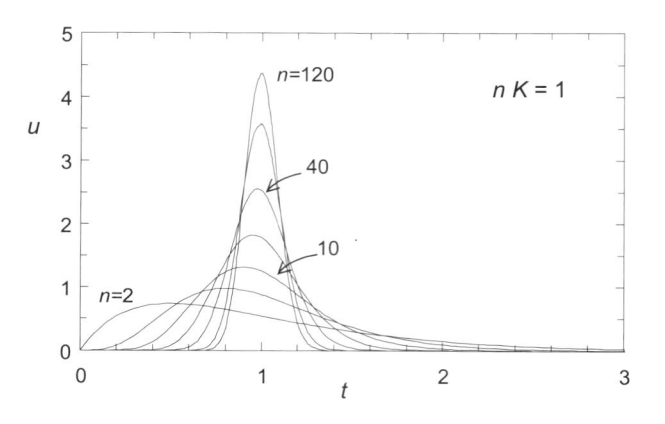

図 **12.21** 単位応答関数 (12.41)（ガンマ分布関数）は n が非常に大きくなるとデルタ関数に近づく. $n = 2, 5, 10, 20, 40, 80, 120$ に対する曲線が示されている. n が増加した時の各々の曲線を比較しやすいように，式 (12.41) において $K = 1/n$ とおくことで曲線の重心すなわち 1 次モーメント (12.42) が $t = 1$ を保つようにしてある.

となる（式 (13.10) と (13.12) を参照）. $n = 1$ および $X = 0$ とすると，これらはマスキンガム法の式 (7.31) および (7.34) と同じである点に注意. $u(t)$ のモーメントは，式 (A.22) および (A.28) で与えられるモーメントの定理を利用して，得られた降水と流量記録から計算できるので，Nash (1959) は K および n のパラメータを関連する流域特性と直接結びつけることができたのである. この事例では，重要な特性が流域面積，平均勾配，そして主流の流路長であることがわかった. 同様な研究が Wu (1963) によりインディアナ州の集水域で行われた. 実は，Nash による概念的な導出に先立って，不完全ガンマ関数は Edson (1951) により異なる立場で有限期間の単位図を記述するのに使われている. これは後に Gray (1961) によってもこの目的で用いられた.

タンクの直列並びのいくつかの特性を調べることで，不完全ガンマ関数の被積分関数がなぜ応用水文学で広く使われたのかを説明できるだろう. まず，n が無限に増加できる場合を考えてみよう. 式 (12.42) で示されるように，各タンクの貯留係数 K を非常に小さくした時にのみ，洪水波の重心が有限な時刻 t において生じる. しかし K を非常に小さくすると，2 次モーメント (12.43) は洪水波の継続時間が非常に短くなることを示している. 同時に，もし波形曲線の下の面積が 1 の大きさを保つとすると，ピークの強度は非常に大きくならなければならない. これが図 12.21 に描かれている. そこで，極端な事例である $n \to \infty$, $K \to 0$ として，しかし nK が有限である場合，単位応答関数式 (12.41) は，式 (A.5)〜(A.7) で定義されるデルタ関数の性質を呈するようになる. ここでデルタ関数がまた，式 (5.124) で表されたように線形キネマティック水路の単位応答関数でもあることを思い起こさねばならない. このことは有限の貯留要素からなるタンクの直列並びが実のところ，$n = 1$ の時の「純粋な」貯留作用と，$n \to \infty$ とした時の「純粋な」移動作用という 2 つの極端な事例の中間にあたること，式 (12.41) が 2 つの効果のある種の加重平均を与えていることを意味する. つまり，有限数の貯留要素は集水域の斜面と水系網の貯留効果のみならず移動効果も扱うことができるのである.

第 2 の特性として，式 (12.41) は同じ貯留係数 K をもつ貯留要素からなる直列並びに対して導出されたものであるが，この制限は結果にそれほど敏感にはきかない. 以下の例がこのことを示している.

■ 例 12.8 一様でない貯留要素の直列並び

K_1 と K_2 の貯留係数をもつ $n = 2$ のタンクの場合，式 (12.38) に代わり単位応答関数は

$$u_2(t) = \int_0^t \frac{\exp(-\tau/K_1)}{K_1} \frac{\exp[-(t-\tau)/K_2]}{K_2} \, d\tau$$

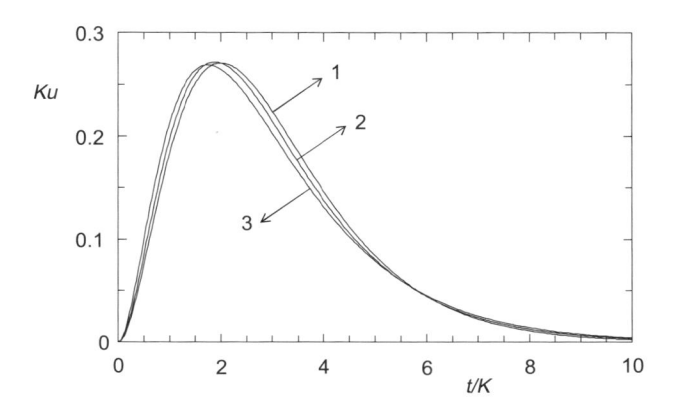

図 12.22 貯留要素 3 つの直列並びに対する無次元単位応答関数 $Ku(t/K)$. 各貯留要素は，(1) $n = 3$ とした式 (12.41)，すなわち式 (12.39) で与えられる等しい貯留係数 K をもつ．(2) 式 (12.45) で $K_1 = K_2 = 0.75K$ および $K_3 = 1.5K$ とした貯留係数をもつ．(3) 式 (12.45) で $K_1 = 0.4$, $K_2 = 1.0K$ および $K_3 = 1.6K$ とした貯留係数をもつ．

となる．あるいは積分すると，

$$u_2(t) = \frac{\exp(-t/K_1) - \exp(-t/K_2)}{K_1 - K_2} \tag{12.44}$$

である．同様の方法で，K_1, K_2 および K_3 の 3 つの異なる貯留係数をもつ $n = 3$ のタンクでは，式 (12.39) の代わりに

$$u_3(t) = \frac{K_1[\exp(-t/K_1) - \exp(-t/K_3)]}{(K_1 - K_2)(K_1 - K_3)} - \frac{K_2[\exp(-t/K_2) - \exp(-t/K_3)]}{(K_1 - K_2)(K_2 - K_3)} \tag{12.45}$$

の表現が得られる．この過程は任意の数のタンクに対して続けられる．図 12.22 は $n = 3$ の場合を例として，$K_1 = K_2 = 3K/4$, $K_3 = 3K/2$ および $K_1 = 0.4K$, $K_2 = K$, $K_3 = 1.6K$ の場合の式 (12.39) と (12.45) の比較をしている．大事な点は，1 次モーメント m'_{u1} である全遅れ時間を 3 事例すべて $K_1 + K_2 + K_3 = 3K$ として同じに保っていたため（式 (12.42) と比較せよ），これらの応答関数の違いがそれほど大きくはないことである．もし 2 次モーメントも 3 事例すべてにおいて同じとしてあったなら，結果の一致はさらによかっただろう．この計算は遮断やディテンション貯留，土壌水と地下水，地表流や河道流などの連続した貯留要素が 1 つ 1 つは異なる貯留係数 K をもつにもかかわらず，式 (12.41) でなぜ適度にうまく降雨が通過するのを記述できるのかを示している．

● **確率論的な解釈**

　線形河道がある場合，ない場合両方の貯留タンクの組合せとして，前述した応答関数のいくつかは，多くの工学的な問題の解法に用いられ，よい結果を出してきた．具体的な集水域の状況についての研究のいくつかでは，流出を表わす関数のパラメータに対する経験的な関係が導かれた．しかし他の単位図同様，パラメータと集水域内の物理メカニズムの間に直接的な関連性を確立できなかったので，これらには一般性がなく，利用にあたって常にキャリブレーションを行なわなければならない．このため，降水を流出に変換する集水域スケールのプロセスをよりうまく公式化する方法が追求され続けてきたのである．

　活発になされた試みの 1 つでは，集水域出口に水が到達する時間の分布としての瞬間単位図を記述するにあたり，確率論的な概念が用いられた．通常この方法では，トポロジー的に無規則な水系網を通して，降水を線形的に追跡する．この場合の水系網は，さまざまな確率分布をもち，水の保持時間あるいは流下時間分布に関するさまざまな仮定をもつ河道要素からなる．異なった概念が発達するにつれ，幅関数が徐々に水系網の構造を記述するのに使われるようになり（たとえば Snell and Sivapalan, 1994; Marani *et al.*, 1994; Veneziano *et al.*, 2000），ホートン・ストレーラーの水系次数区分（たとえば図 11.1）と次数の比に基づいたこれまでの方法から取って代わるようになった．同様に，

保持時間の式を指数分布 (Rodriguez-Iturbe and Valdes, 1979; Gupta *et al.*, 1980) から，たとえば完全な線形解の式 (5.72) (たとえば Kirshen and Bras, 1983; Troutman and Karlinger, 1985)，あるいは拡散近似の式 (5.95) (たとえば Troutman and Karlinger, 1985; Rinaldo *et al.*, 1991) から得られるより現実的な応答関数へと改善する種々の試みが行われてきた．水系網に斜面からの流出を加えることも，さまざまな斜面応答関数を用いて試みられた(たとえば VanderTak and Bras, 1990; Robinson *et al.*, 1995)．河道要素内での滞留時間が指数分布をしているという仮定は，式 (12.28) で表された線形貯留要素の仮定と同等である点に注意．この確率論的な方法の進歩についてのレビューが Rodriguez-Iturbe and Rinaldo (1997) に述べられている．

このように表現がより複雑になり必要なパラメータが増加するにつれて，これらの方法は徐々に直接シミュレーションを行うモデルへと発展している．しかし，この過程で単位図の主たる制限事項である線形性と時間不変性は保たれる一方，その節約性がもつ魅力は失われつつある．また水系網の記述がますます現実に近くなっているものの，集水域スケールで重要ないくつかのプロセスのシミュレーションについては，これまでのところあまり注目を集めてきていない．これらのプロセスには選択流や新しい水と古い水の同時輸送といった困難な側面をもつ斜面のメカニズム（第 11 章参照）が含まれる．これを線形理論へ取り込むことはまだ到達しがたい目標であり，さらなる研究が必要であろう．

12.3　定常で非線形な集中型応答

降水や他の入力の河川流量への変換が完全に非線形で非定常となりうることが，一般に認識されている．このため単位図はこの問題に取り組むのに常に適切な方法というわけではない．このことは，壊滅的な洪水のような極端な事例の場合に特にあてはまる．この場合，降水–流出システムは，流出が降水強度に単純には比例しなくなるような，無視できない非線形性を示す傾向にある．過去数十年の間，非線形性を集水域スケールでの応答関数に入れこむさまざまな試みがなされてきた．これはさらに大きく 2 つに分類でき，本節で手短に取り扱う．

12.3.1　非線形たたみこみ積分による関数解析

付録に概略を示したように，たたみこみ操作を非線形システムへと一般化する論理的な方法は，ボルテラ積分級数を利用することである．入力応答がゼロでない有限な記憶 m をもつ定常な非予期的システム (non-anticipatory system) の場合，これは式 (A.31) すなわち

$$
\begin{aligned}
y(t) = {} & \int_0^m u_1(\tau)x(t-\tau)\,d\tau + \int_0^m\int_0^m u_2(\tau_1,\tau_2)x(t-\tau_1)x(t-\tau_2)\,d\tau_1 d\tau_2 \\
& + \int_0^m\int_0^m\int_0^m u_3(\tau_1,\tau_2,\tau_3)x(t-\tau_1)x(t-\tau_2)x(t-\tau_3)\,d\tau_1 d\tau_2 d\tau_3 + \dots
\end{aligned}
\tag{12.46}
$$

である．前と同様，式 (12.46) の離散型は，$(i-1)\Delta t \le t \le i\Delta t$ の i 番目の時間間隔内で降水と河川流量がそれぞれ区分的定数値 $x_i,\,y_i$ からなっていると仮定することによって定式化できる．そこで，数値解析の目的のためには，式 (12.46) を

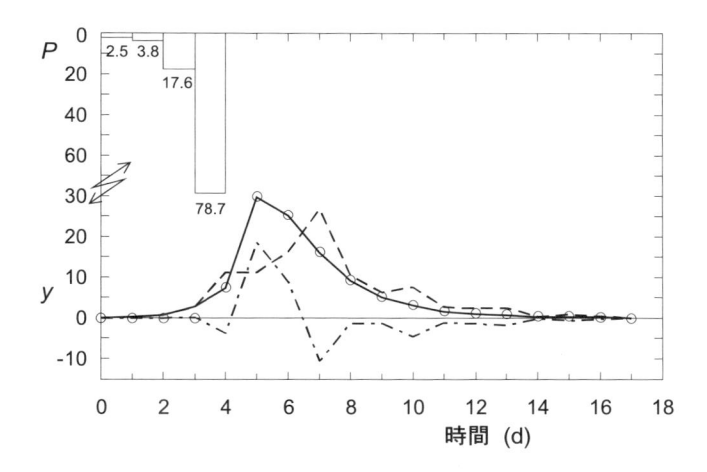

図 **12.23** イリノイ州 Forman の Cache 川で 1943 年 3 月の 4 日間で 103 mm の豪雨から生じた洪水ハイドログラフ（単位は mm d^{-1}）. ○が観測値, 実線がシミュレーション結果である. シミュレーションはボルテラ形級数 (12.46) のはじめの 2 項を用いて行われた. すなわち全体のハイドログラフは, 1 次項（線形）の応答（破線）と 2 次項の応答（1 点破線）の和である.（原図は Diskin and Boneh, 1973)

$$y_i = \sum_{j=1}^{m/\Delta t} u_{1,j} x_{i-j+1} + \sum_{j=1}^{m/\Delta t} \sum_{k=1}^{m/\Delta t} u_{2,jk} x_{i-j+1} x_{i-k+1}$$
$$+ \sum_{j=1}^{m/\Delta t} \sum_{k=1}^{m/\Delta t} \sum_{l=1}^{m/\Delta t} u_{3,jkl} x_{i-j+1} x_{i-k+1} x_{i-l+1} + \dots \tag{12.47}$$

と書き直すことができる. ボルテラ級数式を降雨–流出の枠組みで適用するにあたり, さまざまな方法がこれまでに用いられてきた. この場合の難しさは応答関数, すなわち式 (12.46) の場合は $u_1, u_2, u_3, \dots$, 式 (12.47) の場合は $u_{1,i}, u_{2,ij}, u_{3,ijk}, \dots$, を決定する点にあった. この適用のより実際的な例の中には, Amorocho and Brandstetter (1971), Bidwell (1971), Hino *et al.* (1971), Diskin and Boneh (1973), Liu and Brutsaert (1978) そして Hino and Nadaoka (1979) の研究が含まれる. 図 12.23 は Diskin and Boneh (1973) の研究で, 式 (12.47) を 2 項で近似して得られた結果の例を示している. これらの研究のほとんどにおいて, 結論の 1 つは非線形の定式化が線形の方法より集水域面積の降雨–流出の振る舞いをよりよくシミュレートできることにある. より調整しやすいパラメータをもつ表現が, 普通はよりよい適合をもたらすので, これは驚くべきことではない. しかし, 計算上の数学的な複雑さは大きく増加している.

12.3.2 非線形流出追跡

降雨を流域の河川流量に変換する方法は, たいてい集中型の貯留要素を利用しており, そのため貯留追跡ともよばれる. ほとんどの事例で, 非線形の貯留関数は

$$S = K_n y^m \tag{12.48}$$

のべき乗形を仮定している. ここで K_n と $m(\neq 1)$ は調節用のパラメータである. この形では, 貯留関数は式 (12.25) を一般化したものであると考えることができる. 式 (12.48) を集中型の連続の式 (12.26)（あるいは式 (1.10) や (7.11)）に代入すると,

$$x = y + K_n \frac{d(y^n)}{dt} \tag{12.49}$$

が得られる. 以下ではこのタイプの非線形性を集水域の応答特性に組み込もうとしたこれまでのいくつかの例を示す.

Horton (1941) がこの方法を用いた最初である．彼は洪水ハイドログラフが隣接陸面上の降雨から生じる三角形の「仮想的な水路流入量のグラフ」の結果であり，それが式 (12.49) によって非線形な河道貯留を通っていくという考えを提案した．Horton (1936) は貯留関数式 (12.48) のパラメータを準定常状態の開水路流れの考察から推定した．異なる河川での多数の洪水イベントの解析から，減水時には全体積が単一の貯水池に集まっていたとした場合とほぼ同じ振る舞いを河道貯留がすることを彼は示した．しかし上昇時には，多少大きな容量をもった貯水池として振る舞う．彼は GM 式 (5.41) を用いて，m が矩形断面を有する水路では 3/5 程度，三角形断面の水路では 3/4 程度の値をとるべきであることを論証した．河川の減水時の流量データを解析（式 (12.54) 参照）すると，ばらつきはあるものの，m がほぼ 0.6〜0.8 の間に収まることが確かめられた．興味深いことに，Horton (1941) の方法は非線形であるにもかかわらず，12.2.2 項で説明した Clark (1945) や O'Kelly (1955) による線形の遅れ・追跡法に対する刺激を与えたのである．

多くの研究で用いられてきた 2 つ目の非線形流出モデルは，流域の種々の要素を代表させるために式 (12.48) のような非線形貯留要素を直列，並列に配列した構造をもつ．貯留配列は，普通は実際の河道網と同じような構造にしてある．このような配列は線形配列の非線形版と考えられ，例を図 12.16〜図 12.19 に示してある．1 つのこのような追跡法が Rockwood (1958) によって示され，先行河川流量と流域への融雪と降雨入力の予測に基づいて，全 Columbia 川流域の河川流量を予測するのに用いられた．この大流域は多数の支流域，湖および河道からなっているとされた．個々の支流域は，表面流出を想定した 2 つの非線形貯留要素の直列並びと地中流出を想定した 2 つの貯留要素の直列並びを並列に配置したものからなると仮定された．大部分が 30〜80 km の長さの河道要素は，直列に並べた 3 つの非線形貯留要素として表された．洪水追跡法は本質的には個々の貯留要素に対して式 (12.49) を数値的に解くことからなっている．ここでは $m = 0.8$ と仮定し，K_n は試行的な追跡によって求められた．

各々が部分域を表し，また各々がその部分域への有効降雨と上流側の貯留要素からの流出を受け取るようになっている種々の非線形貯留要素の配列は，オーストラリアの集水域からの洪水流をシミュレートするために，Laurenson (1964)，そして後に Mein *et al.* (1974) により考案された．この方法では，まず集水域を主要な支流に沿った多数のほぼ等しい部分域に分割する．そして非線形タンクが各部分域の重心に置かれ，その位置の相対的な遅れ時間が与えられる．はじめはこの相対遅れ時間（あるいは貯留遅れ）は $\sum(L/S_0^{1/2})$ に比例すると仮定された．L および S_0 は部分域の長さと傾斜であり，加算は部分域の位置から流域出口までなされた．しかし，後に流域出口からの距離 $\sum L$ に比例すると仮定しても同じ結果が得られることが見いだされた．このことは傾斜の効果，流れの深さ，表面粗度がこのタイプの理想化においては重要でなくなることを示している．パラメータ m は式 (12.25) と式 (12.48) を比較することで，

$$K = K_n y^{m-1} \tag{12.50}$$

と推定された．そして式 (7.19) に従って，超過降雨の重心から降雨流出の重心までの時間とイベント期間中の平均流出量 $\langle y \rangle$ の間の対数回帰が，多数の降雨イベントに対して行われた．回帰線の傾きが，式 (12.50) の $(m-1)$ を表していると仮定され，概略 $0.60 \leq m \leq 0.81$ の範囲が得られた（Askew, 1970 も参照）．これらの値は Horton (1941) や Rockwood (1958) の値と非常に近い．Mein *et al.* (1974) は $m = 0.71$ が典型的な値として使えると結論づけた．式 (12.50) に示されるように K_n は流下時間に比例する．そのため，このパラメータは

$$K_n = C_1 K_1 \tag{12.51}$$

とおくことで推定された．ここで K_1 の値として，前述の貯留タンクによって表される部分域を通る相対的な流下時間 $(L/S_0^{1/2})$ か，L が用いられた．m と K_1 が既知となり，C_1 がモデルの唯一の未知パラメータとして残っている．この値は，利用可能なデータを用いて試行錯誤的に追跡を行うことで推定された．このモデルのパラメータを推定するさらに適した方法が，後に Kuczera (1990) と Kuczera and Williams (1992) によって考案された．同様の非線形貯留追跡法は Boyd *et al.* (1979) により提唱された．しかし，Askew (1970) の結果に従って，貯留係数（遅れ）が貯留要素に代表される面積 A にも依存するよう，$K = aA^b y^{m-1}$ とおかれた．彼らの事例では，定数は $b = 0.57$ とし，わずかに異なる $m = 0.77$ が用いられた．

● **非線形タンクの物理的な根拠**

過去において非線形貯留関係式 (12.48) は，ほとんどの場合に開水路の貯留を考えることで，物理的な立場から是認されてきた．この議論は，準定常，準一様な流れに対する集中型キネマティック解析に基づく Horton (1936) による元々の議論に通常従って行われる．すなわち，長さ L の水路部分に貯留される水の体積が $S_c = A_c L$ で与えられると仮定する．A_c はこの区間の平均断面積である．水路幅は十分広く，経深 (hydraulic radius) が平均水深と等しく $R_h = h$ であり，水路の断面積は深さに幅を乗じた値と等しく $A_c = h B_c$ となることを仮定する．定常一様流の式 (5.39)（あるいは (5.43)）を用いると，この区間からの流出速度 $Q = C_r B_c S_0^b h^{a+1}$ が求まる．水路貯留はこの区間からの流出量を用いて

$$S_c = \left(\frac{B_c^a L^{a+1}}{C_r S_0^b} \right)^{1/(a+1)} Q^{1/(a+1)} \tag{12.52}$$

と表される．ここで a と b は開水路の式 (5.39) のパラメータである．したがって，集水域中の全洪水流出水が河川水路中に蓄えられ，$S = S_c/A$ となると仮定すると，

$$S = \left(\frac{B_c^a L^{a+1}}{C_r S_0^b A^a} \right)^{1/(a+1)} y^{1/(a+1)} \tag{12.53}$$

が得られ，ここで前と同様 $y = Q/A$ で，L は Q を決定した地点の上流側集水域の全河川水路の長さである．また他の変数は集水域面積 A での平均と仮定している．この結果は式 (12.48) の形であり，GM 式に対しては $m = (a+1)^{-1} = 0.60$，シェジーの公式に対しては $m = 0.67$ となる．

しかし，この式 (12.53) の導出は完全には納得できるものではない．まず，明らかにすべての洪水流出水が水路に蓄えられるわけではない．第 2 に，第 11 章で説明したようにほとんどの洪水流が地中流出によって引き起こされることはよく知られている．地下水貯留のある程度の推定値は，水理解析法の仮定の下で不圧水の流れを考察することで得ることができる．排水条件（すなわち流入なしの条件）においてデュプイ・ブジネスク帯水層からの流出は式 (10.85) と (10.86) で与えられる．これらは $Q = 2Lq$ および $B = A/2L$ とおくことで，河道長さ L を有する集水域面積 A からの流量に変換できる．単位面積あたりの流出速度が $y = Q/A$，$x = 0$ なので，集中型の連続の式 (12.26)（あるいは式 (1.10) や (7.11)）を用いると，平均厚さをもつ水の層として表現された貯留成分が

$$S = \int_t^\infty y(t)\, dt \tag{12.54}$$

として得られる．式 (10.85) と (10.86) を用いた式 (12.54) を積分すると

$$S = \frac{0.416 n_e A}{L k_0^{1/2}} y^{1/2} \qquad (12.55)$$

が得られる．これは式 (12.48) の形で，$m = 1/2$ である．この結果では n_e は有効排水可能間隙率，k_0 は有効透水係数，A は集水域面積，L は帯水層からの排水がなされる全河川水路の長さである．もしシステムが線形化できるなら，解は式 (10.113) で，長期間経過後には式 (10.116) で与えられる．後者を用いた式 (12.54) を積分すると，同様にして

$$S = \frac{n_e A^2}{\pi^2 k_0 L^2 pD} y \qquad (12.56)$$

が得られる．再びこれは式 (12.48) の形であるが，線形システムに対して予期されるとおり，式 (12.25) と一致するよう $m = 1$ となる．まとめとして，ここでレビューした野外データから得たほとんどの m の値は，開水路に対して期待される値と一致するのみならず，非線形と線形地下水帯水層のそれぞれの値の中間にあるようにも見受けられるのである．

12.4　非定常な線形応答

　単位図の定義における 2 つの明らかな仮定は，線形性と時間不変性である．これまでのところ，これらの 2 つの仮定は主に別々に扱われてきており，その組合せの効果に関しては十分に調べられてきていない．非線形の効果の組込みは 12.3 節で扱われたが，これは比較的少数の研究しか行われてこなかった線形集水域の応答に対する非定常効果に比べて，より多くの注目を集めてきたように思われる．それでも，第 11 章でレビューしたいくつかの実験的な研究は，たとえば，集水域の流出中の古い水と新しい水の割合が，降水強度のみならず季節的な水分状態や降水開始からの経過時間といった因子にも影響を受けることを示している．そこで，集水域がより多くあるいはより少ない水を含むと，異なる流れの経路やメカニズムが流出形成にかかわるようになり，これが非定常な応答となって現れるのである．

　一般に，非線形性の記述法を 2 つに区別することができる．第 1 の種類の定式化では，集水域の月とか年の時間スケールの応答の変化を記述するのに粗い時間変数を利用する．この変化は周期的すなわち季節的なものかもしれないし，土地利用や気候変化の場合にはトレンドの性質を有しているかもしれない．第 2 の種類の方法では，イベント中の応答変化を記述するのに，より細かな時間変数を用いる．この応答変化は継続した降雨，融雪あるいは洪水から生じる集水域内の物理的変化の結果である．これらの 2 つの種類の定式化は，式 (12.2) の拡張として，たたみこみ積分により結びつけることができる．すなわち

$$y(t) = \int_0^t x(\tau) u(\chi, \tau, t - \tau)\, d\tau \qquad (12.57)$$

で，前と同様 $y(t)$ は入力 $x(t)$ から生じる出力である．式 (12.2) の定常事例とは対照的に，ここでは単位応答 $u(\chi, \tau, t - \tau)$ は 3 つの時間変数の関数である．1 つ目の変数 χ は月，季節，あるいは年で表される粗い時間スケールである．2 つ目の変数 τ は $0 \leq \tau \leq t$ となる積分のダミー変数であるが，単位応答の独立変数として入力 $x(\tau)$ の時刻を表しており，つまり，その時刻における入力に対する応答を示しているのである．3 つ目の変数 t は出力が決められるべき時刻であり，$(t - \tau)$ は入力 $x(\tau)$ からの経過時間である．式 (12.57) のたたみこみ積分操作は重ね合わせを表しており，これは線形性の本質である．しかし，Diskin and Boneh (1974) が指摘するように，定常な場合と対照

図 **12.24** 非定常単位応答 $u = u(\tau, t)$ でのたたみこみ操作 $y(t) = \int_0^t x(\tau)u(\tau, t-\tau)\,d\tau$. ($y$ と u の値は一定の尺度で描かれているわけではない.) 変数 t は流出 y を計算する時刻を表し, τ は降水入力 x の開始からの経過時間である. 単位応答は 3 つの τ の値に対してのみ示されているが, 降水が継続すると連続してその形は変化する. これを図 12.6 の定常事例と比較してみよ.

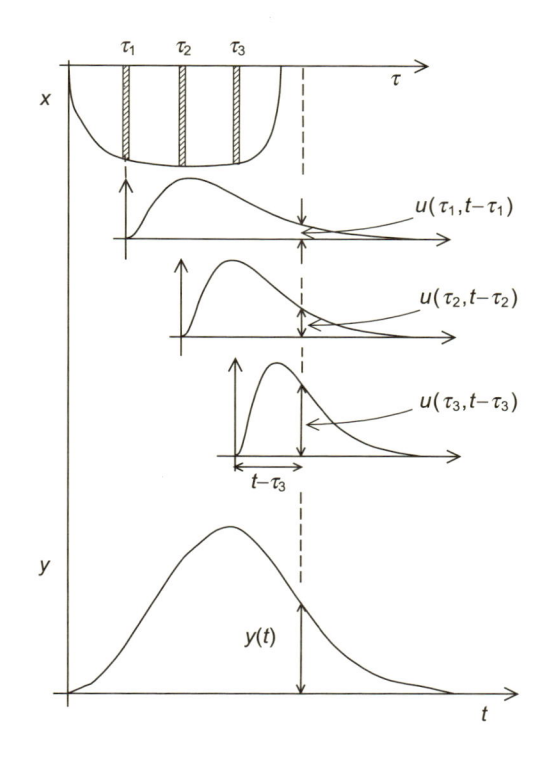

的にここではたたみこみ (あるいは重ね合わせ) 操作は一般には交換できない. このことは, たとえば A の後に B というように直列に結ばれた 2 つの非定常システムは, B の後に A という逆の順序にした時とは異なる出力が生じるだろうことを意味している.

第 1 の種類の非定常性に対して, 式 (12.57) の単位応答は χ および $(t-\tau)$ のみに依存する. したがってこれは時間 τ には依存しないが, たとえば季節や年のみに依存する. このことから, 入力イベント中には, 応答は定常であると考えることができ, 12.1 節や 12.2 節で議論した概念を適用することができる. したがって, 時間変化の効果を入れこむ場合には, 第 2 の種類が普通考察の対象となる. この場合, 単位応答は τ と $(t-\tau)$ のみに依存し, 式 (12.57) は

$$y(t) = \int_0^t x(\tau)\upsilon(\tau, t-\tau)\,d\tau \tag{12.58}$$

と単純化できる. これは図 12.24 に示されている. 離散型ではこれは

$$y_i = \sum_{k=1}^i x_k u_{k,i-k+1} \tag{12.59}$$

となる (式 (12.9) と比較せよ). あるいは別な形で表すと

$$y_i = \sum_{k=1}^i x_{i-k+1} u_{i-k+1,k} \tag{12.60}$$

である (式 (12.10) と比較せよ). ここで応答関数の 1 つ目の添字は入力の時間を, 2 つ目の添字が数値たたみ込みでのその役割を表している.

これまでの非定常線形法の適用において, 単位応答関数の形はあらかじめわかっていると仮定されてきた. たとえば Snyder *et al.* (1970) は, 時間の関数である貯留係数 $K = K(\tau)$ (式 (12.25) 参

照）をもつ線形貯留要素をとおして，本質的には時間–面積図の追跡により集水域の応答を導き出した．同様の趣旨で，Mandeville and O'Donnell (1973) は時間の関数である線形水路と線形貯留要素の種々の組合せを考察した．その１つは同一の貯留要素の直列つなぎだった．Diskin and Boneh (1974) はあらかじめ予想される数式型を用いるのではなく，より一般的な式 (12.60) に示される応答関数 $u_{i-k+1,k}$ を降雨–流出データから数値的な最小二乗法を用いて導出する方法を導き出した．Chiu and Bittler (1969) の研究は，式 (12.57) で表される細かいスケールと粗いスケールの両方の非定常性を考察した，おそらく唯一のものである．単位応答関数は，貯留係数 $K = K(\tau)$ を時間のべき関数

$$K = a\tau^{-b} \tag{12.61}$$

とした式 (12.25) で与えられる単一線形貯留要素中において，入力を追跡することにより求められた．ここで a と b は粗い時間変数 χ の関数であると仮定された．ペンシルバニア州で得られた降雨–流出データからは，a が b の関数であること，b が χ の正弦関数でうまく記述できることがわかった．式 (12.61) は，降水が続くにつれ貯留係数 K が減少することが，この研究の中で観測されたことを示している．これは，K がシステムを通過するのに要する流下時間なので(式 (7.19), (7.31) および (12.42) を比較せよ)，降雨が継続するにつれ単位応答が早くなる傾向があることを示している．この方法は後に Chiu and Huang (1970) により式 (12.25) をその非線形版 (12.48) に置き換えることで非線形効果を含むように拡張された．

12.5　平均年降水量からの年集水域流出量

降雨に対する直接的な河川流の短期応答と同様に，年時間スケールでの長期応答もまた水文学の文献中で多くの興味の対象であった．19 世紀においてすでに，Penck (1896) は中央ヨーロッパの流域で年河川流量 R を年降水量 P と関係づける線形関数を提案している．この試みの後すぐに，Ule (1903) は同じ目的で３次の多項式を用いた．これらの初期のデータや方法を調べた Schreiber (1904) は，指数関数が物理学や気象学の多くの問題でうまく適用できていることからも，その可能性があると感じた．そこで，シュライバーは以下の関係を提案した．

$$R = P \exp(-k_s/P) \tag{12.62}$$

ここで R は年流出量，P は年降水量，指数関数中の k_s は対象河川流域に対して決められる定数である．式 (12.62) を級数展開すると

$$R = P - k_s + \frac{k_s}{2}\left(\frac{k_s}{P}\right) - \frac{k_s}{6}\left(\frac{k_s}{P}\right)^2 + \frac{k_s}{24}\left(\frac{k_s}{P}\right)^3 - \cdots \tag{12.63}$$

が得られる．シュライバーは P が非常に大きい場合の差 $(P-R)$ と k_s が等しいことを示した．彼はこの差を「残差」("remainder", "left over part")」と名づけ，$P=0$ で $(P-R)$ はゼロから始まり，P が大きく増加するにつれ，最大値 k_s に漸近的に近づくと考えた．しかし，彼はこの残差の具体的な物理的意味やその最大値についてはこれ以上の注釈は加えていない．シュライバーの残差は，年降水量のうちで流出しない成分であり，明らかに流域からの年蒸発量である．シュライバーは，式 (1.1)，すなわち $(P-R) = E$ を Penck (1896) の研究から引用し精通していることから，このことを知っていたに違いない．しかし，彼の研究や Ule (1903) の研究は流出予測だけに焦点をあ

て，蒸発には関心がなかったことから，k_s を最大蒸発速度とよぶことはおそらく思いつかなかったのである．

何年か後，Oldekcp (1911) は $(P - R)$ が平均年蒸発量 E であり，シュライバーの級数展開にしたがって，k_s が「可能最大蒸発量」$E_{\max}$ であると正式に位置づけた．つまり，オルドカップの規定を用いて，式 (12.62) は

$$R/P = \exp(-E_{\max}/P) \tag{12.64}$$

と書き換えられる．オルドカップの研究の主な焦点は流域の蒸発量である．彼はデータを記述するに際して式 (12.64) を採用せず，$(E/E_{\max})$ を $(P/E_{\max})$ の双曲線正接関数で表した．したがって，年流出量に対してはオルドカップの提案は

$$(R/E_{\max}) = (P/E_{\max}) - \tanh(P/E_{\max}) \tag{12.65}$$

と書き表すことができる．なお，$E_{\max}$ の代わりに P を繰り返し変数として無次元化すると，同等の相互に交換できる形で，以下のように表すことができる．

$$(R/P) = 1 - (E_{\max}/P)\tanh[(E_{\max}/P)^{-1}] \tag{12.66}$$

式 (12.64)〜(12.66) における $(E_{\max}/P)$ は，しばしば「乾燥指数 (aridity index)」とよばれている．

まとめると，基本的な仮説は，流出速度 R が年スケールにおいては降水量 P と可能最大蒸発量 $E_{\max}$ に依存することである．シュライバーやオルドカップの無次元変数を用いた単純な表現は，長期間の流出量 R の降水量 P に対する依存性の研究から始まっているが，彼らは最終的に式 (1.1) を通して流域蒸発量の研究に行き着いている．ブディコの枠組みとしても知られるシュライバー・オルドカップの仮説のその後の発展は 4.4.2 項で述べられている．

■問 題

12.1 (a) 表 12.1 の 2 時間単位図から 1 時間単位図を導出せよ．(b) 以下の有効降雨の時系列から生じる流出を $\mathrm{cm\ h^{-1}}$ の単位で計算せよ．$x = 15\ \mathrm{mm\ h^{-1}}\ (0 < t < 1\,\mathrm{h})$, $x = 25\ \mathrm{mm\ h^{-1}}\ (1 < t < 2\,\mathrm{h})$, $x = 39\ \mathrm{mm\ h^{-1}}\ (2 < t < 3\,\mathrm{h})$

12.2 次頁の表は流域面積 $29.5\,\mathrm{km^2}$ の流域への（時空間的に）おそらく一様な，しかし強度のわからない 4 時間の降雨から生じた洪水流出ハイドログラフである．(a) S ハイドログラフをつくり，S ハイドログラフの（平滑化した）平衡流出速度から降水強度を $\mathrm{cm\ h^{-1}}$ の単位で決定せよ．(b) S ハイドログラフから 2 時間単位図を決定せよ．1 cm の体積となるよう，2 時間の間の流出強度にある割合を乗じて調節すること．(c) 各々 0.4, 1.0, 1.6 cm の流出を引き起こした 3 つの連続した 2 時間降雨から生じる最大流出量を $\mathrm{m^3\ s^{-1}}$ の単位で計算せよ．

経過時間 (h)	洪水流出 ($\mathrm{m^3\ s^{-1}}$)	経過時間 (h)	洪水流出 ($\mathrm{m^3\ s^{-1}}$)
0	0	8	19.70
1	4.01	9	15.76
2	15.26	10	11.62
3	36.55	11	8.30
4	45.40	12	5.30
5	40.48	13	3.33
6	31.99	14	1.56
7	24.40	15	0

12.3 以下の表はバージニア州 Leesburg 近くの Goose Creek における $875\,\mathrm{km}^2$ の流域からの 6 時間の単位図 (UH) である.

経過時間 (h)	UH ($\mathrm{m^3\ s^{-1}}$)	経過時間 (h)	UH ($\mathrm{m^3\ s^{-1}}$)	経過時間 (h)	UH $\mathrm{m^3\ s^{-1}}$
0	0.00	28	27.34	54	1.00
2	0.13	30	13.34	56	0.87
4	0.40	32	10.00	58	0.67
6	1.80	34	7.34	60	0.60
8	7.34	36	5.34	62	0.53
10	17.34	38	5.27	64	0.47
12	29.34	40	4.20	66	0.40
14	44.68	42	3.47	68	0.33
16	66.69	44	2.80	70	0.27
18	104.03	46	2.20	72	0.20
20	113.37	48	1.80	74	0.13
22	112.04	50	1.47	76	0.07
24	81.36	52	1.20	78	0
26	59.35				

(a) S ハイドログラフの（平滑化した）定常平衡流量からこの単位図の単位体積を確認せよ. (b) 3 つ連続した 4 時間の降雨がそれぞれ 5.1, 30.5, 16.5 mm の流出を生じさせた. 最大流出量を計算せよ（基底流は無視すること.） （表の UH の値は Corps of Engineers (1963) のデータから求められたものである）

12.4 仮想的な集水域への以下の有効降雨時系列を考察する. $x_1 = 0.5\,\mathrm{cm\ h^{-1}}$ (14:00 〜15:00), $x_2 = 1.5\,\mathrm{cm\ h^{-1}}$ (15:00 〜16:00), $x_3 = 0.75\,\mathrm{cm\ h^{-1}}$ (16:00 〜17:00). この降雨は次の洪水流出ハイドログラフをもたらした.

時刻	流出 ($\mathrm{cm\ h^{-1}}$)
13:30	0
14:30	0.250
15:30	0.917
16:30	0.958
17:30	0.500
18:30	0.125
19:30	0

1 時間の単位図を計算せよ. すなわち，単位図 $u_1, u_2, \ldots$ の縦軸の値を時刻 $1, 2, \ldots$ について決定せよ. （計算は正確に行うことができる. このシステムが完全に線形でデータに誤差がまったく含まれていないと仮定せよ）.

12.5 複数選択. 以下の記述で正しいのはどれか示せ.

(a) 単位図は，線形（すなわち比例関係）の仮定の下で，単位時間の降雨によって生じる単位体積のハイドログラフである.

(b) 単位図の方法は，干ばつ流の解析にもよく用いられる.

(c) 単位図の方法は，非常に大きなイベントについては常に過大評価する.

(d) 単位図は丘陵地域の非常に大きなイベントのピークを遅れて予測する傾向にある.

(e) 単位図の方法は，過去のデータが入手可能な単位期間に対してのみ導出することができる. つまり，1 時間の単位図を求めるには，1 時間の降雨による流出データがなければならない.

(f) 単位図は時として地形データを組み合わせて実験的な関係から導き出されることがある.

(g) 単位図は最大流量時が降雨強度に依存（すなわち比例関係）するという仮定に基づいている.

(h) 単位図は基底流が片対数グラフ上で直線となるような（すなわち，α と β を定数として $q = \beta \exp(-\alpha t)$ で表される）メカニズムを有しているという仮定に基づいている.

(i) 単位図は 4,000 km² より小さな流域には適さない.

(j) 単位図は原理的には流量データの頻度解析からも導き出すことができる.

(k) 単位図は流域を特徴づける S ハイドログラフから導き出すことができる.

(l) 2 時間に対する単位図は 1 時間の単位図から求めることができる.

(m) 単位図は降雨終了後最終的に（長い t の値に対して）ゼロとなる.

(n) 単位図の曲線は普通 $t = 0$（降雨開始時）に最大値をとり，その後滑らかに減少する.

12.6 与えられた流域への一定強度の有効連続降雨に対する S ハイドログラフが次式で与えられると仮定せよ. $S_u(t) = 9000t/(2 + t)$. ここで S_u と t の単位はそれぞれ m³h⁻¹ と h である. (a) この流域に対する瞬間単位図を求めよ. 流出速度の単位を cm h⁻¹ とせよ. (b) 瞬間単位図とたたみこみによって，以下の降雨パターンが与えられた場合に，3 時間後の流出を計算せよ. $x = 5$ cm h⁻¹ $(0 < t < 1$ h$)$, $x = 7.5$ cm h⁻¹ $(1 < t < 2$ h$)$.

12.7 与えられた流域の瞬間単位図が $u(t) = (t + 1)^{-2}$ で与えられると仮定せよ.（単位は t を時間とすると h⁻¹ である）. (a) 無限に続く一様で定常な 1 cm h⁻¹ の降雨から生じる S 単位図（単位を示すこと）を導出せよ. (b) 3 時間の間に 2 cm h⁻¹ で降った一様な有効降雨（$x = 2$ $(0 < t \leq 3$ h$)$）から生じる $t = 5$ h 後の流出速度 y を単位を示して計算せよ. (c) 3 時間の間に 2 cm h⁻¹ で降った一様な降雨の後に 7 時間の 1.8 cm h⁻¹ の降雨があった時（すなわち，$x = 2$ $(0 < t \leq 3$ h$)$, $x = 1.8$ $(3 < t \leq 10$ h$)$）に生じる $t = 5$ h 後の流出速度を単位を示して計算せよ. たたみ込み積分を用いて積分し，答えを求めること.

12.8 複数選択. 以下の記述で正しいのはどれか示せ.

(a) 単位図の方法は，比較的まれなイベントの再現期間を計算するのに主に用いられる.

(b) 単位図の方法は流域の流出現象の詳細な物理的解析から導出された.

(c) 単位図の方法は一般的なイベントより，非常にまれなイベントに対しての方が相対的に正しい結果を与える傾向にある.

(d) 単位図の通常の方法では総流出量，すなわち洪水流出と長期地下水流出の合計値が得られる.

(e) 単位図の方法は，典型的な一様有効降雨から生じる表面流出ハイドログラフを，重ね合わせと不変性の仮定の下で単位体積に合わせたものを利用している.

(f) 単位図の方法の実用的な魅力は，この方法の基にある線形性の原理から生じている.

(g) 単位図の方法はある条件下では，集水域からの地下水流出を第 10 章で説明したようにして計算するのに適用することもできる.

12.9 例 12.3 の降雨イベント $x_i = 2.0, 4.0, 1.0$ cm h⁻¹ を考察せよ. 観測された流出は $y_i = 0.63, 1.97, 2.35, 1.38, 0.6, 0.12$ であったと仮定すること. 式 (12.17) やその $i = 3, 4$ に対する相当式を用いて，最小二乗法により単位図の値 u_z を計算せよ. 例 12.3 に与えられた正確な値と比較してみること.

12.10 複数選択. 以下の記述で正しいのはどれか示せ. 与えられた場所と年に対して，

(a) ある期間に対する最大降雨強度は超過間隔 (exceedance interval)（すなわち再現期間 T_r）が増加するにつれ減少する.

(b) 与えられた再現期間に対する最大降雨強度は，降雨継続期間が増加するにつれて減少する.

(c) 与えられた再現期間に対する最大降雨量は，降雨継続期間が増加するにつれて増加する.

(d) 合理式で必要とされる最大降雨強度は，計画再現期間と洪水到達時間に基づいて決定される.

(e) 測定がなされていない地点の最大降雨は，入手できるデータを面的に内挿することで決めることができる.

12.11 複数選択. 以下の記述で正しいのはどれか示せ. 合理式の古典的な形 $Q = CIA$ は

(a) 普通浸透した降雨から生じる流出を計算するのに用いられる.

(b) 100 km² より大きな集水域からの表面流出の計算により適している.

(c) 普通計画最大流出を求めるのに使われ，計画ハイドログラフを求めるのには使われない.

(d) 浸透強度が降雨強度に無関係で単位時間あたりで一定な損失量であるという仮定に基づいている.

(e) 最も単純なタイプの線形流出モデルである純粋な貯留のみからなるモデルに基づいている.

12.12 複数選択. 以下の記述で正しいのはどれか示せ. 合理式は降雨強度から流量を与える.

(a) 基本式 $Q = CIA$ は, 被圧帯水層からの洪水流出量を決めるのに用いることができる.

(b) しかし, その主たる適用目的は高速道路下の排水暗渠, 下水道やさらに小さい構造物の計画にある.

(c) 合理式は一般に 1,000 年確率雨量と合わせ, 大きな流域の洪水吐の計画高水を計算するのに使われる.

(d) 流出係数 C は, 市街地より郊外地域で小さくなる傾向にある.

(e) この方法は, 流域特性を平均することができるという仮定に基づいているので, 狭い地域というより $10\,\mathrm{km}^2$ 以上の広域からの洪水予測に適している.

(f) 合理式は（他にもいくつかある中で）入力（降雨）が時間遅れによって単純に出力（流出）に変換されるという暗黙の仮定に基づいている.

(g) 合理式は, 線形の水位–流量曲線を有するキネマティックウェーブの式からも支持され, 速度 V は水深に依存しない.

(h) 合理式は, 流域の表面特性に関する情報を全く必要としないという利点を有している.

(i) 合理式は, 浸透とその他の損失が降雨の一定割合であるという仮定に基づいている.

12.13 例 12.6 と同様な方法で, 貯留効果を表す線形貯留要素と直列においた（移動効果を表す）直角三角形の形をもつ幅関数からなるシステムの単位応答関数 $u(t)$ を導出せよ.（この事例は図 12.15 に図示してある.）まず, (a) $A_r(t)$ を記述する式を与え, そして, (b) これを単位応答式 (12.28) を用いてたたみこみ積分で使用すること. このシステムのパラメータは K と t_c である.

12.14 式 (12.36) の 2 行目の式から, 図 12.18 に示されたシステムの単位応答関数 (12.37) を求めるのに必要なたたみこみ積分操作を示し, これを解くこと.

12.15 もし図 12.18 に示されたシステムが（3 つでなく）$\alpha_1 + \alpha_2 + \alpha_3 + \alpha_4 = 1$ である 4 つの部分域を有していたとしたら, 単位応答関数 $u(t)$ はどのようになるだろうか.

12.16 単位応答関数式 (12.41) の原点の周りの 1 次モーメントは式 (12.42), すなわち, $m'_{u1} = nK$ であることを示せ.（モーメントは第 13 章で定義されている.）

12.17 単位応答関数 (12.41) の平均値周りの 2 次モーメントは式 (12.43), すなわち $m_{u2} = nK^2$ であることを示せ. 原点と平均値の周りの 2 次モーメントが式 (13.12) で関係づけられることを利用せよ.

12.18 三角形断面を有する開水路区間での貯留に対して, 式 (12.48) のべき乗の指数 m を求めよ. ヒント：式 (12.53) を導出するのに用いたのと同じ論法に従うこと.

12.19 式 (12.55) を本文にその概略を示した積分を実施することで証明せよ.

12.20 式 (12.56) を本文にその概略を示した積分を実施することで証明せよ.

12.21 （流入量 Q_i がゼロである）干ばつ期間において, ある湖の下流出口からの流出量を解析する上で, $Q_e^{-1/3}$ を t に対してプロットすると（意外なことに）直線に乗ることがわかった. (a) Q_e と dQ_e/dt の関係はどのようになるだろうか. $dQ_e/dt = f(Q_e)$ の関数関係を導き出せ. (b) この湖での洪水追跡を $Q_i - Q_e = dS/dt$ の式で行う. ここで用いるため, 貯留流量式 (12.48) $S = K_n Q_e^m$ のべき乗の指数 m を決定せよ.

12.22 複数選択. 以下の記述で正しいのはどれか示せ. 与えられた流域での直接洪水流出の量（速度ではない）は,

(a) 降雨が与えられた結果生じた場合には, 表層土壌の初期土壌水分には大方依存しない.

(b) 常に降雨量のある同一の割合となる.

(c) 降雨が与えられた結果生じた場合には, このイベントを生じさせた降雨時に発生した基底流とはまったく無関係である.

(d) 流域が都市化するにつれ大きくなる傾向にある.

(e) 工学的な計画目的に対しては, しばしば全流量から基底流量を減じることで推定される.

12.23 シュライバーの式 (12.62) を級数展開することで，非常に大きな降水量 P に対して k_s が差 $(P - R)$ と等しいことを示せ．オルドカップがなぜ k_s が現在では可能蒸発量とよばれる最大可能蒸発量 $E_{\max}$ であると結論づけたのか説明せよ．

■ 参考文献

Amorocho, J. and Brandstetter, A. (1971). Determination of nonlinear functional response functions in rainfall–runoff processes. *Water Resour. Res.*, **7**, 1087–1101.

ASCE and WPCF (Joint Committee) (1982). Design and construction of sanitary and storm sewers, *ASCE (American Society of Civil Engineers) Manual on Engineering Practice* No. 37 and *WPCF (Water Pollution Control Federation) Manual of Practice* No. 9, 5th printing.

Askew, A. J. (1970). Derivation of formulae for variable lag time. *J. Hydrol.*, **10**, 225–242.

Bidwell, V. J. (1971). Regression analysis of nonlinear catchment systems. *Water Resour. Res.*, **7**, 1118–1126.

Box, G. E. P., Jenkins, G. M. and Reinsel, G. C. (1994). *Time Series Analysis, Forecasting and Control*, third edition. Englewood Cliffs, NJ: Prentice Hall.

Boyd, M. J., Pilgrim, D. H. and Cordery, I. (1979). A storage-routing model based on catchment geomorphology. *J. Hydrol.*, **42**, 209–230.

Chiu, C.-L. and Bittler, R. P. (1969). Linear time-varying model of rainfall-runoff relation. *Water Resour. Res.*, **5**, 426–437.

Chiu, C.-L. and Huang, J. T. (1970). Nonlinear time varying model of rainfall-runoff relation. *Water Resour. Res.*, **6**, 1277–1286.

Clark, C. O. (1945). Storage and the unit hydrograph. *Trans. ASCE*, **110**, 1419–1488.

Corps of Engineers (1963). *Unit hydrographs, Part I Principles and Determinations*, Civil Works Investigations – Project 152. Baltimore, MD: US Army Engineer District.

Deininger, R. A. (1969). Linear programming for hydrologic analyses. *Water Resour. Res.*, **5**, 1105–1109.

Diskin, M. H. and Boneh, A. (1973). Determination of optimal kernels for second-order stationary surface runoff systems. *Water Resour. Res.*, **9**, 311–325.

Diskin, M. H. and Boneh, A. (1974). The kernel function of linear nonstationary surface runoff systems. *Water Resour. Res.*, **10**, 753–761.

Dooge, J. C. I. (1957). The rational method for estimating flood peaks. *Engineering (London)*, **184**, 311–313, 374–377.

    (1973). *Linear theory of hydrologic systems*, Tech. Bull. 1468, Agric. Res. Serv., US Dept. Agric.

Edson, C. G. (1951). Parameters for relating unit hydrographs to watershed characteristics. *Eos Trans. Am. Geophys. Un.*, **32**, 591–596.

Gray, D. M. (1961). Synthetic unit hydrographs for small watersheds. *J. Hydraul. Div., Proc. ASCE*, **87**, 33–54.

Gupta, V. K. and Waymire, E. (1983). On the formulation of an analytical approach to hydrologic response and similarity at the basin scale. *J. Hydrol.*, **65**, 95–123.

Gupta, V. K., Waymire, E. and Wang, C. T. (1980). A representation of an instantaneous unit hydrograph from geomorphology. *Water Resour. Res.*, **16**, 855–862.

Hawken, W. H. and Ross, C. N. (1921). The calculation of flood discharges by the use of a time contour plan. *Trans. Inst. Engrs. Aust.*, **2**, 85–92.

Hino, M. and Nadaoka, K. (1979). Mathematical derivation of linear and nonlinear runoff kernels. *Water Resour. Res.*, **15**, 918–928.

Hino, M., Sukigara, T. and Kikkawa, H. (1971). Nonlinear runoff kernels of hydrologic systems. In *Systems Approach to Hydrology, Proc. First Bilateral U.S.-Japan Seminar in Hydrology*. 102–112, Fort Collins, CO: Water Resource Publications.

Horton, R. E. (1936). Natural stream channel-storage. *Eos Trans. Am. Geophys. Un.*, **17**, 406–415.

(1941). Virtual channel-inflow graphs. *Eos Trans. Am. Geophys. Un.*, **22**, 811–820.

Kirkby, M. J. (1976). Tests of the random network model, and its application to basin hydrology. *Earth Surface Processes*, **1**, 197–212.

Kirpich, Z. P. (1940). Time of concentration of small agricultural watersheds. *Civ. Eng.(N.Y.)*, **10**, 362.

Kirshen, D. M. and Bras, R. L. (1983). The linear channel and its effect on the geomorphologic IUH. *J. Hydrol.*, **65**, 175–208.

Kuczera, G. (1990). Estimation of runoff-routing model parameters using incompatible storm data. *J. Hydrol.*, **114**, 47–60.

Kuczera, G. and Williams, B. J. (1992). Effect of rainfall errors on accuracy of design flood estimates. *Water Resour. Res.*, **28**, 1145–1154.

Laurenson, E. M. (1964). A catchment storage model for runoff routing. *J. Hydrol.*, **2**, 141–163.

Liu, C.-K. and Brutsaert, W. (1978). A nonlinear analysis of the relationship between rainfall and runoff for extreme floods. *Water Resour. Res.*, **14**, 75–83.

Mandeville, A. N. and O'Donnell, T. (1973). Introduction of time variance to linear conceptual catchment models. *Water Resour. Res.*, **9**, 298–310.

Marani, M., Rinaldo, A., Rigon, R. and Rodriguez-Iturbe, I. (1994). Geomorphological width functions and the random cascade. *Geophys. Res. Lett.*, **21**, 2123–2126.

McCuen, R. H. and Spiess, J. M. (1995). Assessment of kinematic wave time of concentration. *J. Hydraul. Eng.*, **121**, 256–266.

Mein, R. G., Laurenson, E. M. and McMahon, T. A. (1974). Simple nonlinear model for flood estimation. *J. Hydraul. Div., Proc. ASCE*, **100**, 1507–1518.

Minshall, N. E. (1960). Predicting storm runoff on small experimental watersheds. *J. Hydraul. Div., Proc. ASCE*, **86**, 17–38.

Mulvany, T. J. (1850). On the use of self registering rain and flood gauges. *Inst. Civ. Eng. Proc. (Dublin)*, **4**(2), 1–8.

Nash, J. E. (1957). The form of the instantaneous unit hydrograph. *Comptes Rendus et Rapports, IASH General Assembly Toronto 1957, Int. Assoc. Sci. Hydrol. (Gentbrugge)*, Publ. No. 45, **3**, 114–121.

(1958). Determining run-off from rainfall. *Proc. Instn. Civ. Engrs., London*, **10**, 163–184.

(1959). Systematic determination of unit hydrograph parameters. *J. Geophys. Res.*, **64**, 111–115.

(1960). A unit hydrograph study, with particular reference to British catchments. *Proc. Instn. Civ. Engrs., London*, **17**, 249–282.

Neuman, S. P. and de Marsily, G. (1976). Identification of linear systems response by parametric programming. *Water Resour. Res.*, **12**, 253–262.

O'Kelly, J. J. (1955). The employment of unit-hydrographs to determine the flows of Irish arterial drainage channels. *Proc. Instn. Civ. Engrs., London*, **4**, (III), 365–412, 428–436, 444–445.

Oldekop, E. (1911). *On evaporation from the surface of river basins.* (In Russian: *Ob Isparenii s Poverkhnosti Rechnykh Basseinov*) (With abstract in German, 201–209). Collection of the Works

460 ● 第 12 章　集水域スケールでの河川流の応答

of Students of the Meteorological Observatory. Tartu, Estonia: University of Tartu-Jurjew-Dorpat.

Penck, A. (1896). Untersuchungen über Verdunstung und Abfluss von grösseren Landflächen. *Geogr. Abh. Wien,* **5**(5), 10–29.

Pilgrim, D. H. (1977). Isochrones of travel time and distribution of flood storage from a tracer study on a small watershed. *Water Resour. Res.,* **13**, 587–595.

Ramser, C. E. (1927). Run-off from small agricultural areas. *J. Agric. Res.,* **34**, 797–823.

Rinaldo, A., Marani, A. and Rigon, R. (1991). Geomorphological dispersion. *Water Resour. Res.,* **27**, 513–525.

Robinson, J. S., Sivapalan, M. and Snell, J. D. (1995). On the relative roles of hillslope processes, channel routing, and network geomorphology in the hydrologic response of natural catchments. *Water Resour. Res.,* **31**, 3089–3101.

Rockwood, D. M. (1958). Columbia basin streamflow routing by computer. *J. Waterw. Harbor Div., Proc. ASCE,* **84**, 1874.1–1874.15.

Rodriguez-Iturbe, I. and Rinaldo, A. (1997). *Fractal River Basins.* Cambridge: Cambridge University Press.

Rodriguez-Iturbe, I. and Valdes, J. B. (1979). The geomorphologic structure of hydrologic processes. *Water Resour. Res.,* **15**, 1409–1420.

Rodriguez-Iturbe, I., Rinaldo, A., Rigon, R., Bras, R. L., Marani, A. and Ijjasz-Vasquez, E. (1992). Energy dissipation, runoff production, and the three-dimensional structure of river basins. *Water Resour. Res.,* **28**, 1095–1103.

Schreiber, P. (1904). Über die Beziehungen zwischen dem Niederschlag und der Wasserführung der Flüsse in Mitteleurcpa. *Meteorol. Zeitsch.,* **21**, 441–452.

Sherman, L. K. (1932a). Streamflow from rainfall by the unit-graph method. *Eng. News-Record,* **108**, 501–505.

   (1932b). The relation of hydrographs of runoff to size and character of drainage-basins. *Eos Trans. Am. Geophys. Un.,* **13**, 332–339.

Shreve, R. L. (1974). Variation of mainstream length with basin area in river networks. *Water Resour. Res.,* **10**, 1167–1177.

Singh, K. P. (1976). Unit hydrographs – a comparative study. *Water Resour. Bull.,* **12**, 381–391.

Snell, J. D. and Sivapalan, M. (1994). On geomorphological dispersion in natural catchments and the geomorphological unit hydrograph. *Water Resour. Res.,* **30**, 2311–2323.

Snyder, W. M. (1955). Hydrograph analysis by the method of least squares. *J. Hydraul. Div., Proc. ASCE,* **81**, 1–25.

Snyder, W. M., Mills, W. C. and Stephens, J. C. (1970). A method of derivation of nonconstant watershed response functions. *Water Resour. Res.,* **6**, 261–274.

Sugawara, M. (1961). On the analysis of runoff structures about several Japanese rivers. *Jpn. J. Geophys.* (日本地球物理學集報), **2**, 1–76.

Sugawara, M. and Maruyama, F. (1956). A method of prevision of the river discharge by means of a rainfall model. *Symposia Darcy (Dijon, 1956), Int. Assoc. Sci. Hydrol. (Gentbrugge),* Publ. No. 42, **3**, 71–76.

Surkan, A. J. (1969). Synthetic hydrographs: Effect of network geometry. *Water Resour. Res.,* **5**, 112–128.

Troutman, B. M. and Karlinger, M. R. (1985). Unit hydrograph approximations assuming linear flow through topologically random channel networks. *Water Resour. Res.*, **21**, 743–754.

Ule, W. (1903). Niederschlag und Abfluss in Mitteleuropa. *Forsch. Deutsche Volks- u. Landesk.*, **14**(5), 24–39.

Van der Tak, L. D. and Bras, R. L. (1990). Incorporating hillslope effects into geomorphologic instantaneous unit hydrograph. *Water Resour. Res.*, **26**, 2393–2400.

Veneziano, D., Moglen, G. E., Furcolo, P. and Iacobellis, V. (2000). Stochastic model of the width function. *Water Resour. Res.*, **36**, 1143–1157.

Wolman, M. G. (1955). *The natural channel of Brandywine Creek, Pennsylvania, US.* Geol. Survey Prof. Paper 271. Washington, DC: US Dept. Interior.

Wu, I.-P. (1963). Design hydrographs for small watersheds in Indiana. *J. Hydraul. Div., Proc. ASCE*, **89**, 35–66.

462 ● 第 12 章　集水域スケールでの河川流の応答

水文学における頻度解析の基本 *13*

水文データ解析の中心課題の1つは，利用できる測定記録を基にして将来発生する事象の確率をどう与えるか，ある大きさの事象のリスク推定値をどのように与えるかにある．長年にわたりこの目的のための多くの考え方が発達してきた．これは通常初歩的な統計学で扱う標準的な内容には含まれない．本章ではこのいくつかを，他の不可欠な基本的事項とともに扱う．

13.1 確率変数と確率

実際的な意味合いとしては，確率変数 (random variable, stochastic variable) は実験の結果生じる事象の大きさと定義できる．この変数は大きさを確実には予測することができないため，確率的とよばれる．確率変数は，離散型と連続型，また時には両者の組合せとして分類できる．

n 回繰り返された実験中に事象 A が n_A 回起きた時，その頻度は (n_A/n) の比で表される．そこで，この事象の確率はこの相対的頻度の n を無限に増やした時の極限値として，

$$P(A) = \lim_{n \to \infty} \frac{n_A}{n} \tag{13.1}$$

と定義できる．確かにこの定義は，日常生活での確率の意味を感じさせてくれるという点で，直感的に人を惹きつけるところがある．しかし物理的な実験では，実験の数 n は有限でしかありえず，この極限は仮想的にしかありえない．このため，事象の確率は，(i) 確率は負にはなりえず，$P(A) \geq 0$，(ii) ありえる全事象の確率，すなわち確実性 (certainty) のある場合の確率は 1 である，(iii) A と B が相互に背反な事象であるなら，A または B の起こる確率は，それぞれの起こる確率の和 $P(A \cup B) = P(A) + P(B)$ である，といった性質をもつ事象にかかわる数として，公理を通して定義する (Papoulis, 1965) 方が望ましい．明らかに頻度の定義 (13.1) はこれらの公理を満たしている．この意味で，相対頻度 (relative frequency) という用語は普通，無限に大きな母集団から引き出された有限な数の標本を用いて推定した経験的確率を指し示す．

確率変数が $i = 1, 2, \dots$ としたある値 x_i のみをとりうる時は，離散型とよばれ，離散型確率変数 X がある値 x_i をとる確率は，

$$p_i = P\{X = x_i\} \tag{13.2}$$

と表せる．ここで $P\{\ \}$ は $\{\ \}$ の中に記述される事象の確率を表している．離散型変数の相対頻度としての確率分布を表すには，棒グラフを使うのが適切である (図 13.1)．

確率変数が無限な場合もそうでない場合も，実数のある範囲内で任意の値 x をとりうる時，これを連続型とよぶ．この場合には，変数 X が無限の数をとりうるので，ある値 x 以下となる確率を考慮する方が適切である．これにより (確率)分布関数 ((probability) distribution function) が

$$F(x) = P\{X \leq x\} \tag{13.3}$$

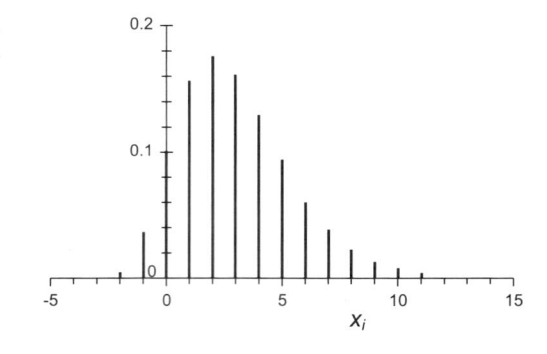

図 13.1 棒グラフの例. 異なる値 $x_i = \ldots, -2, -1, 0, 1,$ $\cdots$ に対する離散的確率変数 X の相対頻度を示している.

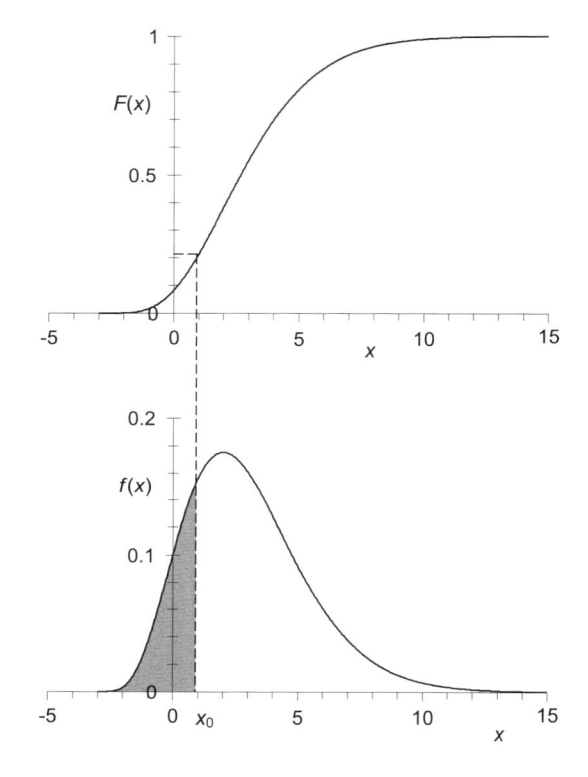

図 13.2 分布関数 $F(x)$ と密度関数 $f(x)$ の関係. 密度関数は分布関数の傾きを表す. 式 (13.5) から, $F(x_0)$ は下の図の x_0 左側の $f(x)$ 曲線下 (灰色部分) の面積に等しい.

と定義される. ここで $P\{\ \}$ は前と同様 $\{\ \}$ の中に記述される事象の確率を表している. 分布関数が滑らかなすべての x に対して, (確率)密度関数 ((probability) density function) は

$$f(x) = \frac{dF(x)}{dx} \tag{13.4}$$

により定義される. つまり, $X \le x$ である確率は密度関数によっても

$$P\{X \le x\} = \int_{-\infty}^{x} f(y)\,dy \tag{13.5}$$

として表すことができる. ここで y は積分のダミー変数である. この様子を図 13.2 に示す. 同様に, 確率変数がある $x_1 < X \le x_2$ の範囲で生じる確率は,

$$F(x_2) - F(x_1) = \int_{x_1}^{x_2} f(x)\,dx \tag{13.6}$$

により与えられる.

ランダム関数あるいは確率過程は，関数の種々の引数に対する確率変数の集まりとして記述できる．時間のランダム関数は通常確率過程と見なされる．空間位置のランダム関数は第2章2.7.3項ですでに手短に導入された．もし確率過程のすべての結果が同じ確率分布を持つとしたら，この過程は通常時間の関数であれば定常 (stationary)，空間の関数であれば均質 (homogeneous) とよばれる．2つの用語は互換できるものとして使われてきた．本章では，生成される確率過程は定常と仮定される．非定常過程も原理的には分析することができる．しかし，水文学においては，主に記録が限られ，適切なデータが存在しないことから，気候変化などから生じる非定常を扱うことはより難しい (Stedinger and Griffis, 2011; Villarini *et al.*, 2009; Salas and Obeysekera, 2014).

13.2　確率分布関数の記述子

13.2.1　モーメント

離散型変数 X の場合，原点の周りの n 次モーメントは，

$$m'_n = \sum_i x_i^n p_i \tag{13.7}$$

により定義されるのに対し，平均値 μ の周りの n 次モーメントは

$$m_n = \sum_i (x_i - \mu)^n p_i \tag{13.8}$$

で定義される．連続型変数 X に対しては，原点 $x = 0$ の周りの n 次モーメントは

$$m'_n = \int_{-\infty}^{+\infty} x^n f(x)\, dx \tag{13.9}$$

により，平均値 $x = \mu$ の周りの n 次モーメントは

$$m_n = \int_{-\infty}^{+\infty} (x - \mu)^n f(x)\, dx \tag{13.10}$$

により定義される．平均値の周りのモーメントはまた中心モーメント (central moment) ともよばれる．原理的にはゼロ次モーメントは1に等しく，$m'_0 = m_0 = 1$ である．原点の周りの1次モーメントは定義から平均 (mean) で，$m'_1 = \mu$ である．これはまた，確率変数の期待値 (expected value) $E\{X\}$ ともよばれる．$n = 1$ とした式 (13.10) から，平均値の周りの1次モーメントは $m_1 = 0$ である．原点の周りの2次モーメントは平均二乗偏差 (mean square deviation) である．平均値の周りの2次モーメントは分散 (variance) とよばれ，通常 $m_2 = \sigma^2$ で表される．その平方根 σ は標準偏差 (standard deviation) である．標準偏差を平均値を用いて無次元化すると，変動係数 (coefficient of variation) $C_v = (\sigma/\mu)$ が得られる．これら2次モーメントに関係するパラメータは確率変数の広がりを示すのに用いることができる．対称分布関数の奇数次の分布の中心モーメントはすべてゼロ，つまり $m_3 = m_5 = \ldots = 0$ である．対称でない程度，すなわちひずみの度合いは，平均値の周りの3次モーメント m_3 で普通表現され，歪度 (coefficient of skew) は $C_s = (m_3/\sigma^3)$ により定義される．分布関数が

$$F(x) = 1 - F(-x) \tag{13.11}$$

であり，またその結果 $f(x) = f(-x)$ である時，これは原点 $x = 0$ に関して対称である．中心モー

メントは原点の周りのモーメントから求めることができる．2 次と 3 次の中心モーメントに対して両者の関係は，

$$m_2 = m'_2 - m'^2_1$$
$$m_3 = m'_3 - 3m'_1 m'_2 + 2m'^3_1 \tag{13.12}$$

である．m'_1, m'_2, m'_3 が任意の基準値 $x = a$ の周りのモーメントを表す時にも同じ関係が成り立つ．

分布のモーメントは，n 回の観測値 $X_i(i = 1, \ldots, n)$ の集合から直接推定することができる．平均 μ，分散 σ^2，歪度 C_s の標本推定量はそれぞれ

$$M = \overline{X_i} = \frac{\sum_{i=1}^n X_i}{n}$$
$$S^2 = \frac{\sum_{i=1}^n (X_i - M)^2}{n-1} \tag{13.13}$$
$$g_s = \frac{n \sum_{i=1}^n (X_i - M)^3}{(n-1)(n-2)S^3}$$

で与えられる．n や n^2 を用いずに，S に対して $(n-1)$，g に対して $(n-1)(n-2)$ を用いるのは，推定量のバイアスを減らすためである (Weatherburn, 1961)．

13.2.2 分位数

分位数（分位点，quantile）は，定義として密度関数領域（通常 0 と 1 の間）を n 等分割する $(n-1)$ 個の確率変数の値である．つまり第 m 分位数 x は，x についての積分

$$\frac{m}{n} = \int_{-\infty}^x f(y)\,dy \quad \text{または} \quad \frac{m}{n} = \int_{-\infty}^x dF(y) \tag{13.14}$$

を解くことで求めることができる．メディアン (median) は最も広く使われる分位数である．これは確率分布が $1/2$ に等しくなる変数の値であり，しばしば母集団の中心性を示すために平均と並んで使われる．つまり n 個のデータの標本に対して，標本のメディアンは，全データを大きさの順に並べた時にその中央にある値である．標本の下位四分位数 (lower quartile) は式 (13.14) で $m/n = 1/4$ となる x の値，上位四分位数 (upper quartile) は $m/n = 3/4$ となる x の値である．$n = 100$ の時には分位数（を 100 倍したもの）を百分位数 (percentile) ともよぶ．

13.2.3 再現期間

ある値 x を超過する確率の逆数

$$T_r(x) = \frac{1}{1 - F(x)} \tag{13.15}$$

を再現期間 (return period, recurrence interval) あるいは超過間隔 (exceedance interval) とよぶ．再現期間は期待される x を一度でも超過するまでに要する観測の数である．これは以下のようにして示すことができる．$p (= F(x))$ を実験のどの試行でも，事象の大きさが x を超えない確率としよう．すると，この大きさがはじめの $(k-1)$ 回の試行で x を超えることがなく，最後の試行でついに超えてしまう場合の確率は

$$P\{X > x\ \text{となるまでに}\ k\ \text{回の試行}\} = p^{k-1}(1-p) \tag{13.16}$$

で与えられる．この確率関数は幾何分布 (geometric distribution) として知られている（13.3.1 項参照）．試行の平均回数は 1 次モーメントで，式 (13.7) から

$$\overline{k} = m'_1 = \sum_{k=1}^{\infty} k p^{k-1}(1-p) \tag{13.17}$$

である．確実な場合を除き，$0 < p < 1$ であるので，$(1 + p + p^2 + \dots) = (1-p)^{-1}$ となる．そこで式 (13.17) を $\overline{k} = (1-p)^{-1}$ と変形でき，これは式 (13.15) の下の記述を証明していることになるわけである．

式 (13.15) は再現期間が $F(x)$ と 1 対 1 に対応していることを示している．そのため，これを確率分布関数と同等あるいはその代替と考えることができる．再現期間という用語は，観測が一定時間間隔で行われる場合に，観測回数が観測間隔の時間単位と同じ単位で表した期間となることからきている．再現期間が観測の平均回数を表していることを強調しておかねばならない．これはある事象が T_r 回の観測ごとに一度起きることを意味しているわけではない．つまり 100 年確率洪水は 100 年ごとに発生するわけではない．実際，これは次の年に起きるかもしれないし，あまりありそうではないが，1,000 年経っても起きないかもしれない．

実用的な適用では，式 (13.15) で与えられる再現期間は通常 x が大きくなるに伴って激しさが増す現象を表すのに使われる．たとえば，500 年確率洪水は 100 年確率洪水より激しく，より大きな被害をもたらす．一方，x が大きくなると事象の激しさが減少する場合には，再現期間は

$$T_r(x) = \frac{1}{F(x)} \tag{13.18}$$

で定義されるべきである．これにより，たとえば干ばつの場合，干ばつの程度を表す相対的に少ない流量や降雨量が，長い再現期間で特徴づけられるようになる．式 (13.18) の理論的な重要性は，必要な変更を加えれば式 (13.15) と同じである．

13.2.4 経験的な確率プロット

水文学的な測定記録からデータを図に表し，その統計的特性の全般的な様子を把握することがしばしば大事である．（経験的）確率プロット (probability plot) は，度数プロット (frequency plot) あるいは度数曲線 (frequency curve)，また時として分位数プロット (quantile plot) としても知られ，この目的で一般に用いられる手段である．このプロットは，x の大きさに対して，記録中の個々のデータの（非超過あるいは超過）確率 $F = F(x)$ を図的に表現したものである．

一定間隔で通常観測される n 個からなるデータ記録に対して，この方法をまとめると，以下のとおりである．(i) n 個のデータ X_m を $X_1 \le X_2 \le \dots \le X_m \le \dots \le X_n$ となるよう小さい順に並べる．(ii) 個々のデータに添字の値に合わせた順位づけ番号 $1, 2, \dots, m, \dots, n$ をつける．(iii) 個々のデータについて適切なプロッティング・ポジション公式 (plotting position formula) により経験的な非超過確率 P_m を推定する．プロッティング・ポジション P_m は，観測された事象 X_m に対する未知の確率 $F(x = X_m)$ の推定値として使われる．これまでに多くのプロッティング・ポジション公式が提案されてきた．Cunnane (1978) が比較的よく使われる公式の歴史や特性についてのレビューを行っている．

● プロッティング・ポジション

おそらく最も古くからあり直感的にわかりやすいのは $P_m = m/n$ である．この式を用いる問題点は，記録上の最大値に 1 の確率，すなわち確実性が与えられる点にある．つまり，この式を用い

ると，将来にわたって過去の最大値を超過しないことが仮定されてしまう．このようなことはありえないので，このプロッティング・ポジションを用いることは，記録上の最大値を捨てるのと同じことである．この問題点は $P_m = (m-1)/n$ の式を用いることで避けることができるが，今度は最小値に確実性を与えてしまう．Hazen (1930) は中間的なポジション $P_m = (m-1/2)/n$ を提案した．この公式の明白な性質として，式 (13.15) と合わせると，記録上の最大値に対して再現期間 $T_r = 2n$ を与える点をあげることができる．つまり，結果として生じる再現期間はデータが記録された期間の 2 倍となる．Gumbel (1958) によれば，n が大きくなるにつれ最大の事象の再現期間は記録期間に近づくべきであり，したがって，これは受け入れがたい．この手の問題はワイブル公式

$$P_m = \frac{m}{n+1} \tag{13.19}$$

では生じない．Gumbel (1958) やその後の多くの研究では，$m = 0$ あるいは 1 で生じる問題点を避けられること，すべてのデータをプロットできることのほかにも，式 (13.19) に次のような利点があることから，その利用を推奨している．(i) 分布関数 $F(x)$ から独立している．(ii) 最大（あるいは場合によっては最小の）観測値の再現期間が観測回数 n に近づく．(iii) 頻度スケール上ですべての観測が等間隔に存在する．これは m 番目の観測値と $(m+1)$ 番目の観測値のプロッティング・ポジションの差が n のみの関数であることを意味する．(iv) この式は直感的にわかりやすく，容易に適用できる．しかしこの公式の一番の強みは，m 番目に小さな観測値の確率の平均として，理論的な根拠がある点にある．これを以下に示す．

● ワイブルプロッティング・ポジション公式の導出

ここで再び n 個の観測を小さい順に並べた $X_1 < X_2 < \cdots < X_m < \cdots < X_n$ の標本を考えよう．m 番目に小さな観測値の確率分布は，式 (13.3)，すなわち

$$F(X_m) = \int_{-\infty}^{X_m} f(x)\,dx \tag{13.20}$$

で与えられ，この観測値のみの確率密度は

$$f(X_m) \tag{13.21}$$

である．しかし，X_m はそれのみでは起こりえず，$(n-1)$ 個の他の観測と関係をもって生じる．残りの $(n-1)$ 個の観測値の中で，$[(n-1)-(m-1)]$ 個の観測値が X_m を超過し，$(m-1)$ 個が非超過である．この出現確率は二項分布 (binomial distribution)（13.3.2 項参照）で与えられ

$$P\{(m-1) \text{ 個の非超過，} (n-m) \text{ 個の超過 }\} = \frac{(n-1)!}{(n-m)!(m-1)!} F_m^{m-1} (1-F_m)^{n-m} \tag{13.22}$$

に等しい．ここで表記に便利なように $F_m = F(X_m)$ を導入してある．個々の観測の確率は独立である．さらに m 番目に小さい観測値 X_m は残りの $(n-1)$ 個の観測値並びの中で n の異なる場所をとりうる．つまり，残りすべての前側と残りの各々の後ろ側である．そこで m 番目に小さい観測値 X_m の残り $(n-1)$ 個の観測値の出現と合わせた密度関数は，式 (13.22) で与えられる確率の n 倍に X_m のみの確率密度式 (13.21) を掛け合わせた

$$\phi(X_m) = \frac{n!}{(n-m)!(m-1)!} F_m^{m-1} (1-F_m)^{n-m} f(X_m) \tag{13.23}$$

に等しい．y が z の関数 $y = y(z)$ で，y が密度関数 $f(y)$ を有している時，z の密度関数は

$$g(z) = f[y(z)] \left| \frac{d[y(z)]}{dz} \right| \tag{13.24}$$

で与えられる (Mood and Graybill, 1963 参照). これを今回の場合に $y = X_m$ および $z = F_m$ として適用すると, 式 (13.23) から $F_m = F(X_m)$ の密度関数

$$g(F_m) = \frac{n!}{(n-m)!(m-1)!} F_m^{m-1} (1 - F_m)^{n-m} \tag{13.25}$$

が得られる. F_m の平均は 1 次モーメントであり, $0 \le F_m \le 1$ なので,

$$m_1' = \overline{F_m} = \int_0^1 F_m g(F_m)\, dF_m$$

または

$$\overline{F_m} = \frac{n!}{(n-m)!(m-1)!} \int_0^1 y^m (1-y)^{n-m}\, dy \tag{13.26}$$

である. y は積分のダミー変数である. この式の積分はベータ関数であり, 階乗を用いて $m!(n-m)!/(n+1)!$ と表すことができる (たとえば Abramowitz and Stegun, 1964, p.258). これから $\overline{F_m} = m/(n+1)$ が得られ, 仮定した式 (13.19) のプロッティング・ポジションが実際に m 番目の非超過確率の平均であること, すなわち $P_m = \overline{F_m}$ を証明している.

● 確率紙

　経験的な確率プロットを普通の線形グラフ用紙上で行うと, 通常は曲率の大きな S 字型の曲線が描ける. プロットしたデータの解釈と内挿を行うためには, データがほぼ直線に並ぶように P_m の適切な値の範囲を縮めたり拡大したりすることで, この曲率をなくすか減らすことが望ましい. これを行う一般的な方法として, 確率紙 (probability paper) の利用をあげられる. 水文学で確率紙の使用を提唱したのは, Hazen (1914b) が最初のようである.

　確率紙は, 任意の確率関数 $F(x)$ に対して, この関数または対応する再現期間 $T_r(x)$ を x に対してプロットすると直線が得られるようにつくられている. 最も一般的な形の確率紙では, 対象とするデータに依存する, たとえば a, b の 2 つの母数 (パラメータ) をもつ確率関数を扱う. そこで確率紙がどのようなデータセットに対しても一般に適用できるようにするためには, これらの母数への依存性をなくす必要がある. これは

$$y = a(x - b) \tag{13.27}$$

の形の線形変換により行える. この式で a, b は利用される関数 $F(x)$ により決まる. たとえば, 正規分布の場合には $b = \mu, a = \sigma^{-1}$ である. 最大値に関する第 I 種漸近分布の場合には, 下に示すように b は密度 $f(x)$ が最大値をとる x であるモード, そして $a = (\pi/\sqrt{6})\sigma^{-1}$ である. この変換の結果,

$$F_Y(y) = F(b + y/a) \tag{13.28}$$

で与えられる密度関数が得られ, これは母数には依存しない. 原理的には, 確率紙は a, b の値を決めずに, x 対 y のプロットとしてつくられる. $F(x)$ が対称である時, $y = 0$ は目盛りの中央に位置する. y 目盛りと平行に $F_Y(y)$ の目盛りがふられ, ある種の確率紙では第 3 の目盛りを $T_r(y)[= (1 - F_Y)^{-1}]$ で示してある. しかしほとんどの確率紙では y 目盛りは示さず, $F_Y(y)$ か $T_r(y)$ のどちらかを示してある. 正規確率分布に基づく正規確率紙が市販されていたが, 現在では, 正規分布目盛りを一般的なコンピュータプログラムでつくり出すことができる. ある種の適用では x 変数は対数変換され, $\log(x)$ が $F_Y(y)$ または $T_r(y)$ に対してプロットされる. 図 10.34〜図 10.37 は対数正規分布確率紙の適用を示している.

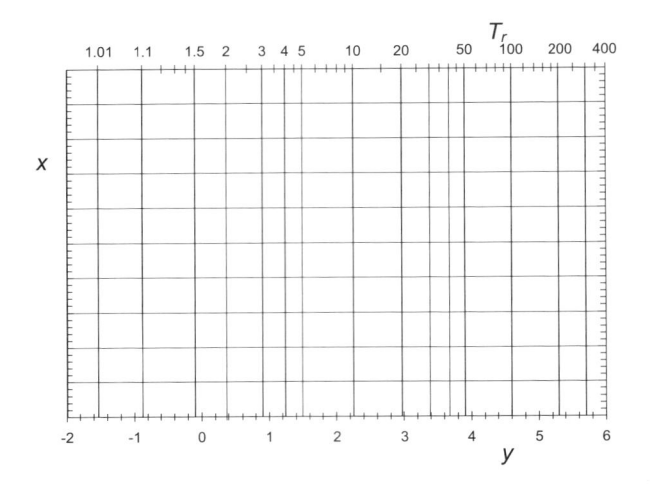

図 **13.3** 最大値に関する第I種漸近分布に基づく横座標をもつ確率紙. y 軸と T_r 軸の両者を示してある（例 13.1 参照）.

■ **例 13.1　極値分布に基づく確率紙**

　　最大値に関する第I種漸近分布をこの後の 13.4.5 項で詳細に扱うが，ここではこれを用いた確率紙の作り方を示す．この関数は $F(x) = \exp[-\exp(-y)]$ で与えられ，y は式 (13.27) で定義される線形変換を行った変数である．これから逆関数 $y = -\ln[\ln(F^{-1})]$ および $y = -\ln[\ln[T_r/(T_r - 1)]]$ が求まる．まずグラフ用紙で軸の1つを y 軸とする．対象とする F の全範囲について，切りのよいように選んだいくつかの F の値に対する y の値を計算する．得られた F と y の組合せを用いて，y 軸上，あるいは（見やすいように）y 軸と平行な別の軸上の y の位置に F の値の目盛りをつけていく．同じことを対象とする T_r の全範囲について，切りのよいように選んだ T_r の値に対して行う．前述のとおり，ほとんどの種類の確率紙では3つの軸すべてが示されているわけではなく，F または T_r 軸のみが示されている．図 13.3 は y 軸と T_r 軸が示されている確率紙である．

13.2.5　理論的確率分布関数

　　多くの関数は前述した確率の定義と矛盾せず，データセットを記述するのに用いることができる．頻度解析では，利用できるデータに数学的な確率分布関数をあてはめることがしばしば有用である．実際，このような関数によりデータを切れ目なく簡潔に記述することができ，客観的な信頼度の基準を定式化することができる．さらに，問題が生じるかもしれないので注意深く行わなければならないが，利用できるデータ範囲の外側の確率を推定するために，関数をある程度は外挿に用いることができるだろう．

　　ほとんどの理論的分布関数の適用は，厳密な確率論的な考察の上で，正当化できる．残念ながら水文学的な関心の対象であるデータセットに対してこのような考察が厳密に有効であることはまれであり，ほとんどの場合，母集団を代表する分布関数の実際の関数形はわかっていない．そこで選択した分布が実際の使用にあたって役立つ程度に，単純かつ物理的に意味があるようになっていることが望みうる最良なことである．

　　これらの分布関数の母数を決めるいくつかの方法がある．その中で，一般に最尤法 (method of maximum likelihood) が原理的には最もよいと考えられている．しかし，いくつかの研究（たとえば Stedinger, 1980; Martins and Stedinger, 2000）によれば，これは常にあてはまるわけではなく，特に標本数が小さい時にはあてはまらない．現在は，適用がより単純なモーメント法 (method of moments) が主に利用されている．さらに，モーメント法では大きな観測値に重みがつくので，大きな値の解析に適しているという性質もある．以下の 13.3 節では水文事象の解析に有用であった，より一般的な関数のいくつかを扱う．

13.3 離散型変数に対する確率分布

13.3.1 幾何分布

幾何分布 (geometric distribution) についてはすでに再現期間との関連で簡単に説明した．ここで再度その理論を簡単に述べよう．まず確率 p の成功と確率 $q = (1 - p)$ の失敗の 2 つの結果がある実験を考察する．各試行が相互に独立であるなら，$(k - 1)$ 回の成功の後に 1 回の失敗となる確率は式 (13.16) あるいは

$$P\{\text{ 初めて失敗するまでの試行が } k \text{ 回 }\} = p^{k-1}(1 - p) \tag{13.29}$$

で与えられる．式 (13.29) は，たとえば次に失敗するまでに k 以下の回数の試行が必要である確率を計算するのに使える．これは単純な確率の合計で，K を失敗するまでの試行回数とすれば，確率変数として

$$P\{K \leq k\} = \sum_{i=1}^{k} p^{i-1}(1 - p) \tag{13.30}$$

で与えられ，これから $1 - p^k$ が得られる．式 (13.30) はまた，$k \to \infty$ の時に 1，すなわち確実となる．実は式 (13.30) はまた，k 回の試行で失敗が起きない確率をまず考えることでも導出することができる．試行は独立なので，これは p^k に等しい．この余事象確率が k 以下の試行で失敗する確率である．

■ 例 13.2　所与の再現期間の洪水の超過確率

年最大洪水量ともよばれる河川の年最大流量 X が所与の大きさ x を超過しないことが「成功」を意味し，$p = F(x)$ であるとしよう．例として $p = 0.98$ の事象を考える．式 (13.15) よりこれは 50 年確率洪水であることがわかる．図 13.4 は，式 (13.29) を用いて計算した，この事象が超過される前にちょうど k 年かかる確率を k の関数として示している．1 年目に超過される確率は 0.02 である．ちょうど 50 年後に超過される確率は $0.98^{49} \times 0.02 = 0.00743$ である．図 13.5 は式 (13.30) で計算した x を超過するのに k 年以下かかる確率で，これはこの同じ大きさ x を超過する洪水の出現

図 **13.4**　既知の確率 $p = F(x) = 0.98$ をもつ年最大流量がちょうど k 年経過した時に超過される確率 P．これは 50 年確率事象であり，50 年経過後に超過される確率は 0.00743 である（例 13.2 参照）．

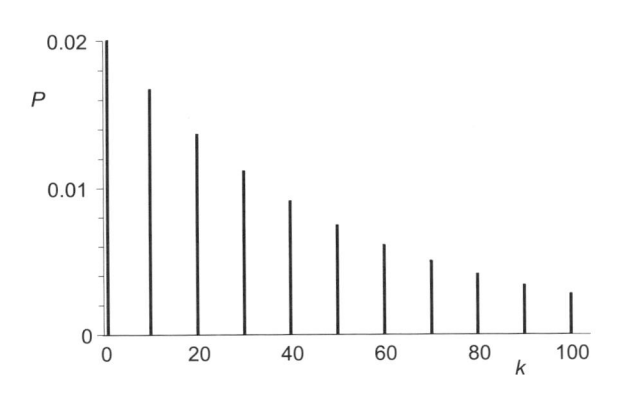

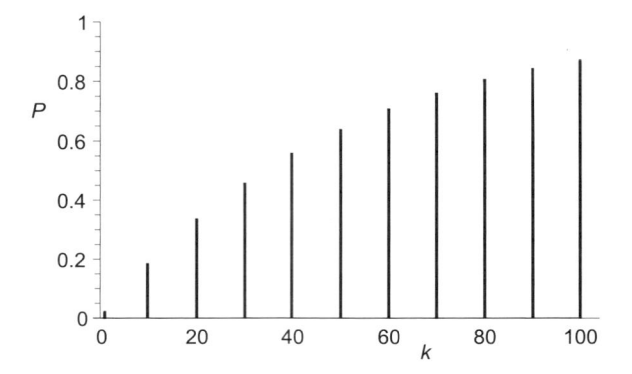

図 **13.5** 既知の確率 $p = F(x) = 0.98$ をもつ年最大流量が k 年かそれ以下を経過した時に超過される確率 P. これは 50 年確率事象であり, 50 年経過前に超過される確率は 0.636 である (例 13.2 参照).

確率である. これから 1 年目のこの出現確率が 0.02 であることもわかる. また 50 年が経過する前に超過される確率は $1 - 0.98^{50} = 0.636$ である. 確率は k が大きくなるにつれ 1 に近づく.

■ 例 13.3　無降雨日または降雨のある日の続く確率

Hershfield (1970a;b;1971) は幾何分布を用いて, 降水がある (またはない) ある長さの期間の確率を研究した. この手の適用では, p は成功の後に成功となる条件つき確率 (conditional probability) を表す. 一般に, 成功は降雨のない日, 降雨のある日, あるいは事例に応じて変わるその他の, ある好ましい事象を表す. ここでは p を無降雨日の後に無降雨日が続く確率を表すとしよう. この場合, 式 (13.29) の形は無降雨日の後に無降雨日が k 日間続く確率と, k 日目の無降雨日の後の $(k+1)$ 日目が降雨日となる確率の積となる. つまり, 式 (13.29) は連続したちょうど k 日間の無降雨日を経験する確率を表している.

式 (13.29) の積は, 事象が独立で, p が一定であり無降雨期間 k により変化しないという仮定に基づいている. これが実際に成り立つのかは, 以下の考察を基にして調べることができる. 今回の事例では, 無降雨日が高々 k 日続く確率は, k 日以下の無降雨日が出現する個々の確率のすべての和である. これは式 (13.30) で与えられ, $1 - p^k$ となることが示される. 逆に連続した無降雨日が少なくとも $k+1$ 日続く確率, すなわち $k+1$ 以上続く確率は, 式 (13.30) の余事象確率 p^k である. 同様に連続した無降雨日が少なくとも k 日続く確率は p^{k-1} である. したがって, p が k とは独立である仮定が有効であるかどうかは, 任意の条件に対して, 少なくとも k 日続く連続日の数と少なくとも $(k-1)$ 日続く連続日の数の比がすべての k に対して一定, すなわち

$$\frac{S_k}{S_{k-1}} = C \tag{13.31}$$

が一定であるかどうかを調べることで実験的に確認できる. ここで C は原理的には p と等しくなるはずである. この様子を図 13.6 に示す. Hershfield (1970a) の降水データ解析に基づき, メイン州 Portland で 1951〜1960 年の間に観察された連続した無降雨日の数 S_{k+1} を S_k に対してプロットしたものである. ここで, 無降雨日は, ある有限な閾値未満の降水しかない日として定義している. 日降水量で 0.254 mm, 2.54 mm, 6.35 mm という 3 つの閾値を試みた. 原点を通る回帰直線の傾きは, それぞれ 0.708, 0.815, 0.868 であり, これら 3 つの閾値に対する p の推定値として順当であろう.

しかし, 母数を推定するより一般的な方法はモーメント法である. 幾何分布の式 (13.29) には 1 つの母数 p しかないので, k の平均がわかれば十分である. 無降雨の平均期間は

$$\overline{k} = \frac{N_{DD}}{N_{DS}} \tag{13.32}$$

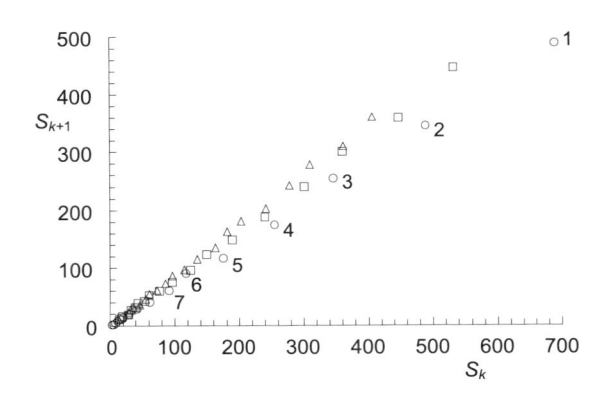

図 13.6　Hershfield (1970a) の解析を基に, 1951〜60 年にメイン州 Portland で観測された無降雨日が少なくとも連続して $k+1$ 日続いた数を, 少なくとも連続して k 日続いた数に対してプロットした図. 無降雨日は日降水量の 3 つの閾値, $P < 0.254\,\mathrm{mm}$ (○), $P < 2.54\,\mathrm{mm}$ (□), $P < 6.35\,\mathrm{mm}$ (△) により定義してある. 原点を通る回帰直線の傾きはそれぞれ 0.708, 0.815, 0.868 である. これはモーメント法により求められた条件つき確率 $p = 0.708, 0.816, 0.870$ とそれぞれほぼ等しい. わかりやすいように $P < 0.254\,\mathrm{mm}$ で定義した無降雨日の最も短い継続期間を表す 7 つのデータポイント (○) の隣に k の値を示してある.

で与えられる. N_{DD} は対象とする記録データ中の全日数, N_{DS} は同期間中の無降雨日数である. 式 (13.17) からわかるように, この平均期間はまた $\bar{k} = (1-p)^{-1}$ によっても与えられる. これから p をデータ記録から式 (13.32) に従って決定できることがわかる. 図 13.6 をつくるのに用いたメイン州 Portland のデータから, このようにして求めた連続した無降雨日の条件つき確率は, 3 つの閾値に対して 0.708, 0.816, 0.870 となる. 予期されるように, この値は上で述べたデータの回帰直線の傾きから求めた値とほぼ同じである.

　ここでは, 連続した無降雨日, 正確には有限なある閾値未満の降水量しかなかった連続日を例にして示した. p が降雨日 (つまりある閾値を超える日) の後に降雨日が続く確率を表す場合も, 必要に応じて変更を加えれば同じ論法が成り立つ. 最後に, この例で用いた p は無降雨日の確率とは異なることに注意すること. 後者は記録データの全 (降雨日および無降雨日の) 日数に対する無降雨日の日数の比として定義されている. しかし, Hershfield (1970b) は両者に関係があることを示している.

13.3.2　二項分布

　ここで再び成功と失敗の 2 つの結果がありうる実験を考察しよう. それぞれの確率は, p および $q = (1-p)$ である. この分布は, n 回の試行で k 回の成功と $(n-k)$ 回の失敗の生じる確率はいくらかという問題に対する答えを与えてくれる. この問題は幾何分布に行き着く問題と似ている, 実際, 独立した成功と失敗の並びがある指定した順に出現するようにしたとすると, 出現の確率は $p^k q^{n-k}$ で与えられるだろう. しかし, 全部で n 個の品物から k 個の品物を選ぶのには $n!/k!(n-k)!$ 通りの方法がある. そこで K が成功の回数に対する確率変数を表すとしたら, 全確率は

$$P\{K = k\} = \frac{n!}{k!(n-k)!} p^k q^{n-k} \tag{13.33}$$

となる. 前と同様事象は相互に独立であることが仮定されている.

■ 例 13.4　凍結のない年の確率

　わかりやすい二項分布の適用例として以下の例を示す. ある地点での 45 年間の温度記録から, 温度が 0 ℃以下にならなかった年が (45 年中) 26 年間あったことがわかっている. つまり凍結のない年の確率は $p = (26/45)$ と推定できる. すると式 (13.33) から, n 年間に k 年凍結のない年が生じる確率が求められる. 図 13.7 に 8 年間での異なる k の値に対する結果を示す. 関連した問題と

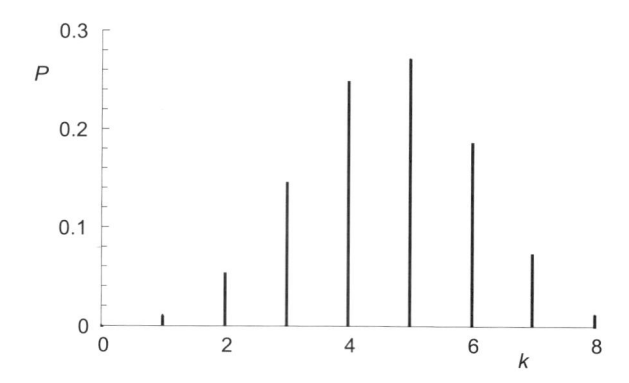

図 **13.7** 凍結の生じない年の確率が $p = 26/45$ と推定される地点における $n = 8$ 年の期間内に k 回の凍結のない年の生じる確率 $P = P\{K = k\}$（例 13.4 参照）

して，n 年間に少なくともある年数凍結がない年の生じる確率というのをあげることができよう．たとえば，次の 5 年間にこの地点で凍結の生じる年が 2 回以下の確率はいくらか．この答えは，3 回，4 回または 5 回の成功の確率，つまり 3 回の成功，4 回の成功，5 回の成功それぞれの確率の和

$$P\{K \geq 3\} = \sum_{i=3}^{5} \frac{5!}{i!(5-i)!} \left(\frac{26}{45}\right)^i \left(\frac{19}{45}\right)^{5-i}$$

であり，これは 0.643 となる．

13.4　連続変数に対する確率分布

洪水や干ばつの頻度解析において，対象となる変数は通常どのような値もとるので，ある限度内では連続変数と考えることができる．この節ではいくつかのよく使われる分布関数を扱う．

13.4.1　正規分布

正規分布 (normal distribution) はよく知られた関数であるが，他のあまりよく知られていない分布関数と後で比較するための基準あるいは尺度として簡単にここで扱う．正規またはガウス密度関数は 1 次と 2 次のモーメントを 2 つの母数としてもち，

$$f(x) = \frac{1}{\sigma\sqrt{2\pi}} \exp\left[-\frac{1}{2}\left(\frac{x-\mu}{\sigma}\right)^2\right] \quad (-\infty < x \leq \infty) \tag{13.34}$$

と書くことができる．μ は平均，σ は標準偏差である．これは x 軸上で負の無限大から正の無限大まで広がる対称な釣り鐘型の曲線である．そこでメディアン，モード，平均は等しく，歪度はゼロである．分布関数は式 (13.34) の積分で，式 (13.5) に従い

$$F(x) = \frac{1}{\sigma\sqrt{2\pi}} \int_{-\infty}^{x} \exp\left[-\frac{1}{2}\left(\frac{y-\mu}{\sigma}\right)^2\right] dy \tag{13.35}$$

である．これを簡潔に表すと

$$F(x) = \frac{1}{2} + \frac{1}{2}\mathrm{erf}\left[(x-\mu)/\sqrt{2}\sigma\right] \tag{13.36}$$

と書け，誤差関数（式 (9.57) と比較せよ）は

$$\mathrm{erf}(y) = \frac{2}{\sqrt{\pi}} \int_{0}^{y} \exp(-z^2)\, dz \tag{13.37}$$

表 13.1 式 (13.36) に従い $[F(x) - 0.5]$ として表した正規分布関数の値

$y = (x - \mu)/\sigma$	0	0.5	1.0	1.5	2.0	2.5	3.0
$0.5\mathrm{erf}(y/\sqrt{2})$	0	0.1915	0.3413	0.4332	0.4772	0.4938	0.4987

表 13.2 歪度 C_s（またはその標本推定値 g_s）の関数として表した一般化ガンマ分布に対する標準化した分位数 $y_p = (x_p - \mu)/\sigma$ の値

	再現期間 T_r							
	1.25	2	5	10	25	50	100	200
	非超過確率 $F(x_p)$							
	0.20	0.50	0.80	0.90	0.96	0.98	0.99	0.995
歪度 C_s								
3.0	−0.636	−0.396	0.420	1.180	2.278	3.152	4.051	4.970
2.5	−0.711	−0.360	0.518	1.250	2.262	3.048	3.845	4.652
2.0	−0.777	−0.307	0.609	1.302	2.219	2.912	3.605	4.298
1.5	−0.825	−0.240	0.690	1.333	2.146	2.743	3.330	3.910
1.0	−0.852	−0.164	0.758	1.340	2.043	2.542	3.022	3.489
0.5	−0.856	−0.083	0.808	1.323	1.910	2.311	2.686	3.041
0	−0.842	0	0.842	1.282	1.751	2.054	2.326	2.576
−0.5	−0.808	0.083	0.856	1.216	1.567	1.777	1.955	2.108
−1.0	−0.758	0.164	0.852	1.128	1.366	1.492	1.588	1.664
−1.5	−0.690	0.240	0.825	1.018	1.157	1.217	1.256	1.282
−2.0	−0.609	0.307	0.777	0.895	0.959	0.980	0.990	0.995
−2.5	−0.518	0.360	0.711	0.771	0.793	0.798	0.799	0.800
−3.0	−0.420	0.396	0.636	0.660	0.666	0.666	0.667	0.667

で定義される．$\mathrm{erf}(-y) = -\mathrm{erf}(y)$ である点に注意．誤差関数は閉じた形で表すことはできない．しかしその値は表になっており，また計算用のよい近似も利用できる (Abramowitz and Stegun, 1964, p.299)．またほとんどのコンピュータソフトにも組み込まれている．参照に便利なように値のいくつかを表 13.1 に示してある．以下で見られるように，表 13.2 に載せた歪度 0（$C_s = 0$）に対する値は，与えられた確率に対する正規分布の $(x - \mu)/\sigma$ で表した分位数である．

この分布の利用は中心極限定理 (Central Limit Theorem) により正当化できる．この定理は，確率変数が独立とは限らない n 個の確率変数の和であり，各々の確率変数が正規分布とは限らない有限な平均と分散をもつ密度関数を有しているならば，この確率変数の密度は n が増加するにつれ正規分布関数 (13.34) に近づくことを述べている．水文学では，正規分布は一般に年平均気温や年流出量などさまざまな種類の中心傾向をもつ測定値の記述に適用できると仮定される．

■ 例 13.5　年平均流量の確率分布

図 13.8 にニューヨーク州 Waverly 付近の Susquehanna 川における 1938〜1994 年の 57 年間の流量の測定値と，同州 Chemung において測定された Chemung 川の 1907〜2000 年の間の 90 年の測定値を正規分布確率紙上にプロットした図を示す．両観測所はともにアメリカ合衆国地質調査所により運用されている．Susquehanna 川の観測所はペンシルベニア州 Bradford 郡の 41°59′05″ N，76°30′05″ W 付近，標高 227 m の地点にあり，集水域面積はニューヨーク州内の 12,362 km² である．風速補正後の長期年平均の流域降水量は，1,200 mm 程度である (Korzoun *et al.*, 1977)．河川流量データを小さい順に並べた後，図に示した個々のデータポイントの非超過確率 $F(x)$ は式 (13.19) に従って $P_m = m/58$ と推定された．これらのデータの標本平均と標準偏差は，それぞれ $M = 214.7\,\mathrm{m^3 s^{-1}}$ と $S = 46.85\,\mathrm{m^3 s^{-1}}$ であり，これらを用いて式 (13.35) の理論的分布を計算し，

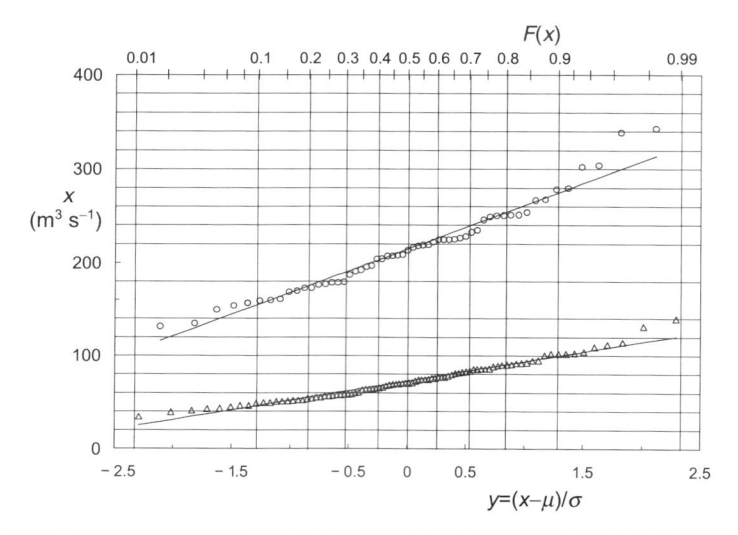

図 13.8 正規確率紙にプロットしたニューヨーク州 Waverly 近くの Susquehanna 川での流量年平均値 (○) とニューヨーク州 Chemung の Chemung 川での値 (△). Susquehanna 川に対する理論直線は標本平均 $M = 214.7\,\mathrm{m^3s^{-1}}$ と標本標準偏差 $S = 46.9\,\mathrm{m^3s^{-1}}$ から, Chemung 川に対しては $M = 72.8\,\mathrm{m^3s^{-1}}$ および $S = 20.8\,\mathrm{m^3s^{-1}}$ を用いて推定された. y 軸と $F(x)$ 軸を両方示してある (例 13.5 参照).

合わせて図 13.8 に示してある. Chemung 川観測所は, 42°00′08″ N, 76°38′06″ W 付近, 標高 237 m に位置する. 集水域面積は $6{,}491\,\mathrm{km^2}$ であり, 年平均降水量は $1{,}100\,\mathrm{mm}$ に近い. この流域では個々のデータポイントの非超過確率は $m/91$ である. Chemung 川データのモーメントの標本推定は $M = 72.79\,\mathrm{m^3s^{-1}}$ および $S = 20.81\,\mathrm{m^3s^{-1}}$ である. Chemung 川は Susquehanna 川の主要な支流であり, 2 河川は 2 つの観測所のすぐ南側で合流する. つまり 2 つの観測所の位置は近いものの, 集水域に重なりはない. 大事な点は, データのほとんどが正規分布によく従っていることである. しかし最も雨の多かった年は回帰直線の上側にきていることが見て取れる. なお, 両観測所での最大平均流量は Tropical Storm Agnes が来襲した年のものである. これは 1972 年 6 月のことで, 総降水量は場所により異なり, 報告された最大値は 450 mm, この 2 地域では 3 日間で 150 〜250 mm 程度であった (Bailey *et al.*, 1975). これにより Susquehanna 流域全体にこれまでで最も激しい大洪水が引き起こされ, 120 名程が死亡した. この洪水はこの時点においてアメリカ合衆国における最も破壊的かつ損害の大きかった自然災害であった. tropical storm あるいはハリケーンは, 最大強度のままこれほど北上することはまれにしかないが, 実際にやって来ると年平均値に著しい影響を及ぼす.

13.4.2 対数正規分布

多くの自然現象には下限があり, 正の歪度を示すため正規分布ではうまく表現できないが, 時としてその対数をとるとうまくいく. 中心極限定理によれば, これは確率変数が n 変数の積であり, 各変数が有限な平均と分散をもつ各々の密度関数を有している場合である. $y = \ln z$ とした式 (13.24) を (13.34) に適用すると, 対数正規密度関数 (lognormal density function) が得られ,

$$f(x) = \frac{1}{\sigma_n x \sqrt{2\pi}} \exp\left[-\frac{1}{2}\left(\frac{\ln(x) - \mu_n}{\sigma_n}\right)^2\right] \quad (-\infty < \ln(x) \le \infty) \tag{13.38}$$

と書ける. μ_n と σ_n は $\ln(x)$ の平均と標準偏差である. データの対数が正規分布にあまりよく従わ

ない場合には，ゼロでない下限値 c を導入するとよく合うようになる場合がある．この場合，密度関数は

$$f(x) = \frac{1}{\sigma_{nc}(x-c)\sqrt{2\pi}} \exp\left[-\frac{1}{2}\left(\frac{y_n - \mu_{nc}}{\sigma_{nc}}\right)^2\right] \quad (-\infty < y_n \leq \infty) \tag{13.39}$$

となり，$y_n = \ln(x-c)$ と μ_{nc}, σ_{nc} は y_n の平均と標準偏差である．

（たとえば，下限についての物理的考察などから）c の値が既知である場合，これらの2つの母数は式 (13.13) の1つ目と2つ目の式の X_i を $\ln(X_i - c)$ に置き換えることで推定できる．あるいは，

$$\mu = c + \exp\left(\mu_{nc} + 0.5\sigma_{nc}^2\right)$$
$$\sigma^2 = (\mu - c)^2 \left[\exp(\sigma_{nc}^2) - 1\right] \tag{13.40}$$

の2式を逆に用いて，μ と σ から直接推定することもできる (Chow, 1954)．しかし，X_i のモーメントは $\ln(X_i - c)$ のモーメントとは異なるため，上の2つの方法からは異なる結果が得られる．Stedinger (1980) は少数の標本に対しては対数のモーメントを用いる方法の方が，式 (13.40) に基づく方法よりよい母数推定ができることを示している．

> c の決定はいつでも容易なわけではない．この値の概略値は，対数正規分布確率紙上でさまざまな c の試行値に対して，$\ln(X_i - c)$ を $F_Y(y)$ に対してプロットする（式 (13.28) 参照）ことで図的に求めることができる．最もよい回帰直線を生じさせる c の値を選択する．c の値は原理的にはモーメント法で求めることができる．1次と2次モーメントはすでに式 (13.40) で μ と σ を求めるのに使用されているので，3次モーメントが必要である．対数正規分布の場合には（たとえば Chow, 1954 参照），これは2次モーメントと
>
> $$C_s = 3C_v + C_v^3 \tag{13.41}$$
>
> の関係がある．ここで変動係数は $C_v = [\exp(\sigma_{nc}^2) - 1]^{1/2}$ で与えられる．C_s の値はデータから式 (13.13) の3つ目の式を用いて計算でき，これを用いると式 (13.41) は C_v に対して
>
> $$C_v = \left[0.5(C_s + (C_s^2 + 4)^{1/2})\right]^{1/3} + \left[0.5(C_s - (C_s^2 + 4)^{1/2})\right]^{1/3} \tag{13.42}$$
>
> と解くことができる．式 (13.40) の2つ目の式において，C_v の値を $\left[\exp(\sigma_{nc}^2) - 1\right]^{1/2}$ に代入することで c の値を求めることができる．この方法はいつでもよい結果を与えるわけではないことを指摘しておくべきだろう．実際，ほとんどの水文データセットの3次やそれより高い次数のモーメントはあまり信頼できないため，母数を推定する他の方法が好ましいかもしれない．たとえば，Stedinger (1980) は観測値のメディアン，最小，最大を用いた分位数法を提案している．

対数正規分布の考えは，Horton (1914) により叔父の George W. Rafter の 1890 年代の示唆に基づき水文業務に取り入れられたようである．しかし「いくつかの洪水を代表する数の代わりにその数の対数を用いれば，誤差の正規分布との一致はよりよくなる」と明確に述べたのは，おそらく Hazen (1914a) がはじめである．アメリカ合衆国においてはその後，長年にわたり，対数正規分布が年最大河川流量を計画目的で表すのに用いる主たる関数であった．

■ 例 13.6　年最大河川流量に適用した対数正規分布

ニューヨーク州 Ithaca 近くの Cayuga Inlet での流量は，1935 年以来測定がなされてきており，データはアメリカ合衆国地質調査所により公表されている（web 上のサイト https://waterdata.usgs.gov/nwis も参照のこと）．流量観測所は 42°23′35″ N, 76°32′43″ W，標高 133 m にあり，その集水域は 91.2 km²

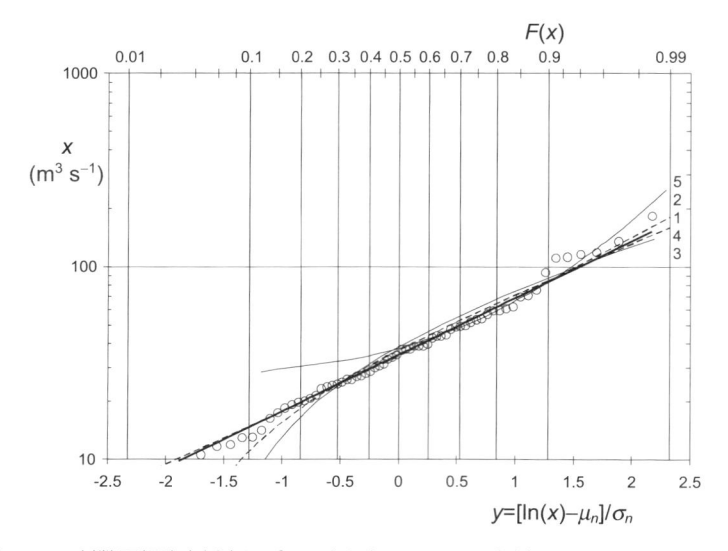

図 **13.9** 対数正規確率紙上にプロットしたニューヨーク州 Ithaca 近くの Cayuga Inlet の流量の年最大値（○）の確率分布推定. 太い実線 1 は対数正規分布を表し, 対数の標本モーメント $M = 3.557$ および $S = 0.6793$ から計算したものである. 同時に, 一般化対数ガンマ分布（上に曲がる破線 2）, 最大値に関する第 I 種漸近分布（下に曲がる細い実線 3）, 一般化極値分布（下に曲がる破線 4）およびべき乗分布（実線 5）を示してある. y 軸と $F(x)$ 軸をともに示してある（例 13.6 参照）.

である. 風速補正を施した年降水量は (Korzoun *et al.*, 1977), $1,100\,\mathrm{mm}$ 程度である. 66 年間の入手可能な記録について年最大流量を並び替え, 各々の確率 $m/67$ を計算する. 得られたデータポイントを対数正規軸に対してプロットし図 13.9 に示してある. この流量データのモーメントの標本推定値は式 (13.13) で計算され, それぞれ $M = 44.16\,\mathrm{m^3 s^{-1}}$, $S = 33.51\,\mathrm{m^3 s^{-1}}$, $g_s = 1.969$ となった. 対数に対してはモーメントの値は $M = 3.557$, $S = 0.6793$, $g_s = 0.1281$ となった. 対数の歪度 g_s が小さいことから, このデータは対数正規分布に近く, 式 (13.39) の c はおそらく無視できることがわかる. これは, データの対数とその M と S を用いて適用した式 (13.35) または (13.36) で与えられる理論線（図 13.9 の太線 1）がデータへのよい適合を示すことからも確かめられる. 比較のために, 図 13.9 に他の理論曲線も示してある. 一般化対数ガンマ分布 (generalized log gamma distribution, 13.4.4 項参照) は少し前に扱った対数の 1〜3 次モーメントを用いて計算してある. 第 I 種漸近分布 (first asymptotic distribution, 13.4.5 項参照) は, 母数として $\alpha_n = 0.03827$, $u_n = 29.08\,\mathrm{m^3 s^{-1}}$ を用いて計算され, 一般化極値分布 (generalized extreme value distribution, 13.4.7 項参照) は $a = -0.1057$, $b = 22.24$, $c = 28.75\,\mathrm{m^3 s^{-1}}$ の母数により, べき乗分布 (power distribution) は $a = 28.23$, $b = 0.4745$ の母数を用いて計算してある.

13.4.3 　一般化ガンマ分布

　一般化ガンマ分布 (generalized gamma distribution) は, しばしばピアソンの III 型分布 (Pearson Type III distribution) ともよばれ, これは不完全ガンマ関数 (incomplete gamma function) に下限値 c を追加した一般形である. その密度関数は

$$f(x) = \frac{1}{b\Gamma(a)} \left(\frac{x-c}{b}\right)^{a-1} \exp\left(\frac{-(x-c)}{b}\right) \tag{13.43}$$

と表せる. 原点が移動していることを除けば, これは式 (12.41) と同じ形である. 3 つの母数は 1〜

3 次モーメントと，$c = \mu - \sigma a^{0.5}$，$b = \sigma a^{-0.5}$，$a = 4/C_s^2$ の関係があり，$x > c$ の時，$a > 0$，$b > 0$ である．c が既知の場合，このうちのはじめの 2 母数のみが必要である（式 (12.42) および (12.43) と比較のこと）．母数が決まると，式 (13.43) の積分である分布関数は，$(x - c)$ に適用した不完全ガンマ関数の表 (Abramowitz and Stegun, 1964) から求めることができる．確率関数を求めるもう 1 つの方法では，分位数 x_p を用いる．分位数はこれを標準化した変数 $y_p = (x_p - \mu)/\sigma$ から得られる．表 13.2 は歪度の関数としてこれらの分位数 $y_p = y_p(C_s)$ を与えている．表 13.2 は $C_s = 0$ で歪度がゼロの場合には正規分布の値となる．$0.01 \leq F(x) \leq 0.99$ および $C_s < 2$ の場合，分位数はまたウィルソン・ヒルファティ (Wilson-Hilferty) の近似

$$y_p = \frac{2}{C_s} \left[\left(1 - \frac{C_s^2}{36} + \frac{C_s y_{np}}{6} \right)^3 - 1 \right] \tag{13.44}$$

からも計算できる．y_{np} は標準化正規変数に対応する分位数である．つまり y_{np} は表 13.2 の $C_s = 0$ に対する値か，あるいは式 (13.35) を逆にして $y_{np} = (x - \mu)/\sigma$ を求めるかして得られる．式 (13.44) の精度とこれを向上させる方法は，Kirby (1972) や Chowdhury and Stedinger (1991) により研究されてきた．

表 13.2 にあげた洪水頻度分析のための不完全ガンマ分布の適用は，Foster (1924) の研究までさかのぼることができる．この分布関数は同じ目的で旧ソビエト連邦でも広く使われてきた (Sokolov, 1967)．Matalas (1963) はこの分布で低水流量をうまく表すことができること，最小値に関する第 III 種漸近分布（13.4.6 項参照）と同程度にうまく表せることを示した．

13.4.4 一般化対数ガンマ分布

確率変数の対数が 3 つの母数をもつガンマ分布に従う時，この変数は対数ガンマ分布 (log-gamma distribution)，または対数ピアソン III 型分布 (log-Pearson Type III distribution) で表せるという．一般にこの分布を用いて確率を決めるには（Benson, 1968 参照），式 (13.13) を用いて計算したデータの対数の 1～3 次モーメントを用いて表 13.2 を適用する．

この分布は，1960 年代末期にアメリカ合衆国の全政府機関において，洪水頻度解析を行う際に用いるよう連邦関係省庁間合同グループによって推奨された．これは氾濫源の管理や水資源の開発の計画にあたり，一貫性や統一性を促進するために行われたものである (Benson, 1968; Thomas, 1985)．現在でも合衆国内ではこの目的で広く使われている．合同グループによるこの分布の実用目的のための推奨内容の詳細については Bulletin 17B (Interagency Advisory Committee on Water Data, 1982) およびその新版 Bulletin 17C (England *et al.* 2018) を参照すること．この方法の標準的適用の他にも Bulletin 17B と 17C には歴史的データのプロット（すなわち記録のある期間以前への記録の拡張）や水文学的に似た流域からのデータの地域総合化（広域化，regionalization）についての提案も含まれている．この分布についてのより広い扱いは Bobée and Ashkar (1991) で行われている．

前述のとおり，歪度は平均や分散と比べると標本間での違いが大きい．この点は地域総合化 (13.5.2 項参照) で対処できるだろう．過去において，データ記録が短い場合に，地点で計算された値の代わりに地域の値を得るためのいくつかの方法が用いられてきた．これには，この地域に存在する観測所で計算された値を内挿することで得られる等値線図をつくる方法も含まれる．もう 1 つの可能性としては，この地域で得られる歪度の値と流域特性の回帰関係を求める方法があげられる．最後に

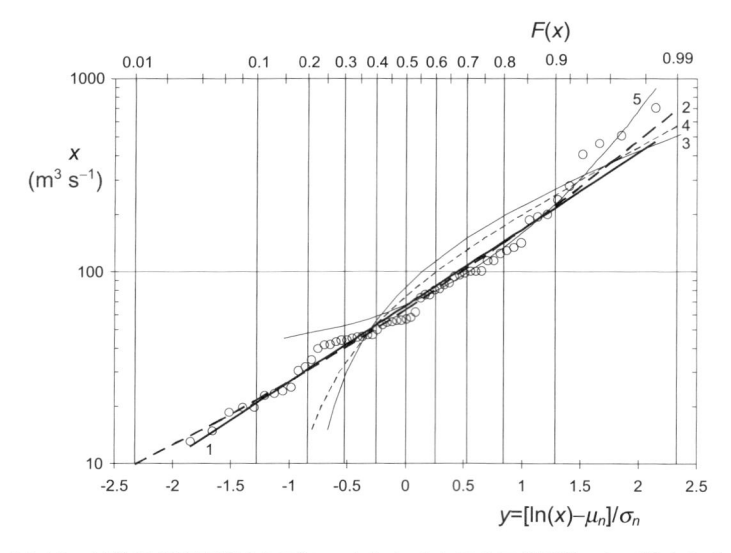

図 13.10　対数正規確率紙上にプロットしたオクラホマ州 Stillwater 近くの Council Creek における流量の年最大値（○）の確率分布推定．太い実線 1 は対数正規分布を表し，対数の標本モーメント $M = 4.199$ および $S = 0.9145$ から計算したものである．一般化対数ガンマ分布（上に曲がる破線 2）は上のモーメントに加えて歪度 $g_s = 0.3217$ を用いて計算したものである．同時に示してあるのは，最大値に関する第 I 種漸近分布（下に曲がる実線 3），一般化極値分布（下に曲がる破線 4）およびべき乗分布（実線 5）である．y 軸と $F(x)$ 軸をともに示してある（例 13.7 参照）．

第 3 の可能性として，歪度をこの地域の長期記録から得られるすべての歪度の平均値とするという方法もある．各々の歪度の値に，その観測所の記録年数を全観測所の平均記録年数で除したものを掛け合わせることで，加重平均値として求めることもできる．Hardison (1974) はアメリカ合衆国内の河川の年最大流量に対する地域の歪度の値を示したが，それ以降の新しいデータが利用できるようになり，この結果は徐々に時代遅れとなりつつある．Tasker and Stedinger (1986) は地域の歪度を推定する方法をさらに改良した．

■ 例 13.7　年最大流量に適用した対数ガンマ分布

オクラホマ州 Stillwater 近くの Council Creek において，1934〜1993 年まで流量が測定されていた．1912 年に対しては最大流量についての情報も存在する．データはアメリカ合衆国地質調査所が公表している．観測所は北米プレーリー地域の 36°06′58″ N，96°52′03″ W 地点の標高 252 m に存在し，その集水域面積は 80.3 km^2 である．風速補正済みの年平均降水量は 1,000 mm 程度であると推定されている (Korzoun *et al.*, 1977)．図 13.10 に示した最大流量の 61 のデータポイントの標本平均は $M = 104.5\,\mathrm{m^3\,s^{-1}}$，標準偏差は $S = 127.9\,\mathrm{m^3\,s^{-1}}$，そして歪度は $g_s = 2.964$ である．対数に対しては各々 4.199, 0.9145, 0.3217 となる．対数のモーメントを用いて式 (13.44) により得られた理論曲線は，図 13.10 の上向きに曲がった破線 2 で示されている．図にはまた，（$c = 0$ とした）対数正規分布 (1)，第 I 種漸近分布 (3)，一般化極値分布 (4)，べき乗分布 (5) も示してある．適切な標本のモーメントを用いて得られた極値分布の母数は，$\alpha_n = 0.01003\,\mathrm{m^{-3}\,s}$, $u_n = 46.97\,\mathrm{m^3\,s^{-1}}$，$a = -0.1751$，$b = 74.01\,\mathrm{m^3\,s^{-1}}$，$c = 46.45\,\mathrm{m^3\,s^{-1}}$ である．べき乗分布に対しては，母数は $a = 39.91$，$b = 0.7511$ である．

13.4.5 極値に関する第 I 種漸近分布

● 極値とその初期分布

n 個からなるいくつかの標本を同じ母集団から取り出す時, 各々の標本中で m 番目に小さい値は確率変数であり, ある分布関数に従う. この m 番目の分位数の分布関数型は m, n と母集団の分布関数に依存する. 母集団全体の分布関数が分位数の分布関数との関係で述べられる時, これはしばしば初期分布 (initial distribution) とよばれる. 標本の極値は最小値と最大値である. これら標本の極値の分布関数は, 明らかに標本に含まれるデータの個数 n と初期分布のみに依存する. 標本の大きさが非常に大きく $n \to \infty$ の時, 極値の分布関数は漸近分布関数 (asymptotic distribution function, asymptotes) とよばれる. 極値の漸近分布関数は明らかに m, n には依存しなくなり, その初期分布の性質のみに依存する.

極値の研究において, 初期分布 $F(x)$ の 3 種類の一般形が考慮されてきた (Gumbel, 1954a;1958). 各々の形を用いると, 極値の漸近分布関数の異なる関数形が得られる. 第 1 の型は指数型とよばれ, 大きな x に対しては指数関数自身と少なくとも同じ早さで 1 に収束する. この種類の分布は非常に大きな x と小さな x に対してそれぞれ

$$\frac{f(x)}{1-F(x)} = \frac{-f'(x)}{f(x)} \qquad \frac{f(x)}{F(x)} = \frac{f'(x)}{f(x)} \tag{13.45}$$

を満たす. この比の分母と分子はともに非常に小さいので, ド・ロピタルの定理 (ロピタルの定理, de L'Hospital's rule) を適用すると, 非常に大きな x に対して

$$\frac{f(x)}{1-F(x)} = \frac{-f'(x)}{f(x)} = \frac{-f''(x)}{f'(x)} = \cdots \tag{13.46}$$

などを, また同等な結果を非常に小さな x に対しても得ることができる. この種類の分布の例として正規分布, ロジスティック分布 (logistic distribution), ガンマ分布, そしてそれぞれを対数変換した分布をあげることができる.

2 つ目の分布の種類は, コーシー型分布 (Cauchy type distribution) ともよばれる. これらはある次数以上のモーメントをもたない分布である. 有限分布 (limited distribution) は第 3 の初期分布に属する. これは下限値または上限値, あるいは両者の存在する分布である. これは水文学では主に低水流量や干ばつの解析で興味の対象となる. 以上から, 初期分布の 3 種類への分類が常に厳密に決まるわけではないことを指摘できる. たとえば, 対数正規分布は x が無限までの値をとることができるので, 分布の上限側においては指数型といえる. ところが, 分布の下限側では式 (13.38), (13.39) からわかるように, x が $c = 0$ より小さくなることのない有限分布である.

● 最大値に関する第 I 種漸近分布

この分布はまた, これを明確化しその利用を促進した統計学者の名前 (Gumbel, 1954a;1958) にちなみ, しばしばガンベル分布 (Gumbel distribution) ともよばれる. 文献中にいくつかの導出が示されてきた. その中の単純な導出の 1 つは, 以下のとおりである. 出発点は, 代表的なある大きな x の値 u_n の周りの初期分布のテーラー展開

$$F(x) = F(u_n) - f(u_n)(x-u_n) + f'(u_n)\frac{(x-u_n)^2}{2!} + f''(u_n)\frac{(x-u_n)^3}{3!} + \cdots \tag{13.47}$$

である. 大きな値に対する指数型分布の定義式 (13.45) から

$$f'(u_n) = \frac{-[f(u_n)]^2}{1-F(u_n)} \qquad f''(u_n) = \frac{+[f(u_n)]^3}{[1-F(u_n)]^2} \tag{13.48}$$

などとなる．u_n は任意の値であるが，もしその確率が $F(u_n) = 1 - 1/n$ で与えられるとして定義すれば，導出は特に単純となる．（これが式 (13.19) に示された標本中の最大事象の確率 $1 - 1/(n+1)$ とほとんど同じである点に注意．）式 (13.48) を代入して式を整えると，式 (13.47) は

$$F(x) = 1 - [1 - F(u_n)]\left[1 - \alpha_n(x - u_n) + \frac{\alpha_n^2(x - u_n)^2}{2!} - \frac{\alpha_n^3(x - u_n)^3}{3!} + \cdots\right]$$

となる．ここで定義から $\alpha_n = f(u_n)/[1 - F(u_n)]$ であり，これは定数の母数と考えることができる．そこで u_n の定義を用いると，この展開は

$$F(x) = 1 - \frac{1}{n}\exp\left[-\alpha_n(x - u_n)\right] \tag{13.49}$$

となる．$F(x)$ が n 個の標本を取り出した母集団の初期分布であること，標本のどのデータも x 以下である確率を表すことを思い起こすこと．n 個すべてが x 以下である確率は，個々のデータがお互いに独立であれば

$$G(x) = [F(x)]^n \tag{13.50}$$

である．式 (13.49) と (13.50) を組み合わせると

$$G(x) = \left(1 - \frac{1}{n}\exp[-\alpha_n(x - u_n)]\right)^n \tag{13.51}$$

が求まる．標本の大きさを無限まで増加させる極限 $n \to \infty$ では，最大値の漸近分布関数

$$G(x) = \exp[-\exp(-y)] \tag{13.52}$$

と，これに対応する密度関数 $g(x) = G'(x)$ が

$$g(x) = \alpha_n \exp[-y - \exp(-y)] \tag{13.53}$$

と求まる．ここで $y = \alpha_n(x - u_n)$ は変換を行った最大値である．本項では初期分布関数や初期密度関数と区別するために，極値の分布と密度関数は $G(x)$ および $g(x)$ として表している．図 13.3 に示すような，式 (13.52) に基づく確率紙はしばしばガンベル確率紙 (Gumbel paper) とよばれる．

　式 (13.52) の導出で，その 2 つの母数 u_n，α_n は初期分布 $F(x)$ の性質と関係づけられていた．しかし実際には，これらの母数は観測された最大値から決定される．モーメント母関数を用いて (Gumbel, 1958)，式 (13.52) の 1 次と 2 次モーメントは

$$\mu = u_n + \gamma/\alpha_n \qquad \sigma = \pi/(\alpha_n\sqrt{6}) \tag{13.54}$$

となることが示せる．$\gamma = 0.57722$ はオイラーの定数として知られている．そこで u_n，α_n の母数は，式 (13.13) を用いて計算される最大値の 1 次と 2 次モーメントから決めることができる．変換した変数の平均は (13.54) のはじめの式から $\overline{y} = \gamma$ で与えられるので，$G(\mu) = \exp[-\exp(-0.57722)] = 0.570$，$T_r(\mu) = 2.328$ となる点に注意．つまり第 I 種漸近分布の式 (13.52) からは，平均値の再現期間が 2.33 時間単位（たとえば対象とする確率変数 X が年最大洪水量を表すのであれば 2.33 yr）であることが予測されるのである．また式 (13.53) で $\partial g(x)/\partial x = 0$ とおくと，モードが u_n に等しいこともわかる．同様に，式 (13.52) で $G(x) = 0.5$ とおくと，メディアンが $(u_n + 0.36651/\alpha_n)$ となることもわかる．

第 I 種漸近分布は最大値の記述に広く適用されてきた. 水文学では特に記録上の年最大流出量である年最大洪水量の解析において有用である. この適用性についてよりよく理解するためには, 導出に使われた仮定を再度述べておくことが有用であろう. これは, (i) 初期分布は指数型であること, (ii) 最大値を考察する事象は各々独立であること, (iii) 標本の大きさ n は無限に大きいことである. 日流量の最大値である年最大洪水量の場合には, これらの条件が満たされているわけではない. 連続した日流量の間には明らかに強い相関がある. つまり 1 年の中で真に独立な事象は, 1 日よりずっと長く続く可能性が高い. このため, 事象の数が $n = 365$ からおそらく漸近分布の利用ができるほどには大きくない数まで減ってしまう. この事実はまた, 指数型ではないかもしれない初期分布の性質を不明瞭なものにしている.

実際面で不利な点の 1 つとして, 2 つの母数しかないために 2 次より上のすべてのモーメントが 1 次と 2 次のモーメントと関係づけられてしまう点があげられる. これはたとえば, 平均値の周りの 3 次モーメントが $m_3 = 2.40411/\alpha_n^3$ となり, そのため歪度が一定な $C_s = m_3/\sigma^3 = 1.1395$ となってしまうことを意味する. 推定された年最大洪水量記録の歪度 g_s は非常にまれにしかこの値とはならない. もちろん対数正規分布やガンマ分布など他の 2 つの母数をもつ分布にも同じ欠点があてはまる.

もう 1 つの興味の対象は極端に大きな事象に関する第 I 種漸近分布の振る舞いである. 式 (13.15) を用いて式 (13.52) を逆にすると, 再現期間の関数として変換された変数

$$y = -\ln\{\ln[1/(1 - 1/T_r)]\} \tag{13.55}$$

が得られる. ($z \le 1$ および $z \ne -1$ であれば) $\ln(1 + z) = z - z^2/2 + \ldots$ なので (Abramowitz and Stegun, 1964; 4.1.24), 大きな T_r に対して式 (13.55) が

$$y = \ln(T_r) - \frac{1}{2T_r} \tag{13.56}$$

と表わせ, またよい近似として

$$x = u_n + \alpha_n^{-1}\ln T_r \tag{13.57}$$

となることが容易に示される. このことから, 片対数グラフ上で最大の事象を T_r に対してプロットすると, 非常に大きな T_r の範囲では直線に乗ってくることがわかる. これは確率紙が手に入らない時には役に立つ方法であろう. フラー (Fuller, 1914) が年最大洪水量を表すために提案した式と式 (13.57) が同じ形であり, その理論的根拠となっていることも注目すべきである. 実際, フラーは入手できた「アメリカの河川のデータをプロットすること」で T_r 年間に期待される 24 時間平均流量の最大値が

$$Q = Q_{av}(1 + 0.8\log T_r) \tag{13.58}$$

であることを経験的に見いだしている. Q_{av} は平均年流量, 対数は常用対数である. Fuller (1914) はまた, A を集水域面積とすると, Q_{av} が $A^{0.8}$ に比例することを見いだしている.

● 最小値に関する第 I 種漸近分布

初期分布 $F(x)$ が原点に対して対称の時, 観測値が $-x$ より大きい確率は式 (13.11) から $[1 - F(-x)]$ で与えられる. そこで n 個の独立な観測値の標本中の最小値が $-x$ より大きな確率は

$$1 - {}_1G(-x) = [1 - F(-x)]^n \tag{13.59}$$

である．最大値の場合の式 (13.47)〜(13.52) の場合と同様にして，この対称性を利用すると，

$$_1G(x) = 1 - \exp[-\exp(y)] \tag{13.60}$$

が得られる．前と同様 $y = \alpha_n(x - u_n)$ である．つまり最小値に関する第 I 種漸近分布は x, u_n をそれぞれ $-x, -u_n$ に置き換えることで，最大値に関する第 I 種漸近分布から求めることができる．ほとんどの初期分布は対称ではない．しかし Gumbel (1958) は，非対称性分布の場合に u_n, α_n の代わりに新しい母数 u_1, α_1 を採用することで，対称性原理を拡張できることを示した．つまり，変換した変数を $y = \alpha_1(x - u_1)$ とすることで，式 (13.60) を適用することができるのである．母数は最小値の観測値から求められる．

13.4.6 極値に関する第Ⅲ種漸近分布

● 最大値に関する第Ⅲ種漸近分布

最大値に関する第 III 種漸近分布 (third asymptotic distribution for largest values) は，またこれを破壊強度の解析に初めて用いたスウェーデンの技術者にちなみワイブル分布 (Weibull distribution) としても知られる (Gumbel, 1954a;1958)．この第 III 種漸近分布は最大値の初期分布に上限がある場合に，最大値を表すのに利用できる．上限を ω で表すと，初期分布は $x = \omega$ において

$$F(x) = 1$$

に従う．この漸近分布を導出するいくつかの方法があり (Gumbel, 1958, p.273 参照)，これには $F(x)$ の 1 への近づき方に関するある仮定が求められる．おそらく最も単純な方法は，Kimball (1942) による上限のある変数 $x \le \omega$ を，上限のない変数 z に

$$\omega - x = a\exp[-b(z - c)] \tag{13.61}$$

と変換するものである．a, b, c は定数である．この変換で $x \to \omega$ の時，$z \to \infty$ となる．結果として得られる z の分布関数が指数型と仮定できるならば，式 (13.49) により上限 $x = \omega$ 近くの x の初期分布を

$$F(x) = 1 - \frac{1}{n}\left(\frac{\omega - x}{\omega - v}\right)^k \tag{13.62}$$

で表すことができる．ここで式 (13.61) 中の母数を $a = \omega - v, b = \alpha_n/k, c = u_n$ と変えてある．前と同様にして，非常に大きな標本中の全データが x 以下である確率は，$n \to \infty$ の極限で

$$G_3(x) = \exp\left[-\left(\frac{\omega - x}{\omega - v}\right)^k\right] \tag{13.63}$$

となることがわかる．これと対応する第 III 種漸近密度関数 $g_3(x) = G_3'(x)$ は

$$g_3(x) = \frac{k}{\omega - v}\left(\frac{\omega - x}{\omega - v}\right)^{k-1} G_3(x) \tag{13.64}$$

である．第 III 種漸近分布のモーメントを以下で最小値に対して詳細に扱う．

● 最小値に関する第III種漸近分布

水文学では最小値に関する第III種漸近分布が主たる興味の対象となってきた．実際，降雨量，風速あるいは河川流量といったさまざまな種類の一般的事象は，その上限がないことは少なくとも原理的には仮定できるが，このような事象の最小値はゼロ以下にはならない．つまり最小値にはしばしばそれ以下にならない明確な下限がある．第I種漸近分布に関しては，対称性原理の式 (13.60) を適用して最大値の分布から最小値の分布を求めることができる．この方法では，まず x, ω, v の符号を変え，母数として異なる値，たとえば ω_1, v_1 をあてはめると，

$$_1G_3(x) = 1 - \exp\left[-\left(\frac{x - \omega_1}{v_1 - \omega_1}\right)^k\right] \tag{13.65}$$

が得られる．ω_1 は下限値で，$x \geq \omega_1$ および $v_1 \geq \omega_1$ であり，また $_1G_3(\omega_1) = 0$ である．これと対応する密度関数は

$$_1g_3(x) = \frac{k}{v_1 - \omega_1}\left(\frac{x - \omega_1}{v_1 - \omega_1}\right)^k [1 - {_1G_3(x)}] \tag{13.66}$$

である．

ω_1 の周りの n 次モーメントは

$$\begin{aligned} m'_n &= \int_0^\infty (x - \omega_1)^n {_1g_3(x)}\, dx \\ &= -\int_0^\infty (x - \omega_1)^n d[1 - {_1G_3(x)}] \end{aligned} \tag{13.67}$$

となり，これから式 (13.65) を用いて

$$m'_n = (v_1 - \omega_1)^n \Gamma(1 + n/k) \tag{13.68}$$

が得られる．したがって平均は

$$\mu = \omega_1 + (v_1 - \omega_1)\Gamma(1 + 1/k) \tag{13.69}$$

である．同様にして，ω_1 周りの2次モーメントが $m'_2 = (v_1 - \omega_1)^2\Gamma(1 + 2/k)$ であることから，式 (13.12) より分散は

$$\sigma^2 = (v_1 - \omega_1)^2\left[\Gamma(1 + 2/k) - \Gamma^2(1 + 1/k)\right] \tag{13.70}$$

となる．高次モーメントも式 (13.68) から導出することができる．加えて，メディアンが $[\omega_1 + (v_1 - \omega_1)(\ln 2)^{1/k}]$ で与えられ，モードが $k > 1$ に対してのみ存在する $[\omega_1 + (v_1 - \omega_1)(1 - 1/k)^{1/k}]$ となることも示せる．

実際の適用例では，一般に唯一の既知の事実は初期分布の左側が有限であることのみで，分布そのものはわかっていない．つまり最大値に関する第I種漸近分布の場合と同様に，母数は存在する最小値からのみ決定できるのである．3つの母数のうちの1つ（通常下限値 ω_1）だけが既知である場合，モーメント法では1次と2次のモーメント (13.69), (13.70) のみが求められる．3つすべての母数を決めなければならない場合には，原則として1〜3次のモーメントを利用する．しかし，前述のとおり，3次モーメントはしばしば信頼性に欠けるので，異なる方法が望ましいだろう．Gumbel (1954a) はワイブルが開発した方法に従った迅速法を記述している．まず v_1 の値を決定す

る. $_1G_3(v_1) = 1 - \exp(-1)$ なので,v_1 を観測された確率 0.632,あるいは式 (13.18) から再現期間 $T_r = 1.58$ 時間単位の x の値とすることができる.たとえば年最小流量つまり「干ばつ」の場合には,v_1 として 1.58 年確率事象の大きさを用いればよい.k の値は平均値の確率 $_1G_3(\mu)$ からそのプロッティング・ポジションにより決めることができる.つまり k は式 (13.65) を (13.69) と組み合わせた

$$_1G_3(\mu) = 1 - \exp\left[-\Gamma^k(1 + 1/k)\right] \tag{13.71}$$

の解である.すると下限値 ω_1 は,式 (13.70) で与えられる分散から決定できる.式 (13.70) で v_1,k の値はすでにわかっている.

最後に式 (13.61) での最大値に対する分布と同様に,最小値に関する第 I 種と第 III 種の漸近分布は,対数変換により $b = \alpha_1/k$ として

$$\ln\left(\frac{x - \omega_1}{v_1 - \omega_1}\right) = b(z - u_1) \tag{13.72}$$

と関連づけられている.そこで式 (13.60) を用いると,式 (13.65) で与えられたように

$$_1G(z) = 1 - \exp\left[-\exp\left(\ln\left(\frac{x - \omega_1}{v_1 - \omega_1}\right)^k\right)\right] = {}_1G_3(x) \tag{13.73}$$

が得られる.これから第 I 種漸近分布に対してつくられた確率紙は,事象の大きさ x の代わりにその対数 $\log x$ をプロットすることで,第 III 種漸近分布にも使えることがわかる(例 13.1 参照).つまり図 13.3 の図の書式の縦軸スケールを線形から対数に変えることで,この目的に利用することができるのである.

この分布の河川低水流量への適用例が Gumbel (1954b) と Matalas (1963) に示されている.

13.4.7　一般化極値分布

第 I 種と第 III 種漸近分布は式 (13.61) と (13.72) で対数変換により関連づけられることがすでに示された.そのため 3 つの漸近分布を合わせて 1 つの式にできることは驚くにはあたらないだろう.これまでのところ,水文学においてこの考えは最大値に対して適用されている.この場合,分布関数は通常 $a \neq 0$ に対して

$$F(x) = \exp\left[-(1 - a(x - c)/b)^{1/a}\right] \tag{13.74}$$

の形で表される.a, b, c は定数である.明らかに $a \to 0$ の時,[ ] 内の項は指数関数に近づき,式 (13.74) は第 I 種漸近分布式 (13.52) になる.しかし式 (13.74) で a は必ずしもゼロではない.つまりこの形では極値分布は 3 つの母数をもっており,より一般的であると考えられる.$a > 0$ の時,式 (13.74) は上限を $x = c + b/a$ にもつ最大値に関する第 III 種漸近分布のもう 1 つの形である.2 つの形の母数は $k = a^{-1}$,$\omega = c + b/a$,$v = c$ の関係にある.$a < 0$ の時,式 (13.74) は下限値を $x = c + b/a$ にもつが,大きな x に対しては上限がない.そのためこの事例は最大値に対して主に使われる.式 (13.74) に対応する密度関数は

$$f(x) = \frac{1}{b}(1 - a(x - c)/b)^{-1 + 1/a}F(x) \tag{13.75}$$

である.ただし,$a \neq 0$ である.中心モーメントは $x = x_1 = c + b/a$ の周りの n 次モーメントをま

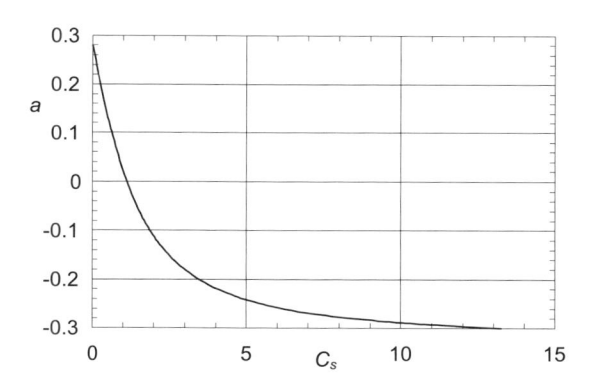

図 13.11 歪度 C_s の関数として表した一般化極値分布 (13.74) の母数 a

ず考えることで導き出すことができる. $a < 0$ の場合, x_1 を下限とすればこれは,

$$m'_n = \int_{x_1}^{\infty} (x - c - b/a)^n \, dF(x) \tag{13.76}$$

あるいは

$$m'_n = \int_{x_1}^{\infty} (x - x_1)^n \exp\left[-(-a/b)^{1/a}(x - x_1)^{1/a}\right] d\left[-(-a/b)^{1/a}(x - x_1)^{1/a}\right] \tag{13.77}$$

である. これから最終的に

$$m'_n = (-b/a)^n \Gamma(1 + an) \tag{13.78}$$

が得られる. ここで $a > -1/n$ である. そこで平均は $m'_1 + x_1$ つまり

$$\mu = c + (b/a)[1 - \Gamma(1 + a)] \tag{13.79}$$

となる. 同様に式 (13.12) から分散は

$$\sigma^2 = (b/a)^2 \left[\Gamma(1 + 2a) - (\Gamma(1 + a))^2\right] \tag{13.80}$$

となり, 3 次中心モーメントは

$$m_3 = -(b/a)^3 \left[\Gamma(1 + 3a) - 3\Gamma(1 + a)\Gamma(1 + 2a) + 2(\Gamma(1 + a))^3\right] \tag{13.81}$$

となる.

　前と同様, これら 3 つのモーメントを母数 a, b, c の推定に用いることができる. まず母数 a は式 (13.81) と 3/2 乗した式 (13.80) の比で表される標本歪度 g_s (式 (13.13) 参照) から繰り返し収束で決定できる. a がどの程度の大きさかを図 13.11 で見ることができる. 得られた結果を用いて, b は標本分散 S^2 と式 (13.80) から, 続いて c は標本平均 M と式 (13.79) から求めることができる. データの記録が短く 3 次モーメントが信頼できないと考えられる時には, 最小値に関する第 III 種漸近分布で説明したワイブルの方法を適用することもできる. 簡潔に繰り返すと, この方法では式 (13.74) から $F(c) = \exp(-1)$ となることを利用する. つまり母数 c は確率 $m/(n+1) = 0.368$, あるいは再現期間 $T_r = 1.58$ 時間単位に対応する x の値として, 利用できるデータから直接決定される. すると残りの 2 つの母数 a, b は 1 次と 2 次モーメントの式 (13.79), (13.80) から決定される.

　式 (13.74) の形の一般化極値分布は Jenkinson (1955) が環境科学に導入し, その後, 洪水, 降雨事象, 風速や波高といったさまざまな極端現象の予測に適用された. これはさらに, 地域の洪水

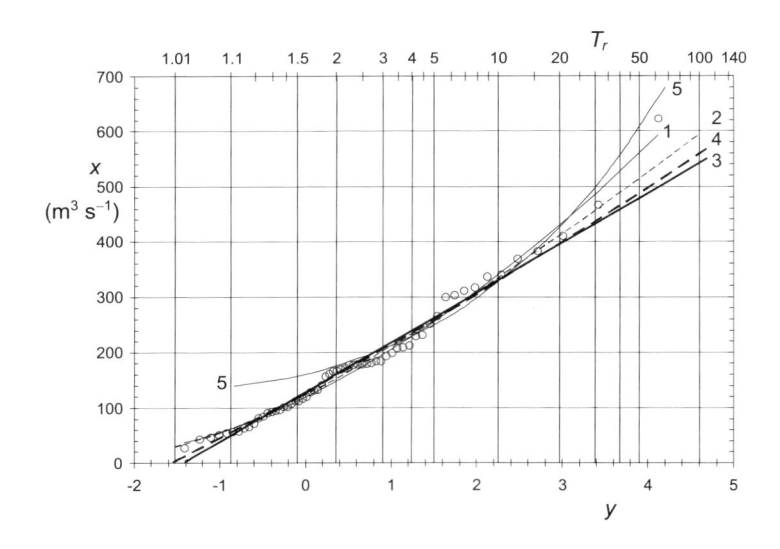

図 13.12 第 I 種漸近分布の軸の確率紙上にプロットしたアリゾナ州 Palominas における San Pedro 川流量の年最大値（○）の確率分布推定．太い実線 (3) は最大値に関する第 I 種漸近分布を表し，標本モーメント $M = 180.2\,\mathrm{m^3 s^{-1}}$ および $S = 115.2\,\mathrm{m^3 s^{-1}}$ から計算したものである．太い破線 (4) は一般化極値分布を表し，上のモーメントに加えて歪度 $g_s = 1.436$ を用いて計算したものである．同時に示してあるのは，対数正規分布（細い実線 1），一般化対数ガンマ分布（破線 2）およびべき乗分布（細い実線 5）である．$y = \alpha_n(x - u_n)$ 軸と $T_r(x)$（年）軸をともに示してある（例 13.8 参照）．

頻度の推定にも利用されるようになった（たとえば Lettenmaier *et al.*, 1987; Stedinger and Lu, 1995; Madsen *et al.*, 1997; Martins and Stedinger, 2000 参照）．この潜在的な可能性は今後さらに調べられるだろう (Katz *et al.*, 2002)．

■ 例 13.8　年最大流量に適用した極値分布

　この例ではより乾燥した地域の河川を対象とする．アリゾナ州 Palominas での San Pedro 川の集水域面積は約 $1{,}909\,\mathrm{km^2}$ で，これはほとんどすべてがメキシコのソノラ州内である．この地域の風速補正済み年降水量は $400\,\mathrm{mm}$ 程度であると推定されている (Korzoun *et al.*, 1977)．この流量観測所は $31°22'48''$ N, $110°06'38''$ W に位置し，その標高は $1{,}276\,\mathrm{m}$ である．1930 年〜1999 年までの期間に測定された 61 の年最大流量データを，第 I 種漸近分布の座標軸を用いて $T_r = 62/(62 - m)$ に対してプロットしたのが図 13.12 である．これらのデータの 1〜3 次モーメントは，式 (13.13) から $M = 180.2\,\mathrm{m^3\,s^{-1}}$, $S = 115.2\,\mathrm{m^3\,s^{-1}}$, $g_s = 1.436$ と推定された．これと対応する対数のモーメントは，各々 5.000, 0.6466, -0.2444 と計算された．式 (13.54) を用いて最大値に関する第 I 種漸近分布の 2 つの母数が $\alpha_n = 0.01113\,\mathrm{m^{-3}\,s}$ および $u_n = 128.4\,\mathrm{m^3\,s^{-1}}$ と推定された．式 (13.52) を用いて計算した曲線が図 13.12 に太い実線 3 として示されている．興味深いことに，図中で平均値 $M = 180.2\,\mathrm{m^3\,s^{-1}}$ が，変換した変数の値 $y = 0.58$ および再現期間 $T_r = 2.33\ \mathrm{yr}$ とよく対応していることがわかる．これは式 (13.54) のはじめの式を見ると予期されることである．一般化極値分布の母数は式 (13.79)〜(13.81) を用いて，$a = -0.04492$, $b = 84.38\,\mathrm{m^3\,s^{-1}}$, $c = 127.6\,\mathrm{m^3\,s^{-1}}$ と計算された．式 (13.74) のこれらの母数を用いて計算された曲線は図 13.12 に太い破線 4 で示されている．ここで再び，式 (13.74) から予期されるように，c の値が再現期間 $T_r = 1.5$ 年とよく対応していることが見て取れる．比較のために（$c = 0$ とした）対数正規分布 (1)，一般化対数ガンマ分

布 (2)，べき乗分布 (5) に基づく曲線を図中に示してある．べき乗分布に対しては母数は $a = 134.4$ および $b = 0.3854$ としてある．

13.4.8 べき法則（フラクタル）分布

多くの自然現象はその大きさについてある種の自己相似，すなわちスケール不変性を示し，たとえば再現期間 $T_r = 100$ の事象と $T_r = 10$ の事象の比は再現期間 $T_r = 1000$ の事象と $T_r = 100$ の事象の比に等しい．この種の振る舞いを示す現象はフラクタル (fractal) とよばれる (Turcotte, 1992)．これからこのような現象はべき法則に従うことになる．実際この例では $x = x(T_r)$ は

$$\frac{x(10)}{x(1)} = \frac{x(100)}{x(10)} = \ldots = \frac{x(10^n)}{x(10^{n-1})} = K_{10} \tag{13.82}$$

を満たす．K_{10} は定数で，添字は再現期間の比を表す．つまり比率がたとえば 2 の場合には，$T_r = 2^n$ の事象の大きさは式 (13.82) から類推して

$$x(T_r) = K_2^n x(1) \tag{13.83}$$

である．$n = \ln T_r / \ln 2$ なので式 (13.83) の対数は

$$\ln x(T_r) = (\ln K_2 / \ln 2) \ln T_r + \ln x(1)$$

と書き直すことができ，これから定数 $a = x(1)$，$b = [\ln K_2 / \ln 2]$ のべき法則

$$x(T_r) = a T_r^b \tag{13.84}$$

が得られる．式 (13.84) で得られた結果は，再現期間のどのような比に対しても導出できる点に注意．式 (13.84) を式 (13.15) とともに用いると，下限値が $x = a$ に存在する確率分布関数

$$F(x) = 1 - (x/a)^{-1/b} \tag{13.85}$$

が得られる．対応する密度関数は

$$f(x) = \frac{a^{1/b}}{b} x^{-1-1/b} \tag{13.86}$$

である．

この関数の実用的な適用においては，母数 a, b は観測値 X の対数と再現期間 T_r の対数の間の最小二乗回帰から，式 (13.84) に従って求めることができる．

べき乗（べき法則）分布は，断片形成，地震，火山噴火，鉱床，地形などの多くの現象で役に立つことが見いだされてきた．べき乗分布は水文学ではおそらく降雨強度を表すために最初に用いられている．式 (3.3) は少なくとも Meyer (1917) の研究までさかのぼることができるが，これは式 (13.84) の形をしている（図 3.16 も参照のこと）．この式 (13.84) の適用例でみられる注目すべき性質は，降雨イベントの継続期間 D が 2 時間を超える場合に，係数 a が D のべき関数となっている点である．土壌中での毛管力による水分保持を表す場合にも，式 (8.5) を代入した式 (8.14)〜(8.16) の形からは，べき乗分布とより小さな間隙のフラクタル特性が示唆される．これは砂に対して図 8.20 の例で示されており，毛管サクション H の大きな値に対して直線関係があることがわかる．

より最近では，べき乗分布は流量の最大値を表すのに使われている．Turcotte (1994) と Malamud et al. (1996) はこれを用いることで，一般化対数ガンマ分布より洪水データによい適合が見られる

事例を示した．しかし，分布は年流量最大値よりも部分継続流量系列 (partial duration flow series) に対して，よりうまく適用できるようである．部分継続流量系列が所与の，あらかじめ決めた基準値より上の全データを含むのに対し，年流量系列 (annual flow series) は各年の間に観測されたピーク流量のみを含んでいる．年流量系列の主な欠点は，ある年に対する事象の数が他の年の年事象より多いかもしれない点にある．2 種類の系列は，再現期間が 3 時間単位（この事例では 3 年）を超すような事象に対してはほぼ等しくなるので，非常に大きな事象の解析ではこれはまれにしか問題とはならない．そこで年最大流量に対するべき乗分布の母数 a, b の推定においては，再現期間が 3 年を超え，非超過確率が 0.67 より大きくなるようなデータのみを使うことが勧められる．これはこの下の例 13.9 に示されている．べき乗分布でどの程度うまく年最大流量が表されるかを，他の分布と比較して図 13.9，図 13.10，図 13.12，図 13.14 に示してある．これからべき乗分布が非超過確率および再現期間の値を低く出す傾向にあり，したがってより控えめな計画値を導き出すことが見て取れる．

■ 例 13.9　年最大流量に適用したべき乗分布

メイン州 North Whitefield の Sheepscot 川は海洋の影響を強く受ける流域を流れている．流量観測所は 44°13′23″ N，69°35′38″ W の地点，標高 31 m に位置する．この上流の流域面積は 376 km^2 で補正済み長期平均年降水量 (Korzoun, 1977) は約 1,300 mm である．測定は 1939 年に開始され，データはアメリカ合衆国地質調査所により公開されている（https://waterdata.usgs.gov/参照）．利用できる年最大流量の 62 の値を $T_r = 63/(63 - m)$ に対して両対数軸を用いてプロットしたものを図 13.13 に，第 I 種漸近分布の座標軸を用いてプロットしたものを図 13.14 に示す．図 13.13 から $T_r > 3$ yr の範囲ではデータがおおむね直線上に乗ることがわかる．そこで再現期間が 3 年を超える部分について，流量の対数と再現期間の対数の線形回帰を行うと，母数 $a = 48.10$，$b = 0.3657$ が求まる．これらの母数を用いた式 (13.84) を図 13.13，図 13.14 に太線 5 として示してある．この図にはまた（$c = 0$ とした）対数正規分布，一般化対数ガンマ分布，第 I 種漸近分布そして一般化

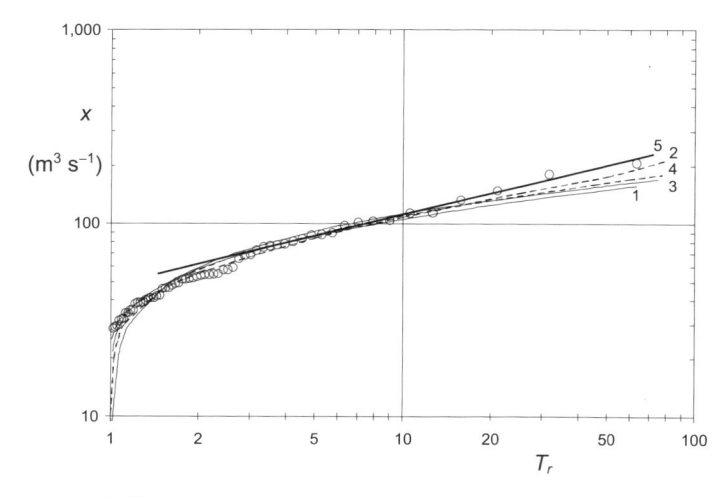

図 13.13　両対数軸の確率紙上にプロットしたメイン州 North Whitefield における Sheepscot 川流量の年最大値（○）の確率分布推定．太い実線 (5) はべき乗分布を表し，母数 $a = 48.10$ および $b = 0.3657$ から計算したものである．同時に示してあるのは，対数正規分布（細い実線 1），一般化対数ガンマ分布（破線 2），最大値に関する第 I 種漸近分布（実線 3）および一般化極値分布（破線 4）である．$T_r(x)$ 軸は年単位で示してある（例 13.9 参照）．

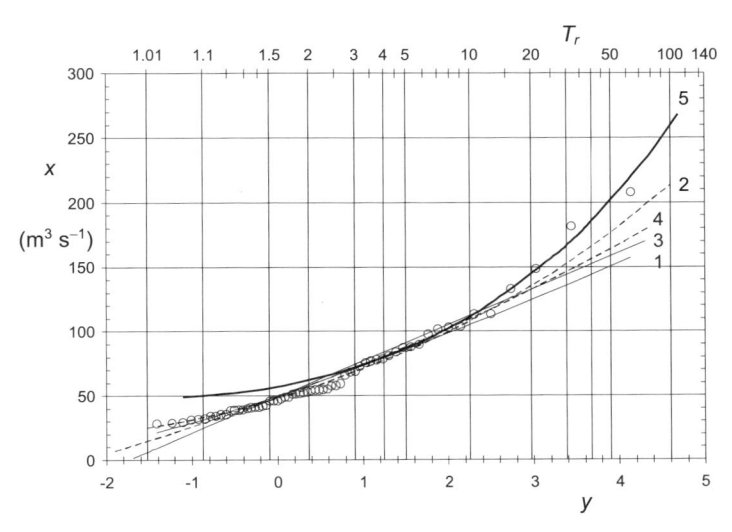

図 **13.14** 第 I 種漸近分布の軸の確率紙上にプロットしたメイン州 North Whitefield における Sheepscot 川流量の年最大値（○）の確率分布推定. 太い実線 (5) はべき乗分布を表し, 母数 $a = 48.10$ および $b = 0.3657$ から計算したものである. 同時に示してあるのは, 対数正規分布（細い実線 1）, 一般化対数ガンマ分布（破線 2）, 最大値に関する第 I 種漸近分布（実線 3）および一般化極値分布（破線 4）である. $y = \alpha_n(x - u_n)$ 軸と $T_r(x)$ （年）軸をともに示してある（例 13.9 参照）.

極値分布の線も示してある. これらの分布の母数の推定に用いられた流量の1～3次モーメントは式 (13.13) を用いて $M = 65.27\,\mathrm{m^3\ s^{-1}}$, $S = 36.00\,\mathrm{m^3\ s^{-1}}$, $g_s = 1.926$ と決められ, また対数の同じモーメントはそれぞれ 4.063, 0.4630, 0.6788 となった.

13.5 利用できるデータの拡張

13.5.1 歴史的な情報

　本章のこれまでのところ, さまざまな解析方法の対象は, ある明確な目的のために行われた測定の規則的な記録の一部であるデータであった. しかし多くの状況下においては, 対象とする水文現象の発生頻度に関する情報を, 組織的な測定開始以前のイベントに関する知識からも引き出せる場合がある. ほとんどの水文記録は非常に短いので, ある限りのこのような情報も含めることが望ましい. 歴史的な情報は保管された文献, あるいは自然環境下で見つけられる植物学的な証拠や古イベント（Kochel and Baker, 1982; Stedinger and Baker, 1987 参照）の性質から得ることができるだろう.

● **再現期間**

　実際に記録開始以前の情報を追加するには, 再現期間を推定するために大きさのわかっている個々の歴史的イベントにプロッティング・ポジションを与えることになる. 年最大洪水量の場合にとりうる方法を示すため, Dalrymple (1960) が議論した3つの事例を考えてみよう.

1.　通常の記録のある時期に生じたどのイベントより大きな, 単一の歴史的なイベントが生じたことがわかっている. N をこのイベントが発生してからの年数, あるいはさらによいのは記録された歴史的情報の始まりからの時間とすると, この歴史的イベントの再現期間は $(N+1)$, その確率は $[N/(N+1)]$ とすることができる. 期間 n の通常の記録はこれまでに述べた方法で扱う.

2.　歴史的イベントが発生し, 記録のある期間中にさらに大きな事象が生じるまでは, この歴史的イ

ベントが最大であったことがわかっている．この場合，記録期間中の最大イベントの再現期間を $T_r = (N+1)$ とし，歴史的イベントについては $T_r = [(N+1)/2]$ とする．残りの記録は通常の扱いをし，記録期間の2つ目に大きなイベントに $T_r = [(n+1)/2]$，3つ目に...などとする．

3. ある基準，たとえば「満水位」以上については全イベントについての歴史的な記録があり，通常の記録がある期間中のこれより小さなイベントの分布が，全歴史期間の分布を代表すると仮定できる．再現期間，あるいはこれと対応したプロッティング・ポジションが上の1，2で示したようにして得られる場合，通常記録のデータポイントと歴史的イベントのデータポイントの間に切れ目が生じ，曲線のあてはめの際に問題が生じる．この問題は Benson (1950) の方法により避けられるか，あるいは少なくとも軽減できる．この方法では記録期間中の小さな（すなわち基準以下の）イベントの順位づけを歴史期間までを含めるよう「引き延ばす」調節をすることで，小さいイベントの重みを増やす．H を歴史期間の長さ（たとえばはじめの歴史的情報が得られてから現在までの年数）とし，Z をこの期間中の基準以上の全イベント数，N を記録期間中の基準以下の全イベント数，L を記録期間中で（たとえば機器の故障などによる欠測により）利用できないイベントの数とする．すると，N 個の小イベントの個々の重みは

$$W = \frac{(H-Z)}{(N+L)} \tag{13.87}$$

であり，その調節した順位づけは

$$m' = Wm \tag{13.88}$$

である．たとえば，通常の記録が年観測値からなっているとすると，この方法により基準以下の個々のデータポイントは，1年ではなく W 年を代表するように調節される．小イベントのプロッティング・ポジションと再現期間は，調節した順位づけ m' を用いて 13.2.4 項のように決めることができる．たとえば，ワイブル分布のプロッティング・ポジションを用いると，これは $P_m = m'/(H+1)$ および $T_r = (H+1)/(H+1-m')$ となる．大きな（すなわち基準以上の）イベントには，重みをつけずに通常のとおりに扱う．その順位づけも調節しない．つまり小さい方から $(H-Z+1), (H-Z+2), ..., (H-1), H$ となっているはずである．

● モーメントの推定

同じ重みづけ法が，Bulletin 17B (Interagency Advisory Committee on Water Data, 1982) においても推奨されている．これは，一般化対数ガンマ分布の母数推定におけるモーメントの調節のためのものである．小イベントを式 (13.87) により重みづけした場合，データから式 (13.13) に従って調節済みモーメントを

$$\widehat{M} = \frac{W\displaystyle\sum_{i=1}^{N} X_{Bi} + \displaystyle\sum_{i=1}^{Z} X_{Ai}}{H - WL}$$

$$\widehat{S^2} = \frac{W\displaystyle\sum_{i=1}^{N} (X_{Bi} - \widehat{M})^2 + \displaystyle\sum_{i=1}^{Z} (X_{Ai} - \widehat{M})^2}{H - WL - 1} \tag{13.89}$$

$$\widehat{g_s} = \frac{(H - WL)}{(H - WL - 1)(H - WL - 2)\widehat{S^3}} \left[W\displaystyle\sum_{i=1}^{N} (X_{Bi} - \widehat{M})^3 + \displaystyle\sum_{i=1}^{Z} (X_{Ai} - \widehat{M})^3 \right]$$

と求めることができる．ここで曲折アクセント記号は調節を加えたモーメント，X_{Bi} は記録期間中

の基準以下の N 個の観測値のうちの 1 つ，X_{Ai} は全歴史期間から現在までの間の基準以上の Z 個の観測値のうちの 1 つを表す．

　プロッティング・ポジションのための式 (13.88) やモーメントのための式 (13.89) へとつながる重みづけ法は，一般によく使われているものの欠点もある (Hirsch and Stedinger, 1987)．同じ目的を成し遂げるための，さらに改良されてはいるが複雑な方法が文献に公表されてきた．たとえば，Cohn *et al.* (1997; 2001; England *et al.*, 2018) は一般化対数ガンマ分布のためのモーメント法による母数推定の方法を示した．これは式 (13.89) より効率的であり，最尤法とほぼ同じ程度に効率的であることがわかっている．

13.5.2　地域総合化

　水文データは必要な場所にはまれにしか存在しない．さらにデータが存在する場所でも，データが短すぎるため，対象とする現象の信頼に足る真の分布を決定することができない．地域分析，すなわち地域総合化 (regionalization) とは，存在するデータを空間方向に拡張することを意味する．その 2 つの目的は，通常の測定地点の記録の改善とデータが存在しない地点の頻度特性の推定値を与えることにある．以下では洪水ピークの解析で有用であったいくつかの方法をレビューする．

● 指標洪水法

　この指標洪水法 (index-flood method) はおそらく最も古くから存在し，Dalrymple (1960) が述べたように長年にわたりアメリカ合衆国地質調査所の標準法であった．この基になっているのは，水文学的に均質な地域においては異なる河川に対する洪水分布関数が相似であるという考え方である．この場合の相似性とは，分布関数をその指標洪水で無次元化した場合に，この地域内のすべての流域に対して得られる無次元分布も同じ形状となり，流域面積や他のどのような流域の特性にも依存しないことが仮定できることを意味している．そこで，この方法は 2 つの部分から構成されている．第 1 の部分は地域の洪水頻度曲線の作成である．この曲線を導き出すために，まずこの地域内の各河川流量観測所の流量値をその地点の指標洪水で除すことで洪水分布曲線を無次元化する．この指標洪水としては通常年最大洪水量の標本平均を用いるが，他の指標，たとえば分位数 (Smith, 1989) の利用も示唆されてきた．次に地域の洪水頻度曲線を，利用できる全無次元曲線の平均またはメディアンの曲線として作成する．この方法の第 2 の部分では，指標洪水の大きさと容易に手に入る流域や気候の特性との関係を求める．原理的には多くの異なる特性をこの目的に利用できるはずである．しかし過去の適用例では流域面積のみが代表特性として考慮されてきている．まとめると，利用できる流量データの解析から最終的に得られるのは，無次元地域頻度曲線と，指標イベントと流域面積を関連づけるグラフまたは回帰式である．すると，これら 2 つの関係を測定の行われていない集水域の頻度曲線を推定するのに用いることができるのである．実用的な適用では，指標イベントはまず測定の行われていない集水域の面積と，場合によっては前述した他の代表特性から推定される．この指標イベントを次に地域頻度曲線を無次元化するのに用いる．これら 2 つの関係を求めるための解析は原理的には単純であるが，このためには，普通は最も長期間の記録がある観測所の期間を基準期間にして，利用できる全データを合わせる必要もある．この方法の適用例として，カリフォルニア州の沿岸流域に対して Cruff and Rantz (1965) を，ニューユーク州に対して Robison (1961) をあげることができる．この方法に基づく多くの研究で，しばしば $T_r = 2.33$ yr（式 (13.54) と比較せよ）のイベントとされる平均洪水がべき乗型の式

$$Q_{2.33} = aA^b \tag{13.90}$$

により流域面積と関連づけられることが見いだされている．a と b は水文学的に均質な地域に対する定数である．ほとんどの地域で b は典型的にはおおむね $0.65 \sim 1.00$ の範囲にある．これは式 (13.58) に関する Fuller (1914) の発見とも矛盾しない．

　この方法を適用する主な難しさは，同じ形をもつ頻度曲線と水文学的に重要な流域特性という観点からいかにして均質な地域を決めればよいかが，この目的のための基準が提案されているとはいえ，必ずしも明確ではない点にある．より困難な問題は，頻度を 1 つのパラメータ，すなわち通常は 1 次モーメントとした指標イベントにより無次元化していることにある．つまり暗に高次モーメントの影響がないこと，つまり（C_v や C_s として無次元化した時に）高次モーメントが水文学的均質地域内で一定であることを仮定しているのである．この仮定の限界が研究されてきており (Smith, 1992; Gupta *et al.*, 1994; Stedinger and Lu, 1995; Robinson and Sivapalan, 1997a;b; Blöschl and Sivapalan, 1997 参照)，この方法については継続して研究が行われている (Hosking and Wallis, 1997).

● **多重回帰を用いた分位数推定**

　この方法では，まず頻度曲線を水文学的均質地域内にデータが存在する観測所に対して作成する．すべての頻度曲線上で，いくつかの選択した再現期間，たとえば $T_r = 2$（または 2.33), 5, 10, 20, 50, 100, そしてさらに 200 年における分位数 Q_T の値を求める．Q_T の値の各組を，流域，気候あるいは他の代表特性 $B, C, D, \ldots$，を説明変数として関係づけ，変数増減法 (stepwise method) による線形回帰から

$$Q_T = aB^b C^c D^d \cdots \tag{13.91}$$

の形の式を求める．ここで $a, b, c, d, \ldots$，は定数であり，その値は分位数の再現期間に依存する．考慮すべき特性には，流域面積，主流の傾斜，主流の流路長，平均年降水量，湖沼の面積割合，平均年流量，T_r 年確率 24 時間降雨，平均流域高度，森林の占める面積割合，主流の長さと面積の比として与えられる流域形状，平均流域標高などが含まれるであろうが，他にも可能性はある．最終的にどの特性を選択するかは，それぞれの統計的有意性と選択した時の標準誤差の減少の程度を基にして決定する．

　この方法の基本的な考え方と年最大洪水量の分位数への初期の適用例が，Benson (1962a;b) および Cruff and Rantz (1965) に述べられている．この方法は年最大値以外でも，Thomas and Benson (1970) が他の河川流特性に対して試みている．分位数の回帰法は，後に一般化最小二乗法 (GLS 法；generalized least squares procedure) (Tasker and Stedinger, 1986;1989) により改良され，観測所が等しくない記録期間をもつかもしれない点，異なる観測所での同時観測が独立ではなく相互相関を有するかもしれない点が考慮された．これらの改良により，この方法は，選択した再現期間 T_r に対する洪水流量の頻度を，異なる州で広域に対して求める際のアメリカ合衆国地質調査所の主要な方法となった．2002 年現在で得られている合衆国内の情報が Ries and Crouse (2002) によりまとめられている．しかし，より多くの情報が蓄積され，また流量記録が長期間になるにつれ，回帰式は定期的に変更されている．州ごとの最近の変更例のいくつかとして，ワシントン州 (Sumioka *et al.*, 1998)，メイン州 (Hodgkins, 1999)，コロラド州 (Vaill, 2000)，ウェストバージニア州 (Wiley *et al.*, 2000)，ノースカロライナ州 (Pope *et al.*, 2001) についての研究をあげることができる．

　これらのより最近の研究において，個々の測定のなされている地点ごとの頻度関係は，通常地域総合化した歪度を用いた一般化対数ガンマ分布を基にして求められている．ほとんどの事例で，州

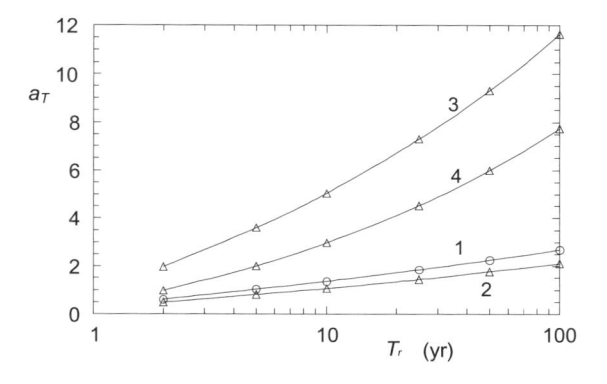

図 **13.15** 式 (13.92) の係数 a_T の再現期間 T_r への依存性の例. 単位に Q が $\mathrm{m^3\,s^{-1}}$, A が $\mathrm{km^2}$ である. 曲線 1 は Hodgkins (1999) が求めたメイン州の値を, 曲線 2, 3, 4 は Pope *et al.* (2001) により求められたノースカロライナ州のそれぞれ Sand Hills, Blue Ridge-Piedmont および Coastal Plain 水文地域の値を表している.

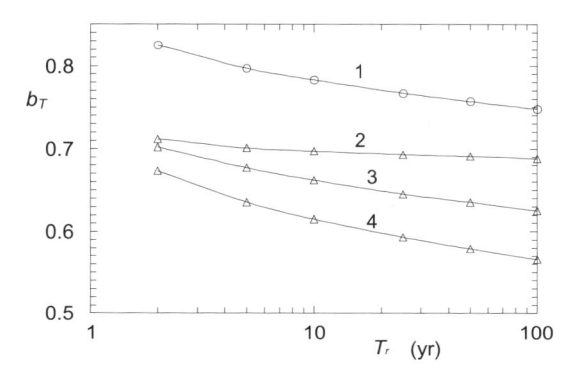

図 **13.16** 式 (13.92) の係数 b_T の再現期間 T_r への依存性の例. 曲線 1 は Hodgkins (1999) が求めたメイン州の値を, 曲線 2, 3, 4 は Pope *et al.* (2001) により求められたノースカロライナ州のそれぞれ Sand Hills, Blue Ridge-Piedmont および Coastal Plain 水文地域の値を表している.

内の水文地域の線引きと式 (13.91) の重要な説明変数の決定は, 通常の線形最小二乗回帰を用いた変数増減法により行われている. これらの地域は通常州内の回帰残差を調べることで決定される. 一度説明変数が個々の地域で決められると, Tasker and Stedinger (1989) が示したように, 流域特性を用いた異なる分位数に対する最終的な予測式が GLS 法により計算される. 流量のピーク分位数に影響をもつことが見いだされた説明変数は地域ごとに大きく異なるが, 採用された変数の数は普通可能な限り最小限度に抑えられ, せいぜい 2〜3 個に限られている. 全地域で流域の大きさは最も重要な変数であり, 流域を表す基本的な特性であることが見いだされた. 実際いくつかの地域ではこれが唯一の重要な変数であると結論づけられている (Pope *et al.*, 2001; Wiley *et al.*, 2000). またスケーリング議論を基にして, Q_T の流域面積 A のみへの依存性を水文学的に均質な地域を定義する際の基準として使えることも示唆されてきた (Gupta *et al.*, 1994). 丘陵や山地性地域では年降水量がしばしば 2 番目の重要な変数として見いだされる (Sumioka *et al.*, 1998) が, 時として, 平均流域勾配が選ばれる場合もある (Vaill, 2000). 他の地域では, 2 番目の変数が流域中の湖沼と湿地が占める面積割合であった (Hodgkins, 1999). 過去のすべての研究で, 分位数は流域面積 A とべき関数

$$Q_T = a_T A^{b_T} \qquad (13.92)$$

として関係づけられることが見いだされている. a_T と b_T は対象とする分位数の再現期間 T_r に依存して決まる定数であり, その大体の大きさと傾向をいくつかの地域に対して図 13.15 と図 13.16 に示す. ほとんどの地域で定数 b_T は 0.5〜0.9 の間にある. これはまた Fuller (1914) の 0.8 の値や式 (13.90) に対して報告された値と矛盾しない. しかし b_T は通常定数ではなく, 図 13.16 に示されるように, 典型的には T_r の増加に伴って減少する. この傾向は洪水の激しさが増すにつれ, ピーク流量の A への依存性が減少することを表している. つまり洪水の激しさが増すにつれ, 流域面積

が大きくなっても，単位面積あたりの流出量 (Q_T/A) はそれより早く減少するのである．

　　ところでもし式 (13.92) が成り立つなら，b_T が T_r から独立であり，a_T が T_r のべき関数ということがない限り，仮定されているべき乗分布式 (13.82) が一般には有効ではないということになる．たとえば，式 (13.92) を式 (13.82) に代入すると，べき乗分布が有効かどうかの基準となる

$$\frac{a_{100}}{a_{10}}A^{b_{100}-b_{10}} = \frac{a_{50}}{a_5}A^{b_{50}-b_5} \tag{13.93}$$

が得られる．この式は式 (13.82) 中の K_{10} の比が流域面積に依存することを表している．つまり，べき乗分布が有効であるために必要な式 (13.93) の等号は実際問題として決して満たされることがないことになる．たとえばメイン州に対して求められた典型的な値（図 13.16 参照）の場合，$A = 100\,\mathrm{km}^2$ に対して式 (13.93) の左辺は 1.67 であり，右辺は 1.82 である．$A = 1,000\,\mathrm{km}^2$ に対しては式 (13.93) の左辺が 1.54，右辺が 1.65 である．

● 地域総合化したモーメントを用いた理論的分布関数

　　この方法の基にある仮定は，水文学的に均質な地域のモーメントが既知あるいは測定できる流域特性や気候特性に依存するというものである．そこで一度これらの特性を用いて地域内の測定が行われていない流域に対してモーメントが求められれば，選択した確率分布関数の母数を計算することが可能となる．原理的には，平均，分散，歪度といったいくつかのモーメントが流域特性に関連づけられるので，この方法は 1 次モーメントのみを利用する指標洪水法よりも制約が少ない．2 つの母数をもつ分布では歪度は不要であり，3 つの母数をもつ分布では歪度が信頼できない傾向にあるため，ある地域の値を仮定する．この方法はあまり広く適用されてきてはいない．たとえば，カリフォルニア州北部の Klamath 山地への適用において，Cruff and Rantz (1965) は標本平均 M と標本標準偏差 S がともに流域面積 A と平均年流域降水量にそれぞれ式 (13.91) に似たべき乗関数で関連づけられることを見いだしている．

■問　題

13.1　(13.12) の両式を証明せよ．

13.2　指数分布の 2 次モーメント $m_2 = \sigma^2$ を λ を用いて表せ．指数分布は $x \geq 0$ に対して $f(x) = \lambda e^{-\lambda x}$，$x < 0$ に対しては $f(x) = 0$ の密度分布をもつ．

13.3　前問で定義された指数分布に対して第 4 七分位数（式 (13.14) で $n = 7$）と第 5 八分位数 $(n = 8)$ を決定せよ．

13.4　式 (13.85) および (13.86) で定義されるべき乗分布に対して，平均 μ と分散 σ^2 を a と b により表せ．

13.5　式 (13.85) および (13.86) で定義されるべき乗分布に対して，第 95 百分位数を a と b により表せ．

13.6　100 年確率洪水がちょうど 100 年経過した後に超過される確率はいくらか．次の 100 年の間のどこかで超過される確率はいくらか．

13.7　複数選択．以下の記述で正しいのはどれか．ある大きさの洪水は 50 年確率洪水とよばれている．この意味するところは，

(a)　これが任意の年に超過される確率は 98% である．

(b)　これが任意の 3 年間に一度超過される確率は 5.8% である．

(c)　これが超過された後，再び超過されるまでに平均して 50 年かかる．

(d)　これが任意の 50 年の記録期間中に生じる最大の事象である．

(e)　1 年の間にこれが超過される確率はほぼ 20% である．

13.8　複数選択．以下の記述で正しいのはどれか．洪水頻度を求めるのに（$m = 1$ を最小，$m = n$ を最大とし

た）$P_m = m/n$ を用いる場合に不利な点として含まれるのは

(a) 最小事象の再現期間が 1 年であること.

(b) 最大事象の再現期間が記録のある期間の 2 倍であること.

(c) 最小事象の確率がより大きな事象が確実に生じると仮定することと同じであること.

(d) 最大事象の確率がより大きな事象が生じえないとする仮定と同じであること.

(e) これが少数の標本にしか適用できないこと.

13.9 複数選択. 以下の記述で正しいのはどれか.（m を対象を小さい順に並べた順位番号, n を標本の大きさとした）ワイブルプロッティング・ポジション $m/(n+1)$ は

(a) 標本の m 番目の事象の（事象がこれを超過しない）確率の平均である.

(b) どの発生事象もその大きさが標本の m 番目の事象と等しいかこれより小さい確率と等しい.

(c) 標本の m 番目の事象の平均確率である.

(d) m 番目の事象が超過されない確率の推定値として利用できる.

(e) 最大値の解析には適用できるが, 最小値には適用できない.

13.10 ある地点の長期降雨記録から, 夏期には平均して 12 週間中の 3 週間雨が降らないことがわかっている. この夏に 12 週間中 6 週間雨が降らない確率はいくらか. 1 次近似として夏期のある週の降雨の可能性は次の週の可能性とは独立であると仮定せよ.

13.11 複数選択. 以下の記述で正しいのはどれか. 1 年確率事象に対して, 再現期間 T_r についての設問.

(a) 洪水の場合には, 事象が与えられた大きさよりも小さい確率の逆数にあたる.

(b) T_r 年確率事象が一度発生すると, これを超過する事象は次の T_r 年間は発生しないことを意味する.

(c) 事象が与えられた大きさ以下である確率から計算できる.

(d) 次の 5 年間の各年に T_r 年洪水が超過される確率を計算するのに利用できる. この確率は $[(T_r-1)/T_r]^5$ である.

(e) 5 年間のうちのはじめの 3 年間に T_r 年確率事象が非超過で, 残りの 2 年間の各年に超過される確率は $(1/T_r)^2(1-1/T_r)^3$ である.

13.12 ある河川の年最大洪水量は以下のとおりである.

年	最大流量 ($m^3\,s^{-1}$)	年	最大流量 ($m^3\,s^{-1}$)
1991	269	1998	331
1992	374	1999	309
1993	207	2000	427
1994	241	2001	204
1995	393	2002	402
1996	289	2003	229
1997	535		

これらのデータは, その確率分布がわかっていない母集団からの標本である. 以下の (a)〜(d) ではデータの分布をあらかじめ仮定しないこと. (a) この標本からメディアンの洪水量を推定せよ. (b) この標本から平均の洪水量を推定せよ. (c) この標本から 7 年確率洪水量を推定せよ. (d) この標本から次の年の最大流量が $331 \sim 393\,m^3 s^{-1}$ の間にある確率を推定せよ. (e) ここでこのデータが指数分布に従うことを仮定せよ. 密度関数は $x \geq 0$ に対して $f(x) = \lambda e^{-\lambda x}$, それ以外で $f(x) = 0$ である. この関数の母数 λ を利用できるデータからモーメント法を用いて推定せよ.

13.13 確率分布関数が式 (13.52) の第 I 種漸近分布の時, 1 回の観測値が平均 μ を超過する確率はいくらか.

13.14 長期間運用されてきた河川の流量観測所において, 年最大流量の確率分布が $F(Q) = Q/(A+Q)$ で与えられることが見いだされている. Q はこれらの年確率事象の大きさで A は定数である. 10 年ピーク流量（連続した 10 年間の重なりのない期間で経験する最大流量）に対する確率分布を年最大流量の分布から求めよ. 結果を A と Q を用いて表せ.

13.15 ある河川の年最大流量 $Q\,(\mathrm{m^3s^{-1}})$ が Fuller (1914) の式により $Q = 294(1 + 0.3\ln T_r)$ で与えられることがわかった. T_r は大きさが Q の最大流量の再現期間（年）である. (a) フラーの式から確率分布関数 $F = F(Q)$ を導出せよ. (b) ある 4 年間に毎年 $700\,\mathrm{m^3s^{-1}}$ が超過される確率はいくらか. (c) 4 年間の終わりに一度 $700\,\mathrm{m^3s^{-1}}$ 洪水量が超過される確率はいくらか. 別な設問としては, この洪水量がはじめの 3 年間は超過されず最後の 1 年に超過される確率はいくらか.

13.16 なるべく 50 年を超す記録のある, 各自の地域の流量観測所を選択すること. 記録の各水年に対する年最大流量を表にまとめること. 流量およびその対数の 1〜3 次モーメントを計算せよ. さらに以下のうちのいくつかあるいはすべてを行うこと. (a) 一般化対数ピアソン III 型分布に対して, これら 3 つの対数のモーメントを用いて表 13.2 にあげた確率に対する分位数を求めよ. (b) 歪度をゼロと仮定して (a) を行うこと. (c) 最大値に関する第 I 種漸近分布の母数 α_n, u_n を計算せよ. (d) 一般化極値分布の母数 a, b, c を求めよ. (e) データとこれら 4 つの理論曲線を対数正規確率紙上にプロットせよ. (f) データとこれら 4 つの理論曲線を第 I 種漸近分布に基づく確率紙上にプロットせよ（図 13.3 参照）.（アメリカ合衆国内ではデータは https://waterdata.usgs.gov/usa/nwis/sw の web サイトで入手できる.）（訳注：国内のデータは主に最近の観測値については, http://www1.river.go.jp/ から入手できる. 古いデータは流量年表などにあたる必要があろう.）

13.17 橋梁の桁下空間（クリアランス）の設計のために 40 年確率洪水を求める必要がある. 前問 13.16 の (a) 〜(d) で決めた分布に基づく推定値を求めよ.

13.18 複数選択. 以下の記述で正しいのはどれか. 式 (13.3) で定義されたように, 水文事象の発生を記述するのに用いられる理論的分布関数 $F(x)$ は

(a) 一般的に $-\infty \sim +\infty$ の範囲の大きさをもつ.

(b) モーメント法により観測データから決定できる母数をもつ.

(c) ゼロより小さい値となることはできない.

(d) 平均値に対して対称である.

(e) 将来の事象が x より小さくなれない時には $F(x) = 1$ となる.

■ 参考文献

Abramowitz, M. and Stegun, I. A. (editors). (1964). *Handbook of Mathematical Functions, Appl. Math. Ser. 55*. Washington, DC: National Bureau of Standards.

Bailey, J. F., Patterson, J. L. and Paulhus, J. L. H. (1975). *Hurricane Agnes rainfall and floods, June–July* 1972. Geol. Survey Prof. Paper 924, Washington, DC: US Dept. Interior.

Benson, M. A. (1950). Use of historical data in flood-frequency analysis. *Eos Trans. Am. Geophys. Un.*, **31**, 419–424

(1962a). *Evolution of methods for evaluating the occurrence of floods*, Geol. Survey Water-Supply Paper 1580-A. Washington, DC: US Dept. Interior.

(1962b). *Factors influencing the occurrence of floods in a humid region of diverse terrain*, Geol. Survey Water-Supply Paper 1580-B. Washington, DC: US Dept. Interior.

(1968). Uniform flood-frequency estimating methods for Federal agencies. *Water Resour. Res.*, **4**, 891–908.

Blöschl, G. and Sivapalan, M. (1997). Process controls on regional flood frequency: coefficient of variation and basin scale. *Water Resour. Res.*, **33**, 2967–2980.

Bobée, B. and Ashkar, F. (1991). *The Gamma Distribution and Derived Distributions Applied in Hydrology*. Littleton, CO: Water Resour. Press.

Chow, V. T. (1954). The log-probability law and its engineering applications. *Proc. Amer. Soc. Civ. Engrs., Hydraul. Div.*, **80**, 536.1–536.25.

Chowdhury, J. U. and Stedinger, J. R. (1991). Confidence intervals for design floods with estimated skew coefficient. *J. Hydraul. Eng., ASCE*, **117**, 811–831.

Cohn, T. A., Lane, W. L. and Baier, W. G. (1997). An algorithm for computing moments-based flood quantile estimates when historical flood information is available. *Water Resour. Res.*, **33**, 2089–2096.

Cohn, T. A., Lane, W. L. and Stedinger, J. R. (2001). Confidence intervals for Expected Moments Algorithm flood quantile estimates. *Water Resour. Res.*, **37**, 1695–1706.

Cruff, R. W. and Rantz, S. E. (1965). *A comparison of methods used in flood-frequency studies for coastal basins in California*, Geol. Survey Water-Supply Paper 1580-E. Washington, DC: US Dept. Interior.

Cunnane, C. (1978). Unbiased plotting positions – a review. *J. Hydrol.*, **37**, 205–222.

Dalrymple, T. (1960). *Flood-frequency analyses*, Geol. Survey Water-Supply Paper 1543-A. Washington, DC: US Dept. Interior.

England, J. F., Jr., Cohn, T. A., Faber, B. A., Stedinger, J. R., Thomas, W. O., Jr., Veilleux, A. G., Kiang, J. E. and Mason, R. R., Jr. (2018). Guidelines for determining flood flow frequency—Bulletin 17C (ver. 1.1, May 2019): U. S. Geological Survey Techniques and Methods, book 4, chap. B5, doi:10.3133/tm4B5.

Foster, H. A. (1924). Theoretical frequency curves. *Trans. Amer. Soc. Civ. Engrs.*, **89**, 142–203.

Fuller, W. E. (1914). *Flood flows. Trans. Amer. Soc. Civ. Engrs.*, **77**, 564–617, 676–694.

Gumbel, E. J. (1954a). *Statistical Theory of Extremes and Some Practical Applications*, Appl. Math. Ser. 33. Washington, DC: National Bureau of Standards.

(1954b). Statistical theory of droughts. *Proc. Amer. Soc. Civ. Engrs., Hydraul. Div.*, 80, 439.1–439.19.

(1958). *Statistics of Extremes.* New York: Columbia University Press. （訳本：河田竜夫ほか 監訳 (1978) 極値統計学—極値の理論とその工学的応用，生産技術センター新社）

Gupta, V. K., Mesa, O. J. and Dawdy, D. R. (1994). Multiscaling theory of flood peaks: Regional quantile analysis. *Water Resour. Res.*, **30**, 3405–3421.

Hardison, C. H. (1974). Generalized skew coefficients of annual floods in the United States and their application. *Water Resour. Res.*, **10**, 745–752.

Hazen, A. (1914a). Discussion on flood flows. *Trans. Amer. Soc. Civ. Engrs.*, **77**, 626–632.

(1914b). The storage to be provided in impounding reservoirs for municipal water supply. *Trans. Amer. Soc. Civ. Engrs.*, **77**, 1539–1659.

(1930). *Flood Flows, A Study of Frequencies and Magnitudes.* New York: John Wiley, Inc.

Hershfield, D. M. (1970a). Generalizing dry-day frequency data. *J. Amer. Water Works Assoc.*, **62**, 51–54.

(1970b). A comparison of conditional and unconditional probabilities for wet- and dry-day sequences. *J. Appl. Meteor.*, **9**, 825–827.

(1971). The frequency of dry periods in Maryland. *Chesapeake Sci.*, **12**, 72–84.

Hirsch, R. M. and Stedinger, J. R. (1987). Plotting positions for historical floods and their precision. *Water Resour. Res.*, **23**, 715–727.

Hodgkins, G. (1999). *Estimating the magnitude of peak flows for streams in Maine for selected recurrence intervals*, Water-Resour. Investig. Rept. 99-4008, Augusta, ME: US Dept. Interior, US Geol. Survey.

doi:10.3133/wri994008.

Horton, R. E. (1914). Discussion on flood flows. *Trans. Amer. Soc. Civ. Engrs.*, **77**, 663–670.

Hosking, J. R. M. and Wallis, J. R. (1997). Regional Frequency Analysis: An Approach Based on L-Moments. Cambridge: Cambridge University Press.

Interagency Advisory Committee on Water Data (1982). *Guidelines for Determining Flood Flow Frequency*, Bulletin 17B. Reston, VA: US Dept. Interior, Geol. Survey, Office of Water Data Coordination.

Jenkinson, A. F. (1955). The frequency distribution of the annual maximum (or minimum) values of meteorological elements. *Quart. J. Roy. Meteor. Soc.*, **81**, 158–171.

Katz, R. W., Parlange, M. B. and Naveau, P. (2002). Statistics of extremes in hydrology. *Adv. Water Resour.*, **25**, 1287–1304.

Kimball, B. F. (1942). Limited type of primary probability distribution applied to annual maximum flows. *Ann. Math. Stat.*, **13**, 318–325

Kirby, W. (1972). Computer-oriented Wilson–Hilferty transformation that preserves the first three moments and the lower bound of the Pearson Type 3 distribution. *Water Resour. Res.*, **8**, 1251–1254.

Kochel, R. C. and Baker, V. R. (1982). Paleoflood hydrology. *Science*, **215**(4531), 353–361.

Korzoun, V. I. *et al.* (editors) (1977). *Atlas of World Water Balance*, USSR National Committee for the International Hydrological Decade. Paris: UNESCO Press.

Lettenmaier, D. P., Wallis, J. R. and Wood, E. F. (1987). Effect of regional heterogeneity on flood frequency estimation. *Water Resour. Res.*, **23**, 313–323.

Madsen, H., Pearson, C. P. and Rosbjerg, D. (1997). Comparison of annual maximum series and partial duration series methods for modeling extreme hydrologic events. 2. Regional modeling. *Water Resour. Res.*, **33**, 759–770.

Malamud, B. D., Turcotte, D. L. and Barton, C. C. (1996). The 1993 Mississippi River flood: a one hundred or a one thousand year event ? *Environ. Engrs. Geosci.*, **2**, 479–486.

Martins, E. S. and Stedinger, J. R. (2000). Generalized maximum-likelihood generalized extreme-value quantile estimators for hydrologic data. *Water Resour. Res.*, **36**, 737–744.

Matalas, N. C. (1963). *Probability distribution of low flows.* Geological Survey Prof. Paper 434-A. Washington, DC: US Dept. Interior.

Meyer, A. F. (1917). *The Elements of Hydrology.* New York: John Wiley & Sons, Inc.

Mood, A. M. and Graybill, F. A. (1963). *Introduction to the Theory of Statistics*, second edition. New York: McGraw-Hill Book Co.（訳本（原著初版の翻訳）：大石泰彦 訳 (1969, 1970) 統計学入門 上・下, 好学社）

Papoulis, A. (1965). *Probability, Random Variables, and Stochastic Processes*, New York: McGraw-Hill Book Co. （訳本：平岡寛二ほか 訳 (1970, 1972) 工学のための応用確率論 基礎編・確率過程編, 東海大学出版会; 原著第 2 版翻訳：中山謙二ほか 訳 (1992) 確率とランダム変数, 東海大学出版会）

Pope, B. F., Tasker, G. D. and Robbins, J. C. (2001). *Estimating the magnitude and frequency of floods in rural basins of North Carolina – revised*, Water-Resour. Investigs. Rept. 01-4207. Raleigh, NC: US Dept. Interior, US. Geol. Survey. doi:10.3133/wri014207.

Ries, K. G., III, and Crouse, M. Y. (2002). *The National Flood Frequency Program, version 3: A computer program for estimating magnitude and frequency of floods for ungaged sites*, Water-Resour. Investigs. Rept. 02-4168. Reston, VA: US Dept. Interior, US Geol. Survey.

Robison, F. L. (1961). *Floods in New York, magnitude and frequency*, Geological Survey Circular 454.

Washington, DC: US Dept. Interior.

Robinson, J. S. and Sivapalan, M. (1997a). An investigation into the physical causes of scaling and heterogeneity of regional flood frequency. *Water Resour. Res.*, **33**, 1045–1059.

(1997b). Temporal scales and hydrological regimes: Implications for flood frequency scaling. *Water Resour. Res.*, **33**, 2981–2999.

Salas, J. D. and Obeysekera, J. (2014). Revisiting the concepts of return period and risk for non-stationary hydrologic extreme events. *J. Hydrol. Eng.*, **19**, 554–568. doi: 10.1061/(ASCE)HE.1943-5584.0000820.

Smith, J. A. (1989). Regional flood frequency analysis using extreme order statistics of the annual peak record. *Water Resour. Res.*, **25**, 311–317.

(1992). Representation of basin scale in flood peak distributions. *Water Resour. Res.*, **28**, 2993–2999.

Sokolov, A. A. (1967). Closing remarks. *Symposium on Floods and Their Computation*, Aug. 22. Leningrad, USSR: Unesco.

Stedinger, J. R. (1980). Fitting log normal distributions to hydrologic data. *Water Resour. Res.*, **16**, 481–490.

Stedinger, J. R. and Baker, V. R. (1987). Surface water hydrology: historical paleoflood information. *Rev. Geophys.*, **25**, 119–124.

Stedinger, J. R., and Griffis, V. W. (2011). Getting from here to where? Flood frequency analysis and climate: *J. Amer. Water Resour. Assoc.*, **47**, 506–513. doi:10.1111/j.1752-1688.2011.00545.x.

Stedinger, J. R. and Lu, L.-H. (1995). Appraisal of regional and index flood quantile estimators. *Stochast. Hydrol. Hydraul.*, **9**, 49–75.

Sumioka, S. S., Kresch, D. L. and Kasnick, K. D. (1998). *Magnitude and frequency of floods in Washington*, Water-Resour. Investigs. Rept. 97-4277. Tacoma, WA: US Dept. Interior, US Geol. Survey. doi:10.3133/wri974277.

Tasker, G. D. and Stedinger, J. R. (1986). Regional skew with weighted LS regression. *J. Water Resour. Plan. Management, Proc. ASCE*, **112**, 225–237.

(1989). An operational GLS model for hydrologic regression. *J. Hydrol.*, **111**, 361–375.

Thomas, W. O. (1985). A uniform technique for flood frequency analysis. *J. Water Resour. Plann. Management Proc. ASCE*, **111**, 321–337.

Thomas, D. M. and Benson, M. A. (1970). *Generalization of streamflow characteristics from drainage-basin characteristics*. Geol. Survey Water-Supply Paper 1975. Washington, DC: US Dept. Interior.

Turcotte, D. L. (1992). *Fractals and Chaos in Geology and Geophysics*. Cambridge: Cambridge University Press.

(1994). Fractal theory and the estimation of extreme floods. *J. Res. Nat. Inst. Standards Technol.*, **99**, 377–389.

Vaill, J. E. (2000). *Analysis of the magnitude and frequency of floods in Colorado*, Water-Resour. Investigs. Rept. 99-4190. Denver, CO: US Dept. Interior, US Geol. Survey. (http://water.usgs.gov/pubs/wri/wri99-4190/pdf/wrir99-4190_V1.pdf)

Villarini, G., Serinaldi. F., Smith, J. A. and Krajewski, W. F. (2009). On the stationarity of annual flood peaks in the continental United States during the 20th century. *Water Resour. Res.*, **45**, W08417. doi:10.1029/2008WR007645.

Weatherburn, C. E. (1961). *A First Course in Mathematical Statistics*. Cambridge: Cambridge University Press.

Wiley, J. B., Atkins, Jr., J. T. and Tasker, G. D. (2000). *Estimating magnitude and frequency of peak discharges for rural, unregulated streams in West Virginia*, Water-Resour. Investigs. Rept. 00-4080. Charleston, WV: US Dept. Interior, US Geol. Survey. doi:10.3133/wri004080.

おわりに 14
水循環の認識の歴史

14.1 初期の概念：大気の水循環

　地球上に人類が存在してきた長い間，周囲の環境中でさまざまな形をとる水に人類が依存していることに人々は気づいていたに違いない．水は文字どおり人間の健康と生命維持に欠かせないものであるが，彼らが日々の生活で出くわす悪天候や大洪水などの危険をもたらす要因としては破壊的な存在であり，時には人の死を招くことになる．古代人の間では，自然界の水が循環性とは言わないまでも，ある種の反復性をもって異なる状態の間を移動するという考えが一般的であったことが，最も初期の書物に示されている．しかし，非常に基本的な概念の意味ですら現代までに変化したため，このような初期の書物に残されたことを解釈するのは常に容易なわけではない．また，世俗的な見方や自然主義的な記述を宗教的な物語や解釈から区別することも，いつでも容易いわけでもない．それでも，明確な証拠により当時の人々の考え方を示すよく知られた初期の書物をざっと見ることで，広く異なる文化的背景下での水に対するイメージを得ることができる．

　紀元前 8 世紀にすでにギリシャの詩人ヘシオドス (Hesiod) は驚くべき記述を残している．農民に対して暖かい服を着，時間までに仕事を終えるようにという助言を与える一節 (Hésiod 1928; Hesiod 1978; vv.547–553) において，彼は以下の記述を残した．

> 「北風 (Boreas) が吹きおろす頃ともなれば，明け方が冷たい．豊作をもたらす夜明けの霧が，星の輝く天空から地上に降りて，恵まれた人々の田畑に拡がってくる．霧は，尽きず流れる河から水を吸い上げ，渦巻く強風に煽られて地上高く昇り，ある時は夕暮れ近く雨となり，ある時はまた，トラキア颪しの北風が，厚い雲を掻きたてるにつれて，風となる．」（訳注：和訳は『仕事と日』岩波書店より引用．( ) 内は英語版原文）

この一節には興味深い点が含まれている．ここには，霧が河川水から引き出されたこと，それが雨になることが説明されている．一方，ここでは，蒸発が風の結果と原因の両方であることが示唆されている．北風の神である Boreas への言及を別にすると，ヘシオドスの一節は非常に自然主義的に見える．

　旧約聖書中にはいくつかの水循環に関係した部分がある．この中でも最も古いのは紀元前 8 世紀に書かれたアモス書の 5 章 8 節であろう．これは以下のように読める（たとえば *Oxford Study Edition*, 1976 参照）．

> 「暗黒を朝に変え，昼を暗い夜にし，海の水を呼んで，それを地の面に注ぐ方，その名は主.」（訳注：和訳は『新改訳聖書 第三版』©新改訳聖書刊行会より引用．以下同様）

ユダヤ生まれのアモス (Amos) は，彼自身によれば元々は羊飼いであり，いちじく桑の木を栽培していた．昼と夜の繰り返しを表すこの引用のはじめの部分の文脈から，次の部分も繰り返し生じるあるプロセスを表している可能性がある．しかし，もしそうだとしても，それは周期性という意味

合いでの繰り返しであり，水循環という意味合いではない．ここでもまた，地球上の雨は水面からの蒸発から生じているとされている．2つ目の興味の対象となるこれより新しい聖書の一節は『イザヤ書』（55 章 10–11 節）の

> 「主の御告げ…．雨や雪が天から降ってもとに戻らず，必ず地を潤し，それに物を生えさせ，芽を出させ，種蒔く者には種を与え，食べるものにはパンを与える．そのように，わたしの口から出るわたしのことばも，むなしく，わたしのところに帰っては来ない．必ず，わたしの望む事を成し遂げ，わたしの言い送った事を成功させる．」

である．イザヤもまた紀元前 8 世紀の人であるが，現在ではこの章は後になって加筆されたものであり，紀元前 6 世紀のバビロン捕囚の終わりにかけて，無名の予言者によって書かれたものであると一般に考えられている．この節では自然現象は主に寓話として扱われ，その記述は自然主義的である．自然現象は神の直接的な介入の結果ではなく，それ自身で発生しているように見える．この記述には水がやってきたところに戻るある種の明白な循環が含まれている．

さまざまな繰り返し生じるプロセスについての考えは古代中国にもあった．おそらく紀元前 4 世紀後期の博物学者による『計倪子』(Chi Ni Tzu) (Needham, 1959, p.467) の中で大気現象は以下のように記述されている．

> 「風は天の気であり，雨は地の気である．風は季節に従って吹き，雨は風に応じて降る．天の気は下降し，地の気は上昇するということができる．」（訳注：和訳は『中國の科學と文明 第 5 巻 天の科学』思索社より，旧字体を新字体に改めて引用）

雨は上から降ってくるにもかかわらず，その源が地面であると考えていることから，蒸発と降水の直接的なつながりがここでは当然なこととされているようである．

紀元前 800〜400 年の間に編纂されたヒンドゥー教の重要な文献である『チャーンドーギヤ・ウパニシャッド』（第 6 章 10）の一節はこれほど明示的ではない．この一節は自己（アートマン）の実存を示す寓話であり (Anandatirtha, 1910, p.458; Radhakrishnan, 1953, p.460; Swahananda, 1965, p.458 参照)，以下のように翻訳できる．

> 「愛しいものよ！これらの川は流れる，東にあるものは東に，西にあるものは西に．それらは大海からまさに大海の中に入る．それは，まさに大海になる．そこ〔海〕においては，川が "わたしはこの川である"，"わたしは，この川である" と知らないように，」（訳注：和訳は『ウパニシャッド—翻訳および解説』大東出版社より引用）

この文にはさまざまな解釈を施すことができる．「それらは大海からまさに大海の中に入る」という文はたぶん海流，あるいは古代ギリシャにおいて考えられた河川水源としての何らかの地下の海水濾過作用を指すのだろう．大事な点はこれが一体性，そしてことによるとすべての水の循環さえ示唆していることである．

ここまでの記述では単にいくつかの例をあげたにすぎない．これら初期の記述のほとんどに共通する性質は，水の循環プロセスを示唆する部分がすべて水循環の大気部分を意味するか，ほのめかしている点にある．蒸発のことが明示的に述べられている部分では，すべてというわけではないにしろ，川や海から蒸発が生じることが仮定されている．記述のいくつかには河川が含まれる一方で，その水流の源について，その水が水源に戻るのかどうか，あるいはどのように戻るのかについては語られていない．この問題についての神話的でない，観察に基づく最初の思索はおそらくギリシャの自然哲学者 (natural philosopher) によるものであろう．

14.2 古代ギリシャ

　古代ギリシャはその自然哲学者たちがアニミズム的な，あるいは神の直接的な介入なしに，世界の合理的な説明を同じその世界の中だけで完結できるようにするためになした，多くの努力により知られている．彼らの著作などで伝わっている証拠を調べると，水や水循環のさまざまな側面が彼らの宇宙論の中心的な役割を果たしていたことがわかる．ヘシオドスの一節で見られたように，水循環の大気部分はすでに哲学時代以前でもギリシャ人の間では一般的な考えであった（Brutsaert, 1982 も参照のこと）．そのため，以下では主に泉や河川の源についての彼らの考え方の変遷を扱う．

14.2.1　ソクラテス以前の哲学者

　紀元前 6〜5 世紀に活動した最初のギリシャ哲学者たちは，慣例的にソクラテス以前の哲学者（Presocratics）とよばれる．彼らの著作のいくつかは断片的に伝わっており，いくつかは後に別の作者により言い換えられたりしている．彼ら自然哲学者の間では，泉や河川などの淡水の起源について，2 つの対立する説が支配的であった．その 1 つは，2 つのうちでおそらく先に出された海水濾過説，もう 1 つは現在のわれわれの知識の本質部分を含む降水浸透説である．

● **海水濾過説**

　この説の基本的な考えは，海水が地中を上方へと広がっていき，その過程で濾過により塩分を失い，泉などの地表水の起源になるというものである（図 14.1）．書き残された証拠は，この見方の最初の主唱者がヒッポン（Hippon）であることを示している．現在の南イタリアにあるレギオンのヒッポンはまた，サモスのヒッポンともよばれ，ペリクレス（Pericles）と同時代の人であった．したがって，彼は紀元前 5 世紀の中頃に活躍したはずである．この件に関する彼の意見は，残されたただ 1 つの断片中（Diels, 1961, p.388）に次のように表されている．

　　「すべての飲み水は海から生じる．なぜなら，思うに，たしかにわれわれが飲み水をえる井戸は，海より深いわけではないからである．というのは，それがもし海より深いのだとすればその水は海から生じるものではありえず，どこかほかのところから生じることになろう．しかし実際には，海はそれらの水よりも深いのである．したがって海より上から流れてくるかぎりのすべてのものは，海から生じるものなのである．」（訳注：『ソクラテス以前哲学者断片集 第 III 分冊』岩波書店より引用）

　この断片はどちらかといえば簡潔であり，あまり明示的ではない．しかし，これはヒッポンの他の見解が，少なくとも 1 世紀前に示されたタレス（Thales）の見方とほぼ同じであるという事実と照らしてみるべきである．テオフラストス（Theophrastos）の『自然学説誌（*Physical Opinions*）』（Diels, 1879, p.475）中の以下の部分がこの点を明らかにしている．

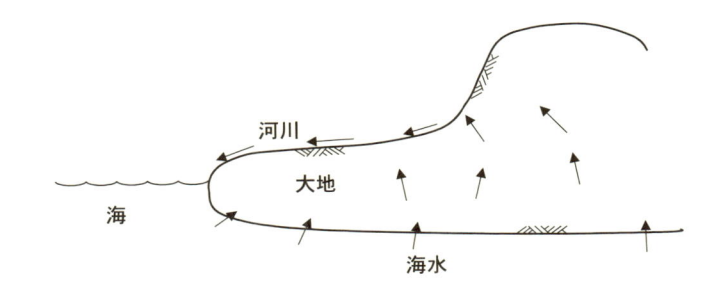

図 14.1　古代ギリシャにおけるソクラテス以前の哲学者による海水濾過説．書き残された証拠はヒッポンがこの考えの最初の提案者であることを示しているが，おそらくタレスがその創始者であろう．

「アリストテレス (Aristotle) が自然学者 (physicist) とよび，根源の物質（アルケー）(original principle, *arche*) は 1 つであり流動性があると言う者の中で，ある者はそれが閉じていると主張する．たとえば，ミレトスのタレスやヒッポンは無神論者にまでなったように見えるが，現象の観察からこの主張にたどり着いた．というのは，熱は蒸気の中で成長し，死んだ物質は乾いてしまい，あらゆる物の種子はぬれており，すべての食物は水気が多いからである．そして，それぞれの物は，その源から自然に養われる．水は蒸気の原理であり，すべての物を結合させる．それゆえ，水がすべての物の根源の物質であり，大地は水の上に浮かんでいると彼らは主張するのである．」

イオニアのミレトスの人タレスは紀元前 585 年頃活躍し，最初のギリシャ自然哲学者であり，彼から世界の変化の裏に存在する真実への正式な探求が始まったと一般に考えられている．彼はその考えの著述に多くを費やしたようには見えず，彼の実際の引用文も残っていない．河川や泉の起源については何もないが，タレスの見方の本質はよく知られており，最も重要な 2 つが上の一節に含まれている．つまり，万物の根源は水であり，大地は水に浮かんでいるという．ヒッポンはここではタレスと同時に述べられているので，もしヒッポンの河川の起源についての意見が前時代の大賢人の意見から大きく異なっていたとしたら驚きであろう．そのため，タレスが少なくともギリシャ人の間での海水濾過説の実際の創始者であると考えるのが合理的とする Gilbert (1907) の意見に反対するのは難しい．しかしこの説の大元は，実際はもっと古いのかもしれない．タレスの約 2,000 年前にあたる紀元前 3,000 年に，すでにメソポタミア下部のシュメールでは，大地が海洋上に浮いていることが確立された見方であったことが現在では知られている (Eliade, 1978).

　ヒッポンの断片では塩分の除去については触れられていない．しかし，この側面は約 200 年後のこの説に対するアリストテレスの反論中の記述 (Aristotle, 1952, II 354 b, 15) から推論することができる．

「まさにこうした困難のゆえに，彼らは，海は湿った蒸発物の始源であり，すべての水の始源であると考えたのである．そこで或る人々は，川は海に注ぐだけでなく，それからも出るということを主張した．そのわけは，塩水をこせば飲料水ができるからというのである．」（訳注：和訳は『アリストテレス全集 5 気象論』岩波書店より引用）

これから，アリストテレスの時代にはこの説が広まっており，彼と同時代の者たちに真剣に受け取られていたことがはっきりと見て取れる．

● 降雨浸透説

　この 2 つ目の説の大元は，ミレトスのアナクシマンドロス (Anaximander) の哲学的な見解に現れている．タレスより後年の生まれであるアナクシマンドロスは，紀元前 610 年頃に生まれ，紀元前 565 年頃に全盛期にあったに違いない．河川や泉の起源に関する問題は直接的には扱われていないものの，彼の主な見解は残された証拠 (Gilbert, 1907, p.405 も参照のこと) から推測することができる．200 年頃に活躍した著名な論評家であるアフロディシアのアレクサンドロス (Alexander) はアナクシマンドロスの海洋の性質と起源についての見方を以下のようにまとめている (Diels, 1879, p.494).

「すなわち，彼ら（自然哲学者）のうちである人たちの述べているところは，こうである．——原初の湿潤状態の名残りが海である．すなわち，地表部は湿潤であったが，やがて湿潤性の一部は太陽によって蒸発して，それから風が生ずるとともに，太陽と月の回帰が生じた．そうした蒸発作用と上昇気化作用のために，太陽と月は，湿潤性がそれらにふんだんに供される位置に来ると，そこで向きを変えて，回帰現象をおこなう，と考えるのである．他方，湿潤性の一部が大地の窪んだとこ

ろに残ったのが海である．したがって，太陽によってたえず乾燥がすすむにつれて，海は縮小し，ついにいつかは干上がってしまうであろう．──こうした考えは，テオプラストス（テオフラストス）の史的考察［『自然学説誌』fr. 23 Dox. 494］によれば，アナクシマンドロスおよびディオゲネスのものであった．」（訳注：『ソクラテス以前哲学者断片集 第I分冊』岩波書店より引用．（ ）内訳者加筆．以下同様）

この陸地からの蒸発がどうなったのかについてのアナクシマンドロスの意見は，3 世紀初期のキリスト教信者の著述者で 235 年に死亡したヒッポリュトス (Hippolytus) によりまとめられている．彼の論駁 (Mansfeld, 1992) 中において，ヒッポリュトスはこれを以下のように記述している (Diels, 1879, p.560, 6, 7;1961, p.84, 6, 7).

「風が起こるのは，きわめて軽い蒸気が空気から分離するからであり，あるいはそれが凝縮するときに動くことによってである．また降雨は，太陽下の大地からの蒸発物によるものであり，それが上昇させられるからである．」

以上の 2 つの引用からは，アナクシマンドロスが海を大地表面の始原水の残りと考えていたことがわかる．海からの蒸発は風の原因であり結果ではない．また雨の原因でもある．河川流についての記述はない．タレスとは異なり，アナクシマンドロスは大地が水に浮かび，その水が上向きに地面まで流れて泉や河川に注いでいることを仮定しなかった．代わりに，彼は大地が何かの上にあるのではなく，大地が全方向のあらゆる物から等距離にあるために，ある平衡状態により空中に浮かんでいることを仮定した．このため，彼がタレスやヒッポンが強く主張したような海水の上向き濾過により河川流をなしていると仮定したとは考えにくい．むしろ，彼の体系の中では，異なる，たぶん降水である水源が，海へ流れる河川流を供給していると考えた方がもっともらしく思われる．一方，海が徐々に乾燥してなくなってしまうので，彼が蒸発した水のすべてが河川になるとは考えなかったのは明らかである．つまり，明らかに彼は，閉じた循環を提案はしていない．いずれにしろ，彼はクセノパネス (Xenophanes) の見解から見て取れるように，実り多い一連の考え方を創始したか，あるいは少なくとも活気づかせたのである．

コロフォンのクセノパネス（紀元前 570〜460 年頃）はアナクシマンドロスに遅れること約 35 年，紀元前 530 年頃におそらく最盛期を迎えている．紀元前 1 世紀に生存したと考えられる学説誌家アエティウス (Aetius) によると (Diels, 1879, p.371, 4; 1961, p.125, III, 4, 4)，クセノパネスは以下を述べた．

「…気象上の諸現象は，もともとの原因としては太陽の熱によって生ずる．すなわち，海から湿り気が引き出されると，甘い（塩分を含まない）部分がその微細さゆえに分離されて霧になり雲をつくりだす．そしてそれは，圧縮によって雨を降らせ，蒸発しては風を起こすのである．実際，彼は（以下のように）はっきり書いているのである．」（訳注：（ ）内訳者加筆・改変）

実際の断片は詩の形で書かれており，以下のとおりである (Diels, 1961, p.136).

「海は水の源にしてまた風の源．偉大なる大海なくしては 雲の中に 〈風の力が生じて〉内より 〈外に吹き出すこともなかったろうし〉，河の流れも 天空より落ちる雨の水も 生じなかったことだろう．いな 偉大なる大海こそは 雲と風と河の生みの親．」

海水の塩分に関してのクセノパネスの意見はヒッポリュトスにより次のように記述されている (Diels, 1879, p.565, 14, 4; 1961, p.122, 33, 14, 4).

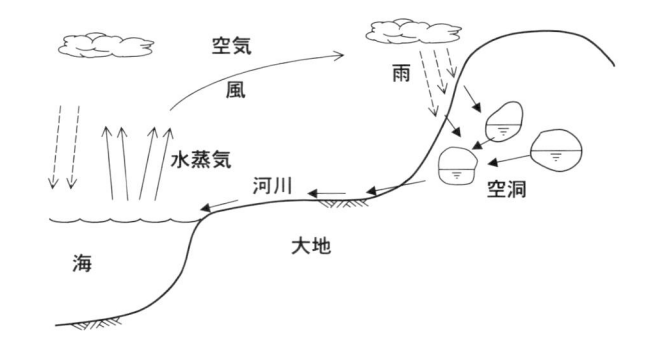

図 14.2 古代ギリシャにおけるソクラテス以前の哲学者による河川の起源としての雨水浸透説. この考えはアナクシマンドロスの大ざっぱではあるが発展性のある考えから始まり, その後のクセノパネスやアナクサゴラスによるより完全な説へと続くように見える.

「彼は, 海が塩分を含んでいるのはその中に多くの混合物が流れ込んでいることによると言っていた.」

これらすべては, クセノパネスが現在われわれの知っている水循環についてのある種の考えをもっていたことを示している. 彼は記述の中に河川流を含めたのみならず, 風, 雨, 雲とともに海からの蒸発によって河川の流れが引き起こされていることを指摘している. 唯一可能な解釈は, これが陸面への降雨を介して間接的に生じるとするものである. さらに, 河川の流れが海へ流れ込む途中にさまざまな塩分を含む物質を取り込むために, 海水に塩分が含まれているという彼の説明からもこの解釈が支持される. 明らかに, クセノパネスの見解はアナクシマンドロスの見解をさらに発展させたものである.

クセノパネスの約 70 年後に現れたクラゾメナイの人アナクサゴラス (Anaxagoras, 紀元前 500〜428 年頃) はこの件に関してはさらに明白であったようだ. 再びヒッポリュトスによると (Diels, 1879, p.562, 8, 4-5), アナクサゴラスは以下を述べたことが知られている.

「地上の湿ったもののうち, 海は大地内部の湿ったものからでき上がった. すなわち, それが蒸発したのちに現にあるような状態を呈するとともに, また河川からも流入したものである. 河川はその水源を降雨にあおぐとともに, 大地内部の湿ったものにも因っている. すなわち, 大地は空洞になっていて, 窪みになったところには水がたまっているのである.」(訳注:『ソクラテス以前哲学者断片集 第 III 分冊』岩波書店より引用)

しかし, アナクシマンドロス, クセノパネスやひょっとすると他のソクラテス以前の哲学者が, 水流や河川の起源を降雨で説明できる (図 14.2) とする考えを発展させた最も確かな証拠は, アリストテレスが約 2 世紀後に『気象論』の中で試みた反論中の記述に見いだすことができる. 明らかに, アリストテレスの時代には降雨浸透説は十分に確立されており, 彼はそれに対する反論を行うことが必要であると考えていたのである. アリストテレスはこの説を以下のように要約している (Aristotle, 1952, I 349 b, 2).

「ところで, 或る人々は川の始源についても同様であると思っている. すなわち〔彼らの考えによれば〕, 太陽の力によって上へあげられた水は, ふたたび雨となって落ちてくると, 地下の大きな洞穴のなかに集められ, そこから流れ出るようになる. すべての川が一つの洞穴から出るか, それともおのおのがおのおのから出るかはどちらでもよい. ともかく水は少しも〔新たに〕生じることはなく, むしろ冬のあいだにそのような倉に集められた水が多くの川の大量の水となるのである. 川の流れがかならず夏よりも冬に多いこと, また或る川は涸れてもそのほかの川は涸れないのは, この理由によってである. というのも, 洞穴が大きいために大量の水が集まり, その結果つねに流

れていて，ふたたび冬が来て雨が降る前に消えることのない川は四季をつうじて涸れないが，他方
倉が小さいものは，もともと水がわずかしかないので，雨期になって水が天から入ってくる前に容
器がからっぽになり，川は乾いて消えてしまうのである．」（訳注：和訳は『アリストテレス全集 5 気
象論』岩波書店より引用，以下同様）

「水は少しも〔新たに〕生じることはなく」という記述は，降雨浸透説からついに水循環と水の質
量保存の概念にたどり着いたことを明らかに示している．アリストテレスの『気象論』中でこれに
費やした紙面から，降雨浸透説がその当時広く受け入れられていた考えであることは疑いない．

アナクサゴラスとアリストテレスはともに主な水の地下貯留場を洞窟や洞穴としている．これは
驚くにはあたらない．ギリシャの約 65% の地域は石灰岩地域である．石灰岩は容易に浸食され凹
地や地下水流，鍾乳河をもったカルスト地形を生じさせる (Higgins and Higgins, 1996)．今日のギリ
シャは世界で最も洞窟の多い地域の 1 つとして知られ，約 7,000 の洞窟は大小，垂直方向や水平方
向，内陸部から海岸沿いとあらゆる種類のものからなっている．

14.2.2 アリストテレス

ギリシャ哲学がアリストテレス（紀元前 384〜322 年頃）により頂点に達したことが一般に受け
入れられている．当時彼は自然哲学者としてよりは弁論術によって認められていたが，その後の 18
世紀間の彼の影響は非常に大きいので，ここで彼の考えを簡潔にレビューする必要があろう．

● 河川と泉の起源

ソクラテス以前の哲学者の降雨浸透説の引用に続いて，彼は自身の見解 (Aristotle, 1952, I 349 b,
16) を述べている．

「しかしつぎのことは明らかである．すなわち，日々たえまなく流れている川の量をはかろうとし
て，それを入れる倉のようなものを眼前に描いてみるならば，一年間に流れ出る水の全部を収める
ものの大きさは，大地の容積を超えてしまうか，あるいは少なくともそれほど小さくはないはずで
ある．

もちろん，そのような倉が大地のあちらこちらにたくさんあることは知られているとしても，大地
の上にある水も下にある水も同一の原因によって空気から生じたと考えないならば，それはまった
くおかしなことである．すなわち，霧状の空気が大地の上で冷却されて凝結し水となるとすれば，
大地のなかの冷によってもこれと同じ結果が生じると考えなければならないし，したがって，単独
の水〔雨水〕が大地のなかに集まってそこから流れ出るだけでなく，〔大地のなかでも〕いつも引
き続き生じているのだと考えなければならない．」

アリストテレスは降雨浸透説を完全に否定しているわけではないが，利用できる地下貯留空間と降
雨量は観測される河川流量を供給するには十分ではないので，他の重要なメカニズムが働いている
に違いないと感じていたのである．このメカニズムは地下における水蒸気からの水の形成である
（図 14.3）．アリストテレスは水蒸気が地下の洞穴中でも凝結するという点では正しかった．そこは
しばしばぬれてじめじめしており，水が壁や天井から滴下してくるのを見ることができる．しかし，
現在では，このようにして形成される水の量が泉や河川への水の供給源としては非常にわずかであ
ること，通常の降水が地中のあらゆる凝結よりはるか多いことが知られている．ソクラテス以前の
哲学者の降雨浸透説と比較して，アリストテレスの説明は水文学の理論の発展にとっては明らかに
一歩後退となっている．

しかし明らかにこの時点では，Aristotle (1952, I 349 b, 28) は彼の議論が十分強く明白だとは感

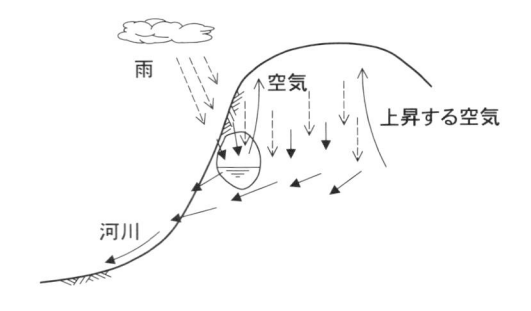

図 14.3 アリストテレスの河川の起源についての説. 雨水浸透が水源となるものの, 必要な量を供給するには不十分である. もう 1 つの重要なメカニズムは, 地表面上での雨の形成と同様な, 地中内部での上昇してくる水蒸気の冷却と凝結から形成される水である.

じていなかった. というのも, 彼は続いて以下のように述べているのである.

> 「さらに, 或る人々の言うところによれば, 川の源は隔離された地下の湖のようなものであり, その水は毎日〔凝結によって〕生じるのではなく, すでにあったものだとされるが, けっしてそのようなものではない. むしろ, 大地の上の場所に小さな水滴が集められると, それらがまたほかのものと一緒になり, さいごに大量の雨水となって落ちてくるが, これと同じように, 地下においても最初はいくつかの小さな流れが集まり, やがて大地の一点に向かって噴出するほどになって川の源になるのである. このことは, じっさいに行なわれていること自体から明らかである. すなわち, 人々は灌漑するさいに水を管やトンネルで引いてくるが, これはあたかも大地が高い場所で汗をかいているかのようなものである. それゆえ, 川の流れが山から始まることは明らかであり, もっとも高い山からは, もっとも多くの川ともっとも大きな川が流れ出すのである. さらにこれと同様に, 大多数の泉は山や高地の近くにある. しかし平地では, 川を除いては水の出る場所はほとんどない. なぜなら, 山や高地は大地の上に吊ってある厚いスポンジのようなものであって, 多くの場所に少しずつ水をしたたらせ, それらを一緒にして流れ出させるからである. というのも, その山や高地は上から落ちてきた水の大量を貯蔵するが（穴がくぼんで上に開いているか, 出っぱって下に開いているかは少しも違わないではないか. そのどちらも同じ体積の物体を容れることができるのだから）, また上昇する霧を冷却させ凝結させて, ふたたび水に変えるのである.」

このように議論は繰り返され, さらに別の説と対照することで明確化される. この別の説では, 彼が説明するように河川が地下の湖に貯留されたすでに存在していた始原水から来ているとされる. ここでは彼の師であるプラトン (Plato) のタルタルス説 (Plato, 1975; 1993, 111 d, ff.) が疑いなく参考にされている. 彼は後にこの説について議論し, より徹底した論駁を与えている（355 b, 38 参照）. この意見をもつ者が他にもいたことを示している点で, ここは注目されるべき部分である. しかしホメロスの詩にも登場するこのタルタルスは, 自然哲学というよりはギリシャ神話への後退であり, その議論はここで扱う範囲外である. アリストテレスはこの段落を再度彼自身の泉と河川の源が, 降雨と地中の凝結から生じているという意見をまとめることで終わらせている.

● **海がなぜ溢れないかについて**

川の起源の他にも, アリストテレスはすべての川が海に流れ込むのに, なぜ海が溢れないかについて関心をもっていた. 彼自身の言葉によれば (Aristotle, 1952, II 355 b, 15),

> 「海によって占められている場所は水のほんらい的な場所である. この理由によって, すべての川とすべての生じた水〔雨水〕はそこへ流れ入るのである. なぜなら, 水はもっとも深い場所へ流れるが, 海は大地のそのような場所を占めるからである. しかし水のうちの一部はすべて太陽によってすみやかに上昇し, 一部はいま述べた理由によってあとに残される. ところで, あれほど大量の川の水がどこにも見られないのはなぜかという古くからの疑問は（というのも, 海は無数の川の無

限の水が毎日注いでくるのに，少しも大きくならないから），問われても何らおかしくないもので
あるけれども，よく考察するならばけっして理解に困難なことはない．そのわけは，同じ分量の水
でも，広く散ったものと集まっているものとで蒸発の速度が異なるということである．このちがい
は，後者は一日中残っているが，前者は人が一杯の水を大きい机の上にこぼしたとき，こぼれたと
思うと同時に全部消えてしまうといったほど大きい．これと同じことがたしかに川についてもあて
はまる．じっさい，〔川幅のせまい所に〕集まっている水は永久に休みなく流れるが，これが広い
閉ざされない場所へ入ると，目にも見えぬほどの早さで蒸発してしまうからである．」

彼がこれを「古くからの疑問」とよんでいるので，これはギリシャ哲学で長年にわたる疑問だった
に違いない．実際，前に見たようにアナクシマンドロスはすでにこれについて考えており，海がい
ずれ干上がってしまうかもしれないと結論づけている．アリストテレスは記録上ではこの問題に正
しい説明を与えて解いた最初の者のようであるが，この問題は他所でも同様に考察の対象となって
いた．

　たとえば，これは古代中国での関心でもあったようである (Lin, 1949)．周王朝支配下の紀元前 3
世紀に，『秋水篇 (*Autumn Floods*)』において荘子（Zhuang Zi, Chuangtse; 紀元前 275 年没）は
この問題を取り上げている．

> 「天下の水は，海より大なるは莫し．万川これに帰し，何れの時に止まるかを知らざるも，而も盈
> たず．尾閭はこれを泄し，何れの時に已むかを知らざるも，而も虚しからず．春秋にも変ぜず，水
> 旱をも知らず．」（訳注：和訳は『荘子 第二冊（外篇）』岩波書店より引用）

論文集の編者である Lin (1949, p.120) によれば，この尾閭 (Wei-Lou, Wei Lu) は海洋の底あるいは
末端にある想像上の穴であるという．河川の流入と釣り合わせるためのこの排水メカニズムは，明
らかにヒッポンとタレスの海水浸透メカニズムやアリストテレスの蒸発の考えとは異なっている．
同じ問題は，数十年後の秦王朝時代に丞相の呂不韋（Lü Bu Wei, Lu Buwei; 紀元前 235 年死去）
の元に集められた学者らによって記された『呂氏春秋 (*Lü Shi Qun Qiu, Lu-Shih-Chun-Chiu*)』
(Wang, 1996, 同私信．2000) の中の以下の一節で触れられている (Needham, 1959, p.467)．

> 「 もろもろの水は，その水源から東方に向かって流れ，昼も夜も休むことはない．それらは 尽き
> ることなく流れ下ってゆくのに，（海の）深みは満たされることはない．小さな流れは大きくなり，
> 重い（海の水）は軽くな（って雲にのぼ）る．これは，道 (Tao) の循環（の一部）である．」（訳注：
> 和訳は『中國の科學と文明 第 5 巻 天の科学』思索社より引用．(Tao) は訳者加筆）

括弧の部分はおそらく Needham (1959) による文の解釈を表しているが，この解釈は不合理という
ことはなく，他の意味を見いだすのは難しいだろう．つまりここで用いられる蒸発メカニズムはア
リストテレスのものと同じであり，著者らは明らかにある種の水循環を念頭においているのである．
　この問題は西洋の歴史をとおして多くの関心を集め続けることになる．この関心は『伝道者の書
(*Ecclesiastes*)』(1, 7)(*Oxford Study Edition*, 1976) で直接的に以下のように始まっている．

> 「川はみな海に流れ込むが，海は満ちることがない．川は流れ込む所に（戻り），また流れる．」（訳
> 注：和訳は『新改訳聖書 第三版』©新改訳聖書刊行会より引用．（）内は訳者加筆）

『伝道者の書』は，アリストテレスやアレクサンダー（大王）の死から約 1 世紀後にあたる 3 世紀の
作で，ヘレニズム文化の影響は地中海沿岸の世界に野火のように広がっていた．この一節のはじめ
の部分はアリストテレスの一節を強く思い起こさせるので，『伝道者の書』の著者はギリシャ哲学
の影響を受けていたのではないかと考えてしまう．『伝道者の書』は他の知恵文学と同様に，おそ

らくバビロン捕囚の後のユダヤ人の離散に，そしてことによれば，ヘレニズム文化の中心であるアレクサンドリアに起源があるのだろう．確かに，この書は旧約聖書の早い時期の書とは文体が異なることが一般に認められており，古代のラビたちはその悲観主義に悩まされたと伝えられている．しかし一方で，2つ目の部分の記述はアリストテレスの説明と完全に同じではない．アリストテレスは海が溢れないことが明らかに蒸発のためであるとした．『伝道者の書』では，「川は…戻り」がどのようにして戻るのかは示されていないが，ある種の海水濾過メカニズムを推測せずにはいられない．いずれにせよ，この一節は「古くからの疑問」がユダヤ文化でも関心の的であったことを示している．この関心はまた後に，ほとんどのキリスト教徒の著述者によっても共有され，中世まで持続することになる．しかも，この主題はその後も繰り返されるのである．Dobson (1777) は彼のデータがこの聖書の一節に現れる考えを支持すると主張した．また，1877 年というごく近年においても，Huxley (1900, p.74) は彼の水循環の記述の中でこの一節を用いているのである．

14.2.3　後期アリストテレス学派

　323 年のアレクサンダーの死去に伴い，アリストテレスはアテネを離れることを決め，リケイオンのペリパトス学園の指導をテオフラストス (Theophrastos, 紀元前 372～287 年頃) に引き継いだ．アリストテレスの『気象論』がアラブ世界に，そして後の 13 世紀には西ヨーロッパに到達し，アリストテレス学派の功績の欠くことのできない部分でもあったので，優位な立場にある現在から見ると，『気象論』が高い尊敬を集め続けたように思える．しかし明らかに，過去の師の考えのすべてが後の後継者たちに無批判に受け入れられたわけではなく，そのいくつかは公然と否定されさえしているのである．たとえば，現在でも公式にはアリストテレスによるとされ，しかしこれが偽りであることが知られている『植物について (*On Plants*)』(Aristotle, 1936; II 822b, 25) の論文中で

> 「そのような仕方で，地面の下に流れる川［地下水流］も山から生じる．というのはそのような川の素材は雨だからである．すなわち，［山から流れてくる］雨水の量が増えて，それが［地］中に押しこめられると，そこから過剰な蒸気が生じ，中からの圧力によってそれが地面を裂いて［湧き出て］くるのである．このようにして，以前は外には見えず地中に隠れていた水源や川が，［地表に］現れ出てくるのである．」（訳注：和訳は『アリストテレス全集 12 小論考集』岩波書店より引用）

『植物について』にアリストテレスの名前が付されるようになったのは，おそらくリケイオンから生まれたからであり，それが彼の設立した学園の教えを反映していたからであろう．しかし，アリストテレスの『気象論』での説明とは異なり，この一節では川が雨からなっていることが間違いなく主張されており，地下での凝結については一言も述べられていない．つまり，アリストテレス学派の学園における後の世代の者たちの間では，アリストテレスが元々は降雨浸透説を否定したにもかかわらず，これが優勢となっていたように思われる．

　この時点でまとめをすると，古代ギリシャは川と泉の起源について，本質的には 4 つの相容れない説を考え出した．第 1 の主流を占めたのが降雨浸透説であり，今日でも有効な説である．加えて，海水濾過説と地下凝結説があった．最後にまた，初期の民衆信仰や神話に基づいている可能性が高く，哲学者たちにはあまり受け入れられなかったように見える地下の始原水の貯水池から川が生じているとする説もあった．

14.3 古代ローマ時代

14.3.1 ローマ人

　ローマ人は技術的な偉業や法律，住民統治における業績によって主に賞賛されている．これと比較すると，彼らの自然哲学への寄与はそれほど知られてはおらず，結果として彼らの著作はしばしばギリシャ文化の単なるレビューや注釈として退けられる傾向にある．これは一般的にはそのとおりかもしれないが，過度な単純化である．彼らの実際的な問題への志向から，ローマ人は通常思索より観察に頼り，時として興味深い識見に到達していたのである．さらに，彼らの著作は数世紀にわたり西ヨーロッパで手に入る古代哲学の唯一の情報源であった．そこで彼らは，科学的な大変革をもたらした思考の流れを理解しながら辿る上で欠くことのできない背景となっているのである．

　ルクレティウス（Lucretius, 紀元前 99〜55 年頃）の著書『物の本質について (*On Nature*)』における彼の見解は，ローマにおける自然哲学のある側面が現れている一例である．次の一節でLucretius (1924, V, 261) は，海がなぜ溢れないかについてと泉の起源について扱っている．

> 「さて次に，海や，河や，泉が新鮮な水を絶えず多量にたたえ，間断なく水が流れていることは言うまでもない．四方八方から来る水の多量の流れが，これを清くしている．然し，初めに来た方の水がどれも取り去られて，総和においては水が過剰にならないのは，一つには強い風が水の表面を掃ったり，上空の太陽が光を放って分解させたりして，減少させているからであり，又一つには，下方大地の中にみな滲みわたって行くからである．即ち，苦い味が漉され，水の精分が再び滲み出て，みな河の源に集合し，そこから甘い水の流れとなって地上を，以前に嘗つて流れの足の為に掘り下げられて水を流したことのある路〔河〕を通って流れるのである．」（訳注：和訳は『物の本質について』岩波書店より引用）

　より精巧な，しかし同様の記述が VI, 608–638 にもある．アリストテレスの説明とは対照的に，蒸発は海が溢れないただ 1 つの理由ではない．ヒッポンやタレスの説と同じく，海水は地中を流れ戻り泉へ水を供給しているとされるのである．太陽のみを考慮したアリストテレスの説明 (Brutsaert, 1982) とも対照的に，ルクレティウスは風が蒸発プロセスに関係しているとした．ルクレティウスがこの本を書いた 1 つの目的は，デモクリトス (Demokritos) とレウキッポス (Leukippos) の原子論から導き出されたエピクロス (Epikouros) の自然哲学を広めることにあり，この一節はこれを完全に反映している．この説の主な原則は，質量保存と同義で，無からは何もつくり出すことができない（そして逆も成り立つ），そしてあらゆる物は見えない粒子から成り立っているとされる．これから，元々ある水より多い水は全体としては存在せず，風が蒸発により水粒子を押し流すことができるとする彼の説を説明できる．残念なことに，ルクレティウスとディオゲネス・ラエルティオス (Diogenes Laertius, 1925) （3 世紀）の著作の他には，ギリシャの原子論を信奉した哲学者たちがこれら水文現象についてどのような考えをもっていたのかについて示すものは残されていない．

　ローマ人の考えを示すまったく別の例が，紀元前 1 世紀のルクレティウスと同時代の人であるウィトルウィウス (Vitruvius, Marcus V. Pollio) の包括的な建築に関する論文中に見られる．彼はジュリアス・シーザーの下，軍の技術者としてガリアとスペインで働いた後にこの論文を著した．彼は泉の発生について次のように書いている（Vitruve, 1986, 8, 1 参照）

> 「山間いは特に大雨を受け容れる．また樹木が密生しているので木陰や山陰からの雪がそこに長く保存され，次いで融けて地脈を通して滲みこみ，こうして深く山の根元に達し，そこから溢れ出てぶくぶくと泉を噴きだす．」（訳注：和訳は『ウィトルーウィウス建築書』東海大学出版会より引用）

ウィトルウィウスは，降水と融雪が地中に浸透し相対的に低い地点で流れ出たものが泉であることを明確に示している．疑いなく彼はこの見方を北方のガリアでの軍事行動中に得たに違いない．そこでは乾燥した地中海地方より，降雨や斜面側面からのあらゆる種類のしみ出しが見られ，また多数存在する．

同様にゴルドバ出身で皇帝ネロの教師，そして後に相談相手となったセネカ（紀元前4～後65年頃）の著書から，教育のあるローマ人の間での自然哲学の様相をうまくとらえることができる．彼は『自然研究 (*Natural Questions*)』において，約40の文献を引用しており，その中の5件が古代ローマ人の著作であり，残りはギリシャ人のものである．第3巻は陸地の水についてあてられている．彼は「…どのようにして大地は川の流れが絶えないように補充しているのか，あれほど大量の水がどこからでてくるのか」(Seneca, 1971, III, 4-10.1)（訳注：和訳は『セネカ哲学全集3』岩波書店より引用．以下同様)についての5つの説を続けて議論している．彼はまたその前に，「川についてどのような説明をしようとも，流水や泉についても同じ疑問が起こるだろう．」と述べている．簡潔に述べると，この5つの説は，以下のとおりである．(i) 海水が陸地に隠れた経路を通って侵入し（それで海が増えることはない)，その経路上で塩分が濾過される．(ii) 地面に降った降雨が川を通して再度送り返される．(iii) 川は地下の巨大な貯水池から始原淡水の供給を受けている．(iv) 地中の深い空洞中によどんだ冷たい空気がとどまり，水に変化する．(v)「すべてのものはすべてのものから生じる…．すなわち，水から空気が，空気から水が，空気から火が…．そうだとすれば，なぜ土から水が生じないことがあろうか．」明らかに，この5つ目の説には先例がなく，これがセネカ自身のものに違いない．はじめの2つはもちろんソクラテス以前の哲学者の説であり，3つ目は明らかにプラトンのソクラテス以前のタルタルス説を整理したものである．そして4つ目はアリストテレスの地下凝結説である．セネカは複数の説を喜んで受け入れたようであるが，降雨浸透説には完全に反対であった．セネカは後の思想家たちに大きな影響を与えることとなるので，彼の議論を彼自身の言葉 (Seneca, 1971, III, 7) で示すことは大事である．

> 「これに対しては，君も知ってのとおり，多くの反論を述べることができる．第一に，私自身が葡萄畑の勤勉な耕作人として君に請け合うが，どんな大雨でも，大地を10ペース（訳注：*Hydrology* の原文では10フィート (ft)，『セネカ哲学全集3』の訳注には約3mと記されている．以下同様)の深さより下まで濡らすことはできない．水分はすべて大地の表層に吸収され，それより下へ降りることはない．それでは，地面の最上層を濡らすだけの雨が，どうして河川に大量の水を供給できるのか．〈だが，実は〉雨の大部分は川床を伝って海へ運ばれるのである．大地が吸い取るのはごく少量で，しかもそれを貯えるわけではない．なぜなら，大地は乾いていて，自分の中に流れ込んだ水すべて消耗してしまうか，もしくは，水分が十分にある場合に要求する以上の水が落ちてきた時には，それを排出するからである．それゆえ，雨の降りはじめには河川は増水しない．その訳は，渇いている大地がすべての水を自分の中に吸収するからである．
>
> ある川は岩や山から噴出するが，これはどうしてか．むき出しの岩に沿って流れ下り，染み込む土がないところに降る雨は，川に何をもたらすのか．次のことも付け加えたまえ．非常に乾燥した土地には200ペースや300ペース（訳注：200～300 ft，約60～90 m）以上の深さまで掘られた井戸があって，その底には豊富な水脈が見られるが，その深さまで雨水は浸透しない．このことから，そこにあるのは空にあった水分でも（雨水が）集められた水分でもなく，いわゆる「生きている水」であることが分かる．この（訳注：すべての水が雨から来たという）見解は，次の証拠によっても反駁される．ある泉は山の頂上からあふれ出ている．これらの泉は，上方に駆り立てられたものか，そこで生まれたものかのいずれかであることは明らかである．雨の水はすべて下降するもの

だからである」

セネカはほとんどの降水が河道に達することを明らかに認めているが，これは短期間の現象であり，その量では連続した川の流れを維持するには十分ではないと感じていた．彼はこの議論を彼のぶどう園での観察に基づいて行った．この観察は確かに鋭いものであり，この後に示す 17 世紀後期のペロー (Perrault) とド・ラ・イール (de LaHire) の発見と似ている．

　ローマ時代の後期にはユダヤとキリスト教の見方が徐々に影響を強めた．キリスト教の教会の教父は初期の指導者でもあり，その著作の中で聖書の記述と古典哲学の両者に対する広い知識を見せている．しかしその異なる哲学概念に対する折衷主義において，彼らは常に聖書の物語と調和する部分のみを受け入れた．カッパドキアのバシレイオス (Basileios, 330〜379 年頃) による説教集『ヘクサメロン (On the Hexaemeron)』(創造の 6 日間) はこの例である．バシレイオスはカエサリア，コンスタンチノープル，アテネの古典的伝統の中で教育を受けており，彼の著作は一般的にこの背景を反映している．彼は『創世記 (Genesis)』(I, 1, 9) と『伝道者の書』(1, 7) を引用し以下を記した (Basil, 1963;4, 3).

　　「この理由から『伝道者の書』に述べるように，「川はみな海に流れ込むが，海は満ちることがない」．水が流れるのは神がそう仰せられたからであり，海が境界で囲い込まれているのは「天の下の水が一所に集まれ」というはじめの法のためである．流れる水を保持する河道からあふれ出た水が流れ進み，次々とあふれさせすべての大地を洪水にうまることがないように，一所に集まるように仰せられたのである．」(訳注：和訳の一部は『新改訳聖書 第三版』©新改訳聖書刊行会より引用)

そして，(4, 6) では彼は川と泉の起源については次のように述べている．

　　「まずはじめに，海の水は大地のすべての水分の源である．この水が，狭い海峡を海が早く流れ込む陸地の小穴や洞窟の多い部分から証明できるように，見えざる微小な空隙を通って，曲がりくねった経路を通して風により動かされ，さらに先へと進む．そしてこれは地面を突き破り外へと運び出される．その時までには海の水は濾過によりその苦みはなくなり，飲めるようになっている．」

明らかにバシレイオスは存在するすべての説の中で，ヒッポンとタレスの見解を『創世記』の創世，『伝道者の書』の水循環と調和する主要な説であると判断していた．同様の見方はまた，約 17 年後の 389 年頃にバシンイオスの著作にある程度触発されたアンブロシウス (Ambrosius, 333〜397 年頃) によって，彼自身の『ヘクサメロン』をとおして広められた．アンブロシウスはその当時ミラノの司教であったが，キリスト教信者になったのは 41 歳になってからであり，彼の初期の教育はローマ上流階級の古典的ラテン式のものであった．河川の源についての彼の記述 (Ambrose, 1961; 3, 2, 10; 3, 5, 22) はバシレイオスのものとほとんど同じである．バシレイオスやアンブロシウスの著作からは，タレスが始めた自然哲学の基本概念が保持され続けてきたことがわかる．つまり，アニミズム的な，あるいは神の直接的な介入なしに，自然世界についての説明をその同じ自然世界の中で見つけようとするギリシャの伝統は続いていたのである．しかし，この見解はキリスト教の教義を広める一助として，創造者の英知を示すものでならなければならないことから，重点はやや変わったのである．

14.3.2　西部ラテン社会の中世初期

　セビリアのイシドルス・ヒスパレンシス (Isidorus Hispalensis, 560〜636 年頃) によって 613 年頃トレドの西ゴート・スペイン王シセブトのために記された『自然の書 (Book on Nature)』は，こ

の解釈と方法が進化し中世初期に伝えられた様子を示している．海がなぜ広がらないかについて，Isidore (1960, 41,1) は以下のように説明する

> 「どの位多くの淡水の流れを海が受け入れようとも，海の塩分要素はこれを完全に吸収してしまうので，本来塩分のある水が淡水の流れを消費してしまうためであると，クレメンス司教が言う．これに加えて，風がもち去り，蒸発と太陽の熱が吸収する．最後に，吹く風や太陽の輝きで湖や多くの池が短時間になくなってしまうのを私たちは見ている．そして，ソロモンは川が来たところへ戻るのだと言うのである．
>
> これから，海がなぜ大きくならないのかは，水が地中深くに隠れた経路を通って源へ戻った後，川を通る普通の経路でまた戻ってくるからであると理解されるのである．しかし海はすべての川の流れを受け取るようにつくられている．その深さは変わるものの，その表面が同じであることはわからない．このため，この面は平らなので，これは平地とよべると信じられている．しかし自然学者は海が陸より高いという」

イシドルスの著作のタイトルはルクレティウスのものとほぼ同じである．またフォンテイン (Fontaine) が言及したように (Isidore, 1960)，その概要は多くの場所でアリストテレス，ルクレティウス，プリニウス (Pliny)，アエティウスのものと似ている．この問題をとりまとめるにあたり，イシドルスは学説誌の文献，あるいは少なくともそのような文献についてのカトリック僧院学校の講義資料を手元に置いていたに違いない．しかし，この例におけるイシドルスの河川の起源についての扱いが，前で引用したルクレティウスの意見と最も近いことは印象的である．（明らかに誤りではあるが，過去において『伝道者の書』はソロモン (Solomon) によるとしばしばされてきたことに注意．）それから 10 年も経たない 620 年頃，Isidorus (1911; 13,14) は彼の著書『語源論 (*Etymologies*)』の中で再び同様の記述をしている．

> 「そこで，海がすべての流れや泉を受け入れるのに，海が広がらない理由は以下のとおりである．1 つには，その大きさのために，入ってくる流れを感じとることがないからである．さらに，塩水が淡水の流れを消費してしまうからである．あるいは，雲が多量の水を引き寄せてしまうからである．また 1 つには，風がそれを吹き上げるからであり，また 1 つには太陽がそれを乾かしてしまうからである．最後に，大地の隠された空隙を通って濾過され，水流の源へ戻った後，それが流れ戻るからである．」

イシドルスの著書は西ヨーロッパ中に素早く広まり，強い影響を与えた．約 100 年後，英国ジャローのベネディクト会修道士であったビード（Bede, 673〜735 年頃）もまた『自然について (*On Nature*)』という著作を記したが，これはイシドルスの著作に強く触発されたように見える．彼の海がなぜ広がらないかについての第 40 項 (Beda, 1843) は，上で引用したイシドルスの記述を文字どおりまとめたものに近い．イシドルスの影響はまたマインツのフラバナス・マウルス (Hrabanus Maurus, 776〜856 年頃) の著作にも見て取れる．これは『自然について』あるいは『世界について (*On the Universe*)』などとさまざまな題名をつけられ，844 年頃，カロリング朝ルネサンスの最盛期に書かれている．説教を準備する際の手助けになるように，文章は聖書の引用やキリスト教の寓話を多く含んでおり，フラバナスは多くの読者を獲得していたという印象を与える．しかし，なぜ海が広がらないのかと河川と泉の起源に関する彼の説明に関しては，彼の主要な情報源は明らかにイシドルスであった．彼のこの問題についての項 (Rabanus Maurus, 1852; 11,2) は前に引用した Isidore (1911; 13,14) のほとんど言葉どおりである

これらいくつかの例から，紀元後最初の千年紀の終わりまでには，ギリシャの自然哲学の多くの概念がイシドルスの著作をとおして西ヨーロッパに広がったことがわかる．イシドルスをこの歴史の中に記録する価値があるとしても，それは彼の世界観の（今日の基準での）独創性や正しさによってではない．しかし彼はある科学的価値の伝承の一部であった．風が蒸発の原因であるとするイシドルスの推測から判断すると，彼の水文や気象についての記述は，間接的にルクレティウスの著作に触発されていたと考えられる．つまり，それはアリストテレスの見方よりも初期の原子論の提唱者であるデモクリトスやレウキッポスの見方と関連があるのである．

14.3.3　中世盛期とルネッサンス

自然哲学において支配的だったこれらの概念は，13 世紀のはじめにアリストテレスの哲学的著作が西部ヨーロッパでさらに注目を集めるようになるまでは，概略変わることはなかった．十字軍遠征中のコンスタンチノープルとのやり取りが増えた結果，これらの著作のラテン語への翻訳はギリシャ語の原典からなされ，また主にムーア人のスペインではアラブ語の翻訳からなされた (Jourdain, 1960; Peters, 1968 参照)．ひょっとするとローマ人がエピクロス主義とストア哲学に重点をおいた結果か，その時までアリストテレスの説が見過ごされてきた西ヨーロッパとは対照的に，その著作が翻訳によりアラブ世界で出回ると彼は高い尊敬を集めた．このことは，トルキスタン出身の著名な哲学者ファーラビー (Al-Farabi, 950 年没) とイラン人のイブン・シーナー (Ibn-Sina, ‘Avicenna’, 980〜1037 年) がアリストテレスに続くそれぞれ第 2，第 3 の師ともよばれていた事実 (Mieli, 1966;pp.95, 102 参照) からも見て取れる．アラブ世界におけるアリストテレスの説の来歴と，続くラテン世界での受容，そして最終的にこれが各国の言葉に浸透していった過程から非常に興味深い異本が生み出された．『気象論』の場合には，初期にゲラルデウス・クレモネンシス (Gerardus Cremonensis, 1187 年没) によりはじめの 3 巻がアラブ語の間違いの多い抄訳版から翻訳され，気象現象を扱っていない 4 巻はヘンリックス・アリスティッポス (Henricus Aristippus, 1162 年没) がギリシャ語から直接翻訳している (Grabmann, 1916)．約 1 世紀後の 1260 年頃，はじめの 3 巻のより忠実な版がグィルレルムス・ド・ムルベカ (Guillelmus de Morbeka, Willem van Moerbeke, 1215〜1286 年頃) によりギリシャ語原典から翻訳されている (Brams and Vanhamel, 1989)．結果として，13 世紀にはこれらラテン語翻訳版が西ヨーロッパに広まりだし，徐々にその影響が感じられるようになった．また，ムルベカによるラテン語翻訳からそれほど時を経ない 13 世紀終わりにかけて，ノルマン人聖職者マハウ・ル・ビラン (Mahieu le Vilain) が『気象論』のフランス現地語への翻訳を行った．アリストテレスの著作が及ぼしたに違いない非常に大きな影響は，Lohr (1967〜1973) が『気象論』に対する 1200〜1650 年の間になされた 85 以上の論評をあげ，そしてその中には著名な学者である Alfred of Sareshel (1988)，アルベルトス・マグヌス (Albertus Magnus)，トマス・デ・アキノ (Thomas de Aquino)，ヨハネス・ブリダヌス (Johannes Buridanus)，ニコラス・オレスム (Nicholaus Oresme)，テモ・ユダイー・ド・モナスリオ (Themo Judaei de Monasterio (Münster)) らが含まれることから見て取れる (Thorndike, 1954;1955; Ducos, 1998 も参照のこと)．アリストテレスの影響はその後 3 世紀の間も続き，ルネッサンス盛期にはヨーロッパの文献は彼の哲学論の多くにすっかり染まっていた．これらの説は，自然の説明としてのみならず，隠喩や詩的イメージの豊富な源泉としても用いられたのである (Heninger, 1960)．

しかし，アリストテレスの考えは至る所に広まり，ほとんどの学者たちに知られていたが，それらが普遍的に受け入れられていたわけでは決してなかった．アリストテレスの他の著作同様，『気

象論』の主たる効果は，首尾一貫した論理の中で共通の用語を生み出したことであり，世界の性質についてのより深い議論を活気づかせ，新しい問題（必ずしも答えは含まれない）の明確な記載を促進したことのように思われる．つまり，中世の学者について普通仮定されているのと反対に，アリストテレスの説は常に盲目的に受容されたわけではなく，より正しい解釈を求めようとするはずみとなったのである．フランス北部ピカルディーのベチュン生まれのジーン・ビュリダン（Jean Buridan, Buridanus, 1295〜1358 年頃）の著作がよい例である．有名な彼のロバ（アフリカノロバ）により，また運動量の保存についての考えをニュートンより約 350 年早くアリストテレスへの反論の中で示したことで，彼はおそらく最もよく知られている．彼の著書『アリストテレスの「気象論」3 巻についての疑問（*Questions on the three books of Aristotle's Meteorologica*)』(Ducos, 1998, p.82) の中で，ビュリダンは以下を記している．

> 「というのは，海の水が蒸発し，水蒸気が空気に変わり，風によって遠くへ運ばれ，そこで大地に落ちて真空を避けるように空隙を満たし，そこで凝結し水に変わり，泉となって海へと流れることも可能であるとも言われているからである．」

この一節の中で，彼はアリストテレスの地中の凝結メカニズムを認めているように見えるが，続いてアリストテレスに直接的に反駁し，雨が泉の主たる源であることを示すのである．

> 「泉の水はこのようにして雨から来るのである．なぜなら，大地の中には大きな空洞があり，冬期に多くの雨を貯えるので，ある空洞では次の冬雨がやって来るまで年間を通して流れ出すのに十分な量となり，これがつまりこれらの空洞から流れ出す絶えることのない泉なのである．他には，年間を通して流れ出すほど多くの水を受け取れない，より小さな空洞もあり，この泉は夏には涸れてしまうのである．」

つまり，もし凝結した水が泉の源となりうるなら，泉は夏に涸れることはないわけである．このことから，パリ大学の有力な学者の間では，雨が泉をもたらすすべてではないにしろ，主たる原因であると信じられていたことがわかる．

　降雨浸透説がこの時代に珍しいものではなかったことを示す後の例として，ベルナール・パリッシー（Bernard Palissy, 1510〜1589 年）(Palissy, 1888;1957) やギヨーム・ド・サルスト・デュ・バルタス（Guillaume de Salluste du Bartas, 1544〜1590 年）(du Bartas, 1988, 35 p.78) の記述をあげることができる．両者とも泉と河川の源についての記述を残しており，これは今日の降雨浸透メカニズムと非常に近い．ウィトルウィウスと同様に，この両者ともその哲学的な考えから知られているわけではないことを記しておくべきであろう．パリッシーは陶匠として，主に実際的そして芸術的な技能により知られていた．また兵士であり外交家であったバルタスはその詩で有名であった．両者ともユグノー（フランス新教徒）であったが，彼らの泉の起源についての具体的な考えは聖書の記述そのままではないように見える．

　しかし，これらの人々のアリストテレスとの意見の相違は，必ずしも他の者たちの考え方を変えさせるには至らなかった．たとえば，レオナルド・ダ・ビンチ（Leonardo Da Vinci, 1452〜1519 年）は手記（MacCurdy, 1938, p.22 参照）のはじめに，熱がいかにして水蒸気を高所にもち上げ，そこで凝結し，雨やあられとして降るかを記述している．続いて彼は同じ熱が同様に山の根元，人間の静脈にあたる山の内部の水路を介して，水を山頂へと吸い上げることを説明する．山頂では水は割れ目や裂け目から流れ出し川となる．彼はまた「川から海へ，海から川へ水が動き，これを常に繰り返す」と結論づけている．つまり，海水濾過メカニズムにより，山の根元に水が戻ることを示

唆しているのである．もう1つの例として，デカルト（Descartes, 1596〜1650年）（1637, p.179）の記述をあげることができる．これも古くからの海水濾過説とほとんど同じである．つまり，淡水は海へ流れ込むが，海から常に多くの水が失われているので溢れることはない．この水のいくらかは水蒸気に変わった後に空気中をもち上げられ，雨や雪として大地に戻ってくる．しかし，ほとんどの水は，山の下まで地中の導管を通って浸透してくる．そこから地中の熱がこの水を水蒸気として山頂にもち上げ，ここで泉や川を潤すのである．砂中を動く海水の塩分は淡水部分に比べて大きく，硬く，また絡み合っているので，小さく滑らかな淡水部分が砂粒子の周りの曲がりくねる経路を通過するようにはうまく通り抜けられず，海水部分は後に残され，海水は淡水となるのである．

14.4　哲学から実験による科学へ

　17世紀のうちに，科学における方法論が変化し始め，徐々に実験がその不可欠な部分となった．ピエール・ペロー（Pierre Perrault, 1611〜1680年）とエドメ・マリオット（Edme Mariotte, 1620〜1684年）が水文学の歴史のこの転機における2人の中心人物である．彼らの主たる功績は，この件についてのこれ以前の著作とは対照的に，ともに実験と定量的な議論に基づいていたことである．しかし彼らの著作を適切に位置づけるには，河川流出の原因とメカニズムについて，その当時知られていたさまざまな意見を心に留めておく必要がある．

14.4.1　17世紀終わりにおける一般的な意見

　Perrault (1674) の著作『泉の起源について（*On the Origin of Springs*）』がこの点について明らかにしてくれる．この本の前半分146ページはその当時よく知られていた説の徹底したレビューに費やされている．ペローが議論の対象とした著者は，プラトン，アリストテレス，エピクロス，ウィトルウィウス，セネカ，プリニウス，トマス・デ・アキノ，スカリゲル（Scaliger），カルダノ（Cardano），アグリコラ（Agricola），ドブルゼンスキー（Dobrzenski），ヴァン・ヘルモント（Van Helmont），リディア（Lydiat），ダヴィティ（Davity），デカルト，パペン（Papin），ガッサンディ（Gassendi），デュ・アメル（Du Hamel），スコートス（Schottus），ロオー（Rohault），フランソワ（François），パリッシーらである．このそれぞれの著者に対して，ペローはまず提案された説の主な性質を簡潔に記述し，続いて彼自身による批評と反対理由を述べている．この検討の後で，彼はこれらの説の1つを選びさらにこの説を支持する者たちは (p.148)，

> 「…大地に降る雨や雪が融けた水が重い（原文のままでは油をおびた）土壌，あるいはその他の浸透を妨げる物質に達するまで大地を浸透し，そこで山の斜面に開いた空隙へと流れていくと信じている…．彼らは高所に降った水が，彼らの仮定するこの浸透を通して泉の源となっていると信じており…．彼らは丘陵地の斜面に降った雨は失われ，泉の源にはならないと信じている．というのは，そこから水は川に入ってしまい，川は水を海へ運んでしまうからである…．彼らはまた，泉が一緒になり川を形成し，泉がまったくなければ川もまったくないと信じている．」

と記した．この一連のプロセスは続く151〜152ページに詳しく述べられている．これは今日書かれたとしてもおかしくなく，第11章でレビューした解説の中に置いても場違いではない．そのため1674年にペローがこれを Opinion Commune，すなわち一般的な意見（Common Opinion）とよんでいたことに注目すべきである．しかしそれ以上に大事なのは，学識がありこの件についての

権威であると彼が認めた 22 人の「著者たち」の中では，ウィトルウィウス，ガッサンディ，パリッシー，フランソワの 4 人のみがこの意見を支持していたことを示している点である．つまり自然哲学の権威の少数派のみがこの意見を有していたにもかかわらず，彼はこれを一般的な意見とよんだのである．これは 17 世紀の終わりにかけて，「街を歩いているような」人々がほとんど皆，泉や川が雨の浸透により生まれているという意見だったことを意味するのだろうか．

14.4.2 初めての実験的な解析

● ペローの解釈

ピエール・ペロー（1611〜1680 年）の生涯についてはわずかしか知られていない．彼は中産階級の家に少なくとも 7 人の兄弟の一人として生まれ，生涯のほとんどをパリで過ごしたと思われる（Hallays, 1926; Delorme, 1948; Perrault, 1993 の中の A.Picon による解説参照）．実は彼の弟の数人についての方がわかっていることが多い．弟のクロード（Claude, 1613〜1688 年）は王立科学アカデミーの創始時の会員の一人で，医者，科学者，そして建築家であった．ニコラ（Nicolas, 1623〜1661 年）は神学博士で，教会改革運動のために 1655 年頃ソルボンヌ大学から免職された．彼はイエズス会への批判で知られている．シャルル（Charles, 1628〜1703 年）は国王の建物の管理人であり，またマザー・グースの童話の著者である．ピエール・ペローはその父ピエールや兄のジーン（Jean, 1610〜1669 年）の道に従って，はじめは法律家になる教育を受けた．この知識を用いて彼はパリの歳入徴収長官の地位を得た．しかし税金の取り扱い方法の予期せぬ変更のために，1664 年頃に国王の国庫に対して大きな負債を負うことになり，その後この地位を手放さねばならなくなった．この時点で，彼は基本的に破産し，水文学と文学へと転向したのである．彼がなぜ泉の起源に焦点をあてたのかは正確にはわからない．同じ頃，弟のクロードがウィトルウィウス (Vitruve, 1986) の著作の翻訳を行ったのは偶然だろうか．この著作の第 8 巻がこの問題を扱っていたこと，ピエールがウィトルウィウスを（正しく）一般的な意見の支持者の一人と分類していたことを思い起こすべきであろう．

いずれにせよ，彼の 1674 年の著作の後半に入ってすぐに，彼自身の見解を前半で引用した一般的な意見と対照させ (p.148)，続いて，彼の見るところの 2 つの主たる問題点を述べている (p.150).

> 「第 1 に，この仮定された雨水の大地への浸透であるが，私には彼らが考えたようなことが可能とは思えない．第 2 に，大地を水浸しにするほど雨や雪が降り，これを源に彼らが仮定するような方法で泉や川を流れさせるのに必要なほどの量が残るとは思えない．」

これら 2 つの反論の証拠として，またこの件を多少なりとも明らかにしてくために，ペローは続いて彼が行った土壌水の流れの実験を記述する．彼は長さ 65 cm（2 ピエ），直径 4.5 cm（20 リーニュ）の鉛管を用いて，下端を透水性の布で閉じた後に粗い川砂を詰め，これを広くて浅い容器に満たした水中に 1 cm（4 リーニュ）ほど挿入した（図 14.4）.（単位は，フランスの 1 インチ，すなわち 1 プース＝2.707 cm (Petit Larousse, 1964)，1 インチ＝12 ライン＝1/12 フィートと仮定して換算したものである.）彼は 24 時間後に水が上昇し，砂が 49 cm（18 プース）の高さまで湿っていることを観測した．上昇した水が横方向に流れ出て泉を形成するか確かめるために，彼は鉛管の水面上の高さ約 5.4 cm（2 プース）の所に直径約 1.8 cm（7〜8 リーニュ）の穴をあけ，下向きに傾けた長さ 5.4 cm の小さな樋を取りつけた．樋の中にはカラム中の砂と接触を保った薄い砂層で覆った紙片を敷いた．樋中の紙と砂は湿ったものの，この小さな樋からは 1 滴の水も落ちてこないことに

図 **14.4**　Perrault (1674) の記述に基づいて再現した砂質土壌中の水移動を測定するための実験装置. 土壌は長さ 65 cm, 直径 4.5 cm の鉛管中に充填し, 底部は透水性の布で閉じてある. 底部を水槽に挿入した後に土壌中を上昇してくる水が泉と同じように流れ出てくるか確かめるために, 鉛管の水面上の高さ 5.4 cm に開口部を設けてある.

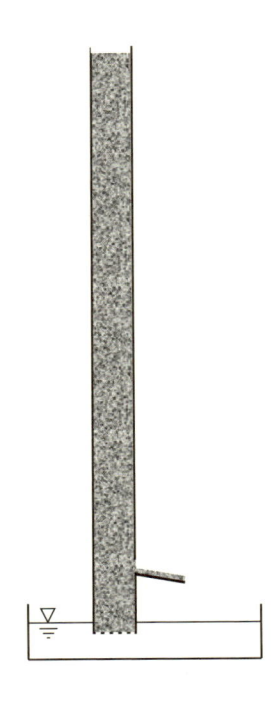

彼は驚かされた. いつかは水が流れ出るのかをさらに確かめるために, 彼は砂のカラムを水から引き抜き, 空にした容器上に半日つるしておいた. しかし, 前に 49 cm 上昇した水はここでもまったく流れ出てくることはなかった. 次に彼はカラム上端から水を注入し砂を水に浸したが, カラム底からはその 3/4 が出てきたのみであった. 次の日に同じ量を再び注入した後には, すべての水がカラムを通過した. 最後に, その次の日に彼は鉛管の底から砂をすべて振り落とし, これを観察した. はじめに出てきた砂はモルタルのようであった. 一方, 最後に出てきた砂は, 彼が砂の入っていた鉛管上部に二度水を注いだのに, それほど湿ってはいなかった. 彼はこの実験をいくつかの他の土壌や異なる方法で繰り返したが, 結果は同じようであった.

　彼は, この実験から多くの一般的結論を導いた後, 一般的意見に対してはじめに述べた 2 つの問題点に戻る (p.162).

　　「浸透に関する 1 つ目の問題点に関しては, 私は起こりえないと考えるが, 彼らは信じている. 私はまず, セネカとリディアを信じるにせよ, …. 大地は雨をそれほど容易く浸透させないことを述べ, 加えて, 大地への浸透に関して人々が目にする日々の経験を論拠に加えたい.」

彼は, 水が浸透できないことを, 農夫や土壌の水管理に携わる者たちが出くわす多くの排水問題を述べることでさらに示すのである. 田園地帯におけるこれらの一般的観察に続き, 再び彼は, セネカへと戻っていく (p.166).

　　「この同じセネカは, 雨水が 10 フィートより深くは大地に浸透しないことを, 彼が言うところの, しばしば大地を掘り起こすことのある良いワイン生産者として, 断言するのである.」

このことからも, セネカのぶどう園での経験の記述 (Seneca, 1971 参照) が, 17 世紀より後になってもまだ大きな影響をもっていたことがわかる. 次にペローは, 彼自身が同様の実験を行い, 長期間の強い雨の後に, 山地の地面, 斜面, 山のふもとにある地面, 耕された庭園において地面を掘り起こしたが, 2 フィートの深さより先では, 土壌が湿っているところがまったく見られなかったこと

を詳細に述べている．ペローは次に上に述べた彼自身の砂カラムの実験結果 (p.175) に訴えるのである．

「この一般的意見の 2 つ目の問題点は，高所の平原に降る雨が泉を維持するのには十分ではないことにあると私は考える．雨が少ないからではない．……．この平原に降る雨のほとんどすべてが，泉や水源に水を供給することなく浪費され，損失してしまうためである……．というのは，ある量の水がある量と厚さをもつ大地を横切ることができる前に，この大地のすべての粒子の個々の表面がすべてぬらされねばならないからである．そして，これは完全な損失である．というのも，私たちの実験で見られたように，通常なら水の重さのために水は下方に動くのに，水の付着力のために接触したあらゆる物に張りついてしまい，動くことなくそこに留まってしまうので，この水は蒸発によってのみなくなるからである．」

一般的意見を片づけ，ペローは前で引用したアリストテレスの河川の年流量が「大地と同じくらい大きいか，少なくとも，大地よりもそれほど小さくはない」という記述へと移る．ここで，彼は

「…これらの河川水は，彼らが言うような 1 年では，大地の量と同じとはならないし，1,000 年でも無理である」

ことの判断を読者にゆだねるのである．ここで，セーヌ川水源地のブルゴーニュの流量とその上流側流域の雨量の，ペローの名高い比較解析を見てみよう．簡潔に述べると，彼は川の水源とアイネ・ル・ディック（現在の Aignay-le-Duc）の間の距離を約 13.5 km（3 リーニュ），川から両側の分水界までの距離を約 4.5 km（1 リュー）と推定した．平均年降水量を 51.96 cm（19 プース，2.333 リーニュ）と推定すると，これから彼はこの流域上に年間に降る全降水体積が 224,899,896 ミュイであるとした．（当時，長さと体積の単位は標準化されていたわけではなく，時代や場所が異なると違いがちであった．そのためペローの計算を照合するのは容易ではない．しかし，1 ミュイは 8 ft^3 に等しいので，1 ft=32.484 cm として，この体積が概略 6.167×10^7 m^3 であることがわかる．51.96 cm の降水からこの体積を得るには，この計算では 1 リーニュ（1 リーグ）が約 4,447.7 m である必要がある．この結果は驚くほど正確であり，ペローが長さ単位のリーグを用いたことを表している．*Petit Larousse* (1964) によると，リーグは 4,445 m であり，これは大圏（地球の大円）の 1° 分の 1/25 である．）彼は，アイネ・ル・ディックでのセーヌ川の流量データがなかったので，ベルサイユ近くの Gobbelins 川の流況と比較することで，これを年間約 36,453,600 ミュイと推定した．これは，概略，年間 1.0×10^7 m^3，すなわち年降水量のうちの 8.42 cm 分である．これからペローは

「…上流側集水域に雨や雪として降る量の 1/6 のみが，年間を通して河川流を維持するのに必要な量である…」

との結論を導き，残りの 5/6 は，植物の生長，蒸発や意味のない流出などの，損失分，減少分，浪費分であるとした．この 1 河川の事例からはまた，世界中の他の河川でも損失分を考慮すれば，雨と雪で十分であることが示唆される．

一般的意見が正しいということがありえないこと，河川流はアリストテレスが考えたほど多くはないこと，雨が川の源として十分すぎることをこのように示した後 (p.207 以降)，ペローは，論文の主題である泉の起源についての彼の見解を示すのである．簡潔に述べると，水は大地に十分な深さまでは直接浸透できない．その結果，山や丘陵地に降る雨や雪の水のほとんどは斜面から流れ下り，河川に到達する．この河川や河川に排水される平地の下には，粘土などの不透水物質の層が存在する．そのため，平地上部の透水性の高い層へと，河川水は主に水平方向に，しばしば越流や洪水に

図 14.5 ペローの著作 (Perrault, 1674) 中の泉の起源を象徴的に示す図. ニンフが河川から山の頂へ水を運び, そこで水が泉として流れ出す様子が示されている. (カリフォルニア大学サンディエゴ校 Mandeville Special Collections Library 所蔵)

よっても入っていく. 大地の内部において, 主に熱, 寒さ, 空気粒子の移動などのさまざまなメカニズムで水は気化し, 地中を山頂へと上昇し, そこで再び凝結して泉を形成する. この説明の証拠として, 同様なメカニズムを提案したアリストテレス, セネカ, デカルトなど彼の文献レビューで登場した著者たちの権威にも彼は頼った. 彼の全体としての結論では, 泉と川は降水により引き起こされるものの, 泉の場合には, 関係は間接的である. というのも, 水は泉を形成する前に, まずはじめに川に入らなければならないからである. つまり, 泉は河川の原因ではなく, 河川が泉の原因となっており, 川がなければ泉もないことになる. 川から泉への想像上の輸送は, ペローの著作中では寓話的に描かれており, これを図 14.5 に示してある.

当時の測定技術や開水路の水理学の状況を考えると, ペローの河川流出と降水の比較は驚くべき偉業である. そのため, 水文学の歴史のほとんどにおいて, ペローの実験を重視した成果がこの科学における重要な一里塚であると正しく位置づけられているのは当然であろう. しかし, 一方で, Perrault (1674) の著作の主たる目的の 1 つが, 実はほぼ正しかった一般的な意見に反論することであったことはしばしば見過ごされ, また完全には認識されていない. つまり, この意味では, 彼の著作の大部分は大きな退行であったとも言えるのである. ペローは, 砂層カラム実験やセネカと同じ野外での観察に主に基づいて, 彼の誤った考えに到達している. 今日の基準から, そして基になる物理について現在わかっていることから考えれば, 彼のこれらの観測結果の解釈は間違っている. これは, ペローが不飽和土壌中の水の流れに対する表面張力の影響を理解できなかったことによる. 明らかに, 機がまだ熟していなかったのである. 彼のカラム実験と野外観察結果を満足に説明できるようになるのは, 約 200 年後の 19 世紀になってからのことである. いずれにせよ, ペローの著作により損害が生じたとしても, より基本的で洞察力に富んだマリオットの成果により, それはすぐに覆されるのである.

● マリオットによる一般的意見の再肯定とその証明

エドメ・マリオットの生涯については, いくつかの確実な事実はわかっている (Picolet, 1986). 彼

は 1620 年頃，ブルゴーニュのディジョン近くの Til-Châtel（あるいは Tilchâtel）で生まれ，1684 年 5 月に没した．彼は，1666 年に新たに設立された王立科学アカデミー（de Condorcet, 1773）の創設時の会員として選ばれてパリに行かねばならなくなるまでは，生涯のほとんどをおそらくブルゴーニュで過ごしたと思われる．彼は 1634 年までには剃髪を受けており，つまり彼は聖職者であった．しかし，これ以上の聖職の階級に就いたり，僧職を命じられた証拠はない．たぶん 1634 年にはすでに聖マルタン・サン・ボーヌ修道院次長の職にも就いており，これが彼に約 300 リーブルの収入をもたらした．しかしこれには大きな責任はなく，彼は基本的に科学に熱中していた．彼は多くの広い範囲の興味を有していたが（Davies, 1974 参照），現在では，多くの貢献の中で彼の名を冠した気体の法則，人間の眼の盲点の発見，物体間の衝撃の法則に関する彼の著作によって記憶されている．よい例は図 9.2 に示された定水頭装置であり，これは今日までマリオット瓶とよばれている．科学アカデミーの会員として，彼は，王の新しいベルサイユ宮殿中の水源のための水理学的な仕事にも携わった．しかし，彼の死後出版されたこの問題についての彼の主要な著作である『水やその他の流体の運動についての論文（*Treatise on the Movement of the Waters and of the Other Fluid Bodies*）』（Mariotte, 1686）がここでの興味の対象である．『泉の起源』の項で，彼はまず雨の形成を扱い，次に何が起きるのかを明白に述べている (p.19)．

> 「雨は降った後，小さな隙間を通して大地へと浸透する．そこで，ある程度深くまで大地を掘れば，このような小さな隙間を見ることができ，そこから穿った穴の底に集まる水が井戸の水を形成するのである．しかし，丘陵地や山に降る雨水が，地表面で，主に柔らかく，小石や木の根と混ざっている部分から浸透した後，しばしば浸透することのできない粘土質土壌あるいは連続した岩体の層に出くわし，これに沿って，山の麓あるいは山頂から非常に離れた所まで流れ，そこで再び地面に出てきて泉を形成する．この自然界の現象を証明するのは容易である．というのは，まず，この後で計算により示すように，雨水は泉や河川を維持するのに十分な量が年間を通して降る．第 2 に，われわれは日々雨が降っているかどうかにより，泉の水が増えたり減ったりすることを観察する．また，もし，2 カ月間大きな降雨がなかったとしたら，泉の水は 1/2 に減ってしまう．さらに，2〜3 カ月の干ばつが続いたら，そのほとんどは干からびてしまい，残りも水量が 1/4 に減ってしまう．これから，もし 1 年中雨が降らなければ，泉がほとんどなくなってしまうか，あるいはまったく消えてしまうことを結論づけられるだろう．」

マリオットは彼の見解を明確に説明した後，他の者が提案したメカニズムのいくつかに対して詳細な反論を試み，そして彼の論拠を示したのである．まずはじめに彼は，水蒸気が大地の深部から上昇し，蒸留器の場合のように丸天井に出くわすと地中で凝結し，そこから水が流れ出て泉を形成すると仮定した哲学者たちを扱う．マリオットは，図 14.6 に示されるように，ABC が山体 DEF 内の丸天井とすると，この凹面 ABC 上に凝結した水は L 点や M 点ではなく，HGI 上に落下するのでこれが泉を形成することはないことを示して，この仮説を却下した．彼はまた，このような丸天井をもつ洞窟が多くあることも却下した．ABC のそば，あるいは下に土が存在するというある者たちの議論に対しても，その場合には水蒸気が A や C 点に逃げてしまうのでほとんど水が生じないことを説明して，彼はこれに反対した．さらに，泉があるところには常に粘土質土壌が存在するので，この凝結した水が山体内部からこれを通って出てくることは考えにくいとした．

　次に，彼はセネカやペローのような雨が土壌に浸透できないとする者たちのことを名指しすることなく扱った．

　「それでも，庭園や耕した耕作地で観察されるように，夏の雨が強いにもかかわらず地中には水が

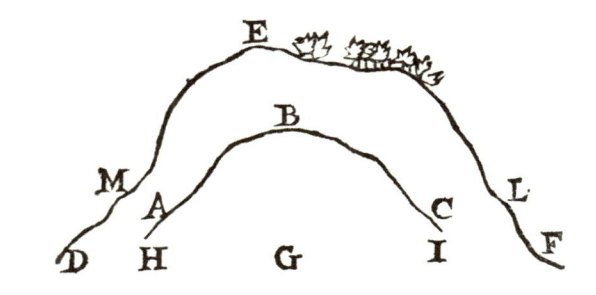

1/2 フィートしか入っていかないことに反対する者がいる．私は実験結果に同意する．しかし，耕
されていない土壌や森林中では小さな空隙が存在し，これが地表面近くにあり雨がこれに入り込む
こと，この空隙が深く掘った井戸で見て取れるように，かなり深部まで伸びていること，雨が続け
て 10 日や 12 日降ったときには，耕された土壌の表層が完全にぬれ，残りの水は地中にあり耕作で
も破壊されない小空隙を通ることを主張する．」

彼は続けて，王立天文台の地下室といくつかの採石場内部での彼自身の観察結果を用いて，この点
を説明する．これらの場所では天井から水が滴下するが，この水は岩でできた天井にある小さな穴，
割れ目や裂け目から常に出てくるのが見られ，天井の他の部分は乾いたままである．また，この滴
下がほとんどは雨に対応して起き，干ばつ中には止まってしまう．このことは，泉もまた同じよう
にして形成されることを示唆している．他の多くの例の中で，彼は 1681 年の乾燥した夏の間に多
くの井戸や泉が涸れ，秋の寒い天気が続いた後にも，その水量が減少し続けたことを記している．
もし水が地下からの水蒸気で形成され地表の冷気で凝結するのだとしたら，このようなことは生じ
ない．さらに，山の高所にある泉は常にさらに高い地域と隣り合っており，その流れはこの地域が
広いほど大きい．これはまた，泉がさらに高い地域に降った雨から形成されたことを示している．

最後に彼は，年間の全降雨量は海洋へ流れる大河の流れを供給するには十分ではないとする者た
ちへの反論を扱う (p.30)．彼はこの問題をペロー同様に，河川流量と上流側集水域の雨量を比較す
ることで解決した．しかし，彼の集水域面積はずっと大きく，彼の河川流量推定値もまたずっと確
かである．彼は，8 年間の測定からディジョンの雨量を約 46 cm（17 プース）と推定し，「『泉の起
源について』という本の著者」が同様な測定を行い，51.96 cm（19 プース，2.33 リーニュ）の値を
得たことを付記する．しかし，この計算目的では控えめな 40.61 cm（15 プース）の値を採用するこ
とにした．（マリオットは彼の計算で，1 リュー（リーグ）は 2,300 トワーズ（ファゾム）とした．1
トワーズは 6 ピエなので，彼の 1 リーグの長さは約 4,482.8 m である．これはペローが仮定した長
さとはわずかに異なる．）この値を用い，パリから上流側のセーヌ川流域面積がほぼ 60,286.27 km^2
（3,000 平方リーグ）と仮定することで，彼は平均すると年間約 24.479 km^3（7.1415×10^{11} ft^3）の
雨がこの集水域に降ることを算出した．彼はまた，パリ Pont Rouge でのセーヌ川の平均流速を
浮き子の速度測定から約 1.35 m s^{-1}（250 ft min^{-1}）と推定し，これを底面や側面の摩擦効果を考
慮して 0.54 m s^{-1} に減じた．河川の断面積 211.04 m^2（2,000 ft^2）とこの流速から，年平均流量が
3.6032 km^3（1.0512×10^{11} ft^3）と求まる．これは全集水域の平均とすれば約 6 cm の水柱高に等し
く，年降水量の 1/6 以下である．この結果から，マリオットは，蒸発，表面土壌をぬらす効果や地
下水の補充を考慮しても，泉や河川を形成するのに十分な水が存在すると推論したのである．

マリオットは，読者が納得せず，ペローが議論したようにこの結果が川のみに適用でき水源や泉
にはあてはまらないと感じては困るので，さらに同じ解析をモンマルトルの泉にも適用した (p.34).

彼はその集水域を $113,963\,\mathrm{m}^2$（30,000平方トワーズ）と推定し，$48.726\,\mathrm{cm}$（18プース）の降雨を仮定した．これは，1年あたり $55,529\,\mathrm{m}^3$ に相当し，おおむね $0.105\,\mathrm{m}^3\,\mathrm{min}^{-1}$（毎分107パント．$1\,\mathrm{ft}^3$ は35パント）にあたる．彼は野外で何が起きているか説明する．

> 「この山の地勢は $0.65\sim1.0\,\mathrm{m}$（2〜3ft）まで砂質であり，その底部は粘土質である．大きな雨の雨水はまず山の麓まで流れ，残りの一部は表面近くの砂層に留まり，さらに残りは砂層と粘土の間を流れる．そこで，全量，すなわち…$105\,l\,\mathrm{min}^{-1}$（毎分107パント）の1/4，約 $26\,l\,\mathrm{min}^{-1}$ が泉から出てくる量であると仮定するなら，これは，泉から流れる量が多い時の値と極めて近い．」

マリオットの著作は，疑いなく水文学の歴史のハイライトの1つである．彼の方法は明確で確実であり，第11章でレビューした現在の記述の中においてもおかしくない．彼の河川流量の決定は確かな考えに基づいており，そのため，彼の降水と河川流量の比較は10年早いペローの計算よりはるかに価値が高まっている．加えて，彼は異なる例を用いて，雨水が土壌中に十分な量をもって十分な深さまで浸透し，泉の唯一可能な源となることを説得力をもって示した．この関連で，水が土壌へ浸透するのに通る「小さな空隙あるいは導管」についての彼の記述から考えれば，彼をマクロポアの概念の創始者とするべきであろう．彼はさらに，泉の起源についての彼の考えの証拠として，雨とモンマルトルの泉からの流出量の間の物質収支をあげている．マリオットがペローの雨量測定について述べていることは，マリオットがペローの本をよく知っていたことを示している．実際，もしそうでなかったとしたら，マリオットはペローの弟のクロードとアカデミーで親密に働いていたことからして，これは驚くべきであろう．これからまた，マリオットが泉の源についてのペローの奇妙な説について，批判あるいは触れることもなく，単に彼自身の説を冷静に示しただけだった説明がつく．

14.4.3　長引く問題の解決と一般的意見の遅々とした受容

マリオットの働きにより，川や泉の源としての降雨浸透説が十分かつ確実なものとして確立されたので，この問題はこれで完全に片づいたと思うかもしれない．一方，マリオットの議論は明白で疑いの余地がないものの，彼は野外での浸透問題を説明したにすぎず，ペローのカラム実験の説明のつかない矛盾した結果（図14.4）を完全に無視していた．彼はマクロポアの働きに重点をおいたので，ひょっとすると土壌カラムでの実験は野外条件では意味をなさないと考えたのかもしれない．

明らかに，ド・ラ・イール（1640〜1718年）はこの点を見逃さなかった．Mariotte (1686) の著作が彼の死後に出版されるようにお膳立てしたのは，ド・ラ・イールである．そこで，数年後，de La Hire (1703) はさらに別の実験結果を公表した．ここでは，ある不透水層に達するまで降水が浸透できるかどうかを確認するために，彼が特に設計した実験装置を用いた．彼はこれを次のように記述している（図14.7）．

> 「私は天文台の下側のひな段を選び，1688年には表面積 $0.422\,\mathrm{m}^2$ の鉛製の盆を深さ $2.60\,\mathrm{m}$ の地中に埋設した．この盆の縁 (de La Hire (1703) の原文では "rebords") は $16\,\mathrm{cm}$（6プース）の高さがあり，これを片方の縁に向けてわずかに傾けてある．その縁には $3.90\,\mathrm{m}$ の長さの鉛管を接合し，この管を大きく傾斜させて設置し，他の端が掘った穴に出てくるようにした．この盆の上にある土壌と同じような多量の土に囲まれるよう，壁に近すぎて乾燥してしまうことがないよう，穴の壁からは十分に離すようにした．」

今日の有利な立場から見ると，ライシメータの先駆けのように見えるこの装置は，意図した目的に

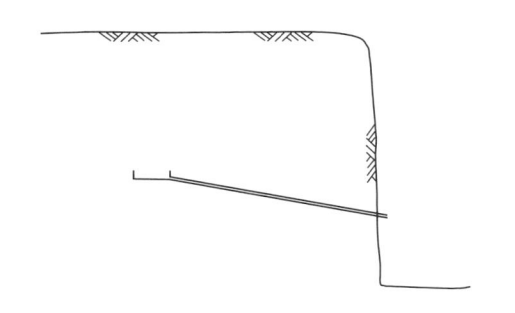

図 **14.7** de La Hire (1703) の記述に基づき再現した．土壌中の水の下向きの移動を確かめるために天文台の下側のひな段に設置した実験装置の様子．面積 0.422 m^2, 側壁高さ 16 cm の鉛製の盆が地表面下 2.6 m の深さに埋設されている．盆の縁の 1 つに 3.9 m の長さの鉛管を接続し，とらえられた水が隣接する穴に流れ出られるようにした．

対しては重大な欠陥があるように見える．明らかに盆の側面が土壌表面までは伸びていないため，浸透した雨水は側方に逃げることができる．不飽和土壌中の流れについての今日の知識からすると，ド・ラ・イールが「15 年の間，1 滴の水も出てこなかった」ことを報告しなければならなかったのは，不思議ではない．彼はまた，より小さな盆をより浅い深さに埋めて最少量の蒸発しか生じない条件での実験も行った．しかし，大きな降雨や融雪の後にのみいくらかの水が集められただけであった．この浸透実験から，彼は雨水が大地を深くまで浸透することはないと結論づけた．続けて彼は，水に差した 2 枚のイチジクの葉それぞれからの蒸発の損失を決めようとした．この結果から彼は，夏期に雨だけで植生を維持するのには雨量が十分ではないのではないか，まして川の水を維持するのは無理であろうと推測するようになった．最後にド・ラ・イールは，マリオットの雨水浸透説が一般的には妥当ではないと結論づけた．それどころか，ありうる説明として，一番近い川あるいは海の高さの水から岩体中の空隙を通して上昇した多量の水蒸気が蒸留器のような形をした地中の空洞や洞窟中にあり，これが高所で地表面の冷たさにより凝結して泉として流れ出るとした．ド・ラ・イールの実験に対する解釈は，以前のセネカやペローの説明と同様，見当違いであった．実際，彼らを困らせた浸透現象の正しい説明は，ラプラス（Laplace, 1749〜1827 年）の表面張力に関する基礎的な研究や，これに続く Buckingham (1907) による土壌物理への応用まで待たなければならなかったのである．

　ペローとマリオットの著作はすぐに海峡を渡り，驚くべき内容として出版直後に英国王立協会会報に報じられた (Anonymous, 1675;1686)．しかしそこで，全員がマリオットの説を受け入れたわけではないことは明らかである．エドモンド・ハリー（Edmond Halley, 1656〜1741 年）の反応がよい例である．ハリーは疑いなくフランスでの進展をよく知っていた (Dooge, 1974)．彼は，1681 年にはすでにパリに 6 カ月滞在し，何名かのアカデミー会員や他の学識のある者たちと知り合い，興味深い多くの書籍を購入し英国へと送った (Cook, 1998 参照)．マリオットの著作が出版された 1686 年には，ハリーは王立協会書記であり，国際的に幅広く手紙のやり取りを行っていた．彼はまた，マリオットの著作のレビューが掲載された王立協会会報 16 巻の編者であり出版者であった．これらのことから，ほぼ間違いなく彼が Anonymous (1686) の著者であろう．また，彼がこの本に精通していたことと彼の海洋上での経験が重なって，ペローもマリオットも間接的かつ定性的にしか扱わなかった蒸発の研究に Halley (1687) を向けさせたのは，ほぼ間違いない．彼は，小さなパンの水の蒸発による重量変化から，蒸発量が暖かい日に 12 時間で 2.5 mm 程度になると推測した．これは図 4.16 に見られるように，正当な結果である．ハリーは続いてマリオットの方法を用いて，テムズ川のキングストン橋における流量を決定した．この方法での流量決定は，15 年程前にペローがこの問題をどう扱ってよいかよくわかっていなかったことから見て取れるように，当時はあたり前ではなかった．彼は，地中海には 9 つの河川が流れ込んでおり，その各々がテムズ川の 10 倍大き

いとして，地中海への流入量が日蒸発量 2.5 mm の 1/3 を超すことはないと結論した．一見すると
この結論は，20 世紀ほど前のアリストテレスによる海がなぜ溢れないかについての（正しい）説明
を，ただ確認しただけのようである．しかし新しい点として，アリストテレスの推測を日常の調理
台での観察などではなく，実験により根拠を与える熱心な取り組みがなされたことをあげることが
できる．ハリーのパン蒸発量の測定は単に地中海の実蒸発量の概略値を与えたにすぎないが，この
研究は，おそらく蒸発を河川流との関係で定量的に考察した最初である．

海洋から蒸発した水が地球の水循環の中でどう位置づけられるかが，2 つ目の論文 (Halley, 1691)
の課題であった．簡潔に述べると，この水蒸気すべては，最終的にさまざまな経路を通って海に戻
るとし，これにより河川からの流入量より蒸発により失われる量の方がはるかに多いのに，海が小
さくならないことを説明できるとした．水蒸気の多くの部分は，雨や露として陸地を介さずにすぐ
に海に戻る．水蒸気の一部は，海洋から離れたところまで吹き飛ばされ，陸地の低地部に落ち，そ
こでは植物が育つのに利用されて再び気化するか，大地が水蒸気で飽和した後は，川に流れ込み海
へと戻る．しかし水蒸気のほとんどは，風により低地から山地の尾根部まで運ばれ，そこで一部は
降水になり，「…石の裂け目により下方へと流出し」，一部は山地の空洞へと入り込み，その内部で
水蒸気は「…蒸留器の場合と同じように，そこに存在する石の盆に」集まる．この凝結した水は，
山地斜面を通って出て行き，泉を形成する．これが細流となって集まり，最終的には川になる．（ハ
リーの泉の源に関する考えは王立協会の *Journal Books of the Royal Society* にも詳しく述べら
れている (MacPike, 1932, p.217, 227)）．つまり，雨がすべての泉の唯一の源ではないのである．ハ
リーがマリオットの著作によってこの研究を始めた可能性が非常に高いのに，なぜ彼の説明を受け
入れなかったのか，なぜハリーが泉の起源として，雨以外に大地への直接的凝結やアリストテレス
の地中での水蒸気凝結・輸送説をもち出すことになったのか不思議に思う者もいるだろう．これに
対する説明は，彼の記述のさらに後ろに現れる．彼は，以前の彼の経験からこの凝結説に到達した
ことをここで説明する．1677 年に彼は，南半球での星々を図表にまとめるために，セント・ヘレナ
島への遠征を行った．彼が海面上約 800 m の山頂部で夜間の天空観察を行っていた時に，凝結が速
い速度で多量に生じたので彼の眼鏡の水滴を 5〜10 分ごとに拭き取らねばならなかった．彼の観察
結果を記した紙もすぐにぬれてしまい，インクでの記載ができなかったという．

さらにひどい反動的科学の例が，地球の泉，川，水蒸気そして雨への最終的な水供給を聖書の地
下の海，あるいはプラトンのタルタルスに明示的に頼った Woodward (1695) に見られる．ウッド
ワードは王立協会の特別会員であり，またロンドンのグレシャム単科大学の物理学教授であった．
つまり，彼はハリーと面識があったのである．実際，ハリーは 1686 年に王立協会の書記に選出さ
れており，協会の会合はグレシャムで行われていた．また，ハリーが蒸発パンの実験 (Halley, 1694)
を行ったのもこの同じ大学においてである．グレシャム単科大学の学識のある者たちは，泉や河川
の起源についてさまざまな意見をもっていたようであるが，一般的な意見は明らかに彼らの間で好
まれたものではなかった．

幸いなことに，状況がどこでもこのように暗かったわけではない．英国における一般的意見の支
持者で影響力の大きかった一人は，ジョン・レイ（John Ray, 1627〜1705 年）である．彼は博物
学者であり，1662 年に宗教的原則の問題で辞職するまでケンブリッジ大学の教授であった (Raven,
1950)．ペローの著作の出版の 1 年前に彼は (Ray, 1673, pp.296–300)，「…すべての泉と流水が，そ
の起源と存続を雨に頼っているということは，私には十分ありえることのように思える…」という
見解を示している．そして彼は具体的な理由として，山頂近くではそれより上に十分な大地があっ

て泉に水を供給できる場合を除いて，流水が出てくるのを見たことがないこと，泉からの水が乾燥した夏には少なくなること，水が入っていくことが難しい粘土質の大地で泉を見いだすのが難しいこと，海水が泉の源となっているとする者たちが依然として，水が山の上まで上昇しそこで流出することの満足のいく根拠を示していないことをあげた．濾過装置やポンプを用いても，このような高所まで水をもち上げることができていないのである．さらに彼は，泉が「…地中の熱，あるいは…拡散した熱…でもち上げられた水蒸気…が，蒸留装置によるのと同じように，山体の頂部や斜面で凝結することで蒸留され，流出口を見つけて噴出してくる」ことによるというのは，水蒸気を「厚い土の覆いを通して」もち上げるのに必要な熱量が非常に大きいので，これはありそうにないと議論を続ける．最後に，彼は「…雨が地中へ1, 2フィートより入っていかない…」という一般に言われていることが明らかに誤っているとした．彼はこの主張の証拠として，湿潤な天気の時に起きる炭鉱の採掘場やたて坑内部での激しい水の流出，最も激しい雨の最中でも，砂地やヒースの生い茂った土地上で表面流出がほとんど見られないこと，そして山地斜面の洞窟から流出する水が，一般に雨期に増加し乾期にはしばしば完全に停止してしまうことをあげた．後年の著作において，Ray (1692;1693) は，この同じ主題をより詳細に証拠を追加して述べている．たとえば彼は，「独創的なフランス人の著者」がセーヌ川では雨水が普通の泉の源として十分であると示したことを，これ以上は詳細を示さずに述べている．レイがペローの著作を個人的に読んでいたことは，ありそうではない．むしろ彼は，1667年以来の王立協会の特別会員としてAnonymous (1675) による簡潔なレビューをおそらく知っていたのであろう．そこにはペローの雨量とブルゴーニュの流量の比較は含まれていたが，彼自身の見解とは相容れない，泉が川から始まっているとするペローの説は触れられていない．レイはまた，エセックスのBlack Notleyにあった彼の住まいの近くにある小川での彼自身の観察結果について述べている，これは彼の仮説を支持しており，「…そのすべての水は，雨から来ている」という．加えて，彼はハリーの凝結説についても特に述べている．彼はハリーの凝結メカニズムが「暑い地域」では部分的には正しいかもしれないことを認めながらも，より温暖な気候下ではこれは泉の形成には関係がないと感じていた．ヨーロッパの大河川の4つの水源地上にそびえるアルプス山脈が適例である．アルプス山脈は年間6カ月は厚い雪に覆われており水蒸気に接することはないが，これから生じる川は，冬の間中水量は減るにしろ途切れることなく流れ続ける．春に雪が融けると，このアルプスの河川のいくつかは雨も降らないのに堤防を越流する．しかし，雪が融けた後には，水蒸気が凝結するのに河川流量は減少し続ける．そして夏には雨が降った時のみ河川は氾濫する．このことは，河川が海緑色であることからもわかるように，これが主に融雪によっていることを示している．

　レイの記述からは，ハリーやウッドワードの見解にもかかわらず，英国においても一般的な意見が当時よく確立された説であったことがわかる．しかし，考え方の変遷の中でのその主たる重要性は，世界の創世における神の英知の証拠として水循環を利用してきた長い伝統への回帰の中で，これが最も早い部類に位置づけられること，より明確である点にある．この復古版の伝統，すなわち「自然神学 (physical theology)」はこの後ほぼ150年間続くことになる．この中で水循環は新しいニュートン力学の完璧さからみて，またそれと明らかに対照的な山，洪水，海洋の大きさといった混沌として矛盾して見える全く異なる地球上の現象の裏に存在する，英知を説明するための統一と秩序をもたらす概念としての役割を果たした．当時何人かが（たとえばBentley, 1693, pp.31–32 参照）同じ主題について書いている．しかし，レイはこの問題について最も評判が高く，特に彼の『創造で示された神の英知 (*Wisdom of God Manifested in the Works of Creation*)』は多くの読者を得た

のである．この本は 1691 年に初めて出版され，12 版まで版を重ね (Ray, 1759)，明らかに 1827 年
までは出版が続けられたのである．ここで示された地球上の留まることのない水の循環が神の設計
の証拠であるという考えがほとんどあたり前な考え方となり，19 世紀まで英国における知識人たち
の思考に決定的な痕跡を残したのである．この陶酔状態の証拠を，W. デルハム (Derham, 1657〜
1735 年)，A. クーパー (シャフツベリ伯 3 世) (Cooper, 3rd Shaftesbury, 1671〜1713 年)，J. ハッ
トン (Hutton, 1726〜1797 年)，O. ゴールドスミス (Goldsmith, 1728〜1774 年)，J. ウェスリー
(Wesley, 1703〜1791 年)，W. ペーリー (Paley, 1743〜1805 年)，W. バックランド (Buckland,
1784〜1856 年)，J. キッド (Kidd, 1775〜1851 年)，W. フーウェル (Whewell, 1794〜1866 年)
などの著名な知識人や，科学者のジョン・ダルトン (1766〜1844 年) (Dalton, 1793, p.145) の著作
にさえ見いだすことができる (Tuan, 1968 参照)．同じ時期に，自然神学の似たような考え方は
フランスの N.-A. プリュシュ (Pluche, 1688〜1761 年) や G. L. L. ビュッフォン (Buffon, 1707
〜1788 年)，ドイツの (「水文神学 (Hydrotheology)」という用語を用いた) J. A. ファブリキウス
(Fabricius, 1668〜1736 年)，スウェーデンの C. リンネ (Linnaeus, 1707〜1778 年) などの著作に
より大陸でも広がっていた．

　一般的意見がその名前に値する状態であり続けたことはまた，有名な「ライデン瓶」の発明者で
物理学者のピーター・ヴァン・ミュセンブルーク (Pieter Van Musschenbroek, 1692〜1761 年)
の著作でも証明されている．彼は，ドイツ・ウェストファリアのデュースブルク大学，オランダ
のユトレヒト大学およびライデン大学の教授職に続いて就いた．彼の水についての記述で，Van
Musschenbroek (1739, p.417) は，

> 「雨，雪，ひょう，そしてすべての水蒸気が地上に落ちると，地中へ浸透し，空隙，裂け目や割れ目
> を地下パイプの中のように流れて最も低い場所へ到達する．このパイプあるいは導管の片端が上端
> で開放されているとすると，そこで水源が形成され，地中の穴が広いか狭いかにより，また地中の
> 導管中の水がこの穴の上まで押し上げられるかどうかにより，ある程度の高さまで水が噴出する．
> しかし，雨が地表面上を深い窪地へ流れるとすると，そこに泉や沼地が形成され，これから泉から
> 吹き出る水にもその起源のある川が生まれるのである．つまり結果として，河川水は雨水か泉の
> 水，あるいはその両方の水なのである．」

後に同じ話題を扱った中で，Van Musschenbroek (1769, p.281) は過去にこの降雨浸透が他の説と
相容れなかったことを知るようになったように思われる．彼はここでは論争について述べ，雨が大
地を 4〜10 フィートを超えて浸透することはないと主張した者たちとして，セネカやド・ラ・イー
ル，ビュッフォンの名をあげた．続いて彼は，オランダでの彼自身の経験やポーランドのエルンド
トル (Erndetl) やフランス，オーベルニュでのモニエ (Monnier) の経験をあげてこれに反論する．
基本的には前の記述の繰り返しである．

　しかし，物理学や自然神学における頻繁な水循環の登場にもかかわらず，ここでレビューしたい
ずれにもペロー，マリオットやハリーがこれ以前に行ったような計算をした兆候すらない．実際，
これらの著作に続く 1 世紀の間，泉と河川の起源についての基本的な考えに大きな変化はなく，多
くの意見の相違や不確かさがそのまま残されたように見える．このことは，Dalton (1802a) がマン
チェスター文学哲学協会で 1799 年に発表した論文で取り上げられ，この論文は，

> 「しかし，博物学者たちの間では，日々生じていることが知られる蒸発のための多量の水の他に，降
> 雨の量が泉や川の供給や大地を潤すのに十分かどうかについて意見は分かれている．」

という記述から始まっている．この後，ダルトンによるイングランドとウェールズ全体に対する概略の推定値を，23地点での測定に基づく $P = 787\,\mathrm{mm}$ の平均年降水量，ヘールズ博士という人（おそらく，スティーブン・ヘールズ（Stephen Hales, 1677〜1761年））の測定に基づく127mmの年間凝結量，テムズ川に対するハリーの推定値の拡張と修正に基づく $R = 330\,\mathrm{mm}$ の年流出量，そしてマンチェスターでの単純なライシメータを用いた彼自身の3年間の測定に主に基づく $E = 635\,\mathrm{mm}$ の年間蒸発量として示した．この蒸発量と凝結量を加えると，年間762mmが「大気中へ上昇する」ことになる．これらの値を水収支（式 (1.1) と比較せよ）に組み入れると凝結のフラックスは打ち消されるので，ダルトンは年間の欠損量を $(330 + 635 - 787) = 178\,\mathrm{mm}$ とした．彼はこの不足分の原因を，年平均降水量の過小評価と彼のライシメータのある特性であるとした．彼は前者の可能性が高いと感じていた．一方，このライシメータは，周りの土壌よりなぜか大降雨の際にはより多くの水を失い，通常は土壌表面がより湿っているのでより多くの蒸発を引き起こしたに違いない．彼はこの部分の論文を，

> 「全体として，この国の雨と露の量は，蒸発と河川流でもち去られる水の量とほぼ等しいと結論できると考える．また，自然が一般原則に従って動くので，他の国では違うと証明されるまでは他国でも同じに違いないと考えるべきであろう．」

とまとめている．

これらすべては十分正当であるが，明らかにダルトンの考えでは，水収支が閉じることは泉の起源とは別の問題であり，降水が泉の唯一の起源であることを証明する説得力のある議論だとは思っていなかった．そこで，彼は続いて，当時，

> 「…泉の起源について，注目すべき3つの意見がある．第1の意見では，雨と露のみによりもたらされている．第2の意見では，主に地中の大きな水の貯留池によりもたらされている．第3の意見では，海から濾過の原理でもたらされている．後ろ2つの意見に注目する前に，最初の意見で原因とされたものが不十分であることを直接実験により証明されるべきである．ド・ラ・イールがこれを試みたただ一人の者である…」

と指摘する (p.367)．ソクラテス以前の哲学者たちやアリストテレスが，2,300年以上前に議論したのと基本的に同じ意見が，19世紀の夜明けにまだ存在していたことは驚くべきことである．ダルトンは，次に実は根拠がなく，正しいとは認められない de La Hire (1703) による第1の意見を否定する実験結果へと移る．これから彼は最終的に

> 「それゆえ，より決定的な実験結果によりこれが否定されるまでは，泉の起源が依然として雨であるとしてよいだろう．また，この件についての他の2つの意見については議論の必要がなくなるだろう．」

と結論づけるのである (p.371)．

14.5　おわりに

直前の引用が，泉の起源についての他の「意見」が科学の文献にもち出されたおそらく最後である．主たる問題の論争は閉じたものの，この「雨水浸透」の詳細は，第11章で見たように今日まで探求すべき問題であり続けたのである．いずれにせよ，Dalton (1802a) の解析は今日の水文科学の出現の基礎をなした，19世紀の急速な発展の時が熟したことの現れであった．たとえば，今日

の蒸発理論の基になっている次に述べる原理のいくつかを導入したのは Dalton (1802b) であった (Brutsaert, 1982, p.31 参照)．彼は，気体の分圧の法則を提案し，水の飽和水蒸気圧を気温の関数として決定した．彼はさらに表面蒸発をほぼ現在の形の質量輸送式で表現し，このことからこの質量輸送係数は今でもダルトン数とよばれている．19 世紀を通して，他の者たちによる基礎的な発展が続き，ハイライトのいくつかは本書のこれまでの章に述べられてきた．しかしこのほとんどは，科学の歴史の中でこれまでにも多く扱われてきた内容なので，ここで詳細を繰り返す必要はないであろう．

この歴史の概略の中で印象深いのは，人類が前史時代にすでに水循環の大気部分の本質と重要性をとらえることができた一方で，泉と河川の起源について完全に理解するのには，はるかに長い時間が必要だったことである．

自然界における水の動きについて述べた者たちの認識と意見は，彼らのすぐ周りの環境中の水文条件に大きく影響を受けていたのが通例である．初期の文明のいくつかは，雨，泉そして河川流がいつでも多量にあるわけではない乾燥・半乾燥地域に発達したので，陸域の水循環の連鎖はそれほど明白ではなかった．適例は，東部地中海地域であり，ここではカルスト地形に伴う現象が至る所にあり重要な役割を果たしている．この背景に立って見てみると，ホメロス (Homer) やプラトンのタルタルス，すなわち地下にあるとされる大洋や，アナクサゴラスやアリストテレスの洞窟といった多くの初期の考えを説明することができ，それらは表面的なレビューなら暗示するかもしれない無理な考えというわけでもない．同様に，海岸沿いやナイル川三角州での海水の地中への侵入を知っていたに違いないタレスや『伝道者の書』の著者にとって，海水濾過メカニズムは不合理ではなかったのだろう．

最終的に残った考え方である雨水浸透説は，最近の発明ではない．記録に残っている歴史において，これをソクラテス以前の哲学者，アリストテレス学派，古代ローマのウィトルウィウス，ビュリダンやパリ大学の中世の学徒たち，ルネッサンス時代のバルタス (Bartas)，パリッシー，ガッサンディ，そして現代科学の夜明けに登場したマリオット，レイ，ファン・ミュセンブルークの著作を通じて流れる脈略にたどることができる．しかし，これは絶えず競い合ういくつかの説の 1 つにすぎなかった．降雨浸透メカニズムが，多くの場合に哲学者たちによってというよりは，現実的な傾向のある活動的な人たちによって主張されてきたことは注目すべきであろう．また，この支持者たちは，その成長期を植生のある湿潤な気候下の郊外地域で過ごした場合が多く，降雨中に至る所に水たまりや地表流が形成され，浸透がほとんどないことを示すような，地面の露出した乾燥地域や都市域で過ごした者は少なかった．たとえば，雨と雪の浸透を主張したウィトルウィウスは，ローマで建築の職業に就く前は，若者としてガリアにおいてシーザーの軍の技術者として働いていた．ルネッサンス時代には，パリッシーはほぼ陶匠として，デュ・バルタスは兵士と外交家として知られていた．ペローとハリーはともに都会で育ったが，一方，一般的意見の支持者であったマリオットとレイは，若い時にはより郊外で過ごした．これらはみな，第 11 章で示した河川流発生プロセスにおけるさまざまな経路の発生についての最近の発見でも一致している．

■参考文献

Alfred of Sareshel (1988). *Commentary on the Metheora of Aristotle*, Critical Edition; Introduction, and Notes by J. K. Otte. Leiden: E. J. Brill.

Ambrose, St. (1961). *Hexameron, Paradise, and Cain and Abel*, translated by J. J. Savage. New York: Fathers of the Church, Inc.

Anandatirtha (Madhvacharya) (1910). *Chandogya Upanisad* (Vol. 3, Part 2 of the Sacred Books of the Hindus). Allahabad: Panini Office, Bhuvaneswari Asrama, Bahadurganj. (New York では AMS Press, 1974.)（日本語版：湯田 豊 訳 (2000) ウパニシャッド―翻訳および解説，大東出版社など）

Anonymous (1675). A particular account given by an anonymous French Author in his book of the Origin of Fountains, printed 1674 at Paris; to shew that the Rain and Snow-waters are sufficient to make Fountains and Rivers run perpetually. *Phil. Trans. R. Soc. London*, **10** (119), 447–450.

Anonymous (1686). (Review of) Traité du mouvement des eaux et des autres corps fluides par feu Mr. Mariotte, A Paris An 1686, Octavo. *Phil. Trans. R. Soc. London*, **16** (181), 119–123.

Aristotle (1936). *On Plants*. In *Minor Works*, with an English translation by W. S. Hett. London: W. Heinemann, Ltd; Cambridge, MA: Harvard University Press, 141–233. （訳本：土橋茂樹・瀬口昌久・和泉ちえ・村上正治 訳 (2015) アリストテレス全集 12 小論考集，岩波書店）

(1952). *Meteorologica*, with an English translation by H. D. P. Lee. London: W. Heinemann, Ltd; Cambridge, MA: Harvard University Press. （訳本：泉 治典 訳 (1969) アリストテレス全集 5 気象論 宇宙論，岩波書店）

Basil, St. (1963), *Exegetic Homilies*, translated by A. C. Way, *The Fathers of the Church*, **46**. Washington, DC: The Catholic University of America Press.

Beda, Venerabilis (1843), *De Natura Rerum*. In *The Complete Works of Venerable Bede in the Original Latin, Vol. VI*, ed. J. A. Giles. London: Whittaker and Co.

Bentley, R. (1693). *A Confutation of Atheism From the Origin and Frame of the World, A Sermon Preached at St. Mary-le-Bow, Dec. 5, 1692*. London: H. Mortlock.

Brams, J. and Vanhamel, W. (eds.) (1989). *Guillaume de Moerbeke: recueil d'études à l'occasion du 700e anniversaire de sa mort (1286)*. Leuven: University Press.

Brutsaert, W. (1982). History of the theories of evaporation. In *Evaporation into the Atmosphere*, 12–36, Dordrecht: D. Reidel Publ. Co. (Kluwer Academic).

Buckingham, E. (1907). *Studies on the movement of soil moisture*. Bureau of Soils, Bull. No. 38. Washington DC: US Dept. Agric.

Cook, A. (1998). *Edmond Halley, Charting the Heavens and the Seas*. Oxford: Clarendon Press.

Dalton, J. (1793). On evaporation, rain, hail, snow, and dew. Sixth essay in *Meteorological Observations and Essays*. London: W. Richardson. (ほぼ逐語的同内容の第 2 版は 1843 年の出版)

(1802a). Experiments and observations to determine whether the quantity of rain and dew is equal to the quantity of water carried off by the rivers and raised by evaporation; with an enquiry into the origin of springs. *Mem. Lit. Phil. Soc. Manchester*, **5** (part 2), 346–372.

(1802b). Experimental essays on the constitution of mixed gases; on the force of steam or vapor from water and other liquids in different temperatures, both in a Torricellian vacuum and in air; on evaporation and on the expansion of gases by heat. *Mem. Lit. Phil. Soc. Manchester*, **5** (part 2), 535–602.

Davies, B. (1974). Edme Mariotte, 1620–1684. *Phys. Education*, **9**, 275–278.

de Condorcet, Marquis (1773). *Éloges des académiciens de l'Académie Royale des Sciences morts depuis 1666, jusqu'en 1699*, Hotel de Thou, rue des Poitevins, Paris.

de La Hire, P. (1703). Sur l'eau de pluie, & sur l'origine des fontaines; avec quelques particularités sur la construction des citernes. *Histoire de l'Acad. Roy. des Sciences (Avec les Mémoires de Mathématique*

& de Physique pour la Même Année), Mém., 56–69. (Anonym., Sur l'origine des rivières, *Hist.*, 1–6 も参照のこと）Paris: J. Boudet.（第 2 版は 1789 年の出版，pp. 72–90. Amsterdam: P. Mortier.）

Delorme, S. (1948). Pierre Perrault auteur d'un traité *De l'Origine des Fontaines* et d'une théorie de l'expérimentation. *Archives Internationales d'Histoire des Sciences*, **27**, 388–394.

Descartes, R. (1637). *Discours de la méthode, plus la dioptrique, les metéores et la géometrie, qui sont les essais de cette méthode.* Leyde [Leiden]: De l'imprimerie de Ian Maire.

Diels, H. (1879). *Doxographi Graeci.* Berlin: G. Reimer.

───── (1961). *Die Fragmente der Vorsokratiker*, 10. Auflage herausgegeben von W. Kranz, 1. Band. Berlin: Weidmannsche Verlagsbuchhandlung.（訳本：内山勝利 編 (1996) ソクラテス以前哲学者断片集 第 I 分冊，第 III 分冊，岩波書店）

Diogenes Laertius (1925). *Lives of Eminent Philosophers*, Vol. II, with an English translation by R. D. Hicks. London: W. Heinemann; New York: G. P. Putnam's Sons.

Dobson (1777). Observations on the annual evaporation at Liverpool in Lancashire; and on evaporation considered as a test of the moisture or dryness of the atmosphere. *Phil. Trans. R. Soc. London*, **67**, 244–259.

Dooge, J. C. I. (1974). The development of hydrological concepts in Britain and Ireland between 1674 and 1874. *Hydrol. Sci. Bull.*, **19**, 279–302. doi:10.1080/02626667409493917.

du Bartas, G. de Salluste (1988). *La sepmaine ou création du monde,* texte préparé par V. Bol. Arles: Édns. Actes Sud.（最初に出版されたのは 1578 年）

Ducos, J. (1998). *La Météorologie en français au moyen âge (XIIIe–XIVe siècles).* Paris: Honoré Champion Éditeur.

Eliade, M. (1978). *A History of Religious Ideas, Vol. 1. From the Stone Age to the Eleusinian Mysteries* (W. R. Trask により 1962 年にフランス語版から翻訳). Chicago: University of Chicago Press.

Gilbert, O. (1907). *Die Meteorologischen Theorien des Griechischen Altertums.* Leipzig: B. G. Teubner.

Grabmann, M. (1916). *Forschungen Über die Lateinischen Aristotelesübersetzungen des 13. Jahrhunderts, Beiträge zur Geschichte der Philosophie des Mittelalters*, **18** (5–6). Münster i. W: Aschendorffschen Verlagsbuchhandlung.

Hallays, A. (1926). *Les Perrault.* Paris: Perrin et Cie, Libraires-Éditeurs.

Halley, E. (1687). An estimate of the quantity of vapour raised out of the sea by the warmth of the sun. *Phil. Trans. R. Soc. London*, **16** (189), 366–370.

───── (1691). An account of the circulation of the watery vapours of the sea, and of the cause of springs. *Phil. Trans. R. Soc. London*, **16** (192), 468–473.

───── (1694). An account of the evaporation of water, as it was experimented in Gresham Colledge in the year 1693. With some observations thereon. *Phil. Trans. R. Soc. London*, **18** (212), 183–190.

Heninger, S. K. Jr. (1960). *A Handbook of Renaissance Meteorology.* Durham, NC: Duke University Press.

Hesiod (1978). *Works and Days*, ed. M. L. West. Oxford: Clarendon Press.（訳本：松平千秋 訳 (1986) 仕事と日，岩波書店）

Hésiode (1928). *Théogonie; les travaux et les jours; le bouclier,* texte établi et traduit par P. Mazon. Paris: Société d'Édition Les belles Lettres.

Higgins, M. D. and Higgins, R. (1996). *A Geological Companion to Greece and the Aegean.* Ithaca, NY: Cornell University Press.

Huxley, T. H. (1900). *Physiography.* London: MacMillan and Co. Ltd; New York: D. Appleton and Co.

Ltd.

Isidore de Séville (1960). *Traité de la nature (Liber de natura rerum)*, édité par J. Fontaine. Bordeaux: Féret et Fils, Éds.

Isidorus Hispalensis, E. (1911). *Etymologiarum Sive Originum Libri XX ("Etymologiae")*, Tomus II, Oxonii e Typographeo Clarendonio. Oxford: Oxford University Press.

Jourdain, A. (1960). *Recherches critiques sur l'âge et l'origine des traductions latines d'Aristote* (edition of 1843). New York: Burt Franklin.

Lin, Yutang (ed.) (1949). *The Wisdom of China*. London: Michael Joseph Ltd., 1949.

Lohr, C. H. (1967). Medieval Latin Aristotle commentaries. *Traditio*, **23**, 313–413; (1968) **24**, 149–245; (1970) **26**, 135–216: (1971) **27**, 215–351; (1972) **28**, 281–396; (1973) **29**, 93–197.

Lucretius (1924). *De Rerum Natura*, with an English translation by W. H. D. Rouse. London: W. Heinemann, Ltd.; Cambridge, MA: Harvard University Press.（訳本：樋口勝彦 訳 (1961) 物の本質について，岩波書店）

MacCurdy, E. (1938). *The Notebooks of Leonardo da Vinci, Arranged, Rendered into English and Introduced*, Vol. II. New York: Reynal & Hitchcock.（訳本：杉浦明平 訳 (1978) レオナルド・ダ・ヴィンチの手記，上・下，岩波書店）

MacPike, E. F. (ed.) (1932). *Correspondence and Papers of Edmond Halley*. Oxford: Clarendon Pess.

Mansfeld, J. (1992). *Heresiography in Context: Hippolytus' Elenchos as a Source for Greek Philosophy*. Leiden: E. J. Brill.

Mansfeld, J. and Runia, D. T. (1997). *Aetiana: The Method and Intellectual Context of a Doxographer*. Leiden: E. J. Brill.

Mariotte, E. (feu) (1686). *Traité du mouvement des eaux et des autres corps fluides (mis en lumière par les soins de M. de la Hire, etc.)*, Paris: Chez Estienne Michallet.

Mieli, A. (1966). *La science arabe*. Leiden: E. J. Brill.

Needham, J. (1959). *Science and Civilization in China, Vol. 3, "Mathematics and the sciences of the heavens and the earth"* (with collaboration of Wang Ling). Cambridge: Cambridge University Press.（訳本：東畑精一・藪内清 監修，吉田忠ほか 訳 (1976) 中國の科学と文明 第 5 巻 天の科学，思索社）

Oxford Study Edition (1976). *The New English Bible, with Apocrypha*. New York: Oxford University Press.

Palissy, M. B. (1888). *Discours admirables de la nature des eaux et fontaines, etc.* Paris: Martin Le Jeune (1580). (Fillon, B. (1888) *Les oeuvres de Maistre Bernard Palissy*, Vol. 2. Paris: L. Clouzot, Lib. に再掲)

(1957). *The Admirable Discourses*, translated by A. La Rocque. Urbana: University of Illinois Press.（最初の出版は 1580 年）

Perrault, Ch. (1993). *Mémoires de ma vie*, précédé d'un essai d'Antoine Picon: *"Un moderne paradoxal"*. Paris: Macula.

Perrault, P. (1674). *De l'origine des fontaines*. Paris: Pierre Le Petit, Imprimeur & Libraire.（匿名での出版）

Peters, F. E. (1968). *Aristotle and the Arabs*. New York: New York University Press.

Petit Larousse (1964). *Dictionnaire Encyclopédique pour Tous*. Paris: Librairie Larousse.

Picolet, G. (1968). État des connaissances actuelles sur la biographie de Mariotte et premiers résultats d'une enquête nouvelle. In *Mariotte savant et philosophe (†1684): analyse d'une renommée*, Préface de P. Costabel. Centre A. Koyre. Paris: J. Vrin, pp. 245–276.

Plato (1975). *Phaedo*, translated by D. Gallop. Oxford: Oxford University Press.（訳本：田中美知太郎・藤沢令夫 編 (1975) プラトン全集 1，岩波書店など）

(1993). *Phaedo* (Greek text), edited by C. J. Rowe. Cambridge: Cambridge University Press.

Rabanus Maurus (1852). *De Universo [De Rerum Naturis]*. In *Patrologiae Cursus Completus*, Vol. 111, 10–614, Paris: J.-P. Migne.

Radhakrishnan, S. (1953). *The Principal Upanisads*. London: George Allen & Unwin Ltd.

Raven, C. E. (1950). *John Ray, Naturalist, His Life and Works*. Cambridge: Cambridge University Press.

Ray, J. (1673). Observations Topographical, Moral, & Physiological; *Made in a Journey Through Part of the Low-Countries, Germany, Italy, and France: With a Catalogue of Plants ...* London: J. Martyn Printer to the Royal Society.

(1692). *Miscellaneous Discourses Concerning the Dissolution* and *Changes of the World.* London: S. Smith.

(1693). *Three Physico-Theological Discourses*. London: S. Smith.

(1759). *The Wisdom of God Manifested in the Works of Creation*, twelfth edition. London: J. Rivington.

Seneca (1971). *Naturales Quaestiones*, with an English translation by T. H. Corcoran. London: W. Heinemann, Ltd; Cambridge, MA: Harvard University Press, Vol. I.（訳本：土屋睦廣 訳 (2005) セネカ哲学全集 3，岩波書店）

Swahananda, S. (1965). *The Chandogya Upanisad*. Mylapore, Madras: Sri Ramakrishna Math.（訳本：湯田 豊 訳 (2000) ウパニシャッド—翻訳および解説，大東出版社など）

Thorndike, L. (1954). Oresme and fourteenth century commentaries on the Meteorologica. *Isis*, **45**, 145–152.

(1955). More questions on the Meteorologica. *Isis*, **46**, 357–360.

Tuan, Y.-F. (1968). *The Hydrologic Cycle and the Wisdom of God: A Theme in Geoteleology.* Toronto: University of Toronto Press.

Van Musschenbroek, P. (1739). *Essai de physique*, traduit du hollandois par Mr. P. Massuet, Tome I. Leyden: S. Luchtmans.

(1769). *Cours de physique expérimentale et mathématique*, traduit par M. S. de la Fond, Tome second. Paris: Bauche.

Vitruve (1986). *Les dix livres d'architecture*, Traduction intégrale de Claude Perrault, 1673, revue et corrigée sur les textes latins et presentée par André Dalmas. Éditions Errance. Paris: A. Balland.（訳本：森田慶一 訳 (1979) ウィトルーウィウス建築書，東海大学出版会）

Wang, P. K. (1996). *Heaven and Earth*. Taipei: Newton Publ. Co., Ltd. (in Chinese).

Woodward, J. (1695). *An Essay Toward a Natural History of the Earth and Terrestrial Bodies, Especially Minerals: As Also of the Seas, Rivers and Springs.* London: Ric. Wilkin.

付録 役に立つ数学概念

A.1 積分の微分操作

上限 $h = h(x)$ と下限 $g = g(x)$ が微分可能な x の関数である積分

$$F(x) = \int_{g(x)}^{h(x)} f(y, x)\, dy \tag{A.1}$$

を対象とする．$f(y, x)$ が連続で滑らかな関数なら，この積分の微分を

$$\frac{dF}{dx} = \int_{g(x)}^{h(x)} \frac{\partial f(y, x)}{\partial x}\, dy + f\left[h(x), x\right] \frac{\partial h(x)}{\partial x} - f\left[g(x), x\right] \frac{\partial g(x)}{\partial x} \tag{A.2}$$

と表せる．これは普通ライプニッツの公式 (Leibniz's formula) として知られている．この公式の証明は微積分学の教科書を参照すること．

A.2 線形定常システムの一般応答

● 単位インパルス

これは物理的には，広い面積に急激にかつ短時間続くか，あるいは短距離または小面積に対する局所的・定常的な単位強度の入力あるいは励起 (excitation) である．もちろん，時空間的に組み合わされたスパイク状の動作でもよい．典型的な例として，機械的システムに対するハンマーの一撃，より定常な集中加重，電気システムへの電圧サージ，送電線への雷撃，集水域への急激な降水などをあげることができる．たとえば，図 A.1 に示されるような t_0 の周りの有限区間 Δt に加えられた単位励起 (unit excitation) を

$$E(t_0) = \begin{cases} 0 & (t < t_0 - \Delta t/2) \\ I/\Delta t & (t_0 - \Delta t/2 < t < t_0 + \Delta t/2) \\ 0 & (t > t_0 + \Delta t/2) \end{cases} \tag{A.3}$$

図 A.1 大きさ I，一様強度 $I/\Delta t$，継続時間 Δt をもつインパルス関数の例

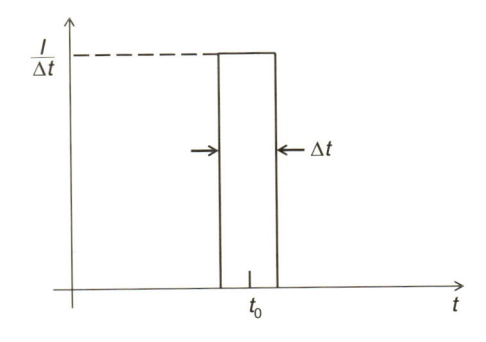

図 A.2 矩形（すなわち一様強度の）インパルスによる極限の説明．Δt を徐々にゼロに近づけると（ディラックの）デルタ関数が得られる．

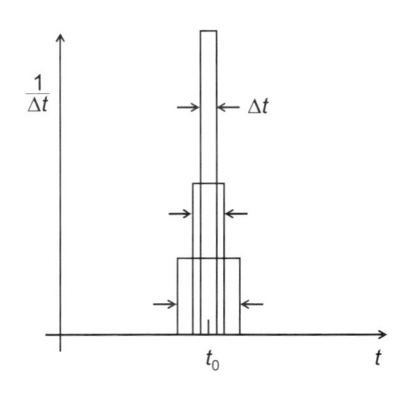

図 A.3 三角形インパルスによる極限の説明．Δt を徐々にゼロに近づけると（ディラックの）デルタ関数が得られる．

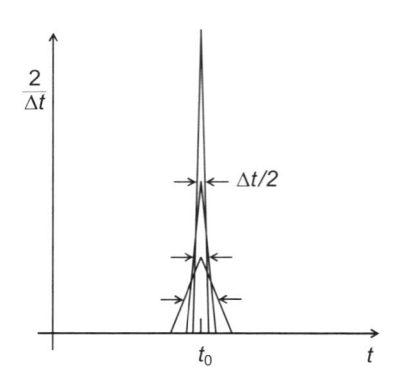

と書くことができる．なお，この例では強度 I を定数としてあるが，定数である必要はなく，今回の目的には式 (A.3) と同じ $t_0 - \Delta t/2 < t < t_0 + \Delta t/2$ の範囲に対して変数の強度 $I = I(t)$ をもつ関数（たとえば誤差関数や三角形関数 (triangular function)）を用いても同様にうまく単位励起を記述できる．また，t は通常時間を表すが，ここでは空間変数とすることもできる．図 A.2 に示すように，単位インパルス，すなわち（ディラックの）デルタ関数 ((Dirac) delta function) は，Δt をゼロにもっていく極限で式 (A.3) から求めることができ，

$$\delta(t - t_0) = \lim_{\Delta t \to 0} \begin{cases} 0 & (t < t_0 - \Delta t/2) \\ 1/\Delta t & (t_0 - \Delta t/2 < t < t_0 + \Delta t/2) \\ 0 & (t > t_0 + \Delta t/2) \end{cases} \tag{A.4}$$

となる．同様な方法を他の励起関数に対して適用することができる．これを図 A.3 で三角形関数に対して示してある．

　一般に，これまで述べた方法に従って，デルタ関数はしばしば

$$\delta(t - t_0) = \begin{cases} 0 & (t \neq t_0) \\ \infty & (t = t_0) \end{cases} \tag{A.5}$$

$$\int_{-\infty}^{+\infty} \delta(t - t_0)\, dt = 1 \tag{A.6}$$

と表現される．式 (A.4) と (A.5) は特異点をもち，$t = t_0$ で $\delta(t - t_0)$ は連続ではなく微分可能でない．そこでこの定義はそのままは用いず，単に関与する制限過程を暗示しているだけであると解釈しなければならない．デルタ関数を定義するよりよい方法としては，

図 A.4 （ヘビサイド）単位ステップ関数 $H = H(t - t_0)$

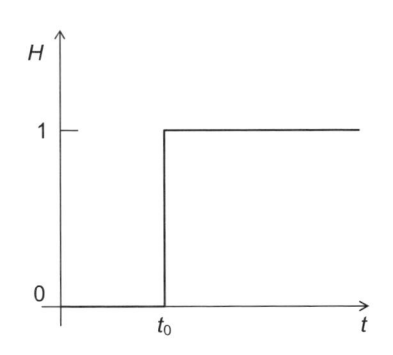

$$\int_{-\infty}^{+\infty} \delta(t - t_0) f(t)\, dt = f(t_0) \tag{A.7}$$

の積分形を用いる．$f(t)$ は連続で滑らかな関数である．ディラックのデルタ関数は通常の意味合いではよい振る舞いを示す関数ではないが，超関数（一般関数，generalized function）に分類される．Greenberg (1971) に説明されるように，超関数はその値を問題にせずに，式 (A.7) に示されるような関数 $f(x)$ に対する作用のみを利用する．

● **単位ステップ関数**

ディラックのデルタ関数と密接に関係している関数が，ヘビサイドステップ関数 (Heaviside step function) で

$$H(t - t_0) = \begin{cases} 0 & (t < t_0) \\ 1 & (t > t_0) \end{cases} \tag{A.8}$$

と定義される．これを図 A.4 に示してある．しばしば，単位ステップ関数を単位インパルス関数の積分と考え，また逆にインパルス関数をステップ関数の微分と考えると便利である．

● **単位応答と実際のシステム応答**

入力から出力への変換をシステム応答とよぶ．一般に，個々の関数演算の和が 2 つの関数の和に対する演算となる場合，この変換あるいは演算 $\mathbf{T}$ は線形 (linear) であるという．数式で表現すると，もし

$$\mathbf{T}[ax(t) + by(t)] = a\mathbf{T}[x(t)] + b\mathbf{T}[y(t)] \tag{A.9}$$

がすべての x と y に対して，またすべての定数 a と b に対して成り立つ $\mathbf{T}[x(t)]$ と $\mathbf{T}[y(t)]$ が存在するなら，$\mathbf{T}$ は線形である．座標変換をした場合に，$t = 0$ で同条件で同じ結果を出力すれば，変換あるいは演算は定常 (stationary) あるいは不変 (invariant) とよばれる．つまり，

$$z(t - t_0) = \mathbf{T}[x(t - t_0)] \tag{A.10}$$

がどの t_0 値に対しても有効なままであれば，$z(t) = \mathbf{T}[x(t)]$ の変換は定常である．

線形システム $u = u(t)$ の単位応答とは，その単位インパルス関数 $\delta(t)$ への応答である．単位応答はまた，システムのインパルス応答 (impulse response)，グリーン関数 (Green's function)，影響関数 (influence function) などの名前でよばれる．もしこの応答特性が（t がどのような領域を表すにせよ）時空間的に不変であれば，入力が $\delta(t_0 - t)$ の時，応答は $u(t_0 - t)$ である．システムは線形なので，入力が $x(t)\delta(t_0 - t)$ の時，応答は $x(t)u(t_0 - t)$ となる．同様に，この応答と入力に

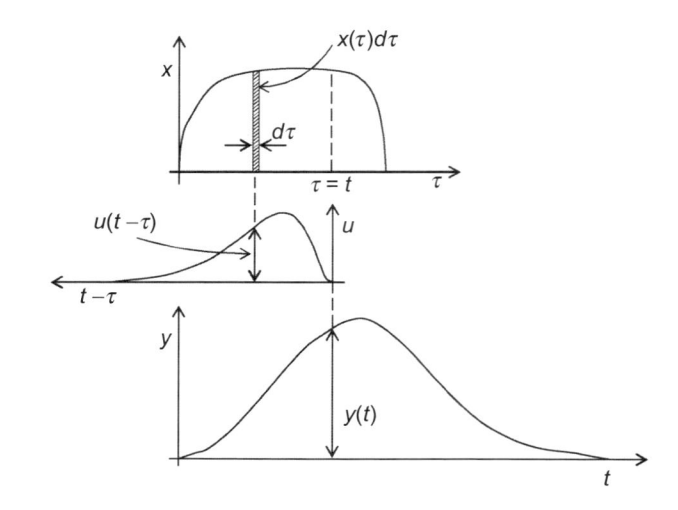

図 A.5 因果的（遺伝的・世襲的）システムに対するたたみこみ積分操作．$t = 0$ は入力 $x = x(t)$ の開始時と定義される．時間 t，全出力 y の任意の値は入力の開始から t までのすべての入力を逆方向にたたみこんだ単位応答で，各瞬間ごとに重みづけした結果（つまり積分）である．この操作では，t は定数として扱われ，τ は積分のダミー時間変数である．

dt を乗じて両方を積分し，結果として生じる入力を式 (A.7) と比較すると，入力が $x(t)$ の時，システムの応答あるいは出力が

$$y(t) = \int_{-\infty}^{+\infty} x(\tau)u(t-\tau)\,d\tau \tag{A.11}$$

で与えられることがわかる．ここで τ は積分のダミー変数である．(A.11) の操作はたたみこみ積分 (convolution integral) とよばれる．

式 (A.11) の上限と下限からは，このシステムの出力が $-\infty \sim +\infty$ までの t の入力値 $x(t)$ の影響を受けることがわかる．時間依存する水文システムは，因果システム，非予期的システムであって，入力の（未来の値ではなく）現在と過去の値にのみ依存する．このようなシステムはまた，遺伝的，世襲的 (hereditary) (Volterra, 1913) とよばれる．そこで，t をどのような時間とするにせよ，水文学における適用では式 (A.11) 中の積分の上限は t となるべきであり，すると式 (A.11) は

$$y(t) = \int_{-\infty}^{t} x(\tau)u(t-\tau)\,d\tau \tag{A.12}$$

と表せる．式 (A.12) はメモリーが $-\infty$ まであるシステムからの出力を表している．システムが有限な m のメモリーしかもたない場合には，積分の下限値を $(t-m)$ として

$$y(t) = \int_{t-m}^{t} x(\tau)u(t-\tau)\,d\tau \tag{A.13}$$

と書き換えることができる．式 (A.13) は，入力が t より m 時間単位だけ早く開始するシステムの応答を表している．ここで，もし入力が $t = 0$ で開始するとしたら，たたみこみ積分は

$$y(t) = \int_{0}^{t} x(\tau)u(t-\tau)\,d\tau \tag{A.14}$$

となる．式 (A.12)〜(A.14) で，τ はたたみこみ積分中の一般的時間変数と解釈するべきである．一方，t は応答を決めるべき時刻である．たたみこみ (convolution, folding) の名前の意味するところを，式 (A.14) について図 A.5 に示してある．

式 (A.11)〜(A.14) 中では，τ を $(t-\tau)$ に置き換えることができるので，それぞれのたたみこみ積分をより利用しやすい形で表すことができる．たとえば，式 (A.13) の場合には，これは単純に，

$$y(t) = \int_{0}^{m} u(\tau)x(t-\tau)\,d\tau \tag{A.15}$$

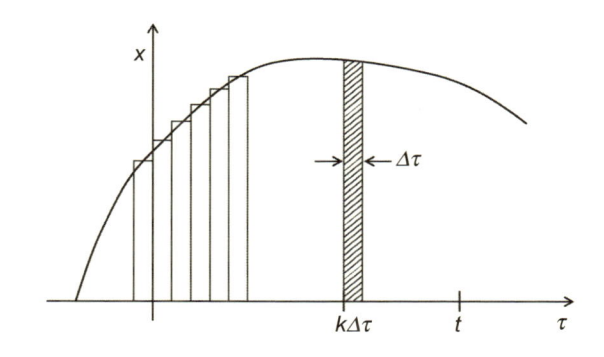

図 A.6 幅 $\Delta\tau$ の連続パルスによる関数 $x = x(\tau)$ の近似

であり，式 (A.14) の場合は，

$$y(t) = \int_0^t u(\tau)x(t - \tau)\,d\tau \tag{A.16}$$

である．

　たたみこみ積分の数値的な適用では，入力関数 $x(t)$ を図 A.6 に示すような幅 $\Delta\tau$ のパルスからなるヒストグラムで表すことができる．全応答に対する $\tau = (k\Delta\tau)$ での入力パルスの寄与は

$$x(k\Delta\tau)u(\Delta\tau; t - k\Delta\tau)\Delta\tau$$

で表される．$u(\Delta\tau; t - k\Delta\tau)$ は幅 $\Delta\tau$ の入力パルスに対するシステムの応答である．t における全応答は全パルスによる寄与の合計で

$$y(t) = \sum_{k=-\infty}^{+\infty} x(k\Delta\tau)u(\Delta\tau; t - k\Delta\tau)\Delta\tau \tag{A.17}$$

となる．これは式 (A.11) の一般たたみこみ積分の離散型である．ここで再び，t が時間を表し，$t = 0$ で入力が開始するシステムが非予期的であるとすれば，式 (A.14) の離散型が

$$y(t) = \sum_{k=0}^{n} x(k\Delta\tau)u(\Delta\tau; t - k\Delta\tau)\Delta\tau \tag{A.18}$$

と求まる．ここで $\tau = n\Delta\tau \ (\leq t)$ は，定められた応答時間 $\tau = t$ 前の最後の入力パルスの時刻である．

● モーメント間の関係

　たたみこみ積分からはまた，入力関数 $x(t)$，出力関数 $y(t)$，単位応答関数 $u(t)$ という関係する 3 つの関数のモーメント間の便利な関係が得られる．これら 3 関数の t の平均（面積の中心）をそれぞれ $m'_{y1}, m'_{x1}, m'_{u1}$ とし，これら平均値の周りの n 次モーメントをそれぞれ m_{yn}, m_{xn}, m_{un} と表す．これらの関数の 0 次モーメント $\int y\,dt, \int x\,dt, \int u\,dt$ が 1 となるようにしてあると仮定すること．出力関数の面積の中心は平均値の周りの 1 次モーメントであり，

$$m'_{y1} = \int_{-\infty}^{\infty} ty(t)\,dt \tag{A.19}$$

として計算することができる．たたみこみ積分 (A.11) を利用すると，

$$m'_{y1} = \int_{-\infty}^{\infty} t \int_{-\infty}^{\infty} x(\tau)u(t - \tau)\,d\tau\,dt \tag{A.20}$$

が得られる．積分の順序を逆にし，$dt = ds$ となるように $s = t - \tau$ を代入すると，式 (A.20) が

$$m'_{y1} = \int_{-\infty}^{\infty} x(\tau)\,d\tau \int_{-\infty}^{\infty} (\tau + s)u(s)\,ds$$
$$= \int_{-\infty}^{\infty} \tau x(\tau)\,d\tau \int_{-\infty}^{\infty} u(s)\,ds + \int_{-\infty}^{\infty} x(\tau)\,d\tau \int_{-\infty}^{\infty} su(s)\,ds \tag{A.21}$$

となる．0 次モーメントが 1 に等しいので，これから平均値の周りの 1 次モーメントの間の

$$m'_{y1} = m'_{x1} + m'_{u1} \tag{A.22}$$

の関係が得られる．出力 $y(t)$ の面積の中心 m'_{y1} の周りの n 次モーメントは，たたみこみ積分 (A.11) と (A.22) を代入した後

$$m_{yn} = \int_{-\infty}^{\infty} \int_{-\infty}^{\infty} (t - m'_{x1} - m'_{u1})^n x(\tau)u(t - \tau)\,d\tau\,dt \tag{A.23}$$

と書くことができる．ここで再び積分の順序を逆にし，$dt = ds$ となるように $s = t - \tau$ とおくと，式 (A.23) を

$$m_{yn} = \int_{-\infty}^{\infty} x(\tau)\,d\tau \int_{-\infty}^{\infty} [(\tau - m'_{x1}) + (s - m'_{u1})]^n u(s)\,ds \tag{A.24}$$

と書き直すことができる．[ ] の部分は

$$[(\tau - m'_{x1}) + (s - m'_{u1})]^n = (\tau - m'_{x1})^n + n\left[(\tau - m'_{x1})^{n-1}(s - m'_{u1})\right]$$
$$+ \frac{n(n-1)}{2!}(\tau - m'_{x1})^{n-2}(s - m'_{u1})^2 + \cdots + (s - m'_{u1})^n \tag{A.25}$$

と展開できる．これから式 (A.24) が

$$m_{yn} = \int_{-\infty}^{\infty} x(\tau)[(\tau - m'_{x1})^n + n(\tau - m'_{x1})^{n-1}m_{u1}$$
$$+ \frac{n(n-1)}{2!}(\tau - m'_{x1})^{n-2}m_{u2} + \cdots + m_{un}]\,d\tau \tag{A.26}$$

と表せ，最終的に

$$m_{y,n} = m_{x,n} + nm_{x,n-1}m_{u,1} + \frac{n(n-1)}{2!}m_{x,n-2}m_{u,2} + \cdots + m_{u,n} \tag{A.27}$$

が求まる．添字中に表記がわかりやすいようにカンマを入れてある．平均値の周りの 1 次モーメントはゼロである．したがって，実際上重要な小さな n の値に対しては，式 (A.27) から

$$m_{y2} = m_{x2} + m_{u2}$$
$$m_{y3} = m_{x3} + m_{u3} \tag{A.28}$$
$$m_{y4} = m_{x4} + m_{u4} + 6m_{x2}m_{u2}$$

が得られる．式 (A.22) と (A.27)（あるいは式 (A.28)）は両者合わせてモーメントの定理 (theorem of moments) とよばることがあり，有効降雨と洪水流出の観測値から単位応答関数のモーメントを求めるために Nash (1959) が水文学にこれを導入した．

A.3 非線形システムの一般応答

非線形システムの応答はたたみこみ積分操作を一般化することで表すことができる．この手の方法は Volterra (1913;1959; Barrett, 1963) の著作までさかのぼることができる．彼は遺伝的・世襲的システムを積分の収束級数により

$$y(t) = F(x=0) + \int_{-\infty}^{t} u_1(t,\tau)x(\tau)d\tau + \frac{1}{2!}\int_{-\infty}^{t}\int_{-\infty}^{t} u_2(t,\tau_1,\tau_2)x(\tau_1)x(\tau_2)d\tau_1 d\tau_2 + \cdots$$
$$\cdots + \frac{1}{n!}\int_{-\infty}^{t}\cdots\int_{-\infty}^{t} u_n(t,\tau_1,\ldots,\tau_n)\prod_{i=1}^{n}x(\tau_i)d\tau_i + \cdots \tag{A.29}$$

と表せることを示した．ここで $u_i(\ )$ の項は積分の核であり添字はその次数を表す．前と同様，$y(t)$ と $x(t)$ は時間の関数であるシステムの出力と入力である．入力がゼロのときにシステムから出力がない場合，式 (A.29) 右辺第 1 項は省くことができる．またシステムが時間不変であれば，核が $u_1(t,\tau) = u_1(t-\tau)$ などの形をとらねばならないことが示される．式 (A.29) の下限からはシステムが無限のメモリーを有していることがわかる．そこで，システムが，第 1 にゼロでない応答をもち，第 2 に時間不変な特性を有し，第 3 に有限なメモリー m をもつと仮定すると，式 (A.29) を（式 (A.13) との類推で）

$$y(t) = \int_{t-m}^{t} x(\tau)u_1(t-\tau)\,d\tau + \frac{1}{2!}\int_{t-m}^{t}\int_{t-m}^{t} x(\tau_1)x(\tau_2)u_2(t-\tau_1, t-\tau_2)\,d\tau_1\,d\tau_2$$
$$+ \frac{1}{3!}\int_{t-m}^{t}\int_{t-m}^{t}\int_{t-m}^{t} x(\tau_1)x(\tau_2)x(\tau_3)u_3(t-\tau_1, t-\tau_2, t-\tau_3)\,d\tau_1\,d\tau_2 d\tau_3 + \cdots \tag{A.30}$$

と書き直すことができる．数値計算のためには，式 (A.30) 中の τ を $(t-\tau)$ などと置き換え，式 (A.15) と同様に，（核の中の階乗を取り込んだ後）

$$y(t) = \int_{0}^{m} u_1(\tau)x(t-\tau)\,d\tau + \int_{0}^{m}\int_{0}^{m} u_2(\tau_1,\tau_2)x(t-\tau_1)x(t-\tau_2)\,d\tau_1\,d\tau_2$$
$$+ \int_{0}^{m}\int_{0}^{m}\int_{0}^{m} u_3(\tau_1,\tau_2,\tau_3)x(t-\tau_1)x(t-\tau_2)x(t-\tau_3)\,d\tau_1\,d\tau_2\,d\tau_3$$

が得られる．

■参考文献

Barrett, J. F. (1963). The use of functionals in the analysis of non-line　
　　Contr., **15**, 567–615.

Greenberg, M. D. (1971). *Applications of Green's Functions in S*　
　　Cliffs, NJ: Prentice Hall. （訳本：関谷壮 訳 (1983) 応用グリ　
　　ブレイン図書出版）

Nash, J. E. (1959). Systematic determination of unit hyd　
　　111–115.

Volterra, V. (1913). *Leçons sur les équations intégral*　
　　Gauthier-Villars.

　　(1959). *Theory of Functionals and Integral and I*

索　　引

Memorandum

著者紹介

　Wilfried Brutsaert（ウィルフリード・ブルッツァールト）教授は 50 年以上コーネル大学において教育，研究分野で活躍し，水文学，流体力学，地下水，大気境界層物理の講義を担当してきた．彼の顕著な研究業績は広く認識され，数多くの賞を受賞してきた．この中には，アメリカ地球物理学連合の Bowie Medal と Horton Medal，アメリカ気象学会の Charney Medal と名誉会員称号，水文・水資源学会の国際賞と名誉会員称号などが含まれる．彼は Ghent University から名誉博士号を授かり，また Prince Sultan Bin Abdulaziz International Prize for Water の受賞者でもある．最も注目すべきなのは，2022 年に受賞した（時に水のノーベル賞と称される）Stockholm Water Prize である．彼は米国工学アカデミーの会員であり，アメリカ地球物理学連合の水文学セクションの President，アメリカ気象学会の評議員 (Council member)，米国工学アカデミーの Section Chair を勤めた．彼はまた *Evaporation into the Atmosphere: Theory, History and Applications* (1982, Springer) の著者でもある．

訳　者

杉 田 倫 明
<small>すぎ　た　みち　あき</small>

1959 年	東京生まれ
1987 年	筑波大学大学院地球科学研究科地理学・水文学専攻修了．理博．コーネル大学土木・環境工学部 Postdoctoral Associate，筑波大学地球科学系講師，助教授などを経て 2006 年より現職
現　在	筑波大学生命環境系地球科学域・教授
著　書	『水文・水資源ハンドブック 第二版』（朝倉書店，分担執筆，2022），『改訂版 地球環境学』（古今書院，分担執筆，編集，2019），『水文科学』（共立出版，編著，2009）など

監 訳 者

筑波大学水文科学研 究 室
<small>つく ば だいがくすいもん か がくけんきゅうしつ</small>

水文学〔原著第 2 版〕

原題：*Hydrology: An Introduction, 2nd Edition*

2024 年 8 月 31 日　初版 1 刷発行

著　者	Wilfried Brutsaert
	（ウィルフリード・ブルッツァールト）
訳　者	杉田倫明 ©2024
監訳者	筑波大学水文科学研究室
発行者	南條光章
発行所	**共立出版株式会社**

東京都文京区小日向 4 丁目 6 番 19 号
電話 (03) 3947-2511（代表）
郵便番号 112-0006
振替口座 00110-2-57035 番
www.kyoritsu-pub.co.jp

印　刷	加藤文明社
製　本	ブロケード

検印廃止
NDC 452.9

ISBN 978-4-320-04741-9

社団法人
自然科学書協会
会員

Printed in Japan

■地学・地球科学・宇宙科学関連書

www.kyoritsu-pub.co.jp **共立出版**